21세기

6판

영양학

NUTRITION

21세기

6판

영양학

NUTRITION

sixth edition

대표저자 최혜미

교문사

6판 머리말

이 책 '21세기 영양학'은 체계적인 이론과 올바른 실천을 위해 필요한 광범위한 내용을 심도 있게 포괄하는 영양학 교재로서, 1998년에 처음으로 출간되었고 그 후 학문의 발전을 따라잡고 새로이 발표된 개념들을 충실히 담기 위해 2000년과 2006년, 2011년, 2016년에 개정된 바 있습니다.

최근 개정으로부터 5년이 흐르는 동안 인터넷 이용이 증가하면서 영양정보 면에서 크나큰 변화와 발달을 겪게 되었고 분자생물학 분야의 발달은 분자영양학 분야에 새로운 개념과 접근방법이 첨가되었으므로 그에 따른 수정 · 보완이 불가피하게 되었습니다.

더구나 2020년에 한국인을 위한 영양소 섭취기준(Dietary Reference Intakes for Koreans, KDRI)이 개정 발표되었고, 2016년에 발표되었던 국민 공통 식생활지침을 개정하여 '한국인을 위한 식생활지침'이 2021년 4월에 발표되었습니다. 또한 최근까지 보고된 국민건강통계를 토대로 하여 우리 국민의 만성질환 및 생활습관 자료의 최근 추이를 이 책에도 반영할 필요가 대두되었습니다.

최선을 다해 개정하였다고는 하나 또 다른 시각에서는 완벽하지 않을 수도 있고 무엇보다도 앞으로 현대사회의 식품환경과 생활문화가 변화를 계속하는 한, 그 변화에 발맞추기 위해서는 이 책의 내용도 늘 아쉬운 점이 나타날 소지가 있을 것이라고 생각합니다. 아낌없는 조언과 충고를 주시면, 지속적인 진보를 거듭하는 데 큰 힘이 될 것입니다. 끝으로 정성과 노력으로 개정작업을 도와주신 교문사 편집부 여러분께 감사드립니다.

2021년 8월
대표저자 씀

초판 머리말

21세기를 바라보는 지금, 현대과학의 발달과 더불어 전염병, 결핵 등의 질병이 줄어들고 인간의 수명은 길어졌으나 암, 심장병, 고혈압, 비만과 같은 영양소 섭취의 불균형과 관련된 질환이 급증하고 있습니다. 또한 산업화와 도시화가 가속되면서 인체의 생활리듬이 흐트러지고 정신적 · 신체적 스트레스를 많이 받고 있습니다. 이를 예방하고 극복할 수 있는 과학으로서, 나아가 인간으로서 중요한 삶을 영위할 수 있는 식생활의 지침으로서 영양학의 중요성이 부각되고 있습니다.

이에 정보화시대에 맞는 우리 나라 영양학 교재의 필요성을 절감하고, 서울대학교 영양학 연구실을 중심으로 쉽고 체계적인 이론과 올바른 실천으로 이끌어 줄 좋은 책을 만들고자 뜻을 같이한 대학교수와 전문의사 및 연구소 연구원들이 한국설정에 맞는 영양학 교재를 출판하기로 하였습니다.

이 책을 만드는 과정 중에 혼용되거나 잘못 사용되고 있는 영양학 용어를 알맞은 우리말로 바꾸고 국제적으로 통용되는 발음으로 통일시키고자 노력하였으며, 그림과 표는 색과 명암의 구분으로 보다 이해하기 쉽도록 하였습니다. 또한 각 장에는 그 장에서 다루지 못한 기타 영양정보 및 지식을 보충하기 위하여 쉬어가기를 마련하였으며, 특히 영양과 질병에 관련된 최신 정보는 전문가 의견에서 다루었습니다.

아직 올바른 뜻을 세우기에 부족함이 있을지라도, 여러분의 허심탄회한 충고를 고맙게 수용하여 거듭 노력할 것을 약속드립니다.

끝으로 이 책이 나오기까지 오랜 동안 불편함을 참고 견디며 격려를 아끼지 않았던 제자들의 가족들에게 감사드립니다.

1998년 2월
대표저자 씀

차 례

CHAPTER 4
단백질

CHAPTER 5
소화와 흡수

CHAPTER 6
에너지와 영양

CHAPTER 7
지용성 비타민

CHAPTER 8
수용성 비타민

CHAPTER 16 환경과 영양

CHAPTER

01

건강한 식생활

CHAPTER 01

건강한 식생활

들어가는 말

현대로 들어서면서 건강에 대한 개념은 점차 변화되고 있다. 즉, 18~19세기에는 전염병성 질환이 인간의 생명을 위협했지만 21세기에 들어선 지금은 주요 관심의 대상이 심혈관계 질환이나 당뇨병 같은 만성질환으로 바뀌었다. 뿐만 아니라 모든 인류는 이러한 질병으로부터 벗어나 좀더 오랫동안 즐거운 삶을 영위하고자 무던히도 노력하고 있다. 이에 영양학의 중요성이 부각되고 있으며, 만성 질환을 극복할 수 있는 주요한 수단으로 여겨진다.

영양학이란 건강과 질병에 대한 식품, 영양소, 그리고 그 속에 포함된 물질들의 작용 · 상호작용과 균형에 대한 과학이며, 사람이 영양소를 섭취하고 소화시키고, 흡수 · 운반 · 이용 · 배설하는 과정에 대한 학문이다. 즉, 영양학이란 사람의 건강을 지키기 위해 질병을 예방하고 다스리는 학문이다. 이러한 영양학을 공부하기 위해 영양학의 근본인 영양소에 대한 지식이 필요하다.

그림 1-1. 6군 식품

건강한 식생활

영양소의 종류

식품, 물과 산소는 생명을 줄 뿐만 아니라 생명의 유지에 꼭 필요한 물질이다. 식품은 체내 모든 세포를 만들고 유지시키는 데 필요한 물질과 에너지를 제공한다. 따라서 식품과 영양소를 구분하여 그들의 관계를 이해할 필요가 있다. 영양소는 생명체의 성장 · 발달 및 유지에 필수적인 물질이며, 이러한 영양소의 급원은 식품이다.

영양소

식품에 포함된 물질로서 에너지, 체구성 물질, 생체반응을 조절하는 인자들을 공급함으로써 사람의 건강을 유지시키는 역할을 한다.

영양학 —(연구대상)→ 영양소 —(급원)→ 식품

필수 영양소란 체내에서 수행하는 고유의 역할을 가지고 있으며 인체는 충분한 양을 합성할 수 없기 때문에 식품을 통해서 공급 받아야 하는 영양 물질을 뜻하며, 충분한 양을 섭취하지 못했을 때에는 성장 부진, 질병 유발 등 각종 부반응이 나타날 수 있으며 적절한 조치가 이루어지지 않을 경우 이러한 부반응은 영구적인 손상으로 남을 수 있다.

식품에 함유되어 있는 영양소는 여섯 종류로 나눌 수 있다(표 1-1). 에너지 생성 영양소인 탄수화물 · 지질 · 단백질은 물처럼 식품의 주된 구성성분인 반면에, 에너지를 내지는 않지만 체내 대사 조절에 필요한 비타민과 무기질은 식품에 소량 함유되어 있다.

표 1-1. 필수 영양소의 종류

에너지 영양소	탄수화물	포도당	
	지방(지질)	리놀레산, 리놀렌산	
	단백질(아미노산)	히스티딘, 이소루신, 루신, 메티오닌, 리신, 페닐알라닌, 트레오닌, 트립토판, 발린	
조절 영양소	비타민	지용성 비타민	비타민 A, D, E, K
		수용성 비타민	티아민, 리보플라빈, 나이아신, 판토텐산, 비오틴, 비타민 B_6, 비타민 B_{12}, 엽산, 비타민 C
	무기질	다량 무기질	칼슘, 인, 마그네슘, 황, 소디움, 포타슘, 염소
		미량 무기질	철분, 아연, 구리, 요오드, 불소, 셀레늄, 망간, 크롬, 몰리브덴
	물	물	

1. 탄수화물

탄수화물은 주로 탄소, 수소, 그리고 산소로 구성되어 있다. 탄수화물은 식이에서 단맛을 낼 뿐만 아니라 체세포에 에너지를 공급하는 중요한 역할을 하며, 에너지 공급의 주된 형태는 대부분의 탄수화물에서 쉽게 얻어지는 포도당이다. 그러나 충분한 탄수화물을 섭취하지 않았을 경우에는 포도당의 공급이 불충분해져서 체단백질의 분해로부터 얻을 수밖에 없다. 우리나라의 정상적인 균형식사에서는 이러한 부작용을 충분히 방지할 수 있다.

일부 복합탄수화물 중에는 인간의 소화효소로 분해가 되지 않는 분자결합들이 있으며, 이러한 탄수화물들이 식이섬유소의 일부를 이룬다. 식이섬유소는 소화되지 않은 채로 소장을 통과하여, 대장에서 만들어지는 변에 부피를 주게 된다.

2. 지 질

지질(lipids)

지질은 주로 탄소와 수소로 이루어져 있으며, 같은 질량의 탄수화물보다 산소분자를 적게 함유하고 있기 때문에 동일한 양으로도 더 많은 에너지를 생산해낼 수 있다. 지질은 대부분 글리세롤 1분자와 지방산 3분자로 구성된 중성지질이 기본구조이다. 바로 이 형태가 신체의 주된 에너지 급원 및 저장형태이며, 식품의 지방성분도 주로 중성지질이다.

지방(fat)

기름(oil)

지질이라는 용어보다는 지방과 기름이 더 익숙하게 사용되며, 일반적으로 지방은 상온에서 고체형태이고 기름은 액체상태이다. 동물성 지방은 포화지방산이 풍부하므로 고체인 경우가 많고 식물성 기름은 불포화지방산을 많이 포함하기 때문에 액체인 경우가 대부분이다. 많은 식품들은 이 두 가지를 다 가지고 있다.

필수지방산 (essential fatty acid)

어떤 종류의 불포화지방산은 체내에서 합성되지 못하기 때문에 필수지방산이라고 불린다. 이들은 혈압을 조절하고, 중요한 세포의 합성 및 복구를 돕는 등 중요한 역할을 수행한다. 그러므로 지방은 식이에서 중요한 부분을 차지하며, 이러한 필수지방산의 섭취를 위해서는 식물성 기름 1큰술을 섭취하는 정도로 충분하다. 요즘 우리나라의 식생활이 서구화되면서 지방의 섭취가 증가하고 있는 추세이다.

3. 단백질

단백질은 탄수화물, 지질과는 달리 탄소, 수소, 산소 이 외에도 질소를 포함하고 있다. 단백질은 신체 구성의 주된 기본단위로서 뼈와 근육의 대부분을 구성하고 있고, 혈액 · 세포막 · 면역체계의 중요한 요소를 이루고 있다.

단백질의 기본단위는 아미노산이며, 식품의 단백질에는 20가지 정도의 아미노산이 존재하고, 이 중 성인에게 필요한 필수아미노산은 9가지이다.

4. 비타민

비타민은 여러 다양한 구성원소와 화학구조를 가지며, 주로 체내의 여러 생체반응이 쉽게 일어나도록 돕는 역할을 한다. 예를 들어, 비타민은 탄수화물 · 지질 · 단백질 식품으로부터 에너지를 생산하도록 에너지 대사과정에 조효소로서 작용한다. 그러나 비타민 자체는 에너지를 생산하지 않는다.

비타민은 크게 지용성과 수용성 두 가지로 나눌 수 있고, 이들은 서로 다른 특징을 갖는다. 예를 들어, 수용성 비타민은 조리 중에도 쉽게 손실되며 소변을 통해 잘 배설되므로 결핍증이 흔히 일어날 수 있는 반면, 지용성 비타민은 체내 과잉 축척되어 질병을 유발할 수도 있다.

5. 무기질

위의 유기 화합물의 복잡한 구조와는 달리 무기질은 매우 간단한 무기 원소들로 이루어져 있다. 무기질은 간단한 구조 때문에 조리 시 파괴되지는 않으나, 몇몇 무기질의 경우에는 흡수율이 매우 낮은 편이다. 무기질 자체는 에너지를 생산하지는 않으나 신경계의 기능, 대사과정, 수분평형 및 골격구조에 매우 중요한 역할을 한다. 건강 유지를 위해 필요한 무기질은 약 20개 정도이며, 이들은 크게 다량무기질과 미량무기질로 나눌 수 있다.

6. 물

물은 가끔은 영양소로서의 중요성을 인정받지 못하나 체내에서 생명에 필수적인 역할을 수행한다. 예를 들면 용매와 윤활제로서 역할을 하고, 영양소와 노폐물의 운반 및 체온조절에 매개체로서 역할한다. 이런 이유로 물의 충분한 섭취가 중요하며, 체중의 60%가 물로 이루어졌음을 감안한다면 인체는 하루에 2,000 mL의 물을 필요로 한다.

에너지 생산 영양소
- 탄수화물
- 지질
- 단백질

성장 및 발달 촉진 영양소
- 지질
- 단백질
- 비타민
- 무기질
- 물

생체 반응 조절 영양소
- 지질
- 단백질
- 비타민
- 무기질
- 물

영양소의 에너지 함량

신체는 정상적인 기능을 위하여 탄수화물, 단백질, 지질로부터 필요한 에너지를 얻는다. 대부분의 식품은 여러 종류의 영양소를 함유하고 있으나 100% 지질로 구성된 식물성 기름과 같은 예외도 있다.

식품의 에너지는 칼로리 단위로 표시하며, 1칼로리는 1g의 물을 섭씨 1도 올리는 데 필요한 열량이다. 그러나 이 단위는 매우 작기 때문에 식품 에너지는 칼로리의 1,000배인 킬로칼로리 단위로 표시하는 경우가 많다. 이 킬로칼로리는 kcal로 약하여 표시하고, 일상생활에서는 칼로리가 킬로칼로리의 의미로 통용된다.

소화율을 고려하여 식품 내의 탄수화물은 4 kcal/g, 단백질은 4 kcal/g, 지질은 9 kcal/g의 에너지를 내는 것으로 계산한다. 예를 들어 삶은 달걀(50g) 하나를 먹었을 때, 탄수화물 1g, 단백질 6g, 지질 5g이 함유되어 있으므로 에너지는 73 kcal를 섭취하게 된다.

또한 하루에 탄수화물이 300g, 단백질이 70g, 지질이 55g 포함된 식사를 하면, 1,975 kcal의 에너지를 섭취하게 된다. 이러한 식사는 전체 에너지의 60.8%를 탄수화물로부터, 14.2%를 단백질로부터, 25.0%를 지질로부터 공급받게 된다.

■ 칼로리 계산의 예

탄수화물	1g × 4 kcal =	4 kcal
단 백 질	6g × 4 kcal =	24 kcal
지 질	5g × 9 kcal =	45 kcal
합 계		73 kcal

■ **탄수화물, 단백질, 지질의 섭취비율**

탄수화물	(300g ×4) ÷ 1,975 ×100 = 60.8%
단백질	(70g ×4) ÷ 1,975 ×100 = 14.2%
지질	(55g ×9) ÷ 1,975 ×100 = 25.0%

영양상태

영양상태는 체내에 필요한 영양소의 공급에 따라 세 가지로 구분할 수 있다.

1. 바람직한 영양

영양소들이 체조직에 충분히 공급되어 정상적인 대사과정을 수행하고, 필요량이 증가할 때를 대비하여 약간은 저장되어 있는 상태이다.

2. 영양부족

영양부족 (undernutrition)

영양소 섭취가 필요량을 충족시키지 못하면 체내 저장량이 고갈되거나 결핍으로 인한 기능적 장애가 나타날 수 있다. 이를 영양부족 상태라 하며, 세포 분화가 활발한 소장 상피세포(2~5일)나 적혈구(120일) 등의 세포에서는 이러한 영양부족 상태가 비교적 빠르게 나타난다. 특히, 장기간에 걸친 영양부족 상태는 영구적인 손상을 유도할 수 있다.

준임상적 (subclinical)

□ 준임상적 영양결핍증 : 체내 영양소 저장량이 감소되거나 생화학적 대사 과정이 느려지는 단계로, 이 상태가 지속되면 임상적 증세가 나타날 수 있다. 이 과정의 영양결핍증은 외관으로 쉽게 드러나지 않으나 특정 효소의 활성도 저하, 저장 영양물질 함량의 저하 등의 생화학적인 검사를 통해서 관찰할 수 있다.

□ 임상적 영양결핍증 : 영양부족 상태가 지속될 경우 전체적인 외형이나 머리카락, 피부, 손톱, 입술 등에도 결핍 증상이 나타나며, 질환으로 발전할 수도 있다. 예를 들어, 철분 결핍 시에는 안면이 창백해지고 약간의 운동에도 심장박동이 빨라지는 등의 증상이 나타나며 빈혈로 판정받을 수 있다.

3. 영양과잉

영양과잉 (overnutrition)

비만증(obesity)

오랫동안 영양소를 과잉섭취하면 영양과잉이 되어 해로운 상태가 된다. 예를 들어 철분의 과잉섭취는 간 손상을 초래하며, 비타민 A의 과잉섭취도 기형아 출산 등에 영향을 미친다. 그러나 가장 흔한 영양과잉 증상은 에너지 생산영양소의 과다섭취로 인한 비만증이다. 20세기 초에는 영양부족이 문제였으나, 21세기로 진입한 지금은 영양부족과 과잉이 공존하고 있다. 특히 구미 선진국에서는 에너지 · 포화지방 · 총지방 · 소금 등의 과잉섭취로 인해 여러 영양문제가 발생하고 있으며, 우리나라도 그 뒤를 따르고 있다. 뿐만 아니라 비타민과 무기질 보충제 복용도 일반화되어 가는 추세여서 영양과잉으로 인한 독성문제의 우려가 높아지고 있다. 특히, 비타민 A와 D, 칼슘, 철분을 포함한 몇몇 무기질 등은 정상과 과잉섭취 범위가 매우 좁기 때문에 권장수준 이상의 보충제 섭취로 독성이 나타날 위험성이 크다.

영양상태 평가

바른 식생활을 하고 있는가를 판단하기 위해 여러 가지 영양상태 평가방법들이 이용된다. 영양상태의 평가 이전에 가족력, 질환유무 및 과거력, 치료 경력 등의 병력과 사회 경제적 환경에 대한 조사가 필요하다.

가족력 (family history)
병력 (medical history)
사회 경제적 여건 (socioeconomic history)

영양상태 평가의 기본원리(ABCD)

A. 신체계측에 의한 판정(anthropometric assessment ; A)
B. 생화학적 상태 판정(biochemical assessment ; B)
C. 임상적 상태 판정(clinical assessment ; C)
D. 식이조사 판정(dietary assessment ; D)

우리 국민의 영양상태 평가에 대한 자세한 설명은 '11장 한국인의 식생활 현황 및 정책' 에서 다룬다.

국민영양 실태조사

우리나라 보건복지부의 국민영양조사는 1969년 이래 매년 실시하여 우리나라 국민의 식품섭취량 및 영양섭취량의 실태를 보고하여 왔으며 1998년부터는 국민건강영양조사로 확대되면서 3년마다 실시되고 있다. 제4기(2007-2009)부터는 3년 단위로 종합하되 연중조사 체계로 개편되어 매년 그 결과를 발표하고 있다.

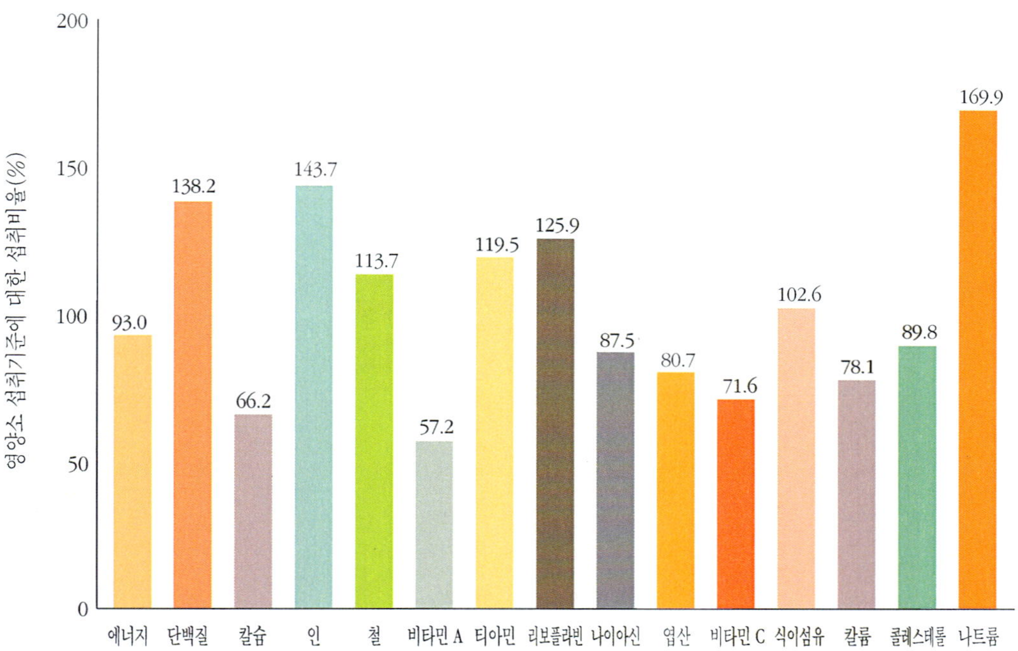

자료 : 질병관리청, 2019 국민건강통계, 2020

그림 1-2. 영양소별 섭취기준에 대한 평균 섭취비율(2019)

국민건강영양조사에서는 영양소 섭취량을 섭취기준과 비교하여 결과를 제시하고 있으며(그림 1-2), 대체로 권장섭취량과 비교하고 있지만 모든 영양소에 대해서 권장섭취량이 설정되어 있지 않기 때문에 에너지의 경우 필요추정량, 식이섬유와 칼륨은 충분섭취량, 나트륨과 콜레스테롤은 목표섭취량과 비교한 통계를 산출하고 있다. 2019년 결과에서 칼슘, 비타민 A, 비타민 C 섭취량은 권장섭취량의 75%보다 낮았으며, 나트륨 섭취량은 목표섭취량의 두 배 가까이 섭취하는 것으로 조사되었다. 우리 국민들의 영양섭취 현황에 대해서는 '제11장 한국인의 식생활 현황 및 정책'에서 좀 더 자세히 살펴보기로 한다.

건강영양조사 (National Health and Nutrition Examination Survey, NHANES)

질병통제예방센터 (Centers for Disease Control and Prevention, CDC)

미국에서는 1959년부터 건강조사(National Health Examination Survey)가 시작되었으며, 일부 주, 인종, 연령 등에 대해서 선택적으로 시행해오다가 1999년부터 연중 상시 조사 체계로 개편하면서 건강영양조사(NHANES)라는 이름으로 미국인의 건강과 영양상태를 대표할 수 있는 조사로서의 면모를 갖추게 되었다. 해당 조사는 미국의 질병통제예방센터에서 주관하여 시행하고 있으며 미국인의 비만, 고혈압 등 만성질환 증가, 트랜스지방 섭취 감소, 여자 청소년 인유두종 바이러스 감염증 분율 감소 등 미국인의 건강 및 영양 문제를 제기하고 정책 효과를 평가하는 성과를 거두었다. 미국 건강영양조사는 연 5천명씩 조사하고 통상 2년의 자료를 한꺼번에 분석하여 발표해왔으며, 최근 결과는 2017~2018년에 조사된 자료로부터 산출된 통계이다(그림 1-3). 식품(음식 또는 음료)을 통해 섭취한 에너지 양은 2세 이상 전 연령 평균 2,093kcal로, 우리나라의 평균 섭취량(2017년 1,992kcal, 2018년 1,968kcal)과 유사하였다.

미국인의 경우 에너지 중 1/3을 지질로 섭취하는 것으로 조사되었다. 연령과 관계없이 단백질로부터 섭취하는 에너지 양은 15% 내외였고, 탄수화물이 45~53%, 지질은 33~39% 정도였다. 비타민 A 섭취량은 633RAE, 칼슘은 968mg으로 우리나라 국민들의 평균 섭취량보다 높았으나 식이섬유는 16.2g으로 낮은편이었다. 총당류섭취량은 108g으로 우리 국민 섭취량 61g에 비해서 2배

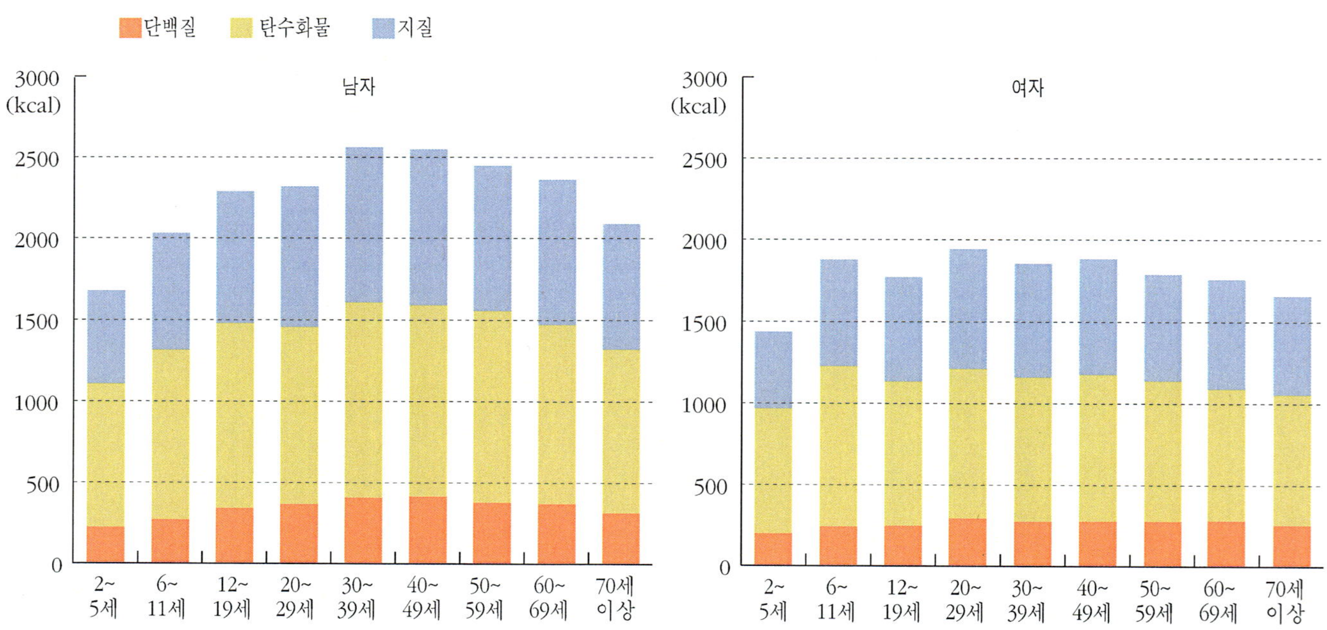

그림 1-3. 미국인의 총에너지 섭취량 및 주요 급원(NHANES 2017-2018)

가까운 수준이었다. 과거에는 우리나라 나트륨 섭취량이 4,000mg을 크게 상회하여 미국보다 높았지만 2019년 우리나라 나트륨 섭취량은 3,289mg, 2017~2018년 미국 섭취량은 3,389mg으로 유사한 수준이라고 할 수 있다.

식생활의 기초

건강한 식생활을 위한 기본원리

건강한 식생활의 기본원리는 다양한 식품을 적당한 양으로 섭취하여 영양의 균형을 맞추는 것이다. 그 각각을 살펴보면 다음과 같다.

식생활의 기본원리
- 다양성(variety)
- 적절한 양(moderation)
- 균형(balance)

1. 다양성

한 가지 식품의 섭취로 모든 영양소의 필요량을 충족시킬 수는 없다. 예를 들면, 완전 식품으로 알려져 있는 달걀은 비타민 C가 전혀 없고 칼슘도 거의 공급하지 못하며, 우유 역시 철분과 비타민 D의 양이 매우 적다. 따라서 다양한 식품의 섭취를 통해 필요한 영양소를 골고루 공급받는 것은 매우 중요하다.

2. 적절한 양

식품을 섭취하는 데 있어서 적당한 양의 개념은 매우 중요하다. 따라서 모든 영양소를 필요한 만큼 골고루 섭취할 수 있도록 식품 섭취를 조절하는 것을 말하며, 너무 많거나 적게 섭취하지 않는 것을 뜻한다. 예를 들면, 어느 날 한끼 식사에 상대적으로 지방 · 당분 · 염분 등이 많은 식품을 섭취했다면, 그날의 남은 식사에서는 이런 것의 함량이 적은 것을 섭취해 하루의 필요량이 적절히 유지될 수 있도록 하는 것을 말한다.

3. 균형식

균형 잡힌 식사란 모든 영양소가 적당한 양으로 포함되어 있는 식사를 말하며, 균형 잡힌 식사를 위한 가장 좋은 방법은 매일의 식사에서 다섯 가지 기초 식품군을 골고루 섭취하는 것이다.

쉬어가기

건강한 식생활을 위한 ABCDE

A : Adequacy of diet	충분한 식사
B : Balance in diet	식사 균형
C : Calorie control	에너지 조절
D : Diversity in food choice	다양한 음식 선택
E : Exercise	규칙적인 운동

우리나라 식사구성안

식사구성안은 여러 가지 식품이 적절히 함유된 균형 잡힌 식사를 하는 데 도움을 주기 위해 고안된 것으로 다음과 같이 구성되었다.

1. 식품의 분류

식품은 식품영양가표의 분류체계와 한국인의 대표적인 식사패턴, 식품들의 영양소 함량, 국민건강영양조사에서 특정 식품이 총 영양소 섭취에 기여하는 정도 등을 고려하여 다음과 같이 6가지 식품군으로 분류하였다.

- 곡류
- 고기 · 생선 · 달걀 · 콩류
- 채소류
- 과일류
- 우유 · 유제품류
- 유지 · 당류

2. 식사구성안을 위한 1인 1회 분량 설정

각 식품군에 속하는 식품 중 한국 사람들이 많이 섭취하는 식품을 중심으로, 국민건강영양조사 보고와 다른 나라의 1회 분량의 자료 등을 참고로 하여 한 번에 섭취하는 1인 1회 분량을 설정하였다(표 1-2, 3).

식사구성안의 1인 1회 분량은 보기에 편하도록 가정용 단위를 많이 사용하고, 우리나라 사람들의 식생활 관습을 고려하여 제정하였는데, 섭취해야 하는 양이 아니라 사람들이 섭취한다고 생각되는 양으로부터 산출한 것이므로, 정확한 열량과 3대 영양소를 조절해야 하는 질환자의 식이요법을 위한 교환 단위와는 다르다는 것에 주의해야 한다.

3. 권장식사패턴

일반인이 복잡한 영양가 계산을 하지 않고서도 자신의 성, 연령을 기준으로 영양소 섭취기준에 적합하게 식사구성안을 작성할 수 있도록 제시한 식사형태를 의미한다. 대표 에너지를 제시하고 각 에너지별로 식품군별 섭취 횟수를 제시하여 대상별로 적절한 식품을 선택하여 식단을 작성할 수 있도록 하기 위해 마련되었다. 하루에 필요한 식품군별 섭취 횟수에 따라 식단을 구성하면 하루에 필요한 영양소 섭취량을 충족할 수 있다. 성장기 어린이 및 청소년의 특징을 반영하여 하루에 우유 2컵을 섭취하는 A타입과 우유 1컵을 섭취하는 B타입으로 구분하여 제시하고 있다.

4. 식품군별 대표영양가

식품을 선택할 때 식품의 영양소 함량을 대략적으로 계산할 수 있도록 각 식품군별로 대표 영양가를 정한 것으로, 대표영양가표는 각 대표식품의 영양소 함량을 바탕으로 1인이 하루 섭취하는 해당 식품의 섭취량의 평균값을 고려한 가중치를 이용하여 산출된 것이다.

표 1-2. 식품군별 기준영양소 값 및 대표영양가

식품군 및 기준 영양소 값	에너지 (kcal)	단백질 (g)	지방 (g)	탄수화물 (g)	식이섬유 (g)	칼슘 (mg)	인 (mg)
곡류 (300kcal)	331.40	6.58	1.02	71.62	0.41	10.43	129.08
고기·생선·달걀·콩류 (100kcal : 단백질 10g)	94.37	9.62	5.27	1.53	0.04	41.73	1.9078
채소류 (15kcal)	13.88	1.11	0.18	3.14	0.52	22.77	24.01
과일류 (50kcal)	51.48	1.23	0.27	14.06	1.52	12.31	36.50
우유 · 유제품류 (125kcal)	121.41	5.63	5.67	12.22	0.00	183.07	154.16
유지 · 당류 (45kcal)	38.29	0.06	1.12	7.22	0.00	0.72	2.49

식품군 및 기준 영양소 값	철 (mg)	나트륨 (mg)	칼륨 (mg)	비타민A (μg RE)*	티아민 (mg)	리보플라빈 (mg)	니아신 (mg)	비타민C (mg)
곡류 (300kcal)	0.89	142.16	160.40	1.36	0.14	0.05	1.59	3.60
고기·생선·달걀·콩류 (100kcal : 단백질 10g)	1.35	79.12	96.38	59.48	0.11	0.10	1.07	0.15
채소류 (15kcal)	0.66	191.77	167.74	90.79	0.04	0.05	0.45	8.84
과일류 (50kcal)	1.06	7.21	306.12	29.00	0.07	0.07	0.54	38.85
우유 · 유제품류 (125kcal)	0.18	106.32	269.14	48.98	0.07	0.25	0.17	1.52
유지 · 당류 (45kcal)	0.04	2.56	6.44	0.07	0.00	0.00	0.05	0.01

*비타민 A의 RAE에 대한 데이터베이스의 부재로 기존의 RE로 제시하였으며, 2020년 한국인 영양소 섭취기준에는 RAE로 제시되어 있음.

표 1-3. 식품군별 대표식품의 1인 1회 분량

식품군	1인 1회 분량					
곡류 (300 kal)						
	쌀밥(210g)	백미(90g)	보리(90g)	찹쌀(90g)	현미(90g)	조(90g)

	수수(90g)	기장(90g)	팥(90g)	귀리(90g)	율무(90g)	옥수수(70g)*

	국수 말린 것(90g)	메밀국수 말린 것(90g)	냉면국수 말린 것(90g)	우동 생면(200g)	칼국수 생면(200g)	당면(30g)*

	라면사리(120g)	가래떡(150g)	백설기(150g)	식빵(35g)*	시리얼(30g)*	감자(140g)*

	고구마(70g)*	묵(200g)*	밤(60g)*	밀가루(30g)*	과자 스낵(30g)*	과자 비스킷/쿠키 (30g)*
	* 표시는 0.3회 전분, 빵가루, 부침가루, 튀김가루(혼합)은 밀가루와 1인 1회 분량 동일					
고기 · 생선 달걀 · 콩류 (100 kcal)						
	돼지고기(60g)	쇠고기(60g)	닭고기(60g)	오리고기(60g)	소시지(30g)	고등어(70g)

	명태(70g)	조기(70g)	꽁치(70g)	갈치(70g)	참치(70g)	대구(70g)

	가자미(70g)	광어(70g)	연어(70g)	게(80g)	바지락(80g)	굴(80g)

	홍합(80g)	전복(80g)	소라(80g)	오징어(80g)	새우(80g)	낙지(80g)

	문어(80g)	쭈꾸미(80g)	멸치자건품(15g)	오징어 말린 것(15g)	새우자건품(15g)	뱅어포(15g)

식품군	1인 1회 분량					
고기 · 생선 달걀 · 콩류 (100 kcal)						
	명태 말린 것(15g)	참치통조림(60g)	어묵(30g)	게맛살(30g)	어류젓(40g)	달걀(60g)

	메추리알(60g)	두부(80g)	두유(200mL)	대두(20g)	완두콩(20g)	강낭콩(20g)

	렌틸콩(20g)	녹두(20g)	아몬드(10g)*	호두(10g)*	잣(10g)*	땅콩(10g)*

	해바라기씨(10g)*	호박씨(10g)*	은행(10g)*	캐슈넛(10g)*		
	* 표시는 0.3회					
채소류 (15 kal)						
	양파(70g)	파(70g)	당근(70g)	무(70g)	애호박(70g)	오이(70g)

	콩나물(70g)	시금치(70g)	상추(70g)	배추(70g)	양배추(70g)	깻잎(70g)

	피망(70g)	부추(70g)	토마토(70g)	쑥갓(70g)	무청(70g)	붉은고추(70g)

	숙주나물(70g)	고사리(70g)	미나리(70g)	파프리카(70g)	양상추(70g)	치커리(70g)

	샐러리(70g)	브로콜리(70g)	가지(70g)	아욱(70g)	취나물(70g)	고춧잎(70g)

	단호박(70g)	늙은호박(70g)	고구마줄기(70g)	마늘종(70g)	배추김치(40g)	깍두기(40g)

(계속)

식품군	1인 1회 분량
채소류 (15 kal)	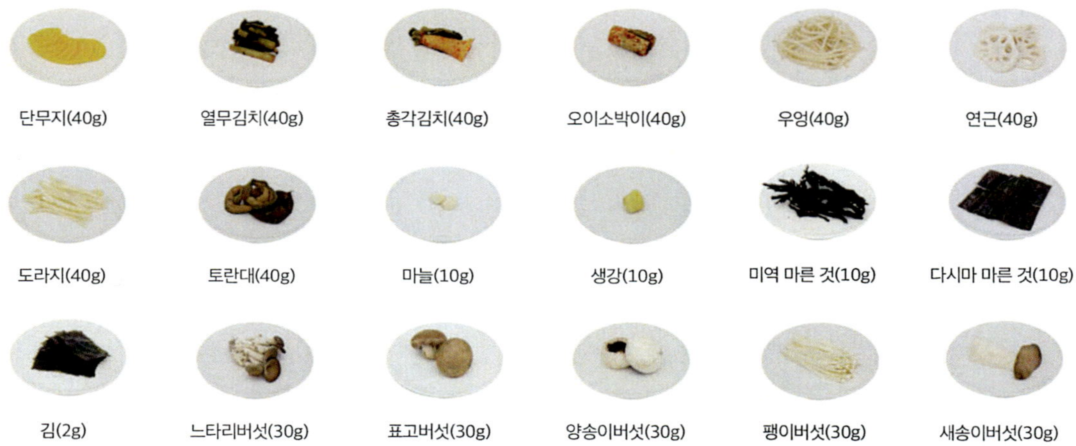 단무지(40g), 열무김치(40g), 총각김치(40g), 오이소박이(40g), 우엉(40g), 연근(40g), 도라지(40g), 토란대(40g), 마늘(10g), 생강(10g), 미역 마른 것(10g), 다시마 마른 것(10g), 김(2g), 느타리버섯(30g), 표고버섯(30g), 양송이버섯(30g), 팽이버섯(30g), 새송이버섯(30g) 풋마늘은 파와 1인 1회 분량 동일
과일류 (50 kal)	 수박(150g), 참외(150g), 딸기(150g), 사과(100g), 귤(100g), 배(100g), 바나나(100g), 감(100g), 포도(100g), 복숭아(100g), 오렌지(100g), 키위(100g), 파인애플(100g), 블루베리(100g), 자두(100g), 대추 말린 것(15g) * 표시는 0.3회
우유 · 유제품류 (125 kal)	 우유(200 mL), 호상요구르트(100g), 액상요구르트(150mL), 아이스크림/셔벗(100g), 치즈 (20g)* * 표시는 0.3회
유지 · 당류 (45 kal)	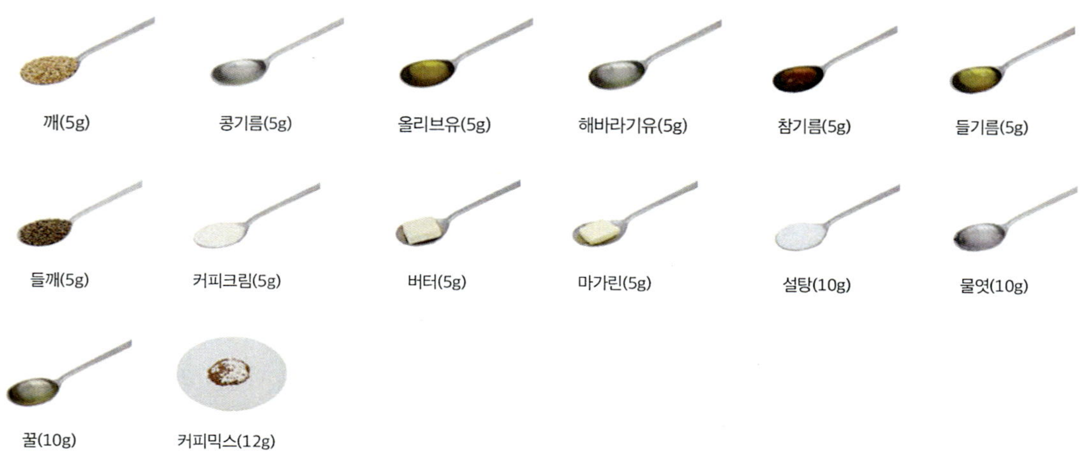 깨(5g), 콩기름(5g), 올리브유(5g), 해바라기유(5g), 참기름(5g), 들기름(5g), 들깨(5g), 커피크림(5g), 버터(5g), 마가린(5g), 설탕(10g), 물엿(10g), 꿀(10g), 커피믹스(12g) *유채씨기름, 옥수수기름, 포도씨유는 콩기름, 올리브유 등과 1인 1회 분량 동일 흰깨는 깨와 1인 1회 분량 동일

표 1-4. 19~64세 성인 남 · 녀의 식품군별 1일 권장섭취 횟수(1회 분량 횟수)

식품군 \ 성별	남자(2,400kcal)	여자(1,900kcal)
곡류	4	3
고기 · 생선 · 달걀 · 콩류	5	4
채소류	8	8
과일류	3	2
우유 · 유제품류	1	1
유지 · 당류	6	4

5. 1일 식사의 식품 구성

대표적인 연령군에 대하여 영양섭취기준을 고려하여 각 식품군에서 하루에 섭취해야 할 1회 분량 횟수를 제시하였다(표 1-4).

한 개인에게 필요한 에너지와 영양소의 양은 연령 · 성별 등에 따라 차이가 있으므로 식사도 이에 따라 다르게 구성되어야 하며, 특히 생애주기에 따라 변하는 주요 영양소 권장량을 잘 충족시킬 수 있도록 식사구성을 변형하는 것이 중요하다. 성인의 권장량에 비하여 에너지와 주요 영양소 섭취기준 차이가 큰 대상자군을 선정하여 식사구성을 한 예를 표 1-5에 제시하였다.

또한 같은 식품군에 속하는 식품들도 그 종류에 따라 실제 영양소 함량에 차이가 있으므로 식사구성안을 실생활에 적용시킬 때에는 식사구성뿐만 아니라 각 군별로 여러 가지 식품을 섭취할 수 있도록 다양성을 강조하는 것도 중요하다.

6. 식품구성자전거

식사구성안에 제시된 식품의 분류와 각각의 식품군이 식생활에서 차지하는 중요성과 양을 일반인들이 쉽게 이해할 수 있도록 그림으로 표시한 것이 식품구성자전거이다(그림 1-4).

식품구성자전거는 6개의 식품군에 권장식사패턴의 섭취 횟수와 분량에 맞추어 바퀴 면적을 배분한 형태로, 기존의 식품구성탑 보다 다양한 식품 섭취를 통한 균형 잡힌 식사와 수분 섭취의 중요성 그리고 적절한 운동을 통한 비만 예방이라는 기본 개념을 나타내었다. 식품군별 대표

표 1-5. 생애주기별 1인 1회 분량의 섭취 횟수

식품군 \ 성별(kcal)	남자			여자		
	청소년 (2,600A)	성인 (2,400B)	노인 (2,000B)	청소년 (2,000A)	성인 (1,900B)	노인 (1,600B)
곡류	3.5	4	3.5	3	3	3
고기 · 생선 · 달걀 · 콩류	5.5	5	4	3.5	4	2.5
채소류	8	8	8	7	8	6
과일류	4	3	2	2	2	1
우유 · 유제품류	2	1	1	2	1	1
유지 · 당류	8	6	4	6	4	4

자료 : 보건복지부, 2020 한국인 영양소 섭취기준 활용

그림 1-4. 식품구성자전거

메뉴	분량	아침	점심	저녁	간식

		쌀밥, 닭곰탕, 돼지고기브로콜리볶음, 미역줄기나물, 깍두기	열무비빔국수, 삶은달걀, 채소튀김, 동치미, 오렌지	잡곡밥, 대구탕, 두부조림, 숙주나물, 배추김치	방울토마토, 키위, 우유
곡류	3회	쌀밥 210g (1)	소면 90g (1)	잡곡밥 210g (1)	
고기·생선 달걀·콩류	4회	닭고기 60g (1) 돼지고기 30g (0.5)	달걀 60g (1)	대구 70g (1) 두부 40g (0.5)	
채소류	8회	파 35g (0.5) 브로콜리 35g (0.5) 미역줄기 35g (0.5) 깍두기 40g (1)	열무김치 20g (0.5) 당근 35g (0.5) 양파 35g (0.5) 동치미 40g (1)	무 35g (0.5) 숙주나물 35g (0.5) 배추김치 40g (1)	방울토마토 70g (1)
과일류	2회		오렌지 100g (1)		키위 100g (1)
우유·유제품류	1회				우유 200mL (1)
유지·당류	4회	유지 및 당류는 조리 시 가급적 적게 사용 할 것을 권장함			

* 총 열량(kcal): 1882.3 kcal; 탄수화물, 단백질, 지방 섭취비율(%): 탄수화물(55.3%), 단백질(19.2%), 지방(25.5%)

그림 1-5. 1,900 kcal 하루 상차림(성인 여성)

식품의 1인 1회 분량을 기준으로 섭취 횟수를 활용하여 개인별 권장섭취패턴을 계획하거나 평가할 수 있다.

미국의 식사구성안

20세기에 들어오면서 전문가가 아닌 사람들도 일상생활에서 영양소의 필요량에 따른 식사를 할 수 있도록 여러 가지 자료들이 만들어졌다. 최초의 자료로는 미국인들의 전통적인 식사에 기초를 둔 7가지 식품군이 있었고, 5가지 식품군으로 단순화되었다가, 1950년대 중반에 우유 및 유제품군, 육류군, 과일과 채소군, 곡류군을 내용으로 하는 4가지 식품군이 나왔다.

2005년에는 5가지 식품군과 유지류를 나타내는 6가지 색의 식품 피라미드가 고안되어 마이피라미드(www.mypyramid.gov)에 공개되었으며, 나이와 성별, 하루 운동시간에 따라 각기 다른 식단 정보를 제안하였다. 한편 Dietary guidelines for Americans는 2010년에 개정되었는데 마이피라미드 대신 플레이트 형태의 food guides를 제안하였다(www.choosemyplate.gov)(그림 1-6). 이는 곡류군, 단백질 식품군, 채소군, 과일군, 우유군 등 건강을 위한 식사, 즉 균형식을 위해 섭취할 식품을 5군으로 구분하고 그 상대적인 양을 식탁 매트 위에 놓인 접시(plate) 형태의 그림으로 제시하여 실제 식사와 연관지어 생각할 수 있게 하였다. 'Myplate'의 'My'는 마이피라미드에서 처럼 개별화된 접근법을 의미한 것이다.

그림 1-6. 미국의 마이피라미드(2005)와 마이플레이트(2010)

마이플레이트에서 전달하는 메시지는 다음과 같다.

- 칼로리 균형 맞추기: 식사를 즐기되 약간 적게 먹기, 1인 1회 분량 이상(oversized portion) 먹지 않기
- 충분히 먹기: 플레이트의 절반은 채소와 과일로 채우기, 곡류의 반 정도는 전곡류로 먹기, 우유는 무지방 또는 저지방(1%)으로 선택하기
- 좀 줄여 먹기: 나트륨 함량(수프, 빵, 냉동식사 등에서)을 비교하고 저나트륨 식사를 선택하기, 당이 함유된 음료 대신 물 마시기

마이플레이트 구성요소의 양은 연령, 성별, 신체활동량에 따라 다르다. 하루에 30분 이하로 중등도 운동을 하는 19~30세 남녀의 식품군별 권장 단위 수는 표 1-6과 같다.

표 1-6. 식품군에 따른 1일 권장 단위 수

식품군	남 성	여 성
곡류군	8 온스	6 온스
단백질 식품군	6 1/2 온스	5 1/2 온스
채소군	3 컵	2 1/2 컵
과일군	2 컵	2 컵
우유군	3 컵	3 컵

*1온스는 28.35g이며, 미국의 1컵 단위는 240mL이다.

채소군의 경우 하위단위로 짙은 녹색 채소류, 황색 채소류, 콩류, 전분질 채소류, 기타 채소류로 나뉘어 주당 권장량이 따로 주어진다. 그리고 적정 체중을 유지하기 위해 열량을 필요량 이내로 섭취하도록 하며, 거의 매일 30분 이상의 운동을 권장한다. 보통 활동 정도의 19~30세 성인의 권장량과 1회 분량은 표 1-7과 같다.

표 1-7. 19~30세 성인의 권장량 및 1회 분량

식품군	권장량	식품명	1회 분량	
곡류군 반 정도는 전곡류로 섭취한다.	8 온스(남) 6 온스(여)	빵 시리얼 밥 파스타	1 조각 1 컵 1/2 컵 1/2 컵	곡류군 1 온스
단백질 식품군 육류는 저지방이나 살코기로 고른다. 단백질 급원을 어류, 콩류 등으로 다양하게 섭취한다.	6 1/2 온스(남) 5 1/2 온스(여)	육류, 가금류, 어류 콩류 달걀 땅콩버터 견과류	1 온스 1/4 컵 1 개 1 큰술 1/2 온스	단백질 식품군 1온스
채소군 플레이트의 절반은 채소와 과일로 구성한다.	3 컵(남) 2 1/2 컵(여)	채소(생채, 숙채) 야채 주스 잎채소(생채)	1 컵 1 컵 2 컵	채소군 1 컵
과일군 플레이트의 절반은 채소와 과일로 구성한다.	2 컵	과일 과일주스 말린 과일	1 컵 1 컵 1/2 컵	과일군 1 컵
우유군 저지방이나 무지방 제품으로 선택한다.	3 컵	우유, 두유 요구르트 자연치즈 가공치즈	1 컵 1 컵 1 1/2 온스 2 온스	우유군 1 컵
유지류 버터, 마가린 등 고체지방, 포화지방을 멀리 한다.	7 작은술(남) 6 작은술(여)	식물성유 마가린, 마요네즈	1 작은술 1 작은술	유지 1 작은술

일본의 식사구성안

일본의 기초식품군 점수제는 '매일의 식품 선택을 어떻게 할 것인가'에 대한 일본 가가와 영양대학에서 개발한 점수방법으로, 매일 필요한 영양소의 섭취를 위해 4개의 식품군에서 선택해야 한다. 연령, 직업, 운동량에 따라 식품의 양을 결정하는데, 아래의 예는 성인 여자를 위한 기본량을 표시한 것이다. 각 식품의 양을 1점으로 하여 하루에 총 20점을 만들어야 한다(표 1-8). 총 20점이 모자란다고 생각되면 식품 4군에서 늘릴 수 있고, 체중을 감소시키려면 4군에서 2~5점을 줄이도록 하고 다른 군에서는 절대 줄이지 말아야 한다.

1군의 ♠는 가장 중요하다는 뜻이고, 2군의 ♥는 심장에 좋다는 뜻이고, 3군의 ♣는 신선하다는 뜻이고, 4군의 ◆는 부귀를 뜻하나 많이 섭취하면 뚱뚱해진다고 설명하고 있다(그림 1-7).

일본은 영양섭취기준을 제정하면서 일반인들에게 하루에 섭취할 음식의 양과 종류를 알리기 위해 식사밸런스가이드를 만들었다. 이는 식생활지침을 구체적인 행동에 연결시키기 위하여 식사의 바람직한 조합이나 대강의 양을 알기 쉽게 팽이 모양의 식생활 모형(Japanese Food Guide Spinning Top)을 개발하여 일반 국민들이 쉽게 이용할 수 있게 하였다. 식사밸런스가이드 팽이의 구성 내용을 보면 매일의 식사량을 주식, 부채, 주채, 우유 · 유제품, 과일로 구분하고 각각 개(SV)라는 단위를 이용하여 표시하였다. 이 외에도 물 · 차, 과자 · 기호음료, 운동의 중요성에 대해서도 표현되어 있다(그림 1-8).

표 1-8. 일본의 기초식품군 점수제

군	식품군	점수	식품의 예	총점수
♠ 1군	우유 및 유제품 달걀	2 1	우유(280g) 우유(140g)와 치즈(24g) 달걀 1개(50g)	3
♥ 2군	생선과 갑각류 육류 두류, 콩류	1 1 1	고등어 (150g) 닭(살코기, 80g) 두부$^1/_3$ 모(105g)	3
♣ 3군	채소 감자, 녹말 과일	1 1 1	녹황색 채소(105g) 담색 채소(200g) 감자(100g)	3
◆ 4군	곡류 설탕 유지류	8 1 2	밥 2공기(220g) 빵 2쪽 (120g) 설탕 $2^1/_3$큰술(21g) 채종유, 버터(20g)	4 4 1 2
				총계 20점

그림 1-7. 일본의 기초식품군(가가와 영양대학)

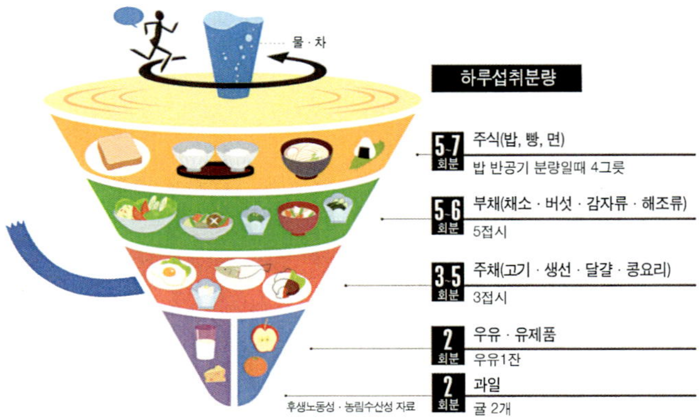

그림 1-8. 일본의 식사밸런스가이드 팽이

식생활지침

2016년 보건복지부는 농림축산식품부, 식품의약품안전처와 공동으로 국민의 건강하고 균형 잡힌 식생활 가이드라인을 제시하는 '국민 공통 식생활지침' 을 제정 · 발표했다. '국민 공통 식생활지침' 은 정부 부처의 분산되어 있는 지침을 종합하여, 바람직한 식생활을 위한 기본적인 수칙을 제시한 것으로, 균형있는 영양소 섭취, 올바른 식습관 및 한국형 식생활, 식생활 안전 등을 종합적으로 고려하였다. 2021년에는 기존의 지침을 보완하여 한국인을 위한 식생활지침으로 보완한 바 있으며, 내용은 다음과 같다.

한국인을 위한 식생활지침

1. 매일 신선한 채소, 과일과 함께 곡류, 고기 · 생선 · 달걀 · 콩류, 우유 · 유제품을 균형 있게 먹자.
2. 덜 짜게, 덜 달게, 덜 기름지게 먹자.
3. 물을 충분히 마시자.
4. 과식을 피하고, 활동량을 늘려서 건강 체중을 유지하자.
5. 아침 식사를 꼭 하자.
6. 음식은 위생적으로, 필요한 만큼만 마련하자.
7. 음식을 먹을 땐 각자 덜어 먹기를 실천하자.
8. 술은 절제하자.
9. 우리 지역 식재료와 환경을 생각하는 식생활을 즐기자.

한국인 영양소 섭취기준

영양섭취기준
(Dietary Reference Intakes, DRIs)

국민보건과 체위 향상, 식생활 개선에 도움을 주고자 1962년 한국인 영양권장량이 처음으로 발표된 이후 연구자들의 자발적인 노력을 통해 5년여의 주기로 개정 작업이 이루어져왔으며, 2005년에는 권장량뿐만 아니라 평균필요량, 목표섭취량 등 영양소 특성에 따라 다양하게 활용될 수 있도록 한국인 영양섭취기준(DRIs)으로 개편된 바 있다. 2015년부터는 영양소 섭취기준이 우리 국민의 건강증진에 직접적으로 영향을 미칠 수 있는 가이드라인이라는 점을 고려하여 국민

영양관리법을 근거로 정부에서 직접 제 · 개정을 주도하여 '한국인 영양소 섭취기준'을 제정하였으며 2020년 한차례 개정되었다. 영양소 섭취기준은 최근의 과학적 근거를 기반으로 우리나라 국민들의 체위, 생리적 특성, 활동 수준 등을 고려하여 제정하는 것이기 때문에 일정 주기로 개정하는 것이 불가피하며, 5년마다 개정하고 있다.

영양소 섭취기준은 개인의 영양소 필요량을 의미하기보다 대다수 사람들의 영양요구량을 만족시키기 위한 개인차를 감안한 개괄적 수치이므로 지역사회 집단 혹은 개인의 영양상태를 판정하고자 할 때는 이를 고려해야 하며, 식품 · 영양 정책 수립 및 영양교육 프로그램 개발 등에 다양하게 이용된다.

2020년 개정된 영양소 섭취기준은 표 1-9~1-15에 나타내었으며, 자세한 설명은 살펴보기에서 다루고자 한다.

표 1-9. 2020 한국인 영양소 섭취기준 – 에너지적정비율

성별	연령	에너지적정비율(%)				
		탄수화물	단백질	지질[1]		
				지방	포화지방산	트랜스지방산
영아	0~5(개월)	-	-	-	-	-
	6~11	-	-	-	-	-
유아	1~2(세)	55~65	7~20	20~35	-	-
	3~5	55~65	7~20	15~30	8 미만	1 미만
남자	6~8(세)	55~65	7~20	15~30	8 미만	1 미만
	9~11	55~65	7~20	15~30	8 미만	1 미만
	12~14	55~65	7~20	15~30	8 미만	1 미만
	15~18	55~65	7~20	15~30	8 미만	1 미만
	19~29	55~65	7~20	15~30	7 미만	1 미만
	30~49	55~65	7~20	15~30	7 미만	1 미만
	50~64	55~65	7~20	15~30	7 미만	1 미만
	65~74	55~65	7~20	15~30	7 미만	1 미만
	75 이상	55~65	7~20	15~30	7 미만	1 미만
여자	6~8(세)	55~65	7~20	15~30	8 미만	1 미만
	9~11	55~65	7~20	15~30	8 미만	1 미만
	12~14	55~65	7~20	15~30	8 미만	1 미만
	15~18	55~65	7~20	15~30	8 미만	1 미만
	19~29	55~65	7~20	15~30	7 미만	1 미만
	30~49	55~65	7~20	15~30	7 미만	1 미만
	50~64	55~65	7~20	15~30	7 미만	1 미만
	65~74	55~65	7~20	15~30	7 미만	1 미만
	75 이상	55~65	7~20	15~30	7 미만	1 미만
임신부		55~65	7~20	15~30		
수유부		55~65	7~20	15~30		

1) 콜레스테롤: 19세 이상 300mg/일 미만 권고

자료 : 보건복지부, 2020 한국인 영양소 섭취기준, 2020

표 1-10. 2020 한국인 영양소 섭취기준 – 당류

총당류 섭취량을 총 에너지섭취량의 10~20%로 제한하고, 특히 식품의 조리 및 가공 시 첨가되는 첨가당은 총 에너지섭취량의 10% 이내로 섭취하도록 한다. 첨가당의 주요 급원으로는 설탕, 액상과당, 물엿, 당밀, 꿀, 시럽, 농축과일주스 등이 있다.

자료 : 보건복지부, 2020 한국인 영양소 섭취기준, 2020

표 1-11. 2020 한국인 영양소 섭취기준 – 에너지와 다량영양소

성별	연령	에너지(kcal/일)				탄수화물(g/일)				식이섬유(g/일)			
		필요 추정량	권장 섭취량	충분 섭취량	상한 섭취량	평균 필요량	권장 섭취량	충분 섭취량	상한 섭취량	평균 필요량	권장 섭취량	충분 섭취량	상한 섭취량
영아	0~5(개월)	500						60					
	6~11	600						90					
유아	1~2(세)	900				100	130					15	
	3~5	1,400				100	130					20	
남자	6~8(세)	1,700				100	130					25	
	9~11	2,000				100	130					25	
	12~14	2,500				100	130					30	
	15~18	2,700				100	130					30	
	19~29	2,600				100	130					30	
	30~49	2,500				100	130					30	
	50~64	2,200				100	130					30	
	65~74	2,000				100	130					25	
	75 이상	1,900				100	130					25	
여자	6~8(세)	1,500				100	130					20	
	9~11	1,800				100	130					25	
	12~14	2,000				100	130					25	
	15~18	2,000				100	130					25	
	19~29	2,000				100	130					20	
	30~49	1,900				100	130					20	
	50~64	1,700				100	130					20	
	65~74	1,600				100	130					20	
	75 이상	1,500				100	130					20	
임신부[1]		+0 +340 +450				+35	+45					+5	
수유부		+340				+60	+80					+5	

성별	연령	지방(g/일)				리놀레산(g/일)				알파-리놀렌산(g/일)				EPA+DHA(mg/일)			
		평균 필요량	권장 섭취량	충분 섭취량	상한 섭취량	평균 필요량	권장 섭취량	충분 섭취량	상한 섭취량	평균 필요량	권장 섭취량	충분 섭취량	상한 섭취량	평균 필요량	권장 섭취량	충분 섭취량	상한 섭취량
영아	0~5(개월)			25				5.0				0.6				200[2]	
	6~11			25				7.0				0.8				300[2]	
유아	1~2(세)							4.5				0.6					
	3~5							7.0				0.9					
남자	6~8(세)							9.0				1.1				200	
	9~11							9.5				1.3				220	
	12~14							12.0				1.5				230	
	15~18							14.0				1.7				230	
	19~29							13.0				1.6				210	
	30~49							11.5				1.4				400	
	50~64							9.0				1.4				500	
	65~74							7.0				1.2				310	
	75 이상							5.0				0.9				280	
여자	6~8(세)							7.0				0.8				200	
	9~11							9.0				1.1				150	
	12~14							9.0				1.2				210	
	15~18							10.0				1.1				100	
	19~29							10.0				1.2				150	
	30~49							8.5				1.2				260	
	50~64							7.0				1.2				240	
	65~74							4.5				1.0				150	
	75 이상							3.0				0.4				140	
임신부								+0				+0				+0	
수유부								+0				+0				+0	

1) 1, 2, 3 분기별 부가량

2) DHA

(계속)

성별	연령	단백질(g/일)				메티오닌+시스테인(g/일)				류신(g/일)			
		평균 필요량	권장 섭취량	충분 섭취량	상한 섭취량	평균 필요량	권장 섭취량	충분 섭취량	상한 섭취량	평균 필요량	권장 섭취량	충분 섭취량	상한 섭취량
영아	0~5(개월)			10				0.4				1.0	
	6~11	12	15			0.3	0.4			0.6	0.8		
유아	1~2(세)	15	20			0.3	0.4			0.6	0.8		
	3~5	20	25			0.3	0.4			0.7	1.0		
남자	6~8(세)	30	35			0.5	0.6			1.1	1.3		
	9~11	40	50			0.7	0.8			1.5	1.9		
	12~14	50	60			1.0	1.2			2.2	2.7		
	15~18	55	65			1.2	1.4			2.6	3.2		
	19~29	50	65			1.0	1.4			2.4	3.1		
	30~49	50	65			1.1	1.4			2.4	3.1		
	50~64	50	60			1.1	1.3			2.3	2.8		
	65~74	50	60			1.0	1.3			2.2	2.8		
	75 이상	50	60			0.9	1.1			2.1	2.7		
여자	6~8(세)	30	35			0.5	0.6			1.0	1.3		
	9~11	40	45			0.6	0.7			1.5	1.8		
	12~14	45	55			0.8	1.0			1.9	2.4		
	15~18	45	55			0.8	1.1			2.0	2.4		
	19~29	45	55			0.8	1.0			2.0	2.5		
	30~49	40	50			0.8	1.0			1.9	2.4		
	50~64	40	50			0.8	1.1			1.9	2.3		
	65~74	40	50			0.7	0.9			1.8	2.2		
	75 이상	40	50			0.7	0.9			1.7	2.1		
임신부[1]		+12 +25	+15 +30			1.1	1.4			2.5	3.1		
수유부		+20	+25			1.1	1.5			2.8	3.5		

성별	연령	이소류신(g/일)				발린(g/일)				라이신(g/일)			
		평균 필요량	권장 섭취량	충분 섭취량	상한 섭취량	평균 필요량	권장 섭취량	충분 섭취량	상한 섭취량	평균 필요량	권장 섭취량	충분 섭취량	상한 섭취량
영아	0~5(개월)			0.6				0.6				0.7	
	6~11	0.3	0.4			0.3	0.5			0.6	0.8		
유아	1~2(세)	0.3	0.4			0.4	0.5			0.6	0.7		
	3~5	0.3	0.4			0.4	0.5			0.6	0.8		
남자	6~8(세)	0.5	0.6			0.6	0.7			1.0	1.2		
	9~11	0.7	0.8			0.9	1.1			1.4	1.8		
	12~14	1.0	1.2			1.2	1.6			2.1	2.5		
	15~18	1.2	1.4			1.5	1.8			2.3	2.9		
	19~29	1.0	1.4			1.4	1.7			2.5	3.1		
	30~49	1.1	1.4			1.4	1.7			2.4	3.1		
	50~64	1.1	1.3			1.3	1.6			2.3	2.9		
	65~74	1.0	1.3			1.3	1.6			2.2	2.9		
	75 이상	0.9	1.1			1.1	1.5			2.2	2.7		
여자	6~8(세)	0.5	0.6			0.6	0.7			0.9	1.3		
	9~11	0.6	0.7			0.9	1.1			1.3	1.6		
	12~14	0.8	1.0			1.2	1.4			1.8	2.2		
	15~18	0.8	1.1			1.2	1.4			1.8	2.2		
	19~29	0.8	1.1			1.1	1.3			2.1	2.6		
	30~49	0.8	1.0			1.0	1.4			2.0	2.5		
	50~64	0.8	1.1			1.1	1.3			1.9	2.4		
	65~74	0.7	0.9			0.9	1.3			1.8	2.3		
	75 이상	0.7	0.9			0.9	1.1			1.7	2.1		
임신부		1.1	1.4			1.4	1.7			2.3	2.9		
수유부		1.3	1.7			1.6	1.9			2.5	3.1		

1) 단백질: 임산부 – 2, 3분기별 부가량
아미노산: 임산부, 수유부 – 부가량 아닌 절대 필요량임.

(계속)

성별	연령	페닐알라닌+티로신(g/일)				트레오닌(g/일)				트립토판(g/일)			
		평균 필요량	권장 섭취량	충분 섭취량	상한 섭취량	평균 필요량	권장 섭취량	충분 섭취량	상한 섭취량	평균 필요량	권장 섭취량	충분 섭취량	상한 섭취량
영아	0~5(개월)			0.9				0.5				0.2	
	6~11	0.5	0.7			0.3	0.4			0.1	0.1		
유아	1~2(세)	0.5	0.7			0.3	0.4			0.1	0.1		
	3~5	0.6	0.7			0.3	0.4			0.1	0.1		
남자	6~8(세)	0.9	1.0			0.5	0.6			0.1	0.2		
	9~11	1.3	1.6			0.7	0.9			0.2	0.2		
	12~14	1.8	2.3			1.0	1.3			0.3	0.3		
	15~18	2.1	2.6			1.2	1.5			0.3	0.4		
	19~29	2.8	3.6			1.1	1.5			0.3	0.3		
	30~49	2.9	3.5			1.2	1.5			0.3	0.3		
	50~64	2.7	3.4			1.1	1.4			0.3	0.3		
	65~74	2.5	3.3			1.1	1.3			0.2	0.3		
	75 이상	2.5	3.1			1.0	1.3			0.2	0.3		
여자	6~8(세)	0.8	1.0			0.5	0.6			0.1	0.2		
	9~11	1.2	1.5			0.6	0.9			0.2	0.2		
	12~14	1.6	1.9			0.9	1.2			0.2	0.3		
	15~18	1.6	2.0			0.9	1.2			0.2	0.3		
	19~29	2.3	2.9			0.9	1.1			0.2	0.3		
	30~49	2.3	2.8			0.9	1.2			0.2	0.3		
	50~64	2.2	2.7			0.8	1.1			0.2	0.3		
	65~74	2.1	2.6			0.8	1.0			0.2	0.2		
	75 이상	2.0	2.4			0.7	0.9			0.2	0.2		
임신부[1]		3.0	3.8			1.2	1.5			0.3	0.4		
수유부		3.7	4.7			1.3	1.7			0.4	0.5		

성별	연령	히스티딘(g/일)				수분(mL/일)					
		평균 필요량	권장 섭취량	충분 섭취량	상한 섭취량	음식	물	음료	충분섭취량 액체	충분섭취량 총수분	상한 섭취량
영아	0~5(개월)			0.1					700	700	
	6~11	0.2	0.3			300			500	800	
유아	1~2(세)	0.2	0.3			300	362	0	700	1,000	
	3~5	0.2	0.3			400	491	0	1,100	1,500	
남자	6~8(세)	0.3	0.4			900	589	0	800	1,700	
	9~11	0.5	0.6			1,100	686	1.2	900	2,000	
	12~14	0.7	0.9			1,300	911	1.9	1,100	2,400	
	15~18	0.9	1.0			1,400	920	6.4	1,200	2,600	
	19~29	0.8	1.0			1,400	981	262	1,200	2,600	
	30~49	0.7	1.0			1,300	957	289	1,200	2,500	
	50~64	0.7	0.9			1,200	940	75	1,000	2,200	
	65~74	0.7	1.0			1,100	904	20	1,000	2,100	
	75 이상	0.7	0.8			1,000	662	12	1,100	2,100	
여자	6~8(세)	0.3	0.4			800	514	0	800	1,600	
	9~11	0.4	0.5			1,000	643	0	900	1,900	
	12~14	0.6	0.7			1,100	610	0	900	2,000	
	15~18	0.6	0.7			1,100	659	7.3	900	2,000	
	19~29	0.6	0.8			1,100	709	126	1,000	2,100	
	30~49	0.6	0.8			1,000	772	124	1,000	2,000	
	50~64	0.6	0.7			900	784	27	1,000	1,900	
	65~74	0.5	0.7			900	624	9	900	1,800	
	75 이상	0.5	0.7			800	552	5	1,000	1,800	
임신부		0.8	1.0							+200	
수유부		0.8	1.1						+500	+700	

1) 아미노산: 부가량 아닌 절대 필요량임.

자료 : 보건복지부, 2020 한국인 영양소 섭취기준, 2020

표 1-12. 2020 한국인 영양소 섭취기준 – 지용성 비타민

성별	연령	비타민 A(μg RAE/일)[1]				비타민 D(μg/일)			
		평균필요량	권장섭취량	충분섭취량	상한섭취량	평균필요량	권장섭취량	충분섭취량	상한섭취량
영아	0~5(개월)			350	600			5	25
	6~11			450	600			5	25
유아	1~2(세)	190	250		600			5	30
	3~5	230	300		750			5	35
남자	6~8(세)	310	450		1,100			5	40
	9~11	410	600		1,600			5	60
	12~14	530	750		2,300			10	100
	15~18	620	850		2,800			10	100
	19~29	570	800		3,000			10	100
	30~49	560	800		3,000			10	100
	50~64	530	750		3,000			10	100
	65~74	510	700		3,000			15	100
	75 이상	500	700		3,000			15	100
여자	6~8(세)	290	400		1,100			5	40
	9~11	390	550		1,600			5	60
	12~14	480	650		2,300			10	100
	15~18	450	650		2,800			10	100
	19~29	460	650		3,000			10	100
	30~49	450	650		3,000			10	100
	50~64	430	600		3,000			10	100
	65~74	410	600		3,000			15	100
	75 이상	410	600		3,000			15	100
임신부		+50	+70		3,000			+0	100
수유부		+350	+490		3,000			+0	100

성별	연령	비타민 E(mg α-TE/일)				비타민 K(μg/일)			
		평균필요량	권장섭취량	충분섭취량	상한섭취량	평균필요량	권장섭취량	충분섭취량	상한섭취량
영아	0~5(개월)			3				4	
	6~11			4				6	
유아	1~2(세)			5	100			25	
	3~5			6	150			30	
남자	6~8(세)			7	200			40	
	9~11			9	300			55	
	12~14			11	400			70	
	15~18			12	500			80	
	19~29			12	540			75	
	30~49			12	540			75	
	50~64			12	540			75	
	65~74			12	540			75	
	75 이상			12	540			75	
여자	6~8(세)			7	200			40	
	9~11			9	300			55	
	12~14			11	400			65	
	15~18			12	500			65	
	19~29			12	540			65	
	30~49			12	540			65	
	50~64			12	540			65	
	65~74			12	540			65	
	75 이상			12	540			65	
임신부				+0	540			+0	
수유부				+3	540			+0	

1) 1μg RAE(레티놀 활성당량) = 1μg retinol = 1/12μg β-carotene

자료 : 보건복지부, 2020 한국인 영양소 섭취기준, 2020

표 1-13. 2020 한국인 영양소 섭취기준 – 수용성 비타민

성별	연령	비타민 C(mg/일)				티아민(mg/일)			
		평균 필요량	권장 섭취량	충분 섭취량	상한 섭취량	평균 필요량	권장 섭취량	충분 섭취량	상한 섭취량
영아	0~5(개월)			40				0.2	
	6~11			55				0.3	
유아	1~2(세)	30	40		340	0.4	0.4		
	3~5	35	45		510	0.4	0.5		
남자	6~8(세)	40	50		750	0.5	0.7		
	9~11	55	70		1,100	0.7	0.9		
	12~14	70	90		1,400	0.9	1.1		
	15~18	80	100		1,600	1.1	1.3		
	19~29	75	100		2,000	1.0	1.2		
	30~49	75	100		2,000	1.0	1.2		
	50~64	75	100		2,000	1.0	1.2		
	65~74	75	100		2,000	0.9	1.1		
	75 이상	75	100		2,000	0.9	1.1		
여자	6~8(세)	40	50		750	0.6	0.7		
	9~11	55	70		1,100	0.8	0.9		
	12~14	70	90		1,400	0.9	1.1		
	15~18	80	100		1,600	0.9	1.1		
	19~29	75	100		2,000	0.9	1.1		
	30~49	75	100		2,000	0.9	1.1		
	50~64	75	100		2,000	0.9	1.1		
	65~74	75	100		2,000	0.8	1.0		
	75 이상	75	100		2,000	0.7	0.8		
임신부		+10	+10		2,000	+0.4	+0.4		
수유부		+35	+40		2,000	+0.3	+0.4		

성별	연령	리보플라빈(mg/일)				나이아신(mg NE/일)[1]			
		평균 필요량	권장 섭취량	충분 섭취량	상한 섭취량	평균 필요량	권장 섭취량	충분 섭취량	상한섭취량 니코틴산/니코티아미드
영아	0~5(개월)			0.3				2	
	6~11			0.4				3	
유아	1~2(세)	0.4	0.5			4	6		10/180
	3~5	0.5	0.6			5	7		10/250
남자	6~8(세)	0.7	0.9			7	9		15/350
	9~11	0.9	1.1			9	11		20/500
	12~14	1.2	1.5			11	15		25/700
	15~18	1.4	1.7			13	17		30/800
	19~29	1.3	1.5			12	16		35/1,000
	30~49	1.3	1.5			12	16		35/1,000
	50~64	1.3	1.5			12	16		35/1,000
	65~74	1.2	1.4			11	14		35/1,000
	75 이상	1.1	1.3			10	13		35/1,000
여자	6~8(세)	0.6	0.8			7	9		15/350
	9~11	0.8	1.0			9	12		20/500
	12~14	1.0	1.2			11	15		25/700
	15~18	1.0	1.2			11	14		30/800
	19~29	1.0	1.2			11	14		35/1,000
	30~49	1.0	1.2			11	14		35/1,000
	50~64	1.0	1.2			11	14		35/1,000
	65~74	0.9	1.1			10	13		35/1,000
	75 이상	0.8	1.0			9	12		35/1,000
임신부		+0.3	+0.4			+3	+4		35/1,000
수유부		+0.4	+0.5			+2	+3		35/1,000

1) 1mg NE(나이아신 당량) = 1mg 나이아신 = 60mg 트립토판

(계속)

성별	연령	비타민 B_6(mg/일)				엽산(μg DFE/일)[1]			
		평균 필요량	권장 섭취량	충분 섭취량	상한 섭취량	평균 필요량	권장 섭취량	충분 섭취량	상한 섭취량[2]
영아	0~5(개월)			0.1				65	
	6~11			0.3				90	
유아	1~2(세)	0.5	0.6		20	120	150		300
	3~5	0.6	0.7		30	150	180		400
남자	6~8(세)	0.7	0.9		45	180	220		500
	9~11	0.9	1.1		60	250	300		600
	12~14	1.3	1.5		80	300	360		800
	15~18	1.3	1.5		95	330	400		900
	19~29	1.3	1.5		100	320	400		1,000
	30~49	1.3	1.5		100	320	400		1,000
	50~64	1.3	1.5		100	320	400		1,000
	65~74	1.3	1.5		100	320	400		1,000
	75 이상	1.3	1.5		100	320	400		1,000
여자	6~8(세)	0.7	0.9		45	180	220		500
	9~11	0.9	1.1		60	250	300		600
	12~14	1.2	1.4		80	300	360		800
	15~18	1.2	1.4		95	330	400		900
	19~29	1.2	1.4		100	320	400		1,000
	30~49	1.2	1.4		100	320	400		1,000
	50~64	1.2	1.4		100	320	400		1,000
	65~74	1.2	1.4		100	320	400		1,000
	75 이상	1.2	1.4		100	320	400		1,000
임신부		+0.7	+0.8		100	+200	+220		1,000
수유부		+0.7	+0.8		100	+130	+150		1,000

성별	연령	비타민 B_{12}(μg/일)				판토텐산(mg/일)				비오틴(μg/일)			
		평균 필요량	권장 섭취량	충분 섭취량	상한 섭취량	평균 필요량	권장 섭취량	충분 섭취량	상한 섭취량	평균 필요량	권장 섭취량	충분 섭취량	상한 섭취량
영아	0~5(개월)			0.3				1.7				5	
	6~11			0.5				1.9				7	
유아	1~2(세)	0.8	0.9					2				9	
	3~5	0.9	1.1					2				12	
남자	6~8(세)	1.1	1.3					3				15	
	9~11	1.5	1.7					4				20	
	12~14	1.9	2.3					5				25	
	15~18	2.0	2.4					5				30	
	19~29	2.0	2.4					5				30	
	30~49	2.0	2.4					5				30	
	50~64	2.0	2.4					5				30	
	65~74	2.0	2.4					5				30	
	75 이상	2.0	2.4					5				30	
여자	6~8(세)	1.1	1.3					3				15	
	9~11	1.5	1.7					4				20	
	12~14	1.9	2.3					5				25	
	15~18	2.0	2.4					5				30	
	19~29	2.0	2.4					5				30	
	30~49	2.0	2.4					5				30	
	50~64	2.0	2.4					5				30	
	65~74	2.0	2.4					5				30	
	75 이상	2.0	2.4					5				30	
임신부		+0.2	+0.2					+1.0				+0	
수유부		+0.3	+0.4					+2.0				+5	

1) Dietary Folate Equivalents, 가임기 여성의 경우 400μg/일의 엽산보충제 섭취를 권장함.
2) 엽산의 상한섭취량은 보충제 또는 강화식품의 형태로 섭취한 μg/일에 해당됨.
자료 : 보건복지부, 2020 한국인 영양소 섭취기준, 2020

표 1-14. 2020 한국인 영양소 섭취기준 - 다량 무기질

성별	연령	칼슘(mg/일)				인(mg/일)				나트륨(g/일)			
		평균필요량	권장섭취량	충분섭취량	상한섭취량	평균필요량	권장섭취량	충분섭취량	상한섭취량	평균필요량	권장섭취량	충분섭취량	만성질환위험감소섭취량
영아	0~5(개월)			250	1,000			100				110	
	6~11			300	1,500			300				370	
유아	1~2(세)	400	500		2,500	380	450		3,000			810	1,200
	3~5	500	600		2,500	480	550		3,000			1,000	1,600
남자	6~8(세)	600	700		2,500	500	600		3,000			1,200	1,900
	9~11	650	800		3,000	1,000	1,200		3,500			1,500	2,300
	12~14	800	1,000		3,000	1,000	1,200		3,500			1,500	2,300
	15~18	750	900		3,000	1,000	1,200		3,500			1,500	2,300
	19~29	650	800		2,500	580	700		3,500			1,500	2,300
	30~49	650	800		2,500	580	700		3,500			1,500	2,300
	50~64	600	750		2,000	580	700		3,500			1,500	2,300
	65~74	600	700		2,000	580	700		3,500			1,300	2,100
	75 이상	600	700		2,000	580	700		3,000			1,100	1,700
여자	6~8(세)	600	700		2,500	480	550		3,000			1,200	1,900
	9~11	650	800		3,000	1,000	1,200		3,500			1,500	2,300
	12~14	750	900		3,000	1,000	1,200		3,500			1,500	2,300
	15~18	700	800		3,000	1,000	1,200		3,500			1,500	2,300
	19~29	550	700		2,500	580	700		3,500			1,500	2,300
	30~49	550	700		2,500	580	700		3,500			1,500	2,300
	50~64	600	800		2,000	580	700		3,500			1,500	2,300
	65~74	600	800		2,000	580	700		3,500			1,300	2,100
	75 이상	600	800		2,000	580	700		3,000			1,100	1,700
임신부		+0	+0		2,500	+0	+0		3,000			1,500	2,300
수유부		+0	+0		2,500	+0	+0		3,500			1,500	2,300

성별	연령	염소(mg/일)				칼륨(mg/일)				마그네슘(mg/일)			
		평균필요량	권장섭취량	충분섭취량	상한섭취량	평균필요량	권장섭취량	충분섭취량	상한섭취량	평균필요량	권장섭취량	충분섭취량	상한섭취량[1)]
영아	0~5(개월)			170				400				25	
	6~11			560				700				55	
유아	1~2(세)			1,200				1,900		60	70		60
	3~5			1,600				2,400		90	110		90
남자	6~8(세)			1,900				2,900		130	150		130
	9~11			2,300				3,400		190	220		190
	12~14			2,300				3,500		260	320		270
	15~18			2,300				3,500		340	410		350
	19~29			2,300				3,500		300	360		350
	30~49			2,300				3,500		310	370		350
	50~64			2,300				3,500		310	370		350
	65~74			2,100				3,500		310	370		350
	75 이상			1,700				3,500		310	370		350
여자	6~8(세)			1,900				2,900		130	150		130
	9~11			2,300				3,400		180	220		190
	12~14			2,300				3,500		240	290		270
	15~18			2,300				3,500		290	340		350
	19~29			2,300				3,500		230	280		350
	30~49			2,300				3,500		240	280		350
	50~64			2,300				3,500		240	280		350
	65~74			2,100				3,500		240	280		350
	75 이상			1,700				3,500		240	280		350
임신부				2,300				+0		+30	+40		350
수유부				2,300				+400		+0	+0		350

1) 식품외 급원의 마그네슘에만 해당

자료 : 보건복지부, 2020 한국인 영양소 섭취기준, 2020

표 1-15. 2020 한국인 영양소 섭취기준 - 미량 무기질

성별	연령	철(mg/일)				아연(mg/일)				구리(μg/일)				불소(mg/일)			
		평균 필요량	권장 섭취량	충분 섭취량	상한 섭취량	평균 필요량	권장 섭취량	충분 섭취량	상한 섭취량	평균 필요량	권장 섭취량	충분 섭취량	상한 섭취량	평균 필요량	권장 섭취량	충분 섭취량	상한 섭취량
영아	0~5(개월)			0.3	40			2				240				0.01	0.6
	6~11	4	6		40	2	3					330				0.4	0.8
유아	1~2(세)	4.5	6		40	2	3		6	220	290		1,700			0.6	1.2
	3~5	5	7		40	3	4		9	270	350		2,600			0.9	1.8
남자	6~8(세)	7	9		40	5	5		13	360	470		3,700			1.3	2.6
	9~11	8	11		40	7	8		19	470	600		5,500			1.9	10.0
	12~14	11	14		40	7	8		27	600	800		7,500			2.6	10.0
	15~18	11	14		45	8	10		33	700	900		9,500			3.2	10.0
	19~29	8	10		45	9	10		35	650	850		10,000			3.4	10.0
	30~49	8	10		45	8	10		35	650	850		10,000			3.4	10.0
	50~64	8	10		45	8	10		35	650	850		10,000			3.2	10.0
	65~74	7	9		45	8	9		35	600	800		10,000			3.1	10.0
	75 이상	7	9		45	7	9		35	600	800		10,000			3.0	10.0
여자	6~8(세)	7	9		40	4	5		13	310	400		3,700			1.3	2.5
	9~11	8	10		40	7	8		19	420	550		5,500			1.8	10.0
	12~14	12	16		40	6	8		27	500	650		7,500			2.4	10.0
	15~18	11	14		45	7	9		33	550	700		9,500			2.7	10.0
	19~29	11	14		45	7	8		35	500	650		10,000			2.8	10.0
	30~49	11	14		45	7	8		35	500	650		10,000			2.7	10.0
	50~64	6	8		45	6	8		35	500	650		10,000			2.6	10.0
	65~74	6	8		45	6	7		35	460	600		10,000			2.5	10.0
	75 이상	5	7		45	6	7		35	460	600		10,000			2.3	10.0
임신부		+8	+10		45	+2.0	+2.5		35	+100	+130		10,000			+0	10.0
수유부		+0	+0		45	+4.0	+5.0		35	+370	+480		10,000			+0	10.0

성별	연령	망간(mg/일)				요오드(μg/일)				셀레늄(μg/일)				몰리브덴(μg/일)				크롬(μg/일)			
		평균 필요량	권장 섭취량	충분 섭취량	상한 섭취량	평균 필요량	권장 섭취량	충분 섭취량	상한 섭취량	평균 필요량	권장 섭취량	충분 섭취량	상한 섭취량	평균 필요량	권장 섭취량	충분 섭취량	상한 섭취량	평균 필요량	권장 섭취량	충분 섭취량	상한 섭취량
영아	0~5(개월)			0.01				130	250			9	40							0.2	
	6~11			0.8				180	250			12	65							4.0	
유아	1~2(세)			1.5	2.0	55	80		300	19	23		70	8	10		100			10	
	3~5			2.0	3.0	65	90		300	22	25		100	10	12		150			10	
남자	6~8(세)			2.5	4.0	75	100		500	30	35		150	15	18		200			15	
	9~11			3.0	6.0	85	110		500	40	45		200	15	18		300			20	
	12~14			4.0	8.0	90	130		1,900	50	60		300	25	30		450			30	
	15~18			4.0	10.0	95	130		2,200	55	65		300	25	30		550			35	
	19~29			4.0	11.0	95	150		2,400	50	60		400	25	30		600			30	
	30~49			4.0	11.0	95	150		2,400	50	60		400	25	30		600			30	
	50~64			4.0	11.0	95	150		2,400	50	60		400	25	30		550			30	
	65~74			4.0	11.0	95	150		2,400	50	60		400	23	28		550			25	
	75 이상			4.0	11.0	95	150		2,400	50	60		400	23	28		550			25	
여자	6~8(세)			2.5	4.0	75	100		500	30	35		150	15	18		200			15	
	9~11			3.0	6.0	80	110		500	40	45		200	15	18		300			20	
	12~14			3.5	8.0	90	130		1,900	50	60		300	20	25		400			20	
	15~18			3.5	10.0	95	130		2,200	55	65		300	20	25		500			20	
	19~29			3.5	11.0	95	150		2,400	50	60		400	20	25		500			20	
	30~49			3.5	11.0	95	150		2,400	50	60		400	20	25		500			20	
	50~64			3.5	11.0	95	150		2,400	50	60		400	20	25		450			20	
	65~74			3.5	11.0	95	150		2,400	50	60		400	18	22		450			20	
	75 이상			3.5	11.0	95	150		2,400	50	60		400	18	22		450			20	
임신부				+0	11.0	+65	+90			+3	+4		400	+0	+0		500			+5	
수유부				+0	11.0	+130	+190			+9	+10		400	+3	+3		500			+20	

자료 : 보건복지부, 2020 한국인 영양소 섭취기준, 2020

영양표시제
(nutrition labeling)

영양표시제

오늘날 건강과 영양에 대한 관심이 높아지면서 소비자들은 어느 때보다 영양에 관한 지식과 정보를 많이 접하게 되었고, 보다 영양적이고 가치있는 식품을 선택하고자 한다. 따라서 모든 식품에 어떤 영양소가 얼마나 포함되어 있는지를 표시하는 식품표시를 의무화하고 있는 추세이다. 식품표시는 소비자들에게 영양가 있는 식품을 선택할 수 있도록 그 기준을 제시할 뿐 아니라, 여러 가지 식사지침과 영양에 관한 정보를 제공함으로써 영양교육의 도구로도 쓰일 수 있다.

미국의 경우, 신선한 과일 · 채소 · 육류 · 어류를 제외한 대부분의 식품에 식품표시가 의무화되어 있으며, 식품표시 규칙도 매우 엄격하다. 식품표시는 식품의 1회 분량에 어떤 영양소가 얼마나 포함되어 있는지를 1일 기준치(2,000 kcal 기준)의 퍼센트로 표시한다(그림 1-10).

필수로 표시해야 하는 영양소는 총열량, 지방으로부터 얻는 열량, 총지방, 포화지방, 콜레스테롤, 소디움, 총탄수화물, 식이성섬유, 설탕류, 단백질, 비타민 A, 비타민 C, 칼슘, 철분 등이다. 이 밖의 영양소는 선택적으로 기재하되 강화된 영양소가 있으면 반드시 표시해야 한다.

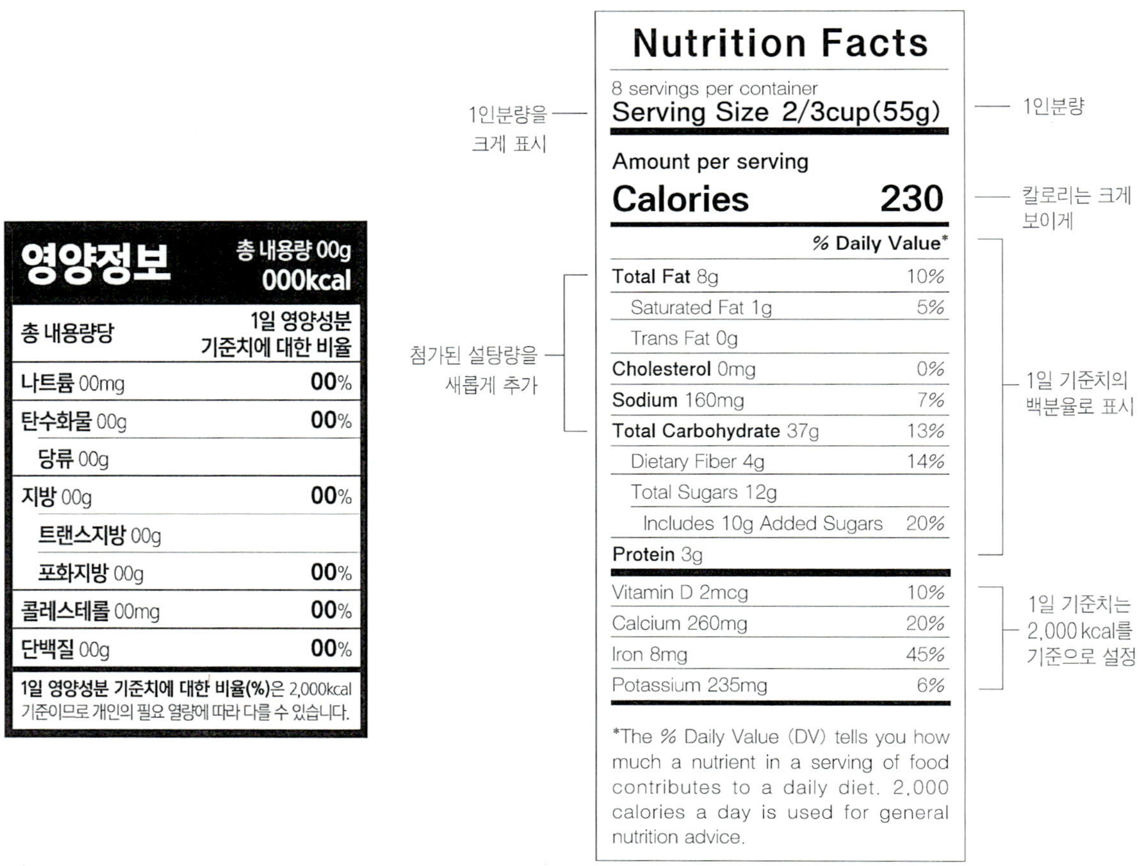

그림 1-10. 한국의 영양정보와 미국의 영양표시제

최근 우리나라에서도 열량, 탄수화물(당류), 단백질, 지방(포화지방, 트랜스지방), 콜레스테롤, 나트륨 함량, 강조하고자 하는 성분 등을 표시해야 한다.

식사지침이나 식품의 영양학적 특징을 의미하는 저지방, 고칼슘, 무설탕 등의 건강 정보를 쓸 때에도 함부로 쓰지 못하며, 엄격한 기준을 만족시켜야만 한다. 영양소 외의 다른 첨가물들도 반드시 명기해야 하는데, 첨가량이 많은 것부터 차례로 나열한다.

미국 식품의약품 안전청은 음식점에서 포스터나 메뉴에 건강 정보 및 영양소를 표시할 때에도 이와 같은 식품표시법을 따르도록 제안하고 있다.

그러나 이러한 식품표시에서는 식품의 특징적인 면만을 강조하기 때문에 과잉 혹은 부족하게 섭취했을 때 발생할 수 있는 문제를 함께 제시할 수 없다는 단점이 있다. 예를 들어 식이성섬유의 장점을 강조한 식품의 경우, 과잉섭취했을 때 발생할 수 있는 무기질 흡수의 감소, 장내 소화불량 등에 대해서는 식품표시만으로는 효과적으로 대치할 수 없다는 것이다. 따라서 소비자가 영양에 관한 올바른 기본지식을 갖고 식품표시를 이용하여 식품을 선택할 때, 식생활 개선 방향으로 식품표시가 이용될 수 있을 것이다.

영양소 밀도

영양소 밀도
(nutrient density)

영양소 밀도는 각 식품의 공급 에너지에 대한 영양소 함량을 권장섭취량(영양섭취기준) 비율로 나타낸 것으로서 식품의 영양적 가치를 비교 평가할 때 유용하다. 식품의 선택이 다양하지 못할 때에는 상대적으로 영양소 밀도가 높은 식품을 선택하면 영양소 필요량을 보다 효과적으로 충족시킬 수 있다(그림 1-11).

식품교환표

식품교환표
(exchange system)

식품교환표은 식사계획을 위한 수단의 하나로 식품을 탄수화물, 단백질, 지질, 열량의 조성이 비슷한 식품끼리 몇 가지 군으로 묶고, 각 군의 특징적인 주요 영양소인 탄수화물, 단백질, 지질이 비슷한 양이 되도록 하는 1회 분량을 식품별로 제시해 놓은 것으로, 처음에는 당뇨병학회에서 당뇨병 환자를 위해 고안했으나 현재는 일상생활에서도 손쉽게 이용할 수 있는 자료이다.

각 군의 식품은 종류에 관계없이 1단위당 해당 주요 영양소를 거의 비슷하게 포함하므로 영양소 함량에 대한 별도의 계산 없이 식품을 다양하게 교환하여 선택할 수 있는 장점이 있다. 이때 제시된 1단위를 1교환단위이라고 하며, 각 군으로부터 일정한 교환량을 매일 섭취하면 균형 잡힌 식사를 할 수 있다.

식품교환표에서는 식품이 식물성인지 동물성인지에 따라 구분하지 않고 그 식품의 주요 영양소에 따라 구분하므로 주요 영양소 외의 다른 영양소의 함량에는 차이가 있다. 같은 식품군 내에서도 되도록 다양한 식품을 섭취하도록 해야한다.

식품교환표의 장점은 전체 열량과 탄수화물, 단백질, 지질의 비율을 일정하게 유지하면서 다양한 식품을 선택할 수 있다는 것이다. 필요 에너지량별로 각 식품군 교환수의 예를 표 1-16에 제시하였다. 각 식품군별 1교환단위와 그에 따른 영양소 함량은 표 1-17에 나타내었다.

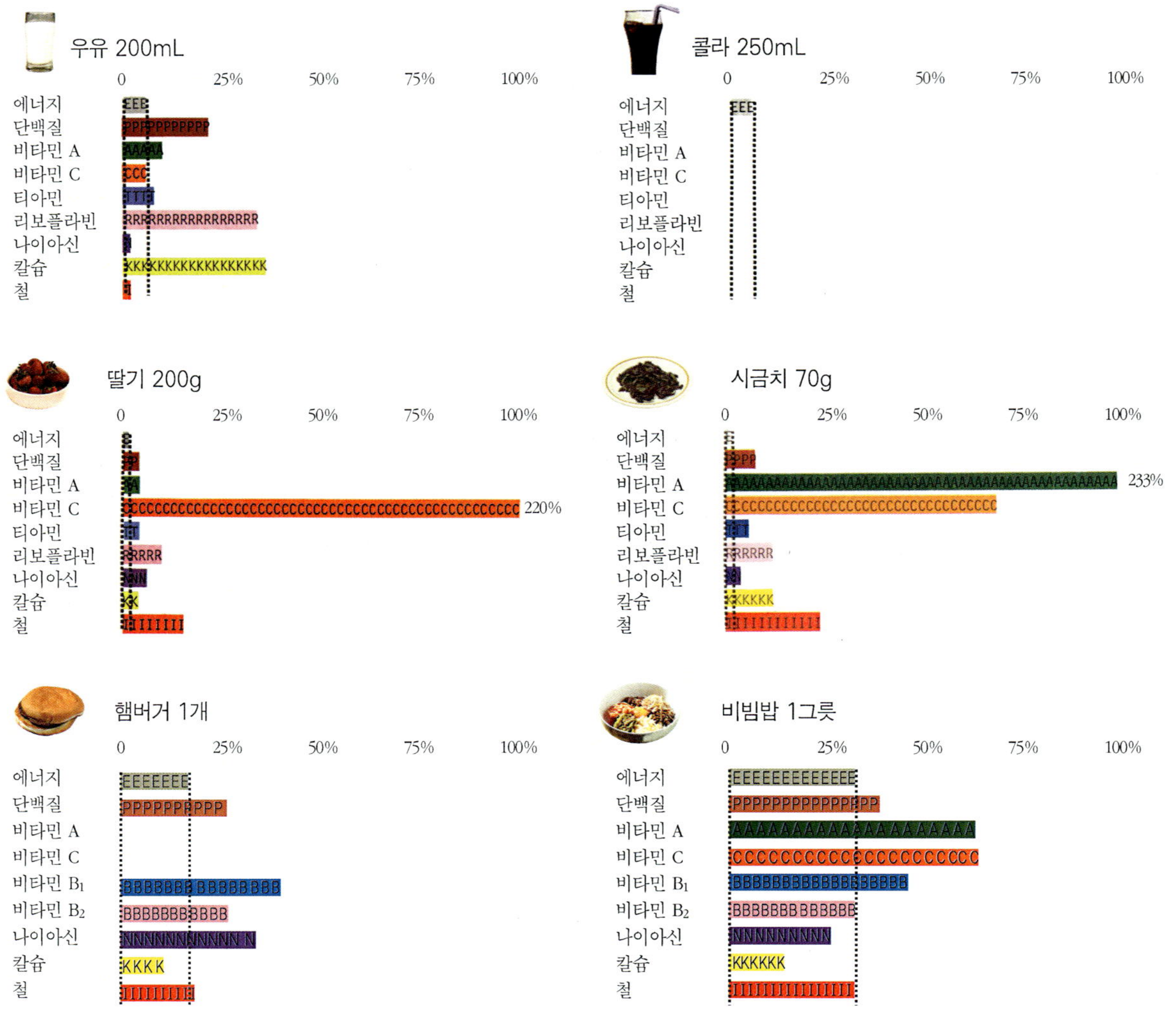

그림 1-11. 영양소 밀도의 예

식이와 건강

끝으로 우리는 우리의 건강에 대하여 생각하지 않을 수 없다.

식사가 질병을 치료할 수 있을까? 물론 대답은 '아니오' 이다. 질환의 대부분이 감염성 질환이던 과거에는 질환에 대한 식이적인 요인이 거의 고려되지 않았다. 그러나 오늘날 대부분의 질환은 유전성, 연령, 성별, 생활양식, 환경 인자, 그리고 식이요인에 의해 유도되는 인체의 생리적 퇴화에 기인하는 만성화가 그 주된 원인으로 알려져 있다. 제시된 요인들 중 대부분은 인간의 힘으로 조절이 불가능하지만, 식이요인은 예방뿐만 아니라 치료차원에서도 조절될 수 있는 요소이다. 식사에 대한 이러한 개념은 균형있는 열량 섭취, 영양소 섭취, 식이섬유 섭취 및 올바른 식품선택과 관련성이 있다.

표 1-16. 생애주기별 권장식사패턴 A타입(우유 · 유제품 2회 권장)

열량(kcal)	곡류	고기 · 생선 · 달걀 · 콩류	채소류	과일류	우유 · 유제품	유지 · 당류
900	1	1.5	4	1	2	2
1,000	1	1.5	4	1	2	3
1,100	1.5	1.5	4	1	2	3
1,200	1.5	2	5	1	2	3
1,300	1.5	2	6	1	2	4
1,400	2	2	6	1	2	4
1,500	2	2.5	6	1	2	5
1,600	2.5	2.5	6	1	2	5
1,700	2.5	3	6	1	2	5
1,800	3	3	6	1	2	5
1,900	3	3.5	7	1	2	5
2,000	3	3.5	7	2	2	6
2,100	3	4	8	2	2	6
2,200	3.5	4	8	2	2	6
2,300	3.5	5	8	2	2	6
2,400	3.5	5	8	3	2	6
2,500	3.5	5.5	8	3	2	7
2,600	3.5	5.5	8	4	2	8
2,700	4	5.5	8	4	2	8
2,800	4	6	8	4	2	8

생애주기별 권장식사패턴 B타입(우유 · 유제품 1회 권장)

열량(kcal)	곡류	고기 · 생선 · 달걀 · 콩류	채소류	과일류	우유 · 유제품	유지 · 당류
1,000	1.5	1.5	5	1	1	2
1,100	1.5	2	5	1	1	3
1,200	2	2	5	1	1	3
1,300	2	2	6	1	1	4
1,400	2.5	2	6	1	1	4
1,500	2.5	2.5	6	1	1	4
1,600	3	2.5	6	1	1	4
1,700	3	3.5	6	1	1	4
1,800	3	3.5	7	2	1	4
1,900	3	4	8	2	1	4
2,000	3.5	4	8	2	1	4
2,100	3.5	4.5	8	2	1	5
2,200	3.5	5	8	2	1	6
2,300	4	5	8	2	1	6
2,400	4	5	8	3	1	6
2,500	4	5	8	4	1	7
2,600	4	6	9	4	1	7
2,700	4	6.5	9	4	1	8

표 1-17. 식품교환표

식품군		교환 단위의 예	영양소(g) 당질	단백질	지방	열량(kcal)
곡류군		떡, 감자(중) 1개, 밥 1/3공기, 식빵 1쪽, 옥수수 1/2개, 삶은 국수 1/2공기	23	2		100
어육류군	저지방군	쇠·돼지·닭고기(순살코기) 완자 2개 40g, 조기 1토막, 새우(중) 3마리, 조갯살 1/3컵		8	2	50
	중지방군	달걀 1개, 두부 1/5모, 순두부 1/2봉지, 햄 2장(40g), 쇠·돼지고기 40g		8	5	75
	고지방군	갈비(삼겹살) 40g, 닭고기(껍질 포함) 40g, 치즈 $1\frac{1}{2}$장, 생선통조림 1/3컵		8	8	100
채소군		당근(대 1/3개) 70g, 시금치 70g, 배추 70g, 오이(중 1/3개) 70g, 가지 70g, 깻잎 40g, 무 70g, 해조류 7g	3	2		20
지방군		땅콩 8개, 잣 1큰스푼, 마요네즈 1작은스푼, 식용유, 들기름, 참기름 1작은스푼			5	45
우유군	일반우유	우유 200 mL, 두유 200 mL, 분유 5큰스푼	10	6	7	125
	저지방 우유	저지방우유 200 mL	10	6	2	80
과일군		사과(중) 1/3개, 귤 2개, 과일 주스 1/2컵, 감 1/3개(중), 딸기 7개(중)	12			50

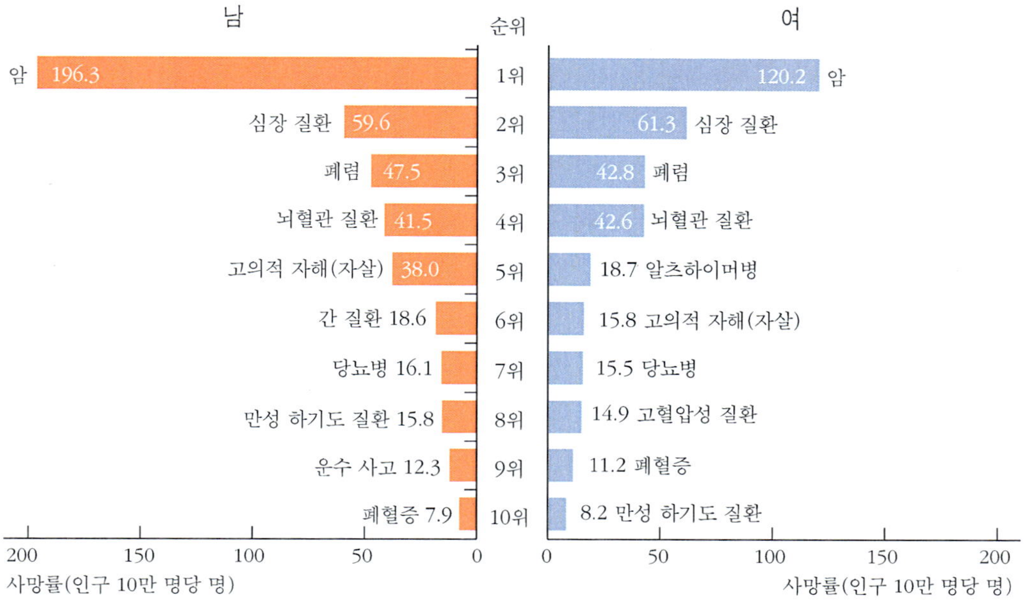

그림 1-12. 한국인의 10대 사망원인

2019년 한국인의 주요사망원인을 보면 암이 남녀 모두 1위의 원인이었으며, 심장 질환, 폐렴, 뇌혈관 질환 등 4위까지 동일했다. 10위까지의 순위 내에 고의적 자해(자살), 운수 사고가 포함되어 있기는 하지만, 대체로 만성질환이 주요 원인으로 꼽혔다. 암에 의한 사망은 매년 증가하고 있고, 심장 질환, 폐렴, 알츠하이머병 역시 증가 경향을 보이는 데 비해 당뇨병, 만성 하기도 질환에 의한 사망은 감소하는 것으로 보인다. 가장 빠른 속도로 증가하고 있는 알츠하이머병은 2019년에 처음으로 10위 안에 진입했으며, 남녀를 합해 7위, 여자에서는 5위를 차지할 정도로 위협적이다(그림 1-12).

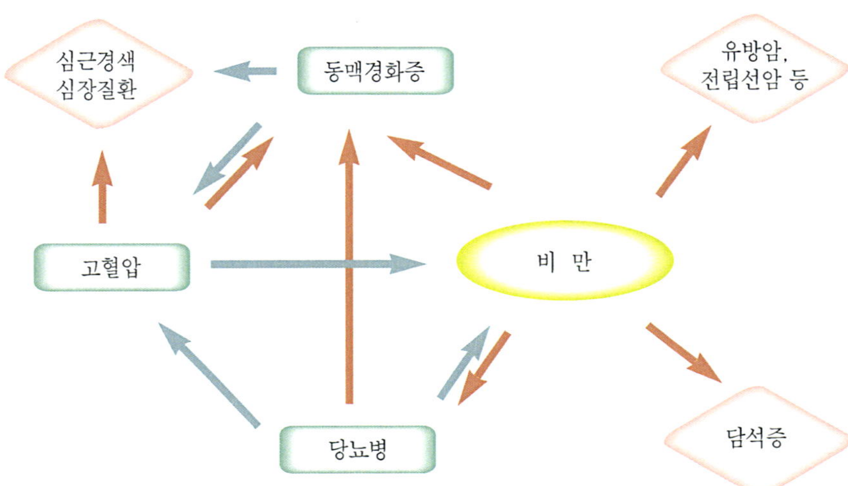

그림 1-13. 식사와 관련된 만성질환의 위험요인

그림 1-13 에서처럼 식사와 만성질환은 뚜렷한 관련성을 보이고 있다. 비록 개개인마다 어떤 질환에 대한 민감도와 반응정도에 차이를 보인다 할지라도 이러한 만성질환은 식이로 어느 정도 조절될 수 있다는 것에 주목할 필요가 있다.

따라서 만성질환을 예방할 수 있는 식이요인은 질병에 대한 가족력이 있는 사람에게 유용한 자료를 제공한다. 개개인에게 적절한 지침을 제공하기는 힘들지만 일반인을 위한 영양권장량은 제시하여 줄 수 있으며, 대부분의 사람들은 이러한 영양권장량을 따름으로써 질병을 예방할 수 있다.

표 1-18. 식이 및 생활양식의 위험인자

퇴행성 질환 / 식이 및 생활양식의 위험인자	암	고혈압	당뇨병	골다공증	동맥경화	비만	심근경색
과량의 지질섭취	✓	✓	✓		✓	✓	✓
탄수화물과 식이섬유의 낮은 섭취	✓		✓		✓	✓	✓
낮은 칼슘 섭취	✓	✓		✓			
비타민과 무기질 섭취의 저하	✓	✓		✓	✓		
짠 음식과 염장식품 섭취의 증가	✓	✓		✓			
과량의 알코올 섭취	✓	✓			✓	✓	✓
흡 연	✓	✓		✓	✓		✓
유전자	✓	✓	✓	✓	✓	✓	✓
나 이	✓	✓	✓	✓	✓		✓
습관적인 생활양식	✓	✓	✓	✓	✓	✓	
스트레스		✓		✓	✓		✓

요약

1. 영양학은 인간의 건강을 지키기 위해 질병을 예방하고 다스리는 학문이다. 식품에 들어 있는 영양소들의 작용 및 상호작용과 균형에 대한 학문이며, 인간이 영양소를 섭취하고 소화 · 흡수 · 운반 · 이용 · 배설하는 과정에 대한 학문이다.
2. 영양소는 탄수화물, 지질, 단백질, 비타민, 무기질과 물, 6가지로 분류한다. 앞의 3대 영양소와 알코올이 체내에 필요한 열량을 제공한다.
3. 영양 공급상태가 나빠지면 체내에 영양소 저장형태가 고갈되고, 더 심해지면 생화학적 반응이 느려져서 결국에는 임상적 증상으로 나타나게 된다.
4. 영양계획의 초점은 영양소를 골고루 공급할 수 있는 식품 선택에 있다.
5. 한국인 영양소 섭취기준은 사람들의 건강 유지에 필요한 영양소의 양을 설정하여 성별, 연령별로 제시한 것이다. 기존의 영양권장량 개념을 진보시켜 영양소 섭취기준으로 새로이 하였다..
6. 식사지침은 만성질병을 예방하기 위하여 만들어졌으며, 다양한 식품을 균형있게 섭취하고, 정상 체중을 유지하고, 지방 · 콜레스테롤 · 포화지방 · 설탕 · 소금 · 알코올 섭취를 줄이고, 곡류 · 야채 · 과일 섭취를 늘리도록 강조한다.
7. 많은 만성질병들이 유전적 위험요소를 지니고 있으나 식이로 조절할 수 있는 충분한 증거가 있다.
8. 기초식품군, 식품교환표를 이용하여 식사의 균형도를 맞추어 식사구성을 한다.

참고문헌

1. 대한영양사협회(2010) 식사계획을 위한 식품교환표 개정판
2. 보건복지부(2009) 성인의 식생활지침
3. 보건복지부(2020) 2020 한국인 영양소 섭취기준
4. 보건복지부(2022) 2020 한국인 영양소 섭취기준 활용
5. 질병관리청(2020) 2019 국민건강통계
6. 통계청(2020) 2019 사망원인통계
7. Beaton G.H.(1994) "Criteria of an adequate diet", Shils M.E. et al. ed., *Modern Nutrition in Health and Disease*, Lea and Febiger, Philadelphia
8. "Diet, nutrition, and prevention of chronic disease – a report of the WHO study group on diet(1991) nutrition, and prevention of non-communicable disease", *Nutrition Review* 49, p 291
9. Flegal KM, Carroll MD, Ogden CL, Curtin LR(2010). *Prevalence and trends in obesity among United States adults*, 1999~2008. JAMA 303:235~241
10. Food and Nutrition Board · National Academy of Sciences-National Research Council(1989) *Recommended Dietary Allowances*, 10th ed., Washington D.C.
11. Gunn JP, Kuklina EV, Keenan NL, Labarthe DR(2010). Sodium Intake Among Adults-United States, 2005~2006. Morbidity and Mortality Weekly Report(MMWR), 59(24): 746~749
12. National Research Council-National Academy of Sciences(1989) *Diet and health*, National Academy Press, Washington D.C.
13. Peterkin B.B.(1990) "Dietary Guidelines for Americans", *J. American Dietetic Assoc* 90, p 1725
14. Saltos E. et al.(1994) "The new food label as a tool for healthy eating", *Nutrition Today*, May/June, p 18

15. The American Diabetes Association and American Dietetic Association(1995) *Exchange lists for meal planning*
16. US Department of Agriculture, US Department of Health and Human Services(2010). *Dietary guidelines for Americans* 2010.
17. Wardlaw G.M.(2005) Perspectves in Nutrition, 6th ed. McGraw-Hill
18. Welsh S. et al.(1992) "Development of the Food Guide Pyramid", *Nutrition Today*, Nov/Dec., p 12
19. Wright et al.(1991) "The 1987~88 nationwide food consumption survey", *Nutrition Today*, May/June, p 21
20. Wright JD, Wang CY(2010). Trends in intake of energy and macronutrients in adults from 1999~2000 through 2007~2008. NCHS Data Brief. 2010 Nov;(49):1~8

연습문제

1. 식품의 에너지 함량은 어떻게 계산되나?
2. 영양과 관련되는 질병들은 무엇이며 이들 만성질병의 위험요소들은 무엇인가?
3. 영양상태(바람직한 영양, 영양과잉, 영양부족)를 설명하라.
4. 영양상태 판정은 어떻게 하는가?
5. 다음을 설명하시오.
   가. 영양평가의 ABCD원리
   나. 기초식품군
   다. 식사지침
   라. 식품교환표
   마. 영양표시제

관련 웹사이트

1. http://www.mohw.go.kr (보건복지부)
2. http://www.kfda.go.kr (식품의약품안전처)
3. http://www.kosis.kr (국가통계포털)
4. http://www.kdca.go.kr (질병관리청)
5. http://knhanes.kdca.go.kr (국민건강영양조사)
6. http://www.dhhs.gov (U.S Department of Health & Human Services)
7. http://www.nalusda.gov/fnic/dga/(Food and Nutrition Information Center)
8. http://www.cfsan.fda.gov (Center for Food Safety & Applied Nutrition, FDA)
9. http://www.cdc.gov (Centers for Disease Control and Prerention)
10. http://www.ars.usda.gov/nea/bhnrc/fsrg (What We Eat in America, NHANES)
11. http://www.mypyramid.gov

한국인 영양소 섭취기준(Dietary Reference Intakes for Korean)

영양소 섭취기준은 최적의 건강상태 유지 및 질환 예방을 위한 영양소별 섭취 수준을 제시한 것으로 식생활 관련 정책, 개인과 집단의 식사 계획 수립과 평가에 활용된다.

- 그간 한국인 영양소 섭취기준은 학회 등 민간차원(한국영양학회 등)에서 추진해왔으나, '국민영양관리법' 제정(2010년) 이후 법률에 근거하여 2015년 국가 차원의 첫 제정이 이루어졌다.
- 영양소 섭취기준은 식생활과 건강과의 관련성 및 영양소 필요량에 대한 새로운 연구결과, 체위 변화 등의 반영을 위해 주기적인 개정이 필요하다.
- 2020 한국인 영양소 섭취기준에 반영된 영양소는 총 40종으로, 에너지 및 다량 영양소 12종, 비타민 13종, 무기질 15종에 대해 제정되었으며,
- 이들 수치는 개인차를 고려하여 충분한 안전 범위를 고려한 것이므로 내가 섭취한 분량이 이보다 적다고 해서 반드시 영양 부족을 의미하는 것은 아니다.
- 다만, 평균필요량 이하로 섭취하거나 권장섭취량의 75% 만큼도 못 먹고 있을 때는 결핍 가능성이 높으므로 식생활을 변화시켜야 한다.
- 특정 영양소를 과잉 섭취하면 이에 따른 독성이 나타날 수 있으므로 상한섭취량을 넘지 않도록 한다.

영양소 섭취기준은 동일한 영양소라도 연령과 성별에 따라 값이 다르고, 용도에 따라 권장섭취량, 평균섭취량 등 여러 개념들이 있어 일반인들이 적절한 기준을 이용하여 본인의 식생활 계획 수립 및 평가에 이용하기 어렵기 때문에 영양소 섭취기준 재개정 시마다 복잡한 영양소 함량을 각각 계산하지 않아도 한국인 영양소 섭취기준을 대체로 충족할 수 있도록 식사구성안이라는 1일 식단 작성법을 개발하여 함께 제시하고 있다. 식사구성안은 에너지, 비타민, 무기질, 식이섬유 양은 자신에게 필요한 양의 100%를 대체로 만족하고, 탄수화물, 단백질, 지질 비율의 균형을 맞출 수 있도록 구성한 식단의 예로, 각 식품군의 대표식품과 1회 분량을 설정하고, 그 식품군 구성 단위 수를 제안해서 이에 맞추도록 한 것이다.

또한, 식품구성자전거와 같이 각 식품군을 균형 있게 섭취하도록 권장하는 내용의 의미를 전달할 수 있는 가이드를 만들어 교육, 홍보에 활용하고 있다.

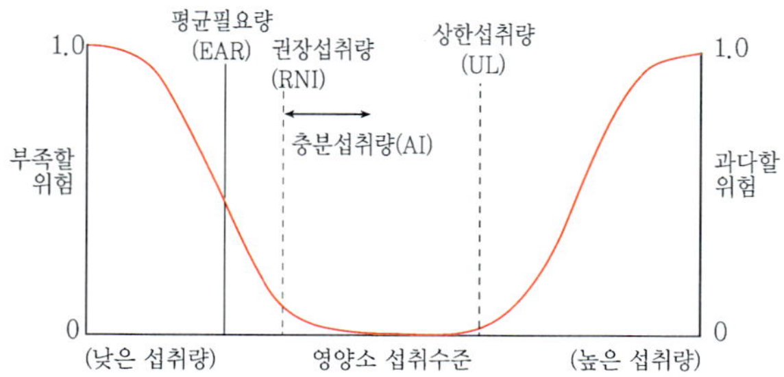

- 평균필요량: 건강한 사람들의 일일 필요량의 중앙값으로부터 산출한 수치이며 인체필요량에 대한 과학적 근거가 충분한 경우 제정
- 권장섭취량: 약 97~98%에 해당하는 사람들의 영양소 필요량을 충족시키는 섭취수준으로, 평균필요량에 표준편차 또는 변이계수의 2배를 더하여 산출
- 충분섭취량: 영양소의 필요량을 추정하기 위한 과학적 근거가 부족할 경우, 대상 인구집단의 건강을 유지하는데 충분한 양을 설정
- 상한섭취량: 인체에 유해한 영향이 나타나지 않는 최대 영양소 섭취기준으로, 과량을 섭취할 때 유해영향이 나타날 수 있다는 과학적 근거가 있을 때 설정

그림 1-14. 영양소 섭취기준의 구성

연령과 체위 구분

연령은 생리적 성장발달단계를 고려하여 영아기, 소아기, 학령기, 성인 및 노인으로 분류하였으며 생리적 특성이 상이한 임신기, 수유기는 별도로 구분하였다.

체위기준치는 산업자원부 기술표준원 자료를 활용하였다. 신장은 모든 연령군에 대해 산업자원부 기술표준원 자료로부터 중위수를 산출하였다. 체중은 19세 이전의 연령군에 대해서는 기술표준원 자료의 중위수를 사용하였다. 그러나 20세 이후 성인의 경우에는 연령별로 신장 중위수에 대해 체질량지수(BMI)를 바람직하게 22로 유지하기 위한 체중값을 제시하였다.

생애주기별 영양섭취기준 설정방법

영아기

이 시기의 영양섭취기준은 일반적으로 모유 중의 영양소 농도와 건강한 유아의 모유섭취량을 곱하여 산정하며 영아 후기에는 모유 섭취량과 더불어 이유 보충식의 섭취량도 함께 고려한다.

임신 · 수유기

임신기와 수유기에는 임신과 수유로 인해 추가로 요구되는 양을 영양섭취기준으로 정하였다. 모체조직과 태아성장 및 모체의 에너지 이용증가분을 가산하여 임신기의 추가필요량을 추정하였다. 한편 모유에 함유된 영양소 함량을 모유 분비량에 곱하고 모유생산에 사용되는 에너지 이용 증가분, 이용효율 등을 고려하여 수유부의 평균필요량 추가분을 정하였다.

성장기

어린이와 청소년의 평균필요량은 체중과 성장률을 고려하여 성인의 자료에서 외삽하였다.

표 I. 한국 성인의 영양섭취기준

영양소		영양소 섭취기준					
		평균 필요량	권장 섭취량	충분 섭취량	상한 섭취량	만성질환 위험감소를 고려한 섭취량	
						에너지 적정 비율	만성질환 위험감소 섭취량
에너지	에너지	○[1]					
다량 영양소	탄수화물	○	○			○	
	당류						○[3]
	식이섬유			○			
	단백질	○	○			○	
	아미노산	○	○				
	지방			○		○	
	리놀레산			○			
	알파-리놀레산			○			
	EPA+DHA			○[2]			
	콜레스테롤						○[3]
	수분			○			
지용성 비타민	비타민 A	○	○		○		
	비타민 D			○	○		
	비타민 E			○	○		
	비타민 K			○			
수용성 비타민	비타민 C	○	○		○		
	티아민	○	○				
	리보플라빈	○	○				
	나이아신	○	○		○		
	비타민 B_6	○	○		○		
	엽산	○	○		○		
	비타민 B_{12}	○	○				
	판토텐산			○			
	비오틴			○			
다량 무기질	칼슘	○	○		○		
	인	○	○		○		
	나트륨			○			○
	염소			○			
	칼륨			○			
미량 무기질	마그네슘	○	○		○		
	철	○	○		○		
	아연	○	○		○		
	구리	○	○		○		
	불소			○	○		
	망간			○	○		
	요오드	○	○		○		
	셀레늄	○	○		○		
	몰리브덴	○	○		○		
	크롬			○			

1) 에너지필요추정량
2) 0~5개월과 6~11개월 영아의 경우 DHA 단일성분으로 충분섭취량 설정
3) 권고치

한국인 식생활 목표 및 실천지침

보건복지부에서는 우리나라 국민의 질병 예방과 건강 증진, 나아가 개인의 삶의 질 향상을 도모하고자 식생활 목표와 목표 달성에 필요한 식생활지침, 실천지침을 발표하였다. 이는 종합적인 국민의 건강, 영양문제를 포함하고 있으며 국가 정책 및 전통 문화 등 다각적인 측면을 고려하여 식생활 목표와 식생활지침을 마련하였다.

식생활지침은 한국인을 위한 식생활지침을 기본으로 하여 생애주기별로 따로 제시하였다.

우리나라를 포함하여 대부분의 국가는 영양불량 문제를 가지고 있으며 영양불량 문제는 부족과 과잉의 문제를 모두 가지고 있어 이를 영양불량의 이중부담(double burden of malnutrition)으로 표현하고 있다. 전 세계적으로 극심한 영양부족은 일부 해소되었으나 비만으로 대표되는 영양 문제가 새로운 부담으로 부상하고 있는 것이다.

다행히 국제식량기구 및 세계보건기구 등 국제기구에서는 이러한 영양불량의 이중부담을 해소 가능한 문제라 강조하고, 양쪽의 문제를 동시에 해결해 가자는 취지로 회원국들을 독려하고 있다. 이와 관련하여, 2014년 11월 로마에서는 제2회 국제영양컨퍼런스가 개최되었으며, 이는 1991년에 개최된 제1회 컨퍼런스 이후 23년만의 회의였다. 제1차 회의에서는 굶주림의 해소가 큰 주제였으나, 제2차 컨퍼런스에서는 영양불량의 이중부담을 언급하면서 모든 종류의 영양 문제 해결을 위해 동시에 노력하여 향후 10년 이내 영양 개선을 달성하자는 도전 내용을 담은 영양에 관한 로마 선언문을 채택하고, 이를 이행하는 데 필요한 행동 기조를 선언하였다.

만족스러운 영양 상태를 유지하는 것은 인간의 기본권으로서, 영양불량이 생산 부족에서 발생하기보다 분배의 불균형에 의해 발생하는 문제이므로 영양학적인 접근뿐 아니라 사회구조적 개선이 요구되는 경우가 잦다. 가난을 포함한 사회경제적 위치 수준은 영양뿐만 아니라 모든 건강 상태에 영향을 미치는 주요 요소이며, 사회경제적 위치 수준이 높은 군과 낮은 군 간의 건강 격차가 크게 벌어지면 이는 다음 세대의 근로 능력에 영향을 미치며 사회경제적 위치가 대물림 될 위험성을 높인다. 따라서 사회적 취약군도 건강 및 영양 상태를 양호하게 유지할 수 있도록 하는 국가 정책의 개입이 매우 중요하다. 영양 개선을 위한 사회적 노력으로는 식품에 대한 가격 정책, 광고 제한, 식품 제공 등의 직접적인 정책을 도입할 수도 있지만, 영양 문제를 정확히 파악하여 대중에게 알리고 영양 위험요인과 식사를 현명하게 구성할 수 있도록 정보를 제공하는 활동도 영양 개선에 크게 기여할 수 있다.

일반적으로 많이 알려져 있는 영양 위험요인으로는 다음의 사항들이 포함된다.

- 좌식생활, 지방(포화지방과 트랜스지방), 당류, 소금(나트륨) 과잉 섭취는 비만 및 비감염성 질환 발병과 관련이 깊다.
- 적절치 못한 육아, 위생, 식품 생산 과정, 기생충, 위험물질 등에 의한 오염, 감염성 질환 유행 등에 의한 건강과 영양 상태를 악화시킬 수 있다.
- 기후 변화를 포함한 환경 요인, 정치적 불안정성, 자연재해 등도 영양상태에 영향을 미친다.
- 사회경제적 위치에 따른 불형평성, 전통, 법률과 사회적 규약도 주요 영향 요인이다.

각 나라별로 영양개선을 위한 노력은 다양하게 시도되어 왔지만 성과는 미미하며, 보다 적극적인 영양 문제 해소 노력이 필요하다는 평가가 우세하다. 영양개선의 추진 방향은 다음과 같이 이야기되고 있다.

- 어린이, 여성, 노인, 장애인, 재난 중에 있는 사람 등 사회적 약자에게 관심이 필요하며, 전 생애주기에 맞춰 필요한 영양관리를 기획해야 하며, 가정 내에서의 영양만이 아니고 학교, 사업장 등에서도 건강한 식사를 할 수 있는 환경이 조성되어야 한다.
- 고려할 수 있는 모든 영역의 통합된 역할 수행이 필요하며, 식품은 정책적, 경제적 목적의 수단으로 사용되어서는 안 된다.
- 식품 및 농업용품 가격의 안정적 유지, 식품 안전 및 질 관리, 특히 아동에 대한 부적절한 마케팅에 대해서는 제한이 필요하다.
- 영양감시체계 운영 및 정책 개발 및 평가에 필요한 지표를 지속적으로 생산하고 근거에 기반한 영양 개선을 추진해야 하며, 개개인이 올바른 정보를 활용하여 식생활을 관리할 수 있도록 역량을 강화해야 한다.
- 각 개인에게 적절한 영양필요량을 충족시켜야 하며, 포화지방, 당류, 소금(나트륨)의 과한 섭취를 피하고, 건강한 식사를 하도록 유도한다.
- 식품의 생산부터 처리, 저장, 분배, 조리, 섭취 등 전 과정과 자원, 재정, 환경, 인력, 기관, 공공정책 등 모든 요소를 고려해야 하며, 각 부분의 이해관계자들이 모두 영양 개선의 중요성을 인식하도록 해서 적극적인 협력이 가능하도록 해야 한다.
- 1년 내내 안정적인 식품공급체계를 유지하도록 한다.

국민 공통 식생활지침

식생활지침은 양호한 영양 상태를 유지하기 위한 일반적인 지침으로 구성되지만 대상이 되는 집단의 영양 문제를 반영하여 이를 개선하기 위한 행동 지침을 포함시켜 제정한다. 보건복지부는 2016년 4월, 농림축산식품부, 식품의약품안전처와 공동으로 국민의 건강하고 균형 잡힌 식생활 가이드라인을 제시하는 국민 공통 식생활지침을 제정하여 발표한 바 있다. 이는 그간 부처 간의 주요 추진 목표에 맞춰 개별로 개발하여 사용해오던 식생활지침

(보건복지부 한국인을 위한 식생활지침(2008~2011), 농림축산식품부 한국인을 위한 녹색 식생활지침(2010), 식품의약품안전처 당류 줄이기 실천가이드(2014) 등)을 하나로 담아 국민들에게 혼동 없이 이용토록 했다는 점에서 의의가 있으며, 균형 잡힌 영양소 섭취, 올바른 식습관 및 한국형 식생활, 식생활 안전 등을 종합적으로 고려한 것이다. 제정 과정에서는 해당 집단의 영양 문제를 조밀하게 평가하여 지침에 포함될 항목을 선정하지만 최종적인 지침은 일반인에게 쉽게 이해될 수 있도록 평이한 표현으로 작성하고, 실천 가능성을 고려한 지침으로 다듬어 완성하게 된다.

국가 공통 식생활지침 제정에 고려한 우리 국민의 영양 문제의 예

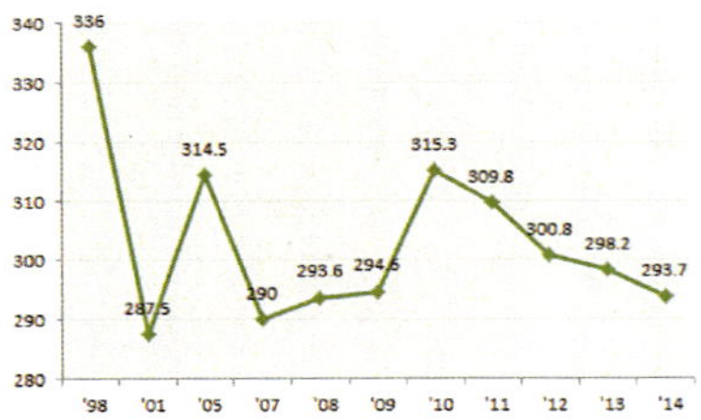

곡류 1일 섭취량(g/일, 1인)

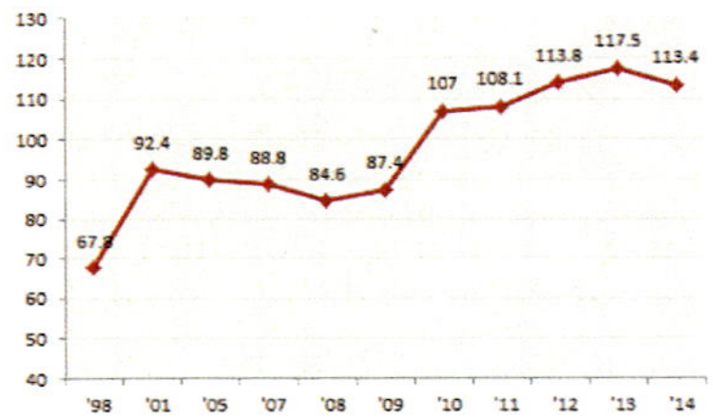

육류 1일 섭취량(g/일, 1인)

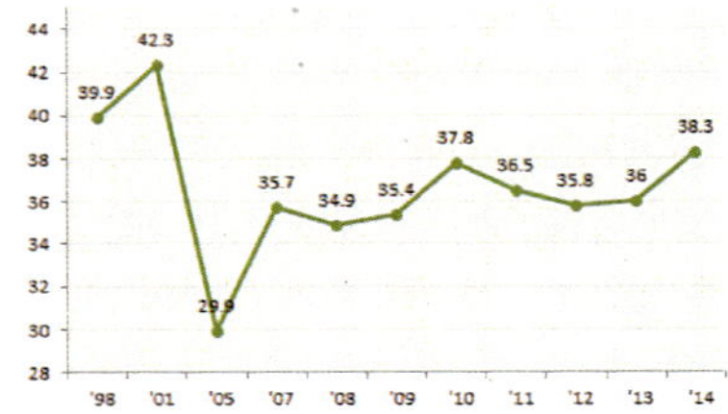

연도별 과일 및 채소 1일 500g 이상 섭취자 분율(%)

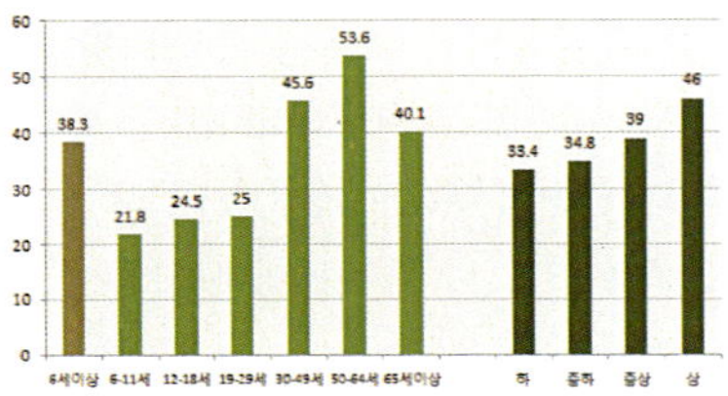

연령별 및 소득수준별 과일 및 채소 1일 500g 이상 섭취자 분율(%)

* 소득수준: 월가구균등화소득(월가구소득/$\sqrt{가구원수}$)을 성별 · 연령별(5세단위) 사분위로 구분, 2005년 추계인구로 연령표준화

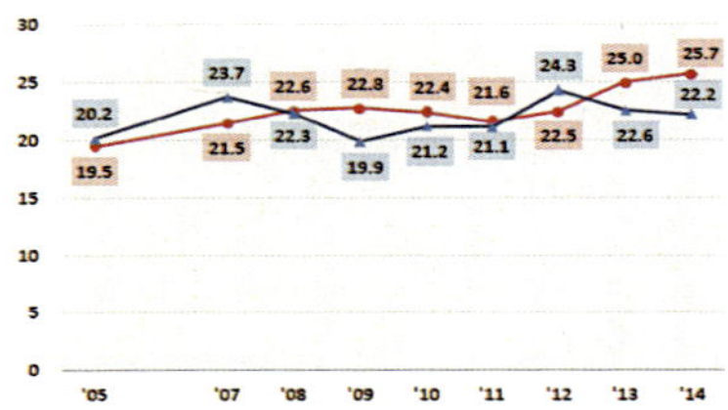

아침식사 결식률(%, 남자 ▲, 여자 ●)

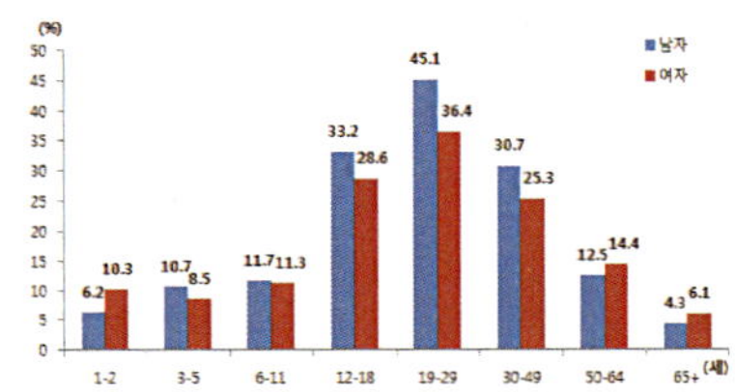

연령층별 아침식사 결식률(2014년)

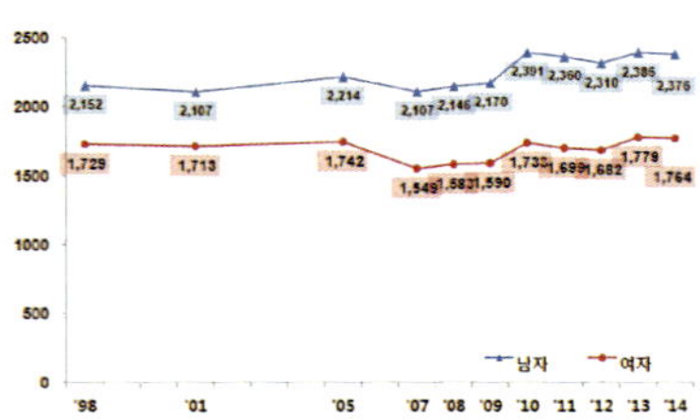

연령별 · 소득수준별 나트륨 목표섭취량 이상 섭취자 분율(%)

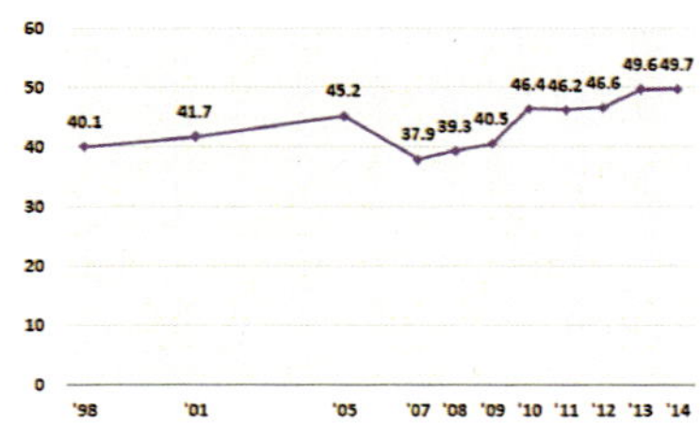

음료류 1일 섭취량(g/일, 1인)

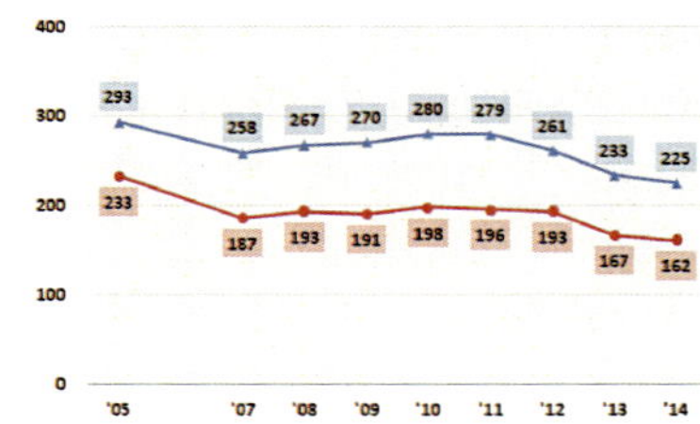

주류 1일 섭취량(g/일, 1인)

* 자료 : 보건복지부 질병관리청, 2014 국민건강통계

■ 국민 공통 식생활지침

1. 쌀 · 잡곡, 채소, 과일, 우유 · 유제품, 육류, 생선, 달걀, 콩류 등 다양한 식품을 섭취하자
2. 아침밥을 꼭 먹자
3. 과식을 피하고 활동량을 늘리자
4. 덜 짜게, 덜 달게, 덜 기름지게 먹자
5. 단 음료 대신 물을 충분히 마시자
6. 술자리를 피하자
7. 음식은 위생적으로, 필요한 만큼만 마련하자
8. 우리 식재료를 활용한 식생활을 즐기자
9. 가족과 함께 하는 식사 횟수를 늘리자

외국인 식생활지침

건강한 식생활과 질병예방을 위한 지침은 보건정책의 필수적인 한 구성요소로서 전 세계적으로 대부분의 나라들이 나름대로의 식생활지침을 설정·사용하고 있으며 이 식생활지침을 약 30여 개국에 관해 분석한 바(Welsh, 1996)에 의하면 공통되는 사항으로 섭취식품의 다양성 강조, 복합전분 및 섬유소의 함량이 높은 식품, 섭취 에너지와 활동량의 균형에 의한 체중 유지, 총지방 섭취량의 제한, 소금(또는 소디움) 섭취의 제한 및 절제된 음주 등을 들 수 있다.

이러한 식생활지침 설정에 우선적으로 필요한 것이 국민의 건강, 식생활 및 영양상태의 파악이므로 각 국가별로 국가차원에서의 영양조사, 건강조사 또는 식품섭취량 조사가 수행되어 왔고, 이와 같은 조사결과는 허용량 개념의 영양권장량(Recommended Dietary Allowances, RDA)과 영양소 권장섭취량(Recommended Dietary Intake, RDI) 및 영양소 필요량(Nutrient Requirement) 등의 식생활 관련 기준과 관련·분석되어 식생활지침 설정의 근거를 제공하게 되었다(Harper, 1990).

1950년대 산업국가 국민들의 건강수준 개선과 함께 평균수명이 연장되고 만성·퇴행성 질환이 사망의 주요원인으로 부상하게 됨에 따라 이들 질병의 발병과 일부 식이요인들과의 관련성이 주목을 끌게 되었으며(Harper, 1990), 따라서

미국의 경우 1960년대 초반부터 미국심장협회(American Heart Association)에 의해 식이와 심장병의 관련성에 관한 자료들이 발간되기 시작하여(American Heart Association, 1961), 1977년에 이르러서는 미국상원의회에 의해 "Dietary Goals for the United States"가 발표되기도 했다.

미국인을 위한 식사지침은 1980년에 처음으로 설정되었으며 과학적인 근거를 토대로 식사와 운동을 통하여 건강 증진과 만성질환의 위험성을 줄이는 것을 목적으로 제공되고 있다. 식사지침에 있는 권장사항들은 2세 이상의 일반인을 대상으로 한 것이며, 건강증진과 질환 발생 위험도 감소에 초점을 두고 있으므로 국가의 식품, 영양교육과 정보 프로그램의 기초가 되는 것이다. 미국인을 위한 식사지침은 Department of Health and Human Services(USDHHS)와 Department of Agriculture(USDA)의 공동 작업으로 이루어지고 있으며 5년마다 검토하여 새롭게 제정되고 있다.

2005년에 발표된 식사지침의 중요한 9가지 초점은 다음과 같다.

1. 칼로리 필요량 내에서의 충분한 영양소 섭취
   영양 밀도가 높은 기초식품군 내 여러 가지 식품과 음료를 섭취하고 포화지방, 트랜스 지방, 콜레스테롤, 가당 식품, 소금, 술은 절제하라.
2. 체중조절
   칼로리 조절을 통하여 건강 체중을 유지하라.
3. 활동 및 운동
   규칙적인 운동을 장려하고 건강, 정신적 웰빙, 건강 체중을 유지하기 위하여 비활동적인 생활을 지양하라.
4. 권장해야 할 식품군
   과일(2C)과 채소($2\frac{1}{2}$C)를 충분히 섭취하라.
   곡류를 3oz 이상 섭취하고 섭취량의 반은 전곡으로 섭취하라.
   무지방이나 저지방 우유를 3C 섭취하라.
5. 지방
   포화지방은 칼로리의 10% 이하, 콜레스테롤은 300mg 이하로 섭취하라.
   트랜스 지방은 가급적 적게 섭취하라.
   지방이 적은 육류를 선택하라.
6. 탄수화물
   섬유소가 풍부한 과일, 채소, 전곡을 섭취하고, 가당 식품과 음료를 절제하라.
7. 나트륨과 칼륨
   나트륨은 2,300mg(소금 1작은술) 이하로 섭취하고 식품 선택이나 음식 준비 때 소금 사용을 제한하라.
   칼륨이 풍부한 과일과 채소를 섭취하라.
8. 알코올성 음료
   하루에 여자는 1잔, 남자는 2잔 이하를 섭취하라.
9. 식품의 안전성
   식중독을 막기 위해 손을 깨끗이 씻고 미생물을 죽이기 위해 안전한 온도로 조리하라.
   상하기 쉬운 식품은 즉시 냉장하라.

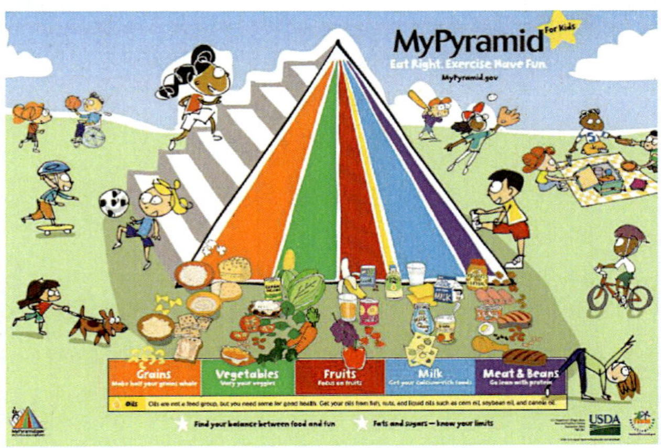

미국의 어린이용 식품 피라미드

호주의 경우에는 '호주인을 위한 식생활지침'을 마련하기 위해 1990년 11월 그 첫 모임을 가졌으며 식생활지침 검토 Panel이 그 모임 이전부터 전국적으로 의견을 수렴했다. 보건 담당 전문인과 소비자 그리고 산업체로부터 많은 호응이 있었고, 이 첫 모임에서 만들어진 식생활지침 초안을 다시 공개해 여러 분야로부터의 지적과 의견을 받도록 하여 1991년 4월의 두 번째 모임에서 종합·검토했으며, 이후 몇 번의 의견 수렴이 있었다. 이러한 검토 과정은 1991년 7월의 teleconference로 매듭지었으며, 국가 역학 및 보건 센터(National Center for Epidemiology and Population Health, NCEPH)의 보고를 고려하여 식생활지침과 그 배경 자료를 확정하기로 했다.

Australian Food Guide

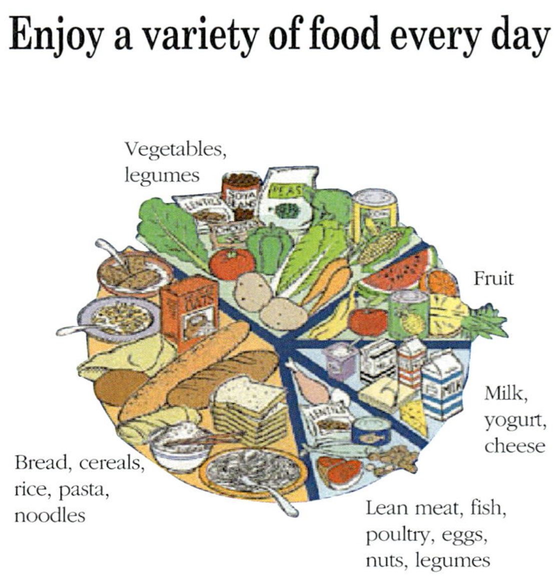

그 결과로 1991년 말 발표된 식생활지침의 내용은 아래와 같다.

- 다양한 종류의 영양이 풍부한 음식을 즐기자.
- 충분한 양의 빵과 곡류(전곡이면 더 좋음), 채소류(견과류 포함)와 과일을 섭취하자.
- 지방 특히 포화지방이 적은 식사를 하자.
- 활동량과 식사 섭취량 간의 균형 유지로 건강한 체중을 유지하자.
- 술을 마시는 경우에는 그 양을 제한하자.
- 당분과 당분을 첨가한 식품들의 섭취를 적절히 조절하자.
- 소금 함량이 낮은 식품을 선택하고 소금 사용을 자제하자.
- 모유 수유를 권장하고 지원하자.

등이며 여기에 '특정 영양소에 관한 지침'을 추가하였다.

- 칼슘을 함유한 식품을 먹자. 이는 특히 소녀들과 여성에게서 중요하다.
- 철분을 함유한 식품을 먹자. 이는 특히 소녀들과 여성, 채식주의자 및 운동 선수들에게서 중요하다.
- 그 외에 물을 충분히 섭취하자.
- 케이크, 아이스크림, 초콜릿, 사탕, 기름, 버터 등은 적은 양을 가끔 섭취할 것을 권장하고 있다.

영국의 보건교육국(Health Education Authority)에서 1994년 제시한 식생활지침은 다음과 같다.

United Kingdom Food Guide

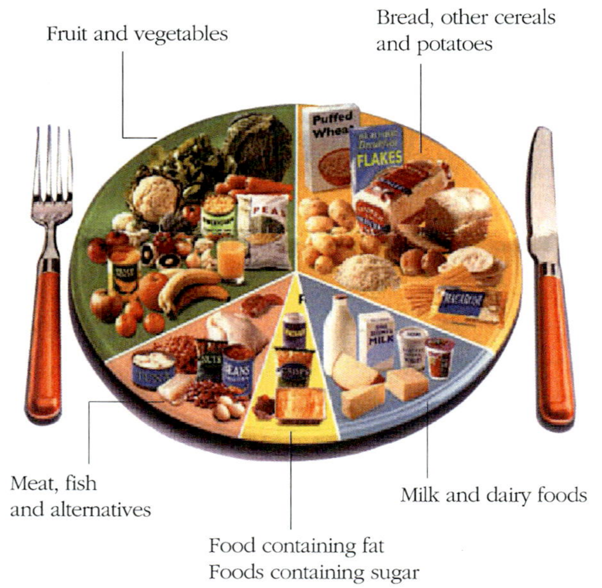

- 음식을 즐겁게 먹자.
- 여러 가지 다른 음식을 함께 먹자.
- 건강한 체중 유지를 위해 적정량을 먹자.
- 전분과 섬유소가 많은 식품을 먹자.
- 지방을 너무 많이 섭취하지 말자.
- 단 음식을 너무 자주 먹지 말자.
- 자기가 먹은 음식에 포함된 비타민과 무기질에 신경을 쓰자.
- 술을 마시는 경우에는 상식적인 선을 지키자.

캐나다의 과학 심사 위원회(Scientific Review Committee, SRC)에서는 캐나다인의 건강에 대해 과학적 증거들에 근거해 권장사항의 정의를 내렸으며 여기에는 캐나다인을 위한 영양소 섭취 권장량도 포함된다. SRC의 영양 권장 사항은 캐나다인들로 하여금 만성 질병의 위험은 줄이면서도 필수 영양소를 권장량만큼 공급하는 식사 섭취 양상을 갖도록 하기 위한 것으로서, 이 권장 사항을 Communication/Implementation Committee(CIC)에 보내 대중이 보다 쉽게 접근할 수 있는 형태로 전환시키도록 했다. 그 결과가 캐나다인의 '건강한 식사를 위한 지침 1991'(Canada's Guidelines for Healthy Eating 1991)으로서 내용은 다음과 같다.

Canadian Food Guide

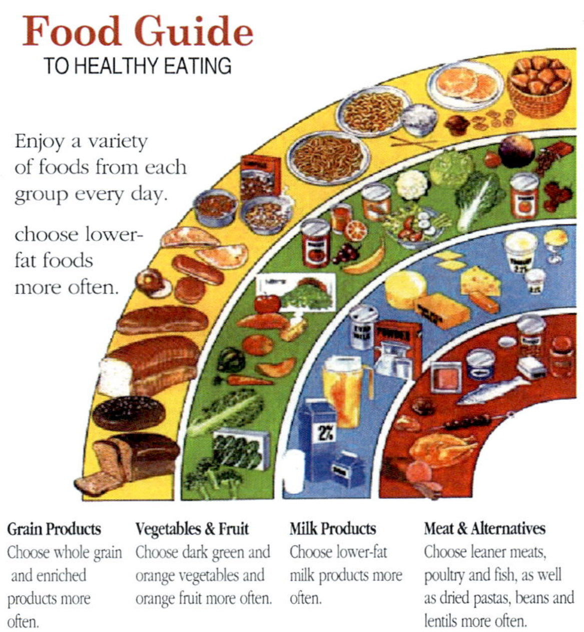

- 여러 가지 다양한 음식을 즐기자.
- 시리얼, 빵류, 다른 곡류 제품, 채소류와 과일류에 특히 신경을 쓰자.
- 저지방 낙농 제품, 기름기가 적은 육류 및 소량 또는 전혀 지방을 사용하지 않고 조리된 음식을 먹자.
- 장기적인 운동 및 활동과 건강한 식사로 건강한 체중을 찾고 유지하자.
- 소금, 알코올 및 카페인을 제한하자.

이상의 지침은 2살 이상의 캐나다인을 대상으로 하며 건강한 캐나다인을 위한 주요한 영양 메시지를 구성한다. 뿐만 아니라 이 지침은 새로운 Canada's Food Guide에 절대적으로 반영되었으며 Food Guide는 총식이적 접근을 시도함으로써 현재 캐나다의 4가지 식품군에 포함되지 않은 넓은 범위의 식품들도 포함되도록 하였다.

일본의 경우, 1985년 식생활지침을 마련하였다.

건강증진을 위한 식생활지침

- 다양한 식품으로 영양의 균형을 이루자.
  - 1일 30가지 식품을 목표로
  - 주식, 주채(主菜), 부채(副菜)를 갖추어서
- 일상의 생활활동에 적합한 열량을 섭취하자.
  - 과식에 주의하며 비만을 예방
  - 신체를 잘 움직이고 여유 있는 식생활을
- 지방은 양과 질을 고려해서 섭취하자.
  - 지방은 과잉섭취하지 않도록
  - 동물성 지방보다 식물성 기름을 많이
- 식염을 과잉섭취하지 않도록 하자.
  - 식염은 1일 10g 이하를 목표로
  - 조리를 통하여 무리 없이 식염 감소
- 기분이 좋은 즐거운 식생활을 하자.
  - 식탁을 가족이 만나는 장소로
  - 가정의 맛, 손으로 만든 것을 중시할 것

중국의 경우에는 1989년 설정한 식생활지침을 1997년 개정해 발표하였다.

Chinese Food Guide

균형 잡힌 식사, 이상적인 영양, 그리고 건강증진을 위한 식생활지침

- 곡류를 주식으로 하여 다양한 식품을 섭취하자.
- 충분한 양의 채소, 과일 및 서류를 섭취하자.
- 유류, 두류 및 그 제품을 매일 섭취하자.
- 적절한 양의 어류, 가금류, 난류 및 기름기 적은 육류를 섭취하자 ; 기름진 육류와 동물성지방 섭취를 줄이자.
- 건강한 체중 유지를 위해 섭취량과 운동량의 균형을 이루자.
- 염분이 적고 지방이 적은 식사를 하자.
- 술을 마시는 경우에는 그 양을 제한하자.
- 비위생적이고 상한 음식을 먹지 말자.

위의 내용은 "국민영양개선을 위한 식생활지침" 워크샵에서 발췌되었고, 이 워크샵은 2000년 3월 10일에 국민개선을 위한 식생활지침연구팀 주관으로 한국보건산업진흥원에서 열렸다.

참고문헌

1. 김초일(1996). 소득수준과 지역별 영양문제. 지역사회영양학회지. 1: 291~300.
2. 백희영, 김초일, 문현경, 윤진숙, 정효지, 심재은, 정현주(2008). 2008 한국 성인을 위한 식생활목표와 식생활지침. 한국영양학회지 41(8): 887~899
3. 보건사회부(1991). 국민식생활지침 해설. 남형문화사, 서울
4. 통계청(1999). 1998 도시가계연보. 강문인쇄사, 서울.
5. 하명주, 계승희, 이행신, 김초일(1997). 노인의 영양 및 건강상태에 관한 연구. 한국영양학회지. 30: 571.
6. 하명주, 계승희, 이행신, 서성제, 강윤주, 김초일(1997). 서울지역 일부 중학생의 성장발육 및 영양상태. 한국영양학회지. 30: 326~335.
7. 한국영양학회(1995). 한국인 영양권장량 제6차 개정, 중앙문화진수출판사, 서울.
8. American Heart Association(1961). Dietary fat and relation to heart attacks and strokes. Circulation. 23: 133~135.
9. Department of Health(1992). Report on Health and Social Subjects 43 The Nutrition of elderly force. HMSO, London.
10. FAO/WHO(1992). International Conference on Nutrition : World declaration and plan of action for nutrition. FAO/WHO, Rome.
11. Harper, AE(1990). Dietary Standard and Dietary Guidelines. In : Present Knowledge in Nutrition, 6th ed. ML Brown ed. pp. 491~501, ILSI, Washington, DC.
12. Health Canada(1998). Action Towards Healthy Eating. Canada's Guidelines for Healthy Eating and Recommended Strategies for Implementation. The Report of the Communications/Implementation Committee.
http://www.hc-sc.gc.ca/hppb/nutrition/pube/eat.htm
13. Health Education Authority(1996). The Balance of Good Health. Information for educator and communicators.
14. Health Education Authority(1996). Enjoining Healthy Eating.
15. Kim, C-I(2000). Dietary Guidelines for the Elderly. Satellite Symposium for 8th International Association of Biomedical Gerontology (IABMG). February, 25, 2000, Hoam Convention Center, Seoul.
16. Kim, C-1, SH Kye, MJ Ha, HS Lee, HH Kim(1997). Dietary intake, food habit and related nutritional problems of senior high school students in Korea, 16th International Congress of Nutrition, Abstracts, PM4. 87.
17. Latham, M. C. and van Veen M. S. ads(1989). Dietary Guidelines : Proceeding of an International Conference, Cornell University Program in International Nutrition Monograph Series No. 21.
18. NHMRC(1994). Dietary Guidelines for Australians, Australian Government Publishing Services, Canberra.
19. NHMRC(1995). Dietary Guidelines for Children and Adolescents, Australian Government Publishing Services, Canberra.
20. Truswell, AS(1987). Evolution of dietary recommendations, goals, and guidelines. Am. J. Clin. Nutr. 45: 1060~1072.
21. Welsh, S(1996). Nutrient standards, dietary guidelines, and food guides. In: Present Knowledge in Nutrition, 7th ed. EE Ziegler and LJ Filer eds. PP. 630-646, ILSI, Washington, DC.
22. Working Party of the Dietary Guidelines for Older Australians(1999). Dietary Guidelines for Older Australians.
http://www.curtin.edu.au/curtin/dept/health/dgoa/guidelin.htm
23. WHO(1995). EMRO Technical Publications, Eastern Mediterranean Series 22, Prevention and Control of Cardiovascular Disease, WHO Regional Office for the Eastern Mediterranean Alexandria Egypt.
http://nalusda.gov/fnic/dga

CHAPTER

02

탄수화물

탄수화물의 분류 및 구조 | 탄수화물의 체내 기능 | 탄수화물의 대사
탄수화물과 건강 | 탄수화물과 식이섬유의 섭취기준
탄수화물과 식이섬유 급원식품 | 식품감미료

CHAPTER 02

탄수화물

들어가는 말

탄수화물은 탄소 : 수소 : 산소가 1 : 2 : 1의 비율로 조성된 물질로서 지질, 단백질과 함께 3대 영양소를 구성한다. 탄수화물은 자연계에 가장 많이 있는 유기물질이다. 식물은 포도당을 광합성하여 뿌리, 열매, 줄기, 잎 등에 녹말과 섬유소 형태로 저장하며, 동물은 식품으로부터 얻은 탄수화물을 당과 글리코겐 형태로 저장하고 있다. 탄수화물은 에너지 공급원으로 매우 중요하며 소화도 쉽고 체내에서 독성물질을 만드는 일도 드물다. 단순 탄수화물은 주로 당류라고 하며, 단당류와 이당류가 있다. 복합 탄수화물은 단순당이 여러 개 모인 다당류이며, 녹말 · 글리코겐 · 식이섬유가 있다.

그림 2-1. 탄수화물 급원 식품

탄수화물의 분류 및 구조

단당류

단당류
(monosaccharides)
-mono : 하나의
-saccharide : 당

단당류에는 포도당 · 과당 · 갈락토오스 · 리보오스 등이 있으며, 자연계에서 사슬형태 또는 고리형태로 존재하고, 생체내에서는 주로 고리형태로 존재한다. 광학 활성도에 따라 D-형과 L-형의 당으로 분류하며, 생체계는 D-형 이성질체만을 대사한다. L-형 이성질체는 생체내에서 이용되지 않아 에너지를 내지 않으므로 대체감미료로 쓰인다.

포도당은 체내 당 대사의 중심 물질로서 생체계의 가장 기본적인 에너지 급원이다. 분자식이 $C_6H_{12}O_6$이며, 화학적으로는 알데히드기를 가지는 알도오스 형태이다. 과당은 케톤기가 있는 케토오스 형태의 육탄당이며, 갈락토오스는 자연계에서 유당의 구성원으로 있는 알도오스 형태의 육탄당이다. 그 외 핵산 등에 들어 있는 리보오스와 디옥시리보오스는 알도오스 형태의 오탄당이다(그림 2-2, 표 2-1).

알데히드기(aldehyde)
−C−H
‖
O
케톤기(ketone)
−C−
‖
O

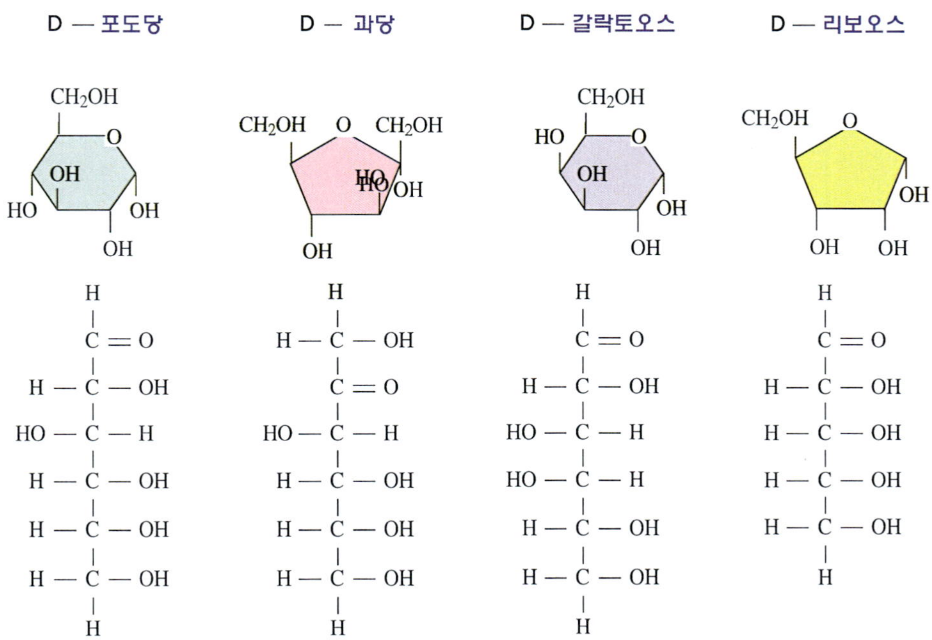

그림 2-2. 단당류

알도오스(aldose)
케토오스(ketose)
포도당(glucose)
과당(fructose)
갈락토오스(galactose)
리보오스(ribose)
디옥시리보오스
(deoxyribose)

> **■ 탄수화물 식품이 중요한 이유**
>
> 1. 전 세계적으로 많이 생산되어 쉽게 구할 수 있다.
> 2. 생산비가 적게 들어 가격이 싸다.
> 3. 오랜 기간 저장이 간편하다.

표 2-1. 단당류

분 류	형 태	급 원
육탄당	D-포도당	과일즙, 녹말, 사탕수수, 엿당 등의 가수분해 산물
	D-과당	과일즙, 벌꿀, 고과당 옥수수 시럽
	D-갈락토오스	유즙
오탄당	D-리보오스	핵산(RNA 구성물질)
	D-디옥시리보오스	핵산(DNA 구성물질)

이당류

글리코시드 결합 (glycosidic bond)

자연계에서 흔히 볼 수 있는 이당류는 서당, 맥아당, 유당이다. 서당은 포도당과 과당이 각각 한 분자씩 글리코시드 결합을 통해 만들어진 비환원당이다. 맥아당은 주로 녹말의 가수분해 산물로 생성되며, 두 개의 포도당이 α-1,4 결합을 통해 만들어지는 환원당이다. 유당은 포도당과 갈락토오스가 β-1,4 결합을 함으로써 만들어지며, 다른 이당류와는 달리 β결합으로 되어 있으므로 과량을 섭취하거나 유당분해효소가 부족하면 소화되기가 어렵다(표 2-2, 그림 2-3).

유당분해효소 (lactase)
소장 점막세포에 있다. 유당을 포도당과 갈락토오스로 분해한다.

서당(sucrose)
맥아당(maltose)
유당(lactose)

표 2-2. 이당류

이당류	구 성	형 태	급 원
서당	포도당+과당(α-1,2 결합)	비환원당	과즙, 설탕
맥아당	포도당+포도당(α-1,4 결합)	환원당	식혜
유당	포도당+갈락토오스(β-1,4 결합)	환원당	유즙

쉬어가기

맥아당(maltose)

녹말의 분해와 소화 과정의 중간산물이며, 식혜에 들어 있다. 맥주나 양조공업의 알코올 제조과정 중 곡류에 있는 다당류(주로 녹말)가 아밀로오스 분해효소에 의해 분해되면서 중간산물로 맥아당을 생성한다. 그러나 이스트의 발효(fermentation)로 대부분의 당이 알코올과 이산화탄소로 분해되므로, 최종적으로 생산되는 술에는 맥아당이 거의 남지 않는다.

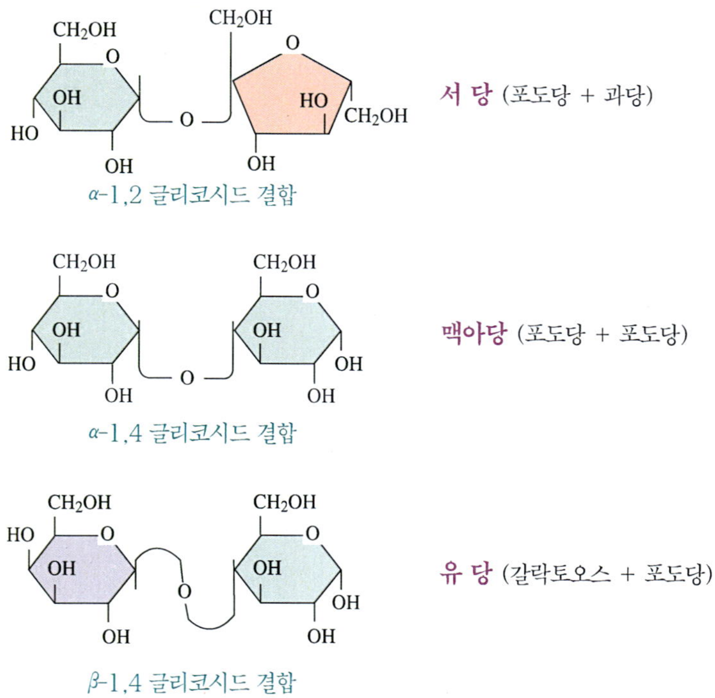

그림 2-3. 이당류의 구조

올리고당

3~10개의 단당류로 구성되며, 당단백질이나 당지질의 구성성분으로서 세포내에서는 주로 생체막에 부착되어 있고, 소포체와 골지체 등의 분비형 단백질과 결합되어 있다.

콩류에 있는 올리고당인 라피노오스와 스타키오스는 사람의 소화효소로는 소화가 되지 않으며, 대장에 있는 박테리아에 의해 분해되어 가스와 그 부산물이 생성된다.

올리고당 (oligosaccharides)
3~10개의 단당류로 구성

소포체(endoplasmic reticulum)

골지체(Golgi complex)

라피노오스(raffinose)
갈락토오스-포도당-과당

스타키오스(stachyose)
갈락토오스-갈락토오스-포도당-과당

쉬어가기

프락토올리고당(fructooligosaccharides)

장내 세균 중 유익한 균총인 비피도박테리아(bifidobacteria)를 선택적으로 활성화해 장의 건강을 유지시키는 기능이 있으며, 유제품과 유아식품에 이용된다. 기능성 올리고당류로는 이 외에도 이소말토올리고당(isomaltooligosaccharides)과 갈락토올리고당(galactooligosaccharides)이 있다.

다당류

다당류는 에너지의 저장 형태이거나, 식물의 구조를 형성하는 물질이다. 복합탄수화물로도 불리는데, 소화성 다당류(녹말, 글리코겐 등)와 난소화성 다당류(식이섬유)로 구분된다.

다당류
보통 3,000개 이상의 단당류로 구성

1. 녹말과 글리코겐

녹말(starch)

아밀로오스 분해효소(amylase)

아밀로오스(amylose)
포도당 단위가 α-1,4 결합에 의해 긴 사슬형태로 중합된 녹말

아밀로펙틴(amylopectin)
포도당 단위가 α-1,4 결합과 α-1,6 결합에 의해 중간중간 가지를 친 형태로 중합된 녹말

글리코겐(glycogen)

녹말은 식물에 있는 저장 다당류로서 식물이 성장하면서 포도당이 중합하여 형성되며, 결합형태에 따라 아밀로오스와 아밀로펙틴의 두 종류로 나누어진다. 포도당 중합은 α-글리코시드 결합으로 이루어지며, 소장에서 아밀로오스 분해효소에 의해 분해된다.

아밀로오스는 긴 사슬형태의 중합체로서 α-1,4 결합으로 구성되며, 아밀로펙틴은 중간에 가지를 가진 구조로서 가지 부분은 α-1,6 결합으로 구성된다. 이런 구조의 차이에도 불구하고 아밀로오스 분해효소는 두 녹말을 모두 소화시킨다. 조리과정에서 녹말은 소화하기 쉬운 형태로 호화되어 소화효소의 작용을 쉽게 받는다. 아밀로펙틴의 가지 구조는 아주 안정된 녹말 겔을 형성하는 성질이 있어 냉동식품용 소스 제조에 이용된다. 녹말은 곡류 · 감자류 · 콩류 등에 많이 있으며, 아밀로오스와 아밀로펙틴은 보통 1 : 4의 비율로 들어 있다(그림 2-4).

글리코겐은 동물체의 저장형 다당류로서 포도당이 α 결합으로 중합된 다당류이며, 아밀로펙틴과 구조는 유사하나 가지가 훨씬 더 많다.

2. 식이섬유

식이섬유(dietary fiber)

수용성 식이섬유(soluble dietary fiber)
물에 녹거나 팽윤되며, 대장에서 박테리아에 의해 발효되는 섬유소. 펙틴(pectin), 검(gum), 뮤실리지(mucilage) 등

식이섬유는 사람의 체내 소화효소로는 분해되지 않아 소화되지 않는 고분자화합물로서 수용성과 불용성 식이섬유의 두 종류가 있으며, 대부분 식물성 식품에서 섭취된다. 펙틴 · 검 · 뮤실리지와 같은 수용성 식이섬유는 세포가 서로 붙어 있도록 접착제 역할을 한다. 이 식이섬유들은 물과 친화력이 커서 쉽게 용해되거나 팽윤되어 겔을 형성한다. 이에 따라 당 · 콜레스테롤 · 무기질과 같은 여러 영양성분들의 흡수를 지연시키거나 방해하는 효과가 있으며, 대장 미생물에 의해 발효되어 초산 · 프로피온산 · 부티르산 등의 단쇄지방산을 합성한다. 특히 부티르산은

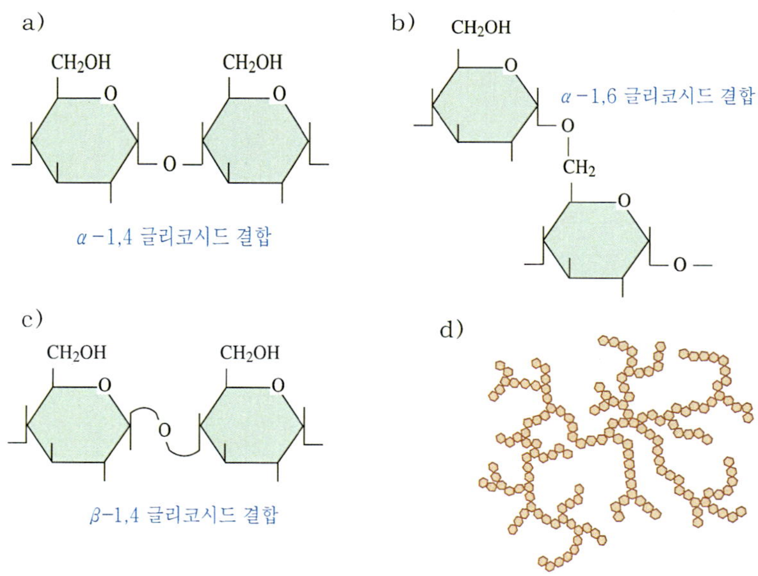

a) 아밀로오스의 구조(α-1, 4 글리코시드 결합)
b) 아밀로펙틴과 글리코겐의 구조(α-1, 6 글리코시드 결합)
c) 섬유소의 구조(β-1, 4 글리코시드 결합), d) 글리코겐

그림 2-4. 다당류의 구조

대장의 세포 속으로 들어가 에너지원으로 사용된다. 따라서 수용성 식이섬유는 평균 3 kcal/g의 열량을 내는 것으로 알려져 있다. 식이섬유 섭취가 많으면 박테리아에 의한 분해로 메탄과 수소 등의 가스가 생성되어 호흡으로 방출되나 건강에는 해가 없다. 수용성 식이섬유에는 아라비아검 · 구아검 · 로커스트빈검 · 펙틴 등이 있으며, 샐러드 드레싱 · 아이스크림 · 잼 · 젤리 등에 첨가된다. 일반적으로 수용성 식이섬유는 과일과 채소에 들어 있으며, 콩류 · 쌀겨 · 질경이종자 등에도 들어 있다(표 2-3).

아라비아검(arabic gum)
구아검(guar gum)
로커스트빈검(locust bean gum)

사일리엄(psyllium)
질경이 종자에 있는 가용성 식이섬유로서 상용 변비치료제에 쓰인다.

불용성 식이섬유는 물과 친화력이 적어 겔 형성력이 낮으며, 장내 미생물에 의해서도 분해되지 않고 배설되므로 배변량과 배변속도를 증가시키는 생리작용이 있다. 불용성 식이섬유의 대표적인 물질인 셀룰로오스는 아밀로오스와 비슷한 긴 사슬형태의 다당류로서 포도당이 β 결합을 하고 있다(그림 2-4). 사람의 경우 셀룰로오스 분해효소가 없으므로 셀룰로오스를 소화시키기 어려우나, 분해효소가 분비되는 초식동물은 소화할 수 있다. 긴 사슬의 셀룰로오스는 서로 겹쳐져 매우 강한 망상 구조를 만든다. 곡류 대부분은 바깥층에 이러한 섬유질이 많은 겨층을 가지므로, 전곡류에는 식이섬유가 다량 들어 있다. 나무줄기나 브로콜리 등의 단단한 줄기에는 물에 녹지 않는 불용성의 리그닌이 일부 있다.

불용성 식이섬유 (insoluble dietary fiber)
물에 녹지 않으며, 대장에서 박테리아에 의해 대사되지 않는 섬유소, 셀룰로오스(cellulose), 일부 헤미셀룰로오스(hemicellulose), 리그닌(lignin)

표 2-3. 식이섬유의 분류와 생리적 기능

분 류	종 류	주요 급원식품	생리적 기능
수용성 식이섬유	펙틴, 검	감귤류, 사과, 해조류	위장통과 지연 소장에서 당 흡수속도 지연, 혈청 콜레스테롤 감소
	헤미셀룰로오스 일부	바나나	
	뮤실리지	보리, 귀리, 두류	
불용성 식이섬유	셀룰로오스	모든 식물, 밀겨	분변량 증가
	헤미셀룰로오스	통밀	장 통과속도 가속
	리그닌, 저항전분	호밀, 쌀, 채소	포도당 흡수 지연

저항전분(resistant starch)
건강한 사람의 소장에서 흡수되지 않는 전분과 전분 분해물, 노화전분, 화학적으로 변성된 전분 등에 있다.

조섬유소는 1900년대 초 초식동물의 사료에서 처음으로 분리되었다. 동물의 사료를 산에 넣고 1시간 정도 끓인 후, 알칼리용액에 좀 더 끓여 분해되고 남은 것을 조섬유소라고 하는데, 주로 셀룰로오스와 리그닌으로 구성된다.

기능성 식이섬유는 식품공학적인 합성 또는 분해 방법으로 제조되는데, 사람의 생리기능에 유익한 영향을 미치는 것으로 알려져 있고, 섬유소 음료 제품에 주로 활용된다.

조섬유소(crude fiber)
식이섬유소 중 산과 알칼리 처리 후 남은 섬유소 부분으로, 식품성분표에서 주로 사용되는 섬유소량이다.

쉬어가기

리그닌(lignin)

대부분 밀기울은 순수한 섬유소라고 생각한다. 그러나 이것은 여러 식이섬유소가 소량의 단백질, 지방 그리고 미량의 무기질과 함께 섞여 있는 것이다. 식물의 나이는 섬유소 구성을 변화시킨다. 예를 들면 어린 당근은 리그닌이 거의 없는 반면, 오래 묵은 당근은 리그닌을 10~20% 함유한다.

탄수화물의 체내 기능

대부분의 탄수화물은 포도당으로 전환되어 대사에 이용되므로, 탄수화물의 체내 기능은 대부분 포도당의 체내 기능을 뜻한다.

에너지 공급

탄수화물은 생체에 1g당 4 kcal의 에너지를 제공한다. 특히 적혈구와 뇌세포, 신경세포는 주로 포도당을 에너지원으로 사용한다. 그 외 근육 등 다른 세포에서도 식후에는 포도당을 에너지원으로 사용한다.

소화로 흡수된 당은 혈당을 일정 수준으로 유지하며, 여분의 당은 간과 근육에 글리코겐의 형태로 저장되고, 나머지는 지방으로 전환되어 지방조직에 저장된다. 글리코겐 분해효소는 끝부분의 당부터 분해하므로 가지가 많을수록 소화효소의 작용을 많이 받을 수 있다. 따라서 글리코겐은 매우 많은 가지로 구성되어 빠른 속도로 분해될 수 있으므로, 탄수화물 저장의 이상적인 형태이다. 즉 신체가 신속하게 혈당을 필요로 할 때, 글리코겐은 여러 개의 가지 끝에서 한꺼번에 많은 양의 당을 분해할 수 있으므로, 혈당을 제공하는 데 매우 적합한 구조이다.

글리코겐 분해효소 (glycogen phosphorylase)

글리코겐 저장의 주요기관은 간과 근육이다. 체내에서 효소에 의해 글리코겐이 분해되면 글루코오스 1-인산이 만들어져 글루코오스 6-인산으로 전환된다. 간은 글루코오스 6-인산분해효소를 가지고 있으므로 글루코오스 6-인산을 포도당으로 전환시켜 혈당을 높일 수 있지만, 근육에는 이 효소가 없으므로 혈당 조절 기능은 하지 못하고 글루코오스 6-인산을 근육 세포의 에너지원으로 사용한다.

글루코오스 1-인산 (glucose 1-phosphate)
글루코오스 6-인산 (glucose 6-phosphate)
글루코오스 6-인산분해효소 (glucose 6-phosphatase)

단백질 절약작용

적혈구 · 뇌 · 신경세포 등은 포도당을 주요 에너지원으로 사용하며, 이에 따라 신체는 일정 수준의 혈당을 항상 유지하려고 한다. 그러나 탄수화물 섭취가 부족한 경우 당 이외의 단백질 등으로부터 포도당을 새롭게 합성할 수 있다. 이를 포도당 신생합성과정이라고 하며, 주로 간과 신장에서 진행된다. 따라서 탄수화물을 충분히 섭취하는 경우에는 체내 단백질이 포도당 합성에 쓰이지 않으므로 단백질을 절약할 수 있다.

포도당 신생합성과정 (gluconeogenesis)

포도당 신생합성과정의 급원으로는 주로 단백질 분해산물이 사용되며 지방산은 이용되지 못한다. 즉 근육, 간, 신장, 심장 등 여러 기관에서 단백질이 분해되어 사용된다. 그러므로 저열량식이나 기아상태에서 이 합성과정이 여러 주일 지속되면 이 기관들은 단백질이 급격히 손실돼 쇠약해진다. 장기간 금식이나 기아상태의 경우 단백질 손실과 그로 인한 급격한 체중감소가 나타나므로 이를 치료하기 위해 여러 조제식이 개발되고 있다.

케톤증 예방

적절한 탄수화물의 섭취는 지방의 산화에 필수적이다. 즉 저탄수화물 식사로 인슐린 분비가 감소하면 지방이 분해된다. 이에 따라 아세틸 CoA가 다량 생성되나, 포도당으로부터 생성되는 옥살로아세트산이 없으므로 TCA회로에 들어갈 수 없어 간에서 지방산 산화가 불완전하게 된다. 이때 생성된 아세틸 CoA는 아세토아세트산, β-히드록시부티르산, 아세톤 등의 케톤체를 다량 생성해 혈액과 조직에 축적하는데, 이를 케톤증이라고 한다(그림 2-5).

이러한 케톤증을 방지하기 위해서는 하루에 50~100 g의 탄수화물 섭취가 필요하다. 한국인의 경우 밥 한 공기에 65.5g의 탄수화물이 있어 비교적 쉽게 섭취할 수 있다.

기아상태의 경우에는, 탄수화물의 섭취가 부족해 피하조직에서 분해된 지방이 대사되므로 혈액에 케톤체가 나타난다(그림 2-6). 이는 체내 에너지원이 부족한 경우의 정상적인 대사 반응이다. 케톤체는 유리지방산보다 조직에서 이용하기 쉬운 에너지 형태이며, 뇌와 심장 등 일부 조직은 기아상태와 같은 비상시에는 케톤체를 에너지원으로 사용하여 생체단백질 손실을 1/3가량 줄여준다. 만일 일부 뇌조직이 케톤체를 사용하지 못한다면, 뇌에 에너지를 공급하기 위해 생체 단백질을 분해해 포도당을 합성할 것이다. 이는 결국 자기소화 현상을 나타내는 것으로, 근육 · 심장 등의 주요기관을 파괴함으로써 생물체의 생존 능력을 감소시켜 오랫동안 생존할 수 없게 만든다. 한편 인슐린의존성 당뇨병 환자가 적절한 치료를 받지 못하면, 혈당 대사에 관여하는 인슐린의 부족으로 혈액에 케톤체가 증가되어 여러 합병증이 발생할 수 있다(표 2-4, 그림 2-6).

아세틸 CoA (acetyl CoA)

옥살로아세트산 (oxaloacetate)

케톤체(ketone body) 지방의 산화가 불완전하여 생성된다. 3~4개의 탄소로 구성된 케톤기 물질, 아세토아세트산, β-히드록시부티르산, 아세톤 등

케톤증(ketosis) 혈액과 조직에 케톤체가 다량 축적된 임상증세

자기소화 (self-cannibalization)

인슐린(insulin) 췌장의 랑게르한스 섬의 β세포에서 생성되고, 간에서 글리코겐을 합성하며, 혈액에서 근육과 피하조직으로 포도당을 이동시키는 데 관여하는 호르몬

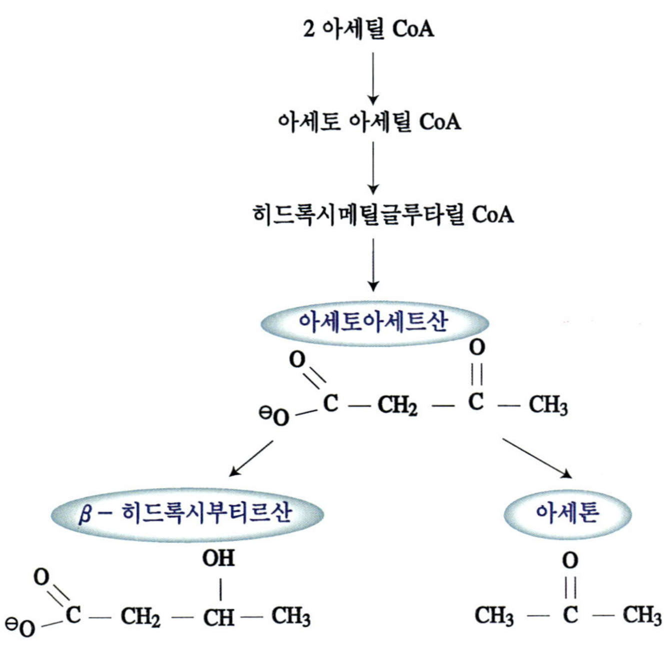

그림 2-5. 케톤체 생성과정(ketogenesis)

히드록시메틸글루타릴 CoA (β-hydroxy-β-methyl glutaryl CoA, HMG CoA)

표 2-4. 당뇨병성 케톤증의 케톤체 축적

상　태	소변 배설량(mg/24hr)	혈중 농도(mg/100mL)
정 상	≤125	<3
케톤증 환자(치료받지 않는 당뇨환자)	5,000	90

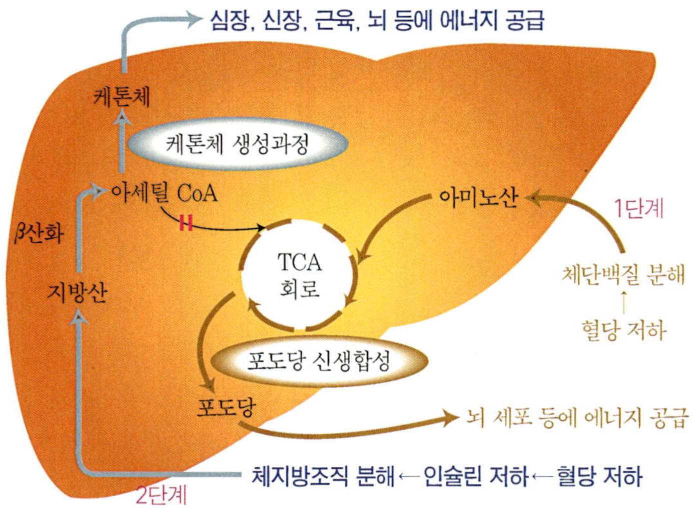

당뇨병과 단식 등으로 혈액내 포도당 농도가 저하하면, 체조직의 단백질이 분해되면서(1단계) 간에서 포도당 신생합성이 증가한다. 이때 생성된 포도당은 뇌 등의 조직에서 에너지원으로 쓰이나, 이 과정이 지속될 경우에는 체내 단백질의 손실이 있다. 다행히 생체계는 혈당이 떨어지면 인슐린의 분비가 저하되면서 체지방의 분해를 증가시킨다(2단계). 옥살로아세트산이 급격히 감소하여 TCA회로를 통한 대사가 줄어들면 지방분해에 의해 생성된 아세틸 CoA는 케톤체를 합성한다. 이때 생성된 케톤체는 심장 · 신장 · 근육 · 뇌 등에서 에너지원으로 쓰여 체단백조직을 보호하며, 아세틸 CoA에서 탈락된 CoA는 지방산의 β산화를 지속시키는 작용을 해 지속적으로 에너지가 공급되도록 한다.

그림 2-6. 케톤체의 대사

식품에 단맛과 향미 제공

당은 독특한 단맛과 향미를 지니고 있어, 식품에 대한 수용도를 높인다. 감미도는 설탕의 단맛을 기준으로 한 후, 당류의 상대적인 단맛의 강도를 나타낸 것으로, 당의 종류에 따라 그 감미도가 다르다. 당뇨병과 같은 임상질환의 식이요법 개선책으로 여러 대체감미료가 개발되어 이용되고 있다.

최근 식품 제조에서는 단맛뿐만 아니라 물성의 향상을 위해 당을 사용한다. 예를 들면 콘시럽은 옥수수 녹말을 산과 효소로 처리해 만든, 과당이 40~90%인 감미료인데, 설탕보다 저렴하면서 결정을 생성하지 않아 동결해도 물성이 좋으므로 음료수 · 사탕 · 잼 · 젤리 · 후식 등의 제조에 널리 사용된다.

쉬어가기 벌꿀 (honey)

고대부터 사용되어 온 감미료인 벌꿀은 음식에 독특한 단맛과 향미를 제공하며 꾸준히 사용되고 있다. 그러나 벌꿀에는 클로스트리듐 보툴리누스균 포자(Clostridium botulinus)가 있어 소화장애를 일이킬 수 있다. 어른은 위산이 강해 이 미생물이 번식하지 못하나, 어린이는 위산이 약해 위협적이므로, 어린이에게는 바람직한 감미료가 아니다.

탄수화물의 대사

단당류 대사

탄수화물은 주로 포도당의 형태로 세포내로 이동한다. 포도당은 해당과정과 TCA회로를 거쳐 조직에 필요한 에너지를 즉시 공급한다. 이때 일부 포도당은 핵산의 구성원인 리보오스 · 디옥시리보오스 · 과당 · 글루코사민 등으로 전환되거나 또는 비필수아미노산 합성에 쓰인다. 과량의 당은 글리코겐을 합성하여 간이나 근육에 저장되거나, 지방산으로 전환되어 피하조직에서 중성지방을 합성한 후 저장된다.

글루코사민 (glucosamine)

과당은 간에서 포도당으로 전환된다. 과당이 세포내로 이동하는 것은 인슐린 의존성이 아니다. 그렇지만 과당도 결국 포도당으로 전환되므로 과량을 섭취할 경우 혈당을 높일 수 있다. 또한 과당은 해당과정에서 속도조절 단계를 거치지 않고 중간 단계인 디히드록시아세톤 인산의 형태로 들어가므로 아세틸 CoA 전환속도가 증가되어 지방산 합성속도가 증가한다. 따라서 혈중 중성지질의 농도를 높일 수 있으므로 특히 인슐린 비의존성 당뇨병 환자들은 주의해야 한다. 갈락토오스도 간에서 글리코겐을 합성하거나, 글루코오스 1-인산으로 전환되어 포도당과 같은 경로를 통해 대사된다(그림 2-7).

디히드록시아세톤 인산 (dihydroxyacetone phosphate)

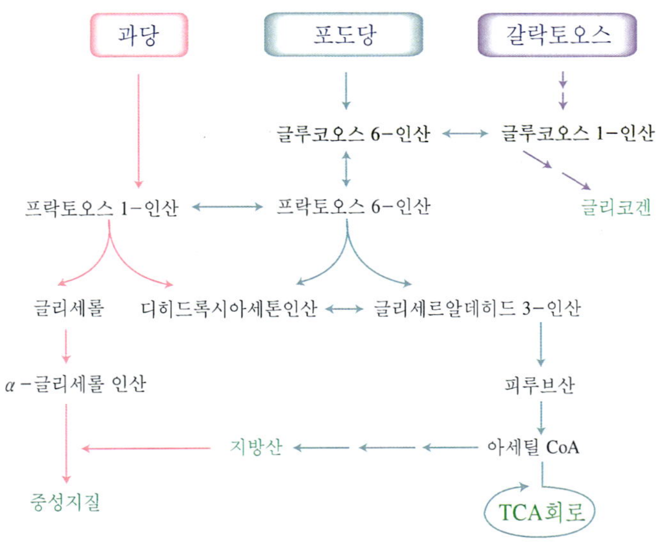

그림 2-7. 단당류 대사

포도당 대사

해당과정(glycolysis)
세포질(cytosol)
젖산(lactic acid)
피루브산(pyruvic acid)
미토콘드리아(mitochondria)

포도당 대사과정에는 해당과정, TCA회로, 오탄당 인산 경로, 글루쿠론산 회로 등이 있다. 해당과정은 생물체에 공통된 포도당 대사의 중심 경로로서 세포내 세포질의 가용성 부분에서 일어나며, 10단계의 반응 경로를 통해 포도당은 피루브산으로 된다. 이때 생성된 피루브산은 산소가 충분한 호기적 상태에서는 미토콘드리아 막을 거쳐 아세틸 CoA로 되어 TCA회로에서 대사되며, 산소가 부족한 혐기적 조건에서는 TCA회로를 통한 대사가 원활하지 않아 젖산으로 환원된다. 이스트 등의 미생물에서는 혐기적 조건에서 알코올 발효가 일어난다. 결국 해당과정 동안 포도당 1분자당 2분자의 ATP가 쓰이고 4분자의 ATP가 생성되어, 결국 ATP 2분자와 NADH 2분자가 생성된다.

포도당 + $2NAD^+$ + 2ADP + 2Pi ⟶ 2피루브산 + 2NADH + $2H^+$ + 2ATP + $2H_2O$

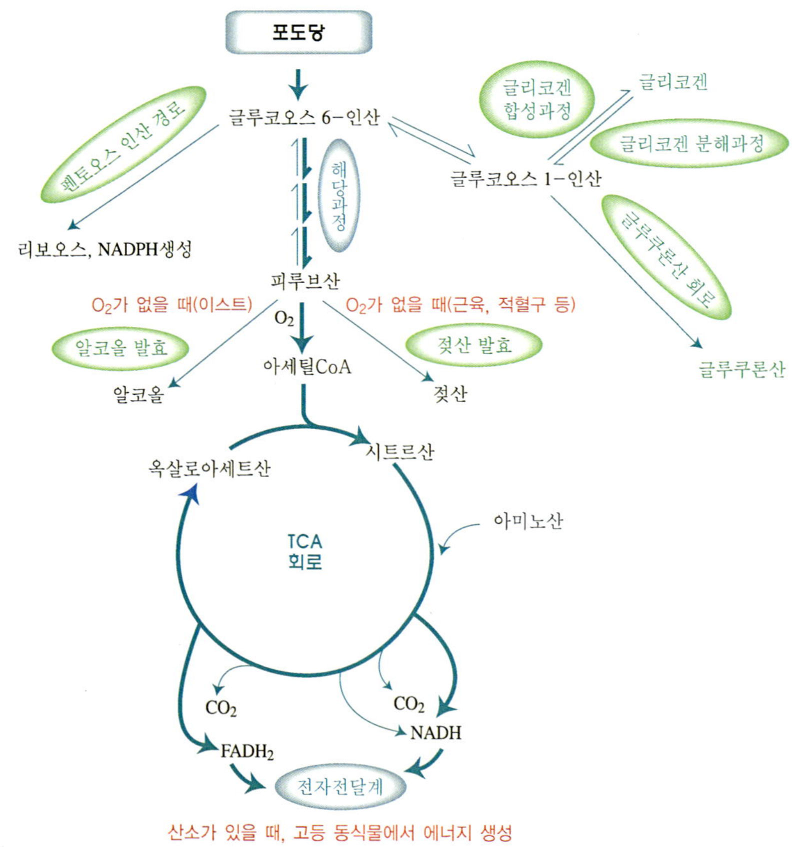

해당과정, TCA회로 및 전자전달계, 오탄당 인산 경로, 글루쿠론산 회로

그림 2-8. 포도당 대사 경로

호기적 해당과정에서 생성된 피루브산은 미토콘드리아막 안으로 들어가 아세틸 CoA로 산화된다. 아세틸 CoA는 옥살로아세트산과 함께 시트르산을 생성하며, TCA회로를 통해 NADH 3분자 · $FADH_2$ 1분자 · GTP 1분자를 생성한다. 이때 생성된 NADH와 $FADH_2$는 최종 에너지 생성단계인 전자전달계에서 각각 1.5ATP($FADH_2$) 또는 2.5ATP(NADH)를 생성한다. 결국 포도당 1분자는 세포질 내의 해당과정과 미토콘드리아의 TCA회로 및 전자전달계를 거치면서 30개 또는 32개의 ATP를 생성한다.

TCA회로 (tricarboxylic acid cycle ; citric acid cycle)

한편 포도당은 오탄당 인산 경로와 글루쿠론산 회로를 통해 대사되기도 한다. 오탄당 인산 경로는 주로 피하조직처럼 지방합성이 활발히 일어나는 곳에서 중요한 역할을 하며, 그 외 간 · 부신피질 · 적혈구 · 고환 · 유선조직 등에서 활발하다. 이 경로를 통해 포도당은 지방산과 스테로이드 호르몬의 합성 등에 필요한 NADPH를 생성하며, 핵산합성에 필요한 리보오스를 생성한다. 또한 리보오스는 이 경로를 통하여 헥소오스로 되어 대사된다. 글루쿠론산 회로를 통해 포도당으로부터 생성된 글루쿠론산은 간에서 여러 독성물질의 해독과정에 관여한다(그림 2-8).

오탄당 인산 경로 (pentose phosphate pathway)

글루쿠론산 회로 (glucuronic acid cycle)

포도당 신생합성과정

포도당 신생합성과정 (gluconeogenesis)

혈당은 뇌 · 적혈구 · 부신수질 · 수정체 등의 에너지급원으로서 매우 중요하므로, 혈당이 저하되면 호르몬의 작용으로 당의 절약작용과 당의 신생합성이 증가하여 혈당이 올라간다. 이때 간이나 신장에서 당 이외의 물질, 즉 아미노산이나 글리세롤 · 피루브산 · 젖산 · 프로피온산 등을 이용하여 포도당이 합성되는 것을 포도당 신생합성이라고 한다. 포도당 신생합성은 세포질 내에서 해당과정과는 별도의 경로를 통해 이루어진다(그림 2-9).

프로피온산 (propionic acid)

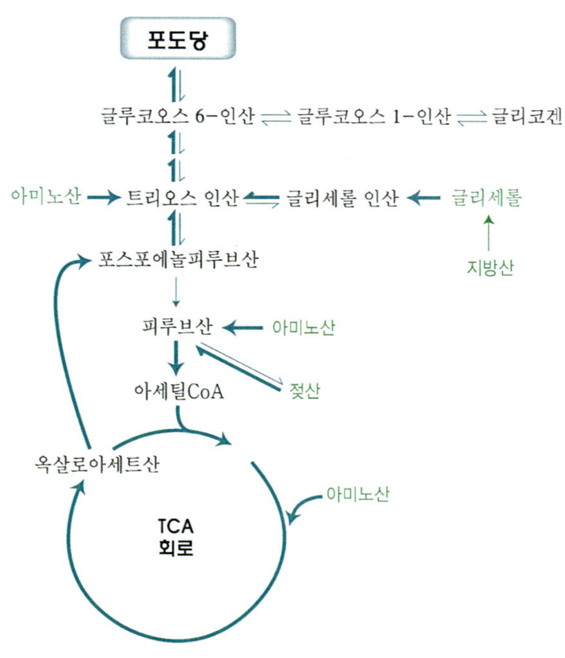

그림 2-9. 포도당 신생합성과정(gluconeogenesis)

적혈구나 근육 등의 말초조직에서 완전히 산화되지 못한 대사물질은 간으로 이동하여 포도당 합성에 쓰인다. 적혈구에서 포도당은 해당과정을 통하여 에너지를 내며, 남은 피루브산은 산소가 없으므로 호기적 산화과정인 TCA회로를 통하지 못하고 젖산으로 되어 코리회로를 거쳐 간으로 이동하여 다시 포도당 신생합성과정에 들어간다. 근육에서 에너지 생성에 쓰인 피루브산은 젖산으로 되어 코리회로를 거쳐 간으로 가거나, 또는 아미노산 대사에서 나온 아미노기와 함께 알라닌의 형태로 간으로 이동되어 다시 포도당 합성에 쓰이며, 이를 알라닌 회로라고 한다(그림 2-10).

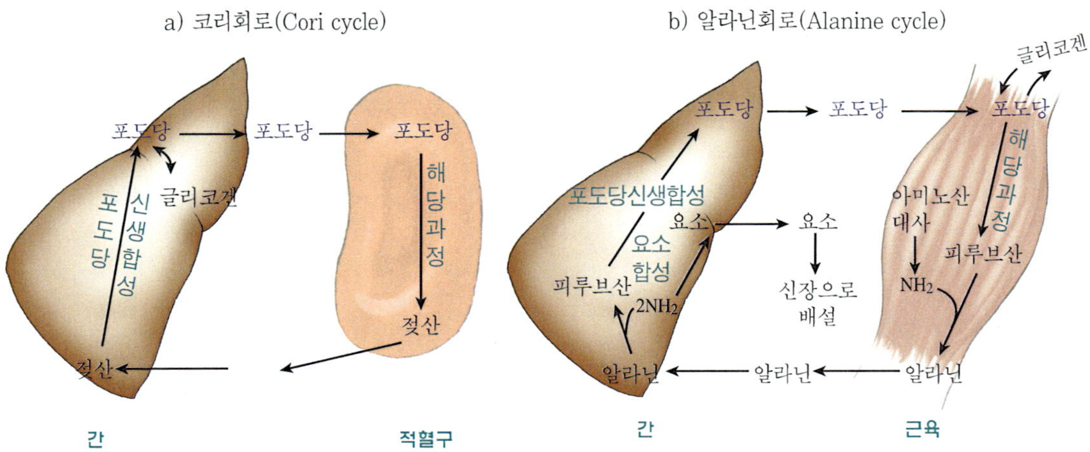

그림 2-10. 해당과정과 포도당신생합성의 관계

글리코겐 합성 및 분해과정

글리코겐 합성 (glycogenesis)
글리코겐 분해 (glycogenolysis)

글리코겐의 합성과 분해는 주로 간과 근육에서 서로 다른 대사 경로를 통해 일어난다. 간은 많은 양의 글리코겐을 저장하고 있으며, 영양상태가 양호한 사람은 보통 간 무게의 4~6%정도 글리코겐을 함유하고 있다. 간의 글리코겐 저장량은 식사 직후에는 탄수화물이 풍부해 6% 정도까지 이르기도 하나, 12~18시간 금식 후에는 글리코겐이 모두 혈당으로 소모되어 거의 남아 있지 않다. 근육에는 1%이하의 글리코겐이 있으며, 격심한 운동을 할 때에만 고갈된다. 운동 직후 글리코겐이 고갈된 상태에서 탄수화물이 많은 식사를 하면 근육의 글리코겐 함유량을 증가시킬 수 있다. 이에 따라 일부 운동선수들은 이러한 방법으로 근육의 글리코겐 양을 증가시킨다. 특히 마라톤선수들의 경우, 근육 글리코겐 저장량을 늘려 장시간의 경주 동안 산소가 부족한 상태에서도 근육 글리코겐의 혐기적 해당과정을 통해 에너지를 계속 공급할 수 있도록 함으로써 경기력과 지구력을 향상시킨다. 보통 근육이 간보다 글리코겐 비율은 낮으나, 간보다 양이 더 많으므로 글리코겐을 훨씬 많이 저장하고 있다(표 2-5).

에피네프린(epinephrine)
노르에피네프린 (norepinephrine)
글루카곤(glucagon)
인산 분해효소 (phosphorylase)
글리코겐 합성효소 (glycogen synthetase)

간과 근육의 글리코겐 합성과 분해는 에피네프린, 노르에피네프린, 글루카곤 등의 영향을 받는다. 이 호르몬들이 많이 분비되면 세포막에서 cAMP를 증가시켜 글리코겐을 분해하는 효소인 글리코겐 인산분해효소를 활성화함으로써 글리코겐 분해를 증가시킨다.

그러나 cAMP는 글리코겐 합성효소를 불활성화해 글리코겐 합성을 저하시킴으로써, 글리코겐의 합성과 분해가 동시에 일어나지 않도록 한다(그림 2-11).

표 2-5. 정상 성인 남자(70kg)의 체내 탄수화물 저장형태

장 소	글리코겐	포도당
간(1.8kg)	72g (4.0%)	
근육(35kg)	245g (0.7%)	
세포외액(10L)		10g (0.1%)
소 계	317g	10g
합 계	327g	

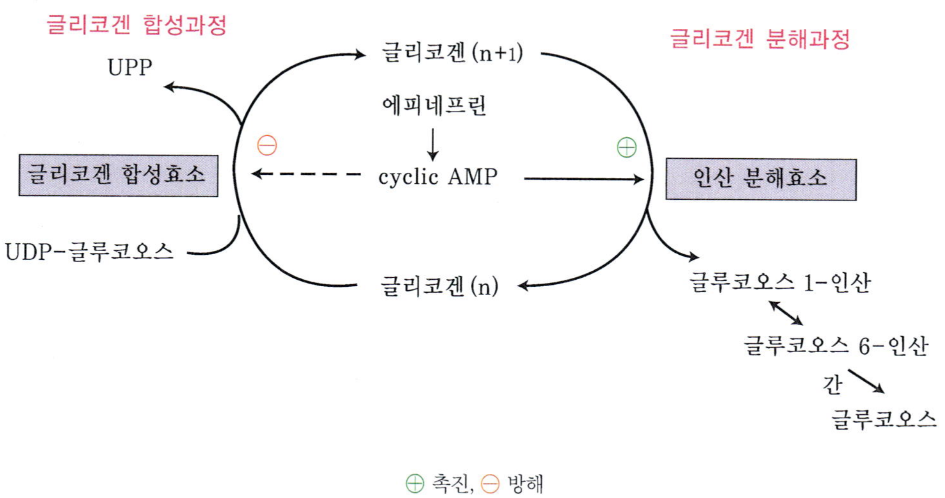

그림 2-11. 글리코겐 합성과 분해의 조절(glycogenesis와 glycogenolysis)

혈당의 조절

정상상태의 혈당은 공복 시에 70~100mg/100mL이다. 혈당이 170mg/100mL 이상되면 소변으로 배설되기 시작하고 공복과 갈증을 느끼게 되며, 장기간 계속되면 체중이 감소한다(고혈당증). 반면 혈당이 40~50mg/100mL 이하로 떨어지면 신경이 예민해지고 불안정해지며, 공복감과 두통을 느끼고 심하면 쇼크를 일으킨다(저혈당증).

혈액으로 들어오는 당은 주로 음식물의 소화에 의해 소장에서 흡수되거나, 간의 글리코겐 분해 및 포도당 신생합성에 의해 증가된다(그림 2-12). 이 혈당은 조직의 에너지 생성(특히 적혈구, 신경세포 등)에 쓰이고 유당 · 당지질 · 핵산 · 뮤코당의 합성에 쓰이며, 간이나 근육의 글리코겐으로 합성되어 저장되고, 남으면 체지방으로 합성되어 저장된다.

당질의 대사는 여러 관련 호르몬의 상호작용에 의해 조절된다. 인슐린은 췌장의 β 세포에서 합성되며, 간의 글리코겐 합성을 촉진하고, 근육이나 피하조직 등의 세포로 혈당을 이동시킨다. 이에 따라 혈당을 감소시켜 식사 후 수시간 이내에 공복 시의 혈당치로 낮춘다. 또한 간에서 포도당 신생합성을 감소시킨다. 인슐린과 반대작용을 하는 글루카곤은 췌장의 α 세포에서 분비되며, 혈당이 낮아진 경우 간의 글리코겐을 분해하여 보충시킨다. 또한 간의 포도당 신생합성을

고혈당증 (hyperglycemia)
공복 시 혈당 126mg/100mL 이상

저혈당증 (hypoglycemia)
공복 시 혈당 40~50mg/100mL 이하

뮤코당 (mucopolysaccharide)

간
혈당을 조절하는 주요기관으로서, 소장에서 흡수된 당이 간으로 들어오면 혈액으로 방출될 당의 양을 조절한다.

췌장
혈당 조절에 관여하는 호르몬인 인슐린과 글루카곤의 분비기관. 음식물로부터 들어온 당을 소장에서 흡수하면, 췌장에서는 다량의 인슐린을 혈액으로 분비한다.

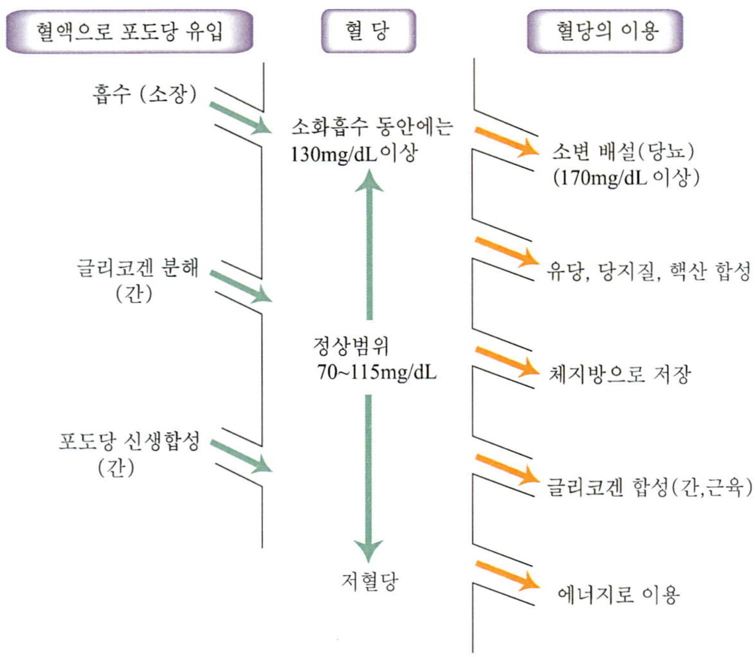

그림 2-12. 혈당의 조절

표 2-6. 혈당조절에 관여하는 여러 호르몬의 기능

혈당	호르몬	분비기관	작용기관	작　용
감소 ↓	인슐린	췌장	간, 근육 피하조직	글리코겐 합성 증가, 포도당 신생합성 억제 근육과 피하조직으로 혈당의 유입증가
증가 ↑	글루카곤	췌장	간	간의 글리코겐을 분해시켜 혈당방출 증가, 간의 포도당 신생합성 증가
	에피네프린 노르에피네프린	부신수질 교감신경말단	간, 근육	간의 글리코겐을 분해시켜 혈당 방출증가 간의 포도당 신생합성 증가, 근육의 포도당 흡수억제, 체지방 사용촉진, 글루카곤 분비촉진, 인슐린 분비저해
	글루코코르티코이드	부신피질	간, 근육	간의 포도당 신생합성 증가, 근육에서의 당의 사용억제
	성장 호르몬	뇌하수체 전엽	간, 근육, 피하조직	간의 당 방출증가, 근육으로 당 유입억제, 지방의 이동과 사용증가
	갑상선 호르몬	갑상선	간 소장	간의 포도당 신생합성 · 글리코겐 분해과정 증가 소장의 당 흡수촉진

증가시켜 결국 혈당치를 정상으로 회복시키는 역할을 한다. 에피네프린 · 노르에피네프린 · 글루코코르티코이드 · 성장 호르몬 · 갑상선 호르몬 등도 혈당이 많이 저하되는 경우, 분비가 촉진되어 간의 글리코겐 분해과정과 포도당 신생합성과정을 증가시켜 혈당을 상승시키는데, 이것들도 인슐린의 작용과는 반대이다.

따라서 호르몬들은 상호 보완작용에 의해 생리기능을 원활히 조절한다. 즉 혈당조절에 관여하는 인슐린의 작용은 글루카곤, 에피네프린, 노르에피네프린, 글루코코르티코이드 등의 여러 호르몬의 작용과 균형있게 진행된다(표 2-6). 만일 한 호르몬의 과잉 생성이나 부족으로 이러한 균형이 깨어지면 혈당농도가 조절되지 않아 여러 임상 증세가 나타난다. 그러나 다행히도 한 호르몬의 균형이 깨지면 다른 호르몬이 보완작용을 해 생체계 환경은 큰 변화없이 유지되는데, 이를 항상성이라고 한다.

항상성 (homeostasis)

탄수화물과 건강

당뇨병

당뇨병은 고혈당과 당뇨가 나타나는 만성 대사질환이다. 이는 췌장에서 분비되는 혈당조절 호르몬인 인슐린의 분비가 감소되었거나, 인슐린의 작용에 문제가 생겼을 때 나타난다. 인슐린이 부족하면 혈액내의 영양소가 조직 속으로 들어갈 수 없어 여러 대사성 질환이 발생한다. 당뇨병은 제1형 당뇨병, 제2형 당뇨병과 임신성 당뇨병으로 분류된다.

제1형 당뇨병은 주로 20세 미만의 소아 연령층에서 발병하여 소아 당뇨병이라고 하며, 주로 췌장의 인슐린 생성장애로 인해 생긴다. 식사요법과 운동 이 외에 반드시 인슐린요법을 병행하여야만 한다(표 2-7).

제1형 당뇨병 (Type I, insulin dependent diabetes mellitus, IDDM)

제2형 당뇨병은 성인 당뇨병이라고 하는데, 비만과 운동 부족이 주요원인이며, 식사요법과 체중조절이 매우 중요하다. 서양에서는 제2형 당뇨병 환자 중 비만형이 80% 이상으로 대부분을 차지하는 반면, 우리나라는 체지방이 적은 비비만형이 약 70~80% 정도로, 비만형보다 발생률이 높다. 또한 우리나라 당뇨환자의 경우, 인슐린 분비능력이 서구인보다 매우 낮아 발병 초기에 극심한 체중감소가 나타난다.

제2형 당뇨병 (Type II, non-insulin dependent diabetes mellitus, NIDDM)

표 2-7. 제1형 당뇨병과 제2형 당뇨병의 비교

분 류	제1형 당뇨병	제2형 당뇨병
발병시기	주로 소아기 발병(평균 12세)	주로 성인기 발병(40세 이후)
발병원인	인슐린 생성 부족, 면역반응 저하, 바이러스 감염	인슐린 저항성 증가, 고인슐린혈증, 비만
증상	비교적 심함, 다식, 다뇨, 다갈, 체중 감소	비교적 적음, 다갈, 피로감, 혈관계 · 신경계 합병증
혈중인슐린농도	매우 낮음, 인슐린 의존성	정상, 또는 높거나 낮음, 인슐린 비의존성
케톤증 발생	가능	별로 없음
치료법	인슐린치료 약물요법 식사 및 운동요법 권장	식사요법 약물요법 운동요법

당뇨병 진단 기준
공복 혈당 126mg/dL 이상
식후 2시간 혈당 200mg/dL 이상
당화혈색소 6.5% 이상

당뇨병 진단지표의 정상수치
공복 혈당 70~100mg/dL 이상
식후 2시간 혈당 90~140mg/dL 이상
당화혈색소 5.7% 미만

다식(polyphagia)
다뇨(polyuria)
다갈(polydipsia)

임신성 당뇨병
(gestational diabetes)

임신성 당뇨병은 임신 후반기에 인슐린의 작용을 방해하는 호르몬에 의해 발생하며, 거대아와 기형아의 출산 가능성이 높다. 일시적인 호르몬 장애나 당뇨병의 소인이 있는 사람에게서 주로 나타나는데, 출산 이후에 제2형 당뇨병이 될 가능성이 크므로 주의가 필요하다.

이차성 당뇨병
(secondary diabetes)

저영양성 당뇨병
(malnutrition related diabetes mellitus)

이 외에도 췌장질환, 내분비계 질환이나 약물 등에 의해 이차적으로 발생하는 이차성 당뇨병과, 10~40세에 주로 발생하면서 다뇨 · 다갈 · 체중감소 등의 임상증세는 있으나 케톤증은 나타내지 않는 저영양성 당뇨병 등이 있다.

당뇨병은 포도당 내성검사로 진단하며, 공복 시 혈당과 포도당 투여 이후의 혈당 변화를 관찰하여 판정한다.

쉬어가기

포도당 내성검사 (glucose tolerance test, GTT)

포도당의 세포로의 유입 능력을 측정하는 것으로, 일정량(75g, 또는 1g/체중 kg)의 포도당을 먹은 후 혈당의 농도를 측정하여 판단한다. 정상인의 경우 공복 시 혈당량은 80 mg/100 mL정도이며, 포도당 섭취에 따라 혈당량은 서서히 증가해 1시간 후에 최대치인 120 mg/100 mL가 된 후 다시 감소해 3시간 후에는 정상 수준인 100 mg/100 mL 이하로 떨어진다. 그러나 당뇨병 환자의 경우 공복 시 혈당량도 매우 높아 140 mg/100 mL 이상이며, 1시간 이후에는 200 mg/100 mL 이상으로 매우 높아져, 초기의 혈당치로 감소하는 데에도 그만큼 시간이 더 걸린다.

당뇨병의 합병증에는 심혈관계장애, 신경계, 신장 이상, 망막증, 식욕항진과 함께 케톤성 혼수, 고혈당, 인슐린 저항성, 중성지방의 증가, LDL 콜레스테롤의 증가 등의 대사이상이 있다.

혈당지수
(glycemic index)

당뇨병에 대한 식사요법의 기준으로 쓰이는 혈당지수란, 흰 빵이나 포도당의 형태로 탄수화물을 섭취하였을 때 혈액에 나타나는 총포도당 양의 기준을 100으로 해서, 특정 식품을 섭취하였을 때 혈액에 나오는 포도당의 양으로 정한다(표 2-8). 식품의 혈당지수는 식이섬유소 함량, 소화 흡수속도, 총지방 함유량 등의 요인에 영향을 받는다. 따라서 복합탄수화물이라도 소화 · 흡수가 빠르게 진행되는 경우, 혈당지수는 단순당질과 거의 비슷해진다. 가용성 섬유소를 함유한 오트밀 등의 식품은 소화가 천천히 진행되므로, 섭취하였을 때 혈당이 천천히 상승한다. 반면 감자 등의 식품은 소화가 빨리 되어 혈당이 빨리 상승한다. 당뇨환자가 낮은 혈당지수를 갖는 식품을 섭취할 경우 혈당조절이 용이해진다. 혈당지수가 낮은 식품은 관상심장병과 비만 등의 치료와 예방에도 도움이 된다.

표 2-8. 식품군별 혈당지수

높은 식품군 (70 이상)	혈당지수	중간 식품군 (56~69)	혈당지수	낮은 식품군 (55 이하)	혈당지수
쌀(백미)	70~90	쌀(현미)	50~60	두류(콩)	18
빵(흰 식빵)	70	빵(보리 빵)	65	빵(전곡류 빵)	30~45
(프랑스 빵)	95	(귀리 빵)	65	아침식사용 곡류	42
감자	80~100	아침식사용 곡류	66	(올브란)	
아침식사용 곡류	84	(잡곡 플레이크)		유제품(우유)	27
(콘플레이크)		유제품(아이스크림)	64	저지방 요구르트	33
과일(수박)	70	과일(바나나,파인애플)	53, 52	과일(사과,오렌지,배)	36,43,28

식이섬유

1. 당뇨병 및 동맥경화증과의 관계

식이섬유를 과량 섭취하였을 때, 수용성 식이섬유는 소장의 당 흡수를 느리게 해 당뇨병에 도움을 준다. 또한 소장의 콜레스테롤 흡수를 방해하여 혈청 콜레스테롤을 감소시킨다. 수용성 식이섬유는 대장에서 박테리아에 의해 분해되어 부티르산, 프로피온산, 초산 등의 단쇄지방산으로 되며, 흡수되어 간으로 들어가서 콜레스테롤 합성을 감소시킨다. 수용성 식이섬유 섭취로 당 흡수가 감소되면 인슐린 분비도 감소한다. 인슐린은 간에서 콜레스테롤 합성을 자극하므로, 인슐린 분비가 감소하면 간의 콜레스테롤 합성도 줄어드는데, 이에 대해서는 연구가 계속 진행되고 있다. 또한 식이섬유는 장에서 담즙산과 결합하여 담즙산의 재흡수를 저해하면서 콜레스테롤의 배설량을 증가시킨다. 당뇨병이나 고콜레스테롤 혈증의 치료를 위해서는 수용성 식이섬유의 섭취가 필요하다. 과일, 채소, 두류, 해조류 등은 수용성 식이섬유의 좋은 급원이다.

2. 비만 예방

식이섬유는 체중조절을 도와 비만을 방지한다. 고섬유소 식사는 포만감은 주면서 상대적으로 열량이 적다. 또한 음식물이 장을 통과하는 시간을 빠르게 하여 영양소의 흡수량을 적게 하고, 다른 영양소의 흡수를 방해한다. 따라서 비만인의 경우 식이섬유가 많은 식사가 체중조절에 도움이 된다. 반면 성장기 어린이나 저체중 성인에게는 열량 영양소의 흡수율 저하뿐만 아니라 미량 영양소인 비타민과 무기질의 흡수도 저하되므로 너무 많은 양의 식이섬유 섭취는 바람직하지 않다.

쉬어가기

섬유소 이야기

1820~30년대 미국의 목사 그레이엄(Sylvester Graham)은 동부연안을 여행하며 섬유소의 중요성을 강조하였다. 그는 그레이엄 크래커(graham cracker)라는 통곡류 과자를 만들었다. 그 후 1870년대 중반 켈로그 박사(Dr. John Harvey Kellogg)는 동생 윌리엄(William)과 함께 아침식사용 곡류인 켈로그 제품을 만들어 자신의 환자에게 보급하여 백만장자가 되었다. 1901년 그의 환자였던 포스트(Charles W. Post)는 포스트 콘플레이크 회사(Post Toasted Cornflakes Co.)를 차려 건포도 등의 열매를 첨가한 제품으로 백만장자가 되었다. 현재 우리나라에서도 섬유소 음료가 건강 음료로서 매우 큰 시장을 형성하고 있다. 섬유소 음료에는 가용성 식이섬유가 주로 들어 있다.

식이섬유의 생리적 기능

- 구강의 저작활동을 자극하여 타액 흐름과 위액 분비 촉진
- 위장의 포만감 유발
- 배변량 증가
- 장내 통과속도 정상화
- 소장 통과속도를 빠르게 하여 영양소의 흡수율 저하
- 대장의 발효를 위한 기질 제공(수용성 식이섬유) → 단쇄지방산 생성
- 혈청 콜레스테롤 농도 저하(수용성 식이섬유)

3. 대장암 예방효과

대장암(colon cancer)

대장암은 미국인의 암 사망 원인 중 매우 높은 비율을 차지한다. 여러 역학조사와 환자 - 대조군 연구에서, 식이섬유가 많은 곡류 · 과일 · 채소의 섭취가 적은 경우 대장암의 발생 빈도가 높았고, 또 지방 · 육류 · 열량의 섭취가 많은 경우에도 발생률이 높았다.

식이섬유가 대장암의 발생에 미치는 영향에 대해서는 연구가 진행되고 있으나, 다음의 몇 가지 기전을 제시할 수 있다. 즉 식이섬유가 가지고 있는 수분에 의해 발암물질이 희석되거나, 섬유소와 직접 결합되어 흡수가 되지 않거나, 혹은 장내 통과속도가 빨라짐으로써 발암물질이 대장과 접촉할 수 있는 기회를 줄이기 때문으로 추측하고 있다. 따라서 고섬유소 식사로 대장암은 예방될 수 있다.

사람을 대상으로 한 연구에서 과일과 채소의 식이섬유가 대장암의 예방에 가장 좋은 효과를 보였다고 한다. 이는 식이섬유의 단독 역할이기보다는 과일과 채소에 있는 비타민 C와 카로티노이드의 섭취증가와 상대적 지방 섭취감소 및 여러 요인의 복합작용에 의한 것으로 사료된다. 따라서 식이섬유를 영양보충제의 형태로 섭취하는 것보다는 식품형태로 섭취하는 것이 비타민 C나 카로티노이드류가 동시에 섭취되므로 암의 예방에 더욱 효과적이다.

그 외 칼슘 부족과 비타민 D 결핍도 대장암과 관련 있으며, 육체적인 활동이 많은 경우에도 대장의 운동성을 향상시켜 대장이 발암물질과 접촉하는 기회를 감소시키는 효과가 있다.

4. 게실염의 예방

식이섬유는 분변의 양을 증가시키고, 이로써 대장 근육이 자극되어 통과속도가 빨라진다. 또 식이섬유가 물을 보유하고 있어 분변이 부드럽다. 식이섬유를 너무 적게 섭취하면 분변은 양이 적고 단단하다. 이러한 경우 분변의 배설을 위해 압력을 가하게 되고, 이에 따라 대장벽의 일부가 근육층 사이에 작은 주머니를 만들게 되는데, 이를 게실이라고 한다. 이러한 질병을 게실증이라고 하며, 게실을 가진 사람의 80%는 증세가 없다. 만일 게실에 음식 종자나 껍질이 들어가게 되면 박테리아가 이것들을 대사시켜 산과 가스를 형성하게 되고, 게실을 자극하여 염증이 생겨 게실염이 된다. 이때에는 항생제를 복용해 박테리아의 작용을 감소시키고, 식이섬유 섭취를 낮추어 더 이상 박테리아가 작용하지 못하도록 한다. 일단 염증이 가라앉으면 고식이섬유 식사(종자와 껍질은 제거)를 통해 분변의 배설을 높이고, 재발을 막는다. 서양 노인의 경우 50% 정도가 게실을 가지고 있는데, 이는 식이섬유의 섭취 부족 때문으로 보인다.

게실(diverticula)
대장의 외벽이 작은 주머니 형태로 돌출된 것

게실증(diverticulosis)
대장에 게실을 많이 가지고 있는 상태

게실염(diverticulitis)
게실에 염증이 생긴 것으로, 항문 주위의 대정맥이 부푼 치질(hemorrhoid)과는 다르다.

5. 고식이섬유 식사의 문제점

한편 고식이섬유 식사는 이러한 건강상의 유익한 점 이외에 다음과 같은 생리효과도 있으므로 성장기 어린이나 노약자의 경우에는 주의가 필요하다. 즉 배변방해로서, 고식이섬유 식사(하루에 60g 정도 섭취)는 다량의 수분 섭취가 필요하며, 만일 물을 많이 먹지 않으면 분변이 매우 단단해져 배변이 어려워진다. 또한 식이섬유는 칼슘 · 아연 · 철분 등의 중요한 무기질과 결합하여 배설된다. 그 외에도 고식이섬유 식사는 장내 가스를 생성하며, 종종 위장에 피토베조르라는 섬유소 덩어리를 만든다. 이는 고식이섬유 식사를 하는 당뇨환자나 노인에게서 발견

피토베조르(phytobezoars)

표 2-9. 식이섬유와 건강의 관계

질 병	역 할	체내 작용	연구 방향
당뇨병	공복 혈당을 낮춤, 요당 감소, 인슐린 필요량 감소, 인슐린 예민도 증가, 식후 고혈당증 예방	위장 비우는 속도 완만, 소장에서 펙틴 · 검 등은 탄수화물을 감싸 겔 상태로 만듦, 탄수화물 흡수속도를 느리게 함, 글루카곤 등의 호르몬 대사 변경	간에서 포도당과 지방의 대사에 미치는 영향, 식이섬유가 직접 포도당 대사에 관여하는지의 여부
관상심장병	담즙산의 재순환 방해, 혈중 중성지방과 콜레스테롤의 감소	담즙산에 대한 대장균의 작용 변경, 대장 균총의 변화, 췌장 · 소장의 소화효소 작용 변화, 인슐린 감소, 콜레스테롤과 결합하여 재흡수 방해, 소장에서 겔을 형성하여 지방 흡수방해	지단백 분포에 미치는 영향, 저급 지방산 생성에 미치는 영향, 대장 기능에 대한 담즙산염의 역할
비만	포만감 증가, 영양소 체내 이용률 저하, 영양 밀도 감소 ,호르몬 반응 변경, 신진대사율 변경	음식물을 씹고 삼키는 데 시간 필요, 지방 배설량 증가, 고식이섬유 식사로 탄수화물 흡수방해, 대장 통과시간 단축, 인슐린 · 글루카곤 등의 호르몬작용 변경	영양소 배설증가에 따른 영양 저해작용, 섬유소 종류에 따른 위장관 작용의 차이점
대장암	발생률 저하	담즙산염이 대장세포의 구조와 기능 변경	식이섬유가 대장 조직에 미치는 영향
게실증, 변비, 식도열공헤르니아, 용혈	장벽의 내압이 높아져 통과속도가 빨라짐	대장의 통과시간 단축, 보습력이 높아져 변이 부드러워짐	

되며, 소장의 흐름을 막을 수 있다. 또한 식이섬유 섭취는 많이 하면서 액체를 적게 먹는 경우에는 식이섬유 자체가 장을 차단하기도 한다.

유당불내증

유당불내증 (lactose intolerance)
유당 분해효소 (lactase)

유당불내증은 유당의 소화효소인 유당 분해효소의 부족으로 발생하는 임상증상이다. 소장에서 유당이 단당류인 포도당과 갈락토오스로 분해되지 못하면 체내로 흡수되지 못하고 대장에서 박테리아에 의해 발효되어 산과 함께 가스를 생성한다. 이로 인해 헛배가 부르고 복부에 가스가 차며, 소리가 나고, 복통 · 설사 등의 증상이 나타난다.

1차 유당불내증은 아시아 · 중남미 · 아프리카 사람에서 볼 수 있으며, 단지 효소가 적거나 성장함에 따라 분비가 감소되어 나타난다. 2차 유당불내증은 장의 박테리아감염이나 항암제 등의 약물복용으로 발생하며, 감염이나 약물에 의해 소장 점막세포의 성장이 저지되고, 이에 따라 효소의 합성도 방해받는다.

유당불내증은 50g의 유당(우유 4컵에 해당)을 복용한 후 혈당이 올라가지 않고 가스, 복통 등의 소화장애가 나타나는가를 관찰해 진단한다. 유당불내증인 경우 식사 처방으로 우유 섭취를 제한하도록 한다. 그러나 우유는 유당뿐만 아니라 칼슘 · 리보플라빈 · 칼륨 · 마그네슘 등의 좋은 급원이므로, 심하지 않은 경우에는 다음 방법으로 유제품을 섭취하도록 한다. 첫째, 소량의 유제품을 다른 식품 즉 지방식품과 같이 섭취하여 천천히 소화되도록 한다. 둘째, 치즈나 요구르트 등 유당이 많이 분해되었고 활성 박테리아가 있는 유제품을 섭취한다. 셋째, 유당 분해효소를 첨가하여 유당을 분해시킨 저락토오스 우유를 섭취한다.

저락토오스 우유 (low-lactose milk)

유전적 탄수화물 대사이상 질환

1. 당원병

당원병(Glycogen Storage Disease)은 탄수화물 대사 이상 질환이다. 글리코겐 합성 및 분해의 말단 단계에 관여하는 효소인 글루코오스 6-인산분해효소의 활성저하에 의해서 글리코겐을 분해하여 포도당으로 전환시킬 수 없게 된다. 이에 따라 글리코겐이 간이나 근육, 콩팥 등에 축적되나 필요할 때 포도당으로 분해되어 이용되지 못한다.

글루코오스 6-인산분해효소 (glucose-6-phosphatase)

결핍된 효소의 종류에 따라 여러 종류의 당원병이 있으나, Ia형이 한국인에게 가장 흔하다.

주요 증상으로는 작은 키, 성장장애, 양 볼에 지방축적이 많아서 인형과 같은 얼굴, 간, 신장의 비대, 저혈당으로 인한 경련, 출혈, 공복 시 저혈당, 고젖산혈증, 고요산혈증, 고지혈증 등이 나타난다.

치료방법으로는 식사요법이 매우 중요하다. 포도당이 천천히 흡수되도록, 가열하지 않은 생옥수수 전분가루를 약 2g/kg 용량으로 50% 용액을 만들어 6시간마다 섭취한다. 또한 저혈당을 예방하는 목적으로 식사를 자주 해야 하며, 에너지섭취량이 과잉되지 않도록 주의한다. 포도당 이외의 단당류인 과당이나 갈락토오스는 이용되지 않기 때문에 가능하면 섭취를 피하는 것이 좋

표 2-10. 당원병의 분류 및 주요 임상증상

분 류	명 칭	결핍 효소	주요 영향 기관	임상증상
Type Ⅰ	Von Gierke disease	G6Pase	간	간비대, 저혈당, 고콜레스테롤혈증, 고요산혈증, 고젖산혈증, 골밀도 저하, 성장저지, 신장염 등
Type Ⅱ	Pompe disease	acid α-glucosidase	심장, 근육	간, 심장 비대, 심부전, 호흡기 장애, 사망
Type Ⅲ	Cori disease	Amilo-1,6-glycosidase	근육, 간	Type Ⅰ과 비슷, 증세는 양호
Type Ⅳ	Andersen disease	Branching enz	간, 지라	간경화 진행, 사망(2세 이전)
Type Ⅴ	McArdle disease	Phosphorylase	근육	성장 둔화, 근육통, 운동 후 극심한 피로
Type Ⅵ	Hers disease	Phosphorylase	간	Type Ⅰ과 비슷, 증세는 양호
Type Ⅶ	Tarui disease	Phosphofructo kinase	근육	Type Ⅴ와 비슷, 근육통, 빈혈
Type Ⅷ	-	Phosphorylase kinase	간	근육 약화, 빈혈, 혈중 요산 증가
Type Ⅸ	-	Phosphorylase kinase	간	간 비대, 저혈당
Type 0	-	Liver glycogen synthase	간	저혈당, 식후 빠른 고혈당, 성장 저지

다. 요산이 아주 높을 때에는 요산합성 억제제를 사용한다.

2. 갈락토오스혈증

갈락토오스혈증(Galactosemia)은 효소의 결핍으로 체내의 갈락토오스(유당)와 그 대사산물이 축적되어 나타나는 유전적 대사장애이다. 발생 빈도는 정확하지는 않지만 매우 드문 유전질환으로, 출생아 5~6만 명 중 1명 수준이다.

주요 증상으로는 출생 후 즉시 발육부전, 구토, 황달, 설사 등이 있다. 또한 치료하지 않으면 백내장, 정신지체 등이 나타나며, 간기능 부전, 출혈, 패혈증 등으로 사망하기도 한다.

가. 제1형 갈락토오스 혈증

Galactose-1-phosphate uridyl transferase(GALT)의 결핍에 의해 나타난다. 건강한 사람은 우유의 유당을 섭취하게 되면, 포도당과 갈락토오스로 분해되어 흡수되며, 갈락토오스는 체내에서 포도당으로 전환되어 이용된다. 제1형 갈락토오스 혈증은 갈락토오스를 포도당으로 분해하는 효소인 GALT가 결핍되어 체내에 갈락토오스와 그의 대사산물인 갈락토오스-1-인산염이 축적되면서 신장, 간, 뇌의 선조직 세포에 이상을 초래한다.

따라서 제1형 갈락토오스 혈증 환자는 출생 직후, 빠른 시간 내에 진단하는 것이 중요하다. 만일 신생아기에 진단받지 못할 경우에는 간, 뇌, 눈, 신장 손상이 초래될 수 있다.

나. 제2형 갈락토오스 혈증

Galactose kinase 결핍에 의해 나타난다. 주요 증상이 1형 갈락토오스 혈증보다 심하지 않은 것으로 알려져 있으며, 환아에게 일반수유를 계속하게 되면 어린 나이에 백내장이 나타날 수 있다. 간 장애 및 신경 장애는 나타나지 않는다.

다. 제3형 갈락토오스 혈증

Galactose epimerase 결핍에 의해 나타난다. 매우 드문 질환으로, 임상 증세는 장기적으로 난청, 발달지연, 지능저하 등의 위험성이 있다.

갈락토오스 혈증은 조기에 진단하는 것이 매우 중요하다. 식사요법으로는 갈락토오스가 함유되지 않은 분유 및 음식을 먹이도록 한다. 두유를 활용하는 것이 좋다. 일반 우유나, 모유, 분유 등 갈락토오스가 함유된 모든 음식들이 환자에게는 체내에서 독성으로 작용하게 된다. 일반 유제품이나 우유가 포함된 모든 음식들을 엄격히 제한해야 하며 식이요법에 대한 교육이 반드시 필요하다.

3. 유전성 과당 대사 장애

유전성 과당 대사 장애는 과당 및 과당 대사산물의 생체내 비정상적으로 축적하는 것을 말한다. 본태성 과당뇨증(Essential fructosuria), 유전성 과당불내증(Hereditary fructose intolerance, HFI), 유전성 과당-1,6-디포스파타아제 결핍증(Hereditary fructose-1,6-diphosphatase deficiency)으로 분류된다.

가. 본태성 과당뇨증

과당인산화효소(Fructophosphatase) 결핍에 의해 과당이 글리코겐으로 저장되지 못하고 소변으로 배출되는 질환이다. 혈당(포도당)은 정상이며, 종종 당뇨병으로 잘못 진단되기도 한다.

나. 유전성 과당불내증

과당-1-인산염 알돌라아제(Fructose-1-phosphate aldolase)의 결핍에 의해 과당-1-인산염(Fluctose-1-phosphate)이 간, 신장, 소장에 축적되는 질환이다. 과당(과일 설탕) 또는 그의 전구물질(설탕, 소르비톨, 갈색 설탕)을 대사시킬 수 없다.

다. 유전성 과당-1,6-이인산분해효소 결핍증

과당-1,6-이인산분해효소의 결핍에 따라 과당-1,6-이인산염이 축적되는 질환이다.

주요 증상으로는 과당이 들어간 음식을 섭취한 후 심한 복통, 구토, 저혈당 증세가 나타난다. 계속 섭취하게 되면, 성장장애, 황달, 간비대, 간 경화 등이 나타날 수 있다.

식사요법으로는 과당이 함유되어 있는 과일과 설탕을 식단에서 없애고, 엄격한 무과당 식사(Fructose-free diet)를 한다. 과당이 들어 있지 않은 식이요법을 통해서 정상 생활을 유지할 수 있다. 유전성 과당불내증 환자들은 일반적으로 단 음식과 과일을 아주 싫어하는 경향을 보인다. 간, 신장과 소장의 손상을 피하기 위해 과당불내증을 일찍 진단하는 것이 매우 중요하다.

설탕의 과잉섭취 문제

단순당류가 심장병 · 당뇨병 · 과잉행동 · 소년비행 · 비만 등을 야기시킨다고 하나, 이에 대한 체계적인 원인-결과 연구는 없다. 1986년 미식품의약국(FDA)보고서는 설탕은 당뇨병이나 심장병의 독립적인 위험 요인이 아니라고 하였다.

주의력결핍성 과잉행동장애 (attention deficit hyperactive disorder, ADHD)

1. 과잉행동장애(주의력결핍성 과잉행동장애)

일부 학자는 설탕이 흥분상태를 자아내 폭력적이며 파괴적인 성향으로 유도한다고 하나, 이에 대한 구체적인 증거는 없다. 이와 반대로 고당질 식사는 어린이를 조용하게 하고 수면을 유도한다는 연구도 있는데, 이는 뇌의 신경전달물질의 합성과 관련 있는 것으로 보인다.

2. 충 치

스트렙토코쿠스무탕 (Streptococcus mutans)

충치는 당류가 입 안에서 박테리아(스트렙토코쿠스무탕)에 의해 발효되면서 나오는 산에 의해 생긴다. 이 산은 치아의 에나멜층을 녹이고 하부구조를 파괴한다. 이 박테리아는 치아의 틈새에서 생활하며, 이에 따라 치아의 균열 부위에 씰란트라는 봉합제를 도포하면 충치를 예방할 수 있다. 또 이 박테리아는 당류를 사용하여 플라그를 만드는데, 이 끈적끈적한 물질은 박테리아가 치아에 달라붙는 것을 도와주며 타액에 의한 산 중화작용을 감소시킨다.

녹말 함유식품도 박테리아의 작용을 돕는다. 만일 이 식품이 입 안에 오래 있으면 녹말은 타액의 아밀로오스에 의해 당이 되고, 이에 박테리아의 작용을 받아 산이 생성된다. 따라서 식품의 당과 녹말의 총함량 및 구강 내 잔류시간에 의해 충치 발생은 영향을 받는다.

미국에서는 치아가 산에 저항성을 갖도록 수돗물에 불소를 강화시키고, 불소가 함유된 치약을 사용하여 구강 내 박테리아의 성장과 대사를 저해시킴으로써, 충치 발생률이 급격히 감소하였다.

쉬어가기

충치유발성 식품 (cariogenic food)

충치에 가장 나쁜 것은 캐러멜 등 당이 많으면서 끈적끈적한 식품이다. 박테리아가 산을 생성하여 치아를 부식시키려면 시간이 걸리는데, 끈적한 식품은 계속 당을 공급해 준다. 이와 같이 오랫동안 치아에 붙어 있는 당을 충치유발성 물질이라고 한다. 과일주스 등 액체상태의 당류식품은 끈적거리는 음식보다는 충치를 덜 유발시키지만, 이 식품들도 위험 요인이다. 당류 식품의 간식은 치아의 부식에 필요한 산을 계속 공급해 주는 것이다.

탄수화물과 식이섬유의 섭취기준

탄수화물은 케톤증 예방을 위해 최소한 1일 50~100g 섭취하여야 하며, 그 외 단백질 절약작용 및 에너지원으로서 섭취하여야 한다. 2020 한국인 영양섭취기준에 따르면, 한국인의 탄수화물 섭취 적정비율은 총 에너지섭취량의 55~65%이며, 복합탄수화물에서 섭취하도록 권고하고 있다. 1세 이상 모든 연령층의 1일 탄수화물 평균필요량은 100g이며 권장섭취량은 130g으로 설정되었다. 임신기는 1일 평균필요량 30g, 권장섭취량 45g을 각각 추가하며, 수유기는 평균필요량 60g, 권장섭취량 80g을 각각 추가한다.

식이섬유 권장 수준은 총 식이섬유를 기준으로 1,000kcal당 12g이다. 2020 한국인 영양소 섭취기준에 따르면 식이섬유의 1일 섭취기준은 충분섭취량으로 설정되었으며, 19~64세 성인 남자는 30g, 성인 여자는 20g으로 설정되었다. 임신부와 수유부는 각각 5g씩 추가하여 섭취하도록 설정되었다.

2020 한국인 영양소 섭취기준에 의하면, 1일 당류 섭취기준은 총 당류 섭취량을 총 에너지섭취량의 10~20%로 제한하도록 하며, 특히 식품의 조리 및 가공 시 첨가되는 첨가당은 총 에너지섭취량의 10% 이내를 섭취하도록 권고하고 있다.

과일, 채소, 우유 등 식품 속의 총 당류를 에너지 10% 수준으로 섭취하도록 권장하는 것이며, 첨가당은 가능한 줄여 먹도록 한다. 제한해야 할 첨가당의 주요 급원으로는 설탕, 액상과당, 물엿, 당밀, 꿀, 시럽, 농축과일주스 등이 있다. 소아 및 청소년 계층에서는 가공식품 및 스낵류 섭취가 증가하는 실정이므로, 이에 대한 적절한 제한이 매우 필요하다.

탄수화물과 식이섬유 급원식품

곡류 위주의 우리나라 식사는 비교적 탄수화물 섭취가 용이하다. 밥 한 공기에 65.5g의 탄수화물이 있어 하루 세끼 밥을 통해 200g 정도의 탄수화물 섭취는 가능하다. 그 외 식빵 한 조각에 15.6g, 라면 1개에 73.7g의 탄수화물이 들어 있다(표 2-11). 식이섬유는 곡류 · 감자류 · 채소 · 과일류 및 해조류에 많이 들어 있으며, 그 외 섬유소 음료에도 다량 들어 있다(표 2-12).

표 2-11. 한국인 상용식품의 탄수화물 함량

분 류	식품명	목측량	중량(g)	열량(kcal)	탄수화물(g)
곡류	쌀밥	1공기	210	311	65.5
	건국수	1대접	90	311	67.1
	라면	1인분	120	457	73.7
	식빵	3조각	100	277	46.8
	찰옥수수 (생것, 가식부)	1개(대)	100	142	29.4
감자류	감자	1개(중)	100	63	13.9
	고구마	1개(중)	100	131	31.2
간식류	크래커(에이스)	1봉지	120	601	70.3
	초콜릿(롯데가나)	1봉지	45	168	23.3
	사탕	1개	3	11	2.8
	콜라	1캔	250	100	25.0
	우유	1팩	200	120	9.4
일품요리	비빔밥	1인분	331	722	113.3
	볶음밥	1인분	228	669	106.1
	자장면	1인분	225	877	135.7
	카레라이스	1인분	269	717	126.4
	스파게티	1인분	400	576	42.6
	햄버거	1인분	110	279	27.3
	피자	1조각	130	340	35.0

1공기 65.5g

1개 73.7g

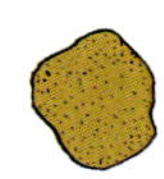
1개 13.9g

1개 2.8g

1팩 9.4g

1조각 35.0g

쉬어가기

스테비오시드(stevioside)

남미 파라과이가 원산지인 국화과의 다년생 초본인 스테비아(Stevia rebaudiana Bertoni)의 잎과 줄기에서 추출한 배당체의 감미성분으로서 설탕의 250배나 되는 감미도를 나타낸다. 설탕과 가장 유사하고, 설탕의 단점인 당뇨병과 비만을 예방할 수 있는 천연감미료로서 최근 주목받고 있다. 현재 FDA에서는 식이 보충물로만 허용했으나 식품첨가물로서의 승인을 심사 중이다. 우리나라는 1984년 식품 사용이 허용되었다. 고감미도, 저칼로리이며, 비발효성으로서 열에 대해 안정하다. 다른 대체감미료에 비해 발암성 등의 문제점을 가지고 있지 않는 것으로 밝혀져 가공식품에 적합하다고 한다. 한국과 일본을 중심으로 의약품, 과자, 스낵, 소주, 장류, 수산가공품, 절임식품 등에 사용되고 있다.

표 2-12. 한국인 상용식품의 식이섬유소 함량(g)

분 류	식품명	목측량	중량(g)	열량(kcal)[1)]	식이섬유소[2)]
곡류	쌀밥	밥 1공기분	210	300	1.4
	현미밥	밥 1공기분	210	315	3.3
	찰옥수수 (생것, 가식부)	1개(대)	100	142	13.6
감자류	감자	1개(중)	100	63	0.7
	고구마	1개(중)	100	131	2.6
채소류	양배추	2장	75	14	1.7
	셀러리	1줄기(대)	25	5	0.4
	오이	1개(대)	150	17	2.2
	미나리	1단(중)	100	16	2.5
	당근	1개(대)	150	51	4.6
	배추김치	1인분	50	9	1.5
	깍두기	1인분	50	17	1.4
과일류	사과	1개(대)	180	103	2.5
	배	1개(대)	300	117	5.3
해조류	미역국	1대접	5	5	2.2
	마른김	1장	2	3	0.7
섬유음료		1병	100	50	2.5

1) 식품성분표 제7개정판(2006), 농촌진흥청 농촌생활연구소
2) 식이섬유소 분석 보고서(2006), 한국보건산업진흥원

1공기 3.3g

1개 13.6g

1개 2.2g

1개 4.6g

1개 2.5g

1장 0.7g

식품감미료

식품감미료에는 영양감미료와 대체감미료가 있다(표 2-13). 영양감미료에는 당류와 당알코올이 있으며, 모든 단당류(포도당, 과당, 갈락토오스)와 이당류(서당, 맥아당, 유당)가 당류에 속한다. 또한 영양감미료로 콘시럽(과당이 40~90%), 터비나도당, 흑설탕(당밀이 조금 함유된 설탕), 단풍시럽, 벌꿀 등이 있다. 당알코올은 단순당보다 더 천천히 흡수되고 대사되며, 열량이 있고 혈당에 영향을 미친다. 따라서 당뇨식으로는 부적당하나 그럼에도 불구하고 여러 당뇨식에 함유되어 판매되고 있다. 과량 섭취하면 장에서 흡수가 덜 되어 설사를 유발할 수 있다. 당알코올에는 소르비톨, 잘리톨, 만니톨 등이 있으며, 주로 무당껌 등에 쓰인다.

대체감미료에는 사카린, 아스파탐, 아세설팜, 시클라메이트 등이 있다. 이들 대체감미료를 식품에 첨가하여 장기간 섭취하였을 때의 안전성에 대한 문제를 FDA 등에서 검사하여 사용승인을 하고 있다.

개발된 대체감미료는 당뇨환자의 식이나 체중조절 식이에 이용된다. 또 여러 대체감미료의 조합으로 설탕보다 향미가 개선되고 단맛이 증가된 제품을 개발하고 있다.

터비나도당(turbinado sugar)
원당을 부분 정제한 것으로 당밀향이 난다.

단풍시럽(maple syrup)
소르비톨(sorbitol)
잘리톨(xylitol)
만니톨(mannitol)
사카린(saccharin)
아스파탐(aspartame)
아세설팜(acesulfame)
시클라메이트(cyclamate)

표 2-13. 영양감미료와 대체감미료

분 류	종 류		상대적 감미도 (설탕=1)	급 원	비 고
영양감미료	당류	유당	0.2	유제품	
		맥아당	0.4	엿기름	
		포도당	0.7	콘시럽	
		서당	1.0	설탕	
		전화당	1.3	사탕, 벌꿀	식탁용 설탕
		과당	0.2~1.8	과일, 벌꿀, 일부 음료	
	당알코올류	소르비톨 (Sorbitol)	0.6	다이어트용 사탕, 무당껌, 구강청정제	열량을 내나 구강내에서는 쉽게 대사되지 못함, 충치 예방효과, 1.8~3.3kcal/g
		만니톨 (Mannitol)	0.7	다이어트용 사탕	20g 이상 섭취시 삼투압성 설사가 생길 수 있음, 1.6kcal/g
		잘리톨 (Xylitol)	0.9	무당껌	미국에서는 사용 안함, 2.4kcal/g
대체감미료		시클라메이트 (Cyclamate)	30~50	알약의 당의정에 도포	미국 내 사용 중지(1970년), 수용성, 열에 안정, 0kcal/g
		아스파탐 (Aspartame)	18~200	다이어트용 음료, 무당껌, 다이어트용 감미료 (예 : NutraSweet)	1981년 개발, 아스파르트산+페닐알라닌 4kcal/g, WHO 사용승인, 단백질처럼 열에 파괴되므로 가열조리식품에는 사용 않는다. 부작용으로 두통 · 졸리움 · 경련 · 구역질 등, FDA 허용치는 50mg/kg, 페닐케톤뇨증환자(phenylketonuria)는 사용제한
		아세설팜 (Acesulfame)	200	무당껌, 다이어트 음료, 다이어트용 감미료, 후식	1988년 FDA 사용승인, 0kcal/g 가열식품 사용가능, 수용성
		사카린 (Saccarine, 소디움염)	200~700	다이어트 음료 저당캔디, 잼, 의약품, 치약	1879년 개발. 0kcal/g, 동물실험에서 과다투여에 의해 방광암 보고됨. 1977년 FDA 식품에 사용금지. 이후 인체연구에서는 아무런 해가 발견되지 않음. WHO, 미국 FDA 사용 승인. 1일 섭취허용 기준 5mg/kg, 50kg인 사람은 250mg까지 섭취해도 건강에 위해가 없음.
		알리탐 (Alitame)	2000	음료, 제빵류, 냉동후식류	미국 FDA 승인 거부, 멕시코, 호주, 뉴질랜드, 중국 사용 승인, 아스파르트산+알라닌, 4kcal/g, 페닐알라닌을 함유하지 않아 페닐케톤뇨증 환자도 사용 가능
		스크랄로오스 (Scralose)	600	음료, 유제품, 제과제빵류, 후식	캐나다 식품 사용 승인, 0kcal/g FDA 1999년 승인, 수용성이며 매우 안정
		타가토오스 (D-Tagatose)	0.92		유당으로부터 유도, 감미는 설탕과 같으나 열량이 38% 수준, GRAS(FAO/WHO, 2001) 혈당 개선에 도움, 한국 식약처에서 혈당 개선 기능성 인정

* GRAS(Generally Recognized As Safe): FDA 공인 사용안전치

쉬어가기

영양밀도가 낮은 단순당류

단순당류의 적절한 섭취 수준에 대한 문제로서 가장 큰 단점은 열량 이외 영양소의 영양밀도가 낮다는 점이다. 즉 비타민 · 무기질 · 단백질 등을 공급하지 못하므로, 영양이 풍부한 식품을 단순당류로 대체하면 비타민과 무기질 등의 결핍이 생길 수 있다. 그러나 단지 열량 보충만이 필요할 때는 매우 유용하다.

요약

1. 탄수화물은 당의 구성 수에 따라 단당류(포도당 · 과당 · 갈락토오스), 이당류(서당 · 맥아당 · 유당) 및 다당류(올리고당 · 녹말 · 글리코겐, 식이섬유)로 분류한다.
2. 탄수화물은 적혈구와 뇌, 신경세포의 일부 에너지를 제공한다. 하루에 50~100g 이상의 탄수화물을 섭취할 경우 간이나 신장에서 포도당 신생합성이 일어나며, 이때 생체기관에서 단백질을 분해하여 이용한다. 또한 탄수화물의 섭취가 부족하면 간의 지방대사가 불완전해져 케톤증을 유발한다. 당은 음식물의 향미와 맛을 개선해 주며, 대체감미료의 개발로 다이어트 식품에 활용되기도 한다.
3. 포도당은 해당과정과 TCA회로 및 전자전달계를 거치면서 1분자당 30~32개의 ATP를 생성한다. 혈당이 기준치 이하로 저하되면 간에서는 당 이외의 아미노산이나 글리세롤 등을 이용하여 포도당의 신생합성을 일으켜 혈당을 유지시킨다. 또한 간과 근육의 글리코겐은 호르몬의 조절작용으로 합성과 분해가 일어난다. 혈당의 조절에는 인슐린, 글루카곤, 코르티솔 호르몬 등이 관여한다.
4. 혈당의 조절 호르몬인 인슐린의 기능이 저하되면 당뇨병이 발생한다. 당뇨병은 소아기에 많이 발생하며, 다식 · 다뇨 · 다갈의 특징적인 임상증세가 나타나는 인슐린 의존형 당뇨병(IDDM)과 비만한 성인에게서 발생되는 인슐린 비의존형 당뇨병(NIDDM), 그리고 임신 후반기에 나타나는 임신성 당뇨병(gestational diabetes) 등이 있다.
5. 식이섬유는 사람의 체내 소화효소로는 분해되지 않는 다당류로서 수용성 식이섬유와 불용성 식이섬유로 분류된다. 소장에서 당의 흡수를 느리게 하고, 이에 따라 췌장의 인슐린 분비도 적어져 당뇨병 개선에 도움을 주며, 장에서 콜레스테롤의 흡수를 방해하고 담즙산의 재흡수를 막아 고콜레스테롤혈증을 개선시킨다. 또한 열량원의 흡수를 저해하며 섭취할 때 포만감을 주므로 비만의 개선에도 도움을 준다. 장의 질환인 변비, 게실염, 대장암의 예방 및 치료에도 관여한다.
6. 유당 분해효소가 부족한 경우에는 유당의 소화 · 흡수가 어렵고, 장내 박테리아에 의해 유당이 발효되어 복부에 가스가 차고 헛배가 부르며, 복통 · 설사 등의 증상이 나타나는데, 이를 유당불내증(lactose intolerance)이라고 한다.
7. 당원병은 유전적 탄수화물 대사이상 질환으로 글리코겐의 합성 및 분해에 관련된 일부 효소의 결핍에 의해 글리코겐이 간이나 근육, 콩팥 등에 축적되며, 필요할 때 포도당으로 분해되어 이용되지 못한다. 성장장애, 간 비대, 신장 비대, 저혈당으로 인한 경련, 출혈, 고젖산혈증, 고요산혈증, 고지혈증 등이 나타난다. 식사요법으로는 가열하지 않은 생옥수수 전분가루를 약 2g/kg 용량으로 50% 용액을 만들어 6시간마다 섭취한다.
8. 갈락토오스혈증은 분해효소의 결핍으로 체내에 갈락토오스(유당)와 그 대사산물이 축적되어 나타나는 유전적 대상장애이다. 발육부전, 구토, 황달, 설사 증상, 백내장, 정신지체 등이 나타나며, 갈락토오스가 포함된 우유 및 유제품을 엄격히 제한해야 한다.

9. 유전성 과당 대사 장애는 과당 및 과당 대사산물의 생체내 비정상적으로 축적하는 것을 말한다. 심한 복통, 구토, 그리고 저혈당 증세가 나타나며, 식사요법으로는 엄격한 무과당 식사를 한다.
10. 설탕의 과잉섭취는 어린이의 과잉행동장애(주의력 결핍성 과잉행동장애)와 관련이 있다는 연구가 있으며, 그 외에 충치를 유발하는 것으로 알려져 있다.
11. 케톤증을 예방하기 위해 최소한 하루 50~100g의 탄수화물 섭취가 필요하다.
12. 2020 한국인 영양소 섭취기준에 따르면, 탄수화물 섭취 적정비율은 총 섭취 에너지의 55~65%이다. 탄수화물 섭취기준을 살펴보면, 1세 이상 모든 연령층의 1일 평균필요량은 100g이며 권장섭취량은 130g이다. 식이섬유의 1일 섭취기준은 충분섭취량으로 설정되었으며, 19~64세의 성인 남자는 30g, 성인 여자는 20g으로 설정되었다. 1일 당류 섭취기준을 살펴보면, 총 당류 섭취량은 총 에너지섭취량의 10~20%로 제한하도록 하며, 특히 첨가당은 총 에너지섭취량의 10% 이내 섭취하도록 권고하고 있다.
13. 탄수화물의 급원식품은 곡류 · 감자류 등이며, 밥 한 공기(210g)에는 65.5g, 감자 1개(150g)에는 27.7g의 탄수화물이 들어 있다. 식이섬유소는 채소 · 과일 · 해조류에 풍부하게 들어 있으며, 오이 1개(150g)에 2.2g, 사과 1개(180g)에 2.5g, 마른 미역 5g에 2.2g이 들어 있다.

참고문헌

1. 민헌기(1992) '한국인 당뇨병의 임상적 특성', 당뇨병 16, pp 163~174
2. 박동찬 · 이용현(1997) Stevioside의 생산, 당전이 반응 및 활용, 식품산업과 영양 2, pp 31~41
3. 보건복지부(2020) 2020 한국인 영양소 섭취기준
4. 허갑범(1987) '영양실조형 당뇨병', 대한의학협회지 7, pp 744~750
5. Brand-miller J, Foster-Powell K.(1999) "Diets with a low glycemic index : From theory to practice" Nutrition Today 34, pp 64~72
6. DwyerJ(1993) "Dietary fiber and colorectal cancer risk", Nut Review 51, pp 147~148
7. Hidaka H · Tashiro Y · Eida T(1991) "Proliferation of Bifidobacterial by oligosaccharides and their useful effect on human health", Bifidobacteria and Microflora 10, pp 65~79
8. Lehninger AL · Nelson DL · Cox MM(1993) Principles of biochemistry, 2nd ed., Worth , Seoul, Korea.
9. Mahon LK, Escott-Stump S(1996) Krauseisc food, nutrition & diet therapy, 9th ed., W.B. Saunders Co.
10. Mckee T · Mckee JR,(1997) Biochemistry, WCB
11. NAS, IOM. Food and Nutrition Board(2015) Dietary Reference Intakes for Energy, Carbohydrate Fiber, Fat, Fatty Acids, Cholesterol, Protein, and Amino Acids(Macronutrients).
12. "Sugar Task Force Evaluation of health aspects of sugars contained in carbohydrate sweeteners"(1986), Health and Human Services, Food and Drug Administration, US Government Printing Foofice, Washington, D.C.
13. Wardlaw GM, Insel PM(1999) Perspectives in nutrition, 4th ed., WCB/McGraw-Hill, Boston
14. Willams SR(1997) Nutrition and diet therapy, 8th ed., Mosby, St. Louis
15. Zeman FJ(1991) Clinical nutrition and dietetics, 2nd ed., Macmillan., N.Y.
16. Ziegler EE(1996) Present Knowledge in Nutrition, 7th ed., Filer LJ eds., IESI, Washington, D.C.

연습문제

1. 포도당, 과당, 갈락토오스의 구조를 그리고 서로 비교하여 보아라.
2. 맥아당, 서당, 유당은 각각 어떤 식이로부터 섭취할 수 있는가?
3. 글리코겐의 분자구조에 대해 설명하고, 글리코겐의 구조가 생체내의 대사에서 어떠한 역할을 하는지 설명하라.
4. 식이섬유가 고지혈증에 미치는 영향을 기술하라.
5. 혈당 조절에 관여하는 인슐린과 글루카곤의 역할에 대해 써라.
6. 당원병의 원인과 주요 증상 및 식사처방을 설명하시오.
7. 갈락토오스혈증의 원인과 주요 증상 및 식사처방을 설명하시오.
8. 탄수화물 섭취가 단백질 영양상태에 미치는 영향을 설명하라.
9. 대체감미료가 건강에 미치는 역할은 무엇인가?

관련 웹사이트

http://www.eatright. org-ADA(미국영양사협회)

http://www.diabetes. org(미국당뇨병협회)

CHAPTER

03

지 질

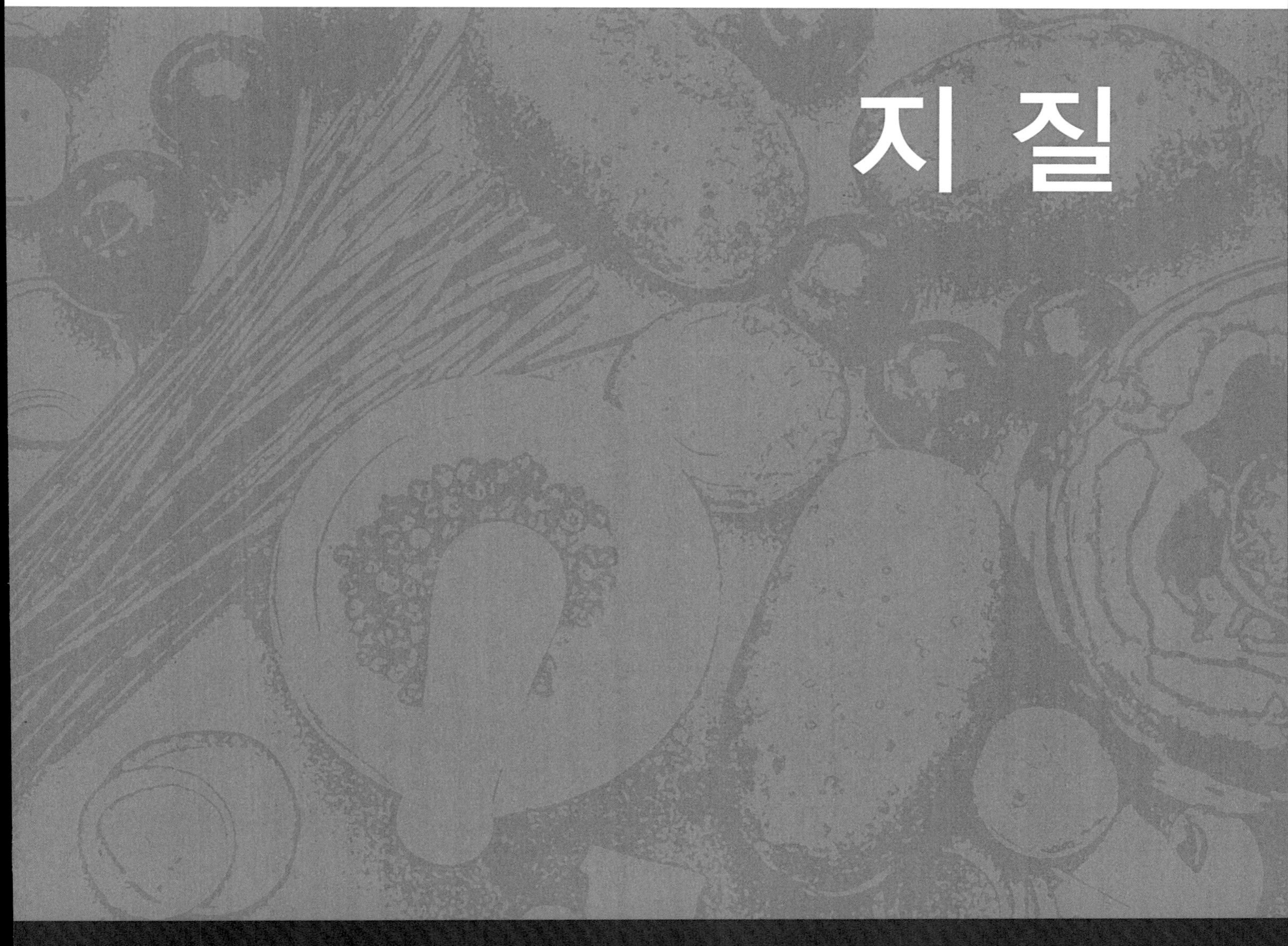

지질의 분류 및 구조 | 지질의 체내 기능 | 지질의 운반과 대사 | 지질과 건강
지질의 섭취기준 | 식용유지의 지방산 분포

CHAPTER 03

지 질

들어가는 말

지질은 탄소, 수소, 산소로 이루어진 유기 화합물로서, 상온에서 고체형태인 지방과 액체형태인 기름으로 존재하며, 물에는 녹지 않고 유기 용매에 녹는다. 식품 중의 지질함량은 에테르 등의 유기 용매로 추출하여 추정할 수 있다.

식품과 체내에 있는 지질은 중성지질이 대부분이며, 소량의 인지질, 당지질, 스테로이드, 지용성 비타민, 왁스류와 기타 복합 지질화합물들이 포함된다. 지질의 과도한 섭취는 비만 · 암 · 심혈관계 질환 등과 관련이 있기 때문에 지질을 적절히 섭취하는 것이 필요하다.

그림 3-1. 지질 급원 식품

지질의 분류 및 구조

지방산

지방산은 우리 몸과 식품에 있는 지방의 구성성분으로서, 긴 탄소사슬로 서로 연결되어 있고 여기에 많은 수소가 결합되어 있다. 지방산은 카르복실기(-COOH)로부터 시작하고 α탄소부터 소수성인 긴 탄화수소로 구성되며 오메가(ω) 부분인 메틸기(-CH_3)로 끝난다(그림 3-2). 일반적인 화학 구조식은 $CH_3(CH_2)_nCOOH$이고, RCOOH로 줄여 표시하기도 하며, R-CO를 아실(acyl)기라고 한다.

지방산은 탄소사슬 길이에 따라 짧은 사슬지방산, 중간 사슬지방산, 긴 사슬지방산, 매우 긴 사슬지방산으로 나눈다. 대부분의 생체내 지방산은 12~22개의 짝수의 탄소원자를 갖는다. 탄소사슬의 길이가 길수록 융점이 높아진다.

지방산은 포화 정도에 따라 포화지방산, 불포화지방산으로 분류된다. 포화지방산은 탄화수소의 사슬을 이루는 각 탄소가 2개의 수소원자와 2개의 인접한 탄소원자를 갖고 있어 이중결합이 없다. 포화지방산은 동물성 식품 · 코코넛유 · 마가린 등에 많이 함유되어 있고, 팔미트산(C16 : 0) · 스테아르산(C18 : 0) 등이 여기에 속하며, 체내에서 합성이 가능하다.

지질(lipids)
물에는 녹지 않으며 클로로포름, 에테르와 같은 유기 용매에 녹는 유기 화합물

지방산

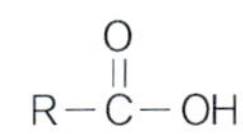

아실기

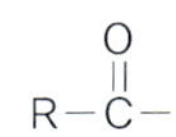

포화지방산(saturated fatty acid, SFA)
이중결합이 없는 지방산

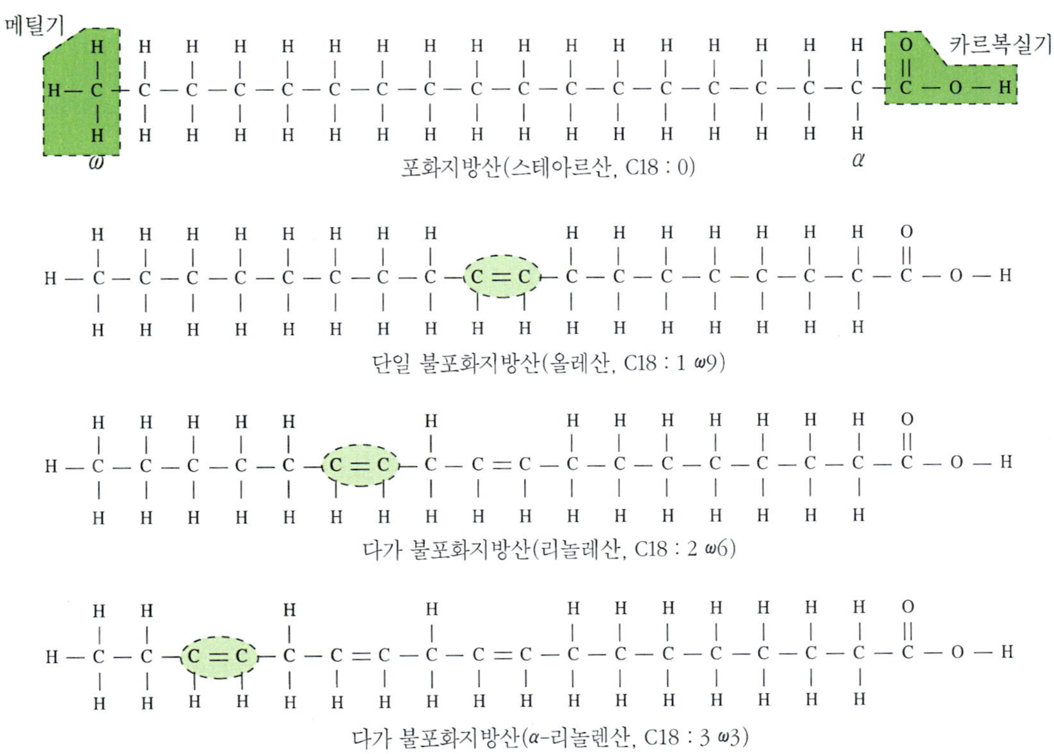

그림 3-2. 지방산의 구조

지방산(fatty acid)
짧은 사슬지방산 (short chain fatty acid)
중간 사슬지방산 (medium chain fatty acid)
긴 사슬지방산 (long chain fatty acid)
매우 긴 사슬지방산 (very long chain fatty acid)

■ **지방산의 종류**

- 지방산 : 카르복실(−COOH)기와 메틸(−CH_3)기를 가진 탄화수소(R)로 구성
- 짧은 사슬지방산 : 탄소수 4~6개로 이루어진 지방산
- 중간 사슬지방산 : 탄소수 8~12개로 이루어진 지방산
- 긴 사슬지방산 : 탄소수 14~20개로 이루어진 지방산
- 매우 긴 사슬지방산 : 탄소수 22개 이상으로 이루어진 지방산

단일 불포화지방산 (monounsaturated fatty acid, MUFA)
1개의 이중결합을 갖는 지방산

다가 불포화지방산 (polyunsaturated fatty acid, PUFA)
2개 이상의 이중결합을 갖는 지방산

n−6(ω6)계 지방산
메틸기로부터 6번째 탄소에서 처음 이중결합이 나타나는 불포화지방산

n−3(ω3)계 지방산
메틸기로부터 3번째 탄소에서 처음 이중결합이 나타나는 불포화지방산

불포화지방산은 이중결합의 수에 따라 단일 불포화지방산과 다가 불포화지방산으로 나눈다. 단일 불포화지방산은 1개의 이중결합을 갖는데, 올리브유에 많이 있는 올레산이 가장 대표적이며, 체내 합성이 가능하다. 2개 이상의 이중결합을 갖는 경우 다가 불포화지방산이라 하는데, 이중결합 수가 많을수록 융점이 낮고 상온에서 액체상태로 존재한다. 리놀레산은 대표적인 불포화지방산으로, 옥수수기름 · 콩기름 · 홍화기름 · 참기름 등에 많이 존재한다. 지방산에 존재하는 이중결합의 위치에 따라 지방산의 대사가 달라진다. 지방산의 말단에 있는 메틸기로부터 6번째에 이중결합을 갖는 지방산들은 ω6계 지방산으로 분류되며, n−6계 지방산으로도 불린다. 리놀레산은 n−6계열이며, α−리놀렌산은 n−3계열이고, 올레산은 n−9계 지방산이다.

이중결합을 갖는 지방산은 같은 화학식을 가지나 화학적 구조가 다른 2개의 이성질체 형태로 존재할 수 있다(그림 3−3). 시스형은 수소원자가 이중결합을 이루는 탄소들의 같은 편에 존재하고 있어 지방산 골격이 구부러지지만, 트랜스형은 수소가 각기 반대쪽으로 자리잡아 골격이 똑바르게 된다.

자연계에 존재하는 불포화지방산의 경우 시스형이 대부분이지만 유지방에는 약간의 트랜스형이 존재하는데, 이는 시스형의 지방산이 소의 반추위에서 박테리아에 의해 트랜스형으로 바뀌었기 때문이다. 식물성 지질은 주로 시스형을 함유하지만 물리적 성질을 변화시키고 산패를 억

시스 지방산 (cis fatty acid)
자연계에 존재하는 불포화지방산으로, 수소원자가 이중결합을 이루는 탄소들의 같은 방향에 존재하는 지방산

트랜스 지방산 (trans fatty acid)
수소원자가 이중결합을 이루는 탄소들의 각기 반대 방향에 있는 지방산으로, 포화지방산의 성질을 갖는다.

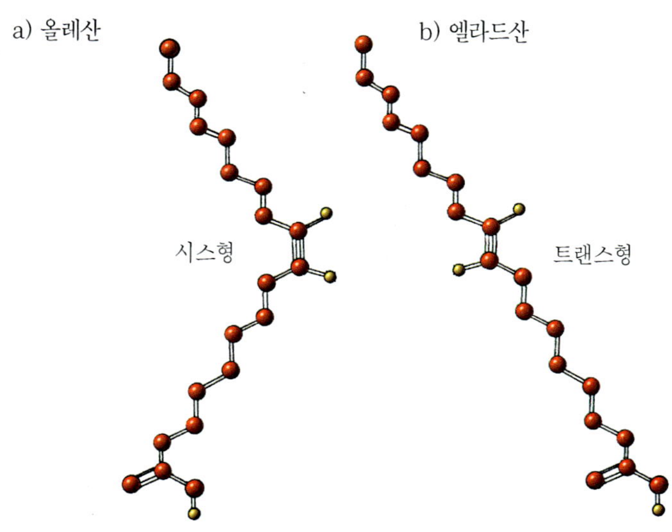

그림 3−3. 시스(cis)와 트랜스(trans)형 지방산

제하기 위해 수소를 첨가하는 경우가 많은데, 이 과정에서 시스형이 트랜스형으로 바뀌는 경우가 많다. 따라서 수소 첨가 공정으로 만들어진 마가린, 쇼트닝 등을 많이 섭취하면 트랜스 지방산의 섭취량이 증가한다. 이러한 트랜스 지방산은 포화지방산과 유사한 특성을 갖는다.

중성지질

자연계에서 지방산이 유리된 상태로 존재하는 경우는 매우 드물고, 대부분 에스테르 결합을 하며 일부는 아미드 결합을 하기도 한다. 식품이나 체내 지방산의 95%는 중성지질의 형태로 존재한다.

지방산의 카르복실기는 글리세롤의 수산기(−OH)와 에스테르 결합을 하여 모노아실글리세롤 · 디아실글리세롤 · 트리아실글리세롤을 형성한다. 중성지질은 이 트리아실글리세롤로 글리세롤에 3분자의 지방산이 에스테르 결합을 이룬 것으로, 대부분의 지질이 존재하는 형태이다(그림 3-4). 일반적으로 글리세롤의 1번과 3번 위치에는 포화지방산이, 2번 위치에는 불포화지방산이 결합한다.

중성지질은 비극성 용매에 녹고, 물보다 낮은 비중을 갖는다. 지질의 융점은 지질을 구성하는 지방산의 종류에 따라 다르다.

에스테르 결합($-C(=O)-O-$)

아미드 결합($-C(=O)-N(H)-$)

모노아실글리세롤 (monoacylglycerol, monoglyceride, MG)
글리세롤에 1분자의 지방산이 에스테르 결합한 것

디아실글리세롤 (diacylglycerol, diglyceride, DG)
글리세롤에 2분자의 지방산이 에스테르 결합한 것

트리아실글리세롤 (triacylglycerol, triglyceride, TG)
글리세롤에 3분자의 지방산이 에스테르 결합한 것

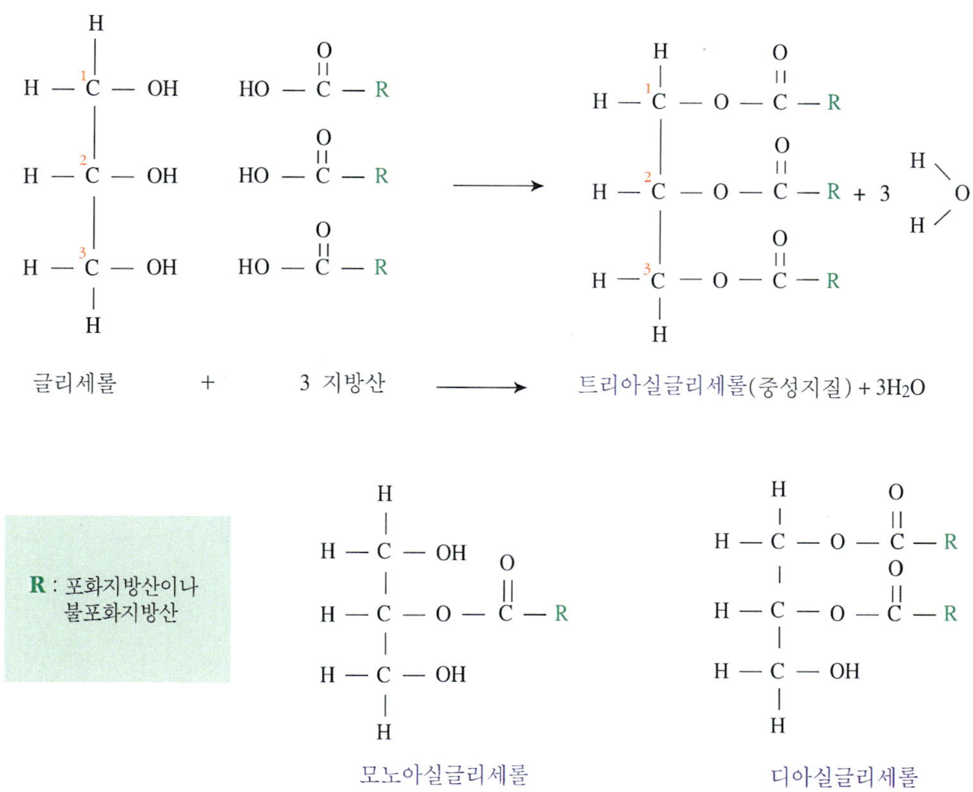

그림 3-4. 트리아실글리세롤, 모노아실글리세롤과 디아실글리세롤의 구조

복합지질

인지질
글리세롤 뼈대에 2개의 지방산이 결합되고 3번째 수산기(−OH)에 인과 염기가 붙은 지질로, 주로 세포막을 구성하는 성분이다.

포스파티딜세린 (phosphatidylserine, PS)

포스파티딜에탄올아민 (phosphatidylethanolamine, PE)

포스파티딜콜린 (phosphatidylcholine, PC, lecitin)

포스파티딜이노시톨 (phosphatidylinositol, PI)

스핑고신 (sphingosine)

세라미드(ceramide)

스핑고미엘린 (sphingomyelin)

세레브로시드 (cerebroside, ceramide monosaccharide)

강글리오시드 (ganglioside, ceramide oligosaccharide)

1. 인지질

인지질은 중성지질과 유사한 구조를 갖고 있으나 글리세롤의 3번째 수산기(−OH)에 지방산 대신 인산이 결합되며 여기에 염기가 연결되어 있다(그림 3-5).

인지질은 세린, 에탄올아민, 콜린, 이노시톨 등의 연결된 염기에 따라 각각 포스파티딜세린, 포스파티딜에탄올아민, 포스파티딜콜린, 포스파티딜이노시톨로 불리며 포스파티딜콜린은 보통 레시틴이라고도 한다. 소장 내 존재하는 인지질 중 식품으로부터 유래된 인지질은 1~2g인 데 비해 주로 담즙으로 분비된 인지질은 11~12g을 차지한다.

2. 스핑고지질

스핑고지질은 중성지질과는 달리 기본구조로서 글리세롤 대신에 긴 사슬의 아미노알코올인 스핑고신에 지방산이 아미드결합을 하여 세라미드를 이루는 유도체를 말한다. 스핑고미엘린은 세라미드에 인산과 염기가 결합된 인지질이다(그림 3-6). 세레브로시드와 강글리오시드는 인산과 염기 대신 당류가 결합한 것으로, 뇌와 신경조직에서 소량 발견되는 스핑고지질이다.

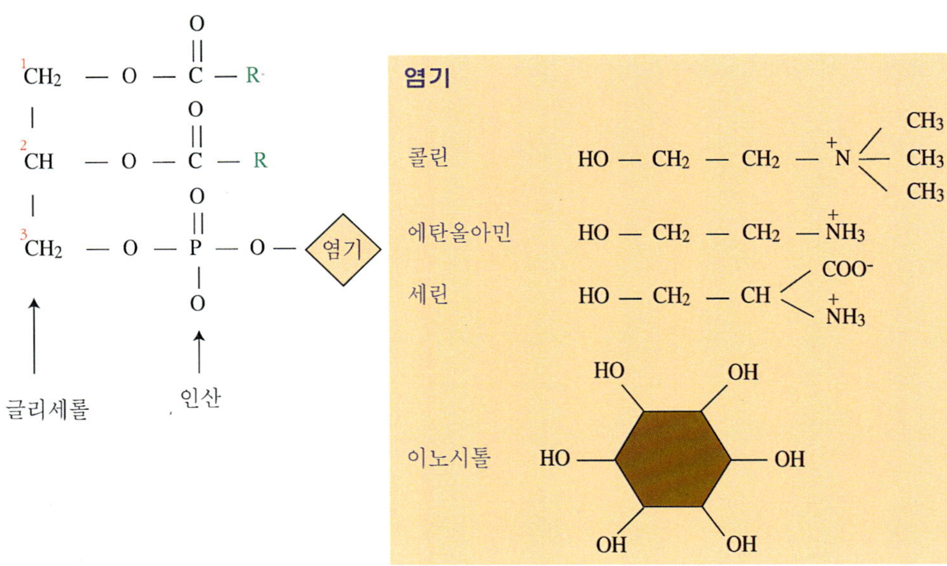

그림 3-5. 인지질의 구조

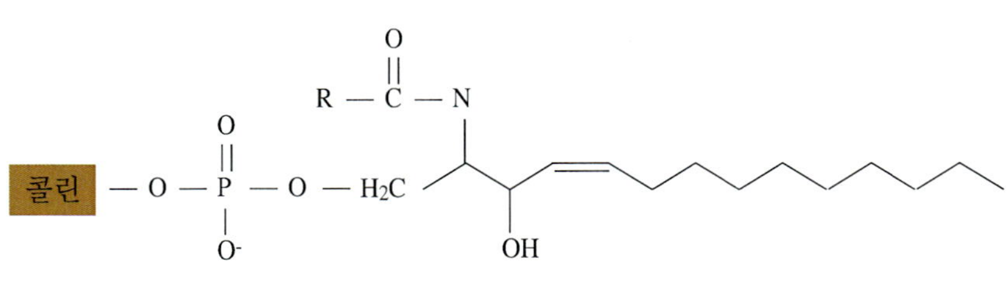

그림 3-6. 스핑고미엘린의 구조

스테로이드

스테로이드는 4개의 탄화수소 고리구조(스테로이드핵)를 갖는 불비누화성 지질들을 말한다. 스테로이드의 한 종류인 스테롤은 탄화수소의 고리구조에 수산기를 갖는 물질로서 콜레스테롤이 대표적이다(그림 3-7). 콜레스테롤은 동물 조직에서 널리 발견되며 식물 조직에서는 발견되지 않고 있다. 생체내의 콜레스테롤은 주로 유리형태로도 존재하나, 부신피질 · 혈장 · 소장의 림프 및 간에서는 에스테르형으로 존재하며, 특히 뇌와 신경조직에서 많이 존재한다. 체내 존재하는 콜레스테롤은 우리가 섭취하는 동물성 식품에서도 올 수 있으며, 신체 내에서 합성되기도 한다. 콜레스테롤은 주로 간과 소장에서 합성된다. 식물성 근원의 스테롤로는 피토스테롤, 시토스테롤 등이 있는데 이것들은 흡수율도 낮고 콜레스테롤의 흡수도 감소시킨다.

콜레스테롤(cholesterol)

피토스테롤(phytosterol)
시토스테롤(sitosterol)

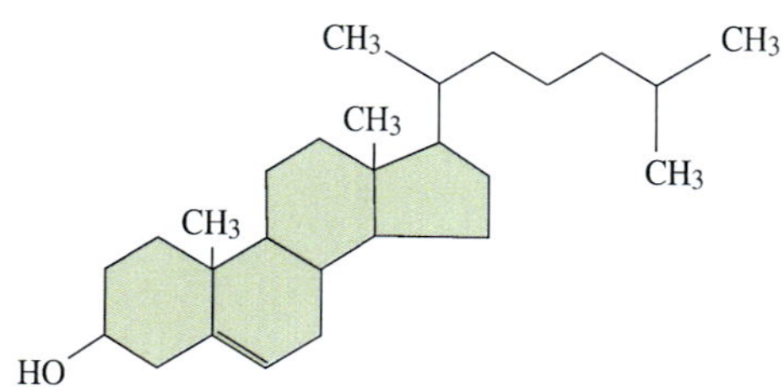

그림 3-7. 콜레스테롤의 구조

표 3-1. 식품의 콜레스테롤 함량 (가식부 100g당 mg 함량)

소량 함유(0~50)	중등 함유(51~100)	다량 함유(100 이상)
달걀흰자, 우유, 식물성 기름, 견과류(땅콩 · 잣), 비스킷	생선류, 치즈, 아이스크림, 육류, 돼지기름, 도넛	달걀노른자, 오징어, 명란젓, 새우, 가재, 내장, 쇠기름(쇠꼬리 · 쇠갈비), 버터

지질의 체내 기능

중성지질

1. 효율적인 에너지 저장고

글리코겐이나 근육 단백질로 에너지를 저장할 때는 수분이 같이 저장되어야 하므로 1g당 발생할 수 있는 에너지 양이 적다. 그러나 지방세포의 경우는 80% 이상이 지질이고 물의 비율은 적기 때문에 체내 지질이 매우 효율적인 에너지 저장창고로서 작용하며, 지방조직에 저장되었다가 음식이 섭취되지 않으면 분해되어 계속적으로 에너지를 공급한다. 지방세포는 신체의 여러 부분에서 지방조직으로 독립적으로 존재하기도 하고, 근육과 결체조직 등에 작은 지방입자로 분산되어 존재하기도 한다. 지질은 신체 내의 주요 구성요소가 되며 연령과 열량 섭취상태에 따라 달라질 수 있으나, 젊은 남자의 경우 평균적으로 체중의 15%, 여자의 경우 25% 정도를 차지한다.

2. 체온조절 및 장기보호 기능

지방은 물에 비해 열 전도율이 낮다. 따라서 피하 지방조직은 추위에도 체온 변동을 적게 해 주는 효과가 있다. 또한 지방조직은 생식기관인 유방, 자궁, 난소, 정소 및 심장, 신장 등 주요 장기를 둘러싸고 있어 외부 충격으로부터 장기를 보호해 준다.

3. 지용성 비타민 흡수촉진

지용성 비타민은 지질에 녹은 상태로 소화되어 흡수되므로 지질섭취가 적으면 섭취량도 적으며, 소장에서 지질흡수에 장애가 생기면 지용성 비타민의 영양상태도 저하된다. 지질흡수가 안 되는 경우 흡수되지 못한 지방산은 칼슘, 마그네슘과 불용성염을 이루어 흡수를 방해하므로 무기질 영양상태에도 좋지 않은 영향을 미친다.

4. 농축된 에너지 급원

식이지질은 탄수화물과 단백질보다 탄소에 대한 산소의 비율이 낮아 더 많은 산화과정을 거치게 되므로, 탄수화물과 단백질이 1g당 4 kcal를 공급하는 것에 비해 지질은 1g당 9 kcal를 공급하는 농축된 에너지원이다.

5. 맛, 향미제공 및 포만감

음식에 독특한 질감을 주고 향미를 주는 물질중에는 지질 성분이 많아 맛과 향미를 증진시키는 데 기여한다. 또한 지질은 탄수화물이나 단백질보다 위장관의 통과시간이 느리므로 오랜 시간 포만감을 줄 수 있다.

인지질

1. 인지질의 유화작용

hydrophobic (소수성)
hydro=water(물), phobia=fear(두려움), 물을 싫어하는 성질

hydrophilic (친수성)
hydro=water, phile= friend(친구), 물을 좋아하는 성질

미셀(micelle)

지단백질(lipoprotein)

인지질의 지방산 부분은 비극성이며 소수성이지만, 인산과 염기성 부분은 전하를 띠는 친수성이므로, 인지질은 양극성이 있어 유화작용을 할 수 있다. 물, 기름과 함께 인지질을 섞어주면 물은 인지질의 바깥쪽으로, 기름은 인지질의 안쪽으로 정렬해 작은 미셀을 형성함으로써 물에 잘 섞일 수 있게 하며, 따라서 지단백질 형성 시 지질의 운반을 용이하게 하는 데 기여한다.

2. 세포막의 주요 구성성분

극성(polar)

비극성(nonpolar)

이노시톨 3인산 (inositol triphosphate, IP_3)

인지질은 콜레스테롤과 함께 세포막의 주성분이다(그림 3-8). 세포막은 지질 성분이 반유동성을 갖는 기본구조를 형성하고 그 안에 여러 형태의 막단백질이 박혀 있는 상태이다. 세포막은 2층의 인지질로 이루어지는데, 이때 인지질의 극성인 부분은 안과 밖의 수용성 환경에 접하고, 비극성 부분인 지방산은 안쪽으로 배열된다. 세포막에 있는 인지질 중 포스파티딜이노시톨은 이노시톨 3인산과 디아실글리세롤로 나뉘어질 수 있으며 각각이 세포 신호전달체계에 중요한

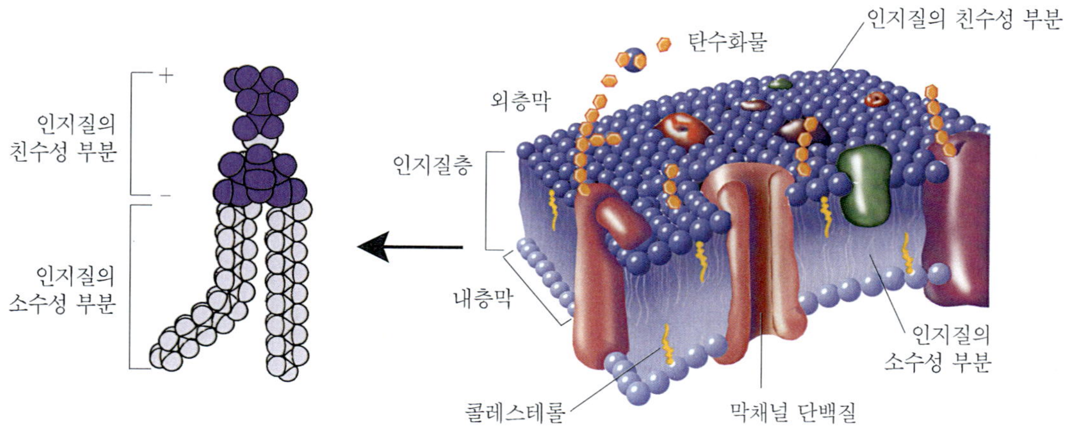

그림 3-8. 세포막의 구성

역할을 한다. 또한 세포막 인지질의 특정 지방산은 프로스타글란딘, 루코트리엔, 트롬복산 등의 아이코사노이드 합성에서 전구체로 이용된다.

콜레스테롤

1. 세포막의 구성성분

콜레스테롤은 인지질과 함께 세포막을 구성하는 지질이다. 간, 신장, 뇌 등에 많은 양의 콜레스테롤이 존재하므로 세포의 완전성을 부여한다. 그러므로 세포가 크게 증가하는 유아기와 아동기에 콜레스테롤을 심하게 제한하지 않도록 해야 한다.

콜레스테롤(cholesterol)

2. 호르몬과 담즙산의 전구체

담즙산(bile acids)

콜레스테롤은 에스트로겐, 테스토스테론, 코르티코스테로이드 같은 스테로이드계 호르몬의 전구물질이며, 7-디히드로콜레스테롤은 자외선에 의해서 비타민 D로 전환될 수 있다. 또한 콜레스테롤은 지질의 소화와 흡수에 중요한 유화제 역할을 하는 담즙을 생성한다(그림 3-9).

에스트로겐(estrogen)

테스토스테론
(testosterone)

코르티코스테로이드
(corticosteroid)

7-디히드로콜레스테롤
(7-dehydrocholesterol)

필수지방산

필수지방산은 신체를 정상적으로 성장·유지시키며 체내의 여러 생리적 과정을 정상적으로 수행하는 데 꼭 필요한 성분이지만, 체내에서 합성되지 않거나 합성되는 양이 부족하므로 반드시 식사를 통해 섭취해야 한다. n-6계 지방산인 리놀레산, 아라키돈산, n-3계 지방산인 리놀렌산이 필수지방산으로 간주되고 있다.

필수지방산
(essential fatty acid)
체내에 꼭 필요하나 체내에서 합성되지 않거나 합성되는 양이 부족하여 식사를 통해 섭취되어야 하는 지방산으로, 리놀레산·아라키돈산·리놀렌산 등이 있다.

1. 필수지방산의 대사

우리 체내에서 지방산의 이중결합이 새로 증가되더라도 이미 존재하는 이중결합과 카르복실기 사이에 만들어지므로 n-9, n-6, n-3 등의 지방산 계열 간에 상호전환은 이루어지지 않는다(그림 3-10). n-9계 지방산은 생체에서 합성이 가능하나 n-6계 지방산인 리놀레산과 n-3계 지방산인 리놀렌산은 9번 탄소와 오메가 탄소 사이에 이중결합을 생기게 하는 불포화효소가 없어

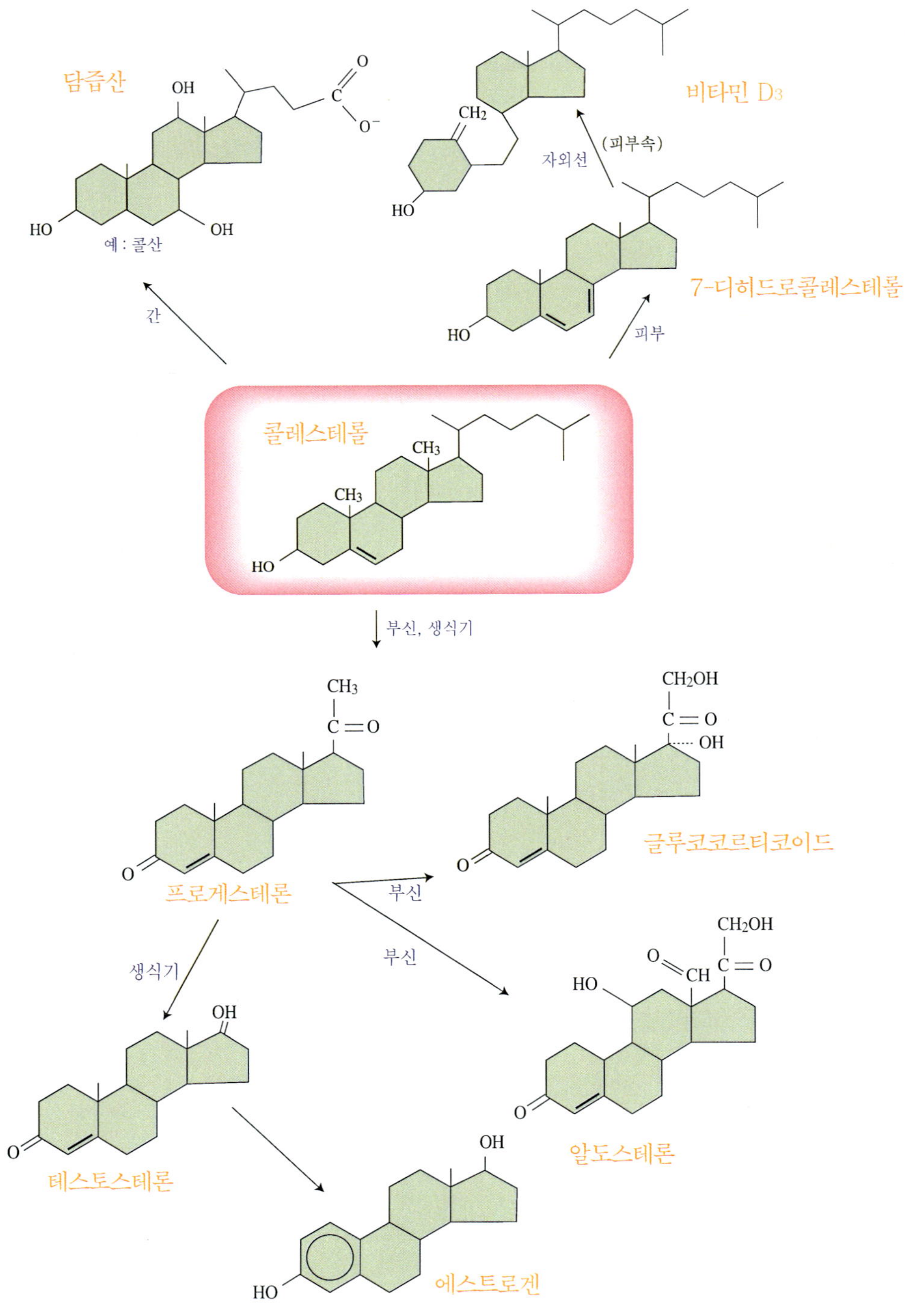

그림 3-9. 콜레스테롤을 전구체로 하는 생체내 물질들

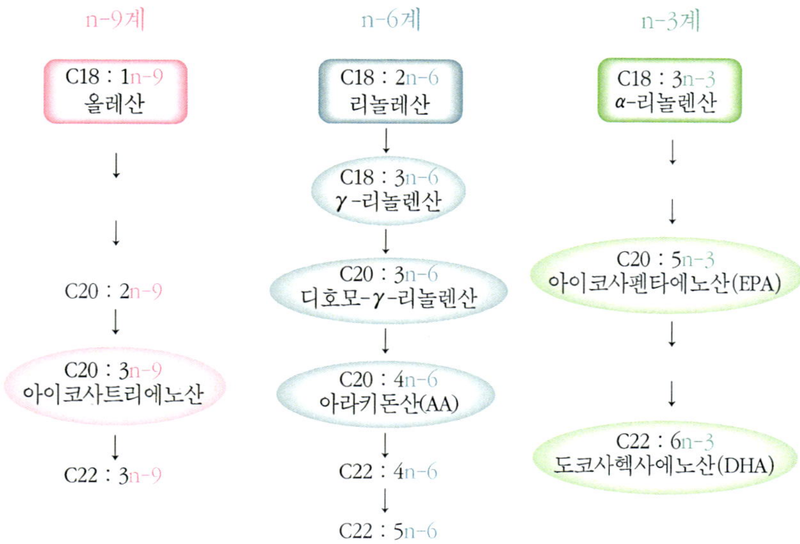

그림 3-10. n-9, n-6, n-3계 지방산의 대사 경로

감마리놀렌산
(gamma-linolenic acid, GLA, C18 : 3n-6)

아이코사펜타에노산
(eicosapentaenoic acid, EPA, C20 : 5n-3)

도코사헥사에노산
(docosahexaenoic acid, DHA, C22 : 6n-3)

필수지방산

필수지방산의 존재는 제일 처음 1929년 버(Burr)가 지적하였는데, 무지방식이를 동물에게 공급했을 때 피부가 건조해지고 벗겨지며, 물을 과도하게 섭취하게 되고 성장 및 생식기능이 감소하는 것이 관찰되었다. 리놀레산에서 GLA, DGLA로 가는 경로는 적어지고 체내 올레산으로부터 아이코사트리에노산의 생성이 증가해 C20 : 3n-9/C20 : 4n-6의 비율이 0.2 이상으로 높아졌는데, 이 때 리놀레산을 첨가함으로써 이런 비율도 감소시키고 결핍증도 완화시킬 수 있었다고 한다. 1950년 후반에는 고아원 어린이들에게 필수지방산이 부족한 조제식이를 장기간 공급한 경우 필수지방산의 결핍증상이 관찰되었다는 보고도 있었다.

식품에서 꼭 섭취되어야 한다. 옥수수기름 등으로부터 공급된 리놀레산은 생체내에서 Δ6-불포화효소에 의해 감마리놀렌산으로, 이는 다시 더 긴 디호모감마리놀렌산으로 전환되고, 다시 아라키돈산으로 전환된다. 감마리놀렌산은 달맞이꽃 종자유로부터, 아라키돈산은 달걀과 간 및 유제품으로부터 직접 섭취할 수 있다. 들기름, 콩과 콩기름 등으로부터 n-3계 지방산인 리놀렌산이 섭취된다. 아이코사펜타에노산(EPA), 도코사헥사에노산(DHA)은 리놀렌산으로부터 전환되어 공급될 수도 있지만, 생선과 어유 등으로부터 직접 섭취될 수도 있다.

Δ6-불포화 효소 (Δ6-desaturase)
지방산의 6번 탄소에 이중결합을 도입하는 불포화효소

성인은 필수지방산의 결핍증상이 나타나기 어려운데 그 이유는, 상당히 오랜 기간을 필수지방산이 전혀 없는 식사를 하기가 어렵고, 이미 지방조직에 필수지방산이 많이 저장되어 있어 부족시 체내 저장된 필수지방산을 사용하기 때문이다.

2. 필수지방산의 기능

필수지방산은 성장증진, 피부의 정상적 기능과 생식기능의 정상적 발달에 대해 독보적인 역할을 하는데, 특히 피부 세라미드에는 리놀레산이 매우 많이 존재한다. 또한 최근 관심의 대상이 되고 있는 n-3 지방산인 DHA는 필수지방산인 리놀렌산으로부터 합성되며 망막의 광수용체막 · 뇌 · 정자 · 정소에 많이 존재하고, 인지기능 · 시각기능 · 신경증 예방에 도움이 된다. 필수지방산의 기능들을 살펴보면 아래와 같다.

가. 세포막의 구조적 완전성 유지

세포막은 인지질로 이중층을 이루고, 인지질내에 포화지방산과 불포화지방산을 일정 비율로 유지해야 세포막의 적당한 유동성, 유연성, 투과성을 지닐 수 있다. 따라서 불포화지방산인 필수지방산은 주로 인지질의 2번째 탄소에 존재하여 세포막의 유연성 유지에 중요하게 작용한다. 만약 필수지방산의 섭취가 부족하면 막의 유동성을 일정하게 유지하기 위해서 인체는 올레산으로부터 아이코사트리에노산(C20 : 3n-9)을 합성하여 막에 대한 피해를 최소화한다. 따라서 막의 트리엔(C20 : 3n-9)/테트라엔(C20 : 4n-6) 비율을 측정하면 필수지방산의 결핍유무를 알 수 있다. 이 수치가 0.2보다 크면 필수지방산의 결핍으로 간주할 수 있다.

나. 혈청 콜레스테롤 감소

인지질에 있는 필수지방산은, 조직으로부터 혈청으로 방출된 과잉의 유리 콜레스테롤과 결합하며 간으로 이동시키며 간에서 콜레스테롤은 담즙산으로 전환된다. 이 담즙산은 소장으로 분비되어 분변과 함께 배설되므로 혈청 콜레스테롤을 감소시킬 수 있다.

다. 두뇌발달과 시각기능 유지

뇌와 신경조직에는 지질의 함량이 높으며, 지질은 뇌세포막의 기능과 직접 관련되어 있다. 대뇌피질의 막지질을 구성하는 포스파티딜에탄올아민(PE), 포스파티딜세린(PS)에 결합된 지방산 중 1/3이 DHA이다. 망막의 경우 광수용체의 바깥쪽 막인지질을 구성하고 있는 PE의 2번 탄소에 DHA가 많이 존재한다. 이 인지질이 간상세포의 로돕신이라는 시각색소단백질과 결합하여 물질의 수송체계에 관여하고 막에 부착된 단백질의 활성도를 조절한다고 알려져 있다. 따라서 성장발달기간 동안 n-3계 지방산이 장기간 부족하면 인지기능과 학습능력, 시각기능이 저하될 수 있다.

라. 아이코사노이드의 전구체

필수지방산은 아이코사노이드의 전구체로 이용된다. 아이코사노이드는 인지질의 2번째 위치에 있는 탄소 수 20개인 지방산들(C20 : 3n-6, C20 : 4n-6, C20 : 5n-3)이 유리된 후 산화되어 생긴 물질들을 총칭한다. 이들은 고리산소화효소(COX)에 의해 프로스타글란딘, 트롬복산, 프로스타사이클린으로 전환되며 지질산소화효소(LOX)에 의해 루코트리엔으로 된다(그림 3-11).

리놀레산으로부터 생긴 DGLA와 AA에서 각각 제1계열과 제2계열의 PG가 형성되고, 식이 리놀렌산으로부터 간접적으로 체내 합성되거나 생선을 섭취하여 직접 공급받은 EPA에서 제3계열의 PG가 생성된다. 트롬복산은 혈소판에서 합성되며 혈관수축과 혈소판 응고에 관여하는데, AA로부터 형성된 TXA_2가 혈액응고를 촉진하는 주된 물질이다. 한편 PGI_2는 혈관벽에서 합성되고 혈소판 응고를 억제하며, 혈관을 확장시켜 혈액의 흐름을 원활하게 하는 등 TXA_2의 반대작용을 한다. EPA로부터 TXA_3와 PGI_3가 생기는데, TXA_3는 TXA_2보다 효과가 약하고 PGI_3는 PGI_2와 비슷한 효과를 가지므로, EPA를 많이 섭취하면 PGI_3쪽으로 활성이 기울어 심혈관 질환 발생 억제효과가 있다. 에스키모인은 서구인에 비해 심장병 발생률이 낮고, 혈소판 응고가 감소되며 혈액응고가 지연되는데, 이것은 육류 섭취나 식용유 섭취가 많은 서구인에 비해 고래고기 등 어류 섭취가 많기 때문이라고 알려져 있다. EPA가 많이 함유된 생선을 다량 섭취하게 되면, 조직

아이코사노이드
(eicosanoids)

고리산소화효소
(cyclooxygenase, COX)

프로스타글란딘 (prostaglandin, PG)
필수지방산으로부터 체내에서 형성되는 호르몬 유사물질. 최초의 물질이 전립선(prostate gland)에서 발견되어 이름을 PG라고 명명했다.

트롬복산 (thromboxane, TXA)
혈소판에서 합성되고 혈소판의 응집과 혈전형성을 촉진시키며 혈관을 수축시킨다.

프로스타사이클린 (prostacyclin, PGI)
혈관벽의 내피세포에서 형성되며 혈소판의 응집을 억제하고 혈관을 이완시킨다.

지질산소화효소
(lipoxygenase, LOX)

루코트리엔 (leukotriene, LT)
백혈구, 혈소판, 대식세포에서 형성되고 화학주성(chemostasis), 염증, 알레르기 반응에 관여한다.

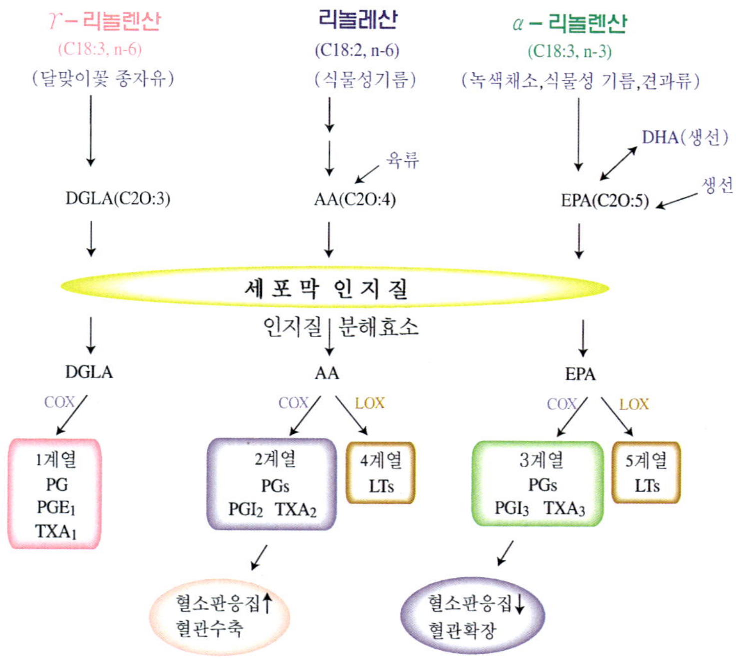

LOX : 지질산소화효소, COX : 고리산소화효소, PG : 프로스타글란딘, LT : 루코트리엔,
PGI : 프로스타사이클린, DGLA : 디호모감마리놀렌산, AA : 아라키돈산, EPA : 아이코사펜타에노산

그림 3-11. 아이코사노이드 생성 및 기능

아이코사노이드(eicosanoids)

1960년 중반에 이르러서, 리놀레산이 아라키돈산으로 전환된 뒤 호르몬과 비슷한 물질을 만들어 생체기능을 조절하는 것이 밝혀지면서 리놀레산, 아라키돈산의 중요성이 재인식되기 시작했고, 아울러 이러한 생리기능 조절물질이 나중에 아이코사노이드임이 밝혀졌다. 아이코사노이드란 용어는 1979년 이후에 사용되었는데, 탄소수 20개인 지방산들(C20 : 3n-6, C20 : 4n-6, C20 : 5n-3)이 산화되어 생긴 물질들을 총칭하며, 세포막의 인지질에 있는 필수지방산으로부터 합성된다. 아이코사노이드는 작용부위와 가까운 조직에서 생성되어 짧은 기간 동안 작용하고 분해되는 물질로, 기능은 호르몬과 유사하다. 아이코사노이드에는 프로스타글란딘, 트롬복산, 프로스타사이클린, 루코트리엔 등이 있다.

에 AA 대신 EPA가 더 많이 축적되고, EPA가 AA에 대해 경쟁을 하여 2계열의 PG와 TX의 생성을 억제하고 PGI_3와 TXA_3의 합성을 증가시키므로, 전체적으로 혈액응고 억제 및 혈관 확장효과가 있다. DGLA로부터 PGE_1이 형성되는데, 이 물질도 혈소판 응집 및 염증반응의 억제, 혈관확장, 혈압감소, cAMP 증가, 인지질 분해효소 억제 등의 역할을 한다.

백혈구나 단핵세포 등에서 지질산소화효소 작용으로 아라키돈산으로부터 4계열의 루코트리엔이 생겨 평활근을 수축시키고 염증을 촉진시킨다. 반면, n-3계 지방산이 많으면 4계열 루코트리엔의 생성이 저하되고, 활성이 낮은 5계열의 루코트리엔이 대신 형성되어 염증억제 효과를 볼 수 있다. DGLA로부터 생성된 15-OH-DGLA는 지질산소화효소를 억제하여 아라키돈산으로부터 생기는 염증촉진대사물 생성을 억제한다.

표 3-2. n-3계 지방산의 생리적 효과

효 과		작용기전
심장 순환계 질환예방	혈청지질 감소	TG감소, VLDL합성 감소 및 제거 증가
	혈소판 기능 변화	혈소판 응집감소, 혈액응고시간 지연, 혈액점도 감소
	혈관확장 및 혈압강하	혈관이완 유도하는 아이코사노이드 생성
관절염, 천식 완화		염증반응억제, 면역기능 강화
두뇌성장발달 및 시각기능		특히 DHA가 관여
암 발생 억제		암세포의 산화적 손상증가, 성장촉진 PG 생성억제

각 계열의 지방산은 각각 독특한 기능을 하므로, 두 계열의 지방산이 모두 균형있게 섭취되어야 한다. 다가 불포화지방산을 많이 섭취하면 혈청 콜레스테롤이 저하된다고 밝혀지면서, n-6계 지방산인 리놀레산이 많은 식용유를 섭취하고 있다. 그러나 이로 인해 혈전 형성이 증가되어 심혈관계질환이 증가될 수 있고, 유방암 · 대장암 등의 발생도 촉진될 수 있는 것으로 알려졌다. 한편 n-3계 지방산 섭취가 지나치게 증가하면 n-6계 지방산에 대해 경쟁을 하므로, n-6계 지방산이 독특한 기능을 수행하지 못하여 결핍증상이 악화되고 산화 스트레스도 증가해 항산화 관련 영양소가 감소된다. 따라서 n-6계와 n-3계 지방산의 섭취가 적절하게 균형을 이루어야 한다.

산화 스트레스 (oxidative stress)

지질의 운반과 대사

지단백질의 종류 및 대사

식사로 섭취되는 지질은 중성지질이 95~98%를 차지하며 인지질, 콜레스테롤, 기타 지질은 비교적 소량이다. 이런 지질들이 혈액내에서 운반되려면 물에 잘 섞일 수 있는 상태를 유지해야 하므로 지단백질 같은 특별한 수송체계가 필요하다. 지단백질은 중성지방이나 콜레스테롤 같은 비극성 물질은 안쪽에 있고, 인지질이나 단백질 같은 극성물질이 바깥 부분을 둘러싸고 있어 혈액내에서 자유롭게 이동될 수 있다. 지단백질은 밀도 차이를 이용한 초원심분리법에 의해 분리되며, 크게 카일로미크론, VLDL, LDL, HDL의 네 가지로 나누어진다(그림 3-12). 이들 지단백질의 물리적, 화학적 성질 및 특성을 표 3-3과 표 3-4에 제시하였다.

카일로미크론(chylomicron)
VLDL(very low density lipoprotein)
LDL(low density lipoprotein)
HDL (high density lipoprotein)

식이지질은 담즙과 췌장액의 도움으로 여러 지질분해효소들의 작용을 받아 지방산, 모노아실글리세롤, 리조인지질, 유리 콜레스테롤로 분해된다. 담즙과 인지질로 구성된 미셀은 유리지방산과 모노아실글리세롤을 입자 안으로 끌어들인다. 미셀의 안쪽은 소수성이나 바깥쪽은 친수성이므로 소장 점막세포막 위에 형성되어 있는 교반되지 않는 물층을 쉽게 통과할 수 있다. 미셀의 지방산과 모노아실글리세롤은 세포막을 쉽게 확산하여 들어가고, 담즙은 소장관 내에 남아

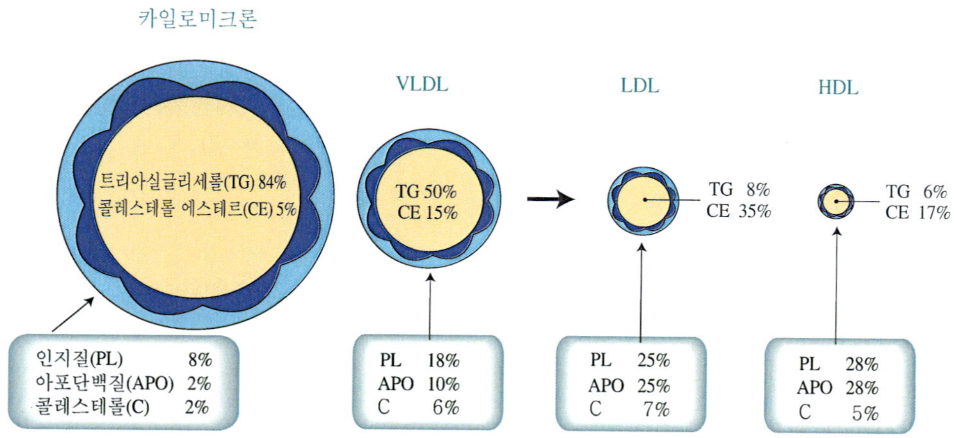

그림 3-12. 혈청 지단백질의 종류

표 3-3. 혈청 지단백질의 특징

성 질		지단백 종류			
		카일로미크론	VLDL	LDL	HDL
물리적 성질	지름(nm)	100~1,000	30~90	20~25	7.5~20
	밀도(g/mL)	<0.95	0.95~1.006	1.019~1.063	1.063~1.210
	분자량(daltons)×10^6	1,000~10,000	5	2	0.2~0.4
아포단백질		AI, CII, B48	C, E, B100	B100	AI, AII, C, E

표 3-4. 혈청 지단백질의 종류와 특징

지단백질 종류	주요 생성장소	특 징
카일로미크론	소장	식이의 중성지질을 운반하는 지단백으로 중성지질이 풍부하여 밀도가 가장 낮음. 공복상태에서는 존재하지 않음. 생성 후 분해되는 속도가 빠름
VLDL	간	간에서 합성되는 중성지질을 조직으로 운반하는 지단백으로 밀도가 2번째로 낮음
LDL	혈액내에서 전환	CE가 가장 많은 지단백. LCAT 작용에 의해 HDL로부터 CE를 받아서 조직으로 운반함
HDL	간	조직에서 간으로 콜레스테롤을 운반하는 항동맥경화성 지단백. 아포B가 없는 유일한 지단백

있다가 회장에서 재흡수된다.

흡수된 지방산과 모노아실글리세롤은 소장점막세포 안에서 다시 에스테르 결합을 하여 중성지질로 합성된다. 특히 긴 사슬지방산은 중성지질로 재구성되고, 인지질과 콜레스테롤도 역시 에스테르 형태로 전환된다. 소장점막에서 재형성된 TG와 CE는 인지질과 아포지단백질과 결합하여 카일로미크론을 형성한다. 그림 3-12에서 보듯이 카일로미크론의 중심부에는 TG, CE 등이 존재하고, 겉부분에는 인지질과 단백질이 있어 수용성 용매인 혈장과 접하게 된다. 카일로미크론은 림프관을 거쳐 흉관을 통과한 후 혈관계로 들어간다. 중간 사슬지방산은 긴 사슬지방산보다는 물과 섞이기 쉬우므로 중간 사슬지방산으로 이루어진 중간 사슬지방(MCT)인 경우 담즙 없이 지방산으로 분해되고, 흡수된 지방산은 문맥을 통해 직접 간으로 간다. 따라서 췌장질환이 있거나 담즙염을 형성하지 못하는 경우 및 지단백질 형성에 문제가 있는 경우에는 중간 사슬지방을 사용하여 지방산을 공급하면 지방 흡수장애를 어느 정도 극복할 수 있다.

중간 사슬지방 (medium chain triglyceride, MCT)

그림 3-13는 식품 섭취로 들어온 지질이 카일로미크론의 형태로 혈액에 흡수되는 과정과 이동, 대사과정을 나타낸 것이다.

① 카일로미크론 표면의 아포C가 지방세포와 근육세포의 모세혈관을 둘러싸는 내막세포에 부착된 지단백질 지질분해효소를 활성화해 카일론미크론 내의 TG를 분해하고 유리지방산을 방출시킨다. 지방산은 근육세포나 지방세포에 들어가서 산화되거나 나중에 사용되기 위해 다시 에스테르형인 TG로 전환되어 저장된다.

② 결과적으로 생겨난 카일로미크론 잔존물은 간으로 가서 간세포 표면에 있는 수용체를 매개로 세포내로 함입된 후 지방산과 콜레스테롤 등으로 분해된다. 간 세포내에서 다시 지방산과 과잉의 탄수화물을 이용하여 TG를 합성한다.

지단백질 지질분해효소 (lipoprotein lipase, LPL)

레시틴 콜레스테롤 아실 전이효소(lecithin cholesterol acyl transferase, LCAT)

카일로미크론 잔존물 (chylomicron remnant)

③ 간 내의 TG는 콜레스테롤과 인지질 및 여러 아포단백질과 함께 VLDL을 구성하여 혈액으로 방출된 후 LPL에 의해 분해된다. VLDL의 크기는 점점 작아지나 밀도는 커지면서 IDL로 바뀐다.

④ 유리 콜레스테롤은 HDL과 LCAT의 도움을 받아 지방산과 결합해 CE로 전환된다. 따라서 VLDL의 중심은 점차 TG에서 CE로 바뀌고 표면에는 아포B만 남게 되어 LDL로 전환된다.

⑤ LDL의 2/3는 수용체 매개 경로에서 처리된다. LDL은 간이나 간외조직에 아포B에 대한 수용체가 있는 경우 세포내로 함입된다. 세포내에서 LDL에 의해 운반된 CE는 가수분해되어 콜레스테롤을 방출하여 세포에서 이용된다.

수용체 매개 경로 (receptor mediated pathway)

⑥ 혈액내의 LDL 농도가 너무 높거나 산화 LDL은 LDL 수용체 비의존성 경로에서 처리된다. 즉 망상체 조직의 대식세포가 받아들여 세포내로 들어온 CE는 과잉으로 축적되어 거품세포를 형성하고, 이는 동맥경화증의 플라그 성분이 된다.

수용체 비의존성 경로 (scavenger pathway)

망상체 조직 (reticuloendothelial tissue)

거품세포(foam cell)

⑦ 정상적으로 조직에서 LDL로부터 얻은 콜레스테롤은 다시 혈액으로 배출되고, 이 콜레스테롤은 HDL에 부착된다. 간과 장에서 만들어진 신생 HDL은 콜레스테롤이 CE로 전환되면서 둥근 형태로 된다. 그 후 HDL의 CE는 콜레스테롤 에스테르 전이단백질의 작용으로 다시 VLDL · IDL로 이동되고, 다시 LDL로 전환되는 고리를 이루며, 최종적으로는 간으로 보내져 결국은 담즙으로 배설된다. 이렇게 말초로부터 간으로 콜레스테롤을 전송하는 기구를 콜레스테롤 반송체계라고 부른다.

콜레스테롤 에스테르 전이단백질 (cholesterol ester transfer protein, CETP)

콜레스테롤 반송체계 (reverse cholesterol transport system)

위의 과정을 다시 식사 직후와 공복 시의 지질의 대사로 나누어 생각해보면, 식사 직후의 지질은 지질합성이 증가하는 쪽으로 진행되어 여분의 포도당을 지질로 저장하는 경로가 촉진된다. 즉 아세틸 CoA 카르복실화효소, 지방산 합성효소, 말산효소, NADPH를 공급하는 펜토오스 인

아세틸 CoA 카르복실라아제 (acetyl CoA carboxylase)

지방산합성효소 (fatty acid synthase, FAS)

말산효소(malic enzyme)

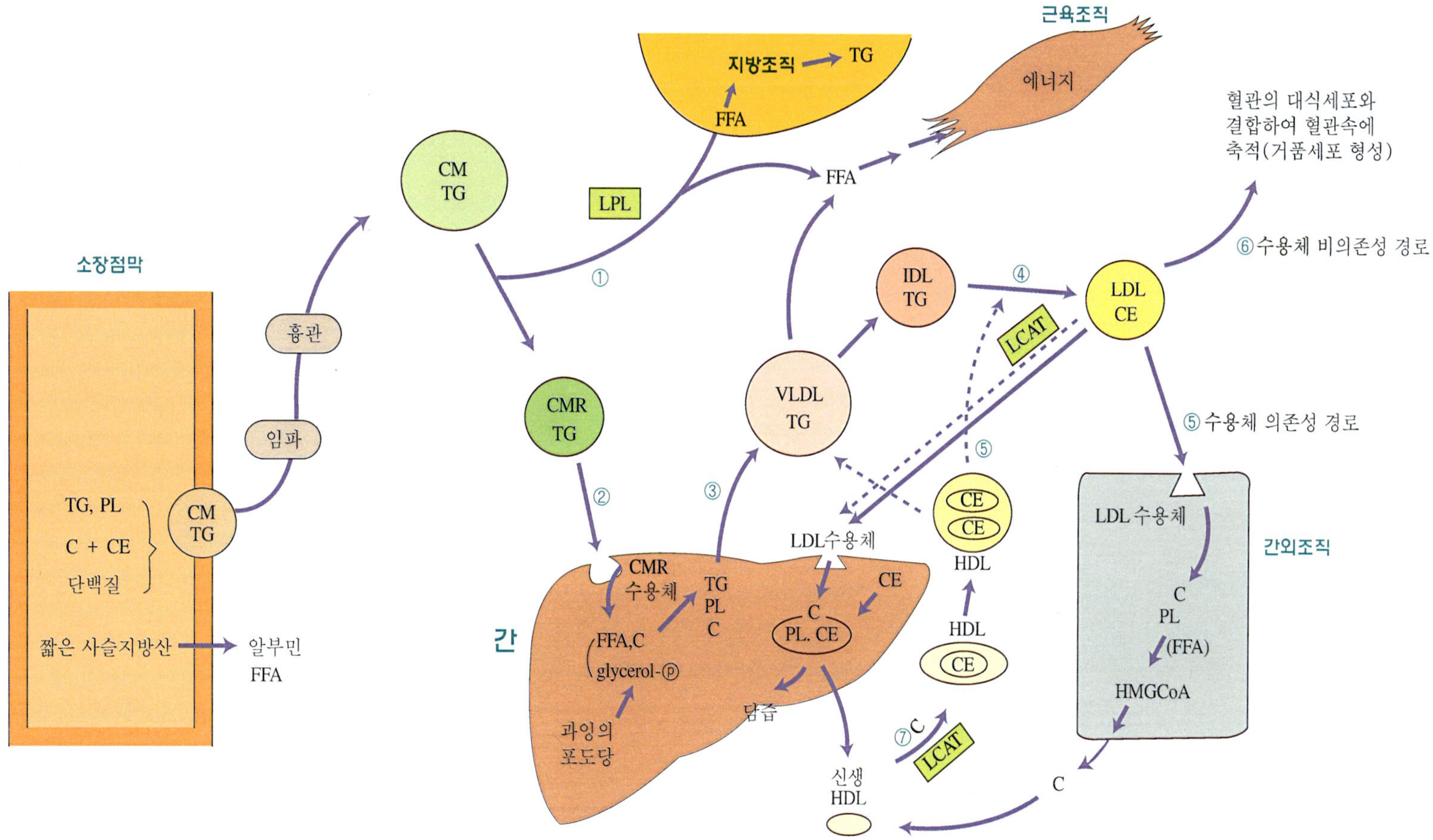

CM : 카일로미크론, CMR : 카일로미크론 잔존물, LPL : 지단백 지방분해효소,
LCAT : 레시틴콜레스테롤 아실전이효소, TG : 중성지질, FFA : 유리지방산,
C : 콜레스테롤, CE : 콜레스테롤에스테르, PL : 인지질

그림 3-13. 혈청 지단백질의 대사

산 경로의 효소들의 활성도가 증가된다. 세포 밖의 지질을 분해시키는 LPL 활성이 촉진되어 식사로 공급받거나 간에서 합성된 TG를 분해해 조직으로 흡수한 후 에너지로 사용하며, 또한 주로 나중에 사용하기 위해 TG로 저장된다. 한편 지방조직 내의 TG를 분해시키는 호르몬 민감성 지질분해효소의 활성은 감소되어 불필요하게 TG를 분해시키지 않는다. 이때 지방산 종류에 따라 사용되는 정도가 달라 중간 사슬지방산은 에너지생성에 직접 사용되고 긴 사슬지방산은 저장된다. 간에서 지방산의 불포화 과정이 일어나고, EPA · DHA 등은 세포로 직접 유입되어 세포막 인지질에 결합되기도 하고, HDL 등에 의해 간에서 유래된 인지질을 통해 다른 조직으로 이동되기도 한다. 지방산은 체내에서 장쇄화와 불포화반응을 거치게 되고, 리놀레산은 탄소 수가 늘어나 아라키돈산 등을 형성하여 세포막의 인지질을 이루기도 한다.

호르몬 민감성 지질분해효소 (hormone sensitive lipase, HSL)

공복 시에는 포도당의 저장형태인 글리코겐이 분해되고, 간의 지질은 에너지원으로 사용되고, VLDL 등에서 방출되는 지방산도 에너지원으로 사용되며, 지방조직은 지방산을 방출시킨다. 식후와는 달리 호르몬 민감성 지질분해효소의 활성이 증가되고 LPL 활성은 감소된다. 방출된 지방산은 알부민의 도움으로 혈액내에서 이동하며, 조직의 막을 통과하고 그곳에서 산화해 열량원이 된다. 공복이 지속되면 지방산은 간에서 케톤체를 형성하여 근육이나 대부분 조직의 열량원으로 쓰이기도 한다(그림 3-14).

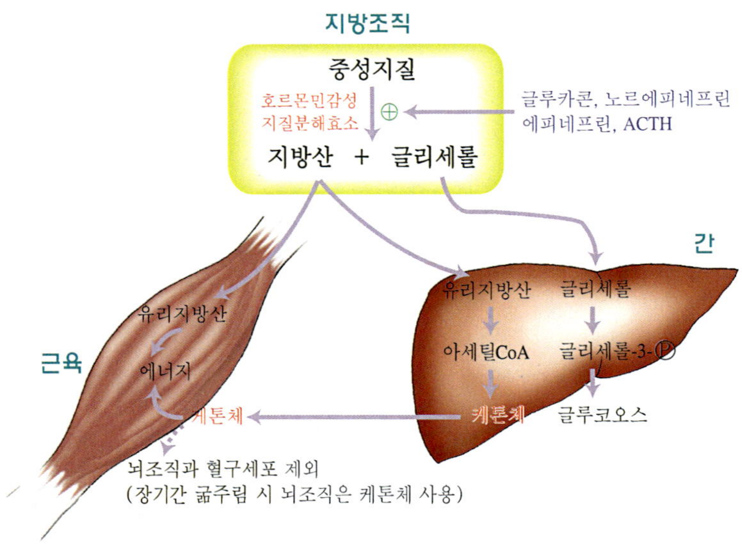

그림 3-14. 공복 시나 저탄수화물 식사 시 저장된 중성지질의 이용

중성지질 대사

1. 지질 분해

지질 분해(lipolysis)

지질 분해는 주로 공복 시에 지방조직이나 간 등에 저장된 중성지질이 글리세롤과 지방산으로 분해되는 것을 의미한다. 지방 중 많은 에너지를 가지는 부분은 지방산으로, 이는 에너지를 생성하기 위하여 분해과정을 더 필요로 하는데, 지방산의 이런 분해과정을 지방산의 산화라고 한다.

아실 CoA 합성효소(acyl CoA synthase)

카르니틴 아실 전이효소(carnitine acyl transferase)

지방산의 산화는 미토콘드리아에서 일어나므로 세포질에 있는 지방산이 미토콘드리아로 이동되어야 한다. 따라서 지방산은 아실 CoA로 활성화된 후 카르니틴과 결합하여 미토콘드리아 내부로 이동하며, 그 내에서 다시 아실 CoA로 전환된 후 β산화를 일으킨다. 그림 3-15는 지방산의 β산화과정을 나타낸 것이다. β산화는 지방산의 분해시 β위치에 있는 탄소에서 탈수소반응, 수화반응, 탈수소반응, 티올분해반응 등에 의해 원래의 아실 CoA보다 탄소 수가 2개 적은 지방산 아실 CoA가 생성되는 과정을 말한다. 다시 위의 과정을 반복하면 결국 여러 개의 아세틸 CoA가 생성되고, 이것이 TCA 회로로 보내져 에너지를 생성한다. 아실 CoA에서 1개의 아세틸 CoA가 잘려져 나올 때마다 1개의 $FADH_2$와 NADH가 각각 생성되고, 이들은 전자전달계로 가서 4ATP를 생산한다.

이성질화효소(isomerase)

에노일 CoA(enoyl CoA)

불포화지방산의 산화가 카르복실기쪽으로부터 β산화를 받는 것은 포화지방산의 경우와 같으나, 이중결합의 2개 앞쪽 탄소에 이성질화효소가 작용하여 이중결합이 이동해서 에노일 CoA가 된다. 형성된 에노일 CoA는 위의 단계를 거친다.

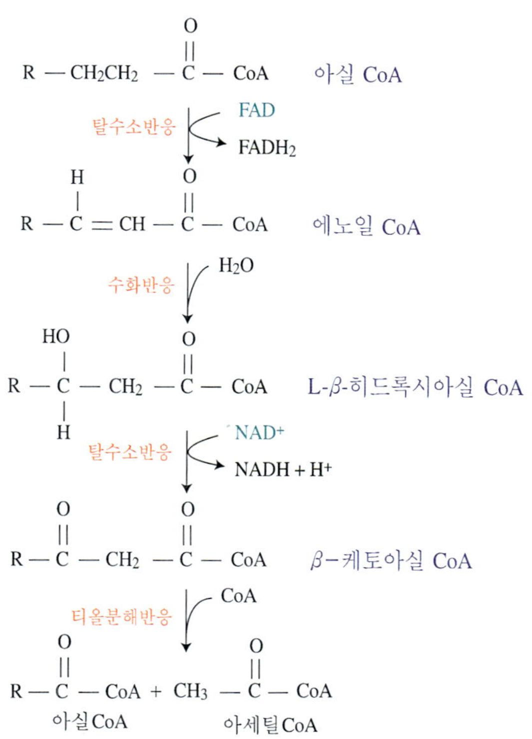

그림 3-15. 지방산의 β 산화과정

아실 운반단백질(acyl carrier protein, ACP)

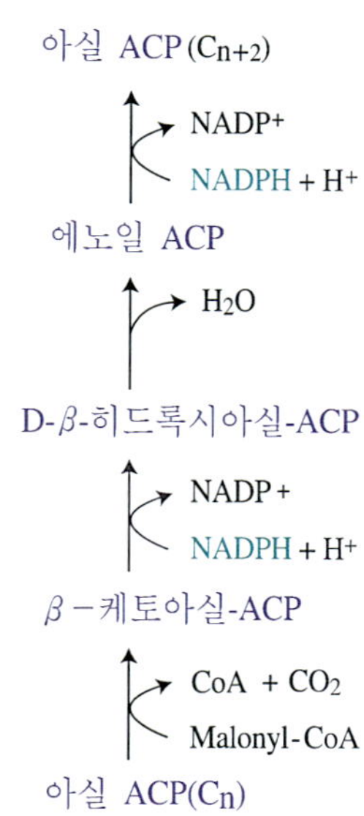

그림 3-16. 지방산의 합성

지방조직에서 지질 분해로 생성된 글리세롤은 간으로 이동하여, 글리세롤 3-인산으로 전환되어 해당과정으로 들어가거나 포도당신생과정에서 포도당 합성의 전구체로 이용되기도 한다.

지질 합성(lipogenesis)

2. 지질 합성

체지방은 피하, 복강, 장기주변 등의 지방조직에 주로 저장되며, 이들 지방은 식사 시 열량 영양소가 과잉으로 섭취될 때 간과 지방조직 등에서 합성된다.

지방산 합성은 세포질과 미토콘드리아에서 각각 독립적으로 일어날 수 있으나 주로 세포질에서 이루어진다. 이때 아세틸 CoA는 미토콘드리아에서 생성되므로, 지방산 합성을 위해 아세틸 CoA가 미토콘드리아에서 세포질로 이동되어야 한다. 따라서 아실 카르니틴으로 되어 막을 통과하거나 옥살로아세트산에 아세틸기를 주고 시트르산으로 되어 막을 통과한 후 다시 아세틸 CoA로 전환된다. 지방산 합성에 이용되는 아세틸 CoA는 당질대사, 일부 아미노산의 탄소골격분해, 지방산의 산화에서 유래한다.

지방산 합성효소 (fatty acid synthase, FAS)

지방산의 합성과정에서 아세틸 CoA는 비오틴을 조효소로 하는 아세틸 CoA 카르복실화효소에 의해 말로닐 CoA를 형성한다. 말로닐 CoA는 아세틸 CoA와 NADPH로부터 지방산 합성효소에 의해 긴 사슬 포화지방산을 합성한다(그림 3-16). 지방산 합성효소는 여러 효소가 모여 있는 다중효소체계(multienzyme complex)를 가진 단백질이다.

글루코오스 6-인산 탈수소효소 (glucose 6-phosphate dehydrogenase)

지방산 합성에 사용되는 NADPH는 주로 펜토오스 인산경로에서 공급되며, 일부는 말산효소의 작용으로 말산이 피루브산로 전환되는 과정에서 생긴 NADPH에 의해서 공급되기도 한다. 탄수화물 섭취가 증가하거나 글루코오스 6-인산 탈수소효소의 활성이 증가되면 NADPH가 증가해 지방산 합성이 증가한다.

아세틸 CoA로부터 지방산의 합성이 이루어지면 인체는 이 지방산의 탄소 수를 더 늘리거나 불포화도를 증가시킬 수가 있다. 이렇게 생성된 지방산은 해당과정의 중간산물인 글리세롤 3인산과 결합하여 중성지방을 생성한다.

콜레스테롤 대사

HMG CoA 환원효소 (β-hydroxy-β-methyl glutaryl CoA reductase)

음성 되먹이 저해기전 (negative feedback inhibition)

음식으로부터 섭취한 콜레스테롤 양에 따라 간에서의 콜레스테롤의 합성이 조절된다. 3개의 아세틸 CoA로부터 생성된 HMG CoA를 메발론산으로 전환시키는 HMG CoA 환원효소는 콜레스테롤 합성의 속도조절단계의 효소이다. 식이성 콜레스테롤의 양을 증가시키면 음성 되먹이 저해기전에 의해 HMG CoA 환원효소의 활성이 감소할 뿐만 아니라 이 환원효소의 유전자 전사가 감소되어 이 효소의 합성이 저하되고, 궁극적으로 콜레스테롤 합성을 감소시킨다(그림 3-17). 또한 간에 존재하는 LDL 수용체 유전자의 전사가 감소되어 세포막의 수용체 수를 감소시키고 간세포 내로 함입되는 콜레스테롤 양을 감소시킨다.

콜레스테롤 합성은 간에서 50%, 소장에서 25%, 그 외는 나머지 조직에서 이루어지며, 식사에 의한 음성 되먹이 저해기전은 주로 간에서 유효하게 작용한다. 이러한 조절로 혈중 VLDL과 LDL콜레스테롤의 농도 변동이 줄고, 말초세포들이 일정한 농도로 공급받을 수 있게 된다. 말초조직에서도 LDL로부터 유입되는 콜레스테롤 양에 따라 콜레스테롤의 합성이 조절된다. 그러나

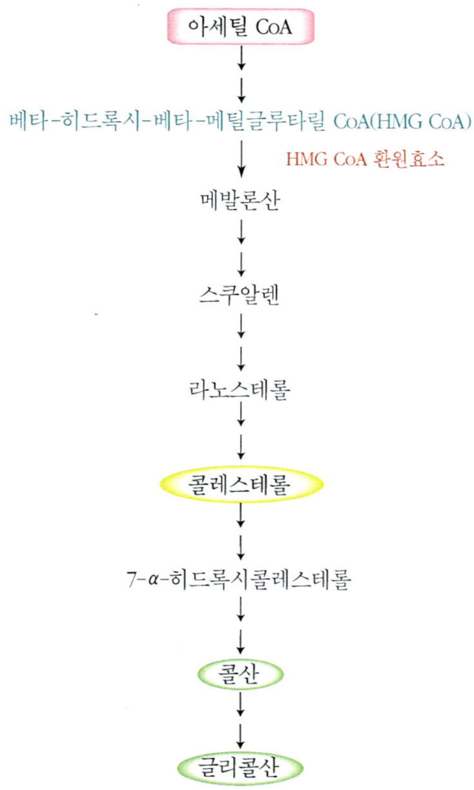

그림 3-17. 콜레스테롤과 담즙산의 생성

암세포는 콜레스테롤 합성 조절기전에 이상이 있으며, 특히 음성 되먹이 저해기전이 잘 작동되지 않는다.

콜레스테롤의 합성은 호르몬의 영향을 받는데 인슐린이나 갑상선 호르몬은 합성을 증진시키고 글루카곤이나 글루코코르티코이드는 합성을 저지시킨다.

일반적으로 체내에서 약 500mg의 콜레스테롤이 합성되고 나머지는 음식으로부터 공급되기 때문에 식이 중의 콜레스테롤을 제한해도 혈액의 콜레스테롤 양을 완전하게 감소시킬 수는 없고 약간의 감소 효과만 있다. 식이 중 콜레스테롤 함량이 100mg 증가한다면 혈액내 콜레스테롤이 5mg 증가한다.

콜레스테롤은 스테로이드 호르몬과 비타민 D합성에 일부 사용되고, 나머지는 배설을 위해 HDL을 통해 다시 간으로 돌아간다. 체내의 콜레스테롤은 간에서 담즙을 형성하여(1~2g/일) 장으로 배출된다. 그러나 장으로 배출된 담즙의 대부분은 문맥으로 흡수되어 간으로 들어가고, 필요시 다시 담즙으로 재배출된다. 이를 장간순환이라 한다. 그래도 일부는 담즙산염으로 바뀌어져서 대변으로 배설되거나(약 0.5g), 중성 스테로이드로 배설된다(약 0.5g).

장간순환(enterohepatic circulation)

케톤체 합성과 대사

케톤체(ketone body)
아세토아세트산(acetoacetate)
베타 히드록시부티르산(β-hydroxy butyric acid)
아세톤(acetone)
케톤증(ketosis)

케톤체의 합성과 대사과정은 제2장에 자세히 언급되어 있다. 케톤체는 아세토아세트산 · β-히드록시부티르산 · 아세톤 등이며, 굶었을 경우 케톤체는 주요 에너지원이 되기도 한다. 심한 당뇨, 기아, 마취, 산독증일 때 케톤체가 과잉으로 생성되고, 이것이 처리되지 못하면 케톤증이 된다. 이 때 고지질 식사와 저탄수화물 식사를 하면 증상이 더 심해진다. 그러나 탄수화물을 공급하면 포도당에 의해 옥살로아세트산의 공급이 증가하여 시트르산이 형성되고 TCA회로로 들어갈 수 있어 케톤체 형성이 감소한다. 과잉의 포도당이 있으면 지방의 β산화가 감소되고 케톤체 형성이 감소한다. 혈액내 케톤체의 수준이 70mg/100mL 이상이면 소변으로 배출된다.

지질과 건강

지질은 영양소 중에서 질환과 가장 밀접한 관계가 있는 영양소이다. 현재까지 진행된 많은 연구에 의하면 섭취하는 지질의 양이나 종류가 심혈관계질환 및 암 등 만성퇴행성질환과 매우 깊은 관계가 있다고 밝혀졌다.

최근 우리나라에서도 식생활이 서구화되면서 지질섭취가 증가해, 고지혈증 · 동맥경화증 · 심장병 등 심혈관계질환과 암이 3대 사망의 우선 순위를 차지하게 되었다. 따라서 여기서는 지질섭취와 관련된 몇 가지 질환과의 관련성을 살펴보고, 트랜스 지방산 섭취의 문제점 등도 아울러 살펴보기로 한다.

지질과 심혈관계질환

동맥경화증(atherosclerosis)
죽종(atheroma)

심혈관계질환은 주로 동맥경화증의 합병증으로 생기는데, 동맥경화증이란 동맥의 내벽에 죽종이라는 지질과 결합조직, 평활근 세포, 대식세포로 구성된 물질이 침착되면서 혈관벽이 굳어지고 탄력성이 없어진 것을 말한다. 혈액응고물이 심장근에 분포된 관상동맥이나 뇌로 가는 혈관을 막으면 심장마비나 뇌졸중이 된다.

심장마비(heart attack)
위험인자(risk factor)
프래밍검 연구(Framingham study)

심혈관계질환의 위험인자란 심혈관계질환자 집단에서 자주 나타나는 성격이나 인자, 습관들을 말한다. 미국의 유명한 프래밍검 연구에 의하면 고콜레스테롤혈증, 흡연, 고혈압이 관상심장질환의 가장 중요한 위험인자라고 한다. 이러한 인자를 가진 사람은 그렇지 않은 사람에 비해 임상적 질환이 발생하기 쉽고 또 질환의 발생 연령이 위험인자를 갖지 않은 사람에 비해 빠르다. 또한 한 가지 위험인자를 가진 경우보다 두 가지 이상을 가진 경우 심장질환으로 진전될 위험성이 많다고 한다.

대사증후군(Metabolic Syndorome)
아포지단백E(apolipoprotein E)
지단백(a)(lipoprotein(a))

최근 심질환 발생과 관련된 여러 가지 요인들이 주장되고 있다. 대사증후군을 가진 경우 심질환 발생의 위험도가 높고, 아포지단백 E의 특정 형태나 지단백(a)를 가지는 경우 동맥경화가 촉진된다고 한다. 또한 엽산, 비타민 B_6와 B_{12} 부족 시 호모시스틴의 혈중 농도가 높아져 동맥경화증의 위험성이 증가한다고 한다. 따라서 심혈관계질환의 발생은 유전적 인자와 환경적 인자의 상호작용으로 결정된다고 하겠다.

■ **심혈관계질환의 위험인자**

- 고지혈증
  - LDL 콜레스테롤 증가
  - 중성지질 증가
  - 지단백(a) 증가
  - HDL 콜레스테롤 감소
- 고혈압
- 가족력
- 연령
- 성별
- 흡연
- 당뇨병
- 성격
- 폐경기 이후
- 비만
- 운동부족
- 스트레스

1. 심혈관계질환 위험도와 혈중 지질농도

가. 혈청 콜레스테롤

미국의 국립 콜레스테롤 교육 프로그램에서 35만 명의 남자 성인을 대상으로 한 역학조사결과 혈중 콜레스테롤 농도가 200 mg/dL 이하이면 정상이고, 200~239 mg/dL이면 경계선, 240 mg/dL 이상이면 위험수준으로 분류하였다.

국립 콜레스테롤 교육 프로그램 (National Cholesterol Education Program, NCEP)

최근 한국인의 이상지질혈증의 진단 및 치료의 새로운 기준에서 혈청 콜레스테롤 240 mg/dL 이상이면 고콜레스테롤혈증으로 분류하였다(표 3-5).

표 3-5. 한국인의 이상지질혈증 진단 기준(2015년 개정)

(단위 : mg/dL)

총콜레스테롤		LDL 콜레스테롤		HDL 콜레스테롤		중성지질	
높음	≥ 240	매우높음	≥ 190	낮음	< 40	매우높음	≥ 500
경계치	200~239	높음	160~189	높음	≥ 60	높음	200~499
적정	< 200	경계치	130~159			경계치	150~199
		정상	100~129			적정	< 150
		적정	< 100				

쉬어가기

심장병

심장병의 일반적인 증상은 흉통과 호흡곤란, 피로감, 청색증, 실신, 심계 항진, 객혈 등인데 심장병 발병의 증상은 목 혹은 팔 아래로 방사하는 통증이 마치 몽둥이로 심장을 갑자기 때리는 것 같기도 하고 소화불량처럼 둔통이나 가슴의 압박감 정도로 느낄 수도 있다.

심장병을 병인적 요인으로 분류해보면 동맥경화성(arteriosclerotic), 선천성(congenital), 고혈압성(hypertensive), 류마티스성(rheumatic) 등으로 나눌 수 있다. 이 중 가장 흔한 원인이 동맥경화성으로, 우리나라에서도 심혈관질환 중에서 동맥경화성 질환인 허혈성 심질환과 뇌혈관질환의 사망률은 지속적으로 증가하고 있으며, 특히 허혈성 심질환에 의한 사망률은 지속적으로 증가했다. 임상적으로도 혈청 콜레스테롤 농도의 10% 감소는 심장질환에 의한 사망률 20% 저하, 심근경색의 발생률 17% 저하, 관상동맥경화증과 관련된 사고 23% 저하의 결과를 나타내, 혈장 콜레스테롤의 저하가 심질환 예방에 매우 효과적임을 시사하고 있다.

LDL은 간에서 다른 조직으로 콜레스테롤을 운반하는 역할을 하므로 LDL의 콜레스테롤 함량이 높으면 관상동맥의 벽에 콜레스테롤이 쌓일 위험이 높다. 따라서 LDL 콜레스테롤이 130mg/dL 이상이면 경계선이고 160mg/dL 이상이면 위험하다고 간주해 치료가 필요하다. LDL은 그 농도뿐 아니라 크기도 매우 중요하다. LDL 입자가 작은 것이 큰 것보다 손상된 혈관에 더 빨리 침착된다고 보고된다.

HDL은 조직의 콜레스테롤을 간으로 운반하는 역할을 하며, 간에서 콜레스테롤을 체외로 내보내게 되므로 동맥경화에 대한 방어효과를 지닌다. 따라서 혈청 총콜레스테롤 농도보다 HDL 콜레스테롤 농도에 대한 LDL 콜레스테롤의 농도비나, non-HDL 콜레스테롤 농도에 대한 HDL 콜레스테롤 농도비인 동맥경화지수(atherogenic index, AI)가 심혈관질환의 발병을 예견할 수 있는 좋은 지표가 된다.

나. 혈청 중성지질

혈청 중성지질의 농도가 높아도 심혈관질환의 발생빈도가 높다. 특히 한국인의 경우 에너지 섭취량 중 탄수화물이 차지하는 비율이 높은 관계로 혈청 중성지질의 농도가 고지혈증의 판정에 중요하며, 비만과 당뇨병의 경우 혈청 중성지질의 농도가 높게 나타나 심혈관계질환의 위험인자로 고려된다. 한국인의 이상지질혈증 진단기준에 의하면 중성지질 농도가 150mg/dL 이하이면 적정수준, 150~199mg/dL이면 경계수준, 200mg/dL 이상이면 위험수준으로 분류하였다.

2. 이상지질혈증 개선방안

이상지질혈증을 개선하려면 식사요법과 생활습관 교정을 병행하여야 한다. 특히 이상지질혈증은 당뇨병, 비만과 밀접하게 연관되어 있으므로 중등 정도의 운동을 시행하여 비만을 줄이고, 당뇨병이 있는 경우는 이를 조절하여야 한다.

식사요법을 통하여 이상지질혈증을 개선하려면 먼저 열량 · 총지질 · 포화지질 · 콜레스테롤 · 알코올 섭취를 줄이고 다가 불포화지방산의 섭취를 늘리도록 하며, 특히 생선의 섭취를 증가시키는 것이 좋다. 어유에 든 EPA는 혈청 중성지질을 줄이는 효과가 뚜렷하고 혈액응고를 억제하므로 심혈관계질환 예방에 도움이 된다. 최근에는 단일 불포화지방산의 섭취가 혈청 콜레스테롤을 상승시키지 않으면서 LDL의 산화를 억제해 동맥경화를 예방할 수 있음이 알려져 관심의 대상이 되고 있다. 실제 단일 불포화지방산인 올레산을 다량 함유된 올리브유의 섭취를 많이 하는 지중해 연안 지역의 사람들이 심혈관계질환 발생률이 낮다. 또한 식이섬유소의 섭취를 증가시키면 혈청 콜레스테롤 농도를 낮출 수 있다.

생활습관 개선 방안으로는 흡연을 줄이거나 금연을 실시하고 규칙적인 운동을 하는 것이 포함된다. 금연을 하면 혈청 콜레스테롤을 낮출 수 있는 반면, HDL 콜레스테롤을 정상수준으로 회복시킬 수 있어 동맥경화나 심장질환을 줄일 수 있다. 규칙적인 운동도 HDL 콜레스테롤을 높이고 체중을 정상으로 감소시켜 비만을 줄이므로 심혈관질환의 위험요인을 줄이는 결과가 된다.

표 3-6. 식이조절을 통한 고콜레스테롤 혈증 개선방안 및 타당성

<table>
<tr><th>식사요법</th><th colspan="2">기본원리</th><th>타당한 이유</th></tr>
<tr><td>지질 섭취량 감소</td><td colspan="2">미국 : 동맥경화의 위험군에서 섭취량을 총열량의 30% 이하로 권장
한국 : 총 열량의 20% 이하를 권장</td><td>지질의 섭취가 증가하면 혈청 콜레스테롤양 상승</td></tr>
<tr><td>식이콜레스테롤 섭취조절</td><td colspan="2">성인은 콜레스테롤을 300 mg 이하 권장</td><td>식이 콜레스테롤을 줄이면 내인성 콜레스테롤의 양이 증가해 혈청 콜레스테롤을 줄이는데 효과는 크지 않으나 그 정도는 개인에 따라 다르고, 일반적으로 식이 콜레스테롤이 증가하면 동맥경화증의 발생도 증가함</td></tr>
<tr><td rowspan="6">식이지방산의 종류</td><td colspan="2">C_{12}–C_{16}의 포화지방산 감소</td><td>LDL 콜레스테롤 증가 효과</td></tr>
<tr><td colspan="2">스테아르산 감소</td><td>혈전 증가효과</td></tr>
<tr><td colspan="2">단일 불포화지방산 증가</td><td>콜레스테롤 상승효과 없으며 LDL의 산화 억제 효과가 있음</td></tr>
<tr><td rowspan="2">다가 불포화지방산</td><td>n-6계 지방산 감소</td><td>콜레스테롤 감소효과 있으나 혈전 생성가능</td></tr>
<tr><td>n-3계 지방산 증가</td><td>중성지질 감소효과가 가장 크고 혈전 생성을 억제하여 심장병 예방에 가장 효과적</td></tr>
<tr><td colspan="2">P : M : S 비율은 1 : 1.0~1.5 : 1을 권장
P와 S를 10% 이하로 권장</td><td></td></tr>
<tr><td>식이섬유 섭취 증가</td><td colspan="2">팩틴, 검, 카라기난 등 수용성 식이섬유 섭취 증가</td><td>식이섬유에 담즙과 콜레스테롤이 결합하여 대장을 통해 배설되므로 혈청 콜레스테롤 농도 감소시킴
수용성 식이섬유는 대장에서 발효되면 짧은 사슬지방산으로 전환, 흡수되어 간내 콜레스테롤 합성을 저해함</td></tr>
</table>

지질과 암

식이인자 중 암발생과 관련해 가장 많이 연구된 것이 식이지질이다. 식이지질은 섭취량뿐만 아니라 지방산의 조성에 따라서도 암발생에 미치는 효과가 다르다. 역학조사에 의하면 식이지질은 특히 대장암, 유방암 발생 증가와 관련이 깊다. 즉 지질의 섭취량이 증가할수록, 특히 동물성 지질섭취가 증가할수록 대장암 발생 위험도가 증가하였다. 유방암의 경우도 비슷한 결과들이 보고되고 있다.

지방산 조성에 따른 암 발생률 조사에서, 포화지방산과 n-6계 지방산이 증가할수록 암 유발률이 높은 반면, 어유에 함유된 n-3계 지방산이 증가할수록 암 발생 억제효과가 있음이 밝혀지고 있다. n-6계 지방산 중 특히 리놀레산은 혈청 콜레스테롤을 감소시키는 효과가 있으나, 종양의 성장에 필요되므로 섭취에 주의해야 할 것이다. 트랜스 지방산도 포화지방산과 유사한 기능을 가지므로 이 지방산의 섭취증가도 암과 관련이 있을 것이라 추정한다.

트랜스 지방산

트랜스 지방산은 포화지방산과 유사한 성질을 갖고 있으므로 중성지질 부분에 많이 존재하나, 세포막 조직의 인지질로 들어가면 시스형 지방산의 경우보다 세포막을 단단하게 하여 막에 존재하는 수용체나 효소의 작용을 방해한다. 예를 들면, 혈류로부터 콜레스테롤을 제거시킬 수 있는

막 수용체 기능을 감소시켜 혈청 콜레스테롤의 농도를 증가시키기도 하고, 아라키돈산 합성을 방해하여 필수지방산의 필요량을 증가시키기도 한다.

트랜스 지방산
(trans fatty acid)

트랜스 지방산은 건강에 해로운 것으로 알려져 있다. 트랜스 지방산은 보통 섭취량의 2~4배 수준에서 혈중 콜레스테롤 및 심장마비에 의한 사망과 심장질환 발생이 증가하였다고 한다. 또한 트랜스 지방산은 필수지방산의 기능도 없고 오히려 필수지방산의 대사를 방해하며 과잉 섭취 시 HDL 콜레스테롤을 감소시키고 LDL 콜레스테롤을 증가시키는 것으로 알려지고 있다.

트랜스 지방산은 수소화과정이나 고열 조리시 생길 수 있다. 따라서 패스트푸드 식당에서 포화지방산의 공급을 줄이기 위해 튀김용 기름으로 쇠기름 대신 쇼트닝을 사용하는 경우 오히려 트랜스 지방산의 섭취를 증가시키는 요인이 될 수 있다. 특히 최근 우리나라에서 가공식품의 트랜스 지방산의 함량을 의무적으로 표시해야 한다.

트랜스 지방산은 섭취를 줄이는 것이 필요하며, 따라서 한국인 영양소 섭취기준에서 에너지 섭취량의 1% 미만을 유지하도록 하였다. 전체 지질섭취량을 줄이고 고체상태의 지질 섭취를 줄인다. 특히 마가린, 쇼트닝의 섭취량을 줄일 뿐만 아니라 물이나 식물성 유지성분이 더 많은 것으로 선택하고 튀김류의 음식도 줄인다. 특히 감자튀김, 도넛, 생선튀김, 비프까스, 돈까스, 닭튀김, 페스트리, 케이크, 과자, 칩 등의 섭취를 줄인다.

불포화지방산의 산화

불포화지방산에 있는 이중결합은 자외선과 열 및 여러 산화물질들에 의해 쉽게 파괴되어 짧은 방향족 물질로 전환되면서 산패물질을 형성한다. 식품에 든 지방산은 산패되면 기분 나쁜 냄새와 맛을 내므로 저장성과 경제성을 떨어뜨린다. 이에 대해 제조업자들은 수소화 과정을 거쳐 불포화지방산의 함량을 줄이거나 특별포장으로 공기와의 접촉을 차단하기도 하며 항산화제를 첨가하기도 한다. 자연계에 존재하는 항산화제로는 비타민 E, 비타민 C, 카로티노이드, 폴리페놀 화합물들이 있고, 합성 항산화제로 부틸히드록시아니솔이나 부틸히드록시톨루엔을 첨가하기도 한다. 산패를 막기 위해서는 작은 포장용기의 기름을 구입해 쓰도록 하고, 남으면 공기와 금속의 접촉을 피하여 갈색병이나 그늘에 보관하는 등의 주의를 기울여야 한다.

부틸히드록시아니솔
(butylated hydroxyanisol, BHA)

부틸히드록시톨루엔
(butylated hydroxy toluene, BHT)

말론디알데히드
(malondialdehyde, MDA)

불포화지방산의 산화반응은 생체막에서도 일어나는데, 이때 생긴 지질과산화물과 말론디알데히드는 단백질이나 핵산 등에 반응하여 세포막의 파괴 및 노화, 암 유발 가능성, 퇴행성 변화 등을 일으켜 생체에 해로운 영향을 준다.

불포화지방산의 섭취증가는 체내 비타민 E 수준을 감소시키는데, 이는 불포화지방산에 의해 비타민 E의 요구량이 증가되었기 때문이다. 따라서 불포화지방산의 섭취가 증가하면 산화를 막아주는 항산화제의 섭취도 증가시켜 주어야 한다. 불포화지방산 1g당 0.6mg의 토코페롤 섭취를 권장하고 있다. 이중결합의 수가 많은 생선과 어유의 섭취 비중이 커지면 이 비율이 높게 조절되어야 한다. 비타민 E가 지용성이라 체내에 축적되면 부작용을 일으킬 수 있으므로 비타민 E의 첨가량은 신중하게 결정해야 한다. 다른 항산화기능을 가진 영양소인 카로티노이드, 비타민 C, 셀레늄 등의 섭취도 고려해야 한다.

지질의 섭취기준

한국인 영양소 섭취기준에서 지질의 섭취기준은 에너지적정비율을 설정하였고, 연령별 충분섭취량을 설정하였다. 2020년 한국인의 1일 지질 섭취기준은 표 3-7에 제시하였다. 3세 이후 대부분 연령층의 지질의 에너지적정비율은 15~30%로 2015년 기준을 유지하였고, 뇌 심혈관질환 예방을 위해 포화지방산과 트랜스 지방산 에너지적정비율도 기존과 동일하게 각각 7%와 1% 미만으로 권고하였다. 또한 성인 남녀에서 콜레스테롤 섭취량도 300mg/일 미만으로 권고하였다.

특히 DHA는 영유아의 두뇌 및 시신경 발달에 필수적인 성분으로 0~5개월 영아의 경우 200mg/일, 6~11개월 영아의 경우 300mg/일로 별도의 충분섭취량을 정하고 있다.

표 3-7. 한국인의 1일 지질 섭취기준

성별	연령	지방 (에너지 적정 비율, %)	충분섭취량				
			지방 (g/일)	리놀레산 (g/일)	알파-리놀렌산 (g/일)	EPA+DHA (mg/일)	DHA (mg/일)
영아	0~5(개월)		25	5.0	0.6		200
	6~11		25	7.0	0.8		300
유아	1~2(세)	20~35		4.5	0.6		
	3~5	15~30		7.0	0.9		
남자	6~8(세)	15~30		9.0	1.1	200	
	9~11	15~30		9.5	1.3	220	
	12~14	15~30		12.0	1.5	230	
	15~18	15~30		14.0	1.7	230	
	19~29	15~30		13.0	1.6	210	
	30~49	15~30		11.5	1.4	400	
	50~64	15~30		9.0	1.4	500	
	65~74	15~30		7.0	1.2	310	
	75 이상	15~30		5.0	0.9	280	
여자	6~8(세)	15~30		7.0	0.8	200	
	9~11	15~30		9.0	1.1	150	
	12~14	15~30		9.0	1.2	210	
	15~18	15~30		10.0	1.1	100	
	19~29	15~30		10.0	1.2	150	
	30~49	15~30		8.5	1.2	260	
	50~64	15~30		7.0	1.2	240	
	65~74	15~30		4.5	1.0	150	
	75 이상	15~30		3.0	0.4	140	
임신부				+0	+0	+0	
수유부				+0	+0	+0	

자료 : 보건복지부, 2020 한국인 영양소 섭취기준, 2020

표 3-8. 지질의 섭취기준

	0~5개월(g)	6~11개월(g)	1~2세(%)	3~8세(%)	19세 이상(%)
총지방	25	25	20~35	15~30	15~30
n-6계 다가 불포화지방산	2.0	4.5	4~10	4~10	4~10
n-3계 다가 불포화지방산	0.3	0.8	1 내외	1 내외	1 내외
포화지방산				< 8	< 7
트랜스 지방산				< 1	< 1
콜레스테롤					< 300mg/일

식용유지의 지방산 분포

식이지방은 가시지방과 비가시지방으로 나눌 수 있으며, 가시지방은 버터나 식용유처럼 지방이 눈에 보이는 경우를 의미하고, 비가시지방은 육류의 살코기에 있는 지방이나 우유에 포함된 지방으로 육안으로는 잘 식별이 되지 않는 지방을 의미한다. 동물성 지방은 주로 상온에서 고체로 존재하고 그 구성지방산에 포화지방산과 단일 불포화지방산이 많다. 돼지기름이나 쇠기름에 많이 함유된 지방산은 포화지방산인 팔미트산과 단일 불포화지방산인 올레산이다. 또한 버터에는 짧은 사슬지방산이 많이 함유되어 있다.

식물성 유지의 지방산 조성도 급원식품에 따라 다르다. 옥수수유와 콩기름은 모두 리놀레산이 가장 많이 들어 있으나, 리놀렌산은 옥수수유보다 콩기름에 더 많이 함유되어 있다. 생선유는 EPA와 DHA의 가장 좋은 급원이며, 올리브유는 올레산의 가장 좋은 급원이다. 한국 사람이 즐겨 먹는 들기름은 n-3계 지방산인 리놀렌산이 가장 풍부한 식용유이다. 그림 3-18에 각종 상용유지의 지방산 조성을 제시하였다. 일부 식물성 유지는 수소화되어 마가린이나 쇼트닝을 제조하는 데 이용되며, 따라서 이런 수소화과정에서 트랜스 올레지방산이 많이 생성된다.

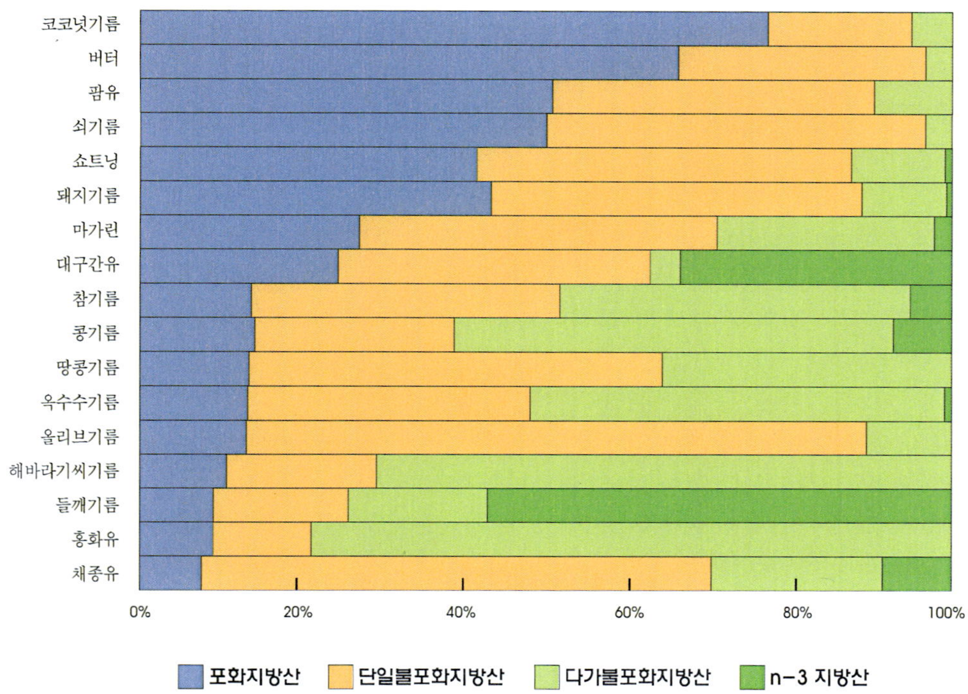

그림 3-18. 각종 유지의 지방산 조성

요약

1. 지질은 물에는 녹지 않으나 유기용매에 녹는 화합물로 탄소, 수소, 산소로 구성되었고 단백질이나 탄수화물보다는 산소가 적은 화합물이다.
2. 동물성 지방산은 탄소와 탄소 사이의 이중결합이 없는 포화지방산의 비율이 높다. 단일 불포화지방산은 이중결합이 1개 있고, 다가 불포화지방산은 2개 이상의 이중결합을 가지며 식물성 기름에 많이 함유되어 있다.
3. n-3계 지방산은 첫 번째 이중결합이 탄소사슬의 메틸기로부터 3번째에 존재하는 반면 n-6계 지방산은 첫 번째 이중결합이 탄소사슬의 메틸기로부터 6번째에 존재한다. n-6계 지방산인 리놀레산, 아라키돈산, n-3계 지방산인 리놀렌산 등은 필수지방산으로, 건강 유지에 꼭 필요하다.
4. 아이코사노이드는 호르몬과 유사한 물질로서 n-3계 지방산과 n-6계 지방산으로부터 형성된다. n-3계 지방산으로부터 만들어진 아이코사노이드는 혈액응고를 억제하고 혈압 및 염증반응을 감소시키는 반면, n-6계 지방산으로부터 만들어진 아이코사노이드는 혈액응고를 촉진시킨다.
5. TG는 글리세롤과 3개의 지방산으로 이루어졌으며, 포화지방산이 많은 경우 상온에서 고체이며, 불포화지방산이 많이 포함되면 액체상태이다. 불포화지방산에 수소를 첨가하면 고체화할 수 있고 산패를 방지할 수 있으나 트랜스 지방산이 형성된다.
6. TG는 생체와 음식의 주요 지질형태이고, 조직의 보호와 지용성 비타민의 이동에 관여하며, 음식에 맛과 질감을 주며 포만감을 준다.
7. 인지질은 세포막을 구성하며 유화작용을 한다.
8. 콜레스테롤은 동물성 식품에 존재하며 세포막의 주요 구성요소이고 담즙산이나 스테로이드계 호르몬의 전구체가 된다. 식이콜레스테롤 섭취 정도에 따라 신체내 합성이 조절된다.

9. 지질의 수송은 4가지 지단백을 통해 이루어진다. 음식으로부터 공급받은 지질은 소장세포에서 카일로미크론의 형태로 방출시키며 간에서 형성된 지질은 VLDL의 형태로 방출된다. TG가 간외 조직에서 지질분해효소의 영향을 받아 분해되면 IDL을 거쳐 LDL로 전환된다. LDL의 콜레스테롤은 간과 간외 조직에서 이용된다. HDL은 세포로부터 콜레스테롤을 전달받아 다시 간으로 전해준다.
10. 지방산은 미토콘드리아에서 β-산화경로를 거쳐 탄소 수가 2개씩 감소되는 회로를 반복하여 아세틸 CoA를 형성하고, 아세틸 CoA는 TCA회로를 거쳐 에너지를 생성한다.
11. 지방산의 합성과 긴 사슬형화는 세포질에서 이루어지고 아세틸 CoA, NADPH를 사용한다.
12. 아세틸 CoA로부터 형성되는 케톤체는 굶었을 경우 중요한 에너지원이 된다. 탄수화물 공급으로 케톤체 형성이 조절된다.
13. 콜레스테롤의 체내 합성은 음성 되먹이 저해기전에 의해 조절된다.
14. 혈액의 총콜레스테롤 수준 또는 LDL 콜레스테롤 수준이 증가하거나, HDL의 수준이 감소하면 심혈관질환의 위험도가 증폭된다.
15. 지질의 1일 섭취 권장량은 없으나 필수지방산을 공급받기 위해서는 식물성 기름을 총에너지 섭취의 1~2% 정도를 섭취해야 한다.
16. 한국의 경우는 지질 섭취량은 성인에게 총열량의 15~30%로 권장한다.
17. 식이지질은 섭취량뿐만 아니라 지방산의 조성이 균형있게 섭취되도록 우리나라에서는 P : M : S가 1 : 1.0~1.5 : 1의 비율을 권장하고 있다.
18. 바람직한 n-6/n-3비는 모유의 조성을 근거로 하여 비가 4 : 1에서 10 : 1의 범위가 되도록 권장하고 있다.

참고문헌

1. 농촌진흥청 · 농촌생활연구소(1996) '식품중 지방산 콜레스테롤, α-토코페롤 함량', 식품성분표 제5차 개정
2. 문현경 · 이행신(1996) '국민영양조사를 이용한 지방에너지 섭취비율에 따른 식품섭취 패턴과 식이 관련 인자의 비교연구', 한국영양학회지 29(3), pp 321~330
3. 보건복지부(2020) 2020 한국인 영양소 섭취기준
4. 유언호(1994) '동맥경화 개론', 제1차 한국지질학회 동맥경화와 고지혈증 워크숍
5. 질병관리청(2006) 국민건강영양조사 제3기(2005) 총괄
6. 질병관리청(2015) 2014 국민건강통계
7. 채범석 · 한정호(1996) '한국 지역사회영양의 현황과 전망', 지역사회영양학회지 1(1), pp 9~27
8. Bang H.O. · Dyerberg J.(1980) "Lipid metabolism and ischemic heart disease in Greenland Eskimos", *Adv Nutr Res* 3, pp 1~22
9. Dupont J.(1990) "Lipids", *Present Knowledge in Nutrition*, 6th ed., International Life Sciences Institute Nutrition Foundation, Washington D.C., pp 56~66
10. Huang Y.S. · Nassar B.A.(1990) "Modulation of tissue fatty acid composition", *prostaglandin production and cholesterol levels by dietary manipulation of n-3 and n-6 essential fatty acid metabolites, Omega-6 essential fatty acids : pathophysiology and roles in clinical medicine*, Alan R Liss Inc., Chapter 10, pp 127~144
11. Katan M.B. · Zock P.L. · Mensink R.P.(1994) "Effects of fats and fatty acids on blood lipids in humans : an overview", *Am J Clin Nutr* 60(suppl), pp 1017S~1022S

12. Linder M.C.(1991) "Nutrition and metabolism of fats", Linder MC ed., *Nutritional biochemistry and metabolism with clinical applications,* 2nd ed., Elsevier Science Pub Co., New York, Chapter 3, pp 51~85
13. Linscheer W.G. · Vergroesen A.(1994) "Lipids", Shils ME · Olson JA · Shike M. ed., *Modern nutrition in health and disease,* 8th ed., Lea and Febiger, Philadelphia, chapter 3
14. Sinclair H.M.(1990) "History of essential fatty acids", Horrobin DF ed., *Omega-6 essential fatty acids : pathophysiology and roles in clinical medicine,* Alan R Liss Inc., Chapter 1, pp 1~20
15. Wardlaw G.M.(2005) *Perspectives in nutrition,* 6th ed., McGraw-Hill
16. WHO · FAO Joint Consultation(1995) "Fats and oils in human nutrition", *Nutrition Reviews* 53, pp 202~205

연습문제

1. 지질이 탄수화물이나 단백질보다 열량가가 높은 이유를 설명하라.
2. 포화지방산과 불포화지방산의 화학적 구조를 설명하고, 이들이 체내와 음식에 어떤 영향을 미치는지 기술하라.
3. n-3 지방산의 성인병 예방 효과를 설명하라.
4. 4개 주요 혈청 지단백질의 구조, 근원, 역할을 설명하라.
5. 지단백 분해효소와 호르몬 민감성 지질분해효소의 기능은 무엇인가?
6. 지질대사에서 간은 어떠한 역할을 하는가?
7. 다가 불포화지방산과 비타민 E의 관계에 대해 설명하라.
8. 케톤증이란 무엇인가? 탄수화물 섭취로 케톤증이 방지될 수 있는가?
9. 프로스타글란딘의 전구체는 무엇이며 어떤 역할을 하는가?
10. 혈액의 콜레스테롤양과 심장질환의 위험도는 어떻게 연관이 있는가?
11. 당신의 하루 지질 및 지방산 섭취량과 콜레스테롤 섭취량을 계산해보고, 그 수치를 우리나라에서 권장하는 지질섭취량 및 지방산 균형과 비교해 보라.

관련 웹사이트

http://www.usda.gov/fnic/etext/fnic.html

http://ificinfo.health.org - 지질에 관련된 사이트

http://www.cnn.com/Health - 지방과 콜레스테롤

http://www.nal. usda. gov:80/fnic/dga/dguide95. html - 지방섭취 줄이기

http://www.tomis.co.kr

http://www.dietnet.or.kr

http://knhanes.cdc.go.kr

심장병과 영양

적절한 영양공급은 정상인에서나 동맥경화성 심장질환이 있는 사람에서나 모두 매우 중요하다. 실제로 일반인들의 건강을 위한 식이요법의 가이드라인은 심혈관질환(cardiovascular disease, CVD)의 예방에 초점이 맞춰져 있다. 이런 가이드라인은 심혈관질환의 위험도에 영양이 지대한 영향을 미친다는 근거하에 이루어진 것이다.

고지혈증, 고혈압, 비만 등과 같은 특수한 상황 때문에 위험도가 높은 환자의 경우에는 영양을 적절히 조절하면 상황이 호전된다. 적절한 영양공급을 위해 식이요법을 권장할 때, 그 효율을 높이기 위해서는 장기간 그리고 철저한 식이요법 이행을 환자에게 설명하는 것이 매우 중요하다. 이때, 의사나 영양사가 환자에게 설명할 때 중요한 것은, 환자가 식이요법의 원칙과 목표를 이해하고, 일상생활에서 쉽게 수행할 수 있도록 해주어야 한다는 것이다.

심장질환환자의 치료 및 예방을 위한 영양 가이드라인은 American Heart Association(AHA, 미국심장협회)과 미국 National Cholesterol Education Program(NCEP)의 Adult Treatment Panel III(ATP III)를 많이 참고로 하고 있다.

이제까지 CVD의 위험도를 줄이기 위해, 또 심장질환의 예방 및 치료를 위해, 영양학적인 연구가 수없이 많이 이루어져왔다. 그것들의 일반적인 결론은, 심장질환의 예방 및 치료를 위해, 과일, 채소, 곡류, 견과류, 콩류, 어류(특히 지방이 많은 고기), 가금류, 살코기(기름기 없는 육류), 저지방 또는 무지방 낙농제품, 그리고 식물성기름 등을 섭취하도록 강조하고 있다.

이런 식품들의 주된 특징은, 고밀도의 미량영양소(micronutrients)와 섬유질을 함유하고 있고, 또 오메가 3(ω-3) 지방산과 같은 불포화지방산이 풍부한 반면에, 포화지방산과 트랜스 지방산, 당분, 녹말이 적게 함유되어 있는 것이다. 역학적 연구에 의하면 위와 같은 영양식이를 충실하게 잘하면 심장질환의 위험도를 30%이상 감소시킬 수 있다고 한다.

과일과 채소

과일과 채소를 하루에 3번 이상 먹는 사람은 하루에 1번 미만으로 먹는 사람에 비해 CVD 위험도가 27%나 낮았으며, 과일과 채소를 많이 섭취할수록 심장질환의 발병이 점점 더 감소하는 현상을 보였다. 녹색잎채소와 카로티노이드(carotenoids), 비타민 C를 많이 함유한 식품을 섭취하면 심장병 예방에 더 효과가 있다고 한다. DASH(Dietary Approaches to Stop Hypertension) 시험과 기타 여러 연구에서도 심장 및 혈관의 건강을 위해서 다양한 과일과 채소를 하루에 5번 이상 섭취하기를 권장하고 있다.

곡류와 섬유질

곡류(whole grains)을 섭취하면 CVD 위험도를 감소시킨다는 여러 연구결과가 있으며, 이러한 효과는 주로 곡물에 함유된 섬유소 섭취로 인한 것으로 본다. 곡류에 있는 다른 영양소들도 관련이 있으리라 여겨지는데, 관련 영양소들에는 비타민, 식물성에스트로겐(phytoestrogens), 페놀화합물, 오메가 3 지방산, 저항전분(resistant starch), 그리고 무기질 등이 있다.

식품 영양학 연구에 있어서는 어떤 한 식품의 질병예방 및 개선 효과를 분석하는 것이 쉽지 않은데, 그 이유는 한 식품에 다양한 영양소가 함유되어 있고, 또 한 영양소가 한 사람에서 어떤 질병에는 긍정적 효과를 갖는 반면, 타 질병에는 부정적 효과를 나타낼 수 있기 때문이다.

곡류를 충분히 섭취할 경우 관상동맥질환(허혈성심장질환이라고도 하며, 성인성 심장질환의 대표적인 것으로서, 여기서는 심혈관 질환과 혼용해 사용하겠다. 협심증, 심근경색증이 대표적 질환이다)의 발병이 약 27% 감소되어 심장의 건강을 위해서는 하루에 3번 이상의 곡류를 섭취하라는 근래의 연구 결과가 있었다. 그러나 전분은 당뇨병을 악화시킬 수 있고, 당뇨병은 다시 심장질환을 유발 또는 악화시킬 수 있으므로 다소 복합적으로 접근해야 한다.

두류

동물성 단백질 대신 콩단백질을 섭취하면 혈청 콜레스테롤치가 낮아진다. 콩제품은 한국이나 일본에서는 중요한 단백질원인데, 아마도 이점 때문에 한국이나 일본사람들이 동물성식품을 많이 섭취하는 서구인에 비해서 심장질환이 상대적으로 적은 것이 아닌가 하고 보는 견해도 있다.

한 임상연구에서 콩제품을 많이 섭취한 군(하루에 31~47g의 콩단백질 섭취)에서 혈중 콜레스테롤이 현저히 낮아졌다. 일반적으로 처음 콜레스테롤치가 높았던 사람이 콩 제품 섭취했을 때 더 효과적이다. 최근의 연구에 의하면 매일 20~50g의 콩단백질을 섭취했을 때, 혈중 콜레스테롤이 약간 높았던 사람에서도 LDL 콜레스테롤이 현저하게 낮아졌다. 매일 25g의 콩단백질을 섭취하면 혈중 콜레스테롤이 약 9mg/dL 낮아진다. 콩단백질이 혈중 지방질의 농도를 낮추는 기전은 명확히 밝혀지지 않았으나, 아마도 담즙산이나 콜레스테롤 흡수와 관련이 있지 않나 본다.

콩 속에 있는 phytochemical(soy isoflavone 등)은 약한 estrogenic activity가 있어 콜레스테롤을 낮추는 역할을 할 수 있다. 콩의 phytochemical은 항산화(antioxidant) 성질과 antiplatelet(항혈소판) 효과를 갖고 있고, 또한 지방저하 효과(lipid-lowering effects)가 있으며, soy isoflavone의 혈관 개선 효과 때문에 CVD의 위험도를 낮춰준다. 폐경 후의 정상 여자가 isoflavone 60mg/day 정도의 콩 식품을 먹을 경우 총콜레스테롤/HDL 콜레스테롤 비율과 CVD의 위험인자가 현저히 낮아졌고 osteoporosis(골다공증)의 위험도도 감소되었다.

콩단백질 섭취가 혈압을 낮추었다는 보고가 있었으나, 임상연구에서 추가 인정 결과가 나오지 않았으며, 콩류 섭취가 CVD에 별 효과가 없다는 연구결과도 있다.

Table 1. Trials of Dietary Interventions and Coronary Events

Trial	Patients in Intervention Group	Dietary Intervention	Dietary Fat s(Energy) in Treatment Group, %	Overall Trial Duration, y	Change in Serum Cholesterol Level, %	Change in CHD, %
Low-Fat Approach						
MRC(low fat)	123 male MI patients	Reduce total fat	22	3	-5	+5
DART	1015 male MI patients	Reduce total fat	32	2	-4	-9
High-Polyunsaturated-Fat Approach						
Finnish Mental Hospital Study	676 men without CHD	Reduce saturated fat, increase polyunsaturated fat	35	6	-15	-44
Oslo Diet-Heart Study	206 male MI patients	Reduce saturated fat, increase polyunsaturated fat	39	5	-14	-25
MRC (soy oil)	199 male MI patients	Reduce saturated fat, increase polyunsaturated fat	46	4	-15	-12
Minnesota Coronary Survey	4393 men and 4664 women	Reduce saturated fat, increase polyunsaturated fat	38	1	-14	0
Increase Omega-3 Fatty Acid						
DART	1015 male MI patients	Fish twice per week or fish oil(1.5 gm/d)	NR	2	NR	-16 on CHD events, -29 in total mortality
GISSI-Prevenzione	5666 MI patients, primarily men	Fish oil (EPA+DHA, 1 gm/d)	NR	3.5	0	-30 in cardiovascular death, -45 in sudden death
Indian Experiment of Infarct Survival 4	242 MI patients, primarily men	Fish oil (EPA, 1.08gm/d) or mustard oil (ALA, 2.9 gm/d)	NR	1	0	-30 in fish oil group, -19 in mustard oil group
Whole-Diet Approach						
Lyon Diet Heart Study	302 MI patients, primarily men	High ALA intake and Mediterranean diet	31	3.8	0	-72
Indian Experiment of infarct Survival	204 MI patients, primarily men	High intake of fruits, vegetables, nuts, fish, and pulses	24	1	-9	-40

ALA, alpha linolenic acid,; CHD, coronary heart disease; MI, myocardial infarction; NR, not reported. From Krauss, Braunwald's Heart Disease 7th ed p. 1049

견과류

견과류 섭취는 심장혈관질환의 위험도를 감소시킨다. 1주에 5oz(약 150g)의 견과류를 먹은 사람은 1달에 1oz(약 30g)이하를 먹은 사람에 비해 심근경색증의 발생이 35%나 낮았다. 또 1주에 2번 이상 견과류를 먹는 사람이 견과류를 전혀 또는 거의 먹지 않는 사람에 비해 관상동맥질환으로 인한 사망률이 30% 감소하였고, 급성심장사망(sudden cardiac death)의 위험도도 47%나 낮았다. 다른 식품에서와 마찬가지로 견과류의 어느 성분이 심장에 좋은 영향을 주는지는 구별하기가 쉽지 않다.

견과류는 단일 불포화지방산, 섬유소, 무기질, flavonoids 등과 같은 영양소의 좋은 급원이다. 호두는 리놀레산, α-리놀렌산과 같은 다가 불포화지방산을 함유하고 있으며, 아몬드는 혈중 지단백 개선효과가 있다고 한다.

어류와 어유

어류의 섭취는 허혈성심장질환을 예방하고, 이로 인한 사망률과 급성심장 사망률을 낮추는데 크게 연관이 있다. 특히 어류에 있는 고농도의 오메가 3 지방산은 심장보호역할을 한다.

1주에 1번 이상 어류를 섭취하는 사람은 그렇지 않은 사람보다 심장 질환 사망률이 52%나 낮았다. 어류는 심장을 보호하는 몇 가지 중요한 영양성분을 갖고 있는데, 오메가 3 지방산인 EPA(eicosapentanoic acid), DHA(docosahexanoic acid)가 포함되어 있기 때문이다. 이런 지방산이 혈청 내에 많이 있으면 급성심장사망을 현저히 낮출 수 있다. EPA와 DHA를 1달에 5.5g(1주에 fatty fish를 1조각 먹는 정도) 가량 먹는 사람은 생선을 전혀 먹지 않는 사람에 비해 심장마비의 발병이 50% 낮았다. 이런 효과는 오메가 3 지방산이 심장내 전기전도(electrical conductivity) 장애의 위험도를 줄일 수 있기 때문이다. 그밖에, 이들 지방산은 antiplatelet(항혈소판), 소염(antiinflammatory) 효과가 있고, 또 혈중 중성지방 농도를 낮춰서 허혈성심장질환에 도움을 주기도 한다. 이런 점에 근거하여, AHA에서는 1주에 생선을 2토막 정도 먹을 것을 권장하고 있다. 특히 오메가 3 지방산이 많이 함유된 연어, 고등어, 다랑어, 황새치, 청어, 정어리, 송어 등을 추천하고 있다. 여러 연구에서 어류 섭취를 많이 하면 허혈성심장질환 환자에게 긍정적 효과가 있는 것으로 나타났다.

GISSI(Gruppo Italiano per lo Studio della Streptochinasi nell' Infarto Miocardico) trial에서 EPA와 DHA를 하루 0.85g 섭취하면 급성심장마비와 심장병 사망률을 각각 45%와 30% 감소효과를 나타냈다. 총사망률과 급사는 EPA와 DHA를 섭취한지 3~4개월 정도 후에 감소하였으며, 부정맥 발생도 감소하였다.

AHA 보고에서는 EPA와 DHA를 매일 1g 정도 섭취하면, 허혈성심질환 환자에서 위험도 감소가 생길 것이라고 한다. 양질의 오메가 3 지방산은 매우 유익한 물질이다.

알코올

적당한 음주(매일 1~2잔, 또는 매일 에탄올 30g 미만 섭취)는 술을 안마시거나 또는 과음 하는 것 보다 허혈성 심장질환의 위험을 낮춘다. 다시 말해서 알코올 섭취가 허혈성심장질환에 미치는 영향은 J-shaped curve로 나타나는데, 하루 1~2잔 정도는 심장 보호하는 효과가 있으나 그 이상 과음 할 때는 심장질환을 악화시킨다. 여러 역학적 연구에서 알코올 섭취가 심장질환의 위험도를 낮추는 것으로 나타났으나, 개인의 생활습관, 식습관, 문화적요인 등에 의해 그 결과가 일정하지 않았다.

알코올이 허혈성심장질환에 긍정적인 효과를 보이는 것은, 아마도 알코올로 인해 혈중 HDL 콜레스테롤치가 상승하여 이로 인해 심장에 보호 작용이 생기는 것으로 추정된다. 또한 알코올이 피브리노겐을 감소시키고, 혈소판 응집을 방해하며, tissue plasminogen activator secretion을 증가시키는 등의 효과 때문에, 심장 보호 작용이 생기는 것으로 보기도 한다. 그러나 알코올은 중독성(습관성)이 있으므로, HDL 콜레스테롤을 높이기 위해서, 또 심혈관질환의 위험도를 줄이기 위해 알코올을 권하는 것은 신중해야 한다. 최근 미국 AHA 가이드라인에서는 알코올(wine도 포함)을 심장보호목적으로 마시는 것을 권장하고 있지 않다.

프랑스인들이 다른 서구인에 비해서 심혈관질환의 발병률이 현저히 낮은("Freneh paradox") 이유를, wine 특히 red wine을 많이 마시기 때문으로 보는 학자들도 있다. 여러 사람들이 알코올과 심혈관질환의 위험요소, 특히 지단백과의 관계를 살펴보았는데, 많은 연구에서 red wine과 심혈관질환 위험도 감소와의 일률적인 상관관계를 찾지 못했다.

한편, 알코올은 혈압과도 상관이 있는데, 고혈압환자의 약 10%정도는 음주 때문에 혈압이 상승된 것으로 보고 있다. 미국에서 간호사들을 대상으로 4년 이상 연구 조사한 결과, 알코올이 고혈압의 독립적 유발인자로 밝혀졌고, 매일 35g 이상의 알코올(약 3잔에 해당)을 마신 사람들 중에서, 보통 사람에 비해 2배의 고혈압 환자가 발생했고, 매일 알코올을 20g 미만으로 적게 마신 경우에는 고혈압 발생이 증가하지 않았다. 알코올 과음은 고혈압의 중요한 원인이 되며, 알코올 섭취를 줄이면 수축기혈압이 평균 3.3mmHg, 확장기혈압이 평균 2.0mmHg 낮아졌다고 보도되기도 하였다. 알코올이 혈압에 미치는 영향에 대한 기전은 명확하게 밝혀지지는 않았으나 추측 가능한 기전으로는

1. 알코올의 직접적인 presser 효과
2. 알코올이 저항혈관을 자극하여 혈압을 상승
3. 교감신경계를 자극하여 혈압 상승
4. 부신피질 호르몬 생산의 증대 등을 생각해 볼 수 있다.

비 만

과체중과 비만은 CVD의 위험도를 증가시켜주고 고혈압, 지단

백 이상, 당뇨병의 발병 또는 악화를 초래한다. 또 관상동맥질환의 독립적인 위험인자이며, CVD의 이환률(morbidity)와 사망률(mortality)을 악화시키는 요인이 된다. 여러 연구에서 체중증가가 혈압을 높인다는 것이 입증되었으며, 비만은 고혈압의 잘 알려진 위험인자이다. 비만인 사람의 50%에서 고혈압이 발생하였고, Framingham 연구에서는 모든 연령층에서 고혈압의 발병이 체중의 증가와 밀접한 관계를 보였다. 또한 정상혈압인 사람에 비해 고혈압환자에서 비만 환자가 더 많았다. 고혈압 환자의 약 60~70%가 과체중 또는 비만이었으며, 비만은 남자보다 여자에서 고혈압의 더 강력한 결정요소이다. 그러나 남자가 여자보다 더 복부비만으로 인한 대사질환에 더 걸리기 쉽다. 체중과 혈압과의 관계는 나이가 많아질수록 관련도가 낮아진다.

과체중인 경우, 체지방의 분포가 고혈압에 영향을 준다. 복부지방이 많아지면 혈압이 올라가고 당뇨병, 고지혈증 등 대사성질환에 걸리기 쉽고, CVD의 위험도 역시 높아진다.

그러므로 비만을 예방 및 치료하는 것은 고혈압과 허혈성심장질환 등과 같은 심장병의 예방 및 치료에 있어 매우 중요하다. 비만의 예방 및 치료를 위해서는 적절한 식이요법과 적당한 운동이 필요하다.

고지혈증 환자에서의 영양

심혈관질환의 발병 및 예방에 관여되는 여러 가지 식이요인이 있는데, 어떤 것은 동맥경화를 촉진시키거나, 혈전증(thrombosis)을 일으키기도 하고, 또 어떤 것은 심장을 보호하는 기능을 하기도 한다.

1. 총지방(total fat)과 포화지방산

지방 섭취량은 심혈관질환의 발병 및 사망률과 연관되어 있다. 심장 및 혈관질환 환자와 고지혈증 환자에서는 식사요법에 노력을 기울여야 하는데, 지방섭취 특히 포화지방의 섭취를 줄여야 한다. 일찍이 Keys는 일반인에서 심혈관계질환의 사망률과 포화지방산의 섭취와의 상관관계를 설명한 바 있다. 그 후 많은 역학적 연구가 이루어졌는데, 포화지방산을 많이 함유한 음식이 혈중 콜레스테롤치를 높여주고, 이것은 다시 관상동맥질환(협심증, 심근경색증 등)의 위험성을 높여 주었다. 1973년에 발표된 연구(Ni-Hon-San Study)에 의하면 미국 본토에서 오래 살아온 일본인은, 하와이에서 오래 살아온 일본인보다 지방섭취가 더 많았고, 하와이의 일본인은 일본에 살고 있는 일본인보다 지방섭취가 더 많았다. 같은 일본인이지만 지방섭취가 많은 순서로 혈중 콜레스테롤치가 높았고, 또 관상동맥질환(coronary artery disease)의 발병빈도도 지방 섭취량의 순서대로였다.

식품속의 지방에는 포화지방산, 단일 불포화지방산과 다가불포화지방산이 있다. 포화지방산으로부터 얻어지는 에너지(calories)가 혈중 콜레스테롤치를 결정하는 주요인으로, 에너지원으로 포화지방산을 1% 더 사용할 때마다 혈중 콜레스테롤치가 약 2.7mg/dL씩 상승한다. 그러므로 포화지방산이 관상동맥질환의 가장 중요한 식이위험 요소이다.

지방산 중에, 긴 사슬지방산(라우르산, 미리스트산, 팔미트산)은 혈중 콜레스테롤치를 높이는 반면, 중간 사슬지방산은 콜레스테롤치에 영향을 주지 않으며, 스테아르산도 콜레스테롤치를 별로 높이지 않는다. 미리스트산과 팔미트산이 많이 함유된 버터지방은 혈중 콜레스테롤치를 상승시키지만, 스테아르산이 많이 함유된 쇠고기 지방은 혈중 콜레스테롤을 많이 상승시키지 않는 것이 그 이유이다. 포화지방산이 혈중 콜레스테롤치를 높이는 기전은 포화지방산이 LDL 수용체의 활성을 억제하기 때문이다. 포화지방산 섭취비율을 줄이면 혈중 총 콜레스테롤과 LDL 콜레스테롤치가 낮아진다.

American diet(15% kcal 포화지방)와 AHA 추천 1단계 식이(9% kcal 포화지방), 저포화지방식이(low-saturated-fat diet; 6.1% kcal 포화지방)이 각각 혈중 지방과 지단백에 미치는 영향을 비교 검사한 연구에 의하면, 혈중 콜레스테롤치가 전형적 미국식이군에 비해 AHA 1단계 식사요법군에서 5% 낮아졌고, 저포화지방 식사요법군에서 9%가 낮아졌다. 한편 음식 중 지방에서 섭취하는 에너지량이 전체 섭취 에너지의 15~20% 정도인 초저지방식이를 하면, 전체 칼로리의 35~40%를 지방에서 섭취하는 고지방식이보다 LDL 콜레스테롤치를 10~20%나 낮춘다.

Lifestyle Heart Trial에 의하면 관상동맥질환환자에서 저지방식이(에너지의 10%를 지방으로 섭취)가 관상동맥협착(경화증) 완

Table 2. Comparison of Low-Carbohydrate and Reduce-Fat Diets

Variable	Low-Carbohydrate Diet	Reduced-Fat Diet
Initial rate of weight loss	Rapid, with increased diuresis	Gradual, with some diuresis
Cholesterol		
LDL	No change	Decrease
HDL	Greater increase	Increase
Triglycerides	Greater decrease	Decrease

From Bonow et al. N Engl J Med 2003;348:2057

화에 기여하였고, 관상동맥질환의 발작이 적게 나타났으며, 5년간 협심증 발병이 72%나 감소하였다. 그러나 포화지방 섭취를 줄일 때 가끔 혈중 HDL 콜레스테롤치가 낮아지는 경우가 있는데, 이런 현상은 줄어든 지방 대신 탄수화물의 섭취를 많이 할 때 심하게 나타난다.

NCEP ATP Ⅲ 지침에 의하면, 총지방섭취는 총 칼로리의 25~35%로 하고, 포화지방은 총 칼로리의 7% 미만으로 섭취하며, 콜레스테롤 섭취량은 하루에 200mg 미만으로 유지하면서, 체중을 이상체중으로 줄이고, 운동량을 늘리는 것 등을 권장하고 있다. 그리고 또 AHA 식사요법에서는 균형 잡힌 다양한 식품섭취를 권장하고 있는데, 과일, 채소, 곡류, 무지방 또는 저지방 낙농제품, 어류, 콩류, 가금류, 살코기 등을 권장하고, 알코올을 제한하도록 하며, 포화지방과 콜레스테롤이 많이 함유된 식품을 줄일 것을 요구하고 있다.

2. 단일불포화지방산(Monounsatarated Fatty Acid, MUFA)

불포화지방산에는 단일불포화지방산(MUFA)과 다가불포화지방산이 있다. 음식물 중에 있는 MUFA는 주로 올레산인데, 올리브유와 카놀라유에 MUFA가 많이 함유되어 있으며, 다른 채소나 동물성 식품에도 MUFA가 있다. 식품 중에 포화지방산 대신 MUFA나 PUFA로 대체하면 LDL 콜레스테롤이 낮아지는 효과가 발생한다. MUFA와 PUFA가 혈중지방농도에 미치는 영향을 비교한 연구에서 LDL 콜레스테롤과 HDL 콜레스테롤치의 변화는 MUFA나 PUFA간의 차이가 없었다. MUFA가 풍부한 지중해식이를 하면, 심근경색증의 병력이 있던 환자에서 심근경색증의 재발이나 사망률이 낮아졌다. 그러나 고지방 MUFA식이를 하면 비만증이 생길 수 있으므로, 지중해식이가 모두 권장되는 것은 아니다. 반면, 어떤 연구에서는 MUFA식이(22%)군이 상대적으로 저MUFA식이(15%)를 섭취한 군보다 HDL 콜레스테롤치가 다소 낮아졌다고 보고하기도 하였다.

3. 트랜스 지방산(Trans Fatty Acid)

MUFA의 일종으로도 볼 수 있는 트랜스 지방산은 지방산의 trans isomer로서 마가린이나 쇼트닝(과자, 빵, 튀김 등을 만들 때 사용)을 만들기 위해 식물성기름에 수소를 첨가(partial hydration)할 때와 고열로 조리 시 생성된다. 이 트랜스 지방산은 LDL 콜레스테롤치를 높이고 혈중 HDL 콜레스테롤치를 낮추어 심장질환(관상동맥질환, 협심증이나 심근경색증 등)의 위험도를 증가시킨다. 또한, 트랜스 지방산은 혈관에 염증을 촉진시킨다고 보고되어 있어 심장질환의 위험을 증가시킨다.

Willett 등은 1980년부터 8년 동안 85,095명을 대상으로 추적 조사를 실시하였는데, 그 결과 트랜스 지방산을 섭취한 군

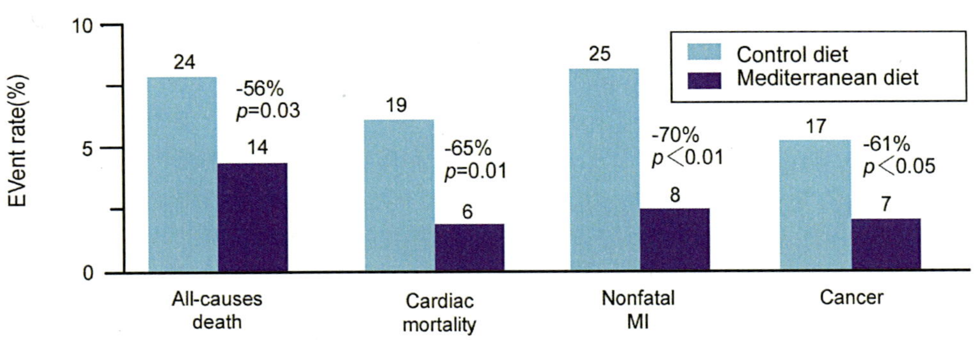

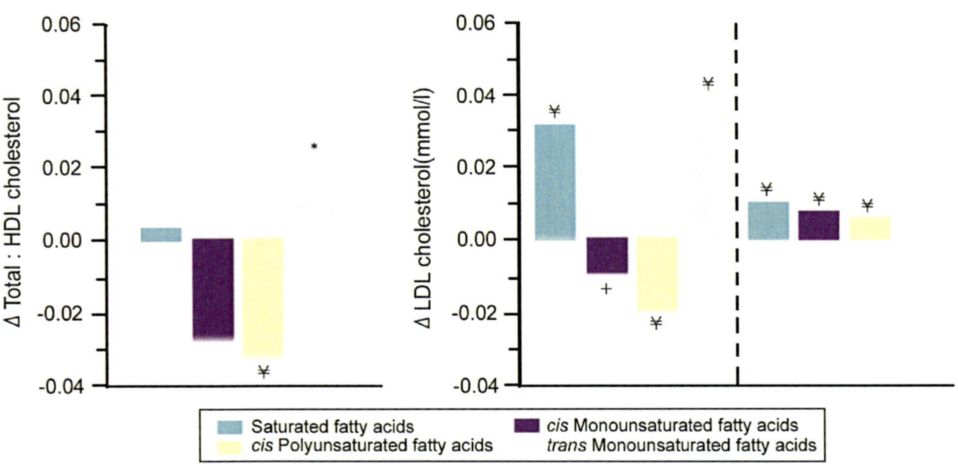

이 대조군보다 관상동맥질환의 위험도가 높았다. 트랜스 지방산을 함유한 음식물로는 마가린, 쿠키(비스킷), 케이크, 프렌치 후라이 등이 있다.

시스(cis) 형태의 지방산이 많은 보통의 식용유는 실온에서는 일반적으로 액체상태이지만 트랜스 지방산은 실온에서 고체상태로 있다. 트랜스 지방산은 LDL 콜레스테롤치를 높여줄 뿐 아니라, 혈중 중성지방치, lipoprotein(a)치도 약간 상승시키며, HDL 콜레스테롤치를 낮추어서, 동맥경화를 일으키는 성질이 있다. 역학조사에서도 트랜스 지방산의 섭취와 CHD 위험도 간에 상관관계가 있었다. 그러므로 고체형태의 식물성 쇼트닝과 마가린 사용에는 신중을 기해야 한다. 그러나 육류나 유제품에 자연적으로 존재하는 트랜스 지방산은 이러한 해를 주지 않는다고 연구되었다.

4. 다가불포화지방산(Polyunsatarated Fatty Acid, PUFA)

PUFA에는 2가지 주요한 형태가 있다. 즉 오메가 6계와 오메가 3계 지방산이다. 오메가 6 지방산의 대표적인 지방산은 리놀레산이다. 리놀레산을 탄수화물 대신 섭취했을 때, 혈중 총 콜레스테롤이 1.4 mg/dL 정도 낮아졌다는 연구보고가 있다. 그러나 레놀레산을 많이 섭취하면 산화를 촉진시키고, 종양을 악화시키며, 담석증을 일으킨다. 그러므로 총 칼로리의 10% 미만으로 리놀레산의 섭취량을 조절해야 한다.

들기름, 콩기름, 아마씨유(flaxseed oil), 카놀라유(rapeseed oil) 그리고 두부에 함유되어 있는 α-리놀렌산은 중요한 오메가 3 지방산이다.

Lyon Diet Heart Study에 의하면 α-리놀렌산(alpha-linolenic acid)이 많이 함유된 지중해식 식사는 장기간 추적검사 결과 전체 사망률을 70% 감소시켰는데, 주로 관상동맥질환으로 인한 사망률을 낮추었고, 심근경색증 발생도 현저히 감소시킨 것이 주 이유였다. 이런 지중해식 식사의 건강(특히 심장) 보호 효과는 그 후 4년간 유지되어 장기간 실천 가능한 심장건강 유지 방법으로 평가되었다.

어유(fish oil)에 들어 있는 오메가 3 지방산인, EPA와 DHA는 α-리놀렌산으로부터 합성될 수 있다. 어유의 주요 효과는 VLDL의 분비를 줄여서 중성지방을 낮추는 것인데, 많은 양을 섭취하면 LDL 콜레스테롤도 낮춘다. 많은 역학 조사에서 어유 섭취와 허혈성심질환의 위험도와의 관계를 입증하였는데, 1주일에 두 번 정도 지방이 많은 생선을 먹은 CVD 환자는 사망률이 29% 감소하였다. GISSI Prevenzione Study에서는 오메가 3 지방산을 추가 공급할 때 하루에 1g의 용량을 주면, 사망률, 심근경색증 발생률, 뇌졸중 발생률을 약 15%나 감소시켰다고 하였다. 오메가 3 지방산의 심장보호 기전은 항혈전(antithrombotic)과 항부정맥(antiarrhythmic) 효과, 그리고 VLDL과 중성지방을 감소시키기 때문일 것으로 보인다.

5. 탄수화물/섬유소(Carbohydrates/Fiber)

탄수화물에는 소화되는 것과 그렇지 않은 것이 있다. 소화·흡수되는 탄수화물은 단순당류(단당류와 이당류)와 복합당질(전분류 등)이 있으며, LDL 콜레스테롤에 중립적인 효과를 갖고 있다. 고탄수화물, 저지방 식이는 혈중 LDL 콜레스테롤과 HDL 콜레스테롤을 낮춰준다는 연구 결과와 최근에는 저탄수화물이 체중감소와 CVD로 위험성은 낮춘다는 연구결과가 보고되고 있다. 그러나 탄수화물의 종류에 따라 CVD의 영향이 다르다. 설탕의 섭취를 늘리면 중성지방치가 증가하고 HDL 콜레스테롤치는 낮아진다. 그러므로 단순당류를 과다하게 섭취하지 않는 것이 심장보호에 좋은 길이다. 소화·흡수가 안 되는 탄수화물은 섬유질로서 혈중 콜레스테롤치를 낮추는 것으로 알려져 있는데, 그 효과는 수용성 식이섬유가 불용성 식이섬유보다 크다. 수용성 식이섬유에는 검, 펙틴, 프실리움(psyllium), 구아검 등이 있고, 이들은 과일, 채

SYSTOLIC BLOOD PRESSURE BY CATEGORIES OF CONSUMPTION OF BUTTER AND MARGARINE AND OLIVE OIL

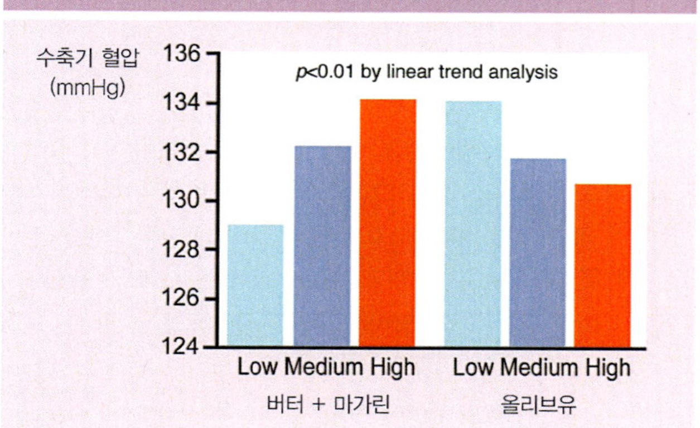

지중해식 식사와 혈압

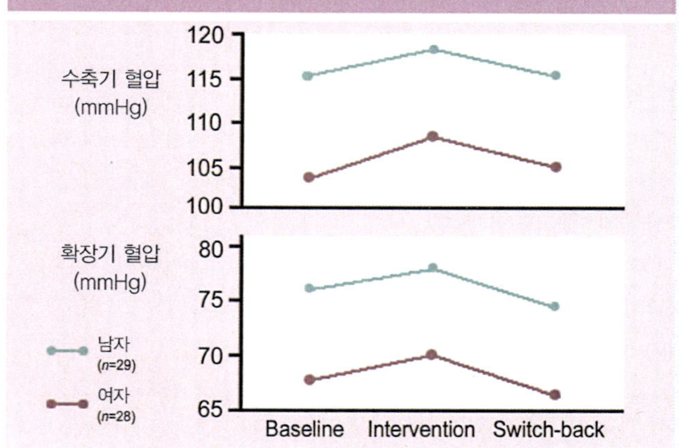

Table 3. Influence of Specific Nutrients on Serum Lipid and Lopoprotein Levels

Specific nutrient	Serum lipids and lipoproteins		LDL	HDL
	Total cholesterol	Triglycerides		
Dietary cholesterol	↑	–	↑↑	↑
Saturated fatty acids				
Palmitic acid	↑↑↑		↑↑↑	↑
Myristic acid	↑↑↑↑		↑↑↑↑	
Lauric acid	↑↑		↑↑	
Medium-chain fatty acids	↑	↑	↑	
Stearic acid				
Monounsaturated fatty acids				
Oleic acid				
Trans-fatty acids	↑↑		↑↑	↓
Polyunsaturated fatty acids				
Omega-6 (linolenic acid)	↓	↓	↓	↓
Omega-3 (EPA, DHA)	↓	↓↓↓		
Carbohydrates		↑↑		↓↓

↑, increase (number of arrows indicates relative increase); ↓, decrease;-, no change. DHA,docosahexanoic acid; EPA, eicosapentanoic acid; HDL, high-density lipoprotein; LDL, low-density lipoprotein. From Grundy M. Lipids, nutrition, and coronary heart disease. Atherosclerosis and coronary artery disease. Philadelphia, PA:Lippincott-Taven; 1996

소, 콩류, 귀리, 보리 등에 들어 있다. 수용성 식이섬유를 하루에 2번 이상 복용하면 LDL 콜레스테롤과 총 콜레스테롤치를 2~3% 낮출 수 있다고 한다. 그러나 HDL 콜레스테롤에는 별 변동이 없다. 또한 수용성 식이섬유를 하루에 3g 정도 추가로 섭취하면 콜레스테롤치를 약 5~6mg/dL 정도 낮춘 연구 보고도 있다. 역학 연구를 통해 식이섬유 섭취와 관상동맥질환의 위험도와 역비례관계에 있다는 것이 밝혀진 바 있는데, 식이섬유를 많이 섭취한 군이 적게 섭취한 군에 비해 40% 가량 CHD 위험도가 낮아졌다. 식이섬유를 많이 섭취하면 지질 대사에만 좋은 영향을 주는 것뿐 아니라, 혈압을 낮추고, 인슐린 감수성(sensitivity)을 높여주며, 체중조절에도 좋은 영향을 준다. 최근의 NCEP ATP III에서는 하루에 10~25g의 수용성 식이섬유를 섭취하도록 권장하고 있다.

6. 식물성 스테롤(Plant sterols/stanols)

식물성 스테롤에는 sitosterol, stimasterol, campesterol 등이 있는데, 이들은 콜레스테롤과 구조가 비슷해서, 소장에서 콜레스테롤의 흡수를 방해한다.

Sitostanol은 sitosterol의 포화형(saturated form)이며, 혈중 콜레스테롤치를 더 효과적으로 낮춘다. 경증의 고콜레스테롤증(hypercholesterolemia) 환자가 sitostanol-ester 마가린(하루에 1.8~2.6g의 sitostanol)을 1년간 먹고, 혈중 콜레스테롤치를 10.2% 낮추었다는 보고가 있다. Sitostanol은 소화기관에서 흡수가 안 되므로 안전한 지질저하제이며, 마가린 속에 함유되어 있어 사용이 용이하다. 고콜레스테롤 환자가 저지방, Sitostanol-ester 마가린을 사용하면서, 혈중 콜레스테롤이 현저히 낮아진 경험이 있다.

장기간 식물성 sterol/stanol의 사용이 심혈관질환에 미치는 영향에 대해서는 아직 의견이 확립되어 있지는 않으나, NCEP ATP III 가이드라인에서는 LDL 콜레스테롤저하를 촉진시키기 위해, 식물성 sterol/stanol을 하루에 2g 정도 사용하는 것을 권장하고 있다. 채식주의자들이 비채식주의자들보다 일반적으로 혈압이 낮으며, 동물성 식품 대신 채식으로 전환하면 혈압을 낮출 수 있다. 채식식이의 혈압강하효과는 아마도 복합적 작용인 것으로 보이는데, 식물성 스테롤 외에도 식물성 단백질, 칼륨, 칼슘 섭취 등의 작용도 있을 것으로 사료된다.

7. 항산화제(Antioxidant)

LDL의 산화가 죽상동맥경화의 병인(pathogenesis)에서 중요한 과정으로 알려지고 있다. 그러므로 항산화제 함유 식품의 섭취가 CVD의 발병을 억제한다고 말하고 있으나, 아직 충분히 임상연구가 뒷받침되고 있지 않다. β-carotene은 CVD의 위험도를 낮춘다는 증거가 없고, 오히려 폐암의 위험도를 높인다는 보고가 있다.

CHAOS(Cambridge Heart Antioxidant Study)에서, 비타민 E가 심근경색증의 위험도를 낮춘다고 하였으나 심혈관질환을 이미 앓고 있는 환자에서는 사망률을 다소 높인다는 보고가 있으며, GISSI secondary prevention trial에서는 비타민 E가 심혈관질환의 발병 또는 악화에는 아무런 영향을 주지 못했으나 심혈관 질환으로 인한 사망을 크게 감소시켰다. HOPE Study(Heart Outcomes Prevention Evaluation)에서도 비타민 E가 CVD의 위험도에 좋은 효과를 보이지 못했다. 2001년의 HATS(HDL-Atherosclerosis Treatment Study)에서도 항산화제의 투여가 오히려 simvastatin + 나이아신 복합치료의 효과를 경감시킨 결과를 보였다. 그러나 과일과 채소를 풍부히 먹는 식생활, 즉 항산화제가 많은 음식물을 먹는 것은 CVD의 위험도를 낮추고 있다고 알려지고 있다. 항산화제의 작용으로 만성염증은 감소시킬 수 있다. 또한, 항산화제 CVD의 위험요인이 되는 LDL의 산화를 저해시킴으로써 CVD의 위험을 줄일 수 있는 것으로 보고되었다.

8. 칼륨(포타슘, Potassium)과 마그네슘(Magnesium)

칼륨 섭취는 혈압과 연관이 있다. 칼륨 섭취를 늘리면 혈압이 큰 폭은 아니지만 의미있게 낮아지는데, 수축기혈압이 3.1mg, 확장기혈압이 2mmHg 정도 낮아지는 것으로 알려져 있다. 마그네슘을 많이 섭취하면 심근경색증과 뇌졸중의 위험도를 줄여준다는 설이 있으나, Song 등(AJ cardiol 2005;96:1135-64)에 의하면 마그네슘 섭취와 심혈관질환의 발병과는 거의 상관이 없었다.

9. 식염

식염이 혈압을 상승시킨다는 사실은 오래 전부터 알려져 왔다. 만명 이상을 대상으로 한 INTERSALT(International Study of Electrolyte Excretion and Blood Pressure) 연구에 의하면, 소변의 나트륨(소디움) 배출량(식염섭취의 지표)과 혈압과 양(陽)의 상관관계가 있고, 소변의 나트륨 배출량이 많은 사람에서 고혈압의 가능성이 더 많다. 나트륨 섭취가 하루에 100mol 증가할수록 수축기 혈압이 평균 6mmHg 상승하였다.

한편으로, 소금 섭취를 하루에 3g 정도 줄이면(음식물 중에 소금기를 약간 줄이면 이룰 수 있는 정도) 수축기 혈압이 약 5mmHg 낮아진다. 이 정도로만 혈압을 줄여도 전체 인구로 확대해서 볼 때, 뇌졸중 발생을 25% 정도, 허혈성심장질환(협심증, 심근경색증)을 15% 정도 줄일 수 있는 것이다. 그러므로 식염 섭취를 줄여도 국민 건강에 큰 영향을 줄 수 있다. 식염 섭취를 줄이면 노인층에서 더 이점이 크게 나타난다. 60~78세 노인층에서 염분 섭취를 하루 10g에서 5g으로 줄여서 1개월만 생활하면, 수축기 혈압이 평균 7mmHg 낮아진다. 이 효과는 정상혈압인 사람이나 고혈압환자나 모두에서 나타났으며, 질병 발생과 연관하여 환산해보면 이들 연령층에서 5년간에 걸쳐서, 뇌졸중의 위험도가 36%나 줄어든 것을 의미한다. 노인층에서 뇌졸중이 많이 발생하는 것을 생각하면, 이 정도로 뇌졸중 발병을 줄이는 것(36% 발병 감소)은 국민건강에 일대 쾌거인 셈이다.

소금 섭취와 혈압과의 관계뿐 아니라, 식염과다 섭취는 심장의 좌심실비대를 일으킬 수 있다. 또 과체중인 사람에서 식염을 과다 섭취하면, 뇌졸중으로 인한 사망의 위험이 증가한다. 따라서 고혈압환자나 또는 정상혈압을 약간 초과하는 정도의 혈압소유자는 식염 섭취를 줄이도록 노력해야 한다.

EFFECT ON SYSTOLIC AND DIASTOLIC BLOOD PRESSURE OF REOUCED SODIUM INTAKE AND THE CASH DIET

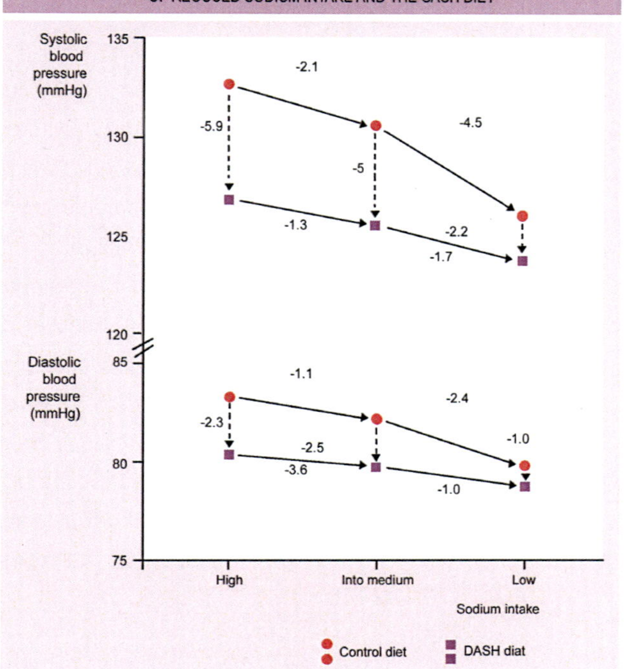

10. 카페인(Caffeine)과 혈압

카페인은 혈압을 급성으로 상승시키며, 만성적으로 장기간 커피를 마시는 사람도 혈압을 상승시킨다는 연구결과가 있다. 커피를 장기간 마시는 사람이 그렇지 않은 사람에 비해서, 수축기 혈압 2.4mmHg, 확장기혈압 1.2mmHg 높았다. 또한 마신 커피의 양에 따라서 수축기 혈압이 변하였으며, 커피가 혈압에 미치는 영향은 젊은 층에서 더 현저하였다.

Table 4. Specific Dietary Recommendations

For the General Population	For Populations at Higher Risk
• Restrict total fat to≤30% of total calories. • Restrict saturated fat to≤10% of total calories. • Limit the total intake of cholesterol-raising fatty acids (saturated and trans) to≤10% of calories. • Limit cholesterol intake to≤300 mg/day. • Replace cholesterol-raising fatty acids with whole grains and unsaturated fatty acids from fish, vegetables, legumes, and nuts. • Limit sodium intake to≤2400 mg/day (≤6.0g/day of salt). • If alcohol is consumed, limit intake to 2 drinks/day for men, 1 drink/day for women. • Eat at least 2 servings of fish per week. • Eat 5 or more servings of vegetables and fruits perday. • Eat 6 or more servings of grain products per day. • Emphasize daily intake of low-fat or nonfat dairy products.	**Elevated LDL Cholesterol or Pre-existing Cardiovascular Disease** • Restrict saturated fat to<7% of total calories. • Limit cholesterol intake to <200 mg/day. • Weight loss when appropriate. • Include soy protein with isoflavones. **Dyslipidemia Characterized by Low HDL Cholesterol, Elevated Triglycerides. and Small Dense LDL** • Replace saturated fat calories with unsaturated fat. • Limit carbohydrate intake, especially sugars and refined carbohydrates. • Weight loss when appropriate. • Increase physical activity. **Diabetes Mellitus and Insulin Resistance** • Restrict saturated fat to<7% of total calories. • Limit cholesterol intake to<200 mg/day. • When selecting carbohydrates, choose those with high fiber content.

Note: LDL=low-density lipoprotein cholesterol, HDL=high-density lipoprotein cholesterol. From Krauss et al. Circulation 2000;102:2284-99

참고문헌

1. Albert CM, Campos H, Stampfer MJ, et al. Blood levels of long-chain n-3 fatty acids and the risk of sudden death. N Engl J Med 2002;346:1113.
2. Albert CM, Gaziano JM, Willett WC, et al. Nut consumption and decreased risk of sudden cardiac death in the Physicians' Health Study. Arch Intern Med 2002;162:1382.
3. Albert MA, Glynn RJ, Ridker PM. Alcohol consumption and plasma concentration of C-reactive protein. Circulation 2003;107:443.
4. Anderson JW, Hanna TJ, Peng X, et al. Whole-grain foods and heart disease risk. J Am Coll Nutr 2000;19:291S.
5. Appel LJ, Moore TJ, Obarzanek, et al. A clinical trial of the effects of dietary pattern on blood pressure. DASH Collaboratory Reserch Group. N Engl J Med 1997;336:1117.
6. Barzi F, Woodward M, Marfisi RM, et al. Mediterranean diet and all-causes mortality after myocardial infarction: Results from the GISSI-Prevenzione trial. Eur J Clin Nutr 2003;57:604.
7. Bazzano LA, He J, Ogden LG, et al. Fruit and vegetable intake and risk of cardiovascular disease in U.S. adults: The First National Health and Nutrition Examination Survey Epidemiologic Follow-up Study. Am J Clin Nutr 2002;76:93.
8. Bazzano LA, He J, Ogden LG, et al. Legume consumption and risk of coronary heart disease in U.S. men and women: NHANES I Epidemiologic Follow-up Study. Arch Intern Med 2001;161:2573.
9. Cappuccio FP, Markandu ND, Carney C, et al. Double-blind randomised trial of modest salt restriction in older people. Lancet 1997;157(21):2449.

10. Cappuccio FP, Siani A. Nonphamacologic Treatment of Hypertension. Cardiology, 2nd edition, p 523, Mosby, 2004.
11. De Lorgeril M, Salen P, Martin JL, et al. Mediterranean diet, traditional risk factors, and the rate of cardiovascular complications after myocardial infarction: Final report of the Lyon Diet Heart Study. Circulation 1999;99:779.
12. Eckel RH. Obesity and heart disease: A statement for healthcare professionals from the Nutrition Committee, American Heart Association. Circulation 1997;96:3248.
13. Goldberg IJ, Mosca L, Piano MR, et al. AHA Science Advisory: Wine and your heart: A science advisory for healthcare professionals from the Nutrition Committee, Council on Epidemiology and Prevention, and Council on Cardiovascular Nursing of the American Heart Association. Stroke 2001;32:591.
14. Goldberg IJ, Mosca L, Piano MR, et al. Wine and your heart : a science advisory for healthcare professionals from the Nutrition Committee, Council on Epidemiology and Prevention, and Council on Cardiovarscular Nursing of the American Heart Association. Circulation 2001;103:472.
15. Gruppo Iltaliano per lo Studio della Sopravvivenza nell'Infarto Miocardico. Dietary supplementation with n-3 polyunsaturated fatty acids and vitamin E after myocardial infarction: results of the GISSI-Prevenzione trial. Lancet 1999;354:447.
16. Hu FB, Rimm EB, Stampfer MJ, et al. Prospective study of major dietary patterns and risk of coronary heart disease in men. Am J Clin Nutr 2000;72:912.
17. Hu FB, Stampfer MJ, Manson JE, et al. Frequent nut consumption and risk of coronary heart disease in women: Prospective cohort study. BMJ 1998;317:1341.
18. Jacobs DR Jr, Meyer KA, Kushi LH, et al. Whole-grain intake may reduce the risk of ischemic heart disease death in postmenopausal women: The Iowa Women's Health Study. Am J Clin Nutr 1998;68:248.
19. Jee SH, He J, Whelton PK, et al. The effect of chronic coffee drinking on blood pressure: a meta-analysis of controlled clinical trials. Hypertension 1999;33(2):647.
20. Joshipura KJ, Hu FB, Manson JE, et al. The effect of fruit and vegetable intake on risk for coronary heart disease. Ann Intern Med 2001;134:1106.
21. Kato H, Tillotson J, Nichaman MZ, et al. Epidemiologic studies of coronary heart disease and stroke in Japanese men living in Japan, Hawaii and California. Am J Epidemiol 1973;97:372.
22. Keys A, Anderson JT, Grande F. Serum cholesterol response to changes in the diet, IV: particular saturated fatty acids in the diet. Metabolism 1965;14:776.
23. Keys A. Coronary heart disease in seven countries. Circulation 1970;41(suppl 1):1.
24. Klatsky AL, Friedman GD, Siegelaub AB, at al. Alcohol consumption and blood pressure. Kaiser-permanente Multiphasic Health Exemination Data. N Engl J Med 1997;296:1194.
25. Krauss RM, Eckel RH, Howard B, et al. AHA Dietary Guidelines-revision 2000: A statement for healthcare professionals from the Nutrition Committee of the American Heart Association. Circulation 2000;102:2284.
26. Krauss RM. Nutrition and Cardiovascular Disease. Braunwald's Heart Disease, 7th edition, p 1047, Elsevier Saunders. 2005.
27. Kris-Etherton PM, Harris WS, Appel LJ. Fish consumption, fish oil, omega-3 fatty acids, and cardiovascular disease. Circulation 2002;106:2747.
28. Kushi LH, Meyer KA, Jacobs DR Jr. Cereals, legumes, and chronic disease risk reduction: Evidence from epidemiologic studies. Am J Clin Nutr 1991;70:451S.
29. Liu S, Lee IM, Ajani U, et al. Intake of vegetables rich in carotenoids and risk of coronary heart disease in men: The Physicians' Health Study. Int J Epidemiol 2001;30:130.

30. Liu S, Stampfer MJ, Hu FB, et al. Whole-grain consumption and risk of coronary heart disease: Results from the Nurses' Health Study. Am J Clin Nutr 1999;70:412.
31. Marchioli R, Barzi F, Bomba E, et al. Early protection against sudden death by n-3 polyunsaturated fatty acids after myocardial infaction: Time-course analysis of the results of the Gruppo Italiano per lo studio della Sopravvivenza nell'Infarto Miocardico(GISSI)-Prevenzione. Circulation 2002;105:1897.
32. Mokdad AH, Ford ES, Bowman BA, et al. Prevalence of obesity, diabetes, and obesity-related health risk factors. JAMA 2001;289:76.
33. Mosca L. Therapy of Hyperlipidemia. Cardiology, 2nd edition, p 73, Mosby, 2004.
34. Pearson TA. AHA Science Advisory: Alcohol and heart disease. Nutrition Committee of the American Heart Association. Am J Clin Nutr 1997;65:4567.
35. Perry I. Epidemiology of Hypertension. Cardialogy, 2nd edition, p 474, Mosby, 2004.
36. Sacks FM, Katan M. Randomized clinical trials on the effects of dietary fat and carbohydrate on plasma lipoproteins and cardiovascular disease. Am J Med 2002;113(Suppl 9B):13S.
37. Sacks FM, Svetkey LP, Vollmer WM, et al. Effects on blood pressure of reduced dietary sodium and the Dietary Approaches to Stop Hypertension (DASH) diet. DASH-Sodium Collaborative Research Group. N Engl J Med 2001;344(1):3.
38. Shaper AG, Wannamethee G, Whincup P. Alcohol and blood pressure in middle-aged British men. J Hum Hypertens 1988;2(2):71.
39. Sierksma A, van der Gaag MS, Kluft C, et al. Moderate alcohol consumption reduces plasma C-reactive protein and fibrinogen levels: A randomized, diet-controlled intervention study. Eur J Clin Nutr 2002;56:1130.
40. Siscovick DS, Raghunathan T, King I, et al. Dietary intake of long chain n-3 polyunsaturated fatty acids and the risk of primary cardiac arrest. Am J Clin Nutr 2000;71:208S.
41. Stampfer MJ, Hu FB, Manson JE, et al. Primary prevention of coronary heart disease in women through diet and lifestyle. N Engl J Med 2000;343:16.
42. The effects of nonpharmacologic interventions on blood pressure of persons with high normal levels. Results of the Trials of Hypertension Prevention, Phase I [published erratum appears in JAMA 1992;267(17):2330]. JAMA 1992;267(9):1213.
43. The Expert Panel. Executive Summary of the Third Report of the National Cholesterol Education Program(NCEP) Expert Panel on Detection, Evaluation, and Treatment of High Blood Cholesterol in Adults(Adult Treatment Panel III). JAMA 2001;285:2486.
44. Vogel RA. Alcohol, heart disease, and mortality: A review. Rev Cardiovasc Med 2002;3:7.
45. Willett WC, Stampfer MJ, Manson JE, et al. Intake of trans fatty acids and risk of coronary heart disease among women. Lancet 1993;341:581.
46. Witterman JC, Willett WC, Stampfer MJ, et al. Relation of moderate alcohol consumption and risk of systemic hypertension in women. Am J Cardiol 1990;65(9):633.
47. Xin X, He J, Frontini MG, et al. Effects of alcohol reduction on blood pressure: a meta-analysis of randomized controlled trials. Hypertension 2001;38(5):1112.

살펴보기 2

대사증후군 (Metabolic Syndrome)

대사증후군이란, 병은 아니지만 만성질환의 위험 인자를 복합적으로 가지고 있는 상태를 말한다. 대사증후군을 가지고 있는 사람은 심장병이 발병할 위험성이 그렇지 않은 사람보다 2배가 높으며, 당뇨병의 경우에는 5배가 높다. 또 이런 병이 생겼을 때 이로 인한 사망률도 높아진다. 이와 같이 대사증후군은 장기적으로 만성질환의 발병 위험도를 나타내므로, 대사증후군을 미리 정확히 진단해서, 치료하는 것이 심장병과 당뇨병 등을 예방하는데 대단히 중요한다.

비만인구가 늘고 있는 것은 이미 세계적인 추세이며, 이에 따라, 심장병, 제2형 당뇨병, 혹은 이 병들을 유래하는 전주곡이라 할 수 있는 대사증후군이 늘어감에 따라 이를 정확히 진단할 수 있는 지표들이 필요하였다. 미국에서는 2001년에, 제3차 콜레스테롤 관리지침(The Third Expert Panel on Detection, Evaluation and Treatment of High Blood Cholesterol in Adults of National Cholesterol Education Program; Adult Treatment Panel III, ATP III)을 통해 대사증후군 진단을 위한 기준을 발표하였다. 대사증후군의 위험 인자로는 다섯 가지 상태를 본다. 즉 고혈당증(insulin resistance), 복부비만(central obesity), 혈중 중성지방 증가(elevated serum triglyceride), HDL 콜레스테롤 감소(decreased HDL-D), 고혈압(hypertension)이 그것이다. ATP III는 이 다섯 가지 인자의 비정상치(cutoff points)를 제정하였고, 이 중 세 가지가 정상치를 벗어날 때, 대사증후군이라고 진단한다고 하였다. 이로써 종전에 임의로 내리던 대사증후군의 진단 기준이 명확해졌고, 대사증후군의 임상이나, 역학 연구도 많이 활발해지고 있다. ATP III에서 정한 비 정상치는 표 1에 있다.

이 수치들은 ATP III에서 제정한 수치를 기본으로 하였는데,

Table 1. Diagnosis is established when 3 of these risk factors are present.

Risk Factor	Defining Level
Abdominal obesity	
(Waist circumference)	
Men	>102cm(>40in)
Women	>88cm(>35in)
TG	150mg/dL
HDL-C	
Men	<40mg/dL
Women	<50mg/dL
Blood pressure	130/85mmHg
Fasting glucose	110mg/dL

Expert Panel on Detection, Evaluation, and Treatment of High Blood Cholesterol in Adults. *JAMA* 2001;285:2486-2497.

허리둘레만은 우리나라 사람들의 질병 위험도를 고려하여 1998년에 실시한, 국민 건강 영양조사 자료를 분석해서 나온 결과이다. 주목할 점은 조금만 정상 수치를 벗어나더라도 이들이 복합적으로 나타날 때, 심장병이나 당뇨병의 위험이 급박하게 높아진다는 점이다. 따라서 이러한 진단치들이 정상 수준을 벗어나면, 방치하지 말고 바로 치료하여 만성질환을 예방하여야 한다.

대사증후군 외에 심장병을 일으키는 위험 인자로는 높은 LDL 콜레스테롤 수준, 나이, 성별, 흡연 등이 있다. LDL 콜레스테롤의 정상치는 심장병 유무와 심장병 우려도에 따라서 정해진다. 심장병 우려도는 Framingham Heart Study의 10년 내 발병 위험도를 나타내는 전수를 기준으로 예측하며(10-year risk, 표 2), 그에 따른 LDL 콜레스테롤 수치는 표 3에 나타내었다.

우리나라의 국민건강영양조사(2014)에 의하면 만 30세 이상 성인 중 비만 32.9%, 고혈압 25.5%, 당뇨병 10.2%, 고콜레스테롤혈증 14.6%로 나타나 비만이 위험인자 중 가장 높게 나타났다.

비만, 특히 복부비만은 운동 부족, 특히 앉아 있는 생활습관에서 기인하며, 인슐린 저항성도 커진다. 체중 감소는 LDL 콜레스테롤을 낮추고, 대사증후군의 모든 위험 인자를 낮춘다. 또한 정기적인 운동은 HDL 콜레스테롤을 높이고, LDL 콜레스테롤을 낮추며, 혈압을 낮추고, 인슐린 민감도를 높인다. 따라서 대사증후군을 예방하기 위해서는 생활 습관 변화 요법(therapeutic lifestyle changes, TLC)을 하여야 한다. TLC는 필수적인 건강한 식사요법, 꾸준한 운동, 그리고 체중 관리이다(표 4).

그러면, 어떤 식사요법이 대사증후군을 예방하는가? 우선 체중 감소나 체중 관리를 위해서는 열량이 많지 않고 영양소 함량이 높은 음식을 섭취해야 한다. 채소와 과일은 비타민, 무기질, 식이섬유가 많고, 또 phytochemical과 식물성 스테롤(Plant sterol/Stanol)이 많이 포함되어 있는 반면 열량은 많지 않아, TLC 요법에서는 빼놓을 수 없는 식품이다. 콜레스테롤과 포화지방이 많은 동물성 음식인 고기, 달걀은 많이 먹지 말고, LDL 콜레스테롤을 증가시켜서 심장병 위험을 일으키는 트랜스 지방산이 많은 튀긴 음식도 줄여야 한다. 오메가 3 지방산은 LDL 콜레스테롤과 전체 콜레스테롤을 낮추므로, 오메가 3 지방산이 많은 생선을 많이 섭취하는 것이 좋다.

Table 2. Estimate of 10-year risk

Men

Estimate of 10-Year Risk for Men

(Framingham Point Scores)

Age	Points
20~34	-9
35~39	-4
40~44	0
44~54	3
50~54	6
55~59	8
60~64	10
65~69	11
70~74	12
75~79	13

Total Cholesterol	Points				
	Age20~39	Age40~49	Age50~59	Age60~69	Age70~79
<160	0	0	0	0	0
160~199	4	3	2	1	0
200~239	7	5	3	1	0
240~279	9	6	4	2	1
≥280	11	8	5	3	1

	Points				
	Age20~39	Age40~49	Age50~59	Age60~69	Age70~79
Nonsmoker	0	0	0	0	0
Smoker	8	5	3	1	1

HDL(mg/dL)	Points
≥60	-1
50~59	0
40~49	1
<40	2

Systolic BP(mmHg)	If Untreated	If Treated
<120	0	0
120~129	0	1
130~139	1	2
140~159	1	2
≥160	2	3

Point Total	10-Year Risk %
<0	<1
0	1
1	1
2	1
3	1
4	1
5	2
6	2
7	3
8	4
9	5
10	6
11	8
12	10
13	12
14	16
15	20
16	25
≥17	≥30

10-Year risk ____ %

Women

Estimate of 10-Year Risk for Women

(Framingham Point Scores)

Age	Points
20~34	-7
35~39	-3
40~44	0
44~54	3
50~54	6
55~59	8
60~64	10
65~69	12
70~74	14
75~79	16

Total Cholesterol	Points				
	Age20~39	Age40~49	Age50~59	Age60~69	Age70~79
<160	0	0	0	0	0
160~199	4	3	2	1	1
200~239	8	6	4	2	1
240~279	11	8	5	3	2
≥280	13	10	7	4	2

	Points				
	Age20~39	Age40~49	Age50~59	Age60~69	Age70~79
Nonsmoker	0	0	0	0	0
Smoker	9	7	4	2	1

HDL(mg/dL)	Points
≥60	-1
50~59	0
40~49	1
<40	2

Systolic BP(mmHg)	If Untreated	If Treated
<120	0	0
120~129	1	3
130~139	2	4
140~159	3	5
≥160	4	6

Point Total	10-Year Risk %
<9	<1
9	1
10	1
11	1
12	1
13	2
14	2
15	3
16	4
17	5
18	6
19	8
20	11
21	14
22	17
23	22
24	27
≥25	≥30

10-Year risk ____ %

U.S. DEPARTMENT OF HEALTH AND HUMAN SERVICES
Public Health Service
National instutes of Health
National Heart, Lung, and Blood Institute

NIH Publication No.01-3305
May 2001

Table 3. Cholesterol Goals and Gutpoints for Therapeutic Lifestyle Changes(TLC) and Drug Therapy in Different Risk Categories

Risk Category	LDL Goal	LDL Level at Which to Indate Therapeutic Lifestyle Changes(TLC)	LDL Level at Which to Consider Drug Therapy
CHD or CHD Risk Equlvalents (10-year risk >20%)	<100mg/dL	≥100mg/dL	≥130mg/dL (100-129mg/dL:drug optional)*
2+ Risk Factors (10-year risk ≤20)	<130mg/dL	≥130mg/dL	10-year risk 10-20%: ≥130mg/dL 10-year risk 10%: ≥160mg/dL
0-1 Risk Factors†	<160mg/dL	≥160mg/dL	≥190mg/dL (160~189mg/dL:LDL-lowering drug optional)

*, Some authorities recommend use of LDL-lowering drugs in this category if an LDL cholesterol<100mg/dL cannot be achieved by therapeutic lifestyle changes Others prefer use of drugs that primarily modify triglycerides and HDL. e.g. nicotinic acid or fibrate. Clinical judgment also may call for deferring drug therapy in this subcategory.

†, Almost all people with 0-1 risk factor have a 10-year risk<10%, thus 10-year risk assessment in people with 0-1 risk factor is not necessary.

Table 4. Therapeutic Lifestyle Changes: Nutrient Composition of TLC Diet

Nutrient	Recommended Intake
Saturated fat*	Less than 7% if total calories
Polyunsaturated fat	Up to 10% of total calories
Monounsaturared fat	Up to 20% of total calories
Total fat	25-35% of total calories
Carbohydrate**	50-60% of total calories
Fiber	20-30 grams per day
Protein	Approximately 15% of total calories
Cholesterol	Less than 200 mg/day
Total calories(energy)	Balance energy intake and output to maintain expenditure healthy body weight/prevent weight gain

* Lower trans fatty acids

**Emphasize complex sources

CHAPTER

04

단백질

단백질의 분류와 구조 | 단백질의 체내 기능 | 단백질 및 아미노산 대사

단백질의 질 평가 | 단백질과 건강 | 단백질 섭취기준 | 단백질이 풍부한 식품

CHAPTER 04

단백질

들어가는 말

단백질은 생명 유지에 필수적인 영양소로서, 효소, 호르몬, 항체 등의 주요 생체 기능을 수행하고 근육 등의 체조직을 구성한다. 단백질은 살아 있는 세포에서 수분 다음으로 풍부하게 존재하므로 식이를 통해 체내에서 필요한 단백질을 규칙적으로 공급해 주는 일은 건강 유지에 필수적이다. 분자량이 수천에서 수백만에 이르는 거대분자인 단백질은, 식이섭취 후 소화과정을 거쳐 구성 단위인 아미노산으로 분해된 후 흡수되어 체내에서 이용된다.

그림 4-1. 단백질이 풍부한 식품

단백질의 분류와 구조

단백질의 분류

생체내에 수천 가지의 단백질이 있으며, 그 단백질을 구성 성분 별로 분류하면 크게 단순단백질과 복합단백질로 나눌 수 있다. 단순단백질은 아미노산 외에 다른 화학성분을 함유하지 않는 단백질이다. 복합단백질은 아미노산 외에 몇 가지 화학성분을 함유하는 단백질로서 비아미노산 부분을 보결기라 하는데, 보결기는 단백질의 생물학적 기능에 중요한 역할을 하며 보결기의 화학적 성질에 따라 복합단백질을 분류한다(표 4-1).

단백질(protein)의 어원
to come first(우선적이다)라는 의미의 그리이스 단어 프로토스(protos)로부터 유래했다.

단순단백질 (simple protein)
아미노산 외에 다른 화학성분을 함유하지 않는 단백질

복합단백질 (conjugated protein)
아미노산 외에 몇 가지 화학성분을 함유하는 단백질

보결기 (prosthetic group)

지단백질 (lipoprotein)

표 4-1. 복합단백질의 분류

분 류	보결기	예
지단백질	지질	카일로미크론, VLDL, LDL, HDL
당단백질	탄수화물	소장 점액 중의 뮤신, 점액 단백질, 혈중 면역글로불린 G
인단백질	인산기	우유의 카제인
헴단백질	헴	혈중 헤모글로빈
플라빈 단백질	플라빈 뉴클레오티드	숙신산 탈수소효소
금속단백질	철, 아연, 칼슘, 구리 등	철저장단백질, 알코올 탈수소효소, 칼모듈린, 플래스토시아닌

단백질은 생체내에서 수행하는 기능에 따라 효소, 운반단백질, 영양단백질, 운동단백질, 구조단백질, 방어단백질, 조절단백질 등으로 분류할 수 있다(표 4-2).

효소(enzyme)
소화, 신진대사의 반응속도를 빠르게 해주는 촉매역할 단백질

단백질의 구성 단위

단백질은 구성단위인 아미노산들이 강한 공유결합인 펩타이드 결합으로 연결되어 있으며 최소한 100여개의 아미노산으로 구성되어 있다. 아미노산은 탄소 · 수소 · 산소 · 질소로 구성되며, 일부 아미노산은 황을 함유하고 있다. 자연계에 존재하는 아미노산은 매우 다양하지만 단백질을 구성하는 아미노산은 총 20가지의 L-아미노산으로 특유한 배열로 식이 및 조직 단백질을 구성한다.

펩타이드 결합 (peptide bond)
한 아미노산의 아미노기와 다른 아미노산의 카르복실기 사이에 물 한 분자가 빠져나가면서 형성된 결합으로, 단백질의 1차구조를 이루는 주요한 결합

표 4-2. 생물학적 기능에 따른 단백질의 분류

기능	예
효소	소화효소 : 펩신, 트립신, 아밀로오스 분해효소, 지질분해효소 대사효소 : 포도당 인산화효소, 아미노기 전이효소, 지방산 합성효소
운반단백질	지단백질 : 지질운반 헤모글로빈 : 산소운반 세포막 운반단백질 : 포도당, 아미노산 등 운반
영양단백질	식물종자 단백질, 달걀 알부민, 우유 카제인, 철저장 단백질
운동단백질	액틴, 미오신 : 수축운동 튜불린 : 편모섬모운동
구조단백질	콜라겐 : 결합조직 엘라스틴 : 인대 케라틴 : 모발, 손톱, 깃털 피브린 : 실크, 거미줄 레실린 : 곤충날개
방어단백질	면역 글로불린, 항체 : 면역작용 피브리노겐, 트롬빈 : 혈액응고
조절단백질	호르몬 : 인슐린, 글루카곤, 성장호르몬
기타	감미단백질 : 아프리카산 식물 부동단백질 : 남극어류 혈액

호르몬(hormone)
내분비 기관에서 혈액으로 분비된 후 그 작용을 나타내는 조직의 세포(target cell)로 이동하여 그 세포내 기능을 조절하는 화학물질(chemical messenger)

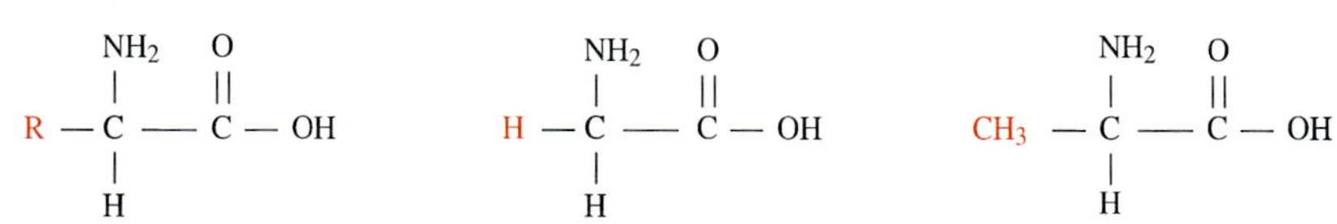

아미노산의 일반구조 글리신 알라닌

그림 4-2. 아미노산의 기본 구조

카르복실기(carboxyl group)
아미노기(amino group)
글리신(glycine)
메틸기(methyl group)
알라닌(alanine)
곁가지(branched-chain)

단백질을 구성하는 아미노산은 1개의 카르복실기와 1개의 아미노기를 가지고 있으며(그림 4-2), 아미노산의 특유한 화학적 특성을 나타내는 잔기인 R부분이 아미노산의 형태와 이름을 결정한다. R이 수소이면 글리신이 되고, R이 메틸기이면 알라닌이 된다. 화학적으로 유사한 R부분을 지니는 아미노산들을 중성, 산성, 염기성, 방향족, 곁가지 아미노산 등으로 분류할 수 있다(그림 4-3).

단백질을 구성하는 아미노산은 체내에서 합성할 수 없는 9개의 필수 아미노산과 합성이 가능한 11개의 불필수 아미노산으로 나누어지며(표 4-3), 필수 아미노산은 반드시 식이로서 공급되어야 한다. 식이에서 충분히 필수 아미노산이 공급되지 않으면 체내에서 단백질 합성이 지연되므로 단백질의 분해가 합성을 능가하게 되어 건강이 나빠진다.

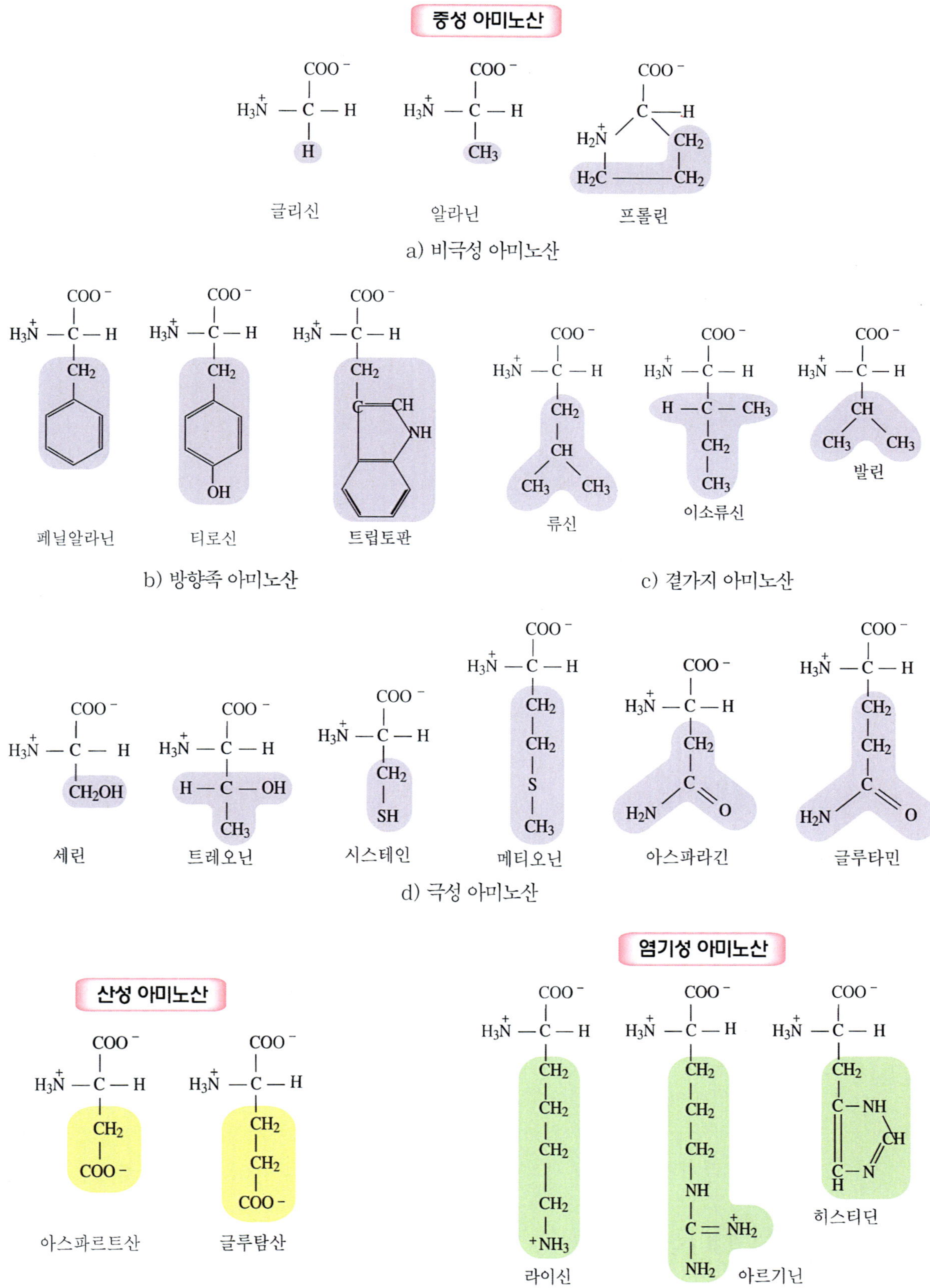

그림 4-3. 단백질을 구성하는 20개 아미노산의 분류 및 구조

히스티딘(histidine)
이소류신(isoleucine)
류신(leucine)
라이신(lysine)
메티오닌(methionine)
페닐알라닌(phenylalanine)
트레오닌(threonine)
트립토판(tryptophan)
발린(valine)
알라닌(alanine)
아르기닌(arginine)
아스파라긴(asparagine)
아스파르트산(aspartic acid)
시스테인(cysteine)
글루탐산(glutamic acid)
글루타민(glutamine)
글리신(glycine)
프롤린(proline)
세린(serine)
티로신(tyrosine)

표 4-3. 체내합성 여부에 따른 아미노산의 분류

필수 아미노산	불필수 아미노산
히스티딘, 이소류신, 류신, 라이신, 메티오닌, 페닐알라닌, 트레오닌, 트립토판, 발린	알라닌, 아르기닌, 아스파라긴, 아스파르트산, 시스테인, 글루탐산, 글루타민, 글리신, 프롤린, 세린, 티로신

단백질의 구조

단백질은 구성 아미노산의 종류, 배열에 따라 다르게 만들어지므로 상당히 많은 종류의 단백질이 존재한다. 단백질의 구조는 1차, 2차, 3차 구조 등으로 나누어진다.

1. 1차 구조

1차 구조(primary structure)

펩타이드 결합(그림 4-4)으로 이루어진 아미노산의 배열을 1차 구조라고 한다.

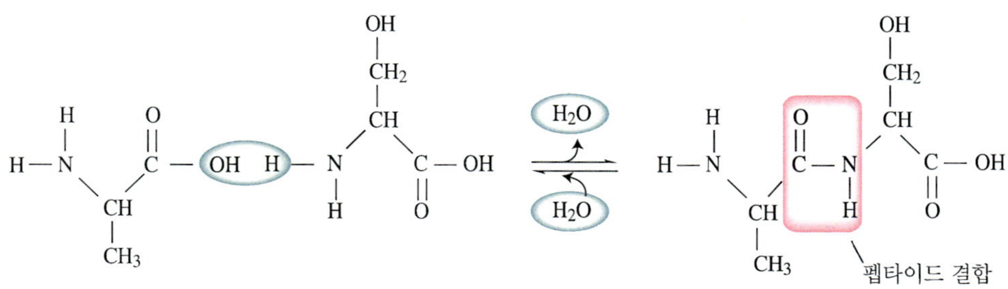

그림 4-4. 펩타이드 결합

2. 2차 구조

2차 구조(secondary structure)
이황화결합(disulfide bridge)
α 헬릭스(α-helix)
β 시트(β-sheets)
3차 구조(tertiary structure)
4차 구조(quarternary structure)
폴리펩타이드(polypeptide)

단백질의 2차 구조는 이웃하는 아미노산 사이의 상호작용으로 이루어진다. 한가닥의 실과 같은 형태인 1차 구조물이 회전, 접힘, 꼬임 등의 과정을 거쳐 α 헬릭스나 β 시트 등을 형성하며 주로 수소 결합에 의해 안정화된다(그림 4-5).

3. 3차 · 4차 구조

단백질마다 가지고 있는 고유의 활성을 나타내기 위한 3차원적인 입체구조이다.

이 구조는 수소 결합, 반데르발스 힘, 이온 결합, 소수성 결합 등의 비공유 결합 혹은 시스테인 잔기 사이의 이황화 결합에 의해 안정화된다. 아미노산 잔기의 특성에 따라 주로 친수성 잔기들이 단백질의 표면에 위치하며 소수성 잔기들이 안으로 숨어들어가 형성되는 3차원적 입체구조를 3차 구조라 하며, 둘 이상의 폴리펩타이드가 상호작용하여 4차 구조를 이루기도 한다(그림 4-6).

단백질 구조의 변화

변성(denaturation)
단백질의 활성 형태인 3차원적 입체구조에서 급격히 저어주거나 가열, 산 · 알칼리용액으로 처리했을 때 1차 구조로 풀어지면서 활성을 잃게 되는 과정

단백질의 활성 형태인 3차원적 입체구조가 급격히 저어주거나 가열, 산 · 알칼리 용액으로 처리했을 때 풀어지면서 활성을 잃게 되는 과정을 변성이라 한다. 변성된 단백질은 본래의 입체구

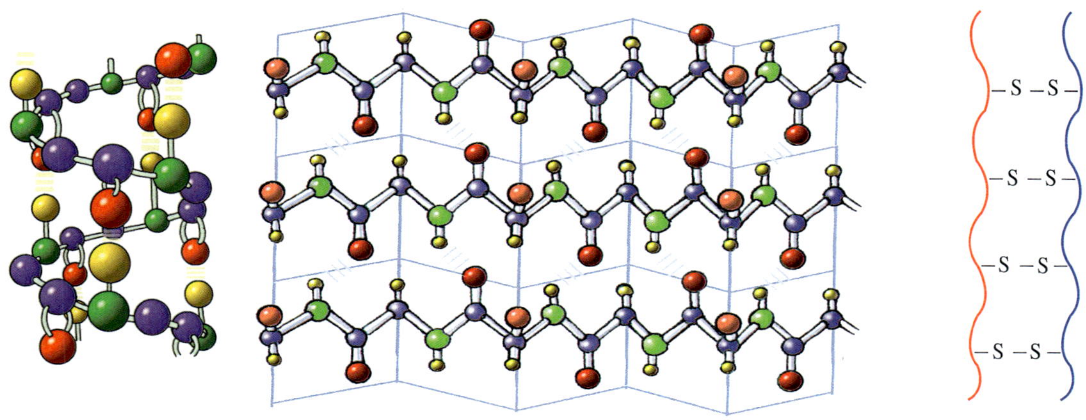

그림 4-5. α 헬릭스, β 시트, 이황화결합

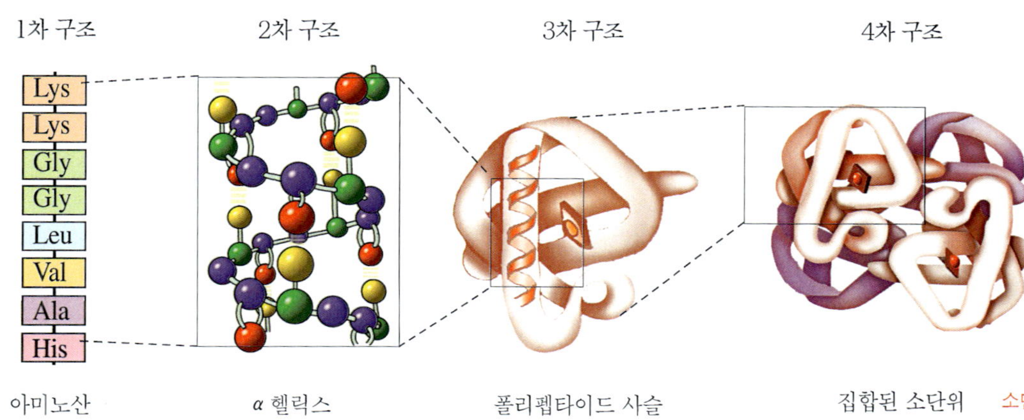

그림 4-6. 단백질의 입체구조

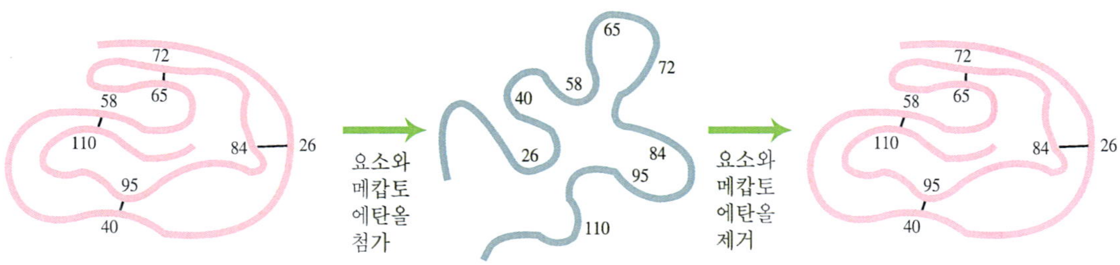

그림 4-7. 단백질의 변성과 재생

조를 유지할 수 있는 조건으로 돌려주면 재생되기도 한다(그림 4-7). 단백질의 소화과정 중 위에서 분비되는 염산에 의해 식이 단백질이 변성되어, 펩타이드 결합을 가수분해시키기 위한 효소의 접근이 용이하게 된다.

소단위(subunit)

재생(renaturation)
변성된 단백질이 본래의 입체구조를 유지할 수 있는 조건으로 돌려주면 다시 3차원적 입체구조로 접히면서 활성을 회복하는 과정

단백질의 체내 기능

식이 단백질로부터 소화 흡수된 아미노산은 충분히 에너지가 공급된 상태에서는 효소, 체구성 성분, 혈액내의 운반 단백질, 면역체, 조절 인자, 근육수축단백질 등으로 합성되어 기능을 수행한다.

체구성 성분 형성

단백질은 모든 신체 조직의 성장과 유지에 매우 중요하다. 특히 성장기, 임신 및 수유기에 단백질이 많이 요구되며, 일단 형성된 체구성 단백질이라도 계속적으로 퇴화되고 재생되어야 하므로 매일 단백질이 공급되어야 한다.

□ 체구성 물질 : 근육, 결체조직, 뼈 속의 지지체, 혈액응고인자, 혈중운반 단백질, 시각색소

□ 세포막 성분 : 영양소 흡수를 위한 수용체, 호르몬의 수용체, 세포 안팎의 이온균형을 유지시켜주는 이온 펌프

수분 평형유지

알부민(albumin)
글로불린(globulin)
부종(edema)

혈액에 있는 단백질인 알부민과 글로불린 등은 체내 수분평형유지를 돕는 작용을 한다. 혈중 단백질은 분자량이 커서 모세혈관을 빠져나가지 못해 혈관내의 삼투압을 조직보다 높게 유지시키는 데 중요한 역할을 하므로, 대부분의 수분을 혈관에 머무르게 하여 부종을 예방한다(그림 4-8). 식이섭취를 통해 단백질을 충분히 공급하지 못하면 혈액 중의 단백질 양이 줄어들어 말초

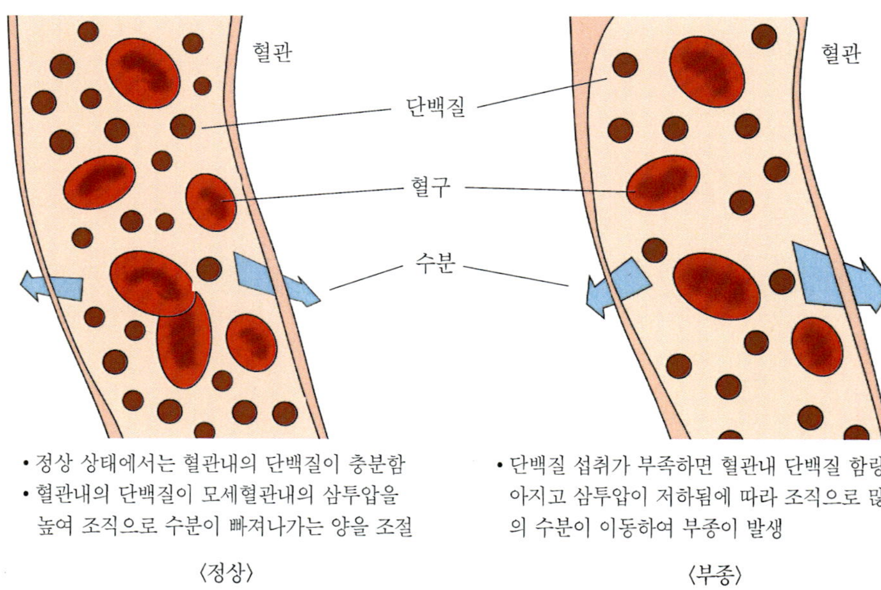

그림 4-8. 단백질의 수분평형과 부종

모세혈관이 있는 조직(특히 손, 발)에 부종이 나타난다.

산염기 평형유지

혈액 중의 단백질은 양성물질로서 쉽게 수소이온을 내어주거나 받아들임으로써 완충제로 작용하여 혈액의 pH를 항상 일정한 상태(pH 7.35~7.45)로 유지시키는 데 관여한다.

완충제(buffer)
용액의 pH가 급격하게 변하는 것을 방지해 주는 물질

면역기능

단백질은 면역체계에서 사용되는 세포들의 주요성분을 구성하며, 면역세포에서 생성하는 항체의 구성물질이므로 질병에 대해 저항력을 지닌다. 따라서 식이로 섭취하는 단백질이 충분하지 못하면, 면역체계의 세포가 부족하거나 작용하는 기능이 떨어져서 전염병에 대해 치명적일 수 있다.

호르몬, 효소, 신경전달물질 및 글루타티온 형성

단백질이나 아미노산 형태로 생체에서 일어나는 생화학 반응을 촉매하거나 여러 생리조절물질 혹은 그의 전구체로 작용한다.

- □ 호르몬
  - 아미노산 유도체 → 갑상선 호르몬, 부신수질 호르몬
  - 폴리펩타이드 → 인슐린
- □ 효소 : 생체내 화학반응속도를 빠르게 해주는 유기물질로 대부분의 효소는 단백질로 구성
- □ 신경전달물질 : 세로토닌(트립토판이 전구체), 카테콜아민(티로신이 전구체)
- □ 글루타티온

갑상선 호르몬 (thyroxine ; T_3, T_4)
부신수질 호르몬 (adrenaline, epinephrine)
인슐린(insulin)
세로토닌(serotonin)
카테콜아민 (catecholamines)

글루타티온(glutathione)
글루탐산 · 시스테인 · 글리신으로 구성된 트리펩티드(tripeptide)로서, 유해한 과산화물질을 제거하기 위해 생체방어물질로 작용

포도당 생성 및 에너지원으로 사용

탄수화물을 충분하게 섭취하지 못한 경우에라도 신경조직이나 적혈구의 에너지원인 포도당을 지속적으로 공급해주기 위하여, 아미노산을 전구체로 하여 간이나 신장에서 당 신생과정을 통해 포도당을 합성한다. 따라서 기아상태에서는 당 신생과정이 지속되기 때문에 근육이 소모된다.

기아상태(fasting)

단백질은 체내에서 사용되는 에너지의 2~5%를 제공한다. 대부분의 세포에서는 우선적으로 탄수화물이나 지질을 에너지원으로 사용하지만, 이런 에너지원들이 부족한 경우나 단백질 과잉 공급으로 아미노산 풀이 넘치면 아미노산이 에너지원으로 사용됨으로써 4 kcal/g의 에너지를 내준다. 단백질은 매우 비효율적인 에너지원으로서, 간 · 신장에서 암모니아 배설을 위해 요소를 합성하는 과정에서 일부 에너지를 소모한다.

단백질 및 아미노산 대사

단백질 대사

동적 평형상태 (dynamic equilibrium)

단백질 전환 (protein turnover)
단백질이 합성과 분해를 반복하면서 동적인 평형상태를 유지하는 과정

단백질이 합성 · 분해되는 과정은 복잡하다. 성장을 마친 성인이라도 단백질은 계속 분해되고 새로 합성되는 동적 평형상태를 유지하는데 이를 단백질 전환이라고 하며, 성장하는 쥐에게서는 하루에 서너번의 단백질 전환이 이루어진다고 보고되었다. 동적 평형상태는 하루에 섭취하는 단백질 양과 체외로 배설되는 양이 같은 것을 의미하는데, 실제로 체내에서는 하루에 약 250~300g의 단백질이 합성 · 분해되고 있는 것에 비해서 섭취 혹은 배설량은 이보다 적다. 이는 합성 · 분해되는 단백질 양의 약 5/6 정도는 단백질 분해 후 재이용되기 때문이며, 따라서 식이에서 매일 공급되어야 하는 단백질의 필요량은 하루 합성 · 분해되는 단백질 양의 약 1/6 정도이다.

체중이 70kg인 성인 남자가 하루에 식이로 섭취하는 단백질 함량이 100g이고 장세포와 효소 등에서 유래된 내인성 단백질 함량이 70g 정도일 때, 대변으로 배설되는 단백질 함량을 제외하면 흡수되는 단백질 함량은 160g 수준이다(그림 4-9).

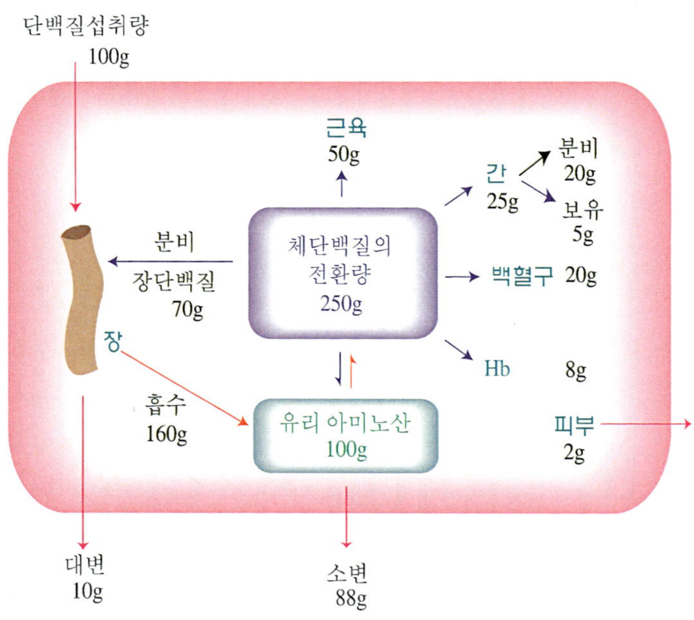

그림 4-9. 1일 단백질 섭취, 분배 및 배설량

아미노산 풀

아미노산 풀 (aminoacid pool)
식이섭취와 단백질 분해 등으로 세포내에 유입되는 아미노산의 양

단백질의 분해로 생성된 아미노산은 재활용되며, 세포마다 아미노산 풀이 있다(그림 4-10). 아미노산의 풀 크기는 식이 섭취량, 체내 함량, 재활용 등에 의해 결정된다. 아미노산의 풀이 너무 크면 과잉 아미노산들이 에너지, 포도당, 지방 생성에 사용되는 반면, 단백질의 식이섭취가

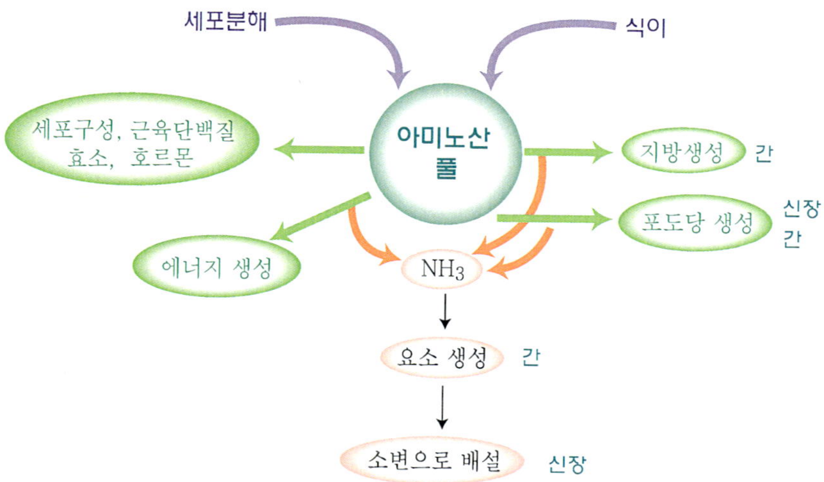

그림 4-10. 아미노산 대사의 중심인 아미노산 풀

부족하면 아미노산 풀이 감소하고 부족한 아미노산은 세포내 단백질을 분해해 보충한다. 그러므로 충분한 단백질을 섭취하여 단백질 합성에 필요한 필수 아미노산을 공급하고 불필수 아미노산의 합성에 필요한 질소를 공급해 주어야 한다.

아미노산 대사

1. 아미노기 전이반응

아미노기 전이반응은 한 아미노산으로부터 탄소골격에 아미노기를 전달하여 새로운 아미노산을 형성하는 과정이다(그림 4-11). 아미노기 전이반응은 주로 불필수 아미노산의 합성이나 아미노산으로부터 아미노기를 떼어낸 탄소골격을 당 신생합성이나 에너지를 내는 데 사용하기 위해 이루어지며, 비타민 B6의 조효소 형태인 피리독살인산이 아미노기를 옮겨 주는 역할을 한다.

아미노기 전이반응 (transamination)
한 아미노산으로부터 탄소 골격에 아미노기를 전달하여 새로운 아미노산을 형성하는 반응

피리독살인산(pyridoxal phosphate, PLP)

조효소(coenzyme)

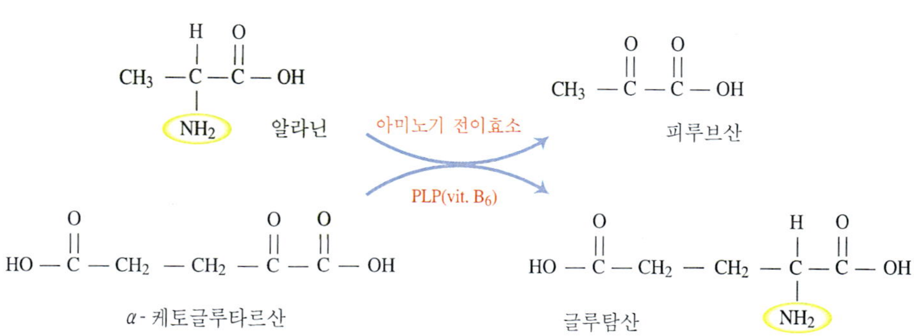

그림 4-11. 아미노기 전이반응의 예

2. 탈아미노 반응

탈아미노반응(deamination)
아미노산이 암모니아의 형태로 아미노기를 잃어버리는 반응

암모니아(ammonia)

탈아미노 반응은 아미노산으로부터 아미노기를 떼어내는 과정으로, 요소생성을 위해 글루탐산 등에서 암모니아가 떨어져 나오는 것이 대표적인 예이다(그림 4-12).

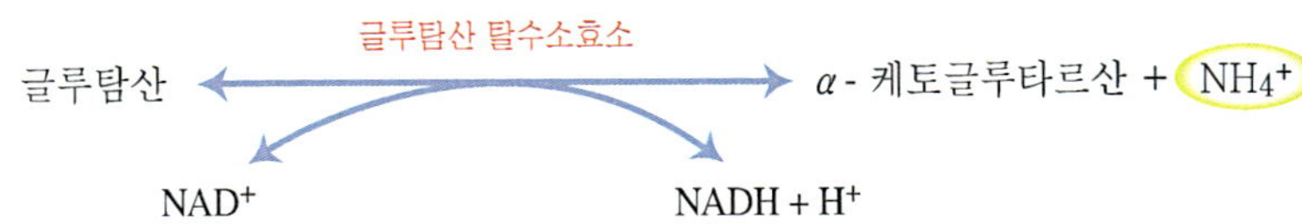

그림 4-12. 탈아미노 반응의 예

3. 아미노산 탄소골격의 분해

포도당 생성(glycogenic)
케톤 생성(ketogenic)

개개의 아미노산으로부터 질소가 떨어져나가는 탈아미노반응 후에 아미노산의 탄소골격이 탄수화물이나 지질이 분해되는 경로로 합류하여 대사된다(그림 4-13). 아미노산의 탄소골격이 궁극적으로 대사되는 경로에 따라 포도당 생성 또는 케톤 생성 아미노산으로 분류한다(표 4-4).

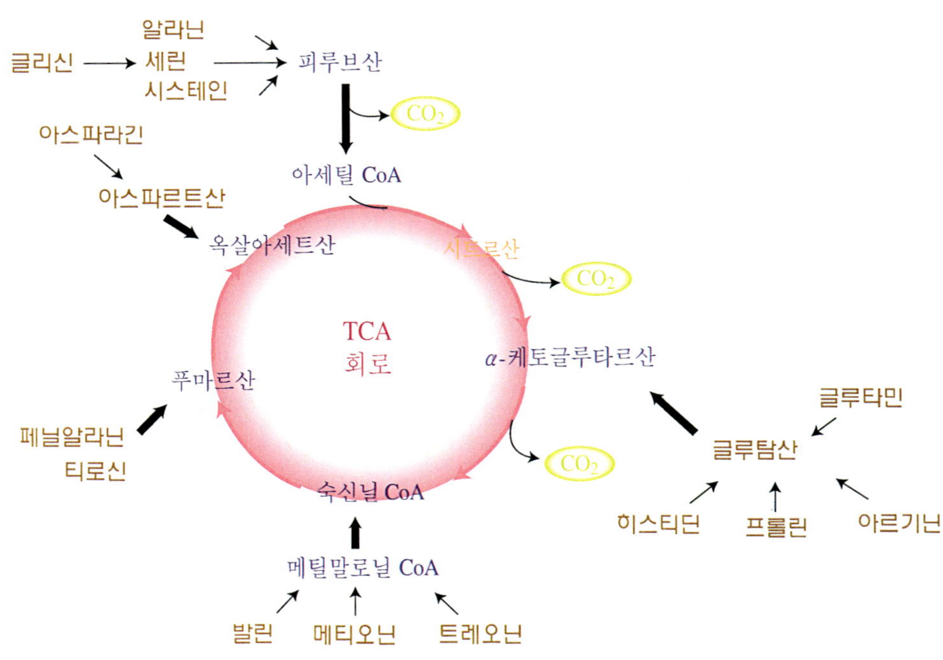

그림 4-13. 아미노산의 탄소골격이 TCA 회로로 들어가는 경로

요소회로

탈아미노반응 결과 아미노산으로부터 생성된 세포내의 유독한 암모니아는 혈액을 통해 간으로 운반된 후, 간세포에서 이산화탄소와 결합하여 무해한 수용성의 요소로 전환되었다가 신장을 통해 배설된다(그림 4-14).

표 4-4. 포도당 생성 및 케톤 생성 경로로 가는 아미노산들

분류	아미노산 종류
케톤 생성 아미노산	류신, 라이신
케톤 및 포도당 생성 아미노산	이소류신, 페닐알라닌, 티로신, 트립토판
포도당 생성 아미노산	알라닌, 세린, 글리신, 시스테인, 아스파르트산, 아스파라긴, 글루탐산, 글루타민, 아르기닌, 히스티딘, 발린, 트레오닌, 메티오닌, 프롤린

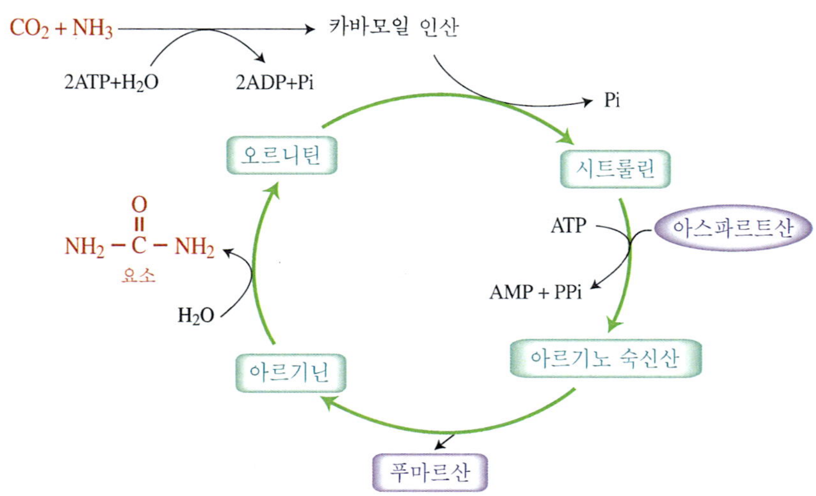

그림 4-14. 요소회로

카바모일 인산(carbamoyl phosphate)
오르니틴(ornithine)
시트룰린(citrulline)
요소(urea)

주요 조직에서의 아미노산 대사

장점막세포로 흡수된 아미노산은 대부분이 간문맥을 거쳐 간으로 운반되어 대사되며, 일부는 다시 혈액으로 나와 각 조직에 운반되어 단백질 합성 등을 위해 사용된다. 간에서 혈장으로 유출되어 농도가 조절되는 트립토판은 뇌로 가서 세로토닌 합성의 전구체로 사용된다. 곁가지 아미노산(BCAA)은 말초조직, 특히 근육과 지방조직에서 분해된다. 육류를 250g 섭취한 후에 간에서 방출하는 아미노산의 70%가 곁가지 아미노산이다. 이것은 곁가지 아미노산이 육류 단백질 아미노산의 총 20%를 구성하는 것에 비해 간이 곁가지 아미노산을 제외한 다른 아미노산들을 선택적으로 대사한다는 것을 시사한다. 근육에서는 중성 아미노산인 알라닌과 글루타민이 주로 유출되며, 알라닌은 간으로 이동하여 당 신생과정을 거쳐 혈당으로 재방출되어 근육으로 흡수되고(포도당-알라닌 회로), 글루타민은 장으로 이동하여 알라닌이 된 후 다시 간으로 이동한다(그림 4-15).

곁가지 아미노산(branched chain amino acid, BCAA)

포도당-알라닌 회로(glucose-alanine cycle)

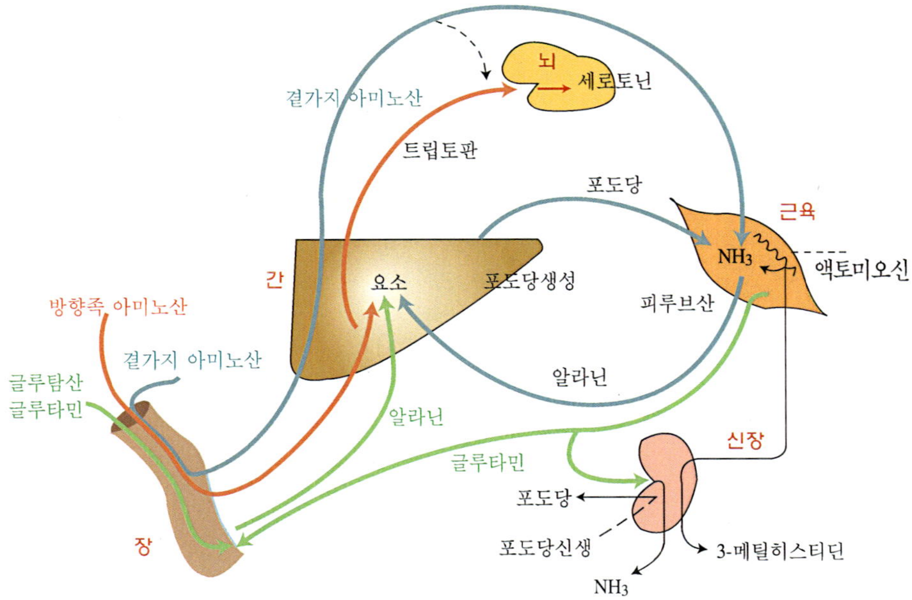

그림 4-15. 주요 조직에서의 아미노산 대사의 상호작용

단백질의 질 평가

식이단백질의 질 (protein quality)
체성장과 유지를 위한 식이단백질의 능력

식이단백질의 질이란 체성장과 유지를 위한 식이단백질의 능력으로서 단백질을 구성하고 있는 아미노산의 조성이나 양에 따라 결정된다. 양질의 단백질이란 필수 아미노산이 충분히 들어있고 소화가 잘 되어 체내 아미노산 풀을 최대로 채워 줄 수 있으며, 따라서 체내 단백질 합성효율이 높은 단백질을 의미한다. 일반적으로 동물성 단백질이 식물성 단백질보다 질이 높다.

식이단백질의 질을 평가할 때는, 각 단백질의 질을 평가한 것보다 전체 식이단백질의 질을 평가하는 것이 바람직하다. 일반적으로 단백질의 질을 평가하는 방법은 생물학적인 방법과 화학적인 방법으로 나눌 수 있다.

쉬어가기

단백질의 질과 양

식물성 단백질이라도 급원을 다양하게 충분한 양을 섭취하면 필수 아미노산의 필요량을 충당할 수 있다. 단백질의 질 평가는 섭취되는 단백질의 양이 신체의 필요량과 같거나 적은 상태에서만 정확하게 평가할 수 있다. 단백질 섭취량이 많아지면 양질의 단백질이라도 단백질 합성에 필요한 양보다 많은 양의 아미노산이 분해되어 에너지를 공급하기 때문에 단백질의 이용효율이 떨어지게 된다.

생물학적인 방법

생물학적인 방법으로 단백질의 질을 평가하는 방법으로는 성장 동물이나 성장기 어린이의 체중변화에 기준을 둔 단백질 효율 등이 있고, 질소 평형 실험에 근거해 체내 보유 질소의 양으로 평가하는 생물가와 단백질 실이용률 등이 있다.

1. 단백질 효율

단백질 효율은 어린 쥐의 성장 정도로 단백질의 질을 평가하는 방법으로, 체중증가가 체단백질 이용과 정비례한다는 가정 하에 측정한다. 특히 미국의 식품의약국(FDA)는 조제분유용 식품 표시기준을 정하는 데 이 방법을 사용하고 있다.

단백질 효율
(protein efficiency ratio, PER)
어린 쥐의 단백질 섭취량에 대한 체중증가량

$$\text{PER} = \frac{\text{일정한 사육기간 동안 성장 쥐의 체중 증가량(g)}}{\text{일정한 사육기간 동안 단백질 섭취량(g)}}$$

단백질이 동물성장에 기여하는 정도는 식이섭취량에 따라 다르고 체중증가가 체단백질의 증가와 비례하지 않고 체지방 축적에 의한 것일 수도 있으므로, 에너지와 단백질 섭취량이 적절히 조절된 조건하에서 단백질 효율을 측정하는 것이 중요하다. 일반적으로 동물실험 시 단백질을 사료의 10% 정도 주고 약 4주 동안 사육하여 단백질 효율을 계산한다. 이 방법은 간편하게 많이 이용되며 소화율을 고려했다는 장점도 있으나, 체중유지에 대한 측정이 없고 단지 성장만을 고려하였으며, 식이섭취량에 따라 영향을 많이 받는 단점이 있다. 단백질 효율은 식물성 단백질은 낮고 동물성 단백질은 높은 값을 보이지만 젖먹이 외에는 식사 때 보통 여러 음식을 함께 섭취하므로 단일식품의 단백질 효율이 크게 문제되지 않는다.

2. 생물가

생물가는 동물 체내로 흡수된 질소가 체내에 보유된 정도를 나타내는 것으로, 다음 식에 의해 구할 수 있다. 이는 흡수된 단백질이 얼마나 효율적으로 체단백으로 전환되었느냐를 측정하는 것이다.

생물가
(biological value, BV)
흡수된 질소량에 대한 체내 보유 질소량의 백분율. 질소 평형 실험으로 평가가 가능

$$\text{BV} = \frac{\text{보유된 질소량}}{\text{흡수된 질소량}} \times 100 = \frac{\text{식이질소량} - (\text{소변 질소량} + \text{대변 질소량})}{\text{식이질소량} - \text{대변 질소량}} \times 100$$

달걀이 생물가가 가장 높고, 우유 · 육류 등 다른 동물성 단백질의 생물가도 높으나 식물성 식품인 옥수수나 땅콩 단백질의 생물가는 낮다. 그러나 식물성 식품인 밀로 만든 빵과 땅콩버터 등을 함께 먹음으로써 식이의 생물가를 높일 수 있다. 실제로 식사 때는 여러 음식을 함께 먹으므로 개별적인 단백질의 생물가는 그다지 중요하지 않지만, 신장질환이나 간질환 환자는 양질의 단백질을 섭취해 단백질 합성에 이용되지 않는 아미노산의 양을 줄여 혈중 요소와 암모니아 농도가 올라가는 것을 방지해야 한다. 생물가가 높은 단백질은 단백질 합성에 이용되지 않고 배설되는 아미노산의 양을 줄여준다.

표 4-5. 각 식품의 생물가

식품명	생물가
달걀	96
우유	90
쇠고기	76
치즈	73
밀	65
옥수수	54
쌀	75
밀가루	52

3. 단백질 실이용률

단백질 실이용률(net protein utilization, NPU)
섭취된 질소량에 대한 체내 보유 질소량의 백분율

단백질 실이용률은 섭취한 총 식이질소가 동물 체내에 보유된 정도를 백분율로 나타낸 것으로, 다음 식에 의해 구할 수 있다. 흡수된 질소에 대한 체내 보유 질소의 백분율인 생물가는 소화흡수율을 고려하지 않았으나 단백질 실이용률은 소화흡수율을 고려한 것으로서, 생물가에 소화흡수율을 곱해서 구할 수 있다.

$$\text{NPU} = \frac{\text{보유된 질소량}}{\text{섭취된 질소량}} = \frac{\text{식이질소량} - (\text{소변 질소량} + \text{대변 질소량})}{\text{식이질소량}} \times 100$$

$$= \text{생물가} \times \text{소화흡수율}$$

에너지 섭취가 낮을 때나 단백질을 과다하게 섭취하면 단백질이 에너지원으로 분해되어 단백질의 실이용률이 낮아지므로 적절한 표준 조건하에서 단백질의 실이용률을 구하는 것이 중요하다.

화학적인 방법

단백질의 질을 화학적인 방법으로 평가한다는 것은, 주로 화학분석에 기초하여 단백질의 아미노산 조성을 조사하고 이를 기준 단백질의 아미노산 조성과 비교하여 평가하는 방법이다. 화학가, 아미노산가 등이 이에 속한다.

1. 화학가

화학가(chemical score)
식품 단백질의 제1제한 아미노산의 함량을 기준 단백질의 같은 아미노산의 함량으로 나눈 값의 백분율

기준 단백질
(reference protein)

단백질 질의 평가기준을 단백질의 필수 아미노산 함량에 두고, 이상적인 단백질의 필수 아미노산 구성을 기준으로 하여, 평가하고자 하는 단백질의 아미노산 구성을 비교하는 것이다(표 4-6). 즉 평가하고자 하는 식품 단백질의 필수 아미노산 구성을 기준 단백질의 필수 아미노산 조성과 비교하여 가장 낮은 비율의 아미노산을 제1제한 아미노산이라고 하며, 이 아미노산의 함량을 기준 단백질의 아미노산 함량으로 나눈 값의 백분율을 화학가라 한다. 달걀 단백질의 필수아미노산 구성이 인체에 필요한 필수 아미노산 함량과 가장 가까우므로 달걀 단백질을 이상적인 기준 단백질로 하여 다음 식에 의해 구할 수 있다.

$$\text{화학가} = \frac{\text{식품 단백질 g당 제1제한 아미노산의 mg}}{\text{기준 단백질 g당 같은 아미노산의 mg}} \times 100$$

아미노산가
(amino acid score)

1973년에 유엔식량농업기구(FAO)와 세계보건기구(WHO)가 이상적인 단백질 필수 아미노산의 표준구성을 달걀 단백질의 아미노산 조성보다는 인체의 단백질 필요량에 근거한 아미노산 필요량을 기준으로 구한 화학가를 아미노산가라 한다. 화학가는 분석해서 간단하게 측정할 수 있고 또한 제한 아미노산을 알 수 있어 보충효과를 예측할 수 있는 장점이 있으나, 소화율을 고려하지 않았을 뿐만 아니라 단백질 급원식품에 존재할 수도 있는 독성물질의 존재를 파악할 수 없다는 단점이 있다.

표 4-6. 밀 아미노산 함량과 기준 아미노산 함량의 비교

아미노산	아미노산 함량(g/100g 단백질)			밀 단백질을 달걀 단백질과 비교 (% deviation)
	밀	달걀	FAO/WHO 기준	
페닐알라닌+티로신	8.1	10.1	7.3	-20
히스티딘	1.9	2.4	1.7	-21
트립토판	1.2	1.6	1.1	-25
류신	6.3	8.8	7.0	-28
황함유아미노산	3.5	5.5	2.6	-36
이소류신	4.0	6.6	4.2	-40
발린	4.3	7.4	4.8	-42
트레오닌	2.7	5.0	3.5	-46
라이신	2.4	6.4	5.1	-62

*밀의 제1제한 아미노산은 라이신. 화학가=2.4/6.4×100=38, 아미노산가=2.4/5.1×100=47

2. 소화율이 고려된 아미노산가

소화율이 고려된 아미노산가는 생물학적인 평가방법과 화학적인 평가방법의 단점을 보완한 것으로, 최근에 FDA에서 4세 이상의 어린이나 임신하지 않은 성인을 위한 식품에 단백질 효율 대신 사용하도록 승인한 것이다. PDCAAS는 단백질의 아미노산가를 100으로 나눈 값에다 소화율을 곱한 것으로, 최대값이 1.0이다. 우유·달걀·콩단백질은 1에 가깝고, 밀의 PDCAAS는 0.47×0.9 = 0.40이다. 9가지 필수 아미노산 중 하나라도 완전히 결핍되면 아미노산가가 0이므로 PDCAAS도 0이 된다.

소화율이 고려된 아미노산가 (protein digestibility corrected amino acid score, PDCAAS)
아미노산가에서 소화율이 고려된 것으로, 4세 이상이나 비임신 성인을 위한 식품에 PER 대신 사용하도록 FDA에서 승인한 방법,
PDCAAS=아미노산가× 소화율

미국에서는 식품의 단백질 함량을 표시할 때 하루 필요 단백질량의 백분율로 표시할 수 있다. 그러나 이를 계산할 때 식품의 실제 단백질 함량에 PDCAAS를 곱한 수치를 이용한다. 단백질의 질 평가 시 가장 중요한 것은, 우리가 식사 시 단백질의 급원으로 한 가지의 식품만을 먹지 않기 때문에 여러 식품을 골고루 먹으면 전체적인 단백질의 질은 상승되고, 따라서 필수 아미노산을 필요한 만큼 섭취할 수 있다는 것이다.

단백질 질의 보충효과

질이 낮은 단백질에 부족한 아미노산을 보충하거나, 그 아미노산을 함유하는 단백질을 함께 섭취하면 필수 아미노산의 공급을 향상시킬 수 있다. 이렇게 단백질의 질을 향상시키는 효과를 단백질 질의 보충효과라 하며, 전통적으로 콩을 쌀과 혼합해서 잡곡밥을 지어 먹는 것은 쌀의 단백질 질을 향상시키는 보완방법이다(표 4-7). 질이 낮은 식물성 단백질은 단독으로 먹는 것보다 여러 종류의 식물성 단백질을 혼합하거나 양질의 동물성 단백질과 혼합하여 먹음으로써 부족한 아미노산을 보완할 수 있다. 또한 질이 낮은 단백질의 제1제한 아미노산이나 제2제한 아미노산을 첨가해서 단백질의 질을 상승시킬 수도 있는데, 그 예로 밀가루에 라이신이나 트레오닌을 강화시키는 경우이다.

단백질 질의 보충효과 (complementary effects of protein)

첨가(supplementation)

그러나 실제 제한 아미노산을 보충할 때 한 개의 아미노산이 너무 많이 첨가되면 아미노산 불균형을 초래하여 독성효과를 나타낼 수도 있다.

아미노산 불균형 (amino acid imbalance)
식품에 제한 아미노산을 보충 시 특정 아미노산의 과잉첨가로 나타나는 독성현상

표 4-7. 식물성 식품에 부족한 아미노산과 단백질 질의 보충효과

식품	부족한 아미노산	단백질 질의 보충효과
콩류	메티오닌	두부와 쌀밥
곡류	라이신, 트레오닌	콩밥, 팥밥
견과 및 종실류	라이신	콩과 참깨가루를 섞어 만든 미소된장, 땅콩과 완두 등의 콩을 섞은 샐러드
채소	메티오닌	나물과 쌀밥, 채소와 견과류를 섞은 샐러드
옥수수	트립토판, 라이신	옥수수와 달걀을 섞은 볶음밥

쉬어가기

단백질 질 평가방법의 이용

단백질의 질을 평가하는 각각의 방법들은 나름대로 장 · 단점을 가지고 있으며 이용되는 경우도 다르다. 즉 단백질 효율이나 소화율이 고려된 아미노산가는 식품표시와 관련되어 이용되고, 생물가는 간장질환이나 신장질환의 환자를 위한 식이요법에 유용하게 이용되며, 화학가는 기아구제를 위해 단백질의 질을 평가할 때 식품 단백질의 가공과정의 효과를 측정하는 데 이용된다.

단백질과 건강

단백질 결핍증

단백질 – 열량 영양불량
(protein-energy malnutrition, PEM, protein-calorie malnutrition, PCM)
단백질과 열량 부족증으로 성장저해가 초래되고 질병에 걸리기 쉬운 상태

전 세계적으로 저개발국과 개발도상국에서는 에너지와 단백질 섭취가 낮아서 성장저해와 질병이 나타나기 쉽다. 단백질과 에너지가 부족한 식사를 하면 단백질-열량 영양불량이라는 영양부족증 증상이 나타난다. 단백질 결핍증은 어른보다 어린이에게서 많이 나타나는데, 이는 성장을 위하여 단백질 요구량이 증가되기 때문이다. 지구상에서 적어도 5백만 어린이들이 PEM 증상을 보이고 있고, 성인의 경우에는 주로 병원에 입원한 환자들로서 에이즈, 암, 결핵, 흡수불량증, 신장과 간질환, 식욕감퇴증 같은 질환의 2차 증상으로 단백질-열량 영양불량이 나타난다.

■ **어린이들이 PEM에 걸리는 원인**

1. 어린이들은 단백질과 에너지원에 대한 필요량이 상대적으로 크다.
2. 식사의 에너지 및 단백질 함량이 낮고 충분히 자주 먹여주지 못한다.
3. 가난, 불평등, 경작토지 부족으로 가족에 대해 충분한 식사공급과 가족 내의 분배가 제대로 이루어지지 못한다.
4. 바이러스 · 박테리아 · 기생충 감염이 식욕을 떨어뜨리고 식이섭취를 낮추며, 설사, 영양소 흡수 및 이용불량, 영양소의 손실 등을 가져온다.
5. 가뭄, 자연재해, 전쟁 및 내란 등으로 인한 기아상태로부터 나타난다.
6. 가난한 가족이 모유 대신 부적절한 조제분유나 이유식을 함으로써 나타난다.

1. 마라스무스

마라스무스(Marasmus)

마라스무스는 그리스어로 '소모한다'라는 뜻이며, 아프리카 지역에서 이유기와 유아기에 식량부족으로 잘 걸린다. 주로 에너지와 단백질이 모두 부족한 기아상태 때 나타나며 체지방의 저장이 거의 없어 피골이 상접해 보이고 근육도 거의 없어 힘도 없다. 식이요법이 적절히 이루어지지 않으면, 감염에 의해 보통 사망한다.

2. 콰시오카

콰시오카(Kwashiokor)

콰시오카는 전 세계적으로 저개발국가에서 흔히 볼 수 있는 단백질 결핍증이다. 이유기의 어린이가 에너지는 겨우 섭취하고 단백질이 상당히 부족한 상태에서 나타나는 질병으로, 감염(면역기능의 저하), 부종, 성장저해, 허약, 질병에 대한 민감도가 증가한다. 콰시오카와 마라스무스 모두 단백질-열량 영양불량증의 일종이지만, 각각의 발생시기나 외양, 생화학적 변화 등은 다르다(표 4-8, 그림 4-16). 그러나 콰시오카가 마라스무스보다 더 심각한 형태의 영양불량증으로 보이며 전염병에 대한 저항력이 더 떨어진다.

단백질 과잉증

동물성 단백질로 고단백질 식사를 하면, 동물성 단백질에 많이 들어 있는 산성의 황아미노산 대사물질이 중화되는 과정에서 소변을 통한 칼슘의 손실이 많아진다. 따라서 칼슘 섭취부족, 운동부족, 과도한 술, 담배 등과 관련되어 골다공증이 나타날 위험이 높다. 또한 육류 속의 단백질이나 지방은 가열 시 발암물질이 생기는데, 이것을 많이 섭취하고 아울러 지방 섭취과잉에 식이섬유의 섭취가 부족하면 결장암의 빈도가 높게 나타날 수 있다. 단백질을 많이 먹으면 요소 배설을 많이 하여 신장에 부담을 주므로, 특히 당뇨나 신장병 환자의 경우에 조심하여야 한다. 단백질 섭취량은 에너지 권장량의 15~20% 수준을 유지하는 것이 바람직하며, 그 이상을 섭취하면 인체에 유해할 수도 있다.

균형된 식사로 쉽게 아미노산의 필요량은 충족되므로 특수아미노산의 보충은 필요하지 않다.

표 4-8. 마라스무스와 콰시오카의 비교

특 징	마라스무스	콰시오카
최고 발생시기	6~18개월 어린이	12~48개월(이유 후의 어린이나 급성장 어린이)
키	나이에 비해 적음	거의 정상
외모	피골이 상접하게 마름	약간 마름
부종	없음	큼
지방간	별로 없음	많음
체지방	모두 이용	정상으로 존재
근육	근육쇠태	근육위축
피부	건조 주름	부스럼
머리카락	드물고 가늠	건조 탈색
혈청 알부민	정상	감소
비타민 A 결합 단백질	정상	감소
포도당 내성	정상	감소

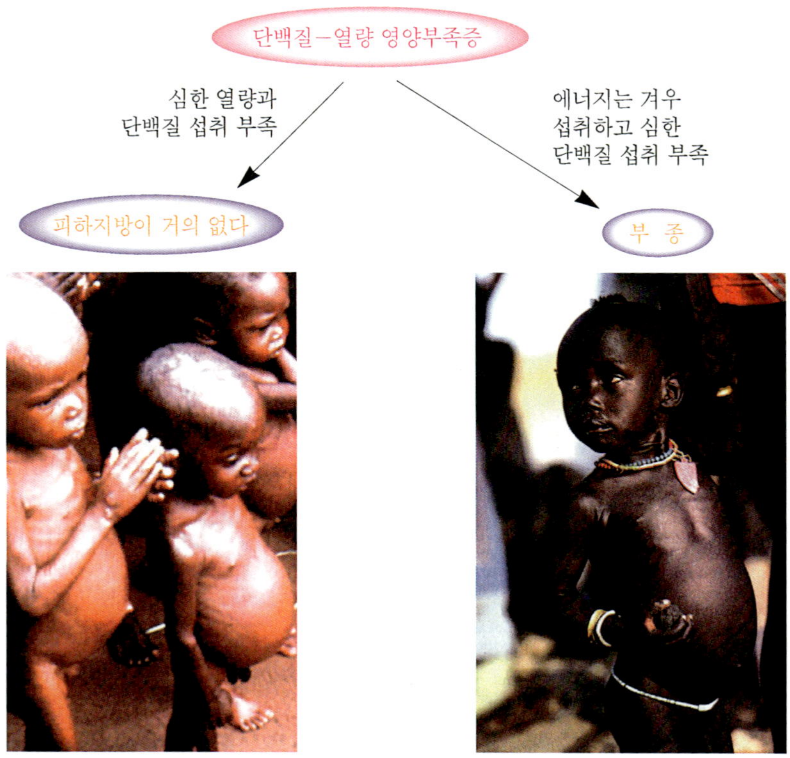

a) 마라스무스 b) 콰시오카

그림 4-16. 단백질 영양부족증의 분류

선천성 대사이상

1. 호모시스틴뇨증

호모시스틴뇨증 (homocystinuria)

시스타티오닌 합성효소 (cystathionine synthetase)

메티오닌으로부터 시스테인을 합성하는 과정에 있는 시스타티오닌 합성효소에 유전적으로 결함이 있어 이 효소의 기질인 호모시스틴의 혈중 농도를 높이고, 따라서 호모시스틴이 소변으로 많이 배설되는 유전적인 대사 질환이다. 호모시스틴은 그 자체가 동맥경화를 유발하는 물질이므로 이 질환을 가진 어린이는 주로 동맥경화증을 앓는데, 적절한 치료가 이루어지지 않으면 결국 사망하게 된다. 치료방법은 메티오닌의 섭취를 줄여야 하며, 이를 위해 전체적인 단백질의 섭취를 줄여야 한다. 또한 경우에 따라서는 비타민 B6의 섭취를 증가시키면 시스타티오닌 합성효소의 활성을 증가시킬 수도 있다. 최근에는 엽산 섭취를 증가시키면 호모시스틴의 혈중 농도를 다소 낮출 수 있다고 한다.

2. 페닐케톤뇨증

페닐케톤뇨증 (phenylketonuria)

페닐알라닌 수산화효소 (phenylalanine hydroxylase)

페닐케톤뇨증은 페닐알라닌 대사의 선천적 장애로 나타나는 질병으로 주로 백인에게 많다. 이는 간의 페닐알라닌 수산화효소의 유전적인 결함에 의해 페닐알라닌이 티로신으로 전환되지 못하고 혈액이나 조직에 축적된다. 과잉 페닐알라닌은 페닐피루브산으로 전환되어 소변으로 배설되므로 페닐케톤뇨증이 된다. 페닐케톤뇨증은 생후 1개월 이내에 발견하여 치료하면 현저한 효

쉬어가기

단백질을 많이 먹으면 해로운가?

최근 미국에서는 단백질 권장량의 2배 이상을 규칙적으로 섭취하지 말 것을 권하고 있다. 젖먹이의 경우에 과잉의 단백질을 주면 신장에 부담을 주어 해로우므로 단백질과 칼슘 등의 함량이 높은 우유 대신에 조제분유를 먹인다. 메티오닌, 티로신 등의 특수아미노산을 보충해 먹으면 아미노산 불균형의 효과로 독성이 나타날 수 있다. 예를 들어 트립토판을 많이 먹으면 세로토닌 합성이 늘어나서 졸립고, 생리전 증후군 · 우울증 · 주의산만 등의 증세가 나타난다.

과가 있으나, 초기에 치료하지 못하면 뇌손상을 초래하여 정신적 지진아가 되기 쉽다. 페닐케톤뇨증 영유아는 페닐알라닌이 적게 들어 있는 식품이나 특수분유를 사용해야 한다.

3. 단풍당뇨증

단풍당뇨증이란 소변에서 단풍시럽 같은 단 냄새가 나기 때문에 단풍당뇨증이라는 이름을 붙였다. 이 질환은 선천적으로 류신, 이소류신, 발린 등 곁가지 아미노산의 산화적 탈탄산소화를 촉진시키는 효소의 유전적인 결함에 의해 이들 아미노산으로부터 생성된 케토산의 농도가 혈액이나 소변에 증가된다. 단풍당뇨증은 생후 1주 이내에 발견하여 치료하지 못하면 심한 신경장애와 지능발달에 영향을 줄 수 있다. 식이요법은 주로 이들 아미노산을 제한한 특수분유나 식품을 공급하여 혈중 농도를 정상으로 유지하는 데 있다. 또한 체내 단백질 분해로 이들 아미노산이 유리되는 것을 막기 위해 충분한 열량과 단백질, 무기질, 비타민을 공급한다.

단풍당뇨증(maple syrup urine disease)

4. 티로신혈증

티로신혈증은 티로신대사에 관여하는 효소 활성이 정상인보다 30% 이하로 저하되어 혈중 티로신의 농도가 상승하는 선천적 질환이다. 주로 간과 신장에서 티로신 대사효소의 유전적 결함으로 독성대사물질이 축적된다. 치료법은 약물요법과 식이요법으로 티로신과 티로신으로 전환되는 페닐알라닌 제한식이를 제공한다. 티로신과 페닐알라닌을 제외한 다른 아미노산을 충분히 공급하는 특수조제 분유를 공급한다.

티로신혈증(tyrosinemia)

단백질 섭취기준

단백질 필요량과 질소평형

단백질의 필요량은 적당한 신체활동 시 에너지 평형을 유지하며 단백질의 합성과 분해가 평형을 이루어 질소평형을 유지하는 최소 필요량을 의미한다(표 4-9). 단백질의 최소 필요량을 정하는 방법은 두 가지가 있다. 첫째는, 질소평형방법으로 건강한 성인의 질소평형을 유지하는 데 필요한 최소한의 단백질 양을 측정하는 것이다. 둘째는, 요인가산법에 의하여 측정하는 것으로, 이 방법에서는 무단백 식이 시에 소변 · 대변 · 피부 · 털 · 손톱 · 발톱 등을 통해 배설되는 불가

질소평형방법(nitrogen balance method)

요인가산법(factorial method)

무단백 식이(protein-free diet)

불가피한 질소손실량(obligatory nitrogen loss)

표 4-9. 질소평형

양의 질소평형 질소섭취량 > 질소배설량	질소섭취량 = 질소배설량	음의 질소평형 질소섭취량 < 질소배설량
성장, 임신, 질병으로부터 회복단계, 운동의 훈련효과로 근육증가, 성장 호르몬, 인슐린, 남성 호르몬의 분비 증대	건강한 성인	기아, 소장의 질병, 단백질 섭취부족, 에너지 섭취부족, 발열, 화상, 감염, 침상에 입원(수일간), 필수 아미노산 부족,단백질 손실 증가(신장병), 갑상선 호르몬, 코르티솔 분비증대

피 질소 손실량을 구하고, 그 값에다 질소계수인 6.25를 곱하여 단백질의 최소 필요량을 정한다. 즉 질소는 단백질의 약 16%를 구성하므로 질소량에다 6.25를 곱하면 단백질 필요량이 된다.

질소평형방법에서 성인의 질소평형상태란 질소의 섭취량과 배설량이 같은 상태로 인체의 배설량만큼 식이단백질을 섭취하는 것을 의미하며, 이 양이 필요량이 된다. 실험적으로 단백질 섭취량을 달리하여 섭취한 식이의 질소 함량을 측정하고, 동시에 대변 및 소변으로 배설되는 질소 함량을 측정하여 균형점을 찾는다. 이때 피부 및 땀 등으로 배설되는 질소량은 실제 측정하기 어려우므로 이 값을 보통 0.2~0.3g의 질소 함량으로 합해주면 된다. 단백질 섭취량이 증가하면 섭취 질소의 이용효율이 떨어져서 평형상태에 도달하기 어렵다. 일반적으로 질소평형실험 시 4~7일 동안의 적응기간이 필요하며, 질소 섭취량은 과대평가되고 질소 배설량은 과소평가되는 경향이 있으며, 또한 단백질 필요량이 열량에 의존하는 단점이 있다. 실제 열량 100kcal가 증가하면 0.2~0.3g 질소 요구량이 줄어든다. 동물실험에서 필수 아미노산이 하나라도 부족하면 음의 균형을 나타낸다. 실제 질소평형실험에서 측정한 질소 평형점에서 0.4~0.5g의 질소를 합해준 약간량의 균형값이 진정한 의미의 질소 균형점이 될 수 있다.

한국인의 단백질 섭취기준

단백질의 섭취기준으로 영아 전기에는 충분섭취량을 설정하였고, 그 이상 연령층에서는 평균필요량과 권장섭취량을 설정하였다. 성인의 경우, 성별에 무관하게 질소평형 실험결과로부터 얻은 0.66g/kg/일에 단백질의 소화율(90%)을 보정한 0.73g/kg/일을 질소평형유지를 위한 체중당 1일 필요량으로 정하고, 성별 및 연령구간별 평균체중을 곱하여 산출하였다. 권장섭취량은 평균필요량에 변이계수(12.5%)를 적용한 0.91g/kg/일을 평균체중에 곱하여 산출하였다.

표 4-10. 한국인의 1일 단백질 섭취 기준

(g/일)

연 령	평균필요량		권장섭취량		충분섭취량	상한섭취량
영아						
0~5(개월)					10	
6~11	12		15			
유아						
1~2(세)	15		20			
3~5	20		25			
아동, 청소년, 성인, 노인	남자	여자	남자	여자		
6~8(세)	30	30	35	35		
9~11	40	40	50	45		
12~14	50	45	60	55		
15~18	55	45	65	55		
19~29	50	45	65	55		
30~49	50	40	65	50		
50~64	50	40	60	50		
65~74	50	40	60	50		
75 이상	50	40	60	50		
임신부 2분기		+12		+15		
임신부 3분기		+25		+30		
수유부		+20		+25		

자료 : 보건복지부, 2020 한국인 영양소 섭취기준, 2020

단백질이 풍부한 식품

단백질은 주요 영양소로서 식물성 식품과 동물성 식품에 골고루 들어 있다. 곡류 · 옥수수 · 밀은 콩류나 견과류, 유제품, 어육류 및 난류와 같은 동물성 식품에 비해 단백질 질이 낮고 그 함량도 적지만 주식으로 사용되어 단백질 섭취량의 상당 부분을 차지한다. 콩단백질 같은 식물성 단백질은 가용성 섬유소나 Mg2+ 이온 등 다른 주요 영양소들을 제공해 준다. 또한 콩은 콜레스테롤이 없고 포화지방산이 낮으며 식이섬유소가 많아서 에너지 밀도가 낮다.

기초식품군 사이의 교환단위를 이용하면 식품의 단백질 함량을 쉽게 알 수 있다. 1교환단위의 과일류와 지방군은 단백질을 전혀 함유하지 않으며, 채소군은 1교환단위당 2g, 곡류군은 1교환단위당 2g, 어육류군은 1교환단위당 8g, 우유군은 1교환단위당 6g의 단백질을 함유한다. 단백질의 주요급원은 동물성 식품으로 식품의 에너지 함량의 20% 이상이 단백질이다. 표 4-11은 단백질이 풍부한 식품으로 가식부 1회 분량의 단백질 함량이 표시되어 있다.

단백질함량(교환)

채소군	2g
곡류군	2g
어육류군	8g
우유군	6g

표 4-11. 주요 식품의 단백질 함량

식품군	식품	중량(g)	단백질(g)	식품군	식품	중량(g)	단백질(g)
어육류 및 난류	다랑어	70	19.0	어육류 및 난류	전복	80	11.5
	가다랭어	70	18.1		쇠고기갈비	60	11.3
	오징어	80	15.6		돼지고기갈비	60	11.1
	가자미	70	15.5		게	80	11.0
	새우	80	14.7		대합	80	9.4
	고등어	70	14.1		굴(자연산)	80	9.3
	연어	70	14.1		달걀 1개	50	6.3
	정어리	70	14.0		모시조개	80	5.7
	꽁치	70	13.7	콩류	말린 노란콩 2큰술	20	7.2
	장어	70	13.7		말린 검정콩 2큰술	20	6.9
	청어	70	13.5		두부 1/5모	80	6.7
	굴비(연건품)	30	13.3		강낭콩	20	3.1
	갈치	70	13.0		완두콩	20	1.3
	조기	70	12.8		된장	10	1.2
	문어	80	12.4				
	바닷가재	80	12.4	우유 및 유제품	우유 1컵	200	5.8
	대구	70	12.3		요구르트(호상) 1컵	180	5.8
	명태	70	12.3		치즈 1½~2장	30	5.8
	닭고기(살코기)	60	11.9		요구르트(액상)	180	1.4

요약

1. 단백질은 생명 유지에 필수적인 영양소로서, 효소·호르몬·항체 등의 주요 생체기능을 수행하고, 근육 등의 체조직을 구성한다.
2. 단백질은 살아 있는 세포에서 수분 다음으로 풍부하게 존재하므로, 식이를 통해 체내에서 필요한 단백질을 규칙적으로 공급해 주는 일은 건강 유지에 필수적이다.
3. 단백질의 구성단위인 아미노산들은 강한 공유결합인 펩타이드 결합으로 연결되어 있으며, 천연에 총 20개의 L-아미노산들이 특유한 배열로 식이 및 조직 단백질을 구성한다.
4. 단백질을 구성하는 아미노산은 체내에서 합성할 수 없는 9개의 필수 아미노산과 합성이 가능한 11개의 불필수 아미노산으로 나누어지는데, 필수 아미노산은 반드시 식이로서 공급되어야 한다.
5. 단백질의 구조는 1차, 2차, 3차 구조 등으로 나누어진다.
6. 단백질은 신체에서 체구성 성분형성, 수분평형유지, 산염기평형유지, 면역기능, 호르몬 및 효소형성, 포도당 생성 및 에너지원으로 사용되는 등의 기능을 수행한다.
7. 단백질은 체내에서 대사되어 합성과 분해가 계속된다. 단백질의 분해로 생성된 아미노산은 세포내의 아미노산풀로 가서 재활용된다.
8. 아미노산은 탈아미노 반응 후에 아미노산의 탄소골격이 탄수화물이나 지질이 분해되는 경로로 합류하여 대사된다.

9. 아미노산의 탈아미노 반응 결과 생성된 세포내의 유독한 암모니아는 혈액을 통해 간으로 운반된 후, 간 세포에서 이산화탄소와 결합하여 무해한 수용성의 요소로 전환되어 신장을 통해 배설된다.
10. 단백질의 질을 평가하는 방법으로는 생물가 · 단백질 실이용률 · 단백질 효율 · 화학가, 그리고 소화율이 고려된 아미노산가 등이 있으며, 질이 낮은 단백질에 부족한 아미노산을 보충하거나 그 아미노산을 함유하는 단백질을 함께 섭취하면 필수 아미노산의 공급을 향상시킬 수 있어 단백질 질의 보충효과가 나타난다.
11. 단백질의 부족증으로는 마라스무스와 콰시오카가 있다.
12. 단백질의 권장량은 단백질의 최소 필요량에 안정량을 더한 것이다.
13. 콩류나 견과류의 식물성 식품, 유제품, 어육류 및 난류와 같은 동물성 식품은 주요 단백질 급원이다.

참고문헌

1. 보건복지부(2020) 2020 한국인 영양소 섭취기준
2. Bender D.A. · Bender A.E(1997) Nutrition a reference handbook, Oxford University Press
3. Brody T(1999) Nutritional Biochemistry, Academic Press Inc.
4 Campbell M.K(2015) Biochemistry, 8th ed., Thomson
5. Gibbs B.F. · Alli I. · Mulligan C(1996) "Sweet and Taste-Modifying Proteins", A Review 16(9), pp 1619~1630
6. Lemon PWR(1996) "Is Increased Dietary Protein Necessary or Beneficial for Individuals with a Physically Active Lifestyle?", Nutrition Reviews 54(4), pp S169~S175
7. Macrae R. · Robinson RK · Sadler MJ(1993) "Food Technology and Nutrition", Encyclopaedia of Food Science, Academic Press
8. Shils ME · Shike M · Ross AC · Caballero B · Cousins BJ(2015) Modern Nutrition in Health and Disease, 11th ed., Lippincott Williams & Wikins
9. Wardlaw GM · Insel PM(2013) Perspectives in Nutrition, 9th ed., McGraw-Hill
10. Ziegler EE · Filer LJ(2001) Present Knowledge in Nutrition, 8th ed., ILSI Press

연습문제

1. 필수 아미노산을 정의하고 건강상의 중요성을 설명하라.
2. 단백질이 생물학적 기능을 수행하기 위한 중요한 구조에 대해 설명하라.
3. 단백질의 변성을 일으키는 요인은 무엇인가?
4. 단백질의 주요기능을 설명하라.
5. 단백질의 질이 중요한 이유와 질이 우수한 단백질을 제공하는 식품을 서술하라.
6. 단백질 부족증에는 무엇이 있는지 설명하라.

관련 웹사이트

http://www.nemsn.org (National Eosinophilia-Myalgia Syndrome Network)
http://www.veg.org/veg (채식주의자)

타우린(Taurine)

타우린은 약 150년 전 소의 담즙에서 처음으로 분리되었으나, 1968년에 비로소 현대적인 의미의 연구가 시작되었고, 그 후 여러 분야에서 타우린의 역할이 다양하게 밝혀지고 있다. 타우린에 대한 영양학적 연구가 활발하게 된 것은 불과 20여 년 전으로, 타우린이 함유되지 않은 사료를 먹인 고양이의 망막에서 심각한 구조기능적 이상이 나타났던 사실과, 타우린이 함유되지 않은 당시의 조제분유를 먹인 유아들의 혈장과 소변에서 타우린 농도가 모유영양아들보다 낮았던 사실이 발표되면서였다.

타우린은 술폰(sulfonic)기를 가진 β-아미노산으로서, 단백질 합성에 사용되지 않아 체내에서 더이상 대사되지 않으므로 타우린의 모든 체내 작용은 타우린 분자 그 자체의 작용이다. 타우린은 분자 내에 양전하와 음전하를 함께 가지고 있는 양성이온으로서, 물에 잘 녹고 세포막에 대한 투과성이 낮아서 세포 내외의 농도경사를 아주 높게 유지할 수 있다.

$$^{+}NH_3\text{-}CH_2\text{-}CH_2\text{-}SO_3^{-}$$

타우린은 단백질 합성에 이용되지 않아 여러 조직이나 체액에 함유된 유리아미노산 중 가장 풍부하게 존재하는 경우가 많다. 타우린은 해조류, 콩류, 버섯류 등을 제외한 식물에는 거의 없고, 여러 동물 조직에 많이 들어 있으며, 특히 흥분성이 있거나 막이 많거나 산화제가 많은 조직에 그 함량이 높다.

오래 전부터 알려진 타우린의 기능은 담즙산염의 형성이다. 글리신도 담즙산염 형성에 사용되기는 하지만, 사람은 글리신보다 타우린을 담즙산염 형성에 우선적으로 사용하는 경향이 있고, 신생아나 고양이의 경우는 타우린만을 담즙산염의 형성에 사용할 수 있다. 여러 동물실험에서, 타우린이 결핍되면 심근의 병변이 일어나고, 타우린을 첨가해주었을 때 심근의 병변으로 인한 상해의 진행속도가 더디어졌다. 타우린은 사람의 임신 중반기 태아의 뇌조직에 가장 풍부하게 함유되어 있는 유리아미노산이고, 성숙된 망막의 총아미노산의 40~50%를 차지한다. 타우린은 간질발작을 억제하는 기능이 있는데, 뇌에서 하는 타우린 역할이 저해적인 신경전달물질(neurotransmitter)이나 신경조절인자(neuromodulator)인지, 삼투압조절인자인지, 세포막안정인자인지, 항산화제인지는 아직 확실히 밝혀지지 않았지만, 어쩌면 아직 밝혀지지 않은 다른 기능이 있을지 모르며, 혹은 복합적인 기능을 하는지도 모른다. 모든 조직에 전반적으로 관여하는 타우린의 기능으로는 삼투압 조절을 통한 세포 부피의 유지, 항산화 작용과 해독 작용 및 인슐린 유사기능 등이 있다. 타우린의 공통적이고 기본적인 기능은 유독물질을 제거하거나, 손상된 막에서 이온과 물이 새어나가는 것을 방지함으로써 막을 보호한다는 것으로 요약할 수 있다. 타우린의 여러 활성에 대해 'enatiostasis'라는 단어로 설명하는 학자들이 있는데, 이는 체내 여러 가지 환경적인 스트레스나 독성물질에 의한 변화로부터 방어 또는 탈피를 의미하며, 타우린의 체내 방어활성을 말해준다.

체내 타우린의 균형은, 섭취량과 생합성을 합한 양과 주로 소변을 통한 배설량과의 차이로 결정된다. 고양이는 타우린을 합성할 수 있는 능력이 적어 식이 내의 타우린이 필수적이다. 쥐는 타우린의 합성 능력이 월등해서 아무리 타우린이 결핍되어도 체내 타우린이 고갈되지 않는다. 사람은 타우린을 생합성하는 능력은 적으나, 식이 섭취량이 부족할 때는 신장에서 재흡수하는 능력이 커지면서 소변으로 배설되는 양이 적어져 타우린의 결핍증상이 잘 일어나지 않는다. 그러나, 성장이 활발한 시기에는 조직의 증가로 인해 체내 타우린이 희석되므로 타우린 부족현상이 일어날 수 있다.

타우린이 결핍된 고양이는 시각과 면역기능에 이상이 나타나고, 심근의 병변이 보이며, 성공적인 임신이 힘들고, 태어난 새끼들은 일반적인 성장지연과 여러 가지 신경학적인 장애를 보인다. 타우린을 필수영양소로 갖는, 지금까지 알려진 유일한 종은 고양이다. 원숭이에게 타우린이 결핍되면 일반적인 성장지연, 조직내 타우린 농도 감소, 담즙산염 형성에 쓰이는 타우린의 비율 감소 및 시력의 저하가 나타난다. 한편, 원숭이의 타우린 의존성은 생후 6개월까지만 지속된다는 보고가 있다.

사람에게 타우린은 조건적 필수영양소이다. 즉, 보통 성인은 타우린을 따로 식이로부터 공급받지 않아도 합성이나 신장의 재흡수 증가에 의해 타우린이 고갈되지 않지만, 특수한 환경에서 타우린이 보충되지 않으면 체내 고갈현상과 부족증상이 나타난다. 예를 들어 미숙아나 신생아의 혈장 타우린 농도를 모유영양아와 같은 수준으로 맞추기 위해서는 조제분유에 타우린을 첨가해야 한다. 젖소가 분만 직후 자신의 송아지를 키울 때는 그 초유에 타우린이 다량 함유되어 있지만, 그 후 만성적으로 분비되는 우유에는 타우린의 함량이 극히 낮아 우유로부터 제조되는 조제분유에는 타우린이 거의 함유되어 있지 않다. 현재는 우리나라를 포함한 거의 모든 선진국에서 조제분유에 타우린을 모유 수준으로 첨가하고 있다. 또한 타우린이 첨가되지 않은 주사액으로 장기적인 정맥영양을 받는 환자들은 타우린 영양이 취약해, 혈장 타우린 농도의 저하와 함께 망막의 변화가 일어났다. 담낭섬유조직증식 환자들에게 타우린을 보충시켰을 때 지방흡수와 일반적인 성장이 호전되었다는 보고도 있다.

그러나 타우린의 영양학적 필수성에 대해 적극적이지 않은 학자들도 있다. 그 근거로는, 사람에게 타우린을 식이로부터 고갈시켰을 때 망막의 경미한 변화 외에는 임상적 증상이 없다는 것과 담낭섬유조직증식 환자들에게서 보여진 지방흡수의 호전에 대한 관찰들이 일관적으로 일치하지 않는다는 점들이다. 그들의 주장에 의하면 현재 조제분유에 타우린을 첨가하는 것은, 타우린 첨가의 이점은 확실하지 않지만 적어도 타우린 첨가가 부작용이 없기 때문에 이점의 가능성을 시험해볼 수 있다는 것이다.

최근 서방 선진국들은 기존의 의료체계에 대해 신뢰를 잃으면서 종래의 건강관리 수단보다는 자연적인 치료제에 관심을 높이고 있으며, 이러한 맥락에서 Lipovitin , Red Bull, Calms Kids, Craw-Away, Hansen′ Energy과 같이 타우린이 첨가된 건강음료와 치료제의 사용이 증폭되고 있다.

참고문헌

1. 손미원(1997) '타우린의 생리활성에 대한 최근 연구동향', 동아의보, 245
2. Huxtable RJ(1992) "Physiological actions of taurine", Physiological Rev 72, pp 101~163
3. Sturman JA · Chesney RW(1995) "Taurine in pediatric nutrition", Pediatr Clin. North Am 42, pp 879~897

CHAPTER

05

소화와 흡수

소 화 | 소화작용 | 흡 수 | 영양소의 흡수

CHAPTER 05

소화와 흡수

들어가는 말

식품 속의 영양소는 단당류, 아미노산, 지방산, 비타민, 무기질, 물 등의 형태로 소장을 통과하여 흡수된다. 따라서 식품의 3대 영양소인 탄수화물, 단백질 및 지질이 인체에 이용되기 위해서는 소화효소에 의해 탄수화물(다당류와 올리고당류)은 단당류로, 단백질은 아미노산으로, 그리고 지질은 지방산과 모노아실글리세롤로 가수분해되어야 한다.

이와 같이 영양소를 가수분해하여 흡수하기 쉬운 형태로 변화시키는 과정을 소화라고 하며, 소화된 영양소들이 소화관에서 체내로 들어가는 것을 흡수라고 한다. 소화기계에 질병이 있으면 소화나 흡수에 장애가 생기고, 그 결과 영양소의 이용이 저하된다.

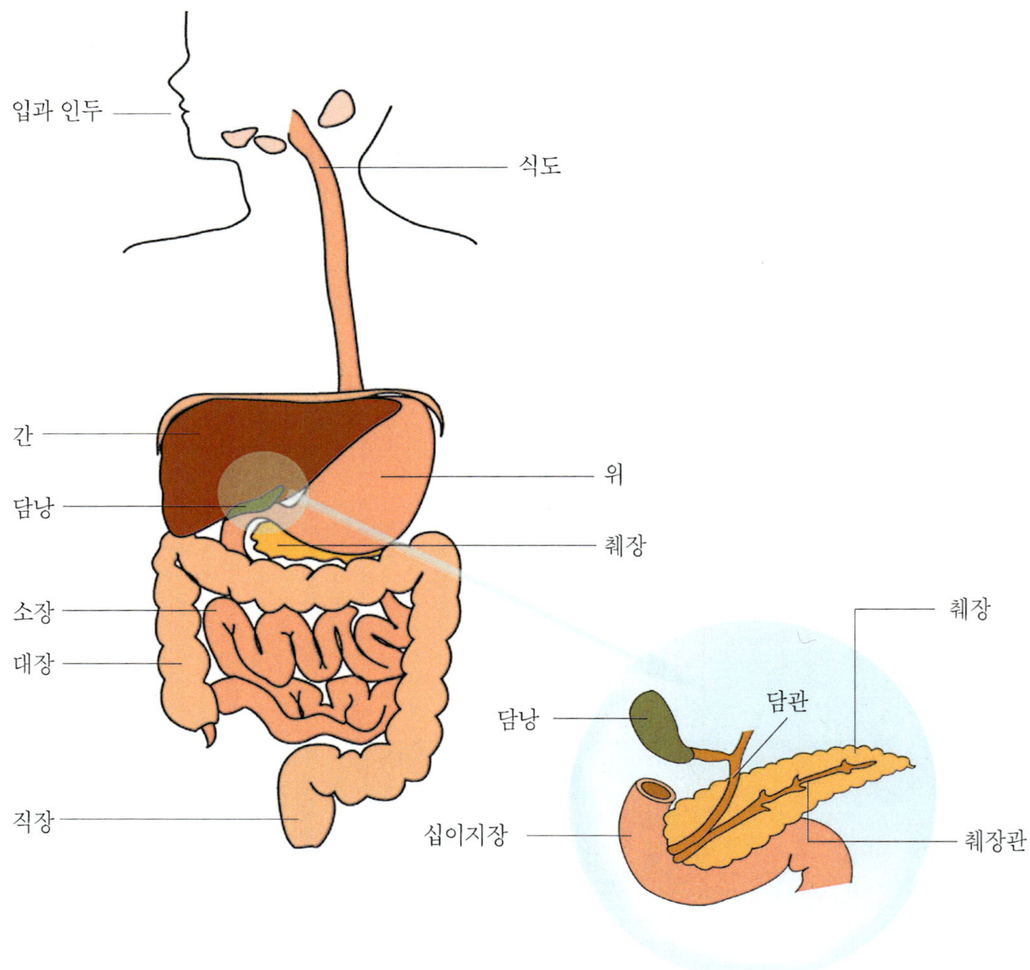

그림 5-1. 위장관의 구조

소 화

소화기관

소화기관에는 구강에서부터 인두, 위, 소장, 대장을 거쳐 항문까지 음식물이 통과하는 위장관과 소화를 돕는 타액선, 간, 담낭, 췌장의 선세포 등이 모두 포함된다(그림 5-1, 표 5-1).

표 5-1. 위장관의 주요기능

기 관	주요분비물	주요기능
입과 인두 (타액선) –귀밑선 –혀밑선 –턱밑선	물과 염류 점액 아밀로오스 분해효소	저작작용, 탄수화물 소화 시작 음식 적시기 윤활작용 탄수화물 소화
식도	점액	연동운동으로 음식 이동 식도하부 괄약근은 위 내용물의 역류 방지 윤활작용
위	염산 펩신 점액	음식을 저장 · 혼합 · 소화 알코올과 소량의 지방 흡수 소장으로의 음식 이동 속도 조절 음식의 연화 · 살균 단백질 소화 윤활작용
췌장	소화효소 중탄산염	탄수화물 · 지질 · 단백질의 소화효소 분비 위산 중화
간	담즙 중탄산염	지질의 유화 위산 중화
담낭		담즙 저장과 농축
소장 십이지장 공장 회장	소화효소 점액	대부분의 영양소가 소화 · 흡수 탄수화물 · 지질 · 단백질의 소화 윤활작용
대장 상행결장 횡행결장 하행결장 S상결장	점액	내용물의 저장과 농축 물과 무기질의 흡수 윤활작용
직장		

소화액

소화액에는 타액 · 위액 · 췌장액 · 소장액 및 담즙이 있으며, 소화효소와 소화를 돕는 물질로 구성되어 있다. 소화액의 분비는 호르몬에 의해 조절된다.

1. 타 액

타액선
타액을 분비하는 기관. 귀밑선, 턱밑선, 혀밑선

리소자임(lysozyme)
체내 여러 곳의 세포에서 분비되며, 박테리아의 세포막을 파열하는 작용을 한다.

타액 아밀로오스 분해효소 (salivary amylase)

타액은 세 곳, 즉 귀밑선, 턱밑선, 혀밑선의 타액선에서 생산되며, 구강내로 분비된다. 타액에는 타액 아밀로오스 분해효소가 있으며 음식을 충분히 저작할 경우, 전분이 덱스트린을 거쳐 맥아당까지 분해될 수 있다. 또한 점액이 있어 음식을 부드럽게 해주며, 리소자임이 있어 외부로부터 들어온 세균의 세포막을 파괴하여 살균한다.

2. 위 액

내적 인자(intrinsic factor)
가스트린(gastrin)
주세포(chief cell)
벽세포(parietal cell)
점액세포(mucus cell)

위액은 위점막의 선세포로부터 분비되는 액체로서, 단백질 분해효소인 펩신과 염산, 점액, 내적 인자, 호르몬인 가스트린 등을 함유하며, 무색 투명하고 강산성(pH 1~2)이다. 펩신은 주세포로부터, 염산은 벽세포로부터, 점액은 점액세포에서 분비된다. 염산은 불활성형인 펩시노겐을 펩신으로 활성화시킨다. 또한 음식물의 살균 · 연화작용과 단백질의 변성에 관여하며, 철분이나 칼슘을 가용화시켜 흡수를 촉진시킨다. 점액은 위 내부를 덮어서 펩신과 염산의 공격을 차단하여 위점막을 보호한다. 내적 인자는 비타민 B_{12} 흡수에 필수적이며, 가스트린은 위산 분비를 촉진한다.

3. 췌장액

유미죽(chyme)
아밀로오스 분해효소 (amylase)
지질분해효소(lipase)
트립신(trypsin)
키모트립신(chymotrypsin)
카르복실말단 분해효소 (carboxypeptidase)

췌장액은 소화액 중에서 양적, 질적으로 가장 중요한 역할을 한다. 췌장액은 중탄산염을 포함하는 무색의 약알칼리성(pH 7~8)이며, 탄수화물, 지질 및 단백질을 분해하는 효소가 있다. 췌액의 중탄산염은 위에서 십이지장으로 운반된 산성의 유미죽 형태의 음식물을 중화시켜 소화효소들이 최적으로 작용할 수 있는 pH가 유지되도록 한다. 소화효소로는 아밀로오스 분해효소, 지질분해효소, 단백질 분해효소인 트립신 · 키모트립신 · 카르복실 말단 분해효소가 있다. 중탄산염의 분비는 세크레틴에 의해, 췌장 소화효소의 분비는 콜레시스토키닌에 의해 촉진된다.

4. 소장액

서당 분해효소(sucrase)
유당 분해효소(lactase)
맥아당 분해효소(maltase)
아미노기말단 분해효소 (aminopeptidase)
디펩티드 분해효소 (dipeptidase)
엔테로키나제 (enterokinase)

소장액은 소장벽의 분비세포에서 분비되는 소화액이며, 중탄산염을 함유하고 있어서 약알칼리성(pH 7~8)이다. 소장액에서는 서당, 유당, 맥아당 분해효소들과 같은 탄수화물 분해효소와 아미노말단 분해효소 · 디펩티드 분해효소 · 엔테로키나제 등의 단백질 분해 및 핵산분해효소들이 있다.

5. 담 즙

담즙(bile)

글리코콜산 소디움 (sodium glycocholate)
타우로콜산 소디움 (sodium taurocholate)

담즙은 간에서 만들어지고 담낭에서 저장 · 농축되었다가 십이지장으로 분비되며, 약알칼리성으로 소화효소는 포함되어 있지 않다. 담즙의 주성분은 콜레스테롤 · 인산 · 담즙산 · 색소 · 뮤코다당류로 구성되어 있다. 사람에게는 4종의 담즙산염이 있는데, 이 중 주요한 것은 글리코콜산

표 5-2. 소화효소의 작용

분비장소	탄수화물	지 방	단백질
타액선	타액 아밀로오스 분해효소 (전분, 글리코겐 →맥아당, 덱스트린)		
위선		위 지방 분해효소 (짧은 · 중간사슬 중성지질→지방산+모노아실글리세롤)	펩신(단백질 내부의 Phe, Trp, Tyr, Leu, Glu, Gln을 함유한 펩티드 결합분해→펩톤) 레닌(유아의 경우, 우유의 응고)
췌장	췌장 아밀로오스 분해효소 (전분, 글리코겐 →맥아당, 덱스트린)	췌장 지방 분해효소 (중성지질→지방산+모노아실글리세롤)	트립신(펩톤 내부의 Lys, Arg을 포함한 펩티드 결합을 분해→작은 펩티드) 키모트립신(펩톤 내부의 Phe, Trp,Tyr을 포함한 펩티드 결합을 분해→작은 펩티드) 카르복실말단 분해효소 (작은 펩티드→더 작은 펩티드, 아미노산)
소장벽	장 맥아당 분해효소 (맥아당→포도당) 장 서당 분해효소 (서당→포도당+과당) 장 유당 분해효소 (유당→포도당 +갈락토오스)		아미노기 말단 분해효소 (작은 펩티드→더 작은 펩티드, 아미노산) 디펩티드 분해효소 (디펩티드→아미노산) 엔테로키나제 (트립시노겐→트립신)

위 지방 분해효소 (gastric lipase)
레닌 (rennin)
췌장 지방 분해효소 (pancreatic lipase)
장 맥아당 분해효소 (intestinal maltase)
장 서당 분해효소 (intestinal sucrase)
장 유당 분해효소 (intestinal lactase)

나트륨과 타우로콜산 나트륨이다. 이들은 콜산의 유도체이고 콜산은 콜레스테롤로부터 합성된다. 담즙의 주기능은 지질을 유화시켜, 지방 분해효소인 리파아제의 작용을 쉽게 받도록 하는 것이다. 담즙의 색소는 적황색의 빌리루빈과 녹색의 빌리버딘으로 구성되어 있다. 담즙의 분비는 콜레시스토키닌에 의해 조절된다.

콜레시스토키닌 (cholecystokinin)

소화 효소

효소는 생체내 화학반응의 촉매로서 작용하며, 원하는 작용에 알맞은 환경을 조성함으로써 소화가 빠르게 진행되도록 한다. 체내에서는 일부 효소들이 불활성 효소전구체로서 존재하는데,

쉬어가기

불활성 효소전구체(zymogen)

효소원의 불활성형으로서, 소화시킬 음식물이 체내로 들어오는 적절한 시간에 일부 구조가 잘리면서 활성형으로 전환되므로 장점막의 자가소화를 막을 수 있는 장점이 있다. 생체계에서 분비되는 단백질 분해효소는 모두 불활성 전구체 형태이며, 소장으로 분비된 후 활성형으로 바뀐다. 트립시노겐은 활성화효소에 의해 트립신으로 전환되고, 키모트립시노겐과 카르복실말단 분해효소 전구체는 트립신에 의해 키모트립신과 카르복실말단 분해효소로 활성화된다.

트립시노겐 (trypsinogen)

활성화되기 위해서는 자신의 화학구조의 작은 일부분을 제거하여야 한다. 소화효소는 필요할 때 쉽게 활성화되고, 작용이 끝나면 활성이 정지된다. 효소의 활성은 보통 산도(pH)에 따라 좌우되어, 위와 같은 산성 환경에서 작용하는 소화효소들은 소장의 알칼리성 환경에서는 작용하지 못한다.

일부 소화효소들은 타액선과 위에서 만들어지지만 대부분의 소화효소들은 췌장과 소장에서 합성된다(표 5-2). 췌장은 영양소의 섭취 변화에 따라 적절하게 소화효소를 생성한다. 예를 들어 단백질이 많은 식사를 하였을 때에는 단백질을 분해하는 효소를 증가시킨다. 또 지질이 많고 탄수화물이 적은 식사를 하게 되면 지질을 분해하는 효소는 증가하고, 탄수화물을 분해하는 효소는 감소한다.

단백질 소화효소의 경우 소화기관 역시 단백질로 구성되어 있으므로 소화관 자체의 소화를 방지하기 위하여, 음식물이 없을 때에는 단백질 분해효소는 불활성상태로 존재한다. 그러나 일단 음식물이 소화기관에 도착하면 불활성상태의 여러 가지 효소전구체들이 효소로 활성화되어 분비된다. 이와 같은 효소의 기전 외에도 소화기관의 자가소화를 방지하기 위해서 위나 소장의 경우 점막세포에서 점액을 분비하여 보호막을 형성한다.

호르몬

가스트린 억제 펩티드(gastrin inhibitory peptide, GIP)

네 개의 호르몬, 즉 가스트린, 세크레틴, 콜레시스토키닌, 가스트린 억제 펩티드가 소화액의 분비나 소화관 운동과 같은 소화관 작용을 조절한다.

1. 가스트린

히스타민(histamine)
아미노산인 히스티딘의 분해산물로, 위에서 위산의 분비를 자극한다.

음식물을 씹게 되면 이로 인해 미주신경을 자극하게 되며, 이에 따라 위에 있는 가스트린 생성세포가 자극을 받아서 가스트린을 분비하게 된다. 가스트린은 위의 벽세포를 강하게 자극하며, 이 외에도 음식물로 인해 위가 팽창되거나 단백질 소화의 부산물인 히스타민에 의해서도 벽세포는 자극 받는다. 벽세포가 자극을 받으면 물, 이산화탄소, 염소이온으로부터 염산(HCl)을 생성한다(그림 5-2).

한편, 가스트린은 주세포에서 펩시노겐을 생성한다. 불활성 단백질 분해효소인 펩시노겐은 염산에 의해서 펩신으로 활성화된다. 활성화된 펩신은 음식물이 위에 들어왔을 때에만 작용함으로써 위의 자가소화를 예방할 수 있다. 가스트린은 위의 산도가 pH 2에 가까워지면 분비를 멈춘다.

2. 세크레틴

세크레틴(secretin)

세크레틴은 췌장에서 합성되어 소장의 윗부분으로 분비되는 호르몬이다. 산성의 위 내용물이 십이지장에 들어오면 세크레틴이 분비되며, 췌장을 자극하여 중탄산이온을 분비하게 함으로써

쉬어가기

자가소화(autodigestion, self-digestion)

자기 자신의 조직을 소화시키는 것을 의미하는데, 위는 자가소화를 막기 위하여 두터운 점막을 가지고 있으며, 음식을 소화할 필요가 있을 때만 소화효소와 위산을 분비한다.

위의 염산을 중화한다(그림 5-2). 따라서 pH가 1.5~2.5에서 5~7 정도로 급격히 상승해 단백질의 소화작용이 소장에서 계속된다. 또한 세크레틴은 위와 장의 운동을 감소시킨다.

3. 콜레시스토키닌

콜레시스토키닌
(cholecystokinin, CCK)

담낭을 수축시켜 소장 상부로 담즙을 분비하게 한다. 또한 세크레틴, 가스트린과 함께 위가 비워지는 속도를 늦춤으로써 산성의 유미즙이 소장에 갑자기 도달하지 못하도록 돕는다.

4. 가스트린 억제 펩티드

가스트린 억제 펩티드는 유미즙 성분 중 단백질과 지질에 의해 소장 상부벽으로부터 분비된다. 위 내용물의 소장 분출을 늦추고, 위산과 위액 효소의 분비를 억제하고 췌장의 인슐린 분비를 촉진한다.

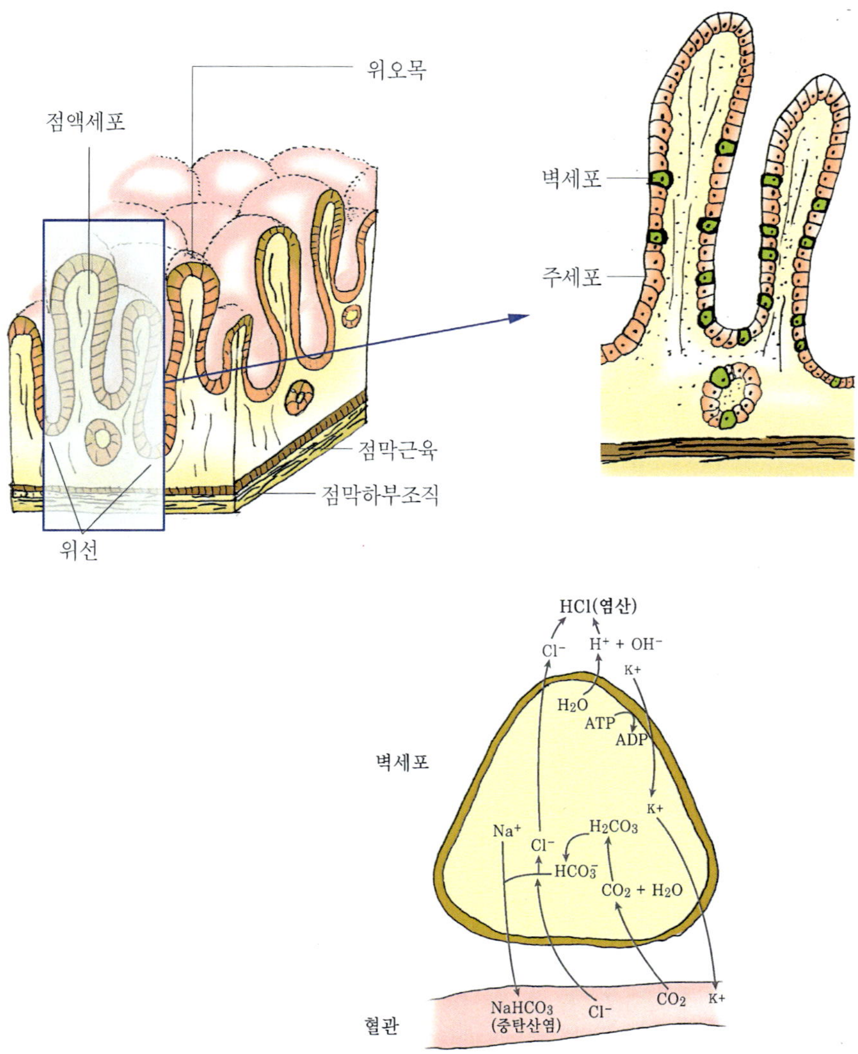

주세포(chief cell)
펩시노겐 분비

벽세포(parietal cell)
염산 분비

점액세포(mucus cell)

위오목(gastric pits)

위선(gastric gland)

위액분비는 가스트린이나 히스타민에 의해서 자극이 되고
위확장 같은 물리적인 자극이나 신경자극에 의해서도 분비가 촉진된다.

그림 5-2. 위의 구조와 위선세포에서의 위액분비

연동운동(peristalsis)
위장관을 따라 음식물이 위에서 아래로 내려가도록 하는 협조적인 근육의 수축운동.
분절운동(segmentation)
장관의 환상근육(circular muscle)이 수축해서 장관 소화물이 잘게 부서지고 섞이도록 하며, 이러한 과정은 영양소의 소화와 흡수를 돕는다.

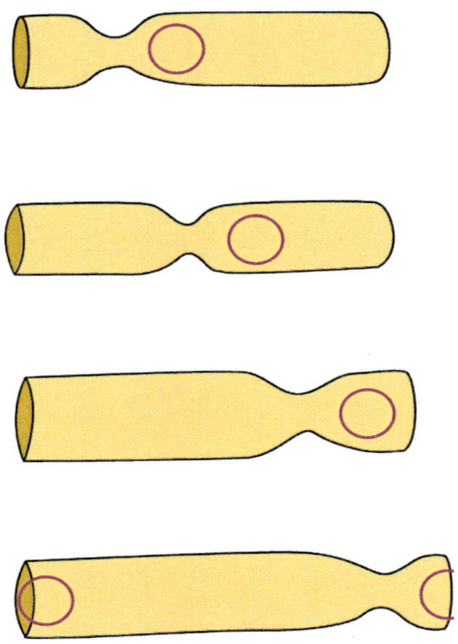

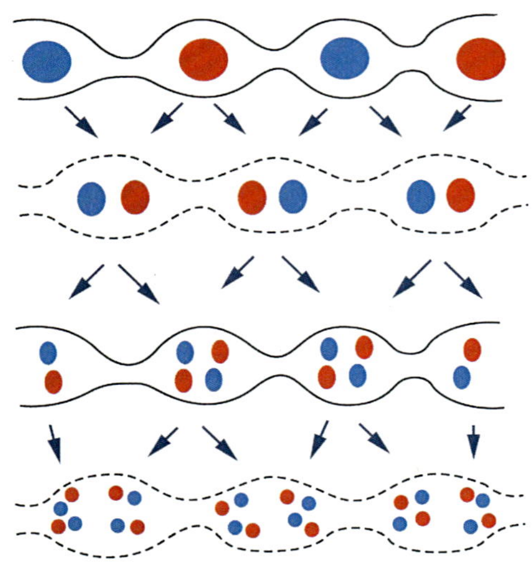

그림 5-3. 연동운동과 분절운동

소화관의 운동

교감신경 (sympathetic nerve)
부교감신경 (parasympathetic nerve)

소화관의 운동에는 구강의 저작작용, 위의 연동운동, 소장의 연동운동과 분절운동이 있다. 이들 소화관 운동은 교감신경(운동 억제)과 부교감신경(운동 촉진)에 의해 지배된다.

1. 구 강

음식을 씹는 저작기능은 음식물의 크기를 작게 하여 소화액과 쉽게 혼합되도록 하고 표면적을 넓힘으로써 효소의 작용을 보다 효과적이도록 한다. 또한 식도 통과도 용이하게 한다.

2. 위

위에서는 압박, 수축, 연동운동이 일어난다. 음식물은 연동운동을 통해서 위장관을 따라 위에서 아래로 진행된다. 연동운동은 그림 5-3 에서 보듯이 위장관을 고리모양으로 수축시켜서 음식물이 앞으로 나아가게 하는데, 식도에서부터 시작되어 위장관을 따라 두 파장의 근육작용으로 이루어진다. 위에서 연동파가 혼합과 이동작용을 하며, 소화 중에 1분당 3회 정도로 일어난다.

3. 소 장

종주근육 (longitudinal muscle)

소장에서는 연동운동과 분절운동이 일어난다. 대부분의 연동운동은 소장에서 많이 일어나며, 소장에서는 수축이 4~5초 간격으로 일어난다. 환상근육이 뒷부분은 수축, 앞부분은 이완시키고 동시에 종주근육이 장관을 짧게 수축시킴으로써 장관을 따라 음식물이 아래로 이동되도록 한다.

분절운동은 기계적으로 음식물의 흡수가 용이하도록 소장벽과 접촉하게 한다(그림 5-3). 이러한 연동운동과 분절운동은 교대로 일어난다.

4. 대 장

대장은 매우 느린 연동운동을 하며, 때때로 집단운동으로 대변 배설을 돕는다.

집단운동(mass movement) 대장의 광범위한 부분에 걸쳐 동시에 일어나는 연동운동이다. 대장에서 직장으로 소화물을 움직일 때 작용한다.

소화작용

음식물에 포함된 영양소들은 위장관을 따라 각각 다른 장소에서 다른 방법으로 소화된다. 소화는 앞서 설명한 기계적 소화와 화학적 소화로 설명된다. 화학적 소화는 효소들에 의해 이루어지며, 신경세포 · 호르몬 · 호르몬 유사물질들이 그 과정을 조절한다.

탄수화물 소화

탄수화물의 화학적 소화는 저작작용 중 타액과 섞이면서 시작된다. 전분은 타액 아밀로오스 분해효소에 의해 덱스트린을 거쳐 맥아당으로까지 분해될 수 있다. 충분한 저작작용이 없다면 소화가 이루어지지 않은 채 위로 이동한다. 위에서는 위산에 의해 음식물의 pH가 저하 되므로 아밀로오스 분해효소의 작용은 멈춘다.

덱스트린(dextrin)

위 내용물이 소장의 십이지장에 이르면 췌장에서 분비되는 중탄산염에 의해 다시 액성이 중성으로 되고, 췌장 아밀로오스 분해효소에 의해 덱스트린을 거쳐 맥아당으로 분해된다.

췌장 아밀로오스 분해효소(pancreatic amylase)

모든 이당류 분해효소는 소장점막세포에서 합성되고, 이당류는 점막에 붙어 있는 이당류 분해효소에 의해 체내에 흡수될 수 있는 형태인 단당류로 분해된다. 즉 맥아당은 맥아당 분해효소에 의해 2분자의 포도당으로, 유당은 유당 분해효소에 의해 포도당과 갈락토오스로, 서당은 서당 분해효소에 의해 포도당과 과당으로 분해된다.

대부분의 포유동물은 셀룰로오스 분해효소가 없어 셀룰로오스를 이용할 수 없다. 즉, 셀룰로오스를 구성하는 D-포도당 사이의 $\beta(1\rightarrow4)$결합을 분해하는 효소가 결여되어 있다. 그렇지만 음식물에서 소화되지 않는 셀룰로오스 찌꺼기는 소화물에 부피를 제공하므로 장벽을 자극하여 장이 적당한 배변운동을 하게 한다.

셀룰로오스 분해효소(cellulase)

대장에서는 탄수화물의 특별한 소화작용이 없다. 그러나 소장에서 분해되지 않은 펙틴, 검 등의 가용성 섬유소는 대장 내 세균에 의해 발효, 부패가 일어난다.

지질 소화

위액 지질분해효소는 주로 짧은 사슬지방산과 중간 사슬지방산을 가진 중성지질에 작용하는데, 산성 조건에서 활성을 가지므로 위에서만 작용하여, 소장 내에서 일어나는 지질분해효소의 작용에 비해 그 기여도가 적다. 위에서의 지질 소화는 주로 유아기에서 많이 일어나나 성장하면서 점차 그 역할은 감소된다.

식사로부터 온 지질성분들의 소화는 대부분 소장에서 이루어진다. 콜레시스토키닌은 담낭을

콜레시스토키닌(cholecystokinin, CCK)

쉐장 지질분해효소(pancreatic lipase)

지질분해보조효소(colipase)

수축시켜서 담낭으로부터 담즙을 분비시키고, 췌장으로부터 지질분해효소를 분비시킨다. 담즙은 거대 지방구를 작은 지방구로 유화시키는데, 유화지방 표면에 강한 친화력이 있어 췌장 지질분해효소의 접근을 쉽게 한다.

췌장에서는 활성화되지 않은 지질분해보조효소가 췌장 지질분해효소와 함께 분비되는데, 이 단백질은 소장에서 췌장 트립신에 의해 일부가 잘려 지질분해보조효소로 활성화된다. 활성화된 지질분해보조효소는 지질분해효소와 유화 지방구의 접근을 쉽게 해주며, 지질분해효소는 중성지질을 모노아실글리세롤과 2분자의 지방산으로 소화시킨다. 이들이 흡수되기 위해서는 다시 담즙의 도움을 받아 혼합 미셀이 형성되어야 한다.

모노아실글리세롤(monoacylglycerol)

미셀(micelle)

단백질 소화

단백질의 소화는 위에서 시작된다. 위산은 식이 단백질을 변성시키고 단백질 분해효소인 펩신의 전구체인 펩시노겐을 활성화시킨다. 펩신은 모든 단백질을 공격해 보다 더 작은 단백질의 단위인 펩톤으로 나눈다. 펩신은 단백질을 아미노산으로 완벽하게 분해하지는 못하는데, 이는 펩신이 거대한 단백질 분자에 존재하는 펩티드 결합 중 일부만을 분해할 수 있기 때문이다. 펩시노겐은 위의 주세포로부터 분비되는데, 호르몬인 가스트린에 의해 촉진된다.

소장에 들어가면 펩톤과 지질은 소장벽을 자극하여 콜레시스토키닌을 분비시킨다. 콜레시스토키닌은 혈액을 통해 췌장과 담낭에 이르는데 담낭은 수축되어 담즙을 분비하고, 췌장은 트립신, 키모트립신, 카르복실말단 분해효소들을 불활성효소 전구체 형태로 소장으로 분비된다. 이들이 소장에 이르면 장의 엔테로키나제가 트립시노겐 꼬리 부분의 일부 펩티드를 유리시켜 트립신으로 활성화시킨다. 활성화된 트립신은 유사한 방법으로 키모트립신과 카르복실말단 분해효소를 활성화시키고, 불활성 형태로 남은 트립시노겐도 트립신으로 활성화시킬 수 있다.

트립신은 리신과 아르기닌의 카르보닐기로 된 펩티드 결합을 가수분해하며, 키모트립신은 방향족 아미노산 인접부위의 펩티드 결합을 가수분해한다. 이와 같은 작용으로 트립신과 키모트립신은 위에서 펩신의 작용으로 만들어진 펩톤을 작은 펩티드로 가수분해한다.

내부 펩티드 분해효소(endopeptidase)
단백질 사슬 내부의 펩티드 결합을 가수분해

외부 펩티드 분해효소(exopeptidase)
단백질 사슬 한쪽 말단의 펩티드 결합에 작용하여 한 번에 하나의 아미노산을 유리시킴

펩신, 트립신 및 키모트립신은 폴리펩티드 내부의 펩티드 결합을 분해하므로 내부 펩티드 분해효소로 불린다. 또한 펩티드 사슬을 가수분해할 때 각 효소의 아미노산 특이성이 다르므로 이 단계에서 단백질 소화는 매우 효율적으로 진행된다.

단백질의 최종 분해는 외부 펩티드 분해효소에 의해 이루어진다. 외부 펩티드 분해효소는 췌장에서 분비되는 카르복실말단 분해효소와 소장에서 분비되는 아미노산말단 분해효소 및 디펩티드 분해효소이다. 이와 같이 연속적인 작용에 의해 단백질은 결국 아미노산 혼합물로 가수분해된다.

쉬어가기

식물성 단백질의 소화

대부분의 동물성 단백질은 아미노산으로 거의 완전히 가수분해되지만, 케라틴과 같은 몇몇 섬유상 단백질은 부분적인 가수분해만이 이루어진다. 또한, 곡물이나 씨앗에 있는 단백질 부분은 소화가 되지 않는 셀룰로오스 껍질에 둘러싸여 있으므로, 곡물 알갱이와 같은 식물성 음식물 중의 단백질은 소화가 불완전하게 되는 경우가 많다.

흡 수

구강에서는 영양소의 흡수가 일어나지 않고, 식도에서는 특별한 종류의 약물이 상당량이 흡수되기도 한다. 위에서는 물, 소량의 알코올, 특정 종류의 지질이 흡수되고, 대부분 영양소의 흡수는 소장에서 이루어진다. 소장은 단백질, 탄수화물, 지질, 알코올의 형태로 받아들이는 음식 에너지의 95%를 흡수한다. 일부 무기질과 물, 박테리아에 의해 생산되는 짧은 지방산들은 대장에서 흡수된다.

소장에서 일어나는 흡수의 정도와 효율성은 소장의 표면적과 관계가 있다(그림 5-4). 소장의

글리코칼릭스(glycocalyx) 흡수세포의 미세융모(microvilli)를 덮고 있는 머리카락처럼 돌출한 부분

크립트(crypt)
융모돌기(villi)

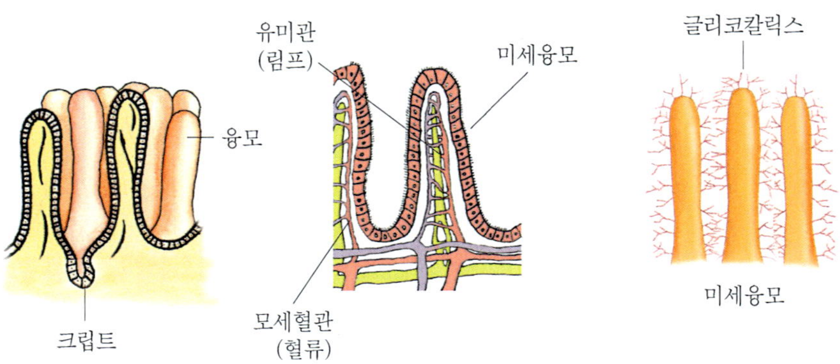

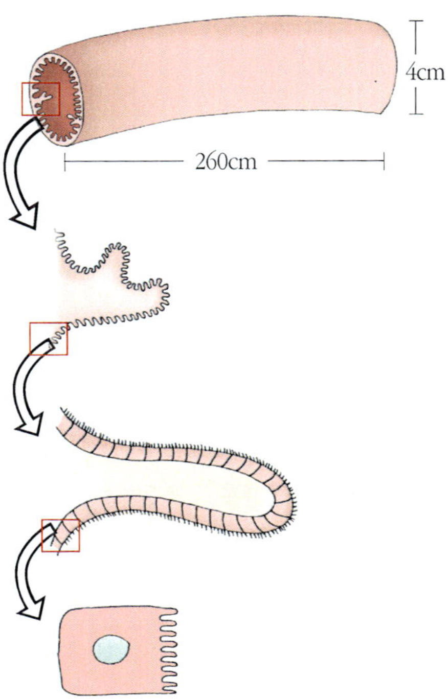

	표면적(cm^2)	표면적증가(배)
소장내강	3,300	1
커클링주름	10,000	3
소장점막세포로 이루어진 융모돌기	100,000	30
미세융모를 가진 소장점막 세포	2,000,000	600

그림 5-4. 사람의 소장 점막의 구조와 실제 표면적

벽은 주름져 있고, 주름 사이에는 손가락 같은 융모돌기가 있다. 각 융모돌기는 흡수세포로 이루어져 있다. 이 세포들 각각은 글리코칼릭스라 불리는 머리카락 같은 돌기로 덮인 미세융모들을 가지고 있다. 장내 효소들은 글리코갈릭스에서 발견되기도 한다. 소장 내의 이 모든 주름들과 돌기, 톱니모양들은 단순한 원통모양일 때보다 표면적을 600배나 증가시킨다.

흡수 유형

영양소가 지질의 이중층인 세포막을 침투할 수 있고, 소장내강의 농도가 흡수세포 내부보다 훨씬 높을 때 단순확산이 가능하다. 물, 대부분의 지질, 일부 무기질 등은 운반체나 에너지 소비 없이 단순확산으로 흡수된다.

단순확산 (passive diffusion)

촉진확산 (facilitated diffusion)

과당의 흡수는 촉진확산에 의해 이루어진다. 농도경사를 역행하여 이동하지 않으므로 에너지를 소비하지는 않지만 운반체를 이용한다. 포도당, 갈락토오스, 아미노산 및 일부 다른 영양소들의 소장내강 농도는 흡수세포 내부보다 낮다. 이들 영양소는 흡수되는데 운반체를 사용하며 농도경사에 역행하여 이동하므로 ATP를 소모하는 능동수송이다.

능동수송 (active transport)

세포내 이입(endocytosis)
세포내 이입에는 식작용(phagocytosis), 음작용(pinocytosis)이 있다.

세포 음작용(pinocytosis, cell drinking)

세포 식작용(phagocytosis, cell eating)

세포내 이입에는 식작용과 음작용이 있다. 세포내 이입은 흡수세포가 세포막에 접촉하는 화합물이나 액체를 세포막의 움푹 들어간 부분으로 움직여 오면, 세포가 그것들을 감싸는 것으로 이루어진다. 그 예로서 어린이가 모유를 섭취하였을 때, 소장 내에서 항체를 흡수하는 것을 들 수 있다(그림 5-5).

A: passive diffusion
B: facilitated diffusion
C: active transport
D: endocytosis

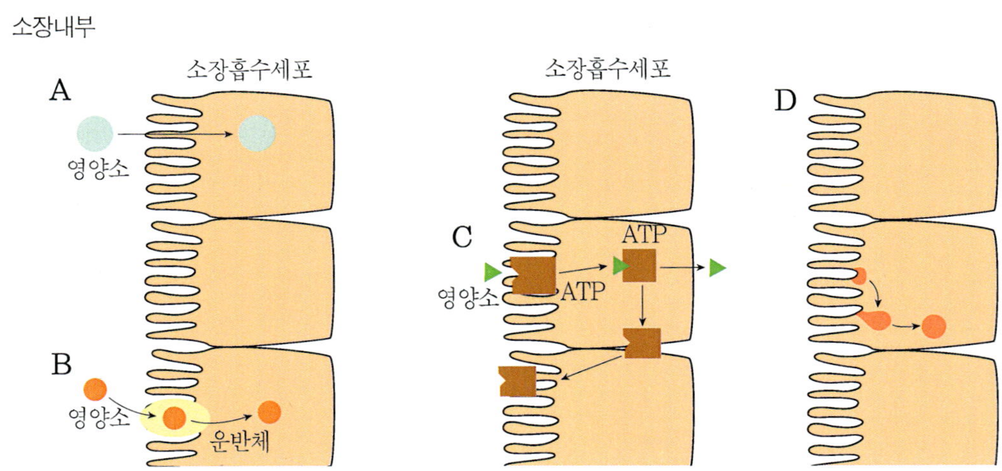

A : 수동흡수는 흡수세포의 세포막을 통해 단순히 확산되는 과정이다. 에너지가 필요하지 않으며, 고농도에서 저농도로 농도경사를 따라 물질이 이동한다. 물, 지방이 이 과정을 통해 흡수된다.
B : 촉진확산은 에너지 소모 없이 단지 운반체의 도움을 받는 과정이다. 어떤 물질을 흡수하는 데 도움을 주기 위해 운반체나 다른 과정을 이용하는 흡수방식이다. 과당이 이 과정을 통해 흡수된다.
C : 능동흡수는 운반체와 에너지를 필요로 한다. 이 에너지는 흡수세포가 영양소를 농도경사에 역행하여 흡수하는 데 사용된다. 포도당이 이 과정을 통해 흡수된다.
D : 세포내 이입 과정
세포 음작용(연하작용) : 작은 분자나 액체의 경우 세포막을 움푹하게 만들어 액체를 둘러싸서 세포내로 들여보내는 과정
세포 식작용 : 큰 분자나 단백질 분자의 경우 전체 물질을 둘러싸서 세포내로 들여보내는 과정이며, 연하작용과 같은 방식이다.

그림 5-5. 영양소 흡수의 유형

흡수 경로

소장 융모에는 문맥순환과 림프관 순환이라는 두 가지 다른 순환체계가 지나게 된다. 문맥순환이란 모세혈관을 통해 흡수된 수용성 영양소(단백질, 탄수화물, 짧은 사슬지방산 및 중간 사슬지방산, 비타민 B군, 비타민 C)들이 간문맥을 통해 직접 간으로 들어가는 것이다. 심장에서 나와 동맥을 통해 장으로 가서 융모 내 모세혈관에 도달한 혈액은, 흡수된 수용성 영양소를 이끌고 간문맥에 모여 곧바로 간으로 간다. 이렇게 간으로 직접 감으로써, 간은 흡수된 영양분들이 체순환에 들어가기 전에 처리할 수 있게 된다. 문맥 흡수를 위해 쓰여지는 혈류는 심장의 전체 박출량의 약 30%를 차지한다.

문맥순환(portal circulation)
림프관 순환(lymphatic circulation)
간문맥(portal vein)

림프관 순환체계도 융모를 통과한다. 림프관은 지용성 분자들(긴 사슬지방산, 비타민 A · D · E · K)이나 너무 커서 모세혈관을 통해 혈류로 전달되기 어려운 분자들(혈류로부터 나온 큰 단백질과 지질흡수 뒤에 생성되는 카일로미크론)을 옮긴다. 장림프관은 흉관으로 흘러 들어가는데 이는 복부로부터 목까지 걸쳐 있다. 이 관은 목 가까이에 있는 큰 정맥인 좌측 쇄골하정맥을 통해 혈류와 연결된다.

카일로미크론(chylomicron)
흉관(thoracic duct)
좌측 쇄골하정맥(subclavian vein)

담즙은 간에서 생성되어 담낭에 저장되어 있다가, 지방 섭취 시 담낭의 수축으로 담즙이 분비된다. 담즙은 지방의 분해를 도우며 소장의 뒷부분인 회장에서 재흡수되어 문맥으로 순환되어 간으로 돌아가는데, 이러한 재순환을 장간순환이라 한다. 담즙의 98%는 재순환되고, 1~2%만이 배설물로서 체외로 배출된다.

장간순환(enterohepatic circulation) 담즙처럼 소장과 간 사이를 계속 재순환 하는 것

영양소의 흡수

각 영양소의 흡수 기전이나 흡수 정도는 영양소의 종류나 섭취량, 인체의 축적 정도에 따라서 달라지며, 특히 에너지를 내는 열량 영양소의 흡수는 소화와 동시에 이루어진다.

탄수화물 흡수

탄수화물은 단당류의 형태로 소장에서 흡수된다. 흡수속도는 당의 종류에 따라 다르며, 헥소오스가 펜토오스보다 빠르다. 포도당의 흡수속도를 100으로 했을 때 상대적인 흡수속도를 비교해 보면 갈락토오스는 110, 과당 43, 만노오스 19, 자일로오스 15로 나타난다. 포도당과 갈락토오스는 나트륨(Na^+)과 함께 융모의 흡수세포에서 능동수송된다(그림 5-6). 이 과정에서 쓰이는 ATP는 실제로는 나트륨을 다시 세포외액으로 되돌리는 데 이용한다. 과당은 흡수세포들에 의해 촉진확산으로 흡수된다. 포도당 · 갈락토오스 · 과당은 융모로 들어간 후 이들은 문맥을 통해 간으로 가서 에너지로 사용되거나 혈액으로 직접 방출되며, 일부는 글리코겐 생성과 지질합성에 쓰인다. 탄수화물의 흡수에는 갑상선 호르몬, 뇌하수체 호르몬, 부신피질 호르몬, 인슐린 등이 관여한다.

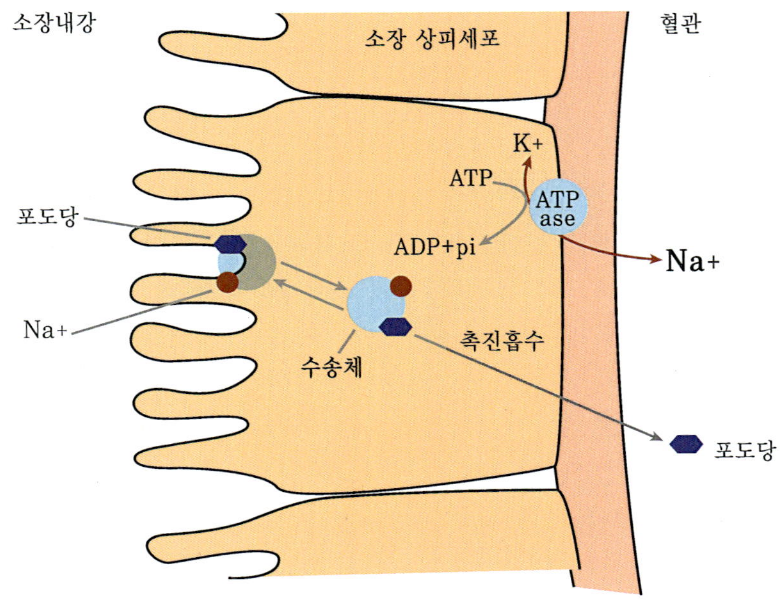

그림 5-6. 포도당의 2차 능동수송

지질 흡수

부동의 물층(unstirred water layer, USL)

양친매성(amphipathic)

지방산과 모노아실글리세롤은 단순확산에 의해 소장 점막세포로 흡수된다. 소장세포의 표면에는 부동의 물층이 있다. 지방산과 모노아실글리세롤이 그 물층을 통과하여 소장세포에 접근하여, 흡수되기 위해서는 혼합미셀이 형성되어야 한다. 혼합미셀은 지방산과 모노아실글리세롤이 양친매성 분자인 담즙산염과 인산 및 콜레스테롤 등과 함께 소장의 연동운동을 받아 형성된다(그림 5-7). 탄소원자의 수가 12 미만인 지방산은 수용성이어서 장의 융모 내 모세혈관을 통해 흡수되며, 대개 문맥을 통해 간으로 이동한다. 반면 탄소원자의 수가 12 이상인 긴 사슬지방산은 장의 흡수세포에서 중성지방으로 에스테르화되어 카일로미크론을 형성한 후, 융모 내 림프관을 거쳐 흉관으로 이동한다.

카일(chyle)

소장에서 나오는 림프액은 카일이라 부르며, 지질이 풍부한 식사를 한 후에는 우유처럼 보이는데, 이것은 직경이 약 1㎛ 정도로 유화된 카일로미크론이 현탁되어 있기 때문이다. 카일로미크론은 흉관에서 쇄골하정맥으로 이동하여 혈류로 간다. 지질이 많은 식사를 하면 혈액은 카일로미크론의 농도가 높아져서 유백색을 띠게 된다. 그러나 식후 1~2시간이 지나면, 중성지방이 혈액으로부터 제거되므로 정상으로 돌아온다. 카일로미크론은 림프관을 통해 흡수되나, 궁극적으로는 혈류로 가게 된다. 그리하여 카일로미크론은 흡수된 지질 대부분을 목표조직으로 운반한다(그림 5-8).

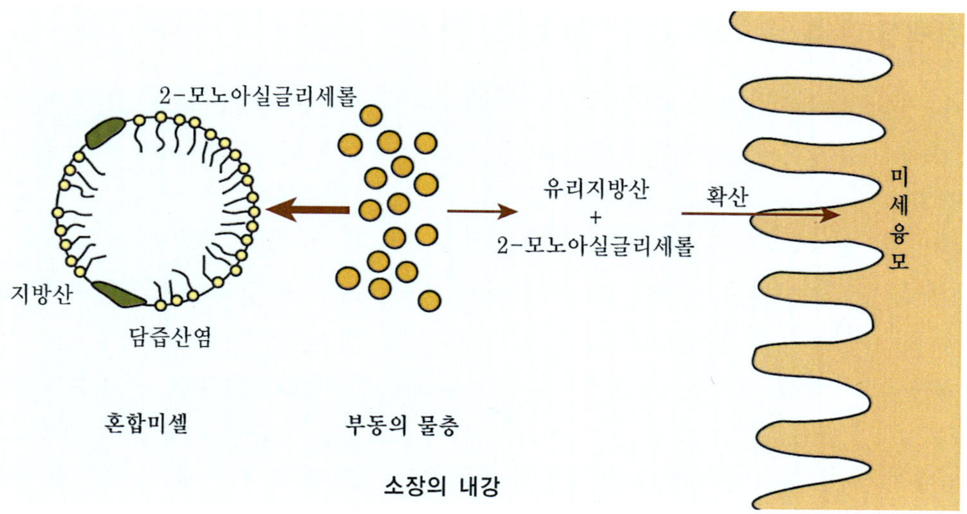

혼합미셀은 부동의 물층을 통과하는 데 필수적이다

그림 5-7. 지질 흡수에서의 혼합미셀의 역할

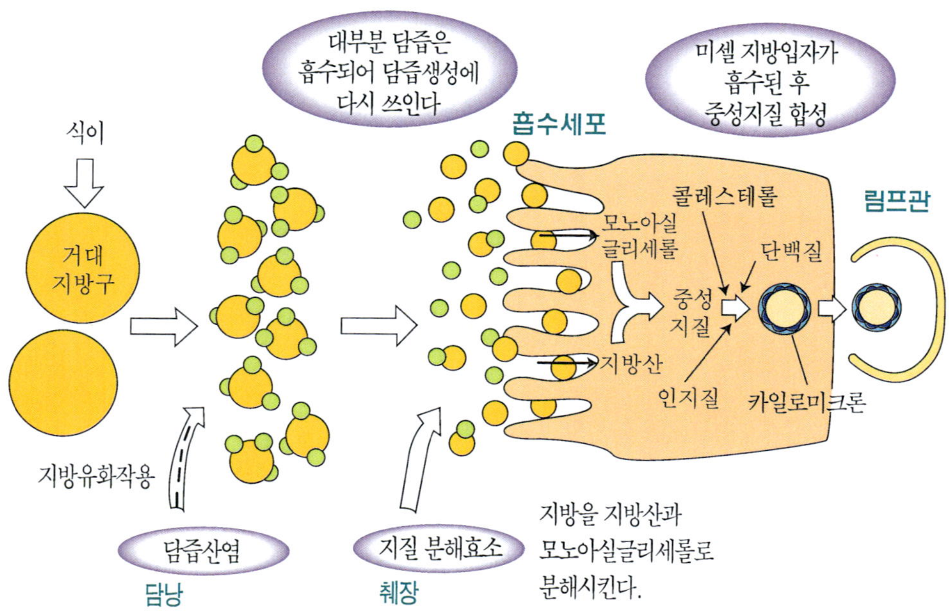

그림 5-8. 지질의 소화와 흡수

쉬어가기

카일로미크론(chylomicron)

식이로부터 흡수된 지방산과 모노아실글리세롤이 소장세포에서 중성지방으로 합성된 후, 그 주위 표면을 인지질과 특수 단백질로 싼 지단백질의 일종으로, 식이지질의 운반을 담당한다.

단백질 흡수

피리독살 인산
(pyridoxal phosphate, PLP)

작은 펩티드와 아미노산들은 소장세포로 능동흡수된다. 즉 아미노산은 피리독살 인산으로부터 알데히드를 얻어 schiff염을 만들어 흡수되며, 흡수 중에는 점막에서 아미노기 전이반응을 일으킨다.

아미노산 흡수에는 몇 종류의 운반 시스템이 있다. 작은 크기의 아미노산인 알라닌 · 세린 · 트레오닌을 운반하는 A시스템, 보다 큰 크기의 아미노산인 루신 · 페닐알라닌 · 발린 · 메티오닌을 수송하는 L시스템, A나 L시스템보다 느리게 흡수되는 염기성 아미노산 운반 시스템, 그리고 가장 흡수속도가 느린 산성 아미노산 운반 시스템 등이 있다. 아미노산은 L형이 D형보다 흡수가 빠르다.

영아의 경우는 모유 중의 면역성분들을 단백질 형태로 흡수한다. 작은 펩티드들은 흡수세포 내에서 결국 개개의 아미노산으로 분해된다. 아미노산은 문맥을 통해 간으로 가는데, 거기에서 단백질과 결합하거나 에너지 필요에 의해 사용되기도 하고, 포도당이나 지질로 전환되거나 혈류로 방출되기도 한다.

비타민 흡수

지용성 비타민은 대부분 지질을 따라 확산에 의해서 흡수가 진행된다. 따라서 지질의 흡수가 저하되면 지용성 비타민의 흡수에도 이상이 초래될 수가 있다. 수용성 비타민은 주로 공장에서 흡수되며, 티아민은 높은 농도에서는 비능률적인 수동확산으로 흡수되고, 낮은 농도에서는 능동수송으로 운반된다. 리보플라빈과 판토텐산은 능동수송으로, 비타민 B_6는 확산으로 흡수되나 흡수 후 인산화로 인해 대사적 인산화된다. 나이아신은 농도가 낮을 때는 촉진확산으로, 농도가 높을 때는 단순확산으로 흡수된다.

엽산은 포리글루타밀 유도체가 모노글루탐산으로 가수분해된 뒤 소장에서 흡수되고, 비타민 B_{12}는 소장의 회장 부분에서 흡수되는 유일한 필수 영양소로서 흡수를 위해서는 위에 있는 내적인자를 필요로 한다. 엽산은 주로 공장 상부에서 능동수송에 의해 흡수된다. 비타민 C는 소장에서 능동수송으로 운반되며 일부는 단순확산으로 운반된다.

대장의 박테리아에 의해 합성된 비타민 K와 비오틴 등은 식이섬유소와 소화되지 않는 다당류의 발효에 의해 만들어진 짧은 사슬지방산들과 함께 대장에서 일부 흡수된다. 담즙산도 회장 부분에서 재흡수된다.

물과 무기질 흡수

물과 무기질은 소장에서 가장 많은 양이 흡수된다. 하루 평균 9L의 물이 소장으로 유입되는데 그중 80% 이상이 소장에서 흡수되며 대장으로 유입되는 양은 1.5L 정도이다. 소장 점막의 세포막은 물에 대해 투과성이 높으므로 영양소의 흡수로 인해 물의 농도차가 생길 때마다 곧바로 물이 이동된다. 알코올은 위에서 20%가 흡수되고 나머지 80%는 소장에서 흡수된다.

나트륨은 소화물에 가장 고농도로 존재하므로 가장 많이 이동하는 용질이며, Na, K-ATPase에

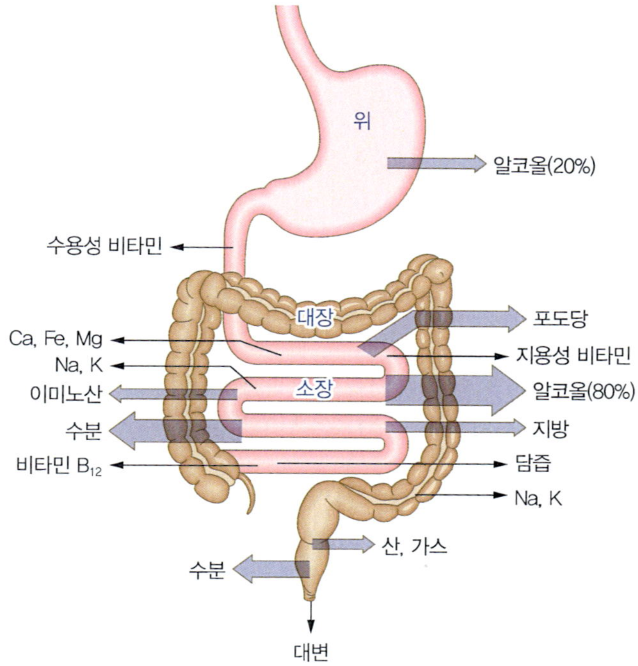

화살표 크기는 각 장소에서의 상대적인 흡수량을 나타낸다.

그림 5-9. 위장관의 주된 흡수장소

의해 능동수송으로 흡수된다. 철이온은 소장 점막세포로 능동수송되어 페리틴이라는 저장 단백질에 결합되거나 트랜스페린이라는 단백질과 결합하여 혈액으로 분비되기도 한다. 점막세포가 융모돌기의 끝에서 떨어져 나가면 페리틴에 결합되었던 대부분의 철은 다시 소장내강으로 분비되어 대변으로 배설된다. 세포내 저장에 관여하는 운반 단백질이 있고, 소변으로의 배설보다는 흡수 조절이 체내의 항상성을 유지하는 주요 기전이라는 점에서 철은 미량무기질 흡수형태의 전형적인 예가 된다. 칼슘은 지방산과 결합하여 물에 불용성의 물질을 만들지만 담즙산염의 작용으로 수용성이 되어 흡수된다. 비타민 D가 부족하면 칼슘의 흡수 저해가 일어난다.

대장은 물과 무기질이 주로 흡수되는데, 물과 함께 나트륨(Na^+)과 칼륨(K^+)이 흡수되며, 200mL 정도의 물만이 흡수되지 않고 남는다. 또한 장내 세균이 합성하는 리보플라빈, 비타민 B_6, B_{12}, K 등도 대장에서 흡수된다. 대변의 성분은 음식물 중의 불소화물과 장벽으로부터 탈락된 점막세포, 장내 세균, 효소, 점액, 담즙, 기타 소화관의 분비물 등이다.

철, 칼슘, 마그네슘, 인산 등의 일부와 납, 수은 등의 중금속은 대부분 대장을 거쳐 대변으로 배설된다. 대변의 색은 빌리루빈이 장내 세균에 의해 환원되어 생긴 유로빌리루빈에 의해 갈색을 나타낸다(그림 5-9).

요약

1. 소화기관에는 구강에서부터 인두, 위, 소장, 대장을 거쳐 항문까지 음식물이 통과하는 위장관과 소화를 돕는 타액선, 간, 담낭, 췌장의 선세포 등이 모두 포함된다.
2. 소화액에는 타액 · 췌장액 · 소장액 및 담즙이 있으며, 소화효소와 소화를 돕는 물질로 구성되어 있다. 소화액의 분비는 호르몬에 의해 조절된다.
3. 일부 소화효소는 타액선과 위에서 만들어지지만 대부분의 소화효소는 췌장과 소장에서 합성된다.
4. 대부분 영양소의 흡수는 소장에서 이루어진다. 소장은 단백질, 탄수화물, 지질, 알코올의 형태로 받아들이는 음식 에너지의 95%를 흡수한다.
5. 물, 대부분의 지질, 일부 무기질 등은 운반체나 에너지 소비 없이 단순확산으로 흡수된다. 과당의 흡수는 촉진확산에 의해 이루어지고 포도당, 갈락토오스, 아미노산 및 일부 다른 영양소들은 능동수송으로 흡수된다.
6. 흡수된 수용성 영양소와 짧은 사슬지방산은 융모의 모세혈관으로 들어가 간문맥을 통해 직접 간으로 들어간다. 지용성 분자들(긴 사슬지방산, 비타민 A · D · E · K)이나 너무 커서 모세혈관을 통해 혈류로 전달되기 어려운 분자들(혈류로부터 나온 큰 단백질과 지질흡수 뒤에 생성되는 카일로미크론)은 융모내 림프관으로 들어가 좌측 쇄골하정맥을 통해 혈류와 연결된다.

참고문헌

1. 구재옥 · 임현숙 · 윤진숙 · 이애랑 · 서정숙 · 이종현 · 손정민(2013) 고급영양학, 파워북
2. 서광희 · 서정숙 · 이승교 · 최미숙(2013) New 임상영양사를 위한 고급영양학, 지구문화사
3. 서울대학교 의과대학편(2001) 소화기학 원론, 서울대학교 출판부
4. 서울의대 내과학교실(2003) 내과학, 고려의학
5. 이양자 외(2012) 고급영양학, 신광출판사
6. Brannon P.M.(1990) Adaptation of the exocrine pancreas to diet, Annual Review of Nutrition 10: 85~105
7. Kelly D · Begbie R · King T.P.(1994) Nutritional influences on interactions between bacteria and the small intestinal mucosa, Nutrition Research Review 7: 233~257
8. Mahan LK · Raymond JL(2016) Krause's Food & the Nutrition Care Process, 14th ed., Saunders Company.
9. Nelson DL. Cox MM(2012) Lehninger Principles of biochemistry, 6th ed., W. H. Freeman
10. Ross AC · Caballero B · Cousins RJ · Tucker KL · Ziegler TR(2012) Modern nutrition in health and disease, 11th ed, Lippincott Williams & Wilkins
11. Roverfroid MB · Bornet F · Bouley C · Cummings J.H.(1995) Colonic micorflora: Nutrition and health, Nutrition Reviews 53: 127~130
12. Vander AJ · Sherman JH · Luciano DS(2005) Human physiology, 10th ed, N.Y, McGraw-Hill
13. Wardlaw GM · Insel PM(2009) Perspectives in nutrition, 8th ed, McGraw-Hill

연습문제

1. 소화관의 운동 중 소장에서의 운동에 대해서 설명하라.
2. 능동흡수, 수동흡수, 촉진흡수, 세포음작용과 세포식작용에 대해서 설명하라.
3. 췌장에서 분비되는 효소와 그 작용에 대해서 설명하라.
4. 탄수화물의 장에서의 소화에 대해서 설명하라.
5. 단백질의 소화효소 중 내부 펩티드 분해효소와 외부 펩티드 분해효소의 분비장소와 그 작용에 대해서 설명하라.
6. 짧은 사슬지방산과 긴 사슬지방산의 소화와 흡수의 차이점에 대해서 설명하라.
7. 장간순환에 대해 설명하라.

소화성 궤양(Peptic Ulcer)

소화성 궤양은 병원 외래환자의 2~5%, 그리고 내과 입원환자의 1.5%를 차지하는 대단히 흔한 병이다. 전세계 인구의 약 10%가 소화성 궤양에 걸리는 것으로 보고되고 있다. 한국을 비롯해 일본 · 페루 · 노르웨이 등에서는 위궤양이 흔하지만, 서구인은 십이지장궤양이 흔하다. 소화성 궤양 발병의 연령별 분포를 보면 위궤양은 40~65세에, 십이지장궤양은 25~55세에 흔히 나타난다. 우리나라의 발생빈도는 다소 증가추세에 있으나, 입원율 · 수술률 · 사망률은 감소추세에 있다. 과거에는 위궤양이 많았으나, 최근 10년 사이에 십이지장궤양이 많이 발생하고 있다. 지역별로는 농촌에서는 위궤양이, 도시에서는 십이지장궤양이 많이 발생한다.

일반적으로 소화성 궤양은 위산과 펩신의 분비 · 위장관의 운동성 장애 등의 공격인자와, 점막의 장벽 · 점액분비 · 중탄산염 분비 · 풍부한 점막내 혈류 및 위점막세포의 왕성한 재생능력 · 프로스타글란딘(prostaglandin)의 생성 · 외인성 인자의 작용 등의 방어인자 사이의 불균형에 의해 발생하는 것으로 알려져 있다. 십이지장궤양은 공격력의 증가로, 위궤양은 방어력의 감퇴로 발생하는 것으로 병태생리학적으로 인정되고 있다

발생원인에는 외부인자 · 유전요인 · 정신요인으로 나누어볼 수 있는데, 외부인자에는 음식 · 음주 · 흡연 · 약물 · 세균감염이 있다. 첫째, 음식인자는 과학적으로 규명되지는 않았으나 쌀주식자에게 십이지장궤양이 많고, 조미료 · 커피 등은 십이지장궤양에 해로우며, 우유가 소화성 궤양을 예방한다고 알려져 있다. 둘째, 알코올의 과량 섭취는 급성위염, 급성위장출혈을 일으킬 수 있고, 소량 섭취는 오히려 궤양의 치유를 촉진할 수 있다. 셋째, 흡연은 대부분의 역학조사에서 소화성 궤양에 걸릴 위험성이 높고 궤양의 치료가 잘 안되며, 궤양으로 인한 사망률이 높은 것으로 나타났다. 넷째, 아스피린 · 비 스테로이드계 소염제(nonsteroid anti-inflammatory drugs, NSAID) · 코르티코스테로이드(corticosteroids) 등의 약물은 소화성 궤양의 위험성을 높인다. 다섯째, 헬리코박터 필로리(Helicobacter pylori)와 같은 위내 세균감염이 발생원인으로 알려져 있다.

유전적인 요인으로는 가족력 · 쌍생아 소견 · 유전적 표식면에서 나타난다. 유전질환인 다발성 내분비 신생물 I 증후군(multiple endocrine neoplasia I syndrome) 환자들이 주로 궤양을 동반하며, 이들에게서 궤양 발생의 주요 병인 요소인 위산과 펩신 분비의 증가, 위 배출력 항진 등이 관찰되었다. 이 외 유전적으로 위, 십이지장 점막 방어능이 정상인 가족에 비해 감소된 예가 보고되었다. 십이지장궤양 환자에서 HLA-B5 항체의 출현 빈도가 높았다. 그러나 이런 유전적 소인이 궤양 발생에 미치는 정확한 병리학적 기전은 불분명하다. 위궤양과 십이지장궤양은 유전적으로는 별개의 질환으로 알려져 있다.

정신적인 요인으로는, 어린 시절 과보호 상태에서 양육된 사람의 경우에 소화성 궤양을 잘 일으키는 것으로 나타났다. 그 외, 생활에서 오는 과도한 직업적 · 경제적 · 교육적 스트레스로 인해, 위산분비의 과다와 위점막의 저항력 감소로 소화성 궤양에 걸리기 쉽다.

우리나라에 위장병 환자가 많은 주된 원인을 몇 가지 지적하면 다음과 같다. 첫째, 우리의 식사가 너무 맵고 짜다. 둘째, 동물성 식품의 섭취량이 적어 식사가 불균형이다. 셋째, 식사에 소요되는 시간이 너무 짧다. 넷째, 식사 시에 국물 등의 액체를 과량 섭취한다. 다섯째, 소화기 계통의 기생충이 많다. 여섯째, 과음 또는 폭음하는 경향이 있다.

소화성 궤양에서 위 배출력은 위궤양의 경우 느려지고, 십이지장궤양의 경우 빨라진다. 위 배출력이 느려지면 소화 및 흡수 불량이 일어나지는 않으나, 복부팽만감 · 복부통증 · 설사 등으로 인해 식욕부진(anorexia)이 발생한다. 그 결과 적절한 영양의 섭취가 어려워진다. 위 배출력이 빨라지면, 십이지장에서 췌장효소와 담즙이 희석되어 소화작용이 충분히 되지 않아 흡수가 제대로 이루어지지 않으며, 설사 등이 유발된다. 또한 소화성 궤양에서는 점막의 염증으로 인해, 점막내 효소의 활성이 떨어져 영양물의 소화가 더욱 저해된다. 소화성 궤양 환자의 경우 정상인에 비해 소화기관 내에서 영양소의 흡수 저하 및 단백질 손실이 일어나기 쉬우며, 단백질을 포함해 전반적인 영양소 섭취량이 떨어진다.

소화성 궤양의 치료에는 외과적 치료와 내과적 치료가 있다. 내과적 치료에는 정신요법, 식이요법, 약물요법 등이 있다. 과거에는 우유와 크림요법, 즉 시피식이(Sippy diet)을 사용하였다. 오늘날 이 요법은, 우유와 크림의 칼슘은 일시적으로 위산을 중화시키는 기능은 있으나, 가스트린의 분비를 촉진해 실제는 궤양의 회복을 저해한다고 알려져 있다. 소화성 궤양 환자의 식이요법에는 부드러운 음식을 소량씩 자주 섭취하도록 하고, 금연은 필수이다. 최근 병원에서 소화성 궤양의 치료 시 식사에 대해서는 많이 자유로워지고는 있으나 궤양의 증상을 완화하는 식이요법을 권장하고 있다.

식이요법 시 음식물은, 성분상으로나 조직상으로 위를 자극하지 않고 소화기 운동과 위산분비를 촉진하지 않는 식품과 궤양의 상처를 적극 보호하는 식품 및 조리법을 선택하도록 하고 있다. 또한 위내 체류 시간이 짧은 음식을 선택하여야 한다.

또한 궤양도 일종의 상처이므로 단백질과 충분한 에너지, 비타민 등의 공급이 요구된다. 약물요법으로는 제산제 · 위산분비 억제제 등의 공격인자 억제제와 궤양면 피복제 · 점액분비촉진제 · 조직재생 촉진제 등의 방어인자 증강제가 사용된다.

영양소와 관련한 최근의 연구결과는, 소금의 섭취가 제한되거나, 리놀레산의 함량이 높고, $\omega3/\omega6$ 지방산의 비율이 높은 경우, 단백질보다는 단백질 가수분해물이 소화성 궤양의 예방 및 치유에 효과적인 것으로 보고하고 있다.

■ **소화성 궤양의 발생 혹은 재발을 막기 위한 지침**

1. 금연
2. 의사의 지시가 없이 아스피린 계열의 약물복용은 피할 것
3. 커피, 차, 알코올(특히 포도주)의 섭취를 제한할 것
4. 후추, 고춧가루 등 강한 향신료의 사용을 되도록이면 제한할 것
5. 규칙적으로 균형 잡힌 식사를 할 것
6. 음식을 잘 씹어 먹을 것
7. 정상적인 체중을 유지할 것

참고문헌

1. 김창임 · 이연숙(1995) '단백질과 단백질 가수분해물이 침수 속박 스트레스로 유도된 위궤양 흰쥐의 질소대사에 미치는 영향', 한국영양학회지 28, pp 291~297
2. 서울대학교 의과대학편, 소화기학, 서울대학교 출판부
3. 이상아 · 김창임 · 최혜미(1997) '침수 속박 스트레스에 의한 위궤양 모델 쥐에서 식염의 섭취 수준이 궤양 발병 및 회복에 미치는 영향', 한국영양학회지 30, p 4
4. Andre R · David E · Neil K(1984) "Role of glutathione in gastric mucosal cytoprotection", Am. J. Physiol. 247, pp G296

CHAPTER

06

에너지와 영양

식품 에너지와 인체 이용 에너지 | 인체의 에너지 소비량의 구성
에너지필요추정량 | 에너지 균형 | 비 만 | 운동과 에너지

CHAPTER 06

에너지와 영양

들어가는 말

에너지란 일을 할 수 있는 능력을 말한다. 우주에는 위치, 운동, 전기, 열, 빛 및 화학 에너지 등 여러 형태의 에너지가 존재하며, 이들 에너지는 상호전환이 가능하다.

에너지의 근원은 태양이며, 동식물이 이를 직간접적으로 이용하여 탄수화물, 지방, 단백질의 화학결합 에너지로 저장한다. 인체는 식품을 통해 이들 동물과 식물의 저장 에너지를 공급받는다. 실제 인체가 사용하는 에너지의 형태는 ATP(adenosine triphosphate)이므로 식품에서 온 탄수화물, 지방, 단백질의 화학결합 에너지를 ATP 형태로 바꾸는 과정이 필요하다.

탄수화물, 지방, 단백질의 화학결합 에너지가 ATP로 전환되는 에너지 대사는 결국, 식품이 전자의 공여체로서 작용하여 식품의 전자를 산소에 전달함으로써 물과 이산화탄소를 생성하는 과정이다(그림 6-1).

이때 전자전달반응은 여러 단계를 거쳐서 일어나며 식품이 가진 에너지 중의 일부가 유용한 형태의 에너지인 ATP로 저장된다. 생성된 ATP는 근육의 수축, 물질의 세포막 통과 혹은 여러 고분자물질의 합성 등에 이용된다. 일반적으로 식품 에너지의 ATP 형태로의 전환율은 약 25~40%이며, 그 나머지는 열로 발산되어 체온유지에 쓰인다.

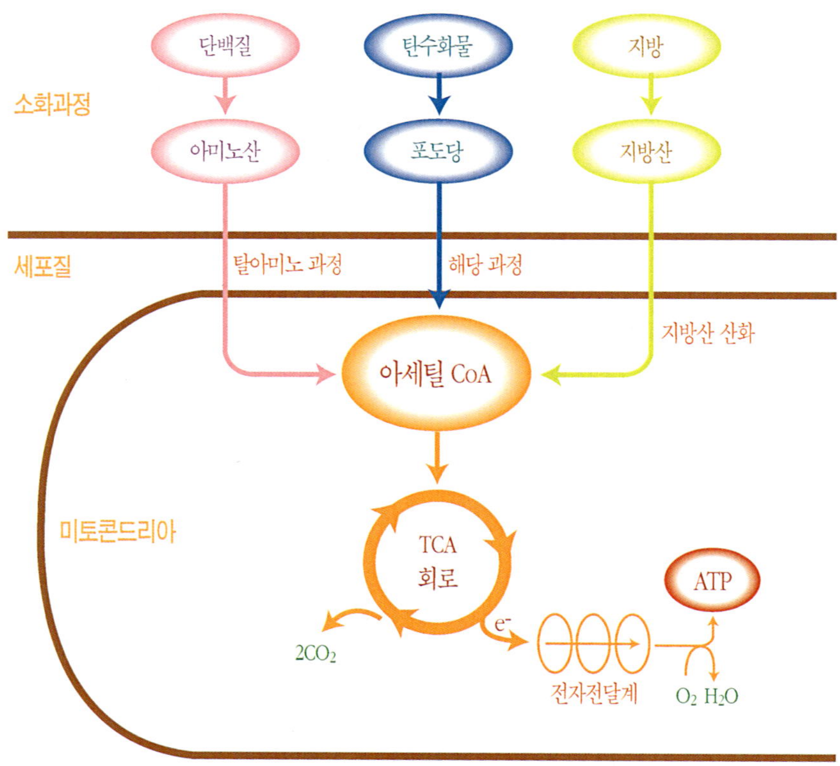

그림 6-1. 에너지 대사 개요

식품 에너지와 인체 이용 에너지

인체는 성장 및 유지, 활동, 체온조절 등을 위하여 적당한 에너지를 필요로 하며, 이런 에너지는 식품에 포함된 열량 영양소인 탄수화물, 지방 및 단백질로부터 공급받는다. 또한 알코올 섭취로도 에너지를 공급받을 수 있다. 식품 에너지가 인체에서 이용 에너지로 전환될 때는 여러 형태로 구분된다. 즉 그림 6-2와 같이, 식품의 전체 에너지를 포함한 총에너지, 소화되어 흡수될 수 있는 소화가능 에너지, 여기에서 소변으로 배설될 에너지를 뺀 대사 에너지, 여기에서 이화작용 시 발생하는 열이나 식품이용을 위해 소모되는 에너지 손실을 뺀 네트 에너지가 있다.

에너지(energy)
에너지 단위는 칼로리(calorie)로서 1g의 물을 1℃ 상승시키는 데 필요한 열량을 의미한다. 최근에는 국제 단위인 킬로줄(kJ)로 바뀌어 가는 경향이며, 1kcal=4.184kJ이다.

총에너지(gross energy)
소화가능 에너지(digestible energy)
대사 에너지(metabolizable energy)
네트 에너지(net energy)
열손실 사이클(futile cycle)

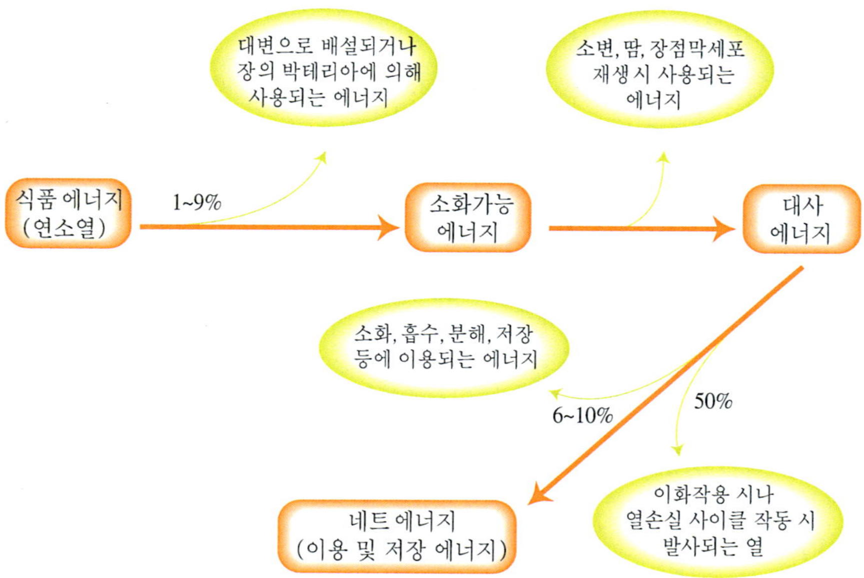

그림 6-2. 식품 에너지의 체내 이용 경로

실제 식품의 에너지를 계산할 때는 대사 에너지를 사용하며, 탄수화물 4kcal/g, 단백질 4kcal/g, 지방 9kcal/g로 계산하고 있다. 이 에너지를 생리적 열량가 혹은 애트워터 계수라고 한다. 표 6-1에서 각 열량 영양소 1g의 생리적 열량가를 계산해 제시하였는데, 그 값은 식품의 대사 에너지와 같은 값이다. 따라서 일반적으로 식품의 열량가는 그 식품의 열량 영양소의 함량에 해당 영양소의 생리적 열량가를 곱해 준 값의 합을 구함으로써 계산한다.

생리적 열량가(physiological fuel value)
애트워터 계수(Atwater factor)

소화율이 비슷한 탄수화물과 지방의 생리적 열량가를 비교하면 같은 1g이 체내에서 연소될 때, 왜 지방은 9kcal가 생성되고 탄수화물은 4kcal의 열량이 생성되는가? 그 이유는 지방과 탄수화물의 원소 구성이 다르기 때문이다. 즉 지방산의 하나인 팔미트산과 포도당의 구조식을 비교해보면, 팔미트산인 $C_{16}H_{32}O_2$가 포도당인 $C_6H_{12}O_6$보다 산소의 비율이 훨씬 적다. 따라서 지방이 탄수

표 6-1. 열량 영양소의 생리적 열량가 산출법

영양소	총열량가 (kcal/g)	소화율	생리적 열량가(대사 에너지) (kcal/g)
탄수화물	4.15	0.98	4
지방	9.45	0.95	9
단백질	5.65 − 1.25*	0.92	4
알코올	7.1 − 0.1**	1	7

* 단백질 1g당 소변으로 배설되는 요소의 에너지
** 호흡으로 배설되는 양

■ **식품의 에너지 함량 계산**

예) 우유 1컵(200mL)을 섭취했을 때의 에너지 함량 계산

탄수화물	9.0g × 4kcal/g	=	36.0kcal
지방	6.6g × 9kcal/g	=	59.4kcal
단백질	5.8g × 4kcal/g	=	23.2kcal
회분	1.4g		
			총 118.6kcal

화물보다 훨씬 더 환원된 형태로 존재하기 때문에 체내에서 더 많이 산화될 가능성이 있어 실제 더 많은 에너지를 내게 된다.

식품 에너지 측정

봄 열량계(bomb calorimeter)
연소열(combustion energy)

식품의 에너지는 봄 열량계(그림 6-3)로 연소열을 측정해 식품의 총열량가를 구한다. 열량계 내부의 단열된 밀폐 공간에 일정량의 식품을 놓고, 그 식품을 태우면 연소열이 나오는데, 그것이 밀폐 공간을 둘러싸고 있는 물의 온도를 올리게 된다. 따라서 식품을 태우기 전후의 물의 온도를 측정함으로써 식품의 연소열을 계산할 수 있다. 탄수화물, 지방, 단백질, 알코올 등 봄 열량계로부터 나오는 각 열량 영양소의 연소 열량은 일반적으로 탄수화물 1g에 4.15kcal, 지방은 9.45kcal, 단백질은 5.65kcal, 알코올은 7.1kcal로서, 실제 인체에서 이용되어 나오는 열량보다 많다. 따라서 우리 인체는 에너지 효율이 열량계보다 떨어진다.

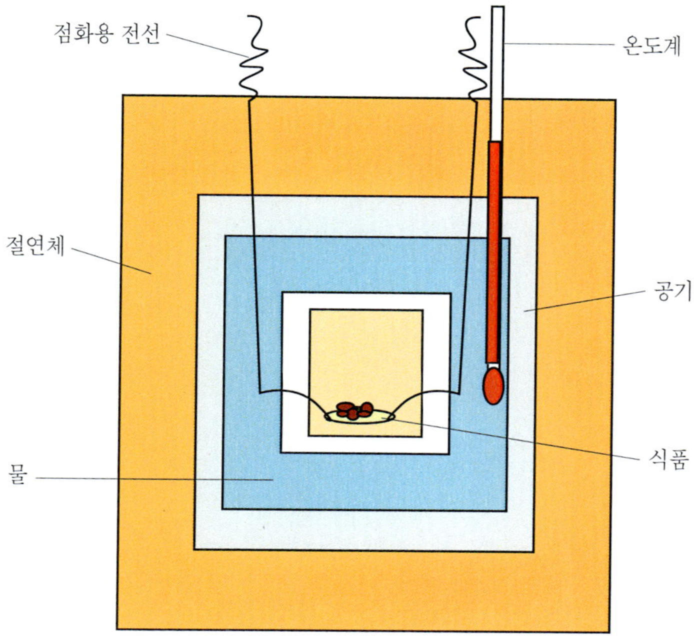

그림 6-3. 봄 열량계의 단면도

인체 에너지 대사량 측정

인체의 에너지 필요량을 측정하는 방법에는 직접 열량측정법과 간접 열량측정법의 두 가지가 있다.

1. 직접 열량측정법

직접 열량측정법
(direct calcrimetry)

직접 열량측정법은 사람이 단열된 밀폐 공간에 들어가서 직접 열량을 방출함으로써 그 공간을 둘러싸고 있는 물의 온도를 상승시키면, 그 온도차를 측정해 계산한다. 킬로칼로리는 1L의 물을 1℃ 상승시키는 데 필요한 열량을 말한다. 따라서 이 방법은 봄 열량계로 식품의 열량을 측정하는 방법과 유사하다. 인체에 사용된 에너지가 궁극적으로는 모두 열로 발산되기 때문에 직접 열량측정법으로 열량 필요량을 측정하는 것이 가능하다. 과거에는 직접 열량계의 크기가 방만큼이나 컸으나 최근에는 전화 부스 정도로 줄어들었으며 더 작은 것도 있다. 그러나 일반적으로 직접 열량측정을 위한 특수 설비가 필요하며 비용이 많이 들고 복잡하기 때문에 직접 열량측정법을 이용하는 경우는 드물다.

2. 간접 열량측정법(호흡가스분석법)

간접 열량측정법
(indirect calorimetry)
호흡가스분석법
(respiratory gas analysis)

간접 열량측정법은 에너지 소비 시 발생되는 열량을 직접 측정하는 것이 아니라, 호흡 시의 산소 소모량이나 이산화탄소 배출량을 측정해 에너지 소모량과의 상관관계를 나타내는 공식을 적용시켜 간접적으로 소모열량을 계산하는 방법이다. 이는 인체가 음식물을 산화하여 에너지를 낼 때 일정량의 산소를 소모하고 또한 일정량의 이산화탄소를 배출한다는 사실에 기초를 두고 있다. 음식물 대사에 소모되는 산소 소비량은 음식물의 성분에 따라 다르다. 탄수화물의 산화시 소모되는 산소량은 지방이나 단백질이 산화될 때 소모되는 산소량보다는 적다(표 6-2). 일반적으로 혼합식이를 이용할 때 1L의 산소가 소모되면 4.82 kcal의 열량을 발생한다.

표 6-2. 각 영양소의 산화 시 산소 소모량, 이산화탄소 배설량과 에너지 소모량과의 상관관계

	탄수화물	지 방	단백질
직접 열량계 측정 에너지량 (kcal/g)	3.7 ~ 4.3	9.5	4.0 ~ 4.3
산소 소모량(L/g) = A	0.75 ~ 0.83	2.03	0.97
이산화탄소 배출량(L/g) = B	0.78 ~ 0.83	1.43	0.78
호흡상(RQ) = B/A	1	0.70 ~ 0.71	0.80 ~ 0.82
산소 열량(kcal/ L)	5.0	4.7	4.5
이산화탄소 열량(kcal/ L)	5.0	6.6	5.6

호흡상(respiratory quotient, RQ)
일정한 시간에 배출한 이산화탄소량을 그 기간 동안 소모한 산소량으로 나눈 값, 즉 RQ = 배출된 CO_2의 용적/소모된 O_2의 용적

간접 열량측정법에서는 그림 6-4와 같은 기구를 이용하는데 약 5분에서 10분 동안 소모되는 산소량을 측정하여 이 값에 4.82 kcal를 곱하면 소모되는 열량이 계산된다. 배출되는 이산화탄소량으로도 소비 에너지 측정이 가능하나 산소를 기초로 한 것보다 오차의 차이가 크기 때문에 주로 산소 소모량을 측정한다. 간접 열량측정법에서 사용되는 열량계는 호흡실을 사용하는 방법과 마스크형이 있다. 특히 각종 활동에 따른 에너지 소모량을 측정하는 데는 휴대용 간접 열량계가 좋다.

간접 열량측정법에서 호흡상(RQ)을 측정하면 대사되는 열량 영양소의 조성비를 어느 정도 예측할 수 있다. 표 6-2에서 보는 것처럼 RQ값은 어떤 영양소가 산화되느냐에 따라 그 값이 다르다. 탄수화물만이 연소될 때 RQ값은 1이며, 지방만이 산화될 때는 RQ값이 약 0.7이다. 단백질은 지방에 비해 평균 원소조성이 정확하지 않고 소변으로 배설되는 질소 화합물이 많으므로 정확하게 계산하기는 어렵다. 그러나 일반적으로 소변으로 배설되는 질소량을 제외하고 RQ를 계산하면 약 0.8 정도라고 한다.

어떤 피험자를 대상으로 일정 시간 동안 가스 교환량을 측정하고, 그 시간 동안의 소변을 통한 질소 배설량을 측정하여 그 값에 6.25를 곱해주면 에너지 대사에 이용된 단백질의 양(g)을 알 수 있다. 이런 단백질의 양에 표 6-2에 제시된 0.97을 곱하면 단백질 산화에 소모되는 산소량을 계산할 수 있고, 단백질의 양에 0.78을 곱하면 배출되는 이산화탄소량을 계산할 수 있다. 따라서 이미 측정된 산소 소모량과 이산화탄소 배출량에서 단백질 산화로 인한 산소 소모량과 이산화탄소 배출량을 빼주면, 탄수화물과 지방만의 산화에 의한 산소 소모량과 이산화탄소 배출량을 계산할 수 있다. 이 양으로부터 계산한 RQ를 비단백호흡상이라 하며, 이 값을 알면 표 6-3을 이용하여 탄수화물과 지방의 대사비율이나 산소 소모량 1L당 발생되는 열량을 대략적으로 계산할 수 있다. 이런 방법은 주로 운동의 종류나 운동의 경과 시간에 따라 어떤 영양소가 주에너지원으로 작용하는지를 조사하는 데 이용된다.

비단백호흡상(non-protein respiratory quotient, NPRQ)
단백질을 제외하고 탄수화물과 지방만을 산화할 때의 호흡상

표 6-3. 비단백호흡상 및 탄수화물과 지방의 산화비율

비단백호흡상	대사에 소모된 산소 비율(%)		산소 1L에 대한 열량
	탄수화물	지방	
0.70	0.0	100.0	4.686
0.72	4.4	95.6	4.702
0.74	11.3	88.7	4.727
0.76	18.1	81.9	4.751
0.78	24.9	75.1	4.776
0.80	31.7	68.3	4.801
0.82	38.6	61.4	4.825
0.84	45.4	54.6	4.850
0.86	52.2	47.8	4.875
0.88	59.0	41.0	4.889
0.90	65.9	34.1	4.924
0.92	72.7	27.3	4.948
0.94	79.5	20.5	4.973
0.96	86.3	13.7	4.998
0.98	93.2	6.8	5.022
1.00	100.0	0	5.047

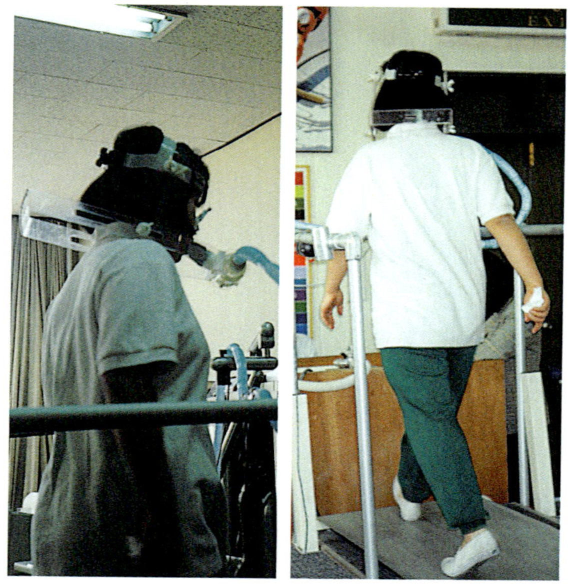

그림 6-4. 간접 열량측정계로 에너지 대사량 측정방법

■ 간접 열량측정법에 의한 에너지 대사량 계산의 예

대 상 : 체중이 70kg인 남자 성인

측정방법 : 간접 열량측정계를 이용하여 24시간 동안의 산소 소모량과 이산화탄소 배출량을 측정하고, 24시간 동안 측정된 소변 배설량으로부터 소변에 함유된 질소량을 측정한다.

측정결과 : 산소 소모량 : 360L, 이산화탄소 배출량 : 300L, 소변의 질소량 : 8g

$$\text{비단백호흡상} = \frac{\text{이산화탄소 배출량}-\text{단백질 산화로 배출된 이산화탄소 배출량}}{\text{산소 소모량}-\text{단백질 산화로 소모된 산소 소모량}} = \frac{300-(8 \times 6.25^{*} \times 0.78^{**})}{360-(8 \times 6.25^{*} \times 0.97^{**})} = 0.84$$

* 질소량을 단백질량으로 전환하기 위한 계수로 단백질의 평균 질소량 16%로부터 계산

** 연소된 단백질 g당 이산화탄소 배출량과 산소 소모량(표 6-2)

이 사람의 비단백호흡상은 0.84로서, 이 피험자의 체내에서 탄수화물과 지방의 대사에 사용된 산소의 소모량은 각각 45.4%, 54.6%이다(표 6-3). 산출된 각 열량 영양소당 산소 소모량으로부터 표 6-2의 산소열량 수치를 이용하여 아래와 같이 총에너지 대사량을 계산할 수 있다.

	산소 소모량	에너지 대사량
단백질	8 × 6.25 × 0.97 = 48.5L	48.5L × 4.5kcal/L = 218.3kcal(12.7%)
지 방	(360−48.5) × 0.546 = 170.1L	170.1L × 4.7kcal/L = 799.5kcal(46.3%)
탄수화물	(360−48.5) × 0.454 = 141.4L	141.4L × 5.0kcal/L = 707.0kcal(41.0%)
		총 1,724.8kcal

이중표식수법(doubly labeled water technique)

안정동위원소(stable isotope)

3. 이중표식수법

이 방법은 1995년에 개발되었는데 현재까지 일상생활의 총에너지 소비량을 측정하는 방법 중 가장 정확한 것으로 알려져 있다. 안정동위원소인 수소(^2H)와 산소(^{18}O)를 포함하는 이중표식수를 체중당 일정 비율로 피험자에게 섭취시킨 후 1~2주 동안 채취한 소변 중 이들의 배출률을 분석하는 방법이다. 이 두 안정동위원소가 체외로 배설되는 경로는 ^{18}O경우 두 가지 경로(① 호기의 CO_2와 ② 소변, 땀, 호흡 중의 H_2O 손실)를 통하는 데 반해, ^2H의 경우 ②만을 통하기 때문에 그 차이로부터 CO_2의 생성량을 계산할 수 있다. 직접 열량측정법이나 호흡가스측정법과 달리 활동에 제한을 받지 않고 평상시 활동을 유지할 수 있는 장점이 있다.

인체의 에너지 소비량의 구성

기초대사량(basal metabolic rate, BMR)

신체활동대사량(physical activity energy expenditure, PAEE)

식사성 발열효과(thermic effect of food, TEF)

적응대사량(adaptive thermogenesis, AT)

1일 총에너지 소비량은 기초대사량, 신체활동대사량, 식사성 발열효과 및 적응대사량으로 구성된다.

기초대사량

기초대사량은 기본적인 생체기능을 수행하는 데 필요한 최소한의 에너지로, 심장박동, 호흡, 체온조절 등을 위한 에너지를 의미한다. 한 개인의 기초대사량은 날마다 거의 일정한데 대개 하루 총에너지 소비량의 60~70%를 차지하므로, 1일 에너지필요량을 결정짓는 중요한 요인이다.

12~14시간 동안 식사 및 활동이 거의 이루어지지 않으면서 깨어 있는 상태에서의 대사량이므로 기상 직후 바로 측정해야 하는 어려움이 있다. 한편, 식후 5~6시간이 경과된 후 휴식상태에서 측정하는 휴식대사량은 기초대사량보다 약간 크지만 그 차이가 3% 이내이므로 기초대사량과 휴식대사량을 혼용하여 사용하기도 한다.

근육은 대사적으로 활발한 조직 중에서 가장 큰 장기이이므로 기초대사량의 상당한 부분을 차지한다. 체중, 신장, 연령을 이용하여 기초대사량을 예측하는 공식들이 있는데, 이는 근육량을 추정할 수 있다는 가정에 의한 것이다. 가장 널리 쓰이는 두 가지 방법이 표 6-4에 제시되었다.

표 6-4. 기초대사량(kcal) 추정공식

방법	성별	공식
간이법	남자	1(kcal/kg/시간) × 체중(kg) × 24(시간)
	여자	0.9(kcal/kg/시간) × 체중(kg) × 24(시간)
KDRI 채택방법	남자	204 − 4.0 × 연령(세) + 450.5 × 신장(m) + 11.69 × 체중(kg)
	여자	255 − 2.35 × 연령(세) + 361.6 × 신장(m) + 9.39 × 체중(kg)

연령, 신장, 체중 외에도 근육량에 영향을 주는 요인이 있다. 또한 근육량이 같아도 환경이나 생리적 상황에 따라 생명을 유지하는데 필요한 에너지의 양이 다르다. 표 6-5에 기초대사량을 증가 혹은 감소시키는 요인을 정리하였다.

표 6-5. 기초대사량을 변화시키는 요인

요소	근거	적용
신체 조성	근육은 지방조직보다 대사적으로 더 활발하다.	- 체중과 신장이 같아도 근육량이 많고 지방조직이 적은 사람은 기초대사량이 높다. - 여자는 남자보다 기초대사량이 낮고 연령이 증가할수록 기초대사량이 낮아진다.
호르몬	갑상선 호르몬과 에피네프린은 대사를 촉진한다.	- 갑상선 기능항진에서는 기초대사량 증가로 체중이 감소한다. - 갑상선 기능저하에서는 기초대사량 저하로 체중이 증가한다.
에너지 섭취 과부족	인체가 에너지 섭취량에 따라 소비효율을 변화시킨다.	- 저에너지식을 하는 사람들에서 에너지 섭취량의 부족분만큼 실제 체중감소가 나타나지 않는다. - 에너지를 과잉섭취 시 비효율적 에너지 대사로 열로 방출하게 된다.
체온	체내 화학반응은 온도가 올라가면 빨라진다.	- 1℃ 오를 때마다 기초대사량이 평균 13% 상승한다. - 발열 환자는 에너지 필요량이 증가한다.
환경 온도	체온을 유지하기 위해서 에너지 소모가 필요하다.	- 환경 온도가 26℃일 때 대사율이 가장 낮고 이보다 높거나 낮은 온도에서는 대사율이 항진된다.
니코틴	니코틴은 기초대사량을 10% 정도 증가시킨다.	- 금연에 따른 체중증가를 설명한다.

신체활동대사량

에너지 소비량의 두 번째 범주는 신체활동에 따르는 에너지이다. 신체활동에는 골격근의 운동뿐 아니라 이에 수반되는 심장 박동과 호흡의 증가에 에너지가 소모된다.

신체활동대사량은 두 가지로 나눌 수 있는데, 운동에 의한 활동대사량과 운동 이외의 활동대사량이다. 운동에 의한 활동대사량은 스포츠나 체력단련에 소비되는 에너지이고, 운동 이외의 활동대사량은 자세의 유지, 집안일, 직장 근무 등에 필요한 에너지를 말한다.

운동에 의한 활동대사량 (exercise activity thermogenesis, EAT)

운동 이외의 활동대사량 (non-exercise activity thermogenesis, NEAT)

신체활동대사량은 개인차가 크고 한 개인에서도 하루하루 크게 차이가 난다. 운동에 의한 활동대사량은 정적인 생활을 하는 경우 100kcal에 지나지 않지만, 운동선수의 경우 3000kcal까지 이를 수 있어 매우 폭이 크다.

각 활동의 에너지 대사율을 휴식대사량의 배수로 표 6-6에서 제시하였다. 하루 동안 각 신체활동에 소요한 시간을 기록한 다음, 이 수치를 이용하면 그날의 활동대사량이 기초대사량의 몇 배

표 6-6. 활동의 종류에 따른 에너지 소비량

활동 범주	활동 내용	METs
비활동	잠자기	0.9
	눕기, TV 보기, 아무것도 안 하기, 음악 듣기	1.0
일상생활속 활동	앉아서 활동(독서 1.3; 이야기 1.5; 노트 필기 1.8)	1.3-1.8
	교통(차 · 버스 타기 1.0; 자동차 운전 2.0)	1.0-2.0
	서기(줄 서기 1.2; 이야기 1.8; 요리 2.0)	1.2-2.0
	자기 관리(먹기 1.5; 샤워, 옷 입기, 화장 2.0)	1.5-2.0
	청소(먼지 털기 2.5; 세차 3.0; 진공청소기 청소 3.5)	2.5-3.5
	걷기(매우 천천히 2.0; 경보 6.5; 등산, 계단 오르기 8.0)	2.0-8.0
운동	스트레칭, 요가	2.5
	헬스(헬스장 5.5; 웨이트 트레이닝 6.0)	5.5-6.0
	구기(당구 2.5; 볼링 3.0; 탁구 4.0; 배드민턴 4.5; 축구 7.0)	2.5-7.0
	자전거 타기(4.0; 산악자전거 8.5)	4.0-8.5
	수영(여가 6.0; 시합 11.0)	6.0-11.0
	줄넘기(천천히 8.0; 빠르게 12.0)	8.0-12.0
	달리기(조깅 7.0; 약 8.0km/h 8.0; 계단 오르기 15.0)	7.0-15.0

MET(metabolic equivalents) = 1kcal/kg/h
출처: 박재현 외, 신체활동평가를 위한 한국어판 신체활동 목록과 컴퓨터 프로그램 개발, 한국체육학회지 2004; 44(2): 385-404

인지를 구할 수 있다. 이 표를 이용하여 24시간 동안 활동 기록으로부터 신체활동대사량을 계산하는 방법을 203쪽에 제시하였다.

식사성 발열효과

식사 후 몇 시간 동안은 휴식대사량 이상으로 에너지가 소모되며, 주로 에너지가 열로 발산되므로 체온 상승효과를 가져온다. 이와 같이 식품섭취에 따른 영양소의 소화, 흡수, 대사, 이동, 저장 및 이에 관련된 자율신경계 작용의 증진을 위해 필요한 에너지를 식사성 발열효과라 부른다. TEF는 식품의 특이동적 작용 또는 식품이용을 위한 에너지 소모량이라고도 부른다.

표 6-7. 3대 열량 영양소의 식품이용을 위한 에너지 및 에너지 효율

에너지율(%) \ 식이	지 방	탄수화물	단백질	혼합식
소화율(%)	95	98	92	
식사성 발열효과(%)	3 ~ 4	10 ~ 15	15 ~ 30	10
ATP로의 최대전환율(%)	40	40	32 ~ 34	39

TEF는 섭취한 에너지영양소의 종류에 따라 달라서 식사의 단백질 비율이 높을수록 TEF가 증가하는데 이는 단백질의 경우 아미노산의 대사가 탄수화물이나 지방에 비해 훨씬 복잡하기 때문이다(표 6-7).

일반적으로 TEF는 혼합식 섭취 시 총에너지 섭취량의 약 10% 정도인데, 간편하게 휴식대사량과 신체활동대사량을 합한 값의 10%로 계산하기도 한다. TEF는 개인차가 상당히 크며, 총 에너지필요량에서 차지하는 비율은 작지만 에너지 균형 조절에서 중요한 요소로 보인다. TEF가 큰 사람은 에너지 섭취량이 많아도 그만큼 체중이 증가되지 않는다.

적응대사량

적응을 위한 에너지 소모량, 즉 적응대사량은 사람이나 동물이 큰 환경변화에 적응하는 데 요구되는 에너지로, 특히 추운 환경에 노출되거나 지나친 과식을 했을 때와, 창상 및 기타 여러 가지 스트레스 상황 아래에서 열발생으로 소모될 수 있는 에너지를 의미하며, 주로 갈색 지방조직에 의한 열발생 기전과 연관지어 설명되고 있다. 실제로 사람들이 과식을 하더라도 섭취량에 비례하여 체중이 증가하지 않는 이유는 체내에서 에너지 효율을 떨어뜨리는 기전인 적응대사 때문이다. 그러나 적응대사에 대해서는 논란의 여지가 있어 많은 관심의 대상이 되고 있다.

적응대사량(adaptive thermogenesis, AT)
추운 온도에 노출되거나 과식을 할 때 적응을 위해 요구되는 열발생 정도

창상(trauma)

많은 동물실험에서, 동면에서 깨어날 때와 찬 온도에 노출되었을 때 그리고 신생동물일 때 갈

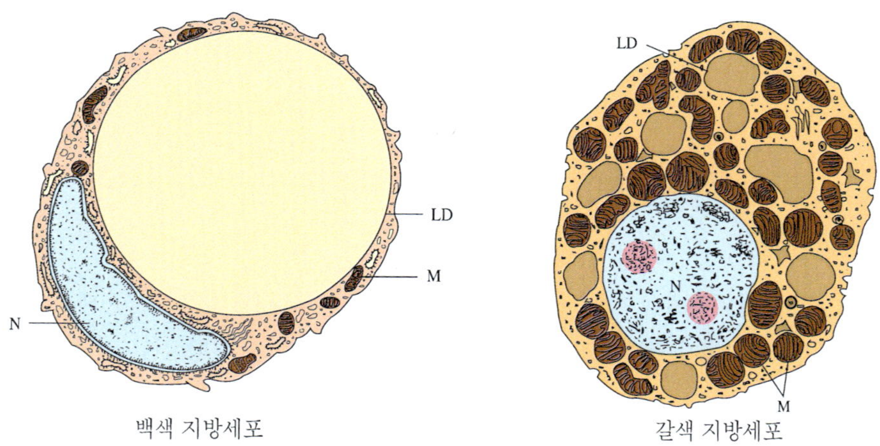

LD : 지방구(lipid droplet), M : 미토콘드리아(mitochondria), N : 핵(nucleus)

그림 6-5. 백색 지방세포와 갈색 지방세포의 구조비교

쉬어가기 적응대사

사람이 과식을 하거나 추운 환경에 노출되었을 때 교감신경계가 자극받아 갈색 지방의 미토콘드리아를 활성화해 열발생을 촉진시킨다. 또한 에페드린이나 카페인, 니코틴 같은 물질의 투여도 교감신경계를 자극하여 에너지 소비량이 증가되었다는 보고가 있다. 이런 에너지 소비량의 증가가 적응대사와 관련있을 것으로 추정된다. 신생아의 등과 성인의 어깨나 견갑골 사이 부분에서 열발생 부위를 측정할 수 있으나, 얼마나 많은 양의 열이 발생하는가를 측정하기는 어렵다.

갈색 지방조직
(brown adipose tissue)
열량 영양소 산화 시 ATP는 생성하지 않고 열발생을 수반하는 갈색의 특수 지방세포로 구성되어 있다.

백색 지방조직
(white adipose tissue)
체내 대부분 지방조직으로 열량 영양소 산화 시 ATP를 생성하는 지방세포로 구성되어 있다.

짝풀림 단백질
(uncoupling protein)
갈색 지방세포의 미토콘드리아 내막에 존재하는 단백질로 산화와 인산화의 결합을 막는 기능을 가짐

표 6-8. 백색 지방과 갈색 지방의 차이 비교

특징 \ 지방 종류	백색 지방	갈색 지방
혈관분포 및 공급량	적음	많음
지방구 형태	중앙에 하나의 큰 지방구	작은 지방구가 퍼져 있음
미토콘드리아 및 시토크롬	적음	많음
ATP 합성효소	활성이 높음	활성이 낮음
짝풀림 단백질	없음	있음
산화적 인산화	ATP 생성	ATP 생성 대신 열 발생
존재장소	피하, 고환이나 장기 주위	등부분, 견갑골 사이, 겨드랑이 밑

색 지방조직의 양이 증가되었다. 갈색 지방세포의 미토콘드리아는, 백색 지방세포의 미토콘드리아와는 달리 짝풀림 단백질이란 것이 있어서 영양소의 산화에서 나온 에너지를 ATP 형태로 전환하지 않고 열로 발산해 체온을 상승시키는 원인이 된다. 쥐는 과식이나 추운 환경에 노출되었을 때 갈색 지방이 증가하는 것이 정상이나, 그렇지 않을 경우 비만과 관련이 있었다. 따라서 사람에서도 이런 적응대사량의 손상이 비만과 관련있을 것이라고 추정하고 있으나 아직도 정확하게 밝혀지지는 않았다. 사람의 갈색 지방량은 체중의 1% 이내인데, 비만과의 관련성에 대한 확실한 결론을 내리기는 아직 어렵다. 적응대사량은 총에너지 소비량의 약 7% 정도이며, 실제 1일 에너지 필요량을 계산하는 데는 포함되지 않는다. 백색 지방조직과 갈색 지방조직의 구조 및 대사상의 특징에 따른 비교는 그림 6-5, 표 6-8과 같다.

에너지필요추정량

에너지필요추정량
(estimated energy requirement, EER)

이중표식수법
(double labeled water technique)

한국인 영양소 섭취기준에는 에너지에 대해서 에너지필요추정량을 제시하였는데 이는 다른 영양소의 평균필요량에 해당한다. 다른 영양소와 달리 권장섭취량이 설정되지 않는 이유는 현대 우리나라 국민에게 비만과 비만 관련 생활습관병의 우려가 높기 때문이다. 개인의 에너지 소비량은 직접열량계나 호흡가스분석법 및 이중표식수법을 이용하는 것이 정확하지만 이들은 장비와 기술적인 면에서 현실적으로 이용하기 어렵다. 따라서 연령, 체중, 신장, 신체활동 수준을 반영하는 공식을 이용하여 에너지 소비량을 계산하므로 평균필요량 대신 필요추정량이라는 용어를 사용한다.

우리나라 에너지필요추정량(EER) 공식은 미국/캐나다 에너지 필요추정량 산정에 사용한 공식에 우리나라 실정을 적용한 것으로 아동·청소년과 성인의 두 연령대에서 성별로 도출된 공식을 통해 해당 상수와 계수(표 6-9) 및 표준 체위(표 6-10)를 대입하여 설정되었다. 이 공식은 이중표식수법으로 측정한 그 나라 국민의 에너지 소비량을 근거로 도출되었기에 한국인에게 적용하기 위해서는 그 정확도를 검증해야 할 필요성이 제기되었다. 이에 한국인에서 EER 공식의 타당도를 평가한 결과, 성인과 노인에서 DRI 공식을 적용하는 것이 가능한 것으로 나타났다. 아동 및

운동선수의 경우는 이들을 위한 별도의 공식이 필요하다고 판명되었으나 2020 DRI에서는 기존의 공식을 그대로 적용하였다.

한편 공식을 통해 산출된 원값을 반올림 또는 올림으로 상향조정하게 된다면 우리 국민의 비만 및 이로 인한 만성퇴행성질환 유병률을 높이는 결과를 초래할 것을 우려하여 산출값을 100 kcal 단위로 절삭하였고 감소분에 대해서도 100kcal 단위로 절삭하였다.

■ 우리나라 에너지필요추정량 공식

에너지필요추정량(EER) = $\alpha + \beta \times$ 연령(세) + PA[$\gamma \times$ 체중(kg) + $\delta \times$ 신장(m)]
PA: 신체활동단계별 계수

표 6-9. 에너지필요추정량 계산 공식에 적용되는 상수 및 계수

요소		아동 및 청소년(3~18세)		성인(19세 이상)	
		남	여	남	여
α	상수	88.5	135.3	662.0	354.0
β	연령 계수	-61.9	-30.8	-9.53	-6.91
γ	체중 계수	26.7	10.0	15.91	9.36
δ	신장 계수	903.0	934.0	539.6	726.0

표 6-10. 2020 한국인 영양소 섭취기준 제정을 위한 체위기준

연령	2020 체위기준					
	신장(cm)		체중(kg)		BMI(kg/m²)	
0~5(개월)	58.3		5.5		16.2	
6~11	70.3		8.4		17.0	
1~2(세)	85.8		11.7		15.9	
3~5	105.4		17.6		15.8	
	남	여	남	여	남	여
6~8(세)	124.6	123.5	25.6	25.0	16.7	16.4
9~11	141.7	142.1	37.4	36.6	18.7	18.1
12~14	161.2	156.6	52.7	48.7	20.5	20.0
15~18	172.4	160.3	64.5	53.8	21.9	21.0
19~29	174.6	161.4	68.9	55.9	22.6	21.4
30~49	173.2	159.8	67.8	54.7	22.6	21.4
50~64	168.9	156.6	64.5	52.5	22.6	21.4
65~74	166.2	152.9	62.4	50.0	22.6	21.4
75 이상	163.1	146.7	60.1	46.1	22.6	21.4

신체활동단계는 활동의 강도에 따라 4단계로 구분하였다(표 6-11). 대부분의 다른 영양소와 달리, 에너지의 경우 각 개인마다 개별화된 필요추정량을 식생활에 이용하는 것이 가능하고, 필요하다. 에너지 균형이 음이거나 양이거나 모두 체중 변화뿐 아니라 신체 대사에 나쁜 영향을 초래하기 때문이다. 활동 수준이 '활동적' 및 '매우 활동적' 인 성인은 남자의 경우 각각 1.25와 1.48을,

신체활동단계별 계수 (physical activity coefficient, PA)

표 6-11. 에너지필요추정량 산출 공식에 적용되는 신체활동단계별 계수

신체활동단계	신체활동 수준 (PAL)	신체활동단계별 계수(PA)			
		아동 및 청소년		성인	
		남	여	남	여
비활동적 (Sedentary)	1.00~1.39	1.00	1.00	1.00	1.00
저활동적 (Low active)	1.40~1.59	1.13	1.16	1.11	1.12
활동적(Active)	1.60~1.89	1.26	1.31	1.25	1.27
매우 활동적 (Very active)	1.90~2.50	1.42	1.56	1.48	1.45

표 6-12. 한국인의 에너지필요추정량

연령		에너지필요추정량(kcal/일)	
		남	여
영아	0~5(개월) 6~11	500 600	
유아	1~2(세) 3~5	900 1,400	
아동	6~8(세) 9~11	1,700 2,000	1,500 1,800
청소년	12~14 15~18	2,500 2,700	2,000 2,000
성인	19~29 30~49 50~64 65~74 75 이상	2,600 2,500 2,200 2,000 1,900	2,000 1,900 1,700 1,600 1,500
임신부	1기 1기 3기		+0 +340 +450
수유부			+340

여자의 경우 각각 1.27과 1.45를 대입하도록 별도로 제시하였다(표 6-11). 국내 연구논문자료 분석을 통해 우리 국민의 신체활동은 대부분 '저활동적'에 속하고 있어, 총에너지 소비량(TEE) 계산을 위한 신체활동단계별 계수(physical activity coefficient, PA)는 '저활동적'에 해당하는 성인 남녀 각각 1.11과 1.12를 적용하였다(표 6-11). 최종적으로 2020 DRI에서 제정한 한국인 에너지필요추정량은 표 6-12와 같다.

1일 에너지 필요량의 계산

50kg, 160cm이고, 활동수준이 저활동적인 22세 여대생의 경우 다음 2가지 방법을 이용할 수 있다. 첫 번째 방법은 연령을 고려하였고, 두 번째 방법은 신체활동을 보다 정확하게 고려하였다.

1. 에너지필요추정량 공식 이용

354 - 6.91 ×연령(세) + PA{9.36 ×체중(kg) + 726 ×신장(m)}
 = 354 - 6.91 × 22 + 1.12 (9.36 × 50 + 726 × 1.60)
 = 2,027 (kcal)

2. 24시간 신체활동 기록을 이용

1) 24시간 활동한 내용과 시간을 기록한다.
2) 기록된 각 활동 종류에 대해 활동 정도가 비슷한 활동을 표 6-6에서 찾아 활동계수를 찾는다.
3) 각 활동의 계수와 활동 했던 시간을 곱해 모두 더하여 24시간 동안의 활동계수의 합을 계산한다.

잠자기	8시간 × 0.9 kcal[1]/시간/kg	=	7.2 kcal/kg
걷기	1시간 × 2.0 kcal[1]/시간/kg	=	2.0 kcal/kg
식사	1시간 × 1.5 kcal[1]/시간/kg	=	1.5 kcal/kg
요리	1시간 × 2.0 kcal[1]/시간/kg	=	2.0 kcal/kg
공부(독서)	4시간 × 1.3 kcal[1]/시간/kg	=	5.2 kcal/kg
공부(노트 필기)	4시간 × 1.8 kcal[1]/시간/kg	=	7.2 kcal/kg
수영	1시간 × 6.0 kcal[1]/시간/kg	=	6.0 kcal/kg
TV 시청	2시간 × 1.0 kcal[1]/시간/kg	=	2.0 kcal/kg
이야기(앉아서)	1시간 × 1.5 kcal[1]/시간/kg	=	1.5 kcal/kg
버스 타기	1시간 × 1.0 kcal[1]/시간/kg	=	1.0 kcal/kg
24시간 활동 계수 × 시간의 합			35.6 kcal/kg

4) 1일 총 에너지 필요량 = 0.9[2] × 50[3] × 35.6[4] ÷ 0.9[5] = 1,780[6] (kcal)

1) 표 6-6에서 구한 각 활동에 대한 활동계수
2) kcal/시간/kg: 남자 1.0, 여자 0.9
3) 체중, kg
4) 활동계수의 합
5) 식사성 발열효과(총에너지 섭취량의 약 10% 가산)
6) 적응대사량을 제외한 총 에너지 필요량

에너지 균형

에너지 섭취 조절

1. 공복감과 식욕

사람의 먹는 행동은 두 가지 다른 기전에 의해 조절되는데, 공복감과 식욕이다. 때로는 공복감과 식욕이 서로 혼용되어 사용되는 경우가 있으나, 이 둘을 구분하면 먹는 행동을 이해하는 데 도움이 된다.

공복감은 '언제 먹을 수 있을까?' 하는 질문을 일으키는 내적 요소에 대한 생리적 반응이다. 시상하부의 섭식중추는 음식을 찾아 먹게 하는 생리적 욕구인 공복감에 영향을 준다. 이 부위는 혈액 내 영양소나 호르몬 등 여러 성분의 농도를 감지하여 그 농도가 낮아지면 공복감을 느끼게 하여 먹도록 한다. 즉 공복감은 두뇌, 소화기관, 지방조직, 간을 비롯하여 다른 여러 기관들의 내적 요소에 영향을 받는다.

식욕은 특정 음식을 먹고자 하는 욕구로 정의된다. 즉 '무엇을 먹을까?' 하는 질문에 대한 심리적이고 사회적인 반응이다. 식욕이 생기는 외적 신호로는 식사시간이 되었다거나, 어느 특정 장소에 있다거나, 좋아하는 음식을 봤다거나, 스트레스 및 감각적 자극들이 있다거나 할 때이다. 좋아하는 음식을 보거나 냄새를 맡으면 침샘에서 침이 분비되고 소화 호르몬과 인슐린이 분비되어 음식을 소화시킬 준비를 갖추므로 먹고 싶어진다. 스트레스가 쌓여 식욕이 증가하는 경우도 외적 요소에 의해서만 식사 섭취량이 증가하는 것으로 보이지만 사실은 스트레스에 의해 여러 가지 호르몬이 분비되는 내적 요소가 동시에 작용하는 것이다. 섭식 행동 조절 기전을 이해하기 위해서는 공복과 식욕에 대한 연구가 더 이루어져야 할 것으로 보인다.

2. 에너지 섭취의 신경학적 조절

궁형핵
(arcuate nucleus)
멜라닌세포자극호르몬
(melanocyte-stimulating hormone, MSH)
신경펩티드 Y
(neuropeptide Y)

체내 연료상태를 감지하여 섭식을 조절하는 시상하부의 영역은 궁형핵(활꼴핵)이다. 궁형핵에서는 두 가지 뉴런이 나오는데 서로 반대 작용을 한다. 하나는 멜라닌세포자극호르몬으로 공복감을 억제하는 펩티드를 방출한다. 다른 하나는 신경펩티드 Y와 agouti 관련 펩티드를 방출하는데 agouti 관련 펩티드는 강력한 식욕촉진제이다.

공복감을 유발하는 내적 요인들의 신호를 시상하부에 전달하여 먹는 행동과 연결시키는 것은 각종 신경전달물질과 호르몬들이다. 그림 6-6과 표 6-13은 공복감과 포만감에 관여하는 내적 요인들을 요약하였다.

3. 에너지 섭취의 내분비적 조절

에너지 섭취를 조절하는 호르몬들의 작용을 표 6-14에 요약하였다. 렙틴은 시상하부와 상호작용하여 공복감을 감소시키는데 렙틴의 농도는 체지방축적량과 비례한다. 그림 6-7에서 체지방량

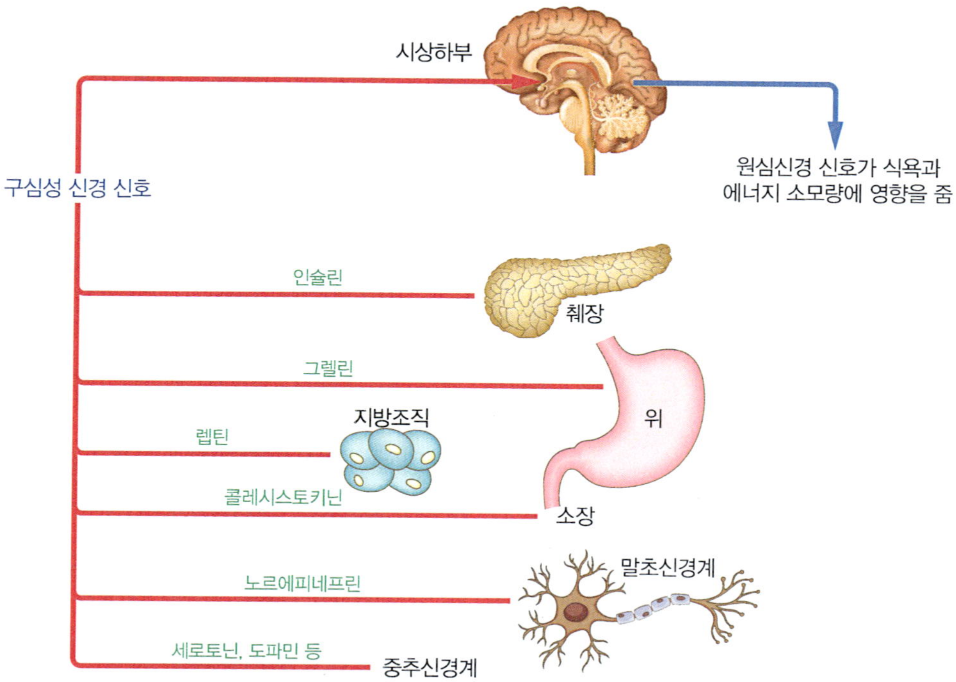

그림 6-6. 체내 에너지 저장 상태에 대한 구심성 신호들

표 6-13. 공복감 관련 내적 요인

장기	종류	설명
위장	- 위장에 미치는 압력이 호르몬/신경호르몬 반응을 유발하여 포만감을 줌 - CCK	식이섬유가 위 배출과 영양소 흡수를 지연시켜 영양소와 오래 접촉시킴으로써 섭취 욕구를 지연시킴
시상하부	- 섭식중추와 포만중추가 위치함 - 교감신경계 활성 감소에 따라 섭취 증가	
영양소	- 열량 영양소의 혈액 농도 - 간에서 포도당/아미노산 대사	뇌에서 포만감 신호로 작용
신경계	- 히스타민-공복감/음식 섭취 감소 - 신경펩티드Y: 탄수화물 탐욕 - 갈라닌: 지방에 대한 열망과 관련 - 세로토닌: 탄수화물 섭취 욕구 감소와 관련	
내분비계	- 포만감 관련: CCK, 세크레틴, 가스트린, 인슐린 - 공복감 관련: 엔돌핀, 코르티솔, 인슐린 - 월경주기: 황체기에 난포기보다 공복감 증가	인슐린은 분비 초기는 포만감, 작용 완료 시는 공복감
약물	- 진통제, 항우울제: 공복감 증가	
신체조성	- 렙틴이 지방조직의 양을 중추신경계에 전달	지방저장량이 증가하면 렙틴 분비 증가하여 포만감 야기

CCK(콜레시스토키닌, cholecystokinin)

갈라닌(galanin)

표 6-14. 에너지 섭취를 조절하는 물질

호르몬	생성 장소	분비 촉진 요인	작용	설명
렙틴	백색지방조직	지방조직 증가	↓공복감, ↑신체활동	음의 에너지평형
아디포넥틴	지방세포	체지방량 감소	인슐린저항성에 대한 보호작용	
콜레시스토키닌	장	식사 도중과 직후	포만감	
PYY	회장/결장	식후	공복감 억제	수술 후 체중 감소와 관련
인슐린	췌장	고혈당	처음에는 포만감	작용 완료 시에는 공복감
글루코코르티코이드	부신피질	스트레스	과다 분비 시 공복감 촉진	
그렐린	위/십이지장	식사 사이	뇌에 공복감 신호를 보냄	식욕촉진제

출처 : Gropper & Smith, Advanced Nutrition & Human metabolism, 6th ed. Wadsworth Cengage Learning 2013에서 요약

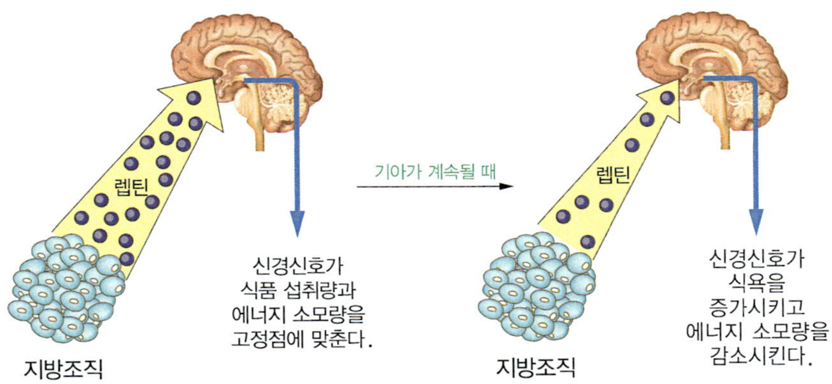

그림 6-7. 지방 저장량을 유지하는 렙틴의 작용

이 많으면 렙틴이 많이 분비되어 시상하부로 하여금 식품섭취를 감소시키고 에너지 소모를 증가시키는 원심성 신호를 내보낸다. 반대로 기아 상태에서 체지방량이 감소되면 렙틴 분비가 감소되고 그에 따라 식품섭취는 증가하고 에너지 소모량이 감소한다. 렙틴은 시상하부의 궁형핵에 위치한 수용체와 결합함으로써 신경펩티드 Y와 agouti 관련 펩티드 분비를 억제하고 MSH 분비를 촉진한다.

에너지 대사

1. 식후 에너지 대사

식후에는 소장에서 흡수된 포도당, 아미노산, 지방산을 사용하여 글리코겐이나 중성지방 형태로 에너지를 저장하거나 이전 공복상태에서 소모된 단백질을 재충전한다(그림 6-8).

흡수된 포도당이 간문맥을 통해 이동되고 이는 췌장에서 인슐린 전구체 분비를 촉진한다. 인슐린은 식후 높아진 혈당을 낮추기 위해 여러 기전으로 작용한다. 그중 하나는 지방세포와 근육

에서 포도당수송체-4에 영향을 주어 혈당을 세포내로 유입하게 한다. 지방세포와 근육은 포도당의 세포내 유입에 인슐린 의존적인 조직이다.

포도당수송체-4 (glucose transporter 4, GLUT-4)

간은 문맥을 통해 포도당을 공급받는 첫 장기로서 위장에서 흡수된 포도당의 약 1/2을 받아들이는데 이 때 수송체는 GLUT-2이다. 이 형태 수송체의 활성은 인슐린 비의존형이지만, 간의 해당과정과 글리코겐 합성이 인슐린에 의해 촉진되어 포도당을 소모하므로, 식후에 포도당이 간세

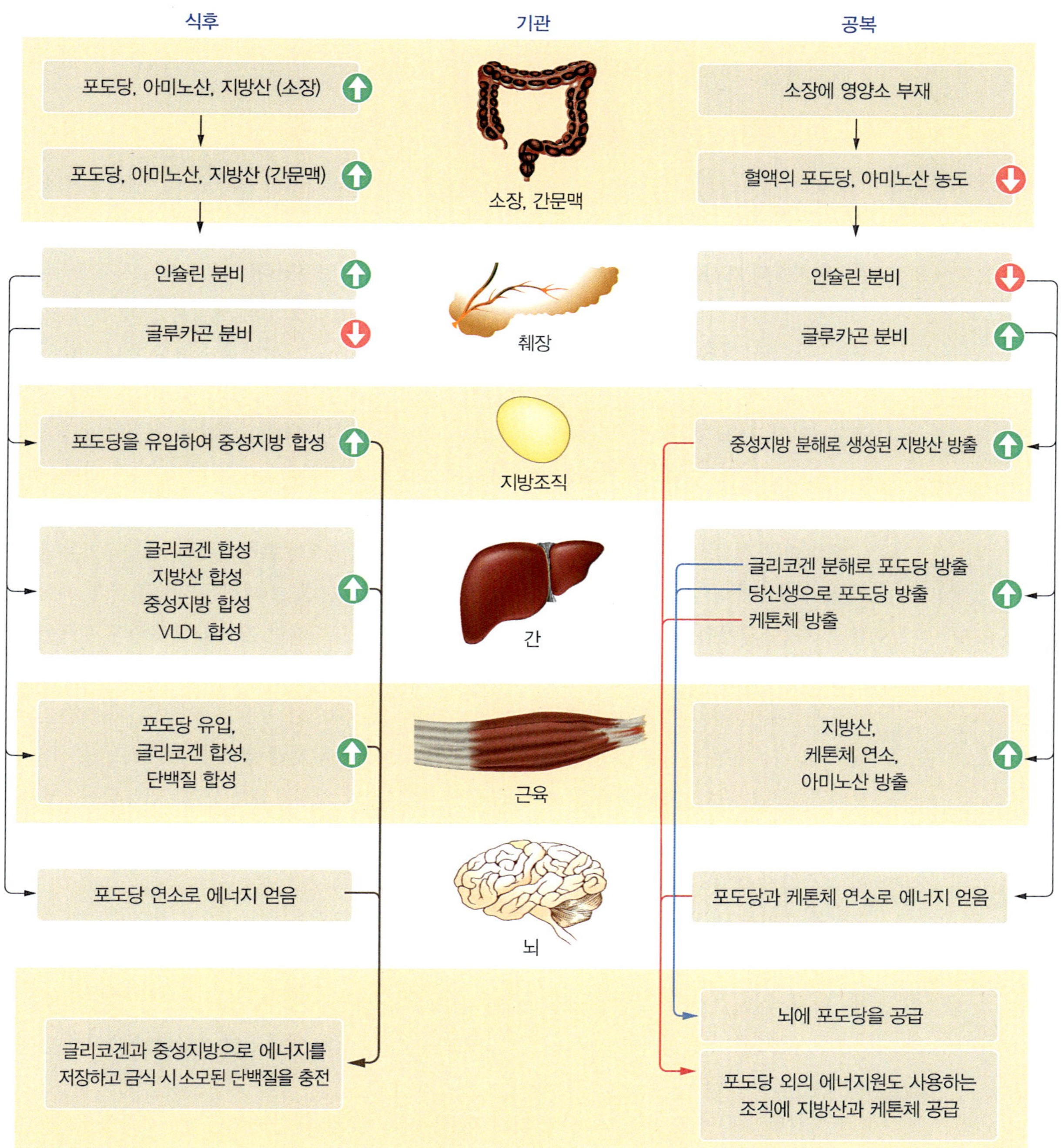

그림 6-8. 식후/공복 시 장기별 탄수화물, 지방, 단백질 대사의 비교

포로 유입되는 것은 지속된다. 인슐린은 간문맥을 통해 풍부하게 공급되는 포도당과 지방산으로부터 지방산, 중성지방 그리고 VLDL의 합성도 촉진한다. 글리코겐은 간에서, 중성지방은 VLDL을 통해 지방조직으로 가서 에너지를 저장한다.

지방조직은 식후 인슐린에 의해 포도당을 받아들여 지방산을 합성하고 중성지방으로 저장한다. 식사로 섭취된 중성지방도 소장에서 합성된 카일로미크론 형태로 지방조직에 지방산을 공급함으로써 중성지방을 저장하게 된다.

근육조직도 식후에 포도당과 아미노산을 공급받아 각각 글리코겐과 단백질로 저장하는데 모두 인슐린에 의해 촉진된다. 뇌조직은 인슐린의 작용과 무관하게 포도당을 혈액으로부터 유입하여 에너지원으로 사용한다.

공복(fasting)
기아(starvation)

2. 공복과 기아 시 에너지 대사

공복 시에는 소장으로부터 열량영양소의 공급이 없으므로 혈액 농도가 낮은데, 특히 혈당의 감소는 인슐린 분비 저하와 글루카곤 분비 촉진을 초래한다. 공복 시 각 장기에서 일어나는 각 열량영양소의 대사는 인슐린에 의한 작용과 반대방향으로 일어난다(그림 6-9).

공복 시 체내 대사는 뇌 조직의 에너지원을 보장하기 위한 혈당의 유지를 위해 일어난다. 신경계, 적혈구, 백혈구 등과 함께 뇌 조직은 정상상태에서는 포도당만을 유일한 에너지원으로 사용한다(포도당 의존형). 따라서 이들 조직이 기능을 유지하려면 항상 혈당이 정상 범위 안에서 유지되어야 한다. 이를 위해 저장되었던 글리코겐이 분해되고(간), 새로운 포도당이 생성되며(간, 신장), 나머지 포도당 비의존형 조직은 혈당을 위해 포도당을 양보하고, 대신 다른 에너지원, 즉 지방산을 연소하게 된다.

가장 먼저 혈당을 공급하는 것은 간에 저장되었던 글리코겐의 분해인데 이는 글루카곤의 작용이다. 글리코겐이 거의 고갈되면 당신생의 촉진이 시작되는데 그 기질은 단백질이다. 에피네프린, 티록신, 글루카곤이 근육 단백질의 유리를 촉진하여 당신생의 기질을 제공한다. 그중에서도 알라닌이 주된 기질이다.

공복상태가 길어지고 기아상태에 적응하게 되면 간은 90%의 혈당을 공급하다가 50%로 줄이게 되고 나머지는 신장에서 담당하게 된다. 근육이 당신생을 위해 알라닌, 글루타민을 신장으로 보내면 아미노기전이반응이나 탈아미노반응을 통해 각각 피루브산과 α-케토글루탐산으로 전환하는데, 이때 유리되는 아미노기는 기아상태 시 생성이 증가되는 수소이온을 배출하는 데 이용되어 체액의 산염기평형 유지에 기여한다.

아미노기전이반응(transamination)
탈아미노반응(deamination)

공복 시에는 저장되었던 중성지방이 분해되어 각 조직에서는 적극적으로 이용되는데, 기아상태에서는 그 이용이 더욱 증가된다. 지방조직의 중성지방 분해 호르몬민감성리파아제의 작용인데, 이 효소는 인슐린에 의해 억제되고 글루카곤, 코르티솔, 에피네프린, 성장호르몬에 의해 촉진된다. 이렇게 지방조직에서 유리된 지방산은 소수성이므로 알부민에 결합되어 혈액을 통해 각 조직에서 에너지원이 된다.

호르몬민감성리파아제(hormon-sensitive lipase)

공복상태가 길어지면 간으로 유입된 지방산은 케톤체를 생성하여 또 다른 에너지원을 각 장기에 제공한다. 케톤체는 지방산으로부터 생성되지만, 지방산과 달리 친수성이므로 혈액에서 유리 형태로 운반되고, 뇌세포에서 이용될 수 있다.

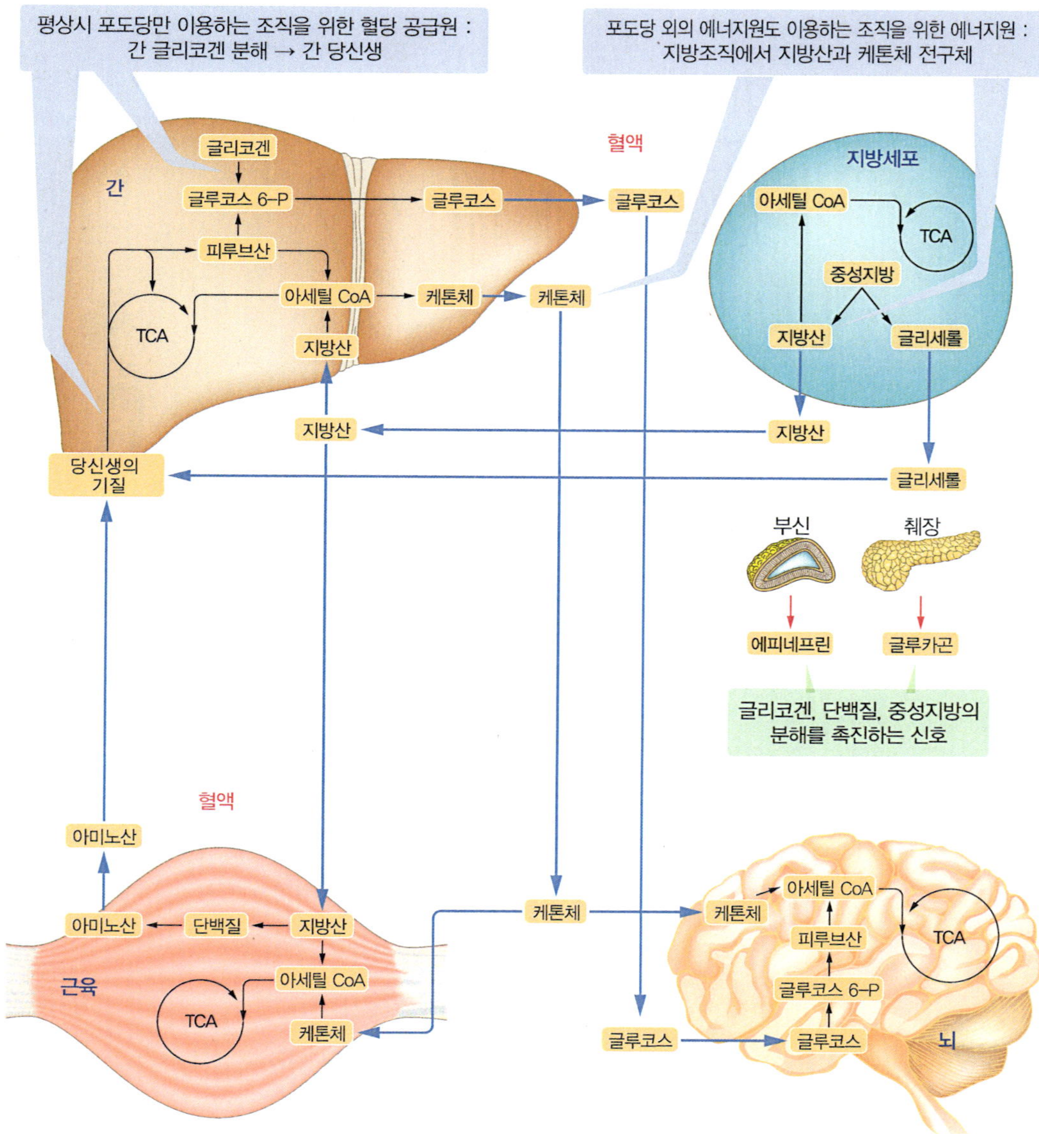

그림 6-9. 기아 시에 일어나는 장기별 탄수화물, 지방, 단백질 대사

에너지 불균형의 문제

에너지 균형이란 에너지 섭취량이 에너지 소모량과 일치하는 상태를 말하며, 에너지 균형상태에 있는 성인은 일정한 체중을 유지한다(그림 6-10). 에너지 섭취량이 소모량보다 적을 때는 음의 에너지 균형을 가져와 지방과 단백질이 분해되고 수분이 손실됨으로써 체중이 감소한다. 반대로 섭취량이 소모량보다 많을 때는 양의 에너지 균형을 초래함으로써 여분의 에너지가 지방형태로 축적되어 체중이 증가한다.

체지방량이 지나치게 과잉되거나 부족해지면 여러 가지 건강상의 문제가 야기된다. 인체에 체지방이 과잉축적되면 고혈압, 당뇨, 심장질환, 몇몇 종류의 암 및 임신성 고혈압의 위험도가 증가한다. 반면 에너지의 섭취부족으로 체중의 감소가 지속되면 체지방뿐 아니라 근육 단백질이

그림 6-10. 에너지 균형의 예

손실되고 전반적인 영양상태가 나빠지며 병에 대한 저항력이 떨어져 질병, 상해, 수술로부터의 회복이 느리다. 특히 어린이의 경우는 신체적 · 지적 성장이 느려지고, 그 영향은 영구적일 수 있다.

선진국을 비롯하여 전 세계적으로 젊은 여성들 사이에 지나치게 마른 체형에 대한 선호가 이들의 신체적 및 정신적 건강에 악영향을 미치고 있다. 비만의 치료도 어렵지만 불필요한 다이어트의 경우 감량이 더욱 힘들고, 설사 원하는 만큼 체중을 감소하였다 해도 다시 체중이 증가하는 요요현상이 오기 쉽다. 감량-재증가가 심혈관 질환에 미치는 악영향은 잘 알려져 있지만 원래 비만이 아니었던 경우 그 폐해는 더욱 심각하다.

비 만

제8기 1차년도 국민건강영양조사의 2019년 국민건강통계에 따르면, 체질량지수가 25.0 이상인 비만 유병률(만 30세 이상, 표준화)은 남자 43.1%, 여자 27.4%로, 1998년 이후 남자는 크게 증가한 반면(26.8% → 43.1%), 여자는 큰 변화 없이 30.0%로 유지하다 2019년 소폭 감소하였다. 체중 감소 시도율(만 30세 이상, 표준화)은 남자 54.5%, 여자 65.6%이며, 10년간 큰 변화가 없었고, 저체중 유병률(만 19세 이상, 표준화)은 2019년 남자 2.3%, 여자 7.7%로, 남자보다 여자에서 3.3배 높고, 20대가 15.2%로 가장 높았다. 표 6-15는 비만과 관련된 건강문제들을 보여주고 있다. 특히 소아비만은 치료하기가 더욱 어려우므로 예방을 위하여 어릴 때부터 건강한 식습관과 생활방식을 형성시켜 주어야 한다.

1. 비만의 원인

비만의 원인은 사람마다 달라서, 많이 먹어서 비만해지는 경우도 있고, 비활동적이어서 에너지 소모량이 적기 때문에 비만해지는 경우도 있으며, 어떤 사람은 에너지 섭취량과 소모량은 정상인데 에너지 대사에 이상이 있어 비만이 되는 경우도 있다.

표 6-15. 비만과 관련이 있는 건강문제

건강문제	과잉 지방의 영향
고혈압 · 뇌졸중	지방조직에 혈관 길이 증가, 혈액량 증가, 혈액의 흐름에 대한 저항이 증가됨
인슐린 비의존성 당뇨병	팽창된 지방세포는 인슐린과의 결합능력이 저하되어 인슐린으로부터 온 명령에 대한 반응능력이 떨어짐
관상심장병	혈액의 LDL 콜레스테롤과 중성지방의 증가, HDL 콜레스테롤의 감소, 신체 활동성이 감소됨
암	비만상태에서 증가되는 여러 사이토카인들이 암 발생 관련 인자 증가시킴
수술 시 위험	마취약 필요량 증가, 상처감염의 우려가 증가됨
호흡계 질환과 수면장애	상기도가 좁아져 저항이 증가되어 코골이나 수면 무호흡증이 생김
뼈와 관절의 질환	무릎, 엉덩이 관절에 대한 압력이 증가됨
담낭결석	담즙의 콜레스테롤 농도가 증가됨
피부질환	살 접힌 부분에 땀이 차고, 미생물 번식이 증가됨
작은 키	과다 체지방은 사춘기 시작을 앞당김
임신 합병증	분만의 난이도 증가와 마취약 필요량이 증가됨
사고와 낙상 위험 증가	민첩성의 감소됨

사이토카인(Cytokine)

가. 유전적 요인

특정 가족이나 인종에서 비만율이 높다는 사실은 유전적 요인이 에너지 균형에 영향을 준다는 사실을 뒷받침한다. 일란성 쌍생아는 다른 환경에서 자라도 체중증가의 형태나 체지방의 분포 형태(상체비만 혹은 하체비만)가 비슷하다. 이는 비만이 주로 유전적인 요인에 의해 생기고, 이런 사람들은 체질적으로 효율이 높은 대사를 가지고 태어나기 때문이다. 같은 양의 에너지를 섭취하더라도 대사효율이 높은 사람은 보통 사람에 비해 더 쉽게 체지방이 증가하게 된다. 이들 중 많은 사람들은 에너지가 필요할 때 지방을 사용하는 능력이 낮은데, 이는 부분적으로는 호르몬에 대한 지방세포의 수용체가 비정상적으로 변화한 것에 기인한다고 한다. 그리하여 섭취된 지방은 에너지로 쓰이기보다는 대개가 지방조직에 축적된다.

효율이 높은 대사 (thrifty metabolism)
체질적으로 에너지 소모량은 적고 에너지 보존량이 많은, 에너지 효율이 높은 경우로 비만 유발과 관련될 수 있는 체내대사를 의미한다.

체중이나 체지방량이 각 개인마다 유전적으로 정해져 있어서 신체가 그 수치를 유지하고자 식행동과 대사율을 변화시킨다는 이론이 일정 체중유지 이론이다. 이 이론은 에너지 섭취량이 상당히 변화함에도 불구하고 오랫동안 안정된 체중이 유지되는 현상을 설명한다. 1994년에 렙틴이라는 단백질 호르몬이 지방조직에서 생성되는 것이 발견되었는데, 이 단백질을 암호화하는 유전자가 결핍되면 비만을 초래하게 된다. 렙틴은 중추신경망과 지방조직 사이를 연결하는 의사전달매체로 작용하는 것으로 알려져 있으며 그 작용기전에 대한 연구가 비만치료약 개발에 관련하여 활발하게 진행 중이다.

일정 체중유지 이론 (set point theory)
체중이나 체지방량이 각 개인마다 유전적으로 정해져 있어서 신체가 그 수치 유지를 위해 식행동과 대사율을 변화시킨다는 이론

나. 환경적 요인

유전적 소인이 다른 부부나 양부모로 구성되었더라도 가족은 비슷한 식습관과 식품선택 경향을 가지므로 체형이 비슷한 경우가 많다. 식량이 부족하거나 노동을 하는 사람이 많은 나라에서는 비만이 거의 없다. 또한 일란성 쌍생아가 서로 다른 환경에서 자란 경우, 그들의 체지방량은 상당히 다를 수 있다. 따라서 체지방량의 최저치는 유전적으로 타고나지만, 최대치는 환경적 요인들을 통한 식행동의 변화에 크게 영향을 받는다고 할 수 있다. 비만해질 소인이 있고, 그것이 발현될 수 있는 환경조건이 제공될 때에 비만해진다.

다. 에너지 대사의 이상

여러 가지 질병은 에너지 균형에 영향을 줄 수 있다. 암이나 소화기계 질환은 식사섭취량을 감소시키고, 당뇨나 갑상선 기능 이상은 에너지 대사에 영향을 준다. 갑상선 기능항진을 가진 사람은 항상 덥다고 느끼고 체중이 감소되며 또한 과잉활동성을 보인다. 반대로 갑상선 기능저하를 가진 사람은 이유없이 체중이 증가하고 늘 피곤하며 춥다고 느낀다.

증후성 비만 (symptomatic obesity)
내분비, 유전, 시상하부성, 전두엽 및 대사성 등의 원인 질환으로 발생하는 비만

2. 비만의 종류

비만은 원인에 따라서 단순 비만과 증후성 비만(이차성 비만)으로 분류할 수 있다(표 6-17). 단순 비만은 특별한 질환은 없고 과식과 운동부족이 그 원인으로서, 비만한 사람의 약 95%가 이에 해당한다. 이차성 비만은 유전 및 선천성 장애, 약물, 신경 및 내분비질환, 정신질환에 의해 발행한다(표 6-16). 이차성 비만은 체중 감량을 위해 원인 감별이 정확하게 이루어져야 한다.

지방조직의 형태에 따라서는 지방세포 비대형과 지방세포 증식형으로 구분한다. 지방세포 비대형은 지방세포의 크기가 증가하는 것으로, 성인 비만의 대부분을 차지한다. 한편 어릴 때 비

지방세포 비대형 비만 (hypertrophic obesity)
지방세포의 크기가 증가하는 것으로 성인기에 생긴 비만의 대부분이 이 형태이다.

지방세포 증식형 비만 (hyperplastic obesity)
지방세포의 수가 증가하는 것으로 소아 비만이 이 형태의 비만이다.

표 6-16. 증후성 비만의 원인

분 류	원 인
유전 및 선천성 장애	사람에게서 비만을 유발하는 것으로 알려진 유전자 ob, db, POMC, MC4R 유전자 등 비만과 관련된 선천성 장애 - 프라더-윌리 증후군(Prader-Willi syndrome) - 로렌스-문-비들 증후군(Laurence-Moon-Biedl syndrome) - 알스트롬 증후군(Ahlstrom syndrome) - 코헨 증후군(Cohen syndrome) - 카펜터 증후군(Carpenter syndrome)
약물	항정신병약물: thioridazine, olanzepine, clozapine, quetiapine, risperidone 삼환계 항우울제: amitriptyline, nortriptyline 알파-2 길항제: imipramine, mitrazapine 선택적 세로토닌 재흡수 억제제: paroxetine 항전간제: valproate, carbamazepine, gabapentin 당뇨병 치료제: 인슐린, 설폰요소제, 글리나이드제제, 티아졸리디디네디온 세로토닌 길항제: pizotifen 항히스타민제: cyproheptadine 베타 차단제: propranolol 알파 차단제: terazocin 스테로이드 제제: 경구 피임제, 당질 코르티코이드 제제
신경 및 내분비계질환	시상하부성 비만: 외상, 종양, 감염성 질환, 수술, 뇌압 상승 쿠싱증후군, 갑상선 기능 저하증, 인슐린종 다낭난소증후군(polycystic ovary syndrome), 성인 성장호르몬 결핍증
정신 질환	과식장애(binge-eating disorder) 계절성 정서 장애(seasonal affective disorder)

출처: 대한비만학회(http://www.kosso.or.kr/general)

표 6-17. 비만의 종류

구분 방법	비만의 종류
원 인	단순 비만, 증후성 비만
발생시기	소아 비만, 성인 비만
지방조직 형태	지방세포 증식형, 지방세포 비대형
지방분포에 따른 체형	상체비만(남성형, 사과형), 하체비만(여성형, 서양배형)
위 치	내장지방형, 피하지방형

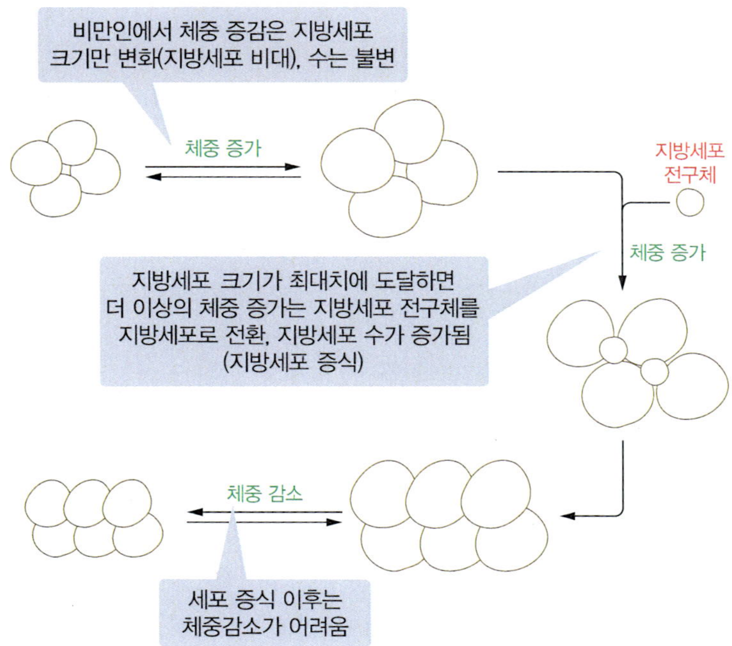

그림 6-11. 지방세포 비대형 비만과 지방세포 증식형 비만

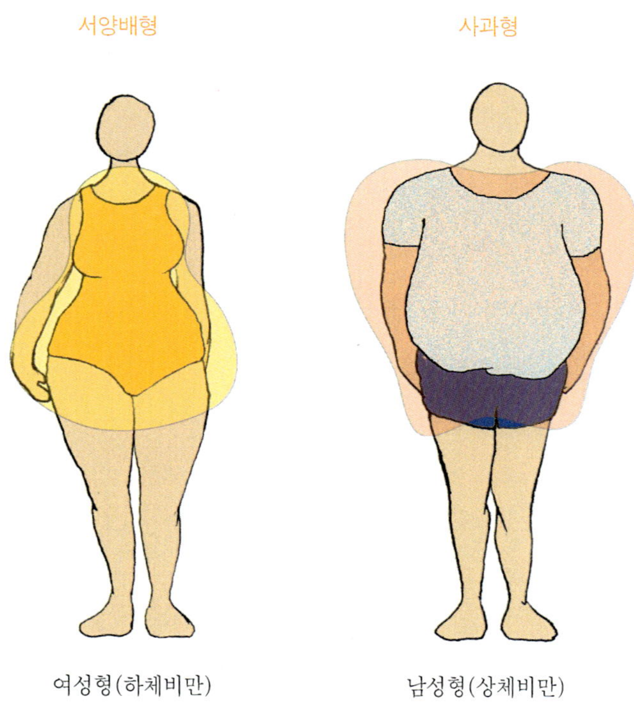

그림 6-12. 체지방의 분포형태

만이 발생하면, 더 많은 지방세포가 생겨나는 지방세포 증식형 비만이 된다. 그러나 지방축적이 진행되면서 지방세포가 팽창할 수 있는 한계를 넘어서면 세포가 분열된다. 그러므로 대부분의 비만은 세포의 크기뿐 아니라 수도 증가되어 있다. 한번 생긴 세포는 사라지지 않으므로 비만인이 감량하였더라도 지방세포의 크기는 감소하지만 수는 변하지 않는다. 따라서 지방세포의 수가 늘어난 비만인은 감량된 체중과 감량된 체지방을 유지하기가 매우 힘들다.

비 만
과다한 체지방을 가진 상태를 의미한다. 체지방이 남자는 체중의 25%, 여자는 체중의 30% 이상일 때, 임상적으로는 BMI가 25 이상인 경우나 현재 체중이 이상체중을 20% 초과하는 경우로 정의된다.

체지방의 절대적인 양과 더불어 체지방의 분포 형태도 건강의 위험 정도를 평가하는 데 중요하다(그림 6-12). 상체비만(복부비만)은 남성형 또는 사과형 비만으로 불리는 반면, 하체비만은 여성형 또는 서양배형 비만으로 불린다. 복부의 지방세포는 더 크고 지방 전환율이 더 빠르며 호르몬에 더 반응을 잘한다. 복부지방 분해물은 문맥을 통해 간으로 가서 인슐린 저항성을 초래하고, 중성지방 합성을 증가시키며, VLDL 합성을 증가시킨다. 반면에 하체지방은 전신 순환으로 들어가 간에서의 대사에 영향을 주지 않는다.

따라서 복부비만은 고혈압, 심장병, 성인당뇨병 등에 걸릴 위험이 더 크다. 허리둘레가 여자의 경우 85cm 이상, 남자의 경우 90cm 이상이면 복부비만이다.

단층촬영으로 복부의 지방을 내장지방과 피하지방으로 구분하여 측정할 수 있다. 그 면적의 비가 0.4 이상일 때 내장형 비만, 그 이하일 때를 피하지방형 비만으로 분류하는데, 내장형 비만이 더 위험하다.

3. 비만의 판정

비만의 판정법에는 키와 체중을 이용한 신체지수를 사용하는 방법과 직간접으로 체지방량을 측정하는 방법이 있다(표 6-18). 체지방은 사람에 따라 차이가 많이 나며, 정상 남자의 경우 12~18%이고 정상 여자의 경우는 20~25%이다(그림 6-13). 여자는 생식기능을 위하여 더 많은 양의 체지방을 필요로 한다. 남자는 체중의 25% 이상, 여자는 30% 이상일 때 비만으로 정의한다.

표 6-18. 비만의 판정법

종류	측정법	원리 및 계산식	장단점	기준치
체지방률 측정	수중 체중	지방조직의 밀도가 비지방조직보다 낮음	가장 정확하나 장비 필요	체중의 25%(남), 30%(여)
	피하지방두께	피하지방량이 체지방량을 반영	정확성이 떨어짐	
	생체전기저항	지방조직은 전류의 흐름에 대한 저항이 높음	정확한 편이나 장비가 필요	
신체지수 사용	체질량지수 (BMI)	체중(kg)/[신장(m)]^2	간편해서 가장 많이 사용	25 이상 (23~24.9 과체중)
	이상체중을 초과하는 비율	이상체중(변형된 브로카법) 161cm 이상 : (신장－100)×0.9 150 ~ 160cm : (신장－150)×0.5＋50 150cm 미만 : 신장－100 $비만도(\%) = \frac{(현재체중-이상체중) \times 100}{이상체중}$	이상체중의 정립에 어려움이 있음	비만도 20% 이상

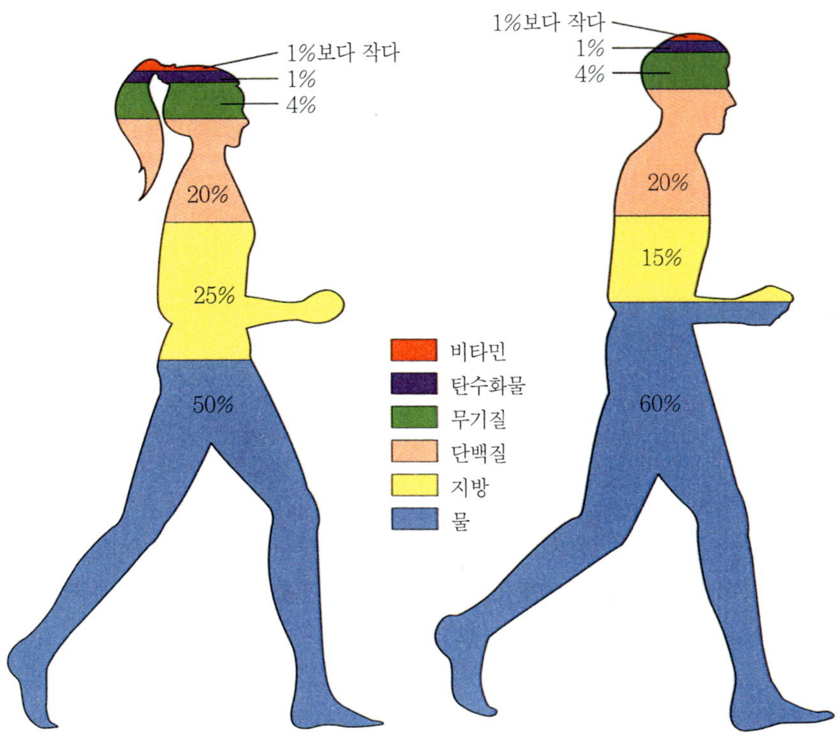

그림 6-13. 신체의 구성성분

가. 체지방량을 측정하는 방법

체지방량을 측정하는 방법에는 수중체중 측정법, 피부두께 측정법, 전기저항(생체전기저항) 측정법 들이 있다. 체지방량을 측정하는 가장 정확한 방법은 수중체중 측정법이다. 이 방법은 지방조직이 다른 조직보다 밀도가 낮아서 지방조직이 많을수록 잠수했을 때 더 많이 가벼워지는 원리를 이용한 것이다.

캘리퍼(caliper)

피부두께 측정법은 캘리퍼를 이용하여 피하지방의 두께를 측정하고 수식을 이용하여 체지방량을 산출하는 방법이다. 이는 체지방의 반 정도가 피하에 분포되어 있고, 피하지방이 전체 체지방을 반영한다고 가정한다. 견갑골 아래, 허벅지, 장골위, 삼두근 등 서너 군데의 부위를 택하면 더 정확한 체지방량을 얻을 수 있다.

생체전기저항 측정법이란 인체에 해롭지 않을 정도로 전류를 사람에게 통하게 하여 체지방량을 측정하는 방법이다. 근육조직이 약 75%의 수분과 풍부한 전해질을 함유하고 있는 것에 반해 지방조직은 수분함량이 적고 전해질 농도가 낮아 전기의 흐름을 방해하는 성질이 있다. 그러므로 체중은 같더라도 지방이 많은 사람일수록 전류의 흐름에 대한 저항이 크다. 이 방법은 장비가 필요하지만 체지방량을 신속하면서도 재현도가 높아 임상적으로 가장 많이 이용하고 있다.

나. 신체지수를 이용하는 방법

신체지수를 사용하면 총지방량 측정법만큼 정확하지는 않으나 훨씬 간단하게 비만을 판정할 수 있다. 신장을 기준으로 이상체중을 설정하고 현재의 체중이 이상체중을 20% 이상 초과하면 비만으로 판정하고, ±10% 범위 안에 포함되면 정상체중, 10~20%이면 과체중이라 평가한다. 이상체중을 설정하는 방법은 여러 가지가 있으나, 현재로는 변형 브로카(Broca)법이 주로 쓰이며, 계산식은 표 6-13에 있다. 이 방법은 간편하기는 하지만, 체중과다가 꼭 체지방과다를 의미하지는 않는다는 점을 항상 염두에 두어야 한다. 예를 들어 근육이 발달한 남자 운동선수의 경우, 체중이 이상체중의 120% 이상이라도 체지방량이 25% 이하일 수가 있으므로 이 경우는 비만이라고 할 수 없다.

비만도(obesity index ; %)
$\frac{\text{현재체중}-\text{이상체중}}{\text{이상체중}} \times 100$

체질량지수(body mass index ; BMI)
$\frac{\text{체중(kg)}}{[\text{신장(m)}]^2}$

체질량지수는 신장과 상관관계가 적으며 남녀 모두에게 적용할 수 있고 간편하므로 가장 많이 사용되는데, 체중(kg)을 신장(m)의 제곱으로 나눈 값으로 계산한다. 백인의 사망률에 대한 통계자료에서 체질량지수가 25 이상이 되면 체중과다로 인한 건강상 위험률이 증가하고, 반대로 20 이하로 감소할 때도 건강상 위험률이 증가하는 것으로 나타나 체질량지수를 20에서 25 사이로 되는 체중을 정상체중으로 본다.

그러나 아시아인들은 백인에 비해 체질량지수가 낮은 데 반해 체지방율이 높고 복부비만이 많아 비만 판정 기준이 달라야 한다. 따라서 체질량지수가 18.5와 23.0 사이일 때 정상체중으로 평가한다. 한편 체질량지수는 성장기 아동이나 65세 이상의 노인, 임신 · 수유부 혹은 매우 근육질인 사람에게는 적용할 수 없다.

대한비만학회의 BMI에 의한 비만의 분류
비만 : 25 이상
과체중 : 23.0~24.9
정상 : 18.5~22.9
저체중 : 18.5 미만

4. 비만의 치료

비만과 질병의 관계가 밝혀짐에 따라 비만은 세계보건기구에서 정한, 치료를 요하는 질병 중의 하나로 확실히 구분되고 있다. 비만의 치료는 '비만한 사람의 체중이 바람직한 체중으로 감소되고, 감소된 체중이 적어도 5년 동안 유지되는 것' 으로 정의한다. 이를 기준으로 보았을 때 비만에 대한 치료 성공률은 암의 치유율보다 낮아서, 비만의 완치가 얼마나 어려운지를 잘 말해주고 있다. 일반적으로 비만한 사람들은 체중조절을 목적으로 병원 같은 전문기관에 가기를 꺼리며 오히려 간편하고 빠른 감량효과를 선전하는 상업적인 과대광고에 현혹되어 안정성과 효과가 검증되지 않은 방법들을 사용함으로써 실패를 거듭하게 된다.

비만의 치료에서 가장 큰 문제는, 감량 후에 일정 기간이 지나면 예전의 체중 혹은 그 이상으로 다시 살이 찌는 요요 효과이다. 이렇게 감량 프로그램으로 체중이 감소되었다 하더라도 일단 프로그램이 끝나 체중이 다시 증가하면 비만치료의 실질 성공률은 떨어지게 된다. 이와 같은 체중조절의 실패는 아예 처음부터 프로그램을 시작하지 않은 것보다 못하고, 개인적인 정서문제도 야기시키므로 사회적 문제로 대두되고 있다.

요요 효과(yoyo-effect)
체중감량 후 체중이 회복되고, 다시 체중감량 후에는 체중이 원래보다 더 증가되는 현상을 반복하는 효과

비만치료의 목적은 우선 체지방 감소를 통하여 체중을 감소시키고 그 후에도 감량된 체중을 일생 동안 유지하도록 하는 데 있다. 비만의 원인이 개인마다 다르므로 치료방법도 개인에 따라 달라야 한다. 일반적으로 비만은 식사치료, 운동치료, 행동치료의 3가지 방법을 통해 이루어질 수 있다.

비만치료의 비약물치료
식사치료
운동치료
행동치료

가. 식사치료

식사요법은 모든 비만치료의 기본이다. 열량제한 식이에는 열량제한 불균형식, 완전 혹은 변형된 단식과 열량제한 균형식들이 있다(표 6-19). 극단적으로 특정 음식이나 특정 영양소를 섭취

하여 영양의 균형을 잃는 것은 위험하다. 심한 비만자에게 외과적 치료를 사용하기 전에 마지막 수단으로 적용하는 단식요법은 3개월까지만 처방된다. 비만의 합병증이 심한 경우 의사와 영양 전문가의 감독하에서 시행하면 효과적이지만 환자 혼자 임의로 시행할 경우 위험하다.

과거의 시행착오를 거쳐 현재는 균형 잡힌 영양을 공급하면서도 열량을 제한할 수 있는 방법을 모색하고 있다. 비만 치료 시 적절한 열량의 섭취량은 개인에 따라 다르지만 1,200~1,500kcal 정도의 섭취를 권하며, 1주일에 체중의 1% 정도, 즉 1%의 체지방을 줄이는 것을 목표로 삼는 것이 좋다. 1일 800kcal 이하로 극심하게 열량을 제한하는 초저열량식은 단기간에 상당히 많은 체중을 감량시킨다. 그러나 담석, 탈모, 두통, 피로, 변비, 현기증, 탈수, 근육경련, 부정맥 등의 다양한 의학적 문제가 초래될 수 있다.

초저열량식
(very low calorie diet, VLCD)

1주일에 1kg 이상을 감량시킬 만한 식사는 인체의 포도당 필요량을 충족시키지 못하므로 포도당으로 전환될 아미노산의 공급을 위해 체근육 단백질이 분해되어야 한다. 대사적으로 활성이 큰 근육조직의 감소는 기초대사율의 감소를 초래하므로 체중조절이 더욱 어렵게 되고, 일단 감량 프로그램이 끝났을 때 체중이 더 쉽게 증가해 비만을 가중시키는 결과를 초래한다. 따라서 개인의 신장, 체중, 연령, 활동 정도에 따라 1일 에너지 필요량을 계산한 후 산출된 1일 총 에너지 필요량에서 500kcal를 감하여 1일 에너지섭취량을 결정한다.

지방은 농축된 에너지원이고 체지방 축적을 쉽게 한다. 지방섭취를 줄임으로써 열량제한의 정도를 적게 하면서도 적절한 체중감소를 달성할 수 있다. 그러므로 모든 것을 먹되 그 양을 제한하는 것보다는 양은 줄이지 않고, 지방이나 열량의 함량이 적은 대체음식을 선택하는 것이 현명하다. 예를 들어 무지방이나 저지방 우유를 선택하고, 버터 식빵보다는 통밀빵이나 보리빵을

표 6-19. 감량식사의 종류

식이의 종류	식이방법	내 용	특 징
열량제한 불균형식	특정식품이 많은 식사	해조류, 포도 등	영양소 불균형, 단조롭다
	케톤생성식사	저당질	케톤증, 식욕저하, 체액의 산성화, 혈중 요산증가, 콜레스테롤 섭취증가, 메스꺼움, 피로, 탈수
	고단백식사	고단백(총에너지의 45% 이상)	케톤증, 간과 신장에 부담
	고당질식사	저단백(35g/일 이하) 저지방(총에너지의 10% 이하)	철분, 지용성 비타민 및 필수지방산 부족 우려
단식	완전절식		체지방은 물론 체단백질과 전해질도 소모, 케톤 생성 증대
	초저열량식	300~600kcal	완전절식보다는 체단백 소모의 절약, 그래도 케톤 생성
열량제한 균형식	단백질 보충 변형 단식	양질의 단백질 보충	체단백질 소모의 절약
	혼합 저열량식	여러 식품 사용	맛있고 균형 잡힌 영양공급 가능
	성분 영양식	균질 유동식	열량섭취 관리 용이, 균형 잡힌 영양공급, 단조롭다
	저영양밀도 식사	고섬유 · 저지방	저작 때문에 섭취속도가 느리다

표 6-20. 날씬해지는 식품 고르기

식이의 종류	자주 섭취해야 할 식품	가끔 섭취해도 무방한 식품	되도록 피해야 할 식품
동물성 단백질 급원	순살코기, 참치통조림, 게, 껍질 벗긴 닭고기, 달걀	껍질째 요리한 닭고기, 새우	삼겹살 등 기름진 육류, 내장고기, 베이컨, 런천미트, 닭 · 새우튀김, 포크커틀릿
식물성 단백질 급원	두류, 두부	땅콩 버터, 볶은 땅콩	기름에 볶은 견과류
유제품	탈지분유, 탈지분유로 만든 요구르트나 냉동 요구르트	저지방 우유	전지유, 아이스크림, 크림, 전지유로 만든 치즈
곡류	현미, 잡곡, 떡, 시리얼, 통밀빵, 보리빵, 크래커	백미, 흰빵, 과자	과자, 파이, 단 시리얼, 각종 스낵류, 도넛, 크림이 든 과자
채소	생채, 숙채	채소통조림	마요네즈가 풍부한 샐러드, 야채튀김, 프렌치프라이
과일	신선한 생과일	과일통조림	아보카도, 단 과즙음료, 시럽에 담근 과일통조림

* 왼쪽 열의 식품들은 저지방 · 고섬유질 식품으로서 다이어트 식품에 속한다.

선택하며, 도넛이나 크림이 든 과자보다는 크래커를 선택하고, 케이크보다 떡으로 대체하는 것이 좋다(표 6-20).

비만인의 체중 감량을 위해 에너지를 제한할 때, 열량제한 정도가 심할수록 단백질 섭취에 주의를 기울여야 한다. 단백질 부족을 방지하고 체단백질을 최대화하기 위해 체중 1kg당 1.0~1.5g의 단백질 섭취를 권장한다. 또한 1,200kcal 이하로 열량을 제한할 경우 비타민, 무기질의 섭취가 부족하지 않도록 유제품, 채소, 과일 등의 식품을 다양하게 섭취하여야 한다. 그러나 액체로 된 식품은 포만감이 오래 가지 않고 씹는 욕구를 제공하지 않으므로 주스보다는 생과일로 섭취하는 것이 유리하다. 또한 알코올은 1g당 7kcal의 열량을 낼 뿐 아니라, 안주를 통해 열량 섭취량이 증가할 수 있으므로 마시는 양을 제한하여야 한다.

무엇을 먹느냐도 중요하지만 같은 식품을 어떻게 조리하느냐도 비만치료의 식이요법에서 아주 중요한데, 전과 튀김보다는 구이나 찜요리가 유리하다. 탈지유로부터 제조된 치즈나 요구르트, 냉동 요구르트, 저지방 마요네즈 및 식용유 대체식품 등의 상품이 서구 선진국에서처럼 다양하게 생산되어 선택의 폭이 넓어져야 한다.

열량제한 불균형식(unbalanced low calorie diet)
케톤 생성 식사(ketogenic diet)
완전절식(total fast)
초저열량식(very low calorie diet, VLCD)
단백질 보충 변형 단식(protein supplemented modified fast, PSMF)
열량제한 균형식(balanced low calorie diet)
혼합저열량식(low calorie diet, LCD)
성분영양식(formula diet)

나. 운동치료

비만 치료를 위한 운동요법은 운동의 종류, 강도, 빈도 및 지속시간이 적절해야 하고 개인의 신체적 여건에 맞아야 하며, 즐겁고 편하게 시행할 수 있어야 한다. 체중감소를 위해서는 유산소운동이 효과적인데, 큰 근육을 20분 이상 계속적으로 사용하는 걷기 · 수영 · 자전거 타기 · 뛰기 등이 여기에 포함된다. 그러나 유산소운동이 너무 격렬해지면 인체는 무산소 대사상태로 전환되어 포도당이 일차적인 에너지원이 된다.

유산소운동 (aerobic exercise)
중간 정도의 강도에서 큰 근육을 20분 이상 사용할 때 산소의 지속적인 공급하에서 포도당과 지방이 미토콘드리아에서 완전 산화되어 나오는 에너지를 공급받게 된다.

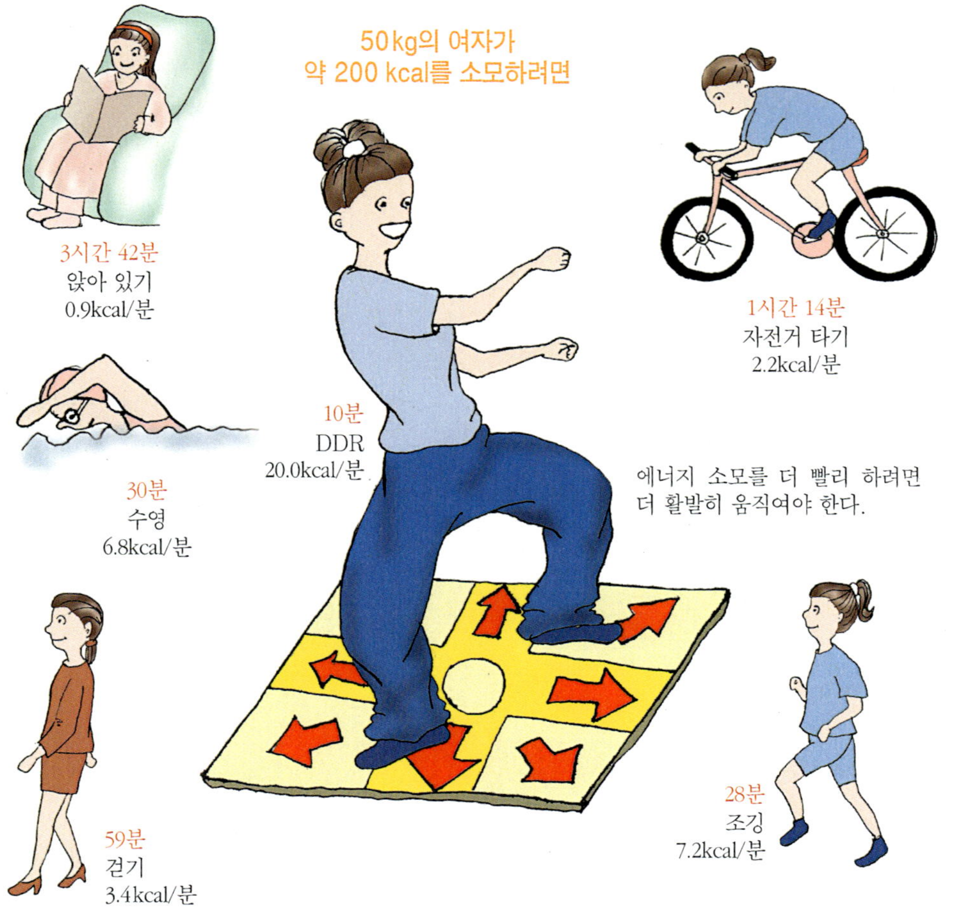

그림 6-14. 200kcal를 소모하는 데 소요되는 활동별 시간

쉬어가기

식사요법만으로 구성된 살빼기 프로그램

운동을 겸하지 않고 열량제한만으로 구성된 살빼기 프로그램으로 체중을 감소시키면 그 프로그램이 끝났을 때, 체중은 프로그램 시작 전보다 더 많이 증가한다. 그 후 다시 체중을 감소시키려면 처음 살빼기 프로그램보다 더 심한 열량제한을 필요로 하게 되고, 프로그램 종료 후 체중의 증가는 더 빠르고 쉽게 진행된다. 이런 요요 효과는, 운동을 겸하지 않은 열량제한 식사로 인해 체지방의 손실과 더불어 대사적으로 활성이 높은 근육조직까지 손실되기 때문이다. 저열량식이에 적응을 시켜 에너지 대사를 보다 효율적으로 진행하며, 따라서 열량제한이 잠시 중단되더라도 앞으로의 열량제한에 대비하기 위해 에너지 축적을 증가시킨다. 더구나 요요현상으로 인한 체지방의 증가는 주로 복부의 지방증가로 알려져, 이와 관련된 위험요소도 증가될 수 있다.

무산소운동
(anaerobic exercise)
호기성 경로를 통해 에너지를 공급할 수 있는 신체능력 이상의 운동강도에서 근육을 사용할 때 산소를 사용하지 않는 혐기성 해당작용을 통해 신속하게 에너지를 공급받게 된다.

무산소운동은 신체의 산소 공급능력을 초과하는 속도와 강도로 진행되는 역도나 단거리 경주가 이에 속하는데, 체지방이 연소되는 것을 돕지 않으므로 체중조절에 유용하지는 않지만 근육조직을 증가시키므로 대사율을 높여 간접적으로 체중감소에 기여한다. 운동을 통해서 체중을 감소하려면 그 운동이 능동적이어야 한다. 운동기계에 의한 수동적인 움직임은 에너지 소모나 근육증가를 초래하지 않는다.

유산소운동은 지방을 연소시켜 열량의 소모를 증가시킬 뿐만 아니라 운동 종료 후에도 인체로

하여금 수시간 동안 계속해서 열량을 더 연소하게 하여 대사율을 계속 높여주기 때문에 체중조절에 효과가 크다. 또한 지속적인 운동으로 근육조직이 증가하게 되면 기초대사율이 증가해 운동을 하고 있지 않는 휴식상태에서도 유지를 위해 더 많은 열량을 쓰게 된다. 처음 운동을 시작하는 경우 걷기와 같은 매우 가벼운 운동을 하루 20~30분씩, 주당 3일 빈도로 규칙적으로 실시한다. 그 후 점차적으로 운동의 강도를 증가시켜 하루 30~60분, 주당 5일 이상 실시한다. 운동의 강도는 땀을 약간 흘릴 정도로 강하지만, 대화는 가능할 정도로 너무 강하지 않게 한다. 운동을 위한 시간을 충분한 시간을 한꺼번에 내지 못하는 경우, 15분씩 나누어 여러 차례 반복하는 것도 마찬가지로 효과적이다.

고도 비만 환자는 운동요법을 시작하기 전에 운동능력을 정확하게 평가하여 환자 개인별 운동 유형, 강도, 지속시간, 빈도를 구체적으로 제시하는 운동처방이 필요하다. 더운 환경에서 운동하는 경우에는 운동 시작 1시간 전에 250~300mL의 수분을 섭취하는 것이 필요하다.

식욕증가는 무산소운동에서만 나타나고, 유산소운동에서는 나타나지 않는다. 비만인이 운동을 할 때에 운동을 하지 않았을 때보다 더 먹지 않으며, 어떤 경우라도 운동은 열량 소모량을 더 증가시키므로 결국 체지방이 감소되는 결과를 얻게 된다.

다. 행동치료

체중조절의 수단은 균형 잡힌 생활방식이다. 성공적인 비만의 치료를 위해서는 비만인의 생활방식에 대한 분석이 먼저 이루어져야 하고, 이러한 분석을 토대로 식사 및 운동습관을 변화시켜 새로운 습관을 확립하도록 해야 한다. 먼저 장기간의 체중조절을 보장하는 행동수정이 필요한데, 이것은 자기감시, 자극조절 및 보상의 3단계로 이루어진다(표 6-21).

행동수정(behavior modification)
자기감시(self-monitoring)
자극조절(stimulus control)

행동수정만 사용한 경우는 다른 치료보다 체중감소율이 높지 않다. 그러나 행동수정의 중도 포기율은 20% 미만으로 다른 치료방법들보다 낮은 편이어서 감소된 체중을 장기간 유지하는 데에는 행동수정을 사용한 체중감소 프로그램이 필수적이다. 뿐만 아니라 자기통제 및 사회적 · 심리적 측면에서도 개선의 가능성이 있다는 점에서 그 중요성이 더해진다.

라. 약물치료

체질량지수가 25kg/m^2 이상이면서 비약물치료로 체중감량에 실패한 경우에 약물치료를 시도할 수 있다. 식사요법과 운동요법 등이 비만치료에 효과가 없을 경우 약물치료를 고려할 수 있지만, 약물치료가 비약물치료를 대신할 수 없다. 따라서 약물치료로 비만을 완치하기를 기대해서도 안 되고 열량제한, 운동요법, 행동수정을 꾸준히 실시하면서 약물요법은 보조적으로 사용해야 한다. 우리나라에서 현재 장기간 사용이 승인된 비만 치료 약물은 올리스타트뿐이다. 올리스타트는 리파아제의 활성을 억제함으로써 섭취된 지방이 흡수되지 않도록 하여 작용한다. 지방 흡수 감소와 함께 지용성 비타민의 흡수가 함께 억제될 수 있고 배변 횟수 증가, 대변실금 등의 부작용이 있을 수 있다.

올리스타트(orlistat)
리파아제(lipase)

심리적 섭식장애

심리적 섭식장애는 에너지 균형을 변화시키려는 의식적인 행동이다. 너무 먹거나 먹기를 거부한 결과 비만이나 신체 쇠약이 초래된다. 이는 현대사회의 모순에 대한 반작용으로서 발생한

표 6-21. 체중조절을 위한 행동수정의 원리

원 리	방 법	내 용
자기감시	다이어트 일기 쓰기	먹는 시간과 장소를 기록하기 먹은 음식의 형태와 양의 목록을 작성하기 곁에 누가 있었는지와 느낀 점을 기록하기 이 기록으로부터 과식을 초래할 수 있는 문제점 찾아내기
자극조절	식품구매	배부른 상태에서 구매하기 구매목록을 작성해서 구매하기-충동구매를 억제하기 냉동식품이나 인스턴트 식품 사지 않기 꼭 필요할 때까지 장보기를 연기하기
	계 획	필요한 만큼만 먹도록 계획하기 간식 먹는 시간에 운동하기 세끼 식사와 간식을 정해진 시간에만 먹기-끼니를 거르지 말기
	활 동	충동적으로 먹게 되지 않도록 음식을 눈에 보이지 않는 곳에 치우기 모든 먹는 것은 한 장소에서만 하기 냄비를 식탁에 올려놓지 말기 식탁에서 간장, 소금이나 소스들을 치우기 작은 크기의 그릇과 수저를 사용하기
	명절이나 파티에서	술을 덜 먹기 파티 시작 전에 열량이 낮은 간식을 먹기 음식을 사양하는 공손한 태도 익히기 간혹 실수해도 포기하지 않기
	먹는 방법에서	음식을 입에 떠 넣는 사이사이에 수저를 상에 내려놓기 다음 음식을 더 떠 넣기 전에 음식을 완전히 씹기 음식을 약간 남기기 식사 중에 잠깐 중단하기 식사 중에 다른 일은 하지 않기(텔레비전 시청이나 독서)
보 상	보 상	자기감시 기록을 기준으로 충동 조절을 잘 수행했을 때 상을 주기 특정 행동에 특정 상을 주도록 계약을 설정하기 가족이나 친구에게 말이나 물질로 상을 주도록 협조를 구하기 점차 자신이 보상을 줄 수 있도록 훈련하기

쉬어가기

감량 프로그램의 선정

좋은 감량 프로그램이 되려면 규칙적인 운동과 식생활의 행동변화를 포함하는 장기적이고 영구적인 생활의 변화를 권장하여야 한다. 또한 다양하고 균형 잡힌 식단을 통한 점진적인 감량식이, 먹는 행동을 야기시키는 요인의 분석, 먹는 음식의 종류와 시기 · 장소 · 이유를 변화시키는 행동수정, 최종적으로는 감량식이로부터 보통 식사로의 성공적 전이를 위한 유지단계 등이 필수적으로 포함되어야 한다.

단순히 다이어트의 효과에만 초점을 두어서는 안 되고 체중이 과다하게 된 원인에 초점을 두어야 한다. 특정 상품에 의존하기보다는 기존식품 중에서 올바르게 선택하도록 학습시키는 프로그램이 우수하다. 극적이고 급격한 감량을 약속하는 다이어트 상품은 위험하다. 안정성과 효과가 인정되지 않은 사이비 감량도구들에 현혹되지 말아야 하며, 특히 식사조절에 신경쓰지 않고 식욕감퇴를 유발하는 약이나 팽창제 등으로 체지방을 줄일 수 있다는 감언이설은 경계하여야 한다.

다. 즉 여성에게 지나치게 날씬한 몸매를 요구하는 사회문화가 있는가 하면, 기름진 음식을 먹을 기회를 많이 만드는 사회문화가 있어, 이 두 문화 사이에서 갈등하게 된다. 특히, 남성보다는 여성들에게 날씬한 몸매를 요구하며 그 정도는 상당히 심각하다.

1. 거식증

거식증은 날씬한 몸매를 추구하는 정도가 극에 달하여, 계속 자신이 뚱뚱하다고 느끼므로 극도로 수척해질 때까지 굶는 심리적 장애이다(표 6-22). 흥미로운 사실은 이들은 이러한 날씬함의 왜곡된 척도를 자신에게만 적용하고, 타인에 대해서는 비만도에 대한 객관적인 판단을 할 수 있다는 것이다. 이들은 정서적으로 불안정하고 공격적이며, 비판적이고 우울하며 가족과 친구들로부터 자신을 격리시킨다. 결국은 극심한 체중과 체지방의 감소, 체온과 맥박수의 감소, 철결핍성 빈혈, 백혈구 수의 감소, 탈모, 변비, 혈중 포타슘의 감소 및 월경 중단 같은 신체적인 증상이 나타난다.

거식증은 중산계층의 가정환경을 가진 사춘기 소녀들에게 많은데, 특히 기대수준이 높은 완벽주의자들에게서 많이 발견된다. 거식증의 치료는 표 6-22와 같으며 가족 모두가 치료에 참가하는 것이 중요하다.

거식증(anorexia nervosa)
날씬한 몸매를 추구하는 정도가 극에 달하여, 계속 자신이 뚱뚱하다는 생각으로 극도로 수척해질 때까지 굶는 심리적 장애

2. 폭식증

폭식증은 폭식과 고의로 장을 비우는 일을 교대로 반복하는 증상을 말한다. 이런 장애를 가진 사람들은 체중조절을 위해 극도로 저열량 식사를 하지만, 실제 그런 식사조절은 환상적일 뿐이고 깨어 있는 동안 계속 먹는 생각만 한다. 결국에는 그런 극소량의 식사량으로 인한 생명의 위협을 더 이상 지탱하지 못하고 결심을 깨뜨리게 된다. 한자리에 앉아 입에 당기는 음식을

폭식증(bulimia)
폭식과 고의로 장을 비우는 일을 교대로 반복하는 섭식장애의 일종

표 6-22. 심리적 섭식장애들의 특징 및 치료법 비교

형 태	거식증	폭식증	마구먹기장애
취약군	사춘기 소녀	성인 초기	다이어트에서 실패한 경험이 많은 비만인
식습관	성공적 다이어트의 자부심을 느껴 극도로 쇠약해짐	폭식과 장 비우기를 교대로 반복	문제발생 때마다 끊임없이 먹음
현실지각과 원인	자신이 비만하다고 왜곡되게 믿고 자신의 행동이 비정상적임을 인정하지 않음	자신의 행동이 비정상적임을 인정하고 폭식과 장 비우기를 비밀리에 함	자신을 통제할 수 없다고 포기함
치료법	식사량을 증가시켜 우선 기초대사량을 유지할 수 있는 체중을 회복한 후 문제의 원인을 찾도록 정신과 치료	영양교육과 함께 자신을 인정하도록 하는 정신과 치료	생리적으로 배고플 때만 먹도록 학습시킴

15,000kcal 정도까지도 남몰래 폭식한다. 절제를 못한 데서 오는 수치심과 과식으로 인한 생리적 고통으로 다시 장을 비우려는 노력을 한다. 인위적으로 구토를 일으키며, 하제를 사용하여 설사를 유발시키기도 하고, 과다한 운동을 하기도 한다. 절식과 과식을 번갈아 하는 것은 인체의 섬세한 생리적 · 생화학적 균형을 교란시킨다. 계속되는 구토는 식도와 위를 파열시키고, 산성의 토사물은 입 · 식도 · 후두의 점막을 부식시키며 치아의 에나멜 표면을 파괴한다.

심리적인 타격도 생리적인 것에 못지 않게 크다. 폭식증의 저변에 깔려 있는 자긍심의 부족에다 다이어트를 지속하지 못하는 데서 오는 죄책감이 더해지고, 극단적인 절망감으로 자살의 충동을 느끼기도 한다. 폭식증은 자신의 행동에 문제가 있다는 것을 인정한다는 점이 거식증과 다른 점이다. 폭식과 장비우기를 비밀리에 행하므로 주위에서 알아차리기 힘들다. 폭식증의 치료는 표 6-22와 같으며 문제를 해결하는 데에 음식을 개입시키지 않도록 하는 학습이 필요하다.

3. 마구먹기장애

마구먹기장애
(binge-eating disorder)

마구먹기장애는 거식증이나 폭식증보다 훨씬 흔한 섭식장애이다. 여러 번 살빼기를 시도했으나 실패한 경험이 있는 사람들에서 자주 일어난다. 자신을 통제할 수 없다고 느끼므로 장시간 계속해서 먹는 형과 단시간에 폭식하는 형의 두 가지가 있다. 마구먹기장애가 폭식증과 다른 점은 폭식 후에 인위적으로 장을 비우는 행위를 하지 않는다는 점과 비만인 사람에게서 더 자주 발견된다는 점이다. 이 장애는 자신의 감정을 적당한 방법으로 표현하고 감당하는 것을 배우지 못한 사람들에게서 주로 나타나는데, 이들은 문제가 생기면 그것을 극복하지 못하고 음식에 눈을 돌리게 된다. 근심 걱정이 있을 때 그 저변에 깔린 자신의 감정을 인식하도록 도와주고, 그것을 다른 사람들과 나누도록 격려해줄 필요가 있다. 음식에 대한 통제는 욕구불만을 더 일으키므로 피해야 하고, 생리적으로 배고플 때만 먹도록 하는 학습이 치료에 중요하다.

운동과 에너지

현명한 식생활뿐만 아니라 규칙적으로 운동하는 좋은 생활습관은 건강을 유지하는 지름길이다. 규칙적인 운동으로 신체가 단련되면 혈액순환이 잘 되고 근육의 양이 증가해 기초대사량을 높일 뿐만 아니라 체지방을 쉽게 에너지원으로 이용할 수 있게 된다. 또한 운동 시에는 운동의 종류나 운동의 강도, 경과시간에 따라 체내에서 연소되는 에너지원이 달라진다. 따라서 운동과 에너지 대사와의 관련성에 대한 학습은 다양한 운동선수들의 식이처방을 올바르게 할 수 있는 기초가 된다.

운동의 효과

근육에 영양소가 충분히 공급되어 있는 상태에서 근육이 쓰는 에너지원의 종류는 운동하는 사람이 얼마나 신체적으로 단련되었는지와 어느 정도의 심한 강도로 운동하는지에 따라 다르다. 신체단련은 피로를 느끼지 않으면서 보통에서부터 아주 심한 강도로까지 운동할 수 있는 능력으

표 6-23. 운동과 훈련이 신체조성과 대사에 미치는 영향

상태 변화	내 용
운동 중의 변화	전반적인 RQ↓ 주열량원이 글리코겐에서 지방으로 대체 간과 근육의 글리코겐↓ 지방 이동이 시간경과에 따라↑ 포도당 신생이 운동경과에 따라↑(글루카곤의 분비↑와 간의 주요효소↑로 인해) 단백질 합성↓(간, 근육) 단백질 함량↓(근육, 간, 혈장)
훈련에 따른 변화	운동중 RQ↓(지방 이동↑로 인해) 단위운동속도에 대한 산소소모량의 약간↑ VO_{2max}의↑ 운동중 혈류 약간↑ 제지방량↑(근육비대로 인해) 체지방률↓ 당내성과 인슐린에 대한 예민도↑ 근육에 의한 젖산의 장기적↓ 공복 시 혈장 중성지방 농도↓ 총콜레스테롤 불변, LDL↓, HDL↑

로 정의된다. 신체단련은 신체가 체지방을 에너지로 사용할 수 있는 능력에 영향을 준다.

신체적으로 더 단련될수록 신체활동에 필요한 에너지를 공급하는 데 체지방을 쓰는 비율이 높아진다. 이것은 특히 20분 이상 지속되는 운동을 할 때 더욱 그렇다. 또한 규칙적인 운동은 체중감소에도 효과적인데, 이는 활동대사량을 증가시킬 뿐만 아니라 휴식대사량도 증가시켜 전반적인 에너지 소모량을 증가시키기 때문이다.

운동 중에 일어나는 에너지 대사와 신체조성의 변화는 표 6-23에 나타난 바와 같다. 혼합식이를 먹은 사람에게서 운동시작 시 RQ가 증가하는데, 이는 근육이나 간의 글리코겐 사용이 증가됨을 나타낸다. 그러나 시간이 지남에 따라 RQ는 점차 감소하며, 이는 에너지 생성이 글리코겐에서 오는 것보다 지방산으로부터 오는 것이 많아짐을 반영한다. 글리코겐의 고갈, 특히 근육 글리코겐의 고갈은 호르몬의 분비로 조절되는데, 운동초기에 인슐린의 분비가 감소하고 글루카곤 분비가 증가되어, 이것이 포도당 신생을 촉진한다. 또한 운동이 진행되면서 교감신경계로부터 카테콜아민의 분비가 촉진되어 지방의 분해가 활발해지고 혈청 유리지방산이 증가하는데, 이는 글루카곤과 에피네프린의 분비에 의해서도 촉진된다. 운동 시 일어나는 이러한 대사의 변화는 금식할 때와 같은 순서로 진행된다.

카테콜아민(catecholamine)
에피네프린(epinephrine)

신체적으로 훈련이 되면 운동능력을 증가시킬 수 있는 여러 가지 변화가 일어난다. 근육이 반복적으로 수축함에 따라 근육세포의 증대가 일어나 제지방량이 증가하고 체지방의 비율이 감소한다. 근육조직 내 모세혈관의 수가 증가하고 적혈구 수와 총혈액량이 팽창되어 산소 운반능력이 증가한다. 유산소운동의 훈련으로 근육조직 내 미토콘드리아의 크기와 수가 증가해 에너지원으로서의 지방의 비중이 높아지고, 산소의 소모가 많아져서 같은 강도의 운동에도 호흡상이

낮으며 젖산의 축적이 적다.

운동 중에 근육이 뼈에 주는 자극이 크면 뼈의 칼슘 축적 정도를 높여 뼈를 강하게 한다. 이는 최근 문제가 되고 있는 폐경기 이후 여성의 골다공증을 예방할 수 있는 방법으로, 규칙적인 운동을 권장하는 이유가 여기에 있다. 운동에 직접 관여하는 골격근은 물론 심혈관계와 호흡계의 근육도 자극을 받는다. 심장이 커지고 강해져 적은 노력으로도 많은 혈액을 뿜어낼 수 있어, 심장 박동수의 감소를 가져오고 운동 중에 덜 소모된다. 동맥 내벽의 근육도 마찬가지로 운동으로 강해지고, 수축 · 이완이 더 잘 일어나 혈압이 감소한다. 호흡계의 효율도 증대되어 더 많은 공기를 호흡할 수 있고, 따라서 많은 산소를 공기로부터 취할 수 있게 된다. 또한 규칙적인 운동은 성인형 당뇨의 발병률을 감소시킬 뿐 아니라 인슐린에 대한 세포의 민감도도 증가시킨다.

규칙적인 운동은 면역기능, 소화기능, 신경계 기능 등을 증진시킬 뿐 아니라 기억력을 증가시키고, 외모의 개선, 성취감의 증진, 사회적 접촉기회 마련 등으로 자긍심을 높여준다. 운동은 뇌를 자극하여 세로토닌과 엔돌핀의 생성을 촉진하는데 세로토닌은 성취감과 평안감을 증진시키고, 엔돌핀은 자연적인 진통제 역할을 한다.

세로토닌(serotonin)
수면을 유도하는 것으로 보여지는 신경전달물질이며, 아미노산의 일종인 트립토판으로부터 합성된다.

엔돌핀(endorphin)
식이섭취조절이나 진통효과와 관련된 자연적인 신경안정제

운동의 에너지원

에너지 체계는 3가지, 즉 ATP-Pcr 체계, 무산소성 해당체계, 유산소성 에너지 체계로 크게 구분할 수 있다.

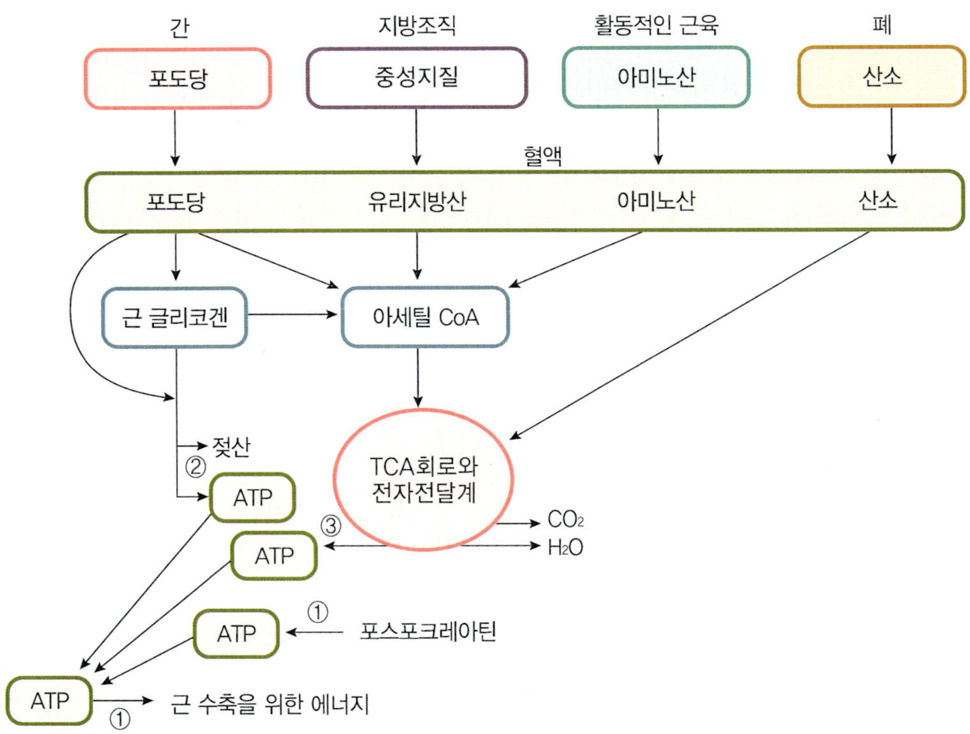

그림 6-15. 근 수축을 위한 에너지 체계

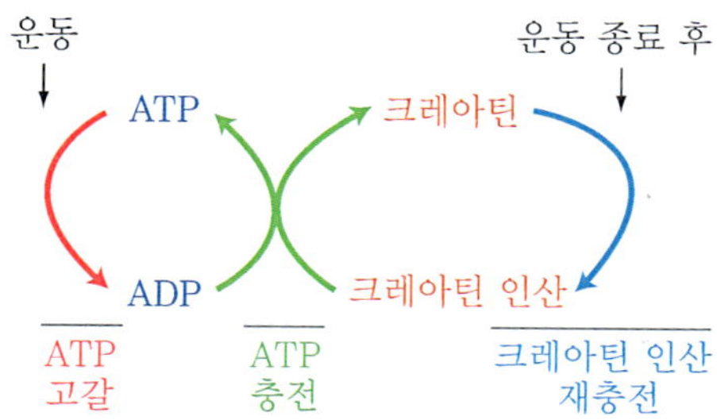

ATP는 근수축의 직접적인 에너지원인데, 근육 내 함량이 극히 적어 단 1초간의 운동만 지원할 수 있다. 크레아틴 인산(phosphocreatine, Pcr)은 고에너지화합물로서 ADP로부터 ATP를 재빨리 재생하는 작용을 한다. 따라서 Pcr를 ATP와 함께 ATP-Pcr 체계라 부른다. 1~10초간 지속되는 운동의 에너지원이 된다.

무산소성 해당체계는 포도당이 젖산으로 전환되면서 비효율적이지만 신속하게 ATP를 생성하여 ATP-Pcr 체계 다음 단계에서 이용될 수 있다. 유산소성 에너지 체계는 활성화되는데 시간이 소요되지만 미토콘드리아에서 산소를 사용하여 매우 효율적으로 ATP를 생성한다. 근육의 글리코겐, 중성지질 및 단백질, 혈중 포도당, 유리지방산 및 중성지방, 그리고 지방조직의 중성지질을 모두 산화시킨다.

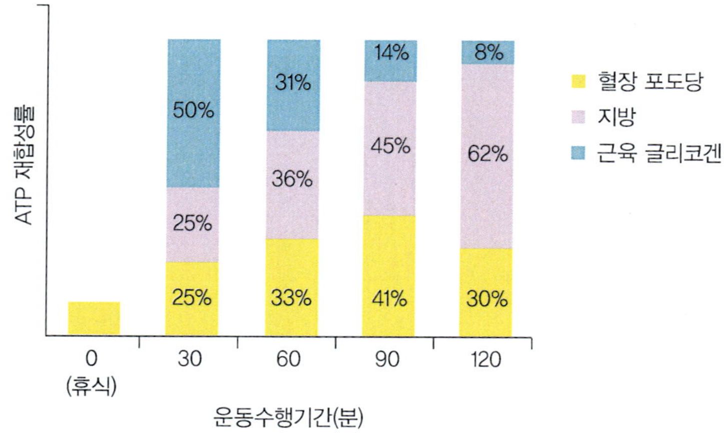

그림 6-16. 운동 지속시간에 따른 에너지원의 변화(60% VO_{2max})

탄수화물 : 지방으로부터 근수축 ATP가 생성되는 비율은 운동의 강도와 지속시간에 따라 좌우된다(표 6-24). 운동을 개시한 직후에는 TCA 회로나 전자전달계 같은 효율적인 에너지 생성경로가 불가능하지만, 운동이 경과됨에 따라 비중이 점차 높아지기 때문이다. 그러나 운동 강도가 너무 높아지면 무산소대사로 전환되는데, 무산소대사로 ATP를 생성할 수 있는 것은 탄수화물, 즉 포도당뿐이다. 반면에 주로 지방을 에너지원으로 하는 활동은 시작한지 20분 경과된 낮은 강도의 운동(산책 등)이나 휴식이다.

표 6-24. 운동시간에 따른 주된 에너지원

시 간	에너지원	운동 종목	힘의 정도
10초 이하	ATP-CP	100m 달리기, 높이뛰기, 테니스(서브), 배구(스파이크), 골프(스윙), 역도	강
10~90초	ATP-CP+해당과정	200~400m 달리기, 단거리 수영, 500~1,000m 스케이트	중
90초~4분	해당과정+포도당의 유산소 대사	800m 달리기, 200~400m 수영, 권투, 레슬링, 농구	중
4분 이상	포도당과 지방의 유산소 대사	마라톤, 조깅, 1,500m 수영, 장거리 스키, 축구	약

중간 정도 강도의 운동을 지속할 때는 운동 시작 직후 불과 몇 초 만에, ATP가 고갈되고 CP에 의한 ATP 재생이 중단된다. 이때, 근육 글리코겐의 분해로 생성된 포도당의 해당과정(무산소대사)에 의해 ATP가 생성되고 운동이 더 지속됨에 따라 미토콘드리아의 유산소대사가 활성화됨으로써 포도당이 분해되고 뒤이어 지방이 분해된다.

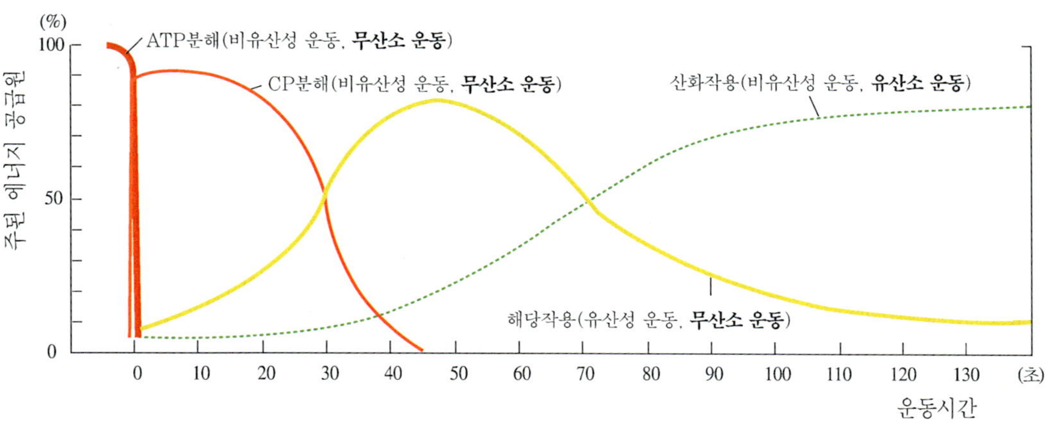

CP : 크레아틴 인산

그림 6-17. 중간 강도의 운동 시 시간경과에 따른 주된 에너지 공급원의 변화

지구력을 요하는 운동에서는 격렬한 운동보다 해당과정에 대한 의존성이 줄어 젖산 축적이 적어진다. 마라톤과 같이 강도가 VO_{2max}의 70%까지 증가하면 지방과 탄수화물이 근육수축의 에너지원으로 기여하는 비율이 50 : 50까지 된다. 그런 상태에서 근육 내 글리코겐 저장량이 빨리 고갈되면 지구력이 떨어져서 처음의 높은 운동 강도를 지속할 수 없게 된다. 또한 마지막 골인 지점에 가까이 가면 최대 속도로 달려야 하는데, 이때는 혐기성 해당작용에 의해서만 에너지를 공급받을 수 있으므로 저장된 글리코겐이 적으면 운동을 지속할 수 없다. 따라서 70%의 VO_{2max} 정도의 격렬한 운동이 1시간 이상 지속되고 마지막으로 전속력이 필요한 마라톤 선수는 운동 전에

글리코겐을 최대로 축적시키는 것이 유리하다.

운동 시 에너지원으로 사용되는 단백질의 기여도는 크지 않다. 전체 에너지 필요량의 2~5%만이 단백질 대사로부터 공급된다. 지구력을 요하는 운동 특히, 근육 내의 글리코겐 저장량이 고갈되었을 때는 전체 에너지 필요량의 10% 정도까지도 단백질에서 얻을 수 있다. 단백질로부터 공급되는 에너지의 대부분은 곁가지 아미노산(발린, 류신, 이소류신)으로부터 온다. 10% 정도의 열량을 공급하기 위한 단백질의 양은 정상적인 식사에 쉽게 포함될 수 있는 양이므로 단백질이나 아미노산의 보충제를 따로 먹을 필요는 없다.

쉬어가기

탄수화물 부하(carbohydrate-loading)와 운동효과

90분 이상을 경기에 참가하거나, 기간이 그보다 짧은 경기를 24시간 내에 반복하는 경우의 운동선수들에게는 탄수화물 부하로 근육의 글리코겐의 축적을 극대화시키는 것이 운동수행 능력에 도움이 되는 경우가 있다. 경기가 있기 7일 전에 시작하여 고강도 운동과 고지방 · 고단백 식이로 근육내 글리코겐을 고갈시킨다. 마지막 3일 간은 운동 시간과 강도를 줄이고 고당질식으로 다량의 글리코겐을 축적한다. 이 방법은 근육의 글리코겐 축적을 50 ~ 85% 더 증가시킬 수 있다. 현재에는 경기 7일 전에 시작하는 고갈단계는 생략하고 경기 3일 전에 고당질식과 훈련 감소만으로 이루어지는 수정된 방법을 주로 이용한다.

근육에 탄수화물이 더 많이 저장될수록 운동경기에서 지구력이 증가되지만 한편 글리코겐 축적에 따르는 부작용이 있을 수도 있다. 글리코겐이 증가된 만큼 수분의 양도 증가되며 개인에 따라 초과된 수분의 무게가 운동기록을 저하시킬 수도 있다. 따라서 탄수화물 축적을 고려하는 운동선수들은 중요한 경기가 있기 훨씬 전 훈련기간 중에 이것을 시험해 보아 운동기록에 어떤 영향을 주는지 검토하는 것이 필요하다. 글리코겐 축적으로 효과를 볼 수 있는 운동으로는 마라톤 · 장거리 수영 · 30 km 달리기 · 토너먼트 농구시합 · 장거리 카누 경기 등이고, 미식축구 · 10 km 달리기 · 하이킹 · 대부분의 수영 · 농구 한 경기 · 역도 등에는 효과적이지 않다.

요약

1. 인체가 식품 에너지를 이용할 때, 처음 식품에 들어 있는 총에너지는 소화가능 에너지, 대사 에너지, 네트 에너지로 전환되는데, 이때 네트 에너지(ATP)로의 전환율은 약 25~40%이다.
2. 실제 식품의 에너지량을 계산할 때 사용되는 식품의 열량가는 대사 에너지로 탄수화물 4kcal/g, 단백질 4kcal/g, 지방 9kcal/g이며 이를 생리적 열량가라 한다.
3. 인체의 에너지 필요량을 측정하는 방법에는 직접 열량측정법과 간접 열량측정법이 있다. 직접 열량측정법은 사람이 밀폐된 공간에 들어가서 직접 방출하는 열량을, 주변을 둘러싸고 있는 물의 온도 증가로 측정한다. 간접 열량측정법은 호흡할 때 소모되는 산소 소모량이나 이산화탄소 배출량을 측정하여 에너지 소모량과의 상관관계를 나타내는 공식을 적용시켜 계산하는 방법이다.
4. 인체의 에너지 요구량은 기초대사량, 활동을 위한 에너지 소모량, 식품 이용을 위한 에너지 소모량, 적응대사량으로 구분된다.
5. 기초대사량은 심장박동 · 호흡 · 체온조절 등의 생체기능을 수행하는 데 필요한 최소한의 에너지로서 하루 소모열량의 60~70%를 차지하는데, 최근 휴식대사량과 혼용하여 사용하기도 한다. 기초대사량은 체표면적, 성별, 체온, 호르몬 상태, 나이, 영양상태, 임신 등 여러 가지 요인에 따라 변한다.
6. 활동에 따른 에너지 소모량은 활동의 종류, 활동강도, 활동시간, 체중 등에 따라 다르며 개인 간 차이가 크다.
7. 식사성 발열효과는 식품섭취 후 식품을 소화시키거나 흡수 · 대사 · 이동 · 저장을 위해 필요한 에너지를 말하며, 일반적으로 혼합식을 섭취할 때 소모되는 열량은 총에너지 섭취량의 약 10% 정도이다.
8. 적응대사량은 사람이나 동물이 큰 환경변화에 적응하기 위하여 요구되는 에너지로, 주로 갈색 지방에 의한 열발생 기전과 연관지어 설명되고 있다.
9. 에너지 균형이란 에너지 섭취량에서 소모량을 뺀 값이다. 음의 에너지 균형은 에너지 섭취량보다 소모량이 많을 때이며 체중감소를 초래한다. 양의 에너지 균형은 에너지 섭취량이 소모량보다 많을 때이며 체중증가를 초래한다.
10. 체지방의 지나친 과부족은 모두 건강상 장애를 일으킨다. 비만은 고혈압, 당뇨, 심장질환 등 여러 성인병의 증가와 관련된다. 에너지 섭취부족으로 체지방 및 근육 단백질이 손실되면 질병에 대한 저항력이 감소하고, 질병 · 상해 · 수술로부터 회복이 느리며, 어린이의 경우 성장이 지연된다.
11. 비만의 원인은 에너지 섭취량이 과도하거나 에너지 소모량이 너무 적어서, 또는 에너지 대사에 이상이 있어서이다. 비만은 유전과 환경의 복합적인 영향으로 생긴다. 즉 체지방의 최저치는 유전적으로 타고나지만 최대치는 환경적 요인들에 영향을 받는다.
12. 사람의 먹는 행동은 공복과 식욕에 의해 결정된다. 공복은 '언제 먹을 수 있나?' 하는 생리적 충동으로서 주로 내적 신호로 조절된다. 식욕은 공복감이 없는데도 '뭘 먹을까?' 하는 심리적 충동이며 주로 외적 신호로 조절된다. 다양하고 맛있는 음식을 손쉽게 구할 수 있는 현대사회에서는 공복보다는 식욕에 의해 먹게 되는 경우가 많기 때문에 비만이 되기 쉽다.
13. 비만은 지방세포 증식형과 지방세포 비대형으로 구분하는데, 어릴 때 생긴 비만의 경우 체중을 줄이거나 감량된 체중을 유지하기가 더 어려운 것은 지방세포 증식형 비만이기 때문이다.
14. 비만이란 과잉의 지방이 체내에 축적된 상태를 의미하며, 남자의 경우 총지방량이 체중의 25%, 여자의 경우 30% 이상인 상태로 정의된다. 체지방을 측정하는 방법으로는 수중체중 측정법, 피부두께 측정법, 생체전기저항법 등이 있다. 신장과 체중을 이용하여 비만을 판정하는 방법에는 이상체중에 대한 백분율을 이용하는 방법과 신체질량지수가 있다. 체지방의 분포형태도 절대적 체지방량 못지않게 중요하며 하체비만보다 복부비만이, 피하지방형보다 내장지방형이 건강에 더 해롭다.

15. 심리적 섭식장애는 에너지 균형을 변화시키려는 의식적인 행동으로, 거식증은 쇠잔해지도록 굶는 장애이고 폭식증은 금식과 폭식, 그리고 장을 비우는 일을 교대로 반복한다.
16. 비만치료의 목적은 체지방을 감소시키고 감량된 체중을 그 후에도 일생 동안 유지하도록 하는 데 있다. 비만의 원인은 개인마다 다르므로 치료도 개인의 사정에 맞게 맞추어져야 한다. 일반적으로 식사요법, 운동요법, 행동수정의 3가지 치료방법이 있다.
17. 규칙적인 신체운동은 심장기능 증진, 상해의 위험률 감소, 숙면, 체지방 감소와 근육조직의 증가, 스트레스 해소 및 혈당과 혈압의 정상화 등 건강에 유익하다.
18. 운동효과를 보려면 최대 박동수의 60~90%에 해당하는 강도의 운동을 하루 20~60분씩 주 5회 이상 하는 것이 필요하다. 운동을 하지 않던 사람은 운동강도, 시간, 빈도를 서서히 높여가야 효과적이다.
19. 휴식 시 근육세포는 주로 지방을 연료로 사용하며 단시간의 격렬한 운동에는 포스포크레아틴을 주로 사용한다. 보다 지속적인 격렬한 운동에서는 근육 글리코겐이 젖산으로 분해된다. 지구력을 요하는 운동에서는 지방과 탄수화물이 함께 연료로 사용되나 활동강도가 커질수록 탄수화물이 점점 더 많이 사용된다.

참고문헌

1. 구재옥 · 임현숙 · 윤진숙 · 이애랑 · 서정숙 · 이종현 · 손정민(2013) 고급영양학, 파워북
2. 김정희 · 임경숙 · 이홍미 · 조성숙 · 김창선(2012) 운동과 영양, 파워북
3. 대한비만학회(2018) 비만 Fact Sheet, http://www.kosso.or.kr/general/
4. 문수재 · 김혜경 · 홍순명 · 이경혜 · 이명희 · 이영미 · 이경자 · 안경미 · 이민준 · 김정연 · 김정현(2016), 알기 쉬운 영양학, 수학사
5. 박재현 · 강민수 · 이미영 · 김혜진 · 강상조, 신체활동평가를 위한 한국어판 신체활동 목록과 컴퓨터 프로그램 개발, 한국체육학회지 2014; 44(2):385~404
6. 변기원 · 이보경 · 권종숙 · 김경민 · 김숙희(2021) [3판]영양소대사의 이해를 돕는 고급영양학, 교문사
7. 보건복지부(2020) 2020 한국인 영양소 섭취기준
8. 서정숙 · 이종현 · 윤진숙 · 조성희 · 최영선(2012) 영양판정 및 실습, 파워북
9. 이정희 · 이승민 · 이애자 · 이영미 · 최영희 · 최정희 공역(2010) 영양학, 대가. Nutrition: Science and Applications, Smonlin? Grosvenor 저, Wiley.
10. 질병관리청(2020) 2019 국민건강통계, https://knhanes.cdc.go.kr/knhanes/index.do
11. Champe PC, Harvey RA, Ferrier DR(2005), Lippincott's Illustrated Reviews of Biochemistry 4th ed. Lippincott Williams & Wilkins
12. Gropper SS, Smith JL(2013) Advanced Nutrition and Human Metabolism 6th ed. Wadsworth Cengage Learning
13. Institute of Medicine(2002) Dietary reference intakes for energy, carbohydrate, fiber, fat, fatty acids, cholesterol, protein, and amino acids. Washington, DC: The National Academies Press.
14. Jeukendrup A, Gleeson M(2010) Sport Nutrition-An introduction to energy production and performance 2nd ed. Human Kinetics
15. Mahan LK, Escott-Stump S, Raymond JL(2012) Krause's Food and the Nutrition Care Process, 13rd ed. Elsevier

연습문제

1. 열량영양소 중 체내에서 가장 에너지 효율이 낮은 영양소 무엇이며, 그 이유는 무엇인가?
2. 기초대사량을 간단히 계산하는 방법은?
3. 기초대사량을 증가시킬 수 있는 요인은 무엇인가?
4. 적응대사량은 무엇을 의미하는가?
5. 본인의 하루 에너지 필요량을 계산하라.
6. 갈색 지방과 백색 지방의 차이점은 무엇인지 설명하라.
7. 우리나라 국민영양조사에서 나타난 에너지 균형의 문제를 설명하라.
8. 비만인 사람이 전형적으로 직면하는 건강상 문제점 세 가지를 들고, 각각에 대한 이유를 설명하라.
9. 체지방량을 측정하는 방법을 설명하고 각각의 장점과 단점을 설명하라.
10. 현명한 감량 프로그램을 선택할 때 가장 중요한 특성들을 들라.
11. 비만의 치료가 일시적인 현상이 아니고 평생의 생활습관이어야 하는 이유를 설명하라.
12. 근육수축이 시작되면 근육내 ATP 저장량은 곧 고갈되고, 신체활동이 계속되려면 ATP가 재빨리 재공급되어야 한다. 운동개시 후에 시간이 지속됨에 따라 어떻게 이러한 ATP 재공급이 이루어지는지 설명하라.
13. 글리코겐 축적이 필요한 운동선수의 예를 들고, 실제로 글리코겐을 축적시키는 방법을 설명하라.

관련 웹사이트

http://www.nal.usda.gov/fnic/etext/fnic.html – 체중조절과 비만
http://www.healthfinder.gov/ – 미국 보건복지부의 건강정보센터
http://www.eatright.org – 미국 영양사협회
http://www.angeldiet.co.kr
http://www.nutribase.com – 일반영양상식
http://www.fsci.umn.edu – 미네소타 대학 How energy is stored in the body for children?
http://win.niddk.nih.gov – 미국 국립 보건원 weight control issues
http://www.kosso.or.kr/general 대한비만학회(2010) 비만 Fact Sheet

CHAPTER

07

지용성 비타민

비타민 A | 비타민 D | 비타민 E | 비타민 K

CHAPTER 07

지용성 비타민

들어가는 말

지용성 비타민은 이름에서도 나타나듯이, 그 섭취나 흡수 및 대사과정이 식이 지방의 양이나 형태, 체내 지방 흡수 및 대사와 밀접한 관련이 있다. 따라서 지방의 흡수나 대사에 이상이 있을 수 있는 상황은 곧 지용성 비타민에 대해서도 비슷한 효과를 나타낸다. 건강한 성인의 경우 지용성 비타민의 흡수율은 40~90% 정도지만 낭포성 섬유증이나 만성소화장애 등의 질병상태 또는 지용성 비타민의 섭취가 과도할 때는 흡수율이 감소된다.

일반적으로 지용성 비타민은 소변으로 배설되지 않고 극성대사물에 한해서만 소량이 소변으로 배설되므로 체내에 상당량 저장될 수 있다. 따라서 그 저장량이 지나치거나 섭취량이 과할 때 수용성 비타민에서는 흔히 볼 수 없는 '과잉증' 또는 '독성'이 나타날 수 있다. 이 독성은 특히 비타민 A와 D의 경우에 쉽게 볼 수 있으며 권장량의 5~10배 정도의 양이라도 장기간 섭취하면 과잉 증상이 나타날 수 있다.

그림 7-1. 지용성 비타민

비타민 A

비타민 A는 섭취가 저조한 영양소로 알려져 있다. 특히 2015 한국인 영양소 섭취기준부터 비타민 A의 단위가 RAE로 변경되면서 우리나라 사람들의 주요 비타민 A 섭취 방법인 카로티노이드 흡수율이 1/2로 감소됨에 따라 비타민 A의 섭취상태가 더욱 낮게 나타날 수 있다.

비타민 A라고 하면 레티놀과 그 에스테르 형태인 레티닐에스테르들, 그리고 비타민 A 활성을 갖는 몇몇 카로티노이드들을 총칭한다. 이 중 체내에서 전환과정 없이 활성을 띠는 레티놀과 레티닐에스테르는 주로 동물성 식품에 존재하며, 카로티노이드는 주로 식물성 식품에 존재한다. 식물성 식품 내에는 600종 이상의 카로티노이드들이 존재한다. 그중 비타민 A 전구체라 불리는 몇 가지만이 체내에서 레티날 또는 레티노익산으로 전환되어 비타민 A로서 활성을 가지게 된다.

일반적으로 레티노이드라 함은 비타민 A 및 그와 구조적으로 관련된 물질들을 종합적으로 지칭하는 말로서, 여기에는 식품 내 함유된 레티놀이나 레티닐 에스테르, 카로티노이드 같은 천연물질과 합성된 물질들이 포함되며, 이들은 최근 피부질환이나 피부의 노화 방지 또는 특정 암의 치료 등에도 쓰이고 있다. 한편, 천연 카로티노이드 중에서는 약 50가지 정도만이 어느 정도의 생물학적 활성을 지닌다. 그중 가장 활성이 높고 양적으로 우세한 것이 베타카로틴으로서 다른 카로티

레티노이드(retinoids)

비타민 A 전구체 (provitamin A)

카로티노이드(carotenoids)

베타카로틴 (all-trans β-carotene)

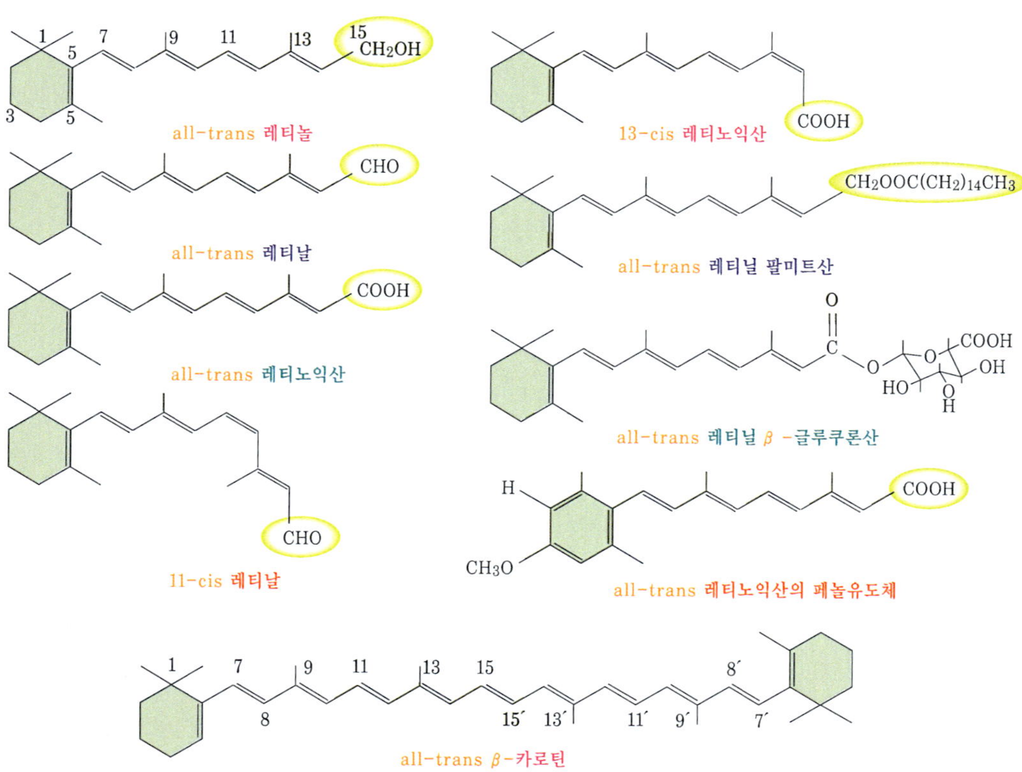

그림 7-2. 레티노이드의 구조

레티날(retinal)
레티노익산(retinoic acid)

노이드에 비해 비타민 A 활성이 2배 정도이다. 이들 비타민 A 활성을 지닌 물질들은 모두 체내에서 산화, 또는 부분적 분해단계 등을 거쳐 레티놀 또는 레티날, 레티노익산 등으로 전환되어 그 활성을 나타낸다(그림 7-2).

체내 기능

1. 시각 관련 기능

간상세포(rod cell)
원추세포(cone cell)
옵신(opsin)
로돕신(rhodopsin)
탈색과정(bleaching process)
암소적응(dark adaptation)
시각회로(visual cycle)

비타민 A의 주요기능은 시각 관련 기능으로, 망막의 간상세포와 원추세포가 각각 어두운 곳과 밝은 곳의 시각작용을 담당한다. 간상세포에서 레티날은 단백질인 옵신과 결합하여 로돕신을 형성하며, 이것은 약한 빛을 감지할 수 있어 어두운 곳에서의 시각기능에 필수적이다. 빛이 망막의 로돕신을 자극하면(그림 7-3①), 로돕신에 있는 레티날은 11-cis 형태에서 all-trans 형태로 3차 구조가 바뀌면서(그림 7-3②) 단백질 부분으로부터 분리된다(그림 7-3④). 빛에 의해서 로돕신이 레티날과 옵신으로 분리되는 반응을 탈색과정이라 부르며, 이 탈색과정에서 간상세포의 로돕신 함량과 원추세포의 관련 시색소 함량이 감소된다. 레티날이 분리된 후 남은 옵신에 형태 변화가 일어나 간상세포막의 소디움(Na^+)에 대한 이온 투과성이 저하 되고, 이에 따른 이온 균형의 변화가 신경을 자극해 사물을 인지하게 된다(그림 7-3). 밝은 곳에서는 로돕신이 많이 분해되어 밝은 빛에 적응하게 된다. 이때 갑자기 어두운 곳에 들어가면 잘 보이지 않으나, 잠시 후 주위가 점차 보이기 시작하여 사물을 식별할 수 있는데, 이러한 현상을 암소적응이라고 한다. 즉 암소적응은 어두운 빛에 적응하여 로돕신을 합성하는 과정을 뜻한다.

로돕신이 생성되기 위해서는 all-trans 레티날을 11-cis 레티날로 다시 전환시키는 단계가 우선적으로 일어나야 하며(그림 7-3 ⑤), 로돕신 생성과정과 탈색과정이 연결되어 시각회로가 형성된다. 시각회로가 반복되는 과정에서 모든 레티날이 재사용되지 못하고 손실되는데, 이 손실분

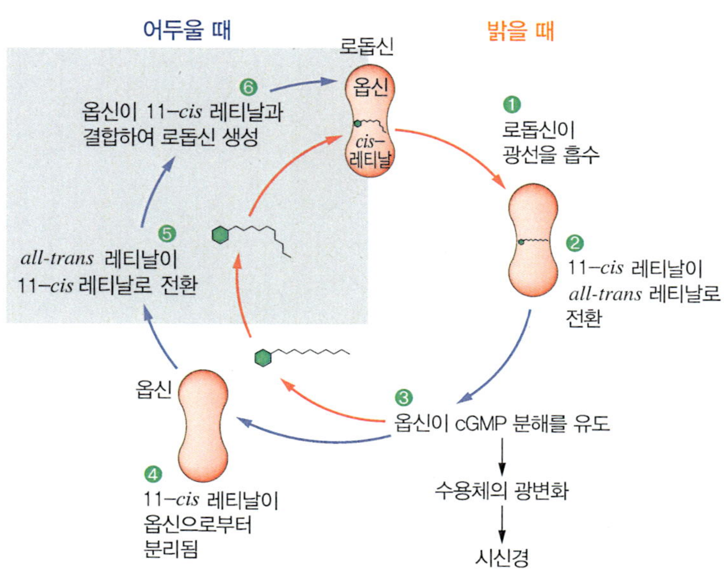

그림 7-3. 비타민 A와 시각회로

은 혈액 중의 레티놀이 레티날로 전환되어 공급하게 된다. 만일 이때 비타민 A가 부족하여 손실량을 보충할 수 없으면 야간에 사물을 식별하기 어려워지고, 이것을 야맹증이라고 한다.

야맹증
(night blindness)

2. 세포분화 관련 기능

비타민 A는 세포분화, 즉 '전단계 세포를 특정 기능을 가진 세포로 발달시키는 과정'에 관여한다. 레티노익산 수용체가 발견되면서 세포분화와 관련해 상피세포가 분화되는 과정에 관여하는 비타민 A의 작용기전에 대해 많은 것이 밝혀졌다. 핵의 레티노익산 수용체에 레티노익산이 결합함으로써 유전자의 발현을 활성화 또는 저해하여 세포분화를 조절한다.

상피세포
(epithelial cells)
우리 신체의 표면이나 소화기 같은 내장기관 및 혈관의 내벽을 덮고 있는 세포

이러한 비타민 A의 작용은 특히 배아의 발달과정에서 중요하다. 비타민 A가 결핍된 동물의 배아는 제대로 발달되지 못해 기관의 분화가 일어나지 못하므로 기형 또는 사산으로 이어질 수 있다.

또한 세포분화는 점액분비세포와 뮤코 다당류의 합성에 매우 중요하다. 따라서 비타민 A가 부족하면 점액 분비 저하로 각막의 상피세포, 폐, 피부, 장점막 등의 각질화가 발생한다. 특히 눈, 폐, 장점막에서의 점액질 분비는 감염으로부터 우리 몸을 보호하는 역할을 하는데 눈의 경우 점액질에 의해 오염물질이 제거되거나 박테리아 침입에 대한 저항성이 생기므로 비타민 A의 부족은 감염으로 인한 눈의 손상을 야기하기도 한다. 이 외에도 비타민 A는 정자형성 · 면역반응 · 미각 · 청각 · 식욕 및 성장 등의 생리적 과정에 필수적인 것으로 알려져 있으며, 이 대부분이 직접 또는 간접적으로 세포분화와 연결된다.

뮤코 다당류
(mucopolysaccharide)

3. 항암작용 및 항산화작용

비타민 A 자체의 항암효과보다는 카로티노이드들의 항암효과에 관해 더 많은 연구가 이루어졌다. 여러 역학조사 연구결과로부터 카로티노이드 섭취량과 암 발생 간에는 역의 관계가 성립하는 것으로 알려졌으나, 실제로 베타카로틴을 식품이 아닌 보충제 형태로 남자 흡연자에게 5년간 투여한 핀란드의 최근 연구결과에 의하면, 폐암 발생률이 대조군에 비해 투여군에서 오히려 18%나 증가했다. 이러한 기대에 어긋나는 결과에 대해 베타카로틴 투여시기가 적절치 못했거나, 베타카로틴이 다른 항산화제의 대사를 저해했거나, 또는 카로티노이드 함량이 높은 식품들에 들어 있는 다른 카로티노이드나 식이섬유, 술포라판 같은 항암물질, 또는 아직까지 발견되지 않은 요인 등에 의해 역학조사에서와 같은 결과가 나타났을 가능성도 있다.

술포라판(sulphoraphane)
최근 브로콜리에서 분리된 식물성 미량영양성분(phytochemicals)의 하나로 발암원의 해독작용에 관련되는 효소의 생성 및 활성에 영향을 미쳐 항암효과를 나타낸다.

한편 카로티노이드에 대해서는 그 항산화제(라디칼 제거제)로서의 역할 때문에 유리라디칼 반응과 관련된 질병들(예: 심질환)에 대한 예방효과도 거론되고 있다. 그러나 미국에서 수행되었던 몇몇 장기연구 결과에서 베타카로틴의 항암 또는 항심질환 효과가 결여됨에 따라 다른 장기 연구들에서조차 베타카로틴 보충을 중단하게 되었다. 이러한 일련의 사태는 '건강한 식이'의 효과를 어느 특정 성분과 연관시키는 것이 얼마나 불합리한가를 단적으로 보여준다. 따라서 이 모든 질병과 카로티노이드의 연관성은 단순히 카로티노이드 자체에만 기인한다기보다는 카로티노이드가 많이 함유되어 있는 식품 즉, 과일과 채소를 충분히 섭취함으로써 카로티노이드와 함께 함유된 다른 인자들에 의한 질병 예방효과를 기대하는 것이 더 합리적일 것이다.

흡수와 대사

1. 흡수, 수송, 저장

카로티놀(carotenols)
소장내벽 융모돌기(intestinal villus)
미셀(micelle)

우리가 섭취한 식품 내에 함유되어 있는 비타민 A의 대부분은 레티닐 에스테르 형태이며, 우리 체내 비타민 A의 주된 저장형태도 레티닐 에스테르이다. 위장 내의 소화과정에 의해 레티닐 에스테르나 비타민 A 전구체인 카로티노이드들이 식품으로부터 분리되어 지방과 결합하고, 소장에 이르러서는 담즙과 췌장액의 효소에 의해 레티놀과 카로티놀 등으로 가수분해된다. 이들은 미셀 형태로 소장내벽 융모돌기의 상피세포막을 통과해서 흡수된다. 정상적인 식사를 하는 건강한 사람의 비타민 A 흡수율은 70~90%이다. 카로티노이드는 식이 내 함량이 증가하면 그 흡수율은 상대적으로 감소하며 카로티노이드의 흡수는 비타민 A의 흡수에 비하여 담즙산염의 존재에 더 많은 영향을 받는다.

쉬어가기 베타카로틴의 비타민 A로의 생체내 전환

아포카로티날(apocarotenals)
15,15′ 이중결합의 분해(central cleavage)
8′ 이중결합 분해(excentric cleavage)

다른 전구체 카로티노이드들과 베타카로틴이 비타민 A로 전환되는 과정은 1961년 올손(Olson)의 발표 이후 카로틴 분자 중간의 15, 15′ 이중결합의 산화적 분해에 의해서만 일어난다고 믿어 왔다. 그러나 상기한 분해과정 외에도 1970년대에 다른 과정의 존재가 처음 거론된 이후 80년대 후반부터 90년대 중반에 걸친 집중적인 연구로, 카로틴 분자의 끝쪽에서부터 일어나는 단계적 산화에 의해서도 아포카로티날을 거쳐 레티날이나 레티노익산이 생성됨이 밝혀졌다. 따라서 사람의 소장내벽 점막조직에는 베타카로틴의 전환에 관여하는 효소가 최소한 두 가지 있는 것으로 판단되며, 그중 하나는 15, 15′ 이중결합을 끊고 다른 하나는 8′ 이중결합부터 공격함으로써 레티날과 레티놀 또는 레티날과 레티노익산을 생성하게 된다. 이론적으로는 15, 15′ 이중결합의 분해에 의해서 1분자의 베타카로틴으로부터 2분자의 레티날 생성이 가능하며, 8′ 이중결합 분해로 시작하는 경우에는 1분자의 베타카로틴당 1분자의 레티날 또는 레티노익산이 생성된다.

카일로미크론(chylomicron)
실질세포(parenchymal cells)
성상세포(stellate cells)
이토세포(Ito cells)

레티날은 세포내 레티노이드 단백질과 결합하여 효소에 의해 레티놀로 환원된 후 에스테르화되어 카일로미크론에 결합해 림프로 배출된다. 간에서는 주로 간의 실질세포에 의해 비타민 A가 흡수되어 대사가 이루어진다. 주된 저장장소 역시 간으로서 (정상인의 경우 90% 이상) 간의 성상세포 또는 이토세포에 주로 저장되고 실질세포에도 소량 저장된다(그림 7-4). 간 이외의 조직에도 비타민 A가 저장되며 정상인에게서는 그 저장량이 간에 비해 약 10%로 미미하나, 만성 알코올 섭취 등으로 간의 저장량이 고갈되는 경우에는, 간 이외 조직들의 비타민 A 저장량이 증가되는 것이 동물실험에서 밝혀졌다. 그러나 비타민 A가 완전히 고갈되는 극심한 결핍상태에서는 간 이외의 조직이나 혈액 중의 비타민 A 함량도 감소한다.

제아잔틴(zeaxantin)
루테인(lutein)
리코펜(lycopene)
크립토잔틴(cryptoxantin)

한편, 혈액 내에 존재하는 비타민 A의 형태는 주로 레티놀 결합단백질과 결합된 레티놀이며 여기에 소량의 레티닐에스테르나 레티노익산 및 그 글루쿠로나이드들도 있다. 혈중 카로티노이드로는 베타카로틴 · 알파카로틴 · 제아잔틴 · 루테인 · 리코펜 · 크립토잔틴 등이 있는데, 아주 극심한 비타민 A 결핍상태에 이를 때까지 변화가 없는 혈중 레티놀 농도와는 달리, 카로티노이드 농도는 식이 중의 카로티노이드 함량에 따라 쉽게 변한다. 따라서 카로티노이드의 과량 섭취 시 카로틴혈증이 일시적으로 나타날 수 있다. 정상인은 카로티노이드 섭취를 중단하면 이 증상이 곧 사라지지만 만성 과량 음주자의 경우에는 이 증상이 장기간 지속될 수 있다.

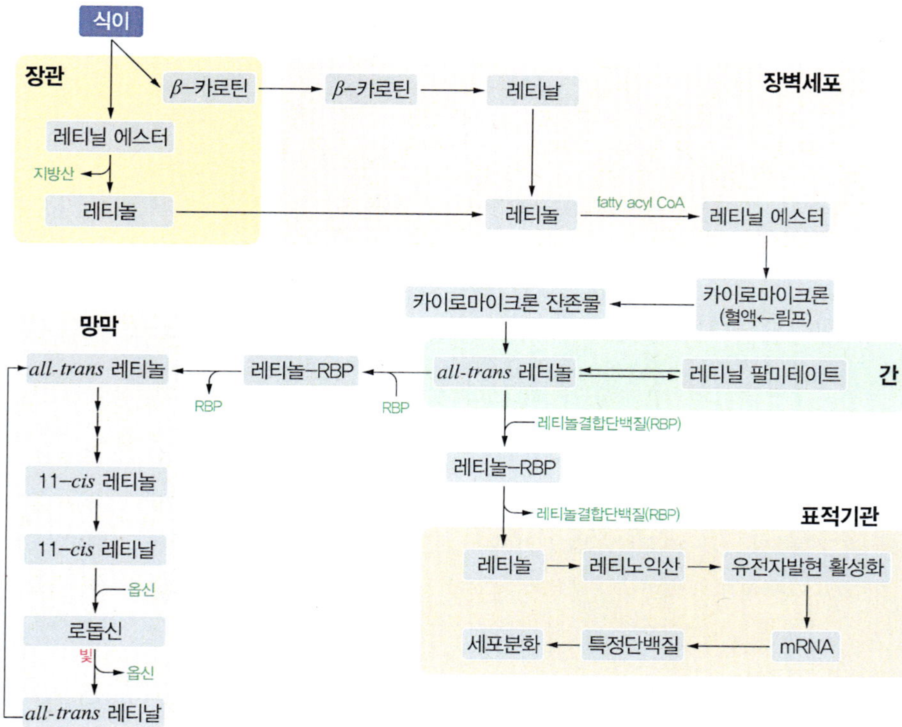

그림 7-4. 비타민 A의 대사 및 기능

β-카로틴혈증(β-carotenemia)

베타카로틴 함유량이 높은 식품이나 또는 그 보충제의 섭취에 따라 혈중 베타카로틴 농도가 높아져 피부 색깔이 황달의 경우처럼 노랗게 변하는 증상으로, 정상인의 경우에는 베타카로틴의 섭취를 중단하면 수일 내로 사라진다. 특별한 경우를 제외하고는 아무런 건강상의 위해가 없는 것으로 알려져 있다.

2. 대사

레티놀이 각 조직에서 활성을 나타내려면 세포내에서 산화단계를 거쳐 레티날과 레티노익산으로 전환되어야 한다. 이 레티놀이 레티날로 산화되는 첫 단계는 세포질의 알코올 산화효소인 레티놀 탈수소효소에 의해서만 일어나는 것으로 알려졌으나 1987년 레오(Leo) 등에 의해 세포질이 아닌 미크로솜에서도 또 다른 효소에 의해 레티놀의 산화가 일어남이 밝혀졌다. 미크로솜 레티놀 탈수소효소라 불리는 이 효소는 세포질의 효소와는 달리 만성적인 과량음주 같은 요인에 의해 그 활성이 증대되므로 만성 과음자들에게서 나타나는 비타민 A 결핍 또는 고갈 현상에 기여하는 것으로 보인다. 두 번째 산화단계인 레티날의 레티노익산으로의 전환은 레티날 탈수소효소에 의해 비가역적으로 진행된다. 이 효소 또한 만성과음이나 기타 약물에 의해 그 활성이 증대될 수 있어 비타민 A의 과다한 대사로 인해 체내 비타민 A가 고갈될 수 있다. 레티날의 산화과정은 또 다른 효소인 레티날 산화효소에 의해서도 일어나며, 이 두 가지 효소 활성의 상대적 중요성이나 기여도는 동물의 종이나 성에 따라서도 달라진다(그림 7-5).

레티놀 탈수소효소 (retinol dehydrogenase)

레티날 탈수소효소 (retinal dehydrogenase)

레티날 산화효소 (retinal oxidase)

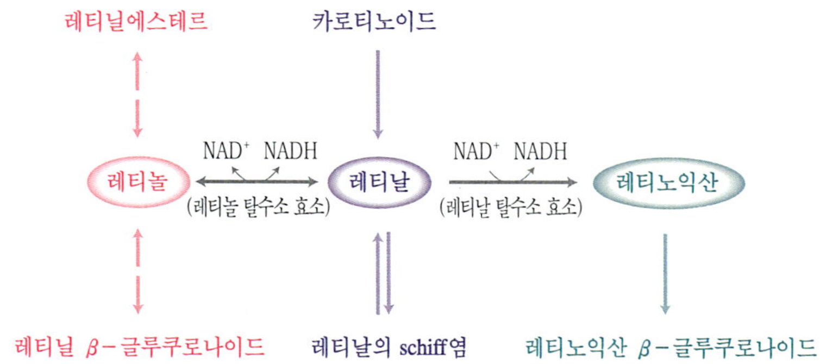

그림 7-5. 레티노이드의 체내 전환과정

레티노이드 결합단백질들은 비타민 A의 전환과정에 관련되며, 이 외에도 비타민 A의 운반에도 관여한다. 또 산화 및 효소 반응으로부터 비타민 A를 보호하는 역할과 레티놀이나 레티노익산 등 세포에 유해한 유리 형태의 비타민 A로부터 세포의 막이나 지질구조를 보호하는 역할을 한다.

영양상태 평가

비타민 A의 영양상태는 일단 식이섭취량 조사결과에 근거해 섭취량 자체가 적당한가를 평가할 수 있다. 그러나 이것은 체내 흡수나 대사 등의 개인차를 고려할 수 없는 단점이 있다. 일반적으로 생화학적 영양상태 평가에 많이 쓰이는 혈중농도 측정방법은 비타민 A의 경우에 별로 적합치 않다. 앞에서도 언급했듯이 간의 저장량이 거의 고갈되어야만 혈청 또는 혈장 비타민 A 수준이 감소하므로 이것은 큰 집단의 전체적 영양상태가 평가에는 쓰일 수 있으나 개개인의 평가에는 부적당하다. 아직까지 WHO에서 인정하는 비타민 A 결핍의 지표는 안구건조증이나 야맹증의 임상증상과 혈장 레티놀 수준 0.35μmol/ L(10μg/dL) 미만뿐이다. 한편, 임상증상이 나타나기 전의 결핍상태를 판정하는 데는 상대적 용량 반응시험 또는 그 수정된 형태 및 비타민 A 보충 전후의 혈중 레티놀 농도측정, 레티놀 결합단백질 반응, 결막의 압흔 세포진단법, 시력회복 시간측정 등의 방법을 쓸 수 있다. 이 외에도 암소 적응시간이나 동위원소 희석방법 및 눈물의 레티놀 함량 측정법 등이 있다.

상대적 용량 반응시험 (relative-dose-response test)

압흔 세포진단법 (impression cytology)

필요량

건강한 사람들이 매일 섭취해야 할 비타민 A량은 나이나 체격, 대사량 및 임신이나 수유 같은 특정 상황에 따라 달라질 수 있다. 뿐만 아니라 그 섭취량이 단순히 결핍증 방지 차원인지 아니면 적정량의 체내 축적을 기대하는 것인지에 따라서도 달라진다. 일반적으로 적절한 비타민 A 영양상태란 임상적인 결핍증상이 없고 생리적 기능이 정상적이며 여러 가지 스트레스나 또는 식이로부터 섭취량이 낮을 때를 대비해 적정량의 체내 저장분까지 확보된 상태를 말한다. 국제적 추세에 따라 2015 및 2020년 개정된 한국인 영양소 섭취기준에서는 그동안 우리나라에서 비타민 A의 기본단위로 사용된 레티놀당량(RE: retinol equivalents) 대신 레티놀활성당량(RAE: retinol activity equivalents)을 사용하였다. RE에서 RAE로 변경하면 기름 형태로 정제된 베타-카로틴의 비

표 7-1. 2020 한국인 영양소 섭취기준 – 지용성 비타민

성별	연령	비타민 A(μg RAE/일)				비타민 D(μg/일)		비타민 E(mg α-TE/일)		비타민 K(μg/일)
		평균 필요량	권장 섭취량	충분 섭취량	상한 섭취량	충분 섭취량	상한 섭취량	충분 섭취량	상한 섭취량	충분 섭취량
영아	0~5(개월)			350	600	5	25	3		4
	6~11			450	600	5	25	4		6
유아	1~2(세)	190	250		600	5	30	5	100	25
	3~5	230	300		700	5	35	6	150	30
남자	6~8(세)	310	450		1,100	5	40	7	200	40
	9~11	410	600		1,600	5	60	9	300	55
	12~14	530	750		2,300	10	100	11	400	70
	15~18	620	850		2,800	10	100	12	500	80
	19~29	570	800		3,000	10	100	12	540	75
	30~49	560	800		3,000	10	100	12	540	75
	50~64	530	750		3,000	10	100	12	540	75
	65~74	510	700		3,000	15	100	12	540	75
	75 이상	500	700		3,000	15	100	12	540	75
여자	6~8(세)	290	400		1,100	5	40	7	200	40
	9~11	390	550		1,600	5	60	9	300	55
	12~14	480	650		2,300	10	100	11	400	65
	15~18	450	600		2,800	10	100	12	500	65
	19~29	460	650		3,000	10	100	12	540	65
	30~49	450	650		3,000	10	100	12	540	65
	50~64	430	600		3,000	10	100	12	540	65
	65~74	410	600		3,000	15	100	12	540	65
	75 이상	410	600		3,000	15	100	12	540	65
임신부		+50	+70		3,000	+0	100	+0	540	+0
수유부		+350	+490		3,000	+0	100	+3	540	+0

자료 : 보건복지부, 2020 한국인 영양소 섭취기준, 2020

타민 A 활성은 레티놀의 1/2이며 식이 중 베타-카로틴은 정제된 베타-카로틴의 1/6활성을 가지는 것으로 되었다. 따라서 식품 중의 베타-카로틴과 레티놀활성당량의 비율은 12 : 1, 그 외 알파-카로틴, 베타-크립토잔틴은 1/24의 레티놀활성당량이 된다.

1 레티놀활성당량(retinol activity equivalent)(μg RAE)
= 2μg(트랜스)레티놀(all-trans-retinol)
= 6μg(트랜스)베타-카로틴 보충제(supplemental all-trans-β-carotene)
= 12μg 식이(트랜스)베타-카로틴(dietary all-trans-β-carotene)
= 24μg 기타 식이 비타민 A전구체 카로티노이드(other dietary provitamin A carotenoids)

비타민 A의 평균필요량 설정 지표는 섭취량과 상관관계를 보이는 간 저장량을 사용하였다. 비타민 A의 평균필요량은 성인과 노인의 경우, 영양상태가 양호한 사람들의 체내 비타민 A 풀(pool) 유지에 필요한 식이 중 비타민 A의 양을 기초로 산출하였고 그 외 임신 · 수유부, 영아, 아동 및 청소년의 평균필요량은 19~29세 성인의 섭취량을 기초로 설정되었다.

비타민 A의 권장섭취량은 다수집단에서 97~98%의 개인의 필요량을 충당하기 위해 평균필요량에 2배의 변이계수를 더하여 평균필요량의 140%로 설정되었다.

비타민 A가 풍부한 식품

비타민 A의 가장 좋은 급원은 동물의 간, 어류, 달걀, 유제품 및 비타민 A 강화마가린 등이고, 비타민 A 전구체인 카로티노이드는 주로 녹황색 채소와 몇몇 과일들로부터 얻을 수 있으며, 전 세계 대부분의 민족들에게서 카로티노이드가 비타민 A의 주된 공급원이다. 당근이나 늙은 호박, 녹색 엽채류, 옥수수, 토마토, 오렌지, 귤 및 김 등에 카로티노이드가 많이 함유되어 있지만 이들의 색깔이 짙다고 해서 꼭 카로티노이드 함량이 높은 것은 아니다. 토마토의 경우 리코펜 함량이 제일 높아 색깔이 짙지만, 이 리코펜은 비타민 A 활성이 없다. 국가표준식품성분표(농촌진흥청, Ver9.1)의 레티놀과 베타-카로틴 함량을 적용하여 2017년 국민건강영양조사의 식품섭취량 자료를 바탕으로 한국인의 비타민 A 주요급원식품을 산출한 결과 돼지고기(간), 소고기(간), 과일음료, 우유, 시금치, 달걀, 당근 순으로 비타민 A 섭취에 기여한 것으로 나타났다. 비타민 A가 풍부한 식품은 표 7-2와 같다.

리코펜(lycopene)

표 7-2. 비타민 A가 풍부한 식품

식품	함량 (μg RAE/100g)	식품	함량 (μg RAE/100g)
소 부산물, 간(삶은 것)	9,442	모시풀잎(생것)	782
거위 부산물, 간(생것)	9,309	왕호장잎(생것)	778
돼지 부산물, 간(삶은 것)	5,405	들깻잎(생것)	630
닭 부산물, 간(삶은 것)	3,981	고춧가루	614
꿀풀(하고초)(생것)	1,725	제비쑥(생것)	591
잔대 순(생것)	1,631	시금치(생것)	588
시리얼	1,605	로즈마리(말린 것)	575
메밀 싹(생것)	1,510	고구마잎(생것)	571
골든세이지(말린 것)	1,481	순채(생것)	533
녹차잎(말린 것)	1,139	홀잎나물(생것)	525
라벤다(말린 것)	1,106	버터	524
장어, 뱀장어(생것)	1,050	미역(말린 것)	515
김(구운 것)	991	당근(생것)	460
박쥐나무잎(생것)	901	고춧잎(생것)	434
가시오갈피 순(생것)	811	호박잎(생것)	421

※ 국가표준식품 성분표, DB 9.1, 농촌진흥청

결핍증

비타민 A의 결핍증은 성장, 감염, 임신, 수유 등 상태에 따라 비타민 A를 섭취하지 못하였을 때 나타나는데, 전 세계적으로 개발도상국가 또는 저개발국가의 어린이들에게서 주로 나타난다. 비타민 A의 가장 흔한 증상은 야맹증과 안구건조증이지만, 비토반점, 각막궤양 및 괴사 등이 발생하고 심한 경우 실명을 초래할 수 있다. 뿐만 아니라 피부 각질화가 발생하는 모낭 각화증 형태인 섬피증을 일으키기도 한다. 또한 비타민 A가 부족하면 적혈구 생성의 변이 및 철대사 변이로 철결핍성빈혈을 초래하며 학령 전 아동의 비타민 A 결핍은 성장지연을 초래한다. 비타민 A는 레티노익산의 형태로 면역반응에 광범위하게 관여하므로 레티노익산의 부족은 면역체계 손상을 유발한다.

안구건조증(xerophthalmia)
비타민 A 결핍으로 인해 눈의 점액 생성이 잘 이루어지지 않아 각막과 결막 등이 건조해지고 결막이 케라틴화되는 증상으로, 안구 표면이 먼지나 박테리아 감염 등에 대해 취약해져 실명할 수도 있다.
비토 반점(Bitot's spot)

한편, 임상적인 결핍증상이 없더라도 '비타민 A 부족' 상태인 아동들은 정상적인 아이들에 비해 훨씬 높은 사망률과 감염률을 보인다. 또한 이들 대부분에게서 단백질-에너지 영양불량 상태나 지방섭취의 부족, 지방 흡수장애, 열병 등을 볼 수 있다. 이 외에 간질환이나 알코올성 간질환을 가진 사람과 알코올 중독자들에게서 비타민 A 저장량 고갈과 그에 관련된 증상들이 나타나고, 만성 설사나 췌장부전, 만성 소화장애, 낭포성 섬유증, 지방 흡수불량 등의 상태에서도 비타민 A 결핍증이 나타난다.

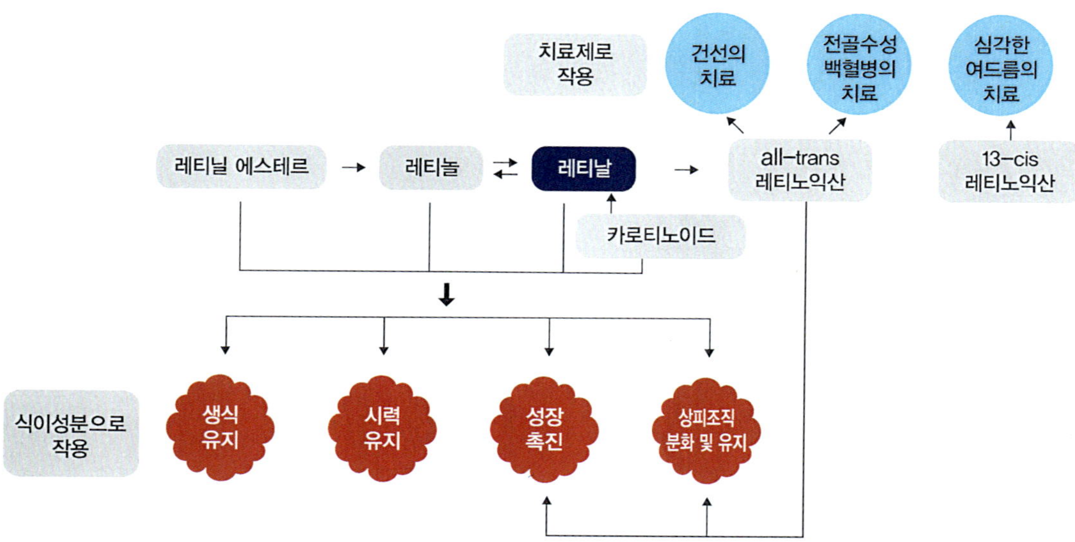

그림 7-6. 비타민 A의 임상적 적용

야맹증(night blindness or nyctalopia)
어두운 곳에서 사물을 인지·식별하는 능력이 소실 또는 감소되는 것으로 비타민 A 결핍증의 대표적인 예

비타민 A의 임상적 적용

비타민 A는 1914년에 이미 '지용성-A'라는 이름과 함께 쥐의 성장에 필수적인 물질로 확인되었으며, 1930년에는 그 구조가 판명되었고, 1940년대 말에 스위스의 오토 이슬러(Otto Isler)와 그 동료들이 all-trans vitamin A를 합성해 치료제 또는 영양제로 이용될 수 있게 되었다. 야맹증은 우리에게 비타민 C 결핍으로 인한 괴혈병만큼이나 발생률이 높은 결핍증이었으며, 1970년대까지만 해도 교통이 불편했던 산간지역에서는 겨울철에 많이 볼 수 있었던 증상이나, 근래에 들어 비닐 하우스의 등장으로 계절에 따른 식품공급 양상의 차이가 적어지면서 괴혈병과 함께 사라져가는 영양결핍증이 되었다.

일반적인 비타민 A의 결핍증에는 레티놀 및 레티닐에스터의 형태로 투여되는 반면, 레티노익산과 그 유도체는 여드름(acne) 건선(psoriasis)과 같은 피부문제(dermatologic problems)의 치료에 매우 효과적이다. 심하지 않은 여드름, 각화증(keratosis) 및 피부노화 등은 all-trans 레티노익산을 국소 도포(topical application)하는 것으로도 치료할 수 있다. 실제로 all-trans 레티노익산은 전신투여(systemic administration)로 처방하기에는 독성이 강해서 국소 도포제로 사용된다. 증상이 심각하거나 일반적 치료에 반응하지 않는 낭포성여드름인 경우 13-cis-레티노익산을 경구로 처방하기도 한다. 또한 레티노익산은 전골수성 백혈병(promyelocytic leukemia)의 치료에도 사용된다.

과잉증

비타민 A를 과량 섭취하면 다른 지용성 비타민들과 마찬가지로 그 독성(과잉증)이 나타난다. 일반적으로 급성 과잉증은 1회 또는 몇 차례에 걸친 과량의 비타민 A 섭취, 즉 어른의 경우 권장량의 100배가 넘거나 아동의 경우 권장량의 20배가 넘는 양을 짧은 간격을 두고 섭취할 때 나타나며, 오심·구토·두통·현기증·시력 불선명·근육 협조불량 등과, 영아의 경우 천문(泉門)의 융기 등을 볼 수 있다. 이 증상들은 일시적이지만 비타민 A 섭취량이 아주 큰 경우에는 제2단계 증상으로 졸음, 권태감, 무력감, 의욕상실, 가려움증, 피부박리 등이 나타난다.

만성 과잉증은 급성의 경우보다 흔해서 보통 권장량의 10배 또는 그 이상의 양을 몇 주부터 수 년까지 계속적으로 섭취할 때 나타나며, 주로 두통·탈모증·입술의 균열·피부건조 및 가려움증·간장비대·골관절 통증 등을 호소하게 된다. 비타민 A 섭취를 중단하면 대부분의 증상이 없어지지만 일부에서는 간이나 뼈, 시력의 손상 및 근육통이 영구적으로 남기도 한다.

아쿠탄(accutane)
(13-cis-retinoic acid)

에레티네이트
all-trans 레티노익산 에틸 에스테르 방향족 유사물

혈중 카로티노이드 농도 증가
(β-carotenemia)

베타카로틴 과잉증
일시적 피부색 변화, 베타카로틴 혈증, 간 세포의 조직학적 이상 및 간기능 검사 효소치의 증가(만성적으로 알코올을 섭취시킨 비비의 경우) 등의 증상을 보이지만 정상인에게는 거의 없다.

청소율(clearance)

임신기에 비타민 A의 섭취가 과다하면 사산·출생 기형·영구적 학습장애 등이 나타날 수 있으며, 사람의 경우 아쿠탄과 에레티네이트 같은 약물복용에 의한 기형 발생이 보고되어 있다.

균형 잡힌 식생활을 하는 정상인의 경우 비타민 A 보충제는 필요하지 않다. 카로티노이드는 과량 섭취하더라도 독성이 없는 것으로 알려져 있지만 카로틴 함량이 높은 식품을 너무 많이 먹거나 30 mg 이상의 베타카로틴 보충제를 매일 섭취하면 황달처럼 피부색깔이 노랗게 변하며, 혈중 카로티노이드 농도가 증가한다. 뿐만 아니라 영장류(비비)를 사용한 연구에 의하면, 만성 알코올 섭취 시 베타카로틴 과량섭취로 인해 간세포에 조직학적 이상과 간기능 검사 효소치의 증가가 나타나며, 혈액으로부터 베타카로틴 청소율이 낮아진다. 따라서 베타카로틴 섭취를 중단해도 혈액중 베타카로틴 함량이 낮아지는데 걸리는 시간이 몇 배로 증가되므로 베타카로틴혈증이 장기간 계속된다고 한다. 이러한 특정 조건하에서 카로티노이드의 유해 가능성이나 또는 일부 만성 퇴행성 질환에 대한 예방효과 등은 더 연구되어야 할 것이다.

2020년 한국인 영양소 섭취기준에서는 상한섭취량은 과잉 섭취에 의해 발생되는 주요 유

해작용, 즉 세포막 안정성 저해, 간조직 손상, 지방간, 기형아 출산, 골격 약화 등을 고려하여 성인 남녀 모두 3,000㎍ RAE/일로 설정하였다.

■ 비타민 A의 과잉증

- 급성 과잉증
  - 1단계 : 오심, 구토, 두통, 현기증, 시력 불선명, 근육협조 불량, 천문융기(영아)
  - 2단계 : 졸음, 권태감, 무력감, 의욕상실, 가려움증, 피부박리
- 만성과잉증 : 두통, 탈모증, 입술의 균열, 피부건조 및 가려움증, 간장비대, 골관절 통증
- 섭취를 중단해도 일부에서는 간이나 뼈, 시력의 손상 및 근육통이 영구적으로 남기도 한다.
- 기형발생 : 사산, 기형, 출산아의 영구적 학습장애

비타민 D

비타민 D는 비타민 D의 활성을 가진 화합물들의 총칭으로, 비타민 D_2와 비타민 D_3가 대표적이다. 다른 비타민과 달리 비타민 D는 체내에서 합성될 수 있으며, 작용기전이 스테로이드 호르몬과 유사하여 프로호르몬으로 분류되기도 한다. 비타민 D_3는 피부에서 7-디히드로콜레스테롤로부터 자외선에 의해 촉매되어 합성된다(그림 7-5).

그러나 햇빛을 충분히 받지 못하는 경우에는 비타민 D가 많이 함유된 식품이나 비타민 D 보충제를 섭취하여야 하는데, 비타민 D_3는 동물성 급원으로부터, 비타민 D_2는 식물성 급원으로부터 각각 얻을 수 있다. 비타민 D는 식품에 널리 분포되어 있지 않으므로 미국과 캐나다에서는 우유에 비타민 D를 강화하지만, 모든 나라에서 비타민 D 강화가 실시되고 있는 것은 아니다.

비타민 D_3(cholecalciferol) 비타민 D의 불활성 식이형태(inactive dietary form)의 화학명

7-디히드로콜레스테롤(7-dehydrocholesterol) 피부에 존재하며 비타민 D의 전구체로 작용하는 콜레스테롤 화합물로 햇빛을 받으면 활성 비타민 D로 전환된다.

스테로이드 호르몬(steroid hormone)

프로호르몬(prohormone)

합 성

피부에서 7-디히드로콜레스테롤이 햇빛 중의 자외선을 받아 비타민 D를 형성한다. 햇빛을 지나치게 많이 받으면 비타민 D와 함께 루미스테롤과 같은 관련 물질이 합성되었다가 시간이 지나면서 비타민 D로 전환되므로 햇빛에 과다 노출됨으로써 발생할 수 있는 비타민 D 독성으로부터 우리 몸을 방어할 수 있다. 햇빛에 의해 합성되는 비타민 D의 양은 햇빛에 노출된 시간 및 강도, 피부색, 나이 등 여러 가지 요인에 의해 영향을 받는다. 또한 거주지의 위도, 계절, 의복에 따라서도 피부에서 합성할 수 있는 비타민 D의 양이 다르다.

피부에서 합성된 비타민 D는 혈액을 통해 간으로 이동해 식사로부터 섭취한 비타민 D와 합쳐진 후, 간과 신장에서 산화되어 1,25-디히드록시 비타민 D (1,25-$(OH)_2$-비타민 D)가 된다.

루미스테롤(lumisterol)

25-히드록시 비타민 D(25-hydroxy vitamin D)

1,25-디히드록시 비타민 D(1,25-dihydroxy vitamin D)

에르고칼시페롤(ergocalciferol, D_2)
콜레칼시페롤(cholecalcifero, D_3)
칼시트리올(calcitriol)

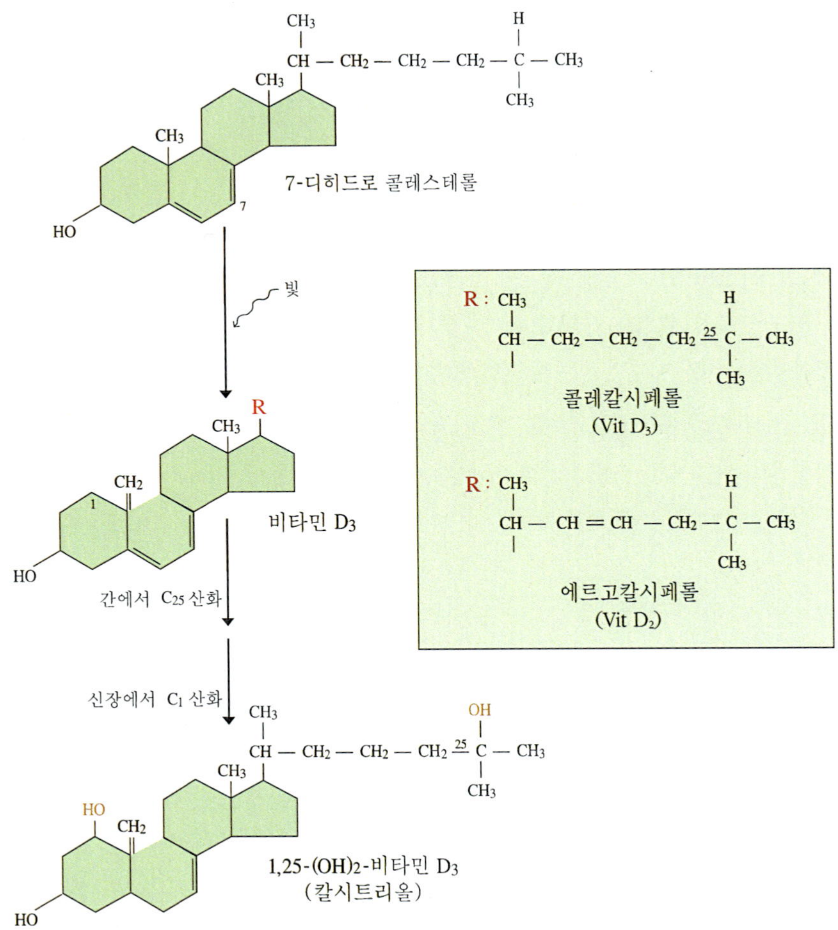

그림 7-7. 비타민 D

흡수와 대사

식품을 통해 섭취된 비타민 D는 약 80%가 흡수된다. 비타민 D가 흡수되기 위해서는 담즙산이 필요하며 주로 소장의 공장과 회장에서 흡수된다. 소장 점막으로 흡수된 비타민 D는 중성지방이나 콜레스테롤의 경우처럼 카일로미크론의 형태로 림프계를 거쳐 간으로 수송된다. 간에서 25-(OH)-비타민 D가 되어 순환계로 들어간다. 따라서 혈장의 25-(OH)-비타민 D의 수준은 간 저장량에 비례한다.

혈장에서 25-(OH)-비타민 D는 신장으로 이동된 후 혈액 칼슘 농도의 변화에 반응하여 1,25-$(OH)_2$-비타민 D로 활성화되며, 활성화된 비타민 D는 체내에서 이용된 후 대부분은 담즙의 형태로 배설되고, 약 3% 정도는 소변을 통하여 배설된다.

체내 기능

1. 혈중 칼슘과 인의 농도 조절

비타민 D의 가장 잘 알려진 기능은 부갑상선 호르몬과 함께 혈장의 칼슘 항상성을 유지하는

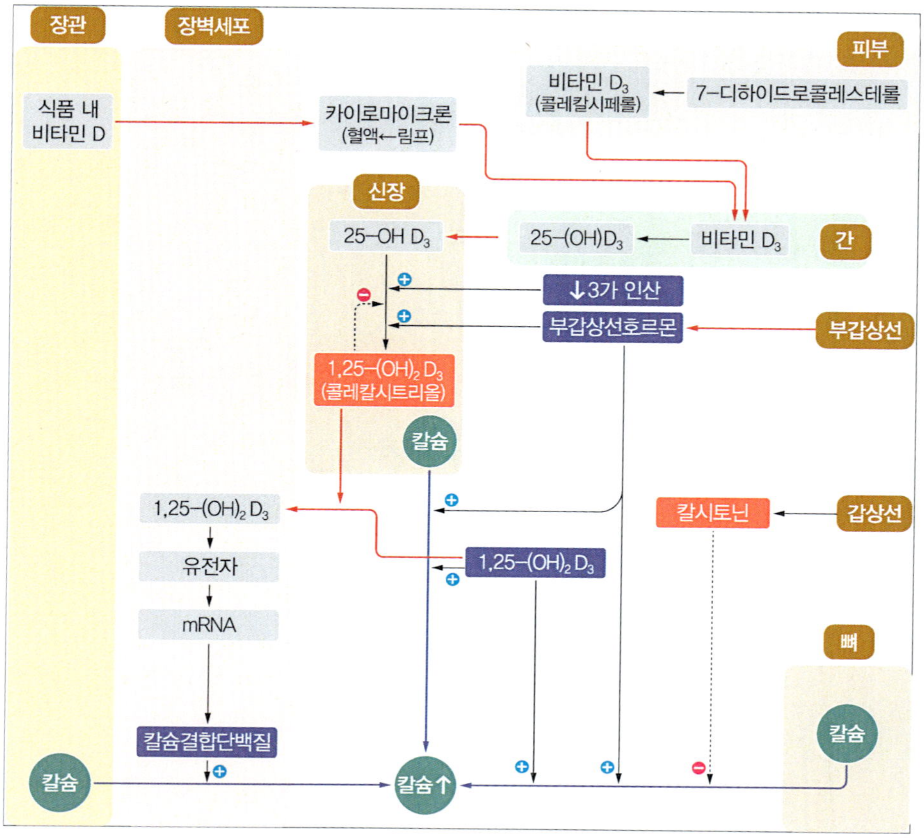

그림 7-8. 비타민 D의 흡수와 대사

것이다(그림 7-8, 7-9). 이러한 작용은 뼈의 대사와 구조뿐 아니라, 칼슘 이온의 유출에 의해 조절되는 세포나 신경의 기능을 유지하는 데 중요하다(그림 7-9).

혈액의 칼슘 농도가 감소하면 부갑상선 호르몬이 분비되어 신장에서 활성형 비타민 D의 형성을 촉진한다. 활성형의 비타민 D는 첫째, 부갑상선 호르몬과 무관한 기전으로 전체 소장에서 칼슘의 흡수를 촉진시키는데, 칼슘은 십이지장과 공장에서 가장 활발하게 흡수된다. 비타민 D는 점막세포에서 칼슘 결합단백질을 비롯해 칼슘의 흡수에 필요한 단백질을 합성하고 세포막의 유동성을 증가시켜 칼슘과 인이 쉽게 세포막을 통과할 수 있게 한다. 둘째, 부갑상선 호르몬의 도움으로 파골세포에서 뼈의 칼슘이 혈액으로 용해되어 나오는 것을 촉진시킨다. 비타민 D는 뼈의 성장에 필요하나 뼈의 탈석회화에도 관여하여 혈장농도를 유지하기 위한 칼슘과 인을 제공한다. 뼈에 대한 비타민 D의 두 가지 작용은 서로 역설적으로 보이나, 탈석회화는 새로운 뼈의 증대에 필요한 칼슘과 인을 공급하기 위해서는 필요한 과정이다. 셋째, 부갑상선 호르몬과 함께 비타민 D는 신장의 원위세뇨관에서 칼슘의 재흡수를 촉진한다. 따라서 즉각적으로 혈장의 칼슘 농도를 증가시키며 뼈에 칼슘이 축적되는 것을 조절한다. 비타민 D가 부족한 경우에는 뼈의 석회화가 저조해져서 골연화증이나 구루병이 발생하는데, 이 경우에는 식사에 칼슘과 인이 풍부해도 충분히 흡수할 수 없다.

비타민 D가 혈중 인 농도를 조절하는 기전은 아직 불분명하나 혈중 인이 감소하면 1α-수산화

혈중 칼슘 농도의 조절 (regulation of blood calcium)

부갑상선 호르몬 (parathyroid hormone)

파골세포(osteoclast)
골 흡수 및 제거와 관계되는 큰 다핵세포로서 부갑상선 호르몬의 존재하에 활성화되어 골흡수 및 세포외액으로의 인과 칼슘의 방출을 증가시킨다.

조골세포(osteoblast)
섬유모세포에서 발생된 세포로서 성숙되면서 뼈의 형성에 관여함

뼈의 석회화(calcification)

1α-수산화효소 (1alpha-hydroxylase)

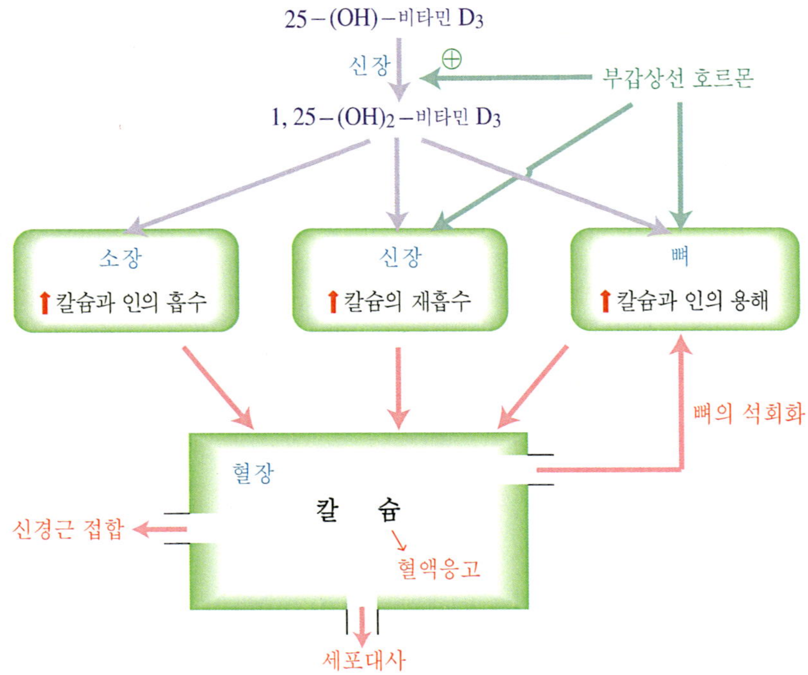

그림 7-9. 비타민 D의 기능

신경근 접합 (neuromuscular junction)

효소의 생성 증가로 신장에서 1, 25(OH)$_2$-비타민 D의 합성이 유도되어 소장에서 인의 흡수가 증가한다. 또한 신장에서는 인의 배설을 촉진시킨다.

스테로이드-수용체의 복합체 (steroid-receptor complex)

세포질 (cytosol)

비타민 D는 스테로이드 호르몬과 같은 방식으로 작용한다. 즉, 세포막을 통과한 스테로이드성 비타민은 세포내 수용체와 결합하여 스테로이드-수용체의 복합체를 형성한다. 이 복합체는 핵으로 가서 염색체와 결합하여 칼슘과 인의 수송에 관여하는 단백질의 mRNA를 만든 후, 세포질로 이동시킨다. 즉 비타민 D의 작용으로 칼슘과 인의 흡수와 재흡수에 관여하는 단백질의 합성 속도가 증가한다.

비타민 D는 혈중 칼슘 농도를 정상 수준으로 유지함으로써 뼈에 칼슘을 축적시키는 것 외에 혈액응고, 세포대사 및 신경근 접합 등에도 관여한다.

■ 비타민 D에 의한 칼슘 조절

혈액의 칼슘 농도가 감소 → 부갑상선 호르몬이 분비 → 신장에서 비타민 D 활성이 촉진 → 비타민 D의 작용에 의해 혈장의 칼슘 농도 증가

① 소장 점막 세포에서 칼슘과 인의 흡수 촉진
② 파골세포에서 뼈의 칼슘이 혈액으로 용해되어 나오는 것을 촉진
③ 신장에서 칼슘의 배설을 감소, 인 배설 촉진

2. 비타민 D의 다른 기능

비타민 D는 뼈에 주로 작용하여 구루병과 골대사 관련 질환에 관여하는 것으로 알려져 있다. 그러나 실제로 뼈나 신장, 소장 및 부갑상선 외에도 체내 다른 조직과 세포에 비타민 D 수용체가 존재하며, 활성형인 1, 25(OH)$_2$-비타민 D를 생성하는 1-α-수산화효소가 발현되는 것으로 알려져 다른 질환에도 비타민 D가 작용할 수 있는 가능성이 제시되었다. 비타민 D는 면역 조절세포, 상피세포 및 악성종양세포 등 여러 세포의 증식과 분화의 조절에 관여하며 근력발달 · 면역 · 상피세포의 분화 성숙 등에도 관여한다. 비타민 D를 섭취함으로써 유방암, 결장암, 전립선암의 발생을 줄일 수 이었다는 보고도 있으며 프로락틴, 칼시토닌을 포함한 몇몇 호르몬의 합성, 인슐린 분비나 케라틴을 형성하는 각질세포의 분화에도 비타민 D가 중요한 역할을 하는 것으로 알려져 있다. 최근의 연구에서는 당뇨병, 암, 심혈관 질환, 호흡기 질환 등의 만성질환과 천식, 아토피 피부염 등과 같은 알레르기 질환 등 다양한 비골격계 질환에 비타민 D의 부족이 관련이 있음이 알려졌으며, 특히 면역계에서의 역할에 대해 활발한 연구가 진행되고 있다.

1) 비만 및 당뇨병

비타민 D 결핍은 비만 및 당뇨병과 연관이 있는 것으로 알려져 있다. 최근 전 세계적으로 비타민 D 부족이 증가하고 있고 비만 및 당뇨병과 그로 인한 합병증의 문제가 커지면서 비타민 D에 대한 관심이 높아지고 있다.

(1) 비만

지방세포에서 비타민 D 분해 효소(24-수산화효소)와 활성화 효소(1-α-수산화효소)의 유전자 발현이 증명되면서 비만과 비타민 D의 연관성에 관심이 집중되고 있다. 유럽과 미국 등에서 노인을 대상으로 연구한 결과, 비만 집단에서 정상 또는 과체중 집단에 비해 비타민 D 수준이 낮았고 체지방률과 비타민 D가 음의 상관관계를 갖는다고 보고된 바 있다. 국내에서도 성인을 대상으로 비타민 D와 비만지표 간의 연관성을 조사했을 때 비타민 D와 내장지방이 유의한 음의 상관관계를 갖는다고 보고된 바 있다. 비만이 비타민 D의 영양상태의 지표 중 하나인 혈청 25(OH)-비타민 D를 감소시키는 가능한 기전은 다음과 같다. 첫째, 비만인은 비타민 D가 지방조직 내로 격리 저장됨으로써 비만하지 않은 사람에 비해 비타민 D의 혈청 농도가 감소한다. 둘째, 비만인은 지방조직에서 24-수산화효소의 국소적 작용으로 비타민 D의 대사가 증가되어 혈청 농도가 감소한다. 또한, 지방조직에서 비타민 D 분해효소의 증가 및 비타민 D 활성화 효소의 장애가 있음이 보고되었다. 셋째, 비만인은 간의 지방증, 섬유화 및 염증 등으로 인해 간에서 비타민 D의 활성화에 문제가 생겨 혈청 25(OH)-비타민 D의 농도가 감소할 수 있다. 넷째, 비만인은 마른 사람에 비해 야외활동이 적어 피부에서 비타민 D의 합성능력이 감소할 수 있다.

한편, 비타민 D의 항비만 효과에 대해서는 몇몇 연구에서 비타민 D가 지방조직 양을 조절할 수 있다는 가능성을 제시하고 있으나 비타민 D는 칼슘대사에 필수적이므로 비타민 D와 칼슘의 효과를 구분하는 것은 어렵다. 일부 연구에서 칼슘과 비타민 D 보충요법이 내장지방의 양과 분포를 감소시켰으나 체중에는 영향을 주지 못했다. 또한 칼슘의 투여 없이 비타민 D만 투여한 경우 위약군에 비해 체지방량이 유의하게 감소하고 혈청 25(OH)-비타민 D의 농도가 증가하였으나 체중이나 허리둘레에는 영향을 주지 못했다. 비타민 D의 항비만 효과의 가능한 기전은 다음과 같다. 첫째, 비타민 D는 혈청 부갑상선 호르몬(PTH)을 감소시키는데, PTH는 지방세포에서 지방산 합성효소의 발현을 증가시키고 짝풀림 단백질의 발현을 감소시킨다. 또한, 혈중 PTH는 교감신경의 활성을 감소시킴으로써 체중 증가를 유발할 수 있다. 둘째, 비타민 D는 칼슘의 흡수를 증가시키므로 칼슘에 의한 체중감량효과를 증가시킬 수 있다. 하지만 비타민 D가 체중감소를 억제하고 체중 증가를 유도한다고 보고된 연구도 있어 아직까지 비타민 D와 비만과의 연관성은 명확하지 않다. 또한 칼슘이나 PTH외에도 비타민 D와 비만 간에 영향을 줄 수 있는 인자들이 있을 수 있으므로 더 많은 연구가 필요하다. 따라서 비타민 D가 여러 기전을 통해 비만의 예방과 치료에 기여하는 것으로 보이나 아직까지는 비만의 예방 및 치료를 위해 비타민 D를 보충할 과학적 근거가 더 필요하다.

(2) 당뇨병

당뇨병 환자들의 혈중 비타민 D 수준이 낮고 비타민 D 부족이 고혈당, 당화 혈색소 상승, 인슐린 저항성 및 당뇨병의 진행과 관련 있을 수 있음이 보고되었다. 또한 혈중 비타민 D가 낮은 사람들은 당뇨병 발병위험이 높고 비타민 D 보충으로 당뇨병 예방 효과가 있음이 보고되었다.

비타민 D 의존성 칼슘결합단백질 (vitamin D dependent calcium binding protein, VaBP)

칼슘 패러독스 (calcium paradox)

제1형 당뇨병의 발생률이 지역 및 계절과 관계가 있고, 충분한 비타민 D 섭취가 영아의 제1형 당뇨병 발병을 억제했으며, 비타민 D의 보충이 소아의 제1형 당뇨병 발생 위험을 감소시킨다는 보고들은 제1형 당뇨병의 예방 및 치료에 비타민 D의 이용 가능성을 보여준다. 또한 췌장의 췌도 세포에 비타민 D 수용체와 비타민 D 의존성 칼슘결합단백질이 존재함이 알려졌고 이는 비타민 D가 인슐린의 분비에 관여한다는 것을 시사한다. 또한 비타민 D는 INF γ와 IL-2을 억제하는 항염증 반응을 통해 췌도 세포 사멸을 억제함이 보고되었다. 한편, 염증반응은 인슐린저항성의 중요한 발생기전이다. 비타민 D가 결핍된 비만인은 PTH가 증가되어 있는데 부갑상선 호르몬의 증가는 인슐린 감수성을 감소시킨다. 부갑상선 호르몬의 증가로 인한 인슐린 저항성의 증가를 '칼슘 패러독스'라는 가설로 설명할 수 있다. 즉 '칼슘 패러독스'는 인슐린 표적기관 세포내 적절한 칼슘 농도를 유지하는 것이 인슐린 기능에 중요한 역할을 하는데, 비타민 D 결핍과 저칼슘혈증에 의해 증가한 부갑상선 호르몬이 세포내 칼슘 농도를 증가시켜 역설적으로 인슐린의 작용을 억제하는 것을 말한다. 실제로 비타민 D 결핍이 있는 내당능장애나 제2형 당뇨병 환자에게 비타민 D를 보충시킨 결과 인슐린 분비와 당대사를 개선시키고 당화혈색소를 감소시켰다.

2) 알레르기 질환

최근 알레르기 질환 유병률이 전세계적으로 급격하게 증가한 원인으로 서구화된 생활 방식으로 인한 햇빛노출시간 감소로 비타민 D가 부족하게 되고 이 때문에 면역 조절 장애를 초래하였기 때문이라고 주장하는 '비타민 D 가설'이 제시되고 있다.

대표적인 알레르기 질환인 아토피피부염의 병태기전인 장벽 기능장애, 선천면역, 후천면역에 비타민 D가 관여함이 여러 연구에서 확인되었고 아토피피부염의 예방 또는 치료제로서의 가능성이 제시되고 있다. 평균 기온이 낮고 위도가 높은 지역에서 아토피피부염 유병률이 높다고 조사되어 자외선 조사에 따른 비타민 D의 생성과 아토피피부염 간의 연관성이 제시되었다. 또한 동물실험, 임상 연구 등의 결과에서도 비타민 D가 피부장벽과 면역 시스템의 조절에 중요한 역할을 담당하고 있음이 관찰되었다. 그러나 일부 연구에서는 연령, 인종, 알레르겐 감작의 여부, 비만도에 따라 다른 양상을 보였다. 또한 비타민 D 결핍과 아토피피부염의 중증도 사이에 유의적인 관련성이 없었고 오히려 고용량의 비타민 D 투여로 알레르기 질환이 발생할 가능성도 제시되었다. 현재까지 대규모의 메타 분석에서 비타민 D가 아토피피부염환자의 치료에 미치는 효과가 증명되지 않아 보다 대규모의 코호트, 임상 연구를 통해 아토피피부염 환자에서 비타민 D의 효과에 대한 충분한 근거와 투여 방법에 대한 기준이 제시되어야 한다.

면역조절에 관여하는 비타민 D가 부족하면 면역기능 저하로 각종 감염이 유발될 수 있으며 호흡기 감염으로 인해 천식발작의 원인이 될 수 있을 것으로 예상하고 있다. 2~6세의 소아에서 급성 세기관지염이나 천식이 있는 경우 혈중 비타민 D 수치가 정상인에 비해 낮았다고 보고되어 천식과 비타민 D 간의 상관관계가 제시되었다. 특히, 천식이 있는 경우 안정기에 비해 급성기에 혈중 비타민 D 수치가 더 낮음이 확인되었다. 한편, 소아천식환자에게 비타민 D를 보충했을 때 천식 악화횟수를 감소시키는 효과를 보였으나 천식 증상 점수나 폐기능에서 호전을 보이지는 않았다. 또한, 천식의 이질성(heterogeneity)으로 인해 연구대상의 설정에 따라 다른 결과를 보이며, 특히 성인을 대상으로 한 역학연구에서는 비타민 D가 낮은 사람에게서 천식의 발병률이 높았으나 다른 연구에서는 연관성이 관찰되지 않는 등 여러 연구에서 불일치한 결과를 보였다. 따라서 비타민 D와 천식과의 관계는 명확한 기전이 밝혀지지 않았고 연구 간 불일치로 향후 전향적 연구를 통해 천식의 병인기전에 있어 비타민 D의 기여도가 재평가되어야 한다.

필요량

비타민 D는 최저 필요량에 대한 연구가 부족하고 특히 한국인을 대상으로 한 기초 연구가 거의 없으며 햇빛에 의해 피부에서 합성되므로 권장섭취량을 설정하는 것이 쉽지 않다. 영아의 경우 생후 9개월 동안 사용할 수 있는 양의 비타민 D를 보유하고 태어난다. 그러나 비타민 D 강화 조제분유를 먹이는 경우를 제외하고 우유나 모유의 비타민 D 함유량이 많지 않으므로 모유 영양아의 경우에는 9개월 이후(혹은 그 이전)부터는 규칙적으로 햇빛을 받도록 하는 것이 좋다.

우리나라는 계절에 따라 비타민 D 수준이 다르고 성인의 실외 활동량 부족, 자외선 노출시간의 부족 등으로 2020년 성인 비타민 D의 충분섭취량을 기존의 하루 10μg으로 2015 한국인 영양소 섭취기준과 동일하게 정했다. 50세 이상의 고령자 특히 폐경기 이후 여성은 골다공증 예방 및 치료, 골절 예방을 위하여 비타민 D의 보충이 의미가 있으나 뚜렷한 근거가 부족하여 성인과 동일한 10μg/일로 설정하였다. 65세 이상의 남자와 여자 노인은 2015년 상향조정된 성인의 권장량과 같이 2020 한국인 영양소 섭취기준에서도 15μg/일로 설정하였다(표 7-1).

비타민 D가 풍부한 식품

햇빛을 충분히 받지 못하여 신체에서 요구하는 만큼 비타민 D를 합성할 수 없는 경우, 식품에서 비타민 D를 섭취하여야 한다. 그러나 자연식품의 경우 대부분 비타민 D가 전혀 없거나 아주

소량 함유되어 있으며 자연식품으로 비타민 D_2나 비타민 D_3를 함유한 것은 각각 이스트와 생선 간유 등이다. 따라서 식품으로부터 섭취할 수 있는 비타민 D는 정어리와 같은 기름기 많은 생선 외에는 강화 우유, 강화 시리얼 등의 강화식품으로부터 섭취할 수 있다. 그러나 식품에 비타민 D를 강화할 때는 독성을 방지하기 위해 매우 정확하게 하여야 하며 주기적으로 강화 과정과 강화식품에 대해 모니터해야 한다. 버터, 간, 일부 마가린 등에도 약간의 비타민 D가 함유되어 있으나 이들 식품으로부터 비타민 D를 얻기 위해서는 너무 많은 양을 먹어야 하므로 중요한 급원 식품은 아니다.

결핍증

우리나라는 사계절이 뚜렷하고 일조량이 충분하다고 생각되어 비타민 D의 결핍증은 큰 관심 대상이 아니었다. 그러나 최근 야외활동이 줄어들고 대기오염이 심해지면서 자외선에 대한 노출이 부족하여 현대인의 비타민 D 결핍 위험이 증가하고 있다. 비타민 D의 혈중농도는 계절에 따라 차이를 보이고 있고, 성인의 실외활동량 및 자외선 노출시간이 절대적으로 부족하며, 자외선 노출시간의 부족은 생활패턴으로 나타나고 있다. 따라서 야외활동이 부족하고 실내생활만 하는 노인이나 도시에서 공해로 일광이 차단되거나 지역적으로 일조량이 부족한 지역의 거주자, 야간 근무자나 지하에서 일을 하는 사람들은 체내에서 합성되는 양이 부족할 수 있다. 또한 비타민 D가 풍부한 식품을 전혀 먹지 않거나 아주 소량만 먹으면 비타민 D가 결핍될 가능성이 있다. 이외에도 낭포성 섬유증인 어린이와 같은 심각한 지방흡수장애가 있는 경우에도 태양광선을 충분히 쪼여 비타민 D를 잘 합성할 수 있도록 해 주어야 한다.

낭포성 섬유증
(cystic fibrosis)

구루병, 골연화증 및 골다공증

비타민 D의 궁극적인 작용은 뼈에 칼슘과 인의 축적을 증가시켜 정상적인 뼈를 형성하고 유지하는 것이다. 뼈에 칼슘과 인이 충분히 축적되지 못하면 골격이 적절하게 석회화되지 못하여 뼈가 약해지고 압력을 받으면 뼈가 굽게 된다. 이러한 현상이 어린이에게 발생했을 때 이것을 **구루병**이라 한다. 구루병을 가진 어린이는 골격이 제대로 형성되지 못하고 머리, 관절, 흉곽이 커지고 골반형성이 잘 되지 않으며 다리가 굽는다. 이러한 증상은 비타민 D의 섭취가 부족하거나 적절하게 햇빛을 받지 못했을 때 나타나며 드물게는 유전적으로 $1,25\text{-}(OH)_2$-비타민 D가 제대로 합성되지 못하거나 $1,25\text{-}(OH)_2$-비타민 D가 핵 수용체에 결합되는 것이 원활하지 못하여 발생하기도 한다. 오늘날 발생하는 구루병은 낭포성 섬유증과 같은 지방흡수 불량증과 관계된 경우가 많다.

구루병(rickets)
비타민 D 결핍으로 골격내 정상적인 칼슘의 축적이 부족하여 뼈가 물러지고 칼슘과 인의 대사가 손상됨. 특히 영유아에서 자주 볼 수 있다.

골연화증이란 어른에게서 발생하는 구루병을 말하며 골반뼈 또는 갈비뼈의 골절이 쉽게 발생한다. 골연화증은 햇빛을 충분히 받지 않거나 부적절한 식사 섭취를 하는 임신부나 다산 여성에게 발생하며 수유기간까지 이어질 수 있다. 또한 간이나 신장의 장애로 비타민 D가 활성화되지 못하여 발생할 수 있다. 따라서 골연화증은 신장, 위장, 담낭질환자, 소장부분 절제환자, 간경변증 환자 등에게 자주 발생하며 비타민 D 대사와 칼슘 흡수 모두에 영향을 준다. 이때는 뼈의 총량은 정상이나 기질의 석회화가 감소하여 뼈의 조성이 비정상적이 된다. 골연화증의 치료를 위해서는 햇빛에 노출시키거나 활성형 비타민 D를 처방하며 칼슘보충제도 필요하다.

골연화증(osteomalacia)
어른에게서 발생하는 구루병. 동통 · 압통 · 근무력 · 식욕부진 및 체중감소를 수반하는데, 비타민 D와 칼슘 결핍이 그 원인이다.

표 7-3. 각 식품군의 비타민 D 함유량

식품군	식 품	목측량	중량(g)	비타민 D(㎍)
곡류 및 전분류	건포도	1/4컵	28	1.23
	콘플레이크	1컵	28	1.00
고기, 생선, 콩류	비타민 D의 주요 급원이 아님			
달걀	난황	1개(대)	17	0.68
	전란	1개(대)	50	0.68
채소류 및 과일류	비타민 D의 주요 급원이 아님			
우유 및 유제품	우유(비타민 D 강화)	1컵	240	2.50
	치즈	2장	28	0.08
유지, 견과 및 당류	마가린	1작은술		1.50

골다공증은 중년기 이후에, 특히 여성에게 자주 발생한다. 폐경기 이후에 에스트로겐이 분비되지 않으면 신장에서 1,25-$(OH)_2$-비타민 D가 생성되지 않아 칼슘의 흡수율이 떨어지고 혈청 칼슘 농도가 감소한다. 혈청 칼슘 농도의 감소는 부갑상선 호르몬의 분비를 자극하여 뼈에서 칼슘을 유출시키므로 건강한 뼈를 유지하지 못하고 골밀도가 저하된다. 이때는 단백질과 무기질의 상대적인 화학적 조성에는 변화가 없으나 골밀도가 감소하므로 뼈의 조성은 정상이지만 뼈의 총량이 감소한다.

골다공증(osteoporosis)
뼈의 병적 희박화로, 연장자에게서 흔히 볼 수 있다. 뼈의 무기질 감소 범위에 따라 동통, 특히 허리통, 신장(身長)의 감소와 같은 뼈의 변형 및 병적 골절을 수반하는 수가 있다.

과잉증

햇빛에 의해 인체 내에서 합성되는 비타민 D의 양은 생리적으로 잘 조절되므로 건강한 사람의 경우 햇빛에 과다하게 노출되더라도 비타민 D의 독성이 유발되지는 않는다. 그러나 고용량의 비타민 D를 장기간 복용하면 고칼슘혈증(혈청 칼슘의 농도가 12mg/dL 이상일 때), 체내 연조직에 칼슘 축적(특히, 신장, 심장, 폐, 혈관계 등)으로 인한 신장계와 심혈관계의 비가역적인 손상, 고칼슘뇨증 등이 발생할 수 있다. 그 외에도 구토감, 허약감, 변비, 흥분 등의 증상이 나타날 수 있다.

고칼슘혈증(hypercalcemia)
혈중 칼슘농도가 높은 상태로, 식욕저하, 기관내의 칼슘축적, 그 밖에 여러 건강문제를 발생시킨다.

고칼슘뇨증(hypercalciuria)

영아의 심각한 비타민 D 독성은 폐동맥과 폐포를 축소시키고 얼굴 형태를 변화시키며 어린이들은 비타민 D의 과량복용으로 성장이 저해될 수 있다. 유아나 어린이의 비타민 D에 대한 안전범위는 성인에 비하여 적으므로 어린이가 비타민 D 보충제를 섭취하려고 계획하고 있거나 섭취하고 있을 때는 투여량이 하루에 권장량의 2배 이상을 넘지 않도록 해야 한다. 많은 연구에서 비타민 D 독성이 나타나는 역치를 하루 10,000~40,000IU(250~1,000㎍)로 보고하고 있다. 임신 가능성이 있는 여성은 비타민 D를 극단적으로 많이 섭취하면 기형을 유발할 수 있으므로 일일 권장량 이상을 섭취하지 않도록 주의하여야 한다. 또한 비타민 D가 과량으로 강화된 식품에 의해 비타민 D 독성이 나타날 수도 있으므로 이를 방지하기 위해 비타민 D 강화 과정은 주의 깊게 모니터되어야 한다. 한국인 영양소 섭취기준(2020년)에서는 상한섭취량을 각각 영아 25㎍/일, 유아

30㎍/일(1~2세)와 35㎍/일(3~5세), 소아 40㎍/일(6~8세), 60㎍/일(9~11세), 청소년 및 성인 100㎍/일로 설정하고 있다.

비타민 E

토코페롤(tocopherol)

1922년 에반스(Evans)와 비숍(Bishop)은 숫쥐에 산패된 라드 식이를 먹여 실험한 결과, 식물성 기름에 숫쥐의 생식에 필수적인 성분이 있음을 발견하고 토코페롤로 명명하였고(toco=off-spring), 슈어(Sure)에 의해 비타민 E로 명명되었다.

토코트리에놀(tocotrienols)

메틸기(methyl group)

곁가지(side chain)

우리가 섭취하는 식물성 식품에 함유된 비타민 E는 서로 다른 생물학적 활성을 갖는 4개의 토코페롤(α, β, γ, δ) 과 4개의 토코트리에놀(α, β, γ, δ)을 포함한 8개의 천연 화합물로 구성되어 있으며, 이들의 구조는 메틸기의 위치와 곁가지의 불포화도에 의해 구분된다. 이 중 가장 활성이 큰 비타민은 알파토코페롤의 'd' 이성체이다(그림 7-10).

흡수와 대사

비타민 E는 지방산이나 중성지방과 함께 흡수된다. 따라서 다른 지용성 비타민처럼 지방과 담즙이 비타민 E의 흡수에 필요하다. 평균적으로 30~50% 정도 흡수되며, 80% 정도까지도 흡수될 수 있으나 권장량 이상으로 섭취하면 흡수율이 20%까지 감소될 수 있다. 비타민 E는 소장의 상피세포에서 카일로미크론에 포함되어 림프계와 흉관을 거쳐 흡수된다. 간에서 비타민 E는 지단백(VLDL, LDL, HDL)에 의해 중성지방이나 다른 지방과 함께 지방조직, 세포막, 세포내 막구조

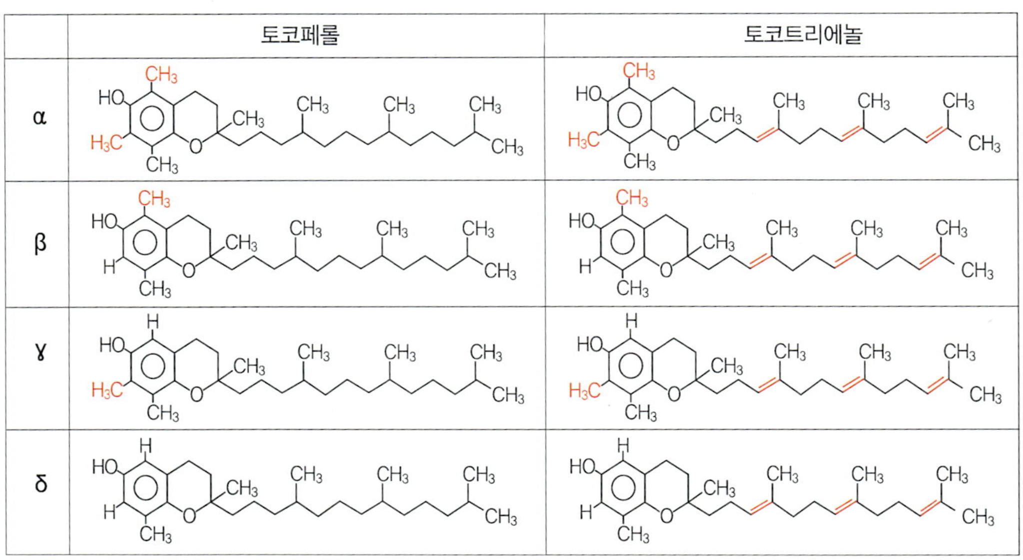

그림 7-10. 비타민 E의 구조

등으로 간다. 따라서 비타민 E는 다른 지용성 비타민에 비해 몸 전체에 고루 분포하고 있으며, 특히 혈장 · 간 · 지방조직에 다량 존재하고, 인지질이 풍부한 세포막과 같이 다량의 지방산을 포함하는 구조에서 중요하다. 사람의 비타민 E 대사와 배설에 대해는 많이 연구되지 않았으나, 비타민 E는 퀴논으로 산화되어 주로 담즙을 통해 배설되고, 소량은 소변으로 배설된다.

인지질(phospholipid)

퀴논(quinone)

체내 기능

비타민 E의 확실히 밝혀진 기능은 항산화제로서의 기능이며, 비타민 E 결핍으로 나타나는 증상의 대부분은 비타민 E의 항산화 작용에 의해 설명될 수 있다. 지질 이중막에 존재하는 다가 불포화지방산은 세포내의 유리라디칼에 의해 쉽게 산화되는데 알파토코페롤은 이러한 산화과정을 중단시키고 유리라디칼을 제거하므로 세포막의 다가 불포화지방산을 산화적 손상으로부터 보호할 수 있다. 즉 비타민 E는 산화환원제로 작용하여 자신이 산화되면서 다른 물질의 산화를 막기 때문에 산화제의 공격으로부터 다른 분자나 세포의 일부분을 보호하는 역할을 한다.

분자는 안정된 결합을 형성하는 여러 쌍의 전자로 구성되어 있다. 만일 이 결합 중 하나가 깨어지면서 전자쌍 중 한 전자만 남게 되면 그 분자는 유리라디칼이 되고 다른 전자를 찾아 전자쌍을 이룰 때까지 반응력이 큰 불안정한 형태가 된다. 우리 몸에서는 산소를 수반한 정상적인 생화학반응 과정 중 유리라디칼이 생성되며, 프로스타글란딘과 같은 호르몬, 금속류, 방사선 등의 외부요소, 오염물질(담배연기 등), 제초제 등에 의해서도 유리라디칼이 생성된다. 또한 활성산소는 고립전자를 가지고 있지 않지만 매우 불안정하고 반응성이 크다. 유리라디칼은 수분 내에 수천 개의 라디칼을 생성하는 연쇄반응을 일으켜 결국은 조직을 손상시키고 기능을 상실하게 한다. 세포 내에서 슈퍼옥사이드 음이온과 과산화물은 시토크롬 산화효소나 잔틴 산화효소와 같은 막 부착 효소에 의해 외인성 또는 내인성 물질이 산화됨으로써 생성되는데 다른 단백질과 반응하여 히드록시 라디칼을 생성한다. 이렇게 생성된 히드록시 라디칼은 미토콘드리아막이나 소포체막, 세포막에 존재하는 인지질의 불포화지방산을 산화시켜 막 안정성을 변화시키는 산화물과 분해산물을 생성한다(그림 7-11).

항산화제(antioxdiant)

다가 불포화지방산 (polyunsaturated fatty acid)

유리라디칼(free radical)
고립전자를 가지고 있어 다른 화합물로부터 전자를 구하는 화합물. 매우 강한 산화제로서 전자가 많은 세포구성물인 DNA나 세포막 등을 공격할 수 있다.

산화적 손상 (oxidative damage)

산화환원제(redox agent)
산화, 환원반응이 쉽게 일어날 수 있는 화합물

프로스타글란딘 (prostaglandin)

활성산소(singlet oxygen)

고립전자 (unpaired electron)

슈퍼옥사이드 음이온 (superoxide anion)

과산화물(peroxide)

시토크롬 산화효소 (cytochrome oxidase)

잔틴 산화효소 (xanthine oxidase)

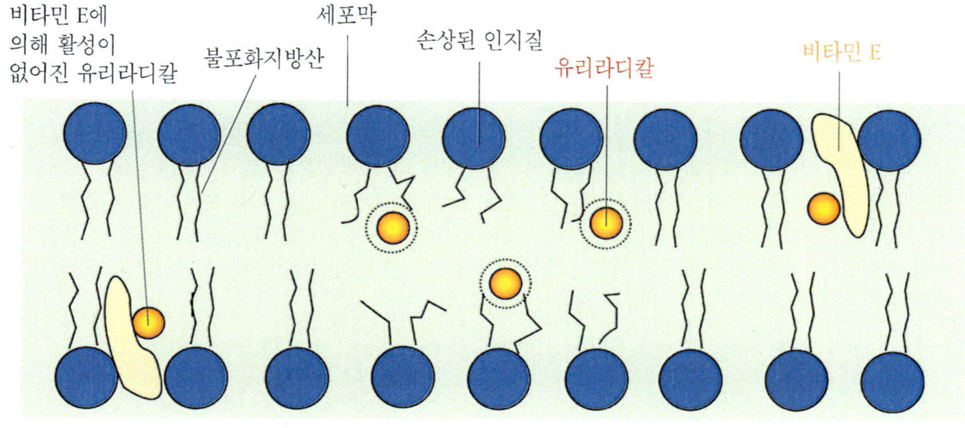

그림 7-11. 유리라디칼 반응에서 비타민 E의 역할

지질과산화반응 (lipid peroxidation)
정상량 이상의 산소를 함유하는 불안정한 지질산화물. 지방산의 탄소 이중결합이 끊어지면서 반응이 시작되며 반응결과 생성된 분해산물은 산소와 결합하여 과산화물이나 유리라디칼을 형성한다.

과산화 라디칼 (peroxy radical)

우리 몸은 항산화 비타민, 항산화 효소, 식세포 등을 통하여 유리라디칼이나 활성산소 공격에 대해 내부에서 스스로 방어할 수 있는 능력이 있다. 이 중 비타민 E는 유리라디칼의 연쇄반응을 중단시킴으로써 지질과산화반응을 막을 수 있는 가장 우선적인 방법이며, 작용결과 비타민 E 라디칼을 형성하나 다른 라디칼에 비해 활성이 낮을 뿐 아니라 기능적으로 비타민 E로 환원될 수 있다. 비타민 E의 항산화성이 큰 것은 비타민 E가 과산화 라디칼을 매우 빨리 포착하여 유리라디칼 연쇄 반응 속도보다 비타민 E 라디칼의 생성속도가 커서 이 반응이 먼저 일어나기 때문이다. 또한 생체 내에서 비타민 E는 주로 생체 막에 존재하는데 생체막의 과산화 반응은 막 외부로부터의 라디칼의 공격에 의해서도 일어나고 막의 내부에서 발생한 라디칼의 공격에 의해서도 일어난다. 비타민 E는 어떤 경우에도 항산화제로서 작용하고 막의 연쇄적 산화반응을 억제한다. 따라서 막 안에 있는 비타민 E는 라디칼의 발생속도에 비례적으로 소비된다. 생체 내에는 비타민 E외에 비타민 C, 요산, 글루타티온 등 많은 수용성 항산화제가 있으나 이들은 막 안에 존재하는 물질에 의한 산화반응에 대한 억제능력이 거의 없는 반면, 비타민 E는 막 안에 있는 유일한 항산화제로서 막의 산화반응을 억제한다.

현재 비타민 E 등의 항산화 영양소가 규칙적인 운동, 금연, 체중조절과 함께 일부 질환, 즉 심장질환, 고혈압, 일부 암 및 골다공증 등을 예방하여 줄 것이라는 가정하에 많은 연구가 진행되고 있다. 그러나 건강한 생활습관의 이점은 단지 항산화제를 먹음으로써 얻을 수 있는 것보다 훨씬 크고 광범위하다. 간혹 비타민 E와 같은 항산화제가 질병예방에 효과적임이 판명되었다고 하더라도, 보충제의 섭취는 건강한 생활습관의 보조인자로서 의미가 있는 것이지 그 대안으로 생각해서는 안 된다.

항산화 관련 비타민 E의 체내 기능

- 지용성 영양소의 이중결합 보호
- 노화지연
- 암의 예방 및 분변내 돌연변이원 생성 억제
- 신경과 근육의 기능 유지 및 운동능력의 개선
- 적혈구막 보호
- 면역반응 증진
- 심혈관 질환의 예방

쉬어가기

비타민 E와 노화

비타민 E는 노화를 지연시키는 것으로 알려져 있다. 비타민 E의 항산화작용의 결핍으로 발생되는 현상 중의 하나는 중추신경계, 폐, 신장, 지방세포, 근육 등에 지방갈색소가 축적되는 것이다. 지방갈색소는 대사되지 않은 산화지방을 포함하는데, 부분적으로 단백질이나 펩티드와 교차결합을 하여 체내에서 제거되기 어려운 단단한 구체를 만든다. 이 지방갈색소의 축적이 노화과정에 기여하는 것으로 생각되고 있다. 지방갈색소는 나이가 증가함에 따라 축적되나 생쥐에서는 비타민 E를 다량 섭취시켰을 때 축적이 억제되었고 항산화제의 섭취로 수명도 연장되었다. 아직까지 비타민 E나 다른 항산화제를 섭취하는 것이 노화과정을 지연시킨다는 확실한 증거는 없으나 이러한 영양소의 불충분한 섭취는 산화적 손상을 가속화시킨다.

비타민 E와 다른 항산화계

비타민 E 외에도 체내에는 산화적 손상으로부터 보호하기 위한 기전으로 천연물질과 여러 가지 효소들이 있다. 슈퍼옥사이드 디스뮤테이즈나 과산화수소 분해효소는 활성산소나 과산화물과 직접 반응하여 이들의 활성을 줄임으로써 세포를 산화적 손상으로부터 보호하는 역할을 한다. 슈퍼옥사이드 디스뮤테이즈는 여러 가지 형태로 존재하며 각각 아연, 구리, 망간을 함유하고 있다. 글루타티온 과산화물 분해효소는 과산화물을 제거하는 과정을 촉매한다. 일반적으로 과산화물은 유리라디칼을 만드는 경향이 있으므로 글루타티온 과산화물 분해효소에 의해 과산화물이 제거되면 유리라디칼을 만드는 속도가 감소되어 비타민 E 필요량도 감소된다.
셀레늄은 글루타티온 과산화물 분해효소의 구성인자로 이 효소의 기능에 필수적이므로 셀레늄을 충분히 섭취하면 비타민 E의 필요량이 감소한다. 또한 함황 아미노산은 글루타티온 과산화물 분해효소의 기질인 글루타티온의 합성에 필요하므로 이것 역시 비타민 E의 절약 작용을 할 수 있다. 베타카로틴과 비타민 E는 각각 항산화성을 가지고 있는 것은 물론이고 서로 유익하게 작용하여 지질과산화를 막는 데 상승작용을 한다. 이는 비타민 E가 베타 카르틴에 있는 이중 결합의 산화를 막을 수 있는 것이 하나의 중요한 요인이 되는 것으로 여겨지고 있다. 비타민 C는 산화된 비타민 E를 환원시켜 재사용할 수 있게 함으로써 비타민 E의 항산화력을 증가시킨다. 따라서 이들 영양소 중 어느 것의 섭취를 늘려도 다른 것에 의한 결핍증을 막을 수 있다. 이러한 상호 작용 때문에 항산화성 물질을 고루 섭취하는 것이 어느 하나의 영양소를 다량 섭취하는 것보다 더 효과적이다. 그 외에도 체내에는 요산이나 빌리루빈과 같은 물질과 그 외 다른 시스템이 있어 산화과정으로 부터 보호하는 역할을 한다. 또한 세포나 혈액 중에 있는 특정 물질은 철이나 구리 같은 금속과 결합함으로써 이들 금속이 유리라디칼 반응을 촉매하는 것을 막는다. 즉, 세포는 산화제로부터 자신을 보호하기 위해 비타민 E를 비롯한 여러 가지 천연물질 및 효소들을 사용하며 이미 DNA에 산화적 손상이 발생한 후에도 이를 교정하는 시스템도 있다.

슈퍼옥사이드 디스뮤테이즈(superoxide dismutase, SOD) 망간, 구리, 아연을 함유하는 효소로 슈퍼옥사이드를 분해하는 효소

과산화수소 분해효소(catalase) $2H_2O_2 \rightarrow O_2 + 2H_2O$의 화학반응을 촉매하는 산화-환원효소

글루타티온 과산화물 분해효소(glutathione peroxidase, GPx) 셀레늄을 함유하는 효소로 비타민 E와 함께 과산화물을 제거함으로써 세포막의 손상을 방지하는 항산화효소

셀레늄(selenium) 미량원소의 하나로 비타민 E와 함께 항산화작용을 수행하는 글루타티온 과산화물 분해효소계의 필수적인 구성물질

필요량

α-토코페롤 당량(α-tocopherol equivalent)

β-, γ-, δ-토코페롤의 생물학적 활성은 α-토코페롤과 다르다. 우리나라에서 영양소 섭취기준 제정에 참조한 자료에 따르면 자연에 존재하는 다른 비타민 E의 활성도는 d-α-토코페롤을 100%로 간주했을 때 β-, γ-, δ-토코페롤은 각각 d-α-토코페롤의 50%, 10%, 1%의 활성을 가지며 트리에놀은 α-트리에놀만 30%의 활성을 갖는다. 미국, 캐나다, 일본은 체내수송 및 대사의 특성을 고려하여 α-토코페롤만을 활성 비타민 E로 인정하고 있으나 그 외 대부분의 국가에서는 8종의 비타민 E 화합물을 모두 비타민 E로 인정하고 있다. 따라서 식품내의 비타민 E의 활성도를 α-토코페롤 당량(α-TE)으로 표시하는데 이 수치는 식품에 존재하는 여러 형태의 비타민 E를 d-α-토코페롤 mg으로 표시한 것이다. 미국과 캐나다는 α-토코페롤 평균필요량을 19세 이상 모든 성인에서 남녀 차별 없이 12mg으로, 권장섭취량을 15mg으로 설정하였다. 일본은 미국과 동일하게 α-토코페롤만을 활성 비타민 E로 인정하여 19세 이상의 모든 성인에 대하여 남자 여자 모두 6.5mg을 충분섭취량으로 설정하고 있다.

우리나라는 한국인 영양소 섭취기준 설정 시, 대규모 섭취조사나 영양상태 평가 자료가 부족하여 충분섭취량으로 권장하기로 하였다. 2010년 우리나라의 비타민 E 충분섭취량 기준은 섭취량 조사 결과인 성인들의 비타민 E 섭취량 7~12mg α-TE에 근거하여 남자 12mg α-TE, 여자 10mg α-TE으로 정하게 되었다. 그러나 2015 한국인 영양소 섭취기준 설정에서는 체중은 남자가 여자보다 높으나 체지방은 여자가 남자보다 많은 점 및 남녀의 충분섭취량을 다르게 설정할 과학적 근거가 부족한 점을 고려하여 성별에 관계없이 동일하게 12mg α-TE로 제정하였다. 2020 한국인 영양소 섭취기준에서도 2015년과 동일하게 성별에 관계없이 12mg α-TE로 설정되었다.

임신기에 비타민 E의 충분 섭취량은 임신 중 비타민 E의 섭취를 증가시켜야 하는 근거가 마련되지 않아 일반 여성과 동일하게 설정되었다. 수유기에는 유즙으로 비타민 E가 분비되므로 비임신 여성보다 필요량이 증가한다. 모유의 비타민 E 함유량과 영아의 하루 모유 섭취량을 근거로 수유부의 하루 평균 섭취량은 비수유 여성의 충분섭취량에 3.0mg을 가산하였다(표 7-1).

비타민 E가 풍부한 식품

배아(germ)
리놀레산(linoleic acid)
종자류(seed)

비타민 E는 식물성 기름, 밀의 배아, 땅콩 등에 많이 존재한다. 식품내 함량은 불포화지방산과 밀접한 관계가 있는데, 특히 리놀레산의 농도와 비타민 E의 농도는 관련이 있다. 곡류나 다른 종자류의 배아에는 식물성 기름이 풍부하나, 종자로부터 기름을 추출하는 방법과 정제과정에 따라 실제로 섭취하는 기름 내의 비타민 E 양은 다르다. 시판되는 식물성 기름을 생산하는 과정에서 비타민 E의 약 2/3가 손실된다. 밀을 밀가루로 만드는 과정에서는 배아가 떨어져 나가

표 7-4. 각 식품군의 비타민 E 함유량

식품군	식 품	목측량	중량(g)	E(α-TE, mg)
곡류 및 전분류	비타민 E의 주요 급원이 아님			
고기, 생선, 달걀, 콩류	비타민 E의 주요 급원이 아님			
채소류 및 과일류	망고	1개(중)	207	2.32
	아보카도	1개(중)	173	2.32
	아스파라거스	4잎	58	1.15
	배	1개(중)	166	0.83
	사과(껍질 포함)	1개(중)	138	0.81
	살구(통조림)	4쪽	90	0.80
	양배추(찢은 것)	1/2컵	35	0.58
	양상추	1/4포기	135	0.54
	시금치(다진 것)	1/2컵	28	0.53
	당근	1개(중)	72	0.32
	바나나	1개(중)	114	0.31
우유 및 유제품	비타민 E의 주요 급원이 아님			
유지, 견과 및 당류	면실유	1큰술	14	4.80
	홍화유	1큰술	14	4.60
	팜유	1큰술	14	2.60
	옥수수유	1큰술	14	1.90
	올리브유	1큰술	14	1.60
	땅콩기름	1큰술	14	1.60
	대두유	1큰술	14	1.50
	아몬드(말린 것)	24개	28	6.72
	헤즐넛(말린 것)		28	6.70
	땅콩 버터	1큰술	16	3.00
	땅콩		28	2.65
	호두		28	0.73

므로 대부분의 비타민 E가 손실되며, 이때 남은 소량의 비타민 E도 표백과정을 거치는 동안 완전히 손실된다. 간을 제외한 동물성 식품은 비타민 E가 거의 함유되어 있지 않다. 또한, 비타민 E는 산소, 금속, 빛에 노출되거나 기름에 과도하게 튀기면 쉽게 파괴되므로 식품 내의 비타민 E 함량은 수확, 정제, 보관, 조리방법에 따라 달라진다.

비타민 E나 다른 천연 항산화제를 식품으로부터 섭취하면 여러 가지 항산화제 균형을 맞출 수 있다. 한 가지 항산화제를 다량으로 섭취하면 다른 항산화제의 대사에 방해가 될 가능성이 있으므로 항산화제의 균형을 유지하는 것은 중요하다.

결핍증

생화학적으로 활성을 갖는 비타민 E는 계속 순환되어 결과적으로 소모되지 않기 때문에 전형적인 비타민 E의 결핍증은 성인의 경우 거의 유발되지 않는다. 그러나 출생 시에는 상대적으로 비타민 E의 농도가 상당히 낮다. 특히 미숙아는 정상적으로 비타민 E가 체내에 축적되는 임신 마지막 한 달이나 두 달을 놓치므로 비타민 E의 저장량이 많지 않고 소화관으로부터 비타민 E를 충분히 섭취하지 못하는 반면 출생 후 성장속도가 빨라 저장고는 정상아에 비해 더 빨리 고갈된다. 비타민 E가 부족하면 세포는 쉽게 산화적 손상을 받게되는데 적혈구는 지질막에 있는 다가불포화지방산이 산화되어 세포막이 파괴되어 세포가 손실된다. 이렇게 계속 적혈구가 소실되면 빈혈증상이 발생하는데 이를 용혈성 빈혈이라고 한다. 따라서 미숙아의 경우 비타민 E의 결핍을 막기 위해 특수 제조분유를 먹여서 비타민 E를 보충해 주어야 한다.

용혈성 빈혈 (hemolytic anemia)

미숙아 외에 비타민 E 결핍증이 오기 쉬운 경우는 낭포성 섬유증, 만성췌장염 등으로 지방흡수가 잘 되지 않는 경우이다. 이 경우 비타민 E 부족으로 신경전달을 돕는 수초의 형성이 방해되어 신경장애가 올 수 있다.

수초(myelin)

신경장애 (neurologic disorder)

과잉증

일반적으로 비타민 E는 매우 안전한 물질로 다른 비타민에 비해 거의 독성이 없다고 알려져 있다. 여러 연구 논문에 의하면 비타민 E는 일일 권장량의 50배 이상의 양을 섭취하여도 안전하다고 평가되고 있다.

그러나 일부 연구에서 비타민 E를 하루 500mg 이상 섭취하였을 때 면역계의 기능, 특히 백혈구의 기능이 손상된다는 것이 발견되었다. 또한 고용량의 비타민 E 제제는 혈소판 응집을 감소시키는데 이는 심혈관 기능을 개선시킬 수 있는 장점이 있으나 특수 상황에서는 바람직하지 않는 결과를 초래할 수 있다. 800~1,200IU의 비타민 E를 매일 복용해 온 사람이 수술 후에 출혈이 초래되었다는 보고를 고려할 때 수술 전후에는 비타민 E 복용을 중단하는 것이 바람직할 것이다. 또한 비타민 E와 항응고제는 상승효과가 있으므로 항응고제를 복용하는 환자나 비타민 K 결핍증인 사람은 비타민 E 복용 전 의사와 상의해야 한다.

비타민 K

응고(coagulation)

비타민 K는 혈액응고에 필수적인 비타민이다. 비타민 K와 혈액응고와의 관계를 처음으로 밝힌 덴마크 학자는 '응고'의 덴마크 철자인 'koagulation'의 첫자를 따서 비타민 K로 명명하였다.

가장 중요하게 알려진 것은 식물에서 추출한 필로퀴논과 생선기름과 육류에서 발견한 메나퀴논이며, 그 외 수용성을 띤 여러 가지 메나디온 화합물도 합성되었다(그림 7-12). 메나퀴논은 사람의 장에서 박테리아에 의해 합성되기도 한다.

필로퀴논(phylloquinone, 비타민 K_1)
메나퀴논(menaquinone, 비타민 K_2)
메나디온(menadione)

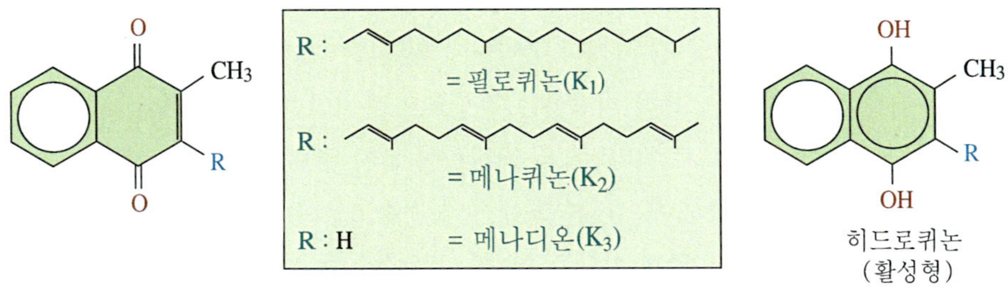

그림 7-12. 비타민 K

흡수와 대사

전환속도(turnover rate)
풀(pool)

식사에서 섭취한 비타민 K는 함께 섭취한 지방의 양, 담즙의 작용 등에 따라 흡수율이 달라진다(10~80% 정도). 비타민 K는 소장에서 흡수되어 카일로미크론에 포함되어 간으로 간다. 간은 비타민 K의 주요 저장소이지만 전환속도가 빨라 체내 풀의 크기는 매우 작다. 간에서 비타민 K는 다른 지단백에 포함되어 몸의 여러 조직으로 운반된다. 간의 비타민 K는 일반적으로 필로퀴논과 메나퀴논이 절반씩 존재하나 혈청에서는 대부분이 필로퀴논의 형태로 존재한다. 비타민 K와 이것의 산화대사물은 주로 담즙으로 배설되나 일부는 소변으로 배설된다. 미네랄 오일이나 흡수되지 않은 지방은 비타민 K의 흡수를 방해하므로 식후 바로 이러한 것들을 섭취하는 것은 좋지 않다.

체내 기능

응고인자(clotting factor)

비타민 K는 간에서 혈액응고인자의 합성에 관여한다(그림 7-13). 몇몇 혈액응고인자들은 간에서 불활성형 단백질의 형태로 합성되며, 활성화되기 위해서 비타민 K가 필요하다.

카르복실화효소(carboxylase)
감마 카르복실 글루탐산(γ-carboxyl glutamic acid, Gla)

비타민 K는 카르복실화효소의 조효소로 작용하여 혈액응고인자 전구체 단백질의 글루탐산을 감마 카르복실 글루탐산(Gla)으로 전환시켜 혈액응고인자를 활성화시킨다. 이렇게 활성화된 응고인자는 응혈작용에 필수적인 또 다른 인자인 칼슘(인자 Ⅳ)과 결합한다. 물론, 간 기능이 정상적이지 못하면 비타민 K 흡수가 저해되고 혈액응고인자가 형성되지 못하므로 비타민 K의 작용

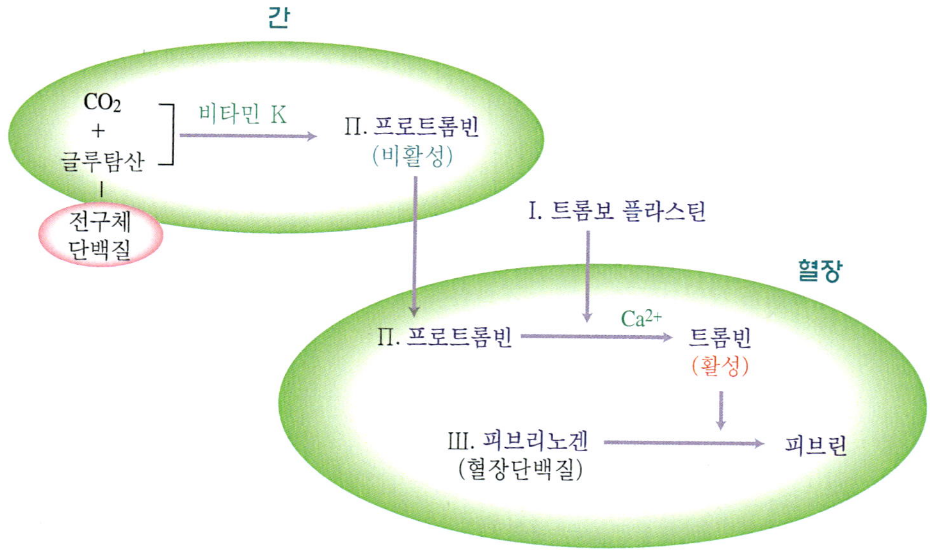

그림 7-13. 비타민 K의 기능

트롬보 플라스틴(thrombo plastin)
프로트롬빈(prothrombin)
트롬빈(thrombin)
피브리노겐(fibrinogen)
피브린(fibrin)

이 줄어든다. 간 손상으로 혈액 중 프로트롬빈의 수준이 저하되면 출혈현상이 발생하는데, 이때는 비타민 K를 투여해도 효과가 없다.

체내에서 비타민 K는 일단 작용하고 나면 불활성형으로 전환된다. 비타민 K의 작용을 계속적으로 수행하기 위해서는 다시 활성화되어야 하는데, 와파린과 같은 약제는 재활성화 과정을 강하게 억제하여 항응고제로 사용된다. 항응고제를 복용하는 경우에는 약물의 효과를 극대화하기 위해 비타민 K 보충제나 비타민 K가 풍부한 식품을 제한하기도 한다.

와파린(warfarin)

쉬어가기

비타민K와 뼈의 발달

비타민 K 의존성 단백질인 Gla 단백질은 뼈에서도 발견된다. 뼈의 Gla 단백질은 오스테오칼신 또는 뼈기질 Gla 단백질이라 불리는데, 활성형의 비티민 D는 조골세포를 자극하여 오스테오칼신의 형성과 분비를 촉진시킨다. 이렇게 합성된 오스테오칼신은 칼슘과 결합하고 뼈의 결정을 형성하여 뼈 발달에 관여한다. 또한 비타민 K는 장벽세포에 존재하는 칼슘 결합단백질의 형성에 관여한다. 그 외에도 비타민 K는 근육, 신장 등에 존재하는 단백질의 글루탐산을 카르복실화하여 칼슘과 결합할 수 있게 한다. 신장의 Gla 단백질은 세뇨관에서 Ca의 재흡수에 관여한다.

뼈의 발달(bone development)
오스테오칼신(osteocalcin)
뼈기질 Gla 단백질(bone matrix Gla protein)
칼슘 결합단백질(calcium-binding protein)

필요량

비타민 K의 필요량에 대한 정확한 분석은 최근까지 거의 이루어지지 않고 있으나 일반적으로 식이를 통하여 하루 체중 kg당 1㎍을 섭취하면 혈액응고 시간을 정상으로 유지하는 데 충분하다고 본다. 그러나 비타민 K의 대사는 비타민 A나 비타민 E의 섭취와 관계가 있다. 비타민 A를 과다섭취하면 소장에서 비타민 K의 흡수가 감소되며, 비타민 E를 과다섭취하면 비타민 K에 의존적인 혈액응고 인자가 감소되어 출혈이 증가할 수 있다. 또한 간염이나 간경변증과 같은 간 질환, 변비치료제 복용, 비타민 K의 길항작용을 하는 약물 및 광범위 항생제를 장기 투여할 때 결핍증세가 나타날 수 있으므로 주의하여야 한다.

한국 성인의 비타민 K 섭취량을 측정한 관련 자료가 미흡하여 2015년과 동일하게 2020 한국인 영양소 섭취기준 설정에서도 성인을 위한 충분섭취량을 식생활이 비교적 비슷한 일본의 섭취량을 참고하여 남자 75㎍/일, 여자 65㎍/일로 설정하였다. 노인은 비타민 K 섭취기준을 설정할 과학적 근거가 부족하여 성인과 동일하게 설정하였다. 임신부나 수유부의 경우, 임신이나 수유에 의해 비타민 K의 필요량이 증가하거나 모체의 혈중 비타민 K 농도가 변화한다는 근거가 부족하고, 비타민 K 섭취량과 모유의 비타민 K 농도의 연관성이 보고된 바 없어 성인 여자과 동일한 기준으로 충분섭취량을 제시하였다. 영아의 비타민 K 충분섭취량은 모유섭취량과 모유 비타민 K 농도를 기준으로 하여 0~5개월령 영아는 4㎍/일, 6~11개월령 영아는 6㎍/일로 설정하였다. 유아기에는 유아의 섭취량을 기준으로 충분섭취량을 산출하기 때문에 유아기의 비타민 K 충분섭취량 범위는 모유섭취량을 기준으로 하는 영아기와 큰 차이를 보인다(표 7-1).

비타민 K가 풍부한 식품

식사에서 공급되는 비타민 K는 주로 필로퀴논으로, 주된 급원식품은 간, 녹색채소, 브로콜리, 콩류 등이다. 섭취한 대부분의 비타민 K는 하루가 지나면 체내에서 없어진다. 그러나 식사 중

표 7-5. 각 식품군의 비타민 K 함류량

식품군	식 품	중량(g)	비타민 K(㎍)
곡류 및 전분류	밀기울	90	75
	귀리(말린 것)	90	57
	전밀가루	90	27
고기, 생선, 달걀, 콩류	소간	60	62
	돼지간	60	53
	닭간	60	48
채소류	순무	70	455
	시금치	70	186
	렌즈콩	70	156
	콜리플라워	70	134
	양배추	70	104
	브로콜리	70	92
	양상추	70	78
과일류	비타민 K의 주요 급원이 아님		
우유 및 유제품	비타민 K의 주요 급원이 아님		
유지, 견과 및 당류	대두유	5	27
	옥수수유	5	3

비타민 K의 양이 많을 뿐 아니라 장내 세균에 의해서도 합성되므로 결핍증은 흔하지 않다. 또한 비타민 K는 조리에 의해서도 별로 파괴되지 않는다.

결핍증

비타민 K는 필요량이 적고 장관의 박테리아에 의해 합성되며 여러 식품에 널리 분포되어 있으므로, 비타민 K와 관련된 다음과 같은 임상적인 상황을 제외하고는 정상 성인에서는 결핍증이 거의 유발되지 않는다. 비타민 K가 결핍되면 혈액응고가 지연되어 쉽게 멍이 들고 코피, 잇몸출혈, 혈뇨, 혈변, 생리혈 증가 등이 나타날 수 있다. 또한 장기간 비타민 K 결핍이 지속되면 뼈가 약해지고 골절, 골다공증의 위험이 증가하여 혈액응고 결함 등이 나타난다. 또한, 여성에 비해 남성이 비타민 K 결핍증에 민감한데, 이는 여성호르몬인 에스트로겐이 비타민 K_1의 흡수를 촉진하기 때문이다.

1. 신생아 출혈

신생아 출혈(hemorrhagic disease of the newborn)

출생 시 위장관은 무균상태이므로 비타민 K를 합성하는 세균상이 없다. 따라서 박테리아가 정상적으로 성장하여 비타민 K를 합성할 때까지 생후 며칠간은 비타민 K가 합성될 수 없다. 이 시기에 신생아 출혈이 야기될 수 있어 출생 직후 유아에게 비타민 K를 투여하기도 한다.

또한 비타민 K는 태반을 통해서 태아에게 전달되는 양이 한정되어 있어 간에 저장되는 양이 적고 모유에는 비타민 K가 거의 함유되어 있지 않기 때문에 모유만을 공급하는 신생아는 신생아 출혈이 야기될 수 있다.

2. 흡수불량증

모든 지용성 비타민의 흡수에는 어느 정도의 지방과 담즙이 필요하므로, 지방흡수가 부족하면 비타민 K의 흡수에도 문제가 생겨 혈액응고에 걸리는 시간이 연장된다. 이러한 문제 때문에 일반적으로 담관 폐쇄 환자에게는 수술 전에 비타민 K를 투여한다. 마찬가지로 담낭을 제거한 후에도 담즙분비에 문제가 생기므로 비타민 K가 흡수되지 못한다.

3. 투 약

디쿠마롤(dicumarol)
대사길항물질(antimetabolite)
해독제(antidote)

몇몇 약제는 비타민 K의 작용에 영향을 미친다. 항응고제인 디쿠마롤은 대사길항물질로 작용하여 비타민 K의 작용을 억제한다. 이러한 약제는 폐나 혈관의 혈전을 치료하기 위해 사용하는데, 비타민 K는 혈액응고 시간을 조절하는 데 있어 이러한 약제의 해독제로 사용된다. 그러나 장기간의 항생제 사용은 장관의 박테리아를 감소시키므로 비타민 K의 합성이 감소된다.

과잉증

비타민 K는 빠르게 배설되고 체내에 저장되지 않아서 독성을 보이지 않는다. 현재까지 고용량의 필로퀴논을 섭취하여도 부작용이 없다고 보고되고 있으며 메나퀴논 역시 독성이 없다고 여겨지고 있다. 비타민 K의 독성에 대한 보고가 없어서 다른 국가와 마찬가지로 한국인 영양소 섭취기준에서도 상한섭취량을 설정하지 않았다. 그러나 합성 비타민 K인 메나디온은 영아에게서 황달과 출혈성 빈혈 같은 독 증상을 나타낼 수 있다.

표 7-6. 지용성 비타민의 영양상태 평가

비타민	평 가 방 법
비타민 A	혈청(또는 혈장)의 레티놀 농도측정 : 극심한 결핍상태 이외에는 낮아지지 않음 상대적 용량반응시험(relative-dose-response test) 또는 그 수정형 비타민 A 보충 전후의 혈청 레티놀 측정 간장 내 레티노이드 함량 측정 : 가장 정확한 방법이긴 하나 임상적 필요성에 의한 간 생검(liver biopsy) 실시 후 시료가 남은 경우에 한함
비타민 D	혈청의 25-히드록시 비타민 D의 농도 측정
비타민 E	적혈구를 과산화물과 함께 3시간 동안 배양하여 적혈구 파괴 정도 측정 불포화지방산을 과산화물과 함께 3시간 동안 배양하여 불포화지방산의 분해산물 측정 혈청의 비타민 E 측정
비타민 K	혈액응고 시간 측정, 혈중 비타민 K 농도 측정, 혈중 프로트롬빈 농도 측정

표 7-7. 지용성 비타민의 기능, 풍부한 식품 및 결핍증과 과잉증

비타민		주요기능	영양소 섭취기준	풍부한 식품	결핍증	과잉증
비타민 A		시력유지, 상피세포의 건강유지, 세포분화에 필수, 신경계 및 생식계 기능 유지, 골격 성장	남자 800㎍ RAE 여자 650㎍ RAE	동물의 간, 생선 간유, 달걀, 당근, 늙은호박, 김	야맹증, 안구건조증, 피부이상, 성장부진, 면역기능약화, 성기능장애	두통, 구토, 피부이상, 뼈 통증, 탈모증, 간비대, 췌장 비대
비타민 D	에르고칼시페롤 : D_2 콜레칼시페롤 : D_3	뼈의 성장과 석회화 촉진, 칼슘과 인의 흡수 촉진	남자 10㎍ 여자 10㎍	생선 간유, 달걀, 비타민 D, 강화 우유	구루병(어린이), 골연화증(성인), 골다공증(성인)	성장지연, 구토, 설사, 신장 손장, 연조직 칼슘축적, 체중감소
비타민 E	토코페롤 토코트리에놀	세포의 손상을 막는 항산화제, 리포퓨신의 축적방지, 동물에서 생식에 관여	남자 12mg α-TE 여자 12mg α-TE	식물성 기름, 씨앗, 녹황색 채소, 마가린, 쇼트닝	적혈구 용혈 빈혈 신경파괴	근육허약, 두통, 피로, 오심, 비타민 K 대사방해
비타민 K	필로퀴논 : K_1 메나퀴논 : K_2 메나디온 : K_3	칼슘과 결합하는 단백질의 글루탐산 잔기의 카르복실화에 관여(혈액응고 · 오스테오칼신)	남자 75㎍ 여자 65㎍	녹황색 채소, 간, 곡류, 과일	출혈(내출혈)	빈혈, 황달

요약

1. 지용성 비타민은 섭취나 흡수 및 대사과정이 식이 내 지방의 양이나 형태, 또는 체내의 지방 흡수 및 대사와 밀접한 연관을 가지므로 지방의 흡수나 대사에 이상이 있으면 지용성 비타민의 흡수와 대사에도 이상이 생기게 된다.
2. 비타민 A는 레티날, 레티놀, 레티노익산의 레티노이드 화합물로 구성되어 있으며, 식물성 급원인 베타카로틴을 비롯해 몇몇 카로티노이드의 유도체들은 체내에서 산화, 또는 부분적 분해단계 등을 거쳐 비타민 A로 전환된다. 비타민 A는 시력에 관여하며, 세포분화와 면역기능 등에도 관여한다. 비타민 A가 풍부한 식품은 동물의 간이나 어유, 달걀 등이고, 비타민 A의 전구체인 카로티노이드는 주로 녹황색 채소와 몇몇 과일들로부터 얻을 수 있다. 비타민 A가 부족하면 야맹증과 안구건조증 등이 나타나며, 어린 아동의 경우 비토반점 등이 나타난다. 비타민 A를 과량 섭취하면 급성 및 만성적인 과잉증, 기형발생 등의 독성이 나타나며, 섭취를 중단하면 대부분의 증상은 없어지나 간이나 뼈, 시력손상 및 근육통 등은 영구적으로 남기도 한다.
3. 비타민 D는 체내에서 상당량 합성된다. 비타민 D_3는 피부에서 콜레스테롤의 유도체가 햇빛을 받아 합성되며, 이렇게 합성된 비타민 D와 식사에서 섭취한 비타민 D는 간과 신장에서 대사되어 비타민 D의 활성형인 1,25-$(OH)_2$-비타민 D_3가 된다. 1,25-$(OH)_2$-비타민 D_3는 소장에서 칼슘의 흡수에 중요한 역할을 하며, 다른 호르몬들과 함께 혈장의 칼슘 항상성을 유지한다. 비타민 D는 어유나 강화된 우유로부터 섭취할 수 있으며, 부족하면 구루병, 골연화증, 골다공증과 같은 결핍증이 발생한다. 또한 과잉 섭취하면 독성이 있어, 특히 어린이의 경우 보충제의 형태로 권장량의 5배 이상 섭취하면 위험하다.
4. 비타민 E는 항산화제로 작용하여 유리라디칼에 의한 산화적 파괴로부터 세포를 보호하는 데 특히 중요하다. 식물성 기름을 많이 섭취할수록 더 많은 양의 비타민 E를 필요로 하는데, 비타민 E는 식물성 기름에 풍부하게 들어 있다. 그러나 어유는 비타민 E의 함유량이 적다. 최근, 건강한 성인이 과량의 비타민 E를 섭취했을 때 심장병과 암을 예방할 수 있는지에 대한 연구가 활발하게 진행되고 있다.
5. 비타민 K는 간에서 혈액응고인자의 합성을 촉매하는 역할을 한다. 비타민 K는 장내 세균에 의해서 합성되고 필요량이 적으며 여러 식품에 널리 분포되어 있어 신생아나 흡수 불량증 환자, 항생제와 같은 약품을 장기간 복용하는 경우가 아니면 쉽게 결핍증이 발생하지 않는다. 또한 비타민 K는 지용성이지만 체내에서 빨리 배설되므로 거의 독성을 보이지 않는다.

참고문헌

1. 농촌진흥청 국립농업과학원(2011) 2011 제8개정판 식품성분표
2. 농촌진흥청 국립농업과학원(2012) 2012 기능성 성분표 지용성 비타민 성분표
3. 보건복지부(2020) 2020 한국인 영양소 섭취기준
4. 질병관리청, 국민건강영양조사 제4기 2, 3차년도 및 제5기 1, 2, 3차년도 국민건강통계, 2008~2012.
5. 질병관리청, 국민건강영양조사 제6기 1차년도(2013) 국민건강통계, 2014.
6. Allen S.H. · Shah J.H(1992) "Calcinosis and metastatic calcification due to vitamin D intoxication, A case report and review", *In Horm* Res 37: 68~77
7. Bendich A. · Olson J.A(1989) "Biological actions of carotenoids", *FASEB J* 3: 1927~1932
8. Brown M.L(1990) *Present knowledge in nutrition*, ILSI Press, pp 96~131
9. Canfield L.M. · Krinsky N.I. · Olson J.A. ed(1994) "Carotenoids in human health", *Ann NY Acad Sci* 691: 1~300

10. Cui YH, Jing CX, Pan HW(2013) Association of blood antioxidants and vitamins with risk of age-related cataract: a meta-analysis of observational studies. Am J Clin Nutr 98(3):778~786

11. Duthie G.G. · Arthur J.R. · Beattie J.A.G. · Brown K.L. · Morrice P.C. · Robertson J.D. · Shortt C.T. · Walker K.A. · James WPT(1993) "Cigarette smoking, antioxidants, lipid peroxidation, and coronary heart disease", *In Tobacco Smoking And Nutrition : Influence of Nutrition On Tobacco Associated Health Risks*, Diana J.N. · Pryor W.A. ed., 686: 20~129

12. FAO/WHO(1989) "Requirements of vitamin A, iron, folate, and vitamin B_{12}", FAO Food and *Nutrition Series* 23, Report of a joint FAO/WHO Expert Committee, FAO, Rome, pp 1~107

13. Institute of Medicine(IOM)(2001) Dietary Reference Intakes for Vitamin A, Vitamin K, Arsenic, Boron, Chromium, Copper, Iodine, Iron, Manganese, Nickel, Silicon, Vanadium, and Zinc. Washington, D.C. National Academy Press

14. Kim C-I · Leo M.A. · Lowe N · Lieber C.S(1988) "Differential effects of retinoids and chronic ethanol consumption on membranes in rats", *J Nutr* 118: 1097~1103

15. Kim C-I · Leo M.A. · Lowe N · Lieber C.S(1988) "Effects of vitamin A and ethanol on liver plasma membrane fluidity", *Hepatology* 8: 735~741

16. Lagua R.T. · Claudio V.S. · Thiele V.F(1974) "Nutrition and Diet Therapy", *Reference Dictionary*, 2nd ed., CV Mosby Co., St. Louis

17. Leo M.A. · Kim C-I · Lowe N · Lieber C.S(1992) "Interaction of ethanol with β-carotene : Delayed blood clearance and enhanced hepatotoxicity", *Hepatology* 15: 883~891

18. Leo M.A. · Kim C-I · Lieber C.S(1986) "Increased vitamin A in esophagus and other extrahepatic tissues after chronic ethanol consumption in the rat", *Alcoholism : Clin Exp Res* 10: 487~492

19. Leo M.A. · Lasker J.M. · Raucy J.L. · Kim C-I · Black M · Lieber C.S(1989) "Metabolism of retinol and retinoic acid by human liver cytochrome P450 Ⅱ C 8", *Arch Biochem Biophys* 269 305~312

20. Linder M.C(1991) *Nutritional biochemistry and metabolism with clinical applications*, Elsevier, pp 153~189

21. Napier K.M(1995) *How nutrition works*, Ziff-Pavis, pp 49~56, Press

22. Norman A.W(1990) "Intestinal calcium absorption : a vitamin D-hormone-mediated adaptive response", *Am J Clin Nutr*i 51: 290~300

23. Olson J.A(1996) "Vitamin A", *Present Knowledge in Nutrition*, 7th ed., Ziegler E.E. · Filer Jr. L.J. ed.,ILSI Press, Washington, D.C., pp 109~119

24. Price P.A(1985) "Vitamin K-dependent formation of bone Gla protein(osteocalcin) and its function", *Vitam Horm* 42(1): 42~65

25. Reichei H. · Koeffla H.P(1989) "The role of vitamin D of endocrine system in health and disease", *N engl J Med* 13: 980~983

26. Suttie J.W(1992) "Vitamin K and human nutrition", *J Am Diet Assoc* 92(5): 585~590

27. Underwood B.A(1986) *"The safe use of vitaminA by women during the reproductive years"*, *International Vitamin A Consultative Group*, ILSI-Nutrition Foundation, Washington D.C

28. Urano S. · Midori H.H. · Tochihi N. · Matsuo M. · Shiraki M. · Lto H(1991) "Vitamin E and the susceptibility of erythrocytes and reconstituted liposomes to osidative stress in aged diabetics", *Lipid* 26: 58~61

29. Wang X-D · Krinsky N.I. · Tang G. · Russel R.M(1992) "Retinoic acid can be produced from excentric cleavage of β-carotene in human intestinal mucosa", *Arch Biochem Biophys* 293: 298~304.

30. Wang Y. · Watson R.R(1993) "Is vitamin E supplementation a useful agent in AIDS therapy?," *In Prog Food Nutr Sci* 17: 351~375

31. Wardlaw GM · Insel PM.ed.(2005) *Perspectives in Nutrition*, 6th ed., McGraw-Hill

32. Williams S.R(1993) *Nutrition and diet therapy*, Mosby, pp 170~193

33. Wolf G(1995) "The enzymatic cleavage of β-carotene : still controversial", *Nutr Review* 53: 134~137

연습문제

1. 비타민 A의 주된 생리적 기능은 무엇인지 간단히 설명하라.
2. 베타카로틴은 어떠한 경우에 비타민 A의 '무독성 대체물'로 쓰일 수 있는가?
3. 내분비계에서 비타민 D의 기능은 무엇인가?
4. 어떤 사람이 비타민 D가 결핍되기 쉬우며 그 이유는 무엇인가?
5. 황산화제인 비타민 E의 절약작용을 할 수 있는 영양소들에 대해 간단히 설명하라.
6. 미숙아에서 비타민 E의 보충이 필요한 이유는 무엇인가? 비타민 E의 기능과 연관지어 설명하라.
7. 비타민 K의 결핍증 발생위험이 높은 세 가지 경우는 어떤 것이며, 그 이유는 무엇인가?

관련 웹사이트

http://www.healthfinder.gov

http://www.nal.usda.gov/fnic

CHAPTER

08

수용성 비타민

티아민 | 리보플라빈 | 나이아신 | 판토텐산 | 비오틴
비타민 B_6 | 엽 산 | 비타민 B_{12} | 비타민 C | 비타민 유사물질

CHAPTER 08

수용성 비타민

들어가는 말

인류는 오래 전부터 괴혈병, 각기병, 펠라그라, 악성빈혈 등의 질병에 시달려 왔다. 20세기 초에 과학자들은 이러한 질병이 어떤 필수성분의 섭취가 부족해서 걸리게 되며, 이 성분들을 공급해 주었을 때 결핍증세로부터 회복된다는 사실을 알게 되었다. 이러한 필수성분들은 수용성 물질이며, 비타민 B 복합체 또는 비타민 C라 명명하였다. 현재 8가지 비타민 B 복합체 가운데 B_6와 B_{12}를 제외하고는 다음과 같은 화학명으로 부른다.

- Thiamin : 비타민 B_1, 티아민
- Riboflavin : 비타민 B_2, 리보플라빈
- Niacin : 나이아신
- Pantothenic acid : 판토텐산
- Biotin : 비오틴
- Folate : 엽산

비타민 B 복합체의 생체 내 기능은, 조효소로서 특정 이온이나 원자단을 옮겨주는 역할을 하여 세포내 대사가 정상적으로 진행되도록 돕는 것이다(그림 8-1). 식품에 함유되어 있는 비타민 B 복합체의 평균 장내 흡수율은 50~90%이며, 흡수된 비타민 B 복합체는 체내에서 조효소 형태로 전환되어 에너지 대사 및 여러 다른 화학 반응에 관여한다. 비타민 C는 조효소로 작용하지는 않지만 세포내의 몇 가지 중요한 성분들을 합성하는 과정에 필수적이다.

수용성 비타민은 물에 잘 용해되므로 지용성 비타민보다 체외로 쉽게 배설된다. 대부분의 수용성 비타민은 가열 조리나 알칼리 조건에서 쉽게 파괴되며, 조리수에 용해되어 손실되는 양도 많다. 따라서 식품에 함유되어 있는 비타민 B 복합체와 비타민 C의 손실량을 줄이기 위해서는 찌거나 볶는 조리법, 전자레인지를 이용한 조리법 또는 소량의 물을 사용하는 조리법 등이 적합하다.

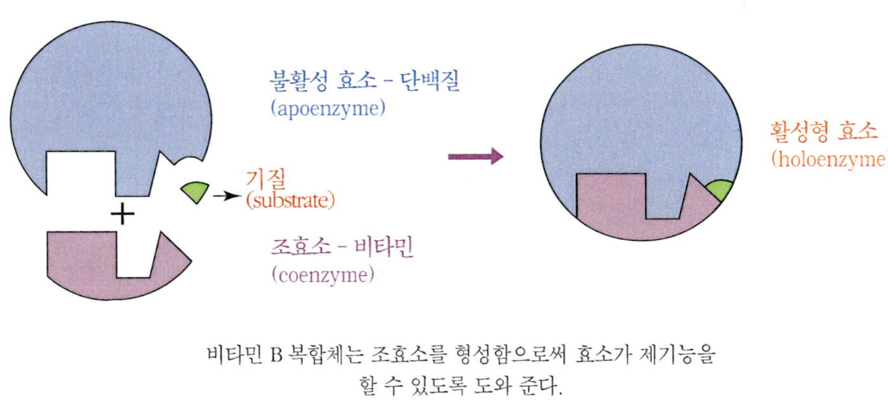

그림 8-1. 효소와 조효소의 상호작용

티아민

티아민은 질소를 함유하는 6원자 고리구조인 피리미딘과 황을 함유하는 5원자 고리구조인 티아졸이 메틸렌기(-CH_2-)에 의해 연결되어 있는 구조를 가진 화합물이다(그림 8-2). 티아민은 장시간 가열조리하면 분자 내에 있는 양쪽 고리구조와 메틸렌기 사이의 화학결합이 쉽게 끊어져 비타민으로서의 기능을 잃게 된다. 또한 티아민은 알칼리 조건(pH>8.0)에서 파괴되므로, 완두콩의 녹색을 선명하게 유지하거나 말린 콩을 빨리 무르게 할 목적으로 식소다를 첨가하는 것은 영양상 바람직하지 못하다.

티아민(thiamin)
thio
sulfur, 황을 의미
amine
질소원자를 갖는 원자단
피리미딘(pyrimidime)
티아졸(thiazole)

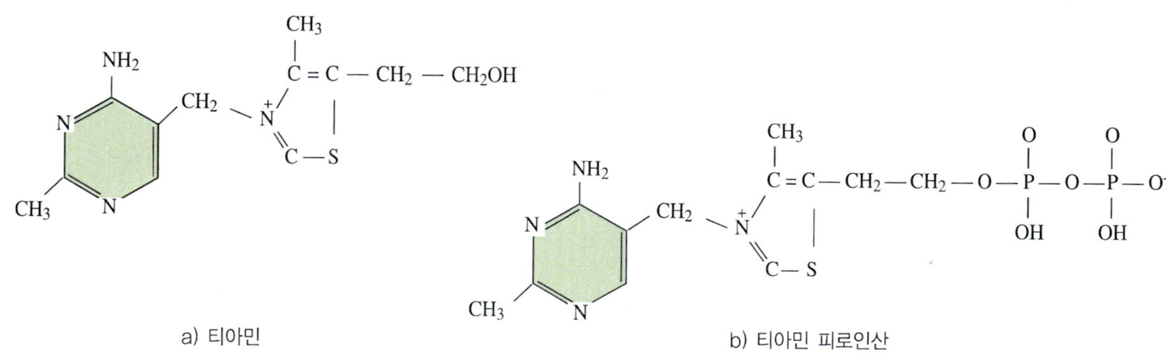

그림 8-2. 티아민과 티아민 피로인산의 구조

각기병(beriberi)

티아민 결핍증으로서 심부전증, 근육의 약화, 식욕부진, 신경조직의 퇴화, 때로는 부종을 수반한다. 티아민의 결핍증인 각기병은 도정률이 높은 백미를 주식으로 하며 탄수화물 위주의 식사를 하는 주민들에게서 많이 발병된다. 현미는 티아민이 풍부한 식품이지만, 백미는 도정과정에서 외피와 배아가 제거되면서 대부분의 티아민이 손실된 상태이다.

체내 기능

티아민은 다른 비타민 B 복합체와 마찬가지로 조효소의 구성성분이다. 티아민의 조효소 형태는 티아민에 두 개의 인산기가 결합되어 형성된 티아민 피로인산이며(그림 8-2), TPP는 다음과 같은 반응에서 조효소로 작용한다.

티아민 피로인산
(thiamin pyrophosphate, TPP)

1. 탄수화물의 대사

TPP가 조효소로 작용하는 주된 반응은 에너지 대사과정 중 탄수화물의 대사과정으로서, 기질(α-케토산)로부터 카르복실기를 CO_2 형태로 제거하는 탈탄산반응에 관여한다. 즉, 피루브산이 아세

α-케토산(α-keto acid)
피루브산, α-케토글루타르산 등

틸 CoA로 전환되는 반응과 α-케토글루타르산이 숙시닐 CoA로 전환되는 반응이 그 대표적인 예이다. 3탄소 분자인 피루브산은 TPP의 도움을 받아 2탄소 분자인 아세틸 CoA로 탈탄산화되어 TCA 회로로 들어가며 TPP 외에 FAD, NAD^+, CoA, 리포산 등 다양한 영양물질들을 필요로 한다. 피루브산이 아세틸 CoA로 전환되는 반응은 포도당의 호기적 산화과정에서 매우 중요하다(그림 8-3). 이와 같이 티아민은 에너지 대사에 관여하므로, 티아민의 필요량은 에너지 소모량과 상관이 크다.

피루브산 탈수소효소 복합체 (pyruvate dehydrogenase complex)

α-케토글루타르산 탈수소효소 복합체 (α-ketoglutarate dehydrogenase complex)

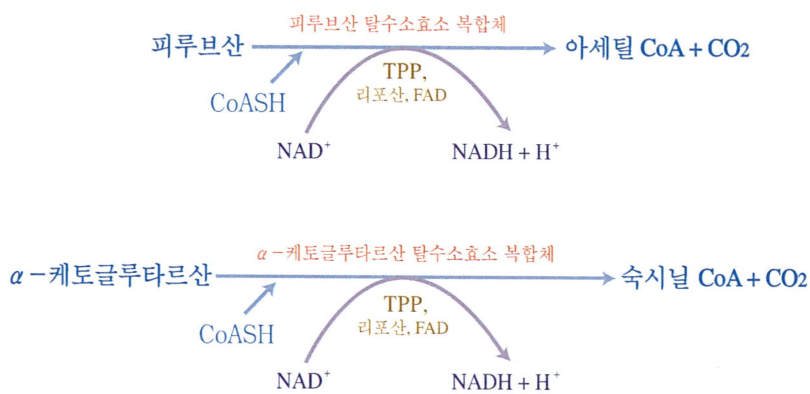

α-케토산인 피루브산과 α-케토글루타르산의 산화적 탈카르복실화 반응에 티아민으로부터 형성된 TPP가 조효소로 작용하며, 그외에도 리보플라빈은 FAD, 나이아신은 NAD, 판토텐산은 CoA로 전환되어 효소 반응에 조효소로 이용된다.

그림 8-3. TPP가 관여하는 에너지 대사과정

TPP (thiamin pyrophosphate)

FAD(flavin adenine dinucleotide)

NAD(nicotinamide-adenine dinucleotide)

CoA(coenzyme A)

2. 신경기능

TPP는 신경전달물질인 아세틸콜린의 합성을 도와주고 신경조직에 에너지를 공급하기 위해서 필요하며, 카테콜라민의 합성과 세로토닌을 시냅스로 유입하는 과정에 관여함으로써 신경자극의 전달을 조절하는 것으로도 알려져 있다.

카테콜라민(catecholamine)

세로토닌(serotonin)

3. 펜토오스 인산경로

디옥시리보오스(deoxyribose)

리보오스(ribose)

오탄당 인산경로(pentose phosphate pathway)

케톨기 전이효소 (transketolase)

TPP는 DNA와 RNA 합성에 필요한 오탄당인 디옥시리보오스와 리보오스를 생성하는 오탄당 인산경로에서 케톨기 전이효소의 조효소로 작용하는데, 이 과정에서 NADPH가 생성된다. 따라서 티아민이 결핍되면 탄수화물의 에너지 대사가 원활하지 않아 ATP 합성이 저조해지며, 케톨기 전이반응의 저하로 인해 NADPH와 오탄당의 합성이 저하되기 때문에 지방산과 핵산 합성에 이상을 초래하고 신경전달 및 조절에 장애가 나타난다.

흡수와 대사

식사를 통해 섭취한 TPP는 소장에서 티아민으로 분해된 다음 소장의 상부에서 능동적 운반기전에 의해 흡수되나, 다량 섭취 시 일부는 수동적 확산에 의해 흡수된다. 흡수된 티아민은 혈액을 통해 간, 근육 등 여러 조직으로 운반되며, 각 조직에서 티아민 피로인산화효소에 의해 TPP로 전환된다.

티아민 피로인산화효소 (thinaminokinase)

$$\text{티아민} + \text{ATP} \xrightarrow[\text{Mg}^{2+}]{\text{티아민 피로인산화효소}} \text{TPP} + \text{AMP}$$

인체 조직 내에 티아민을 저장할 수 있는 양은 매우 낮으므로 필요량 이상으로 티아민을 섭취하면 주된 배설 경로인 소변을 통해 배설되며 체내에 잘 저장되지 않는다. 따라서 일정량의 티아민을 투여하였을 때 소변 내 1일 티아민 배설량이 정상치보다 낮으면 조직의 티아민 저장량이 충족되지 않은 상태로 평가할 수 있다.

영양상태 평가

티아민의 영양상태는 여러 가지 생화학적 방법으로 평가할 수 있다. 전혈, 적혈구, 백혈구 등의 티아민 농도는 *Ochromonas danica*를 이용한 미생물학적 분석법으로 측정해 티아민 영양상태를 평가할 수 있다. 그러나 혈액과 소변의 티아민 함량은 티아민 최근 섭취량을 반영할 뿐 조직 내 티아민 상태를 측정하는 방법은 아니므로 실제 티아민의 영양상태를 정확히 평가할 수 있는 방법은 아니다.

미생물학적 분석법 (microbiological assay)

티아민 영양상태를 가장 정확하게 평가할 수 있는 방법은 티아민의 조효소 형태인 TPP를 필요로 하는 효소의 활성도를 측정하는 방법이다. 즉 적혈구 케톨기 전이효소(ETK)와 TPP를 첨가하였을 때 증가된 ETK 활성의 백분율을 이용한 'TPP 효과'가 티아민의 영양판정에 가장 널리 사용되고 있다.

적혈구 케톨기 전이효소 활성 (erythrocyte transketolase activity, ETK activity) 티아민 영양상태가 저조할 때 ETK 활성이 저하됨. 정상치 126~214 IU

TPP 효과 (thiamin pyrophosphate effect) 티아민 영양상태가 저조해지면 16% 이상으로 상승됨

쉬어가기 **비타민의 영양상태 평가**

적혈구 내에 존재하는 효소 가운데 비타민을 조효소로 필요로 하는 효소의 활성도를 측정해 비타민의 영양상태를 평가할 수 있다. 이러한 평가법을 기능적 영양상태 평가법(functional test) 또는 생화학적 영양상태 평가법(biochemical test)이라 한다. 예를 들면, 티아민의 경우 케톨기 전이효소, 리보플라빈의 경우 글루타티온 환원효소(glutathione reductase), 비타민 B_6의 경우 아미노기 전이효소(aminotransferase)의 활성도를 측정함으로써 각 비타민의 영양상태를 측정할 수 있다.

티아민이 풍부한 식품

티아민은 여러 동 · 식물성 식품에 널리 함유되어 있으나, 티아민의 함량이 높은 식품은 제한되어 있다. 돼지고기, 참치, 두류는 티아민의 가장 좋은 급원이며, 해바라기 씨앗, 전곡, 강화곡류, 깍지콩, 내장육, 땅콩, 및 종실류 등도 좋은 급원이다. 티아민이 강화된 밀가루로 만든 빵류나 티아민 강화 시리얼도 전곡과 마찬가지로 티아민의 좋은 급원이다. 돼지고기를 제외한 다른 육류, 우유와 유제품, 도정한 곡류, 어패류, 채소 등은 티아민의 함량이 낮은 식품들이다(표 8-1). 어패류에는 티아민을 파괴하는 티아민 분해효소가 함유되어 있으나, 이 효소는 가열조리에 의해 활성을 잃는다.

티아민 분해효소(thiaminase)

표 8-1. 각 식품군의 티아민 함유량

식품군	식품명	목측량	중량(g)	티아민(mg)
곡류 및 전분류	현미밥	1공기	210	0.32
	통밀빵	3조각	90	0.30
	쌀밥	1공기	210	0.08
고기, 생선, 달걀, 콩류	돼지고기	1토막	60	0.55
	햄(통조림)		60	0.34
	참치		70	0.24
	쇠간		60	0.13
	대두(말린 것)		20	0.12
채소 및 과일류	오렌지	1개(중)	100	0.13
	오렌지주스	1컵	200	0.12
우유 및 유제품	우유	1컵	200	0.09
유지, 견과 및 당류	티아민의 주요 급원이 아님			

필요량

티아민은 탄수화물을 비롯한 에너지 대사에 필수적이므로 에너지 섭취량이 많을수록 티아민이 많이 필요하다. ETK 활성과 티아민 소변 배설량을 적정수준으로 유지할 수 있는 티아민 섭취량을 기준으로 티아민의 평균 필요량은 성인 남자 1.0mg/일, 성인 여자 0.9mg/일로 설정하였다(표 8-2). 우리나라 성인의 티아민의 권장섭취량은 변이계수를 10%로 보아 평균필요량의 120%에 해당하는 남자 1.2mg/일, 여자 1.1mg/일로 정하였으며, 저에너지 식사를 하는 경우에도 티아민 1일 섭취량을 1mg 이상으로 유지할 것을 권장하고 있다. 임신기와 수유기에는 에너지 필요량이 증가되므로 임신부와 수유부 모두 0.4mg을 추가 권장한다.

2015~2017년 국민건강영양조사 자료를 분석한 결과, 1세 이상 전체 연령군에서 티아민 보충제를 사용하지 않는 사람들의 평균 티아민 섭취량은 1.80mg/일이었으며, 보충제를 복용하는 사람들은 하루 평균 14.21mg의 티아민을 보충제로부터 섭취하고 있었다.

결핍증

유아각기 (infantile beriberi)

각기병(beriberi)
티아민 결핍증으로서 근육의 약화, 식욕부진, 신경조직의 퇴화, 때로는 부종을 수반

수유부가 티아민이 결핍된 식사를 할 경우, 모유를 먹는 유아는 유아 각기에 걸리기 쉽다. 또한 평소에 도정률이 높은 백미를 주식으로 먹으면서, 지나치게 탄수화물 위주의 식사를 하거나 만성적으로 알코올을 과음할 때 티아민 결핍에 의한 각기병에 걸릴 위험률이 높다. 세포 내에서의 에너지 대사에 필요한 조효소인 TPP가 부족하면 임상적인 증세가 신경계, 소화계, 심혈관계에 나타난다.

1. 신경계

건성각기(dry beriberi)

건성각기의 증세는 말초신경계의 마비로 인해 사지의 감각, 운동 및 반사기능에 장애가 나타

표 8-2. 2020 한국인 영양소 섭취기준 – 티아민, 리보플라빈, 나이아신

성별	연 령	티아민(mg/일)			리보플라빈(mg/일)			나이아신(mg NE/일)				
		평균 필요량	권장 섭취량	충분 섭취량	평균 필요량	권장 섭취량	충분 섭취량	평균 필요량	권장 섭취량	충분 섭취량	상한 섭취량[1]	상한 섭취량[2]
영아	0~5(개월)			0.2			0.3			2		
	6~11			0.3			0.4			3		
유아	1~2(세)	0.4	0.4		0.4	0.5		4	6		10	180
	3~5	0.4	0.5		0.5	0.6		5	7		10	250
남자	6~8(세)	0.5	0.7		0.7	0.9		7	9		15	350
	9~11	0.7	0.9		0.9	1.1		9	11		20	500
	12~14	0.9	1.1		1.2	1.5		11	15		25	700
	15~18	1.1	1.3		1.4	1.7		13	17		30	800
	19~29	1.0	1.2		1.3	1.5		12	16		35	1,000
	30~49	1.0	1.2		1.3	1.5		12	16		35	1,000
	50~64	1.0	1.2		1.3	1.5		12	16		35	1,000
	65~74	0.9	1.1		1.2	1.4		11	14		35	1,000
	75 이상	0.9	1.1		1.1	1.3		10	13		35	1,000
여자	6~8(세)	0.6	0.7		0.6	0.8		7	9		15	350
	9~11	0.8	0.9		0.8	1.0		9	12		20	500
	12~14	0.9	1.1		1.0	1.2		11	15		25	700
	15~18	0.9	1.1		1.0	1.2		11	14		30	800
	19~29	0.9	1.1		1.0	1.2		11	14		35	1,000
	30~49	0.9	1.1		1.0	1.2		11	14		35	1,000
	50~64	0.9	1.1		1.0	1.2		11	14		35	1,000
	65~74	0.8	1.0		0.9	1.1		10	13		35	1,000
	75 이상	0.7	0.8		0.8	1.0		9	12		35	1,000
임신부		+0.4	+0.4		+0.3	+0.4		+3	+4		35	1,000
수유부		+0.3	+0.4		+0.4	+0.5		+2	+3		35	1,000

1) 니코틴산(mg/일)
2) 니코틴아미드(mg/일)
자료 : 보건복지부, 2020 한국인 영양소 섭취기준, 2020

나는 것을 특징으로 한다. 장딴지 근육에 심한 통증이 나타나며, 앉았다가 일어나는 동작을 수행하기가 매우 어렵게 된다. 티아민이 전혀 함유되어 있지 않은 식사를 한 후 10일이 경과하면 심리적 장애 증세인 초조, 두통, 피로, 우울증, 허약감 등의 결핍증세가 나타난다. 이는 인체가 티아민을 보유할 수 있는 양이 매우 적기 때문이며, 따라서 매일매일의 식사를 통해 티아민을 충분히 섭취하는 것이 좋다.

2. 심혈관계

티아민의 결핍상태가 지속되면 심근이 약화되고 심부전증이 나타나며 혈관벽의 평활근이 약화되어 말초혈관이 이완된다. 이러한 습성각기 환자는 심부전증이 나타나므로 심전도가 비정상이며, 심장비대 및 심한 전신부종이 나타난다. 각기병은 티아민 결핍으로 인해 나타나는 증세이지만, 각기병을 나타내는 사람들은 대체로 다른 비타민 B 복합체도 동시에 결핍되는 경우가 많

습성각기(wet beriberi)
심부전증(cardiac failure)

다. 왜냐하면, 비타민 B 복합체는 유사한 식품에 동시에 함유되어 있는 경우가 많기 때문이다. 따라서 한 종류의 B 비타민이 결핍되면 다른 종류의 B 비타민들의 섭취도 부족해지기 쉬우므로 주의해야 한다.

3. 소화계

위무력증 (gastric atony)

티아민이 결핍되면 식욕부진, 소화불량, 심한 변비, 위산분비 저하 및 위무력증 등의 증세가 나타난다. 이는 소화기관의 평활근과 분비선이 포도당으로부터 에너지를 충분히 얻지 못하기 때문에 나타나는 증세들이다.

베르니케-코르사코프 증세 (Wernike-Korsakoff syndrome)

4. 베르니케-코르사코프 증세

빈곤층이나 노인들 가운데는 티아민을 충분히 섭취하지 못하는 경우가 많다. 또 알코올 과다 섭취 시 티아민의 흡수율과 이용률이 크게 저하되며, 심한 알코올 중독자는 불량한 식사로 인해 티아민 영양상태가 매우 나쁘다. 또한 티아민은 체내 저장성이 매우 낮은 비타민이므로, 알코올 중독자가 1~2주 동안 계속 술을 마실 경우 티아민의 저장량이 고갈되어 정신적 혼란과 기억상실, 팔과 다리의 협동적 조절기능이 잘 수행되지 않는 등의 티아민 결핍증세가 나타난다. 베르니케-코르사코프 증세로는 안구가 불수의적으로 계속 움직이며, 안근마비, 비틀거림, 정신 혼란 등이 있다.

각기병의 치료

각기병을 치료하기 위해서는 1일 50~100mg의 티아민을 정맥 또는 근육 주사를 통해 7~14일간 공급한 후, 환자가 완전히 회복될 때까지 1일 10mg의 티아민을 경구 복용토록 한다. 또한 각기병의 재발을 막기 위해서는 환자의 식습관을 변화시키도록 영양지도를 해야 하며, 알코올 섭취를 중단하도록 해야 한다.

리보플라빈

수용성 B(water-soluble B)
리보플라빈(riboflavin)

리보플라빈은 1920년대에 연구가 수행되는 과정에서 "수용성 B" 성분 가운데 열에 안정성이 높은 성장인자로 발견되어 비타민 B_2로 명명되었다. 리보플라빈은 여러 대사과정에서 다른 비타민 B 복합체(비타민 B_6, 나이아신, 티아민, 엽산)와 함께 작용한다. 리보플라빈, 티아민, 나이아신은 동일 식품에 동시에 함유되어 있어서 리보플라빈만 단독으로 결핍되어 결핍증세가 나타나는 경우는 매우 드물다.

플라빈(flavin)
리비톨(ribitol)

리보플라빈은 3개의 6환 고리가 연결되어 있는 구조인 플라빈 고리의 가운데 고리구조에 당의 환원형인 리비톨이 결합되어 있는 화학구조를 갖는다(그림 8-4). 리보플라빈의 플라빈은 라틴어로 노란색이라는 의미로서, 리보플라빈은 형광성 노란색을 나타낸다. 리보플라빈은 전자를 쉽게 얻거나 잃을 수 있는 화학구조이므로 산화형이나 환원형으로 존재하면서 산화-환원 반응의 생촉

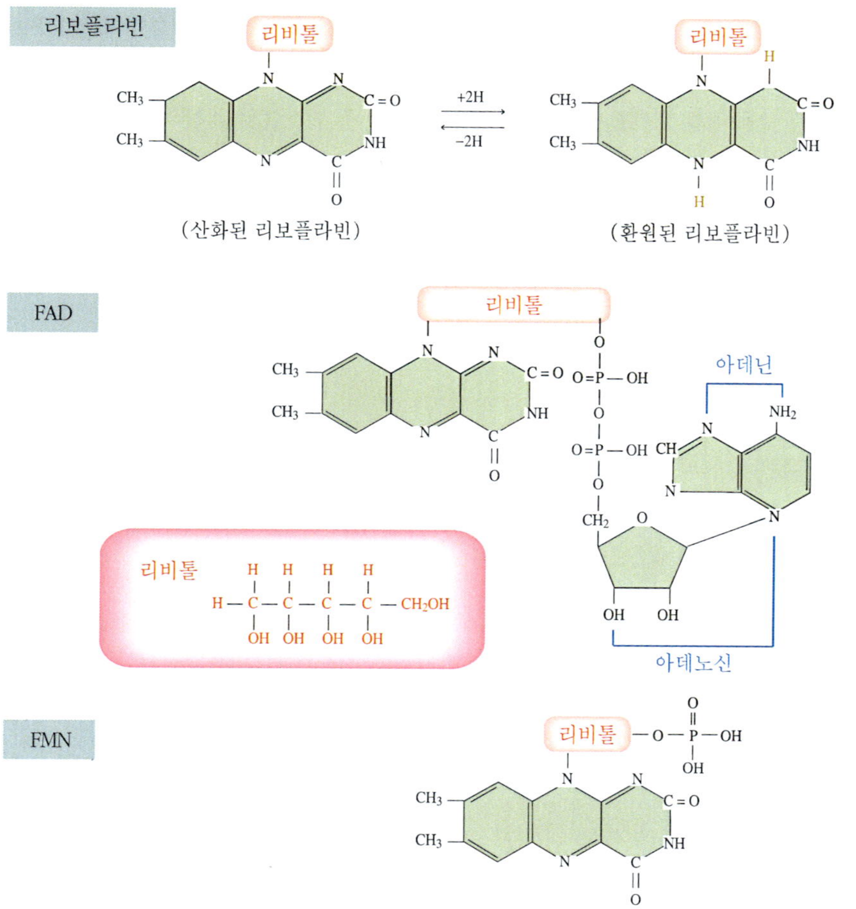

그림 8-4. 리보플라빈과 조효소 형태인 FMN, FAD의 구조

매로 작용한다. 리보플라빈은 플라빈 모노뉴클레오티드와 플라빈 아데닌 디뉴클레오티드의 두 가지 조효소(FMN 또는 FAD)의 구성성분이다(그림 8-4). 대부분의 식품에는 리보플라빈이 조효소 형태로 함유되어 있고, 우유와 영양강화 곡류식품에는 유리된 형태로 함유되어 있는데, 형태에 관계없이 모두 체내에서 이용될 수 있다.

플라빈 모노뉴클레오티드 (flavin mononucleotide, FMN)
플라빈 아데닌 디뉴클레오티드 (flavin adenine dinucleotide, FAD)

체내 기능

FMN과 FAD는 여러 대사과정과 전자전달계에서 산화-환원 반응의 조효소로 작용한다. 영양소가 산화되어 에너지를 발생하는 TCA회로와 지방산의 β-산화과정에서 FAD는 전자(수소) 수용체로 작용하여 $FADH_2$로 환원된다. 예를 들면, 숙신산이 푸마르산으로 전환될 때 FAD가 산화반응의 조효소로 작용하며, $FADH_2$는 미토콘드리아의 전자전달계에서 수소공여체로 작용한다.

숙신산(succinate)
푸마르산(fumarate)

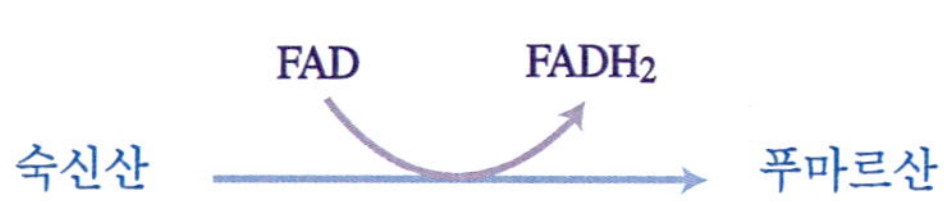

다른 조효소인 FMN도 $FMNH_2$로 상호전환 될 수 있으므로 전자전달과정에 관여한다. 포도당이 세포내 호기적 산화과정에 의해 분해되거나 지방산이 분해되는 과정에서 리보플라빈은 필수적인 조효소로 작용하며, 일부 다른 비타민의 대사과정과 무기질의 대사과정에서도 산화 환원반응의 조효소로서 중요한 역할을 한다.

글루타티온 과산화효소
(glutathione peroxidase)
$R-O-OH \rightarrow R-OH + 1/2\ O_2$
(과산화물) (알코올)

리보플라빈은 글루타티온 과산화효소의 활성을 유지하는 과정에도 관여하므로 체내에서 항산화 기능도 하는 것으로 추정된다.

흡수와 대사

인산분해효소(phosphatase)

플라보 단백질(flavoprotein)

식품 내의 리보플라빈은 소화과정에서 위산과 단백질 분해효소 및 인산 분해효소에 의해 플라보 단백질로부터 유리된 후 소장의 상부에서 능동적 운반기전에 의해 흡수된다. 흡수된 리보플라빈은 장점막세포에서 FMN으로 인산화 된 후 문맥혈로 들어가 알부민과 결합한 상태로 간으로 이동되며, 간, 신장, 심장 조직 등에서 FAD로 전환된 후 조직내의 플라보 단백질과 결합한다.

리보플라빈 + ATP ⟶ FMN + ADP

FMN + ATP ⟶ FAD + PPI

크레아티닌(creatinine)

리보플라빈은 체내에 거의 저장되지 않으며, 다량의 리보플라빈을 보충 섭취하면 대부분의 리보플라빈은 주로 소변을 통해 배설된다. 정상 성인의 소변내 리보플라빈 1일 배설량은 크레아티닌 배설량 1g당 200㎍이며, 리보플라빈이 결핍되면 배설량이 40~70㎍ 정도로 저하된다. 리보플라빈 보충제를 복용한 다음 2시간 후에 최대량이 배설되며, 이때 소변은 진한 노랑색을 띤다.

영양상태 평가

혈장 또는 적혈구, 소변의 리보플라빈 함량을 미생물학적 방법이나 형광 측정법으로 측정하여 리보플라빈의 영양상태를 평가하는 방법이 대규모 집단을 대상으로 하는 영양조사 과정에 이용되기도 한다. 그러나 이 측정치들은 최근의 리보플라빈 섭취상태를 반영할 뿐 체내 리보플라빈의 저장량을 평가할 수는 없다.

글루타티온 환원효소
(erythrocyte glutathione reductase, EGR)

FAD를 함유하는 효소인 적혈구내의 글루타티온 환원효소(EGR) 활성은 리보플라빈의 영양상태에 따라 민감하게 변화한다. EGR 활성을 측정하여 리보플라빈의 영양상태를 평가하는 방법은 모든 연령층에서 가장 정확도가 높은 판정법이므로 널리 이용되고 있다.

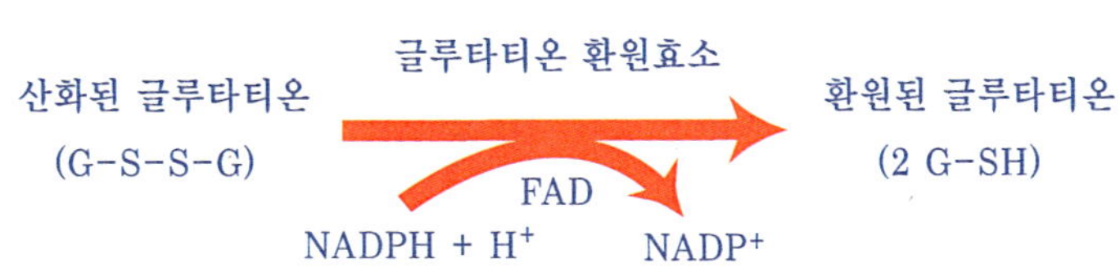

리보플라빈이 풍부한 식품

우유, 요구르트, 치즈는 리보플라빈이 가장 풍부한 식품이다. 우유 2컵에는 약 1mg의 리보플라빈이 함유되어 있으며, 그 외에도 육류, 달걀, 강화된 곡류제품도 리보플라빈이 풍부하다. 우유와 유제품의 섭취량이 낮은 사람은 육류를 충분히 섭취해야만 리보플라빈을 충분량 섭취할 수 있다. 그 외에도 간, 버섯, 시금치 및 엽채류, 브로콜리, 아스파라거스, 저지방유, 탈지유 등도 리보플라빈의 영양밀도가 높은 식품들이다(표 8-3).

리보플라빈은 자외선에 의해 파괴되기 쉬우므로 리보플라빈이 풍부한 식품인 우유와 유제품, 영양강화 콘플레이크 등은 종이나 불투명 재질로 포장하여야 리보플라빈이 햇빛에 의해 파괴되지 않는다. 우리나라 사람들의 우유와 유제품의 섭취량은 충분하지 않으므로 한계 결핍상태가 되기 쉽다. 따라서 리보플라빈이 풍부한 다른 대체식품을 충분히 섭취해야 한다.

2013~2017년 국민건강영양조사 자료를 분석한 결과, 성인 남성 19~29세의 리보플라빈 평균섭취량은 1.62mg/일이었으며, 평균필요량 미만 섭취자 분율은 41.5%였다. 리보플라빈 보충제를 복용하는 사람들의 리보플라빈 평균섭취량은 10.26mg/일이었고, 1세 이상 연령군에서 약 17.1%가 리보플라빈이 포함된 보충제를 이용하고 있었다.

필요량

한국 성인의 리보플라빈 1일 권장섭취량은 남자 1.5mg, 여자 1.2mg이다. 훈련 중인 운동선수들은 에너지 대사가 매우 활발하며, 보통 사람들보다 지방산을 에너지원으로 많이 이용하기 때

알코올 중독자의 필요량
알코올 중독자들은 불량한 식사로 인해 리보플라빈이 결핍되기 쉽고, 진정제인 페노바비탈(phenobarbital)을 장기 복용하는 경우 간에서 리보플라빈 분해 속도가 빨라지므로 리보플라빈의 필요량이 증가된다.

표 8-3. 각 식품군의 리보플라빈 함량

식품군	식품명	목측량	중량(g)	리보플라빈(mg)
곡류 및 전분류	시리얼, 현미 플레이크(강화된)	1컵	90	0.90
	통밀 플레이크	1컵	90	0.38
	쌀밥	1공기	210	0.02
	감자(삶은 것)	1개(소)	100	0.15
고기, 생선, 달걀, 콩류	쇠간(볶은 것)		60	2.48
	닭간(익힌 것)		60	1.05
	고등어(익힌 것)	1토막	70	0.28
	돼지고기		60	0.19
	달걀(생것)	1개(대)	50	0.15
	닭고기		60	0.11
채소 및 과일류	시금치(생것)		70	0.25
	시금치(데친 것)		70	0.09
	오렌지	1개(중)	100	0.04
우유 및 유제품	우유	1컵	200	0.78
	탈지우유	1컵	200	0.68
	요구르트	1컵	200	0.68
유지, 견과 및 당류	리보플라빈의 주요 급원이 아님			

문에 약 1.5배 정도의 리보플라빈을 섭취하는 것이 좋다. 노인의 에너지 필요량이 감소할지라도 리보플라빈 필요량은 성인과 차이가 없으며, 다량의 리보플라빈을 섭취할 경우 대부분이 배설되므로 부작용이 별로 없다.

결핍증

리보플라빈 결핍증세 (ariboflavinosis)
- 설염(glossitis)
- 구각염(cheilosis)
- 지루성 피부염 (seborrheic dermatitis)
- 구내염(stomatitis)

리보플라빈은 여러 식품에 널리 분포되어 있지만, 장기간 동안 섭취량이 충분치 않을 때 결핍증이 나타날 수 있다. 리보플라빈의 결핍증세는 다른 수용성 비타민의 결핍과 동시에 나타나는 경우가 대부분이며, 결핍증세는 설염(그림 8-5), 구각염(그림 8-6), 지루성 피부염, 구내염, 인두염, 안질 및 신경계의 질병, 정신착란 등이다. 리보플라빈 권장량의 약 1/4을 함유한 식사, 즉 리보플라빈이 결핍된 식사를 2개월간 공급하면 뚜렷한 결핍증세가 나타난다.

설염은 혀에 염증이 생겨 통증이 심한 증세로서, 나이아신, 비타민 B_6, 리보플라빈, 엽산 또는 비타민 B_{12}가 결핍되었을 때 나타난다. 대체로 한 가지 이상의 비타민 B가 결핍되었을 때 설염이 나타나는 경우가 많으며, 영양결핍 시 다른 질병으로 인해 설염이 나타나기도 한다.

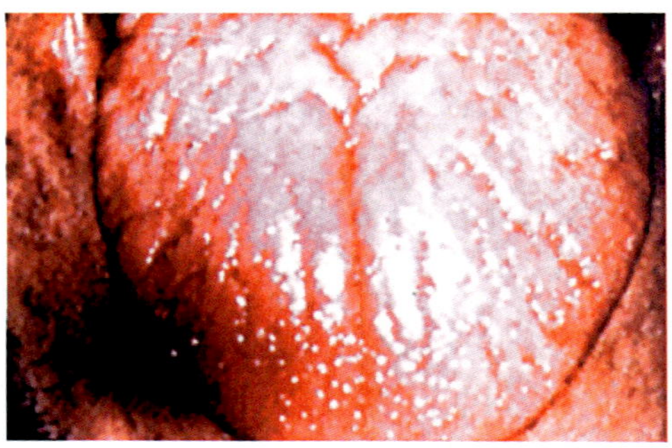

그림 8-5. 설염

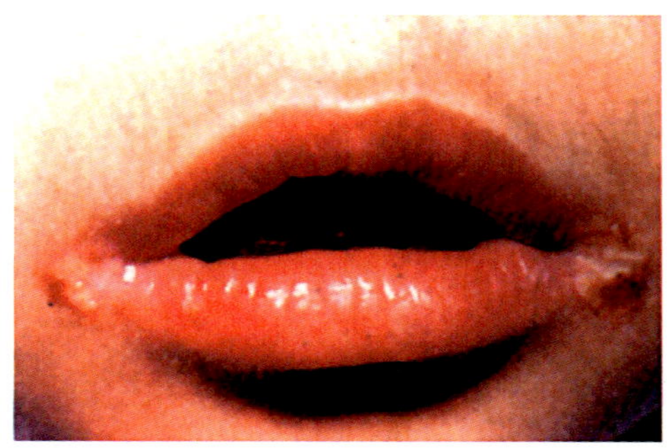

그림 8-6. 구각염

나이아신

나이아신 당량(niacin equivalent, NE)
1NE = 1mg 나이아신
 = 60mg 트립토판
트립토판이 나이아신으로 전환되는 율과 에너지소비량을 기준으로 정한다.

니코틴산 (nicotinic acid, niacin)
니코틴아미드 (nicotinamide, niacinamide)

펠라그라와 나이아신과의 관계가 밝혀지기 전까지 펠라그라는 풍토병으로 여겨졌으나 여러 실험에 의하여 나이아신 결핍에 의한 것으로 밝혀졌다. 펠라그라의 증세로 피부염증과 설사가 나타나는데, 심해지면 신경장애가 나타나고 사망에 이른다. 트립토판이 나이아신의 전구체라는 사실이 알려지면서 펠라그라가 쉽게 치료될 수 있게 되었다. 나이아신의 함량을 표시할 때 사용하는 단위는 나이아신 당량(mgNE)으로서 60mg의 트립토판이 1mg의 나이아신으로 전환되는 것을 의미한다. 이러한 전환과정에 리보플라빈과 비타민 B_6가 조효소로 작용한다.

나이아신은 니코틴산과 니코틴아미드로 존재하며 카르복실기(-COOH) 또는 아미드기($-NH_2$)를 갖는다(그림 8-7). 이 두 물질은 물과 알코올에 잘 용해되며 건조한 상태에서는 안정하지만 용액상태에서는 120℃ 이하의 온도에서 안정하다.

쉬어가기

펠라그라(pellagra)

이탈리아 어원으로 'pelle'은 피부를 뜻하고 'agra'는 거칠음을 뜻한다. 펠라그라는 식이 중 나이아신이 결핍되었을 때나 트립토판이 풍부한 단백질의 섭취가 부족할 때 나타나는 질병으로서, 피부염(dermatitis) · 설사(diarrhea) · 정신질환(dementia) · 죽음(death)을 가져오는 4D 증세로 나타난다.

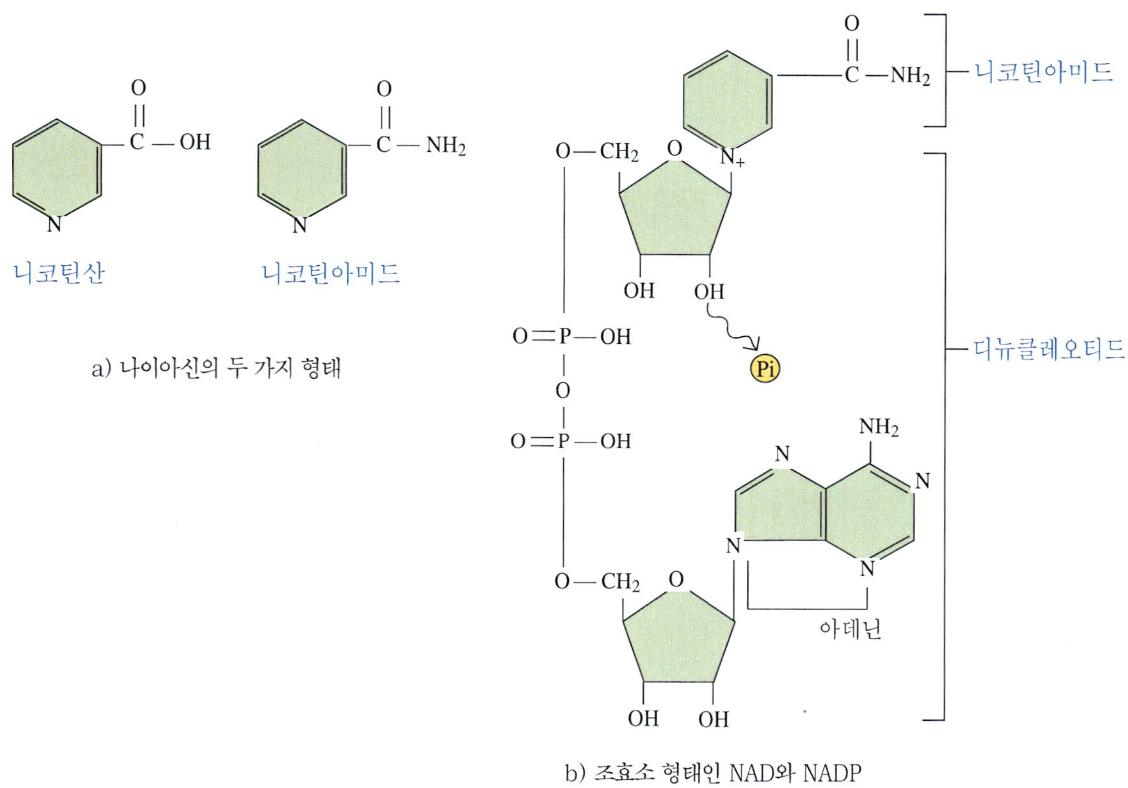

그림 8-7. 나이아신과 조효소 NAD, NADP의 구조

체내 기능

1. 세포내 산화 - 환원 반응의 조효소

나이아신의 조효소 형태는 니코틴아미드 디뉴클레오티드(NAD)와 니코틴아미드 디뉴클레오티드 포스페이트(NADP)로서 체내의 산화-환원 반응에 참여한다(그림 8-7). 특히 에너지 영양소들로부터 ATP를 생성하는 대사과정에 필수적인 조효소로 작용한다(그림 8-3).

니코틴아미드 디뉴클레오티드 (nicotinamide adenine dinucleotide, NAD)

니코틴아미드 디뉴클레오티드 포스페이트 (nicotinamide adenine dinuclotide phosphate, NADP)

가. NAD를 조효소로 사용하는 탈수소효소

NAD는 탄수화물이 분해되는 해당과정이나 TCA회로 및 지방 산화과정에서 전자나 수소 수용체로 작용한다. 산소가 부족한 혐기적 조건에서는 피루브산이 젖산으로 전환되는데 환원형인 NADH가 조효소로 작용하면서 NADH는 NAD+로 산화된다.

젖산 탈수소효소
(lactate dehydrogenase)

NADH + H^+ → NAD^+

피루브산 → 젖산

젖산 탈수소효소

호기적 조건에서는 미토콘드리아의 전자전달계에 의해 NADH가 전자수용체에 수소나 전자를 전달하는 역할을 한다. NAD가 관여하는 대표적인 효소로 알코올 탈수소효소를 들 수 있는데, 알코올을 다량 섭취하면 간의 세포질에서 효소에 의하여 알코올이 아세트알데이히드로 전환되면서 NADH가 다량 생성된다. 체내에 NADH가 증가되면 지방합성을 증가시키고 지방산의 산화와 구연산 회로의 진행을 감소시킨다.

알코올 탈수소효소
(alcohol dehydrogenase)

에탄올 + NAD^+ → 아세트알데하이드 + NADH + H^+

알코올탈수소효소

나. NADP를 조효소로 사용하는 탈수소효소

펜토오스 인산회로
(pentosephosphate pathway)
피루브산/말산 회로
(pyruvate/malate shuttle)

NADP는 펜토오스 인산회로와 아세틸 CoA를 미토콘드리아 밖으로 이동시켜 주는 피루브산/말산 회로에 관여한다. 세포내에서 일어나는 여러 합성과정은 NADP의 환원형인 NADPH에 의해 일어난다. 또한 미토콘드리아 밖에서 일어나는 반응인 지방산과 스테로이드 합성 등의 환원적 합성반응에도 작용한다.

2. 약리작용

cAMP(cyclic AMP)

지단백질(lipoprotein)

나이아신은 심장병 환자들의 혈청 콜레스테롤을 낮추어주는 약리작용도 한다. 나이아신을 과량 섭취하면 혈청 콜레스테롤이 저하된다. 나이아신을 하루에 1.5~3g(권장량의 75~150배) 섭취하였을 때, LDL 콜레스테롤은 저하되고 HDL 콜레스테롤은 증가되었다. 정확한 기전은 알려지지 않았으나 나이아신은 지방조직 내의 cAMP를 감소시켜서 지방산이 지방조직으로부터 동원되는 것을 감소시키며, 간조직에서 지단백이 합성되는 것을 저하시키기 때문인 것으로 추정된다. 지단백 합성이 저하되면서 VLDL 합성이 줄어들고 LDL 콜레스테롤 역시 저하되어 혈청 콜레스테롤이 저하된다. 또한 나이아신은 혈관확장제로서 이용되는데, 다량 섭취하면 피부홍조, 소화기관 장애, 가려움증 등의 부작용이 나타나기도 한다.

흡수와 대사

N′-메틸 니코틴아미드
(N′-methyl nicotinamide)

나이아신은 위에서 흡수되기도 하지만 대부분 소장 상부에서 흡수된다. 소량의 나이아신을 섭취하였을 때 Na+ 펌프나 운반체의 도움을 받아 흡수되고, 다량의 나이아신을 섭취하면 단순확산에 의해서 일부 흡수된다. NAD는 소장의 점막세포에서 가수분해되어 니코틴아미드 형태로 혈액에 들어가 순환한다. 니코틴아미드는 배설되기 전에 메틸화되어 N′-메틸 니코틴아미드 형태로 소변으로 배설된다(그림 8-8).

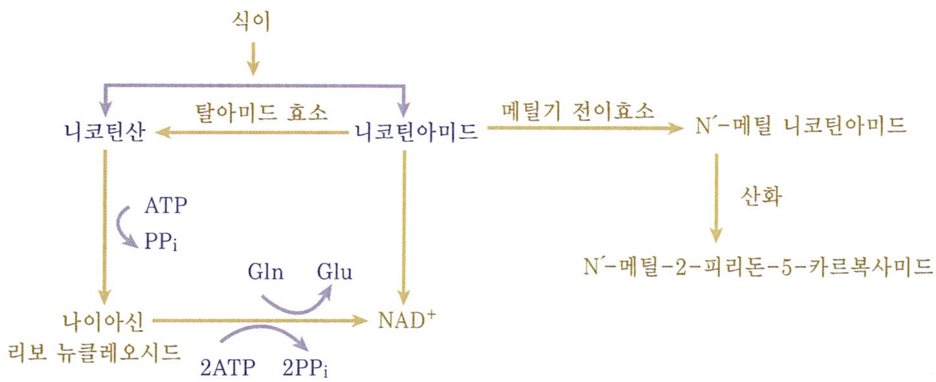

Gln(glutamine)
Glu(glutamate)

그림 8-8. 나이아신의 대사

영양상태 평가

나이아신 영양상태를 판정하기 위해서 뇨로 배설되는 대사물인 N ′-메틸 니코틴아미드 또는 N ′-메틸-2-피리돈-5-카르복사미드를 측정하는데, N ′-메틸 니코틴아미드가 가장 선호하는 나이아신 영양상태 지표이다(표 8-4). 50mg의 니코틴아미드를 투여한 후 4~5시간이 지난 후 소변으로 배설되는 대사물질의 양을 측정한다. 또한 적혈구 내의 NAD 함량을 측정하거나 혈장 트립토판 함량을 측정하기도 한다.

표 8-4. 나이아신 영양상태 평가 지표

연 령	N′-메틸 니코틴아미드 (mg/g 크레아티닌)			N′-메틸-2-피리돈-5-카르복사미드	
모든 연령	결핍	경계	충분	결핍	충분
	〈 0.5	0.5~1.59	〉1.6	〈 1.0	1.3~4.0

나이아신이 풍부한 식품

에너지 함량에 비해 나이아신의 함량이 높은 식품, 즉 나이아신 영양밀도가 높은 식품으로는 버섯, 참치, 닭고기, 고등어, 아스파라거스, 땅콩, 밀기울 등이 있다(표 8-5). 우유와 달걀 등의 동물성 단백질은 나이아신을 거의 함유하고 있지 않으나, 간접적으로 나이아신을 제공할 수 있는 트립토판을 다량 함유하고 있으므로 트립토판의 좋은 급원이며 육류와 곡류는 나이아신 용량이 비교적 높아서 좋은 급원이다.

옥수수의 나이아신 함량은 곡류(쌀)의 나이아신 함량과 비슷하고 다른 채소보다는 더 높다. 그러나 옥수수에 들어 있는 나이아신은 단백질과 결합되어 있어서 흡수율이 낮으며 생체 이용률이 낮다. 곡류에 함유된 나이아신도 결합 형태인 나이아시노겐 상태로 존재하므로 이용률이 낮다. 그러나 옥수수를 수산화칼슘 같은 알칼리성 용액에 담그면 단백질에 결합된 나이아신이 분

나이아시노겐(niacinogen)

표 8-5. 각 식품군의 나이아신 함유량

식품군	식품명	목측량	중량(g)	나이아신(mg)
곡류 및 전분류	수수경단		100	8.4
	찹쌀가루		90	4.5
	녹두가루		90	4.2
	메밀가루		90	4.1
	쌀밥, 현미	1공기	210	3.2
	통밀빵	3조각	90	3.0
	쌀밥, 백미	1공기	210	1.2
고기, 생선, 달걀, 콩류	참치		70	9.3
	닭고기(가슴)		60	7.6
	고등어(구운 것)	1토막	70	7.0
	쇠간		60	6.4
	연어	1토막	70	5.3
	쇠고기		70	3.2
	닭간		60	2.7
	완두콩(생)		20	9.0
채소 및 과일류	표고버섯 · 참나무(말린 것)		70	7.4
	느타리버섯(삶은 것)	1접시	70	6.2
	송이버섯(생)	1접시	70	5.6
	아보카도	1개(중)	70	2.3
우유 및 유제품	우유	1컵	200	0.2
유지, 견과 및 당류	땅콩(볶은 것)		13	2.5

리되어 체내에 유용하게 쓰인다. 최근에는 트립토판이나 나이아신의 함량이 높은 새로운 옥수수 품종이 개발되고 있다.

필요량

나이아신의 권장량은 나이, 성장, 임신, 수유, 질병, 체조직 크기, 운동량에 따라 다르다. 일반적으로 나이아신 함량의 단위는 나이아신 당량(mgNE)으로 표기하며, 트립토판이 나이아신으로 전환되는 효율과 에너지 소비량을 기준으로 정하였다. 1mgNE는 1mg의 나이아신을 의미하며, 60mg의 트립토판은 1mg 나이아신과 동등한 효과를 나타낸다.

펠라그라를 예방하고 적절한 나이아신 영양상태를 유지하는데 필요한 나이아신의 평균필요량을 산정하고 체격과 에너지 소모량을 고려하여 한국인의 권장섭취량을 결정하였다. 한국인 성인의 권장섭취량은 남자 16mgNE, 여자는 14mgNE이다. 노인기 나이아신 평균필요량은 에너지 대사를 감안한 체중비율을 적용하여 성인의 평균필요량으로부터 외삽하여 산출하였다. 노인기 남성의 나이아신 평균필요량은 65~74세 11mgNE/일, 75세 이상 10mgNE/일, 노인기 여성의 나이아신 평균필요량은 65~74세 10mgNE/일, 75세 이상 9mgNE/일로 설정하였다(표 8-2). 임신기에는 에너지 필요량이 증가되고 태아성장과 모체조직의 증가를 도모하기 위해 1일

4mgNE를 추가 권장하며, 수유기에는 모유를 통한 나이아신 분비량을 고려하여 1일 3mgNE를 추가 권장하고 있다.

2013~2017년 국민건강영양조사 자료를 분석한 결과, 성인 남성 19~29세의 나이아신 평균섭취량은 19.0mg/일이었으며, 평균필요량 미만 섭취자 분율은 약 28.4%였다. 1세 이상 연령군의 25.3%가 나이아신이 포함된 보충제를 복용하고 있었고, 보충제 복용군의 경우 하루에 평균 10.21mgNE의 나이아신을 보충제로 섭취하고 있었다.

결핍증

나이아신 결핍증인 펠라그라의 증세에는 피부염, 식욕부진, 설사, 정신적 무력증, 우울 등이다(그림 8-9). NAD와 NADP가 체내 대사에 널리 관여하므로, 결핍되면 신체 전반적으로 장애를 가져오며 이러한 증세를 적절히 치료하지 않으면 사망하게 된다.

단백질과 나이아신 섭취가 부족한 지역인 동남아시아, 아프리카에서는 아직도 펠라그라가 발병되고 있다. 최근 연구에 의하면 주로 알코올 중독자, 당뇨환자, 만성설사 · 흡수불량환자에서 나이아신이 결핍되기 쉽다. 임신기에 나이아신 섭취량이 정상군보다 낮은 집단에서 이분척추, 구강안면열의 위험이 높게 나타나 임신기에 나이아신을 충분히 섭취하는 것이 중요하다.

2014년 우리나라 국민건강영양조사에서 성인 1일 나이아신 평균 섭취량은 남자 18.1mg, 여자 13.8mg으로 나타나 우리나라 국민의 나이아신 섭취량은 대체로 충족되고 있는 것으로 조사되었다.

쉬어가기 펠라그라의 역학

펠라그라는 트립토판의 함량이 낮으면서 나이아신의 이용률도 낮은 옥수수를 주식으로 하는 아프리카, 유럽, 이집트에서 많이 발병하였다. 1941년대 나이아신이 풍부한 곡식과 단백질 공급이 풍부해지면서 미국에서 펠라그라는 빠른 속도로 사라졌으며 풍토병이라는 인식에서 벗어나게 되었다. 즉 고단백질 식이로 치유되었으며, 트립토판이 나이아신으로 전환되는 과정이 확인되었다. 볶은 커피에는 니코틴산이 함유되어 있어서 커피의 소비량이 많은 지역에서는 펠라그라 발생률이 낮다고 한다.

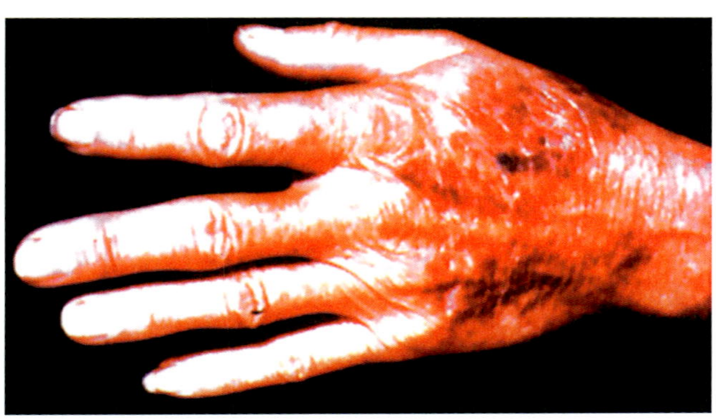

신체에 대칭적으로 피부염증이 일어나는 것이 특징이며, 일광노출로 상태가 더 악화될 수 있다.

그림 8-9. 펠라그라 환자의 피부염 증세

■ **나이아신이 결핍되기 쉬운 조건**

- 알코올 중독
- 식이제한
- 피리독신 · 리보플라빈 · 티아민 결핍
- 종양
- 갑상선 기능 항진
- 스트레스
- 외상
- 만성열병
- 임신, 수유기
- 당뇨

과잉증

나이아신을 보충제나 강화식품을 통해 과량 복용하면 피부홍조, 가려움증, 메스꺼움, 간기능 이상, 혈청 요산증가, 혈당증가 등의 부작용이 나타낸다. 이들 부작용은 복용을 중지하면 회복되는 것으로 알려져 있으나, 임상의사의 지시에 따라 나이아신을 복용해야 한다. 과량의 나이아신 섭취 시 나타나는 안면홍조 또는 위장관 증세를 독성종말점으로 이용하여 나이아신의 상한섭취량이 35mg/일로 설정되었다. 니코틴아미드는 니코틴산 보다 인체에 유해영향이 적으며, 식품에 자연적으로 함유되어 있는 경우 인체에 유해하지 않으나 강화식품이나 보충제를 통해 섭취할 때 간독성을 나타내므로 이를 고려하여 1,000mg/일을 니코틴아미드의 상한섭취량으로 설정하였다.

쉬어가기

비타민 B 복합체

티아민 · 리보플라빈 · 나이아신 등은 당질 · 아미노산 · 지방산 대사에 관여한다. 강화된 곡류는 이 세 가지 비타민을 공급받을 수 있는 좋은 급원이다. 돼지고기는 티아민의 좋은 급원이고, 우유는 리보플라빈의 좋은 급원이고, 단백질 식품은 나이아신의 좋은 급원이다. 알코올 중독자는 이 세 가지 비타민이 결핍되기 쉬우며 특히 티아민이 결핍되기 쉽다. 나이아신은 과량을 섭취했을 때 부작용을 나타내므로 강화식품이나 보충제를 통해서 과다하게 섭취하지 않도록 주의해야 한다.

판토텐산

판토텐산 (pantothenic acid)

코엔자임A (coenzyme A, CoA)

아실기 운반단백질(acyl carrier protein, ACP) 체내에서 아실기(acyl group)를 활성화시키고 운반체로서 지방산의 합성과 콜레스테롤 · 스테로이드 호르몬 합성, 피루브산과 α-케토글루타르산의 산화작용에 관여한다.

체내 기능

판토텐산은 코엔자임 A(CoA)와 아실기 운반단백질(ACP)의 구성 성분이다. CoA는 판토텐산에 ATP 유도체와 시스테인이 결합되어 형성되며(그림 8-10), 탄수화물, 지질, 단백질 대사에서 에너지(ATP)를 생성하는 데 필수적이다. 판토텐산은 CoA의 구성 성분으로서, 아세틸화반응(그림 8-11)을 포함하여 영양소의 산화과정 및 지방산 · 콜레스테롤 · 스테로이드 등의 지질 합성, 신경 전달물질 합성 등 여러 반응에 참여하고 있다.

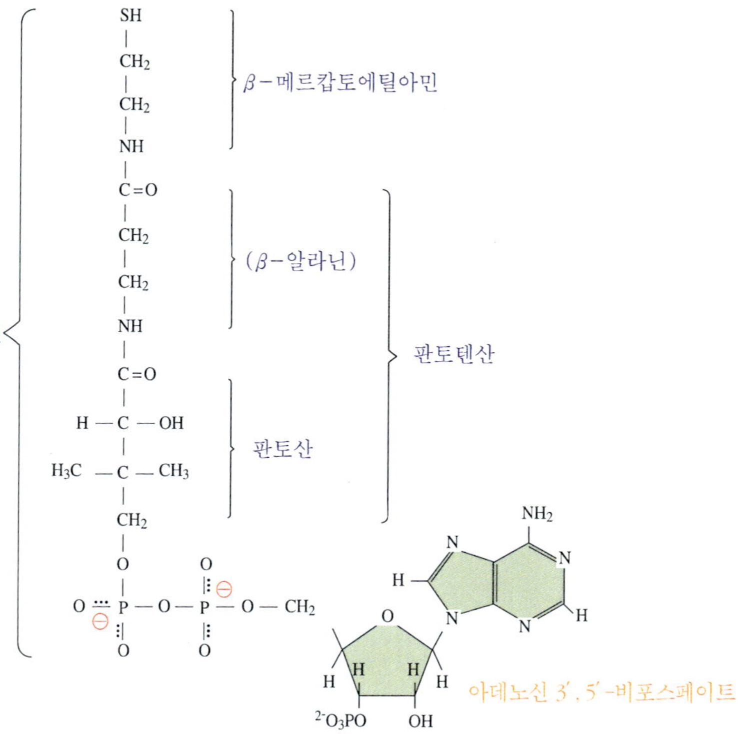

인산 판테테인
(phosphopatetheine)

그림 8-10. 판토텐산의 체내 활성형인 CoA의 구조

1. 지방산의 합성

지방산의 합성(lipogenesis)

CoA는 아세트산와 결합하여 아세틸 CoA를 형성하고 여러 가지 중요한 대사과정에 관여한다. 아세틸 CoA는 옥살로아세트산과 결합해서 시트르산을 형성하여 TCA회로로 들어가서 반응이 진행된다. 또한 아세틸 CoA는 이산화탄소와 결합하여 3탄소 분자인 말로닐 CoA를 형성하여 지방산을 합성한다.

옥살로아세트산
(oxaloacetate)
시트르산(citric acid)
말로닐 CoA(malonyl CoA)

2. 아미노산의 아세틸화 반응

트립토판과 루신은 케톤 생성 아미노산으로서, 분해과정에서 아세토아세틸 CoA를 거쳐 아세틸 CoA로 분해 된 후 TCA회로로 들어간다.

케톤 생성 아미노산
(ketogenic amino acid)
아세토아세틸 CoA
(acetoacetyl CoA)

3. 아세틸기의 활성화 반응

아세틸기를 완전히 산화시켜 ATP를 형성하거나, 아세틸기로부터 콜레스테롤과 스테로이드 호르몬을 합성하는 과정에 CoA가 관여한다.

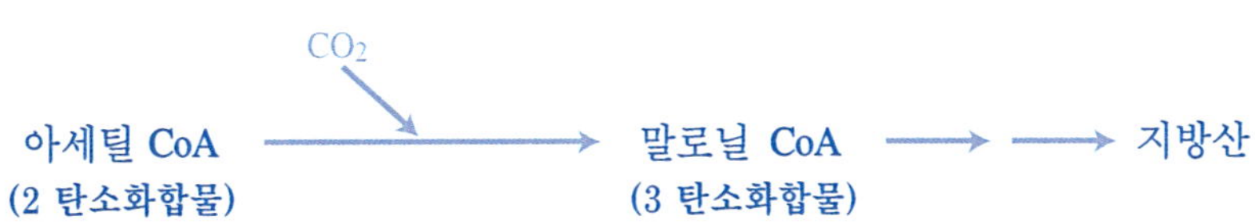

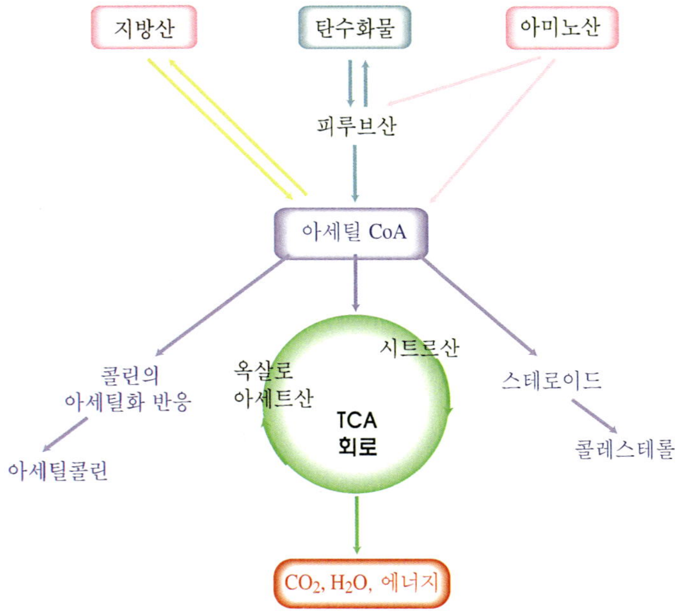

그림 8-11. 아세틸화 반응

4. 헴의 합성

헴(heme)
프로토포르피린
(protoporphyrin)

헴의 구성성분인 프로토포르피린은 숙시닐 CoA와 글리신의 결합으로 생성된다. 따라서 판토텐산이 결핍된 동물에서 빈혈이 나타나는 이유는 CoA의 부족으로 헴이 형성되지 못하기 때문이다.

흡수와 대사

판토텐산은 소장에서 효율적으로 흡수된 후 인산화반응에 의해서 CoA를 형성한다. 혈액에 있는 판토텐산은 적혈구 내에서는 CoA형태로 존재하며, 혈장에서는 유리된 형태인 판토텐산으로 존재한다.

판토텐산이 풍부한 식품

판토텐산의 어원인 'everywhere'가 의미하듯이 모든 식품 속에 함유되어 있다(표 8-6). 판토텐산의 영양밀도가 높은 식품은 버섯, 간, 땅콩, 달걀, 닭고기, 전곡 등이다. 우유, 채소, 과일에는 소량 함유되어 있다. 판토텐산는 일반 조리과정이나 저장조건에서는 잘 보유되나 통조림 제조과정에서는 열처리에 의해 파괴된다.

필요량

판토텐산의 필요량은 판토텐산의 섭취량과 소변 배설량 사이의 균형연구에 의하여 설정되었다. 그러나 식품성분표가 미비한 상태이고 과학적인 균형연구 자료가 부족하므로 권장섭취량 대신 충분섭취량을 설정하였다. 한국인 성인 남녀 모두 5mg/일을 권장하며, 노인도 동일한 수준으로 권장한다. 임신기에는 하루에 1mg, 수유기에는 2mg을 추가 권장한다.

결핍증

판토텐산은 장내 세균에 의해서 합성되므로, 임상적으로 사람의 판토텐산 결핍증은 보고되지 않았다. 그러나 실험적으로 판토텐산 결핍식이를 주었을 때, 9주 이후에 무관심, 피로, 두통, 불면증, 구토, 손의 쑤심, 복통 등의 결핍증세가 나타났다. 판토텐산의 결핍증은 알코올 중독자, 당뇨환자, 궤양성 대장염 환자에게서도 가끔 나타나는데, 이 환자들의 경우 판토텐산 이용률이 낮았으며 판토텐산의 소변 내 배설량이 높았다. 그러나 판토텐산의 결핍증은 엽산, 비타민 B_1 · B_2 등과 같은 다른 B 비타민의 결핍증상에 포함되어 때때로 감지되지 못하는 경우가 많다.

판토텐산 결핍증

임상적으로 판토텐산 결핍은 사람에서는 보고되지 않았으나 판토텐산이 결여된 합성식이를 먹었을 경우 또는 판토텐산 길항제를 투여한 경우에 사람에게서도 결핍증이 나타났다. 적어도 9주 후에 판토텐산 결핍증세가 나타났는데, 허약감, 피로, 두통, 불면증, 구토, 손떨림, 복부통증을 동반한다. 제2차 세계 대전 당시 포로들에게서 판토텐산 결핍이 나타났는데, 'burning foot' 이라는 증세로서 발끝 떨림, 발이 화끈거림, 발이 쑤시는 통증, 정신이상 등의 증세를 나타냈는데, 판토텐산 투여로 치료할 수 있었다.

표 8-6. 각 식품군의 판토텐산 함유량

식품군	식품명	목측량	중량(g)	판토텐산(mg)
곡류 및 전분류	대두밀	1/2컵		1.00
	통밀빵	3조각	90	0.54
고기, 생선, 달걀, 콩류	소간		60	3.55
	닭간		60	3.20
	달걀	1개(대)	50	0.86
	난황	1개(대)		0.75
	연어	1토막	70	0.74
	닭고기살		60	0.65
채소 및 과일류	아보카도	1개(중)	100	1.68
	감자	1개(중)	100	1.12
	옥수수	1/2컵		0.72
	바나나	1개(중)	200	0.30
우유 및 유제품	요구르트	1컵	180	0.88
	우유	1컵	200	0.76
유지, 견과 및 당류	땅콩		13	0.14

표 8-7. 2020 한국인 영양소 섭취기준 – 판토텐산, 비오틴, 비타민 B_6, 엽산, 비타민 B_{12}

성별	연령	판토텐산(mg/일)	비오틴(μg/일)	비타민 B_6(mg/일)				엽산(μg DFE/일)[1]				비타민 B_{12}(μg/일)		
		충분섭취량	충분섭취량	평균필요량	권장섭취량	충분섭취량	상한섭취량	평균필요량	권장섭취량	충분섭취량	상한섭취량[2]	평균필요량	권장섭취량	충분섭취량
영아	0~5(개월)	1.7	5			0.1				65				0.3
	6~11	1.9	7			0.3				90				0.5
유아	1~2(세)	2	9	0.5	0.6		20	120	150		300	0.8	0.9	
	3~5	2	12	0.6	0.7		30	150	180		400	0.9	1.1	
남자	6~8(세)	3	15	0.7	0.9		45	180	220		500	1.1	1.3	
	9~11	4	20	0.9	1.1		60	250	300		600	1.5	1.7	
	12~14	5	25	1.3	1.5		80	300	360		800	1.9	2.3	
	15~18	5	30	1.3	1.5		95	330	400		900	2.0	2.4	
	19~29	5	30	1.3	1.5		100	320	400		1,000	2.0	2.4	
	30~49	5	30	1.3	1.5		100	320	400		1,000	2.0	2.4	
	50~64	5	30	1.3	1.5		100	320	400		1,000	2.0	2.4	
	65~74	5	30	1.3	1.5		100	320	400		1,000	2.0	2.4	
	75 이상	5	30	1.3	1.5		100	320	400		1,000	2.0	2.4	
여자	6~8(세)	3	15	0.7	0.9		45	180	220		500	1.1	1.3	
	9~11	4	20	0.9	1.1		60	250	300		600	1.5	1.7	
	12~14	5	25	1.2	1.4		80	300	360		800	1.9	2.3	
	15~18	5	30	1.2	1.4		95	330	400		900	2.0	2.4	
	19~29	5	30	1.2	1.4		100	320	400		1,000	2.0	2.4	
	30~49	5	30	1.2	1.4		100	320	400		1,000	2.0	2.4	
	50~64	5	30	1.2	1.4		100	320	400		1,000	2.0	2.4	
	65~74	5	30	1.2	1.4		100	320	400		1,000	2.0	2.4	
	75 이상	5	30	1.2	1.4		100	320	400		1,000	2.0	2.4	
	임신부	+1	+0	+0.7	+0.8		100	+200	+220		1,000	+0.2	+0.2	
	수유부	+2	+5	+0.7	+0.8		100	+130	+150		1,000	+0.3	+0.4	

1) Dietary Folate Equivalents, 가임기 여성의 경우 400μg/일의 엽산 보충제 섭취를 권장함.
2) 엽산의 상한섭취량은 보충제나 강화식품을 통해 인공합성 형태로 섭취하는 엽산섭취량에 국한하여 적용됨.

자료 : 보건복지부, 2020 한국인 영양소 섭취기준, 2020

■ 판토텐산 결핍이 일어나기 쉬운 임상조건

- 알코올 중독
- 당뇨병
- 궤양 및 과립상 대장염

비오틴

체내 기능

비오틴은 황을 함유한 수용성 비타민(그림 8-12)으로서, 포도당 합성 및 지방산 합성과정에서 조효소로 작용하며, 아미노산으로부터 에너지 생성과정과 DNA 합성과정에서도 중요한 역할을 한다. 비오틴은 생체내 대사과정 중 카르복실기를 제공하는 카르복실화효소의 조효소로 작용을 한다. 또한 CO_2를 제거하는 탈탄산효소의 조효소로도 작용한다(표 8-8).

비오틴(biotin)

카르복실화효소(carboxylase)

탈탄산효소(decarboxylase) CO_2를 제거하는 효소

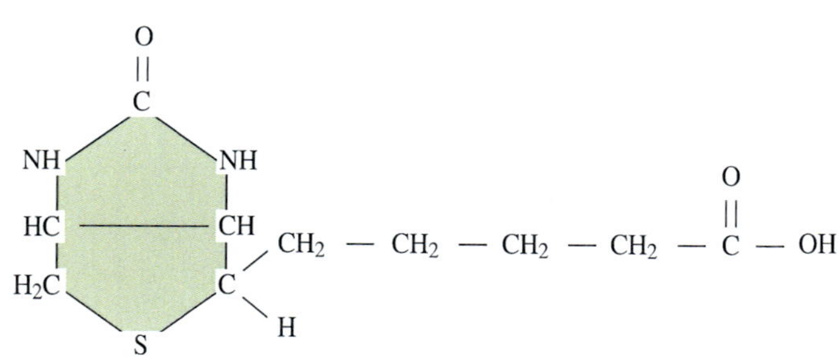

그림 8-12. 비오틴의 구조

표 8-8. 비오틴을 조효소로 사용하는 효소

효 소	반 응	생화학적 역할
카르복실화 효소	피루브산 ⟶ 옥살로아세트산 아세틸 CoA ⟶ 말로닐 CoA 프로피오닐 CoA ⟶ 메틸말로닐 CoA 3-메틸크로토닐 CoA ⟶ 3-메틸글루타코닐 CoA 요소 ⟶ N-카르복실요소	포도당 신생합성 지방산 합성 프로피온산 대사 루신 이화과정 요소 이화과정
카르복실기 전이 효소	메틸말로닐 CoA + 피루브산 ⟶ 옥살로아세트산 + 프로피오닐 CoA	탄수화물 발효
탈탄산 효소	메틸말로닐 CoA ⟶ 프로피오닐 CoA + CO_2 옥살로아세트산 ⟶ 피루브산 + CO_2	젖산 발효 포도당신생합성

1. 카르복실화 반응

카르복실화 반응(carboxylation)
피루브산 카르복실화 효소(pyruvate carboxylase)

피루브산에 이산화탄소를 첨가하여 옥살로아세트산을 형성하는 카르복실화 반응에 참여하는 피루브산 카르복실화효소는 비오틴을 함유한 효소이다. 이 반응은 주로 간에서 일어나며 포도당 신생합성의 첫 반응이다.

피루브산 —(CO_2, Mg^{++}; 피루브산 카르복실화 효소)→ 옥살로아세트산 ⟶ ⟶ 포도당

아세틸 CoA 카르복실화 효소(acetyl CoA carboxylase)
메틸말로닐 CoA 카르복실화 효소(methyl malonyl CoA carboxylase)
카르복실기 전이반응(transcarboxylation)
프로피온산(propionate)
메틸말로닐-CoA 카르복실기 전이효소(methylmalonyl-CoA carboxytransferase)
프로판오일-CoA(propanoyl-CoA)

지방산 합성과정에 필요한 효소인 아세틸 CoA 카르복실화 효소도 비오틴을 함유한 효소이다.

2. 카르복실기 전이반응

메틸말로닐-CoA 카르복실기 전이효소에 비오틴이 조효소로 필요하다. 이 효소는 탄수화물이 프로피온산으로 발효되는 과정 중 CO_2를 이동시키는 데 관여한다.

메틸말로닐-CoA + 피루브산 —(메틸말로닐-CoA 카르복실기 전이효소)→ 프로판오일-CoA + 옥살로아세트산

쉬어가기 — 비오틴 결핍증

비오틴이 결핍되는 경우 이러한 중간 대사물질이 충분히 생성되지 않으므로 TCA 회로가 효율적으로 일어나지 못한다. 그러므로 혈액내 젖산의 함량이 높아지고 호기성 당대사가 느리게 일어난다. 중추신경계에 젖산의 함량이 높아지면 비정상적인 정신증세, 즉 우울, 무기력, 환각증세, 손끝의 무감각증 같은 심한 증세를 동반할 수 있다.

흡수와 대사

비오시틴(biocytin)

비오틴 분해효소(biotinidase) 식품 중에 존재하는 비오시틴을 유리된 형태인 비오틴으로 분해하는 효소

식품 속에 비오틴은 유리상태로 존재하거나 단백질과 결합된 비오시틴으로 존재한다. 비오시틴은 비오틴의 카르복실기와 단백질 내의 리신이 결합한 형태로서 비오틴은 소장에서 흡수되지만 비오시틴은 흡수되지 않는다. 소장에 있는 비오틴 분해효소에 의해 단백질과 결합된 부위가 가수분해 된 후 유리된 형태로 흡수된다. 십이지장과 공장에서 소디움(Na^+) 의존성 능동운반에 의해서 흡수된다. 혈액 내에서는 알부민과 글로블린에 결합된 형태로 운반된다. 비오틴이 세포막을 통과하는 속도는 세포가 비타민을 필요로 하는 정도에 따라 다르며, 비오틴은 카르복실화 효소가 많은 조직에 주로 분포되어 있다.

소변으로 배설되는 비오틴은 섭취량에 비해 적은 양이다. 그러나 비오틴의 대변 배설량은 섭취량의 2.5~5배로 전체 배설량이 섭취량보다 높으므로 장내에서 장내 미생물에 의해서 상당량 합성됨을 알 수 있다. 비오틴의 실이용률은 확실하지 않지만 비오틴은 소장에서 매우 효율적으로 흡수된다.

비오틴이 풍부한 식품

비오틴의 영양밀도가 높은 급원식품으로는 난황 · 간 · 땅콩 · 대두 · 이스트 · 치즈 등이 있으며, 채소류 · 과일류 · 육류는 좋은 급원이 아니다. 옥수수와 대두의 비오틴은 생체 이용률이 100%로 높으나 이와 대조적으로 밀의 이용률은 5%로 매우 낮다.

필요량

비오틴의 평균필요량에 대한 근거 자료가 불충분하므로 권장섭취량 대신 충분섭취량을 설정하였다. 성인 남녀의 비오틴 충분섭취량은 30㎍/일이며 노인, 임신부에게도 동일 수준으로 권장하며, 수유기에는 하루에 5㎍을 추가 권장한다.

결핍증

선천적으로 비오티니다아제가 결핍되거나 비오틴이 심각하게 결핍되면 2~3개월 안에 피부발진, 탈모증 등의 결핍증세가 나타난다. 결핍이 심해져 증상이 악화되면 경련과 뇌손상을 가져오기도 한다. 비오틴을 섭취하면 완전 회복이 가능하다.

■ 비오틴이 결핍되기 쉬운 조건

- 무염산증(achlorhydria)
- 과량의 난백 섭취
- 임신, 수유기
- 알코올 중독
- 술폰아미드(sulfonamide) 투여
- 간질병

생난백에 들어있는 단백질인 아비딘은 비오틴과 결합하여 비오틴의 흡수를 방해한다. 생난백을 많이 먹은 동물은 난백상해 증세를 나타내지만, 건강한 성인은 하루에 12~24개의 생달걀을 먹을 경우에나 비오틴 결핍증세를 가져오므로 큰 문제가 되지는 않으나, 알코올 중독자가 하루에 3~4개의 생난백을 먹는 경우에는 결핍증세가 나타난다. 또한 장절제 수술을 받은 환자에게서 장기간 장관외 영양을 투여받은 경우 머리카락이 빠지는 현상이 관찰되었으나, 하루에 200~400㎍의 비오틴을 공급했을 때 증상이 호전되었다. 비오틴이 들어 있지 않은 TPN을 1달간 투여했을 때, 혈청 비오틴 농도와 백혈구의 프로피오닐-CoA 카르복실화 효소의 활성이 저하되었다.

아비딘(avidin)
난백상해(egg-white injury)

장관외 영양(total parenteral nutrition, TPN)

비타민 B_6

고온살균에 의해서 비타민 B_6가 파괴된 조제유를 먹은 영유아들의 뇌신경 전달물질 합성이 감소될 때 비타민 B_6를 첨가해 줌으로써 성공적으로 치유할 수 있었다. 따라서 오늘날 조제유를 제조할 때에는 영양소의 보존, 특히 비타민 B_6의 보유에 주의를 기울인다.

체내 기능

비타민 B_6의 기능을 갖고 자연계에 존재하는 물질은 피리독신(PN) · 피리독살(PL) · 피리독사민(PM) 등 세 가지가 있고, 인산결합체인 피리독살-5′-인산(PLP)과 피리독사민-5′-인산(PMP), 피리독신-5′-인산(PNP)으로도 존재한다(그림 8-13). PLP와 PMP는 비타민 B_6의 조효소로서 단백질 대사에 주로 관여하는 조효소이다. 이 중 PLP가 가장 활성이 높아서 여러 가지 생체대사에 관여하며 혈장내 PLP의 함량은 비타민 B_6 영양상태를 평가하는 가장 일반적인 지표로 사용되고 있다.

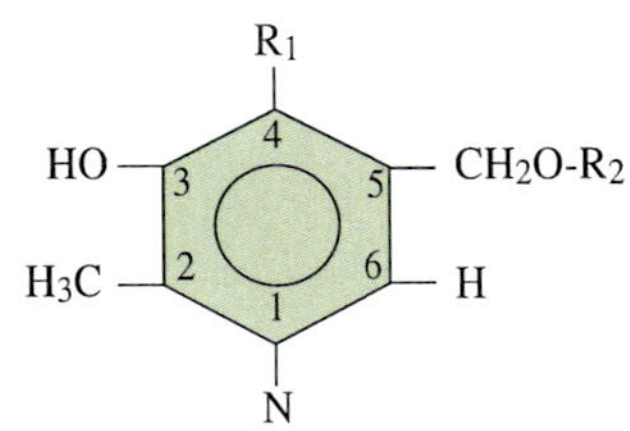

PN : R_1 = CH_2OH, PNP : R_2 = PO_3

PM : R_1 = CH_2NH_2, PMP : R_2 = PO_3

PL : R_1 = CHO, PLP : R_2 = PO_3

그림 8-13. 비타민 B_6의 여러 형태

■ 비타민 B_6 및 조효소의 종류

- 피리독신(pyridoxin, PN)
- 피리독살(pyridoxal, PL)
- 피리독사민(pyridoxamine, PM)
- 인산결합체
  - 피리독살 5′-인산(pyridoxal 5-phosphate, PLP)
  - 피리독사민 5′-인산(pyridoxamine 5′-phosphate, PMP)
  - 피리독신 5′-인산(pyridoxine 5′-phosphate, PNP)

피리독사민과 피리독살은 산성 조건에서는 열에 대해서 안정하지만, 알칼리 조건에서는 열에 불안정하고, 비타민 B_6는 광선에 의해 빠른 속도로 분해된다. 동물성 식품에는 주로 피리독살이나 피리독살-5′-인산이 단백질에 결합된 형태로 존재하며, 식물성 식품에는 피리독신과 피리독사민이 당과 결합된 형태로 존재한다. 비타민 B_6는 탄수화물, 지방, 단백질 대사에 필요한 여러 가지 효소의 활성화에 필요하며(표 8-9), 그 주된 기능은 다음과 같다(그림 8-14).

표 8-9. 피리독살-5'-인산에 의해 촉매되는 효소반응

형태	반응	반응식
α-탄소를 포함한 반응	아미노기전이반응	알라닌 ⟶ 피루브산 + PMP
	라세미화반응(racemization)	D-아미노산 ⟶ L-아미노산
	탈탄산반응	5-OH 트립토판 ⟶ 5-OH 트립타민+CO_2
	산화적 탈아미노반응	히스타민 ⟶ 이미다졸-4-아세트알데히드+NH_4^+
	단일탄소기의 제거반응	THF+세린 ⟶ 글리신+N5,10-메틸렌 THF
β-탄소를 포함한 반응	교환반응	시스테인 합성효소
	제거반응	세린 & 트레오닌 디히드라타아제
γ-탄소를 포함한 반응	제거반응	시스타티오닌 ⟶(시스타티오나제) 시스테인 + α-케토부티르산
	분열반응	키뉴레닌 ⟶ 안트라닐산

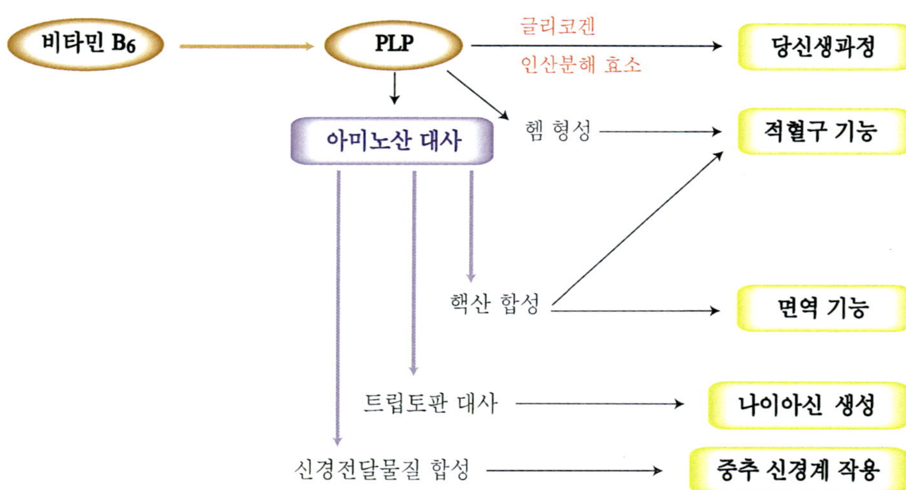

그림 8-14. PLP(피리독살 5'-인산)가 조효소로서 참여하는 생체내 반응

1. 아미노산과 단백질 대사

아미노기 전이반응 (transamination)

생체내 반응에서 비타민 B_6의 조효소 형태인 PLP는 아미노기 전이반응, 탈아미노 반응, 탈탄산반응 등과 같은 모든 아미노산의 대사과정에서 작용한다.

- 아미노기 전이반응 : 특정 아미노산으로부터 α-케토산에 아미노기를 전달하여 새로운 아미노산을 합성하는 반응

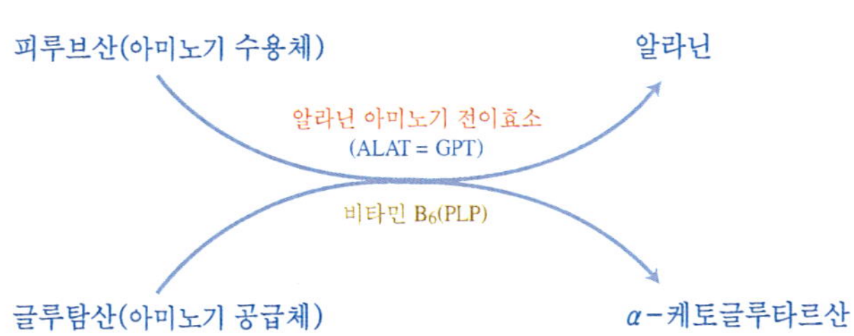

탈아미노반응 (nonoxidative deamination)
탈탄산반응(decarboxylation)
γ-아미노부티르산 (γ-aminobutyric acid, GABA)

- 탈아미노반응 : 세린, 호모세린, 트레오닌의 탈아미노 반응
- 탈탄산반응 : γ-아미노부티르산, 노르에피네프린, 에피네프린, 세로토닌 합성을 위한 탈탄산 반응

2. 혈구세포 합성

PLP (pyridoxal phosphate) 비타민 B_6의 활성있는 조효소 형태로서 아미노산 대사에 필수적인 조효소이다.
포르피린(porphyrin)
소구성 저혈색소 빈혈 (microcytic hypochromic anemia) 헤모글로빈 함량이 부족하고 크기가 작은 적혈구를 형성하여 산소운반 능력이 감소되어 나타나는 빈혈증세. 이런 빈혈증세는 철분 결핍에 의해서도 일어난다.

PLP는 적혈구에서 산소를 운반해 주는 헤모글로빈(Hb)의 포르피린 고리구조를 합성하는 데 중요한 역할을 한다. 그러므로 비타민 B_6가 결핍되면 철분 결핍증세와 유사한 소구성 저혈색소 빈혈을 일으키기도 한다. 또한 면역기능에 중요한 백혈구 형성에도 필수적이므로 비타민 B_6를 적게 섭취(0.2~1.3mg/day) 할 경우 면역기능이 저하되는 것으로 나타났다.

3. 탄수화물 대사

비타민 B_6는 글리코겐 분해과정과 아미노산으로부터 당을 형성하는 당신생과정에 참여한다.

4. 신경전달물질 합성

PLP는 탈탄산효소의 조효소로 작용하며 GABA, 노르에피네프린, 에피네프린, 세로토닌, 도파민 등의 신경전달물질을 합성과정에 관여한다. 신경전달물질은 신경세포간의 정보전달에 필요한 물질이고, 결핍되면 우울증 · 두통 · 혼란 · 메스꺼움 · 구토 · 경기 같은 뇌신경장애가 생긴다. 이와 같이 비타민 B_6가 신경전달물질의 합성에 관여한다는 사실로부터 비타민 B_6를 보충해 주면 월경전 증후군을 치유하는 데 도움이 될 수 있음을 유추할 수 있다.

5. 기타 역할

키뉴레닌 분해효소 (kynureninase)

트립토판이 나이아신으로 전환되는 과정에서(그림 8-15) PLP는 키뉴레닌 분해효소의 조효소로 작용하는데, 이 반응은 비타민 B_6 영양상태를 평가하는 방법으로 널리 알려진 반응이다. PLP는 호르몬 수용체의 리신에 결합하여 스테로이드 호르몬이 역할을 수행할 수 있도록 도와준다. 또한, 호모시스테인이 메티오닌으로 전환되는 과정에 PLP가 조효소로 작용하는데, 호모시스테인은 동맥벽에 작용하여 동맥경화를 유발하는 원인 물질이기도 하므로 호모시스테인이 메티오닌으로 전환되는 반응은 혈장 호모시스테인 농도를 낮게 유지해주므로 중요하다. 특히, 노인의 경우 비타민 B_6, 엽산, 비타민 B_{12} 등이 부족한 식이를 섭취할 경우 고호모시스테인혈증으로 인해 심장병에 걸릴 확률이 높아진다.

고호모시스테인혈증 (hyperhomocysteinemia)

쉬어 가기 **월경전 증후군(premenstural syndrome, PMS)**

월경 시작 2~3일 전에 나타나는 증세로 우울, 걱정, 부종, 두통, 감정변화를 동반한다.

월경전 증후군을 예방하기 위한 건강관리

- 무기질 섭취(칼슘, 마그네슘 적정량 섭취)
- 술, 담배, 카페인 섭취 제한
- 염분의 섭취 제한(부종감소)
- 신체 운동 증가
- 적당한 수면

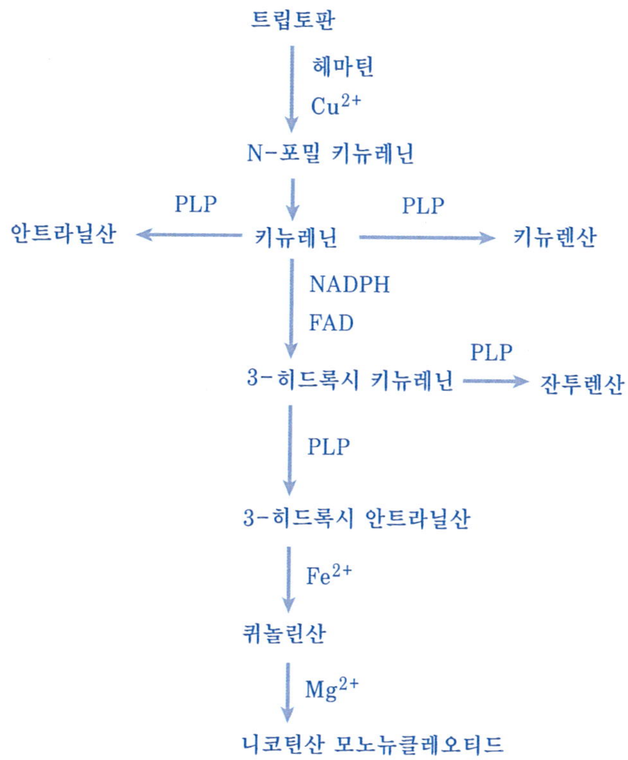

그림 8-15. 트립토판이 나이아신으로 전환되는 과정

헤마틴(Hematin)
N-포밀 키뉴레닌 (N-Formylkynurenine)
키뉴레닌(Kynurenine)
안트라닐산(Anthranilic acid)
키뉴렌산(Kynurenic acid)
3-히드록시 키뉴레닌 (3-Hydroxykynurenine)
잔투렌산(Xanthurenic acid)
3-히드록시 안트라닐산 (3-Hydroxyanthranilic acid)
퀴놀린산(Quinolinic acid)

흡수와 대사

1. 흡 수

주로 공장에서 단순확산으로 흡수되며, 속도는 PL, PM, PN 순서로 빨리 흡수된다. 흡수될 때 PLP와 PMP는 소장의 장관내에서 인산기가 제거된 후 흡수되지만 흡수되는 형태에 대해서는 지금까지 논란이 되고 있다.

2. 이동 및 저장

흡수된 B_6는 간에서 PLP로 전환되며 혈액내 비타민 B_6의 주된 형태도 PLP로서 60%를 차지한다. PL은 혈액내에서 이동되는 형태로서 알부민과 단단하게 결합된 상태로 이동된다(그림 8-16). 근육은 비타민 B_6의 가장 주된 저장소로서 체내 PLP의 2/3 정도가 글리코겐 인산화효소에 결합되어 있다. 유리된 형태로 적혈구에 들어온 비타민 B_6는 PLP로 전환된 후 헤모글로빈과 결합한다. 저장량은 근육이 850~900 μmol로 가장 많고, 간은 18~24 μmol, 혈장은 0.12~0.24 μmol이다.

글리코겐 인산화효소 (glycogen phosphorylase)

3. 배 설

비타민 B_6는 간과 신장에서 4-피리독신산으로 전환되어 배설되고, 소량은 PN, PL과 PM 형태로 배설된다.

4-피리독신산 (4-pyridoxic acid, 4-PA)

PN(pyridoxine)
PNP(pyridoxine phosphate)
PL(pyridoxal)
PLP(pyridoxal phosphate)
PMP
(pyridoxamine phosphate)

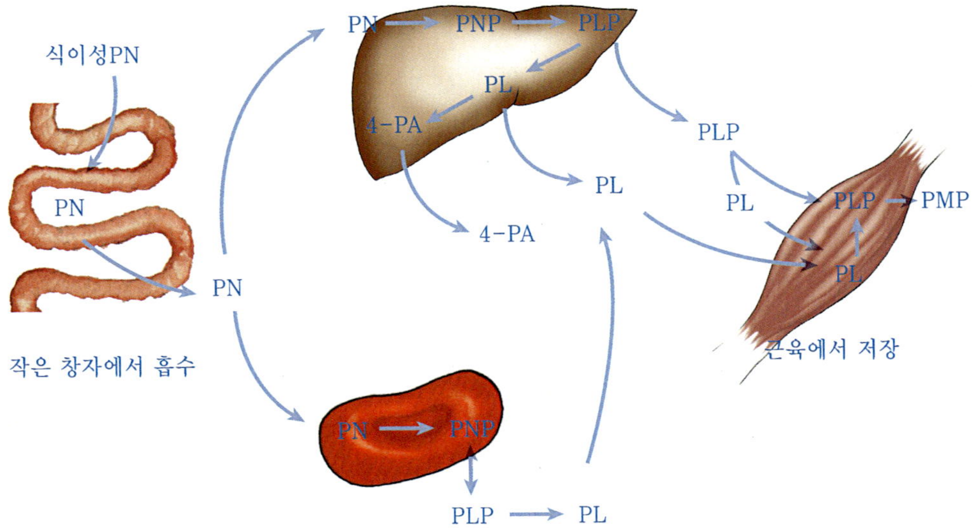

그림 8-16. 식이섭취 후 혈장내 비타민 B_6의 조직 내로 이동과 전환과정

영양상태 평가

트립토판 부하시험 (tryptophan load test)
메티오닌 부하시험 (methionine load test)

영양상태를 판정하는 직접적인 방법(표 8-10)으로는 혈청과 혈장의 PLP, PL, 혈장 총비타민 B_6, 적혈구 PLP, 요중 4-PA, 요중 비타민 B_6 농도를 측정하는 방법이 있다. 간접적인 방법으로는 적혈구 아미노기 전이효소 활성도 측정(EGOT · EGPT), 트립토판 부하시험, 메티오닌 부하시험, 식이섭취 조사를 들 수 있다. 이 중에 혈장 PLP가 혈장의 총 비타민 B_6의 70~90%를 차지하고 또 주된 순환형태이기 때문에, 혈장의 PLP 농도를 측정하는 방법이 가장 많이 쓰인다. 그러나 PL도 혈장에서 이동되는 형태이므로 생체 내 조건에 따라 PL/PLP 비율을 영양상태 평가지표로 이용하기도 한다. 그중 비타민 B_6의 영양판정 지표로 가장 정확한 방법은 혈장 PLP 농도를 측정하는 것이다.

표 8-10. 비타민 B_6의 영양상태 평가 방법

방 법	시 료	지 표	적정 범위
직접	혈액	혈장 피리독살-5′-인산 혈장 총비타민 B_6	>30nmol/L >40nmol/L
	소변	4-피리독신산 총비타민B_6	>3.0mol/일 >0.5mol/일
간접	적혈구	적혈구 알라닌 아미노기 전이효소(EGPT) 적혈구 아스파르트 아미노기 전이효소(EGOT)	<1.25 <1.80
	소변	2g 트립토판 부하검사 : 잔투렌산 3g 메티오닌 부하검사 : 시스타티오닌	<65mol/일 <350mol/일
	식이 섭취	비타민 B_6 섭취량 비타민 B_6 : 단백질 비율	>1.2~1.5mg/일 >0.02

비타민 B_6가 풍부한 식품

비타민 B_6는 동물의 근육조직에 저장되어 있으므로 육류, 생선류, 가금류가 가장 좋은 급원이며 현미, 대두, 귀리에도 함유되어 있다. 동물성 식품의 비타민 B_6는 식물성 식품에 있는 것보다 쉽게 흡수되지만 밀의 배아, 밀겨, 전곡 등도 좋은 급원이다(표 8-11). 그러나 비타민 B_6는 도정 과정에서 손실되고 열과 알칼리에 불안정하므로 정제, 가공된 음식을 주로 먹는 사람들에게 비타민 B_6 결핍증이 나타날 수 있다. 비타민 B_6의 영양밀도가 높은 식품은 바나나, 가금류, 해바라기씨, 브로콜리, 시금치, 감자, 생선 등이다.

최근 연구에 의하면, 밀배아, 쌀겨, 보리에는 PN에 당이 부가된 형태인 5'-O-(β-D-글루코실) 피리독신(그림 8-17) 형태로 들어있으며(표 8-12), 이러한 5'-글루코시드 형태의 피리독신은 잘 흡수되지 않아 체내이용률이 낮다.

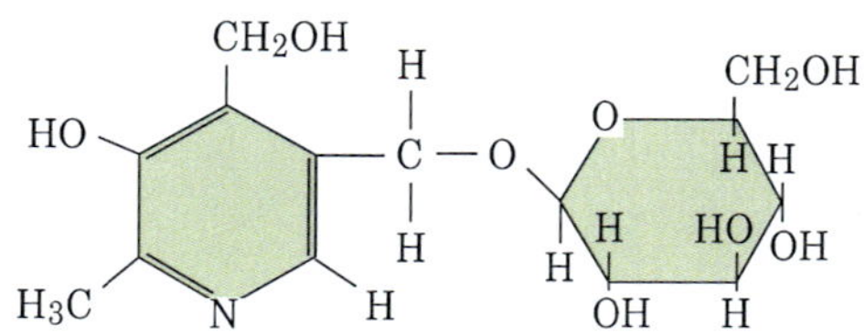

그림 8-17. 5'-O-(β-D-글루코실) 피리독신 구조

표 8-11. 각 식품군의 비타민 B_6 함유량

식품군	식품명	목측량	중량(g)	피리독신(mg)
곡류 및 전분류	시리얼, 현미		90	1.17
	군밤		70	0.53
	통밀		90	0.40
고기, 생선, 달걀, 콩류	연어(훈제품)	1토막	70	0.41
	닭가슴살	1접시	60	0.38
	닭간	1접시	60	0.35
	쇠간	1접시	60	0.16
	강낭콩(말린 것)		20	0.08
채소 및 과일류	바나나		200	0.62
	당근 주스	1개(중)	200	0.44
	군고구마		100	0.33
	아기양배추	1컵	70	0.16
	건포도		70	0.16
우유 및 유제품	탈지분유		100	0.36
	우유	1컵	200	0.08
유지, 견과 및 당류	땅콩(말린 것)		13	0.04

표 8-12. 식품 속에 함유된 비타민 B_6와 글루코실 비타민 B_6의 함량

분 류	식 품	비타민 B_6 (mg/100g)	글루코실 비타민 B_6 (mg/100g)
곡류	호밀	0.31	0.09
	쌀기울	0.52	0.15
	밀기울	0.90	0.33
콩류	대두	0.63	0.36
	강남콩	0.38	0.16
	호두	0.54	0.04
	해바라기씨	1.00	0.36
채소류	감자	0.39	0.17
	시금치	0.21	0.10
	당근	0.17	0.09
과일류	건포도	0.23	0.15
	바나나	0.31	0.01
	오렌지주스	0.10	0.02
	토마토주스	0.10	0.05

필요량

비타민 B_6 필요량은 식품에 함유된 비타민 B_6의 화학적 형태, 건강 상태, 생리적 상태, 성별, 연령, 유전적 요소에 의해 영향을 받는다(표 8-13). 혈장 PLP 수준을 30nmol/L로 유지할 때 필요한 평균섭취량과 우리나라 사람들의 식생활이 비타민 B_6 섭취량의 60~70%를 체내이용률이 낮은 식물성 식품으로부터 섭취하는 것을 고려하여 권장섭취량을 성인 남자 1.5mg/일, 성인 여자 1.4mg/일로 설정하였으며, 노인기에도 동일한 수준으로 권장하였다. 임신기에는 단백질 섭취량이 증가되므로 비타민 B_6 필요량이 증가되고, 아미노산의 교체율과 태아의 비타민 B_6 요구량 등으로 인해 하루에 0.8mg을 추가 권장한다. 모유의 비타민 B_6 분비량은 수유부의 비타민 B_6 섭취량에 비례하며 수유부의 단백질 요구량 증가에 따라 비타민 B_6 필요량이 증가되므로 수유기에는 하루에 0.8mg의 비타민 B_6를 추가 권장하였다.

표 8-13. 비타민 B_6의 영양상태와 필요량에 영향을 주는 식이요인

종 류	상 태
단백질	섭취량이 증가하면 비타민 B_6 필요량도 증가
탄수화물	섭취량이 증가하면 혈장 PLP 농도가 감소하므로 B_6 필요량 증가
생체 이용률	이용률이 감소하면 비타민 B_6 필요량이 증가
열량 섭취량	열량이 감소하면 대사물질 배설이 증가하므로 B_6 필요량 증가

결핍증

비타민 B_6 결핍증은 다른 수용성 비타민이 결핍된 사람에게서 흔히 나타나며, 임상적 결핍증상은 피부염 · 구각염 · 구내염 · 간질성 혼수 · 말초신경 장애 · 메스꺼움 · 현기증 · 우울증 · 신장결석 · 빈혈 등이다. 비타민 B_6가 심하게 결핍되면 전신경련을 포함한 심한 신경장애가 나타나며, 비타민 B_6를 복용하면 이러한 증상을 쉽게 완화시킬 수 있다.

알코올 중독자는 비타민 B_6가 결핍되기 쉽다. 그 이유는 알코올이 비타민 B_6의 흡수를 저해하고 조효소 형태의 합성을 감소시키기 때문이다. 알코올 중독자들에서 나타나는 간경변증이나 간염 이환 시에는 비타민 B_6의 대사가 원활하게 이루어지지 못해서 결핍되기 쉽다.

■ 비타민 B_6이 결핍되기 쉬운 임상 조건

- 알코올 중독
- 요독증
- 피임약 장기복용
- 임신
- 간장병
- 유방암
- 갑상선 기능 항진
- 스트레스
- 고단백 식이
- 고령화

과잉증

비타민 B_6의 과잉증은 흔하지 않지만 월경전 증후군, 임신기 입덧 등을 치료할 목적으로 200mg/일 이상의 비타민 B_6를 수개월 또는 수년 동안 섭취한 경우, 신경장애를 유발하여 손발 쑤심, 걸음이 비틀거림, 입주위의 감각상실, 운동실조 등의 증세가 나타난다. 일반적으로 고용량 비타민 B_6 보충에 의한 신경장애는 보충제 사용을 중단하면 회복되지만, 회복되지 않는 일부 사례도 보고되었다. 이러한 비타민 B_6 과다 섭취에 따른 유해영향을 우려하여 성인의 비타민 B_6 상한섭취량을 100mg/일로 설정하였다.

쉬어가기

비타민 B_6에 관한 새로운 정보

수용성 비타민인 비타민 B_6는 우리 체내에 필수적인 물질이다. 비타민 B_6는 주로 근육에서 PLP가 글리코겐 인산화 효소와 결합된 형태로 존재하므로 에너지 필요량과 비타민 B_6 저장 사이에는 밀접한 관계가 있다. 예를 들어 운동할 때 비타민 B_6 대사변화를 보면 운동을 하는 동안 혈장 PLP 농도가 상승하다가 운동을 끝낸 후에는 감소함을 알 수 있다. 또한 훈련된 여성들의 비타민 B_6 대사물질의 배설량이 훈련되지 않은 여성보다 많으므로 운동가들은 일반사람들보다 5~7% 비타민 B_6를 추가 섭취해야 한다.

최근 연구에서 비타민 B_6의 활성형태인 PLP는 스테로이드 호르몬 수용체 단백질과 결합하여 호르몬의 활동을 조절한다는 것이 보고되었으므로, 비타민 B_6 영양상태나 비타민 B_6 섭취량에 따른 호르몬 활성 영향연구가 좀 더 폭넓게 진행되어야 한다. 비타민 B_6 추가섭취가 질병을 예방하거나 임상치료(월경전 증후군이나 손목관절 신경장애)에 권장되는 경우가 있으나, 독성 때문에 의사의 지시하에 치료를 해야 한다. 또한, 관상심장병(coronary heart disease, CHD) 예방에도 응용되고 있어서 비타민 B_6 영양상태에 따른 혈중 콜레스테롤, 지방 함량의 변화 연구가 활발히 진행 중에 있다. 그러나 CHD 발병요인의 다양성 때문에 비타민 B_6 혹은 복합 비타민(비타민 B_6, B_{12}, 엽산) 섭취에 의해 CHD를 줄일 수 있다고 보고되고 있다.

비타민 B_6 영양상태를 개선하기 위해서 식품 선택의 중요성을 생각해야 한다. 체내에서, 식물성 식품 속의 비타민 B_6가 포도당과 결합되어 PN 포도당이라는 형태로서 흡수되므로, 동물과 사람에게는 흡수율이 낮다. 특히 두류 · 땅콩 · 당근 · 감자 · 통밀 · 건포도에는 전체 비타민 B_6의 25% 이상이 이러한 형태로 존재하므로, 여성이나 노인처럼 비타민 B_6 섭취량이 적을 때는 이런 식품의 섭취는 비타민 B_6 영양상태를 저해할 수 있다. 그러므로 올바른 식품 선택과 비타민 B_6 권장량에 맞는 식생활 습관이 중요하다.

엽 산

엽산(folate, folic acid)

마마이트(Marmite)

1930년대에 임신부의 거대적아구성 빈혈을 이스트로 제조한 마마이트나 간 추출물로 치료하는 과정에서 엽산이 새로운 성장인자로 발견되었다. 엽산과 비타민 B_{12}의 결핍증세는 매우 유사점이 많다. 그 이유는 DNA 합성과정과 세포분열에 이 두 비타민은 모두 필요하며, 생화학적으로 상호 관련되어 있기 때문이다. 엽산은 성장뿐 아니라 혈구형성을 위해 필요하므로 일생동안 엽산 영양상태를 양호하게 유지해야 한다. 엽산이 부족할 때는 세포분열에 이상이 오게 되며, 거대적아구성 빈혈과 같은 임상적인 결핍증세가 나타난다.

거대적아구성 빈혈 (megaloblastic anemia)

엽산은 프테린 화합물로서 프테리딘, P-아미노벤조산, 글루탐산이 결합된 구조를 갖는 화합물군이다(그림 8-18). 엽산의 가장 단순한 형태인 'folic acid'는 비타민 보충제의 원료로 이용되는 인공합성된 형태이며 자연계에서 생성되는 엽산은 이와 달리 환원된 형태이다. 엽산은 소장에서 흡수된 후 간에서 환원과정과 단일 탄소기 결합과정을 거쳐 체내에서 활성을 갖는 조효소 형태인 테트라히드로엽산(THF)으로 전환된다(그림 8-18).

테트라히드로 엽산 (tetrahydrofolic acid, THF) THF는 메틸기($-CH_3$), 포르밀기($-CH=O$), 메틸렌기($-CH_2-$), 메테닐기($-CH=$) 등의 단일탄소기를 옮겨주는 반응의 조효소로 작용한다.

폴릴폴리글루탐산 (folylpolyglutamate)

두 개 이상의 글루탐산이 γ-카르복실기를 통한 펩티드 결합에 의해 연결된 엽산형태를 폴릴폴

프테로일글루탐산 (pteroylglutamic acid, PteGlu)

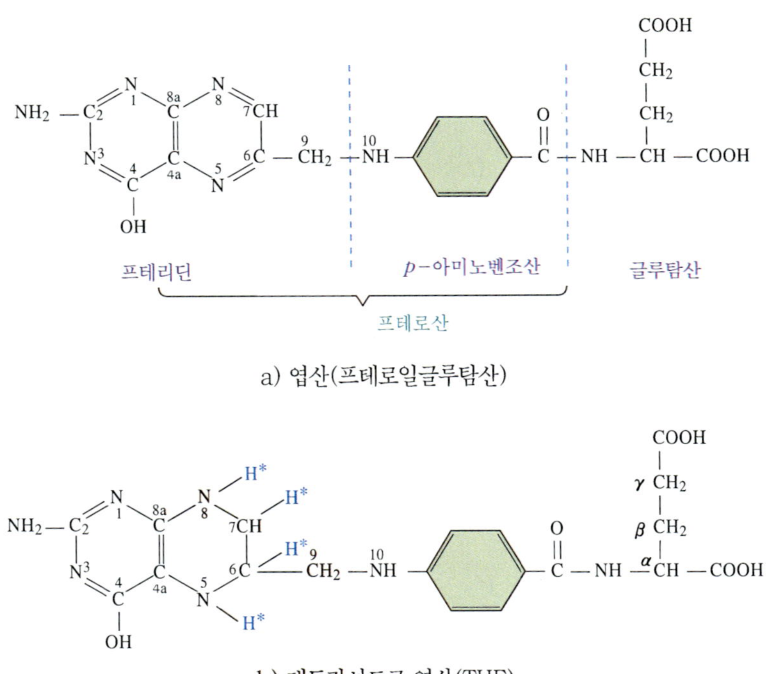

a) 엽산(프테로일글루탐산)

b) 테트라히드로 엽산(THF)

a) 엽산의 구조

b) THF의 구조: 엽산의 조효소 형태인 테트라히드로엽산(THF)은 엽산의 5, 6, 7, 8의 위치에 수소원자가 결합되어 있는 환원형의 구조로서, 식품이나 체세포 내에는 γ-카르복실기에 글루탐산이 추가로 결합된 폴릴폴리글루탐산 형태로 함유되어 있다.

그림 8-18. 엽산과 THF의 구조

리글루탐산($H_4PteGlu_n$)이라 부른다. 식품 내의 엽산분자는 대체로 3~11개의 글루탐산을 결합하고 있는 폴리글루탐산 형태이다. 세포내 엽산의 폴리글루탐산 사슬에 있는 여러 개의 카르복실산은 음전하를 띠는 이온형태이므로 엽산이 세포막을 쉽게 통과하지 못하도록 하여 세포내에 엽산이 보유되도록 도와준다.

체내 기능

엽산은 인체 및 포유동물, 병아리, 박테리아의 성장인자로 작용하며 항빈혈작용을 하는 물질이다. 엽산은 생체 내에서 생화학적 활성이 있는 구조인 5, 6, 7, 8-THF로 환원된 후 폴리글루탐산 사슬이 결합된 형태에 5-메틸, 10-포르밀, 또는 5,10-메틸렌기와 같은 단일 탄소기를 결합함으로써 여러 가지 아미노산 전이과정이나 티미딜산(dTMP) 합성과정에 단일 탄소기를 전해주는 조효소 형태로 전환된다.

메틸기 전이효소 (methyltransferase)

엽산이 조효소로 작용하는 가장 중요한 반응은 DNA 복제와 세포분열에 필요한 dTMP를 디옥시유리딜산(dUMP)으로부터 합성하는 반응이며, 이 반응에서 5, 10-메틸렌-THF가 조효소로 이용된다.

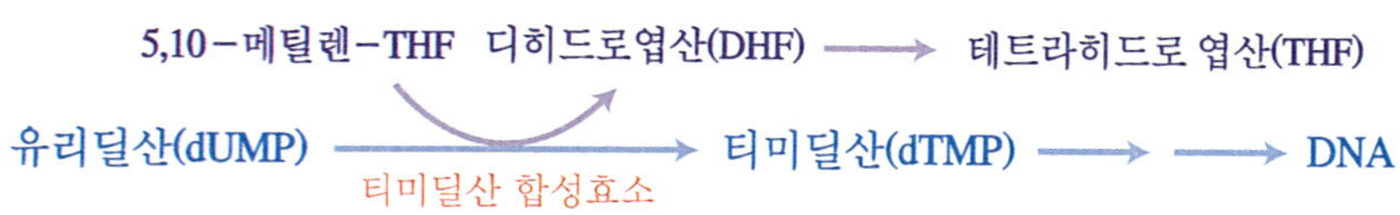

티미딜산 합성효소 (thymidylate synthase)

엽산과 비타민 B_{12}의 대사과정은 생화학적으로 밀접하게 상호 관련되어 있다. 예를 들어 호모시스테인으로부터 메티오닌을 합성하는 반응에 메티오닌 합성효소가 관여하는데, 이 반응은 체내에서 유일하게 엽산과 비타민 B_{12}를 동시에 필요로 하는 반응이다. 이 반응은 체내 메티오닌을 유지시켜주고 호모시스테인의 과다한 축적을 방지해준다.

호모시스테인 (homocysteine)
메티오닌 합성효소 (methionine synthetase)

메티오닌은 아데노실기 전이반응을 통해 S-아데노실 메티오닌(SAM)으로 전환되며, SAM은 뇌신경기능에 필요한 신경전달물질뿐 아니라 DNA와 RNA의 메틸화, 카테콜라민 합성 등 100여 가지 메틸화 반응에 메틸기 공여체로 작용한다. 이 과정에서 SAM으로부터 S-아데노실호모시스테인(SAH)이 생성되며, SAH는 탈아데노실화 반응에 의해 호모시스테인으로 분해된다. 호모시스테인혈증은 심혈관계 질환, 신경관 손상, 인지능력 감퇴 등의 위험 인자로 알려져 있다.

S-아데노실 메티오닌 (S-adenosyl methionine, SAM)

그 외에도 히스티딘 대사의 중간 대사물질인 포름이미노-글루탐산의 대사과정, 퓨린 고리의 생합성과정, 글리신으로부터 세린을 합성하는 반응에 엽산이 조효소로 작용한다.

포름이미노-글루탐산 (formimino-glutamate, FIGLU)

흡수와 대사

식품 내 엽산은 조리과정에서 열 파괴 및 조리수에 용해되어 식품 중의 엽산은 소장에서 흡수된 후 장점막세포 내에서 5-메틸-THF 형태로 전환되며, 일부는 간에서 5-메틸-THF 형태로 전환된 다음 혈액으로 방출된다. 혈청 엽산의 주된 형태는 5-메틸-THF이다.

엽산 접합효소 (folate conjugase)

소장 점막세포에는 γ-글루타밀 카르복실펩티다아제(일명 엽산 접합효소)가 있어 폴릴폴리글루탐산을 폴릴모노글루탐산 형태로 가수분해하여 엽산의 소화와 흡수를 돕는다. 아연 결핍이나 만성적인 알코올 과다섭취는 γ-글루타밀 카르복실펩티다아제 활성을 저하시켜 엽산의 소화, 흡수를 저해한다.

식품에 함유된 엽산의 평균 흡수율은 약 50%(10~90%)이나 강화식품에 함유된 엽산의 흡수율은 약 85%이며, 보충제는 공복 시에 섭취하면 흡수율이 100%이나 다른 음식과 함께 섭취하면 85% 흡수된다. 이와 같이 엽산의 체내 이용율은 급원과 형태 및 다른 음식과 함께 먹는지의 여부에 따라 흡수율이 다르다.

엽산은 담즙과 소변을 통해서 체외로 배설되며, 알코올은 엽산 접합효소의 작용을 저해함으로써 엽산의 흡수를 방해할 뿐 아니라, 소변을 통한 엽산배설량을 증가시키고 엽산의 장간순환도 방해한다. 체내의 엽산 저장량의 약 절반 정도가 간에 저장되는데, 이때 저장되는 형태는 폴리글루탐산 형태이다.

영양상태 평가

미생물학적 분석법 (microbiological assay)

엽산 영양상태의 평가법에는 몇 가지 생화학적 방법이 있다. 가장 널리 사용되는 방법은 혈청과 적혈구의 엽산 농도를 미생물학적 분석법으로 측정하는 것이다. 혈청 엽산 농도는 최근 엽산 섭취상태를 반영할 뿐 체내 엽산 저장량을 평가할 수 없으며, 적혈구 엽산 농도는 엽산 저장상태를 알려주는 지표이므로 적혈구의 엽산 농도를 미생물학적 분석법으로 측정하는 것이 가장 정확한 방법이다.

히스티딘 부하 검사법 (histidine load test)

그 외에 엽산의 체내기능과 관련하여 엽산 영양상태를 측정하는 방법으로는 히스티딘 부하 검사법과 디옥시유리딘 억제 검사법이 있는데, 이들 판정법은 엽산 결핍 이외의 다른 원인에 의해서도 영향을 받거나 시료 채취가 어렵다는 제한점이 있다.

그러나 이들 판정법에 의해 엽산의 기능적 결핍상태로 판정되었다 할지라도 그 결핍의 원인이 엽산부족이라고는 결론지을 수 없다. 왜냐하면, 비타민 B_{12}가 부족한 경우에도 엽산의 기능적 결핍상태가 오며, 엽산 섭취의 부족이나 엽산 대사의 이상으로 인한 엽산 결핍상태와, 비타민 B_{12} 결핍에 의한 엽산 결핍상태가 위에서 언급한 판정법들에 의해 구별될 수 없으므로, 비타민 B_{12}의 영양상태를 판정하는 검사가 병행되어야 엽산 결핍의 원인을 규명할 수 있기 때문이다.

엽산이 풍부한 식품

엽산이란 용어가 라틴어 folium[식물의 잎(foliage)이라는 뜻]으로부터 유래되었듯이 시금치와 같은 짙푸른 잎채소에 특히 풍부하며, 브로콜리 · 아스파라거스 등의 채소류, 두류, 간, 오렌지주스, 밀의 배아 등에도 엽산이 풍부하다(표 8-14). 한 컵의 오렌지주스는 100㎍의 엽산을 함유하고 있으므로 오렌지주스를 마실 때 비타민 C뿐 아니라 상당량의 엽산도 섭취하게 된다. 또한 비타민 C는 엽산이 산화로 인해 파괴되는 것을 보호하는 역할도 한다. 엽산은 산화되어 파괴되

표 8-14. 각 식품군의 엽산 함유량

식품군	식품명	목측량	중량(g)	엽산(㎍)
곡류 및 전분류	밀배아		90	100
	통밀 식빵	3조각	90	42
고기, 생선, 달걀, 콩류	닭간(익힌 것)	1접시	60	460
	쇠간(볶은 것)	1접시	60	130
	강낭콩(익힌 것)	1컵		229
	완두콩(익힌 것)	1컵		51
	달걀(생것)	1개(대)	50	32
채소 및 과일류	시금치(데친 것)	1/3컵		87
	상추		70	62
	배추		70	32
	오렌지	1개(중)	100	30
	바나나	1개(중)	200	22
우유 및 유제품	요구르트	1컵	200	17
	우유	1컵	200	12
유지, 견과 및 당류	엽산의 주요 급원이 아님			

기 쉬우므로 식품을 조리 · 가공하는 과정에서 50~90%까지 파괴된다. 특히 열에 의해 쉽게 파괴되며, 조리수를 통한 손실량이 절반에 이르므로 신선한 생과일과 지나치게 열처리하지 않은 채소가 엽산 공급원으로 좋다. 즉, 채소를 찌거나 살짝 볶거나 전자레인지로 요리하는 것이 엽산 보유율을 유지하면서 조리하는 방법이다.

필요량

앞에서 설명한 바와 같이 엽산은 화학적인 형태와 음식을 함께 섭취하는지의 여부에 따라 생체 이용율이 큰 차이가 있다. 따라서 다음과 같이 체내 이용율을 고려한 식이엽산당량(DFE)을 만들어 섭취기준 설정에 사용하고 있다.

식이엽산당량(dietary folate equivalent, DFE)

식품 중의 엽산 1㎍ = 1㎍DFE
강화식품 또는 식품과 함께 섭취한 보충제 중의 엽산 1㎍ = 1.7㎍DFE
공복에 섭취한 보충제 중의 엽산 1㎍ = 2.0㎍DFE

성인의 필요량은 정상 성인 남녀의 적혈구 엽산, 혈장 호모시스테인, 혈청 엽산 농도를 정상으로 유지하기에 필요한 엽산 섭취량을 근거로 설정하였다. 통제된 대사연구와 역학자료 및 임상자료를 종합하여 성인과 노인의 엽산 평균필요량을 320㎍DFE/일로 결정하였으며, 이 값에 20%를 더한 400㎍DFE/일을 권장섭취량으로 설정하였다.

임신기에는 태아 성장과 모체조직의 증가를 위해 엽산의 요구량이 증가되므로 220㎍DFE을 추가 권장하며, 수유기에는 모유로 분비되는 양이 부가적으로 필요하므로 150㎍DFE을 추가 권장하고 있다.

미국에서는 신경관 손상아의 출산율을 최소화시키고 호모시스테인혈증에 의한 혈관손상을 방지할 목적으로 1998년부터 곡류에 엽산강화를 의무화하고 있다. 이로 인해 미국 사람들의 엽산 영양상태가 크게 개선되었다. 우리나라의 주된 채소 조리법인 가열 조리과정에서 엽산이 다량 손실되어 이용률이 저하되므로 조리로 인한 손실량을 고려하여 엽산 섭취량을 확보하도록 해야한다.

결핍증

엽산이 결핍되었을 때 가장 먼저 혈청 엽산농도가 감소되고, 이어서 적혈구 엽산농도가 감소되며, 혈장 호모시스테인 농도는 증가된다. 이와 함께 세포분열 속도가 빠른 적혈구 생성과정에 영향을 주어 거대적아구성 빈혈이 나타나 허약감, 피로, 불안정, 가슴 두근거림 등의 증세가 나타난다. 그 밖에도 엽산 결핍 시 설염, 설사, 성장장애, 정신적 혼란, 신경이상 등의 임상적 증세가 나타난다. 또한 체내 엽산이 부족하면 혈장 호모시스테인 농도가 증가되며, 혈장 호모시스테인 농도가 증가는 동맥손상으로 인한 심혈관계 질환의 위험요인이 되므로 엽산 영양상태를 양호하게 유지하는 것이 중요하다.

임신기에는 세포분열 속도가 크게 증가하므로 DNA 합성을 위한 엽산의 요구량이 크게 증가되는 시기이고, 임신초기에 엽산이 부족하면 신경관 손상으로 인한 기형아를 출산할 확률이 높아진다. 따라서 미국에서는 가임기 여성에게 엽산보충제(400μg/일)를 섭취하도록 권장하고 있다. 수유기에는 유즙을 통해 엽산이 분비되므로 엽산이 결핍되기 쉬우며, 청소년들은 빠른 성장과 성숙을 위해 엽산을 많이 필요로 한다. 노인들은 엽산이 충분하지 않은 식사를 하는 경우가 많고, 그 외에도 알코올은 엽산의 장내 흡수를 방해하므로 알코올 중독자나 영양 흡수불량 증세를 가진 사람들에게서 엽산 결핍증이 나타나기 쉽다.

임신 중의 엽산 결핍은 조산 · 사산 · 저체중아 · 기형아 등의 출산율을 증가시키는 등 임신에 나쁜 영향을 미치며, 양호한 엽산 상태를 유지하면 태아의 신경관 손상을 감소시키는 것으로 조사되었다.

1. 거대적아구성 빈혈

엽산의 가장 중요한 체내 기능은 DNA와 RNA의 합성에 필요한 퓨린과 피리미딘 형성에 필수적인 조효소로 작용하는 것이다. 엽산이 부족하면 빠른 속도로 교체되어야 하는 적혈구 등의 세포들이 DNA를 합성할 수 없기 때문에 성숙한 적혈구로 분열되지 못하여 크기가 비정상적으로 크면서도 미숙한 상태의 거대적아구 상태로 있게 된다. 거대적아구 중 일부는 비정상적으로 크면서 파괴되기 쉬운 적혈구인 거대적혈구로 성숙되기도 한다. 엽산이 부족한 사람의 골수에서는 혈액 내로 방출되는 성숙한 정상 적혈구의 수가 감소되어 산소 운반능력이 저하되는 빈혈이 발생하는데, 이를 거대적아구성 빈혈이라 한다(그림 8-19).

거대적아구(megaloblast)
거대적혈구(macrocytes)

백혈구 형성과정 역시 엽산 영양상태의 영향을 받으나 적혈구 형성과정보다는 덜 영향을 받으며 실제 엽산 결핍은 전신의 세포분열에 지장을 초래하지만, 적혈구가 검사하기에 편리하고 민감하므로 적혈구에 초점을 맞추어 검사하고 있다.

2. 신경관 손상

태아의 신경관 손상은 엽산 결핍과 유전적인 소인에 의해 영향을 받는 것으로 알려져 있다. 초기 태아의 등쪽에 있는 신경조직이 태아가 성장 발달함에 따라 뇌, 척수 및 말초신경으로 분화되는 과정에서 척추뼈가 서서히 척수를 둘러싼다. 이 과정에 이상이 생기면 여러 가지 신경관 손상증세가 나타난다. 손상상태가 가장 심한 경우는 무뇌증이며, 출생 후 곧 사망한다. 무뇌증보다 더 빈번하게 나타나는 손상상태는 이분척추로서, 척추골이 척수를 보호할 수 있는 고리구조를 형성하지 못하는 증세이다. 이때 나타나는 증세는 마비, 배변실금, 뇌수종, 지능장애 등이다. 임신 초기에 엽산 영양상태가 불량하면 신경관 손상률이 증가되므로 세계보건기구에서는 신경관손상 예방을 위해 엽산이 풍부한 식사와 함께 400㎍의 엽산 보충제를 임신 전(4~12주 전)부터 임신 전기(8~12주)까지 복용하도록 권장하고 있으며, 우리나라에서도 2010년부터 가임기 여성은 400㎍/일의 엽산 보충제를 복용하도록 권장하고 있다.

신경관 손상(neural tube defects)
초기태아(embryo)

무뇌증(anencephaly, 無腦症)
이분척추(spina bifida, 二分脊椎)
뇌수종(hydrocephalus)

3. 심혈관계 질환

엽산 영양상태가 나빠지면 혈장 호모시스테인 농도가 상승한다. 고호모시스테인혈증은 심혈관질환의 중요한 위험요인 가운데 하나이므로, 엽산의 권장섭취량을 설정할 때에 혈장 호모시스테인의 농도를 적정수준으로 낮게 유지할 수 있도록 엽산 권장섭취량을 설정하고 있다.

과잉증

엽산은 과량 섭취 시 소변으로 배설되며 대체로 인체에 미치는 독성이 낮으며, 엽산이 강화되지 않은 일반 식품을 통해 섭취하는 엽산은 유해영향을 나타내지 않는다. 그러나 비타민 B_{12}가 결핍된 사람이 엽산 강화식품과 엽산 보충식품을 통해 엽산을 과량섭취 할 경우, 신경증세가 촉

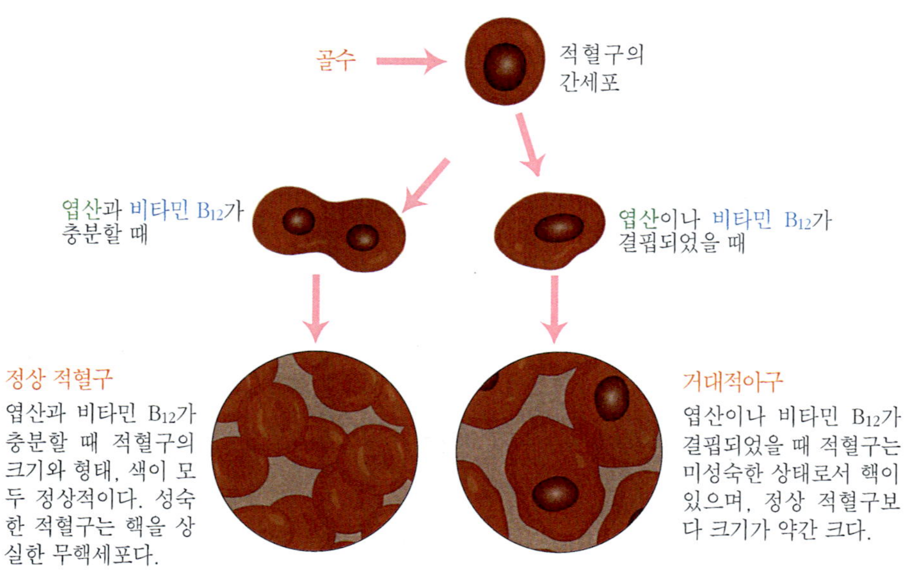

간세포(stem cell)

그림 8-19. 거대적아구성 빈혈

진되거나 악화되며, 비타민 B_{12}의 초기 결핍증세인 거대적혈구성 빈혈증세가 가려져 비타민 B_{12} 결핍의 조기진단이 늦어져 신경손상이 진행되는 '간접독성'이 문제가 된다. 이로 인해 비타민 B_{12} 결핍상태가 진행되면 신경계 이상을 초래하여 마비 또는 사망하게 되므로 비타민 B_{12}의 결핍상태를 가능한 한 조기에 찾아내어 치료하는 것은 매우 중요하다. 따라서 엽산 보충제를 복용할 경우 양호한 비타민 B_{12}의 영양상태를 확보해야 한다.

비타민 B_{12}가 결핍된 환자들을 대상으로 엽산을 경구 투여한 사례 연구와 인체를 대상으로 조사한 유해영향을 나타내지 않는 엽산 보충연구 결과를 근거로 서양 여러 나라들과 동일하게 한국인의 엽산 상한섭취량도 1mg/일로 설정하였다.

쉬어가기

엽산에 관한 최신 정보

임상연구에 의하면 신경관 손상아의 출산 경험이 있는 여성을 대상으로 임신 전에 하루 4mg의 엽산을 보충하였을 때 신경관 손상아의 출산율을 크게 저하시킬 수 있었다. 따라서, 미국에서는 가임 여성들에게 엽산을 매일 400㎍씩 섭취할 것을 권장하고 있다. 최근, 혈장 호모시스테인의 농도가 정상 수준보다 약간 높을 때 심혈관계 질환과 뇌졸중의 위험이 증가되며, 엽산, 비타민 B_{12} 및 B_6가 혈장 호모시스테인의 주요 결정인자로 작용하는 것으로 조사되었다. 특히, 엽산영양과 혈장 호모시스테인 농도 사이의 상관성이 가장 높으며, 혈장 호모시스테인 농도가 증가되면 혈관의 내피세포에 독성효과를 나타내어 동맥경화를 유발함으로써 심혈관계 질환의 독립적인 위험인자로 작용한다. 호모시스테인은 혈관뿐 아니라 신경조직에도 독성효과를 나타내어 엽산 결핍 시 나타나는 불안, 건망증 및 공격성 등의 신경증세 및 태아의 신경관 손상과도 관계가 있을 것으로 보고 연구가 진행중이다.

비타민 B_{12}

비타민 B_{12}는 동물성 식품에만 함유되어 있다. 식물성 식품에는 비타민 B_{12}가 함유되어 있지 않으나, 박테리아 등에 의한 발효과정을 통해 비타민 B_{12}가 소량 함유되기도 한다. 따라서 채식주의자들은 건강을 유지하기 위하여 비타민 B_{12}를 보충 섭취해야 한다. 소와 양 등의 반추동물은 반추위의 박테리아에 의해 합성된 비타민 B_{12}를 이용하거나, 풀을 뜯을 때 토양으로부터 비타민 B_{12}를 얻는다. 박테리아, 곰팡이와 같은 미생물은 비타민 B_{12}를 합성할 수 있으므로 토양에는 비타민 B_{12}가 풍부하다.

코린(corrin)
메틸코발아민(methylcobalamin)
5-디옥시아데노실 코발아민(5-deoxyadenosyl cobalamin)

비타민 B_{12}는 코린고리의 중앙에 코발트를 결합하고 있는 구조이며(그림 8-20), 활성이 있는 조효소 형태는 메틸코발아민과 5-디옥시아데노실 코발아민이다.

흡수와 대사

R-단백질(R-protein)
타액선에서 분비되는 단백질로서, 비타민 B_{12}가 위를 통과할 때 보호해 줌으로써 비타민 B_{12}의 장내 흡수를 증진시키는 기능이 있는 단백질이다.

식품 내의 비타민 B_{12}는 다른 물질과 결합한 형태이며, 소화과정에서 위산과 펩신에 의해 유리된다. 유리된 비타민 B_{12}는 위에서 R-단백질과 결합한다. R-단백질은 침샘에서 분비되는 단백질로서, 소장내의 박테리아가 비타민 B_{12}를 흡수하여 이용하지 못하도록 방지해 주는 역할을 하는 것으로 보인다. R-단백질/비타민 B_{12} 복합체가 소장에서 이동하는 과정에서 췌장으로부터 분

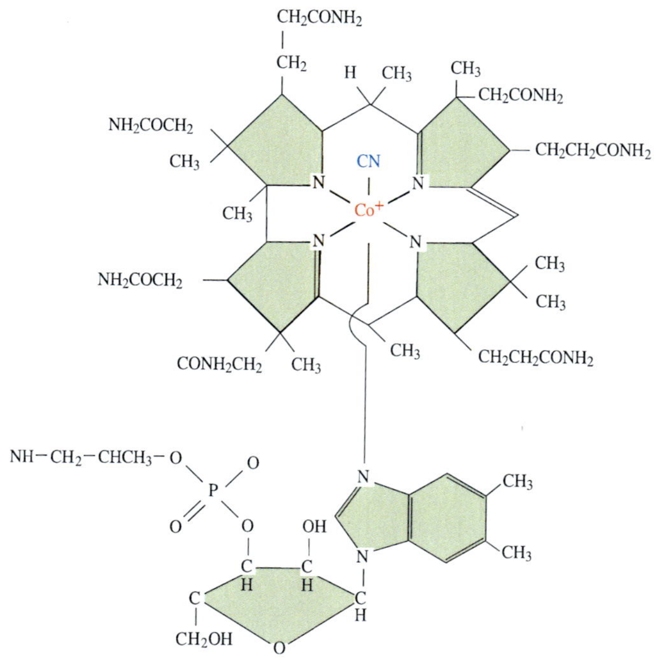

시아노기(-CN)가 메틸기나 아데노실기로 치환된 형태가 비타민 B_{12}의 활성형 조효소로 작용한다.

그림 8-20. 비타민 B_{12} 구조

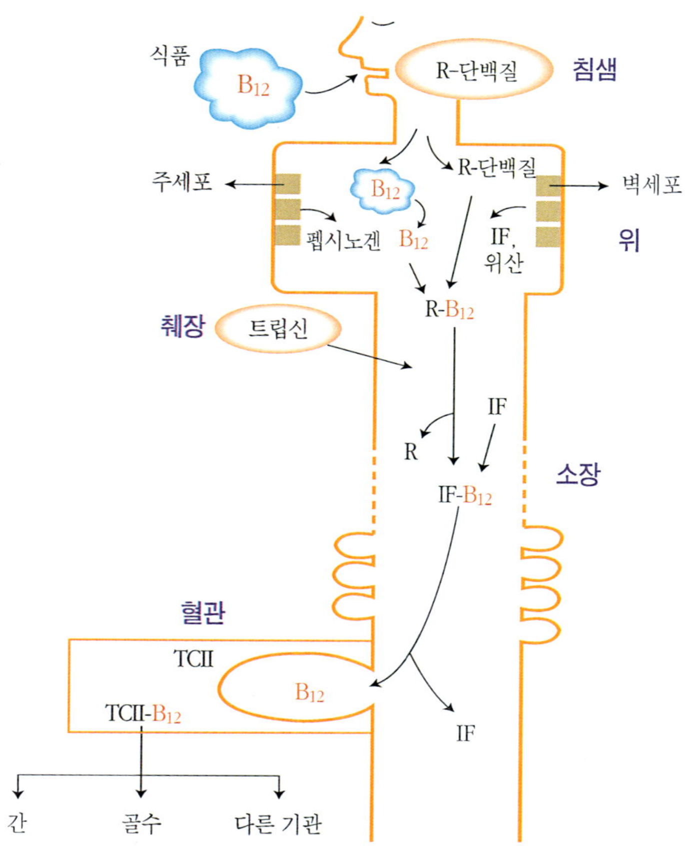

소화기관으로 분비되는 여러 인자들이 비타민 B_{12}의 흡수과정에 필요하다.

그림 8-21. 비타민 B_{12}의 흡수과정

비되는 트립신에 의해 R-단백질이 제거된다(그림 8-21).

내적 인자 (intrinsic factor, IF) 위의 벽세포에서 분비되는 물질로서 비타민 B_{12}의 흡수를 증진시키는 물질이다.

트랜스코발아민 Ⅱ (transcobalamin Ⅱ, TCⅡ)

유리상태의 비타민 B_{12}는 위벽세포에서 분비되는 당 단백질인 내적인자(IF)와 다시 결합한다. 내적인자/비타민 B_{12} 복합체는 소장의 마지막 부위인 회장까지 도달한 후, B_{12}만이 흡수되어 혈액으로 들어간다. 이때, 흡수과정에 칼슘과 담즙성분의 도움이 필요하다. 혈액에서는 비타민 B_{12} 운반단백질인 트랜스코발아민 II와 결합한 상태로 운반된다. 비타민 B_{12}/트랜스코발아민 II 복합체는 혈액을 따라 순환하면서 간, 골수 등의 조직으로 운반된다. 대장내 세균들은 비타민 B_{12}를 합성할 수 있지만, 대장에서 합성된 비타민 B_{12}는 흡수되지 않으므로 사람은 식품으로 비타민 B_{12}를 섭취해야 한다.

장간순환 (enterohepatic circulation)

식이 중의 비타민 B_{12}가 소장에서 흡수되는 양은 인체의 요구 정도에 따라 다르며, 약 15~70%가 흡수된다. 비타민 B_{12}는 담즙을 통해 하루 평균 약 1.4㎍ 정도 분비되나, 이 중 약 50% 정도는 장간순환 과정에서 재흡수된다. 이러한 비타민 B_{12}의 장간순환 과정도 비타민 B_{12}를 체내 보유시키는 중요한 역할을 한다. 비타민 B_{12}를 잘 흡수할 수 없는 사람은 매달 1회씩 비타민 B_{12}를 주사로 투여하거나 젤 타입의 비타민 B_{12} 제제를 코점막에 사용하거나, 다량의 비타민 B_{12} 보충제(권장량의 약 300배)를 매주 복용하여야 한다.

인체에 약 3~5mg의 비타민 B_{12}가 저장되며 그중 약 50%는 간에 저장되어 있다. 체내 저장된 비타민 B_{12}는 잘 손실되지 않으며, 장간순환 과정에서 재흡수되지 않는 소량의 비타민 B_{12}만이 손실될 뿐이다. 이와 같이 비타민 B_{12}는 수용성 비타민 가운데 체내 저장성이 매우 좋고 손실량이 매우 낮으므로, 식이 중의 비타민 B_{12}를 정상적으로 흡수하지 못하는 사람이라도 거대적아구성 빈혈이 나타나기까지는 약 2~3년이 걸리며, 매달 1회의 주사만으로 결핍증을 예방할 수 있다.

■ 비타민 B_{12} 흡수가 잘 안 되는 경우

- 내적인자 합성 부족
- 선천적으로 R-단백질 또는 트립신이 잘 분비되지 않을 때
- 회장점막의 B_{12} 수용체에 내적인자/비타민 B_{12} 복합체가 잘 결합되지 않을 때
- 소장 또는 위절제 수술 등에 의해 내적인자의 부족
- 촌충에 감염되었을 때
- 위산분비를 억제하는 제산제를 복용하여 위벽세포에서 위산분비 억제
- 무산증 환자의 내적인자 부족

체내 기능

1. 메티오닌 합성

메티오닌 합성효소 (methionine synthase)

비타민 B_{12}가 조효소로 작용하는 여러 반응 가운데 가장 중요한 반응은 호모시스테인으로 부터 메티오닌을 합성하는 반응으로서, 메티오닌 합성효소가 관여하며 엽산 대사과정과 상호 연관되어 있다.

엽산이 메틸기를 결합한 5-메틸-THF 형태로 전환되면, 5-메틸-THF로부터 메틸기를 제거하여 비타민 B_{12}에 옮겨 주어 메틸코발라민이 합성된다. 이때 메틸기는 다시 호모시스테인으로 옮겨

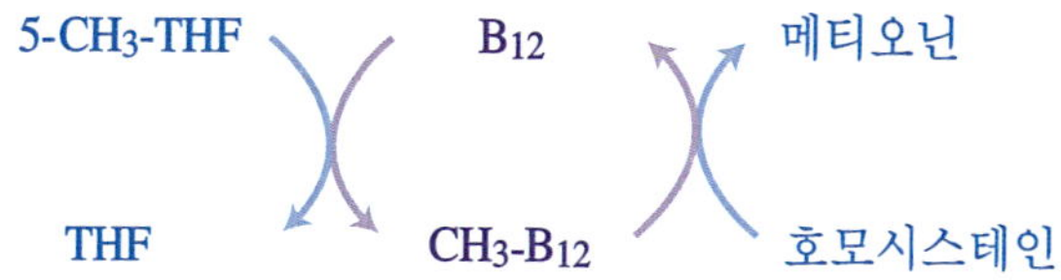

져 메티오닌이 합성된다. 그러나 비타민 B_{12}가 부족하면 엽산이 빠른 속도로 메틸화된 상태로 갇히게 되며(메틸-트랩 이론), 이로 인해 세포에는 단일탄소기 전환반응에 필요한 메틸기가 결합되지 않은 다른 형태의 엽산 조효소가 부족하게 된다. 메틸기가 결합되지 않은 엽산 조효소가 부족해지면 DNA합성 등에 지장을 가져오며, 세포내 엽산 저장이 저하된다. 이와 같이 비타민 B_{12}가 결핍되면 이차적인 엽산 결핍상태를 가져와서 거대적아구성 빈혈이 나타나게 되므로 비타민 B_{12}와 엽산은 대사적으로 밀접하게 상호 연관되어 있다.

메틸-트랩 이론 (methyl-trap theory)

2. 신경섬유의 수초 유지

비타민 B_{12}는 신경섬유의 절연체 역할을 하는 수초를 유지시켜 주는 기능이 있다. 비타민 B_{12}가 결핍된 사람의 수초는 부분적으로 파괴되어 있으며, 특히 척수신경의 신경섬유를 감싸는 수초가 파손되어 있는 경우가 많다. 비타민 B_{12}가 부족할 때 수초가 파손되는 정확한 이유는 밝혀지지 않았으나, 호모시스테인에 메틸기를 전이하여 메티오닌을 합성하는 반응과 SAM을 합성하는 기능이 저하되어 수초형성에 필요한 단백질합성에 필요한 메틸화반응이 저하되는 현상과 관련이 있는 것으로 보고 있다. 이러한 수초의 파괴는 척수신경을 퇴화시켜 감각기능손실, 보행이상, 마비 및 정신질환을 가져오고 결국 사망에 이르는 원인이 된다.

수초(myelin sheath)

3. 기타 기능

비타민 B_{12}는 메틸 말로닐 CoA를 숙시닐 CoA로 전환시키는 반응에 필요한 메틸 말로닐 CoA 뮤타아제의 조효소로 작용하므로, 메틸 말로닐 CoA가 TCA 회로에 의해 정상적으로 대사 될 수 있도록 도와준다. 비타민 B_{12} 결핍 시 메틸 말로닐 CoA가 메틸 말론산(MMA)으로 비정상적으로 분해되어 혈장과 소변내 MMA 농도가 크게 증가되며, 이는 임상적으로 비타민 B_{12}의 결핍증을 판정하는 데 이용되고 있다.

메틸 말로닐 CoA 뮤타아제 (methylmalonyl-CoA mutase)

메틸 말론산 (methylmalonic acid, MMA)

결핍증

과거에는 비타민 B_{12}를 흡수할 수 없는 사람은 결국 사망하였다. 19세기 중엽 영국에서는 일종의 빈혈 증세로서 발병 후 2~5년 이내에 사망하는 빈혈증을 악성빈혈이라 불렀다(여기에서 '악성'이라 함은 '사망에 이른다'는 의미임). 임상적으로 악성빈혈의 증세는 엽산 결핍성 빈혈과 유사하게 거대적혈구증을 나타내므로 거대적혈구성 빈혈이라고도 부른다.

악성빈혈(pernicious anemia)

악성빈혈은 비타민 B_{12}를 잘 흡수하지 못할 때 나타난다. 식사 중의 비타민 B_{12}를 극도로 제한하는 경우에도 신경증세가 나타나기까지는 오랜 기간이 소요된다. 또한 악성빈혈로 판정되었을 때 비타민 B_{12}를 주사하면 하루나 이틀 이내에 적혈구 형성과정과 그 외의 다른 임상적 증세가 호전되지만, 신경퇴화는은 비타민 B_{12}를 공급해 주어도 회복되지 않는다.

자가면역반응 (autoimmune disease)
위산분비 부족증 (achlorhydria)

악성빈혈로 인한 빈혈증세와 신경손상은 노인층에서 나타나는 경우가 많다. 노인기에는 위벽세포가 노화됨에 따라 비타민 B_{12}의 흡수에 필요한 내적인자의 합성 능력이 저하된다. 최근 연구결과, 이와 같은 내적인자 합성불능의 원인이 자가면역반응에 의한 것으로 추정되고 있다. 위벽세포는 내적인자뿐 아니라 위산을 분비하므로, 악성빈혈 환자들 가운데 위산분비가 부족한 증세도 동시에 나타나는 경우가 많다. 악성빈혈의 임상적 증세로는 빈혈증세 이 외에도 허약감, 설염, 체중감소, 식욕부진, 소화불량, 설사, 두뇌활동력 감퇴, 기억력 감퇴 등이 나타난다.

채식만 하는 수유부의 젖을 먹고 자라는 유아는 비타민 B_{12}의 결핍으로 인해 빈혈뿐 아니라 두뇌성장발달이 지연되고, 척수퇴화, 지적능력의 발달 부진 등 신경계 장애가 나타난다. 때로는 이런 문제의 발단이 임신 중의 비타민 B_{12} 섭취부족으로 인해 시작되는 경우도 있다. 따라서 채식만 하는 사람은 반드시 비타민 B_{12}를 보충하는 것이 바람직하다.

영양상태 평가

방사성 동위원소 희석법 (radioisotopic dilution technique)

실링 테스트(schilling test)

체내 비타민 B_{12} 함량이 저하되면 혈청 비타민 B_{12}의 농도도 저하되므로, 비타민 B_{12}의 영양상태를 평가할 때 혈청의 비타민 B_{12} 농도를 측정하는 방법이 많이 사용되고 있다. 비타민 B_{12}의 농도는 미생물학적 분석법이나 방사성 동위원소 희석법을 이용하여 측정할 수 있다.

비타민 B_{12}의 흡수불량 여부를 결정하기 위해 가장 널리 사용되는 방법은 Co^{60}을 함유하는 방사성 비타민 B_{12}를 소량(0.5~2㎍) 경구 투여한 후 소변내 방사성 비타민 B_{12} 배설량을 측정하는 실링 테스트를 사용한다. 이때 다량의 비타민 B_{12}를 비경구적으로 투여하면 2시간 이내에 정상인의 소변에는 방사성 물질이 상당량 배출되나, 비타민 B_{12}의 흡수불량인 악성 빈혈 환자의 경우에는 내적 인자를 경구투여 하지 않는 한 소변내 방사성 물질이 거의 배출되지 않는다.

비타민 B_{12} 결핍 시 혈장이나 소변의 MMA 농도가 크게 증가되므로, MMA 농도를 분광광도법으로 분석하는 방법도 이용되고 있다.

비타민 B_{12}가 풍부한 식품

육류, 가금류, 어패류에 비타민 B_{12}가 풍부하게 함유되어 있다. 이 가운데 비타민 B_{12}의 영양밀도가 가장 높은(㎍/kg) 식품은 내장육(특히 간, 신장 및 심장육), 어패류, 쇠고기, 달걀, 소시지, 햄 등이며, 우유와 유제품에도 비타민 B_{12}가 많이 함유되어 있으며 김도 좋은 급원이다(표 8-15).

필요량

우리나라 사람을 대상으로 한 여구 자료가 부족하여 미국과 캐나다 섭취기준을 참고로하여 설정하였다. 혈청 B_{12} 와 메틸말론산을 적절하게 유지하기 위해 필요한 비타민 B_{12} 섭취량을 추정하는 방법으로 성인 남녀의 평균필요량이 2㎍/일로 설정되었으며, 평균필요량에 변이계수를 고려하여 20%를 가산한 2.4㎍/일을 권장섭취량으로 정하였다. 50세 이후의 권장수준은 성인과 동일하나 위산과 내적인자 분비능력이 저하되는 것을 고려하여 비타민 B_{12} 강화식품이나 보충제를 섭취할 것을 권장한다. 임신기 모체의 비타민 B_{12} 영양상태는 영아의 비타민 B_{12} 상태를 결정하

표 8-15. 각 식품군의 비타민 B_{12} 함유량

식품군	식품명	목측량	중량(g)	비타민 B_{12}(㎍)
곡류 및 전분류	비타민 B_{12}의 주요 급원이 아님			
고기, 생선, 달걀, 콩류	쇠간(볶은 것)	1접시	60	49.8
	굴(생것)	1접시	60	9.6
	킹크랩(익힌 것)	1접시	60	6.9
	조개(생것)	1접시	60	6.8
	쇠고기(생것)	1접시	60	0.7
	달걀(생것)	1개(대)	50	0.5
채소 및 과일류	김(말린 것)	1장	2	1.3
우유 및 유제품	우유	1컵	200	0.9
	치즈	1장	20	0.7
유지, 견과 및 당류	비타민 B_{12}의 주요 급원이 아님			

는 주요한 요인이며, 수유기에는 수유를 통한 비타민 B_{12} 분비량 등을 고려하여, 임신부는 하루에 0.2㎍, 수유부는 0.4㎍을 추가 섭취할 것을 권장한다.

육류를 적정량 섭취하면 비타민 B_{12}의 권장량을 충족시킬 수 있으며, 권장량 수준으로 비타민 B_{12}를 섭취하는 사람으로서 정상적으로 흡수할 수 있는 사람은 2~3년간 사용할 수 있는 양을 간에 저장할 수 있으므로, 정상적인 식사를 하는 사람들에게 비타민 B_{12} 결핍증이 나타날 우려가 거의 없다. 비타민 B_{12}를 정상적으로 흡수할 수 있는 사람이 비타민 B_{12}가 함유되지 않은 식사를 할 경우 비타민 B_{12} 결핍증이 나타나려면 20년이 걸리는 한편, 비타민 B_{12}를 흡수할 수 없는 사람의 경우 신경증세가 나타나기까지 약 2~3년이 걸린다.

앞에서 설명한 것처럼 동물성 식품을 전혀 먹지 않는 채식주의자는 영양보충제, 영양강화 두유, 비타민 B_{12}가 풍부한 배지에서 배양한 특수 이스트 등을 통해 비타민 B_{12}를 공급받아야 한다. 노인들은 악성빈혈이 나타나기 쉬우므로 정기적으로 거대적혈구증, 혈중 비타민 B_{12}의 농도 저하, 손발이 쑤시는 증세 등을 검사받아야 한다.

비타민 C

비타민 C는 모든 생물 조직내에 함유되어 있으며 대부분의 포유동물의 체내에서 포도당으로부터 합성된다. 그러나 사람, 기니 피그, 원숭이, 조류, 박쥐, 생선류 등과 같이 글로노락톤 산화효소가 없는 동물은 비타민 C를 자체 생성하지 못하므로 식품을 통해 공급받아야 한다.

기니 피그(guinea pig)
글로노락톤 산화효소(gulonolactone oxidase)

α-D-포도당 → → → L-굴로노락톤 —(굴로노락톤 산화효소)→ L-아스코르브산

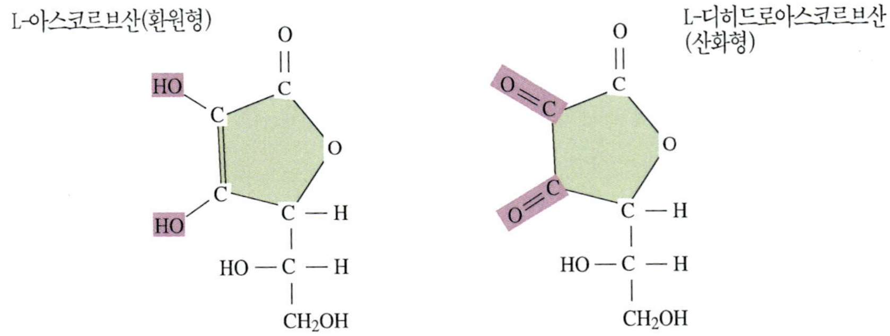

그림 8-22. 비타민 C의 구조

아스코르브산(ascorbate)
디히드로아스코르브산(dehydroascorbate)
디케토굴론산(diketogulonic acid)

체내에서 비타민 C 활성을 지니는 물질로는 환원형인 L-아스코르브산과 산화형인 L-디히드로아스코르브산이 있다(그림 8-22). 이 두 형태는 상호 전환되면서 괴혈병을 치료하는 효력을 가지고 있으나 디히드로아스코르브산이 더 산화되면 비가역적 반응 산물인 디케토굴론산이 생성된다. 디케토굴론산은 생리활성이 없으며 수산이나 다른 L-트레오닌산으로 분해된다. 비타민 C는 건조상태나 산성용액에서는 비교적 안정하나 수용액에서는 열, 알칼리 등에 의해 쉽게 파괴된다. 또한 산소가 존재할 때 가열하면 분해속도는 온도에 비례적으로 빨라진다.

체내 기능

수산화(hydroxylation)

산화형 철이온(ferric ion)
환원형 철이온(ferrous ion)

수용성 환경에서 강력한 환원제로 작용하는 비타민 C는 여러 가지 수산화반응에 조효소로 쓰이며, 콜라겐 형성, 도파민 · 노르에피네프린 · 세로토닌 등의 신경전달물질의 합성, 카르니틴과 스테로이드 합성, 철의 흡수, 면역기능, 상처회복과 그 밖에 엽산, 아미노산, 뉴클레오티드, 콜레스테롤, 포도당 대사에도 관여한다. 즉 비타민 C는 산화형태의 철이온(Fe^{3+})에 전자를 주어서 환원형태의 철이온(Fe^{2+})으로 환원시킨다. 이와 같이 비타민 C는 수소 또는 전자 공여체로서 탄수화물, 지질, 단백질 대사과정에서 필수적인 역할을 한다(표 8-16).

표 8-16. 비타민 C의 생화학적 기능

중요 기능	다른 기능
콜라겐 합성(프롤린과 리신의 수산화 반응) 카르니틴 합성 도파민의 수산화 운동 펩티드의 아미드 형성 반응	중금속에 의한 독성 예방 콜레스테롤 분해 면역기능 엽산의 환원 유지 철분 흡수 · 분포 · 저장

결합조직
신체조직의 모든 구조를 유지해주는 조직으로서 힘줄과 골격이 이에 속하며, 동맥이나 정맥같은 혈관도 결합조직으로 이루어져 있다.
3중 나선구조(triple-helix)
프로콜라겐(procollagen)

1. 콜라겐 합성

결합조직을 구성하는 중요한 단백질인 콜라겐은 골격의 유기질을 형성하는 단백질로서 전체 체단백의 1/3을 차지하고, 골격과 혈관벽 유지, 상처회복에도 중요한 역할을 한다. 세 개의 폴리펩티드 사슬이 꼬여서 3중 나선구조를 가진 프로콜라겐을 형성하는데, 이 물질은 수소결합에 의

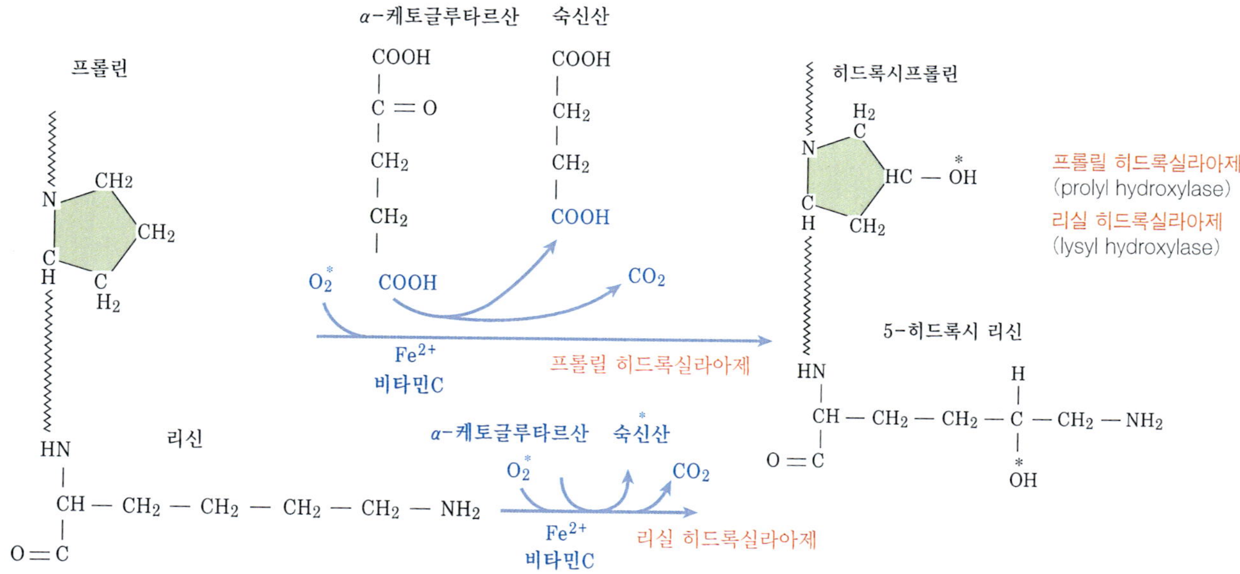

그림 8-23. 프로콜라겐의 구성 성분인 프롤린과 리신의 수산화반응을 촉매하는 비타민 C

해 불용성이며 안정된 콜라겐 섬유를 형성한다. 비타민 C는 콜라겐 합성에 필요한 효소인 수산화효소를 활성화시키는 작용을 한다. 아미노산인 프롤린과 리신이 수산화되어서 히드록시프롤린(콜라겐 세 개의 나선구조 안정화), 히드록시리신(콜라겐 섬유를 안정화시키는 상호결합 형성)을 형성하는데, 이 과정에 비타민 C가 결핍되면 수산화반응이 일어나지 못해 콜라겐이 정상적으로 형성되지 못한다(그림 8-23). 콜라겐 합성에서 비타민 C의 역할은 프롤린에 수산기를 전해주는 히드록실라아제의 철분을 환원형인 Fe^{2+}으로 유지시키는 역할이다.

히드록시프롤린(hydroxyproline)
히드록시리신(hydroxylysine)

2. 항산화 활성

비타민 C는 세포내의 중요한 수용성 항산화제로 작용하며, 비타민 E와 함께 유리라디칼 제거제로 중요한 역할을 한다. 즉 세포의 대사과정에서 생성되는 산소 자유기를 제거하는 역할을 한다. 이러한 작용은 산소가 세포의 대사 결과 생기는 자유기와 반응하는 것을 방지한다. 지질과산화를 방지하므로 비타민 E의 절약작용에도 관여한다. 비타민 C는 환원상태로 존재하는 엽산(THF)을 환원상태로 유지시켜서 엽산이 산화, 분해되는 것을 막아 준다.

유리라디칼 제거제(free-radical scavengers)

최근 연구에 의하면 지금까지 알려진 비타민 C의 항산화 효과가 대조적으로 이미 손상된 조직의 산화를 증가시킬 수 있음이 생체외 실험에서 보고되었으며, 비타민 C를 과다하게 보충한 사람의 림프구 DNA 손상이 증가되었다. 따라서 비타민 C의 이용에 있어서 항산화제 혹은 산화촉진제 역할을 할 수 있음에 주의를 해야 한다는 보고도 있다.

3. 철 흡수

식물성 식품에 함유되어 있는 비헴철은 환원형일 때 잘 흡수된다. 비타민 C는 비헴철을 환원시켜서 소장의 약알칼리성 환경에서 쉽게 용해될 수 있도록 철분의 흡수를 도와준다.

비헴철(nonheme iron)

4. 면역기능

비타민 C는 면역계에 중요한 역할을 하며 화학적 해독작용에도 관여하므로 질병상태나 약품 복용시에 비타민 C의 필요량이 증가할 수 있다.

5. 카르니틴 합성

트리메틸리신(trimethyllysine)
카르니틴(carnitine)

트리메틸리신이 수산화반응에 의해 카르니틴으로 전환되는데, 이때 아스코르브산이 관여한다. 긴 사슬지방산을 세포질로부터 미토콘드리아 기질로 이동시키기 위해서는 적당량의 카르니틴이 필요하므로, 카르니틴의 합성은 지방대사에 매우 중요하다. 특히 이 반응은 근육조직에서 중요하다.

6. 세포 구성물질 합성

부신수질 호르몬인 노르에피네프린, 에피네프린 합성에 비타민 C와 구리를 함유한 효소가 관여하며, 트립토판이 신경전달물질인 세로토닌으로 전환될 때에도 비타민 C가 관여한다. 그 외에도 헤모글로빈, 티록신, 담즙산, 스테로이드 호르몬, 퓨린 생합성에 비타민 C가 필수적이다. 이 반응은 모두 수산화반응에 의해 진행된다.

흡수와 대사

식품에 함유된 비타민 C는 쉽게 이용될 수 있다. 비타민 C는 소장에서 능동수송에 의해 대부분이 흡수되며 소량은 단순확산으로 흡수된다. 소장의 하부에서 주로 일어나는 흡수는 비타민 섭취량에 따라 흡수율이 변화하며, 소량 섭취할 경우에는 빠른 속도로 흡수되지만 과량 섭취할 경우 흡수율이 감소한다(표 8-17). 또한 펙틴 함량이 높은 식물성 식품에 함유되어 있는 경우 비타민 C는 잘 흡수되지 않는 것으로 알려져 있다.

흡수된 비타민 C는 음이온 형태로 혈장으로 이동하는데, 혈장 내 농도는 식사 중의 함량에 영향을 받는다. 비타민 C를 권장량 수준으로 섭취하였을 때 혈청 비타민 C 농도는 약 0.5~1.0mg/dL 정도로 유지되며, 100~150mg/일 수준으로 섭취하면 혈청 농도가 1.4~1.5mg/dL까지 증가된다. 그러나 섭취량이 더 증가되어도 혈청 농도는 증가되지 않고 일정하게 유지된다(표 8-18).

비타민 C는 각 조직으로 이동하는데, 비타민 함량이 가장 높은 곳은 부신피질 · 뇌하수체 · 수정체이며 그 다음으로 간 · 폐 · 췌장 · 지라 · 신장이다. 비타민 C 섭취량이 100mg/일 정도로 보통 수준일 때 대부분 수산으로 전환되어 소변으로 배설되며, 섭취량이 혈청을 과포화시킬 정도

표 8-17. 하루 섭취량에 따른 비타민 C의 흡수효율성

하루섭취량(mg/day)	흡수효율성(%)
180	70
1,500	50
12,000	16

표 8-18. 혈장내 비타민 C 함량(mg/100mL)

결 핍	정 상
≤ 0.2	0.8~1.4

표 8-19. 소변으로 배설되는 비타민 C의 형태

1일 섭취량(mg)	배설 형태
30	아스코르브산 7% 대사물질 93%
200	아스코르브산 87% 대사물질 13%

로 많으면 비타민 C 형태 그대로 배설된다(표 8-19). 펙틴, 아연, 구리, 철 함량이 높은 식품 중의 비타민 C는 흡수율이 낮은 것으로 나타났다. 그 이유는 흡수율이 떨어지거나 흡수되기 전에 비타민 C가 산화되기 때문일 것으로 추정하고 있다.

영양상태 평가

비타민 C의 영양상태는 임상적 결핍증세를 관찰하고, 혈청과 백혈구의 비타민 C 농도를 측정하여 판정한다. 일반 성인인 경우 혈청 비타민 C 수준이 0.2mg/dL 이하일 때를 결핍, 0.2~0.4mg/dL일 때를 경계상태라 판정한다(표 8-20). 최근에는 비타민 C 영양상태를 판정하는 방법으로 잇몸의 건강상태, 근육의 카르니틴 수준, 리실 수산화효소와 프롤릴 수산화효소의 활성, 소변 중 히드록시프롤린 배설량 등이 개발되고 있다.

경계상태 (marginal deficiency)
리실 수산화효소 (lysyl hydroxylase)
프롤릴 수산화효소 (prolyl hydroxylase)

표 8-20. 비타민 C 영양상태 평가 기준

비타민 C 농도(mg/dL)	연 령	결 핍	경 계	충 분
혈청	0~19세 남녀 20세 이상 남녀	〈0.2 〈0.2	0.2~0.6 0.2~0.4	〉0.6 〉0.4
백혈구	모든 연령층	〈7	7~15	〉15

비타민 C가 풍부한 식품

비타민 C는 쉽게 산화되므로 준비, 조리 및 가공과정, 계절적 변화에 민감하다. 비타민 C의 주된 급원 식품은 신선한 감귤류와 녹색채소로서 오렌지, 자몽, 귤, 토마토, 토마토 주스, 레몬, 강화된 과일주스 등이다. 채소나 과일에 있는 천연방부제인 이소아스코르브산은 비타민 C 활성은 없지만 신체 내에서 항산화제로서 작용한다. 단위 에너지 함량당 비타민 C의 함량이 높은 식품으로는 풋고추 · 콜리플라워 · 브로콜리 · 케일 · 양배추 · 피망 · 시금치 · 고춧잎 · 토마토 등의 채소와 키위 · 오렌지 · 딸기 등 과일이 있다(표 8-21). 달걀, 우유 및 유제품에는 소량 들어 있고 곡류에는 거의 없다. 토마토도 비타민 C의 함량이 높으나 토마토의 색이 진할 때 함량이 높으므로 선택할 때 주의해야 한다.

이소아스코르브산 (iso-ascorbate)

표 8-21. 각 식품군의 비타민 C 함유량

식품군	식품명	목측량	중량(g)	함량(mg)
곡류 및 전분류	생고구마 · 찐 고구마 찐 감자	1개(중) 1개(중)	140 130	24 16
고기, 생선, 달걀, 콩류	비타민 C의 주요 급원이 아님			
과일 및 채소류	딸기	1컵	200	154
	오렌지 주스	1컵	200	124
	레몬 주스	1컵	200	112
	레몬	1개(중)	100	70
	키위	1개(중)	100	27
	귤	1개(중)	100	55
	토마토	1개(중)	200	44
	브로콜리	1/2컵	70	41
	갓김치	1접시	50	28
	풋고추	1/2컵	70	64
	열무김치	1접시	50	11
	콩나물	1접시	70	7
우유 및 유제품	탈지우유	1컵	200	4
유지, 견과 및 당류	비타민 C의 주요 급원이 아님			

필요량

백혈구의 비타민 C는 비타민 C의 저장량을 잘 반영해주는 지표로서 농도가 증가할수록 산화 스트레스 손상에 대한 보호효과도 증가한다. 호중구의 비타민 C 농도를 적정수준으로 유지할 수 있는 비타민 C 섭취량을 근거로 비타민 C 평균필요량을 75mg/일로 산정하고, 이 값에 변이계수를 고려하여 100mg/일을 우리나라 성인 남녀의 권장섭취량으로 설정하였다(표 8-22). 노인기에 비타민 C 필요량이 감소한다는 증거가 없으므로 노인의 권장섭취량도 동일하게 100mg/일로 정하였다.

2015~2017년 국민건강영양조사 자료를 분석한 결과, 식사와 보충제로부터 섭취하는 비타민 C 평균섭취량이 19~29세 남성은 101.4mg/일, 여성은 118.9mg/일이고, 30~49세와 50~64세 성인군은 젊은 성인보다도 섭취량이 높았다. 그러나 50~64세 여성을 제외하고는 모든 성인 연령군에서 비타민 C 평균필요량인 75mg/일 미만을 섭취하는 인구비율이 50%를 넘었다. 알코올 중독자나 약을 장기복용하는 사람들은 영양소 섭취부족으로, 저소득층과 노년층은 치아 상실에 의해서 섭취량이 감소해 비타민 C가 결핍되기 쉽다. 여성보다 남성의 혈청 비타민 C 농도가 낮으며, 흡연자의 혈청 비타민 C의 함량이 비흡연자에 비해 유의적으로 낮게 나타나고 있다. 흡연자는 비흡연자에 비해 비타민 C 교체율이 35mg/일 만큼 높으므로 미국에서는 흡연자들에게 하루에 35mg을 더 섭취할 것을 권장하고 있다. 임신기에는 모체 혈액의 비타민 C 농도가 증가되고 태아에게 비타민 C가 이동되므로 이를 보충하기 위해서 임신부에게 하루에 10mg을 추가로 권장한다. 수유기에는 모유로 분비되는 비타민 C를 고려하여 하루에 40mg을 추가 권장한다.

표 8-22. 2020 한국인 영양소 섭취기준 – 비타민 C

성별	연 령	비타민 C(mg/일)			
		평균 필요량	권장 섭취량	충분 섭취량	상한 섭취량
영아	0~5(개월)			35	
	6~11			45	
유아	1~2(세)	30	40		340
	3~5	35	45		510
남자	6~8(세)	40	50		750
	9~11	55	70		1,100
	12~14	70	90		1,400
	15~18	80	100		1,600
	19~29	75	100		2,000
	30~49	75	100		2,000
	50~64	75	100		2,000
	65~74	75	100		2,000
	75 이상	75	100		2,000
여자	6~8(세)	40	50		750
	9~11	55	70		1,100
	12~14	70	90		1,400
	15~18	80	100		1,600
	19~29	75	100		2,000
	30~49	75	100		2,000
	50~64	75	100		2,000
	65~74	75	100		2,000
	75 이상	75	100		2,000
임신부		+10	+10		2,000
수유부		+35	+40		2,000

자료 : 보건복지부, 2020 한국인 영양소 섭취기준, 2020

결핍증

비타민 C가 결핍되면 정상적인 콜라겐 합성이 방해되므로 신체 전체에 분포되어 있는 결합조직에 변화를 주어, 연골과 근육조직이 변형되기도 한다. 또한 모세혈관이 약해져서 쉽게 멍이 들고 골격형성이 방해되어 성장지연 현상을 가져온다. 장기간(1달 이상) 비타민 C 결핍식이를 섭취할 때 괴혈병이 나타나며, 그 증세는 팔꿈치나 다리 주변의 피부모낭에 나타나는 점상출혈

괴혈병(scurvy)
비타민 C 결핍 식이를 장기간 섭취하면 나타나는 증세로서 피부 점상출혈, 잇몸의 부종과 출혈, 관절 통증을 동반함

점상출혈
(pinpoint bleeding, petechiae)

쉬어가기

비타민 C 결핍이 일어나기 쉬운 임상조건

- 알코올 중독
- 흡연
- 노령화
- 수술 환자
- 식이 섭취 부족
- 스트레스
- 갑상선 기능 항진
- 암환자

과 허약증세이다. 이런 출혈현상은 괴혈병의 대표적인 증상이라고 할 수 있다. 다른 증상으로는 결합조직이 부실해져 치아와 잇몸에 변형이 오는데, 잇몸이 붓고 피가 나고 뼈의 통증과 골절, 설사 혹은 우울증 증세를 동반한다. 이러한 경우 비타민 C를 충분히 공급하면 쉽게 치유된다.

과잉증

혈색소증 (hemochromatosis)

비타민 C는 일반 식품, 영양소 강화식품, 보충제를 통해 섭취한다. 일반 식품을 통한 섭취량 수준에서는 유해영향이 나타나지 않지만, 강화식품이나 보충제로 과량의 비타민 C를 섭취할 경우 오심, 구토, 복부팽만감, 복통, 설사 등의 위장관 증세를 유발하며, 그 밖에도 수산 배설 및 신결석, 요산 배설량 증가, 과도한 철 흡수, 비타민 B_{12} 수준 저하 등의 유해영향이 보고되었다. 위장관 증세를 독성종말점으로 선택하여 한국 성인 비타민 C 상한섭취량을 2,000mg/일로 설정하였다. 철대사와 저장에 장애가 있는 혈색소증 환자와 신결석 소인이 있는 사람의 경우 비타민 C 유해영향이 쉽게 나타날 수 있으므로 과량 섭취하지 않도록 한다.

과량의 비타민 C 섭취 시 대부분이 대변이나 요를 통해 배설되고 당뇨나 혈변을 조사하는 임상실험 결과에 영향을 미칠 수 있으므로 주의해야 한다.

비타민 유사물질

비타민 유사물질 (vitamin-like compound)
콜린(choline)
레시틴(lecithin)
카르니틴(carnitine)
이노시톨(inositol)
타우린(taurine)
리포산(lipoic acid)

체내 대사를 정상적으로 유지시키기 위해서는 콜린, 카르니틴, 이노시톨, 타우린, 리포산과 같은 비타민 유사물질들이 필요하다. 이 물질들은 체내에서 합성될 수 있으며, 대부분이 필수아미노산 등과 같은 인체에 필수적인 물질로부터 합성된다. 그러나 조산아와 같이 조직 성장이 급속도로 이루어지는 특정 시기에는 비타민 유사물질의 필요량이 증가한다.

건강한 정상 성인의 경우는 비타민 유사물질이 결핍될 우려가 없으나, 일부 질병에 걸리면 결핍될 우려가 높아질 수도 있다. 유아용 조제분유와 정맥영양(TPN)액에 첨가할 필요성이 있으며, 현재 대부분의 조제분유에는 비타민 유사물질을 첨가하고 있다.

콜 린

콜린(choline)
콜린이라는 명칭은 불어로 담즙을 의미하는 단어인 'chole'로부터 유래했다.

콜린은 식물성 식품과 동물성 식품에 널리 분포되어 있으므로 식이를 통한 섭취량이 부족될 우려는 매우 적다. 상추, 땅콩, 간, 커피, 콜리플라워에 많이 함유되어 있다. 콜린은 간조직에서 세린으로부터 합성되는데, 콜린의 합성과정에 비타민 B_6, B_{12} 및 엽산을 필요로 하며, SAM으로부터 메틸기를 받아 합성된다(그림 8-24). 따라서 식사에서 콜린 섭취량이 부족할 경우 필수 아미노산인 메티오닌으로부터 콜린이 합성된다.

포스파티딜콜린 (phosphatidylcholine)

콜린의 체내기능은 다음과 같다. 체내의 메티오닌 합성과정에서 콜린은 메틸기 공여체로 작용한다. 콜린은 신경전달물질인 아세틸콜린과 지단백, 세포막, 담즙의 구성성분인 레시틴(포스파티딜콜린)의 구성물질이다.

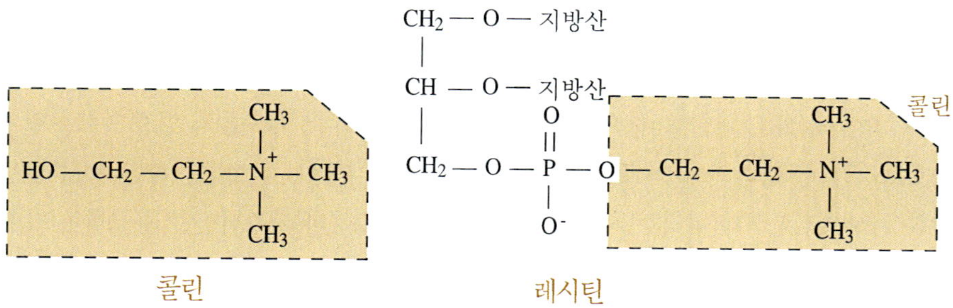

그림 8-24. 콜린과 천연유화제인 레시틴의 구조

무콜린 식이 (choline-free diet)

실험동물에게 무콜린 식이를 먹였을 때 지방간과 간 조직 괴사증세를 보이므로, 동물들은 콜린을 충분히 합성하지 못한다고 볼 수 있다. 콜린 성분이 부족한 정맥영양을 실시한 환자에게서도 실험동물과 유사한 간기능 장애가 나타났으며, 정상인에게 무콜린 식이를 주었을 때에도 간기능 장애가 나타났다. 따라서 콜린이 사람에게 필수적인 영양소라고 추정하고 있으며, 이를 확인할 수 있는 많은 연구가 진행 중이다. 대부분의 사람들은 콜린을 충분량(600~1,000mg) 섭취하고 있으며, 미국에서는 성인의 충분섭취량을 남자 550mg/일, 여자 425mg/일로 설정하였으나 한국인의 권장 수준은 아직 설정되지 않았다.

다량의 콜린(하루에 약 20~30g) 섭취는 생선 비린내 같은 체취와 구토 · 설사 등의 유해영향을 나타낸다. 또한 콜린은 대사과정에서 니트로소 아민류로 전환될 수 있으므로, 다량의 콜린 섭취는 위암 발생률을 증가시킬 수도 있다. 따라서 미국에서는 상한섭취량을 3.5 g/일로 설정하였다.

쉬어가기

콜린과 레시틴

알코올의 과다 섭취로 인한 지방간 환자를 다량의 콜린이나 레시틴으로 치료할 수 없으므로, 콜린 결핍으로 인한 간 기능장애는 알코올 중독자에게서 나타나는 지방간과는 다르다. 알츠하이머병이나 다른 노인성 치매와 같은 신경질환을 레시틴으로 치료해 보려고 시도하고 있으나 아직도 그 효과는 확실히 밝혀지지 않은 상태이다.

카르니틴

카르니틴은 간에서 아미노산인 리신과 메티오닌으로부터 합성되는 화합물로서 간단한 구조를 갖는다(그림 8-25). 지방산이 대사되어 에너지를 생성하기 위해서는 세포질에 있는 지방산을 미토콘드리아로 운반해야 한다. 카르니틴은 지방산의 운반을 도와주며, 미토콘드리아의 대사산물인 유기산이 과량 생성되었을 때 이를 제거해 주는 과정에도 참여한다.

사람은 동물성 식품을 통해 카르니틴을 섭취하거나 체내에서 생합성과정을 통해 필요량을 얻고 있다. 심한 영양실조 상태의 어린이나 성인의 혈중 카르니틴 농도는 정상치보다 낮다. 단백질의 섭취량이 부족한 경우 카르니틴 합성에 필요한 아미노산의 공급이 부족해지므로 지방산 대사에 지장이 있다. 간경화증 환자의 간에서는 카르니틴 합성능력이 저하되므로 카르니틴 섭취량을 증가시켜야 한다.

육류와 우유, 유제품은 카르니틴의 주된 급원이며, 식물성 식품에는 거의 함유되어 있지 않으므로 채식주의자의 카르니틴 섭취량은 매우 낮다. 그러나 채식주의자들의 혈중 카르니틴 농도는 정상이므로, 건강한 정상인이 카르니틴을 필수적으로 섭취해야 하는가는 확실치 않지만, 질병이나 심한 외상으로부터 회복되는 시기나 조산아는 외부로부터 카르니틴을 공급받는 것이 필수적이다.

이노시톨

이노시톨(inositol)
미오-이노시톨(myo-inositol)
이노시톨 3인산
(inositol triphosphate, IP_3)

이노시톨의 9가지 이성질체 가운데, 미오-이노시톨이라 불리우는 구조(그림 8-26)만이 인체에서 영양적 가치를 나타낸다. 이노시톨은 포도당과 유사한 화학구조를 갖는 화합물로서 체내에서 합성된다.

이노시톨 인지질
(inositol phospholipid)

체세포에서 이노시톨은 인산화된 형태인 이노시톨 3인산(IP_3) 형태로 세포질에 주로 존재하며, 일부는 세포막의 인지질 구성성분으로 존재한다. 이노시톨 인지질이 호르몬 작용기전에 관여하는 반응은, 세포막의 효소에 의해 방출된 IP_3가 세포내의 칼슘 저장장소로부터 칼슘이온을 동원해 세포내의 칼슘이온의 농도를 상승시키는 작용을 하고, 이로 인해 여러 가지 반응이 일어나게 된다(예를 들면, 신경세포에 의한 자극을 인지하고 전달하는 반응). 이와 같은 이노시톨의 기능 때문에 신경조직 내의 이노시톨 인지질의 농도는 높은 편이다.

동물성 식품에는 이노시톨이 유리된 형태와 이노시톨 인지질 형태로 함유되어 있다. 밀의 외피 등 식물성 식품에는 이노시톨이 피틴산의 일부 구조를 구성하고 있다. 이노시톨의 하루 평균 섭취량은 약 1g이며, 신장에서 약 4g 이상이 합성된다.

당뇨병으로 인한 고혈당 상태에서는 이노시톨의 운반이 저하되며, 다발성 경화증 · 신부전증 · 암질환 등의 경우 이노시톨이 비정상적으로 대사되므로 외부로부터 공급해 주어야 한다.

타우린

타우린(taurine)

타우린은 황함유 아미노산인 시스테인과 메티오닌으로부터 합성된다(그림 8-27). 타우린은 근육, 혈소판, 신경조직에 많이 함유되어 있으며, 담즙산염에도 결합되어 있다. 확실한 작용기전이 밝혀지지는 않았지만, 타우린은 다음과 같은 여러 가지 중요한 기능과 관련이 있다. 눈의 광수용기 기능, 혈구내의 항산화 작용, 폐조직의 산화방지 작용, 중추신경 기능에 참여하며, 혈소판 응집, 심장수축, 인슐린 작용, 세포분화 및 성장에도 관여한다.

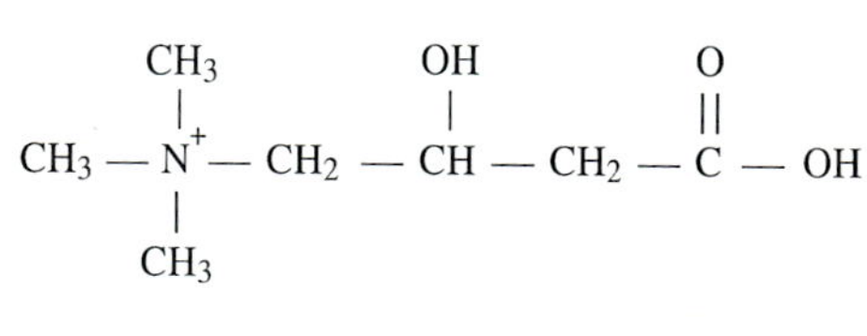

그림 8-25. 카르니틴의 구조

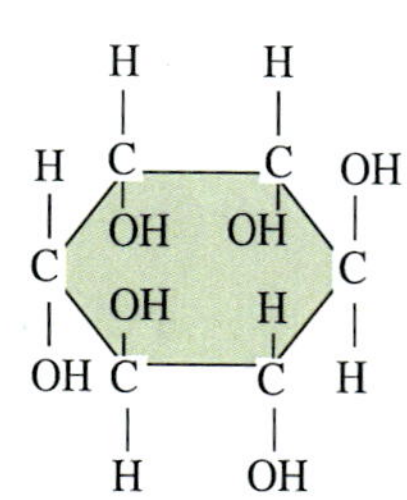

그림 8-26. 이노시톨의 구조

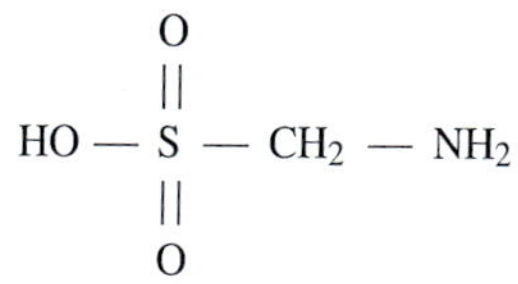

그림 8-27. 타우린의 구조

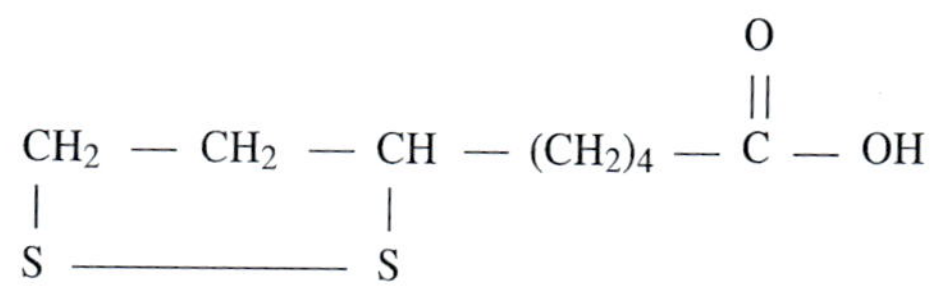

그림 8-28. 리포산의 구조

타우린은 동물성 식품에만 함유되어 있으나, 채식주의자들에게도 타우린의 결핍증이 나타나지 않는 점으로 보아 인체가 타우린을 충분량 합성할 수 있는 것으로 추정된다. 따라서 건강한 사람들은 타우린의 섭취에 대하여 걱정할 필요가 없다.

낭포성 섬유증이 있는 어린이에게 타우린을 보충해 주었을 때 성장이 향상되었다는 보고가 있다. 이는 타우린이 담즙산염과 결합하여 담즙산염을 형성함으로써 지방의 흡수율을 증진시킨 결과로 추정된다. 따라서 조산아에게 타우린을 보충해 주면 지방의 흡수가 촉진된다.

낭포성 섬유증(cystic fibrosis)

리포산

리포산(그림 8-28)은 피루브산이 아세틸 CoA로 전환되는 반응과 같이 기질로부터 CO_2분자를 제거할 때 필요하다. 리포산이 건강기능식품으로 판매되고 있으나, 사람은 리포산을 충분량 합성할 수 있다.

리포산(lipoic acid)

허위 비타민

일부 건강식품 신봉자들이 비타민이라고 선전하는 여러 가지 물질들은 실제로는 그다지 중요한 기능이 없다. 일부 다른 하등 동물들의 성장촉진에 효과가 있었다 할지라도 인체에는 효과가 없는 경우가 대부분이다. 이들 가짜 비타민으로 널리 알려진 물질들은 파라아미노벤조산, 라에트릴(비타민 B_{17}), 바이오플라보노이드(비타민 P), 판감산(비타민 B_{15}) 등으로, 이것들을 비타민이라 부르는 것은 옳지 않다. 현재까지 필수적인 영양소로 알려져 있는 모든 영양소를 함유한 정맥영양액을 공급받은 사람들에게서 수년간 영양결핍증이 나타나지 않았다는 사실로부터 판단할 때, 앞으로 새로운 비타민이 발견된다는 것은 거의 불가능하리라 본다.

허위 비타민(bogus vitamins)
파라아미노벤조산(para-aminobenzoic acid)
라에트릴(laetrile)
바이오플라보노이드(bioflavonoids)
판감산(pangamic acid)

표 8-23. 수용성 비타민의 생화학적 영양상태 평가법

비타민	장소	평가방법	정상 수준
티아민	적혈구	트랜스케톨라아제 활성 티아민 2인산 효과(TPP-effect)	126~214 IU < 15%
리보플라빈	적혈구	글루타티온 환원효소 활성계수 리보플라빈 농도	0.9~1.2 > 15 μg/100mL cells
나이아신, 크레아티닌	소변	N′-메틸 니코틴아미드 농도 2-피리돈/N′-메틸 니코틴아미드	0.5~1.59 mg/g 1.3~4.0
비타민 B_6	혈장 적혈구	PLP 농도 알라닌 아미노기 전이효소 활성 아스파르트 아미노기 전이효소 활성	> 30 nmol/L < 1.25 < 1.80
엽 산	혈청 적혈구	엽산 농도 엽산 농도	> 6 ng/mL > 160 ng/mL
비타민 B_{12}	혈장 소변	비타민 B_{12} 농도 메틸 말론산 배설량	200~900 pg/mL 1.5~2 mg/24시간
비타민 C	혈청 백혈구	비타민 C 농도 비타민 C 농도	0.2~0.4 mg/dL 7~15 mg/dL

표 8-24. 수용성 비타민 요약

비타민	조효소	생화학적 기능	풍부한 식품	결핍증	과잉증
티아민	TPP	탈탄산반응(해당과정, TCA회로) 펜토오스 인산회로 신경계에서의 기능	돼지고기, 내장육, 전곡, 강화곡류, 깍지강남콩, 땅콩, 두류	각기병(허약 · 피로 · 다리의 감각상실 · 보행불능 · 부종 · 심부전증 · 식욕부진)	100~500mg 섭취시 구토증 이외에는 다른 이상이 없음
리보플라빈	FAD, FMN	산화-환원 반응에서 전자(수소) 전달(TCA회로 · 전자전달계), 지방 분해	우유, 요구르트, 치즈, 육류, 달걀, 강화된 곡류제품, 간, 버섯, 시금치 및 엽채류	구내염, 구각염, 설염, 구순염, 눈부심	부작용이 거의 없음
나이아신	NAD, NADP	전자 · 수소이온 전달, 산화-환원 반응(해당과정 · TCA회로 · 지방합성 및 분해)	참치, 닭고기, 간, 육류, 버섯, 땅콩, 완두콩, 밀기울	펠라그라(설사, 피부염, 치매, 죽음) 설염, 홍분, 정신이상 이외에는 드묾	100mg 이상 섭취시 피부발진, 십이지장궤양, 간 이상
판토텐산	CoA	아실기 전달(아세틸화 반응 : TCA 회로 · 지방합성 및 분해)	난황, 간, 치즈, 버섯, 땅콩, 진녹색 채소(대부분 식품)	피로, 무관심, 두통, 불면증, 구토, 복통	밝혀지지 않았음
비오틴	비오시틴	CO_2 운반(당으로부터 에너지생성, 지방산 합성)	난황, 간, 이스트, 땅콩, 치즈(소화기관 내의 미생물에 의해 합성)	빈혈, 식욕감퇴, 구토, 설염, 근육통, 피부 건조증	밝혀지지 않았음
비타민 B_6	PLP	단백질 · 지방의 체내 이용률 향상, 신경전달물질 합성	육류, 닭고기, 연어, 바나나, 해바라기씨, 감자, 시금치, 밀배아	피부염, 설염, 발작, 두통, 구토, 빈혈	신경파괴(〉2g/일 · 500mg/일, 장기간 섭취), 과량복용시 습관성
엽산	THF	DNA와 RNA 합성, 아미노산의 합성, 적혈구의 성숙	시금치, 짙푸른 잎채소, 간, 내장육, 오렌지주스, 밀배아, 아스파라거스, 멜론	거대적아구성 빈혈, 설염, 설사, 성장장애, 정신질환, 신경관 결함	부작용이 거의 없음(엽산의 과다섭취는 비타민B_{12} 결핍 조기 발견의 기회상실)
비타민 B_{12}	메틸코발아민, 아데노실코발아민	엽산 대사과정 관여, 신경기능의 유지	동물성 식품, 특히 내장육, 굴, 조개류	악성빈혈(거대적아구성 빈혈 · 신경계 손상)	부작용이 거의 없음
비타민 C		항산화제, 수산화 반응(콜라겐 형성 · 혈관유지 · 면역기능 향상)	감귤류, 오렌지, 자몽, 토마토, 딸기, 레몬, 콩, 양배추, 고추	괴혈병(피로 · 식욕감퇴 · 상처치유 지연 · 점상출혈 · 잇몸출혈 · 체중감소)	〉1~2g(설사 · 임상실험 오차유발), 철분흡수 증가, 신장결석

요약

1. 티아민은 당질 대사과정에서 매우 중요한 역할을 한다. 신경조직은 당질을 주된 에너지원으로 사용하므로 티아민이 결핍되면 신경조직에 기능장애가 일어난다. 티아민은 알코올 중독자에게서 결핍되기 쉬운 영양소로서, 돼지고기 · 두류 · 강화곡류 등이 티아민의 좋은 급원이다.
2. 리보플라빈은 TCA회로, 전자전달계, 지방 분해과정에서 중요한 역할을 하므로 에너지대사에 필수적인 비타민이다. 리보플라빈만 단독으로 결핍되는 경우는 매우 드물며, 리보플라빈의 결핍증은 구내염과 설염 등이다. 우유와 유제품, 강화곡류에 리보플라빈이 많이 함유되어 있다.
3. 나이아신은 에너지 영양소들의 여러 가지 대사과정에서 필수적인 조효소로 작용한다. 결핍되면 심한 피부염 · 설사 · 정신질환이 나타나며, 증세가 더 진행되면 사망하게 된다. 알코올 중독이나 빈곤으로 인해 부실한 식사를 할 때 나이아신이 결핍되기 쉽다. 단백질이 풍부한 식품에는 나이아신도 풍부하다.
4. 판토텐산은 지방대사 및 TCA 회로를 포함한 여러 대사과정에 필요하다. 식품 중에 널리 분포되어 있으므로 판토텐산의 결핍증은 좀처럼 잘 나타나지 않는다.
5. 비오틴은 포도당 합성 및 지방산 합성과정에서 조효소로 작용하며, DNA 합성과정에도 필요하다. 따라서 비오틴이 결핍되면 빈혈, 피부염, 설염 등의 증세가 나타난다. 알코올 중독 시, 비오틴이 결핍되기 쉬우며 일부 장내세균에 의해 합성되어 체내에서 이용된다. 비오틴은 달걀, 치즈, 땅콩 등에 풍부하다.
6. 비타민 B_6는 단백질 대사과정, 특히 불필수 아미노산의 합성과정에 필수적이며, 신경전달물질의 합성과정 및 그 외 많은 대사작용에 필요하다. 비타민 B_6가 결핍되면 두통, 빈혈, 메스꺼움, 구토증세가 나타난다. 동물성 단백질이 풍부한 식품, 컬리플라워와 브로콜리 등에 비타민 B_6가 많이 함유되어 있으며, 권장량의 100배 이상 섭취하면 신경장애 등의 부작용이 나타난다.
7. 엽산은 RNA와 DNA 합성과정에서 중요한 역할을 한다. 엽산이 결핍되면 세포가 정상적으로 분열되지 않아서 빈혈, 설염, 설사 및 성장장애가 나타난다. 임신 중에는 엽산의 필요량이 증가되며, 알코올 중독자에게서 결핍증이 나타나기 쉽다. 짙푸른 엽채류, 내장육, 오렌지주스 등이 엽산의 좋은 급원이다. 조리과정에서 손실되기 쉬우므로 지나친 가열조리를 삼가야 그 손실량을 줄일 수 있다.
8. 비타민 B_{12}는 엽산의 정상적인 대사와 신경세포의 절연체 역할을 하는 수초 유지에 필요한 비타민이다. 따라서 결핍되면 엽산이 결핍되었을 때와 마찬가지로 빈혈증세가 나타나며, 더 진행되면 신경이 퇴화된다. 동물성 식품에 많이 함유되어 있으므로 동물성 식품을 상용하는 사람에게는 결핍증이 잘 나타나지 않으나, 노인들 가운데 비타민 B_{12}를 잘 흡수하지 못하는 사람들은 매월 1회의 정맥주사를 통해 공급해 주어야 한다. 식물성 식품에는 비타민 B_{12}가 함유되어 있지 않으므로 채식주의자도 비타민 B_{12}를 보충해야 한다.
9. 비타민 C는 결합조직을 구성하는 주된 단백질인 콜라겐을 합성할 때 필요한 성분이다. 비타민 C가 결핍되면 상처가 잘 회복되지 않으며, 피부의 점상출혈, 잇몸출혈 등의 특징적인 증세를 보이는 괴혈병이 나타난다. 또한, 비타민 C는 철분의 흡수율을 증진시키며, 일부 호르몬과 신경전달물질의 합성과정에도 관여한다. 신선한 과일과 채소, 특히 감귤류에 풍부하나 가열조리에 의한 손실률이 높다. 과일과 채소를 충분히 섭취하지 않는 노인들이나 알코올 중독자들에게서 결핍증이 나타나기 쉽다. 다량의 비타민 C를 섭취하면 설사 증세가 나타난다.
10. 체내에서 발견되는 비타민 유사물질들은 세포내에서 아미노산이나 포도당으로부터 합성된다. 질병에 따라서는 비타민 유사물질들을 필요량만큼 충분히 합성할 수 없으므로, 이때에는 섭취량을 증가시켜야 한다. 조산아나 정맥영양을 실시하는 경우에는 콜린, 카르니틴, 타우린의 필요량이 증가한다는 연구가 활발하게 진행 중이다.

참고문헌

1. 강순아(1995) 모체의 비타민 B_6 섭취 상태가 조산아의 비타민 B_6 영양상태에 미치는 영향, 한국영양학회지 28: 321~330
2. 김기남 · 김영주 · 박혜숙 · 장남수(2003) 임신부의 혈청 호모시스테인 수준 및 MTHFR 유전자형이 임신결과에 미치는 영향, 한국영양학회지 36: 389~396
3. 김영남 · 나현주(2001) 우리나라 식품수급표 자료를 분석한 티아민, 리보플라빈, 나이아신의 주요 급원식품, 한국영양학회지 34: 809~820
4. 김을상 · 김수빈 · 이동환(1999) 제왕절개 분만 수유부의 모유 티아민, 리보플라빈의 분비량과 영아의 섭취량, 한국영양학회지 32: 83~88
5. 민혜선 · 김천길(1996) 사춘기 여학생의 혈액엽산수준에 관한 연구, 한국영양학회지 28: 104~1119
6. 보건복지부(2020) 2020 한국인 영양소 섭취기준
7. 안홍석 · 정은영 · 김수연(2002) 일부 여대생의 혈장 호모시스테인 함량과 비타민 B_6, B_{12} 및 엽산 영양상태, 한국영양학회
8. 임민영 · 남윤성 · 김세웅 · 장남수(2004) 불임 여성의 비타민 B 영양상태 및 혈청 호모시스테인 수준, 한국영양학회지 37: 115~122지 35: 37~44
9. 임화재(1996) 식이섭취와 소변분석을 통한 부산지역 학령전 아동의 리보플라빈 영양상태에 관한 연구, 한국영양학회지 35: 970~981
10. 장남수 · 강명화 · 백희영 · 김익환 · 조용 · 박상철 · 신영우(1993) 임신부 · 수유부의 혈청 엽산과 철 수준에 관한 연구, 한국영양학회지 26: 67~75
11. 장남수 · 김은정 · 김성윤(2000) 농촌지역 알코올 의존자들의 비타민 B_6 및 엽산의 영양상태, 한국영양학회지 33: 257~262
12. 질병관리청(2008) 2008 국민건강통계 국민건강영양조사 제4기 2차년도
13. 현태선 · 김기남 · 김영남 · 정은희 · 최미숙 · 한경희(2001) 식품영양가표 개정에 따른 남녀 대학생의 엽산섭취량 및 급원식품의 차이, 한국영양학회지 34: 797~808
14. Alhadeff LC, Gualtieri T, Lipton M(1984) Toxic effects of water-soluble vitamins. Nutr Rev 42(2): 33~40
15. Anderson SH, Vickey CA, Nicol AC(1986) Adult thiamin requirements and the continuing need to fortify processed cereals. Lancet 2: 85~89
16. Bailey AL, Finglas PM, Wright AJ, Southon S(1994) Thiamin Intake, erythrocyte transketolase(EC 2.2.1.1) activity and total erythrocyte thiamin in adolescents. Br J Nutr 72: 111~125
17. Bamji MS, Chowdhury N, Ramalakshmi BA, Jacob CM(1991) Enzymatic evaluation of riboflavin status of infant. Eur J Clin Nutr 45: 309~313
18. Blakely RL, ed(1986) Folate and pterins, vol 1 & 3. New York : John Wiley & Sons
19. Combs GF(1992) The vitamins : fundamental aspects in nutrition and health, San Diego : Academic Press
20. Ferroli CE, Trumbo PR(1988) Bioavailability of vitamin B_6 in young and older man. Am J Clin Nutr 60: 68~71
21. Food and Nutrition board : Institute of Medicine(1998) Dietary Reference Intakes for Thaimin, Riboflavin, Niacin, Vitamin B_6, Folate, vitamin B_{12}, Pantothenic acid, Biotin, and Choline. National Acdemy Press, Washington DC

22. Gershoff SN(1993) Vitamin C(ascorbic acid): new roles, new requirments? Nutr Rev 51(Nov): 313
23. Gibson G, Nielsen P, Mukytyn V, Carlson K, Blass J(1989) "Regionally selective alterations in enzymatic activities and metabolic fluxes during thiamin deficiency", Neurochem Res 14: 17~24
24. Gregory JF(1997) 3rd. Bioavailability of folate. Eur J Clin Nutr 51: S54~S59
25. Sauberlich HE, Kretsch MJ, Skala JH, Johnson HL, Taylor PC(1987) Folate requirement of and metabolism in non-pregnant woman. Am J Clin Nutr 46: 1016~1028
26. Herbert V, The 1986 Herman Award Lecture(1987) Nutrition science as a continually unfolding : the folate and vitamin B_{12} paradigm. Am J Clin Nutr 48: 387~402
27. Hilton EB, Savage DG, Brust JC, Garrett TJ, Lindendaum J(1991) Neurologic aspects of cobalamin deficiency. Medicine 70: 229~245
28. Horwitt MK, Harvey CC, Hills OW, Liebert E(1950) Correlation of urinary excretion of riboflavin with dietary intake and symptoms of ariboflavinosis. J Nutr 41: 247~264
29. Horwitt MK, Harper AEW, Henderson LM(1981) Niacin-tryptophan relationships for evaluating niacin equivalents. Am J Clin Nutr 34: 423~427
30. Iyengar GV, Wolf WR, Tanner JT, Morris ER(2000) Content of minor and trace elements and organic nutrients in representative mixed total diet composites from the USA. The Science of the Total Environment 256: 215~222
31. Kang SA(1992) Vitamin B6 status of mothers: Relation to condition of newborn and the neonate. Am J Clin Nutr 56: 548~558
32. Korea Centers for Disease Control and Prevention. Report presentation of the Korea Nationsal Health and nutrition examination survey(KNHANES) VI. Ministry of Health and Welfare; 2015.
33. Korea Centers for Disease Control and Prevention. Report presentation of the Korea Nationsal Health and nutrition examination survey(KNHANES) VII. Ministry of Health and Welfare; 2016-2017.
34. Lee W, Davis KA, Rettmer RL, Labbe RF(1988) Ascorbic acid status: biochemical and clinical considerrations. Am J Clin Nutr 48: 286~290
35. Leklem JE, Reynolds RD, ed(1988) Challenges and directions in the research for clinical applications of vitamin B6. Clinical physiological application of vitamin B6 Plenum Press, New York
36. Levine M · Morita K(1985) Ascorbic acid in endocrine systems. Vitam Horm 42: 2~64
37. Link SL · Henderson LM(1984) Vitamin B6 metabolism. Ann Rev Nutr 4: 455~470
38. Machlin LJ ed(1991) Handbook of Vitamins, 2nd ed., Marcel Dekke, New York
39. Min H, Kim C, Seo J(1999) Evaluation of plasma folate and total homocysteine in Korean alcolholics. J Community Nutr, 1: 60~65
40. National Research Councila(1989) Recommended Dietary Allowances, 10th ed., National Academy, Washington D.C
41. Nichols HK, Basu TK(1994) Thamin status of the elderly: dietary intake and thiamin phosphate response. J Am Coll Nutr 32: 2237~2248
42. Oldham H(1962) Thiamin requirements of women. Ann NY Acad Sci 19: 542~549
43. Olson A, Hodges RE(1987) Recommended dietary intakes(RDI) of vitamin C in humans. Am J Clin Nutr 145: 693~703
44. Pietrzik K, Prinz R, Reusch K, Bung P, Mallmann P, Chronides A(1992) Folate nutrition and pregnancy outcome. Ann NY Acad Sci 669: 371~373
45. Rivers JM(1987) Safety of high-level vitamin C ingestion. Ann NY Acad Sci 498: 445~454

46. Rivlin RS(1975) Riboflavin, Plenum Press, New York
47. Rose RC(1985) Intestinal transport of vitamins. J Inherited Metab Dis 8(suppl): 13~16
48. Rush D(1994) Periconceptional folate and neural tube defect. Am J Clin Nutr 59(suppl): 511S~516S
49. Russel RM, Suter PM(1993) Vitamin Requirements of elderly people: an update. Am J Clin Nutr 58: 4~14
50. Sauberlich HE · Leach AR(1985) Bioavaiability of vitamins. Prog Food Nutr Sci 9: 1~33
51. Selhub J, Miller JW(1992) Am J Clin Nutr 55: 131~138
52. Shils ME, Young VR ed(1994) Modern nutrition in health and disease, 8th ed., Lea & Febiger, Philadelphia
53. Simko MD and others. eds.(1984) Nutrition Assessment, Aspen Publishers, Rockville, Md
54. Wardlaw GM, Insel PM, ed(2005) Perspectives in Nutrition, 6th ed., McGraw-Hill
55. Williams SR(1993) Nutrition & Diet Therapy: 195~219, 7th ed., Mosby
56. Ziegler EE, Filer LJ Jr, eds(2001) Present knowledge in nutrition. 8th ed. Washington, DC: ILSI Press

연습문제

1. 수용성 비타민 가운데 다량 섭취 시 유해영향을 나타내는 비타민을 들고, 어떤 유해영향이 나타나는지 설명하라.
2. 생체내에서 생성될 수 있는 비타민 B는 어느 것이며, 어떻게 합성되는지 설명하라.
3. 세포에서 에너지 생성과정을 도식화하고, 비타민 B들이 관여하는 반응과정을 설명하라.
4. 정제과정 중 곡류에서 유실될 수 있는 비타민은 어느 것이며, 강화과정 중 첨가할 수 있는 비타민들은 어느 것인가?
5. 비타민 B들의 흡수를 촉진시키는 요인과 흡수를 방해하는 요인이 무엇인지 설명하라.
6. 각 비타민 B의 생체내 중요 기능을 설명하라.
7. 비타민 B_6의 영양상태에 영향을 주는 요인들을 나열하라.
8. 동물성 식품을 섭취함으로써 보충할 수 있는 비타민은 무엇인지 그 반응과정을 설명하고, 이 비타민이 부족할 때 나타나는 증세를 설명하라.
9. TPP를 조효소로 요구하는 효소 반응식을 제시하라.
10. 인체에 나타나는 티아민 결핍증세의 특징을 설명하라.
11. 인체의 티아민 영양상태를 평가하는 방법을 설명하고 결핍상태를 판정할 때 사용되는 기준을 설명하라.
12. 알코올 과음이 티아민 영양상태에 미치는 영향을 설명하라.
13. FAD 또는 FMN을 필요로 하는 플라보 단백질에 의한 효소반응의 일반적인 특성을 설명하라.
14. 리보플라빈이 결핍되었을 때 나타나는 증세를 설명하라.
15. 리보플라빈이 부족되기 쉬운 식사의 예를 들고, 그 이유를 설명하라.
16. 인체의 리보플라빈 영양상태를 평가하는 방법을 설명하고, 이때 결핍상태를 판정할 때의 기준에 대하여 설명하라.
17. 거대적아구성 빈혈환자의 병인이 엽산 결핍인지 아니면 비타민 B_{12} 결핍인지를 구별하는 검사방법을 설명하라.
18. 엽산이 관여하는 체내 주된 생화학적 기능을 설명하라.
19. 인체의 엽산 결핍을 판정할 때 사용되는 방법을 설명하라.
20. 엽산, 비타민 B_6 및 비타민 B_{12}와 호모시스테인혈증의 위험에 대하여 설명하고, 호모시스테인혈증과 관련되는 질병에 대하여 설명하시오.
21. 식품을 통해 섭취한 비타민 B_{12}가 체내에서 소화, 흡수되는 과정을 설명하라.
22. 혈액학적인 엽산 결핍증세와 비타민 B_{12} 결핍증세가 비슷한 이유를 설명하라.

CHAPTER

09

다량 무기질

칼슘 | 인 | 마그네슘 | 황 | 나트륨 | 칼륨 | 염소

CHAPTER 09

다량 무기질

들어가는 말

체내의 여러 생리기능을 조절, 유지하는 데 중요한 역할을 하는 무기질은 그 필요량에 따라 다량 무기질과 미량 무기질로 분류된다. 일반적으로 하루에 100mg 이상 필요로 하는 무기질을 다량 무기질이라고 하며, 칼슘 · 인 · 마그네슘 · 나트륨 · 칼륨 · 염소 · 황이 이 군에 속한다.

여러 무기질은 체내에서 다양한 역할을 담당하고 있다. 예를 들면 마그네슘이나 망간 같은 무기질은 효소의 작용에 필수적이며, 나트륨 · 칼륨 · 염소 등은 체내 전해질 균형이나 신경 자극의 전달, 근육수축 등에 관여하고 있다. 칼슘과 인은 골격의 형성과 성장 발달에 매우 중요하다.

무기질은 식품 내에 함유된 양뿐만 아니라 생체이용률(bioavailability)에 의해 체내로 흡수되고 이용되는 정도가 다르다. 무기질의 체내이용률은 여러 요인의 영향을 받는다. 생체이용률에 영향을 끼치는 주요인 중의 하나는 무기질에 대한 생리적 요구이다. 이 외에 무기질과 무기질 간의 상호작용, 비타민과 무기질 간의 상호작용, 식이섬유와 무기질 간의 상호작용 등이 영향을 주고 있다.

마그네슘, 칼슘, 철분, 구리 등의 2가 이온은 크기나 전하가 비슷하므로 흡수 시 서로 경쟁하여 상호 간의 생체이용률이나 대사에 영향을 준다. 이런 상호작용으로 각각의 무기질 보충제 이용은 꼭 필요한 경우에만 사용하고 같이 사용하는 것은 바람직하지 않다. 비타민과 무기질 간의 상호작용을 보면 비타민 D는 칼슘의 흡수를 돕고 비타민 C는 철분의 흡수를 증진시킨다. 여러 비타민은 특정한 무기질을 각각의 구조나 기능 유지를 위해 필요로 한다. 반면 식이섬유는 무기질의 흡수를 저해한다. 예를 들면 피틴산은 무기질의 흡수를 방해하며 고섬유식이는 칼슘, 철분, 아연, 마그네슘 등의 흡수를 낮춘다. 식이섬유를 35g 이상 섭취하면 무기질의 흡수와 관련된 문제가 생길 수 있으므로 식이섬유의 과다섭취는 무기질 영양면에서 볼 때 바람직하지 않다.

이 장에서는 구체적으로 다량 무기질의 역할과 중요성, 식품 내 급원, 한국인 영양소 섭취기준 등에 대해 알아보고자 한다.

그림 9-1. 다량 무기질

칼 슘

인체 내 무기질 중 가장 많이 존재하는 칼슘은 치아와 골격을 유지하는 기능 외에도 여러 가지 생리 기능을 조절하는 데 중요한 역할을 한다. 오랜 기간 동안의 칼슘 섭취 정도는 골격의 건강에 영향을 미쳐 골다공증의 발병 여부에 중요한 결정 요인이 된다.

칼슘(calcium, Ca)

체내 기능

1. 골격의 구성

성인의 경우 칼슘의 보유량은 1,200g 정도가 된다. 이 중 99%의 칼슘이 골격과 치아의 형성에 사용되고 나머지 1%의 칼슘은 세포내외액에 존재하여 세포의 주요 기능에 관여한다.

골격은 뼈의 생성과 분해를 담당하는 조골세포와 파골세포에 의해 이루어진다. 조골세포는 콜라겐과 점성 다당류로 구성된, 뼈기질을 분비하여 새로운 뼈를 생성하는 세포이며 파골세포는 무기질을 용해하고 콜라겐 기질을 분해함으로써 뼈를 분해한다. 조골세포에 의해 분비되는 점성 다당류는 칼슘을 침착하여 석회화하는 기능이 있다. 석회화는 뼈에 무기질의 침착과 증대로 뼈가 견고하고 강하게 되는 과정이다. 뼈 무기질의 주된 구성요소는 비결정상인 인산칼슘염과 수산화칼슘염의 복합체로 생리적으로 비교적 안정성을 지닌 인산칼슘복염인 히드록시아파타이트($Ca_{10}(PO_4)_6(OH)_2$)이다.

우리의 뼈는 겉으로 보기에는 비활성적인 것 같지만 끊임없이 재생성 과정을 거치는 상당히 활발한 조직이다. 조골세포와 파골세포의 작용에 의해 칼슘이 지속적으로 들어가고 나오면서 뼈의 교체가 이루어진다. 이 세포들은 부갑상선호르몬, 활성형의 비타민 D, 칼시토닌, 에스트로

인산칼슘복염 (hydroxyapatite)
칼슘과 인산으로 만들어진 염으로 골격의 단백질 기질에 침착되어 뼈에 강도와 경도를 준다.

뼈의 재생성 과정 (bone remodeling)
파골세포에 의해 뼈가 분해되고 조골세포에 의해 새로운 뼈가 생성되는 일련의 과정

칼시토닌(calcitonin)

에스트로겐(estrogen)

해면골(spongy bone, trabeculae bone)
장골의 끝이나 등뼈, 골반 등의 안쪽을 구성하는 뼈

치밀골(compact bone, cortical bone)
뼈의 주로 겉부분을 구성하는 것으로 치밀하고 단단한 뼈

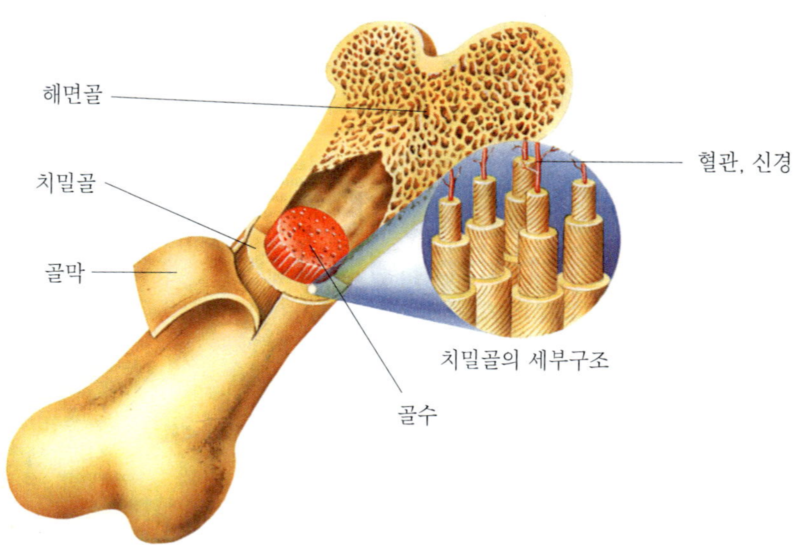

그림 9-2. 뼈의 종류

프로스타글란딘 E_2 (prostaglandin E_2)

겐, 프로스타글란딘 E_2 등의 여러 호르몬에 의해 활성이 조절되는데, 이 중 칼시토닌은 파골세포에 작용하고 조혈세포에는 직접적인 영향을 미치지는 못한다. 골질량은 이들 세포에 의한 뼈의 생성과 분해의 균형에 의해 이루어진다.

골격은 기본적으로 두 가지 형태의 뼈로 이루어진다. 뼈의 가장자리를 구성하고 있는 치밀골은 매우 단단하며 치밀한 구조로 이루어져 있고 해면골은 뼈의 말단 부분에 있는 다공성의 조직으로 스폰지 형태를 이루고 있다(그림 9-2). 해면골은 모세혈관에 접해 있으며 골수로부터 칼슘을 지속적으로 공급받고 있다. 혈액 무기질 농도의 항상성에 관여하는 칼슘은 해면골에 저장되어 있는 것으로 해면골의 발육정도는 칼슘 섭취의 적절함 여부와 관련된다. 칼슘 섭취가 증가하면 해면골의 규모는 커진다. 칼슘 섭취가 부족하거나 해면골 자체에 충분한 칼슘이 보유되지 않았을 경우에는 다른 골격 부분에서 칼슘을 공급받게 된다. 이러한 경우 우선적으로 칼슘을 공급하는 부분은 골반과 척추뼈이다.

골질량(bone mass)
부갑상선호르몬(parathyroid)

정상적인 골격대사와 골질량을 유지하기 위한 가장 중요한 생리적인 요인은 혈액의 칼슘 농도이다. 왜냐하면 혈액의 칼슘 농도가 저하되면 부갑상선호르몬 등에 의해 뼈로부터 칼슘이 용출되기 때문이다. 섭취한 칼슘의 양과 골질량은 어느 정도 관계가 있는 것으로 알려져 있다. 여러 가지 역학조사에 의하면, 아동기 때 칼슘보충제의 사용은 뼈의 밀도를 높여 주고 뼈의 분해는 낮추어 준다.

2. 체내의 대사 조절 기능

칼슘의 주된 기능은 골격을 형성하고 유지하는 것이지만 그 외에도 체내에서 여러 가지 생리 기능을 조절하는 데 중요한 역할을 한다. 이러한 과정 등은 혈액의 칼슘 농도를 조절하는 여러 호르몬의 영향을 받는다.

가. 혈액응고

피브린(fibrin)
프로트롬빈(prothrombin)
트롬빈(thrombin)
피브리노겐(fibrinogen)

칼슘이온은 혈액응고에 관여하는 단백질인 피브린을 형성하는 반응에 필수적이다. 한 예로 칼슘은 프로트롬빈을 트롬빈으로 전환시키는 데 작용한다. 이렇게 생긴 트롬빈이 피브리노겐을 불용성의 피브린으로 전환시킴으로써 혈액이 응고된다. 따라서 칼슘 없이는 혈액응고가 이루어질 수 없다.

나. 신경 전달

활동전위(action potential)

신경세포에 활동전위가 도달하면 세포외액으로부터 신경세포 내로 칼슘이온의 유입이 촉진된다. 세포내 칼슘이온의 농도가 올라가면 신경전달물질이 방출되어 신경자극이 전달된다. 칼슘은 다른 이온들이 신경세포 내외로 이동하는 데도 관여한다.

다. 근육 수축 및 이완

액틴(actin)
미오신(myosin)

근육에는 근육 단백질인 액틴과 미오신이 존재한다. 신경자극으로 근육이 흥분되면 세포 안의 소포체에 저장된 칼슘이 방출되면서 이 두 단백질은 상호결합하게 된다. 방출된 칼슘이온이 세포내 저장고로 되돌아가면 액틴과 미오신이 분리되면서 수축된 근육이 이완된다.

라. 세포 대사

조절단백질 (modulator protein)
칼모듈린(calmodulin)

칼슘은 여러 조절단백질과 결합함으로써 세포내의 대사과정을 돕는다. 그중의 한 예가 칼모둘린과의 결합이다. 칼슘이 호르몬 등의 작용으로 인해 세포내에 들어오면 작은 단백질인 칼모둘린과 결합하여 칼모둘린-칼슘 복합체를 만든다. 이 복합체가 여러 다른 단백질에 결합함으로써 그 단백질 또는 효소의 활성을 변화시키며 세포의 여러 가지 대사에 영향을 미친다.

칼모둘린-칼슘결합체 (calmodulin-calcium complex)

마. 기 타

칼슘은 특히 고지방식이를 하는 사람의 경우 대장암의 위험도를 감소시킬 수 있다. 장내 칼슘이 유리지방산이나 담즙산 등과 결합함으로써 유리지방산이나 담즙산 같은 물질들이 대장을 자극하는 것을 막아주기 때문이다. 결합되지 않은 유리지방산이나 담즙산 같은 물질들의 자극은 세포의 교체를 증가시켜 암 발생의 위험도를 높인다. 여러 연구들에 의하면 대장암의 위험도를 낮추기 위해서는 적어도 하루에 1,500~2,000mg의 칼슘 섭취가 필요하다고 한다.

세포교체(cell turnover)

칼슘이 혈압에 미치는 효과에 대한 연구결과를 보면 하루 칼슘을 800~1,200mg 정도 섭취할 경우 섭취량이 400mg 이하인 사람들에 비해서 혈압을 낮출 수 있다고 한다. 특히 임신 후기 자간전증에 의한 고혈압의 경우, 하루 칼슘 섭취량을 1,500~2,000mg으로 유지하면 고혈압의 발병률이 40~50% 감소되며, 임신 기간 동안의 고칼슘 식이는 태아의 체중증가와 함께 혈압 감소와도 관련이 있다.

혈청 LDL 수준이 높은 사람의 경우 저지방, 저콜레스테롤 식이와 함께 칼슘을 1,200~2,200mg 섭취하면 LDL 수준을 낮출 수 있다. 이는 칼슘 섭취량이 증가함에 따라 대변으로 배설되는 포화지방산이 많아지기 때문인 것으로 보여진다.

대장암, 고혈압, 혈청 LDL을 낮추는 칼슘의 효과는 확증된 것은 아니지만 권장섭취량이나 그 이상의 칼슘을 섭취하면 골격의 건강뿐만 아니라 이러한 효과도 있어 도움이 될 것이다.

흡수와 대사

1. 흡 수

칼슘의 흡수는 다른 식이 요소들과 칼슘 농도를 조절하는 호르몬들에 따라서 달라진다. 섭취된 칼슘은 산성인 위에서 가용화되어 소장으로 이동된다. 음식물과 함께 섭취된 칼슘의 흡수율은 위의 산도에는 그다지 영향을 받지 않으나 탄산칼슘염과 같은 칼슘 보충제 등은 일반적으로 음식물과 함께 복용하면 흡수율이 증가된다. 이것은 음식물이 위액분비를 촉진시키고 위에 남아 있는 시간을 길게 해줌으로써 칼슘원의 확산과 용해를 돕기 때문이다.

소장에서 칼슘이 흡수되는 데는 두 가지 경로가 있는데, 십이지장과 같은 소장 상부에서의 능동수송과 소장 전체를 통한 수동수송이 그것이다. 소장 상부의 능동수송은 비타민 D에 의해 조절되며, 비타민 D에 의해 합성이 조절되는 칼슘결합단백질이 관여한다. 또 개인의 칼슘 및 비타민의 보유 상태나 연령, 임신, 수유 상태 등에 따라서도 달라진다. 대부분의 칼슘은 소장에서 흡수되며 대장에서도 적기는 하지만 약 4%의 칼슘이 흡수된다.

능동수송(active transport)
수동수송(passive transport)
비타민 D 의존형 칼슘결합단백질 (vitamin D-dependent calcium binding protein)

보통 청소년이나 성인의 경우 1일 칼슘 섭취량의 20~40%가 흡수된다. 그러나 골격 발달이 왕성한 성장기 어린이의 경우에는 그 흡수율이 75%까지 증가하기도 하며 임신 기간 동안의 흡수율도 60%로 증가된다. 일반적으로 노년기가 되면 장년기에 비해 흡수율이 떨어지는데, 특히 폐경기 여성인 경우 흡수율이 총칼슘 섭취의 20% 정도에 불과하다. 폐경기 여성의 칼슘 흡수율이 저하되는 이유는 여성 호르몬인 에스트로겐 분비가 감소되기 때문이며, 에스트로겐은 비타민 D

표 9-1. 칼슘 흡수에 영향을 미치는 인자

흡수를 증진시키는 인자	흡수를 방해하는 인자
소장 상부의 산성 환경	소장 하부의 알칼리성 환경
정상적인 소화관 운동 및 활성	위산 완화제
비슷한 비율의 식이 칼슘과 인	칼슘에 비해 과량의 인, 철분, 아연
비타민 D 호르몬	피틴산, 수산, 흡수되지 않은 지방산
아동기와 임신기에 증가된 칼슘 요구량	비타민 D 결핍
낮은 칼슘 섭취	폐경
부갑상선 호르몬	노령
유당	탄닌
포도당	과량의 식이섬유
비타민 C	운동부족
에스트로겐	스트레스

의 활성화와 효력을 증가시켜주는 것으로 알려져 있다.

이 외에도 칼슘의 흡수에 영향을 미치는 요인에는 여러 가지가 있다(표 9-1). 칼슘 흡수 촉진 인자들로는 소장 내의 산도, 비타민 D뿐만 아니라 부갑상선 호르몬, 그리고 포도당 및 유당 등을 들 수 있다. 이와 반대로 과량의 인산, 피틴산, 시금치 등에 들어 있는 수산, 식이로 섭취하는 과량의 인, 차에 함유된 탄닌 등은 칼슘의 흡수를 저하시킨다. 이 외에도 운동부족이나 스트레스도 칼슘의 음의 평형을 초래한다.

2. 저 장

체내 칼슘의 99% 이상이 뼈에 존재하므로, 골격은 세포외액의 칼슘을 유지하는 주요 저장기관이다. 단기간 동안의 음의 칼슘평형은 뼈의 칼슘에 그다지 나쁜 영향을 미치지는 않으나, 오랜 기간 동안 계속적인 칼슘의 이탈은 골격의 강도를 약화시킨다.

소포체 (endoplasmic reticulum)

트로포닌 C(troponin C)

세포내에 저장된 칼슘의 방출은 여러 가지 세포 대사를 일으키는 데 중요하다. 세포내에 존재하는 거의 모든 칼슘은 소포체나 핵 같은 곳에 붙어 있다가 방출되면 칼모둘린이나 트로포닌 C 같은 칼슘결합단백질과 결합한다. 이러한 결합은 직접 또는 간접적인 반응을 통해 생리대사를 조절한다.

3. 배 설

내인성 칼슘 (endogenous calcium)

칼슘은 소변과 내인성 대변 배설량의 기본 손실량과 피부를 통한 손실량으로 구성된다. 대변으로 배설되는 칼슘은 흡수되지 않은 내인성 칼슘과 식이 칼슘이다. 내인성 칼슘은 담즙 등과 같은 장내 분비액에 함유된 칼슘 중 재흡수되지 않은 것이다. 소변으로 배설되는 칼슘은 칼슘 섭취량 및 흡수량 그리고 개인에 따라 크게 다르다. 신장에서 99.8% 정도의 칼슘이 재흡수되므로 사구체에서 여과된 양의 0.2% 정도만이 소변으로 배설된다.

소변으로 배설되는 칼슘은 아동기에 조금씩 증가하여 사춘기 이전에 100~130mg이며 성인은 1일 140mg 정도가 된다. 폐경기는 칼슘 배설이 많아지는 시기로 뼈의 분해가 증가되는데, 이는 에스트로겐요법으로 완화할 수 있다.

식이칼슘 섭취와 흡수는 소변으로 배설되는 칼슘과 어느 정도 양의 상관관계를 가지고 있다. 탄수화물 대사물이나 단백질은 소변으로 배설되는 칼슘의 양을 증가시키나, 인의 섭취량이 증가하면 부갑상선 호르몬의 합성이 촉진되어 소변 중의 칼슘 양은 감소한다. 정맥을 통해 아미노산이나 포도당을 주입하면 소변 중의 칼슘이 증가됨으로써 음의 칼슘평형을 가져오는데, 이때 정맥 주입액에 인을 첨가하면 이런 영향을 감소시킬 수 있다. 피부를 통한 칼슘 손실량은 환경조건에 따라 크게 다르지만, 대략 하루에 15mg 이하이다.

4. 칼슘의 항상성

우리의 혈액 중에는 항상 일정한 농도의 칼슘(혈청내 10mg/dL)이 유지되는데, 이온화 상태가 47.5%, 단백질과 결합되어 있는 것이 46%이고, 그 외 시트르산칼슘염, 인산칼슘염 등의 복합체로 존재한다. 이온화 상태의 칼슘이 기능을 갖는 형태이며, 단백질 결합형과는 빠르게 평형을 이룬다.

혈장의 칼슘이온 농도는 칼슘을 조절하는 호르몬들이 소장과 뼈 그리고 신장에 영향을 미치면서 일정하게 유지된다. 이 중에 중요한 것이 부갑상선 호르몬, 칼시토닌 및 비타민 D이다.

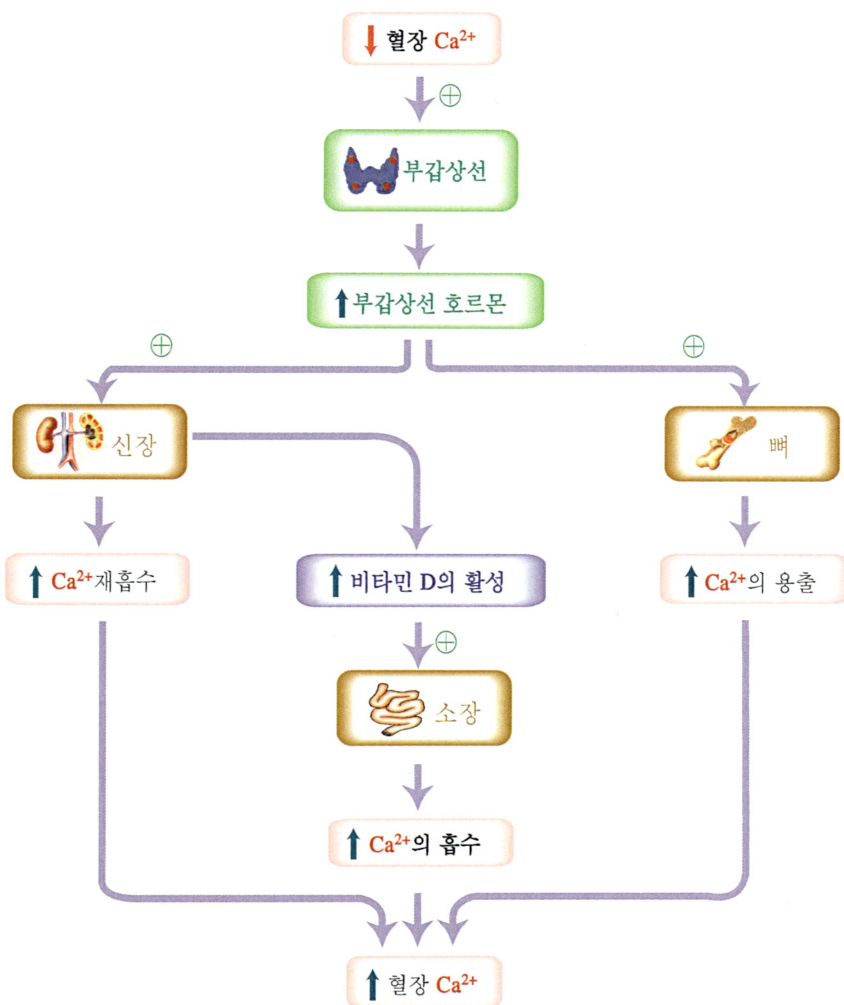

그림 9-3. 부갑상선 호르몬과 비타민 D의 혈장 칼슘 농도 조절

가. 부갑상선 호르몬

부갑상선 호르몬은 부갑상선에서 합성되어 분비되는데, 혈액의 칼슘 농도를 조절하는 가장 중요한 호르몬으로 혈액내의 칼슘 농도가 저하되었을 때 분비된다. 이 호르몬은 직접적으로는 신장에서 칼슘의 재흡수와 뼈의 분해를 자극하며 간접적으로는 신장에서 비타민 D를 그 활성형인 1,25-디히드록시콜레칼시페롤[1,25-$(OH)_2$-D]로의 전환을 촉진시킨다. 활성형인 비타민 D는 소장에서 칼슘의 흡수를 증가시킨다. 부갑상선 호르몬의 칼슘 농도 조절은 그림 9-3과 같다.

나. 칼시토닌

칼시토닌은 갑상선의 C 세포에서 합성되는 호르몬이다. 혈액 칼슘 농도가 상승했을 때 분비되어 칼슘 농도를 낮추며, 부갑상선 호르몬과는 반대작용을 한다(그림 9-4). 조골세포는 칼시토닌에 대한 수용체를 가지고 있어서 칼시토닌에 의해 뼈의 분해가 저해된다.

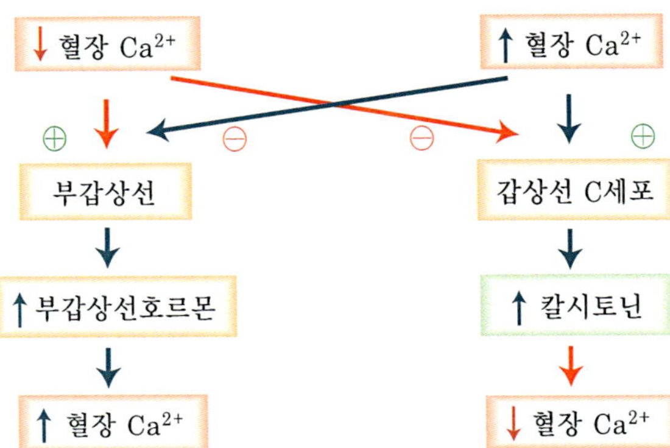

그림 9-4. 부갑상선 호르몬과 칼시토닌에 의한 혈장 칼슘 농도 조절

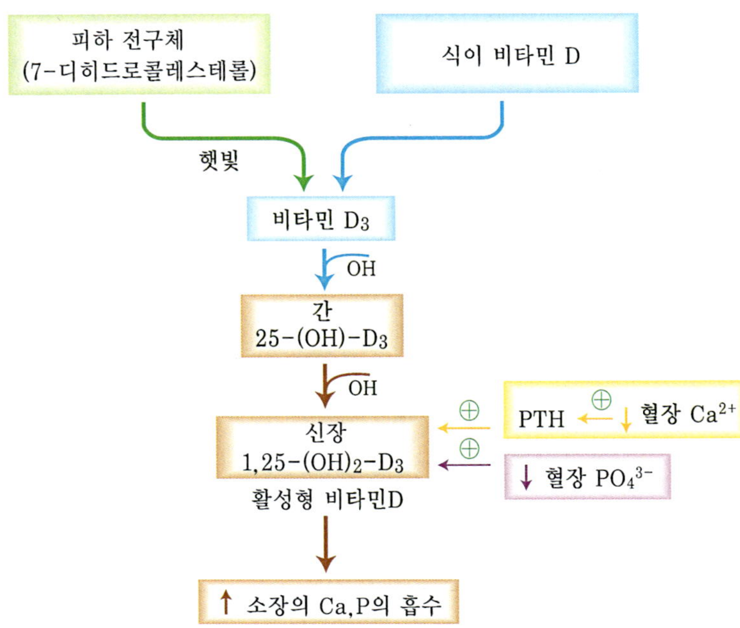

그림 9-5. 비타민 D의 활성

다. 비타민 D

식품이나 피부에서 합성된 비타민 D는 간에서 25-(OH)-D로 전환되었다가 신장에서 부갑상선 호르몬의 도움을 받아 1,25-$(OH)_2$-D의 활성형으로 전환된다(그림 9-5). 칼슘 결핍상태에 있게 되면 더 많은 1,25-$(OH)_2$-D가 생성된다. 이러한 활성형의 비타민 D는 소장에서 칼슘의 흡수와 신장의 재흡수를 향상시켜서 혈액의 칼슘 농도를 증가시킨다.

활성형 비타민 D(1,25-dihydroxy cholecalciferol, 1,25-$(OH)_2$-D)

라. 기타 호르몬

부갑상선 호르몬, 칼시토닌 그리고 비타민 D가 혈액의 칼슘 농도를 조절하는 주요 호르몬이지만 다른 몇 가지 호르몬들도 골격 및 칼슘 대사에 관여한다. 글루코코르티코이드, 갑상선 호르몬, 성장호르몬, 인슐린과 에스트로겐이 바로 그것이다. 글루코코르티코이드는 조골세포의 활성을 저하시켜 뼈의 손실을 가져오며, 소장에서 칼슘의 능동 또는 수동수송에 장애를 주기도 한다. 갑상선 호르몬도 뼈의 분해를 촉진시키므로 갑상선기능항진의 경우 골질량의 감소를 볼 수 있다. 갑상선기능부전의 경우에는 부갑상선 호르몬의 작용인 뼈분해가 손상을 입어서 이차적인 부갑상선기능항진을 초래하기도 한다. 성장호르몬은 골격의 성장을 촉진하고, 활성형 비타민 D의 농도를 높이며, 소장내의 칼슘의 수송을 향상시킨다. 혈액내 에스트로겐 농도가 정상일 때 정상적인 골격대사의 균형이 이루어진다. 폐경 후 여성들의 골격 손실로 인한 골다공증의 주된 발병원인은 에스트로겐 분비의 감소이다.

글루코코르티코이드(glucocorticoids)
갑상선 호르몬(thyroid hormone)
성장호르몬(growth hormone)
인슐린(insulin)
갑상선기능항진(hyperthyroidism)
갑상선기능부전(hypothyroidism)
부갑상선기능항진(hyperparathyroidism)

영양상태 평가

실험동물에 있어서는 칼슘 결핍이 극심할 때 저칼슘혈증, 부갑상선 호르몬의 분비, 비타민 D 활성형의 증가, 칼슘 배설의 감소, 인의 배설 증가 현상이 나타나지만, 사람의 경우에는 조산아나 미숙아의 경우에서만 이런 증세들이 나타나며, 성인의 경우에는 폐경기 이후를 제외하면 거의 나타나지 않는다. 따라서 성인의 칼슘 상태를 판정하는 것은 쉽지 않다. 또한 혈청의 총칼슘량이나 칼슘이온 수준은 매우 잘 조절되므로 이것으로 칼슘의 영양상태를 판단하는 것은 더욱 쉽지 않다. 그리고 혈청 칼슘의 감소는 식이칼슘의 결핍보다는 혈액의 알부민 감소와 관계된다. 비정상수준의 혈청 칼슘 농도가 식이칼슘 섭취의 결핍을 나타낼 수도 있지만 한편 비타민 D 결핍이나 호르몬의 불균형, 또는 골격질환이 생긴 경우에도 비슷한 결과를 볼 수 있다.

저칼슘혈증(hypocalcemia)

칼슘 평형 결과는 단지 현재의 칼슘 섭취 및 흡수가 적절한지를 보여주는 정도일 뿐, 그 결과로 골격의 칼슘이 얼마만큼 손실되었는지는 알 수 없으며, 양의 평형을 나타냈다 하더라도 아동기나 임신기의 경우 그것이 뼈의 무기질화에 충분한지는 알 수 없다.

칼슘이 풍부한 식품

1. 식품 중의 칼슘

우유, 치즈, 요구르트 같은 유제품은 칼슘의 중요 급원이며, 식빵이나 크래커와 같이 제조 시에 우유가 들어가는 식품과 브로콜리 등의 녹색채소도 칼슘 섭취에 기여한다. 우리나라에서는 특히 노인들의 경우 우유 및 유제품의 섭취가 낮은 관계로 뼈째 먹는 생선류, 해조류, 채소 및 두부, 콩 등이 칼슘의 주요 급원이 된다. 근래에 칼슘이 첨가된 오렌지주스나 제과류, 시리얼 등

Ca의 유용률(bioavailability)

흡수율(%)	식 품
≥50	컬리플라워, 케일, 겨자녹채, 배추, 브로콜리, 순무잎, 칼슘강화 식품과 음료
=30	우유, 칼슘강화두유, 치즈, 요쿠르트
=20	아몬드, 참깨, 고구마
≤5	시금치, 근대

이 시판되고 있는데 이도 칼슘이 많은 식품이다.

앞에서 칼슘 흡수에 영향을 주는 인자에 대해서 언급했듯이, 곡류 및 채소류는 그 식품에 함유되어 있는 인산, 피틴산 그리고 수산 등의 함량에 따라서 칼슘 급원으로서의 가치가 달라진다. 곡류에는 인산, 피틴산이 많이 함유되어 있으며, 브로콜리나 케일은 좋은 급원이 될 수 있지만, 시금치나 무청에는 수산이 많이 함유되어 그 자체로는 가치가 떨어진다. 하지만 조리과정을 통해 제거하면 그다지 문제가 되지 않을 수도 있다. 왜냐하면 흡수율이 낮아도 충분한 양을 섭취하면 총 흡수량은 많아지기 때문이다. 칼슘을 많이 함유한 몇 가지 식품을 표에 제시하였다(표 9-2).

표 9-2. 칼슘의 주요 급원식품 및 함량

식품군	급원식품	1회 분량	중량(g) 기준	칼슘 함량(mg)
곡류	백미	1공기	90	5
	빵	1쪽	100*	26
	과자		30*	41
	라면(조리)		250	120
고기 · 생선 · 달걀 · 콩류	건멸치	1/4컵(소)	15	373
	미꾸라지(생)		60	720
	굴		80	342
	홍어		60	183
	달걀	1개(중)	60	31
	대두	2큰술	20	32
	두부	1/5모	80	51
채소류	들깻잎		70	207
	상추		70	85
	미역(건)		10	111
	채소음료	1/2컵	100	95
	콩나물	1/3컵(익힌것)	70	37
	배추김치	1접시	40	20
	열무김치	1접시	40	54
우유 · 유제품류	우유	1컵	200	226
	요구르트(호상)	1/2컵	100	141
	치즈(가공치즈)	1장	20*	125
	아이스크림		100	80
유지, 당류	깨	1/2큰술	5	13.8

* 표시 : 0.3회

자료 : 농촌진흥청, 국립농업과학원, 2019.

2. 칼슘보충제

식이로 섭취하는 칼슘이 부족한 사람, 특히 우유나 유제품을 좋아하지 않거나 유당불내증인 경우에는 칼슘보충제를 사용할 수 있다. 칼슘보충제로는 시트르산칼슘염, 탄산칼슘염, 인산칼슘염 등이 있는데, 칼슘의 함량은 각각 다르며 탄산칼슘염이 무게당 칼슘 농도가 40%로 가장 높다. 칼슘의 장내 흡수율은 500mg 정도를 섭취했을 때가 가장 좋으며, 위액 분비의 영향을 받으므로 노인과 같이 위산분비가 적은 사람들의 경우에는 음식물과 함께 복용하는 것이 좋다.

칼슘섭취를 증가시키기 위해서는 칼슘보충제를 사용하기보다는 먼저 식사형태를 바꾸어서 칼슘 섭취를 증가시키는 방법을 시도해 보는 것이 바람직하다. 대부분의 칼슘보충제는 우유의 칼슘처럼 흡수가 잘 되기는 하지만, 식품 내 칼슘과는 달리 칼슘보충제 자체가 철분 등 다른 무기질의 흡수를 저해할 수도 있다. 칼슘보충제의 복용 여부는 사전에 의사와 상의하는 것이 좋으며, 뼈가루를 칼슘보충제로 사용하는 것은 뼈에 함께 오염되어 있을 수 있는 중금속인 납에 의한 납중독의 위험이 있으므로 피하는 것이 바람직하다.

필요량

우리나라 국민의 1인 1일 평균 칼슘 섭취량은 국민영양조사가 시작된 1969년 이래, 400~600mg/일 수준으로 매우 부족한 실정이다. 칼슘의 한국인 영양소 섭취기준은 칼슘 배설량, 흡수량, 불감손실량, 부가손실량을 고려한 칼슘평형실험 결과를 바탕으로 설정하였으며, 이로부터 계산된 성인의 1일 평균필요량은 남자는 650mg, 여자는 550mg으로 권장섭취량은 남자는 800mg, 여자는 700mg이다(표 9-3). 폐경기 여성의 경우 만성질환 및 골다공증 예방을 위해 추가 손실량을 감안하여 800mg을 권장하였고, 남자 성인과 노인의 경우에도 700mg을 권장섭취량으로 정하였다. 임신기와 수유기에는 가임기 성인 여성보다 추가로 섭취할 필요가 없다. 칼슘의 경우에는 고칼슘뇨증 및 신석증을 예방하기 위해 상한섭취량을 설정하였는데 이는 식사와 보충제를 통해서 섭취할 수 있는 양을 모두 고려한 것이며, 성인의 1일 상한섭취량은 2,500mg이다.

요인분석법(factorial method)
체중증가량, 골격보유량 및 불가피손실량 등 대사의 주요 요인을 고려하여 최소필요량을 결정하는 방법

결핍증

식이를 통한 칼슘의 섭취가 부족하거나 흡수가 불량할 경우, 혈액의 칼슘 수준을 정상으로 유지하기 위해서 장내 칼슘 흡수가 촉진되고 골격으로부터 칼슘이 유출된다. 체내의 칼슘 수준이 저하되면 다음과 같은 영향을 줄 수 있다.

1. 칼슘 흡수에 미치는 영향

일반적으로 칼슘 섭취량과 흡수율은 반비례한다. 섭취량이 500mg보다 낮은 경우에는 주로 능동수송기전에 의해 흡수되는데 칼슘 섭취량이 지속적으로 부족할 경우 부갑상선 호르몬의 자극에 의해서 흡수율이 증가한다. 또한 활성형 비타민 D 합성도 직접, 간접적으로 증가되어 칼슘의 흡수를 돕는다.

표 9-3. 2020 한국인 영양소 섭취기준 – 칼슘, 인, 마그네슘

성별	연령	칼슘(mg/일)				인(mg/일)				마그네슘(mg/일)			
		평균 필요량	권장 섭취량	충분 섭취량	상한 섭취량	평균 필요량	권장 섭취량	충분 섭취량	상한 섭취량	평균 필요량	권장 섭취량	충분 섭취량	상한 섭취량*
영아	0~5(개월)			210	1,000			100				30	
	6~11			300	1,500			300				55	
유아	1~2(세)	400	500		2,500	380	450		3,000	60	70		60
	3~5	500	600		2,500	480	550		3,000	90	110		90
남자	6~8(세)	600	700		2,500	500	600		3,000	130	150		130
	9~11	650	800		3,000	1,000	1,200		3,500	190	220		180
	12~14	800	1,000		3,000	1,000	1,200		3,500	260	320		270
	15~18	750	900		3,000	1,000	1,200		3,500	340	410		350
	19~29	650	800		2,500	580	700		3,500	300	360		350
	30~49	650	800		2,500	580	700		3,500	310	370		350
	50~64	600	750		2,000	580	700		3,500	310	370		350
	65~74	600	700		2,000	580	700		3,500	310	370		350
	75이상	600	700		2,000	580	700		3,000	310	370		350
여자	6~8(세)	600	700		2,500	480	550		3,000	130	150		130
	9~11	650	800		3,000	1,000	1,200		3,500	180	220		190
	12~14	750	900		3,000	1,000	1,200		3,500	240	290		270
	15~18	700	800		3,000	1,000	1,200		3,500	290	340		350
	19~29	550	700		2,500	580	700		3,500	230	280		350
	30~49	550	700		2,500	580	700		3,500	240	280		350
	50~64	600	800		2,000	580	700		3,500	240	280		350
	65~74	600	800		2,000	580	700		3,500	240	280		350
	75이상	600	800		2,000	580	700		3,000	240	280		350
임신부		+0	+0		2,500	+0	+0		3,000	+30	+40		350
수유부		+0	+0		2,500	+0	+0		3,500	+0	+0		350

*식품외 급원의 마그네슘에만 해당

자료 : 보건복지부, 2020 한국인 영양소 섭취기준, 2020

2. 성장에 미치는 영향

실험동물에서는 심한 칼슘 결핍이 성장을 저해하지만, 사람에게는 칼슘 결핍이 성장을 크게 저해하지는 않는다.

3. 최대 골질량에 미치는 영향

장기간의 칼슘 섭취상태는 성숙기의 최대 골밀도에 커다란 영향을 미친다. 아동기 또는 20세 이전의 칼슘 섭취량은 골격의 최대 무기질 양을 알 수 있는 좋은 척도가 된다. 따라서 이 시기의 칼슘 결핍은 골밀도를 저하시키고 골질량의 감소를 초래할 수 있다.

4. 노령화에 따른 골격 손실에 미치는 영향

개인이 일생을 통해 섭취한 칼슘의 양은 골격의 최대 무기질량과 밀접한 관계를 갖는다. 칼슘이 장기적으로 결핍되면 골격의 무기질량이 감소하고 골격 손실이 발생하는 시기가 빨라질 수 있다.

5. 골감소증

체내의 골질량을 충분히 유지할 수 없게 되면 골감소증을 유발한다. 골감소증은 정상적인 뼈의 분해에 비해 생성이 부족할 때 골질량이 감소되는 현상이거나 이로 인해 일어나는 질환이다. 이 질환은 골연화증에 의해서도 발생할 수 있다. 그러나 골연화증 및 구루병은 칼슘 부족보다는 비타민 D의 부족이 더 직접적인 원인인 것으로 생각된다.

골감소증(osteopenia)
정상적인 뼈의 분해에 비해 뼈의 생성 부족으로 인한 골질량의 감소 또는 골질량의 감소로 일어나는 질환

골연화증(osteomalacia)
뼈 구성 무기질의 부족으로 뼈가 약화된 현상. 비타민 D 결핍과도 관계되며 동통, 압통, 근무력증 등을 수반한다.

6. 골다공증

골다공증은 노령화에 따른 골격대사 이상 또는 골격 칼슘대사의 불균형으로 뼈의 절대량이 1/3 이상 감소되는 증후군을 말한다. 골다공증은 어떤 연령층에서도 발생할 수 있으나, 노인과 폐경 후 여성에게서 발생빈도가 높다. 골다공증의 임상적 특징은 골절인데, 노인형의 경우는 대퇴부 상부의 골반뼈의 골절이, 폐경 후 여성의 골다공증은 척추뼈 파열골절 증후가 그 특징이다.

골다공증이 여성에게 많이 나타나는 것은 여성이 남성보다 골질량이 적고 손실이 빨리 되는 동시에 수명은 길기 때문이다. 또한 폐경기 이후의 에스트로겐 감소와도 관련이 있다. 앞에서 언급한 대로 골질량이 많을수록 뼈의 손실이 적으므로 골다공증을 예방하기 위해서는 골격 구성에 필요한 영양소를 지속적으로 오랜 기간 동안 섭취해야 한다. 골다공증은 전문가의견에 자세히 언급되어 있다.

골다공증(osteoporosis)
뼈의 조성은 비교적 정상이나 전체적으로 골질량이 감소된 현상으로, 골절이 되기 쉬우며 골격의 형태 변형, 치아 손상을 동반한다.

7. 기 타

혈액의 칼슘이온 농도가 감소하면 근육이 계속적인 신경자극을 받아 근육경련을 일으킴으로써 테타니가 생길 수 있다. 또한 칼슘 결핍으로 인해 이차적인 비타민 D의 결핍증세가 나타나기도 한다.

테타니(tetany)

과잉증

건강한 성인의 경우 1일 3,000mg 정도의 칼슘 섭취는 무해하다. 경우에 따라서는 이 정도 과량의 칼슘으로 변비가 생기는 수도 있고, 결석이 잘 생기는 사람의 경우에는 신장결석 위험도가 증가될 수도 있으나 그다지 큰 문제가 되는 것은 아니다. 그러나 고칼슘 섭취는 칼슘의 이용효율을 저하시키고 철분과 아연 등 다른 미량 무기질의 흡수를 저해할 수 있다. 또한 제산제의 복용과 함께 우유 섭취가 지나치게 과다해지면 우유-알칼리증이 생길 수도 있다. 이 경우에는 혈액내 칼슘이 크게 증가해 우리 몸의 여러 곳에 침착되어 지엽적인 조직 파괴를 일으킨다. 그러나 하루에 2,000mg 정도를 넘지 않는 한 이런 문제점을 걱정할 필요는 없다.

우유-알칼리증
(milk-alkali syndrome)

인

인(phosphorus, P)

인은 칼슘과 함께 골격을 구성하는 중요한 원소이며, 여러 효소의 성분으로 작용한다. 인은 많은 식품에 함유되어 있어 섭취 부족을 염려할 필요는 없지만, 칼슘과 인의 흡수 및 이용을 고려할 때 칼슘과 인의 섭취 비율을 1 : 1로 하는 것이 바람직하다.

체내 기능

1. 골격의 구성

체중의 0.8~1.1%를 차지하는 인의 체내 보유량은 성인 남자의 경우 660~700g 정도이다. 이 중 85%가 칼슘과 결합하여 골격과 치아를 구성한다. 즉 인산칼슘염의 형태로 뼈의 형성과정에 계속적으로 저장되고 재흡수된다. 골격 무기질 내의 인과 칼슘의 비는 보통 1 : 2를 이루고 있다.

2. 완충 작용

혈액과 세포내에서 인산과 인산염 형태로 산과 염기의 평형을 조절하는 완충작용을 한다.

3. 신체의 구성성분

인지질(phospholipid)

인은 DNA, RNA 등 핵산의 구성성분이며, 모든 세포막과 지단백질의 형성에 필요한 인지질을 구성하는 필수 요소이다.

4. 비타민 및 효소의 활성화

인산화효소(kinase)
인산 분해효소(phosphatase)
인산화(phosphorylation)
탈인산화(dephosphorylation)

인은 나이아신, 티아민, 비타민 B_6 등 여러 비타민의 활성화에 필요하다. 또 세포내의 많은 반응들은 인산화효소와 인산 분해효소에 의한 인산화와 탈인산화로 효소의 활성이 조절된다.

5. 에너지 대사

크레아틴 인산(creatine phosphate)
포스포에놀피루브산(phosphoenolpyruvate)

많은 에너지 대사반응에서, 대사 에너지의 저장 또는 중간 에너지의 일시적인 보유로 쓰이는 ATP, 크레아틴 인산, 포스포에놀피루브산과 고에너지 인산 결합을 형성하여 에너지의 저장 및 이용에 관여한다.

흡수와 대사

1. 소 화

인산은 식품 중에 유기 화합물의 인산염 형태로 존재하며, 세포내의 인지질이나 인을 포함한 당과 같은 화합물의 구성성분이다. 이런 인산을 함유하는 유기인산염은 장에서 소화되어 무기인으로 유리된 후 장내 세포로 이동한다.

알칼리 조건에서는 인산염은 불용성이므로 산성인 위와 소장 상부가 인의 흡수과정에 중요한 역할을 담당한다.

채식 위주의 식사를 하는 사람들은 상당량의 인을 피틴산의 형태로 섭취하게 된다. 그렇지만 사람 장내에서 피틴산은 잘 소화되지 않으므로 곡류와 같이 피틴산이 많이 들어 있는 음식을 조리할 때는 물에 담가두면 제거할 수 있다.

피틴산(phytate)
나트륨 의존형 능동수송기전(sodium dependent active transport)

2. 흡 수

소장에서 유리된 인은 비교적 쉽게 흡수된다. 성인은 보통 식사로부터 50~70%의 인을 흡수하며 섭취가 저조할 경우에는 90% 이상의 흡수율도 나타낸다. 인의 흡수는 생리적 요구량이 많아지는 성장기, 임신기, 수유기 때는 증가한다.

실험동물에서 과량의 칼슘은 인의 흡수를 저해하였다. 인의 섭취량이 너무 많게 되면 칼슘의 흡수가 저해되어 손실이 증가하므로, 흡수율을 최적으로 하기 위해서는 칼슘과 인의 섭취 비율을 1 : 1 정도로 하는 것이 바람직하다. 이 외에 알루미늄이나 마그네슘이 들어 있는 제산제를 사용할 때 이런 무기질들이 장에서 인과 결합함으로써 인의 흡수를 감소시킬 수 있다.

3. 저 장

인체에 여섯 번째로 많은 원소인 인은 우리 몸 모든 세포에 존재한다. 인을 보유하는 데 가장 중요한 조직으로는 골격의 히드록시아파타이트(85%)와 골격근(14%)이다.

4. 배 설

인은 주로 신장을 통해 소변으로 배설된다. 인의 사구체 여과율은 혈액에 있는 인의 농도에 따라 달라지기 때문에 배설량은 0.1~20%까지 그 범위가 넓다. 따라서 혈청 인의 농도가 신장에서 인의 재흡수를 조절하는 주요 요소가 된다. 신장에서 인의 재흡수를 조절하는 데는 부갑상선 호르몬의 영향이 가장 크며, 혈청내 부갑상선 호르몬의 농도와 인의 배설량 간에는 양의 상관관계가 있다. 그 외에 산독증과 이뇨제 사용 시 인 배설량은 증가하고, 인슐린 · 갑상선호르몬 · 성장호르몬 · 알칼리혈증 · 저칼륨혈증일 때 감소한다. 대변을 통해서 배설되는 1일 내인성 인의 양은 250~300mg이다.

산독증(acidosis)
알칼리혈증(alkalosis)
저칼륨혈증(hypokalemia)

5. 인의 항상성

혈청의 인은 소장, 신장, 골격 그리고 연조직 사이의 인의 이동에 따라 조절된다. 신장은 인의 재흡수율을 조절하며 인의 항상성을 유지하는 주요 기관이다. 장기간의 체내 인의 보유량은 소장과 신장의 상호작용에 의해 조절되며, 식품을 통한 인의 섭취가 적을 경우 소장에서는 인의 흡수를 증대시키고 신장은 재흡수를 증가시켜 소변으로의 유출을 최소화한다. 이 과정에는 활성형 비타민 D와 부갑상선 호르몬이 필수적이다(그림 9-6).

영양상태 평가

인의 영양상태 평가를 위해서 가장 흔히 쓰는 방법은 혈청의 인의 함량을 측정하는 것이다. 그러나 단지 총 인의 1%에 불과한 양이 혈청에 존재하고, 이 양은 부갑상선 호르몬 · 성장 호르몬 등 생리적으로 조정되며, 일시적으로는 근육과 골격의 이화작용 등에 의해서도 영향을 받기

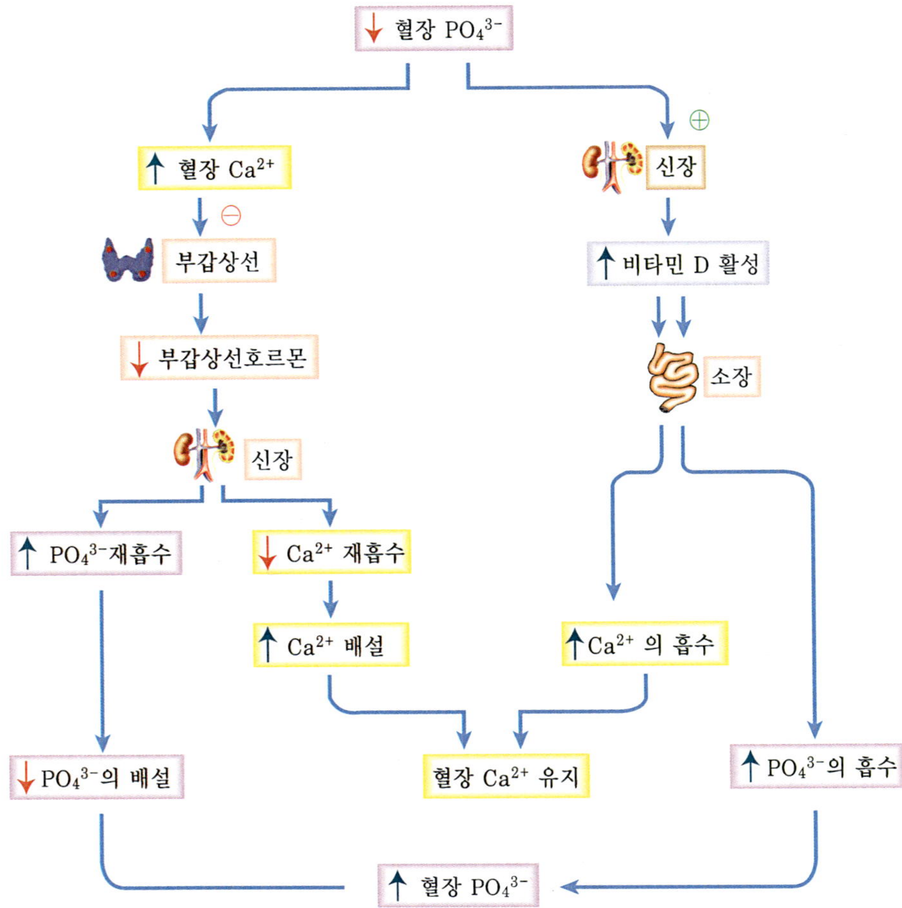

그림 9-6. 인의 항상성

때문에 실제로는 혈청의 인 함량이 영양상태를 평가하는 지표로 적절하다고는 할 수 없다. 적혈구내 존재하는 인의 양은 혈청의 인과 상관관계가 있고, 세포내의 ATP 수준은 영양상태 변화에 따라 민감하게 반응하지 않는다. 소변 중의 인의 함량도 정상인의 경우 식이의 영향을 많이 받기 때문에 지표로 사용하기 어려우며 혈청의 알칼리 인산분해효소의 활성증가도 체내 인의 보유량을 정확하게 반영한다고는 할 수 없다.

알칼리 인산분해효소 (alkaline phosphatase)

인이 풍부한 식품

인은 거의 모든 식품에 들어 있다. 일반적으로 단백질 함량이 많은 식품인 어육류와 난류, 우유 및 유제품 그리고 곡류에 많이 함유되어 있으며, 특히 가공식품과 탄산음료에 많다. 육류, 가금류, 생선 중의 인의 함량은 칼슘보다 15~20배나 많으며, 난류, 곡류, 견과류, 두류에는 칼슘보다 2배 정도 많다. 그러나 녹황색 채소나 동물의 뼈에는 인보다 칼슘 함량이 더 많다.

동물성 식품에 함유된 인은 유기물 형태로 존재하며 장에서 쉽게 가수분해되어 유리형태인 무기인으로 흡수되므로 생체이용률이 높다. 식물성 식품 중의 인은 피틴산의 형태로 존재한다. 쌀이나 밀에 함유된 인의 80%는 피틴산의 형태이다. 식품 중의 인의 함량은 표 9-4과 같다.

표 9-4. 인의 주요 급원식품 및 함량

식품군	급원식품	1회 분량	중량(g) 기준	인 함량(mg)
곡류	현미	1공기	90	248
	백미	1공기	90	86
	찹쌀	1공기	90	136
	보리	1공기	90	145
	감자	1개(중)	140	87
고기 · 생선 · 달걀 · 콩류	돼지고기, 목살	7~8쪽	60	110
	닭고기	2조각(중)	60	151
	쇠고기, 등심	7~8쪽	60	79
	멸치	1/4컵(소)	15	280
	오징어		80	216
	새우		80	312
	고등어	2토막	70	203
	명태	3토막	60	121
	달걀	1개(중)	60	115
	두부	1/5모	80	126
	대두	2큰술	20	114
채소류	배추김치	1접시	40	20
우유 · 유제품류	우유	1컵	200	168
	치즈, 가공	1장	20*	171
	요구르트(호상)	1/2컵	100	105

* 표시 : 0.3회

자료 : 농촌진흥청, 국립농업과학원, 2019

필요량

우리나라 성인의 인 섭취량은 1일 600~1,500mg 수준으로 칼슘 섭취량에 비해 월등히 많으며 칼슘과 인의 섭취 비율은 1:2 정도이다. 그러나 최근 알려진 바에 의하면, 성인에게 있어서 칼슘과 인의 섭취 비율은 크게 중요하지 않은 것으로 보인다. 한국인 영양소 섭취기준에서 성인의 인 섭취 기준은 혈청 무기인산을 지표로 하고 흡수율을 감안하여, 성인의 1일 평균필요량은 남녀 모두 580mg으로, 개인 변이를 고려한 권장섭취량은 700mg으로 각각 설정되었다. 임신, 수유기에는 모체의 칼슘 흡수율을 높이기 위해 칼슘과 인의 섭취비율이 중요시되며, 인의 과잉 섭취는 고인산혈증을 초래하여 부갑상선 호르몬의 분비항진, 비골격조직의 전이성 석회화, 골다공증, 칼슘 흡수장애 등을 가져올 수 있다. 따라서 이러한 부작용을 예방하기 위해 인의 1일 상한섭취량을 3,500mg으로 설정하였으며, 75세 이후에는 남녀 3,000mg으로 설정하였다.

결핍증

인은 거의 모든 식품에 함유되어 있어 사람에게서 결핍증이 발생하는 일은 드물다. 그렇지만 동물이나 사람에게 장기적으로 인이 결핍되면 식욕부진, 근육 약화, 뼈의 약화 및 통증 등이 초래된다. 특히 조산아인 경우 부적절한 인이나 칼슘의 공급으로 인해 구루병이 생길 수 있다.

그 밖에도 당뇨병, 알코올 중독, 신장병 등이 있거나, 또는 인과 결합하는 물질이 들어있는 제산제의 장기 복용으로 인해 인의 평형에 영향을 미침으로써 저인산혈증이 나타날 수 있다.

저인산혈증(hypophosphatemia)

과잉증

미숙아에겐 골격 성장을 위해 다량의 인을 공급해 주는데, 이때 인은 마그네슘의 흡수를 저해시킬 수 있으며, 다량의 인을 투여함으로써 납의 흡수를 저해시킬 수도 있다. 식사 때의 인의 섭취량이 칼슘보다 2배 이상으로 장기간 지속되면 저칼슘혈증 또는 이차적인 부갑상선 호르몬의 증가로 인해 골격에 손실이 올 수 있다. 유아기에 인의 함량이 높은 조제분유를 사용할 경우에 저칼슘혈증 및 테타니가 발병할 수 있으나, 아주 과량의 인을 장기간 섭취하지 않는 한 큰 문제는 없다.

마그네슘

마그네슘(magnesium, Mg)

마그네슘은 식물색소인 엽록소의 구성원소이므로 식물성 식품은 마그네슘의 풍부한 급원이 된다. 체내 존재하는 마그네슘의 60%는 경조직인 골격과 치아의 구성성분으로 탄산이나 인산과 복합체를 형성하고 있다. 나머지 마그네슘은 혈액이나 연조직에 2가의 양이온(Mg^{2+})상태로 존재한다.

체내 기능

1. 골격과 치아의 구성성분

체내 존재하는 마그네슘의 60%는 결정형과 수화물의 형태이며, 탄산이나 인산과 복합체를 이루어 골격과 치아를 구성한다.

2. 여러 효소의 보조인자나 활성제로 작용

헥소오스인산화효소(hexokinase)
포스포프락토오스인산화효소(phosphofructokinase)
아실화(acylation)
티올인산화효소(thiokinase)
아미노산아실합성효소(amino acid acyl synthetase)
글루타민합성효소(glutamine synthetase)
인산분해효소(phosphatase)
피로인산중합효소(pyrophosphatase)

인산기 전이반응을 촉매하는 헥소오스인산화효소 · 포스포프락토오스인산화효소 · 아데닐산인산화효소 등과 코엔자임 A의 아실화를 촉매하는 티올인산화효소, 아미노산의 활성화를 촉매하는 아미노산아실합성효소, 이 외에 글루타민합성효소 등의 보조인자로 작용하며 인산염, 피로인산염으로 각각 가수분해하는 인산분해효소, 피로인산분해효소의 활성제로 작용한다.

3. ATP의 구조적인 안정 유지 및 에너지 대사에 관여

ATP 의존성 인산화반응에서 마그네슘은 ATP와 1 : 1의 비율로 2가의 복합체를 형성하여 ATP를 구조적으로 안정시킨다(그림 9-7). 안정된 ATP-Mg 복합체는 에너지대사반응에 관여한다.

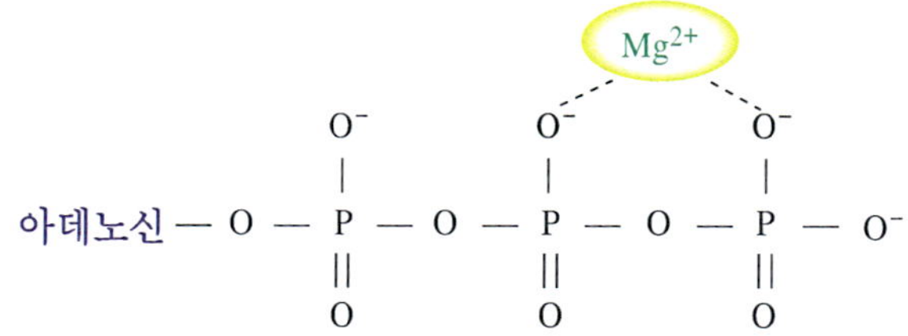

그림 9-7. Mg-ATP복합체의 구조

4. cAMP의 생성에 관여

호르몬이 전하는 메시지를 세포내에 전달하여 대사나 기타 세포내 반응이 일어나게 하는 2차 전령자인 cAMP가 생성되는 데 관여한다(그림 9-8).

2차 전령자 (second messenger)

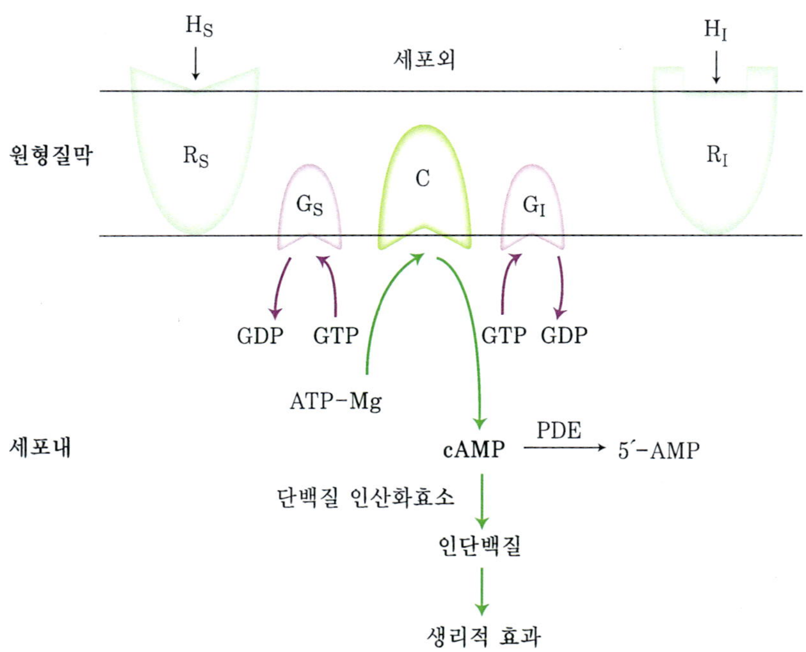

Hs : 촉진체, HI : 저해제, Rs : 촉진제 수용기, RI : 저해제수용기
Gs : 촉진 구아닌 뉴클레오티드 결합단백질, GI : 저해 구아닌 뉴클레오티드 결합단백질
PDE : 포스포디에스터레이즈, C : 고리화효소의 촉매부위
자료 : 《New England Journal of Medicine》 321, pp 26~33, 1985

그림 9-8. cAMP의 형성과 Mg

5. 신경자극의 전달과 근육의 긴장 및 이완작용을 조절

마그네슘은 칼슘, 칼륨, 나트륨과 함께 신경자극전달과 근육(심근, 내장근)의 수축 및 이완작용을 조절하는 네 가지 양이온 중의 하나로, 마그네슘과 칼슘은 서로 상반된 작용을 한다. 칼슘은 신경을 흥분시키고 근육을 긴장시키는 반면, 마그네슘은 신경전달 물질인 아세틸콜린의 분비를 감소시키고 분해를 촉진하여, 신경을 안정시키고 근육의 긴장을 이완시킨다. 따라서 마그

네슘은 마취제나 항경련제의 성분으로 이용되기도 한다.

6. 기타 기능

마그네슘은 단백질의 합성과정에서 단백질의 합성장소인 리보솜의 응집과 70S 리보솜에 m-RNA가 부착하는 데 관여하며, DNA의 합성과 변형에 관여한다. 또한 마그네슘은 치아 에나멜층에 존재하는 칼슘에 대한 안정성을 증가시켜 충치를 예방한다.

흡수와 대사

마그네슘은 주로 소장에서 흡수된다. 섭취하는 식품 내에 존재하는 마그네슘의 30~40%가 흡수되나, 마그네슘의 섭취가 부족할 경우 흡수율은 80%까지 증가한다. 알칼리제제를 다량으로 섭취할 경우 흡수율이 감소한다. 뼈 속의 마그네슘은 혈액으로 유출되는 비율이 낮으며, 혈중 마그네슘의 조절은 주로 신장을 통해 이루어진다.

알도스테론(aldosterone)

마그네슘의 배설은 대부분 담즙을 통해서 일어나고, 1/3은 소변 중으로, 나머지는 대변으로 배설된다. 마그네슘은 칼륨과 마찬가지로 알도스테론에 의해 신장에서 배설이 증가하는데, 알코올이나 이뇨제도 마그네슘의 배설을 증가시킨다.

영양상태 평가

인간의 질병 중에는 마그네슘과 관련된 문제가 많이 있다. 특히 마그네슘이 골격의 건강과 밀접하게 연관되어 있기 때문에, 임상적으로 마그네슘 상태를 정확하고 간편하게 측정할 수 있는 방법의 개발이 시급하다.

세포외액에 존재하는 마그네슘은 체내 마그네슘 총량의 약 1%에 해당하며, 항상 일정한 수준을 유지하도록 조절되기 때문에, 혈장 마그네슘의 측정으로는 전체 마그네슘의 영양상태를 평가하기 어렵다. 따라서 마그네슘의 영양상태를 정확하게 평가하기 위해서는 정맥주사로 일정량의 마그네슘을 주입한 후 소변 중의 마그네슘 함량을 측정하거나(배설량의 감소는 세포내 결핍을 의미) 혹은 림프구내 마그네슘의 양을 측정함으로써, 직접 세포내 마그네슘 함량을 측정할 수 있다.

성인의 경우 혈청 중 마그네슘의 정상 범위는 1.6~2.6mg/dL이고, 소변 중의 정상 범위는 36~207mg/dL 정도이다.

마그네슘이 풍부한 식품

마그네슘은 엽록소의 구성성분이므로 식물성 식품에 풍부하다(표 9-5). 코코아, 견과류, 대두, 전곡 등은 특히 마그네슘이 풍부한 식품이다. 전곡과 시금치 등에는 마그네슘의 함량은 많으나 피틴산이 함유되어 있어 마그네슘의 흡수를 저해한다. 콩 및 콩제품을 많이 섭취하는 우리나라 사람들에게는 마그네슘이 결핍될 일이 전혀 없다. 유제품, 초콜릿, 육류에도 마그네슘이 약간 들어 있다.

표 9-5. 마그네슘의 주요 급원식품 및 함량

식품군	식품명	1회 분량	중량(g) 기준	마그네슘 함량(mg)
곡류	현미	1컵	90	90
	백미	1컵	90	21
	감자	1개(중)	140	28
고기 · 생선 · 달걀 · 콩류	대두	2큰술	20	42
	돼지고기	7~8쪽	60	13
	쇠고기	7~8쪽	60	18
채소류	시금치	1/3컵(데친 것)	70	59
	콩나물	1/3컵(데친 것)	70	19
	들깻잎	1/3컵(데친 것)	70	106
	열무김치	1접시	40	14
	배추김치	1접시	40	10
	깍두기		40	12
	건미역		10	90
음료 · 우유 · 주류	과일음료	1/2컵	100	15
	우유	1컵	200	20
	맥주	1캔	375	23

자료 : 농촌진흥청, 국립농업과학원, 2019

필요량

마그네슘의 경우에는 한국인 영양소 섭취기준 설정에 이용할 만한 적합한 생화학적 지표 연구가 거의 없다. 따라서 미국에서 수행한 마그네슘 평형실험 결과를 이용하여 영양섭취기준을 마련하게 되었다. 성인의 1일 평균필요량은 체중에 따라 다르기 때문에 연령에 따른 차이를 보이며, 구체적인 수치는 표 9-3에 나타내었다.

식품 자체에 존재하거나 식품에 강화시킨 마그네슘의 경우에는 유해한 영향이 보고 되지 않았으나 하제 등 약리적 목적으로 사용되는 식품 외의 마그네슘은 섭취로 인한 부작용의 가능성이 있어 1일 350mg 이상 섭취하지 말도록 상한섭취량을 설정하였다.

결핍증

칼슘과 달리 마그네슘은 자연계에 널리 분포되어 있고, 골격에서 서서히 혈액으로 이동되므로, 마그네슘의 고갈은 서서히 진행된다. 그러나 마그네슘의 섭취가 부족하거나, 다량이 체외로 방출되면, 혈청 마그네슘은 갑자기 저하된다. 이로 인해 세포외액의 다른 무기질과의 균형이 깨지며, 신경자극전달과 근육의 수축 이완작용이 제대로 조절되지 않아 신경이나 근육에 심한 경련이 일어나는데, 이러한 증세를 떨림이라 한다.

신경, 폐, 심장이 제대로 작용하기 위해서는 마그네슘이 필요하다. 동물의 경우 마그네슘이 부족하면 매우 초조하고 불안해하며, 나아가 경련을 일으키고 사망하는 수도 있다. 사람의 경우 마그네슘 결핍은 심부전을 일으키며, 허약 · 근육통 · 발작 등을 수반하며, 갑작스런 심장마비를

경련(convulsion)
떨림(tremors)
발작(seizure)

일으키기도 한다.

이 외에도 마그네슘의 결핍은 심한 구토나 설사로 인해 일상 식사를 통한 마그네슘의 흡수가 충분하지 못하거나, 무더운 기후에서 여러 주일 동안 심하게 땀을 흘린 경우, 마그네슘 배설을 증가시키는 티아지드계 이뇨제를 사용했을 때도 나타난다. 또한 아연을 지나치게 많이(권장량의 10배) 섭취할 경우 마그네슘의 흡수율이 상당히 감소하여 마그네슘 결핍증이 생길 수 있다. 알코올 중독자의 경우는 영양소의 섭취가 적절하지 못할 뿐만 아니라 알코올이 소변으로 배설되는 마그네슘의 양을 증가시키므로, 마그네슘이 결핍될 우려가 있다. 이들에게는 흔히 신경성 근육 경련, 즉 마그네슘 테타니 증세가 나타난다.

티아지드(thiazide)

마그네슘 테타니(magnesium tetany)

과잉증

마그네슘 과잉증은 정상적인 식사를 하는 건강인에게는 발생하지 않는다. 신장이 일차적으로 혈액내 마그네슘 수준을 조절하기 때문에, 마그네슘의 과잉증은 신장기능의 이상과 밀접한 관계가 있다. 고마그네슘혈증은 허약, 구역질과 함께 불쾌감을 일으키고, 호흡이 느려지고 혼수상태가 되며, 심하면 죽음을 초래한다. 노인의 경우 고마그네슘혈증은 신장기능 장애를 일으키므로 특히 위험하다.

구역질(nausea)

황

대부분의 무기질이 체내에서 일차적으로 이온화된 형으로 작용하는 것과는 달리, 체내에 존재하는 대부분의 황은 비타민이나 아미노산의 구성성분으로 존재한다. 황은 우리 신체의 모든 세포내에서 발견되며, 체중의 약 0.25%를 차지한다.

황(sulfur, S)

체내 기능

1. 체조직 및 생체내 주요물질의 구성성분

황은 황아미노산인 메티오닌 · 시스테인 · 시스틴의 구성성분으로, 결체조직, 피부, 손톱, 모발 등에 다량 함유되어 있다. 또한 뇌 · 건 · 골격 · 피부 · 심장판막 등에서 발견되는 콘드로이틴 황산염과 같은 점성다당류의 구성성분이며, 간 · 신장 · 활액막 · 뇌의 백질 같은 곳에 풍부히 함유되어 있는 황지질의 구성성분이다.

이 외에도 황은 췌장호르몬인 인슐린, 항응혈성 물질인 헤파린, 보조효소로 작용하는 티아민, 비오틴, 리포산, 코엔자임 A의 구성성분이다. 생체내 산화 · 환원작용에 필수적인 글루타티온의 성분이다.

메티오닌(methionine)
시스테인(cysteine)
시스틴(cystine)
건(tendon)
콘드로이틴 황산염(chondroitin sulfate)
점성다당류(mucopolysaccharide)
황지질(sulfolipids)
인슐린(insulin)
헤파린(heparin)
리포산(lipoic acid)

2. 산화 · 환원반응에 관여

황은 글루타티온의 구성성분으로 생체내에서 산화 · 환원반응에 관여한다.

3. 산, 염기 평형에 관여

세포외액에 존재하는 황의 이온화형태인 황산염은 체내에서 산, 염기 평형에 관여한다.

황산염(sulfate, SO_4^{2-})

4. 페놀류, 크레졸류 등의 해독작용

활성형의 황산염은 페놀류, 크레졸류 등과 같은 인체에 해로운 물질과 결합하여 비독성물질로 전환시킨 후 소변으로 배설시킨다.

페놀(phenol)
크레졸(cresol)

흡수와 대사

식품 중의 황은 대부분이 유기물의 상태(예: 함황아미노산)로 소장벽을 통해 흡수 · 이용되며, 소량 들어 있는 무기형태는 거의 흡수되지 않는다. 세포내에서 함황아미노산은 황산을 생산하는데, 이는 신속히 중화되어 무기염(SO_4^{2-})의 형태로 체외로 방출된다. 소변으로 배설되는 85~90%의 황은 무기염의 상태이고, 소변으로 배설되는 질소와 황의 비는 보편적으로 13 : 1이다. 저단백식사를 할 때는 황의 배설량이 감소한다.

글루타티온(glutathione)
함황아미노산인 시스테인 외에 글리신과 글루탐산을 함유하는 트리펩티드로 적혈구내에 다량 들어 있으며, 산화 · 환원작용에 필수적이다.

황이 풍부한 식품

황이 풍부한 식품으로는 육류, 우유, 달걀, 콩류 등이 있다(표 9-6).

표 9-6. 황의 주요 급원식품 및 함량

식품군	급원식품	1회 분량	중량(g) 기준	황 함량(mg)
곡류	밀가루	5큰술	30	57
	통밀	8~9큰술	90	144
	보리	8~9큰술	90	135
	옥수수	1/2개(중)	70	84
	고구마	1/2개(중)	70	28
고기 · 생선 · 달걀 · 콩류	돼지고기	7~8쪽	60	180
	쇠고기(로스)	7~8쪽	60	162
	닭고기	2조각(중)	60	153
	정어리	1토막	60	186
	콩가루	5큰술	30	123
	대두	2큰술	20	44
	연어	1토막	60	132
	달걀	1개(중)	60	84
	아몬드		10	38
	땅콩		10	15
채소류	무(익힌 것)	1/3컵	70	28
과일류	사과	1/2개(중)	100	10
우유 · 유제품류	치즈	1장	20	46

필요량

아직까지 황의 필요량이 결정된 바 없으며, 메티오닌과 시스테인이 풍부한 식사를 하고 있는 한 신체가 필요로 하는 양을 충분히 공급받을 수 있다.

나트륨

나트륨(sodium, Na)

나트륨은 세포외액의 주된 양이온이며, 체내에 풍부한 무기질이다. 체중의 0.15~0.2%를 차지하고 있으며(체중이 70kg인 경우 약 105g 정도), 이 중 50%는 세포외액에, 40%는 골격에, 약 10%는 세포내에 존재한다. 혈액에서는 대부분 혈청에 존재하며, 310~340mg/dL(136~145mEq/L)를 함유한다.

체내 기능

1. 삼투압의 정상유지

나트륨이온의 농도에 따라 세포내외의 삼투압에 의해 수분의 이동이 결정된다. 세포내외의 삼투압 유지는 주로 나트륨이온(Na^+)과 칼륨이온(K^+)에 의해 조절된다. 세포외액의 나트륨과 칼륨이온의 비율이 28 : 1의 비율로 유지되고, 세포내액의 나트륨과 칼륨이온의 비율이 1 : 10으로 유지될 때, 혈장 및 세포내의 삼투압은 300mOsm/L를 나타낸다.

2. 산과 염기의 평형유지

나트륨이온은 체내에서 수소이온과 교환이 가능한 염기로, 염소이온, 중탄산이온(HCO_3^-)과 함께 산, 염기 평형에 관여한다.

3. 정상적인 근육의 자극반응을 조절

나트륨이온은 근육의 전기화학적 자극을 전달함으로써 정상적인 근육의 흥분성과 과민성을 유지한다.

4. 신경자극의 전달

휴지상태(resting state)

휴지전위(resting potential)

탈분극(depolarization)
신경세포, 근육세포에서 활동전위를 일으키도록 세포막 전위가 뒤바뀌는 현상

활동전위(action potential)

신경세포막에 신경자극이 전혀 없는 상태를 휴지상태라 하며, 이때의 세포막 내외의 전위차를 휴지전위라 한다. 휴지상태에서는 세포내는 음전하, 세포외는 양전하를 띠는데, 이는 세포외액에 나트륨이온이 고농도로, 세포내액에 칼륨이온이 고농도로 존재하기 때문이다.

신경세포막에 자극이 가해지면 세포막내 나트륨이온 통로가 열리면서 나트륨이온이 농도차에 의해 세포내로 이동하게 되며 이러한 이동은 세포막의 탈분극을 일으킨다. 이러한 세포막 전위의 일시적인 변화를 활동전위라 한다. 이때 전기화학적 자극이 수상돌기에서 축삭 쪽으로 전달

된다. 이어 칼륨이온 통로가 열리면서 칼륨이온이 세포막 밖으로 이동하여 세포막 전위를 휴지전위상태로 되돌려 놓는다. 이를 재분극이라고 한다(그림 9-9). 단일 활동전위가 나타나는 동안 세포막을 가로지르는 나트륨이온과 칼륨이온의 양은 소량이지만, 수많은 활동전위가 통과하고 나면, 나트륨과 칼륨의 세포내 농도는 점차 같아지면서 세포막 전위차가 사라지게 된다. 이를 막기 위해 신경세포는 Na^+-K^+ 펌프를 이용하여 전위차를 유지하는데, 1분자의 ATP에 의해 3분자의 나트륨이온이 세포 밖으로, 2분자의 칼륨이온이 세포내로 이동한다. 이러한 펌프작용으로 나트륨이온과 칼륨이온은 신경세포내(K^+>Na^+)와 신경세포외(K^+<Na^+)에서의 농도가 정상적으로 유지된다.

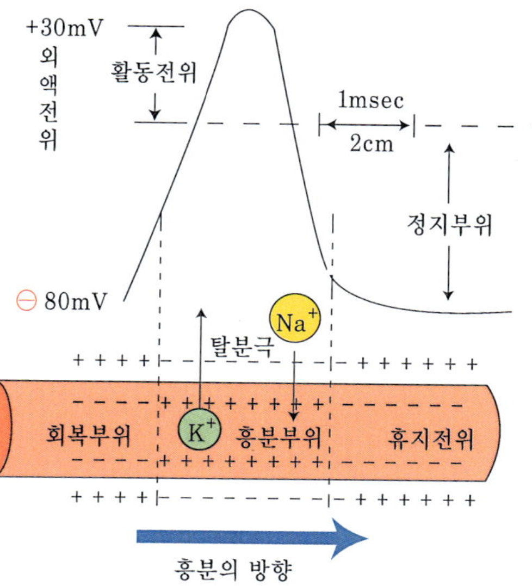

그림 9-9. 신경자극의 전달

5. 다른 영양소의 흡수에 관여

당질(예: 포도당)과 아미노산은 흡수 시 소장 점막세포를 통과하기 위해서 Na^+ 펌프를 반드시 이용한다(그림 9-10).

흡수와 대사

식품 중의 나트륨은 대부분 소장에서 에너지를 필요로 하는 능동수송에 의해 흡수되며, 약 5%

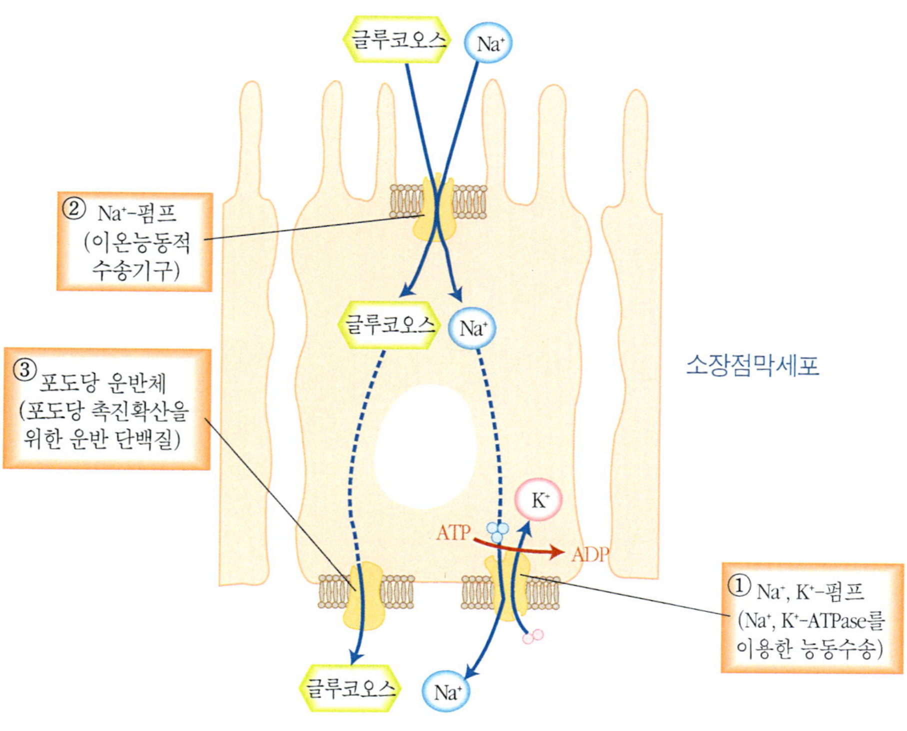

그림 9-10. 나트륨에 의한 포도당 흡수 촉진

만이 대변을 통해 배설된다. 소장에서 나트륨의 흡수는 포도당, 염소와 함께 흡수될 때 촉진된다. 흡수된 나트륨은 혈액을 통해 신장으로 운반되고 여과되어, 체내 정상수준을 유지하는 데 필요한 양만 혈액으로 되돌아오며 여분의 나트륨은 주로 신장에서 배설된다. 따라서 소변 중의 나트륨 수준은 섭취한 나트륨의 양에 비례한다. 나트륨의 섭취량이 많으면 소변으로 배설되는 나트륨의 양이 증가하며, 섭취량이 적으면 배설량도 감소한다. 날씨가 더우면 피부를 통하여 땀으로 0.5~3g/L의 나트륨을 배설한다. 나트륨은 담즙이나 췌액 등의 소화액에도 함유되어 있으나 대부분 재흡수된다.

체내 나트륨의 균형

장기간의 저염식이나 발한으로 인해 나트륨이 많이 손실되면 체내 나트륨 보유량이 감소한다. 이때 반응하는 주된 기관은 신장이다. 부신피질호르몬인 알도스테론에 의해 신장에서 나트륨의 재흡수가 촉진된다(그림 9-11).

인체 내 나트륨은 땀으로 인한 손실량이 매우 많다고 해도 고갈되는 것은 흔하지 않다. 이는 우리가 섭취하는 음식물에 충분량의 나트륨이 함유되어 있고, 체내에도 상당량 보유되어 있기 때문이다. 그러나 발한에 의한 체중손실이 체중의 3%(약 2~3kg)를 초과할 경우에는 나트륨 손실량을 보충해 주어야 한다. 이때 대부분의 경우 짠 음식을 제공해 줌으로써 체내 나트륨량을 충분히 정상으로 되돌릴 수 있다.

지구력을 요하는 운동(예: 마라톤, 테니스, 축구 등)선수의 경우 나트륨과 다른 전해질의 손

레닌(renin)
안지오텐시노겐(angiotensinogen)
안지오텐신(angiotensin)
안지오텐신 전환효소(angiotensin converting enzyme, ACE)
알도스테론(aldosterone)

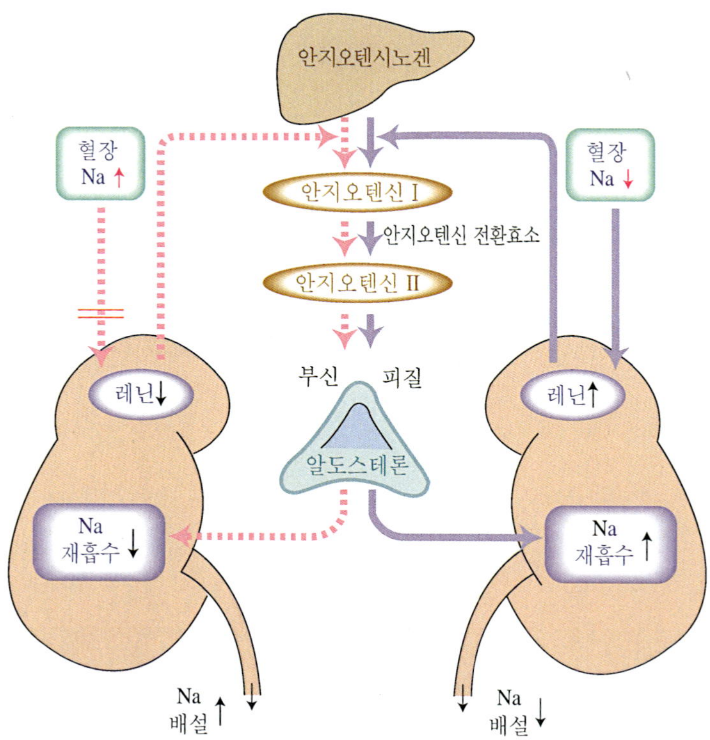

그림 9-11. 전해질 배설의 조절

■ 미국 FDA에 의한 나트륨 관련 용어 정리

- sodium-free 혹은 salt-free : 1단위당 5mg 이하의 Na 함유
- very low sodium : 30g 혹은 2큰술 이상 제공할 경우 1단위당 Na가 35mg 이하, 1단위가 이보다 작을 경우는 식품 50g당 35mg 이하의 Na 함유
- low sodium : 30g 혹은 2큰술 이상 제공할 경우 1단위당 Na 140mg 이하, 혹은 1단위의 크기가 이보다 작을 경우는 식품 50g당 140mg 이하의 Na 함유
- reduced or less sodium : 1단위당 동일 식품의 나트륨 함량보다 적어도 25%가 적은 경우
- light in sodium : 1단위당 동일 식품의 나트륨 함량에 비해 50%가 적은 경우

실을 막기 위해 경기 동안 스포츠 음료를 섭취할 필요가 있다.

스포츠 음료(sport drink)

땀 속의 나트륨 농도(약 2g/L)는 혈중 농도(약 3g/L)의 2/3 정도인데, 피부로 증발하는 땀이 짭짤한 맛을 내는 것은, 나트륨의 농도가 높기 때문이기보다는 수분이 증발함에 따라 나트륨이 농축된 결과이다.

나트륨이 풍부한 식품

나트륨의 주요 급원은 소금을 함유한 식품이다. 육류에는 채소류, 과일류, 콩류 등에 비해 비교적 많은 나트륨이 함유되어 있다(표 9-7).

식품을 가공할 때 소금을 첨가하므로, 간장, 김치, 젓갈, 각종 장아찌, 감자칩 등과 같은 가공식품은 나트륨의 함량이 높다. 베이킹파우더와 화학조미료 외에 발색제로 사용되는 아질산나트륨, 보존제로 사용되는 벤조산나트륨 등과 같은 첨가물이 들어 있는 식품에서도 나트륨을 공급받을 수 있다. 불고기 양념소스, 토마토케첩, 겨자, 다시다 등과 같은 양념류도 많은 양의 나트륨을 함유하고 있다.

화학조미료(momosodium glutamate, MSG)
아질산나트륨(sodium nitrate)
벤조산나트륨(sodium benzoate)

가공하지 않은 식품이나 소금을 첨가하지 않은 음식을 먹을 경우, 나트륨 섭취량은 1일 500~1,000mg 정도이다. 2018년 한국인의 1일 평균 나트륨 섭취량은 3,255mg으로 충분섭취량 1,500mg의 217%를 섭취함으로써, 대부분 식품의 가공과 조리 시의 소금 첨가가 나트륨 섭취량에 상당히 기여한다는 것을 알 수 있다.

많은 의약품들, 이를테면 진통제(예 : 살리실산염), 감기약(예 : 시트르산염)을 비롯하여, 항생제, 안정제 등의 다양한 약제들도 나트륨을 함유하므로, 나트륨을 제한할 경우 이들 의약품도 제한해야 한다. 또한 나트륨을 상당히 제한해야 하는 경우에는 수돗물 중의 나트륨 함량도 고려해야 한다.

나트륨의 영양섭취기준

나트륨 필요량 추정을 위한 지표로는 나트륨 평형, 혈청 나트륨 농도, 혈장 레닌 활성도, 혈압 상승, 혈중 지질 농도, 인슐린 저항성 등이 있으나 우리나라의 경우 평균필요량을 산출할 만한 자료가 충분치 못하여 충분섭취량만이 제시되었다.

나트륨의 1일 충분섭취량은 충분한 일반인들에게 건강메시지를 전달하고 만성질환인 고혈압,

표 9-7. 나트륨의 주요 급원식품 및 함량

식품군	급원식품	1회 분량	중량(g) 기준	나트륨 함량(mg)
곡류	송편(팥)		150	699
	송편(검정콩)		150	695
	라면(스프 포함)	1개	120	466
	국수		210	830
	메밀국수		210	956
	빵	1개	100	516
	크로와상, 버터	1개	80	595
고기 · 생선 · 달걀 · 콩류	돼지고기 등심	7~8조각	60	29
	햄/소시지/베이컨	2조각(얇게)	30	228
	어묵	2조각(얇게)	30	210
	달걀	1개(중)	60	79
	멸치		15	357
	어패류젓		15	1774
채소류	건미역		10	754
	배추김치	1인분	40	219
	총각김치	1인분	40	277
	깍두기	1인분	40	200
우유	우유	1컵	200	72
	치즈	1장	20	186
기타	소금(식용)	1작은술	1	334
	간장	1작은술	5	274
	청국장	2작은술	10	308
	된장	2작은술	10	434
	쌈장	2작은술	10	262
	고추장	1작은술	5	124

자료 : 농촌진흥청, 국립농업과학원, 2019

심혈관계 질환을 예방하며 식품가공적인 측면에서 바람직한 섭취수준을 제시하는데 의미가 있다. 건강한 성인의 1일 나트륨 충분섭취량은 1,500mg이며, 임신, 수유부의 충분섭취량은 비임신부와 동일하다(표 9-8).

나트륨의 상한섭취량은 충분한 자료가 확보될 때까지 설정이 유보된 상태이나 생활습관병의 예방차원에서 과잉섭취에 대한 대책마련이 요구되므로 WHO/FAO에서 제시한 식이 관련 만성질환 예방을 위한 목표량을 참고하여 우리나라는 만성질환위험 감소섭취량으로 2,300mg을 제시하였다.

표 9-9에 제시된 문항을 사용하여 개인의 나트륨 섭취습관에 대한 평가를 할 수 있다. '자주' 혹은 '규칙적으로'의 항목 수가 많을수록 나트륨 섭취량이 많다는 것을 의미한다. 그러나 표에 있는 각 항목의 습관을 갖고 있다고 하더라도 그것이 꼭 나트륨 섭취 정도와 같음을 의미하지는 않는다. 이를테면 대부분의 천연치즈는 비교적 나트륨 함량이 적절한 반면 가공치즈나 커티지치즈는 훨씬 많다.

표 9-8. 2020 한국인 영양소 섭취기준 - 나트륨, 칼륨, 염소

성별	연령	나트륨(mg/일)		칼륨(mg/일)	염소(mg/일)
		충분 섭취량	만성 질환 위험 감소 섭취량	충분 섭취량	충분 섭취량
영아	0~5(개월)	110		400	170
	6~11	370		700	560
유아	1~2(세)	810	1,200	1,900	1,200
	3~5	1,000	1,600	2,400	1,600
남자	6~8(세)	1,200	1,900	2,900	1,900
	9~11	1,500	2,300	3,400	2,300
	12~14	1,500	2,300	3,500	2,300
	15~18	1,500	2,300	3,500	2,300
	19~29	1,500	2,300	3,500	2,300
	30~49	1,500	2,300	3,500	2,300
	50~64	1,500	2,300	3,500	2,300
	65~74	1,300	2,100	3,500	2,100
	75 이상	1,100	1,700	3,500	1,700
여자	6~8(세)	1,200	1,900	2,900	1,900
	9~11	1,500	2,300	3,400	2,300
	12~14	1,500	2,300	3,500	2,300
	15~18	1,500	2,300	3,500	2,300
	19~29	1,500	2,300	3,500	2,300
	30~49	1,500	2,300	3,500	2,300
	50~64	1,500	2,300	3,500	2,300
	65~74	1,300	2,100	3,500	2,100
	75 이상	1,100	1,700	3,500	1,700
임신부		1,500	2,300	+0	2,300
수유부		1,500	2,300	+400	2,300

자료 : 보건복지부, 2020 한국인 영양소 섭취기준, 2020

표 9-9. 나트륨 섭취습관을 평가하는 설문지

당신은 얼마나 자주	드물게	때때로	자주	규칙적(매일)
1. 훈제 혹은 가공육류(햄, 베이컨, 소시지, 프랑크푸르트소시지, 혹은 다른 인스턴트 식사용 가공육)를 섭취하는가?	☐	☐	☐	☐
2. 통조림 채소나 냉동채소의 국물도 함께 사용하는가?	☐	☐	☐	☐
3. 상업적으로 가공 조리된 반조리식품이나 통조림 수프를 사용하는가?	☐	☐	☐	☐
4. 치즈, 특히 가공치즈를 먹는가?	☐	☐	☐	☐
5. 가염 견과류, 팝콘, 콘칩, 감자칩 등을 먹는가?	☐	☐	☐	☐
6. 채소 조리시 조리수에 소금을 첨가하는가?	☐	☐	☐	☐
7. 소금, 샐러드 드레싱, 양념(간장, 스테이크소스, 케첩, 겨자 등)을 조리하는 동안 혹은 식사시 첨가하는가?	☐	☐	☐	☐
8. 맛보기 전에 먼저 음식에 소금을 첨가하는가?	☐	☐	☐	☐
9. 식품을 살 때 나트륨 함량표시를 확인하는가?	☐	☐	☐	☐
10. 외식을 할 경우, 소스를 곁들인 음식이나 짠 음식을 선택하는가?	☐	☐	☐	☐

나트륨 섭취량을 줄이기 위해서는 다음과 같은 방법이 있다.

- □ 첫째, '자주' 혹은 '규칙적으로'에 해당되는 항목을 줄임으로써 나트륨 섭취량을 줄일 수 있다. 그렇다고 일상 식이에서 그러한 식품을 갑자기 빼버릴 필요는 없다. 오히려 나트륨 섭취를 적절히 하기 위해서는 각 식품군에서 저나트륨 식품을 선택하고, 고나트륨 식품과 저나트륨 식품 간에 균형을 맞추는 것이 바람직하다.
- □ 둘째, 식품성분표에 기록된 나트륨의 함량을 확인한다.
- □ 셋째, 외식을 할 경우 나트륨이 많이 첨가된 식품은 피한다. 이를테면 소스는 따로 주문해서 직접 첨가하되 소량 첨가한다.
- □ 넷째, 저염식이에 적응하도록 한다. 나트륨 섭취량을 줄이고자 결심한 사람들은 결국에는 저염식이에 적응하게 된다. 이를 테면 무염식이는 처음에는 상당히 밋밋하고 맛이 없지만 시간이 경과함에 따라 혀의 소금에 대한 문턱값이 낮아지게 되어 적은 함량의 소금에도 적응하게 된다.

문턱값(threshold)

- □ 다섯째, 전반적으로 식이 중의 나트륨 함량을 서서히 줄이면서 대신 마늘, 레몬즙, 향료 등의 향신료를 첨가하면 나트륨을 2~3g 정도 섭취하면서 각자에게 알맞는 향미식품을 개발할 수 있다.

이러한 저염식이로의 접근이 고혈압을 정상혈압으로 전환시킬 수 있다.

결핍증

나트륨은 대부분의 식품에 약간씩 함유되어 있으므로 나트륨 결핍증은 드물다. 그러나 소금을 첨가하지 않고 채소를 먹는 채식주의자들의 경우를 포함해서 심한 설사, 구토, 땀, 부신피질의 기능부전 등에 의해 체내 나트륨 함량이 감소하면, 세포외액내 나트륨 농도가 감소하므로 세포외액이 세포내로 이동하게되고, 따라서 혈액량이 감소하여 혈압이 떨어지게 된다.

나트륨 결핍증은 성장감소, 식욕부진, 모유분비의 감소, 근육경련, 메스꺼움, 설사, 두통 등의 증세를 나타낸다. 열사병의 경우 지나치게 많은 땀 배출로 염분이 고갈되는데, 이때 충분량의 물과 함께 소금(salt tablet)을 주어야 한다.

열사병(heat exhaustion)

과잉증

나트륨을 과잉으로 장기간 섭취한 경우에 고혈압과 부종이 나타난다. 과다한 나트륨 섭취는 수분평형을 조절하기 위해 혈액의 부피를 증가시킨다. 혈액이 증가하면 Na^{+}-K^{+} 펌프의 활성이 감소되어 세포내액의 나트륨 농도가 높아진다. 따라서 심근의 수축이 증가하고, 혈관의 수축작용에 관련된 부신수질호르몬인 노르에피네프린의 분비가 증가되어 말초혈관의 저항이 상승함으로써 고혈압을 일으킨다. 이 외에도 나트륨의 과잉섭취는 위암 및 위궤양의 발병률을 증가시킨다는 보고가 있다.

노르에피네프린(norepinephrine)

칼륨

칼륨은 칼슘, 인 다음으로 체내에 많이 존재하는 무기질로, 체내 함량은 나트륨의 2배 정도 된다. 체내에 135~250g이 존재하며, 이 중 95%가 세포내액에 양이온의 상태로 존재한다. 대부분의 체내 칼륨은 세포내에 존재하기 때문에, 혈청 칼륨량은 칼륨의 섭취상태에 크게 영향을 받으며, 체조직이 파괴될 경우 혈청 칼륨량이 상승하게 된다. 또한 신체 내의 칼륨량은 각기 일정하기 때문에, 체칼륨의 양을 측정함으로써 제지방함량을 측정하는 지표로 삼는다.

칼륨(potassium, K)

제지방함량(lean body mass)

체내 기능

1. 수분과 전해질의 평형유지

칼륨은 세포내액의 주된 양이온으로, 세포외액의 주된 양이온인 나트륨과 함께 체액의 삼투압과 수분평형의 유지에 관여한다.

2. 산, 염기의 평형유지

칼륨이온은 나트륨, 수소 이온과 함께 산과 염기의 평형에 영향을 미친다.

3. 근육의 수축과 이완 작용에 관여

칼륨이온은 횡문근(골격근)과 심근의 활동에 중요한 역할을 담당한다. 나트륨, 칼슘과 함께 신경, 근육의 흥분과 자극, 전기화학적 자극의 전달, 근육 섬유소의 수축을 조절한다. 심장의 경우 칼륨 농도가 높으면 심장근육을 이완시킨다.

4. 당질대사에 관여

혈당이 글리코겐으로 전환될 때 글리코겐은 칼륨을 저장한다. 글리코겐이 빠른 속도로 생성되고 저장될 때 혈장으로부터 칼륨이 유입되므로 이때 적절한 칼륨을 공급하지 않으면 저칼륨혈증이 초래될 수 있다.

5. 단백질합성에 관여

칼륨은 근육단백질과 세포단백질 내에 질소를 저장하기 위해 필요하다. 조직이 파괴될 때 칼륨은 질소와 함께 상실된다.

흡수와 대사

섭취된 칼륨의 약 90%이상은 소장에서 단순확산으로 흡수된다. 칼륨은 소화액에 상당히 많은 양이 함유되어 있으나 대부분이 재흡수된다. 대변과 땀으로 배설되는 양은 매우 적다. 정상적으로 소변을 통해 1일 160mg의 칼륨이 배설된다. 신장은 칼륨의 균형을 유지시키는 주된 조절기구이며, 부신피질호르몬인 알도스테론은 신장에서 칼륨 배설을 자극한다. 이뇨제, 알코올, 커피 및 설탕의 과다 섭취도 신장의 칼륨 배설을 촉진시킨다.

칼륨이 풍부한 식품

칼륨은 모든 동식물성 식품 내에 널리 분포되어 있으므로, 정상적인 식사를 할 경우 충분량이 섭취되며, 열량 섭취량이 증가하면 칼륨 섭취량도 증가한다.

열량 1kcal당 1mg 이상의 칼륨을 제공하는 식품으로는 시금치 등과 같은 녹엽채소, 단호박,

표 9-10. 칼륨의 주요 급원식품 및 함량

식품군	급원식품	1회 분량	중량(g) 기준	칼륨 함량(mg)
곡류	감자	1개(중)	140	469
	고구마(생)	1/2개(중)	70	265
	백미	1공기	90	80
고기 · 생선 · 달걀 · 콩류	닭고기		60	233
	돼지고기, 등심	7~8쪽	60	195
	쇠고기(살코기)	7~8쪽	60	149
	대두	1/3컵	20	361
채소류	시금치		70	553
	배추		70	232
	토마토	1/3개(중)	150	375
과일류	참외	1/2개(중)	150	675
	바나나	1개(중)	100	346
	복숭아, 백도	1/2개(중)	100	188
우유 · 유제품류	우유	1컵	200	286
	요구르트(호상)		100	174

자료 : 농촌진흥청, 국립농업과학원, 2019

표 9-11. 칼륨이 적은 식품과 많은 식품

분류	적은 식품	많은 식품
곡류	식빵, 호밀빵, 쌀밥	감자, 고구마
고기 · 생선 · 달걀 · 콩류	달걀 두부	돼지고기(등심), 쇠고기, 연어, 고등어, 조개류
채소류	오이, 양파	시금치, 당근, 버섯
과일류	사과, 배, 파인애플	바나나, 오렌지, 귤, 멜론, 토마토, 참외
우유 · 유제품류		우유
유지, 견과 및 당류	진저에일, 콜라, 홍차, 사이다	밤, 호두, 땅콩 등 견과류 초콜릿, 커피

오렌지, 오렌지주스, 고구마, 감자, 토마토, 콩류 등이며, 우유, 전곡류, 바나나, 육류도 좋은 급원이다(표 9-10, 표 9-11).

필요량

2013~2017 국민건강영양조사에 의하면 일상적인 칼륨 섭취량의 중앙값은 남자 2,666~3,213mg/일, 여자 2,187~2,795mg/일으로 적절한 칼륨 섭취 수준 2,500mg/일에 비해 남자는 약간 높은 경향을 보이고 일부 여성은 낮은 경향을 보였다.

칼륨도 나트륨과 마찬가지로 평균필요량 설정에 요구되는 과학적 연구 결과가 충분하지 않아 부분적으로 미국의 영양섭취기준을 참고로 충분섭취량이 설정되었다. 성인의 경우에는 1일 충분섭취량이 3,500mg이며, 임신기 동안은 성인과 동일하지만 수유기에는 모유로 분비되는 양을 고려하여 400mg을 추가 섭취하도록 권장하였다.

결핍증

칼륨은 모든 동식물성 식품 내에 널리 분포되어 있고, 또 섭취한 칼륨의 90%를 소장에서 흡수하므로, 식이칼륨 섭취부족으로 인한 칼륨결핍증은 매우 드물다. 그러나 식품에 칼륨을 첨가하는 예는 드물기 때문에 나트륨결핍증보다 칼륨결핍증이 더 흔하게 발생할 수 있다.

다음과 같은 상태에서 칼륨결핍증이 나타날 수 있다.

- 지속적인 구토나 설사 시
- 계속적으로 칼륨이 제한된 식품을 섭취할 때
- 알코올 중독증
- 티아지드, 푸로세미드 등의 칼륨 소모성 이뇨제를 복용하는 경우 : 이 약제들은 혈압을 조절하기 위해 사용되는 이뇨제로서, 그 과정에서 물이 전해질과 함께 배설되며, 결국 혈액량이 감소하여 혈압이 강하되지만 다른 전해질과 함께 체내 칼륨 수준을 감소시킨다. 그러한 경우 고칼륨 함유식품(예: 과일, 과일주스, 야채 등)을 섭취해야 한다. 더 심각할 경우는 의사 처방에 따라 염화칼륨 보충제를 복용하는 것이 필요하다.
- 신경성 식욕감퇴(거식증) 혹은 신경성 식욕증진(대식증)에 의한 부적절한 식이와 빈번한 구토 시
- 열량 섭취량이 극히 적은 식사를 하는 경우
- 강도 높은 운동을 수행하는 운동선수의 경우도 저칼륨혈증에 의한 치명적인 부작용을 피하기 위해 칼륨이 풍부한 식이를 섭취해야 한다. 저칼륨혈증은 생명을 위협하는 상태로서, 식욕감퇴 · 근육경련 · 어지러움 · 무감각 · 변비 등을 초래하며, 심장박동이 불규칙해지고 혈액 펌프능력이 감소한다.

티아지드(thiazide)
푸로세미드(furosemide)
고칼륨혈증(hyperkalemia)
염화칼륨(potassium chloride)

신경성 거식증(anorexia nervosa)
신경성 대식증(bulimia nervosa)
극도의 열량제한식(very low calorie diets)
저칼륨혈증(hypokalemia)

과잉증

일반적으로 신장기능이 정상이면 일상 식사에서 섭취하는 정도로는 고칼륨혈증이 발생하지 않는다. 신장기능이 약한 경우에 혈중 칼륨 수준이 상승하여 고칼륨혈증을 일으킴으로써 심장기능을 방해하여 심장박동을 느리게 하므로 빨리 치료하지 않으면 결국 심장박동이 멈추게 된다. 따라서 신장기능이 저하된 경우 칼륨섭취에 대해 관심을 갖고 조절하는 것이 가장 중요하다. 고칼륨혈증은 근육과민, 혼수, 불규칙적인 심장운동, 호흡곤란, 사지마비 등의 증상을 나타낸다. 표 9-11에는 각 식품군에서 칼륨이 적은 식품과 많은 식품이 비교되어 있다.

염 소

염소(chloride, Cl)

염소는 세균을 살균하기 위해 식수에 가스상태로 흔히 사용하는 강한 소독제이다. 일반적으로 나트륨과 결합하여 염화나트륨(NaCl) 형태로 존재하며, 생체 내에서는 이온 상태로 존재한다. 염소이온은 나트륨과 함께 세포외액에 가장 많이 존재하는 대표적인 음이온이다.

체내 기능

벽세포(parietal cell)
인산염(phosphate)
탄산염(carbonate)

염소는 체액의 삼투압유지와 수분평형에 관여하며, 수소이온과 결합하여 위의 벽세포에서 분비되는 위액(HCl)을 만들며, 타액 아밀라아제를 활성화시킨다. 염소이온은 인산염, 탄산염, 황산염, 유기산, 단백질과 마찬가지로 산성반응을 하여 이들과 함께 산과 염기의 평형유지에 직접적으로 관여한다. 또한 백혈구가 이물질을 공격할 때와 같은 면역반응에 관여하며, 신경자극전달에도 관여한다.

흡수와 대사

염소이온은 나트륨이나 칼륨과 함께 소장에서 쉽게 흡수되며, 주로 신장을 통해 배설되고, 나트륨과 마찬가지로 알도스테론에 의해 조절된다. 일부는 땀으로 배설된다.

염소가 풍부한 식품

일반적으로 나트륨과 결합하여 소금의 형태로 존재하므로 나트륨이 풍부한 모든 식품에 함께 함유되어 있다(표 9-12, 표 9-13).

필요량

염소의 경우에도 나트륨과 칼륨과 마찬가지 이유로 충분섭취량이 설정되었으며 성인의 경우 1일 2,300mg, 수유부의 경우에도 성인과 동일하게 2,300mg으로 설정되었다(표 9-8).

표 9-12. 식품별 소금 함량에 따른 나트륨과 염소 함량

식품군	급원식품	1회 분량(목측량)	중량(g)	소금 함량(g)	나트륨(mg)	염소(mg)
곡류	라면	1봉지	120	1.2	466	698
	식빵	1인분	100	1.1	434	651
육류	자반고등어	1토막	60	2.7	1,080	1,620
	소시지		30	0.5	197	295
	어묵	2조각(얇게)	30	0.5	206	308
	햄, 로스	3조각(얇게)	30	0.8	300	450
	베이컨	3조각(얇게)	30	0.5	212	318
채소류	배추(소금 절임)	1인분	40	0.5	212	318
	단무지	1인분	40	1.1	448	671
	오이지	1인분	40	1.4	578	866

* 나트륨과 염소의 함량은 식염 1g당 나트륨 40%, 염소 60%로 계산한 수치임

자료 : 농촌진흥청, 국립농업과학원, 2019

표 9-13. 우리나라 음식(1인분)의 소금 함량과 나트륨, 염소 함량

식품명	1회 분량(g)	소금 함량(g)	나트륨(mg)	염소(mg)
소시지볶음	128	1.8	716	1,073
햄버거	100	1.2	498	747
돼지고기볶음	90	1.3	526	789
달걀국	450	3.1	1,236	1,854
쇠고기무국	400	2.7	1,067	1,601
열무김치	70	1.6	621	932
무생채	45	0.5	180	270
콩나물국	150	0.7	279	419
배추김치	40	0.6	232	348
갈비탕	220	0.7	286	429
된장찌개	100	1.3	505	758
시래기된장국	400	3.4	1,377	2,065
쇠고기미역국	650	4.8	1,909	2,863
멸치조림	10	4.7	1,896	2,844
잡채	60	1.0	414	621
표고버섯볶음	150	1.4	575	862
양송이볶음	150	1.3	516	774
오징어볶음	200	2.4	961	1,442
닭볶음	650	2.5	1,015	1,523

* 나트륨과 염소의 함량은 식염 1g당 나트륨 40%, 염소 60%로 계산한 수치임

자료 : 농촌진흥청 농식품종합정보시스템

결핍증

식사를 통한 소금섭취량이 너무 높기 때문에 염소 결핍증은 흔하지 않다. 그러나 장기간의 빈번한 구토 등으로 위액이 소실될 때 염소의 상실은 나트륨의 상실을 상회하기 때문에 혈장내 염소 함량이 저하되어 저염소혈증성 알칼리혈증이 유발될 수 있다.

또한 1970년대 미국에서, 한 유아용 이유식에 염소가 불충분하게 첨가됨으로써 그 제품을 이용한 유아들이 식욕부진, 허약, 성장불량, 심한 발작 등을 비롯해 다른 이상현상을 나타낸 사건이 있었다. 이는 우리가 섭취하는 식품 중에 일반적으로 풍부하다고 생각되는 영양소에 대한 적절한 관심이 주어지지 않을 경우 어떤 일이 발생할 수 있는가에 대해 경종을 울린 사건이었다.

식욕부진(anorexia)
허약(weakness)
심한 발작(convulsion)

과잉증

염소이온은 그 자체가 나트륨이온의 작용을 증가시킴으로써 고혈압의 원인으로 작용할 수 있다. 한 연구결과를 보면 염소이온을 과잉섭취할 때 체내에 저장되는 경향이 있으며, 이에 화학반응의 균형을 이루기 위해 양이온인 나트륨이온을 체내에 보유하게 된다. 따라서 정확한 기전은 아직 밝혀지지 않았지만 고혈압과 상당히 관련이 있다.

표 9-14. 칼슘, 인, 마그네슘의 영양 상태 평가

영양소	평가방법	정상수준
칼슘	(혈액) 혈장 또는 혈청의 칼슘 농도	8.6~10.5 mg/dL (이온 4.6~5.2 mg/dL)
	(소변) 24시간 동안 채취한 소변	100~300 mg/day
인	(혈액) 공복 후 혈청 또는 혈장의 인 농도	2.5~4.5 mg/dL
마그네슘	(혈액) 혈청 중 마그네슘의 농도	1.6~2.6 mg/dL
	(소변)	36.0~207.0 mg/dL

표 9-15. 다량 무기질 요약

영양소	주요기능	대 사	풍부한 식품	결핍증	과잉증
칼슘	골격구성, 혈액응고, 신경전달, 근육수축, 세포대사	흡수 : 20~40%, 어린이, 임신부 증가, 노인 감소 배설 : 대변, 소변, 피부	우유 및 유제품, 뼈째 먹는 생선, 녹색채소, 칼슘강화식품	골다공증 및 골격손실의 위험도 증가	위약군의 경우 신장결석 발생
인	골격구성, 세포의 구성성분, 대사중간물질, 산 · 염기 평형	흡수 : 50~70%, 칼슘 : 인=1 : 1 이상적 배설 : 주로 소변	유제품, 어육류, 제빵류, 탄산음료, 곡류	특별한 것은 없지만 골격 손상 가능성	신부전증이 있는 사람에게서 골격의 손실 가능
마그네슘	골격치아 및 효소의 구성성분, 신경과 심근에 작용	흡수 : 부갑상선호르몬이 흡수 촉진, 과량의 지방 · 인산염 · 칼슘은 흡수 저해 배설 : 신장이 조절	전곡, 녹황색채소, 견과류, 초콜릿, 콩류	허약, 근육통, 심장기능약화, 신경장애	신장기능 이상일 경우, 허약증세 야기
황	세포단백질 및 비타민의 구성성분, 약물해독, 산 · 염기평형	흡수 : 함황아미노산의 구성요소 배설 : 신장	단백질 식품	결핍증이 발견되지 않음	흔치 않음
나트륨	세포외액의 양이온, 신경자극전달, 삼투압조절, 산 · 염기 평형, 포도당 흡수	흡수 : 쉽게 이루어짐 배설 : 주로 신장(알도스테론, 산 · 알칼리 균형에 의해 조절)	식탁염, 가공식품, 양념류, 스낵과자류, 베이킹파우더, 육류	근육경련, 식욕감퇴	취약군의 경우 고혈압, 요중 칼슘 손실 증가
칼륨	세포내액의 양이온, 산 · 염기 평형, 삼투압조절, 신경자극전달, 글리코겐 형성에 관여	흡수 : 소화액에 분비, 재흡수 배설 : 신장(혈중 농도 따라 알도스테론에 의해 배설 증가)	시금치, 호박, 바나나, 오렌지주스, 채소, 과일류, 우유, 육류, 콩류, 전곡	불규칙한 심장박동, 식욕상실, 근육경련	신장기능 이상 시 심장박동이 느려짐
염소	세포외액의 음이온, 위액형성, 신경자극전달	흡수 : 쉽게 이루어 짐 배설 : 신장	식탁염, 가공식품	유아의 경우 혼수상태	위약군의 경우 나트륨과 결합해서 고혈압 야기

요약

1. 체내 칼슘의 대부분은 골격을 구성하며, 그 밖에도 혈액응고, 근육의 수축과 이완, 신경자극전달 등 세포대사에 중요한 역할을 한다. 칼슘의 효율적인 흡수를 위해서는 약산성의 산도와 활성형 비타민 D가 필요하다. 과량의 인이나 식이섬유는 칼슘의 흡수율을 감소시킨다. 혈액내 칼슘의 조절은 섭취량이나 저장량과는 관계없이 부갑상선 호르몬에 의해 주로 이루어진다.
2. 골질량의 감소로 생기는 골다공증은, 골격구성에 필요한 칼슘을 지속적으로 충분히 섭취함으로써 그 위험도를 낮출 수 있다. 우유 및 유제품, 뼈째로 먹는 생선 그리고 칼슘이 강화된 몇 가지 식품들이 칼슘의 좋은 급원이다. 탄산칼슘염 같은 칼슘보충제는 식이칼슘을 보충해줄 수 있고 흡수도 잘 되지만 지나치게 과량인 경우에는 다른 무기질의 흡수를 저해할 수 있다.
3. 인의 흡수율은 매우 높으며 활성화된 비타민 D에 의해 흡수가 촉진된다. 혈액내 인의 농도는 소변으로 배설되는 인의 양에 의해 조절된다. 인은 골격을 구성할 뿐만 아니라 세포막이나 ATP를 구성하며, 여러 가지 효소 기능에도 필요하다. 인의 섭취부족으로 인한 결핍증은 거의 없으며, 오히려 칼슘이 부족한 경우 과다한 인의 섭취는 골격 손상을 일으킬 수 있다. 유제품 · 가공식품 · 육류 등은 인이 풍부한 식품이고, 거의 모든 식품에 인이 들어 있다.
4. 마그네슘은 엽록소의 구성성분으로 대부분 식물에서 발견된다. 마그네슘은 적절한 신경자극전달과 심장기능을 위해 필요하다. 또한 마그네슘은 많은 효소의 보조인자로 작용한다. 마그네슘의 좋은 급원은 전곡, 채소류, 콩류, 견과류, 씨앗 등이다. 티아지드계 이뇨제를 사용하는 사람과 알콜 중독자는 결핍증 발병 위험률이 가장 높다. 마그네슘 과잉증은 대개 신장기능에 이상이 있는 사람에게서 나타나기 쉽다.
5. 황은 일부 비타민과 아미노산의 구성성분으로, 약물해독과 단백질 구조에 중요한 역할을 한다. 우리가 섭취하는 단백질은 체내 요구를 충족시키기에 충분한 황을 제공한다.
6. 나트륨은 세포외액의 주된 양이온으로 체액의 평형유지와 신경자극전달에 중요한 역할을 한다. 나트륨은 식이 중에 풍부하며, 섭취한 대부분의 나트륨은 쉽게 흡수되기 때문에 나트륨 결핍은 흔하지 않다. 집에서 음식을 조리할수록 나트륨의 섭취량은 보다 더 잘 조절될 수 있다.
7. 칼륨이온은 세포내액의 주된 양이온이다. 나트륨이온처럼 체액의 평형유지와 신경자극의 전달에 중요하다. 칼륨결핍증은 부적절한 칼륨 섭취와 지속적인 토사로 발생할 수 있으며, 이뇨제의 사용으로도 야기된다. 칼륨결핍증은 식욕상실, 근육경련, 혼수, 심부전을 초래한다. 엽채류, 멜론, 토마토, 감자 등이 칼륨이 풍부한 급원이다. 과잉섭취는 신장기능장애를 수반한다.
8. 염소이온은 세포외액의 주된 음이온이며, 위산의 일부로서 소화에 관여하고, 신경자극전달, 면역체계 반응에 작용한다. 일반적으로 식이소금의 섭취량이 높기 때문에 염소의 결핍증은 흔하지 않다.

참고문헌

1. 구재옥 · 곽충실 · 최혜미(1991) 'Effects of dietary protein levels and sources on calcium and phosphorus metabolism in young Korean women', 한국영양학회지 24(2): 124~131
2. 구재옥 · 이연숙 · 손숙미 · 서정숙 · 권종숙 · 김원경(2021) [4판]식사요법, 교문사
3. 구재옥 · 최혜미(1988) 한국여성의 단백질 및 칼슘섭취가 칼슘대사에 미치는 영향, 한국영양학회지 21(2): 99~112
4. 보건복지부(2020) 2020 한국인 영양소 섭취기준
5. 이기열 · 문수재(1997) 최신영양학, 수학사
6. 이인모(1995) 인체생리학, 형설출판사

7. Brody T(1999) *Nutritional biochemistry,* 2nd ed. Academic Press Inc.
8. Fischbach F(1996) *A manual of laboratory & diagnostic tests,* 5th ed., Lippincott, Philadelphia
9. Groff JL(2013) *Advanced nutrition and human metabolism*(6th.ed), Wadworth
10. Gropper SS · Smith JL · Groff JL(2005), *Advanced nutrition and human motabolism,* 4th ed., Wadsworth(A Division of Thompson Learning Inc.) pp 378~410
11. Hui YH(1985) *Principles and issues in nutrition,* World Science Publising company, pp 226~239
12. Linder MC(1985) "Nutrition and Metabolism of the Major minerals", *Nutritional biochemistry and metabolism with clinical applications,* Linder MC ed., Elsevier, pp 133~141
13. Marks DB and others(1996) *Basic medical biochemistry,* Williams & Wilkins, Philadelphia
14. Robinson CH · Lawler MR(1997) *Normal and therapeutic Nutrition,* 15th ed., pp 109~112
15. Sherwood L(1993) *Human physiology* ,2nd ed., West Publishing Company, St. Paul
16. Shils ME and others(1994) *Modern nutrition in health and disease,* 8th ed., Lea & Febiger, Philadelphia
17. The Nutrition Foundation Inc.(1996) "Present Knowledge in Nutrition", *Nutrition Reviews,* 7th ed., The Nutrition Foundation Inc., Washington D.C
18. Wardlaw GM · Insel PM ed.(2013) *Perspectives in nutrition,* 9th ed., McGraw-Hell
19. Whiting SJ(1994) "Safety of some calcium supplements questioned", *Nutrition Review* 52(3): 95
20. Whitney En, Cataldo CB, Rolfes SR(2002), *Understanding normal and clinical nutrition,* 6th ed., Wadsworth, pp 396~427
21. Williams SR(2001) *Basic Nutrition and diet therapy,* Mosby, pp 114~127

연습문제

1. 칼슘의 흡수에 관여하는 인자들에는 어떤 것이 있으며 흡수에 영향을 주는 기전은 무엇인가?
2. 칼슘의 항상성은 어떻게 이루어지며, 이의 중요성에 대해 설명하라.
3. 가장 적절한 칼슘과 인의 섭취 비율은 얼마이며, 이 균형이 깨어졌을 때 나타날 수 있는 문제점은 무엇인가?
4. 세포내액과 세포외액에서의 나트륨이온과 칼륨이온의 비율을 써라.
5. 다량 무기질 중 황의 결핍증이 흔치 않은 이유를 설명하라.
6. 칼슘과 마그네슘의 기능면에서 공통점과 차이점을 설명하라.
7. 소금의 섭취량을 줄이기 위해 주변에서 어떻게 노력하고 있는지 알아보고, 소금 섭취량을 줄일 수 있는 방법을 생각해보자.

관련 웹사이트

http://www. nhlbi. nih. gov/nhlbi. htm -미국국립보건원의 고혈압 지침

http://www. dairyconucil. ofca. org -미국 유가공협회의 골다공증과 칼슘

http://www. navigator. tufts. edu

http://vm. cfsan. fda. gov/list. html -골다공증, 고혈압

골다공증(Osteoporosis)

골다공증은 노령화에 따른 골격 대사 이상이나 칼슘 대사의 불균형으로 인하여 골질량(bone mass)과 골밀도(bone mineral density)가 감소해 나타나는 증후군이다. 골다공증은 노인에게 흔히 발생하며, 특히 폐경기 이후 여성에게 발생 빈도가 높다. 최근에는 무리한 체중감량이나 다이어트를 하는 젊은 여성에게도 나타나고 있다. 골격대사의 이상은 뼈의 용해량이 생성량보다 많아져 골질량과 골밀도가 감소하여 생기는데, 발병에는 여러 요소가 관여한다.

골다공증의 증세는 요통, 관절통, 척추통 등 소위 뼈가 쑤시는 통증이며, 척추이상과 신장감소가 나타난다. 골다공증 환자는 뼈가 약해져 팔, 척추, 허리, 어깨, 엉덩이 등의 골절이 쉽게 일어난다. 골다공증은 서서히 진행되어 특별한 자각증상 없이 골절된 후에 알게 되는 경우가 많다. 노인들에게 흔한 뼈가 쑤시는 통증은 늙으면서 나타나는 현상으로 생각하는 경우가 많으나, 이것도 질병의 증상임을 알고 대처해야 한다.

골격대사의 이상

앞서 언급한 바와 같이 뼈는 영구적인 것이 아니고 계속 생성·분해되고 보수·재생성되며 활발히 대사가 이루어지는 조직이다. 뼈는 유골조직의 생성과 석회화 과정에 의해서 이루어진다. 골아세포에서 콜라겐과 점성다당류로 형성되는 기본망상구조를 이루는 유골조직이 생성되며 여기에 인산칼슘이 침착하는 석회화과정이 일어난다. 따라서 뼈의 생성에는 단백질, 칼슘·인 등 무기질과 비타민 A·C·D가 필요하다. 그리고 이미 형성되었던 뼈의 조직은 분해라는 재흡수과정이 이루어진다. 뼈의 분해는 파골세포에서 일어나는데 뼈를 구성하는 무기질을 용해하는 탈무기질화와 콜라겐 기질을 분해하는 두 가지 작용에 의해 일어난다. 이러한 골격의 생성과 용해과정은 균형을 이루면서 조직이 성장하고 유지된다. 뼈의 성장은 성장기가 지나면 중지되지만 뼈 구조내의 생성과 용해는 균형을 이루면서 일생동안 지속된다. 골격내의 골질량은 뼈의 생성과 용해량의 균형에 의해서 결정된다. 이 두 가지 골격대사 과정은 생리적, 유전적, 영양적 요인에 영향을 받는다.

노화가 진행됨에 따라 조골세포의 기능이 감소해 유골조직의 형성은 잘 일어나지 않지만 뼈의 용해는 계속된다. 따라서 뼈조직의 재생이 잘 일어나지 않으면서 뼈조직이 손실되어 조직이 감소하며 뼈조직 사이에 구멍이 나거나 얇아진다(그림 9-12). 그리고 작은 충격에도 쉽게 파손되는 현상이 일어난다. 대체로 뼈조직의 양은 30~35세까지 증가해 최고를 이루다가 노화됨에 따라 서서히 감소한다. 뼈조직의 감소는 유전, 연령, 활동량, 호르몬, 칼슘 섭취 등 여러 가지 생리적, 환경적 요인에 의해 영향을 받으며, 심해지면 골다공증이 발생한다.

노령화에 따른 골질량 감소는, 혈청 칼슘 수준이 감소됨에 따라 이를 정상 수준으로 유지하기 위해 뼈의 탈무기질화가 일어나는 것으로 설명된다. 노인의 칼슘 섭취량 부족, 흡수율 저하, 신장기능 감소로 인한 요중 칼슘 배설증가 등으로 혈청 칼슘 수준이 낮아지게 된다. 또한 칼슘 조절 호르몬, 성호르몬의 분비가 감소되면서 조절기능은 약화되기 쉽다. 뼈세포의 수도 감소되고 활성도 저하되는 것도 요인으로 볼 수 있다.

골다공증의 관련요인과 골격대사

골다공증의 발생에 관여하는 요인은 매우 다양하며 유전적, 생리적, 환경적, 식사 요인이 서로 복합적으로 관여하는 것으로 알려지고 있다.

1) 유전과 연령

일반적으로 최대 골질량은 어느 정도 유전적 요인에 영향을 받으나, 그 후의 뼈 손실량은 유전적 요인보다는 환경적 요인에 영향을 받는다. 흑인은 선천적으로 백인이나 아시아인에 비해 골밀도가 높고 노년기의 골다공증 발생률도 낮다. 백인은 아시아인이나 흑인보다 골다공증 발생률이 높은 것으로 밝혀지고 있다.

연령은 골다공증 또는 골절의 주요 위험인자로 들 수 있다. 뼈의 강도와 높은 상관관계를 나타내는 골질량 또는 골밀도는 연령에 따라 달라진다(그림 9-13). 연령과 관련된 골질량의 감소는 증가된 뼈의 용해량과 감소된 뼈의 생성량으로 결정되지만 뼈의 용해량 증가가 상대적으로 더 중요하다고 본다. 한편 뼈의 생성량 감소에 대해서는 골아세포의 기능적 손상보다는 골아세포 수의 감소에 의한 것으로 생각되고 있다.

뼈손실은 여성의 경우 40세 정도부터 골질량의 감소가 나타나기 시작하여 10년 동안에 약 3%, 폐경 후 10년 동안에는 약 9%의 뼈 손실이 일어난다는 보고가 있다. 남성의 경우는 여성보다 뼈 손실이 시작되는 연령이 늦고 진행과정도 느리다. 여성이 남성보다 모든 연령에서 높은 골다공증 발생률을 보인다.

2) 신체활동의 감소

육체적 활동은 골아세포를 자극하여 뼈재생을 촉진하며 활동제한은 골질량의 감소를 초래한다. 오랫동안 누워 있거나 부동상태에 있는 사람들은 칼슘평형이 음으로 나타나며, 뼈 손실이 빠른 속도로 일어난다. 그리고 노년기의 질병, 의욕상실, 부자유 등 신체활동 부족이 골다공증 유발과 진행의 중요 요인으로 인식되고 있다. 골격이 위축되는 것을 걷기, 산보, 조깅 등 물리적인 힘이 가해지는 운동으로 예방할 수 있다.

3) 에스트로겐과 기타 호르몬

골다공증의 발생빈도를 보면, 폐경 이후에 훨씬 높고 진행속도도 매우 빠르다. 골질량의 감소가 현재 연령보다는 폐경 후 경과연수와 더 높은 상관관계를 보임으로써, 골다공증이 폐경에 따른

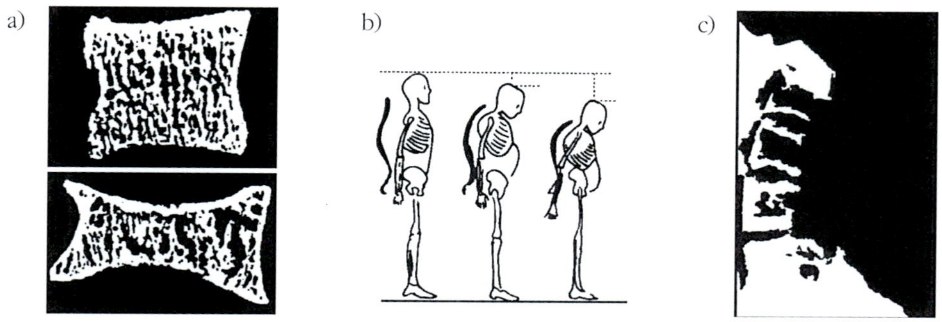

a) 20세 여자의 정상 척추와 60세 여자의 골다골증이 있는 척추
b) 골다공증에 의한 점진적인 체격의 변화(신장감소 및 굽은 모양)
c) 폐경 후 여자의 척추

그림 9-12. 폐경 후 여자의 척추 뼈조직의 소실된 모양과 골다공증에 따른 체격의 변화모습

여성 호르몬인 에스트로겐의 분비 부족과 밀접한 관련이 있음이 밝혀졌다. 일반적으로 에스트로겐은 골격에 대한 부갑상선 호르몬 작용을 억제하고 칼시토닌의 작용을 촉진함으로써 뼈의 용해량을 감소시키고 칼슘평형을 개선시킨다. 무월경, 생리불순, 조기폐경, 난소절제, 출산 무경험 등 여성 호르몬의 분비가 충분치 않거나 불균형일 가능성이 큰 여성들에게 골다공증의 발생빈도가 높다.

노령화에 따라 혈중 부갑상선 호르몬이 증가하는데, 폐경 후 여성의 부갑상선 호르몬 수준이 높다. 부갑상선 호르몬의 증가는 소장의 칼슘 흡수량 감소에 기인하며, 혈청 칼슘 수준 감소 또는 부갑상선 기능항진에 의한 것이다. 즉, 소장으로부터 칼슘 흡수량이 부족하면 혈청 칼슘 수준은 저하되고 부갑상선 호르몬 분비는 증가하게 된다. 결과적으로 이러한 부갑상선 호르몬의 혈중농도 증가는 뼈의 칼슘용해를 증가시키고 주로 치밀골의 뼈손실을 증가시킴으로써 골다공증을 유발한다. 폐경기에 부갑상선 기능항진이 일어나는데, 이것은 지속적인 혈청 칼슘수준 저하를 일으켜 골다공증을 유발하는 원인이 될 수 있다.

갑상선에서 분비되는 칼시토닌은 뼈의 용해를 저해함으로써 칼슘대사를 개선한다. 혈중 비타민 D_3의 수준은 척추 골절 환자에서 약간 감소하고, 엉덩이뼈 골절 환자에서 현저하게 감소한다. 폐경기 골다공증 여성뿐 아니라 남자 노인들에서도 매우 낮게 나타났다. 결과적으로 비타민 D_3 저하는 장관의 칼슘 흡수를 저하시키게 된다.

4) 칼슘과 식사요인

골격대사와 관련된 식사요인으로 칼슘, 인, 단백질, 비타민 D, 불소, 비타민 C 및 섬유소를 들 수 있다. 이들은 칼슘 흡수에 작용하여 골격 대사에 영향을 준다.

칼슘 섭취량과 골질량과의 관계를 보면, 성인기에는 최대 골질량에 달할 때까지는 칼슘을 충분히 섭취함으로써 골질량이 증가된다. 여러 연구에서 뼈 손실량이 보유 골질량보다 많은 경우에 골다공증 또는 골절이 발생하였다. 성인기까지 칼슘을 충분히 섭취하여 최대 골질량을 형성한 경우, 노년기의 뼈 손실을 최소화할 수 있었다.

칼슘 섭취량의 부족은 골다공증 발생에 중요한 역할을 한다. 칼슘 섭취량이 높은 지역(1,200mg/일)과 낮은 지역(600mg/일) 주민의 골질량을 측정한 역학조사 결과, 연령이 증가함에 따라 골질량이 감소하나 고칼슘 섭취 지역 주민의 골질량이 현저히 높았고, 고칼슘섭취 지역 노인들의 엉덩이 뼈 골절이 1/2로 낮게 발생하였다.

골다공증 환자의 칼슘 평형은 음을 나타내는데 이것은 칼슘 섭취량의 부족뿐만 아니라 흡수율 저하, 배설량 증가 등에 의해서 나타난다. 칼슘의 체내 흡수율 또는 이용률을 높일 수 있는 칼슘식품의 선택, 칼슘흡수 촉진인자와의 동시 섭취, 일광욕 등은 골다공증의 예방과 치료에 매우 중요하다.

인의 충분한 섭취는 요중 칼슘 배설량을 감소시키나, 인이 과잉되면 요중 칼슘 배설량을 증가시켜서 뼈 손실을 촉진한다. 따라서 Ca/P 비율이 반드시 1 이상이어야 한다. 노인들은 인의 섭취는 풍부하나 칼슘섭취 제한이 많아 칼슘공급을 위한 급원식이와 우유나 영양제의 보충이 필요하다.

비타민 D 결핍은 칼슘흡수와 혈중 칼슘농도를 저하시켜 뼈의 칼슘용해를 촉진시킨다. 노인들에게서 칼슘흡수 장애의 주된 원인은 신장기능 저하로 비타민 D_3의 활성화가 감소되기 때문이다. 연령이 증가함에 따라 피부에 있는 비타민 D_3의 전구체량도 감소하며, 비타민 D_3로의 전환율도 낮아진다. 실내에서 많은 시간을 보내는 노인과 병원에 장기간 입원하는 환자들은 비타민 D를 반드시 섭취해야 한다.

섬유소는 장관 내에서 칼슘의 흡수율을 저하시키는 작용을 한다. 고섬유질 식이는 음의 칼슘평형을 유도함으로써 골다공증 발생 위험을 증가시킨다. 특히 노인들의 식사제한으로 칼슘 섭취량, 흡수촉진 요소의 감소와 함께 너무 섬유질이 많은 식사를 하면 칼슘 흡수율이 낮아져서 칼슘평형이 악화될 수 있다. 따라서 뼈손실을 막기 위해서는 식이섬유소를 적절히 섭취하고 칼슘 섭취량을 증가시켜야 한다.

불소는 뼈와 치아의 형성과 유지에 있어서 필수적인 미량원소이다. 불소는 조골세포를 자극하여 뼈조직 생성을 증가시키는 작용을 한다. 불소 섭취량이 높은 지역에서 골다공증 발생빈도가 낮게 나타났다. 그러나 불소의 과잉섭취는 뼈의 강도를 높여 골경화증과 골절을 유발할 수도 있음이 보고되어 있다.

골다공증과 관련된 기타 요인으로 알코올, 흡연, 카페인 등을 들 수 있다. 알코올 중독환자는 뼈 형성량이 감소하고, 골질량이 현저하게 감소한다. 이것은 알코올이 직접 골아세포에 작용해 뼈의 생성을 억제하고 소장에서의 칼슘 흡수를 저해하며 요중 칼슘 배설량을 증가시키기 때문이다. 특히, 알코올 중독환자는 넘어질 위험률이 높기 때문에 골절률이 더욱 증가한다.

흡연은 난소 기능을 퇴화시켜 폐경 연령을 빠르게 하며, 니코틴은 내분비계 및 신경계에 영향을 미쳐서 에스트로겐 분비를 저하시키고, 에스트로겐의 대사를 촉진시켜 혈중 농도를 낮춘다. 흡연 여성들의 골절률은 비흡연 여성에 비해 높게 나타난다. 카페인 섭취량은 칼슘흡수와는 음의 상관관계를, 대변 및 요중 칼슘 배설량과는 양의 상관관계를 나타낸다. 이와 같이 카페인 섭취에 의한 칼슘 흡수량 감소와 배설량 증가는 뼈손실을 초래한다.

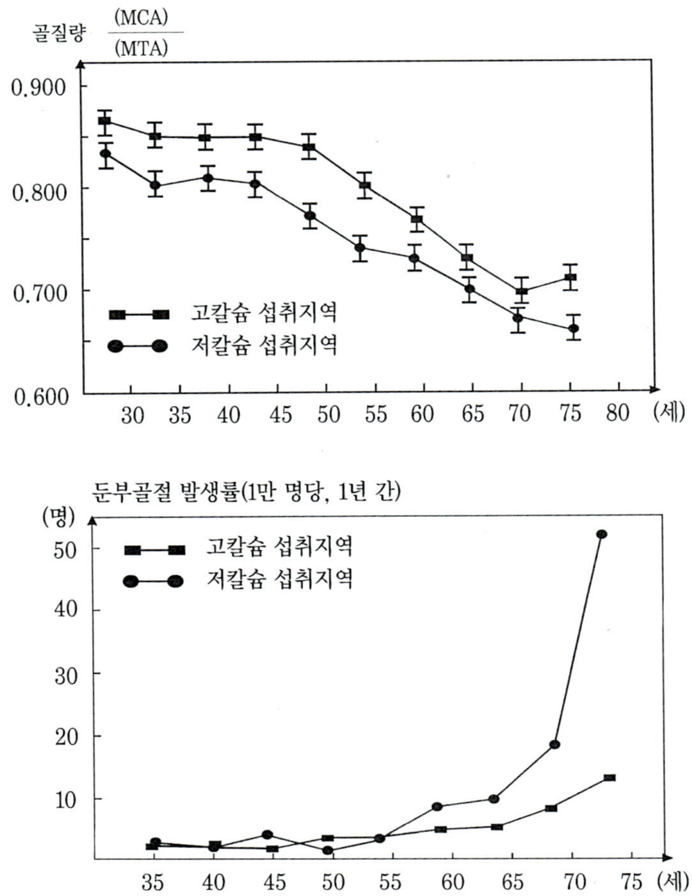

그림 9-13. 칼슘 섭취량이 다른 유고슬라비아 두 지역에서 골질량 및 엉덩이 뼈골절 발생률의 연령에 따른 변화

골다공증의 예방과 치료

일반적으로 골다공증은 골절, 뼈의 변형과 위축 또는 뼈의 통증이 일어나기 전까지는 당연히 나타나는 노화현상으로 받아들이기 쉽다. 그러나 이것은 전형적인 뼈 질환의 하나로 인식되어야 하며, 예방 및 치료를 위해 적극적으로 대처하여야 하며 조기 발견하여 치료해야 한다. 골다공증의 진단은 임상증상 외에 X-선 촬영과 함께 골밀도 측정을 위한 컴퓨터 촬영법, 특수 X-선 이용측정법, 초음파를 이용하는 방법에 의해 보다 정확하게 진단을 할 수 있다.

골다공증의 예방은 골질량이 많을수록 뼈손실률이 저하되므로 골격의 강도와 골질량을 최대로 유지하도록 하는데 있다. 따라서, 골격구성에 필요한 충분량의 칼슘, 적당량의 단백질과 인, 비타민 C와 D의 섭취 등 균형 있는 식이가 가장 중요하다. 칼슘섭취는 양적인 고려와 함께 칼슘흡수와 이용성을 높이도록 해야 한다. 이와 동시에 적당한 운동을 통해 골질량을 최대화하고 뼈손실을 최소화할 수 있으며 따라서 골다공증을 예방할 수 있다.

골다공증의 치료는 뼈조직을 원상으로 재생시키기보다 더 이상 뼈의 손실이 계속되지 않도록 하고 진행 속도가 지연될 수 있도록 하는데 있다. 골다공증 환자의 골질량 감소를 억제하기 위해서 칼슘 급여, 에스트로겐 요법 및 운동요법 등이 이용되고 있다.

참고문헌

1. 모수미 · 이연숙 · 구재옥 · 손숙미(2021) [4판]식사요법, 교문사
2. Arnaud CD · Sanchez SD(1990) "The role of calcium in osteoporosis", Ann Rev Nutr, 10: 397~414
3. Sizer FS · Whitney EN(1997) Nutrition: concepts and controversies, 7th ed., West/Wadsworth, Belmont
4. Wardlaw GM(1993) "Putting osteoporosis in perspective", J Am Diet Assoc 93(9): 1000~1006
5. Wardlaw GM · Insel PM(2005) Perspectives in nutrition, 6ths ed., McGraw-Hill, St. Louis

CHAPTER

10 미량 무기질

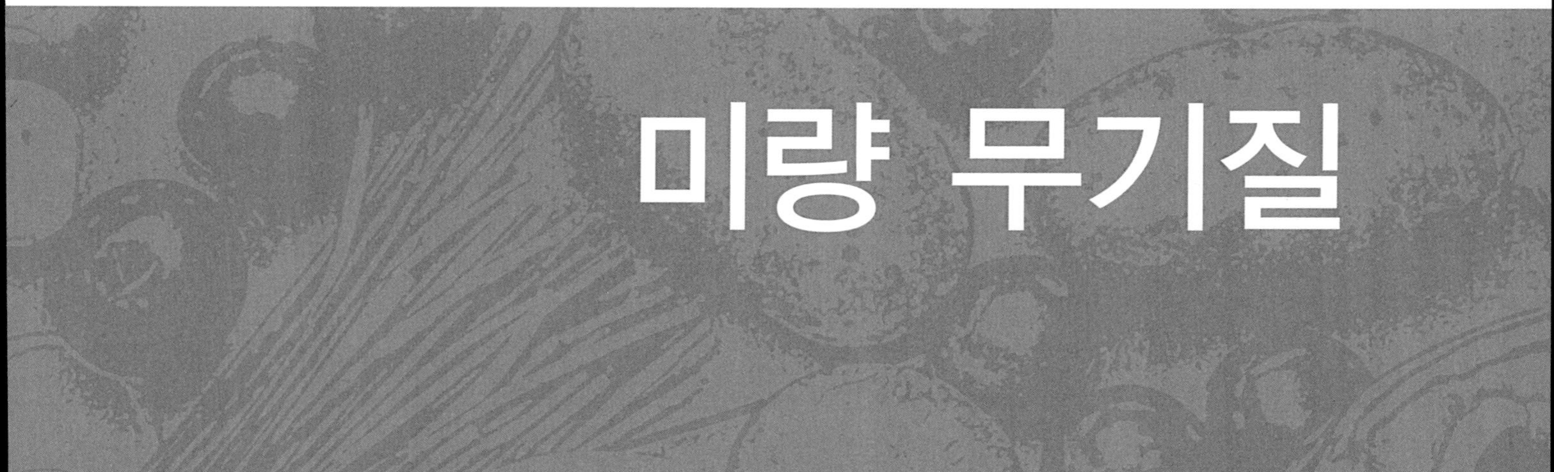

철 | 아 연 | 구 리 | 요오드 | 불 소 | 셀레늄
망 간 | 크 롬 | 몰리브덴

CHAPTER 10

미량 무기질

들어가는 말

미량 무기질은 하루 필요량이 매우 소량(100mg 이하)이며, 체내에 존재하는 전체 무기질 중에서 1% 이하로 존재하는 무기질을 일컫는다. 인체의 생명 유지에 필수적인 미량 무기질에는 철, 아연, 구리, 요오드, 불소, 셀레늄, 망간, 크롬, 몰리브덴과 코발트가 있다. 필수적으로 여겨지지만 아직 필수성이 입증되지 않은 미량 무기질로는 실리콘, 니켈, 바나듐, 주석, 알루미늄과 붕소가 있다.

미량 무기질은 체내에 매우 소량 존재하고 식품이나 체조직 중의 함량 측정이 어려워서 필요량이나 권장량을 정하기 힘들다. 미국과 유사하게 2005년에 우리나라에서는 영양섭취기준(Dietary Reference Intakes)의 개념으로 철, 아연, 구리, 요오드, 셀레늄 등의 미량 무기질에 대해 평균필요량, 권장섭취량, 상한섭취량 등을 설정하였으며, 망간, 불소에 대해서는 충분섭취량, 상한섭취량을, 크롬은 충분섭취량을 설정하였다.

미량 무기질의 흡수는 식품에 함유된 양뿐 아니라 생체이용률에 따라 달라진다. 철, 아연, 구리 등은 식이의 여러 구성성분 및 체내 요구량에 따라 흡수되는 정도가 다르다. 따라서 식사로 섭취하는 양이 많더라도 흡수율이 낮으면 체내에서 이용할 수 있는 미량 무기질의 양이 적으므로 문제가 된다. 미량 무기질의 종류에 따라 흡수에 영향을 미치는 요인은 크게 다르지 않으며, 흡수를 방해하는 저해 인자와 증가시키는 증진 인자로 나눌 수 있다.

식물성 식품에 함유된 미량 무기질은 대체로 흡수가 낮은 편이나 동물성 식품에 함유된 무기질은 흡수율이 높다. 미량 무기질의 함량은 식물이 자란 토양에 함유된 무기질의 양에 따라서도 크게 달라진다. 또한 서로 간에 상호작용하여 한 무기질이 다른 무기질의 흡수에 영향을 미친다.

따라서 미량 무기질을 적정량 섭취하기 위해서는 각각의 무기질을 충분히 섭취하는 방법도 필요하지만, 이보다는 여러 식품을 다양하게 섭취하는 것이 중요하다.

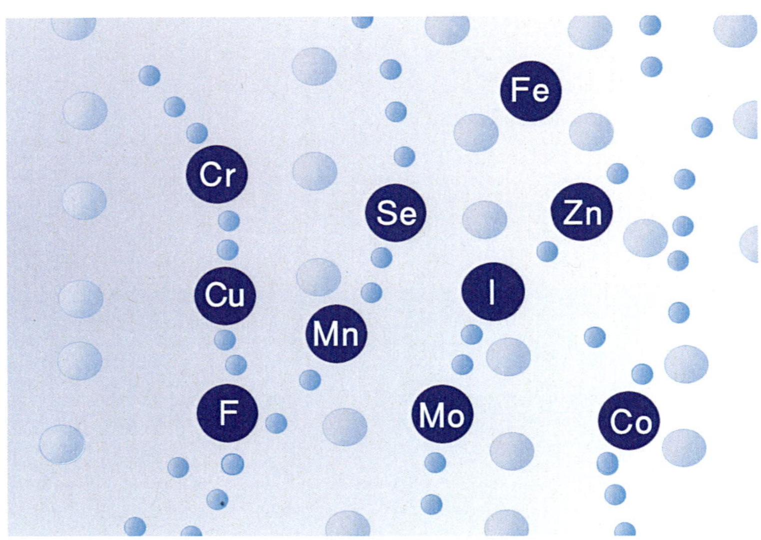

그림 10-1. 미량 무기질

철

철은 모든 생명체에서 발견되고, 체중 1kg당 45mg을 함유하고 있어 성인의 경우 체내에 약 3~4g 존재하는 미량 영양소이다. 철은 체내에서 산소를 조직으로 이동 · 저장하는 데 관여하고, 여러 효소의 보조인자로 작용하는 등 그 중요성이 오래 전부터 알려졌으나 아직도 철결핍증은 세계적으로 흔하다. 특히 개발도상국가에서는 철 요구량이 높은 성장기의 어린이들과 가임기의 여성 인구의 과반수가 철결핍증에 걸려 있고, 이들 중 상당수는 철결핍성 빈혈 등 훨씬 심각한 질환으로 고생하고 있다.

미량 무기질(trace minerals)
필수미량 무기질
(essential trace minerals)
철(iron, Fe)

체내 기능

1. 산소의 이동과 저장에 관여

체내에 존재하는 철의 약 70%는 적혈구에서 헤모글로빈의 헴 성분을 형성하는 데 사용되고, 5%는 근육의 미오글로빈 성분으로 존재한다(그림 10-2). 나머지 20%는 간 · 지라 · 골수에 페리틴 형태로 저장되어 있고, 5%는 산화효소의 구성성분으로 분포한다.

헤모글로빈을 구성하는 철은 폐로 들어온 산소를 각 조직의 세포로 운반하고, 세포에서 생성되는 이산화탄소를 폐로 운반하여 방출한다. 미오글로빈은 근육조직 내에서 산소를 일시적으로 저장하는 역할을 담당한다.

헴(heme)
포르피린고리(porphyrin ring)의 중앙에 2가의 철이 결합된다.

헤모글로빈(hemoglobin)
산소 및 이산화탄소의 운반에 관여하는 단백질로, 4개의 서브유닛으로 구성되어 있으며, 각 하위단위 내에 철을 함유한 헴이 있다.

미오글로빈(myoglobin)
철을 함유한 근육 단백질로 산소운반 및 저장 기능을 한다.

페리틴(ferritin)
혈액과 조직에서 철의 저장에 관여하는 단백질

2. 효소의 보조인자로 작용

철은 미토콘드리아의 전자전달계에서 산화 · 환원과정에 작용하는 시토크롬계 효소의 구성성분으로, 에너지 대사에 필요하다. 이 외에도 과산화수소분해효소나 과산화효소, NADH 탈수소

시토크롬계 효소
(cytochromes)
과산화수소분해효소(catalase)
과산화효소(peroxidase)

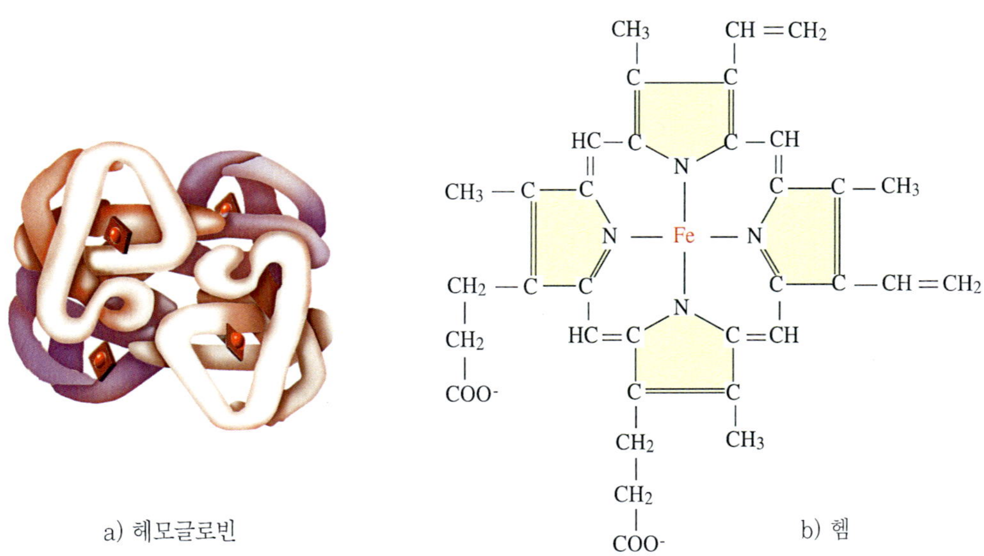

a) 헤모글로빈 b) 헴

그림 10-2. 헤모글로빈 및 헴의 구조

신경전달물질
(neurotransmitter)

효소, 숙신산 탈수소효소와 같은 효소의 보조인자로 작용한다. 또한 신경전달물질(도파민, 에피네프린, 노르에피네프린, 세로토닌 등)이나 콜라겐 합성에 필요한 효소의 보조인자로도 작용한다.

3. 기 타

이 외에도 철은 정상적인 면역 기능을 유지하는 데 관여하고, 약물의 독성을 제거하는 역할도 한다.

흡수와 대사

1. 흡 수

철은 소장의 상부인 십이지장과 공장에서 주로 흡수된다. 인체는 몇 가지 기전을 이용하여 철 흡수를 조절한다. 철의 흡수율은 낮아서 식이에서 흡수되는 정도는 10~15% 정도이며, 철결핍증인 경우 건강한 사람에 비해 흡수율이 높다. 철의 흡수율은 철 영양상태 외에 함께 섭취하는 음식물의 종류에 따라서도 달라진다. 철의 흡수율에 영향을 주는 인자는 다음과 같다(표 10-1).

표 10-1. 철 흡수에 영향을 주는 요인

철 흡수 증진인자	철 흡수 방해인자
헴철 저장 철량의 저하 육류, 어류, 가금류 비타민 C 위산	피틴산, 옥살산 등 식물성 식품의 성분 차의 탄닌 등 폴리페놀 성분 저장 철량의 증가 다른 무기질 위산분비의 저하 위장질환, 감염

헴철(heme iron)
주로 헤모글로빈과 미오글로빈의 구성성분으로 존재하는 철의 형태이다. 동물조직에 존재하는 철의 대부분은 헴철인데 육류의 철 중 약 40%를 차지하고 쉽게 흡수된다.

비헴철(nonheme iron)
주로 채소나 곡류, 다른 여러 종류의 식물성 식품에 존재하는 철의 형태로서 식품에 존재하는 철 중 헴철을 제외한 모든 철의 형태이다. 고기 등의 동물세포에도 헴철과 함께 존재하기도 하는데, 동물성 식품 중 특히 달걀이나 우유에 존재하는 형태이다.

2가 철이온
(ferrous iron, Fe^{2+})

3가 철이온
(ferric iron, Fe^{3+})

MFP(meat, fish, poultry)

가. 철 흡수를 증진시키는 인자

□ 헴 철

식이 내의 철은 주로 헴철과 비헴철의 두 가지 형태로 존재하며, 이 두 형태에 따라 철의 흡수율이 다르다. 동물성 식품의 철 중 40%는 헴철이고 나머지 60%는 비헴철이다. 반면 곡류, 채소 등의 식물성 식품에는 모두 비헴철의 형태만 존재한다. 헴철의 흡수율은 20% 정도로, 비헴철이라고 분류되는 원자형태의 철이나 이온형(3가철 ; Fe^{3+}, 혹은 2가철 ; Fe^{2+})에 비해 약 2배 이상 높다.

양질의 철식품으로 어육류(쇠고기, 돼지고기, 가금류, 어패류 등)가 꼽히는데, 이는 철의 함량이 많고 흡수율이 높을 뿐 아니라, 같이 섭취하는 비헴철의 흡수도 증대시키기 때문이다. 따라서 헴철을 포함하고 비헴철의 흡수를 증대시키는 어육류를 미국에서는 육류, 어류, 가금류(MFP)로 구분하여 지칭하기도 한다.

우리나라의 식이 패턴은 전통적으로 식물성 식품을 많이 포함하고 있어 식사로 섭취하는 철의 절대량은 비교적 충분한 편이지만, 섭취율이 낮은 비헴철이 많기 때문에(총철 섭취량의 약 93%)

생체이용률은 약 9%로 낮은 편이다. 그러나 근래에는 식이형태가 많이 서구화되어 감에 따라 동물성 식품의 섭취가 늘고, 자연히 식이 중의 헴철 함량이 늘어 철의 생체이용률도 늘고 있는 추세이다.

□ 체내 요구량 증가 및 저장 철의 저하

철의 생체이용률은 흡수율에 의해 결정되는데, 인체의 철 요구량이 높으면 흡수율은 증가한다. 체내 요구량이 증가되는 경우는 임신 · 수유 · 성장기를 들 수 있으며, 여성이나 어린이들에게서 철 요구량이 높다. 철 영양상태가 불량한 경우에도 저장 철의 양이 줄어들고 흡수율이 높아진다.

생체이용률(bioavailability) 섭취한 영양소가 실제로 체내에 흡수되어서 이용될 수 있는 정도

□ 유기산

비타민 C나 시트르산 등의 유기산은 철 흡수를 증가시킨다. 비타민 C는 원자형태나 3가의 철 이온을 흡수되기 좋은 형태인 2가의 철이온으로 전환시켜 철의 흡수율을 높이고, 시트르산은 철과 킬레이트를 형성함으로써 흡수율을 증가시키는 것으로 알려져 있다.

쉬어가기

킬레이트(chelate)

단백질과 같은 극성물질과 금속 이온이 복합체를 형성한 것이다. 극성기는 금속이온과 둘 또는 그 이상 연결되어 링구조를 형성하여, 금속이온이 이에 단단하게 결합되어 있다.

2가의 철이온은 3가의 철이온에 비해 불안정하나 장내에서 쉽게 침전되지 않고 수용액 내에 존재하므로, 장막점액층을 통과하여 흡수가 일어나는 소장점막의 흡수세포까지 보다 쉽게 도달할 수 있다. 3가의 철이온을 2가로 환원시키는 환원제(비타민 C 등)나 2가 철을 안정시키는 킬레이터(예 : 시트르산 등)는 철의 흡수율을 높이는 효과가 있다. 따라서 비헴철의 함량이 높은 식품이나 철영양제는 비타민 C 등과 함께 섭취하는 것이 생체이용률을 높이는 방법이다.

킬레이터(chelator)

□ 위 산

위산은 철이온이 쉽게 용해되게 한다. 특히 2가의 철이온을 안정화시켜 불용성의 3가 철이온이 되는 것을 막고, 3가의 철이온을 2가 이온으로 전환시키므로 철 흡수율을 높이는데 중요한 역할을 한다. 따라서 위산분비에 이상이 생기면 철 흡수율이 현저히 떨어지고 쉽게 철 결핍이 될 수 있다.

나. 철 흡수를 저해하는 인자

□ 불용성 분자를 형성하는 식이성분

철 흡수를 방해하는 식이성분은 철과 결합하여 불용성 분자로 만들거나 소장점막의 흡수세포막을 통과할 수 없는 분자량이 큰 형태로 만드는 인자들이다. 대표적으로 인산염, 콩류와 곡류에 많이 함유된 피틴산, 시금치에 많이 함유된 옥살산, 식물성 식품의 구성요소인 식이섬유 등이 있다. 차에 많이 함유된 탄닌 성분도 철(비헴철)과 결합하여 흡수율을 낮추는 것으로 알려져 있으므로 차나 커피를 식사 시 함께 섭취하는 것은 피하는 것이 좋다. 그러나 최근 연구결과에 의하면, 습관적으로 차를 섭취하는 경우 탄닌에 대해 결합력이 매우 큰 타액단백질이 다량 생산

피틴산(phytic acid)
옥살산(oxalic acid)

되어 탄닌과 결합함으로써 탄닌 성분이 영양소와 결합하지 못하게 막아준다고 한다.

□ 다른 무기질

수송체(transporter)

소장 점막세포의 세포막에 존재하며 무기철(Fe^{2+})흡수에 관여하는 단백질 수송체는 DMT1(divaleut metal transporter1)으로서, 장내에 존재하는 2가의 양이온들(Fe^{2+}, Ca^{2+}, Zn^{2+}, Mn^{2+})은 모두 DMT1에 의해 흡수된다. 따라서 장내에 존재하는 다른 무기질들의 양에 따라 철 흡수율이 영향을 받으며, 소장내에 존재하는 칼슘이나 아연 등의 함량이 높으면 철 흡수가 저해된다. 칼슘 보충제를 1일 300mg 이상 사용할 때 철 흡수가 저해되었다고 한다.

□ 저장 철의 양이 높은 상태

체내에 저장 철의 양이 풍부하면 소장점막을 통해 흡수되는 철의 양이 감소됨으로써 철의 과다공급을 막는다. 남성이나 폐경기 이후의 여성은 철의 소모가 적거나 상대적으로 체내 저장량이 높아서 철의 흡수가 대체로 낮다.

□ 위산 분비의 저하

위산 분비가 저하되면 철이 2가형으로 전환되지 못하여 흡수가 낮아진다.

□ 감염 및 위장 질환

감염 상태나 설사, 지방변 등 흡수불량 상태에서 철의 흡수가 저해된다.

철의 흡수기전은 헴철과 비헴철이 완전히 다르다. 헴철의 경우, 헤모글로빈에서 글로빈 단백질이 제거된 후 헴에 철이 결합된 형태 그대로 빨리 흡수되고, 일단 흡수된 헴은 소장의 흡수세포에서 철과 분해된다. 이에 비해 비헴철은 일단 소장벽의 흡수세포에 도달하면 세포막의 수용체와 결합하여 흡수세포 내로 이동한다.

대부분의 무기질들은 흡수과정에서 수용체를 공유하는 것으로 알려져 있다. 칼슘의 경우 영유아기에는 특히 칼슘 수용체의 수가 늘어 흡수율이 높으나, 성인이 된 후에는 젖먹이 때의 칼슘 수용체는 생성되지 않고 다른 기전으로 다른 무기질과 같은 수용체를 통해 흡수되는 것으로 알려져 있다. 따라서 영양제나 철제 혹은 칼슘제의 복용이 필요할 경우, 이들을 함께 복용하는 것보다 하루 중 다른 시간에 복용하는 것이 좋다. 같은 의미에서 요즘 시판되는 칼슘과 철이 함께 첨가된 음료 등은 철 혹은 칼슘의 생체이용률을 고려한 효용성이 낮을 가능성이 높다.

이렇듯 철은 흡수율이 매우 낮으며, 함께 섭취하는 식품 중 여러 요소의 영향을 받기 때문에 실제로 흡수되는 철의 양을 평가하기가 매우 어렵다. 외국의 경우 전체적인 식이 구성요소와 인체의 철 요구량을 고려한 철 생체이용률의 산출방법이 설정되어 있다. 따라서 식품 내 철의 절대량보다는 생체이용률을 계산함으로써 철 섭취를 측정하고 있으나, 이러한 산출방법은 우리나라의 식이 패턴에는 정확하게 적용되지 않기 때문에 우리 실정에 맞는 산출방법을 설정하는 것이 보다 시급한 과제이다.

2. 이 동

소장점막을 넘어 흡수된 철은 인체의 철 요구량이 많으면 소장벽세포에서 혈액으로 이동되고, 체내 철 영양상태가 양호하여 요구량이 적으면 소장의 흡수세포에 남게 된다. 혈액으로 들어온 철은 철 운반 단백질인 트랜스페린에 결합하여 필요한 곳으로 이동하게 되는데, 철이 체내로 이

트랜스페린(transferrin)
혈액에 존재하는 철을 운반하는 단백질

동하지 않고 소장세포에 저장되는 경우에는 아포페리틴과 결합하여 페리틴의 형태로 된다.

페리틴과 결합하여 소장세포에 저장된 철은 체내 요구량에 따라 혈액으로 이동하든지 아니면 그대로 저장되어 있다가 소장세포가 수명을 다하여 떨어져 나갈 때 함께 대변으로 배설된다. 이렇듯 소장은 2~5일간의 짧은 기간 동안 철의 저장소로서 역할을 한다.

체내 철 영양상태는 철 흡수율에 중요한 영향을 미친다. 체내 철 영양상태가 양호할 경우, 혈액 내 트랜스페린은 대부분 철과 결합되어 있어서 소장세포로 흡수된 철은 혈액의 트랜스페린과 결합하지 못하고 소장세포 내의 페리틴에 결합되었다가 배설된다. 반면에 체내 철의 양이 부족할 경우, 포화되지 않은 트랜스페린의 양이 많아져 소장세포에서 흡수된 철은 대부분 혈액으로 이동하며, 철 흡수율도 증가하게 된다(그림 10-3).

3. 저 장

체내에서 사용되고 남은 철은 대부분이 비장과 간에 페리틴의 형태로 저장되고 소량이 골수에 저장된다. 그러나 저장량은 성별, 연령별 혹은 개인의 철 영양상태에 따라 차이가 있다.

페리틴은 소장세포에도 존재하는 철저장 단백질로서 한 분자에 약 4,000개의 철 원자가 결합할 수 있다. 체내 철 함량이 페리틴의 수용 능력을 넘게 되면 철은 간에서 헤모시데린 형태로 저장된다. 체내에 존재하는 철은 대부분 단백질과 결합하는 형태로 전환되는데, 철이 체내에서 자유로운 이온 형태로 존재할 경우 매우 활성이 강한 촉매로 작용하여 산화 스트레스를 가중시키고 체세포의 파괴를 초래하기 때문에 인체는 여러 종류의 철 결합 단백질을 보유하여 가능한 한 철이 자유로운 이온형태로 존재하지 못하도록 한다.

헤모시데린(hemosiderin)
난용성의 철 저장 단백질, 체내 철이 페리틴으로 저장되고 남은 상태일 때 간에 철을 저장하는 형태이다.

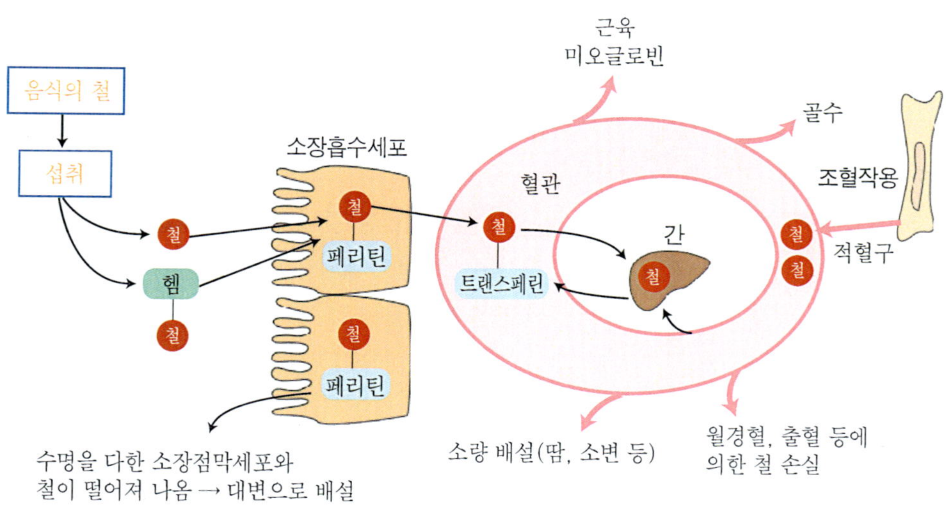

소장 점막세포에서 철은 페리틴과 결합한다. 체내 철의 영양상태에 따라 철이 흡수되기 전에 소장의 점막세포가 탈락하면 철은 흡수되지 못한다. 이는 체내에서 철의 흡수를 조절하는 기전으로 특히 비헴철의 경우에 그렇다.

그림 10-3. 철의 흡수 및 이동 저장

4. 골수에서의 조혈 작용

에리트로포이에틴(erythropoietin)
골수에서 적혈구의 합성과 분리를 촉진시키는 호르몬으로, 대부분은 신장에서 만들어진다.

줄기 세포(stem cell)

철 대사의 가장 중요한 부분은 역시 골수에서의 조혈작용이다. 골수에서는 에리트로포이에틴이라는 호르몬의 자극으로 적혈구를 생성하는데, 에리트로포이에틴은 혈중 산소 농도가 낮거나 출혈이 있을 때, 혹은 적혈구가 일산화탄소와 결합되었을 때 신장에서 분비된다. 골수의 줄기세포로부터 분화되어 적아구가 생성되고, 적아구는 헤모글로빈과 결합하면서 성숙되며, 핵을 잃고 완전한 적혈구로 성숙한다. 이 과정에서 엽산이나 비타민 B_{12}가 부족한 경우 헤모글로빈 합성과 상관없이 적아구가 적혈구로 성숙하지 못하고 성숙한 적혈구 부족에 따른 빈혈(거대적아구성 빈혈)이 나타난다. 반면, 철 부족 시에는 적아구는 정상적으로 성숙하지만 헤모글로빈이 적절하게 합성되지 못하기 때문에 철결핍성 빈혈이 된다. 적혈구는 핵이 없는 무핵세포로서 단백질 합성에 필요한 유전 정보를 지닌 핵산(DNA)이 없기 때문에 120일 정도로 수명이 짧다. 적혈구의 수명이 짧기 때문에 손실되는 철을 보충하기 위해 철은 늘 요구량만큼 섭취해야 하는 영양소 중의 하나이다. 성인의 경우 1일 20~25mg의 철이 헤모글로빈을 합성하는 데 사용되며, 식이와 저장 철(페리틴이나 헤모시데린)로부터 공급된다.

다행히 철은 수명을 다한 적혈구에서 빠져나온 뒤 새로운 적혈구를 형성하는 데 재사용된다. 수명이 다한 적혈구는 간이나 지라에서 파괴되며, 이때 분리된 철은 철 운반 단백질인 트랜스페린과 결합한다. 이렇게 적혈구에서 빠져나온 철은 혈액을 돌다가 페리틴과 결합하여 저장되거나, 골수로 가서 다시 헤모글로빈을 형성하여 적혈구를 만드는 데 사용된다(그림 10-3).

헤모글로빈은 철과 결합하여 적혈구를 이루는 단백질로서, 골수에서 적아구가 성숙되는 것과 별개로 헴과 글로빈 단백질이 각각 합성된 후 철과 함께 결합되면서 헤모글로빈이 완성되고, 헤모글로빈은 무핵의 적아구와 결합하며 완전한 적혈구가 된다.

5. 배 설

식이로 섭취한 철의 대부분(약 90%)은 대변으로 배설되고 소량만이 소변으로 배설된다. 그러나 일단 체내로 흡수된 철은 대부분 재사용된다. 분해된 적혈구의 헤모글로빈을 이루는 철은 약 90% 이상이 재사용되므로 일단 체내로 흡수된 철은 거의 배설되지 않는다. 소량의 철이 배설되는 경로는 수명이 다하여 떨어져 나가는 소장 점막세포와 함께 대변으로 배설되거나, 소변·땀·피부를 통해 배설된다. 또는 출혈 시 적혈구의 손실로 체외로 방출된다. 가임기의 여성은 정기적인 월경혈로 철이 손실되므로 요구량이 남성보다 높은 유일한 영양소이다.

영양상태 평가

1. 철 영양판정의 지표

철 영양상태를 평가하기 위해 사용하는 보편적인 방법은 헤모글로빈 농도와 헤마토크리트가 있다. 이 외에 혈청 페리틴 농도, 혈청 철 함량, 총철결합능력, 트랜스페린 포화도, 적혈구 프로토포르피린 함량 등 여러 방법이 있다(표 10-2).

표 10-2. 철 영양상태 판정의 지표

지표	정의	정상범위(성인)
헤모글로빈 농도	혈액의 산소운반 능력에 대한 지표로 혈액 중 헤모글로빈치	남자 : 14~18g/dL 여자 : 12~16g/dL
헤마토크리트	총혈액에서 적혈구가 차지하는 %	남자 : 40~54% 여자 : 37~47%
혈청 페리틴 농도	조직 내 철 저장 정도(페리틴)를 알아보기 위한 민감한 지표로 혈청 페리틴 농도를 측정	100±60 ㎍/L
혈청 철 함량	혈청 중 총 철 함량(주로 트랜스페린과 결합된 철)	115±50 ㎍/dL
총철결합능력	혈청 트랜스페린과 결합할 수 있는 철의 양을 측정	300~360㎍/dL
트랜스페린 포화도(%)	철과 포화된 트랜스페린의 % (혈청철(μmol/L)÷총철결합능력(μmol/L))×100	35±15%
적혈구 프로토포르피린 함량	헴의 전구체로, 철 결핍으로 인해 헴의 생성이 제한될 때 적혈구에 프로토포르피린이 축적됨	0.62±0.27 μmol/L(적혈구)

헤모글로빈 농도 (hemoglobin concentration)
헤마토크리트(hematocrit)
혈청 페리틴 농도 (serum ferritin)
혈청 철 함량(serum iron)
총철결합능력 (total iron binding capacity, TIBC)
트랜스페린 포화도 (transferrin saturation)
적혈구 프로토포르피린 함량 (red blood cell protoporphyrin)

2. 철의 결핍 단계

철의 결핍은 세 단계로 진행된다. 우선 섭취량이 결핍되기 시작하는 첫단계에서는 체내 철 저장량이 감소되나 생리적 변화는 없다. 두 번째 단계에서는 철결핍으로 적혈구 생성이 줄어들지만 임상적인 빈혈단계는 아니다. 세 번째 단계에선 생리적 기능에 변화가 오며 철결핍성 빈혈증상이 나타난다.

쉬어가기

철결핍성 빈혈증(iron-deficiency anemia)

저장량이 고갈된 후에도 계속적으로 철 섭취가 부족한 경우 빈혈증 등의 임상 증상이 나타난다. 빈혈의 여러 원인 중 특히 철이 부족해서 생기는 빈혈이므로 철결핍성 빈혈이라 한다. 흔히 철의 부족은 빈혈이라고 알고 있는데, 빈혈증이 나타나기 훨씬 이전의 철결핍증 단계도 심각한 철영양 부족단계이므로 빈혈증상이 나타나기 이전부터 철결핍상태를 판정하여 철의 올바른 섭취에 애써야 한다.

혈액내 페리틴은 체내 철 저장량이 줄어들면 함께 저하되므로, 철결핍증의 초기 단계인 체내 저장량의 저하를 찾아내기 위해서는 혈청 페리틴 농도(15㎍/L 이하)를 측정하는 것이 적합하다. 그림 10-4에서 보듯이 철 결핍 상태의 2단계에서는 생화학적 기능의 저하가 시작되면서 트랜스페린 포화도가 감소하고(15% 이하), 적혈구 프로토포르피린은 증가한다. 가장 많이 사용되는 헤모글로빈 농도와 헤마토크리트는 철 결핍의 마지막 단계인 생리적 기능의 저하만을 확인할 수 있어서 단계별로 진행되는 철결핍증을 알아보는 예민한 지표는 아니다.

철결핍증
체내 철의 저장량이 부족된 상태, 아직 임상적증상이 나타나지는 않은 단계이나, 쉽게 빈혈증으로 발전하므로 철의 섭취를 증가시키는 조치가 필요한 단계이다.

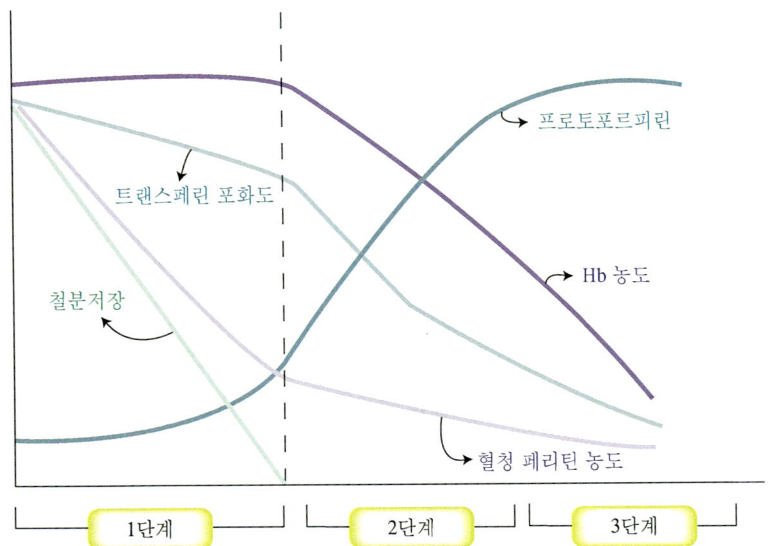

그림 10-4. 체내 철량의 감소에 따른 철영양상태 판정 지표들의 변화

소구성 저색소성 빈혈 (microcytic hypochromic anemia)

철결핍성 빈혈의 경우 헤마토크리트가 정상치인 34~37% 정도를 밑돌게 되며, 혈중 헤모글로빈 농도는 10~11g/dL 이하로 떨어진다. 헤모글로빈 농도는 다른 여러 질병으로도 낮아질 수 있으나, 보통 헤모글로빈 농도와 헤마토그리트치가 함께 감소하면 저색소 적혈구가 생성되므로, 철결핍성 빈혈로 볼 수 있다. 이 경우, 각각의 적혈구 자체의 크기도 감소하여 소구성 저색소성 빈혈이라고 한다(그림 10-5).

a) 정상혈구세포

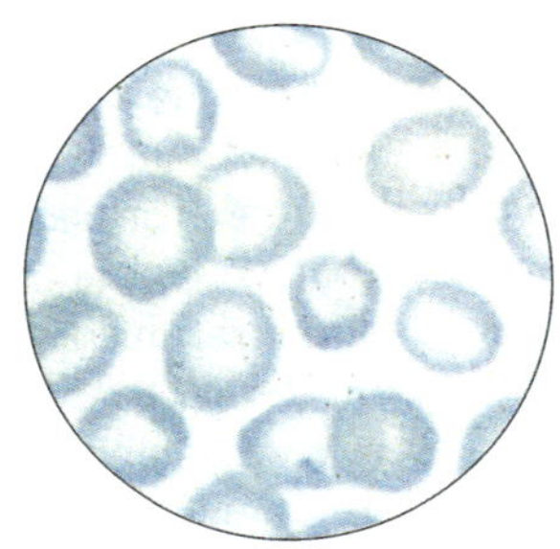

b) 철결핍성 빈혈

a) 크기와 색이 정상
b) 소구성 저색소성 빈혈
헤모글로빈 함량이 낮아서 세포 크기가 작고 색이 엷다.

그림 10-5. 정상과 빈혈 상태의 혈구의 비교

표 10-3. 철결핍성 빈혈증의 판단 (WHO 기준)

연령층	헤모글로빈 농도(g/dL)	헤마토크리트(%)
6개월~6세	≤11	≤33.0
6~14세	≤12	≤36.0
성인 남자	≤13	≤39.0
성인 여자	≤12	≤38.0
임신부	≤11	≤33.0

철이 풍부한 식품

철의 급원으로 가장 좋은 식품은 대부분 헴철을 함유하고 있는 육류, 어패류, 가금류이다(표 10-4). 그 다음으로 좋은 급원은 곡류나 곡류로 만든 가공식품(빵 · 면류), 콩류 및 진한 녹색채소 등이다. 곡류는 종류에 따라 함량에 차이가 크지만, 곡류의 섭취량이 일반적으로 많아서 철의 주요 급원이 된다. 철 함량과 흡수율이 낮은 식품군으로 우유와 유제품을 꼽을 수 있다. 우유 및 유제품에 포함되어 있는 칼슘은 장내에서 철 흡수를 저해하는 요인으로 작용한다.

필요량

2020년의 한국인 영양소 섭취기준에서는 5개월 이하의 영아는 충분섭취량, 상한섭취량을 설정하였고, 6개월 이상 영아의 경우 평균필요량, 권장섭취량, 상한섭취량을 정하였다(표 10-5). 체내로 흡수된 철은 잘 배설되지 않으나, 19세 이상 성인과 노인의 경우 매일 대변, 땀, 피부로 배설되는 기본적인 손실량은 체중 1kg당 0.014mg/일 정도이며, 성인 남자(19~29세 기준 체중 68.9kg)의 경우 0.97mg에 해당된다. 우리나라의 식사에서 철의 평균 흡수율을 12%로 보면 식사 중의 철 평균필요량은 약 8mg, 개인차를 위한 계수(15%)를 고려할 때 철의 권장섭취량(19~64세 남자)은 10mg이다. 65세 이상 남자의 경우 체위가 다소 줄어드는 점을 반영하여 평균필요량은 7mg, 권장섭취량을 9mg으로 산정하였다.

성인 여자의 경우 19~49세의 연령층은 1일 평균 철 손실량이 1.29mg(기본적 손실량 1일 0.79mg, 월경에 의한 손실량 0.5mg)이며, 철의 흡수율을 12%로 산정하면 철의 평균필요량은 19~29세는 1일 10.7mg, 30~49세는 10.5mg이다. 권장섭취량(19~49세 여자)은 14mg이다. 50대 이후 폐경기 여성과 노인 여성의 경우 체위 감소를 고려하여 철의 평균필요량은 1일 6mg, 권장섭취량은 8mg으로 산정하였고, 75세 이상의 경우 평균필요량 5mg, 권장섭취량 7mg으로 산정하였다. 이 외에 임신부는 수요증가율을 가산하여 가임기 여성에 비해 평균필요량은 1일 8mg을, 권장섭취량은 10mg을 추가하도록 하였다. 수유부의 경우 월경으로 인한 손실량은 감소하지만 임신과 출산시의 철의 손실을 수유기 중에 회복함을 고려하여 평균필요량, 권장섭취량을 성인 여성과 동일하게 산정하였다.

한국인 영양소 섭취기준에서 철의 상한섭취량은 1일 45mg으로 하였는데, 이는 위장 장애를 일으키지 않는 수준, 즉 70mg/일을 최저독성량으로 하고 이를 불확실계수(1.5)로 나눈 수치이다.

표 10-4. 철 함유 식품

식품군	식품명	1회 분량	중량(g)	철(mg)
곡류	보리쌀	1공기	90	2.7
	국수	1대접	90(건면)	1.9
	현미	1공기	90	1.9
	시리얼(콘플레이크)	0.3그릇	30*	1.5
	식빵	1쪽	35*	0.4
	백미	1공기	90	0.5
고기 · 생선 · 달걀 · 콩류	맛조개		80	12.5
	굴		80	6.4
	닭고기(간)	1접시	60(생)	6.1
	쇠간	1접시	60(생)	6.1
	건뱅어	2큰술	15	3.0
	콩(검정콩,노란콩,말린 것)	2큰술	20	2.5
	쇠고기(사태)	1접시	60(생)	2.1
	두부	1/5모	80	1.8
	청어	1토막	60	1.6
	돼지고기(등심)	로스용 6쪽	60(생)	1.2
	달걀	1개(중)	60	1.0
	닭고기	1접시	60(생)	0.7
채소류	쑥	1/3컵	70(생)	7.6
	호박나물	1/3컵	70(생)	6.4
	무청, 조선무청	1접시	70	4.1
	근대	1/3컵	70(생)	3.5
	미나리	1/3컵	70(생)	2.9
	시금치	1/3컵	70(생)	1.8
	다시마	1접시	70(생)	1.7
	도라지	1접시	50(생)	1.1
	당근	1접시	70	0.9
	김치, 배추김치	1접시	40	0.2
과일류	사과	1/2개(중)	100	0.8
	딸기	15개	150	0.8
	귤	1개	100	0.4
우유 · 유제품류	호상 요구르트	1/2컵	100	0.5
	치즈	1장	20*	0.2
	우유	1컵	200	0.2
유지 · 당류	들깨	1작은술	5	0.8

* 표시 : 0.3회

표 10-5. 2020 한국인 영양소 섭취기준 – 철, 아연, 구리

성별	연령	철(mg/일)				아연(mg/일)				구리(μg/일)			
		평균 필요량	권장 섭취량	충분 섭취량	상한 섭취량	평균 필요량	권장 섭취량	충분 섭취량	상한 섭취량	평균 필요량	권장 섭취량	충분 섭취량	상한 섭취량
영아	0~5(개월)			0.3	40			2				240	
	6~11	4	6		40	2	3					330	
유아	1~2(세)	4.5	6		40	2	3		6	220	290		1,700
	3~5	5	7		40	3	4		9	270	350		2,600
남자	6~8(세)	7	9		40	5	5		13	360	470		3,700
	9~11	8	11		40	7	8		19	470	600		5,500
	12~14	11	14		40	7	8		27	600	800		7,500
	15~18	11	14		45	8	10		33	700	900		9,500
	19~29	8	10		45	9	10		35	650	850		10,000
	30~49	8	10		45	8	10		35	650	850		10,000
	50~64	8	10		45	8	10		35	650	850		10,000
	65~74	7	9		45	8	9		35	600	800		10,000
	75 이상	7	9		45	7	9		35	600	800		10,000
여자	6~8(세)	7	9		40	4	5		13	310	400		3,700
	9~11	8	10		40	7	8		19	420	550		5,500
	12~14	12	16		40	6	8		27	500	650		7,500
	15~18	11	14		45	7	9		33	550	700		9,500
	19~29	11	14		45	7	8		35	500	650		10,000
	30~49	11	14		45	7	8		35	500	650		10,000
	50~64	6	8		45	6	8		35	500	650		10,000
	65~74	6	8		45	6	7		35	460	600		10,000
	75 이상	5	7		45	6	7		35	460	600		10,000
임신부		+8	+10		45	+2	+2.5		35	+100	+130		10,000
수유부		+0	+0		45	+4	+5		35	+370	+480		10,000

자료 : 보건복지부, 2020 한국인 영양소 섭취기준, 2020

결핍증

철 저장량이 완전히 고갈되고 섭취량도 부족해 헤모글로빈 형성을 위한 철 요구량에 미치지 못하게 될 경우 적혈구의 조혈량이 줄어들게 된다. 적혈구의 수가 줄면 혈액으로 운반되는 산소량이 줄게 되고 빈혈증세가 나타난다. 빈혈증의 가장 주된 원인은 철결핍증으로 인한 빈혈이다.

철결핍성 빈혈의 원인으로는 식이로 섭취하는 철 부족, 궤양, 치질, 대장암 등의 내출혈이나, 월경혈의 과다 출혈, 위절제수술 후 혹은 다른 식이 요인으로 인한 철 흡수저하, 감염 · 관절염 등의 질병으로 인한 철의 재사용 저하를 들 수 있다.

성별과 관계없이 철결핍성 빈혈이 특히 많이 나타나는 시기는 영유아기와 사춘기이다. 그중에서도 가장 흔한 시기가 생후 6개월에서 2살까지인데, 그 이유는 급격한 성장으로 인한 총혈량

의 증가와 근육의 발달 때문이다. 이유기를 거치면서 식습관이 잘 형성되지 못하면, 에너지 섭취가 부족하고 이로 인해 철 섭취도 감소한다. 여성의 경우는 생리가 시작된 후의 가임기 동안 계속 철결핍성 빈혈에 걸릴 확률이 높다. 임신 시에는 빈혈증상을 나타내지 않는 경우라도 철결핍으로 인해 임신부의 체내 철 함량이 충분하지 못한 경우 조산이나 사산의 확률이 높아지므로 철 영양관리가 특히 중요하다.

움푹 패인 손톱 (spoon shaped nail)

철결핍성 빈혈의 임상적 증상으로 피부색이 창백해지며, 손톱이 움푹 패이고, 피로 · 허약 · 호흡곤란 · 체온조절 이상 · 식욕부진 등을 느끼게 된다. 그리고 충분한 양의 적혈구가 생성되지 못하여 피로가 쌓인다. 성장기 어린이가 철 결핍성 빈혈이 될 경우 신장과 체중의 발달에 지장이 생기고 행동과 학습능력의 발달도 저하되는 등 육체 및 정신의 전반적인 성장장애가 초래되므로 성장기의 충분한 철 섭취는 매우 중요하다.

철이 결핍되면 빈혈증상이 나타나기 전부터 학습능력이나 작업 능률, 면역기능 등이 저하되기 시작한다. 철결핍성 빈혈은 체내 철보유량이 줄어들어 철결핍을 나타내기 시작하는 가장 마지막 단계, 즉 체내 철 보유량이 완전히 고갈된 후에야 나타나는 증상이므로, 많은 경우 혈중 헤모글로빈 농도가 저하되어 빈혈 판정이 나면 이미 체내에 철 결핍이 상당히 진행된 후이다.

출혈이나 헌혈 등 혈액의 유출은 체내 보유된 철의 손실을 초래한다. 보통 500mL 정도의 혈액 손실은 200~250mg의 철 손실을 의미하며, 이 정도의 손실을 보충하려면 수개월이 소요된다. 보통 건강한 사람의 경우 1년에 2~4번 정도의 헌혈은 건강에 지장을 초래하지 않으나, 여성은 남성보다 헌혈 후 회복기를 길게 잡아야 한다.

과잉증

혈색소증(hemochromatosis)

철의 과잉증은 영양 보충제나 철제를 과잉 복용할 때, 혹은 과잉의 알코올 섭취로 인한 간 손상의 경우 저장 능력보다 체내 철 축적이 초과되어 나타난다. 혈색소증은 유전적 질환으로 이 상태에서는 철이 과도하게 흡수되며, 간이나 혈액에 주로 축적되고 근육, 심장, 췌장에도 축적된다. 치료하지 않으면 간이나 심장 등의 기관에 손상이 오고 당뇨병, 심부전으로 발전한다.

아 연

아연(zinc, Zn)
생식기부전증 (hypogonadism)

아연은 체내에 1.5~2.5g 정도로 소량 존재하지만 생체 내 여러 효소의 구성성분이 되고, 핵산의 합성이나 면역 작용에 관여하는 등 필수적인 미량 원소이다. 인체에서 아연의 결핍증이 보고된 것은 그리 오래된 일이 아니다. 1960년대 초반 이란을 비롯한 중동 아시아 지역의 청소년들에게서 성장부진, 왜소증, 생식기의 부전증이 나타났는데, 이는 아연 결핍과 관련이 있음이 밝혀졌다.

체내 기능

1. 생체 내 여러 금속효소의 구성요소

아연은 생체 내 200여 종 이상 되는 효소의 구조적 성분이며, 체내에서 주요한 대사과정이나 반응을 조절하는 데 관여한다. 아연을 함유한 효소에는 이산화탄소의 운반자로 작용하는 탄산 탈수효소, 단백질 분해효소인 말단 카르복실기 분해효소, 탄수화물의 대사에 관여하는 젖산 탈수소효소, 유리기를 제거하여 세포의 산화적 손상을 방지하는 슈퍼옥사이드 디스뮤테이즈(SOD) 등이 있다.

금속효소(metalloenzyme) 금속 이온이 효소에 단단히 결합되어 있는 효소로 탄산 탈수효소, 시토크롬 등이 있다.

탄산 탈수효소 (carbonic anhydrase)

말단 카르복실기 분해효소 (carboxypeptidase)

젖산 탈수소효소 (lactate dehydrogenase)

슈퍼옥사이드 디스뮤테이즈 (superoxide dismutase, SOD)

2. 생체막의 구조와 기능에 관여

아연은 생체막의 구조와 기능을 정상적으로 유지시키는 역할을 한다. 아연이 부족하면 생체막이 산화적 손상을 입으며 특정 물질의 수용체나 물질 운반에 장애가 생긴다.

3. 면역기능에 관여

아연은 전반적인 면역기능의 유지에 관여하며 특히 T세포의 발달과 림프세포의 분화, T세포 의존성 B세포의 기능과 IL-2에 관계한다. 따라서 아연이 부족한 경우 감염성 질환에 대한 면역력 약화와 설사 등이 유발되는 것으로 알려지고 있다.

T세포 의존성 B세포 (T-dependent B-cell)

IL-2 (interleukin-2)

4. 기타작용

아연은 DNA나 RNA와 같은 핵산의 합성에 관여하고, 단백질의 대사와 합성을 조절한다.

흡수와 대사

1. 흡수 및 이동

아연은 대부분 소장에서 흡수되며 소량만이 위나 대장에서 흡수된다. 아연이 소장의 점막 세포로 이동되는 기전은 잘 알려져 있지 않으나, 소장 내강에 있는 아연의 농도에 따라 아연의 농도가 낮을 때는 촉진확산으로, 농도가 높을 때는 단순확산으로 운반된다. 이 과정은 식이 아연의 섭취 정도에 따라 영향을 받는다. 장세포내에서 아연은 메탈로티오네인이라는 단백질의 합성을 유도하며 이와 결합하는데 이는 아연의 흡수 정도를 조절한다. 메탈로티오네인과 결합한 아연은 소량 세포 내에서 이용되거나 혈관으로 이동된다. 수일 내에 혈액으로 이동되지 못한 아연은 소장점막세포와 함께 배설된다.

혈액으로 이동된 아연은 알부민이나 α-2-마크로글로불린과 같은 단백질과 결합하고, 이 중 1/3 정도는 문맥혈을 거쳐 간으로 운반되고, 나머지는 신체의 다른 부분으로 이동되어 사용된다(그림 10-6).

촉진확산 (carrier-mediated transport)

단순확산(passive transport)

메탈로티오네인 (metallothionein) 아연 또는 구리와 결합하는 단백질

알부민(albumin)

α-2-마크로글로불린 (α-2-macroglobulin)

2. 생체이용률

아연의 생체이용률은 식이의 구성 요소나 개인의 건강 상태에 따라 다르다. 어떤 식이성분은

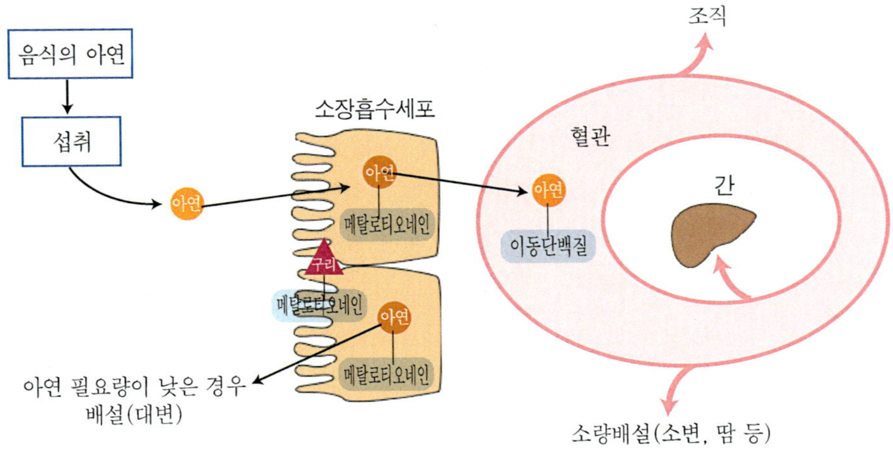

그림 10-6. 아연의 대사

아연의 흡수를 방해하기도 하고, 어떤 것은 가용성의 화합물을 형성하여 아연 흡수를 촉진시킨다. 일상 식사나 한 가지 식품만을 보더라도 그 구성 성분이 다양하므로 이로부터 아연의 생체이용률을 알아내기는 어렵다. 그러나 일반적으로 볼 때, 식품이나 식이 내 함유된 아연의 10~30% 정도가 흡수된다.

육류나 패류, 간 등의 단백질 식품은 아연 흡수를 저해하는 성분이 상대적으로 적어서 아연의 좋은 급원이라 할 수 있다. 또한 시스테인이나 히스티딘과 같은 아미노산은 아연과 가용성 화합물을 만들어 아연의 흡수 및 체내 보유를 높인다. 이에 비해 식물성 식품이나 식물성 단백질은 아연의 흡수를 저해하는데, 이는 주로 피틴산이 아연과 불용성의 화합물을 형성하기 때문이다. 섬유소는 아연의 흡수를 저해한다. 인체를 대상으로 한 연구에서 쇠고기와 섬유소가 풍부한 시리얼 내 아연의 생체이용률을 조사한 바에 의하면, 쇠고기에 함유된 아연의 생체이용률이 시리얼에 비해 4배나 높았다고 한다.

아연은 철이나 구리 등 물리 · 화학적 성질이 비슷한 다른 무기질과 경쟁적으로 흡수된다. 많은 양의 아연을 투여했을 때 구리의 생체이용률이 떨어지는데, 이는 아연의 섭취가 높아짐에 따라 메탈로티오네인에 구리와 아연이 경쟁적으로 결합하여 흡수되기 때문이다(그림 10-6). 다량의 철을 경구 투여하였을 때 아연의 흡수가 상당히 저해되었는데, 이 효과는 철을 식사와 함께 투여하거나 아미노산인 히스티딘과 철과 함께 증가시켰을 때에는 나타나지 않았다. 이 외에 식이의 칼슘이나 인의 섭취가 증가될 때 아연의 흡수나 체내 보유가 저해된다. 그리고 장염과 같이 흡수를 저해하는 소화기계 질환이 있는 경우 아연의 흡수가 낮아진다.

3. 배 설

아연은 대변, 소변, 그리고 피부 등을 통해 배설된다. 아연의 90% 이상은 대변으로 배설되는데, 이는 흡수되지 않은 식이 아연과 내인성 아연의 배설로 볼 수 있다. 식이 내 아연의 함량이 아주 높거나 낮을 때 대변이나 피부로 배설되는 양은 달라지는 반면, 소변으로 배설되는 양은 별 변화가 없다. 소변으로의 배설량은 하루에 400~600μg 정도로 소량이며, 소변을 통한 배설량은 소변의 양과 크레아티닌 배설 정도와 관련이 있다. 피부나 땀 등으로 손실되는 양은 하루 1mg 정도이다.

쉬어가기

아연의 흡수 저하

아연의 흡수는 나이가 들어감에 따라 감소한다. 한 보고에 의하면 노인의 아연 흡수는 20대의 젊은이에 비해 절반 정도로 나타났다. 그러나 두 그룹 간에 아연의 평형은 비슷했던 점으로 미루어, 노인의 경우 내인성 아연의 손실이 적기 때문에 흡수가 적어도 아연의 평형이 유지된다고 볼 수 있다. 또한 만성적인 음주자의 경우 정상인에 비해 아연의 흡수 능력이 떨어진다.

영양상태 평가

아연 결핍이나 아연의 영양상태를 판정하기 위한 정확한 지표가 부족하여 영양상태 판정에 어려움이 있다. 흔히 많이 사용하는 방법으로 혈장이나 혈청의 아연 농도를 측정하는데, 이 방법은 식이 아연이나 체내 아연의 수준을 민감하게 반영하지 못하기 때문에 한계가 있다. 스트레스나 감염, 스테로이드 등과 같은 요인은 체내 아연의 보유 정도에는 별 영향을 미치지 않으면서 혈액 내 아연의 농도를 낮춘다.

혈액 외에 머리카락에 함유된 아연량을 측정하기도 하는데 이는 장기간의 아연 상태를 반영하는 지표로 이용된다. 소변으로 배설되는 아연량은 아연이 결핍된 상태에서 증가 또는 감소하므로 아연의 영양판정법으로 적합치 않다. 따라서 아연의 영양상태를 알아볼 때 어떤 한 가지 지표보다는 여러 가지를 함께 이용할 필요가 있다. 영양 판정에 이용되는 아연의 수치를 보면, 아연의 정상치는 혈장에서 85~120μg/dL, 소변으로의 배설량은 1일 400~600μg이다.

아연이 풍부한 식품

아연의 주된 급원은 동물성 식품이다. 쇠고기를 비롯한 육류, 간, 굴·게·새우 등의 패류 등이 아연의 좋은 공급원이다. 따라서 단백질 급원 식품에 아연 함량이 높다고 할 수 있다. 곡류 등의 식물성 식품은 이에 비해 아연 함유량이 적지만, 식물성 식품 중 전곡류, 콩류 등은 절대적인 섭취량이 많아서 비교적 아연의 좋은 급원이라 할 수 있다. 특히 곡류 중에는 배아나 외피에 많이 함유되어 있으나 도정하는 과정에서 상당량이 손실된다(표 10-6).

필요량

2020년 한국인 영양소 섭취기준에서는 5개월 이하의 영아는 충분섭취량을, 6~11개월의 영아는 평균필요량, 권장섭취량을 설정하였고, 1세 이상의 경우 평균필요량, 권장섭취량, 상한섭취량을 정하였다.

아연의 필요량 설정은 평형 유지나 내인성 손실로 인한 양을 대치하는데 요구되는 양에 근거를 두고 있다. 우리나라의 경우 아연 영양상태나 이용률에 대한 자료가 부족하므로 외국의 대사

표 10-6. 아연 함유 식품

식품군	식품명	1회 분량	중량(g)	아연(mg)
곡류	귀리	1공기	90	3.39
	보리쌀	1공기	90	1.92
	현미	1공기	90	1.85
	메밀국수(건면)	1그릇	90	1.48
	백미	1공기	90	1.05
	식빵	1쪽	30*	0.21
	시리얼	0.3그릇	30*	0.08
고기 · 생선 · 달걀 · 콩류	굴		80	14.50
	돼지고기(간)	1접시	60(생)	3.28
	쇠고기(양지)	1접시	60(생)	3.06
	가재		80	2.70
	쇠갈비	1접시	60(생)	2.29
	갑오징어		80	2.58
	쇠간	1접시	60(생)	2.05
	게		80	1.81
	돼지고기(갈비)	1접시	60(생)	1.42
	닭고기	1접시	60(생)	1.30
	장어	1토막	60(생)	1.01
	대두, 노란콩(말린 것)	2큰술	20	0.97
	새우	7~8마리(중)	80	0.89
	달걀	1개(중)	60	0.86
	두부	1/5모	80	0.70
	가다랭이	1토막	60(생)	0.49
	강남콩(말린 것)	2큰술	20	0.57
	고등어	1토막	60(생)	0.43
채소류	비름	1/3컵(익힌 것)	70	1.09
	파슬리	1/2컵(익힌 것)	70	1.04
	양송이	1/2컵(익힌 것)	70	0.56
	시금치	1/3컵(익힌 것)	70	0.46
	아스파라거스	1/2컵(익힌 것)	70	0.43
	토마토	1/2개(중)	70	0.14
	가지	1/3컵(익힌 것)	70	0.08
과일류	사과	1/2개(중)	100	0.19
	바나나	1개	100	0.14
	귤	1개(중)	100	0.09
우유 · 유제품류	호상요구르트	1/2컵	100	1.10
	치즈	1장	20*	0.55
	우유(가공, 보통지방)	1컵	200	0.76
유지 · 당류	아연의 주요 급원이 아님			

* 표시 : 0.3회

실험 자료에 근거하여 위장관, 소변, 정액 혹은 월경 등으로 손실되는 아연량을 계산하였는데, 성인 남자(19~29세, 체중 68.9kg)의 경우 1일 3.4mg, 성인 여자(19~29세, 체중 55.9kg)는 1일 2.8mg이다. 이에 식사의 아연 흡수 이용률 40%를 적용하여 19~29세 성인 남자의 1일 평균필요량은 9mg, 30~64세 성인 남자는 8mg이고, 19~49세 성인 여자의 1일 평균필요량은 7mg, 50~64세 성인 여자의 경우 6mg으로 설정되었다. 권장섭취량은 이에 10%의 변이계수를 적용하여 평균필요량의 120%로 설정되어 성인 남자(19~64세)는 1일 10mg, 성인 여자(19~64세)는 1일 8mg으로 하였다.

임신 · 수유부의 경우 임신기에 추가로 필요한 아연의 양, 모유로 분비되는 아연량을 고려하여 성인 여성에 비해 임신부는 1일 2.5mg을, 수유부는 1일 5mg을 추가로 섭취하도록 권장하고 있다.

한국인 영양소 섭취기준에서 아연의 상한섭취량은 19세 이상 성인과 노인의 경우 1일 35mg으로 설정하였는데, 이는 아연의 최대무독성량이 1일 50mg이고, 아연 섭취에 대한 개인차가 큰 점을 고려하여 불확실계수는 1.5로 설정한 자료에 근거한 것이다.

결핍증

식이를 통한 아연의 섭취가 부족하더라도 아연의 흡수나 배설을 통하여 항상성이 유지되도록 체내에서 어느 정도 조절할 수 있다. 성장기 어린이와 가임기 여성 및 회복기의 환자는 아연 영양이 저조해지기 쉽다.

아연이 결핍될 수 있는 상태나 원인을 보면, 식이에서의 섭취부족이나 흡수율의 저하, 손실이나 배설의 증가, 체내 요구량의 증가로 나눌 수 있다. 식이에서 아연의 섭취부족과 관련된 요인으로는 거식증이나 단백질 에너지 영양불량과 같은 저영양 상태, 식물성 식품 위주의 식사(채식주의), 정맥영양 등의 처방 식이를 받는 경우가 있다. 또한 아연의 섭취는 적당하더라도 흡수율이 저하된 경우, 즉 장의 감염상태나 수술 후, 간질환이 있을 때, 또는 아연 흡수에 영향을 주는 식이 내 다른 성분의 영향으로 아연의 흡수율이 낮아졌을 때에도 아연의 결핍이 유발된다. 아연의 손실이나 배설이 증가하는 요인으로는 신부전 등의 신장질환과 장질환이 있으며, 체내 조직의 급속한 합성 등 아연의 이용이 증가될 때에도 아연의 부족이 나타난다.

단백질 에너지 영양불량 (protein-energy malnutrition, PEM)

아연이 결핍되면 성장이나 근육 발달이 지연되고 생식기 발달이 저하된다. 또한 면역기능이 저하되고, 상처의 회복이 지연되며, 감염성 질환에 대한 저항력이 감소되고 식욕부진 및 미각과 후각의 감퇴가 따른다. 이 외에도 눈에 이상이 생겨 암적응능력이 저하되는 등 신체의 기능이 저하된다. 또한 아연 결핍증은 성장기 어린이에서 흔히 만성 혹은 급성설사를 유발하는데 이로 인해 섭취한 영양소의 흡수가 더욱 저하되므로 만성적 영양결핍증을 악화시키는 악순환이 반복된다. 유아기에 발생하는 유전병의 일종으로 아연의 대사이상과 관련된 장성말단피부염이 있는데, 이는 위장 및 피부질환을 일으키며 장에서 아연이 흡수되고 이동되는 데 장애를 초래한다.

장성말단피부염 (Acrodermatitis enteropathica, AE)

아연의 결핍증은 아연 보충으로 극복될 수 있다. 저영양상태의 어린이에게 아연을 보충하면 설사를 멈추고 체중증가와 함께 정상적인 성장이 이루어지며 체조직 합성이 촉진된다. 아연 보충제는 성장지연의 정도가 심각한 경우 그 효과가 더 크다.

과잉증

아연을 과다하게 섭취할 때 다른 무기질, 즉 철이나 구리의 흡수가 저해되며 이에 따라 빈혈 증세가 나타날 수 있다. 아연을 하루 2g이상 과잉섭취할 때에는 구토, 설사, 식욕저하, 소화기계 장애, 면역 기능의 감소 등 부작용이 따르므로 유의해야 한다. 아연의 과다섭취는 HDL(고밀도지단백)을 낮춘다는 보고로 미루어 볼 때, HDL은 혈관 내 콜레스테롤을 제거하는 역할을 하여 심장병 발병률을 낮추는 바람직한 물질이므로 아연을 필요 이상으로 과잉 섭취하는 것은 피하도록 한다. 건강한 사람의 경우 일상 식사를 통해 아연을 적절히 섭취하는 것이 가장 바람직하다.

쉬어가기

아연 요약

아연은 생체내 여러 효소의 구성 성분으로 필수적인 미량 원소이며 결핍시 성장지연, 생식기 부전, 미각과 후각 감퇴, 면역기능 저하 등이 나타낸다.
아연은 육류, 패류 등에 풍부하며 전곡류, 콩류에서의 섭취량도 무시할 수 없다. 아연의 흡수에 영향을 미치는 요인은 다양하며 피틴산, 식물성 급원, 철과 구리, 칼슘 등의 무기질은 아연의 흡수를 저해한다.

구 리

구리(copper, Cu)

구리는 체내에서 여러 효소의 성분으로 존재하며, 그 기능이나 대사면에서 철과 유사한 점이 많은 미량 원소이다. 성인의 경우 체내에 약 100~150mg 들어 있고, 주로 간이나 뇌, 신장, 심장에 존재한다.

체내 기능

구리는 철 대사에 작용하며 결합조직의 건강을 돕는다. 또한 우리 인체 내에서 몇몇 효소의 구성성분이 된다.

1. 철의 흡수 및 이용을 돕는 작용

세룰로플라스민(ceruloplasmin)
페로옥시데이즈(ferroxidase)

철은 흡수되는 과정에서 소장세포의 세포막을 통과 하려면 3가의 형태(Fe^{3+})가 되어야 하는데, 구리가 주성분인 세룰로플라스민이라는 단백질은 2가의 철이온(Fe^{2+})을 3가 (Fe^{3+})로 산화시키며, 이러한 성질을 딴 페로옥시데이즈라는 이름으로도 불린다. 세룰로플라스민은 흡수된 철이 체내 철결합 단백질과 결합되기 위해서도 3가의 철형태(Fe^{3+})로 산화시키는 작용을 한다. 따라서 구리는 철의 흡수와 이동을 돕고 저장된 철이 헤모글로빈 합성장소로 이동하는데 관여하므로 헤모글로빈의 합성을 돕는다.

2. 결합조직의 건강에 관여

구리는 결합조직을 구성하는 콜라겐과 엘라스틴이 교차결합하는 데 작용하는 효소의 일부분이다. 따라서 구리는 골격형성과 심장순환계의 결합조직을 정상으로 유지하는 데 기여한다. 실제로 구리가 결핍된 실험동물에서 혈관을 튼튼하게 하는 콜라겐 합성이 부족해 혈관이 파괴되는 경우가 관찰된다.

교차결합(cross-link)

3. 여러 금속효소의 구성성분

구리는 매우 다양한 효소들의 구성성분으로 중요한 역할을 하는데 미토콘드리아 내 전자전달계의 마지막 단계에서 작용하는 효소인 시토크롬 산화효소의 일부분으로 작용하여 ATP의 형성에 기여한다. 또한 신경전달물질인 노르에피네프린과 도파민을 형성하는 효소의 보조인자로 작용한다. 이 외에도 항산화효소인 SOD와 연결되어 세포의 산화적 손상을 방지하는 역할을 한다.

시토크롬 산화효소 (cytochrome oxidase)

SOD (superoxide dismutase)

4. 기 타

구리는 면역체제의 일부로 작용하며, 혈액응고와 콜레스테롤 대사에 관여한다.

흡수와 대사

구리는 주로 소장에서 흡수되고 위에서도 소량 흡수된다. 식사로 섭취한 구리는 약 10~55%가 흡수되며, 흡수 정도는 섭취량이나 체내 구리 요구량에 따라 다르다. 섭취량이 많아 장 내에 구리 농도가 높을 때는 단순확산으로 흡수되어 상대적으로 흡수율이 낮고, 장 내의 농도가 낮을 때는 이동 물질에 의한 촉진확산으로 흡수되며 흡수율이 증가한다. 구리는 아연과 마찬가지로 메탈로티오네인과 결합하여 소장의 흡수세포를 통과하고 문맥으로 이동한다.

흡수된 후에는 주로 알부민에 의해 이동되며, 대부분은 간에서 저장되고 일부는 신장으로 간다. 간으로 들어간 구리는 몇 시간 내에 α-글로불린과 결합하여 세룰로플라스민의 일부가 된다. 구리는 세룰로플라스민의 형태로 혈액을 통하여 필요 조직으로 이동되며, 세룰로플라스민이 세포막의 수용체와 결합한 후 구리가 해리되어 세포내로 유입된다.

식이 내 칼슘, 철, 카드뮴, 납, 몰리브덴, 유황, 아연 등이 과다하게 많은 경우 구리의 이용률이 저하된다. 사용되고 남은 구리는 다시 간으로 되돌아와 담즙을 통해 대변으로 배설되고, 소량은 소변과 땀을 통해서 배설된다.

영양상태 평가

구리의 영양상태를 평가하기 위해서 혈청 구리와 세룰로플라스민의 농도를 측정하거나 적혈구의 슈퍼옥사이드 함량을 측정한다. 혈청 세룰로플라스민의 농도 측정법은 구리의 영양상태 평가 시 신뢰성 있는 방법으로 이용되고 있으며, 혈청 내 정상 범위는 18~40mg/dL이다. 구리의 혈청 농도는 70~140μg/dL이고, 적혈구의 SOD의 경우 0.47±0.07mg/g이 정상 수준이다. 혈청 구리나 세룰로플라스민 농도 측정은 구리가 심하게 결핍된 경우에는 좋은 지표이나 구리의 영양상태를 민감하게 반영하지는 못한다.

슈퍼옥사이드(superoxide)

구리가 풍부한 식품

구리가 풍부한 식품은 내장고기인 소간, 돼지간과 견과류, 두류 등과 굴 · 가재 · 패류 등의 해산물을 들 수 있다(표 10-7). 이 외에 코코아나 초콜릿, 버섯, 곡류의 배아, 말린 과일, 바나나, 토마토, 감자 등에 상당량 함유되어 있다. 그 밖의 과일이나 채소, 우유에는 매우 적은 양의 구리가 함유되어 있다. 특히 식물성 식품 내의 함량은 그 식물이 자라난 토양의 성질에 따라 달라질 수 있다.

필요량

2020년 한국인 영양소 섭취기준에서는 1세 미만 영아의 경우 충분섭취량을 설정하였고, 1세 이상의 경우 평균필요량, 권장섭취량, 상한섭취량을 정하였다.

구리의 평균필요량을 추정할 때 구리의 고갈 및 보충 실험에서 혈장 구리 및 세룰로플라스민 농도, 적혈구 SOD 활성도, 혈소판의 구리 농도 등 여러 지표를 평가한 결과를 이용한다. 한국인 영양소 섭취기준에서는 우리나라 사람을 대상으로 한 연구가 없으므로 미국과 캐나다에서 고갈-보충 연구를 토대로 설정한 미국인 섭취기준인 700㎍/일을 참고하였다. 이에 체중의 차이를 고려하여 19세 이상 성인 남자의 구리 평균필요량을 1일 650㎍, 권장섭취량을 1일 850㎍(변이계수 15% 적용)으로 정하였다. 19세 이상 성인 여자의 구리 평균필요량은 1일 500㎍, 권장섭취량은 1일 650㎍이다.

임신부의 경우 태아 성장과 양수, 모체에 필요한 구리의 양을 고려하여 평균필요량은 1일 100㎍을 권장섭취량은 1일 130㎍(변이계수 15% 적용)을 추가 섭취하도록 하였다. 수유부는 모유로 분비되는 구리의 양을 고려하여 평균필요량은 1일 370㎍을, 권장섭취량은 1일 480㎍을 추가 섭취하도록 하였다.

구리의 상한섭취량은 1일 10mg까지 섭취할 때 유해한 영향이 나타나지 않는다는 여러 자료에 근거하여, 미국과 동일하게 1일 10mg으로 설정하였다.

결핍증

구리의 결핍증상은 드문 편이나 모유가 아닌 우유를 먹는 영아나 조산아에게서 발생하는데, 이는 모유에 비해 우유에 함유된 구리의 생체 이용률이 훨씬 낮기 때문이다. 영양불량에서 회복되는 상태의 영유아나 환자들에게서 발생하기 쉽다. 환자의 경우는 장기 수술에서 회복되는 단계이거나 장기간 장관영양을 공급받는 환자, 또는 다량의 위산 제거제를 복용하는 경우에 구리의 흡수가 잘 되지 않거나, 구리 함량 자체가 적어서 발생하기 쉽다. 이 외에도 아연 섭취량이 매우 높은 경우 구리 결핍증이 발생할 수 있다.

장관영양(total parenteral nutrition, TPN)

뼈의 손실(bone loss)

구리 결핍증의 증세로는 심장질환, 성장장애, 빈혈증, 백혈구의 감소, 뼈의 손실 등을 들 수 있다. 동물실험 결과를 보면 경증의 구리 결핍 시 혈청의 콜레스테롤 농도가 상승되는데, 특히 아연 섭취가 높은 경우 현저하였고, 역학조사 결과 식이 아연 대 구리의 비와 심장혈관계 질환 발생 간에 양의 상관관계가 있음이 나타났다.

표 10-7. 구리 함유 식품

식품군	식품명	1회 분량	중량(g)	구리(mg)
곡류	현미	1공기	90	0.32
	오트밀	1공기	90	0.30
	국수	1그릇(건면)	90	0.25
	백미	1공기	90	0.21
	보리	1공기	90	0.20
	밀	1공기	90	0.19
	바게트 빵		80	0.09
	감자	1개(중)	140	0.32
고기 · 생선 · 달걀 · 콩류	굴		80	2.80
	새우, 자건품		80	2.40
	쇠간	1접시	60(생)	1.66
	게		80	0.73
	돼지간	1접시	60(생)	0.59
	모시조개	5~6개(중)	80	0.34
	대두	2큰술	20	0.33
	완두콩	2큰술	20	0.19
	청어	1토막	60	0.15
	두부	1/5모	80	0.15
	가다랭이	1토막	60	0.10
	고등어	1토막	60	0.07
	닭고기살	1접시	60(생)	0.05
	돼지고기	1접시	60(생)	0.05
	쇠고기	1접시	60(생)	0.05
채소류	버섯	1접시	70	1.25
	토마토	1/2개	70	0.13
	당근	1/2개	70	0.06
과일류	아보카도		100	0.32
	바나나	1개	100	0.20
	사과	1/2개(중)	100	0.09
	딸기	15개	150	0.06
우유 · 유제품류	구리의 주요 급원이 아님			
유지 · 당류	잣(볶은 것)	1작은술	5	0.07
	아몬드	1작은술	5	0.06
	참깨	1작은술	5	0.08
기타	코코아	1작은술	5	0.22
	땅콩버터	1작은술	5	0.03

과잉증

한번에 다량(10~15mg 이상)의 구리를 섭취할 경우 구토증 등 부작용이 나타난다. 따라서 구리 결핍으로 인해 처방이 필요할 경우 소량으로 나누어 섭취하여야 한다. 장기간에 걸쳐 다량 섭취하면 구리 과잉증이 나타날 수 있으며, 이때의 증상은 복통, 오심, 구토, 설사로 시작하여 심할 경우 혼수, 결뇨, 간세포 손상, 혈관 질환 및 사망에 이를 수 있다.

월슨병(Wilson's disease)

구리가 담즙을 통해 배설되지 않는 경우 간이나 뇌, 신장, 각막 등에 축적되어 기관이 손상되는 경우가 있는데 이는 유전적인 원인으로 발생하는 윌슨병의 증세로서 심한 경우 구리의 과잉증으로 정신장애를 초래하는 경우가 있다.

요오드

요오드(iodine, I_2)
요오드이온(iodine, I^-)

요오드는 식품 중에 요오드이온 형태로 존재하는데, 이 이온의 형태가 필수적인 미량 영양소이다. 요오드는 체내에 15~20mg 정도 있으며, 이 중 70~80%는 갑상선에 존재하고 나머지는 근육, 피부, 골격, 다른 내분비 조직 등에 분포한다. 요오드는 갑상선 호르몬의 주성분으로 요오드의 결핍시 갑상선종에 걸린다.

쉬어가기 **갑상선종**

갑상선종은 예로부터 토양에 요오드 함량이 낮은 지역이나 바다로부터 멀리 떨어져서 해조류의 섭취가 저조한 지역에서 많이 발생하는 풍토병으로 인식되어 왔다. 이 질병은 미국의 오대호 부근, 라틴 아메리카, 동남 아시아, 태평양 북서지역, 알프스 지역, 아프리카 일대에서 주로 발견된다. 최근 요오드의 결핍은 많이 사라졌지만 여러 보건기관이나 단체에서는 요오드의 결핍을 퇴치하기 위해 계속 노력하고 있다.

갑상선종(simple goiter)
체내 요오드가 부족하여 갑상선 호르몬인 티록신을 제대로 생성하지 못해 생기는 질병으로 갑상선이 비대해진다.

체내 기능

갑상선 호르몬의 성분 및 합성

트리요오드티로닌(triiodothyronine, T_3)
테트라요오드티로닌(tetraiodothyronine, T_4, 티록신)

요오드는 체내 대사율을 조절하고 성장 발달을 촉진하는 갑상선 호르몬인 트리요오드티로닌과 테트라요오드티로닌의 구성성분이다(그림 10-7). 갑상선 호르몬은 아미노산인 티로신에서 합성되며, 요오드는 활성형의 호르몬이 되도록 하는 데 필수적이다. 갑상선 호르몬은 산소의 이용이나 포도당을 이용하는 효소계의 반응 속도를 높여서 세포 내 물질의 산화를 촉진시키거나 기초대사율을 조절하고 체온 조절에도 관여한다. 따라서 요오드는 간접적으로 체내 대사에 지대한 영향을 준다고 볼 수 있다.

갑상선은 호르몬 형성에 필요한 요오드를 얻기 위해 혈류에서 요오드를 받아서 지속적으로 축적한다. 그러나 식이를 통한 요오드의 섭취가 부족하면 혈액에서 요오드를 보다 더 얻으려고 함

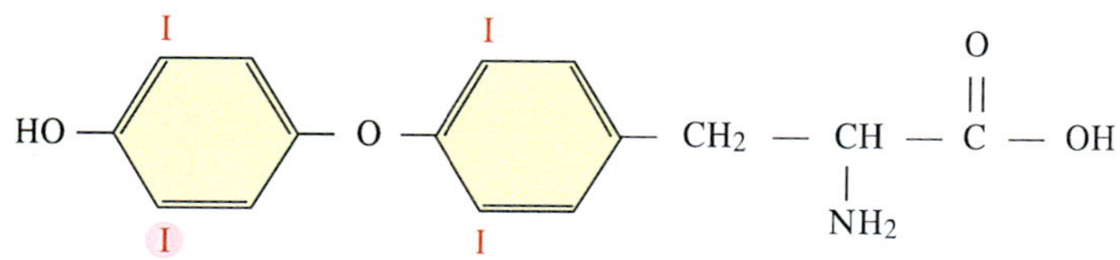

T_3: 트리요오드티로닌(3I)
T_4: 테트라요오드티로닌(3I+I)
그림 10-7. 갑상선 호르몬의 구조

에 따라 갑상선이 비대해지며 요오드 결핍증세를 나타나게 된다.

흡수와 대사

식이에 함유된 요오드는 소장에서 요오드이온 형태로 흡수되고, 이는 단백질과 결합하여 갑상선으로 이동된다. 요오드의 약 30%는 혈류에서 갑상선 세포로 선택적으로 흡수되며, 나머지는 섭취된 다음 2~3일간 체내에서 머물다가 소변으로 배설된다.

갑상선자극 호르몬은 혈장 갑상선 호르몬 농도가 저하될 때 뇌하수체에서 분비되어 갑상선세포에서 요오드를 받아들이도록 자극함으로써 호르몬의 공급과 수요 간의 균형을 유지시킨다. 갑상선 호르몬은 갑상선 안에서는 당단백질인 티로글로불린과 결합한 상태로 있다가 혈장으로 이동하면 혈장 단백질과 결합하여 필요한 조직으로 가거나 간으로 이동된다. 사용하고 남은 것은 주로 소변으로 배설되고, 담즙을 통해 대변으로 소량 배설된다.

갑상선자극 호르몬 (thyroid-stimulating hormone, TSH)

티로글로불린(thyroglobulin)

영양상태 평가

요오드의 영양상태를 알아보는 방법으로는 소변 배설량을 측정하거나 혈액내 티록신(T_4)이나 갑상선자극 호르몬(TSH)을 측정하고, 동위원소(^{131}I)를 이용하여 요오드의 흡수를 알아보기도 한다. 혈장의 요오드 농도는 매우 낮아서 측정하기 어려울 뿐 아니라 임상적으로 중요하지 않다.

소변의 요오드 함량은 식사 중의 요오드 양을 반영하며, 이는 요오드의 결핍상태나 크레틴병의 존재 유무를 파악하는 데에도 유용하다. 24시간 소변을 수집해야 정확한 방법이지만 대규모의 영양조사에서는 실제적이지 못하다. 소변을 1회 받아 측정하는 경우 크레아티닌에 대한 양(μg/g)으로 표시하며, 요오드의 배설량이 50μg/g 크레아티닌 미만인 경우 요오드 결핍의 위험수준으로 간주한다. 요오드의 배설량이 25~50μg/g 크레아티닌인 경우 갑상선 호르몬의 형성이 제대로 안 되고, 25μg/g 크레아티닌 이하인 경우 크레틴병에 걸릴 위험이 있는 것으로 본다.

갑상선의 기능을 알아보기 위하여 혈청내 T_3나 T_4, TSH의 농도를 측정하는데, 티록신(T_4)의 정상 범위는 4.5~12μg/dL이다.

요오드가 풍부한 식품

요오드는 미역, 김, 다시마, 파래 등의 해조류나 해산물에 풍부하다(표 10-8). 미국이나 캐나다 등 서구 여러 나라에서는 소금에 요오드를 첨가한 요오드강화염을 판매한다. 미국에서는 요

요오드강화염(iodized salt)

표 10-8. 요오드 함유 식품

식품군	식품명	1회 분량	중량(g)	요오드(㎍)
곡류	밀, 귀리	1공기	90	8
	백미, 쌀겨, 보리	1공기	90	4
고기·생선·달걀·콩류	대구,청어	1토막	60(날것)	198
	메기	1토막	60(날것)	71
	해산물		80	53
	콩(말린 것)	2큰술	20	23
채소류	해초	6g(말린 것)	70(날것)	43,680
	시금치	1/3컵(익힌 것)	70(날것)	39
	채소		70	21
우유·유제품류	우유	1컵	200	28
기 타	요오드강화염	2작은술	10	760

요오드강화빵(iodized bread)

오드를 첨가하는 경우 소금 1g당 76㎍의 요오드를 첨가하며, 따라서 소량만 사용하더라도 하루 섭취량(75~200㎍)을 쉽게 채울 수 있다. 식품에 요오드를 강화하는 방법으로 식염이나 식수에 요오드를 첨가하기도 하고, 요오드가 강화된 빵을 판매하기도 한다. 식물성 식품의 경우 요오드의 함량은 낮은 편이나, 토양 내 요오드 함량과 가공과정 등에 따라 함유량이 다르다.

필요량

갑상선종을 방지하기 위해서는 최소한 하루 50~75㎍의 요오드를 섭취하는 것이 좋다. 우리나라 사람들의 요오드 섭취기준을 결정할 만한 근거 자료는 부족하나, 외국의 평형연구 결과를 토대로 한국인 영양소 섭취기준에서는 3~5세 유아의 평균필요량을 65㎍/일로, 15세 이상 청소년과 성인의 평균필요량을 95㎍/일로 정하였다(표 10-9).

ICCIDD
(The International Council for the Control of Iodine Deficiency Disorders)

WHO/UNICEF/ICCIDD(1996년)에서는 요오드를 1~6세의 경우 6㎍/kg/일, 7~12세 4㎍/kg/일, 12세 이상 성인은 2㎍/kg/일의 수준으로 섭취하도록 권장하였다. 이를 토대로 한국인의 요오드 권장섭취량은 3~5세 90㎍/일, 9~11세 110㎍/일, 12~18세 130㎍/일, 성인 150㎍/일로 설정하였으며, 임신부는 성인 여성의 1일 권장섭취량에 90㎍, 수유부는 190㎍ 추가된 양을 섭취하도록 권장한다.

한국 성인을 위한 요오드의 상한섭취량은 단순 갑산성종을 가진 사람들의 평균 소변 요오드 배설량에 관한 연구를 근거로 최저유해용량 3,600㎍에 불확실계수(1.5)를 적용하여 남녀 동일하게 2,400㎍으로 설정하였다.

결핍증

요오드 결핍의 가장 보편적인 원인은 식사로부터 요오드를 적게 섭취하는 것이다. 경증이나 중등도의 결핍 시 갑상선 기능이 저하되며, 만성적으로 결핍된 상태에서는 단순갑상선종이 발생하는데 이는 갑상선이 커지는 증상이다. 이때 그대로 두면 기관지에 압박이 가해지고 호흡곤

표 10-9. 2020 한국인 영양소 섭취기준 – 요오드, 불소, 셀레늄, 망간, 몰리브덴

성별	연령	요오드(μg/일)				불소(mg/일)		셀레늄(μg/일)				망간(mg/일)		몰리브덴(μg/일)		
		평균필요량	권장섭취량	충분섭취량	상한섭취량	충분섭취량	상한섭취량	평균필요량	권장섭취량	충분섭취량	상한섭취량	충분섭취량	상한섭취량	평균필요량	권장섭취량	상한섭취량
영아	0~5(개월)			130	250	0.01	0.6			9	40	0.01				
	6~11			180	250	0.4	0.8			12	65	0.8				
유아	1~2(세)	55	80		300	0.6	1.2	19	23		70	1.5	2	8	10	100
	3~5	65	90		300	0.9	1.8	22	25		100	2.0	3	10	12	150
남자	6~8(세)	75	100		500	1.3	2.6	30	35		150	2.5	4	15	18	200
	9~11	85	110		500	1.9	10	40	45		200	3.0	6	15	18	300
	12~14	90	130		1,900	2.6	10	50	60		300	4.0	8	25	30	450
	15~18	95	130		2,200	3.2	10	55	65		300	4.0	10	25	30	550
	19~29	95	150		2,400	3.4	10	50	60		400	4.0	11	25	30	600
	30~49	95	150		2,400	3.4	10	50	60		400	4.0	11	25	30	600
	50~64	95	150		2,400	3.2	10	50	60		400	4.0	11	25	30	550
	65~74	95	150		2,400	3.1	10	50	60		400	4.0	11	23	28	550
	75이상	95	150		2,400	3.0	10	50	60		400	4.0	11	23	28	550
여자	6~8(세)	75	100		500	1.3	2.5	30	35		150	2.5	4	15	18	200
	9~11	80	110		500	1.8	10	40	45		200	3.0	6	15	18	300
	12~14	90	130		1,900	2.4	10	50	60		300	3.5	8	20	25	400
	15~18	95	130		2,200	2.7	10	55	65		300	3.5	10	20	25	500
	19~29	95	150		2,400	2.8	10	50	60		400	3.5	11	20	25	500
	30~49	95	150		2,400	2.7	10	50	60		400	3.5	11	20	25	500
	50~64	95	150		2,400	2.6	10	50	60		400	3.5	11	20	25	450
	65~74	95	150		2,400	2.5	10	50	60		400	3.5	11	18	22	450
	75이상	95	150		2,400	2.3	10	50	60		400	3.5	11	18	22	450
임신부		+65	+90			+0	10	+3	+4		400	+0	11	+0	+0	500
수유부		+130	+190			+0	10	+9	+10		400	+0	11	+3	+3	500

자료 : 보건복지부, 2020 한국인 영양소 섭취기준, 2020

란의 증세가 있으나 요오드를 공급해 치료하면 갑상선의 크기가 점점 감소하여 회복된다.

임신 기간 중 산모의 요오드 섭취가 부족하면 태아의 뇌가 제대로 발달하지 못하고 출생 후 정신박약, 성장지연, 왜소증 등의 크레틴증에 걸릴 수 있다. 크레틴증에 걸리면 신체의 성장이 이루어지지 못할 뿐 아니라 정신적 발달이 지연되고 청각과 언어 구사에 장애가 생기며, 보행 능력이 떨어지고 갑상선기능부전이 나타난다. 이런 경우에는 요오드를 첨가한 식물성 기름을 경구 투여하거나 주사하기도 한다.

크레틴증(cretinism)

갑상선기능부전(hypothyroidism)
성인은 여성에게 많고, 기초대사율이 감소하며 권태감, 무기력, 추위에 대한 민감증, 월경불순 등의 증상을 수반한다. 영아에서는 중증인 상태에서 크레틴병을 야기한다.

과잉증

하루 2mg 이상 요오드를 섭취할 때 과잉증을 보일 수 있는 수준으로 본다. 해조류를 아주 많이 섭취하는 경우를 제외하고 일반 식품으로 이 정도까지 섭취하는 것은 쉽지 않고, 일상 식사

에서는 하루 1mg 이하로 요오드가 공급된다.

갑상선기능항진증(hyperthyroidism)
바세도우씨병(Basedow's disease)
갑상선중독증(thyrotoxicosis)

보충제 등을 이용하여 요오드를 과다하게 복용하면 갑상선기능항진증이나 바세도우씨병이라고 하는 갑상선중독증이 생긴다. 이는 갑상선 호르몬의 분비가 많아지고 갑상선 기능이 과다하게 활동하여 기초대사율이 증가함으로써 자율신경계에 장애를 유발한다. 갑상선기능항진증은 보통 40세 이상의 연령층에서 발생하므로 주의를 요하고, 발생한 경우 약물치료를 받아야 한다.

불 소

불소(fluoride, F)

20세기 초반의 여러 역학조사에서 불소가 부족한 경우 충치 발생률이 높다는 사실이 관찰됨에 따라 불소와 치아 건강의 관련성이 제시되었다. 이후 식수에 불소를 첨가하는 사례가 늘기 시작하였다. 불소는 체내에서 95% 정도는 뼈와 치아에 존재한다. 뼈에 함유된 불소의 농도는 연령 및 섭취량에 따라 증가한다.

체내 기능

1. 충치 예방 및 억제

히드록시아파타이트(hydroxyapatite)
플루오르아파타이트(fluorapatite)

불소는 충치 발생을 억제하는 작용을 한다. 우리가 음식물을 섭취했을 때, 설탕 같은 구강내 탄수화물이 미생물에 의해 분해되면서 산이 형성된다. 충치의 주원인은 치아 에나멜층이 이러한 산에 의해 부식되기 때문이다. 그러나 불소는 뼈나 치아가 발달하는 과정에서 칼슘과 인이 결핍해서 생긴 히드록시아파타이트 결정에 수산기 대신 불소가 결합하여 플루오르아파타이트 결정이 형성되게 한다. 플루오르아파타이트 결정은 산에 대한 저항이 커서 치아에 이 성분이 많이 함유되어 있으면 충치에 대한 저항성이 높다. 또한 불소는 충치를 일으키는 박테리아나 효소 작용을 억제한다.

2. 골다공증과의 관계

불소 함량이 높은 지역에서 골다공증의 발생이 낮았다고 보고되고 있으며, 불소가 뼈에서 무기질이 빠져나오는 것을 방지하는 것으로 알려지고 있다.

흡수와 대사

섭취된 불소는 80~90%가 흡수되는데, 주로 소장에서 흡수된다. 배설은 주로 소변을 통해서 이루어지며 연령이 증가함에 따라 배설량이 많아진다.

불소가 풍부한 식품

불소는 해조류, 고등어, 정어리, 연어 등의 어류, 불소가 첨가된 식수, 차 등에 함유되어 있다(표 10-10). 대부분은 식사나 식수로부터 공급되지만 이 외에 불소첨가한 치약이나 치과에서 불소를 도포하는 과정에서도 공급된다.

필요량

보통 불소가 첨가된 물은 한 컵당 0.2mg의 불소가 들어있기 때문에 식수에 포함된 불소 함유량은 전체 불소 섭취량에 절대적으로 영향을 미치며 그 외의 섭취량은 0.5~3mg 정도이다. 식수와 식품 등에서 섭취하는 불소의 충분섭취량은 체중 1kg당 0.05mg을 기준으로, 성인 남자는 19~49세 3.4mg/일, 50~64세 3.2mg/일, 성인 여자는 19~29세 2.8mg/일, 30~49세 2.7mg/일, 50~64세 2.6mg/일으로 정하였다. 임신 · 수유부의 경우 성인 여자에 비해 불소의 섭취량을 높여야한다는 근거가 부족하여 성인 여자과 동일하게 설정하였다.

불소를 과잉 섭취하는 경우 치아나 골격에 불소침착증이 유발됨을 고려하고 최대무해용량 1일 10mg, 불확실계수 1.0을 적용하여 불소의 상한 섭취량은 1일 10mg으로 설정하였다.

히드록시아파타이트 (hydroxyapatite)

플루오르아파타이트 (fluorapatite)

표 10-10. 불소 함유 식품

식품군	식품명	1회 분량	중량(g)	불소(㎍)
곡류	밀배아	1공기	90	220
	전밀	1공기	90	70
고기 · 생선 · 달걀 · 콩류	고등어	1토막	60(생)	1,140
	정어리	1토막	60(생)	660
	연어	1토막	60(생)	360
	새우	7~8마리(중)	80	360
	청어(훈제)	1토막	60(생)	230
	게		80	180
	닭고기	1접시	60(생)	90
	달걀	1개(중)	60	84
	쇠고기	1접시	60(생)	70
	돼지고기	1접시	60(생)	40
	대두(말린 것)	2큰술	20	30
채소류	해조류(말린 것)		6	1,960
	시금치	익혀서 1/3컵	70	70
	파슬리		70	60
우유 · 유제품류	치즈	1장	20*	33
유지 · 당류		불소의 주요급원이 아님		
기타	차	1작은술	100	3,200

* 표시 : 0.3회

결핍증

골다공증(osteoporosis)

불소가 부족하면 충치가 쉽게 발생하고, 노인이나 폐경기 여성의 경우 골다공증의 위험이 높아진다. 구강 건강에서 불소는 치아가 형성되는 과정에서 가장 중요한 역할을 한다. 불소가 함유된 치약을 사용하거나 불소 첨가된 음료수를 이용하면 어린이들의 충치를 예방하는 데 효과가 높다.

과잉증

불소증(fluorosis)
뼈나 치아에 불소가 과다하게 침착되어 생기는 반점 모양의 변색을 말한다.

장기간 불소를 하루 20mg 이상 섭취하면 치아에 반점이 생기고 약해지는 불소증이 유발된다. 어린이들은 치아의 발달 시기에 생기기 쉬우며 성인의 경우 뼈에도 영향을 미치게 되어 변색되거나 부러질 수 있다. 골다공증이 심한 경우 이를 치료하기 위해서 실험적으로 불소를 하루 20mg 이상 사용하기도 하는데, 이런 경우 위장장애나 통증 등 심각한 부작용이 따를 수 있다.

셀레늄

셀레늄은 인체 내에서 주로 간, 신장, 심장, 비장에 분포되어 있는 미량 원소이다. 1930년대 셀레늄이 많은 토양에서 자란 식물을 섭취한 가축에서 알칼리병(alkali disease)이라는 만성 중독증이 나타났고, 그 후 셀레늄에 대한 연구가 진척되었다. 인체에서 이 원소의 중요성이 인식된 것은 1970년대 후반의 일이며, 1980년대 후반 미국에선 10차 개정된 영양권장량에 셀레늄의 권장량을 포함시키기에 이르렀다.

체내 기능

1. 글루타티온 과산화효소의 성분으로 항산화 작용

글루타티온 과산화효소(glutathione peroxidase)
과산화물(peroxide)

셀레늄은 항산화효소인 글루타티온 과산화효소의 성분으로 작용한다. 글루타티온 과산화효소는 환원형의 글루타티온을 이용하여 독성의 과산화물을 알코올 유도체와 물로 전환시켜서 과산화물(주로 과산화수소)에 의해 세포막이나 세포가 파괴됨을 방지한다. 따라서 셀레늄은 세포를 산화적 손상으로부터 보호하는 역할을 한다(그림 10-8).

2. 비타민 E의 절약 작용

유리라디칼(free radical)

셀레늄은 비타민 E와 마찬가지로 유리라디칼의 작용을 억제시킨다. 그러나 그 작용 방식에는 차이가 있으며 셀레늄은 세포질에서 과산화물을 파괴하는 역할을 하는 반면, 비타민 E는 세포막에서 이미 생성된 유리라디칼이 더 이상 작용하지 못하게 한다. 따라서 셀레늄이 충분한 경우 항산화작용에 요구되는 비타민 E를 절약하는 작용을 한다.

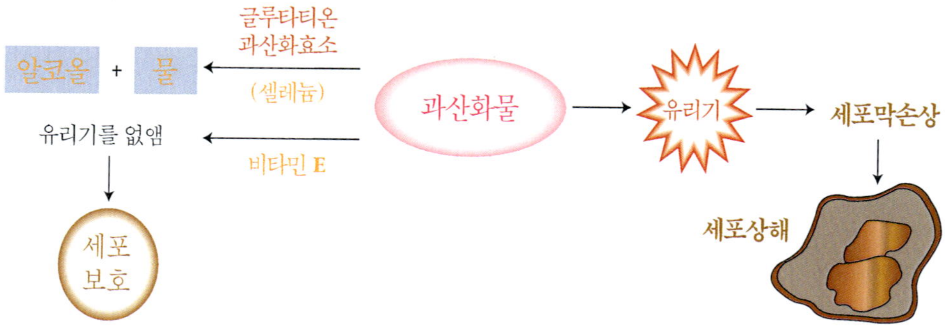

그림 10-8. 셀레늄의 작용

3. 기타 기능

셀레늄은 치아의 단백질 간질에 들어 있는 등 구조적 성분이기도 하다. 또한 셀레늄은 유리라디칼의 생성을 줄일 수 있으므로 암을 예방하는 데 도움이 될 것으로 사료되나 더 많은 연구가 필요하다. 이 외에 셀레늄은 갑상선 호르몬을 활성화시키는 데 관여한다.

흡수와 대사

식품 중의 셀레늄은 대부분이 아미노산인 메티오닌과 시스테인의 유도체와 결합하여 있다. 이 물질들은 쉽게 흡수되며, 특히 셀레노메티오닌의 경우 거의 모두 흡수된다. 전체 섭취량의 80%는 소장에서 흡수되며, 다른 미량 무기질보다 생체이용률이 높다. 동물 조직에서 셀레늄은 역시 셀레노메티오닌이나 셀레노시스테인의 형으로 존재한다.

셀레늄 배설량의 60%는 소변으로 배설된다. 섭취 수준이 매우 높은 상태에서는 호흡할 때 폐를 통해 배출되기도 한다. 동물실험을 보면 셀레늄의 섭취가 증가할 때 소변 배설량도 증가한다고 하나, 대변을 통한 배설이 조절되었다는 증거는 없다. 따라서 생리적 조건 하에서 체내 셀레늄의 수준은 소변을 통한 배설로 조절된다고 하겠다.

영양상태 평가

셀레늄의 영양상태를 알아보기 위해서는 혈청이나 혈장 내 셀레늄 함량, 혈액 및 적혈구의 글루타티온 과산화효소의 활성을 측정한다. 셀레늄의 상태를 판정할 때에는 다른 영양소, 즉 비타민 A, 비타민 E, 불포화지방산과 중금속(납, 카드뮴 등)과의 상호작용도 고려해야 한다.

혈청이나 혈장의 셀레늄 농도는 식이에 함유된 셀레늄의 양을 반영하므로 단기간의 셀레늄 영양상태를 판정하는 데 적합하다. 셀레늄 과잉이나 결핍을 나타내는 혈청 셀레늄 농도는 분명히 알려져 있지 않지만, 한 연구보고에 의하면 TPN으로 영양 공급을 받은 환자의 셀레늄 혈청 농도가 0.009㎍/L일 때 근육통 같은 임상적인 셀레늄 결핍증세가 나타났다고 한다. 혈청 셀레늄 농도의 정상 범위는 80~270㎍/L이다.

혈액이나 적혈구의 셀레늄 농도는 장기간의 셀레늄 영양상태를 알아보는 데 적합하며, 혈액이나 적혈구 글루타티온 과산화효소의 활성도는 식이로부터 섭취하는 셀레늄이 적은 경우에 셀레늄의 상태를 판정하는 방법이다. 장기간의 영양상태를 판정하는 또 다른 방법은 머리카락이나 발톱의 셀레늄 함량을 조사하는 것이다. 셀레늄의 주된 배설 경로인 소변 내 함량은 셀레늄 결핍보다는 중독의 지표로 이용되고 있으며, 정상적인 농도는 30㎍/L이다.

셀레늄이 풍부한 식품

셀레늄은 육어류, 내장류, 패류, 전밀이나 밀배아, 종실류, 견과류에 풍부하게 함유되어 있다(표 10-11). 시리얼이나 곡류의 경우 셀레늄 함량에 차이가 나는데, 그 이유는 이런 식물이 자란 토양에 따라 그 함량이 다르기 때문이다. 채소 및 과일류에는 셀레늄의 함량이 낮다.

필요량

셀레늄의 한국인 영양소 섭취기준은 1세 미만 영아의 경우 충분섭취량과 상한섭취량이, 1세 이상의 경우 평균필요량, 권장섭취량, 상한섭취량이 설정되었다.

표 10-11. 셀레늄 함유 식품

식품군	식품명	1회 분량	중량(g)	셀레늄(㎍)
곡류	밀배아	1공기	90	100
	전밀	1공기	90	57
	전밀빵	3쪽	100	48
	식빵	1쪽	35*	10
	쌀	1공기	90	18
	브랜 플레이크	1그릇	90	10
	콘플레이크	1그릇	90	4
고기 · 생선 · 달걀 · 콩류	가재		80	83
	참치	1토막	60(생)	43
	가자미	1토막	60(생)	36
	게		80	41
	굴		80	39
	닭고기	1접시	60(생)	25
	대구	1토막	60(생)	23
	쇠고기(sirloin)	1접시	60(생)	20
	달걀	1개(중)	60	10
	콩(말린 것)	2큰술	20	7
	땅콩		10	10
채소류, 과일류	셀레늄의 주요 급원이 아님			
우유 · 유제품류	우유(탈지우유)	1컵	200	26
	우유	1컵	200	6
	치즈		20*	1
유지 · 당류	버터	1작은술	5	8

* 표시 : 0.3회

우리나라 19세 이상 성인의 셀레늄 평균필요량은 셀레늄이 결핍된 성인에게 셀레노메티오닌을 보충 시 용량-반응으로 나타나는 셀레노프로테인 P의 수준에 기초하여 1일 50μg으로 정하였으며, 권장섭취량은 평균필요량의 120% 수준인 60μg으로 하였다. 이는 미국의 19세 이상 성인의 평균필요량 45μg/일, 권장섭취량 55μg/일보다 약간 높은 수준이다. 임신부는 태아에 필요한 셀레늄 양, 수유부는 모유로 분비되는 셀레늄 양을 고려하여 성인 여성의 권장섭취량에 각각 1일 4μg, 10μg을 추가한 양을 섭취하도록 권장하고 있다. 셀레늄의 상한섭취량은 식품과 보충제로 섭취하는 총량에 대해 설정하며, 1일 400μg으로 설정하였다.

결핍증

심근장애(cardiomyopathy)
케산병(Keshan's disease)

셀레늄이 결핍되면 근육이 손실되거나 약해지고 성장 저하, 심근장애가 발생한다. 이러한 증상은 장관외영양으로 셀레늄의 공급이 충분하지 못한 경우에도 나타난다. 중국의 케샨 지방에서 처음 보고된 케샨병은 셀레늄의 결핍에 의한 질병으로, 어린이나 가임기의 젊은 여성에게서 발생한 울혈성 심장병을 말한다. 급성인 경우엔 갑작스런 심장 기능의 부전이 오며, 만성화된 경우에는 심장 비대나 기능저하 등이 나타난다. 케샨병은 셀레늄의 섭취가 낮을 때 일어나며, 혈액과 머리카락의 셀레늄 함량도 낮아지고 비타민 E 부족상태에 이르게 된다. 셀레늄을 공급하면 심장병의 진전을 막을 수는 있지만 일단 발병하면 완치는 어려운 실정이다.

셀레늄의 영양상태와 만성퇴행성 질환의 관련성을 연구한 역학조사가 실시되었으나 셀레늄의 영양불량과 암 발생률 간의 관계가 불분명해 이에 대한 결론을 내리기 어렵다. 또한 동물실험 결과, 셀레늄이 암 유발을 억제한다고도 하지만 종양의 유발을 촉진한다고도 알려져 있다. 따라서 셀레늄을 항암제로 사용하는 것은 주의를 기울여야 할 것이다.

과잉증

셀레늄을 과잉 섭취했을 때의 유독증상은, 토양의 셀레늄 함량이 높은 지역에서 재배한 식품을 섭취한 경우나 보충제의 과잉 섭취 시 보고되고 있다. 과잉 섭취 시의 증상으로는 구토, 설사, 손톱과 발톱의 변화, 피로, 피부손상, 신경계의 손상 등이 있다. 또한 발진이나 간경변도 생길 수 있다.

망 간

망간(manganese, Mn)

성인의 체내에는 대략 20mg의 망간이 있으며 주로 뼈, 간, 골격, 췌장, 뇌하수체에 존재한다. 세포 내에서는 핵이나 미토콘드리아와 같은 소기관에 존재한다.

체내 기능

1. 금속효소의 구성 요소

아르기닌 분해효소(arginase)
피루브산 카르복실화 효소(pyruvate carboxylase)
글루타민합성효소(glutamine synthetase)

망간은 금속효소의 성분으로 존재하며 피루브산 카르복실화효소, 아르기닌 분해효소, 글루타민 합성효소와 SOD의 보조인자로 작용한다. 피루브산 카르복실화 효소는 피루브산에서 당질을 합성하는 첫 단계에 관여하는 효소로, 망간이 부족하면 이들 효소의 활성이 떨어진다. SOD는 슈퍼옥사이드 유리기를 파괴하는 작용을 하여 지질의 과산화를 방지한다. 아르기나아제는 요소 형성 반응을 촉매한다. 글루타민합성효소는 체내에서 암모니아를 제거하는 반응을 촉진시키며, 특히 뇌에 고농도로 존재한다.

2. 여러 효소를 활성화시키는 기능

가수분해효소(hydrolase)
인산화효소(kinase)
탈카르복실화효소(decarboxylase)
전이효소(transferase)

망간에 의해 활성화되는 효소에는 가수분해효소, 인산화효소, 탈카르복실화효소 및 전이효소 등이 있다. 이들의 작용에 따라 당질이나 단백질, 지질의 대사에 관여하고, 뼈나 연골 조직의 형성에 기여한다. 망간에 의해 활성화되는 효소는 망간에 꼭 특정적인 것은 아니며 다른 금속, 특히 마그네슘에 의해서도 활성화된다.

흡수와 대사

망간은 성인의 경우 식이에서 5% 정도로 소량만이 흡수된다고 추정하지만 이에 대한 보다 정확한 측정이 필요하다. 식이 내의 망간 함량이 증가함에 따라 흡수 효율은 줄어든다.

망간은 소장에서 흡수되는데, 처음에는 소장내강 내에서 흡수되고 점막세포를 따라 이동하는 두 단계를 거친다. 망간은 결합 부위에 대해 철이나 코발트 같은 다른 금속과 경쟁적으로 흡수되므로 이런 이온이 존재하면 흡수가 저해된다. 인체 실험결과에 의하면 철 결핍 시 망간의 흡수가 증가하고 철이 충분한 상태에서는 저해되었다고 한다.

트랜스망가민(transmangamin)

흡수된 망간은 α-2-마크로글로불린과 결합하여 문맥을 거쳐 간으로 이동한다. 철과 마찬가지로 망간의 일부는 3가이온으로 산화되고 혈장 내 이동 단백질인 트랜스페린이나 망간을 이동시키는 단백질인 트랜스망가민과 결합하여 간 이외의 다른 조직으로 이동한다. 망간은 거의 대부분이 담즙을 통해 대변으로 배설되며 매우 소량만 소변으로 배설된다. 체내의 망간 상태는 담즙을 통해 배설되는 양으로 조절된다.

망간이 풍부한 식품

망간은 식물성 식품에 비교적 많이 함유되어 있다(표 10-12). 호두, 땅콩 등의 견과류, 귀리, 전곡류, 도정하지 않은 곡류로 만든 시리얼, 콩류 등이 좋은 급원이다. 반면 도정한 곡류, 어류나 육류, 유제품에는 소량 함유되어 있다.

필요량

사람에게 필요한 망간의 양은 비교적 낮다. 망간의 경우 평균필요량과 권장섭취량을 설정할

표 10-12. 망간 함유 식품

식품군	식품명	1회 분량	중량(g)	망간(㎍)
곡류	쌀겨	1공기	90	31.2
	밀겨	1공기	90	9.9
	쌀	1공기	90	8.6
	브랜 플레이크	1그릇	90	3.9
	밀, 귀리	1공기	90	3.3
	감자		140*	1.4
	밀가루		90	0.9
	식빵	3쪽	100	0.3
	콘플레이크	1그릇	90	0.1
고기 · 생선 · 달걀 · 콩류	호두	2큰술	10	1.5
	대두(말린 것)	2큰술	20	0.6
	콩(리마, 말린 것)	2큰술	20	0.3
	닭고기	1접시	60(생)	0.01
	쇠고기	1접시	60(생)	0.01
채소류	양배추	2장	70	0.7
	시금치	1/3컵(익힌 것)	70	0.6
	당근	1/2개	70	0.3
	토마토	1/2개(중)	70	0.07
과일류	파인애플(통조림)	1쪽	100	1.1
	블루베리		100	1.0
	딸기	10개(중)	100	0.3
	사과	1/2개(중)	100	0.3
우유 · 유제품류	망간의 주요 급원이 아님			

* 표시 : 0.3회

수 있는 과학적 근거가 부족하여 전 연령층에서 모두 충분섭취량으로 제시하였다. 2020 한국인 영양소 섭취기준에 따르면 12세 이상 전 연령층에서 망간의 충분섭취량은 남자 4.0mg/일, 여자 3.5mg/일이다.

망간의 상한섭취량은 19세 이상 성인과 노인의 경우 11mg/일이다. 이는 망간의 용량-반응 평가연구에서 식품으로 하루 11mg의 망간을 섭취했을 때, 특별한 독성증세가 나타나지 않았다는 연구결과를 토대로 한 것이다.

결핍증

동물실험 결과, 망간이 결핍되었을 때 성장장애, 생식장애, 뼈와 연골의 형성에 변화가 생기고, 지질 및 당질 대사의 이상 등이 나타난다. 망간은 식물성 식품에 널리 존재하고 인체에 소량만 요구되므로 일반인에게서 망간의 결핍증은 잘 나타나 있지 않다. 그러나 몇몇 사례 연구나 실험결과를 보면, 망간 결핍 시 체중이 감소하고, 머리카락이나 손톱 및 발톱이 잘 자라지 않으며, 피부염이나 저콜레스테롤혈증이 관찰되었다. 망간 결핍 시 뼈가 약해지거나 골다공증, 관절 질환 등 골격계 질환이 발생하기도 한다.

과잉증

과행동증(hyperactivity)

파킨슨병 (Parkinson's disease)

망간의 과잉증은 탄광에서 일하는 근로자나 망간에 장기간 노출된 인부에게서 관찰된다. 그 증상으로는 심한 정신적 장애, 환상, 과행동증, 근육 조절의 이상을 보이며 불안정해지거나 성격이 포악해지는 수가 있다. 간이나 중추신경계에 망간이 과다하게 축적되면 파킨슨병과 유사한 신경근육계 증세가 나타난다. 인체에서 식이섭취로 인한 망간의 과잉증은 거의 나타나지 않지만, 망간을 과잉섭취하면 유독하므로 보충제를 이용하는 등 필요량 이상으로 섭취하는 것은 유의하여야 한다.

크롬

크롬(chromium, Cr)

동물실험을 통하여 크롬이 당내성인자의 주요 활성 성분이며 아세트산에서 지방산과 콜레스테롤의 합성을 촉진한다는 것이 알려졌다. 그러나 인체에 대한 크롬의 중요성이 인식된 것은 그리 오래되지 않았다. 크롬은 체내에 6mg 정도로 소량 존재하고, 이 소량의 크롬 결핍은 당뇨병이나 심장병과 관련이 있다고 한다.

체내 기능

1. 당내성인자의 성분으로 당질 대사에 관여

당내성인자(glucose tolerance factor, GTF) 크롬과 니코틴산 및 아미노산의 복합체로, 조직의 수용체와 반응하는 인슐린의 작용을 촉진시키는 물질

인슐린작용강화제 (insulin-potentiating substance)

크롬은 당내성인자라고 하는 유기 복합체의 필수적인 성분으로 인슐린 작용을 강화하며, 이에 따라 탄수화물, 지질, 단백질의 대사에 관여하는 필수 영양소로 알려져 있다. 크롬의 대표적 기능은 세포 내로 포도당을 유입하게 돕는 것이다.

당뇨병 증세를 보이고 장관외영양으로 영양을 공급받는 환자가 크롬 보충 후 당뇨병 증세가 호전되어 인슐린을 투여할 필요가 없어졌다는 결과를 볼 때, 크롬이 인슐린과 상호작용하는 인슐린 수용체의 기능에 영향을 준다는 사실이 입증되고 있다. 크롬이 인슐린의 작용을 활성화시키는 방법은 인슐린에 직접 작용하거나 인슐린의 수용체에 작용하는 것 외에 인슐린 작용을 강화하는 물질의 합성 조절에도 관여한다.

2. 지질 대사에 관여

크롬은 지질 대사에도 관여하는데 크롬 보충 시 혈청 콜레스테롤이 감소하고 HDL-콜레스테롤이 약간 증가한다고 한다.

3. 핵산의 구조를 안정화

크롬은 아연 등의 미량 무기질처럼 DNA나 RNA 같은 핵산의 구조를 안정화시키는 데 기여한다. 따라서 유전 정보의 변이를 어느 정도 억제하고 암의 발생을 낮추는 역할이 있는 것으로 사료되나, 이에 대한 보다 많은 연구가 필요한 실정이다.

흡수와 대사

크롬이온은 +2가에서 +6가의 형으로 존재할 수 있는데 이 중 흔한 형태는 +2, +3, +6가의 이온이다. 3가의 크롬은 6가의 형태보다 잘 흡수되지 않는다. 무기 크롬의 흡수는 식이로 섭취하는 정도에 따라 다르며 크롬의 섭취 수준이 높을수록 흡수율이 낮다. 그러나 식이 섭취가 40~240μg일 때 크롬의 흡수는 0.4%로 비교적 일정하게 유지된다. 여러 연구결과로 볼 때 크롬의 흡수는 2%보다 적은 수준으로 볼 수 있다. 생물학적으로 활성이 있는 크롬(GTF)은 무기 크롬보다 쉽게 흡수되지만 체내를 빨리 통과하여 사용되지 않는 일이 많다. 장에서 크롬이 흡수되는 기전은 잘 알려져 있지 않지만 단순확산이 아닌 다른 과정으로 흡수된다.

크롬의 흡수나 생체이용률에는 여러 가지 식이 요인이 영향을 미친다. 크롬은 옥살산이 존재할 때나 철이 결핍된 상태일 때 그 흡수가 증가되고, 식이로 섭취하는 크롬의 양이 적을 때에도 흡수가 증가된다. 식이 요인 외에 크롬 흡수는 생리적인 요인에도 영향을 받으며, 화학적으로 유도된 당뇨병의 경우에 흡수가 증대되고 나이가 들어감에 따라 흡수가 감소된다.

크롬은 혈청 트랜스페린이나 알부민과 결합하여 이동하는데, 주로 트랜스페린과 결합한다. 따라서 트랜스페린이 철으로 포화되었을 때 크롬의 이동이나 체내 보유가 줄어든다. 이 외에 α-글로불린, β-글로불린이나 지단백질이 크롬과 결합하며 크롬 대사에 주요한 역할을 담당한다.

크롬은 체내에 고루 분포하고, 흡수된 크롬은 주로 신장을 통해 소변으로 배설되며, 소량만이 머리카락, 땀, 담즙의 형태로 배설된다. 크롬이 신장을 통해 배설되는 기전은 잘 알려져 있지 않지만 신장의 세뇨관을 통해 4/5 이상이 재흡수된다.

영양상태 평가

크롬의 영양상태를 알아보기 위해서는 혈청이나 혈장 내 농도, 머리카락과 소변의 함량을 측정한다. 성인의 혈청 내 크롬의 정상 수준은 0.14~0.15ng/mL이며 혈장은 0.26~0.28ng/mL이고, 이보다 월등히 낮은 수준이면 크롬이 결핍된 것으로 본다.

머리카락의 함량을 측정하기도 하는데, 200ng/g 이하인 경우 초기 크롬 결핍상태로 간주한다. 흡수된 크롬은 주로 소변으로 배설되며, 정상 성인은 하루 0.2μg 정도의 크롬을 소변으로 배설하는데 정확하게 측정하기는 어렵다. 소변으로 배설되는 크롬량은 크롬 영양상태를 나타내는 대표적인 지표이다.

크롬이 풍부한 식품

식품 내 크롬의 함량에 대한 자료는 부족한 실정이다. 크롬이 풍부한 대표적 식품으로는 간,

달걀, 전밀, 밀겨, 밀배아 등 도정하지 않은 곡류, 육류, 이스트가 있다(표 10-13). 반면 크롬의 함량이 적은 식품에는 과일과 채소, 여러 해산물, 유제품, 가공 식품 등이 포함된다. 크롬을 섭취하기 위해서는 도정한 곡류 대신 전곡류를 먹는 것이 바람직하다.

필요량

한국인의 크롬 평균필요량을 결정할 수 있는 연구결과가 부족한 실정이다. 이에 미국 성인의 일반 식사에 함유된 크롬양을 기준으로 연령대별 에너지 필요추정량에 대비, 산출하여 성인의 크롬 충분섭취량을 설정하였다. 성인 남자와 노인의 크롬 충분섭취량은 각각 30㎍/일, 25㎍/일이며, 성인 여자와 노인의 경우 20㎍/일이다.

크롬을 하루 20㎍이하로 섭취하면 약한 정도이긴 하지만 혈당이 상승되기도 한다. 크롬의 1일

표 10-13. 크롬 함유 식품

식품군	식품명	1회 분량	중량(g)	크롬(㎍)
곡류	밀겨	조리 후 1공기	90	36
	감자		140*	34
	전밀	조리 후 1공기	90	26
	밀배아	조리 후 1공기	90	23
	식빵	3쪽	100	20
	시리얼	1그릇	90	13
고기 · 생선 · 달걀 · 콩류	간	1접시	60	30
	달걀	1개(중)	50	26
	쇠고기	1접시	60	19
	굴		80	16
	닭고기	1접시	60	8
채소류	당근	1접시	70	6
	시금치	데쳐서 1/3컵	70	6
	버섯	1접시	30	0.9
과일류	바나나	1개	100	11
	오렌지	1개(중)	100	5
	딸기	10개(중)	100	3
우유 · 유제품류	치즈	1.5~2장	20*	10
	우유	1컵	200	2
유지 · 당류	당밀	1큰술	10	12
	흑설탕	1큰술	10	2
	버터, 마가린	1작은술	5	0.8
	식물성 기름	1작은술	5	0.7
	백설탕	1큰술	10	0.2
기타	이스트	1큰술	10	12

* 표시 : 0.3회

평균섭취가 25㎍ 정도에서 크롬의 결핍 증세가 나타나지 않았다는 결과가 있으며 이러한 대상들에게 크롬을 보충했을 때, 내당능(glucose tolerance)이나 혈장의 인슐린, 콜레스테롤이나 중성 지질의 농도에 큰 차이가 없었다는 점으로 미루어, 대부분의 정상인들은 하루 25~35㎍의 크롬을 섭취하는 것이 적절하다고 여겨진다. 그러나 이 정도의 양은 크롬의 체내 요구가 증가된 경우 또는 체내 크롬이 많이 손실된 경우에는 적합하지 않다. 한국인의 크롬 필요량이나 섭취량에 대한 연구는 아직 부족하다.

결핍증

크롬은 자연계에 널리 분포하므로 결핍증은 흔하지 않다. 그러나 동물실험 결과에 의하면 크롬이 결핍된 경우 당내성이 떨어진다. 인체에서 크롬이 결핍되는 경우는 오랜 기간 장관외영양으로 영양을 공급받는 경우인데, 동물에서와 같이 당내성과 인슐린에 대한 반응이 떨어지며 혈당이 증가하고 당뇨가 나타난다.

이 외에도 크롬이 결핍될 때 그대로 성장이 지연되고 혈중 콜레스테롤과 중성지질 수준이 증가하거나 동맥에 혈전이 생기는 등 지질 대사에 이상이 온다. 또한 각막이 손상되거나 불임 등의 증상도 나타난다. 크롬의 영양상태를 조기에 정확하게 측정하는 방법이 아직 개발되지 않아 경증의 크롬 결핍은 발견되지 않는 경우가 많다.

과잉증

3가 크롬은 아주 과다하게 섭취한 경우를 제외하고는 독성을 찾아보기 어렵다. 또한 3가 크롬은 흡수율이 낮아 독성을 나타내려면 아주 과량을 섭취했을 때만 가능하다. 크롬의 과잉증은 산업체에서 크롬에 많이 노출된 근로자나 페인트공에게서 나타난다. 산업체에서 공기 중의 6가 크롬에 과다하게 노출되는 경우 알레르기성 피부염, 피부 궤양증, 기관지암 등의 발생이 증가한다. 그러나 경구 투여로 인한 3가 크롬의 중독에 대해서는 그리 염려하지 않아도 된다.

몰리브덴

동물과 인체의 정상적인 성장에 필요한 몰리브덴의 양은 다른 미량 원소에 비해 매우 소량이다. 유전적 결함으로 이 원소가 결핍되면 대사 이상이 생긴다는 연구결과에 따라, 몰리브덴을 필수 원소로 인식하게 되었다. 몰리브덴의 결핍으로 인한 대사 이상에는 신경계 장애, 정신적 발달장애 등이 있는데, 이는 몰리브덴을 필수로 하는 황산 산화효소와 잔틴 탈수소효소의 결핍으로 인한 것이다.

몰리브덴
(molybdenum, Mo)
잔틴 탈수소효소
(xanthine dehydrogenase)
황산 산화효소
(sulfate oxidase)

체내 기능

잔틴 산화효소(xanthine oxidase)
알데히드 산화효소(aldehyde oxidase)

몰리브덴은 잔틴 탈수소효소나 잔틴 산화효소, 알레히드 산화효소 등 여러 효소의 보조인자로서 대사 작용에 관여한다. 잔틴 산화효소는 잔틴을 요산으로 전환시키는 효소이다. 조직이 손상된 경우에는 탈수소효소형에서 산화효소형으로 변한다. 또한 알데히드 산화효소의 보조인자로도 작용하여 알데히드를 카르복실산으로 바꾸는 반응에도 관여하며 피리미딘과 퓨린 등의 화합물의 산화를 억제한다.

흡수와 대사

식이로 섭취한 몰리브덴은 25~80% 정도가 흡수된다. 특히 식이 내의 몰리브덴의 함량이 낮을 때 장의 흡수 효율이 증가한다. 몰리브덴이 흡수되는 과정은 확실치 않지만 능동수송과 확산을 통해 이루어지는 것으로 추정된다. 몰리브덴의 흡수는 몰리브덴과 여러 식이 요인과의 상호작용에 영향을 받는다. 몰리브덴은 철과 구리 등의 무기질과 상호작용이 크며, 특히 구리와 경쟁적으로 흡수된다.

이온형(molybdate)

체내에서 간과 신장에 비교적 몰리브덴이 많이 함유되어 있다. 이 원소는 흡수된 후 빨리 전환되고, 신장을 통해 몰리브덴의 이온형으로 소변으로 제거된다. 따라서 몰리브덴의 항상성은 흡수를 조절하는 것보다는 배설에 의해 유지된다. 소량은 담즙으로 배설된다.

몰리브덴이 풍부한 식품

식품 내 함량은 식품이 자란 환경, 토양에 따라 차이가 있다. 몰리브덴의 좋은 급원으로는 밀배아, 전곡류, 말린 콩, 간 등의 내장육, 우유 및 유제품 등이다. 반면 어류, 채소 및 과일, 당류, 유지류에는 몰리브덴의 함량이 적다(표 10-14).

필요량

몰리브덴의 경우 결핍증이나 인체 독성은 드물다. 몰리브덴의 평균필요량은 균형 연구결과를 토대로 19~64세 성인 남자는 25μg/일, 성인 여자는 20μg/일, 65세 이상 노인 남자는 23μg/일, 노인 여자는 18μg/일로 설정하였다. 몰리브덴의 권장섭취량은 평균필요량의 120%로 설정하여 19~64세 성인 남자는 30μg/일, 성인 여자는 25μg/일, 65세 이상 노인 남자는 28μg/일, 노인 여자는 22μg/일이다.

몰리브덴의 상한섭취량은 최저유해용량(1,500μg/일), 불확실계수(2)와 성인의 평균체중을 적용하여 설정하였고, 19~49세 성인 남자는 600μg/일, 50세 이상 남자는 550μg/일, 19~49세 성인 여자는 500μg/일, 50세 이상 여자는 450μg/일로 설정되어 있다.

결핍증과 과잉증

정상적인 식이를 하는 사람에게서는 몰리브덴의 결핍은 관찰되지 않지만, 정맥 영양을 공급받는 환자들에게서는 결핍증세가 나타난다. 그 증세를 보면, 심장 박동의 증가, 호흡곤란, 부

표 10-14. 몰리브덴 함유 식품

식품군	식품명	1회 분량	중량(g)	몰리브덴(mg)
곡류	통밀가루		90	0.043
	밀가루		90	0.023
	밀배아		90	0.189
	감자		140*	0.022
고기 · 생선 · 달걀 · 콩류	간	1접시	60	0.090
	콩(리마, 말린 것)	2큰술	20	0.065
	달걀	1개(중)	60	0.030
	가금류	1접시	60	0.024
	완두콩	2큰술	20	0.013
채소류	시금치	1/3컵(익힌 것)	70	0.018
	양배추	2장	70	0.012
	당근	1접시	70	0.007
	셀러리	3쪽	70	0.001
	양상추	3~4장	70	0.001
과일류	바나나	1개(중)	100	0.003
우유 · 유제품류	우유	1컵	200	0.006
유지 · 당류	몰리브덴의 주요 급원이 아님			

* 표시 : 0.3회

종, 허약증세와 혼수가 나타난다.

몰리브덴은 비교적 독성이 적은 원소로서, 매우 많은 양을 경구 투여해야 그 항상성 유지에 문제가 생긴다. 인체에서 발견된 과잉증으로는 혈액 내 요산이 증가하고 이에 따라 통풍이 생기는 것이다.

쉬어가기

망간, 크롬, 몰리브덴

망간은 여러 금속 효소의 구성 성분으로 당질, 단백질, 지질의 대사에 관여하고 뼈나 연골조직의 형성에 기여한다. 망간은 전곡류, 견과류, 콩류에 풍부하다. 크롬은 당내성인자의 성분으로 인슐린의 작용을 돕고 콜레스테롤의 합성에 관여한다. 크롬의 주급원은 간, 육류, 전곡류 등이다. 몰리브덴은 몇몇 효소에서 요구되는 미량원소이다. 인체에서 크롬, 몰리브덴의 결핍증은 흔하지 않고 정맥 영양을 하는 경우에 관찰된다.

표 10-15 미량 무기질의 요약

종 류	주요기능	대 사	풍부한 식품	결핍증	과잉증
철	헤모글로빈 · 미오글로빈 성분, 골수에서 조혈작용을 도움, 효소의 구성성분, 면역기능 유지에 관여	흡수 : 10~20% -증진인자 : 위산, 헴철, 동물성식품(육류 · 어류 · 가금류), 비타민 C, 체내요구 증가시 -저해인자 : 비헴철, 피트산, 옥살산, 폴리페놀성분, 다른 무기질, 위산분비 저하시, 체내저장량 충분시 이동 : 트랜스페린 저장 : 페리틴, 헤모시데린 배설 : 대변, 소변, 땀, 피부, 체내조직, 출혈	육류(쇠간),어패류, 가금류, 콩류, 시리얼, 녹색채소	체내철량감소, 철결핍성 빈혈(피부창백 · 피로 · 허약 · 호흡곤란 · 식욕부진 유발 · 어린이의 경우 성장장애)	혈색소증(심장 · 췌장 등에 철 축적되며 심부전 · 당뇨병 등 유발 가능)
아연	200여개 효소의 구성요소, 성장 · 면역 · 생체막 구조와 기능의 정상 유지에 기여, 핵산의 합성에 관여	흡수 : 메탈로티오네인과 소장에서 결합하여 흡수, 식이아연의 10~30% 흡수 -증진인자 : 육류, 패류 등의 동물성 식품 -저해인자 : 피틴산, 식물성식품, 섬유소, 다른 무기질(철 · 구리 등), 노령의 경우 이동 : 알부민 등의 단백질에 의해 배설 : 주로 대변으로 배설되나 소변과 피부	패류(굴 · 게 등), 육류, 우유, 요구르트	성장지연 · 왜소증, 상처회복 지연, 식욕부진, 미각 · 후각 감퇴, 장성말단 피부염	철 · 구리 흡수 저하, 설사 · 구토, 면역기능 억제, HDL 낮춤
구리	철의 흡수 · 이용을 도움, 결합조직의 건강에 기여, 금속계효소의 성분	흡수 : 주로 소장에서 10~55% 흡수 이동 : 알부민에 의해 저장 : 간 배설 : 담즙을 통해 대변으로, 소량은 소변과 땀의 형태로	육류(간 · 내장), 패류(굴 · 가재), 배아	빈혈증, 뼈의 손실, 성장장애, 심장질환	복통 · 오심 · 구토, 혼수, 간질환, 윌슨병
요오드	갑상선 호르몬의 성분 및 합성	흡수 : 갑상선자극호르몬이 갑상선 세포로 흡수되는 정도 조절 이동 : 혈장 단백질과 결합하여 필요한 조직이나 간으로 배설 : 주로 소변으로, 소량은 담즙으로 배설	해조류(미역 · 김 등), 해산물, 요오드 강화식염	갑상선기능부전증(권태감 · 기초대사율 저하 · 추위에 민감증 등), 갑상선종, 크레틴증(성장지연)	갑상선기능항진증
불소	충치예방 및 억제, 골다공증 방지에 기여	흡수 : 주로 소장에서 80~90% 흡수 배설 : 대부분 소변으로 배설	해조류, 어류, 자연수	충치유발, 골다공증	불소증, 위장장애, 치아반점
셀레늄	글루타티온 과산화효소의 성분, 항산화 작용(비타민 E 절약)	흡수 : 주로 소장에서 80% 정도 배설 : 주로 소변으로	새우, 패류, 어류, 견과류, 전밀	근육약화, 성장장애, 심근장애, 심장기능 저하	구토, 설사, 피부손상, 신경계손상
망간	금속계 효소의 구성 요소, 효소를 활성화시킴(당질 · 지질 · 단백질 대사에 관여), 뼈와 연골조직의 형성	흡수 : 5% 이내, 철 · 코발트 등과 경쟁적으로 흡수 이동 : 트랜스망가닌, 트랜스페린과 결합하여 이동 배설 : 담즙을 통해 대변으로	견과류, 귀리, 전곡류	체중감소, 동물의 경우 성장장애 · 생식장애 · 지질 및 당질 대사이상	신경근육계 증세(파킨슨병과 유사, 정신장애)
크롬	당내성인자의 성분으로 인슐린 작용 및 당질 대사에 관여	흡수 : 2% 내외 이동 : 트랜스페린이나 알부민과 결합하여 이동 배설 : 주로 소변으로 배설	달걀, 간, 전곡, 견과류	장기간 TPN시 당뇨 유발, 성장지연, 콜레스테롤 · 지질대사에 이상	산업체에서 크롬에 과다 노출되면 피부염, 기관지암 등 발생
몰리브덴	효소의 구성성분(잔틴 탈수소효소 · 잔틴 산화효소)	흡수 : 25~80% 흡수, 식이의 함량이 낮을 때 흡수 증가, 철 · 구리와 상호작용(특히 구리와) 배설 : 주로 소변으로	밀배아, 전곡류, 간, 우유 · 유제품	사람에 잘 알려져 있지 않음, 정맥영양시 호흡 · 심장박동 빨라짐, 부종 · 혼수 동반	요산증가, 통풍유발

요약

1. 철은 헤모글로빈과 미오글로빈의 성분으로 산소의 이동과 저장에 필요하며, 골수에서 적혈구를 생성하는 조혈작용에 관여한다. 또한 시토크롬 효소 등 여러 효소의 구성 성분이다.
2. 식이 철의 체내 흡수율은 약 5~10%이며, 철 결핍 시 10~20% 정도 된다. 철 흡수에는 여러 인자가 관여한다. 철은 동물성 식품으로부터 헴철의 형태로 섭취되면 흡수가 높아지며, 비타민 C와 함께 섭취할 때, 체내 철 저장량이 낮거나 적혈구 요구량이 높은 상태 등 체내 요구량이 높을 때 흡수율은 증가한다. 반면 비헴철의 형태로 섭취하거나 식이 내 피틴산, 옥살산이나 폴리페놀 성분이 많으면 철의 흡수는 저해된다. 이 외에도 아연이나 구리 등 무기질과 상호작용하거나 체내 철 저장량이 높은 경우 철 흡수가 저해된다.
3. 철이 풍부한 식품으로는 육류, 어패류, 가금류를 들 수 있다. 곡류 및 콩류, 녹색 채소 등 식물성 식품에도 철이 어느 정도 함유되어 있지만 흡수율이 낮다.
4. 아연은 200가지 이상의 효소에 보조 인자로 작용하며, 성장, 미각의 감지, 면역 작용, 상처의 회복에 관여한다. 또한 핵산의 합성이나 생체막의 기능은 제대로 유지하는 데 필요하다.
5. 아연의 주된 급원은 육류, 굴 · 새우 · 게 등의 패류이다. 동물성 급원으로 섭취한 아연은 흡수율이 높은 반면 식이에 함유된 피틴산, 구리나 철 등의 무기질은 아연의 흡수를 저해한다.
6. 구리는 철의 흡수와 이용을 돕고 결합조직의 형성에 기여하며 여러 금속효소의 구성 성분으로 작용한다. 구리의 급원으로는 육류, 해산물, 견과류, 두류를 들 수 있다.
7. 요오드는 체내 대사율을 조절하고 성장 발달을 촉진하는 갑상선 호르몬의 성분이다. 식이로 섭취하는 요오드가 부족한 경우 단순 갑상선종, 크레틴증 등에 걸리며, 과잉 시 갑상선기능항진증이나 갑상선중독증이 유발된다. 요오드는 미역 · 김 등의 해산물에 풍부하다.
8. 셀레늄은 글루타티온 산화효소의 보조 인자로 작용하여 과산화물을 제거하는 역할을 한다. 또한 셀레늄은 비타민 E를 절약하는 작용을 한다. 셀레늄이 풍부한 식품육, 내장육, 어패류 등이며, 식물성 급원은 셀레늄의 함량이 높은 토양에서 재배된 전곡이다.
9. 크롬은 당내성인자의 성분으로 인슐린의 작용을 돕고 간, 육류, 전곡류에 많이 함유되어 있다. 망간과 몰리브덴은 여러 효소의 활성에 관여한다.

참고문헌

1. 계승희 · 백희영(1993) '우리나라 젊은 성인 여성의 철 영양상태와 이에 영향을 미치는 식이요인분석(1): 혈액의 철영양상태 평가지표의 비교 및 분석', 한국영양학회지 26(6): 692~702
2. 남혜선 · 이선영(1992) '충남대 여대생의 철섭취량과 영양상태에 대한 연구', 한국영양학회지 25(5): 404~412
3. 보건복지부(2020) 2020 한국인 영양소 섭취기준
4. 질병관리청(2014) 국민건강영양조사
5. 채범석 · 한정호 · 남명희(1980) '한국인 여성의 월경 중 혈액손실과 체내 철 영양상태에 관한 연구', 한국영양학회지 13(2): 82~91
6. Aggett PJ · Comerford JG(1995) "Zinc and human health", *Nutr Rev* 53(9): S16~22
7. Anderson RA(1991) "Supplemental chromium effects on glucose, insulin, glucagon, and urinary chromium losses in subjects consuming controlled low-chromium diets", *Am J Clin Nutr* 54: 909~916
8. Brown ML ed(1990) *Present knowledge in nutrition*, 6th ed., International Life Sciences *Institute*, Nutrition

Foundation, Washington D.C., MD

9. Ensminger AH · ensminger ME · Konlande JE · Robson JR(1994) *Foods and Nutrition Encyclopedia*, 2nd ed., vol. 1 & 2, CRC Press
10. Gibson RS(1990) *Principles of nutritional assessment*, Oxford University Press
11. Institute of Medicine, Food & Nutrition Board(2001). Dietary reference intakes for vitamin A, vitamin K, arsenic, boron, chromium, copper, iodine, iron, manganese, molybdenum, nickel, silicon, vanadium, and zinc. National Academy Press.
12. Kim HS · Miller DD · House W(1994) "Habitual tea consumption protects against the inhibitory effects of tea on iron absorption in rats", *FASEB J* 8(5): 902
13. Kim JY · Kim KR(2000) "Dietary iodine intake and urinary iodine excretion patients with thyroid disease. Yonsei Med J 41: 22~28
14. Koury M, Ponka P(2004) New insights into eruthropoeisis: The roles of folate, vit B12 and iron. Annual Review of Nutrition 24: 105~131
15. Lee RD · Nieman DC(1996) *Nutritional assessment*, 2nd ed., Mosby
16. Mehta SW · Pritchard ME · Stegman C(1992) "Contribution of coffee and tea to anemia among NHANES II participants", *Nutr Res* 12: 209~222
17. Nutrition Research Council(1989) *Recommended dietary allowances*, 10th ed., National Academy Press
18. Ponka P(2004) Recent advances in cellular iron metabolism. Journal of Trace Element and Experimental Medicine 16: 201~217
19. Prasad AS(1995) "Zinc: An overview", *Nutr* 11: 93
20. Querido A · DeLange F · Dunn JT · Fieroo-Benitez R · Ibbertson HK · Koutras DA · Perinetti H(1972) "Definitions of endemic goiter and cretinism, classification of goiter size and severity of endemias, and survey techniques", In Report of the Fourth Meeting of the PAHO/WHO Technical Group on Endemic Goiter, Dunn JT · Dedeiros-Neto GA ed., PAHO/WHO, *Scientific Publication*, no. 292. Washington D.C
21. Reilly C(2004) The nutritional trace metals. Blackwell Publishing Company. Oxford UK
22. Shils ME · Olson JA · Shike M(1994) *Modern nutrition in health and disease* vol. 1, Lea & Febiger
23. Simko MD · Cowell C · Golbride JA(1995) "Nutrition assessment", *A comprehensive guide for planning intervention*, 2nd ed., An Aspen Publication
24. Theil E(2004) Iron, ferritin and nutrition. Annual Review of Nutrition 24: 327~343
25. Whiting SJ(1994) "The inhibitory effect of dietary calcium on iron bioavailability: a cause for concern?", *Nutr Reviews* 53: 77
26. Wardlaw GM, Hampl JS, Disilvestro RA(2003) "The trace minerals", Perspectives in Nutrition, 6th ed., McGraw-Hill., New York
27. Wardlaw GM · Insel PM · Seyler MF(1994) *Contemporary nutrition — issues and insights*, 2nd ed., Mosby
28. Williams SR(1993) *Nutrition and diet therapy*, 7th ed., Mosby
29. Whitney EN · Rolfes SR(1996) *"The trace mineral" Understanding Nutrition*, Hh ed, west, New York

연습문제

1. 철의 흡수를 증진시키는 인자와 방해하는 인자는 무엇인가?
2. 체내에서 아연과 구리는 각각 어떤 기능이 있는가?
3. 철의 영양상태는 어떤 방법으로 평가하는가?
4. 미량 무기질은 서로 상호작용하며 경쟁적으로 흡수되는 경우가 많다. 이러한 예를 들라.
5. 체내에서 요오드와 불소의 결핍 시 각각 어떤 증상이 나타나는가?
6. 셀레늄은 어떻게 항산화작용에 관여하는가?
7. 한국 성인의 철 및 아연의 권장섭취량은?

CHAPTER

11

한국인의 식생활 현황 및 정책

CHAPTER 11

한국인의 식생활 현황 및 정책

들어가는 말

최근 우리나라에서는 사회경제 수준의 향상과 의료보건 환경의 변화에 따라 평균 수명이 연장되고 노년층 인구가 증가하고 있다. 동시에 생활환경의 변화는 질병의 구조에도 변화를 주어 주요 사망 원인이 감염성 질환에서 암, 순환기계 질환 등의 만성질환으로 이행하고 있다. 많은 연구들을 통해서 만성질환의 이환은 식생활 및 생활습관과 밀접한 관련있다고 알려졌다. 그러므로 식생활 개선을 통해 건강증진을 추구하는 것은 질병의 예방이나 치료 측면에서 바람직하다. 또한 올바른 영양교육을 지속적으로 실시하고 영양취약계층을 위한 영양 정책을 활성화시키며 다양한 영양서비스 프로그램을 제공해야하므로 우리 국민의 식생활 현황과 정책이 무엇인지 살펴보는 것이 필요하다.

그림 11-1. 변화하는 한국인의 가족

한국인의 식생활 현황

우리나라는 경제, 문화, 사회, 생활양식, 소비문화 등이 급격하게 변화하면서 식생활에도 많은 변화가 있었다. 식생활의 변화는 국민의 영양과 건강에 많은 영향을 미치고 있다. 2019 국민건강영양조사 결과에 의하면 현재 우리 국민은 전반적으로 칼슘 부족, 나트륨 과잉 등 영양섭취 불균형이 지속되고 있으며, 10~20대, 65세 이상, 저소득자의 영양섭취 부족 위험이 있다. 앞으로 기술할 식품 및 영양소 섭취량은 국민건강영양조사에서 산출된 통계에 기반한 것이며, 관련된 자세한 통계는 국민건강영양조사 누리집(knhanes.kdca.go.kr)을 방문하여 이용가능하다. 통계량은 단년도 통계 내용을 설명할 때는 해당 연도의 인구 구조에 맞춰 산출한 값에 기반하여 제시하고, 연도별로 비교가 필요한 경우에는 2005년도 인구 구조에 맞춰 연령표준화한 산출값을 기반으로 제시하였으므로 동일 연도의 같은 식품군이나 영양소 값을 언급하더라도 값이 조금 차이가 날 수 있음을 감안해야 한다.

식품섭취변화

1. 식품섭취량

2019년 국민건강영양조사 결과, 1일 총 식품섭취량은 1,517g으로 남자(1,708g)가 여자(1,326g)보다 382g 더 많이 섭취하였다(표 11-1). 식품섭취량 변화는 주류, 음료류, 우유류 등 액상의 식품 섭취 증가에 따른 영향이 크며, 2013년 이후 멸치국물, 다시마국물, 무국물 등의 육수식품을 반영하면서 총섭취량이 더 증가하였다.

식품군별 섭취량이 가장 높은 식품군은 채소류(육수 제외 270.5g)였고, 곡류(269.9g), 음료류(206.7g) 섭취량이 상대적으로 높았다. 동물성 식품 중에서는 육류(육수 제외 113.2g)의 섭취량이 가장 높았으며 우유류 섭취량이 100.5g, 어패류(육수 제외) 섭취량이 45.7g으로 그 다음이었다. 주류의 경우 남자 섭취량은 158.6g으로 여자섭취량(45.5g)의 3배 이상이었으며, 남자의 음료류 섭취량은 여자의 1.3배, 육류 섭취량은 1.8배 수준이었다. 반면에 감자 · 전분류, 종실류, 과일류의 섭취량은 여자가 더 높았다. 곡류 섭취량은 1998년 337.2g에서 2019년 272.4g, 즉 80% 수준으로 감소한 반면 음료류, 주류 섭취량은 각각 45.3g, 48.9g에서 223.7g, 99.7g으로, 우유류 섭취량 역시 79.7g에서 111.6g으로 크게 증가하였다. 음료류는 1998년에 비해 2019년 섭취량이 거의 5배가 되었는데, 음료로 인한 에너지섭취량도 2배 이상으로 증가하였다.

2. 다소비 및 다빈도 식품

2019년도에 식품별 평균 섭취량이 가장 높은 식품은 멥쌀이었으며(1일 평균 섭취량 134.2g), 우유, 배추김치가 2, 3위였다(표 11-2). 백미, 배추김치는 다소비 식품의 상위에 항상 포함되나 각각의 섭취량은 1998년에 비해 2/3 가량으로 크게 감소하였으며 우유 섭취량은 증가하였다.

남자는 주류 섭취량이 높아 상위식품에 해당하였으나, 여자는 맥주만 6위에 포함되었다. 여자는 남자보다 다양한 종류의 과일을 더 많이 섭취하였다.

표 11-1. 식품군별 1일 섭취량 : 성별 만 1세 이상 (단위 : g)

식 품 군	전체 (n=7,147)	남자 (n=3,202)	여자 (n=3,945)
	평균(표준오차)	평균(표준오차)	평균(표준오차)
곡류	269.9(2.5)	307.9(3.7)	231.8(2.7)
감자 · 전분류	33.8(1.4)	31.0(1.7)	36.6(1.8)
당류	9.9(0.3)	10.4(0.5)	9.5(0.4)
두류	33.6(1.3)	36.0(1.8)	31.2(1.4)
종실류	5.6(0.4)	5.2(0.5)	6.0(0.5)
채소류	274.2(3.7)	309.0(5.2)	239.2(3.9)
채소류(육수외)[1]	270.5(3.7)	305.3(5.1)	235.6(3.9)
채소류 육수	3.7(0.3)	3.7(0.4)	3.7(0.4)
버섯류	6.6(0.4)	6.8(0.5)	6.4(0.4)
과일류	145.0(5.0)	128.6(5.0)	161.5(7.1)
해조류	25.8(1.7)	26.9(2.4)	24.7(1.6)
해조류(육수외)	3.7(0.2)	3.9(0.3)	3.5(0.2)
해조류 육수	22.1(1.7)	23.0(2.3)	21.2(1.6)
음료류	206.7(6.2)	232.8(9.2)	180.6(5.9)
주류	102.2(5.8)	158.6(10.1)	45.5(4.8)
양념류	36.8(0.6)	43.5(0.9)	30.1(0.6)
육류	126.2(2.8)	160.4(4.5)	91.9(2.6)
육류(육수외)	113.2(2.7)	145.2(4.4)	81.1(2.4)
육류 육수	13.0(1.1)	15.1(1.8)	10.8(1.1)
난류	34.0(0.8)	36.6(1.2)	31.4(0.9)
어패류	98.4(2.4)	111.1(3.3)	85.6(2.5)
어패류(육수외)	45.7(1.5)	53.1(2.0)	38.2(1.4)
어패류 육수	52.7(1.9)	58.0(2.6)	47.4(2.0)
우유류	100.5(2.4)	93.5(3.3)	107.5(3.1)
유지류	6.8(0.2)	7.9(0.2)	5.7(0.2)
기타	0.9(0.2)	1.3(0.4)*	0.5(0.1)
총계	1,517.0(15.3)	1,707.6(21.9)	1,325.7(16.1)

1) 2013년부터 채소류 등에 육수 식품이 다수 포함됨에 따라 이전 결과와의 비교를 위해 해당 식품군의 육수 외, 육수 섭취량을 추가로 산출

*: 변동계수(coefficient of variation) 25~50%

자료 : 2019 국민건강통계

표 11-2. 다소비 식품

순위 \ 구분	전체 (n=7,147)					남자 (n=3,202)					여자 (n=3,945)				
	식품명	섭취량 (g)	표준오차	섭취분율 (%)[1)]	누적분율 (%)[2)]	식품명	섭취량 (g)	표준오차	섭취분율 (%)	누적분율 (%)	식품명	섭취량 (g)	표준오차	섭취분율 (%)	누적분율 (%)
1	멥쌀	134.2	1.5	9.9	9.9	멥쌀	159.4	2.3	10.4	10.4	멥쌀	108.9	1.5	9.3	9.3
2	우유	70.0	2.2	5.2	15.1	김치,배추김치	74.1	2.6	4.8	15.3	우유	75.5	3.0	6.5	15.8
3	김치,배추김치	59.9	1.7	4.4	19.6	돼지고기	71.9	3.7	4.7	20.0	사과	46.5	2.7	4.0	19.8
4	돼지고기	53.2	2.2	3.9	23.5	맥주	71.0	7.0	4.6	24.6	김치,배추김치	45.7	1.4	3.9	23.7
5	맥주	51.6	4.4	3.8	27.3	우유	64.5	2.8	4.2	28.8	돼지고기	34.5	1.6	3.0	26.6
6	사과	42.5	2.2	3.1	30.5	소주	60.6	4.3	4.0	32.8	맥주	32.1	4.3	2.8	29.4
7	소주	34.0	2.2	2.5	33.0	콜라	42.1	3.7	2.8	35.5	달걀	30.3	0.8	2.6	32.0
8	양파	33.9	1.4	2.5	35.5	양파	41.6	2.5	2.7	38.3	양파	26.1	0.9	2.2	34.2
9	달걀	33.1	0.8	2.5	38.0	사과	38.5	2.5	2.5	40.8	닭고기	23.7	1.7	2.0	36.2
10	콜라	32.1	2.3	2.4	40.4	닭고기	37.6	2.5	2.5	43.2	무	22.4	1.2	1.9	38.1
11	닭고기	30.6	1.7	2.3	42.6	달걀	36.0	1.2	2.4	45.6	콜라	22.2	1.8	1.9	40.0
12	무	26.3	1.2	1.9	44.6	무	30.1	1.6	2.0	47.6	과일음료	21.8	2.3	1.9	41.9
13	소고기	22.8	1.1	1.7	46.3	소고기	27.6	1.8	1.8	49.4	귤	21.1	2.3	1.8	43.7
14	감자	21.0	1.1	1.6	47.8	막걸리	22.4	3.3	1.5	50.8	감자	19.9	1.3	1.7	45.4
15	과일음료	20.2	1.5	1.5	49.3	감자	22.0	1.5	1.4	52.3	빵	19.7	1.2	1.7	47.1
16	빵	19.6	1.0	1.5	50.8	두부	21.5	1.3	1.4	53.7	소고기	18.0	1.0	1.5	48.6
17	두부	19.2	0.9	1.4	52.2	빵	19.5	1.3	1.3	55.0	두부	16.9	0.9	1.4	50.1
18	귤	17.1	1.8	1.3	53.5	과일음료	18.6	1.6	1.2	56.2	토마토	16.9	1.8	1.4	51.5
19	토마토	15.4	1.8	1.1	54.6	기타가당음료	17.6	2.0	1.2	57.3	오이	16.2	1.1	1.4	52.9
20	오이	15.3	0.8	1.1	55.7	국수	17.0	1.0	1.1	58.4	고구마	16.1	1.5	1.4	54.3
21	국수	14.3	0.6	1.1	56.8	라면	16.0	1.0	1.0	59.5	떡	15.8	1.1	1.4	55.6
22	떡	13.8	0.9	1.0	57.8	오이	14.4	1.0	0.9	60.4	참외	15.4	4.7	1.3	57.0
23	기타가당음료	13.6	1.2	1.0	58.8	토마토	13.9	2.6	0.9	61.4	요구르트	14.5	1.0	1.2	58.2
24	요구르트	13.3	0.9	1.0	59.8	파	13.7	0.5	0.9	62.2	감	13.5	2.1	1.2	59.4
25	막걸리	12.9	1.7	1.0	60.8	귤	13.1	1.7	0.9	63.1	국수	11.5	0.7	1.0	60.3
26	고구마	12.3	1.1	0.9	61.7	요구르트	12.1	1.1	0.8	63.9	수박	10.1	1.6	0.9	61.2
27	라면	11.8	0.6	0.9	62.6	떡	11.7	1.2	0.8	64.7	두유	10.0	1.0	0.9	62.1
28	감	11.5	1.6	0.9	63.4	사이다	11.3	1.4	0.7	65.4	복숭아	9.8	2.0	0.8	62.9
29	파	11.2	0.3	0.8	64.3	가공육	10.8	0.8	0.7	66.1	바나나	9.6	0.8	0.8	63.7
30	참외	11.0	2.4	0.8	65.1	양배추	10.7	0.6	0.7	66.8	기타가당음료	9.6	1.1	0.8	64.5

* 다소비 식품 정의 : 섭취 중량으로 순위가 높은 식품의 1일 섭취량

* 육수, 침출액 등은 에너지 및 영양소 섭취량에 미치는 영향이 적어 다소비 식품 순위 부여 대상에서 제외

1) 식품 1일 총 섭취량에 대한 식품별 섭취량의 분율

2) 상위 식품부터의 섭취분율에 대한 누적 값

자료 : 2019 국민건강통계

영양섭취 실태

국민건강영양조사(2019)에 의하면 평균 에너지 섭취량은 1,915kcal로, 남자는 2,234kcal, 여자는 1,594kcal이었다(표 11-3). 영양소별 에너지 섭취율은 단백질 15.6%, 지질 23.6%, 탄수화물 60.8%였다(그림 11-1). 에너지 섭취량은 1998년 이후 2015년까지 증가하는 경향이었으나 최근 다시 감소하여 최근 결과는 20여년 전 수준과 비슷했다(그림 11-2). 영양소별 에너지 섭취율은 탄수화물 섭취량은 감소하고(1998년 315.6g, 2019년 274.6g), 지질은 증가하여(1998년 40.1g, 2019년 51.2g) 에너지 섭취량에 대한 지질의 기여율이 1998년 17.9%에서 2019년 23.6%로 상승하였다.

표 11-3. 영양소별 1일 섭취량 : 성별, 만 1세 이상

에너지 및 영양소		전체 (n=7,147)	남자 (n=3,202)	여자 (n=3,945)
		평균 (표준오차)	평균 (표준오차)	평균 (표준오차)
에너지(kcal)		1,914.7 (15.7)	2,234.2 (23.8)	1,594.1 (15.2)
단백질(g)		71.1 (0.7)	83.4 (1.1)	58.8 (0.7)
지방(g)		48.2 (0.7)	56.3 (1.0)	40.1 (0.6)
포화지방산(g)		15.9 (0.2)	18.4 (0.3)	13.3 (0.2)
단일 불포화지방산(g)		15.7 (0.2)	18.6 (0.4)	12.8 (0.2)
다가 불포화지방산(g)		11.9 (0.2)	13.8 (0.2)	10.0 (0.2)
n-3 지방산(g)		1.8 (0.0)	2.0 (0.0)	1.5 (0.0)
n-6 지방산(g)		10.1 (0.1)	11.8 (0.2)	8.4 (0.1)
콜레스테롤(mg)		268.3 (3.9)	308.7 (5.6)	227.8 (4.4)
탄수화물(g)		275.6 (2.0)	308.9 (2.8)	242.1 (2.3)
식이섬유(g)		22.6 (0.2)	24.5 (0.3)	20.7 (0.3)
당(g)		61.0 (0.9)	64.3 (1.1)	57.7 (1.1)
칼슘(mg)		500.9 (4.6)	545.6 (6.1)	456.0 (6.0)
인(mg)		1,033.1 (8.9)	1,176.3 (12.7)	889.5 (9.6)
나트륨(mg)		3,289.1 (32.0)	3,887.2 (48.7)	2,689.2 (30.8)
칼륨(mg)		2,668.3 (26.8)	2,943.8 (31.6)	2,391.9 (35.3)
철(mg)		11.4 (0.1)	13.0 (0.2)	9.7 (0.1)
비타민 A(㎍RAE)		372.3 (5.9)	403.2 (7.6)	341.4 (6.7)
티아민(㎍)		1,316.9 (14.0)	1,531.6 (23.2)	1,101.5 (12.2)
리보플라빈(㎍)		1,617.8 (16.6)	1,830.1 (23.0)	1,404.9 (17.9)
나이아신(mg)		12.6 (0.1)	14.7 (0.2)	10.5 (0.1)
엽산(㎍DFE)		306.0 (3.1)	334.4 (4.3)	277.4 (3.4)
비타민 C(mg)		66.1 (1.4)	66.2 (1.7)	66.0 (1.8)
급원별 에너지섭취분율 (%)[1)]	단백질	15.6 (0.1)	15.9 (0.1)	15.0 (0.1)
	지질	23.6 (0.2)	23.0 (0.2)	21.9 (0.2)
	탄수화물	60.8 (0.2)	61.1 (0.3)	63.1 (0.3)

1) 급원 에너지섭취분율 : {(단백질 섭취량)×4+(지질 섭취량)×9+(탄수화물 섭취량)×4}에 대한 {(단백질 섭취량)×4}의 또는 {(지질 섭취량)×9}, {(탄수화물 섭취량)×4}의 분율

자료: 2019 국민건강통계

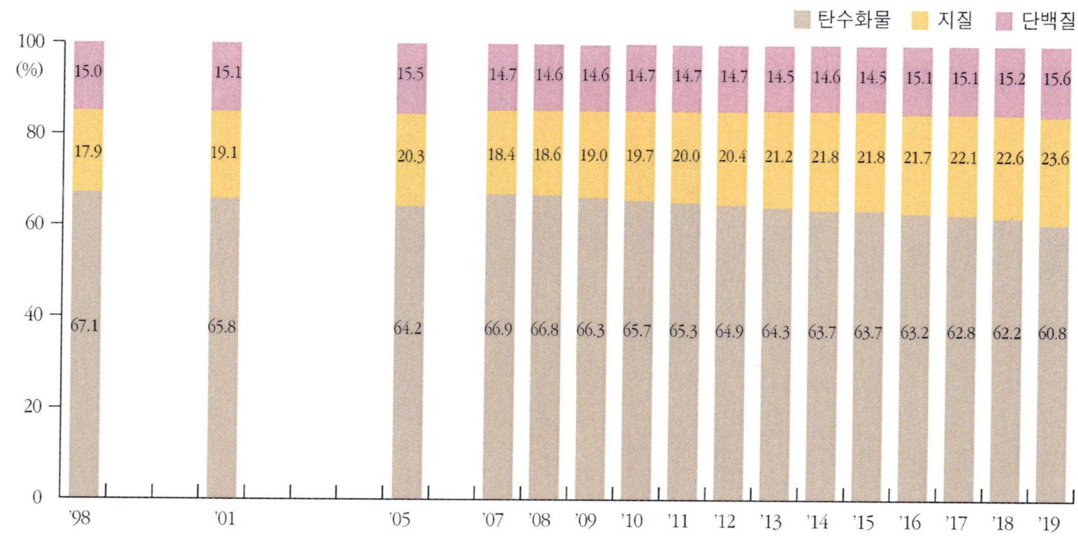

* 급원별 에너지 섭취분율 : {(단백질 섭취량)×4+(지질 섭취량)×9+(탄수화물 섭취량)×4}에 대한 {(단백질 섭취량)×4} 또는 {(지질 섭취량)×9}, {(탄수화물 섭취량)×4}의 분율
* 2005년 추계인구로 연령 표준화
자료: 2019 국민건강통계

그림 11-2. 영양소별 에너지 섭취량 추이

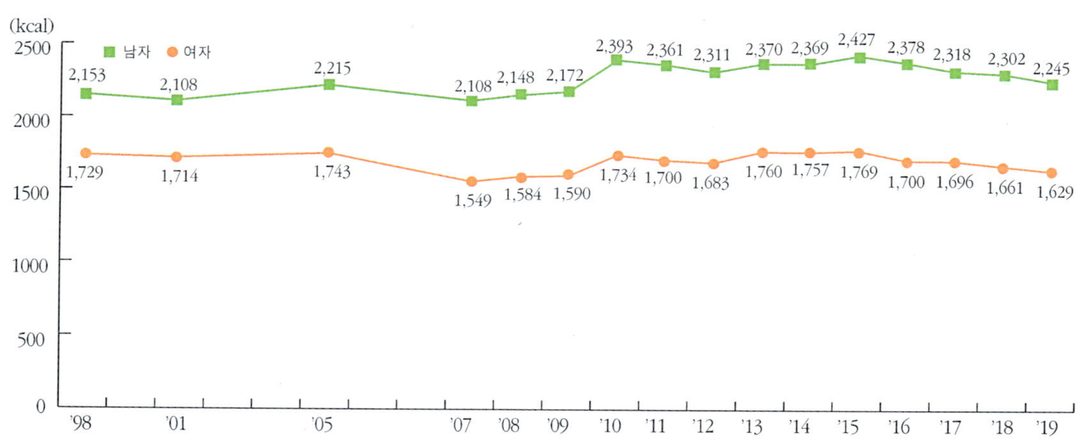

자료: 2019 국민건강통계

그림 11-3. 에너지 섭취량 추이

1. 식품군별 에너지 및 영양소 섭취량

우리나라 사람들은 곡류로부터 870.2kcal를 섭취해 에너지를 가장 많이 섭취하는 식품군이며, 육류(245.1kcal), 주류(94.6kcal) 순이었다(그림 11-3). 에너지의 주요 급원식품은 멥쌀로, 전체 섭취량의 1/4 이상을 공급하는 수준이었으며, 돼지고기, 소고기, 빵, 소주 등이 그 다음이었다. 단백질은 곡류로부터 22.7g을 섭취하여 가장 높았고, 곡류로부터 17.9g, 어패류로부터 8.7g을 섭취하는 것으로 나타났다. 지질 주요 급원식품군은 육류, 곡류, 유지류 등이었다. 칼슘은 채소류로부터 119.8mg을 섭취하여 가장 높았고, 우유류, 곡류, 어패류가 그 다음으로 중요한 식품군이었

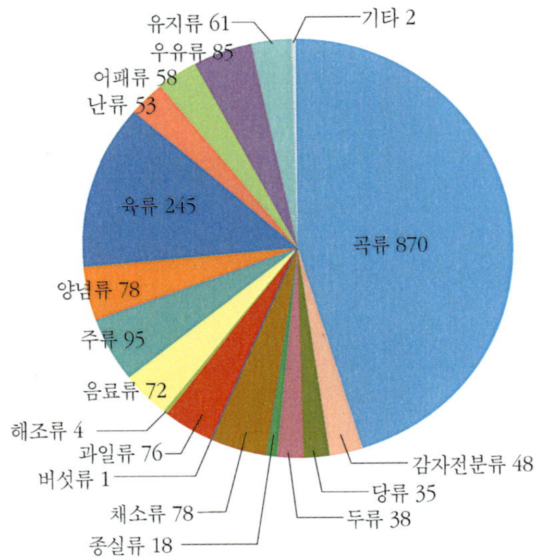

자료 : 2019 국민건강통계

그림 11-4. 에너지 주요 급원 식품군

다. 인은 곡류, 칼륨과 철은 채소류와 곡류에 의한 섭취량이 높았다. 나트륨은 양념류와 채소류로 섭취하는 양이 가장 높았으며, 나트륨 섭취에 가장 크게 기여하는 식품은 소금으로, 전체 섭취량의 16.7%를 공급하고 있었다. 비타민 A의 주요 급원식품군은 채소류, 난류, 우유류 순으로 나타났다. 비타민 A의 1위 급원식품은 달걀로, 전체 섭취량의 10.7%(39.9μgRAE)를 공급하며, 티아민은 곡류, 육류, 채소류, 리보플라빈은 곡류, 육류, 난류, 우유류 순으로 섭취하는 양이 높았다. 나이아신은 육류, 곡류, 어패류에 의한 섭취량이 높았으며, 엽산은 채소류, 곡류, 난류, 비타민 C는 채소류, 과일류에 의한 기여도가 높았다.

2. 영양소 섭취기준에 대한 섭취비율

에너지 필요추정량에 대한 에너지 섭취비율은 93.0%였으며, 남자는 98.4%, 여자는 87.6%였다(그림 11-2, 11-4). 권장섭취량 대비 단백질 섭취비율은 138.2%, 인은 143.7%였으며, 철, 비타

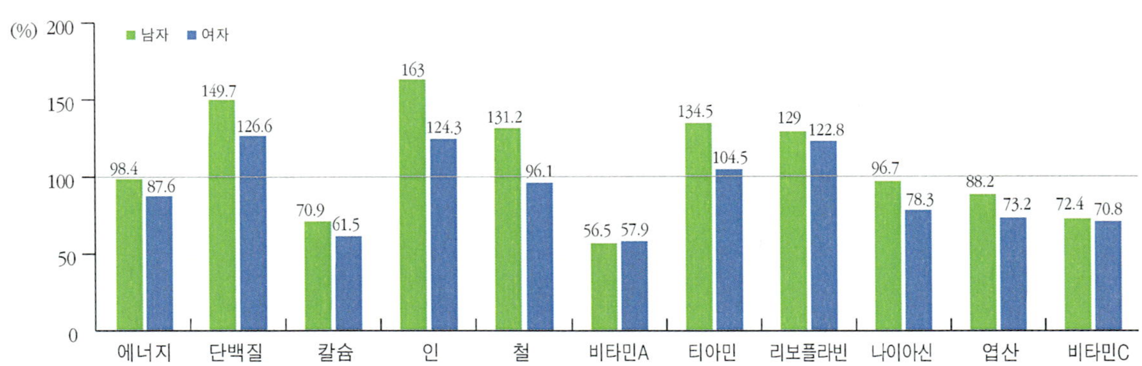

* 섭취비율 : 에너지 및 영양소별 영양소 섭취량의 영양소 섭취기준에 대한 비율
* 영양소 섭취기준 : 2015 한국인 영양소 섭취기준(보건복지부, 2015), 에너지 필요추정량 및 영양소별 권장섭취량

자료 : 2019 국민건강통계

그림 11-5. 영양소 섭취기준에 대한 에너지 및 영양소별 섭취비율

민 A, 티아민, 리보플라빈, 나이아신 섭취량은 권장섭취량의 80~130% 범위로 양호하였으나, 칼슘 섭취량은 권장섭취량의 66.2%로 매우 낮았다. 칼슘은 전 연령대에서 섭취가 부족했고, 특히 12~18세의 권장섭취량에 대한 섭취비율은 60% 미만이었다. 나트륨은 목표섭취량의 약 2배를 섭취하였다.

3. 영양부족 및 과잉 현황

칼슘의 경우 평균필요량 미만 섭취자는 69.2%로, 1~2세를 제외하면 모든 연령층에서 60% 이상이었다. 칼슘 외에도 비타민 A(74.1%), 비타민 C(70.1%), 엽산(57.5%)의 평균필요량 미만 섭취자가 많았다. 대부분의 영양소에서 여자는 남자보다 영양소 섭취기준 미만 섭취자 분율이 높았다. 여자 중 칼슘의 평균필요량 미만 섭취자 분율은 71.0%였으며, 비타민 C와 비타민 A가 각각 69.9%, 72.9%였다. 연령별로 살펴보면 30~49세는 영양소 섭취기준 미만 섭취자가 낮은 반면, 19~29세는 영양소 섭취기준 미만 섭취자가 높았다. 65세 이상에서는 인과 철을 제외한 모든 영양소의 영양소 섭취기준 미만 섭취자가 30%를 넘어(칼슘 75.1%, 비타민 A 81.4%, 비타민 C 75.5%) 전반적인 섭취 부족이 우려되었다.

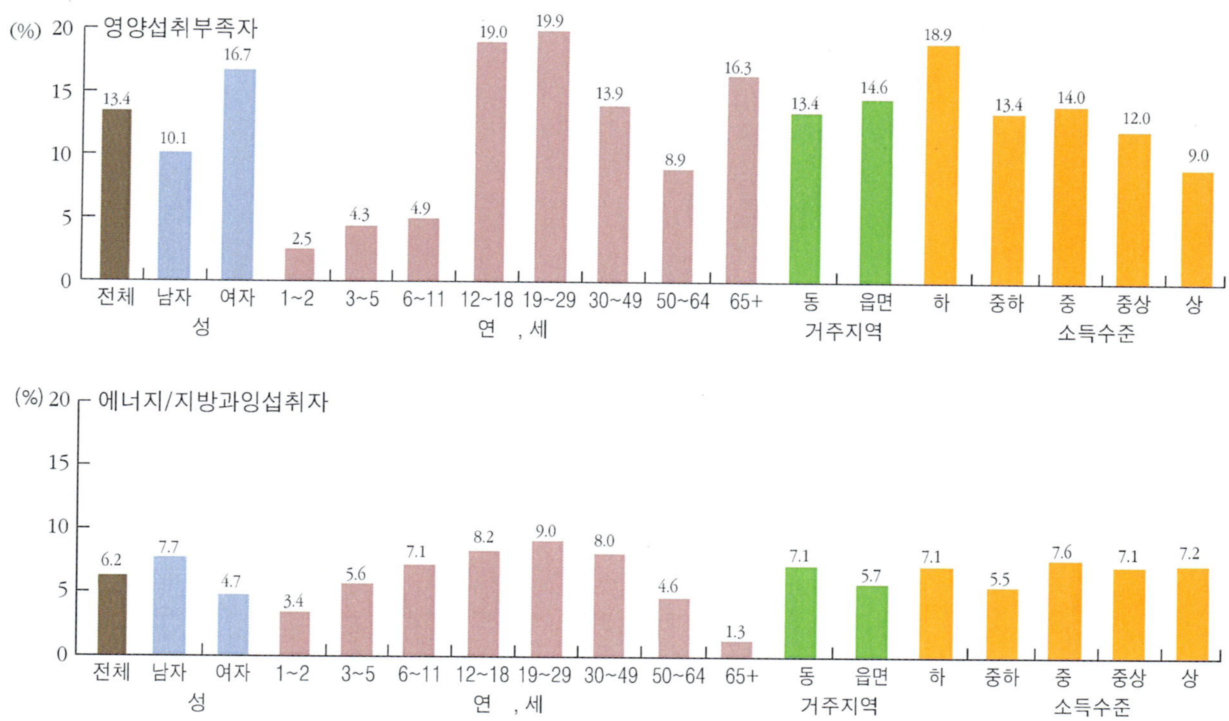

* 영양섭취 부족자 분율 : 에너지 섭취량이 필요추정량의 75% 미만이면서, 칼슘, 철, 비타민 A, 리보플라빈의 섭취량이 모두 평균필요량 미만인 분율
* 에너지 · 지방과잉섭취자 분율 : 에너지 섭취량이 필요추정량의 125% 이상이면서 지방 섭취량이 에너지 적정비율을 초과한 분율
* 소득수준 : 월가구 균등화 소득(월가구소득/$\sqrt{\text{가구원수}}$)을 성별, 연령별(5세 단위) 오분위로 분류
* 지역 및 소득수준에 따른 결과는 2005년 추계인구로 연령표준화하여 산출
* 영양소 섭취기준 : 2015 한국인 영양소 섭취기준(보건복지부, 2015)
* 본 결과는 1일간의 섭취량 조사로부터 산출한 값이므로 문제 규모가 과대 산출될 가능성이 높다는 점을 참고하여 활용

자료 : 2019 국민건강통계

그림 11-6. 영양섭취 부족자 및 에너지 · 지방과잉섭취자 분율

반면, 나트륨의 목표섭취량인 2,000mg 이상 섭취자(만 9세 이상)가 74.0%였으며, 나트륨의 목표섭취량 이상 섭취자가 가장 높은 연령대는 30~49세로, 총 식품섭취량이 높은 군에서 나트륨 섭취량도 높았다.

영양섭취부족자는 여자가 남자의 1.7배 수준이었고 소득수준이 낮을수록 높은 경향을 보였다(그림 11-5). 에너지 섭취량이 필요추정량의 125% 이상이면서 지방 섭취량이 적정범위 상한선을 초과한 사람도 6.2%였으며, 남자가 여자의 1.6배 높았다.

식습관 및 식생활 실태

1. 결식

2019년 아침식사 결식률은 남자 32.2%, 여자 30.4%로, 1998년 각각 10.5%, 11.6%였던 것에 비해 크게 증가하였다(그림 11-6). 연령별로는 남녀 모두 20대가 가장 높았고(남자 51.0%, 여자 57.4%), 그 다음으로 12~18세 청소년(남자 36.0%, 여자 43.5%)과 30~40대(남자 42.8%, 여자 32.6%)가 높았다. 아침식사 결식률은 읍면 지역에 비해 동 지역이, 소득수준이 낮을수록 높은 경향을 보였다.

점심식사는 주 5~7회 섭취한다고 응답한 사람이 91.4%였고, 저녁식사는 91.0%였다.

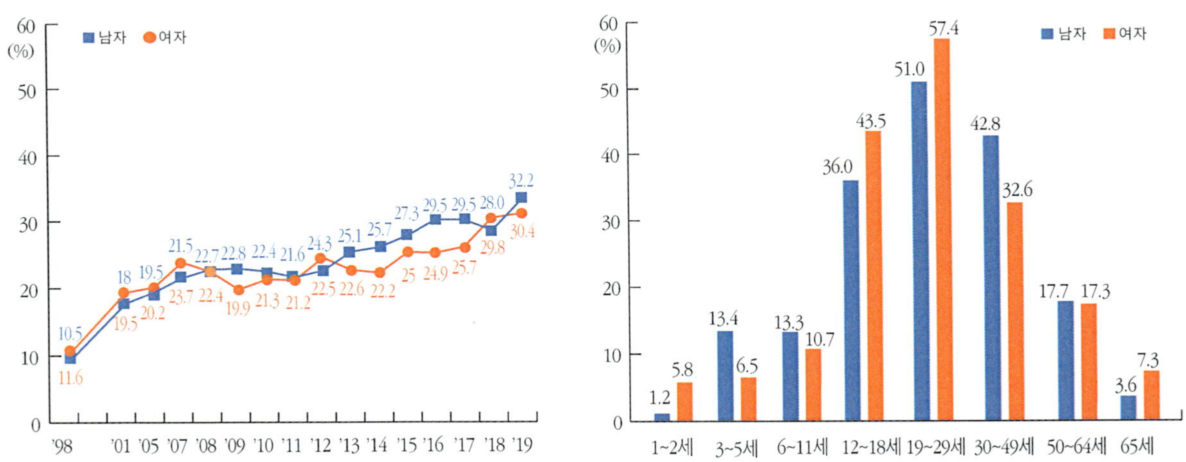

* 아침식사 결식률 : 조사 1일 전 아침식사를 결식한 사람의 분율
* 연도별 결과는 2005년 추계인구로 연령표준화 하여 산출, 연령별 결과는 2019년 한 해 결과임

자료 : 2019 국민건강통계

그림 11-7. 아침식사 결식률

2. 외식

평균적으로 남자의 41.0%, 여자 25.3%가 하루 1회 이상 외식을 하는 것으로 나타났고, 이는 2008년 이후 증가 경향을 보이고 있다. 남자의 경우 30~49세가 49.9%, 여자는 12~18세가 46.6%로 가장 높았다(그림 11-7). 또한 소득수준이 높을수록 하루 1회 이상 외식률이 높은 경향을 보였

다. 외식 섭취빈도는 남자의 경우 '하루 1회'가 28.5%로 가장 높았으며, 여자는 '주 1~2회'가 23.6%로 가장 높았다.

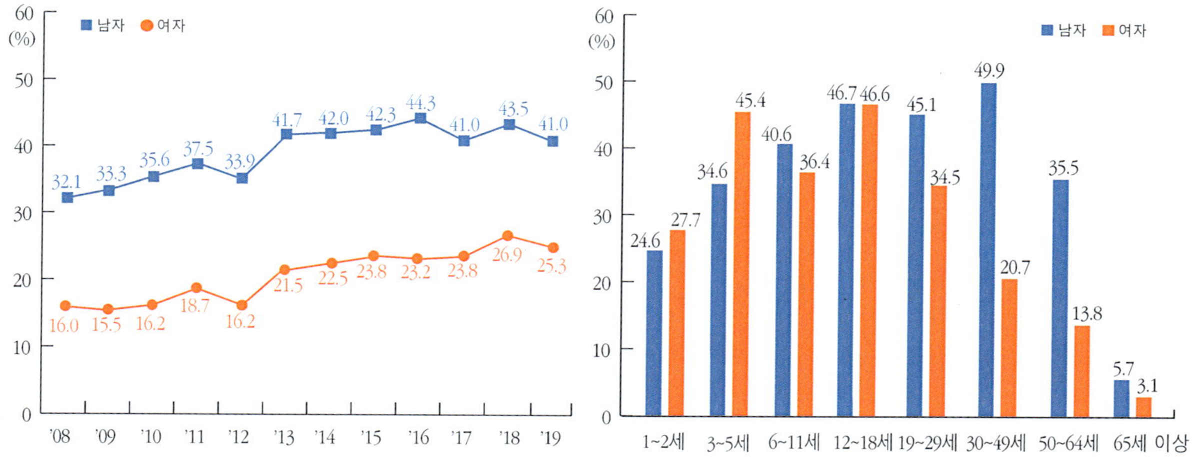

* 하루 1회 이상 외식률 : 외식빈도가 하루 1회 이상인 사람의 분율
* 연도별 결과는 2005년 추계인구로 연령표준화 하여 산출, 연령별 결과는 2019년 한 해 결과임
자료 : 2019 국민건강통계

그림 11-8. 하루 1회 이상 외식률

영양정책 및 개선방안

국민의 건강을 확보하고 증진시키는 일은 국가의 보건정책에서 최우선적으로 고려해야 하는 일이다. 건강은 WHO의 정의에서도 알 수 있듯이 단순히 질병이 없는 상태가 아니라 신체적, 정신적 및 사회적 안녕이라는 포괄적인 개념이므로, 국민의 건강확보를 위해서는 영양정책이 보건정책의 선두에 서야 한다.

균형 잡힌 영양공급은 국민 개인에게 건강한 신체와 정신, 안정된 정서 유지의 원천으로 작용하여, 개인의 행복한 삶을 영위할 수 있게 하는 기본적 요소이다. 또한 사회적으로는 왕성한 창조력과 노동력을 유발하여 높은 생산성을 보장하므로 국가 경제 및 사회 안정의 밑거름이 되며, 국가 사회 발전은 물론 나아가서는 인류 전체의 복지와 관련이 된다. 따라서 국민 건강 증진을 위해 적절한 영양정책을 수립하고 이에 따라 식품 공급, 분배 및 소비를 조정하는 식품영양정책이 반드시 필요하다.

식량수급정책과 영양

식량은 인간의 생리적인 욕구를 충족시켜 주는 근본임과 동시에 인간의 생존유지와 성장, 정상적인 활동을 위해 꼭 필요한 것이다. 또한 고도산업사회의 건설을 위해서는 국민의 육체적 ·

정신적 건강이 선행되어야 하므로, 적절한 식량수급정책으로 적정수준의 균형된 식품공급이 안정적으로 이루어져야 한다.

한국농촌경제연구원에서 매년 발간하고 있는 식품수급표에 의하면, 연도별 1인 1년간 식품공급량 추이는 그림 11-8에서 보는 바와 같다. 1991년부터 2018년까지 곡류의 식용공급량은 감소 추세를 지속하였으나, 채소류, 육류, 유지류는 증가 추세를 나타내고 있다. 과실류는 2014년까지 증가 추세를 보였으나 그 이후 다시 감소하였다.

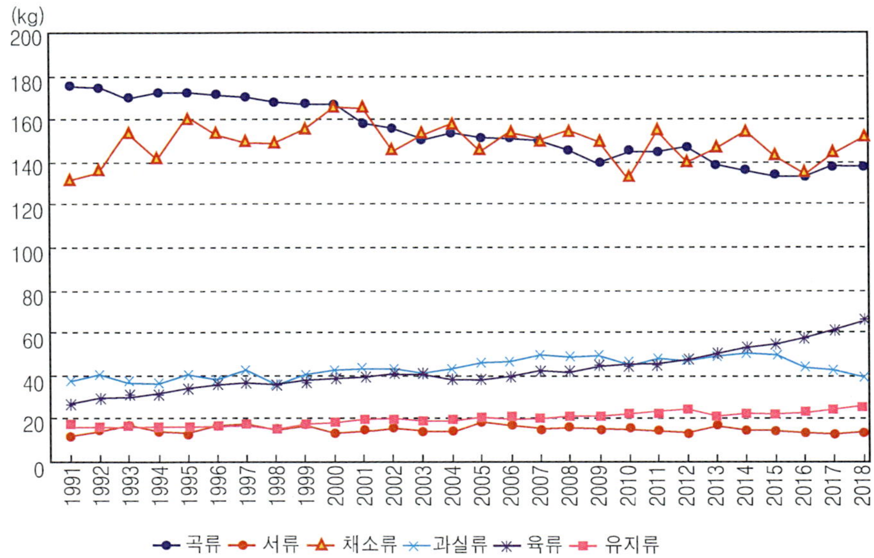

그림 11-9. 식품류별 식용 공급량 추이(1인 1년간)

한국인의 영양문제와 영양정책 방향

우리나라는 최근 영양과잉과 영양부족이 공존하고 영양불균형의 문제가 심각해지고 있다. 따라서 국민건강영양조사를 통해 계층 및 지역사회 등에 맞는 다각적인 영양정책이 시행되어야 한다. 보건복지부는 1998년부터 매 3년 실시되고 있는 국민건강영양조사 결과로부터 축적된 우리 국민의 건강 관련 데이터에 근거하여 현재 제5차 국민건강증진종합계획(Health Plan 2030)을 추진해 나가고 있다.

1. 제5차 국민건강증진종합계획(Health Plan 2030)

'모든 사람이 평생 건강을 누리는 사회' 라는 비전을 실현시키기 위해 국민건강증진종합계획의 목표는 '건강수명의 연장과 건강형평성의 제고' 이다. 건강수명이란 평균수명에서 질병이나 부상으로 활동하지 못한 기간을 뺀 기간으로, '단순히 얼마나 오래 사는가' 에 중점을 둔 지표가 아니라 '얼마나 건강하게 오래 사는가' 에 중점을 두고 산출한 지표이다. 2030년까지 달성하고자 하는 건강수명 목표는 73.3세로, 2018년 70.4세에 비해 3세 가량의 연장을 목표로 하고 있으며,

소득 및 지역 간 건강형평성을 제고할 수 있는 건강증진정책을 강화하겠다는 정부의 의지를 담았다.

2. 한국인을 위한 식생활지침

우리나라는 2016년 농림축산식품부, 보건복지부, 식품의약품안전처가 공동으로 '국민 공통 식생활지침'을 제정 · 발표하였다. 그동안에는 각 부처별로 식생활지침이 나뉘어져 있었는데 정부는 이번 '국민 공통 식생활지침' 발표를 통해 국민의 건강하고 균형 잡힌 식생활을 위한 통합 가이드라인을 제시하였다. 주요 내용은 균형 있는 영양소 섭취, 올바른 식습관 및 한국형 식생활, 식생활 안전 등이 종합적으로 고려되어 제정되었다. 또한 '국민 공통 식생활지침'은 최근의 우리나라 국민의 주요 건강 · 영양문제와 식품안전, 식품소비 행태 및 환경 요인 등의 변화 추이를 반영하였다.

① 인구사회학적 변화 영역 : 인구고령화, 만성질환 관련 사회 경제적 부담 증가, 1인 가구 증가, 맞벌이 증가
② 식품 및 영양 섭취 변화 영역 : 쌀 등 곡류 섭취 감소, 과일 · 채소 섭취 부족, 당류 섭취 증가, 음료류 · 주류 섭취 증가, 영양소 부족 및 과잉, 가공식품 섭취 증가 등 문제
③ 식습관 영역 : 아침식사 결식률 증가, 가족 동반 식사율 감소, 식생활의 서구화 등 문제
④ 신체활동 영역 : 신체활동 실천율 감소 등 문제
⑤ 식품 환경 영역 : 음식물 쓰레기 등 문제

국민 공통 식생활지침 (2016)

1. 쌀 · 잡곡, 채소, 과일, 우유 · 유제품, 육류, 생선, 달걀, 콩류 등 다양한 식품을 섭취하자
2. 아침밥을 꼭 먹자
3. 과식을 피하고 활동량을 늘리자
4. 덜 짜게, 덜 달게, 덜 기름지게 먹자
5. 단 음료 대신 물을 충분히 마시자
6. 술자리를 피하자
7. 음식은 위생적으로, 필요한 만큼만 마련하자
8. 우리 식재료를 활용한 식생활을 즐기자
9. 가족과 함께 하는 식사 횟수를 늘리자

임신 · 수유부를 위한 식생활지침 및 실천지침

■ 우유 제품을 매일 3회 이상 먹자

① 우유를 매일 3컵 이상 마십니다.
② 요구르트, 치즈, 뼈째 먹는 생선 등을 자주 먹습니다.

■ 고기나 생선, 채소, 과일을 매일 먹자

① 다양한 채소와 과일을 매일 먹습니다.
② 생선, 살코기, 콩제품, 달걀 등 단백질 식품을 매일 1회 이상 먹습니다.

■ 청결한 음식을 알맞은 양으로 먹자

① 끼니를 거르지 않고 식사를 규칙적으로 합니다.
② 음식을 만들 때는 식품을 위생적으로 다루고, 먹을 만큼만 준비합니다.
③ 살코기, 생선 등은 충분히 익혀 먹습니다.
④ 보관했던 음식은 충분히 가열한 후 먹습니다.
⑤ 식품을 구매하거나 외식할 때 청결한 것을 선택합니다.

■ 짠 음식을 피하고,싱겁게 먹자

① 음식을 만들거나 먹을 때는 소금, 간장, 된장 등의 양념을 보다 적게 사용합니다.
② 나트륨 섭취량을 줄이기 위해 국물은 싱겁게 만들어 적게 먹습니다.
③ 김치는 싱겁게 만들어 먹습니다.

■ 술은 절대로 마시지 말자

① 술은 절대로 마시지 않습니다.
② 커피, 콜라, 녹차, 홍차, 초콜릿 등 카페인 함유 식품을 적게 먹습니다.
③ 물을 충분히 마십니다.

■ 활발한 신체활동을 유지하자

① 임신부는 적절한 체중증가를 위해 알맞게 먹고, 활발한 신체 활동을 규칙적으로 합니다.
② 산후 체중조절을 위해 가벼운 운동으로 시작하여 점차 운동량을 늘려 갑니다.
③ 모유 수유는 산후 체중 조절에도 도움이 됩니다.

영유아를 위한 식생활지침 및 실천지침

■ 생후 6개월까지는 반드시 모유를 먹이자

① 초유는 꼭 먹이도록 합니다.
② 생후 2년까지 모유를 먹이면 더욱 좋습니다.
③ 모유를 먹일 수 없는 경우에만 조제유를 먹입니다.
④ 조제유는 정해진 양대로 물에 타서 먹입니다.
⑤ 수유 시에는 아기를 안고 먹이며 수유 후에는 꼭 트림을 시킵니다.
⑥ 자는 동안에는 젖병을 물리지 않습니다.

■ 이유 · 보충식은 성장 단계에 맞추어 먹이자

① 이유 · 보충식은 생후 만 4개월 이후부터 6개월 사이에 시작합니다.
② 이유 · 보충식은 여러 식품을 섞지 말고 한 가지씩 시작합니다.
③ 이유 · 보충식은 신선한 재료를 사용하여 간을 하지 않고 조리해서 먹입니다.
④ 이유 · 보충식은 숟가락으로 떠먹입니다.
⑤ 과일주스를 먹일 때는 컵에 담아 먹입니다.

■ 유아의 성장과 식욕에 따라 알맞게 먹이자

① 일정한 장소에서 먹입니다.
② 쫓아다니며 억지로 먹이지 않습니다.
③ 한꺼번에 많이 먹이지 않습니다.

■ 곡류, 과일, 채소, 생선, 고기, 유제품 등 다양한 식품을 먹이자

① 과일, 채소, 우유 및 유제품 등의 간식을 매일 2~3회 규칙적으로 먹입니다.
② 유아 음식은 싱겁고 담백하게 조리합니다.
③ 유아 음식은 씹을 수 있는 크기와 형태로 조리합니다.

어린이를 위한 식생활지침 및 실천지침

■ 음식은 다양하게 골고루

① 편식하지 않고 골고루 먹습니다.
② 끼니마다 다양한 채소 반찬을 먹습니다.
③ 생선, 살코기, 콩 제품, 달걀 등 단백질 식품을 매일 한 번 이상 먹습니다.
④ 우유를 매일 2컵 정도 마십니다.

■ 많이 움직이고, 먹는 양은 알맞게

① 매일 한 시간 이상 적극적으로 신체활동을 합니다.
② 나이에 맞는 키와 몸무게를 알아서, 표준체형을 유지합니다.
③ TV시청과 컴퓨터게임을 모두 합해서 하루에 두 시간 이내로 제한합니다.
④ 식사와 간식은 적당한 양을 규칙적으로 먹습니다.

■ 식사는 제때에, 싱겁게

① 아침식사는 꼭 먹습니다.
② 음식은 천천히 꼭꼭 씹어 먹습니다.
③ 짠 음식, 단 음식, 기름진 음식을 적게 먹습니다.

■ 간식은 안전하고, 슬기롭게

① 간식으로는 신선한 과일과 우유 등을 먹습니다.
② 과자나 탄산음료 · 패스트푸드를 자주 먹지 않습니다.
③ 불량식품을 구별할 줄 알고 먹지 않으려고 노력합니다.
④ 식품의 영양표시와 유통기한을 확인하고 선택합니다.

■ 식사는 가족과 함께 예의바르게

① 가족과 함께 식사하도록 노력합니다.
② 음식을 먹기 전에 반드시 손을 씻습니다.
③ 음식은 바른 자세로 앉아서 감사한 마음으로 먹습니다.
④ 음식은 먹을 만큼 담아서 먹고 남기지 않습니다.

청소년을 위한 식생활지침 및 실천지침

■ 각 식품군을 매일 골고루 먹자

① 밥과 다양한 채소, 생선, 육류를 포함하는 반찬을 골고루 매일 먹습니다.
② 간식으로는 신선한 과일을 주로 먹습니다.
③ 우유를 매일 2컵 이상 마십니다.

■ 짠 음식과 기름진 음식을 적게 먹자

① 짠 음식, 짠 국물을 적게 먹습니다.
② 인스턴트 음식을 적게 먹습니다.
③ 튀긴 음식과 패스트푸드를 적게 먹습니다.

■ 건강 체중을 바로 알고, 알맞게 먹자

① 내 키에 따른 건강 체중을 압니다.
② 매일 한 시간 이상 적극적으로 신체활동을 합니다.
③ 무리한 다이어트를 하지 않습니다.
④ TV시청과 컴퓨터게임을 모두 합해서 하루에 두 시간 이내로 제한합니다.

■ 물이 아닌 음료를 적게 마시자

① 물을 자주 충분히 마십니다.
② 탄산음료, 가당 음료를 적게 마십니다.
③ 술을 절대 마시지 않습니다.

■ 식사를 거르거나 과식하지 말자

① 아침식사를 거르지 않습니다.
② 식사는 제시간에 천천히 먹습니다.
③ 배가 고프더라도 한꺼번에 많이 먹지 않습니다.

■ 위생적인 음식을 선택하자

① 불량식품을 먹지 않습니다.
② 식품의 영양표시와 유통기한을 확인하고 선택합니다.

성인을 위한 식생활지침 및 실천지침

■ 각 식품군을 매일 골고루 먹자

① 곡류는 다양하게 먹고 전곡을 많이 먹습니다.
② 여러 가지 색깔의 채소를 매일 먹습니다.
③ 다양한 제철 과일을 매일 먹습니다.
④ 간식으로 우유, 요구르트, 치즈와 같은 유제품을 먹습니다.
⑤ 가임기 여성은 기름기 적은 붉은 살코기를 적절히 먹습니다.

■ 활동량을 늘리고 건강 체중을 유지하자

① 일상생활에서 많이 움직입니다.
② 매일 30분 이상 운동을 합니다.
③ 건강 체중을 유지합니다.
④ 활동량에 맞추어 에너지 섭취량을 조절합니다.

■ 청결한 음식을 알맞게 먹자

① 식품을 구매하거나 외식을 할 때 청결한 것으로 선택합니다.
② 음식은 먹을 만큼만 만들고, 먹을 만큼만 주문합니다.
③ 음식을 만들 때는 식품을 위생적으로 다룹니다.
④ 매일 세끼 식사를 규칙적으로 합니다.
⑤ 밥과 다양한 반찬으로 균형 잡힌 식생활을 합니다.

■ 짠 음식을 피하고 싱겁게 먹자

① 음식을 만들 때는 소금, 간장 등을 보다 적게 사용합니다.
② 국물을 짜지 않게 만들고, 적게 먹습니다.
③ 음식을 먹을 때 소금, 간장을 더 넣지 않습니다.
④ 김치는 덜 짜게 만들어 먹습니다.

■ 지방이 많은 고기나 튀긴 음식을 적게 먹자

① 고기는 기름을 떼어내고 먹습니다.
② 튀긴 음식을 적게 먹습니다.
③ 음식을 만들 때, 기름을 적게 사용합니다.

■ 술을 마실 때는 그 양을 제한하자

① 남자는 하루 2잔, 여자는 1잔 이상 마시지 않습니다.
② 임신부는 절대로 술을 마시지 않습니다.

어르신을 위한 식생활지침 및 실천지침

■ 각 식품군을 매일 골고루 먹자

① 고기, 생선, 달걀, 콩 등의 반찬을 매일 먹습니다.
② 다양한 채소 반찬을 매끼 먹습니다.
③ 다양한 우유제품이나 두유를 매일 먹습니다.
④ 신선한 제철 과일을 매일 먹습니다.

■ 짠 음식을 피하고 싱겁게 먹자

① 음식을 싱겁게 먹습니다.
② 국과 찌개의 국물을 적게 먹습니다.
③ 식사할 때 소금이나 간장을 더 넣지 않습니다.

■ 식사는 규칙적이고 안전하게 하자

① 세끼 식사를 꼭 합니다.
② 외식할 때는 영양과 위생을 고려하여 선택합니다.
③ 오래된 음식은 먹지 않고, 신선하고 청결한 음식을 먹습니다.
④ 식사로 건강을 지키고 식이보충제가 필요한 경우는 신중히 선택합니다.

■ 물은 많이 마시고 술은 적게 마시자

① 목이 마르지 않더라도 물을 자주 충분히 마십니다.
② 술은 하루 1잔을 넘기지 않습니다.
③ 술을 마실 때에는 반드시 다른 음식과 같이 먹습니다.

■ 활동량을 늘리고 건강한 체중을 갖자

① 앉아있는 시간을 줄이고 가능한 한 많이 움직입니다.
② 나를 위한 건강 체중을 알고, 이를 갖도록 노력합니다.
③ 매일 최소 30분 이상 숨이 찰 정도로 유산소 운동을 합니다.
④ 일주일에 최소 2회, 20분 이상 힘이 들 정도로 근육 운동을 합니다.

요약

1. 우리나라의 식생활 현황 : 2019년 국민건강영양조사 결과에 의하면 현재 우리 국민은 전반적으로 칼슘 부족, 나트륨 과잉 등 영양섭취 불균형이 지속되고 있으며, 10~20대, 65세 이상, 저소득자의 영양섭취 부족 위험이 있다.
2. 식품섭취 실태 : 2019년 국민건강영양조사 결과 1일 총 식품섭취량은 1,517g이었다. 식품군별 섭취량이 가장 높은 식품군은 채소류(육수 제외 270.5g)였고, 곡류(269.9g), 음료류(206.7g) 섭취량이 상대적으로 높았다. 동물성 식품 중에서는 육류(육수 제외 113.2g), 우유류(100.5g), 어패류(육수 제외 45.7g)의 순이었다. 대체적으로 소득수준이 높을수록 식품군별 섭취량도 높은 편이었다.
3. 영양소 섭취 실태 : 2019년 국민건강영양조사에 의하면 에너지 섭취량은 평균 1,914.7kcal로, 남자는 2,234.2kcal, 여자는 1,594.1kcal였고, 영양소별 에너지 섭취율은 단백질 15.6%, 지질 23.6%, 탄수화물 60.8%였다. 에너지 필요추정량에 대한 에너지 섭취비율은 93.0%였으며, 권장섭취량 대비 단백질 섭취비율은 138.2%였으나, 칼슘 섭취량은 권장섭취량의 66.2%로 매우 낮았다. 반면 나트륨 섭취량은 목표섭취량의 약 2배 수준이었다. 소득수준이 낮을수록 대체로 영양소 섭취기준에 대한 섭취비율이 낮은 편이었다.
4. 영양 정책 및 개선 방안 : 우리나라는 영양과잉과 영양부족이 공존하고 있다. 따라서 지역사회에 맞는 다각적인 영양정책이 시행되어야 한다. 우리나라는 국민건강영양조사 결과에 따라 국민건강증진종합계획(HP2030)을 추진해가고 있다. 이 계획의 목표는 건강수명의 연장과 건강형평성의 제고를 목표로 건강식생활 실천 인구비율을 증가시키고, 건강체중 유지 · 관리 인구비율을 유지시키며, 생애주기별 영양관리를 강화하고, 미량 영양소 섭취비율을 증가시키기 위한 영양사업을 실시하고 있다.
5. 한국인의 영양 및 건강문제로는 질병구조변화, 취약군의 영양불량과 소득계층별, 지역별 영양섭취의 불균형(부족 혹은 과잉), 여성의 사회적 진출 및 식품산업의 발달로 인스턴트 및 가공식품의 소비증가, 영양에 대한 인식부족, 노인인구의 증가로 인한 만성질환의 증가, 노인영양 문제 증가 등이 나타났다.
6. 우리나라에서 필요한 영양정책은 국가 영양 행정 전문 기구의 설치 및 영양 사업 강화, 영양연구 활성화를 위한 정책, 취약 계층을 위한 영양정책의 활성화, 영양 서비스 강화 및 영양 상담 활성화, 올바른 영양 교육 실시의 제도화, 영양표시제도와 식품의 질과 안정성 향상을 위한 제도 수립 등이 필요하다.

참고문헌

1. 보건복지부(2021) 제5차 국민건강증진종합계획
2. 질병관리청(2020) 2019 국민건강통계
3. 한국농촌경제연구원(2020) 2018 식품수급표

연습문제

1. 한국인의 영양섭취실태에 대해 설명하라.
2. 한국인의 식습관 및 식생활 행태에 대해 설명하라.
3. 한국인 식품섭취 변화에 대해 설명하라.
4. 국민공통식생활지침에 대해 설명하라.
5. 생애주기별 식생활지침과 실천지침에 대해 설명하라.

관련 웹사이트

http://www.aginfo.snu.ac.kr(서울대학교 농생명과학연구정보센터)
http://www.arpc.re.kr(농림기술관리센터)
http://www.keri.re.kr(농촌경제연구원)
http://www.mohw.go.kr (보건복지부)
http://www.kosis.kr(국가통계포털)
http://knhanes.kdca.go.kr (국민건강영양조사)

CHAPTER

12

음주와 건강

음주와 건강

CHAPTER 12

음주와 건강

들어가는 말

술은 영양이나 건강적인 측면보다는 스트레스 해소나 사교 등을 목적으로 오랫동안 애용되어 온 기호품이다. 이런 기호품들은 한번 접하게 되면 그 사용이 습관화되는 경우가 많고 또 과량 복용하다 보면 건강에 문제가 생기는 경우도 많다.

표 12-1과 그림 12-1에서 볼 수 있듯이 우리나라 국민의 알코올 소비량은 연도에 따라 OECD 국가 중 중간 정도의 순위를 보이며 평균보다 약간 낮지만 일본이나 이탈리아 등에 비해 훨씬 높다. 뿐만 아니라 그림 12-2에서 보듯이 국민 1인당 연간 주류소비량은 2008년부터 2018년까지 전반적인 감소세를 보여왔으나 연도에 따라서는 OECD 국가들의 평균을 넘어서는 경우도 있어 우리 국민의 음주 수준에 문제가 있을 여지가 충분히 있다.

이 장에서는 우리가 즐기는 이 기호품이 실제 영양 및 건강에 미치는 효과를 살펴봄으로써 궁극적으로 그 섭취를 절제하도록 유도하여 건강증진에 기여하고자 한다.

표 12-1. OECD 국가별 15세 이상 국민의 1인당 연간 주류 소비량(순수 알코올로 환산) 비교: 2013년 vs 2018년

(단위 : 순수 알코올 리터)

	2013	2018	
호주	9.9	9.5	(2017)
오스트리아	12.4	12.2	
벨기에	10.3	9.4	
캐나다	8.2	8.2	
칠레	7.2	7.9	(2016)
콜롬비아	4.3	4.3	
체코	11.5	11.8	
덴마크	9.4	9.7	
에스토니아	11.9	10.1	
핀란드	9.1	8.4	
프랑스	11.6	11.6	
독일	11.1	10.8	
그리스	7.4	6.1	
헝가리	10.6	10.7	(2017)
아이슬란드	6.8	7.7	
아일랜드	10.6	11.0	
이스라엘	2.9	3.0	
이탈리아	7.3	7.8	
일본	7.4	7.2	
한국	8.7	8.5	
라트비아	10.4	12.6	
리투아니아	14.5	11.2	
룩셈부르크	11.4	11.0	
멕시코	3.9	4.4	(2016)
네덜란드	8.7	8.3	
뉴질랜드	9.2	8.8	
노르웨이	6.2	6.0	
폴란드	10.8	10.7	
포르투갈	9.5	10.4	
슬로바키아	9.9	10.1	
슬로베니아	9.5	10.0	
스페인	9.2	10.4	
스웨덴	7.3	7.2	
스위스	9.8	9.1	
터키	1.4	1.4	
영국	9.4	9.8	
미국	8.8	8.9	(2017)
평균[1]	8.9	8.8	

1) 2013년과 2018년(혹은 인접 과거년도) 통계가 있는 각각의 평균으로, 2013년과 2018년 모두 37개국의 평균임.

자료 : 보건복지부 · 한국보건사회연구원, OECD Health Statistics 2020 요약본

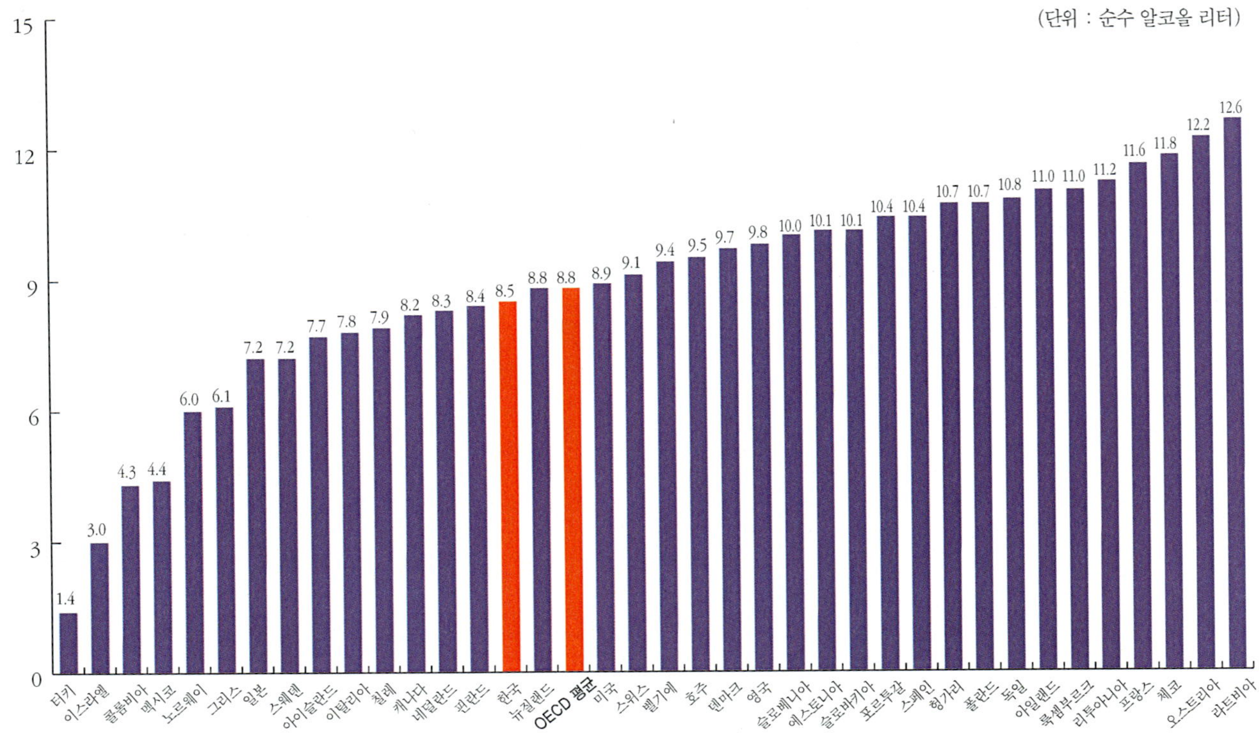

주) 1. OECD 평균은 2018년(혹은 인접 과거년도) 통계가 있는 37개국의 평균임.
2. 칠레, 멕시코는 2016년, 호주, 헝가리, 미국은 2017년 수치임.

자료: 보건복지부 · 한국보건사회연구원, OECD Health Statistics 2020 요약본

그림 12-1. OECD 국가 15세 이상 국민의 1인당 연간 주류 소비량(순수 알코올로 환산) 순위: 2018년

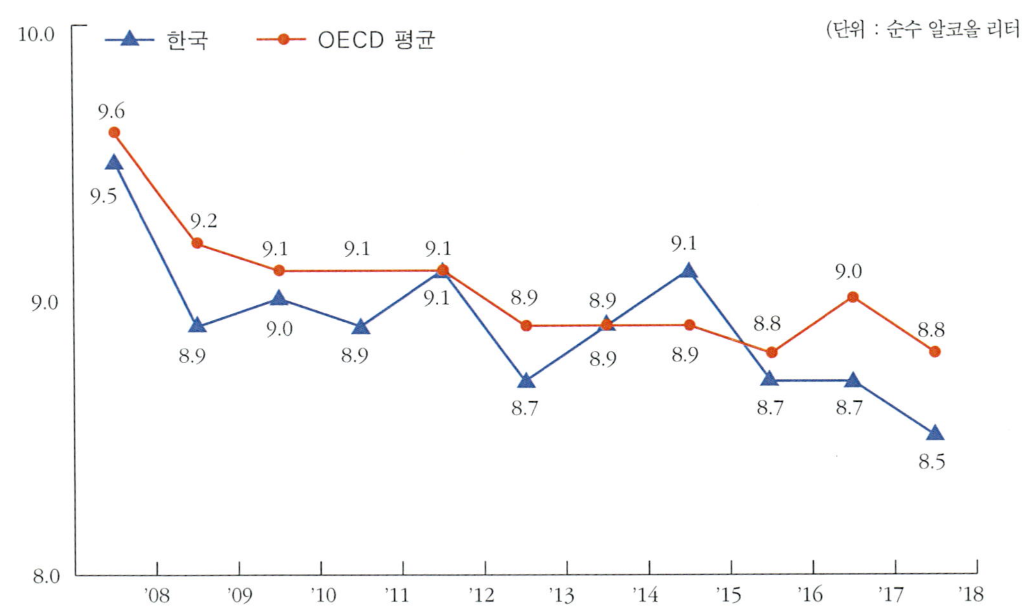

주) 1. 2008~2016년 OECD 평균은 해당 연도 통계가 있는 37개국의 평균이며, 2017년 OECD 평균은 칠레, 멕시코를 제외한 당해 연도 통계가 있는 35개국의 평균임.
2. 2018년 OECD 평균은 2018년(혹은 인접 과거년도) 통계가 있는 37개국의 평균임.

자료: 보건복지부 · 한국보건사회연구원, OECD Health Statistics 2020 요약본

그림 12-2. 우리나라 15세 이상 국민의 1인당 연간 주류 소비량(순수 알코올로 환산) 변화: 2008~2018년

음주와 건강

향정신성 약물(psychoactive drug)

다량 영양소(macronutrients)

알코올은 가장 널리 쓰이는 향정신성 약물이면서 높은 열량을 지닌 식품으로, 열량 이외에는 다른 어떤 영양소도 공급할 수 없다는 점에서 탄수화물이나 지방, 단백질처럼 다량 영양소의 하나라고 볼 수 있다. 알코올은 체내에서 CO_2와 H_2O로 완전 산화될 수 있음에도 불구하고, 상당한 약리학적 및 생화학적 효과를 나타냄으로써 다른 영양소의 흡수 및 대사에 영향을 미치게 된다.

술은 소량 섭취하면 기분전환을 위해서도 좋고 혈액순환에도 도움이 되어 건강에 유익할 수 있으나, 과량을 만성적으로 섭취하면 알코올성 간질환 등 여러 가지 건강 문제를 야기하게 된다. 더구나 만성적인 알코올 섭취자들에게서는 영양불량이 초래되기 쉬우므로 알코올에 의한 독성효과가 더욱 심하게 나타나게 된다. 이와 같이 술이 영양과 건강에 미치는 효과는 음주량이나 음주습관에 따라 크게 다를 수 있다.

알코올 대사

알코올 음료의 에탄올 성분은 주로 위장과 소장으로부터 흡수되어 간으로 옮겨져 대사되나, 일부는 흡수되기 전에 이미 위장에서 대사됨으로써 뇌에 도달하는 알코올의 농도를 낮추게 된다.

알코올 탈수소효소(alcohol dehydrogenase, ADH)

알데히드 탈수소효소(aldehyde dehydrogenase, ALDH)

알코올 대사의 첫 단계는, 알코올 탈수소효소가 알코올을 아세트알데히드로 전환시키는 것인데, 이 아세트알데히드는 다른 효소인 알데히드 탈수소효소에 의해 아세트산으로 산화된다. 각 단계에서 산화된 NAD^+로부터 1분자의 환원형 NADH가 생성되며, NAD^+는 조효소의 역할을 한다. 이렇게 생성된 아세트산(초산)은 이산화탄소와 물로 대사되거나 다른 분자의 합성에 쓰이게 되며 혈액을 통해 다른 조직으로 운반된다(그림 12-3). 위장과 간장의 알코올 탈수소효소는 기능은 같으나 화학적으로는 구별되는 이소엔자임들로, 간장에만도 17종의 이소엔자임이 존재하는 것으로 알려져 있다. 이 이소엔자임들은, 이들이 주로 산화시키는 기질인 알코올의 종류와 그 기질에 대한 친화력(K_m) 및 최대 알코올 산화속도(V_{max}) 면에서 각기 다르다. 이렇게 다양한 특성의 이소엔자임들이 광범위한 농도의 여러 가지 알코올을 대사시킨다.

이소엔자임(isoenzyme)
동종 효소의 다른 형태들

한 예로, 자동차에 쓰이는 부동액의 성분인 에틸렌글리콜이나 또는 메탄올 등을 산화시킬 수 있는 이소엔자임은 이들 알코올이 사고로 섭취된 경우 각각 옥살산이나 포름알데히드로 전환시킴으로써 인체에 위해를 초래하게 된다. 그러나 모든 알코올 탈수소효소들은 에탄올에 대한 친화력이 가장 크므로, 이때 에탄올을 투여하면 에탄올이 알코올 탈수소효소에 대해 다른 알코올들과 경쟁하게 되어 이들 알코올의 산화를 최소화함으로써 위해를 줄일 수 있다.

미크로솜 에탄올산화계(microsomal ethanol-oxidizing system, MEOS)

알코올의 대부분이 세포질에 존재하는 알코올 탈수소효소 이소엔자임들에 의해 산화되지만 그 일부는 소포체라 불리는 간세포 내 소기관의 복합체에서도 산화된다. 미크로솜 에탄올산화계라 불리는 이 복합체는 시토크롬 P450 II E1을 포함하고 있다. 만성 알코올 섭취는 이 시토크롬 P450 II E1 이소엔자임의 양을 증가시켜 알코올 산화에 대한 이 효소의 기여도를 높이게 된다. 이러한 P450 활성 증가의 기전은 이 효소의 합성을 부호화하는 RNA의 증가가 아니라 효소 단백질의 안정성의 증가일 가능성이 크다.

카탈레이즈(catalase)

카탈레이즈도 알코올을 산화할 수 있으나 이는 고농도의 알코올이 존재할 때에만 작용하는 듯하며 알코올 제거에 대한 역할이 확실치 않다.

알코올 산화의 1차 산물인 아세트알데히드를 산화하는 알데히드 탈수소효소는 여러 조직에 존재하지만 대부분의 아세트알데히드 산화는 그 효소의 합성 장소인 간에서 이루어진다. 이 효소의 각기 다른 이소엔자임들은 세포질이나 미토콘드리아 등의 세포 내 소기관에 존재하며, 사람의 간으로부터는 4가지 이소엔자임이 분리 정제되어 있다. 이들은 그 기질 특성이나 K_m, V_{max} 등이 달라 여러 농도의 여러 가지 알데히드를 산화할 수 있다. 미토콘드리아의 효소는 아주 미량의 알데히드에도 활성을 나타내며, 인체 내 알데히드 산화에 있어 가장 중요한 이소엔자임이다.

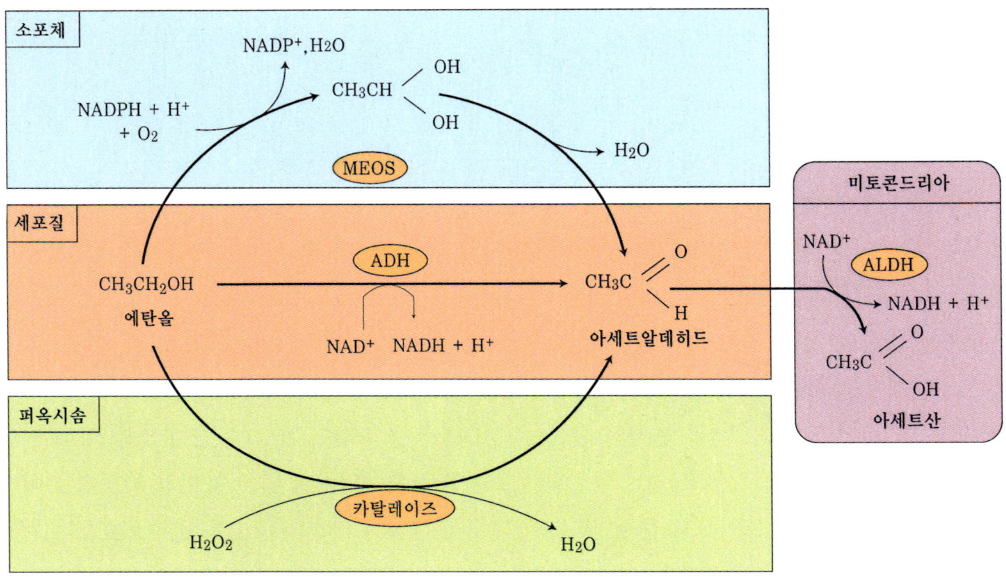

ADH : 알코올 탈수소효소
ALDH : 알데히드 탈수소효소

그림 12-3. 알코올의 대사

쉬어가기

알코올 홍조반응

음주 시 술 속의 알코올로 인해 얼굴이 붉어지는 증상이다. 동양인의 50% 정도(한국인의 경우 이보다 낮은 15~16%)에서 미토콘드리아, 알데히드 탈수소효소 이소엔자임의 유전변이체가 나타나는데, 이는 구성 아미노산 1개가 대체되어 효소활성이 격감된 것이다. 이 불활성 변이체는 비음주자에서는 문제되지 않으나 음주자에게는 심각한 문제일 수 있다. 이런 경우에는 활성형 효소를 가진 사람에 비해 동일한 양의 음주 후에도 혈중 아세트 알데히드 농도가 20배까지 상승할 수 있으며, 이러한 고농도의 아세트 알데히드로 인해 안면홍조, 심계항진, 빈맥, 현기증, 메스꺼움 등이 나타난다. 이것이 소위 '알코올-홍조' 반응으로서, 불활성 변이체를 가진 사람에게서는 과량의 알코올 섭취를 방지하는 결과가 된다. 음주로부터 안면홍조가 나타나기까지의 시간에는 상당한 개인차가 있을 수 있는데, 이는 알코올 탈수소효소와 알데히드 탈수소효소의 이소엔자임들의 유전적인 차이에 기인한다고 한다.

알코올과 영양

알코올과 영양소 간의 상호작용은 주로 상당량의 알코올 섭취로 인해 다른 식품의 섭취가 감소되는 상태에서부터 문제가 된다. 알코올로부터의 열량 섭취는 그 이외의 식품급원으로부터의 열량 섭취뿐만 아니라 미량 영양소의 섭취도 감소시켜 섭취량 부족으로 인한 1차 영양불량을 초래한다. 이에 반해 2차 영양불량은, 알코올의 섭취 및 그 대사에 따른 소화기계의 이상으로 나타나는 영양소의 흡수장애와, 알코올 자체의 독성으로 인한 영양소의 대사변화에 기인한다.

1. 알코올과 열량영양소 대사

알코올의 대사는 탄수화물, 지방, 단백질 등 여러 열량영양소의 대사에 영향을 미친다. 간의 알코올 탈수소효소에 의한 알코올의 대사는 그 부산물로 NADH를 생성하여 $NADH/NAD^+$비를 증가시킨다. 이러한 산화환원 상태의 변화는 여러 중간단계 대사에 영향을 미치게 된다. 특히 젖산은 피루브산으로의 전환 시 NAD^+를 이용해야 하나, 알코올 산화에 NAD^+가 쓰이므로 젖산이 피루브산으로 전환되지 못하고 축적되어 혈액의 pH를 떨어뜨린다. 뿐만 아니라 알코올 산화 시 $NADH/NAD^+$ 비가 증가되지만 계속적인 알코올의 산화를 위해서는 이들 비율을 정상적으로 유지하는 것이 필요하다. 따라서 피루브산을 젖산으로, TCA 회로 내의 옥살로아세트산을 말산으로 전환시켜 이때 생성된 NAD^+를 이용하게 된다. 이런 피루브산이나 옥살로아세트산의 부족은 포도당신생과정을 저해하여 포도당 합성이 제대로 이루어지지 못하게 되며 따라서 공복 시에 알코올을 섭취하면 저혈당을 초래할 수 있다(그림 12-4).

알코올 섭취 시에는 알코올이 초산으로 산화되어 우선적인 에너지원으로 사용되므로 지방은 완전 산화되지 못하고 케톤체를 생성한다. 또한 알코올 대사 시의 산화 환원 상태의 변화는 지질합성을 촉진하고 지방산의 분해를 억제하여 알코올성 간질환의 첫 단계인 지방간을 초래하는데 기여한다. 지방간의 발생은 지방의 섭취량, 즉 총열량에 대한 지방 열량의 비율이 25~35%일 때 쉽게 이루어지며 지방의 형태에 따라서도 달라질 수 있다. 일부 연구에 의하면 포화지방산보다는 불포화지방산인 리놀레산의 섭취가 알코올성 간질환 유발에 필수적이며 따라서 옥수수유보다 쇠기름이 더 안전한 것으로 알려져 있다.

급성적인 알코올 섭취가 간에서의 알부민 합성을 저해한다는 보고도 있으나 논란의 여지가 있

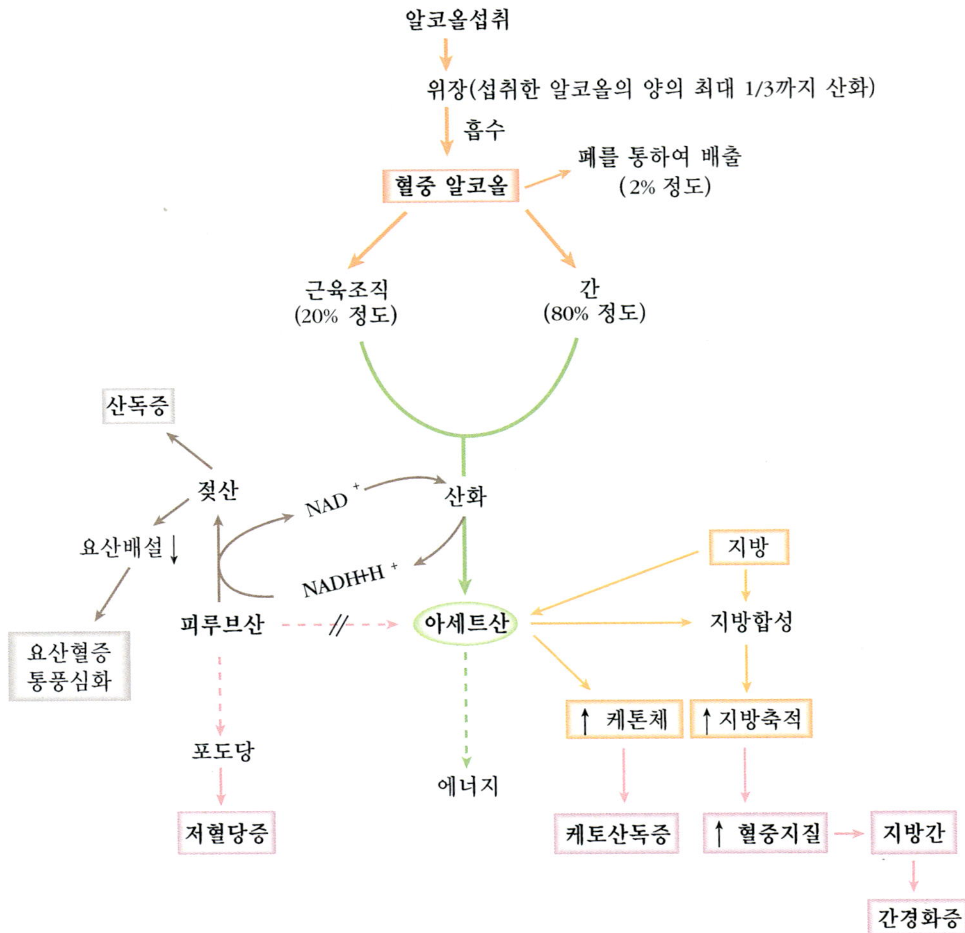

그림 12-4. 알코올 대사와 그 파급효과

고, 장기적으로 알코올을 섭취하면 콜라겐의 합성이 증가되며, 또 단백질의 유출을 저해해 간세포 내에 단백질의 축적을 초래하므로 간이 비대해진다.

2. 알코올과 에너지

열량 밀도(caloric density)

알코올은 1g당 7.1kcal의 열량을 내는 열량 밀도가 높은 식품이므로 알코올의 섭취와 비만유발을 관련시켜 생각할 수 있다. 그러나 1970년대에 이미 알코올로부터 공급되는 과량의 열량은 식품으로부터 공급되는 열량과 달리 체중증가를 일으키지는 않는다는 사실이 대사실험으로부터 밝혀졌다. 이는 만성 알코올 섭취가 유도하는 미크로솜 에탄올 산화계가 알코올 대사를 위해 NADPH를 소모할 뿐만 아니라 알코올을 비효율적으로 대사하여 여기에서 생성된 에너지의 상당부분을 열로 발산하기 때문이다. 그러나 이것은 세포질의 알코올 탈수소효소에 의해 대부분의 알코올이 산화되는, 사교를 위한 정도의 일반적인 음주(social drinking, 1일 30g 미만의 알코올)에서의 에너지 부족현상은 설명하지 못했다. 현재까지 밝혀진 바로는, 알코올 섭취가 체중증가를 일으키는 것은 섭취자의 체중이 과체중이나 비만에 속하는 경우에 국한되는 것 같다. 사교를 위한 정도의 음주가 휴식대사량을 증가시켰다는 최근의 보고는 그 대상이 젊은 백인 여성에 국한되었기는 하나 일반적인 알코올 섭취와 열량 소모 간의 관계를 규명하는 데 도움이 될 것이다.

3. 알코올과 지용성 비타민

일반적인 비타민 A 영양상태 판정에는 혈장 비타민 A 수준 측정법이 쓰이나, 이는 간의 비타민 A 저장량이 거의 고갈될 때까지 별로 변하지 않으므로 사실상 우리 주변에서 볼 수 있는 생화학적 영양결핍증(경계 결핍증)을 감지하는 데는 부적당하다. 그러나 간의 생검 시료나 사망자의 간을 분석한 결과에 의하면, 만성 알코올 섭취 시 알코올성 간질환의 진전에 따라 간의 비타민 A 저장량은 급격히 감소한다. 그 첫 단계인 지방간 상태에 이미 비타민 A 저장수준이 정상인의 20% 정도에 불과하며, 간경변이 되면 정상인의 5% 또는 그 이하에 이르게 된다. 이렇게 현저한 비타민 A 고갈은 만성 알코올 섭취로 인한 비타민 A 대사량 증가 때문이다. 즉 장기간의 만성 알코올 섭취는 비타민 A 대사의 첫 단계인 레티놀의 레티날로의 전환을 촉진하는 미크로솜 레티놀 탈수소효소의 활성 증가를 초래하며, 여기서 생성된 레티날을 레티노익산으로 전환시키는 세포질의 레티날 탈수소효소의 활성도 증가시킨다. 뿐만 아니라 레티놀이나 레티노익산을 극성 대사물로 산화시키는 미크로솜 산화효소계의 활성을 유도함으로써 전반적인 비타민 A 대사를 증가시킨다.

생검 (biopsy)

미크로솜 레티놀 탈수소 효소 (microsomal retinol dehydrogenase, MRD)

레티날 탈수소효소 (retinal dehydrogenase)

한편 실험동물에서는 안정제인 페노바르비탈이나, 항산화제이며 식품첨가제인 BHT 등의 투여로도 간에 축적된 비타민 A가 고갈되는데, 여기에 알코올을 같이 섭취시키면 상승효과가 나타난다. 이러한 비타민 A 고갈이 더 진행되면 야맹증이나 성기능장애 등의 결핍증상이 나타나고, 이 증상의 완화를 위한 비타민 A의 보충이 필요하게 된다. 그러나 비타민 A는 그 본래의 독성 때문에 투여량이 제한되며, 알코올 중독자에게는 영양권장량의 몇 배에 불과한 양도 독성을 나타낼 수 있어 그 투여 가능량의 범위는 상당히 좁아지게 된다.

페노바르비탈 (phenobarbital, PB)

BHT (butylated hydrotoluene)

비타민 A의 전구체이며 독성이 없는 공급원으로 알려진 β-카로틴의 경우, 유리라디칼 제거제일 뿐만 아니라 '무독성 비타민 A 대체품'으로 쓰이고 있다. 그러나 과량섭취 시 나타나는 β-카로틴혈증이 알코올 섭취로 악화되어 혈액으로부터의 β-카로틴 청소율이 유의적으로 지연된다는 것이 영장류인 비비에서 밝혀짐에 따라, β-카로틴의 무독성은 일단 의심을 받게 되었다. 조직학적인 면에서도 간세포 내에 미토콘드리아 퇴화나 자가소화 액포의 출현 등 이상을 동반하며, 혈장 글루탐산 탈수소효소 등의 활성도 증가된다. 이러한 현상은 실험동물인 쥐에서도 볼 수 있는데, 특히 갓 이유시킨 쥐의 경우에는 β-카로틴과 알코올을 동시 투여하면 사망률이 증가되기도 한다. 사람의 경우에는 알코올 중독자들에서 알코올 섭취량에 따른 혈장 β-카로틴 수준의 증가를 볼 수 있다. 이는 β-카로틴의 비타민 A로의 전환에 이상이 있을 가능성을 시사하며, 알코올 중독자에 대한 β-카로틴 투여의 안전성에 대해 의문을 갖게 한다.

베타카로틴혈증 (β-carotenemia)

비비(baboon)

자가소화 액포 (autophagic vacuoles)

비타민 D의 경우, 만성 알코올 중독이 혈장 25-(OH)-D_3의 농도를 낮춘다는 보고도 있었으나, 그 기전에 대해 자세히 연구된 바는 없다. 쥐의 혈장 25-(OH)-D_3는 장기간의 알코올 섭취로 감소하지 않지만, 영양적으로 균형 잡힌 식이섭취에도 불구하고 알코올 섭취에 의해 25-(OH)-D_3의 담도로의 배설량이 증가되었다는 보고는 만성 알코올 섭취가 비타민 D의 손실을 증가시킴으로써 비타민 D의 결핍증을 초래할 수 있음을 시사한다. 이는 알코올 중독자들에게서 골절상의 빈도가 높은 현상과도 무관하지 않다.

알코올 중독자의 혈장 비타민 E 수준이 정상인에 비해 유의적으로 낮고, 비타민 E와 셀레늄의 결핍증이 있을 경우 간질환의 정도는 더 심하였다. 쥐에서도 만성 알코올 섭취로 간의 α-토코페롤 축적량이 25% 감소하였다. 이런 결과는 알코올 대사가 비타민 E 대사 변화를 초래한다는 것을 의미한다. 특히 간세포 내 α-토코페롤 양의 감소는 미토콘드리아에서 더욱 심각하였다. 이는 영양소의 산화가 미토콘드리아에서 이루어진다는 점을 감안하면, 알코올 산화 시에 생성되는 과산화물을 제거하기 위하여 비타민 E가 소모되었거나 파괴되었을 것으로 생각된다.

4. 알코올과 수용성 비타민

일반적으로 알코올 중독자들에게는 비타민 B군의 결핍증이 흔한 것으로 알려져 있으며, 한때는 이러한 현상을 알코올이 간에 저장된 수용성 비타민을 씻어내기 때문이라고도 설명했으나, 이것은 너무도 비과학적인 설명이다.

쥐의 경우 티아민의 흡수과정 중 능동적 수송을 알코올이 저해하는 것으로 알려져 있으나, 사람의 경우에는 공장에서의 티아민 흡수는 영향을 받지 않는 것으로 알려졌다. 여성 알코올 중독자의 티아민 포화도가 정상 여성에 비해 낮다는 보고도 있지만, 영장류인 비비를 사용한 연구에서 3년간의 알코올 섭취(총열량의 50%)로도 티아민의 영양상태는 악화되지 않았기 때문에, 영양적으로 균형 잡힌 식이를 섭취하는 한 알코올은 티아민 영양상태에 유의적인 영향을 미치지 않는다고 할 수 있다.

리보플라빈 결핍증도 상당수의 알코올 중독자에게서 나타나는데, 이는 주로 섭취량 부족에 기인한다. 쥐의 경우 리보플라빈 섭취량이 낮거나 또는 리보플라빈 결핍증이 있는 경우에는 알코올 섭취로 인해 그 결핍 정도가 심해지지만, 이 결핍증은 생화학적 결핍증에 그칠 뿐 임상적 증상은 나타나지 않았다. 리보플라빈 결핍증이 있는 만성 알코올중독자의 경우 리보플라빈 보충으로 단기간(2~7일) 내에 그 증상이 완화되었다.

피리독살-5′-인산 (pyridoxal-5′-phosphate, PLP)
피리독살(pyridoxal)
피리독신(pyridoxine)
피리독신 인산 (pyridoxine phosphate)
폴리글루타밀 엽산 (polyglutamyl folate)
공장의 쇄자연막 (jejunal brush border membrane)

한 연구에 의하면 66명의 알코올중독자들 중에서 35명이 극히 낮은 혈중 피리독살-5′-인산 수준을 나타내어 비타민 B_6 결핍증을 가진 것으로 판정되었다. 개를 대상으로 한 연구에서도, 알코올 중독자에서 볼 수 있는 높은 혈중 알코올 농도(300mg/100mL)를 유지하는 수준의 알코올 투여로 혈장내 PLP의 축적이 감소되었는데, 이러한 결과는 알코올이 PLP의 합성 또는 분해에 영향을 미친다는 것을 의미한다. 그 기전으로는 알코올의 첫 단계 산화물인 아세트알데히드가 피리독살, 피리독신 및 피리독신 인산 등으로부터 PLP가 형성되는 것을 저해하고, 또 PLP와 단백질의 결합을 방해하므로, PLP가 인산분해효소에 노출되어 쉽게 분해되기 때문이라 해석된다.

1960년대 초에 허버트(Herbert) 등이 알코올 중독자의 80%가 엽산 결핍증을 지니고 있음을 밝힌 이후, 미국에서는 만성 알코올 중독을 엽산 결핍 원인 중의 하나로 여겨왔다. 2년간 원숭이에게 총열량의 50%를 알코올로 섭취시킨 결과, 미미한 간의 손상과 함께 간의 엽산 저장량이 현저히 감소되었다. 이와 함께 엽산의 환원, 메틸화, 포밀화나 폴리글루타밀 엽산의 합성 등은 알코올의 영향을 받지 않는다는 결과로부터 타무라(Tamura) 등은 간의 엽산 저장능력의 감소가 엽산 결핍증의 원인이라고 생각했다. 한편 12개월간 총열량 섭취량의 60%까지 알코올로 섭취시킨 돼지로부터 분리한 공장의 쇄자연막 가수분해효소의 활성이 대조군에 비해 유의적으로 감소한 점과 이 쇄자연막으로 형성된 소포들의 3H-PteGlu 흡수가 대조군에 비해 낮은 점들에 근거하여 만성 알코올 섭취는 엽산 흡수에 필요한 공장의 쇄자연막의 2가지 기능을 저해함으로써 엽산 결핍증에 관여한다고 할 수 있다. 알코올 중독자의 엽산 결핍증의 기전으로는 무엇보다도 먼저 엽산 섭취량의 부족과 상기한 장내 흡수불량, 간의 대사 저해와 급성 및 만성 알코올 섭취에 의한 소변으로의 엽산 배설증가 등을 들 수 있다. 그러나 알코올 중독자에게 엽산 결핍식이를 투여해 유도한 엽산 결핍증은 계속적인 알코올 섭취에도 불구하고, 엽산을 보충해 주면 곧 완화된다는 보고는 위에서 언급한 결핍증의 기전 중에서도 엽산 섭취량 부족의 중요성을 새삼 강조하게 한다.

입원 중인 알코올 중독자의 혈중 비타민 C 수준은 다른 환자들에 비해 현저히 낮았고, 비타민 C 500mg의 경구 부하 시험결과 알코올 중독자의 배설량이 다른 환자들에 비해 유의적으로 낮았다. 이는 알코올 중독자의 비타민 C 섭취량이 부족하다는 점과 알코올이 비타민 C의 장내 흡수를 방해함으로써 비타민 C 결핍증을 초래한다는 것을 의미한다. 그러나 이러한 기전에 대해 아직까지 구체적으로 증명된 바는 없다.

5. 알코올과 칼슘 및 뼈 대사

알코올은 칼슘과 뼈의 대사 중 여러 면에 영향을 미친다. 급성 음주는 일시적인 부갑상선 호르몬 결핍을 초래해 소변 내 칼슘배설을 증가시켜 체내 칼슘 손실을 가져온다. 반면 만성 과음은 칼슘 대사와 밀접한 관계를 가진 비타민 D 대사를 저해하여 칼슘의 흡수를 방해한다. 뿐만 아니라 알코올은 골 형성세포에 직접적인 독성을 나타내고 그 활성을 방해하므로 골 형성이 저해된다. 칼슘 결핍은 골질량이 현저히 감소되는 골다공증 같은 뼈의 질병 상태를 초래해 골절의 위험을 높인다. 특히 폐경 이후의 여성에게서 골절의 위험이 심각한데, 음주는 골다공증 발생 위험률을 높인다. 게다가 낙상 사고의 상당 부분이 음주와 관련되므로 음주의 뼈 대사에 대한 영향은 중요한 건강 문제일 수 있다.

6. 알코올과 기타 영양물질

알코올성 간질환의 진전에 따라 혈청과 간의 아연 수준이 떨어지는데, 그 원인으로 아연 섭취불량과 장내 흡수불량 및 소변 내 배설량 증가 등을 들 수 있다. 이 외에도 칼슘, 마그네슘, 철 등의 결핍증도 나타나나 알코올 자체가 이들 영양소의 흡수에 영향을 미치지는 않는다. 오히려 이는 과음 후에 나타나는 구토증, 설사, 위장 내 출혈 등의 결과일 가능성이 많다.

이 외에도 유해 산소 라디칼로부터의 방어와 중금속 등의 해독작용에 필수적인 글루타치온이 알코올 섭취로 고갈된다. 한편 S-아데노실 메티오닌(SAM)을 투여함으로써 글루타치온 수준과 간의 SAM 수준을 보정할 수 있다는 보고는, 약물이 아닌 영양소의 공급으로 알코올 섭취에 따른 대사이상을 교정할 수 있다는 가능성을 보여준다. 두 개의 리놀레산을 함유하는 포스파티딜콜린이 주성분인 다가 불포화레시틴을 만성적으로 알코올을 섭취하는 비비에게 투여하면 알코올성 간질환의 진전이 저해되어 간의 세정맥 주위의 섬유증 이상으로는 발전하지 않아, 즉 중격 섬유증이나 간경변이 방지된다. 반면 이러한 레시틴 투여를 중단하고 알코올만 계속 섭취시키면 알코올성 간질환은 간경변까지 급속히 진전된다. 레시틴은 특히 그 생체 내 유용성이 뛰어나

디리놀레오일 포스파티딜콜린 (dilinoleoilphosphatidylcholine)

다가 불포화 레시틴 (polyunsaturated lecithin, PUL)

세정맥 주위의 섬유증 (perivenular fibrosis)

중격 섬유증(septal fibrosis)

영양 중재
(nutritional intervention)

다이진(daidzin)
다이제인(daidzein)
제니스틴(genistin)
제니스테인(genistein)

고 무해하여 알코올성 간질환에 대한 영양 중재에 아주 적합하다. 2000년을 전후하여 미국에서는 이 레시틴의 알코올성 간질환에 대한 효과를 측정하기 위한 수년간의 임상연구가 이루어졌다.

한편 갈근이나 대두에 많이 함유되어 있는 이소플라본인 다이진과 다이제인은 다른 이소플라본인 제니스틴이나 제니스테인에 비해 생체이용률도 높으며 알코올 대사에 직접적으로 영향을 미칠 수 있다. 다이진은 간의 알코올 탈수소효소의 저해제로 작용하며, 또 미토콘드리아의 알데히드 탈수소효소의 저해제 역할을 함으로써 전반적인 알코올 대사를 방해한다. 다른 이소플라본인 제니스틴도 약하긴 하지만 알데히드 탈수소효소의 저해제로서 효과를 나타내며 알코올 남용을 방지하는 데 기여할 가능성이 있다. 단, 다이제인에 의해 알코올 탈수소효소가 일단 저해되면, 다이진에 의한 알데히드 탈수소효소의 저해효과는 감소된다. 이 경우와 1990년대에 발표된 아스파르트산의 NADH/NAD$^+$ 비의 보정 효과도 역시 알코올 대사에 따른 부작용을 식품 또는 영양소로서 완화시키는 방법 중의 하나가 될 것이다.

음주와 건강

1. 알코올과 질환

가. 알코올과 간질환

많은 양의 알코올을 상용하는 경우 지방간, 간염, 간경화 등의 간 장애가 많이 발생한다. 알코올은 지방분해를 저해하여 지방이 완전 연소되지 못하게 하여 간조직 내에 축적시킴으로써 지방간을 일으킨다. 또한 단백질도 간에 축적되는데, 이때 많은 양의 수분을 보유하게 되므로 간이 비대해지고 부어오르게 된다. 간이 비대해지면 간 내 영양소 및 산소 분포가 원활하지 못해 간세포의 괴사가 일어난다. 그리고 이 부위에 섬유증이 생겨 간의 신축성이 저하된다. 이 단계에서 술을 끊고 영양섭취를 잘하면 간세포는 어느 정도 재생될 수 있으나 계속 술을 마시면 간경화증으로 발전한다. 간경화증은 간세포가 괴사되어 간기능이 퇴화되면서 정상 간조직이 점차 섬유성 결체조직으로 교체되어 신축성을 잃고 경화되는 현상이다. 만성 과음자 중 약 90%에서는 지방간이 나타나는 반면, 약 10~35%에서만 알코올성 간염이 나타나고 약 10~20%는 알코올성 간경화증으로까지 발전한다. 매일 과음하는 사람이 어쩌다 한번 폭음하는 사람보다 알코올성 간경화증에 걸릴 확률이 높다. 간경화의 발생률은 인종, 개인, 음주량, 지역 등에 따라 다르

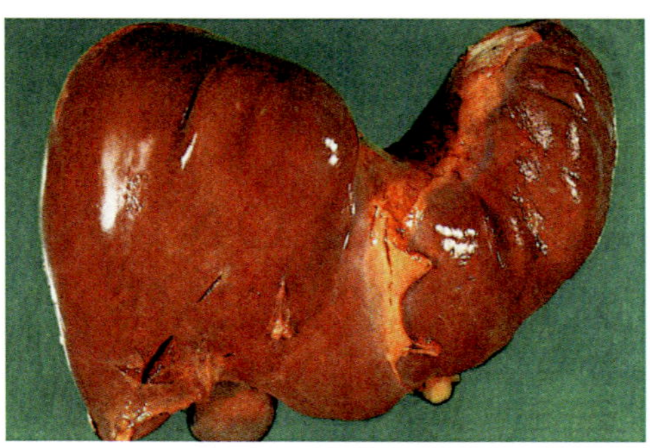
정상인의 간

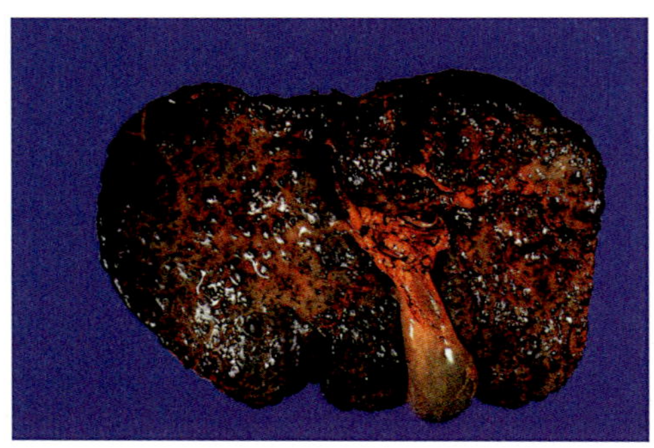
간경화 환자의 간

그림 12-5. 정상인과 간경화 환자의 간 비교

며, 간염 바이러스 특히 C형 간염과의 관계도 중시되고 있다. 그러나 간경화증은 알코올 소비량과 가장 밀접한 관련이 있어서 알코올성 간경화증 환자들은 대부분 10~20년 정도의 만성과음자이다. 간은 영양소 대사가 활발한 장기로서 재생능력이 뛰어나 괴사되지 않은 세포는 계속 분열된다. 따라서 간질환이 나타났을 때에는 간이 더 이상 손상되지 않도록 금주를 하고 빠른 시간 내에 간조직이 재생될 수 있도록 영양보충을 해주어야 한다.

나. 알코올과 심장순환계 질환

미국 특정지역의 역학조사에 의하면 소량(알코올로 28g 이하, 소주 3~4잔 정도)의 알코올을 상용하는 사람은 술을 안 마시는 사람보다 관상동맥질환 발생률이 낮고, 다량 상용하는 사람은 반대로 그 발생률이 수배에 이른다고 한다. 또한 전체적인 사망 위험률이나 심혈관계 질환의 위험률도 하루 3잔(알코올로 40g 내외, 맥주 3캔 정도)이 넘는 음주량에서 급증하나, 하루 한두 잔 정도의 음주는 심혈관계 질환으로 인한 사망률을 줄여준다. 이는 소량의 음주는 혈중 HDL을 상승시키기 때문이라는 설명이 지배적이나, 알코올의 혈액응고 방지효과나 포도주에 포함된 항산화물질의 효과 등도 관련이 있을 것으로 설명된다. 반면 다량의 알코올은 고지혈증을 유발하고 관상동맥을 수축시키며 체내 지질과산화를 초래하는데, 이로써 생긴 물질이 혈관벽에 침착되어 심혈관계 질환의 위험인자로 작용한다.

습관적인 음주는 고혈압과 관련이 있는데, 고혈압에 대한 위험률은 하루에 3~4잔(소주로 5~7잔)의 술을 마시는 경우 비음주자에 비해 50% 정도 증가되며, 6~7잔을 마시는 경우에는 100% 높다고 한다. 알코올 섭취 시 에피네프린, 레닌, 알도스테론 등 각종 호르몬이 분비되는데 이것은 혈압상승의 주원인이 된다.

에피네프린(epinephrine)
레닌(renin)
알도스테론(aldosterone)

다. 알코올과 생식기능 저하

인간의 생식기능은 여러 호르몬으로 조절되며, 가장 중요한 것은 안드로겐과 에스트로겐으로, 각각 고환과 난소에서 합성되어 여러 조직에서 생식기능에 관여한다. 남자의 경우 생식호르몬은 성적 성숙과 정자 발달 및 생식능력에 필수적이다. 여자의 경우에도 호르몬은 2차 성징의 발달을 촉진하며, 월경주기를 조절하고, 임신상태를 유지하는 데 꼭 필요하다. 만성 과음은 이

안드로겐(androgen)
에스트로겐(estrogen)

모든 기능을 저해할 수 있고, 심한 경우 고환과 난소의 기능이 부실해져 호르몬의 결핍 또는 성적 기능 부전 및 불임증이 초래된다.

알코올은 고환에 대해 직접적인 독성을 나타내며 테스토스테론 수준을 낮춘다. 이러한 테스토스테론 결핍이 장기화되면 남자의 특징이 사라지고 가슴이 커지는 것 같은 여성화 현상이 일어날 수 있다. 뿐만 아니라 알코올은 정자 발달에 필수적인 비타민 A 대사를 방해하여 정자의 정상적 구조 유지 및 운동을 저해하기도 한다.

만성 과음은 폐경 이전의 여성에게 여러 가지 생식기능장애를 일으킬 수 있으며, 그 예로는 월경의 정지, 월경불순, 무배란 월경, 조기폐경 및 자연유산의 위험 증가 등이 있다. 이러한 기능부전은 알코올이 호르몬의 조절작용을 직접 저해하거나, 또는 간질환 · 췌장의 질환 · 영양불량 및 체내 대사 이상 등 음주와 관련된 질병들을 통한 간접 저해로 나타날 수도 있다. 이와 같은 생식기능의 문제는 만성 과음자뿐만 아니라, 하루 3잔 정도의 술(소주로 5잔 내외)을 마시는 경우에도 나타날 수 있다.

음주는 폐경 이후 여성의 생식호르몬에도 영향을 미친다. 폐경으로 격감된 에스트로겐 수준은 1주일에 3~6잔의 음주로 상승하며, 따라서 뼈의 손상이나 알코올성 간질환, 유방암 등의 위험률 증가 없이 심혈관계질환의 발병률을 감소시키기도 한다.

2. 음주와 비만

최근 전 세계적인 건강문제로 부각되고 있는 비만의 발생에는 유전적 요인뿐만 아니라 환경적, 사회경제적 요인 등 여러 요인의 상호작용이 크게 영향을 미치며, 그중에서도 특히 조절 가능한 요인으로서 식생활 요인의 중요성이 대두되었다. 이에 따라 식생활 요인과 비만 간의 관련성에 대한 연구가 많이 보고되었으나, 식생활이 국가와 인종별로 크게 다르다는 점을 고려하면 특정 국가에서의 연구 결과를 그대로 다른 국가나 민족에 적용하기에는 무리가 있다. 특히 우리나라에서 체질량지수(BMI) 30 이상의 고도비만 인구가 젊은 성인층에서 급증하고 있다는 보고는 이들의 식생활을 비롯한 생활 패턴에 대한 분석 연구와 대책 마련이 시급함을 부각시킨다.

음주로 인해 알코올 자체로부터 공급되는 열량과 체중 간의 상관관계가 명확하지는 않으나 최근에 국민건강보험공단의 지원으로 운영되었던 비만관리대책위원회 고도비만 분과의 연구 보고서(2015)에 의하면 우리 국민의 고도비만은 음주와 상당한 관련성이 있는 것으로 나타났다.

가. 우리나라 성인의 음주

우리나라 국민건강보험에서 2년마다 실시한 일반건강검진 데이터 중에서 2002년부터 2013년까지의 자료를 활용하고, WHO에서 제시한 1일 평균 알코올 섭취량 기반의 성별 음주군 구분 기준에 따라 대상을 안 마심, 저위험 음주군, 중위험 음주군, 고위험 음주군으로 분류해 분석한 결과, 남자에서는 중 · 고위험 음주자 비율이 전반적으로 지난 10년간 감소되는 추세를 보였으나, 연령층별로는 50대까지 지속적으로 높아졌다. 여자의 경우에는 전반적으로 지난 10년간 중 · 고위험 음주자 비율이 증가되는 추세를 보였으며, 특히 19~29세 젊은 여성의 고위험 음주율은 2002~2003년 연 0.7%에서 2012~2013년에는 그 2배가 넘는 1.6%로 증가되었다(그림 12-6).

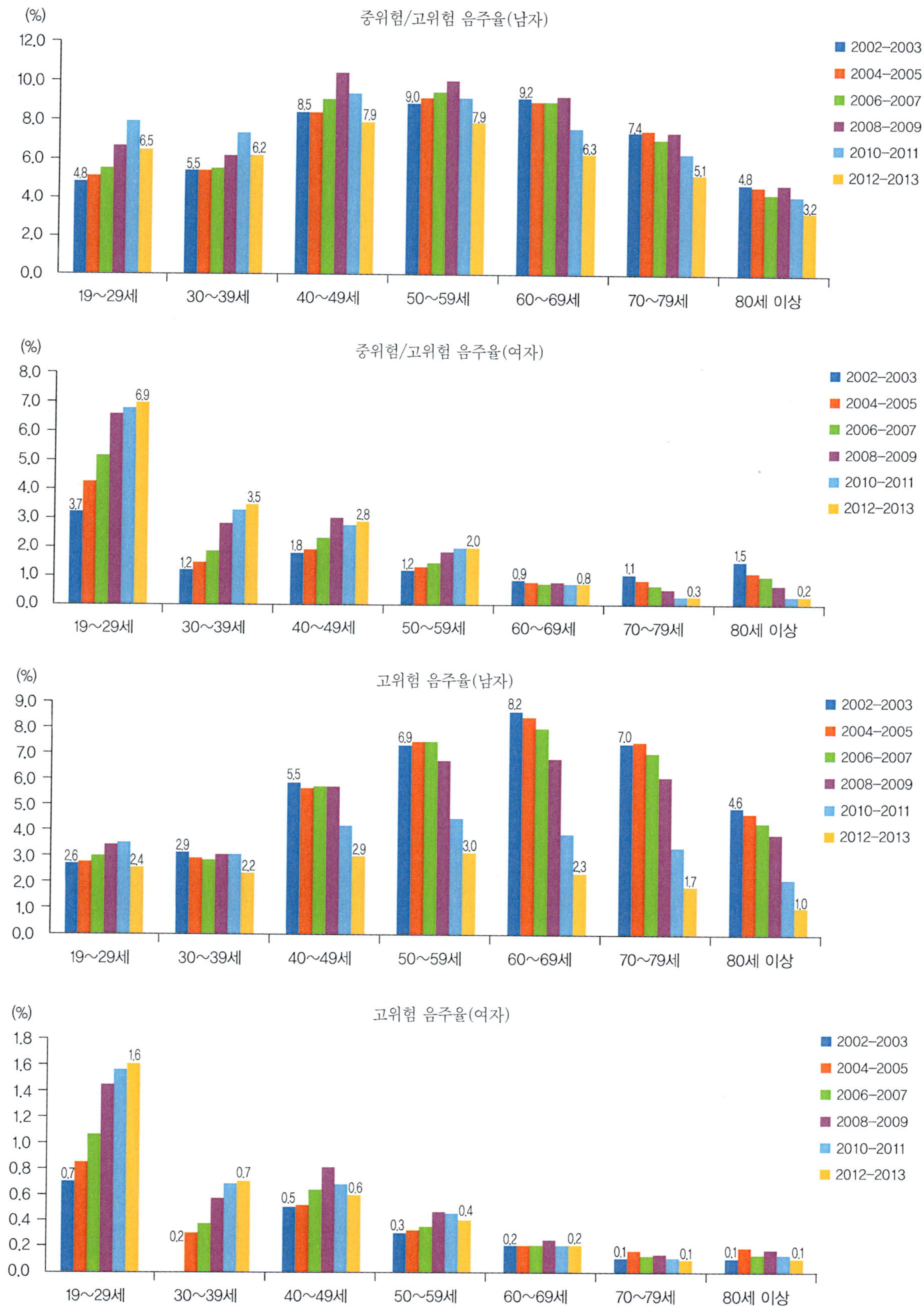

자료 : 고도비만 실태분석 및 관리대책 개발(2015)

그림 12-6. 연도별 성 · 연령별 중위험 및 고위험 음주율

나. 음주행태별 고도비만 유병률

음주행태와 고도비만 간의 관계를 살펴보면, 음주량이 많아질수록 고도비만율이 높아졌으며, 연도별로도 고도비만율이 꾸준히 증가하는 추세를 보였다(그림 12-7). 남자는 2012~2013년 고위험 음주군에서 고도비만율이 6.6%로, 술을 안 마신다는 군의 3.9%에 비해 약 1.7배 정도로 높았으며, 2002~2003년의 3.5%에 비해서는 약 2배로 증가되었다.

50세 미만 여자에서도 남자와 유사한 경향을 보였는데 2012~2013년 고도비만율이 술을 안 마신다는 군에서는 3.4%, 고위험 음주군에서는 5.2%로 1.5배로 높았다. 그리고 연도별로도 고위험 음주군의 고도비만율이 2002~2003년 3.8%에서 2012~2013년 5.2%로 약 1.4배로 증가된 것으로 나타났다. 그러나 50세 이상 여자의 경우에는 고위험 음주군에서 고도비만율이 높기는 하나 시간 경과에 따른 증가는 없었다(그림 12-7).

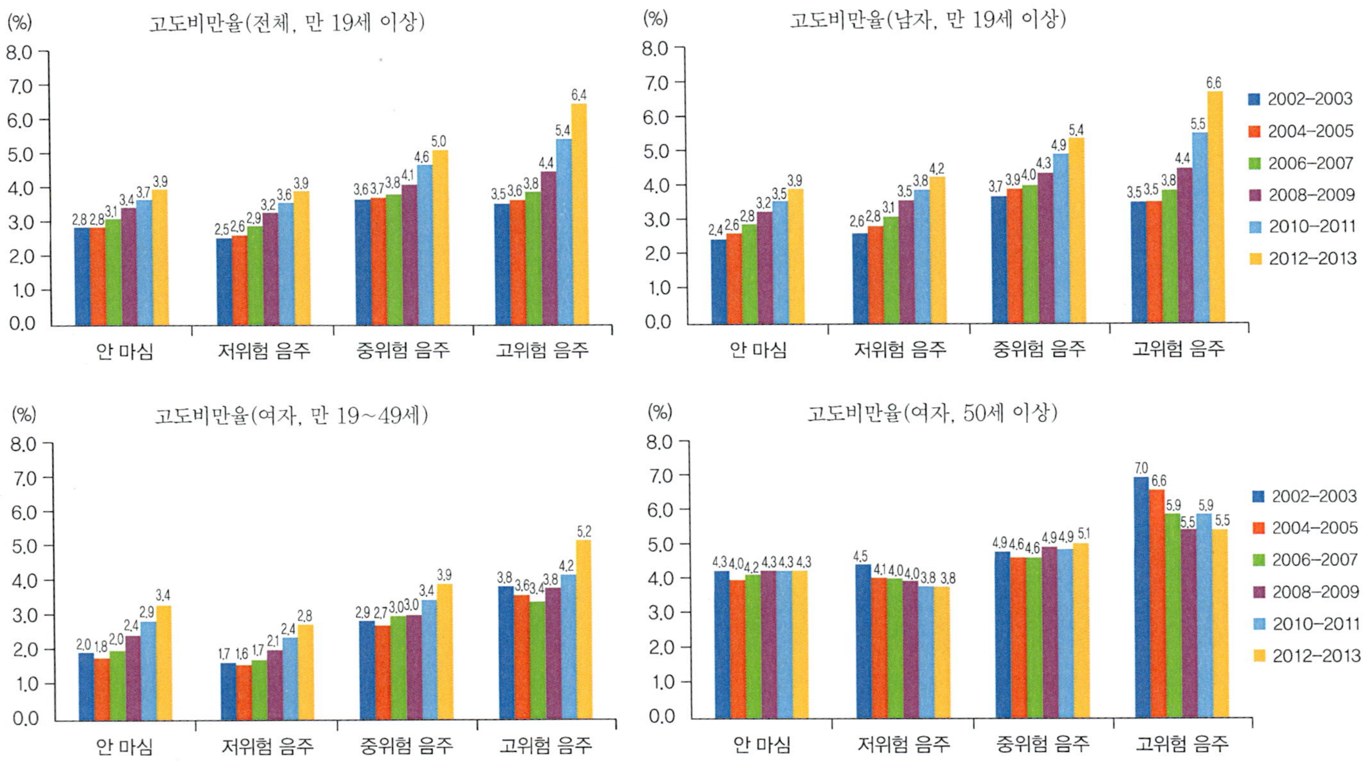

자료 : 고도비만 실태분석 및 관리대책 개발(2015)

그림 12-7. 연도별 음주행태와 고도비만 유병률

중위험/고위험 음주군의 고도비만율을 연령대별로 비교해 보면, 남자의 경우 80세 이상을 제외하고는 연도별로 모든 연령대에서 고도비만이 증가하는 경향을 보였으며, 대부분 연령대에서 2002~2003년에 비해 2012~2013년에 약 2배 정도로 고도비만율이 증가한 것을 볼 수 있었다. 여자의 경우, 50~59세를 제외한 대부분의 연령대에서 연도별로 고도비만이 증가하는 추세를 보여 2002~2003년에 비해 2012~2013년에 30대에서는 약 2배로, 80세 이상에서는 약 2.4배로 증가하였다(그림 12-8).

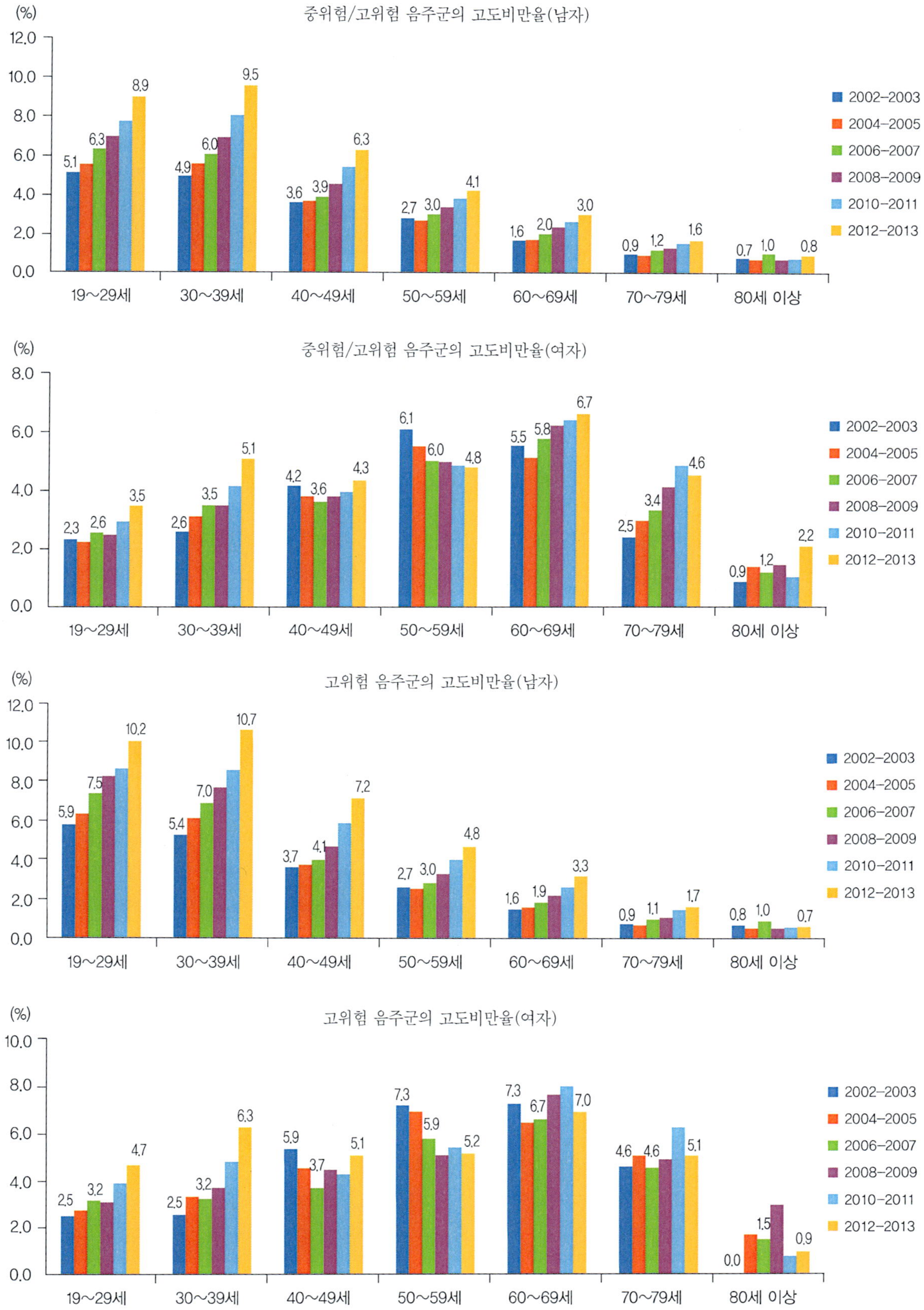

자료 : 고도비만 실태분석 및 관리대책 개발(2015)

그림 12-8. 연도별 성 · 연령별 음주행태와 고도비만 유병률

다. 중위험 · 고위험 음주군의 고도비만 발생 위험도

2002년부터 2013년까지의 건강검진 자료로 10년 코호트 데이터 셋을 구축하고 음주행태에 따른 고도비만 발생 상대위험도를 분석한 결과, 50세 미만 남자와 50~64세 남자 모두 중위험 · 고위험 음주군의 고도비만 발생 상대위험도가 유의미하게 높게 나타났다. 50세 미만 남자에서는 중위험 · 고위험 음주군의 고도비만 발생 상대 위험도(RR)가 모형에 따라 1.670(95% CI=1.330~2.097)부터 1.424(95% CI=1.122~1.807)까지 높게 나타났으며, 50~64세 남자에서도 비음주군 대비 중위험 · 고위험 음주군의 고도비만 발생 상대위험도는 모형에 따라 1.806(95% CI=1.090~2.992)에서 1.868(95% CI=1.123~3.110)로 더 높게 나타났다. 반면에 모든 연령대에서 비음주군 대비 저위험 음주군의 고도비만 발생 상대위험도는 통계적으로 의미있게 다르지 않았다. 또한 여자의 경우에도 전 연령대에서 사용한 모형 모두에서 유의적인 결과가 나타나지 않았다.

3. 음주와 연령

가. 노인의 음주

노인은 젊은 연령층에 비해 술을 덜 마시고 문제도 적을 듯이 보인다. 이렇게 노인이 술을 덜 마시는 것처럼 보이는 이유는 다음과 같이 생각할 수 있다.

- □ 첫째, 노인은 보통 수입이 적어 술 마실 돈이 적다.
- □ 둘째, 알코올 대사 능력은 젊은이와 크게 다르지 않으나 신체조성이 바뀌어 체지방률이 증가하고 수분량이 감소되어 알코올 같은 약물의 분포 용적이 작아지므로 혈중 알코올 농도가 높아져 술을 조금 마시더라도 술의 효과를 볼 수 있다.
- □ 셋째, 같은 혈중 알코올 농도에서도 노인의 경우에는 알코올에 대한 예민도가 증가한다.
- □ 넷째, 노인들에게는 여러 가지 심각한 건강상의 문제가 있는 경우가 흔하므로 그로 인해 음주량을 낮추게 된다.
- □ 다섯째, 과음은 사망의 주요 인자 중의 하나이므로, 젊을 때 술을 많이 마신 사람은 나이가 들기 전에 이미 사망했기 때문에 지금 생존해 있는 노인들은 술을 덜 마시고 문제가 적은 사람들뿐이다.

그러나 사실 알코올과 관련된 문제는 나이가 든다고 감소되지는 않는다. 뿐만 아니라 음주량도 감소하지 않고, 나이와 관계없이 일정 수준을 유지하거나 심지어는 '나이 들어 배운 술'의 현상이 나타나기도 한다. 즉 사람에 따라서는 60세가 넘어 과음을 시작하는 사람도 있고, 또 나이 드는 것에 따른 스트레스, 즉 직업을 잃거나 배우자와의 사별 등에 대한 반응으로 음주량을 늘리기도 한다.

일단 노인들에게서 과음으로 인한 문제가 생기면 일반 성인들과는 다른 면에서 생각할 점들이 있다. 대부분의 노인들은 의사의 진단 및 자가진단 또는 광고의 영향으로 상당량의 약물을 복용하고 있는 상태이므로, 우선적으로 이 약물들 간의 상호작용이 가능하고 여기에 알코올이 더해짐으로써 그 결과가 더욱 심각해 질 수 있다. 일부 노인의 경우 스스로 올바른 투약을 못한다는 것 또한 큰 문제이다. 따라서 노인에게 나타나는 일부 외견적 치매상태는 사실상 약물로 인한 인지능력 손상일 수 있으며 약물복용을 중지하면 원상회복도 가능하다. 그러므로 노인의 절주 또는 금주는 약물치료의 효과를 증진시킨다. 노인들이 흔히 갖고 있는 질병상태 중 음주의 영향을 받을 수 있는 것으로 호흡기 질환이나 소화성 궤양, 마른 버짐, 담배 의존성, 기질성 뇌증후군, 감정장애, 약물의 남용 및 약물에 대한 의존성 등을 들 수 있다.

동물실험에 의하면, 간의 알코올 탈수소효소의 활성은 나이가 들수록 감소하여 전반적인 알코올 대사량을 감소시켰다. 그러나 인간의 경우에는 나이에 따른 간세포 내 알코올 탈수소효소 활성의 변화는 없으나, 노화에 따른 체격 및 체조성의 변화로 인해 음주 시에 알코올이 희석되고 또 분포되어야 할 체내 수분의 양이 감소된다. 한편 위장의 알코올 탈수소효소의 경우에는 나이에 따른 활성의 감소가 남자에게서만 나타나, 젊은 연령층에서는 남자의 일차 통과 대사량이 여자보다 높지만, 50세 이후에는 여자의 일차 통과 대사량이 상대적으로 높아지게 된다. 즉 같은 양의 알코올 섭취 후에 나타나는 알코올의 최고 혈중 농도는 50세 이전에는 여자에서 높고, 50세 이후에는 남자에서 높거나 여자의 경우와 비슷한 정도로 나타난다. 이러한 높은 혈중 알코올 농도는 알코올의 전체적인 효과가 큰 것을 나타내며, 곧 알코올의 영향을 더 받게 된다는 뜻이다. 남자의 노화 시에 나타나는 일차 통과 대사량의 감소는 이들에게서 빈번히 볼 수 있는 위장의 헬리코박터필로리에 의한 감염이나 만성 위염과도 무관하지 않다.

일차 통과 대사
(first-pass metabolism)

헬리코박터필로리
(Helicobacter pylori)

쉬어가기

일차 통과 대사

알코올이 위장과 소장을 거쳐 흡수되어 간으로 옮겨지는 과정에서 위장과 간장의 알코올 탈수소효소가 알코올을 일치로 분해하면 혈액을 통해 체내로 알코올이 퍼지는 것을 최소화할 수 있는데, 이것을 알코올의 일차 통과 대사라 한다.

여기서 한 가지 기억해 둘 것은, 상당량의 일차 통과 대사가 모든 사람에게서 관찰되는 것이 아니고, 또 인종에 따라서도 위장점막 알코올 탈수소효소의 이소엔자임 양상이 다르다는 점이다. 이 위장의 알코올 탈수소효소는 노년층에서 많이 나타나는 류머티즘의 증상 완화제로 쓰이는 아스피린 같은 약물에 의해 그 활성이 저하되므로, 아스피린 복용 후 술을 마시면 복용 전에 비해 혈중 알코올 농도가 증가하며 알코올의 약물효과가 상승한다. 뿐만 아니라 위염 · 위궤양 · 소화성 궤양 치료제 중 히스타민 수용체 길항제(H_2-receptor antagonist)는 노인들이 많이 복용하는 약물이며, 이들도 위장 내 또는 간에서의 알코올 대사에 영향을 미친다. 즉, 위염 또는 소화성 궤양 치료제와 아스피린을 병용하는 남자 노인들에서의 알코올 섭취는 상당히 주의할 필요가 있다. 일차 통과 대사량은 만성 과음으로 크게 감소되며 단식이나 위절제술로도 감소될 수 있으므로 공복 상태의 음주는 식후의 음주보다 위험하다. 결국 어떠한 형태로든 하루 소주로 3~4잔이 넘는 음주량은 노인에게 충분히 해로울 수 있으며, 특히 남자 노인의 경우에는 그 양을 더 각별히 주의해서 조절할 필요가 있다.

위절제술
(gastrectomy)

나. 청소년의 음주

우리나라 청소년의 음주 실태 파악과 관련하여 이루어진 가장 최근의 조사로는 질병관리청 건강영양조사과에 의해 실시된 2020년도 청소년건강행태조사를 들 수 있다. 전국에서 표본으로 추출된 793개 중 · 고등학교의 54,948명이 참여한 조사 결과 보고서에 의하면, 현재 음주율(최근

30일간 1잔 이상의 술을 마신 적이 있는 학생의 분율)은 남학생 12.1%로 여학생 9.1%보다 높았으며, 고등학생(남 18.3%, 여 13.2%)이 중학생(남 5.8%, 여 5.0%)에 비해 높았다(그림 12-9). 전체 위험 음주율(최근 30일간 1회 평균 음주량이 중등도 이상인 학생의 분율: 소주 5잔 이상 음주 남성, 소주 3잔 이상 음주 여성)은 남학생 5.6%로 여학생 4.8%보다 높았으며, 고등학생(남 9.7%, 여 7.7%)이 중학생(남 1.4%, 여 1.9%)에 비해 6~8배 높았다. 한편 중학생의 경우에 위험 음주율이 남학생보다 여학생에서 대부분 더 높게 나타난 것은 주목해야 할 부분이다.

고등학생들의 음주량이나 음주율은 상당한 것으로 알려져 있으며, 이전의 한 조사에서 매일 소주를 3병씩(알코올로 200g 이상) 마시는 고등학교 남학생의 경우가 보고되었을 정도로 청소년들의 음주는 이제 그저 방관만 하고 있을 상태가 아니다. 또한 앞서 언급한 2020년도 청소년건강행태조사에서 만취경험률(최근 30일간 1일 이상 정신을 잃거나 기억을 못 할 정도로 술을 마신 적이 있는 사람의 비율)이 남학생 1.3%, 여학생 1.2%로 나타나 남녀 차이가 없었고, 고등학생

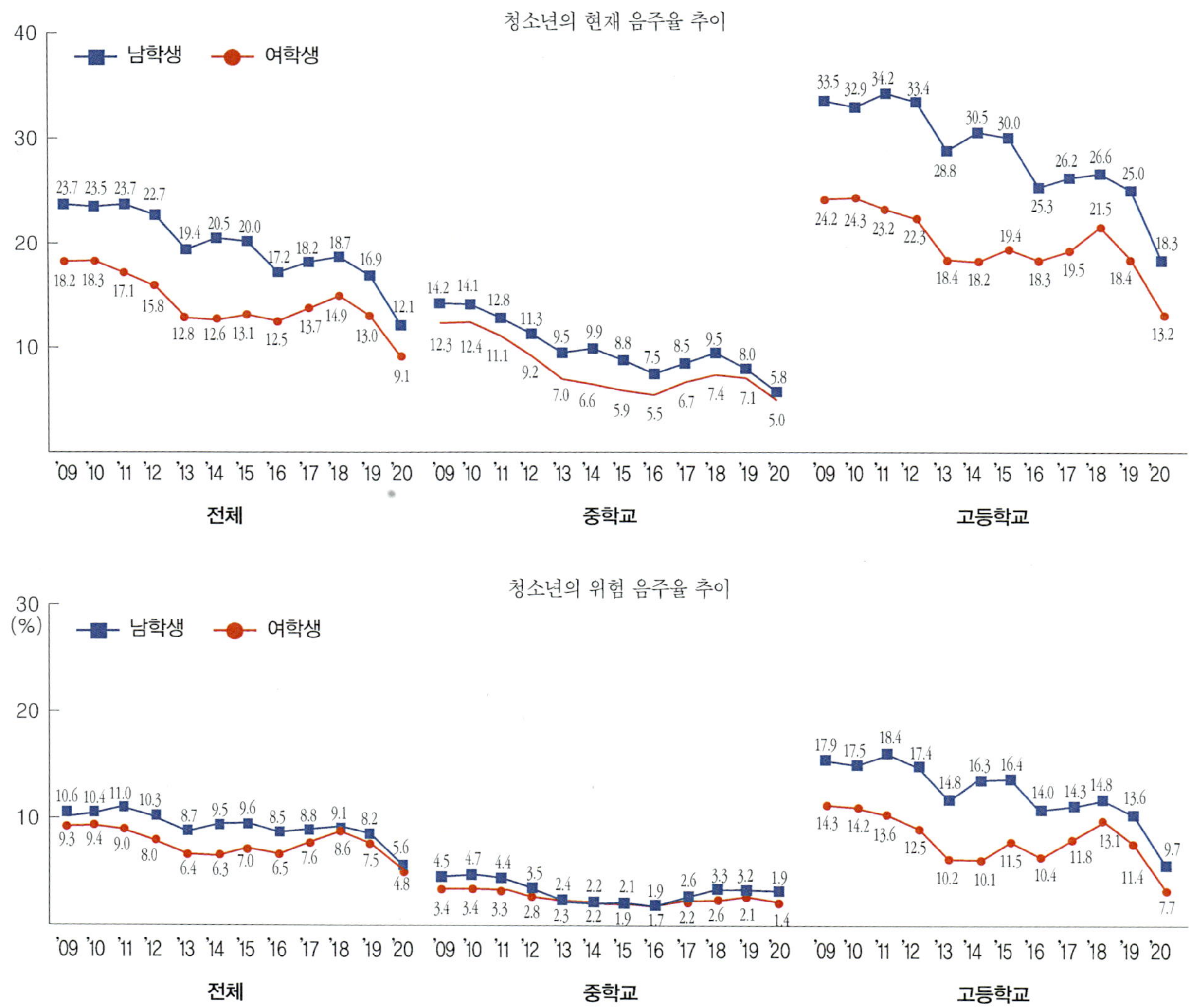

자료 : 청소년건강행태조사 통계(2020)

그림 12-9. 연도별 성별 · 학교별 청소년의 음주율 추이

(남 2.2%, 여 1.9%)이 중학생(남 0.4%, 여 0.5%)에 비해 4~5배 가량 높았다.

대학생들의 음주는 '경험' 운운하는 차원에서 벗어나 여러 가지 이유 또는 기회로 인해 '폭음'이 성행하므로 더 큰 문제이다. 일반적으로 폭음이란 한 자리에서 5잔(소주로 1병, 맥주로 5캔 정도) 이상의 술을 마시는 것을 말하며, 여자의 경우 4잔 이상을 말하기도 한다. 우리나라 대학생들의 경우 입학도 채 하기 전에 '신입생 환영'을 빌미로 시작된 술자리는 연중 휴가없이 계속 이어진다. 소위 '폭탄주'라는 특허받지 않은 발명품이 수도 없이 고안되어 뭇 학생들을 괴롭히다 못해 목숨을 앗아가는 경우까지도 종종 보고되고 있다. 일반적으로 폭탄주란 발효주에 증류주를 섞어 만드는 것으로, 때로는 여기에 이온음료나 탄산음료까지 섞어 맛과 흡수율마저 향상시키는 배려도 한다. 이들에게 과음이나 폭음은 동료들과 어울리기 위한 하나의 자격 요건이며, 때로는 어른으로 인정 받기 위한 수단이기도 하다. 이들 중에는 동료의 술 마시는 모습에 감화되어 따라 하게 된 경우도 있다. 그러나 이들이 꼭 알아두어야 할 것은 바로 이 연령층에 대한 과음과 폭음의 결과이다.

청소년기의 음주는 여러 생리적 · 생화학적 영양상태 등에 대한 영향 외에도 성장이나 학습능력, 적응능력 등에서 돌이킬 수 없는 결과(장애)를 초래한다. 폭음하는 고교생의 대부분이 대학생이 되어도 폭음을 하며, 폭음이나 과음하는 경우일수록 정상적인 음주자에 비해 음주운전을 할 가능성이 몇 배나 높아진다. 사실 술이 금지된 연령인 이들의 과음 · 폭음이 그 자신과 가정 그리고 사회에 미치는 영향은 심각할 수 있다.

4. 음주의 유전학

흔히들 '피는 못 속인다'고 하며 음주습관이나 음주량에 대해 '유전' 운운한다. 알코올 중독이 유전이라는 것은 오래 전부터 인정해 왔던 사실이나, 이에 대한 과학적인 연구들은 1970년대에 와서 이루어지기 시작했다. 알코올 중독의 가족력에 대한 연구들에서 알코올 중독의 가족성이 확인되기는 했으나, 유전적 소인이나 가족 환경, 또는 이 두 요인이 모두 그 가족 내의 알코올 중독자 발현을 결정하는지는 알려지지 않았다. 알코올 중독으로 입원치료를 받는 사람의 80%는 가족이나 친인척 중에 알코올 중독자가 있었다.

일반적으로 알코올 중독자의 일가는 대조군에 비해 약 7배 정도의 알코올 중독 위험률을 나타내며, 남자 중독자의 남자 친인척이 특히 위험하다. 알코올 중독자의 자손은 다른 곳으로 입양되더라도 정상인의 자손에 비해 알코올 중독자가 될 위험률이 2.5배나 된다고 한다. 한 연구에 의하면 유전 과정은 음주 횟수와 음주량에 영향을 미치는 여러 행동을 조절하여 알코올 중독으로 발전할 가능성을 결정하는 데 기여한다고 한다. 일란성 쌍둥이는 이란성 쌍둥이에 비해 그 유전율이 높고, 남자 쌍둥이의 유전율은 여자 쌍둥이의 2배가 넘는다. 특히 알코올 의존성의 유전 가능성은 더욱 확실하다.

임신 중의 음주로 인해 소위 '태내 알코올 증후군'이라 불리는 여러 선천적 장애가 나타나는 것은 잘 알려진 사실이다. 더구나 아버지의 음주가 자손에 영향을 미친다는 보고도 있다. 아버지가 음주자인 경우에 영아의 체중은 아버지가 비음주자인 경우에 비해 낮았다. 그러나 아직까지는 사람에게서 부계의 음주가 출생 시 체중에 직접적인 영향을 미치는지에 대해 확실하게 밝혀지지 않았다. 동물의 경우, 수태 전과 수태 당시 과량의 알코올에 노출되었던 숫쥐의 자손은 출생 시 체중이 낮고 감염과 스트레스에 대해 취약하며 미로 학습능력이 떨어졌다. 이로부터 알코올 중독 가족에게서 볼 수 있는 몇 가지 특징들은 유전적인 영향이라기보다는 수태 전후의 부모의 음주에 따른 결과일 가능성도 생각할 수 있다. 2021년 4월에 발표된 연구에 의하면, 임신 6개월 전부터 아버지가 일주일에 한 번 이상 정기적으로 술을 마신 경우에는 그렇지 않은 경우에 비해 선천적 장애(결함)를 가진 아기가 태어날 확률이 35% 높았다고 한다.

가족력에 근거한 알코올 중독 또는 알코올 의존성의 위험률이 높은 사람 중에도 알코올성 문제를 나타내지 않는 경우가 있다. 뿐만 아니라 알코올 중독과 의존성은 장기간에 걸쳐 진전되기 때문에 알코올 문제는 다원적 병인을 나타낸다. 여러 연구에 의하면 유전인자는 알코올 문제를 일으킬 위험성을 증가시키지만 사회적, 심리적 요인들은 유전요인과 상호작용하여 유전적 취약성의 표현을 조절한다고 한다. 이러한 상호작용은 일생동안 일어나며 성장시기에 따라 각 요인의 기여도도 달라진다.

활동항진증 (hyperactivity)

행동적 및 감정적 반응성의 특징을 총망라한 기질이라는 것은 그 유전성이 상당하나 환경요인에 의해 변화될 수 있다. 이러한 기질 중 특정 기질은 알코올 중독에 대한 높은 위험성과 관련되어 있어, 활동항진증을 나타내는 어린이일수록 알코올 중독인 아버지를 가진 경우가 많았고 알코올 중독의 가능성이 높았다. 그러나 활동항진상태 자체보다는 이것이 공격성과 공존할 때 그 위험성이 높아진다. 이 외에도 알코올 중독자의 자녀들은 그 행동면에서 조절이 안 되는 경우가 많고, 주의집중 시간 및 지구력의 감소 등도 알코올 중독에 대한 취약성을 나타낸다.

여성의 음주

일반적으로 결혼한 직장여성이 술을 더 많이 마실 것으로 생각하나 사실은 그 반대가 현실이다. 할일이 별로 없거나 무료함을 느끼는 사람일수록 알코올을 습관적으로 섭취하게 될 가능성이 많다. 즉 결혼한 적이 없거나 이혼 · 별거 중인 여성일수록 결혼했거나 남편과 사별한 여성에 비해 술을 마실 가능성이 높다. 앞서 '음주와 비만'에서도 언급되었듯이 최근에는 젊은 여성의 음주율이 급격히 증가된 것으로 알려져 있다. 따라서 여성의 경우에는 남성과 달리 유전적 요인보다 결혼상태와 같은 환경적인 요인에 더 영향을 받는다.

흔히들 '여자는 술에 약하다'고 한다. 이는 단순한 '경향'이 아닌 '실제 상황'이다. 이에 대한 과학적인 근거로 여성의 체구가 남성에 비해 작다거나, 여성의 체구성 특성상 남성에 비해 체지방률이 높아서 음주 시에 알코올이 희석되어 들어갈 체내 수분의 양이 적어서 약물의 분포용적이 작다(약 12% 정도)는 등의 이유를 들어 왔다. 그리고 생리주기 중의 성호르몬 수준의 변동으로 인해 알코올 대사속도가 달라져 생리주기의 각 시점에 따라 혈중 알코올 농도가 달라진다고도 했다.

그러나 이러한 이유들만으로는 술에 대한 여성과 남성의 차이를 설명하기에는 부족했고, 1980년대 후반부터 1990년대 초에 걸쳐 새롭게 학계에 거론된 것이 '조물주의 성차별'이었다. 이제까지 위와 소장에서 흡수되어 주로 간에서 대부분이 대사되는 것으로 알려졌던 알코올이, 위장 점막에 존재하는 알코올 탈수소효소들에 의해 우선적으로 상당량 대사되며, 그 효소의 활성이 여성의 경우에 남성보다 훨씬 낮다는 보고는, 한때 '공공연한 성차별을 위한 조작'이라는 말을

들을 정도로 획기적인 것이었다. 위장의 알코올 대사는 일차 통과 대사 후 나타나는 혈중 알코올 농도의 상승을 억제하여 전체적인 알코올의 효과를 감소시킴으로써 우리 몸을 위해 보호장벽의 역할을 한다. 이러한 위장 및 간에서의 일차 통과 대사량은 성에 따라 다를 뿐만 아니라 연령, 알코올 중독, 또는 개개인에 따라서도 다르다. 남자의 경우 50대 이후에는 이 일차 통과 대사량이 감소되어, 일생동안 그 대사량에 거의 변화가 없는 여성과 비슷한 수준에 이른다. 반면 알코올 중독자의 경우에는 일차 통과 대사량이 거의 존재하지 않아 이들의 음주량은 그대로 혈중 알코올 농도로 반영된다. 또 개인에 따라 일차 통과 대사량에 차이가 있어 보호장벽의 효과는 각기 다를 수 있는데, 일본인의 경우에는 이러한 위장의 알코올 대사능력이 거의 없는 사람이 상당수라고 한다.

우리의 2세를 잉태할 수 있도록 선택된 여성은, 그 2세들을 보호하는 안전대책의 일환으로 주어진 위장의 낮은 알코올 일차 통과 대사량으로 인해 상대적으로 알코올의 효과가 커지므로 음주량이 제한되는데, 이는 곧 불행한 결과, 즉 태내 알코올 증후군 발생의 억제로 연결된다. 임신 중인 여성의 지나친 음주는 사산 또는 기형아의 출산을 초래할 수 있으므로 여성의 낮은 일차 통과 대사량은 이러한 불행의 최소화를 위한 방어책이라고도 할 수 있다.

여성과 남성의 차이는 위장에서 그치지 않는 듯하다. 장기간의 과음에서 비롯되는 지방간 현상 및 간의 비대 과정에서도, 여성은 특별한 대우를 받아서 장기간의 알코올 섭취로 인해 간에서 일어나는 지방산 결합단백질의 증가 정도는 여성의 경우 남성에 비해 훨씬 낮다. 이는 곧 간세포 내의 유리지방산 농도를 높이게 되고, 따라서 보다 적은 양의 단기간의 알코올 섭취로도 여성에게서는 쉽게 간질환이 진전될 수 있음을 의미하는데, 이것은 또한 여성으로 하여금 남성보다 술을 덜 마시게 하는 요인이 된다.

제지방량
(lean body mass)

최근에는 여자가 술에 약한 이유를 다른 측면에서도 조명하기 시작했다. 여자의 제지방량당 간의 부피가 남자에 비해 훨씬 크다는 것이 1998년에 알려짐에 따라 같은 양의 음주 시 초기 혈중 알코올 농도가 남자보다 높아짐에도 불구하고 간에서의 알코올 대사량이 상대적으로 더 클 수 있으므로 알코올 제거(clearance) 속도는 더 빠를 수 있다는 결론이 내려졌다.

만성 과음은 여성에게 치명적인 효과를 보여 남성 과음자에 비해 50~100% 더 높은 치사율을 보인다. 뿐만 아니라 자살률이나, 음주관련 사고, 순환기 계통 질환 및 간경화 등을 나타내는 만성 과음자의 비율도 여성에게서 훨씬 높다. 이 외에도 생리통이나 월경불순, 무월경 등이 만성 과음으로 인해 나타나며, 수태력의 변화와 조기 폐경이 초래되기도 한다. 이와 같은 여러 단계의 상대적인 불이익에도 불구하고 우리 여성들의 음주는 증가 추세에 있으며, 2019년 국민건강영양조사 결과에 따르면 19세 이상 여성의 월간음주율(최근 1년 동안 한 달에 1회 이상 음주한 분율)은 48.4%(남자 73.4%)이었고 연령별로는 20대(64.5%)에서 가장 높았으며, 고위험 음주율(1회 평균 음주량이 5잔 이상이며 주 2회 이상 음주하는 분율)은 6.5%에 달했다. 한편, 지난 10여년간 완만한 감소세를 보인 성인 남자의 경우와 달리 성인 여자의 월간 폭음률은 전반적인 증가세를 보여 왔으며(그림 12-10), 특히 20대 여성의 폭음률은 2019년 44.1%에 달했다. 이러한 여성 음주의 증가는 근래에 볼 수 있는 가임기 여성들의 불임률 증가와도 무관하지 않다.

참고로 한 가지 알아두어야 할 것은, 맥주가 위스키보다 안전하지 않다는 것이다. 술의 효과는 섭취한 알코올의 양으로 좌우되며, 경우에 따라서는 맥주 한두 잔이 위스키 한두 잔보다 더

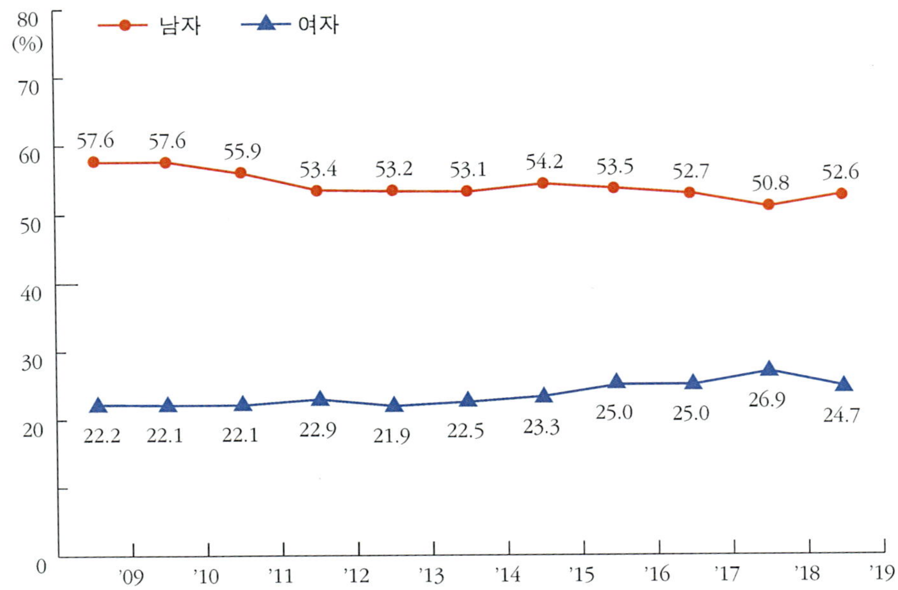

* 월간 폭음률 : 최근 1년 동안 월 1회 이상 한 번의 술자리에서 남자의 경우 7잔, 여자의 경우 5잔 이상 음주한 분율, 만 19세 이상

* 2005년 추계인구로 연령표준화

자료 : 국민건강통계(2019)

그림 12-10. 우리나라 성인의 월간 폭음률 추이

해로울 수 있다. 위장점막의 알코올 탈수소효소는 그 K_m이 높아서 술의 알코올 농도가 높을 때 활성이 더 확실해지므로, 위스키의 경우에 보다 큰 보호장벽의 효과를 볼 수 있는데, 이것은 위스키의 알코올 농도가 맥주에 비해 훨씬 높기 때문이다.

쉬어가기

과학적 식생활지침 vs. 경험적 식생활지침

우리의 옛 어른들은 술과 담배를 마치 남성의 전유물처럼 취급했으나 노년기의 여성에게는 이것들을 허용했다. 어쩌면 서양의 학자들이 '과학적' 근거를 마련하는 동안 우리 조상들은 이미 '경험적' 근거로 노인 여성에게만 음주를 방관함으로 해서 태내 알코올 증후군 같은 불행으로부터 우리의 2세들을 보호해 왔는지도 모른다. 건강을 해치지 않는 범위에서 술을 마시려면 남성의 경우 하루 두 잔, 여성의 경우 하루 한 잔까지만 마시라는 미국 보건부와 농무부의 2015년 식생활지침보다 더 오래 전부터 우리의 조상들은 폭음이 아닌 한두 잔의 반주로써 일차 통과 대사량을 극대화해 나름대로 음주에 따른 건강상의 위해를 극소화했다.

1. 태내 알코올 증후군

1973년, 알코올 중독인 임신부가 낳은 아이들에게서 나타나는 이상에 대해 '태내 알코올 증후군(FAS)'이라는 이름이 붙여졌다. 원래는 이러한 결손은 영양불량으로 인한 것이라고 추측했으나, 태내 알코올 증후군과 관련된 기형 양상이 단순영양 불량상태의 임신부가 낳은 아이들에게서는 나타나지 않는다는 점으로부터, 영양불량과는 상관없이 알코올 자체가 태아에게 심한 독성을 나타낸다는 것이 밝혀졌다.

태내 알코올 증후군 (fetal alcohol syndrome, FAS)
임신 중 모체의 음주로 인해 태아가 알코올 또는 그 1차 산화물인 아세트 알데히드에 노출되어 출생 후 아기에게 나타나는 여러가지 형태적·정신적 장애

태내 알코올 증후군이란 첫째, 출생 전 또는 출생 후 성장부진이 나타난다. 둘째, 신경계 이상, 행동적 기능장애, 지능장애, 두개골 또는 두뇌의 기형 등을 포함한 중추신경계의 이상들이 있다. 셋째, 안검렬의 위축, 얇은 윗입술, 안면의 입체감 감소, 불분명한 인중 등이 특징적이다. 아마도 정신적 장애와 활동항진상태가 태내 알코올 증후군의 가장 힘든 부분이며, 출생 전 알코올에 노출되는 것이 이러한 정신장애의 주된 원인으로 알려져 있다. 이 외에도 학습능력, 주의집중력, 기억력 및 문제해결 능력 등에 어려움이 있으며, 수족 협조기능 불량, 충동성, 언어 및 청각기능 장애도 나타난다. 학습능력 장애는 청소년기를 거쳐 성인기에 이르기까지 지속된다. 한편, 태내 알코올 증후군의 발병에 영향을 미치는 요인으로는 인종이나 국가 또는 그 문화적 배경 등과 음주습관, 영양상태 그리고 대사상의 차이 등을 들 수 있다.

태내 알코올 증후군에 포함되는 결손의 범위는 너무 넓기 때문에 알코올의 역치, 즉 음주량을 정할 수는 없으나, 한 연구에 의하면 임신 사실을 인지하기 전의 임신 초기 과음(하루 평균 3잔 이상)은 태아에게 태내 알코올 증후군의 특징인 두개 안면 이상의 발생률을 높이는 것으로 나타났다. 그러나 하루 평균 3잔(약 40g 알코올) 이상이라는 숫자는 주말에 한꺼번에 마신 양의 일주일간 평균인 경우가 많아 사실 이런 경우의 태아는 한 번에 훨씬 많은 양의 알코올에 노출되었던 셈이 된다.

동물실험에 의하면, 태아의 발달과정에서 특정부위의 발달과 관련된 시기에 따라 음주로 인한 결손의 양상이 달라진다. 따라서 임신 기간 내내 과량의 음주가 계속되면 태내 알코올 증후군의 특징적인 여러 증상이 나타날 수 있는 반면, 간헐적인 과음으로는 그 시기와 관련된 특정

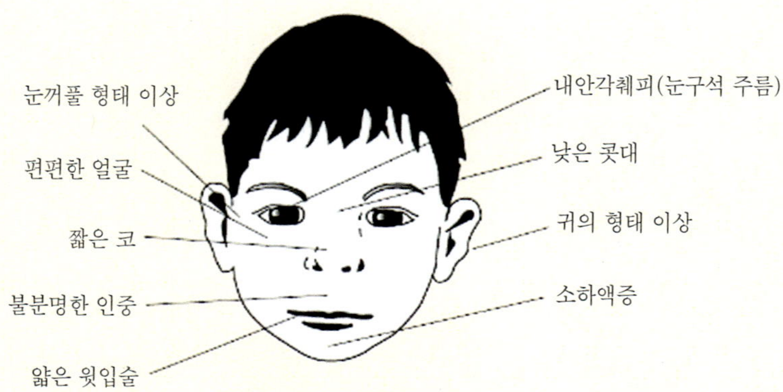

그림 12-11. 태내 알코올 증후군의 안면적 특징

결손만이 나타나게 된다. 임신 기간 중 태아의 각 기관들의 세포분열이 가장 빠른 시기가 그 기관의 취약성이 가장 큰 시기가 되며, 모체의 연령과 출산 경력이 증가할수록 음주로 인한 태내 알코올 증후군 발생 가능성이 커진다. 모체의 알코올 대사의 차이도 태내 알코올 증후군에 대한 감수성에 차이를 초래할 수 있다. 만성 과음자는 내성 증가로 인해 알코올의 중독효과를 최대화하는 음주습관을 가지므로 태내 알코올 증후군 발병 위험률이 더 커진다. 이 외에도 음주량과 음주 시기 및 임신 기간 중 복용한 약물 등의 상호작용에 의해서도 영향을 받을 수 있다. 태내 알코올 증후군의 각 증상마다 그 나름대로의 역치와 임계기(영향받는 시기)가 있겠으나 어느 정도의 음주량이 태내 알코올 증후군을 동반하는 역치인가에 대해서는 간단히 말할 수 없다.

임신부의 음주는 태아의 행동에도 영향을 미친다. 동물실험에 의하면 임신 중의 음주로 인해 발의 운동이나 호흡 활동, 뇌의 활동 등이 억제되는데, 사람의 경우에도 태아의 호흡 활동에 변화가 나타나는 것으로부터, 이러한 태내 활동의 이상이 태내 알코올 증후군의 발병에 기인할 것이라는 이론이 제기된다. 신생아의 경우 젖을 잘 빨지 못하고 쉽게 지쳐 젖을 빠는 시간도 짧으므로 그 섭취량 또한 제한되어 태내 알코올 증후군에서 흔히 보이는 생후 성장 부진으로 연결된다. 뿐만 아니라 이 신생아들은 정상적인 생리상태의 조절도 부실하여 수면장애, 떨림, 신경과민 등을 나타내기도 하며, 쥐의 경우에는 체온조절 능력이 손상되기도 한다. 태내 알코올 증후군에서 나타나는 행동장애의 대부분이 한시적이며 아동의 연령이 증가함에 따라 그 정도가 약해지므로 아마도 태내에서의 알코올에 대한 노출은 중추신경계의 성숙을 지연시키는 듯하다. 그러나 이러한 장애들의 일부가 청소년기와 성년기까지도 남아 있는 것으로 보아 그 효과는 영구적 또는 장기적이라고도 할 수 있다.

결론적으로 태내 알코올 증후군은 그 역치가 불확실한 만큼, 가장 확실한 예방법은 임신 기간 중의 절대금주이다. 예상 외로 많은 사람들, 특히 여성들이 태내 알코올 증후군에 대해 알지 못

하므로 여성 음주자 또는 가임기 여성들을 대상으로 한 지역 사회의 교육 및 홍보를 통해 경각심을 일깨워 주어야 할 것이다.

2. 태내 알코올 증후군의 발생 기전

알코올이 유도하는 태내 결손들에 대한 최근의 연구들에 의하면 그 기전은 주로 아세트알데히드의 배아독성, 태반의 기능부전과 영양결핍, 태내 저산소증 및 프로스타글란딘의 역할 등 4가지로 나눌 수 있다.

배아독성(embryotoxicity)

태내 저산소증(fetal hypoxia)

프로스타글란딘(prostaglandin)

알코올 자체가 태아에 대해 독성을 나타내는 것도 사실이지만, 태반에 존재하는 시토크롬 P-450 효소계에 의해 태반에서도 알코올 대사가 일어나므로 태아의 혈액 중에 아세트알데히드가 존재하게 되는데, 그 농도가 모체의 혈중 농도보다는 낮다고 해도 태아에 미치는 아세트알데히드의 직접적인 기형의 효과는 무시할 수 없다.

모체의 음주는 모체의 영양섭취 부족이나 또는 태반을 통한 영양소 수송에 문제를 일으켜 태아의 영양결핍을 초래한다. 사람의 경우 음주로 인해 태반의 중량이 감소되고 태반의 이형 등이 생기는데, 이러한 구조적 변화는 이 기관의 기능 이상으로 연결된다.

태내 저산소증은 알코올에 의한 성장부진과 연결되는데, 이는 쥐나 양, 원숭이 등의 태반과 탯줄의 혈류가 감소되었다는 결과에 근거한 것이다. 사람의 경우 모체의 과음은 태아의 적혈구 조혈인자 수준의 증가를 초래하고, 이는 태내 저산소증의 간접적인 증거가 된다. 따라서 태아 및 태반의 혈류 저해와 태내 저산소증은 알코올의 기형적 효과에 대한 설명 기전으로 상당한 가능성이 있다.

프로스타글란딘은 20개의 탄소로 이루어진 지방산족의 하나로 필수지방산인 아라키돈산 대사로 생성된다. 트롬복산이나 프로스타사이클린 같은 물질들은 각각 혈관수축 및 혈관확장 효과를 지니며, 생식이나 태내 성장 등 광범위한 생체활동에 영향을 미친다. 이들의 혈관수축 · 확장 효과는 태반의 혈류를 조절함으로써 태아에게로의 산소 및 영양물질 수송을 조절하게 되며, 따라서 이들의 균형을 깨뜨리는 요인은 곧 태아의 성장발육에 영향을 주게 된다. 모체의 음주가 프로스타글란딘 E-1과 트롬복산 생성을 증가시킨다는 연구결과와 프로스타글란딘 생성 저해제인 아스피린이나 인도메타신, 이부프로펜 등이 알코올로 인한 출생기형을 감소시킨다는 연구결과로부터 프로스타글란딘이 태내 알코올 증후군의 발현에 한 역할을 담당한다는 것을 추론할 수 있다.

트롬복산(thromboxane)

프로스타사이클린(prostacyclin)

적당한 음주

술을 마실 이유는 얼마든지 있다. 누군가 우리에게는 5가지의 술 마실 이유가 있다고 했다. 우선은 좋은 술이 있어서, 친구가 있어서, 갈증이 나서, 또는 미래에 대한 두려움에서, 그리고 가장 중요한 이유 '그 이외의 어떠한 핑계를 대고' 라도 술을 마실 수 있다고 했다. 이렇게 술을 마실 이유는 무한하지만 마시는 술의 양은 유한해야 한다. '술은 취하자고 마시는 것인데 웬 적당량?' 이라고 할지 모르지만 코가 비뚤어지도록 마셔야 그날의 일과가 끝나는 우리의 국민정서부터 개선되어야 우리의 음주 문화가 소위 '문화' 로서 설 자리가 생길 것 같다.

'사람이 술을 마셔야지 술이 사람을 마셔서는 아니된다' 는 우리 옛 어른들의 말씀처럼 술 마실 이유를 찾아 술을 마셔도 그 양은 적당해야 한다. 앞서 그림 12-10에서 보았듯이 우리나라의 19세 이상 성인 남자의 월간 폭음률은 52.6%에 달하는 것으로 나타났다.

1995년 9월부터 시행된 국민건강증진법에서는 금연, 영양, 신체활동과 함께 절주를 건강증진 활동의 주요 내용으로 포함시키고 있다. 국내 거주 외국인들의 눈에 비친 한국인의 '이해 불가능한 특성' 중의 하나가 자신이 감당하지 못하는 정도의 엄청난 음주량이라는 보고에서도 알 수 있듯이, 지난 반세기 동안 이루어낸 경제 성장의 부산물인 이 기현상은 우리가 시급히 처리해야 할 과제 중의 하나인 것이 분명하다. 단순히 긴장상태를 이완시키고 기분전환을 도모하는 정도의 음주량이 아닌 이 정도의 문제성 있는 음주량은, 술 내의 유효 성분인 알코올이 고열량 생성 물질이라는 사실 때문에도 음식물의 섭취량을 제한하는 결과를 낳고, 그에 따른 영양불량은 알

코올 자체의 독성효과와 더불어 알코올성 질환의 유도 및 악화를 초래하게 된다.

2011년 국민건강영양조사의 영양조사부문 결과에 의하면, 우리나라 성인 남자들의 식생활에서 첫 번째 에너지 급원 식품은 당연히 '쌀'이지만 두 번째 에너지 급원 식품은 모든 연령층에서 '소주'이었던 것으로 나타났다. 이러한 현상은 2018년까지도 그대로 이어져 50세 이상 모든 남자의 두 번째 에너지 급원이 소주였던 것으로 드러났다. 이는 우리나라 남자들의 폭음과 과음현상을 단적으로 대변하는 결과라고 할 수 있으며, 이들의 지방 급원 식품으로 '삼겹살'이 연령층에 따라 1위~3위로 나타난 것과 함께 성인 남자의 비만과 간질환 증가에 기여하는 주요요인으로 볼 수 있다.

적당한 음주란 여러 사람들에게 각기 다른 것을 의미하기 때문에 정의하기가 무척 힘들다. 이 용어는 때로는 사회적으로 허용되는 음주량이라는 뜻에서 '사교적 음주량'과 혼동되어 쓰이기도 하나, 사교적 음주량이라고 해서 아무 문제가 없는 것은 아니다. 따라서 '적당한 음주'란 음주자나 사회에 대해 대체적으로 어떤 문제도 일으키지 않으면서 건강상의 큰 위해도 초래하지 않을 수 있는 음주량이라고 말할 수 있을 것이다.

음주자의 특성이나 음주 양상에 따라 같은 양의 알코올 섭취도 다른 결과를 낳을 수 있으므로 어떤 '안전한' 음주량을 정확히 결정하기는 어렵다. 그러나 일반적으로 여자는 하루 1잔 이하, 남자는 하루 2잔 이하를 적당한 음주라고 인정한다. 여기서 1잔 이란 소주 1.5잔, 맥주 1캔, 포도주 1잔(150mL), 위스키 1잔(45mL) 등을 말한다. 이들은 각각 술의 양은 달라도 그 안에 포함된 알코올의 양은 약 12g~14g으로 비슷하다. 이와 같은 적당량의 음주란 당연히 임신부나 임신을 기대하는 사람, 주의력과 기술을 요하는 작업에 임할 사람, 약물을 복용 중인 사람, 금주 중인 알코올 중독자 및 미성년자를 제외한 대상에 대한 얘기이다. 여자의 적당한 음주량이 남자보다 적은 것은 이미 앞에서 설명했던 대로 같은 양의 음주로도 여자가 더 쉽게 취하기 때문이다. 위장점막의 알코올 대사 효소 활성은 남자의 경우에 여자의 4배까지도 이른다고 한다. 여자에게서 높은 것으로 알려진 체지방률은 남자에게서도 연령 증가에 따라 높아지므로, 나이가 들면 남자도 하루 1잔 이하가 적당한 음주량이 된다.

적당한 음주의 이로운 점을 찾는다면, 스트레스를 감소시키고 긴장이나 불안감을 완화시킨다는 것을 우선 들 수 있다. 노인의 경우 식욕을 촉진하고 장 운동을 증진시키며 기분전환에도 효과가 있다고 한다. 심혈관계 질환에 대한 예방효과도 많이 보고되었으며, 폐경 이후의 여성은 에스트로겐 수준이 상승해 심혈관질환이나 유방암 발병률이 낮아진다고도 한다.

반면 적당한 음주가 우리에게 주는 해로운 점도 있다. 우선 이 음주량은 혈관이 막혀 발생하는 뇌졸중의 위험률을 줄이기도 하지만 알코올의 혈액응고에 대한 저해효과로 인해 출혈에 의한 뇌졸중의 위험성을 높일 수도 있다는 것이다. 그리고 음주운전 시 운전기술에 손상이 오는 혈중 알코올 농도 0.05%는 체중 63.5kg인 남자가 술 2잔을 마셨을 때 1시간 내에 나타나는 수준이다. 뿐만 아니라 알코올은 100여 가지의 약물과 상호작용할 수 있고, 안정제나 수면제, 항발작제, 항우울제 및 진통제 등의 중추신경계에 영향을 미치는 약물에 의해 그 효과가 증대될 수 있다. 따라서 이런 약물을 복용한 경우 한두 잔이라도 음주 후의 운전은 아주 위험하다. 또 거꾸로 알코올이 약물의 효과를 증감시키거나 기대치 못한 약물의 부작용을 유도할 수도 있다. 이 외에도 암에 대한 관련성이나 기형아의 출산 가능성도 음주의 위해로 들 수 있다. 최근 WHO

산하 국제암연구소(IARC)에서 한두 잔의 음주도 암 발생 위험을 높일 수 있다고 발표함에 따라 우리 보건복지부에서는 2016년 3월 암 예방 수칙에 '암 예방을 위하여 하루 한두 잔의 소량 음주도 피하기'를 포함시켜 개정 발표하였다.

'모든 물질이 독물일 수 있으며, 그것이 독물인가 약물인가는 그 사용량에 의해 결정된다'는, 스위스의 의사이며 연금술사였던 파라셀수스(Paracelsus)의 말처럼, 술이든 음식이든 또는 그 약효 성분이든 간에 적당량이 적절한 대상에게 적시에 쓰일 때에만 우리에게 이로울 수 있는 것이다.

쉬어가기 **사람은 왜 술을 마시나?**

16세기부터 전해 오는 라틴 경구에서는 '인간이 왜 술을 마시는가'를 언급했지만, 그 후 현재까지 어떠한 알코올 연구로도 더 이상의 이유를 찾지 못했다. 오히려 우리는 이제 '인간은 왜 술을 덜 마셔야 하는가'를 말해야 할 것 같다. '풍류를 즐기는 한민족'에서 '건강한 장수를 즐기는 한민족'으로 되어보고자 함이다.

"There are three reasons why men should drink less :
Good nutrition, health, and longevity."

"인간이 술을 절제해야 하는 데는 세 가지 이유가 있다.
첫째는 좋은 영양 상태를 위해, 그 다음은 건강을 지키고 장수하기 위해서이다."

참고문헌

1. 교육부 · 보건복지부 · 질병관리청(2020) 제16차(2020년) 청소년건강행태조사 통계
2. 보건복지부 · 한국보건사회연구원(2020) OECD Health Statistics 2020
3. 비만관리대책위원회 연구개발1분과(2015) "고도비만 실태 분석 및 관리 대책 개발", 국민건강보험공단
4. 질병관리청(2020) 2019 국민건강통계
5. Kim CI · Roe DA(1985) "Development of riboflavin deficiency in alcohol-fed hamsters", *Drug Nutr Interact* 3: 99~107
6. Klesges RC · Mealer CZ · Klesges M(1994) "Effects of alcohol intake on resting energy expenditure in young women social drinkers", *Am J Clin Nutr* 59: 805~809
7. Leo MA · Kim CI · Lowe N · Lieber CS(1992) "Interaction of ethanol with β-carotene: delayed blood clearance and enhanced hepatotoxicity", *Hepatology* 15: 883~891
8. Lieber CS(1992) *Medical and nutritional complications of alcoholism : mechanisms and management*, Plenum Press, N.Y.
9. Lieber CS · De Carli LM · Mak KM · Kim C-I · Leo MA(1990), "Attenuation of alcohol-induced hepatic fibrosis by polyunsaturated lecithin", *Hepatology* 12: 1390~1398
10. National Institute on Alcohol Abuse and Alcoholism(1991~1996) *Alcohol Alert*, National Institute of Health, Public Health Service, U.S. Department of Health and Human Services
11. Pacht ER · Davis WB(1988) "Decreased ceruloplasmin ferroxidase activity in cigarette smokers", *J Lab Clin Med* 111: 661~668
12. Thomasson HS(1995) "Gender differences in alcohol metabolism : Physiological responses to ethanol", Galanter M ed., *Recent Development in Alcoholism*, vol. 12, *Alcoholism and Women*, Plenum Press, N.Y., pp 163~180
13. Zhou Q · Song L · Chen J · et al. (2021) "Association of Preconception Paternal Alcohol Consumption With Increased Fetal Birth Defect Risk". *JAMA Pediatr.* Published online April 19, 2021

연습문제

1. 알코올이 아세트알데히드로 산화되는 3가지 대사 경로를 설명하라.
2. 임신부의 알코올 섭취가 태아의 건강에 미치는 영향을 설명하라.
3. 남성과 여성의 음주량에 차이가 생길 수 있는 근거는 무엇인가?
4. 알코올 섭취가 비타민 A의 영양불량을 초래하는 이유를 설명하라.
5. 적당한 음주량은 어느 정도의 음주를 의미하는지 설명하라.

관련 웹사이트

https://www.niaaa.nih.gov/ 국립 알코올 남용 및 알코올중독연구소(미국)
https://kdca.go.kr/yhs/home.jsp 청소년건강행태조사
https://knhanes.cdc.go.kr 국민건강영양조사

CHAPTER

13

분자영양학

영양과 유전 | 영양과 신호전달 체계

CHAPTER 13

분자영양학

들어가는 말

영양이란 한 개체가 건강을 유지하고 질병을 예방하고, 질병으로부터 회복을 촉진하기 위하여 반드시 필요한 요소이다. 개체의 건강은 각 조직과 기관의 기능이 정상화될 때 유지될 수 있으며, 각 조직과 기관의 건강은 구성단위인 세포들이 제 기능을 정상적으로 원활히 수행할 때에 유지될 수 있다. 따라서 최근에는 영양학 분야에서도 영양소들의 역할을 세포의 분자 수준에서 이해하고자 분자세포생물학적인 접근을 시도하고 있다. 이러한 분자세포생물학과 영양학의 상관성에 대한 연구를 분자영양학(molecular nutrition)이라고 한다. 근대적인 분자세포생물학은 1953년에 제임스 와트슨(James Watson)과 프란시스 크릭(Francis Crick)이 유전인자인 DNA의 이중 나선구조(double helix)를 밝히면서 시작되었다. 유전자가 어떻게 세포 활성을 조절할 수 있는지에 주안점을 둔 분자세포생물학의 연구로부터, 세포 활성에 중추적인 역할을 하는 단백질들은 바로 유전자로부터 유도된다는 설명이 가능해졌다.

궁극적으로 개인의 성장, 발달 그리고 유지는 그 개인을 구성하고 있는 각 세포내의 유전자에 의해 지시된다. 이러한 유전자와 영양의 관계를 이해하기 위해, 영양소의 유전자 발현조절과 영양관련 유전자들의 이상에 의한 질병들의 예를 몇 가지 살펴보고자 한다.

세포의 성장, 분화, 노화, 사망 또는 암세포로의 전환과 같은 운명은 내외부적인 여러 가지 자극으로 결정되는데, 이러한 자극들은 세포내의 특정 신호전달 체계(signal transduction mechanism)를 통하여 그 기능을 발휘한다. 최근 영양소로 인한 다양한 생리현상도 이에 따른 신호전달 체계의 변화 때문이라고 가정하고, 신호전달 체계와 여러 영양소의 상관관계 및 각 질병과의 연관성에 대한 연구가 활발히 진행되고 있다. 따라서 신호전달 체계에 대하여 소개하고 영양소들이 어떠한 방식으로 신호전달 체계에 영향을 미치는지를 살펴보고자 한다.

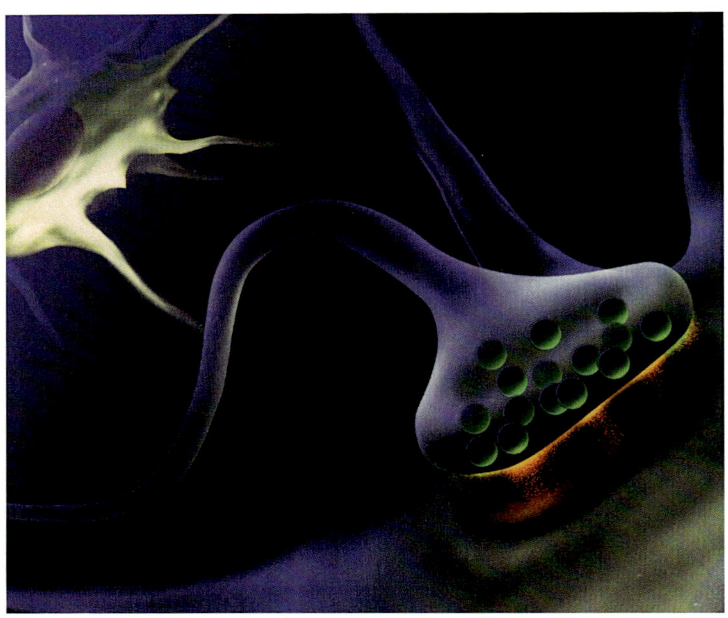

그림 13-1. 뇌세포의 신경전달

영양과 유전

유전자 구조

유전자란 한 특정 폴리펩티드를 만들기 위해 정보를 제공하는 DNA 핵산의 일부 염기배열을 말한다. 수많은 유전자를 포함하는 긴 DNA 핵산은 염기성 단백질인 히스톤 8개와 결합하여 뉴클리오솜을 형성하고, 이들은 더욱 조밀하게 겹쳐져서 30 nm 섬유를 이루며, 이들이 더욱 농축되어 염색질을 형성한다. 유사분열 시에는 염색질이 더욱 농축되어 두 가닥의 염색분체로 이루어진 염색체를 형성한다(그림 13-2). 사람은 부모로부터 각각 23개씩의 염색체를 물려받아 총 46개의 염색체를 가진다. 그 속에 약 30억 개의 염기쌍이 있으며, 3만여 개의 단백질을 코딩하는 유전자를 보유한다.

유전자(gene)
뉴클리오솜(nucleosome)
염색질(chromatin)
염색체(chromosome)
유사분열(mitosis)
염색분체(chromatid)

그림 13-2. 유전자를 보유하는 염색체는 DNA와 히스톤 단백질로 구성

각 유전자는 폴리펩티드를 결정하는 배열(구조유전자 배열)과 단순히 조절 기능을 가지고 있는 배열(조절유전자 배열)로 구성되어 있다(그림 13-3). 구조유전자 배열은 엑손과 인트론으로 이루어진다. 조절유전자 배열은 유전자 발현을 조절하는 기능을 하는 DNA 선상의 염기 서열들을 포함하고 있다.

엑손(exon)
mRNA로 전환되는 DNA단편들을 말하는데, 이들은 폴리펩티드를 합성하기 위한 정보를 보유한다.

인트론(intron)
RNA의 합성을 지시하지만 폴리펩티드의 합성에는 직접 관여하지 않는 DNA 단편으로서 RNA전구체 합성 후에 제거되는 부위이다.

유전 정보의 전달

유전 정보의 전달과정은 세 가지 주요 단계로 나누어진다.

- 복제 : 어버이 DNA를 복사하여 어버이 DNA와 똑같은 염기 배열을 가진 딸 DNA를 만드는 단계이다.
- 전사 : DNA에 있는 유전 정보가 RNA로 전달되는 과정이다.
- 번역 : RNA가 담고 있는 유전 정보를 리보솜이 20개의 아미노산으로 구성된 폴리펩티드 또는 단백질 구조로 바꾸는 단계이다.

복제(replication)
전사(transcription)
번역(translation)

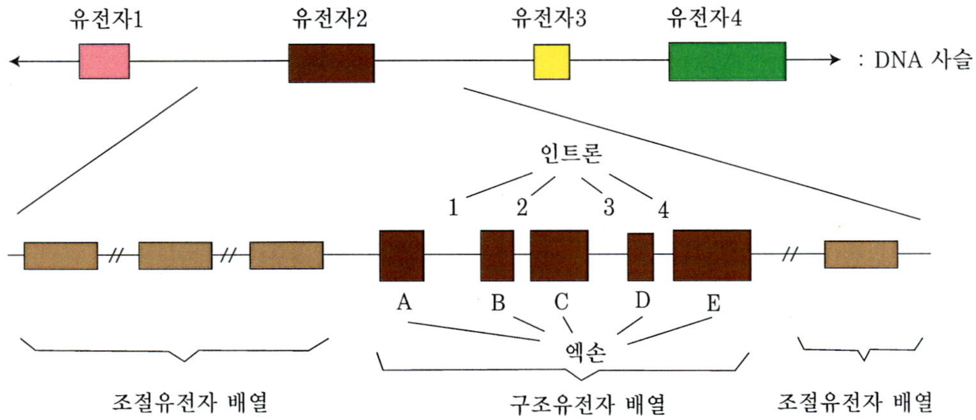

그림 13-3. 유전자는 구조유전자 배열과 조절유전자 배열로 구성

1. 유전자 복제와 수복

DNA 중합효소 (DNA polymerase)

DNA는 역평형으로 배치된 두 가닥의 사슬이 서로 염기쌍을 형성하여 이중 나선구조를 이루고 있다. 이때 아데닌(A)은 티민(T)과, 구아닌(G)은 시토신(C)과 염기쌍을 이루는데, 한 가닥의 사슬은 다른 가닥의 사슬에 상보적이라고 일컫는다(그림 13-4-a). 세포의 증식이 필요할 때 세포 주기의 S기에서 두 가닥의 DNA 사슬이 분리되고, 각 사슬은 DNA 중합효소를 위한 주형(template)이 되어 딸분자가 합성된다(그림 13-4-b).

쉬어가기

세포주기(cell cycle)

모든 체세포는 증식을 위해 세포의 내용물과 유전물질이 둘로 나누어진다. 세포가 분열될 때 반복되는 과정을 세포주기라 하며 $G_1 \rightarrow S \rightarrow G_2 \rightarrow M$으로 구성된다. G_1은 유사분열과 DNA 복제 사이의 중간단계로서 DNA 복제에 필요한 여러 종류의 단백질들을 합성한다. S는 DNA 복제가 일어나는 단계이며, G_2는 DNA 복제상태를 점검하고, 유사분열을 준비하는 단계이다. M은 최종적으로 유사분열이 진행되고 세포가 둘로 나뉘는 단계이다. 외부의 자극이 중단되어 DNA 복제의 필요성이 없어지면 세포는 정지기 또는 휴지기 상태(G_0)에 머문다.

DNA 복제는 매우 복잡하고도 정교한 시스템을 이용하며, 복제 정확성의 유지는 중합효소에 의한 염기의 선택, 교정 판독을 위한 핵산 가수분해효소 활성, 잘못 짝지은 염기쌍의 제거 등에 의해 이루어진다. 한편 DNA 분자는 자외선, 방사선, 산화제, 알킬화제 등에 의해 끝없이 손상을 받는다. 생체는 이 손상을 제거하기 위해 다양한 DNA 수복(repair) 시스템을 보유하고 있다. DNA 손상이 심할 때는 올바르지 않은 수복이 진행되고, 이는 유전자의 변이를 초래하여 암을 포함한 여러 가지 질병의 원인이 된다.

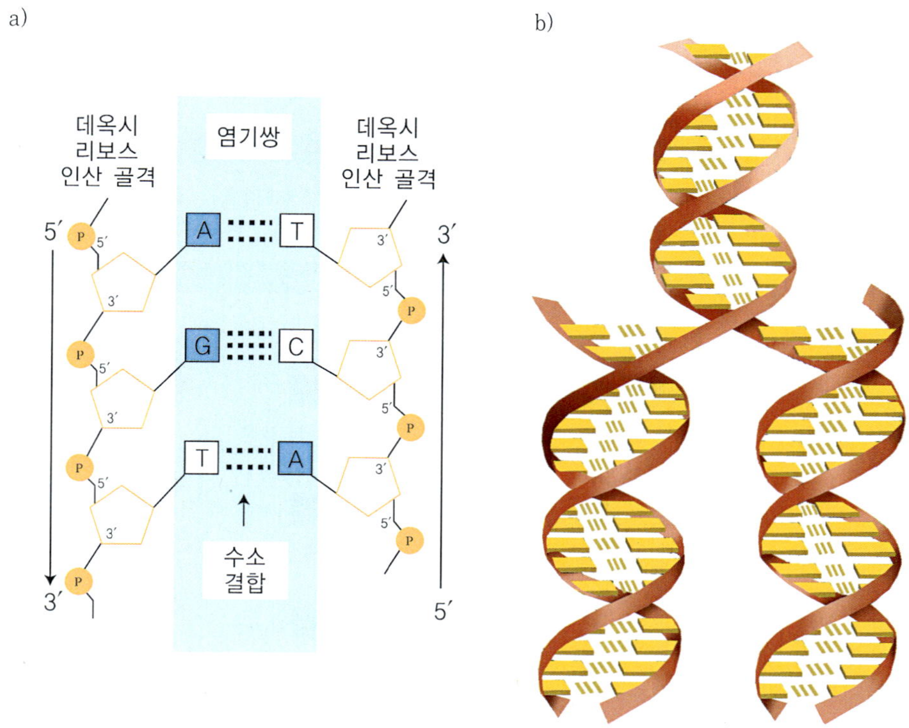

a) 염기의 상보성에 따라 형성된 두 역평행 DNA 가닥의 모식도
b) DNA 분자의 복제에 의한 딸분자 형성과정

그림 13-4.

2. 유전자 전사

유전자 전사 과정은 RNA의 합성과 변형을 포함하며, DNA 핵산과 달리 리보뉴클리오티드로 구성된 핵산으로서 다음과 같은 3 종류로 구분된다.

- □ mRNA(messenger RNA) : 폴리펩티드의 합성을 위한 정보를 보유한다.
- □ tRNA(transfer RNA) : 아미노산을 활성화시켜서 운반하는 역할을 한다.
- □ rRNA(ribosomal RNA) : 리보솜을 구성하여 단백질 합성을 보조한다.

각 RNA 들은 RNA 중합효소에 의해 긴 전구체의 형태로 합성된 후 적당한 크기로 절단되거나 변형되어 각각의 기능을 수행하는 RNA로 전환된다. 예를 들면 mRNA는 전구체인 hnRNA로 합성되는데, 합성되는 과정 중에 메틸화된 구아노신 핵산(m^7Gppp)이 5′ 선두에 첨가되고, 핵산 분해효소에 의해 일부 말단 부위가 제거되며, 여기에 긴 아데노신 핵산의 사슬이 첨가된다. 이 아데노신 핵산의 길이는 유전자에 따라 다르며, 보통 100개에서 250개의 아데노신이 부착된다. 마지막으로 엑손 부위만 남기고 인트론 부위가 제거되면(splicing), mRNA가 된다(그림 13-5).

RNA 중합효소
(RNA polymerase)

hnRNA
(heterogenous RNA)

핵산 분해효소
(endonuclease)

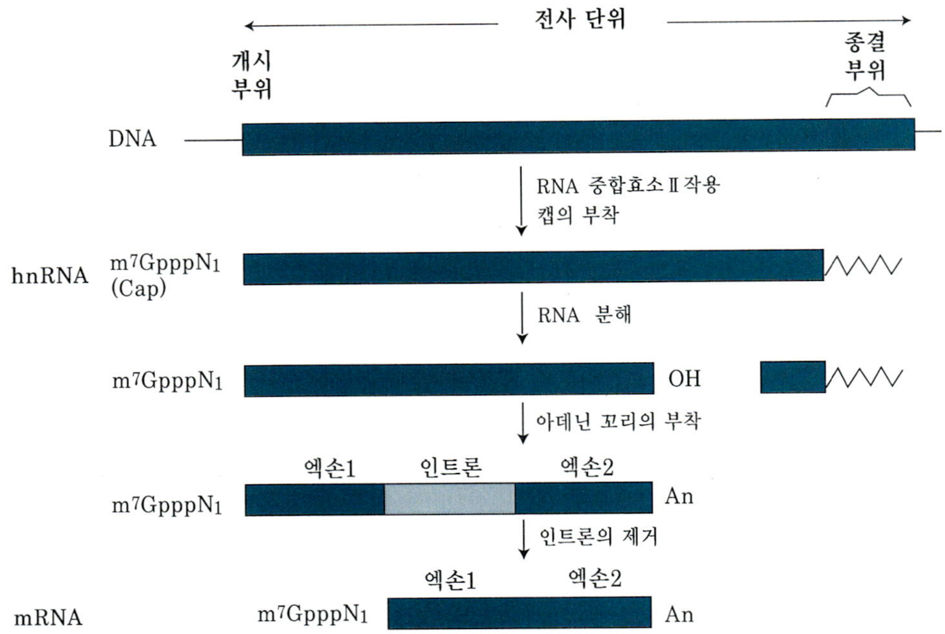

그림 13-5. mRNA 합성과 변형

3. 유전자 번역

코돈(codon)
mRNA에 위치하는 아미노산에 대한 유전 암호의 단위로서 3개의 뉴클레오티드로 구성되어 있다.

mRNA 사슬에 있는 유전정보는 리보솜에서 단백질의 폴리펩티드로 번역된다. 단백질 합성은 mRNA 선상의 개시 코돈으로부터 시작해 종료 코돈이 나타날 때까지 계속된다. 개시 코돈의 전반부에 있는 번역되지 않는 부위를 5′-UTR(untranslated region)이라 하고, 종료 코돈의 뒤에 있는 번역되지 않는 부위는 3′-UTR이라 한다(그림 13-6). 이 번역되지 않는 부위들은 mRNA의 안정도에 영향을 미치거나 단백질 합성을 조절하는 역할을 하게 된다.

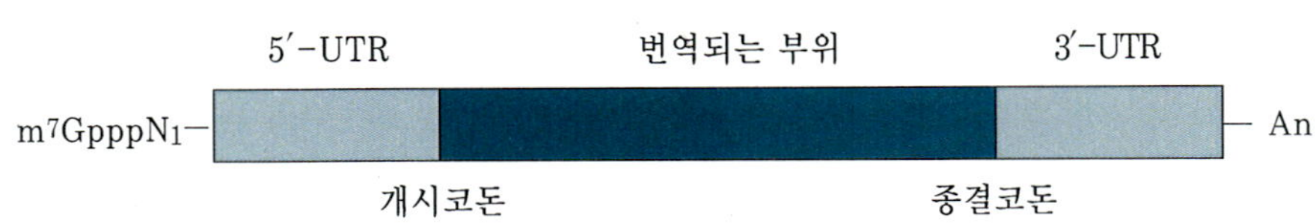

그림 13-6. mRNA는 단백질로 번역되는 부위와 번역되지 않는 부위를 포함

영양과 유전자 발현 조절

유전자 발현은 유전자 산물의 합성과 분해 속도에 영향을 주는 많은 과정에서 조절되고 있다. 이는 DNA로부터 RNA로의 전사 단계와 단백질 합성의 번역 단계 그리고 번역 후 변형 단계를 모두 포함한다.

1. 조절유전자 배열과 유전자 전사 조절인자

유전자 발현 조절의 많은 부분이 전사 개시단계에서 일어나고, 이는 RNA 합성 개시 부위 상

쉬어가기 단백질의 생합성 단계 및 변형

아미노산의 활성화 : 20개의 아미노산이 각각 아미노산-tRNA 합성효소에 의해 특정의 tRNA에 공유결합으로 연결된다.

개시 복합체의 형성 : 단백질의 합성이 진행되기 위해서는 먼저 mRNA, 리보솜, 메티오닌을 운반하는 tRNA가 복합체를 형성해야 하며, 개시 인자들(eucaryotic initiation factors; eIF)과 고에너지 화합물(GTP와 ATP)이 필요하다.

펩티드 사슬의 연장(elongation) : mRNA의 코돈에 상보적인 안티코돈을 보유하고 있는 tRNA가 아미노산을 운반함에 따라 펩티드 결합이 형성되고, 이는 종료 코돈이 나타날 때까지 계속 연장된다. 이를 위해서는 연장 인자들(eukaryotic elongation factors, eEF), 효소들(펩티딜기 전달효소: peptidyltransferase, 전이효소: translocase), GTP, ATP 등이 필요하다.

종료와 방출 : 종료 코돈에는 아미노산-tRNA가 결합하지 못하고, 종료 인자(termination or release factor, RF)에 의해 펩티드 사슬이 가수분해되어 방출된다.

중첩과 변형 : 합성된 펩티드 사슬은 중첩을 통해 독특한 3차 구조를 이루게 되고, 신호 배열의 제거, 아미노기 말단의 아세틸화, 아미노산의 메틸화, 인산화, 카르복실화, 당의 첨가, 이소프레닐과 지방산의 첨가, 보결분자단의 결합, 이황화 교차결합의 형성 등이 일어난다. 이는 단백질의 구조, 활성, 세포내의 위치 설정 등에서 중요한 역할을 한다.

류에 있는 일부의 유전자배열에 의해 조절되는데 이 부분을 프로모터(promoter)라고 한다. 프로모터 활성은 유전자에 따라서 각기 다르며, 그 전사 능력에 따라 두 가지로 나누어진다.

- 보전 유전자 : 거의 모든 세포에서 낮은 수준으로나마 활성을 갖는 프로모터를 가지는 유전자이다.
- 유도 유전자 : 몇 개의 조직이나 특정 발달단계에서만 강하게 발현되는 유전자이다.

유도 유전자들은 프로모터 부위에 TATA 상자, GC 상자, CAAT 상자 등의 독특한 염기 서열을 포함하고 있다. 여기에 단백질로 구성된 유전자 전사 조절인자들이 결합하여 RNA 중합효소에 의한 유전자 전사를 조절하게 된다(그림 13-7).

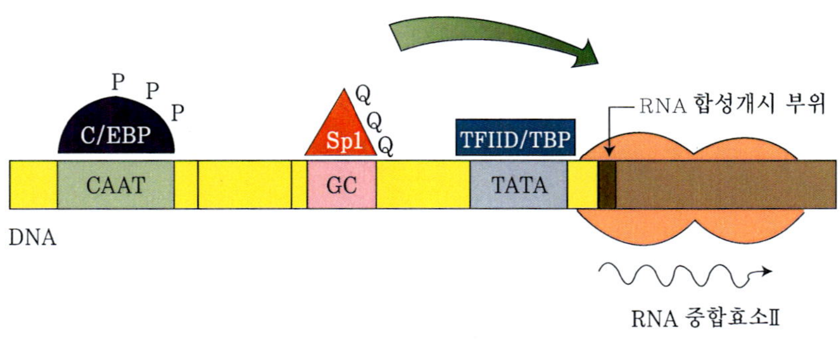

TATA 상자에는 RNA 중합효소의 결합에 필요한 일반 전사 조절인자(TFIID/TBP)가, GC 상자에는 SP1이라는 글루타민이 풍부한 전사 조절단백질이 그리고 CAAT 상자에는 프롤린이 풍부한 CFT1이나 C/EBP 전사 조절단백질이 결합하여 전사를 조절하게 된다.

그림 13-7. DNA 선상의 염기 서열과 유전자 전사 조절인자의 상호작용

프로모터 이외에도 보다 복잡한 조절유전자 배열, 즉 인핸서 또는 사일런서가 존재한다. 인핸서나 사일런서의 경우엔 유전자로부터의 위치와 방향이 중요하지 않다. 유전자로부터 수천 염

안티코돈(anticodon)
tRNA의 루프에 위치하며 코돈에 상호적인 3개의 뉴클리오티드로 구성된다

개시 코돈
AUG 코돈으로서 메티오닌을 운반하는 tRNA가 안티코돈을 가지고 있어서 이 코돈에 결합하면 펩티드 합성이 시작된다.

종료 코돈
UAA, UGA, UAG 등의 코돈으로 여기에 상보적인 아미노산-tRNA가 존재하지 않으므로 펩티드 합성이 중단된다.

신호 배열 (signal sequence)
아세틸화(acetylation)
아미노산의 메틸화 (methylation)
인산화(phosphorylation)
카르복실화(carboxylation)
당의 첨가(glycosylation)
이소프레닐(isoprenyl)
보결분자단 (prosthetic group)
이황화 교차결합 (disulfide bond)
보전 유전자 (house keeping gene)
유도 유전자(inducible gene)
유전자 전사 조절인자 (transcription factor, trans-acting factor)

TATA 상자
티민(T)과 아데닌(A) 염기로 구성된 TATA 공통 서열을 포함하는 부위

GC 상자
구아닌(G)과 시토신(C) 염기로 구성된 GGGCGG 공통 서열을 포함하는 부위

CAAT상자
GCCAAT 공통 서열을 포함하는 부위

인핸서(enhancer)
유전자 전사를 촉진하는 조절 유전자 배열

사일런서(silencer)
유전자 전사를 억제하는 조절 유전자 배열

조절유전자 배열과 유전자 전사 조절인자의 상호작용의 예

SRE(serum response element) : 혈액의 성장인자들에 의해 활성화되는 전사 조절단백질인 TCF(Elk-1)와 SRF(serum response factor)의 복합체가 결합

TRE(TPA response element) : 성장인자, 사이토카인, 호르몬, 환경적 자극, 방사선, 종양촉진제(TPA) 등에 의해 활성화되는 c-Jun의 동성이량체 또는 c-Fos, CREB, ATF2 등과의 이성이량체, 즉 AP-1이 결합.

CRE(cAMP response element) : 일부의 성장인자에 의해 활성화되는 CREB가 결합

GRE(glucocorticoid response element) : 글루코코르티코이드 호르몬에 결합하는 세포내 수용체 (glucocorticoid receptor, GR)가 결합하는 부위

CREB(cAMP response element binding protein)

동성이량체(homodimer)

이성이량체(heterodimer)

기쌍이 떨어져 있어도, 그 위치와 방향을 인위적으로 바꾸어도 조절효과를 보이기 때문이다. 조절유전자 배열들은 한 가지 또는 여러 종류의 전사 조절인자들에 의해 인식되어 유전자 전사의 조절에 관여한다.

유전자 전사 조절인자들이 프로모터나 인핸서와 같은 조절유전자 배열에 결합하기 위해서는 먼저 결합되어 있던 히스톤과 경쟁해야 하며 이를 위해서는 히스톤에 공유결합성 변형이 일어나거나 비공유적으로 뉴클리오솜의 구조적 변형이 일어나야 한다. 선천적인 유전자의 염기 서열 정보뿐만 아니라 이러한 DNA와 히스톤의 후천적인 변형도 유전된다는 사실이 입증되었다. 이처럼 DNA와 히스톤의 변형을 통해 염색질의 구조를 변화시키고 이를 유전자 발현뿐만 아니라 세포주기 조절, 분화 그리고 배발생 등의 거의 모든 생명현상과 연계시키려는 새로운 학문 분야를 후성유전학(또는 에피제네틱스)이라 일컫는다.

공유결합성 변형(covalent modification)

후성유전학(epigenetics)

DNA의 후천적 공유결합성 변형에는 시토신(C)의 메틸화 반응을 예로 들 수 있다. DNA 프로모터나 인해서 조절부위에는 CpG가 반복되는 영역이 있으며, 이 중 70~80% 가량이 메틸화되어 있다. 메틸화된 C는 전체 C 중 4~5%에 해당한다. 이 메틸화에는 DNA 메틸기전달효소가 관여하며, SAM으로부터 메틸기를 C의 5번째 탄소에 전달한다. 메틸화된 DNA는 전사조절인자나 RNA 중합효소의 결합을 방해하여 전사를 억제한다. 흥미롭게도 메틸화된 C에서는 아미노기가 물에 의해 쉽게 자발적으로 떨어져 나와서 티민(T)으로 전환되므로 잘못된 G=T 염기쌍이 생기고, 이는 결과적으로 복구하기 힘든 유전자 변이를 초래할 수 있다.

DNA 메틸기전달효소(DNA methyltransferase)

SAM(S-adenosylmethionine)

히스톤의 공유결합성 변형에는 말단 부분에 있는 리신 잔기에서의 아세틸화 반응을 주된 예로 들 수 있다. 히스톤 아세틸트랜스퍼레이스(예: p300)에 의해 히스톤 H3와 H4가 아세틸화되면 전사가 촉진된다. 히스톤 탈아세틸레이스(예: SirT1)에 의해 히스톤으로부터 아세틸기가 제거되면 전사활성이 중단되며, 히스톤 H3의 탈아세틸화에 DNA 메틸화 반응이 더해지면 유전자 전사 활성이 거의 없는 휴식 상태에 들어간다. 이 밖에도 히스톤의 메틸화, 인산화, ADP-라이보실화, 모노유비퀴틴화, 스모일화 등의 변형은 유전자 발현에서 중요한 역할을 수행한다. 일반적으로 히스톤의 메틸화는 염색질을 닫힌 구조로 만들어서 유전자 발현을 억제하는 반면, 아세틸화와 인산화 등은 열린 구조를 이루어 유전자 발현을 촉진한다.

히스톤 아세틸트랜스퍼레이스(histone acetyltransferase, HAT)

히스톤 탈아세틸레이스(histone deacetylase, HDAC)

SirT1(silent information regulator T1)

동일한 DNA 정보가 세포에 따라 달리 발현되는 과정이나 환경오염에 의한 유전자 발현 변화, 자녀에게 전달되는 영양상태 및 식습관에도 후성유전학적 변형이 개입한다. 암 유전자를 가지고 태어났어도 후성유전학적 변형에 의해 암 유전자가 발현되지 않고 건강한 삶을 영위할 수도 있

고, 반대로 암 유전자 정보가 없어도 환경 오염물질이나 정크 푸드에 의한 후성유전학적 변형이 면역계 관련 유전자의 발현을 억제하여 암에 걸릴 확률이 높아질 수 있다. 자녀에게 유전으로 전달된 부모의 영양 상태 및 식습관 때문에 자녀가 부모와 동일한 영양 및 식습관 관련 질병에 걸릴 확률이 높아진다. 따라서, 식사 패턴과 DNA와 히스톤의 메틸화와 질병 사이의 상호작용에 관한 연구가 더 깊이 있게 진행되어야 한다는 주장이 대두되고 있다. 비공유적으로 뉴클리오솜의 구조적 변형을 유도하기 위해서는 ATP를 소모하는 단백질 복합체(예: SWI/SNF)가 필요하다. 이러한 효소나 단백질 복합체는 전사활성보조인자 또는 전사억제보조인자로 작용하여 유전자 전사를 조절하게 된다.

전사활성보조인자(coactivator)
전사억제보조인자(corepressor)

2. 유전자 번역 조절

유전자 번역, 즉 단백질 합성 과정의 어느 단계에서도 조절이 가능하다. 이는 리보솜의 형성과정, mRNA의 안정도의 조절, 아미노산을 운반하는 활성화된 tRNA의 존재, 개시 복합체의 형성과정, 펩타이드 길이 연장에 필요한 보조단백질의 활성화, 종료과정, 단백질의 변형과정, 합성된 단백질의 이동과 분비과정, 합성된 단백질의 안정화 등의 단계를 포함한다. 주된 번역 단계의 조절은 개시인자(eIF2)의 인산화를 들 수 있다. 바이러스 감염이나 열충격, 산화적 스트레스 등과 같은 조건에서 개시인자가 인산화되면 불활성화되어 tRNA의 리보솜 결합을 유도하지 못하고 번역이 억제된다. 반대로 탈인산화되면 번역이 진행된다.

한편 21~25개의 뉴클레오타이드로 구성된 유전자를 코딩하지 않는 짧은 길이의 비암호화 마이크로 RNA(miRNA)도 특정 표적 RNA의 3' UTR 쪽 일부 염기서열과 상보결합함으로써 RNA의 안정성과 번역(단백질 합성)을 조절한다. 단백질 코딩 유전자의 1/3 이상이 miRNA에 의해 조절되고 있다. miRNA는 다른 mRNA처럼 RNA 중합효소에 의해 합성된 후 캡 구조가 형성되고 poly-A 꼬리가 첨가된 전구체로 합성되지만 이후 핵 효소 드로샤(Drosha)와 세포질 효소 다이서(Dicer)에 의한 특이적 절단 작용을 통해 성숙된 miRNA로 전환된다. miRNA는 여러 단백질들과 RISC라는 복합체를 형성하여 상보적인 염기서열을 가진 표적 mRNA를 찾아서 분해하는 역할을 한다. 대부분의 miRNAs는 생성된 조직에서 작용하지만 일부 miRNAs는 소포체 형태로 세포 밖으로 분비되어 세포 사이에서 수송될 뿐만 아니라 체액을 통해서 순환한다. 이들은 발생, 세포사멸과 증식, 조혈작용, 면역반응, 종양 관련 유전자들의 발현 조절, 그리고 각종 영양소 대사를 조절하는 중요한 기전이 된다.

RISC(RNA-induced silencing complex)

3. 영양소와 유전자 전사 조절

영양소가 유전자 발현을 조절하는 방식에는 여러 가지가 있다.

첫째, 영양소나 그 대사산물이 직접 유전자 전사 조절인자들을 활성화시킴으로써 유전자 발현을 조절한다. 둘째, 유전자 DNA와 이를 둘러싸고 있는 히스톤에 공유결합성 변형을 일으켜서 유전자 발현을 조절한다. 셋째, 영양소나 그 대사산물이 호르몬 분비, 신경계 활동전위 그리고 세포내 신호전달 체계를 변화시켜서 이를 통하여 간접적으로 유전자 발현을 조절한다.

1) 유전자 전사 조절인자 활성화를 통한 유전자 발현조절의 예

아연(zinc)

MTF1(metal response element binding transcription factor)

아연 핑거 모티프(zinc finger motif)

레티노익산(retinoic acid, RA)

가. 아연과 요오드

아연은 유전자 전사 단백질(TFIIIA, 스테로이드 호르몬 수용체, GAL4, MTF1 등)의 아연 핑거 모티프를 구성하여 DNA 결합 부위를 제공함으로써 유전자 전사를 조절한다.

요오드는 갑상선 호르몬을 구성하여 갑상선 호르몬 수용체(TR)와 결합하고, 이는 동형이합체 또는 레티노익산 수용체(retinoic acid X receptor, RXR)와 이형이합체를 형성해서 전사 조절인자로 작용한다. 결론적으로 요오드는 갑상선 호르몬을 통해 정상적인 발달, 분화 및 대사 균형 유지 등의 기능을 수행한다.

나. 레티노익산

배아형성(embryogenesis)

비타민 A로부터 생성되는 레티노익산은 배아형성, 골격형성, 세포의 성장과 분화, 대사 조절 등 생체내에서 매우 다양한 역할을 한다. 이러한 역할은 바로 레티노익산이 결합하는 세포내 수용체(retinoic acid receptor)가 직접 유전자 전사 조절인자로 작용하여 다양한 단백질들의 발현과 활성을 조절함으로써 이루어진다. 레티노익산 수용체는 일차 구조의 차이, 레티노익산에 대한 민감도 차이 그리고 조절대상이 되는 유전자의 종류에 따라서 크게 두 부류, RAR(retinoic acid receptor)과 RXR(retinoid X receptor)로 나눈다. 각각은 여러 종류의 이소형(RAR-α, β, γ와 RXR-α, β, γ 등)으로 구성되어 있다. 레티노익산 수용체가 결합하는 부위는 AGGTCA가 2~5개의 염기를 사이에 두고 반복된 구조를 나타낸다. 이 부위에 결합하기 위해서 RAR은 RXR과 이합체를 형성해야 하며, RXR은 동종이합체를 형성하거나, 갑상선 호르몬이나 비타민 D 수용체와 같은 다른 유전자 전사 조절인자들과 함께 이종이합체를 형성하기도 한다.

다. 비타민 D

비타민 D 수용체(vitamin D receptor)

칼빈딘(calbindin)

오스테오칼신(osteocalcin)

조골세포(osteoblast)

비타민 D는 소장에서 칼슘의 흡수를 촉진시키며, 신장에서는 재흡수를 촉진시키고, 뼈로부터는 칼슘의 이동을 촉진시킴으로써 칼슘의 항상성을 유지한다. 이는 간과 신장에서 비타민 D로부터 합성된 1,25-$(OH)_2D_3$가 결합하는 단백질이 유전자 전사 조절인자로 작용하기 때문이다. 이 활성형의 비타민 D는 해당 조직에서 세포내의 비타민 D 수용체에 결합하고, 이 수용체가 칼빈딘과 오스테오칼신 등을 비롯한 여러 유전자들의 전사를 촉진한다. 칼슘 결합단백질인 칼빈딘은 소장과 신장세포에서 칼슘의 이동을 촉진하여 혈액의 칼슘 농도를 증가시킨다. 조골세포에서 합성되는 오스테오칼신은 비타민 K-의존성 카르복실화효소에 의해 3개의 글루탐산이 카르복실화되면서 활성화된다. 카르복실화된 글루탐산은 칼슘을 결합할 수 있는 부위로서 조골세포에서의 뼈의 재흡수와 골격의 발달을 위해 중요한 역할을 하게 된다. 비타민 D 수용체가 결합하는 부위는 GGGTGA가 3개의 염기를 사이에 두고 반복되는 DNA 배열을 포함한다. 비타민 D 수용체는 핵 내의 다른 호르몬/비타민 수용체(예: RXR)와 이종이합체를 형성하여 유전자 전사를 조절한다. 이러한 다양한 조합의 이합체 형성으로 인하여 유전자 발현의 다양성과 특이성이 부과된다.

라. 지방산과 지방산 유도체

PPAR(peroxisome proliferator-activated receptors)

LXR(Liver X receptor)

HNF-4(hepatocyte nuclear factor-4)

체내에서 지방산이나 지방산 유도체와 결합하여 활성화되는 전사조절인자로서 PPAR, LXR, HNF-4 등이 있다. PPAR은 핵에서 RXR과 이종이합체를 형성하여 지질과 당질 대사 및 지방세포

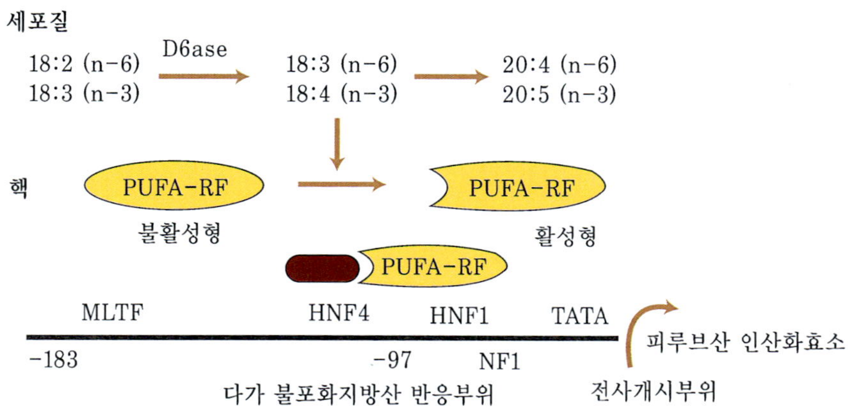

세포질에서 불포화효소(D6ase)의 활성으로 생성된 다가 불포화지방산은 전사 조절인자(PUFA-RF)를 활성화시켜서 HNF4 전사 조절인자가 프로모터에 결합하는 것을 방해한다.

그림 13-8. 다가 불포화지방산에 의한 피루브산 인산화효소의 유전자 전사 조절 기전

피루브산 인산화효소 (pyruvate kinase)

분화에 관여하는 다양한 유전자의 전사를 촉진하며, 싸이아졸리딘다이온(thiazolidinediones)과 같은 합성 리간드(작동체)에 의해 실험실에서 활성화될 수도 있다. 알파형 PPAR은 간, 근육, 신장, 심장에 주로 존재하여 유리지방산의 섭취 및 베타 산화를 촉진시키며, 감마형 PPAR은 주로 지방저장조직에 존재하여 지방세포의 증식 및 분화, 지방합성, 지방을 복부 지방조직에서 피하지방조직으로 재배치 그리고 아디포넥틴의 분비를 증가시킨다. 델타형 PPAR은 간과 근육에 주로 존재하며, 지방 섭취의 변화를 감지하여 지방 산화를 조절하는 역할을 한다. 이는 지방산의 베타 산화와 미토콘드리아에서의 열 발생에 관여하는 9개 이상의 유전자 전사를 촉진한다. 델타형 PPAR이 계속 활성형으로 유지되면 과식에 의한 지방간 생성이 저해되고, 렙틴 수용체 이상인 db/db 생쥐에서도 비만이 초래되지 않는다. 따라서 델타형 PPAR이 비만치료를 위한 주요 표적이 되고 있다.

지방산 유도체 아실 CoA는 간과 췌장에서 주로 발현되는 또 다른 전사인자인 HNF-4(α와 β)에 단단히 결합한다. 간과 췌장에 있는 12% 가량의 조직 특이적 유전자 발현이 HNF-4에 의해 조절된다. 다가 불포화지방산은 특이적 전사 조절인자인 PUFA-RF에 결합하여 HNF-4의 활성을 억제하는 것으로 보고되었다(그림 13-8).

다가 불포화지방산 (polyunsaturated fatty acids, PUFA)

한편, 옥시스테롤로 알려진 콜레스테롤 대사물질은 LXR에 결합하여 다양한 유전자 전사를 촉진한다. 알파형 LXR은 간에서 주로 합성되며, 베타형 LXR은 여러 조직에서 흔히 발견된다. LXR에 의해 조절되는 유전자는 콜레스테롤 역수송체, 담즙합성에 관여하는 CYP7A(7-α-hydroxylase), 아포지단백질, 인지질과 콜레스테롤 전달 단백질, 지방산 합성효소, 지단백질 지질분해효소, 포도당 수송체4, SREBP-1c(sterol regulatory element binding protein) 등을 포함한다. 다가 불포화지방산은 LXR의 작용을 저해하여 SREBP-1c의 발현을 억제하므로 이 전사인자를 통해 간접적으로 지방합성과 포도당 수송 및 해당과정을 저하시킨다고 보고되었다.

포도당 수송체 (glucose transporter)

2) 유전자 DNA와 히스톤의 공유결합성 변형을 통한 유전자 발현 조절의 예

가. 유전자 DNA와 히스톤의 메틸화에 의한 전사 조절

식이 엽산(folate), 나이아신(niacin), 리보플라빈(riboflavin, 비타민 B_2), 비타민 B_6, 비타민 B_{12} 등의 비타민과 메티오닌, 세린, 글라이신 등의 아미노산은 직접 또는 간접적으로 단일탄소대사(one carbon metabolism)에 영향을 미쳐서 DNA와 히스톤의 메틸화를 조절한다(그림 13-9). 식이 엽산뿐만 아니라 장내 미생물 균총에 의해 합성되는 엽산은 디하이드로엽산(dihydrofolate, DHF)의 구성원이 되어 DHF 환원효소에 의해 메틸기와 같은 단일탄소의 운반체인 테트라하이드로엽산(tetrahydrofolate, THF)으로 전환된다. 이 효소반응에 나이아신으로 구성된 조효소 NADPH가 필요하다. THF는 비타민 B_6를 조효소로 이용하는 SHMT에 의해 세린으로부터 단일탄소를 받아서 5,10-메틸렌(CH_2)-THF가 되고 이는 DNA 합성 전구체인 dTMP의 생성을 위해 메틸기를 전달한다. 이 중간산물은 다시 메틸렌-THF 환원효소에 의해 5-메틸(CH_3)-THF로 전환된다. 리보플라빈(B_2)은 이 반응의 조효소로 작용하여 5-메틸-THF의 생성을 촉진한다. THF는 메틸렌과 메틸기에 더하여 포밀기, 폼이미노기 및 메테닐기 등 다양한 단일탄소를 운반하여 생체 내 대사 작용에 관여한다. 한편 5-메틸-THF는 호모시스테인에 메틸기를 제공하여 메티오닌 합성에 기여한다. 이 반응은 메티오닌 합성효소에 의해 진행되며, 비타민 B_{12}가 엽산으로부터 메틸기를 잠시 받아서 호모시스테인에 전달해 줌으로써 메티오닌 합성에 관여한다. 메티오닌은 메티오닌-아데노실 전달효소에 의해 SAM으로 전환되며 이 물질이 DNA와 히스톤을 비롯한 수많은 생체물질에 메틸기를 전달하는 조효소로 작용한다. DNA 메틸기전달효소(methyltransferase)는 SAM을 이용해서 DNA의 시토신에 메틸화를 유도하고, 이로 인해 유전자 전사가 조절된다.

DNA 메틸화에 따른 유전자 발현 변화는 아구티 생쥐 연구에서 잘 보여주고 있다. 아구티 유전자는 피부 모낭에서 발현되어 털색을 결정한다. 이 아구티 유전자의 IAP(intracisternal A

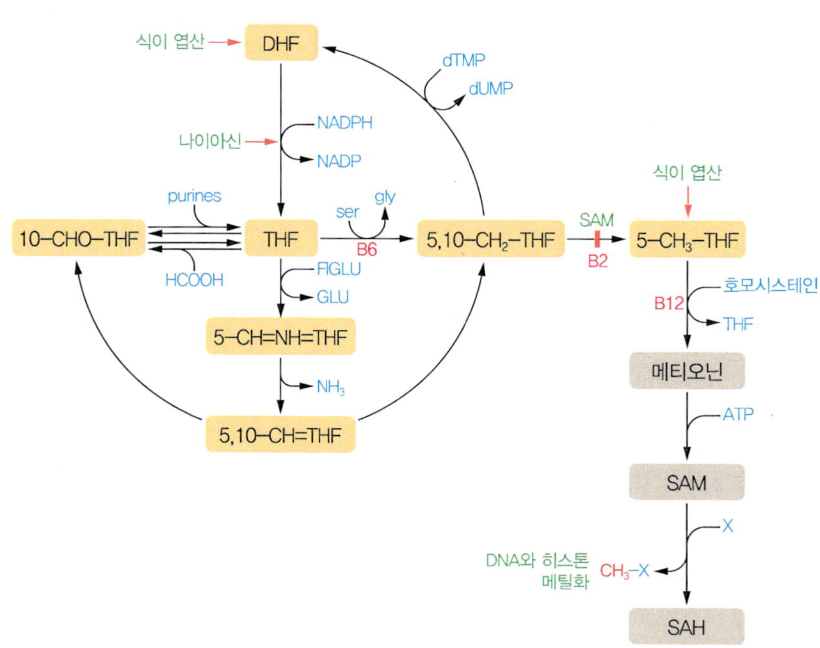

그림 13-9. 식이성분에 의한 단일탄소대사와 DNA 및 히스톤 메틸화의 조절

particle) 부위에 메틸화가 충분히 되면 정상적인 야생형 털색을 갖지만 저메틸화 상태가 되면 털이 노랗고, 비만이 되며, 쉽게 암에 걸리게 된다. 어미 쥐에게 메틸화에 관여하는 영양 공급이 충분히 되면 자손 쥐들이 정상적인 야생형이 되지만 그렇지 못할 경우 자손 쥐의 털색이 변하고 비만 및 암에 걸릴 확률도 높아졌다고 보고하였다. 이 연구결과는 생애 초기에 노출된 환경에 의해 나중에 성인이 되었을 때의 표현형이 영향을 받는다는 것을 시사하고 있다.

나. NAD⁺/NADH 비율 조절에 의한 히스톤 아세틸화와 유전자 전사 조절

탄수화물, 단백질, 지질과 같은 열량 영양소의 섭취 그리고 항산화 영양소의 섭취 실태에 따라 생체내의 NAD^+/NADH 비율이 달라지고, 이는 유전자 발현 조절에서 중요한 역할을 한다. CtBP1(C-terminal binding protein)은 NADH를 인지하는 에너지 센서로 작용하는데 NADH 농도가 낮을 때는 단량체로서 보조활성인자 p300에 결합하여 히스톤의 아세틸화를 저해한다. 이때에는 유전자 전사가 억제된 상태에 있게 된다. NADH가 다량 존재할 때는 CtBP1이 서로 결합하여 동성이량체를 이루면서 p300이 자유롭게 방출되어 히스톤 아세틸화 반응과 유전자 전사를 촉진하게 된다(그림 13-10).

히스톤 탈아세틸레이스 SirT1(사람에게 존재하는 Sir2의 일종)도 에너지 센서로 작용하는 대표적인 단백질에 해당한다. SirT1은 NAD^+에 의존적으로 활성이 증가하여 보조전사활성인자인 PGC1α(peroxisome proliferator-activated receptor-gamma-coactivator-1 alpha)와 결합하고 이 단백질의 탈아세틸화를 유도하여 유전자 발현을 조절한다. 기아상태에서 SirT1은 PGC1α를 통해서 당신생에 관여하는 유전자의 발현을 증가시키고, 포도당 분해에 관여하는 유전자의 발현은 억제하여 혈중 포도당 농도를 일정하게 유지하도록 한다. 열량제한식이를 제공하면 노화가 억제되고 수명이 연장되는데 이때에도 NAD^+-의존적인 SirT1이 관여한다. SirT1은 히스톤의 탈아세틸화 반응뿐만 아니라 p53의 탈아세틸화 반응에 관여하여 p53의 전사활성을 억제해서 스트레스나

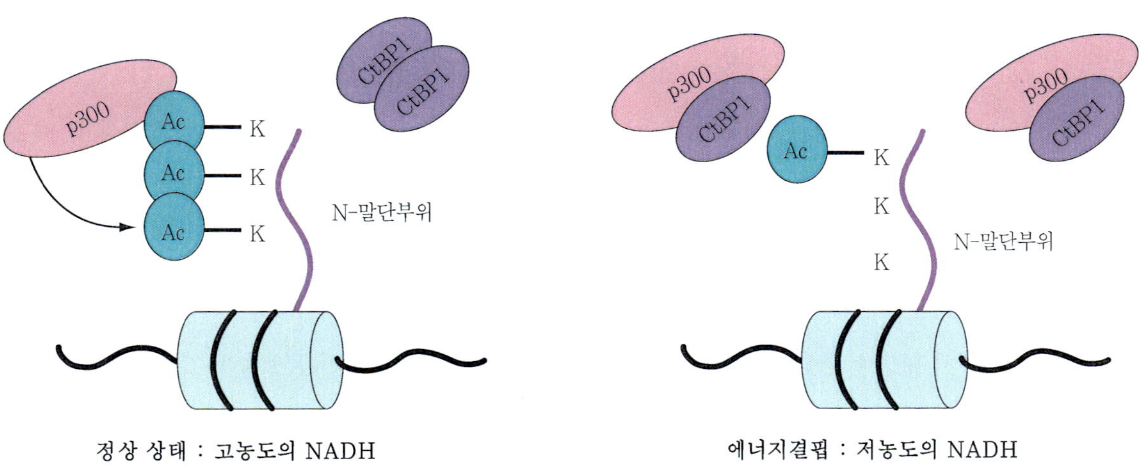

NADH를 인지하는 단백질인 CtBP1이 에너지 결핍상태에서 NADH 농도가 낮을 때는 단일체로 존재한다. 단일체인 CtBP1은 보조활성인자인 p300에 결합하여 히스톤의 아세틸화 반응을 저해함으로써 유전자 전사를 억제한다. NADH가 다량 존재할 때는 CtBP1이 서로 결합하여 이합체를 이루면서 p300이 히스톤 아세틸화 반응에 참여하여 유전자 전사를 촉진한다.

그림 13-10. CtBP1이 NADH에 의존적으로 p300의 히스톤 아세틸트랜스퍼레이스 활성 조절

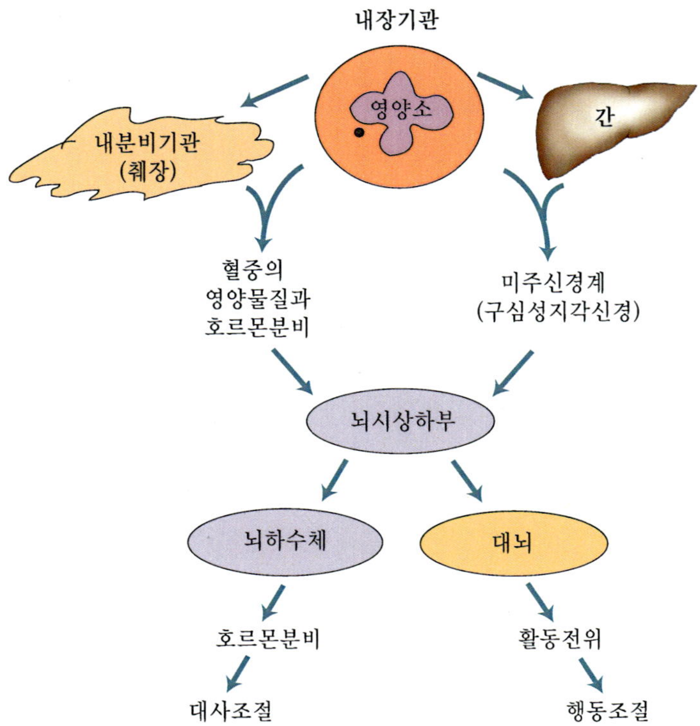

소화기관의 상피세포에서 흡수된 영양물질의 수준은 내분비계와 신경계를 통하여 인지되고 다양한 유전자 발현을 통하여 체내 대사를 조절하거나 식사행동을 변화시킨다.

그림 13-11. 뇌와 말초조직 사이에서의 영양소 수준에 대한 정보 교환

DNA 손상에 의한 노화와 세포사망을 줄인다. 이와 같이 에너지 항상성 유지는 수명 조절의 기본 경로와 서로 연계되어 조절되고 있으며, 이 조절 기전에 이상이 있을 때 당뇨나 암과 같은 질병이 초래된다.

3) 호르몬 및 신경계 그리고 세포내 신호전달 체계를 통한 유전자 발현 조절

호르몬의 분비, 활동 전위 변화 등을 통한 간접적인 유전자 발현 조절은 많은 경우에 볼 수 있다. 소화기관과 내분비기관을 구성하는 상피세포들이나 미주신경과 중추신경계를 구성하는 신경세포들은 영양소를 인지하는 센서(sensor) 또는 영양소가 결합하는 수용체가 존재하며 이들을 통하여 영양소의 수준을 인식하고, 신경과 내분비계를 통하여 뇌와 말초조직 사이에서 영양소에 대한 정보를 교환한다(그림 13-11). 이는 다양한 유전자의 발현을 통하여 체내 대사를 조절하거나 식사 행동을 변화시킨다. 신호전달 체계의 변화를 통하여 유전자 발현을 조절하는 예로는 포도당과 식이지방을 들 수 있다.

가. 포도당에 의한 유전자 전사 조절

포도당은 췌장 베타세포에서 인슐린의 생성과 분비를 조절한다. 인슐린 유전자의 프로모터에는 A1-5, C1, E1-3 등의 다양한 전사조절부위가 존재하고 이곳에 각각 다양한 전사인자가 결합하여 인슐린 유전자 전사가 조절된다(그림 13-12). 포도당은 여러 중간 단계를 거쳐서 간접적으로 유전자 전사인자인 PDX-1, MafA, NeuroD1 등을 활성화시켜서 핵으로의 유입을 촉진한다. 핵에서

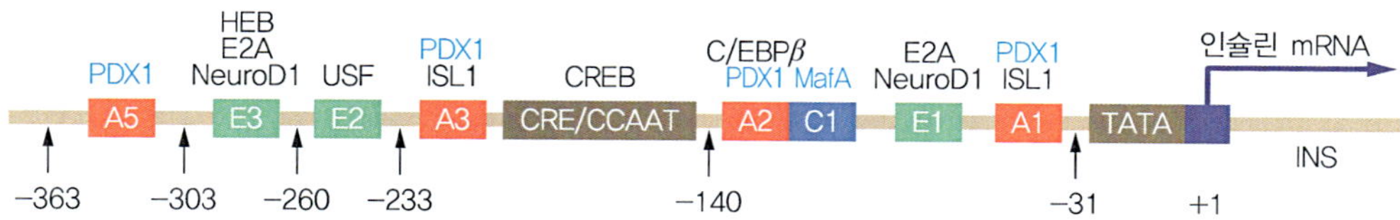

그림 13-12. 인슐린 유전자의 전사조절부위와 이에 결합하는 전사인자들

PDX-1과 MafA는 인슐린 유전자의 프로모터 A1-5와 C1 위치에, 그리고 NeuroD1은 E1/E3 위치에 각각 결합하여 인슐린 유전자의 전사를 촉진한다.

고탄수화물 섭취로 급격히 증가한 포도당이 지방합성 효소들(예: ACC, FAS, L-PK 등)의 전사를 조절하는 것도 유전자 전사 단계에서 이루어진다. 그 기전을 간단히 설명하면, 간세포로 GLUT2를 통해 포도당의 유입이 증가하면 해당과정이 증가함과 동시에 오탄당인산 경로도 증가한다. 이 오탄당인산 경로의 중간 산물인 자일룰로스-5-인산이 단백질 탈인산화효소 PP2A를 활성화시켜서 고탄수화물식이에 반응하는 전사인자인 ChREBP의 인산기를 제거하면 이 전사인자가 활성화되어 핵으로 이동한다. 이 ChREBP는 bHLH/LZ DNA 결합부위를 가지고 있어서 동형이량체를 형성하거나 다른 HLH 단백질(예: Mlx)과 이형이량체를 형성하여 ChoRE(E 박스라고 알려진 6개의 염기로 구성된 공통염기서열, CACGTG, 2개가 5개의 염기를 사이에 두고 격리되어 있는 구조)에 결합함으로써 다양한 지방합성 효소들의 전사를 촉진하게 된다. 공복이나 기아 상태에서 혈중 포도당의 농도가 감소하면 췌장에서 글루카곤이 분비되고 지방조직에서는 지방산이 방출된다. 이들에 의한 신호전달 결과로 cAMP와 AMP의 농도가 증가하게 되고 각각 PKA와 AMPK를 활성화시켜서 ChREBP의 인산화, 즉 불활성화를 유도한다. 한편 PKA에 의해 인산화된 ChREBP는 14-3-3 단백질과 상호작용하여 세포질에 머물게 되므로 핵으로의 이동이 억제되므로 전사 기능도 억제되어 지방합성은 감소한다.

PDX-1(pancreatic and duodenal homeobox-1)

MafA(v-maf musculoaponeurotic homolog A)

자일룰로스-5-인산(xylulose 5-phosphate)

PP2A(Protein phosphatase 2A)

ChREBP(carbohydrate response element binding protein)

ChoRE(carbohydrate response element)

bHLH/LZ(basic helix-loop-helix/leucine zipper)

Mlx(Max-like factor X)

PKA(protein kinase A, cAMP-dependent protein kinase)

AMPK(AMP-activated protein kinase)

나. 식이지방에 의한 유전자 전사 조절

식이지방은 직접 전사인자와 결합하여 유전자 전사를 조절할 뿐만 아니라 간접적으로 여러 단계의 신호전달 경로를 통해 전사인자의 활성이나 핵 내 농도를 증가시킴으로써 유전자 전사 조절에 관여한다. 식이지방은 세포막의 지방산, 콜레스테롤 및 인지질 조성을 변화시킴으로써 세포막을 통한 신호전달 체계에 영향을 미치며, 특히 세포막 인지질 조성의 변화는 신호전달 과정에 영향을 미쳐서 유전자 발현을 조절한다. 불포화지방산인 아라키돈산의 증가는 프로스타글란딘과 같은 에이코사노이드의 분비를 통하여 세포의 기능에 영향을 미친다. 신호전달 체계에서 영양소들이 하는 역할에 관해서는 이 장의 후반부에서 보충하게 된다.

지방산에 의해 간접적으로 조절되는 유전자 전사 조절인자에는 SREBP-1c와 NF-κB 등을 들 수 있다. SREBP는 콜레스테롤, 지방산, 지단백질 대사에 관여하는 전사인자로서, 특히 저밀도지단백수용체 프로모터에 있는 스테롤반응요소(SRE)에 결합하는 전사인자로 잘 알려져 있다. 세포 내 스테롤 수준이 충분할 때는 SREBP-SCAP 복합체가 INSIG 단백질에 결합하여 소포체 내에 불활성형으로 존재한다. 세포내 스테롤 수준이 감소하면, SREBP-SCAP 복합체는 골기체로 이동하여 S1P와 S2P 단백질 분해효소에 의해 절단된다. bHLH-LZ 영역을 가진 SREBP의 N 말단이 핵으로 이동하여 DNA에 결합하면 CREB 결합단백질(CBP)를 포함하는 여러 활성보조인자들이 모여

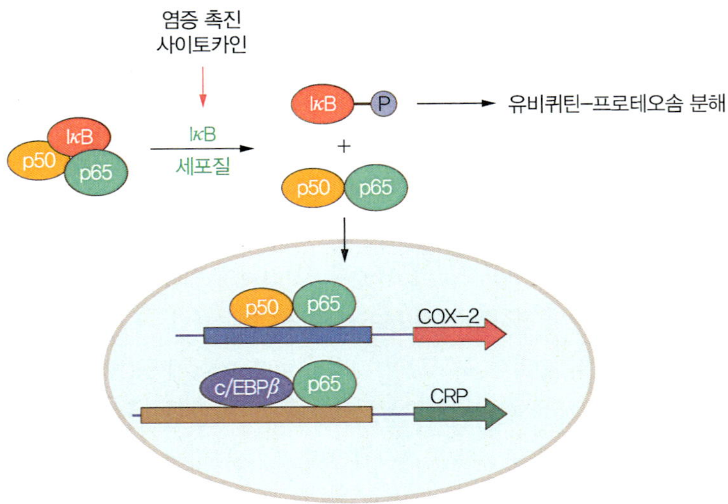

그림 13-13. NFκB의 활성화와 유전자 발현 조절

들어 해당 유전자 전사활성을 촉진한다. SREBP에는 SREBP-1a, SREBP-1c 그리고 SREBP-2 등의 세 가지 형태가 있다. SREBP-1a는 지방산과 콜레스테롤 합성에 필요한 유전자 전사에 관여하고, SREBP-1c는 간에서 지방산과 글리세롤지질을 포함한 많은 지질 합성에 관여한다. SREBP-2는 주로 콜레스테롤 항상성 유지에 관여한다. 인슐린이 간에서 지방합성 효소들의 전사를 촉진하는 효과도 SREBP-1c을 통해 이루어진다. SREBP-1c는 지방산 합성을 촉진하는 동시에 지방산 산화 억제 물질인 말로닐 CoA를 생성하여 지방산 산화를 억제함으로써 지방산의 농도를 조절한다. 다가 불포화지방산은 다가 불포화지방산 수용체에 결합하여 LXR과의 경쟁을 통해 SREBP-1c 전사를 억제하거나 이미 합성된 SREBP-1c 단백질의 분해를 통해 그 전사활성을 억제한다. 자세한 기전은 아직 연구 중에 있다.

NFκB는 p50과 p65 단백질이 결합된 이형이량체 단백질로서 염증, 면역, 세포 증식 및 사멸 등의 반응에서 중요한 역할을 수행하는 전사인자이다. 평소에는 억제단백질인 IκB와 결합한 불활성 형태로 세포질에 존재하지만 염증 반응을 촉진하는 사이토카인이 증가하면 IκK(IκB kinase)가 활성화되어 IκB를 인산화시킨다. 인산화된 IκB는 NFκB 이형이량체에서 분리되어 나와 유비퀴틴-프로테오솜 단백질 분해 과정을 통해 제거되고, NFκB는 핵으로 이동한 후 단독으로 또는 c/EBPβ와 함께 특정 유전자 프로모터 부위에 결합하여 각각 COX-2(cyclooxygenase-2)나 CRP(C-reactive protein) 등의 유전자 발현을 유도한다(그림 13-13). NFκB를 통한 COX-2의 발현은 결과적으로 염증성 에이코사노이드의 일종인 프로스타글란딘(prostaglandins)의 생성을 유도하게 된다. 지방산과 피브레이트(fibrates) 및 에이코사노이드는 알파형 PPAR에 결합하여 IκB의 합성은 증가시키고 p50의 발현은 감소시킴으로써 NFκB의 활성을 억제한다.

4. 영양소와 유전자 번역 조절

영양소가 일반적인 유전자 번역, 즉 단백질 합성을 조절하는 방식에는 여러 종류가 있다. 첫째는 직접 개시 복합체의 형성에 영향을 미쳐서 단백질 합성을 조절한다. 둘째는 간접적으로 에너지원의 생성에 영향을 미쳐서 단백질 합성을 조절한다. 셋째는 개시인자의 인산화를 통해 단백질 합성을 조절한다. 넷째는 간접적으로 3' 또는 5' UTR에 결합하는 단백질 활성을 조절하여 mRNA의 안정도 및 합성 속도에 영향을 미친다. 다음은 영양소들에 의해 단백질 합성이 조절되는 몇 가지 예를 제시하고 있다.

가. 헴과 글로빈 합성 조절

헴의 존재는 헤모글로빈의 합성을 위해 필요한 글로빈 단백질의 합성을 조절한다. 여기에는 헴의 산화형인 헤민의 농도와 이에 의해 조절되는 HCR이 관여한다. HCR은 헤민이 부족할 때 단백질 인산화효소(heme-regulated inhibitor kinase)를 활성화시켜서 GDP 결합형 개시 인자(eIF2)의 인산화를 유도한다. 결과적으로 구아닌 핵산 교체단백질이 활성형(GTP 결합형)으로의 재생을 억제해 단백질 합성이 지연된다. 반대로 헤민이 풍부하면 HCR이 억제되어 개시 인자의 인산화 반응이 중단되고, 이는 활성형 개시 인자의 재생을 촉진하는 결과를 초래한다.

헤민(hemin)
HCR(hemin controlled repressor)

나. 포도당과 인슐린 합성 조절

혈중 포도당 농도가 증가하면 췌장의 β 세포에서 인슐린의 단백질 합성이 증가하는데, 이는 개시 인자의 활성을 조절함으로써 이루어진다. 이 경우에는 개시 인자의 인산화가 아닌 다른 기전에 의해 조절된다고 알려져 있다.

다. 영양소의 결핍과 단백질 합성의 저해

아미노산이나 포도당이 결핍된 상태에서도 개시 복합체의 형성속도가 줄어들어 단백질 합성이 저해된다. 아미노산의 결핍은 단백질 합성을 위한 기본 재료를 제공하지 못하고, 포도당의 결핍은 단백질 합성에 필요한 ATP나 GTP의 결핍을 초래하므로 단백질 합성을 개시 단계에서부터 저해하는 것으로 추정한다.

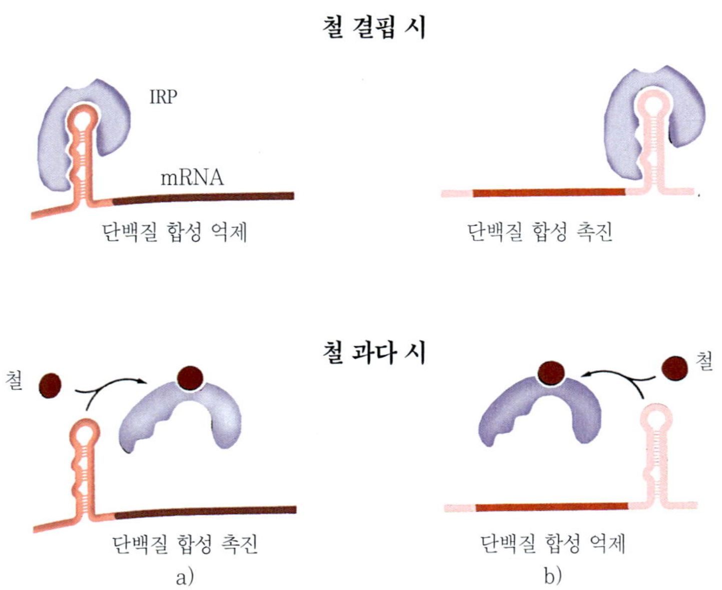

mRNA의 2차 루프구조와 IRP의 결합은 페리틴 합성을 개시단계에서 억제하고, 트랜스페린수용체의 합성은 mRNA를 안정화시킴으로써 촉진한다. 철이 IRP에 결합하면 효소의 3차 구조가 변화되어 mRNA의 루프구조에서 이탈된다. 이는 페리틴 합성을 촉진하고, 트랜스페린 수용체의 합성은 억제하는 결과를 초래한다.

그림 13-14. 세포내 철 농도에 의한 페리틴(a)과 트랜스페린 수용체(b)의 발현 조절

라. 철에 의한 페리틴과 트랜스페린 수용체의 발현조절

IRP(iron regulatory protein)
아코니테이스(aconitase)
IRE(iron response element)

철의 저장 단백질인 페리틴과 철의 세포내 이동에 관여하는 트랜스페린의 단백질 합성도 mRNA의 번역 단계에서 조절된다. 여기에는 IRP라고 하는 특정의 철 결합 단백질이 관여한다. 철이 있을 때는 IRP가 아코니테이스 활성을 보유하지만 철이 없으면 이 효소 활성을 상실하고 구조적 변형으로 IRE에 대한 결합력을 획득한다. 철이 결핍될 때 IRP는 페리틴 mRNA의 5′ UTR 부위에 존재하는 IRE가 형성한 루프구조에 결합함으로써 페리틴 mRNA의 번역을 억제하고(그림 13-14-a), 트랜스페린 수용체 mRNA의 3′ UTR 부위에 존재하는 유사한 루프구조에 결합함으로써 이를 안정화시켜서 단백질 합성을 지속시킨다(그림 13-14-b). 철이 풍부할 때는 철이 IRP에 결합하여 3차 구조를 변화시킴으로써 각각의 mRNA로부터 유리시킨다. 결과적으로 페리틴 단백질의 합성은 진행되지만 트랜스페린 수용체 mRNA의 안정도는 감소하여 이 수용체 단백질 합성은 중단된다.

영양과 유전자 이상

유당불내증
(lactose intolerance)
알캅톤뇨증(alkaptonuria)
페닐케톤뇨증
(phenylketonuria)
선천성 대사이상증
(inborn error of metabolism)
갈락토오스혈증
(galactosemia)

영양소의 소화, 흡수, 이동, 대사, 배설 등의 각 단계에는 효소나 호르몬을 포함하는 여러 단백질들의 도움이 필요하다. 이들의 정보를 보유하는 유전자에 이상이 생기면 정상적인 기능을 하는 단백질들을 합성할 수 없게 되고, 결국 해당 영양소의 대사에 문제가 발생할 가능성이 높아진다. 인체에는 유사한 단백질들이 존재하여 어느 하나의 이상을 보완할 수 있지만 그렇지 못할 경우에는 질병이 생긴다. 예를 들면 유당분해효소의 유전자 이상은 유당불내증을 유발하며, 아미노산 대사에 관여하는 효소들의 유전자가 결손되면 알캅톤뇨증이나 페닐케톤뇨증과 같은 선천성 대사 이상증이 초래된다. 단당류인 갈락토오스의 대사과정에 관여하는 효소의 결핍은 유아 사망의 주된 원인이 되는 유전 질환인 갈락토오스혈증을 유발하기도 한다. 이처럼 영양소와 질병 사이의 상호 작용에 대한 유전자 변이의 영향을 밝히는 학문 분야를 영양유전학(Nutrigenetics)이라 일컫는다. 개인의 유전적 특성에 따라 맞춤형 식이를 제공함으로써 질병의 임상 증상을 예방할 수 있다.

일부 유전자 변이는 직접적으로 질병을 초래하지 않지만 질병에 대한 감수성을 증가시킨다. 동맥경화증, 비만, 당뇨병, 심장병, 암, 후천성 면역결핍증(AIDS), 골다공증 또는 관절염과 같은 질병들은 유전인자가 유일한 원인이라고 할 수는 없지만 발병의 중요한 요인으로 간주되고 있다. 쌍둥이와 입양아를 대상으로 한 연구는 유전인자의 중요성을 뒷바침하고 있다. 이는 가족력이 있는 사람이 질병에 걸릴 확률이 높다는 것을 의미한다. 유전자는 세포에서 중요한 기능을 하는 단백질들을 발현시키는데, 유전자에 이상이 있으면 단백질의 양이 달라지거나 질적으로 변화가 일어나 정상적인 기능을 하지 못하게 되어, 결과적으로 질병 상태를 유발할 수 있다. 최근에는 유전적 성향을 나타내는 단일염기 다형성(single nucleotide polymorphism, SNP)이 질병과 영양과의 상관성을 설명하기 위해 크게 관심을 끌고 있다. SNP는 유전자 변이나 이상으로 간주되지 않는 단일 염기쌍의 개별적 차이를 일컫는다. 사람들은 99.9%의 유전자가 서로 일치하지만 0.1%는 사람에 따라 다르며 이러한 유전적 특성이 피부, 머리카락, 체질 등에 영향을 미칠 뿐만 아니라, 질병 이환율 및 치료에도 영향을 미친다. 따라서 SNP 연구는 질병의 조기 진단 및 예방, 맞춤의학 및 맞춤영양 분야에서도 중요한 정보를 제공할 것이다. 현재 다양한 질병의 유전적 기전에 대한 이해가 충분하지는 않지만 이 분야에 관한 연구가 활발히 진행되고 있어 장래에 질병의 예방과 치료에 도움이 되리라 전망한다.

1. 유전적 콜레스테롤대사 이상과 동맥경화증

혈액에서 콜레스테롤을 효율적으로 제거하기 위해 필요한 단백질을 생산하는 유전자에 이상이 생기면 혈중 콜레스테롤이 간으로 이동하여 대사되지 못하고, 혈중 농도가 증가하게 되므로 어린 나이에 동맥경화증과 심장순환계 질환에 걸릴 확률이 높다. 가족형 고콜레스테롤혈증은 그 대표적인 예로 LDL 수용체 유전자의 이상으로 인하여 수용체의 기능이 소실되었기 때문에 LDL 콜레스테롤의 혈중 농도가 상승하여 동맥경화증과 심장병의 이환이 가속화되는 것을 알 수 있다. 이 외에도 유전적으로 혈중 카일로미크론의 제거가 안 된다든지 HDL 합성감소 등 어느 하나라도 이상이 생기면 관상동맥경화증의 위험이 높아지므로 주의를 기울여 조절이 가능한 모든 위험인자를 제거하도록 노력해야 한다. SNP의 차이도 콜레스테롤대사에 영향을 미쳐서 동맥경화증과 심혈관계 질환의 위험률을 높일 수 있다는 사실이 보고되었다. 지질을 운반하는 역할을 하는 지단백질의 한 구성원인 아포지단백 E(apo E)는 2개의 SNP 배열에 따라 세 종류의 이소형으로 구분된다. 가장 흔한 정상적인 ε3형은 세포막 apo E 수용체와 결합하여 VLDL과 카일로미크론을 통해 중성지방을 세포내로 운반하는 역할을 수행한다. 단일염기서열 차이를 보이는 ε4형은 apo E 수용체와의 결합력이 2배로 증가하여 혈중 VLDL과 카일로미크론을 감소시키지만 LDL 수용체를 하향 조절하여 혈중 LDL의 농도는 오히려 증가시킨다. 반면에 ε2형은 apo E 수용체와의 결합력이 1/50에 불과하여 혈중 VLDL과 카일로미크론 농도를 높이지만 LDL 수용체를 상향 조절하여 혈중 LDL은 감소시킨다. 두 변이형 모두 그 기전은 다르지만 정상 ε3형에 비해 동맥경화증과 심근경색증의 위험을 높이는 것으로 보고되었다. 비만과 인슐린-비의존성 당뇨병이 유도하는 조직의 당내인성은 인슐린 분비를 증가시킨다. 과량의 혈중 인슐린은 지방의 합성을 촉진하며, 고지혈증과 고콜레스테롤혈증을 초래하므로 동맥경화증의 위험률을 높인다.

가족형 고콜레스테롤혈증 (familial hyper-cholesterolemia)

카일로미크론(chylomicron)

관상동맥경화증 (coronary artery disease)

LDL (low density lipoprotein)

HDL (high density lipoprotein)

2. 섭식 조절인자의 유전자 이상과 비만

체중 조절에 관여하는 유전자는 매우 다양하여 식이섭취에 영향을 미치거나 에너지 대사에 영향을 미치며, 지방의 합성에도 관여한다. 어느 하나라도 이상이 생기면 체중 조절이 어려워져 비만에 걸릴 확률이 높아진다. 유전적인 비만에서 당질 및 지질 대사의 이상과 인슐린 분비와 이용의 변화 등이 관찰되었는데, 이러한 현상은 유아기부터 시작하여 결국 지방조직의 과잉 축적을 유도하게 된다.

최근 몇 년 동안 체중 조절에 관여하는 비만 유전자와 그 산물인 렙틴 단백질의 발견은 비만 연구에 새로운 이정표를 세웠다. 렙틴은 저장 지방 함량과 비례적으로 혈중에 존재하는 일종의 호르몬으로서 167개의 아미노산으로 구성된다. 렙틴은 뇌 시상하부에 존재하는 렙틴 수용체에 결합하여 세포내에 특정 신호를 유도함으로써 식이섭취를 억제한다. 비만이면서 당뇨병인 동물에서는 Ob-R 유전자의 이상이 발견되었고, 이는 렙틴 수용체의 유전자임이 밝혀졌다. 따라서 렙틴 수용체를 통한 신호전달 과정의 이상도 비만을 초래할 가능성이 있지만 현재까지는 사람의 경우에 변이된 렙틴 수용체를 가지고 있는 비만 환자는 발견되지 않았다.

비만 유전자(ob gene)

렙틴 수용체(leptin receptor)

궁상핵 (arcuate nucleus)
뉴로펩티드 와이 (neuropeptide Y, NPY)
아구티-관련 펩티드 (agouti-related peptide, AgRP)
프로-오피오멜라노코틴 (pro-opiomelanocortin, POMC)
알파-멜라노싸이트 자극호르몬 (α-melanocyte-stimulating hormone, α-MSH)
멜라노코틴(melanocortin)

뇌실측핵(paraventricular nucleus, PVN)
소뇌 편도(amygdala)
시상핵(thalamic nuclei)

렙틴의 작용 부위로 잘 알려진 시상하부의 궁상핵에는 렙틴 수용체를 가지고 있는 두 부류의 신경세포가 존재하는데 한 부류는 뉴로펩티드 와이(NPY)와 아구티-관련 펩티드(AgRP)를 합성하는 신경세포이고, 다른 부류는 프로-오피오멜라노코틴(POMC)을 합성하는 신경세포이다. POMC를 합성하는 세포에서는 POMC가 더욱 분해되어 알파-멜라노싸이트 자극 호르몬(α-MSH)을 생성하고, 이는 멜라노코틴-3과 멜라노코틴-4의 수용체를 활성화시킴으로써 식욕을 상실하도록 유도한다. NPY는 식욕을 자극하는 호르몬이며, AgRP는 멜리노코틴 수용체의 신호를 저해함으로써 식욕을 촉진한다. 렙틴은 NPY와 AgRP를 합성하는 신경세포에 작용하여 이들의 합성을 저해함으로써 식욕억제 효과를 나타낸다. 이처럼 렙틴이 다양한 부위에서 다양한 경로를 통해 식욕을 조절하기 때문에 하나의 호르몬이나 수용체의 결핍 또는 변이로 식이 섭취 양상이 바뀌고 체중이 급변할 수는 없다. 특히 사람의 경우에 복합적인 유전자 변이나 또 다른 환경적인 요인이 동시에 작용했을 때 비만이 초래될 수 있다. 흥미로운 사실은 NPY 수용체가 뇌실측핵과 소뇌 편도와 같은 감정과 관련된 부위로 연결되는 시상핵에도 존재한다는 것이다. 이는 정서적 불안정, 즉 스트레스에 의한 폭식의 분자적 기전을 일부 설명해준다고 할 수 있다.

3. 당질 대사에 관련된 유전자 이상과 당뇨병

당뇨병은 당질 대사의 이상으로 초래되는 질환 중 가장 흔한 것으로, 유전자의 변이가 주된 원인으로 간주되고 있어 관련된 유전자를 찾고자 하는 노력이 활발히 진행되고 있다. 제2형(인슐린 비의존형, NIDDM) 당뇨병에서 인슐린이 충분히 존재함에도 불구하고 인슐린 저항성이 생기는 이유를 다음과 같이 요약할 수 있다.

가. 인슐린 유전자 이상

췌장에서 비정상적인 불활성형 인슐린이 분비되거나, 인슐린 전구체의 활성화를 위한 일부 펩티드의 제거 과정에 이상이 생길 수 있다.

나. 혈중에 인슐린 길항제가 과량 존재할 경우

길항제(antagonists)

코르티솔, 성장 호르몬, 글루카곤, 카테콜아민 등과 같은 호르몬이나 혈장 유리 지방산, 인슐린이나 인슐린 수용체에 대한 길항제의 존재 등은 인슐린이 정상이라도 제 기능을 할 수 없도록 한다.

다. 세포에서 인슐린 수용체를 통한 신호전달 과정에 이상이 있을 경우

인슐린 수용체의 수 감소, 유전자 변이에 의한 인슐린 결합력 약화, 신호전달 기전에 관련된 단백질의 양적 변화나 변이에 의한 기능 약화 등은 인슐린에 대한 저항성을 유발한다.

4. 세포 성장과 사망에 관련된 유전자 변이와 암

개시과정(initiation)
촉진과정(promotion)
진전과정(progression)
유전자 독성발암물질 (genotoxic carcinogen)

암의 발생은 다단계 과정으로, 개시과정, 촉진과정 그리고 진전과정으로 나누어진다.

암의 개시과정은 유전자 DNA가 변이되는 과정으로 다음과 같은 유전자 독성 발암물질에 의해 초래된다.

가. 자외선과 방사선

자외선은 DNA 이중나선 사이에 피리미딘 이합체를 형성하여 DNA 복제를 방해하거나 비정상적인 복제를 통해 유전자 변이를 초래할 수 있다. 이온화 방사선도 DNA의 이중 나선구조를 분해하여 조각을 내거나, 교차결합을 이루어 유전자 변이를 초래하며, 또한 해롭고 반응성이 높은 유리라디칼을 생성해 DNA 변이를 초래하기도 한다.

나. 복잡한 고리구조를 가진 화학물질들

아플라톡신이나 벤조피렌이 이에 속한다. P-450 효소계에 의해 여러 대사 산물로 바뀌고 이 대사 산물들이 DNA를 공격하여 변이를 초래하게 된다. 일부는 P-450에 의해 대사되지 않아도 직접 유전자 변이를 초래함으로써 암을 발생시킬 수 있다.

아플라톡신(aflatoxin)
벤조피렌(benzo[a]pyrene)

다. 바이러스와 같은 생물학적 물질

유전 물질로서 DNA 또는 RNA를 포함하고 있어, 세포가 바이러스에 감염되었을 때 바이러스의 유전정보에 따라 세포내의 특정 유전자가 과발현되거나, 바이러스 유전자가 세포내 유전자에 삽입되고 이탈되는 과정 중에 세포 유전자의 변이가 초래될 수 있다.

변이되어 암을 유발하는 유전자(암 유전자 또는 종양 유전자, oncogene)는 초기에 바이러스에서 발견되었으므로 바이러스원성 종양 유전자라고도 한다. 이는 정상 세포에 존재하는 성장에 관여하는 유전자로부터 유래되어 변이되었음이 밝혀졌고, 이를 원종양 유전자라 일컫는다.

정상세포의 경우 성장 유전자 또는 원종양 유전자에 의해 세포 성장이 유도되지만 p53, p16, Rb(retinoblastoma 관련 유전자) 등의 종양 억제 유전자들에 의해 세포 분열이 중단되어 세포의 성장이 통제되고 있다. 종양 억제 유전자가 변이되어 기능을 하지 못할 때에도 암세포로의 전환이 가능하다. 실제로 절반 이상의 암에서 p53 종양 억제 유전자의 변이가 관찰되었다.

하지만 유전자 변이 자체가 반드시 암을 유발하지는 않는다. 이는 99% 이상의 유전자 변이가 세포분열이 계속되기 전에 유전자 수복효소에 의해 신속히 정상화되기 때문이다. p53 유전자는 바로 유전자 변이가 교정될 수 있는 시간적 여유를 주기 위해 세포 분열의 중간 단계에서 멈추도록 하는 역할을 한다. 일단 유전자 손상이 수복되지 않은 세포에서는 p53에 의해 아포토시스성 세포 사망을 촉진하는 Bax 단백질이 발현되어 세포 사망을 통해 비정상적인 세포가 제거된다. 이 세포 사망 기전이 비정상적일 때에도 손상된 세포가 계속 축적되어 암화 과정을 겪게 될 가능성이 높아진다.

바이러스원성 종양 유전자(viral oncogene)
원종양 유전자(proto-oncogene)
종양 억제 유전자(tumor suppressor gene)
유전자 수복효소(DNA repair enzymes)
아포토시스성 세포 사망(apoptosis)

발암 촉진과정은 유전자 변이가 점차적으로 증가하고, 세포 유전물질로 영구히 고정되며, 변성된 세포의 복제와 증식이 일어나는 단계이다. 이 단계에서 세포는 최종 분화가 되지 않고, 성장 조절도 불가능하며, 여러 세포 독성물질에 대한 저항성이 커진다. 세포의 성장 속도를 증가시키면 유전자 변이가 교정될 시간적 여유가 부족하므로 비정상적인 유전자가 복제되고, 이 새로운 유전 정보에 따라 변이세포의 분열이 계속된다. 이처럼 세포의 성장 속도를 변화시키는 물질들을 발암촉진제 또는 후성 발암 물질이라 하며, 에스트로겐과 과다 식이지방 등이 이에 해당한다. 이 촉진 단계에 작용하여 암화를 억제하는 물질들을 항암촉진제라 하며, 비타민 A, 비타민 D, 칼슘, 십자화과 채소, 양파, 마늘, 감귤류 등에 존재하는 미량 식물물질들이 이에 해당한다.

마지막 진전과정에서는 촉진 과정을 통해 유리한 성장 조건을 획득한 세포에 계속적으로 유전자 변이가 첨가되어 악성 유전자형을 갖게 되며, 특정 세포주가 통제 없이 성장 분열을 계속하여 종괴를 이루고, 주위의 조직을 파괴시키며, 혈관이나 림프관을 통해 온 몸으로 퍼져 나가는 전이

발암촉진제(promoter)
후성 발암 물질(epigenetic carcinogens)
항암촉진제(antipromoter)
미량 식물물질(food phytochemicals)
종괴(tumor)

전이(metastasis)
면역계(immune system)

현상이 발생한다. 하지만 면역계가 정상적으로 작동한다면 이 진전 단계의 초기에 비정상적인 암세포들이 제거될 수 있다. 또한 암세포 자체의 정보가 부족하여 더이상 성장을 계속할 수 없게 되는 경우도 있다. 이는 암세포의 아포토시스성 사망을 초래한다. 이러한 제한 인자들이 없을 때 암세포는 분열을 계속하여 악성 종양을 이루고 신체 기능의 이상을 초래하게 된다.

쉬어가기

아포토시스성 세포 사망

괴사(necrosis)
형태형성(morphogenesis)
조직위축(atrophy)
변태과정(metamorphogenesis)
배아형성(embryogenesis)
탐식세포(macrophage)

조직 내 세포들의 사망 기전은 괴사와 아포토시스로 크게 구별되는데, 괴사 과정은 외부로부터의 찰과상이나 강한 자극에 의해 세포막이 파괴되고 세포내 리소좀으로부터 분해효소들이 방출되어 일종의 염증 반응을 주변 세포들에 초래하는 것이다. 반면에 아포토시스는 세포 내용물과 세포 자체가 응축되거나 분절되어 주변의 세포나 탐식세포에 의하여 용이하게 식균된다. 아포토시스는 형태형성, 조직위축, 변태과정, 배아형성, T면역 세포의 성장과 분화, 손상된 조직과 세포를 제거하는 과정, 화학요법 치료 후의 종양 퇴행 시 등에 나타난다. 아포토시스성 사망이 억제되면 자가 면역 질환이나 암과 같은 여러 가지 질병이 유발된다.

5. 레티노익산 수용체 변이와 암

기관지원성 암(bronchogenic carcinoma)
기관지(tracheobronchial)
폐암세포(small cell lung cancer)

레티노익산의 일종인 all-trans 레티노익산(RA)은 기관지원성 암의 예방을 위해 필요한 성분으로 제안되어 왔다. 왜냐하면 레티노익산을 정상적인 기관지의 상피세포에 처리하면 RAR-β mRNA가 발현되고 세포 성장이 억제됨이 관찰되었기 때문이다. 하지만 폐암세포의 일부분은 레티노익산 처리에 반응을 보이지 않는다. 이는 RAR-β mRNA의 발현이 유도되지 않았기 때문으로 추정되며, RAR-β 수용체의 비정상적인 발현이나 변이는 인체 폐암 세포계의 특징으로 간주되고 있다.

급성 전골수구성 백혈병(acute promyelocytic leukemia, APL)

한편으로 레티노익산은 급성 전골수구성 백혈병 환자를 완전히 회복시킬 수 있다는 보고가 있었다. 이는 레티노익산이 암세포에 존재하는 수용체에 결합하여 암세포의 성장을 억제하는 효과를 보였기 때문이다. 백혈병 환자의 아세포는 초기에 레티노익산에 매우 민감하지만 점점 레티노익산 수용체에 변이가 생기고 결국 레티노익산에 대한 불감증을 보이게 된다. 이러한 변이 유전자를 정상적인 생쥐 골수세포에 이식하면 초기 단계 조혈세포의 불멸화가 초래된다.

6. 비타민 D 수용체의 유전적 다형성과 골다공증

유전적 다형성(genetic polymorphism) 같은 유전자일지라도 사람마다 가벼운 염기 배열의 차이를 보이는 현상을 말한다.

체질량지수(body mass index, BMI)

세계적으로 60% 정도의 여성이 골다공증에 의한 골절로 고통을 받고 있고, 어떠한 인자들이 관여하는지에 대해서는 아직도 분명치 않으나, 골밀도가 낮아졌기 때문이라는 것이 가장 중요한 요인으로 간주되고 있다. 골밀도를 조절하는 인자들로는 유전적 인자, 체질량지수, 1일 열량과 칼슘 섭취정도, 초경 시의 나이, 운동량 등이 제안되고 있으나 이 중 유전적 인자를 가장 중요한 요인으로 간주한다.

대립 유전자형(allelic variants)

쌍둥이의 연구를 통해 오스테오칼신과 프로콜라겐의 c-펩티드의 농도가 골밀도와 반비례 관계에 있음이 밝혀졌다. 오스테오칼신 발현의 주된 조절인자로는 비타민 D를 들 수 있다. 비타민 D 수용체는 DNA에 결합하는 전사 조절인자로서, 칼슘의 항상성과 골밀도 형성에서 주된 역할을 한다고 여겨진다. 모리슨(Morrison) 등은 비타민 D 수용체 유전자의 다형성에 기인한 대립유전자형이 혈청 오스테오칼신이나 골밀도와 상관 관계가 높음을 보고하였다(1994). 비타민 D

수용체 유전자에는 3′ UTR 부위가 다른 두 종류(B와 b allele)의 유전자 형태가 존재한다. b 유전자가 골밀도와 상관도가 높아서 bb 유전자형을 가진 경우에 BB나 Bb를 가진 경우보다 높은 골밀도를 보인다. 이는 대립 유전자의 차이가 유전자의 전사와 mRNA의 안정도에 영향을 미치기 때문으로 추정된다.

하지만 비타민 D 수용체 다형성과 골밀도 그리고 골다공증과의 상관성이 모든 인종에게 해당되지는 않는다. 예를 들면 한국인의 경우 이 비타민 D 수용체의 유전형과 골다공증 사이에 어떠한 상관관계도 볼 수 없었다. 비타민 D 유전형질이 인종에 따라 달리 분포되어 있는데, 특히 한국인의 경우엔 BB 유전자형의 비율이 오직 1.4%에 해당하고, Bb 유전자형이 12.9% 그리고 bb 유전자형이 87.7%를 차지하고 있다. 골다공증을 보이는 환자의 2.8%만이 BB 유전형을 보유하였고 나머지는 Bb 또는 bb 유전형임이 확인되었다. 이는 유전자형과 질병의 상관성에서도 인종에 따라 극단적인 차이를 보인다는 사실을 시사한다. 그리고 골다공증의 또 다른 유도인자가 유전적 소인보다 더욱 강력하게 작용하여 그 유전적 효과를 초월했을 가능성도 있다. 또 다른 가능성은 비타민 D 수용체 이 외에 뼈와 칼슘의 항상성 유지에 관여하는 다른 유전자들의 다형성이 골밀도나 골다공증과 상관성이 더 높으리라는 것이다.

인체 게놈 프로젝트

인체 게놈 프로젝트
(Human Genome Project)

미국의 에너지성(United States Department of Energy)은 기존의 유전학적인 방법으로는 인류의 유전병을 완전히 이해하는 것이 불가능하다고 주장하며 인체의 23개 염색체를 구성하는 3.1 $\times 10^9$ 염기쌍의 서열과 위치를 모두 결정하자고 제안하였다. 각계 각층에서 수년에 걸쳐서 심도 깊은 논의를 거친 후에 1988년 미국 의회에서 대단위 연구 과제인 "인체 게놈 프로젝트"를 위한 예산이 승인되었다. 1990년부터 미국, 프랑스, 독일, 일본, 중국, 영국 6개국의 국제 공동 연구컨소시엄이 구성되어 본격적으로 이 프로젝트가 수행되었으며, 2003년도에 예상보다 빨리 완결되었다. 이 프로젝트를 통해 사람은 약 30,000개의 유전자를 보유하고 있다는 사실을 확인하였으며, 각 유전자의 생물학적 기능을 정확히 밝힐 수 있다면 질병의 유전적 기전을 이해하고 예방 및 치료를 위하여 활용될 수 있다는 기대를 갖게 되었다. 인체 게놈 프로젝트를 바탕으로 유전체와 각 유전자의 기능을 연구하는 "유전체학"이 활발한 연구 분야로 떠오르면서 이로부터 유사한 각종 신조어들(예: 단백질체학, 전사체학, 생리체학, 대사체학 등)이 등장하여 그 연구 내용이 다양하고 독특해졌다.

유전체학
(genomics)
단백질체학
(proteomics)
전사체학
(transcriptomics)
생리체학
(physiomics)
대사체학
(metabolomics)

유전적으로 위험률이 높다고 하여도 모든 사람이 질병에 걸리지는 않는다. 즉 여러 가지 환경적 요인이 복합적으로 작용하여 최종 결정이 내려진다. 따라서 유전적 위험인자를 보유하고 있을 때는 어린시절부터 질병의 유발을 촉진하거나 악화시키는 환경적 요인들을 제거하도록 주의를 기울여야 한다. 환경적 요인 중에서도 식이요인은 중요한 부분을 차지한다. 특히 심장병, 고혈압, 비만, 당뇨병, 암, 치매 그리고 골다공증과 같은 대부분의 만성퇴행성 질환들은 영양과 밀접한 관계가 있고, 이들의 이환은 영양과 유전의 상호작용에 영향을 받는다. 자신의 유전적 소인을 확실히 알 수 있다면 식이요인의 적절한 조절로 질병을 예방할 수 있고, 치료에도 도움이 될 수 있다. 따라서 인체 게놈 프로젝트의 완결은 영양학의 분야에서도 커다란 변화를 가져왔으며 영양소와 유전체의 상호관계에 대한 신조어인 "영양유전체학"의 등장과 이 영역에서의 연구

영양유전체학
(nutrigenomics)

증가는 이를 입증하고 있다. 영양유전체학은 인간의 건강과 영양에 대해서 대사체학, 단백질체학, 전사체학, 유전체학 등의 진단기술을 적용하여 개인의 유전적 특성에 따라 개인이 섭취한 영양소에 반응하는 차이를 규명하는 것이다. 앞으로는 개인의 유전정보에 따른 맞춤형 영양설계가 가능해질 것이다.

영양과 신호전달 체계

신호물질로서의 영양소

신호전달 체계란 외부의 자극이 그 특정 신호를 세포에 전달하여 다양한 반응을 유도하기까지의 과정을 말한다. 세포에 전달되는 신호의 종류는 다음과 같다.

- 개체 발달(development)
- 세포 분화(cell differentiation)
- 면역 반응(immune response)
- 이동(motility)
- 세포 증식(cell proliferation)
- 신경 전달(neurotransmission)
- 대사 조절(metabolic regulation)
- 세포 사망(apoptosis, necrosis)

신호물질
(signaling molecule)

이러한 신호는 신호 제공자인 신호물질들이 있어야 하며, 신호물질들의 농도, 세포의 종류, 다른 인자들의 존재 여부에 따라 신호물질들이 전달하는 신호의 종류는 달라진다. 신호물질들의 조합은 새로운 신호를 만들고, 유사한 신호물질이 작용하더라도 세포의 상태에 따라 그 신호의 결과를 정반대로 만들기도 한다. 신호물질들을 그 특성에 따라 분류해 보면 다음과 같다.

1. 아미노산과 그 유도체

- 신경전달물질 : 글리신, 글루탐산, 도파민, 세로토닌, 히스타민 등
- 호르몬 : 에피네프린, 노르에피네프린, 티록신 등

2. 펩티드와 단백질

봄베신(bombesin)
바소프레신(vasopressin)
안지오텐신(angiotensin)
브라디키닌(bradykinin)
ANP
(atrial natriuretic peptide)
렙틴(leptin)
그렐린(ghrelin)

- 뉴로펩티드 : 봄베신, 바소프레신, 안지오텐신, 브라디키닌, ANP, 뉴로펩티드 Y, 트롬빈 등
- 성장요소 : EGF, PDGF, IGF, VEGF, FGF, HGF, TGF-β 등
- 호르몬 : 인슐린, 글루카곤, 성장호르몬, 렙틴, 그렐린 등
- 사이토카인 : TNF-α, 인터루킨, 인터페론 등

3. 지방산과 그 유도체들

- 불포화지방산 : 올레산, 아라키돈산, 에이코사펜타에노산, 도코사헥사에노산 등
- 인지질 : 포스파티드산, 리소포스파티드산
- 스핑고 지질의 대사산물 : 세라미드, 포스포스핑고신

- 에이코사노이드 : 프로스타글란딘, 프로스타사이클린, 트롬복산, 루코트리엔
- 독소 : 리포폴리사카리드, 오카데익산, 혈소판 활성인자
- 스테로이드 : 코르티솔, 알도스테론, 에스트라디올, 테스토스테론 등
- 핵산과 그 대사산물들 : 아데노신과 아데노신 뉴클레오티드
- 비타민과 그 유도체들 : 레티노익산, 비타민 D_3호르몬[1.25$(OH)_2D_3$], 아세틸 콜린
- 기타 : 포도당, 일산화질소(NO), 일산화탄소(CO), 과산화수소(H_2O_2), 알코올 등

리포폴리사카리드(lipopolysaccarides, LPS)
오카데익산(okadeic acid)
혈소판 활성인자(platelet activating factor)
알도스테론(aldosterone)

이처럼 많은 신호물질들은 영양소 그 자체이거나 영양소들의 유도물질에 해당하며, 영양소의 섭취상태에 따라서도 이러한 신호물질들의 생성 및 분비여부가 달라질 수 있다. 따라서 영양소의 섭취실태는 바로 세포의 운명을 결정하며, 세포로 구성된 특정 조직이나 기관의 운명과 건강에 영향을 미쳐서 결국은 개체의 운명을 결정하게 된다. 영양소가 결핍되거나 영양소 간의 균형이 깨어지는 것도 일종의 신호로 작용한다. 이때에는 일단 세포의 스트레스 인자들이 가동되며, 심하면 세포의 생존에 위협을 가하여 아포토시스성 세포 사망의 길로 이끌게 된다.

일부의 영양소는 과잉되었을 때에도 세포 사망을 유도하게 되는데, 레티노익산, 글루탐산, 아데노신, 칼슘 등이 이에 해당된다. 중성 아미노산과 같은 영양소들은 다른 자극에 의해 유도되는 세포 사망을 억제하는 효과를 보이기도 한다.

신호전달을 위한 수용체

일부 신호물질들은 단백질로 구성된 특수한 수용체를 통해서 세포내에 특수한 지령을 내린다. 수용체와 상보적인 개념으로 이러한 신호물질들을 리간드라고도 일컫는다. 수용체는 크게 두 종류로 나눌 수 있는데 세포막을 통과할 수 없는 물질들의 신호를 받아 전달하는 세포막 수용체와 세포막을 통과할 수 있는 지용성 물질이나 매우 작은 신호물질들의 신호를 전달하는 세포내 수용체가 있다(그림 13-15).

수용체(receptor)
리간드(ligand)

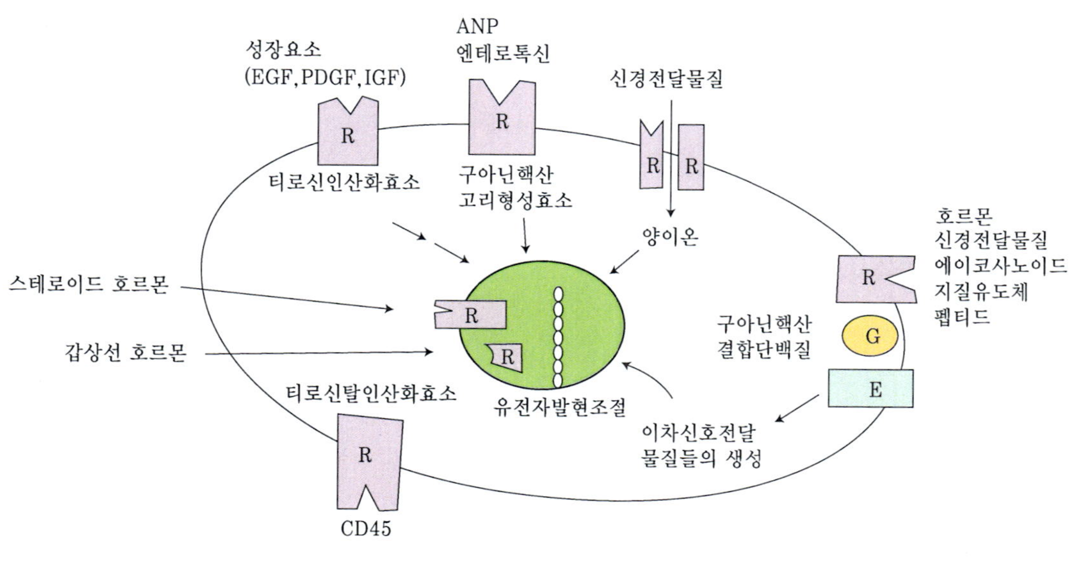

그림 13-15. 신호전달을 위한 수용체의 종류와 그 작용 기전

세포막 수용체
(cell surface receptor)

1. 세포막 수용체

세포막 수용체들은 그 성질과 신호를 전달하는 방식이 각기 다르다. 이들은 특성에 따라 크게 세 가지로 구분된다.

가. 효소 관련 수용체

수용체 단백질이 세포 외부에는 신호물질과 결합하는 부위를, 세포 내부에는 직접 효소 기능을 갖거나 다른 효소와 결합되어 있는 경우가 이에 해당한다. 다음은 효소 관련 수용체들의 예이다.

단백질 티로신 인화화효소
(protein tyrosine kinase)
EGF
(epidermal growth factor)
세린/트레오닌 인산화효소
(serine/threonine kinase)
TGF-β (transforming growth factor-β)
구아닌 핵산 고리형성효소
(guanylyl cyclase)
ANP
(atrial natriuretic peptide)

- 단백질 티로신 인산화효소 활성을 갖는 수용체 : EGF와 같은 성장요소들과 인슐린과 같은 호르몬의 수용체
- 티로신 인산화 효소활성을 갖는 단백질과 결합해 이 효소 활성을 통해 신호를 보내는 수용체 : 성장호르몬, 사이토카인, 렙틴, 항원특이성 수용체
- 단백질 세린/트레오닌 인산화효소 활성을 보유하는 수용체 : TGF-β 수용체
- 단백질 티로신 탈인산화효소 활성을 보유하는 수용체 : 백혈구의 세포 표면에 존재하는 CD45 수용체
- 구아닌 핵산의 고리형성효소 활성을 보유하는 수용체 : 신장에서 나트륨 배설을 촉진하는 ANP

나. 구아닌 핵산결합단백질과 연결된 수용체

주로 7개의 막횡단 부위를 가지고 있는 세포막 수용체로서 구아닌 핵산(GTP 또는 GDP) 결합단백질(G 단백질)과 연결되어 이를 통해 다음과 같은 효소나 이온통로들을 활성화시킨다.

아데닌 핵산 고리형성효소
(adenylyl cyclase)
ACTH(adrenocorticotropic hormone)
고리형 구아닌 핵산 분해효소
(retinal cyclic GMP phospho-diesterase)
LPA(lysophosphatidic acid)
PAF(platelet activating factor)
로돕신(rhodopsin)
이온 통로(ion channels)
시냅스(synapse)

- 아데닌 핵산 고리형성효소 : 아드레날린(α2, β), 글루카곤, 아데노신, ACTH 등의 수용체
- 인지질 분해효소(phospholipase C, D, A2) : 트롬빈, 아드레날린(α1), 인지질유도체들(LPA와 PAF)의 수용체
- 고리형 구아닌 핵산의 분해효소 : 망막에 있는 로돕신의 수용체
- 이온 통로 : 신경세포에 있는 아세틸콜린, 뉴로펩티드와이(NPY) 등의 수용체

다. 이온 통로와 관련된 수용체

수용체 자체가 이온 통로로서의 기능을 하는 것이다. 이는 전기적으로 흥분된 세포의 신속한 시냅스 신호전달에 주로 관여한다.

- 칼슘과 마그네슘 이온통로 : NMDA형 글루탐산 수용체
- 포타슘과 소디움 이온통로 : A/K형 글루탐산 수용체

세포내 수용체
(intracellular receptors)

2. 세포내 수용체

스테로이드 호르몬들(코르티솔, 에스트로겐, 테스토스테론), 갑상선 호르몬(티록신), 지용성 비타민과 그 유도체(레티노익산, 활성형 비타민 D_3) 등의 신호물질들은 서로 구조가 다르나, 공통점은 세포막을 통과하여 세포질 내에서 수용체와 결합하여 작용한다는 것이다. 이러한 비수용성 신호물질은 작용시간이 수용성 신호물질들에 비해 길어서 수시간에서 며칠 동안 작용이 유지되기도 한다. 이들의 세포내 수용체는 주로 세포질에 존재하며, 세포질에서 신호물질과 결합

함에 따라 활성화되어 핵안으로 들어가게 된다. 레티노익산의 경우엔 수용체가 핵안에 존재하며 핵안에서 레티노익산과 결합함에 따라 활성화된다. 핵안에서 활성화된 수용체들은 DNA와 결합하여 유전자 전사 조절인자로서 작용한다.

3. 세포막 수용체의 이동

신호물질들(리간드)이 세포막에 있는 수용체에 결합하면 클라트린이라는 단백질에 의해 중무장된 코티드핏이 형성되고, 이 코티드핏에 모인 수용체와 리간드는 코티드 베시클을 이루어 세포 내부로 이동하게 된다. 이를 엔도시토시스 또는 세포내 이입이라고 일컫는다. 세포 내부로 이동한 후 먼저 클라트린 코트가 벗겨지고, 이 베시클은 산성의 엔도좀에 융합한다. 이 엔도좀에서 수용체와 리간드는 여러 가지 운명을 겪게 된다(그림 13-16). 한편 세포막에는 당스핑고지질과 콜레스테롤이 풍부하며 세포막 단백질인 캐비올린으로 구성된 미세도메인, 즉 캐비올래가 존재하여 이를 통해 수용체와 리간드의 이동이 조절되기도 한다. 성장호르몬 수용체가 캐비올래에 둘러싸인 채 베시클 형태로 세포막으로부터 분리되고 일부의 엔도시토시스 경로를 거치게 된다는 것은 잘 알려진 사실이다.

클라트린(clathrin)
코티드핏(coated pit)
코티드 베시클(coated vesicle)
엔도시토시스(endocytosis)
엔도좀(endosome)
당스핑고지질(glycosphingolipid)
캐비올린(caveolin)
캐비올래(caveolae)

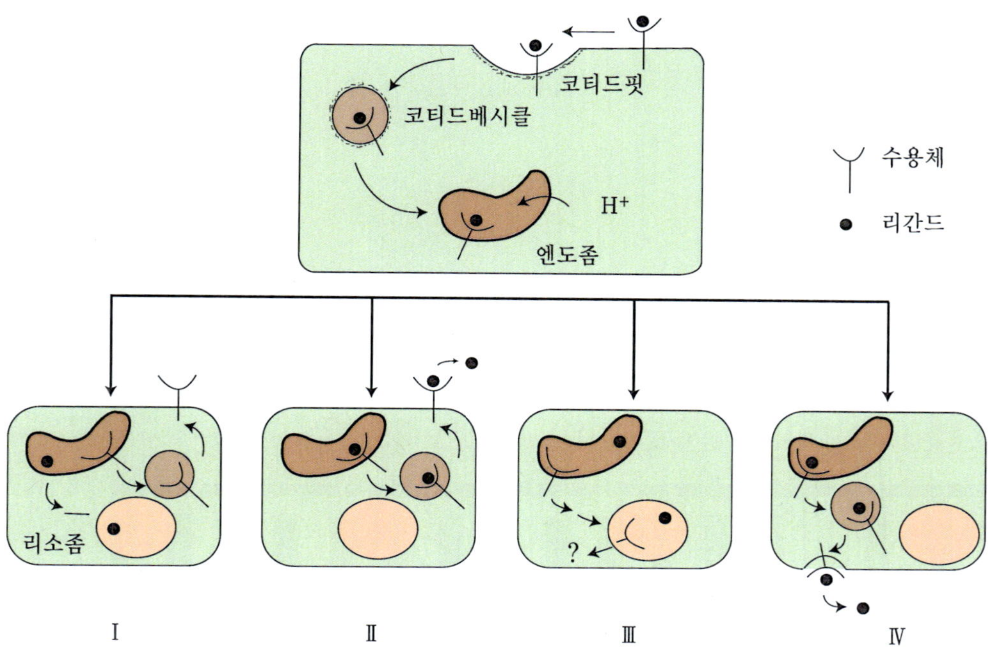

I. 수용체의 복귀와 리간드의 분해 : 콜레스테롤을 세포내로 운반하는 LDL수용체는 엔도좀의 산성 환경하에서 LDL은 수용체로부터 분리되고, 리소좀과 융합함에 따라 LDL의 단백질과 인지질들이 리소좀의 효소들에 의해 분해되며, 콜레스테롤에스테르도 콜레스테롤로 전환된다.
II. 수용체와 리간드가 함께 세포막으로 복귀 : 철을 운반하는 트랜스페린과 그 수용체에서는 철만 산성의 엔도좀에서 유리된다.
III. 수용체와 리간드가 모두 분해 : EGF나 PDGF와 같은 세포의 성장요소와 그 수용체들은 수용체와 리간드가 모두 리소좀에 의해 제거되므로 신호를 중단시키는 역할을 한다.
IV. 수용체와 리간드가 전혀 변화되지 않고 위치만 바꾸는 경우 : 모체의 항체(IgG)를 태아나 신생아에게 이전시키기 위해서 그리고 IgA 형태의 항체가 분비될 때 이용되는 기전이다.

그림 13-16. 수용체와 리간드의 세포내 이입 경로

수용체를 통한 신호전달 기전

1. 티로신 인산화효소 활성을 갖는 수용체

세포 내부에 티로신 인산화효소 활성을 갖는 막결합 단백질은 50개 이상의 단백질들로 구성되어 있으며, 이를 구조적인 차이에 따라 14개의 소그룹으로 나눈다(그림 13-17). 이 수용체들은 인슐린 수용체를 제외하고는 거의가 단일 폴리펩티드로 구성되어 있고, 외부에 있는 리간드 결합 부위, 세포막을 통과하는 부위 그리고 세포 내부의 티로신 인산화효소 활성을 보유하고 있는 부위로 구성된다. 리간드 결합부위는 수용체마다 독특한 영역을 포함하고 있어서 각 성장인자에 대한 특이성을 제공한다. 이 수용체의 가장 중요한 특징인 티로신 인산화효소 활성이 일부 수용체에서는 두 부분으로 나누어지기도 한다. 효소 활성 부위 사이에 끼여든 부위(kinase insert regions)는 세포질의 신호전달 단백질과 결합하는 부위로서 신호전달을 위한 복합체의 형성에 중요한 역할을 한다.

이 수용체를 통한 신호전달 과정은 다음과 같다.

이합체 형성(dimerization)

자가인산화 반응(autophosphorylation)

- 개시과정 : 성장요소가 결합하게 되면 수용체의 이합체 형성과 자체의 티로신 인산화효소 활성에 의해 자가인산화 반응이 유도된다.
- 신호전달 복합체 형성 : 수용체의 인산화된 티로신기는 여러 종류의 신호전달 단백질들과 결합하게 된다(그림 13-18).

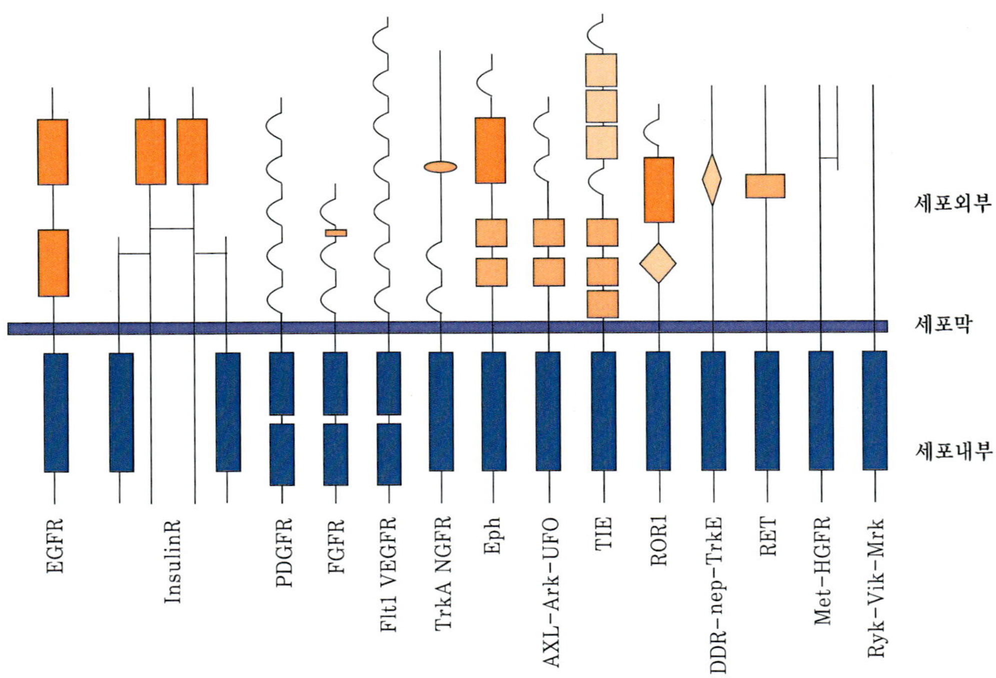

수용체들은 14개의 소그룹으로 나누어진다. 외부에는 다양한 구조의 리간드 결합부위, 중간에는 세포막 통과부위, 세포 내부에는 티로신 인산화효소 활성부위가 존재한다.

그림 13-17. 단백질 티로신 인산화효소 활성을 보유하는 수용체들

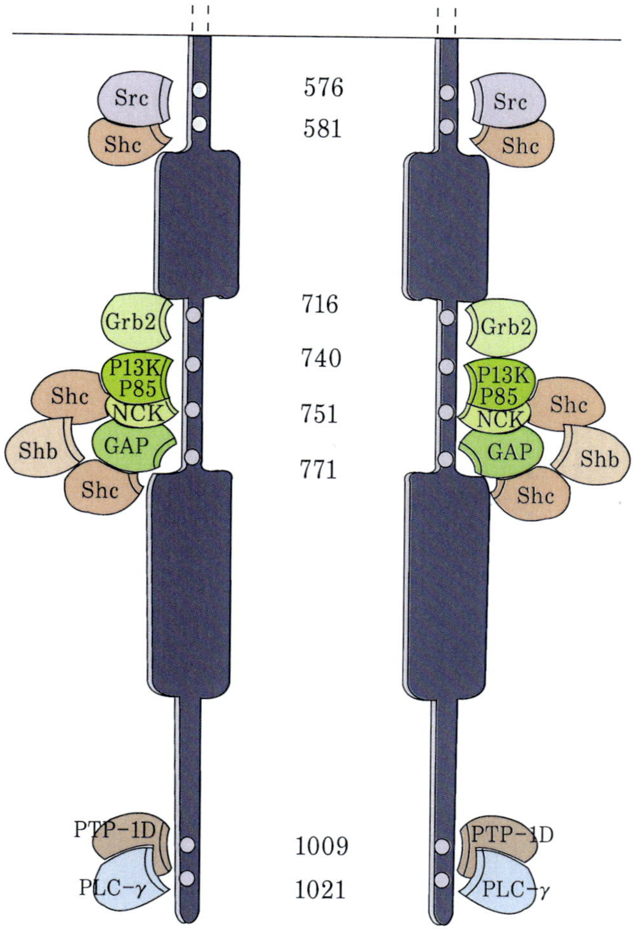

티로신 위치에서 자가인산화된 PDGF 수용체에는 여러 신호전달 단백질들이 SH2(src homology domain-2)라고 하는 특정 영역(도메인)을 통하여 결합되어 있다. 세포막 내면에 존재하는 또 다른 티로신 인산화효소인 Src, 인지질 분해효소인 PLC-γ, 구아닌 뉴클레오티드 가수분해효소 활성을 촉진하는 Ras-GAP(GTPase activating protein), 인산화된 티로신으로부터 인산기를 제거하는 PTP-1D 등이 이에 해당한다. Shc, Shb, Grb2 등은 다른 신호전달 단백질들을 유인하여 신호전달 복합체를 형성하기 위한 연결자(adapters)로 작용한다.

그림 13-18. PDGF 수용체에 결합되는 신호전달 단백질들의 종류와 결합 위치

PDGF (platelet-derived growth factor)

- 세포내 신호전달 기전의 활성화 : 신호전달 단백질들은 세포내 인산화와 탈인산화반응, 인지질분해 반응, 인지질의 인산화 반응 등을 통하여 다양한 유전자의 전사를 조절한다.

2. 구아닌 핵산 결합 단백질에 연결된 수용체

구아닌 핵산 결합 단백질(G 단백질)은 3개의 아단위(α, β, γ)로 구성되어 있는데, Gα에 GTP나 GDP가 결합하는 부위와 GTP를 가수분해하는 효소(GTPase) 활성이 내재해 있다. Gβ와 Gγ는 결합력이 강하여 대부분의 경우에 함께 이동한다. 평상시에는 Gα가 GDP와 결합하는데, 이때에는 G$\beta\gamma$도 함께 결합되어 존재한다. 신호물질이 수용체에 결합하면 수용체의 구조적 변화가 초래되고, 이는 수용체와 G 단백질의 결합을 유도하여 GDP와의 결합력을 약화시킨다. GDP가 유리되

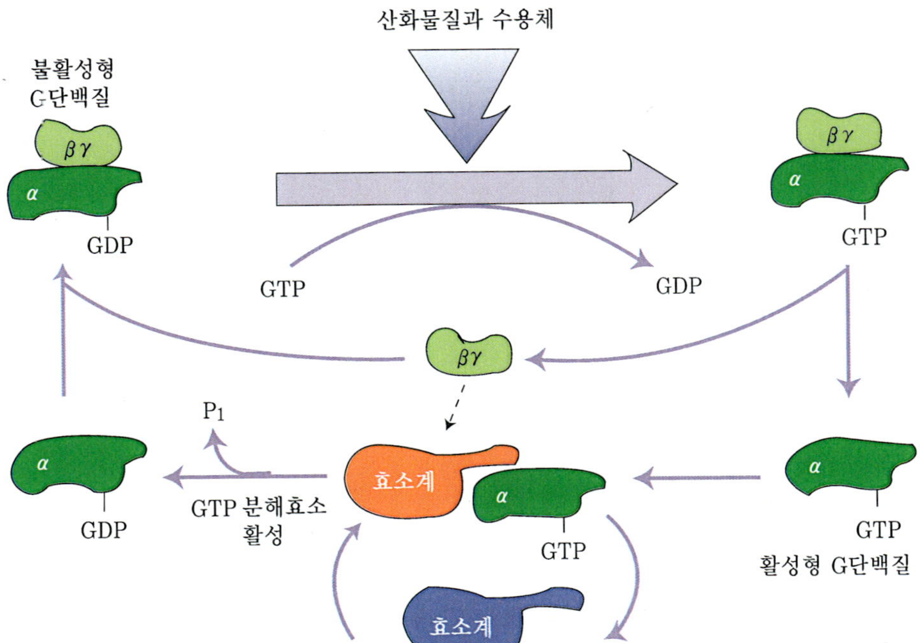

GDP가 결합된 G 단백질은 불활성형으로, 신호에 의해 GTP로 치환되면 활성형이 되어 여러 신호전달 효소계에 영향을 미친다. 내재해 있는 가수분해효소에 의해 GTP가 GDP로 전환되면 불활성화된다.

그림 13-19. G 단백질의 GDP-GTP 교환과 활성의 변화

면서 세포내에 풍부한 GTP가 대신 치환되고, 이는 Gα로부터 Gβγ를 분리시킨다. GTP가 결합된 Gα는 아데닌 핵산 고리형성효소, 인지질 분해효소 (PLC-β), 이온 통로 등의 활성을 조절하게 된다. 뿐만 아니라 Gβγ도 인지질 분해효소의 활성화에 관여하여 신호전달에 적극적으로 참여한다. Gα에 내재해 있는 GTP 가수분해효소에 의해 GTP는 GDP로 되고 신호는 중단된다. GDP가 결합된 Gα는 다시 Gβγ와의 결합력을 회복하게 되어 원상태로 되돌아간다(그림13-19).

세포내 신호전달 기전

세포막에서 신호전달 복합체가 형성되면 다음과 같은 여러 가지 기전에 의해 신호가 세포 내부와 핵으로 전달되어 결국은 유전자 발현을 조절하게 된다.

1. 인산화와 탈인산화 반응에 의한 신호전달

신호물질들은 세포막이나 세포내에 존재하는 여러 단백질의 인산화 반응을 유도하는데, 인산화 과정은 이 단백질들의 효소 활성을 변화시키거나 다른 단백질들과의 상호작용에 영향을 미친다. 인산기를 붙여주는 효소(kinase)와 인산기를 제거하는 효소(phosphatase)의 균형에 의해 신호전달에 관여하는 중요 단백질들의 인산화 상태가 결정되고 이들은 신호전달 과정에서 중요한 기능을 한다. 인산화되는 잔기에 따라 크게 티로신 인산화효소(또는 탈인산화효소)와 세린/트레오닌 인산화효소(또는 탈인산화효소)로 나누어진다. 세포에는 수없이 많은 인산화효소와 탈인

산화효소들이 존재하고, 각 효소는 수많은 이소자임으로 구성되어 있다. 일부는 수용체에 내재하거나 세포막에 결합되어 있으며, 나머지는 세포질에 존재한다. cAMP에 의해 활성화되는 세린/트레오닌 인산화효소 PKA, AMP에 의해 활성화되는 AMPK, 인지질에 의존적인 세린/트레오닌 인산화효소 PKC, 칼슘결합 칼모듈린에 의해 활성화되는 인산화효소 CaMK, 유사분열 시에 인산화 연쇄반응에 의해 활성화되는 MAPK 등이 대표적인 인산화 효소의 예이다. 각 인산화효소에 의해 붙여진 인산기는 탈인산화효소에 의해 제거된다. 신호전달과정에서 탈인산화효소의 역할은 인산화효소처럼 잘 이해되지 않지만 분명 인산화효소들의 신호전달 기능에 역행하는 능력이 있으며 신호전달의 조절에서 중요한 기능을 수행한다.

이소자임(isozyme)

PKC(protein kinase C)

CaMK(calcium/calmodulin dependent protein kinase)

MAPK(mitogen-activated protein kinase)

2. Ras와 MAPK를 통한 신호전달

Ras(p21)는 소형 G 단백질로서, 세포막 수용체의 신호전달에서 중추적 역할을 한다. 수용체에 연결된 G 단백질과 마찬가지로 GDP가 결합된 Ras는 불활성형이며, GTP로 치환되면 활성형이 된다. GDP가 GTP로 치환되는 것은 GNEFs에 의해 촉진된다. Ras는 자체 내의 GTP 가수분해효소 활성이 약하므로 GAPs의 도움을 받아 GTP를 GDP로 가수분해하여 다시 불활성화된다(그림 13-20). 구아닌 핵산 치환 억제 단백질은 Ras를 불활성형으로 유지시킨다. Ras의 유전자 변이에 의해 GAP과의 결합이 저해되거나 GTP 가수분해 반응이 억제되면, 활성형 Ras가 계속해서 세포 내에 신호를 전달하게 된다. 폐암과 대장암의 30~50% 그리고 췌장암의 90% 이상에서 이러한 Ras 유전자의 돌연변이가 확인되고 있다.

Ras에 특이적인 GNEF에는 Sos가 있다. 이 Sos는 프롤린이 풍부한 배열(proline-rich sequences)을 통하여 연결자인 Grb2의 SH3 도메인과 결합하고, 이 Grb2는 SH2 도메인을 통하여 Shc이나 수용체의 인산화된 티로신 잔기에 결합하게 된다. Shc은 다시 SH2나 PTB 도메인을

GNEFs(guanine nucleotide exchange factors)

GAPs(GTPase activating proteins)

구아닌 핵산 치환 억제 단백질(guanine nucleotide exchange inhibitor, GDI)

Sos(son-of sevenless)

PTB (phosphotyrosine binding)

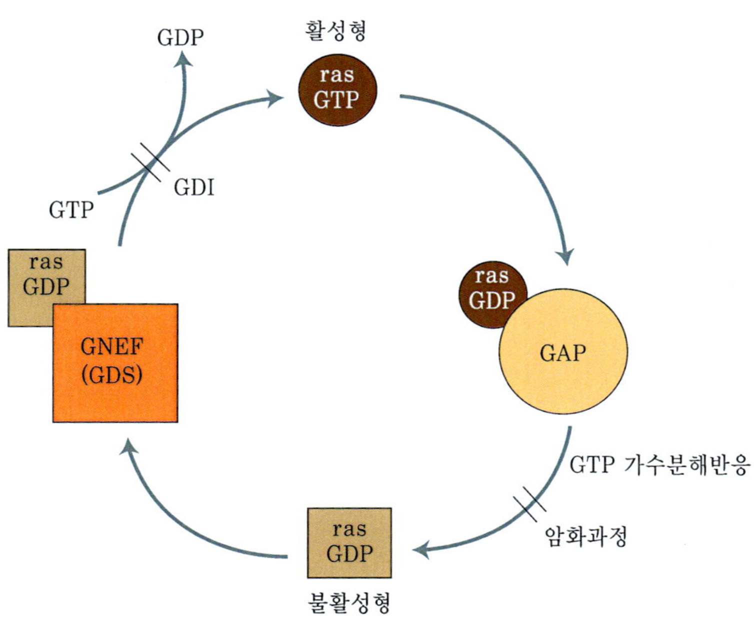

그림 13-20. 소형 G 단백질의 GDP-GTP 회로와 관련인자들

MEK(mitogen-activated ERK-activating kinase)

ERK(extracellular signal-regulated kinase)

JNK(c-Jun NH_2-terminal kinase)

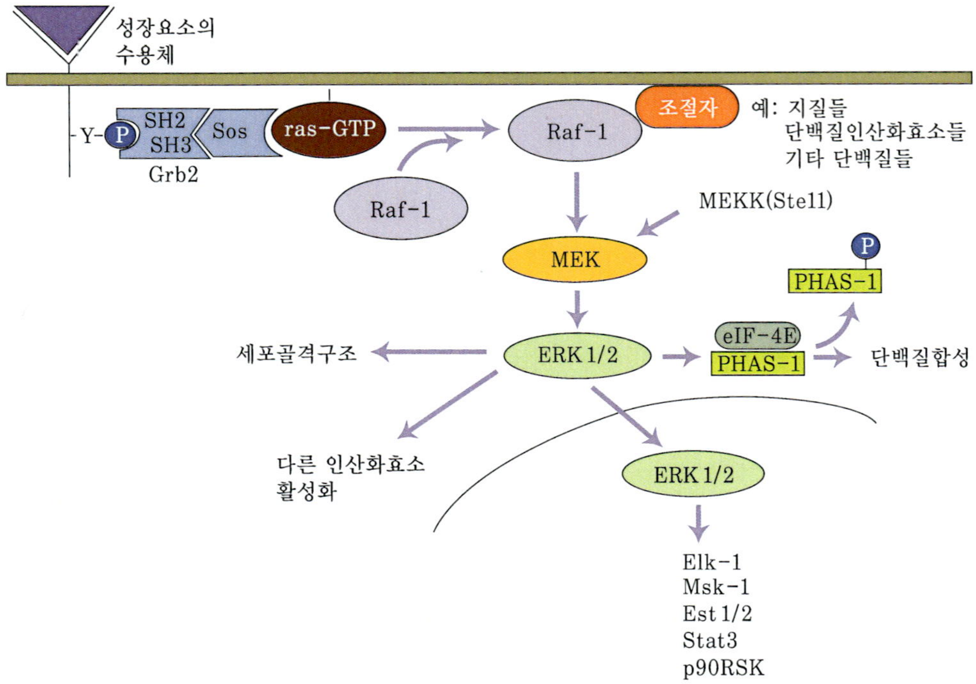

그림 13-21. 성장요소들에 의한 ERK 활성화와 유전자 전사조절인자의 활성화 경로

통하여 수용체의 인산화된 티로신 잔기와 결합하게 된다.

활성화된 Ras는 단백질 세린/트레오닌 인산화 효소인 Raf-1의 활성화에 관여한다. 그 활성화 기전은 분명치 않지만 일단 Raf-1을 세포막으로 유인하여 다른 활성화 기전을 받을 수 있도록 세포막 가까운 부분으로 이동시키는 역할을 한다. Raf-1은 MEK를 활성화시키고 이는 MAPK의 일원인 ERK의 세린과 티로신을 모두 인산화시킨다. 활성화된 ERK는 유전자 전사조절인자인 Elk-1을 인산화시켜서 다양한 유전자의 발현을 유도하고 결과적으로 세포증식을 촉진한다(그림 13-21). MAPK에는 ERK 이 외에도 p38과 JNK가 존재하며, 이들은 사이토카인, 자외선, 열, 삼투압 등의 스트레스 조건에 반응하여 활성화되며 각각 ATF-2와 c-Jun 전사조절인자를 활성화시켜서 유전자 탈현과 세포반응을 일으킨다.

3. 이차 신호전달 물질인 cAMP 생성과 신호전달

활성화된 Gα가 아데닌 핵산 고리형성효소를 활성화시키면 이차 신호전달 물질인 cAMP가 생성된다. cAMP는 PKA에 있는 두 개의 조절을 위한 소단위(regulatory subunits)에 결합하여 구조적 변화를 초래한다. 이로 인해 효소 활성을 보유하는 소단위(catalytic subunits)가 유리되어 활성형인 인산화효소가 된다(그림 13-22). 활성형 PKA는 다양한 생체 단백질의 인산화를 통해 신호를 전달한다. 근육과 간세포에서 글루카곤과 에피네프린에 의해 cAMP가 생성되고, 일련의 인산화 과정에 의해 글리코겐이 합성되고 분해될 때 바로 이 신호전달 기전이 이용되고 있다.

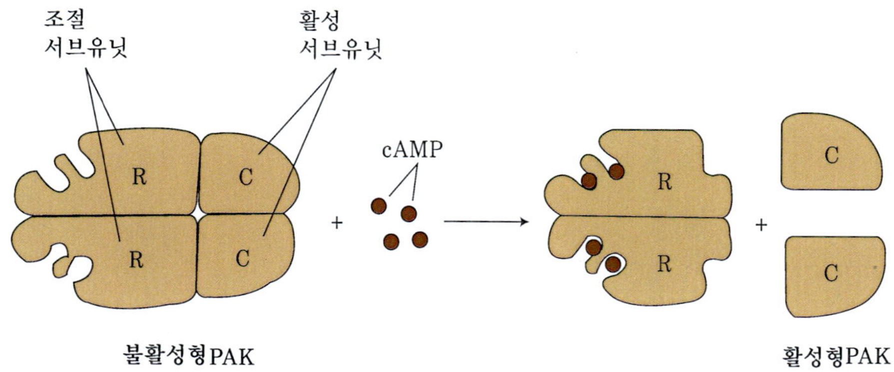

그림 13-22. cAMP에 의한 PKA의 활성 조절

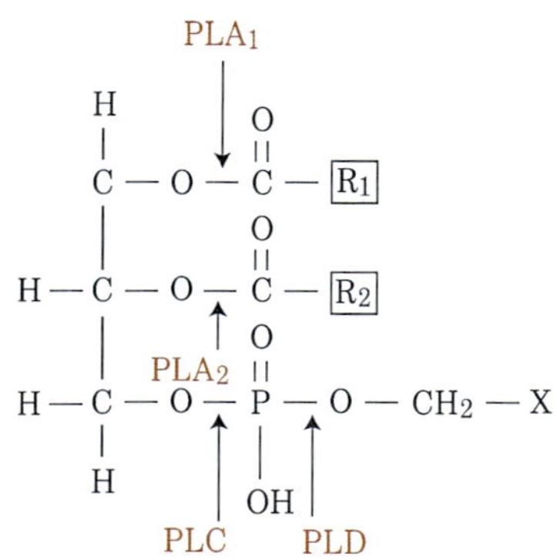

그림 13-23. 인지질 분해효소의 작용 부위

4. 인지질 분해를 통한 신호전달

인지질을 분해하는 효소에는 크게 네 종류(PLA_1, PLA_2, PLC, PLD)가 있다(그림 13-23).

- PLA_1 : 글리세롤의 첫 번째 위치에 결합된 지방산을 분해한다.
- PLA_2 : 두 번째에 위치한 지방산을 유리시킨다.
- PLC : 세 번째에 위치하는 인산 이중 에스터 결합을 분해하여 인산화된 극성기를 방출한다.
- PLD : 인산기와 극성기 사이의 결합을 분해하여 극성기(콜린, 에탄올아민, 세린, 이노시톨, 글리세롤 등)를 유리시킨다.

세포막 수용체에 의한 세포막 인지질 분해효소들의 활성화는 아라키돈산, 리조인지질, 이노시톨 삼인산화합물(IP_3), 칼슘, 디아실글리세롤, 포스파티딘산 등의 다양한 이차 신호전달물질들을 생성해낸다(그림 13-24).

리조인지질 (lysophospholipids, LPL)
디아실글리세롤 (diacylglycerol, DAG)
포스파티딘산 (phosphatidic acid, PA)

- 아라키돈산 : PKC나 PLD와 같은 효소들의 활성을 조절하거나, 프로스타글란딘을 포함하는 에이코사노이드들의 전구체가 되어 세포분화와 증식, 평활근의 수축, 혈소판의 응집, 동통, 염증반응 등에 매우 광범위하게 작용한다.
- 리조인지질 : 혈소판 응축을 촉진하는 지질유도체 PAF의 전구체로 작용하며, PAF를 통하여 신호전달에 관여한다.

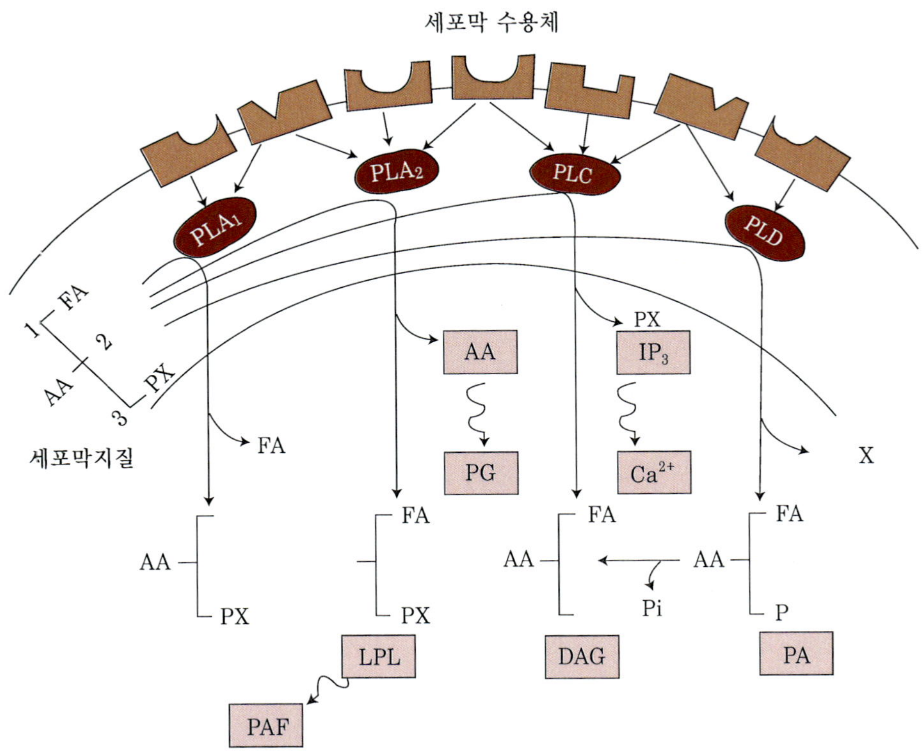

PLA_1은 유리지방산(FA)과 리조인지질(LPL)을, PLA_2는 아라키돈산(AA)과 리조인지질을, PLC는 이노시톨을 포함하는 인지질인 포스파티딜이노시톨 4,5-이인산화합물(PIP2)를 주로 분해하여 이노시톨 삼인산화합물(IP3)과 디아실글리세롤(DAG)을, PLD는 주로 콜린을 포함하는 인지질인 포스파티딜콜린을 분해하여 포스파티딘산(PA)을 생성한다. 아라키돈산은 프로스타글란딘(PG)으로, 리조인지질은 혈소판응축인자(PAF)로, 포스파티딘산은 디아실글리세롤로 전환될 수 있고, 이노시톨 삼인산화합물은 저장 칼슘을 방출시킨다.

그림 13-24. 활성화된 인지질 분해효소에 의한 이차 신호전달 물질들의 생성

세포질 세망(endoplasmic reticulum)

- IP_3 : 칼슘 이온의 저장 장소인 세포질 세망으로부터 칼슘을 유출시켜서 세포내 칼슘 농도를 증가시킨다.

핵산 분해효소(endonuclease)

NO 합성효소(NO synthase)

액틴(actin)

- 칼슘 : 인산화 효소(CaMK, PKC, PKA, Tyk), 탈인산화효소(calcineurin), 인지질 분해효소(PLA_2, PLC, PLD), 단백질 분해효소(calpain), 핵산 분해효소, NO 합성효소 등을 활성화시키거나 세포 골격 형성 단백질인 액틴(actin)의 중합을 조절함으로써 신호전달에 관여한다.
- DAG : 세포의 성장, 분화, 암화 과정, 세포 사망 등 매우 다양한 생리 기능과 관련되어 있는 PKC를 활성화시킨다. 일부 PKC는 인지질과 DAG 이 외에도 칼슘, 불포화지방산 등을 필요로 한다.
- PA : 단백질 인산화효소, NADPH 산화효소, 인지질 인산화효소(PI-4-P 5-kinase), 티로신 탈인산화효소(PTP-1C) 등을 활성화시키거나, Ras-GAP을 저해하고, 액틴의 중합을 유도함으로써 신호전달에 관여한다. PA는 가수분해효소에 의해 DAG으로 전환된 후에 PKC의 활성화에 기여하기도 하며, PLA_1이나 PLA_2의 작용으로 자가분비식 신호물질인 LPA로 전환되어 신호전달에 관여하기도 한다.

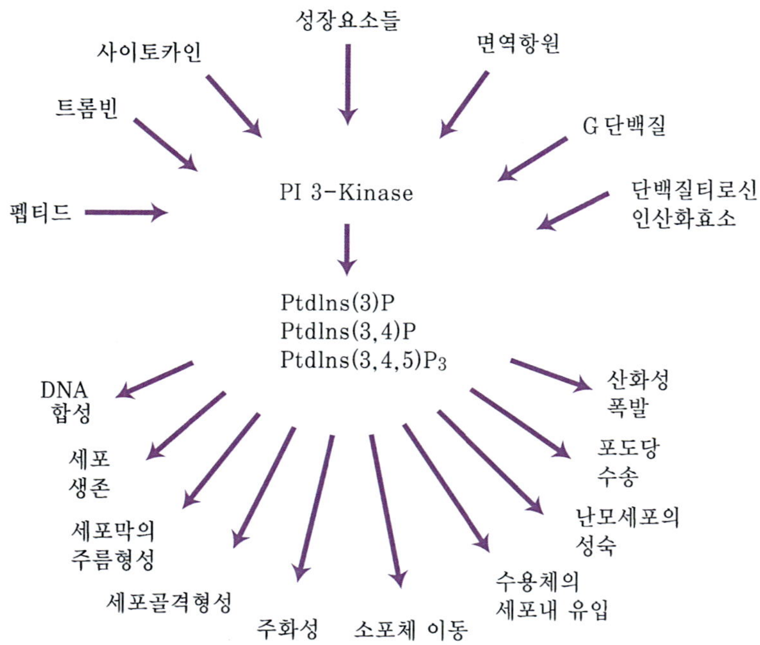

그림 13-25. 여러 가지 신호물질에 의해 활성화되는 PI3K의 생리적 역할

5. PI3K에 의한 인지질의 인산화와 신호전달

PI3K(phosphatidylinositol 3-kinase)는 이노시톨을 포함하는 인지질의 3′ 위치에 인산기를 첨가시키는 효소이다. 성장요소를 비롯한 다양한 신호물질에 의해 활성화되어 DNA 합성을 비롯한 다양한 생리적 역할을 수행한다(그림 13-25).

PI3K는 조절(p85)과 활성(p110)을 위한 소단위로 구성되어 있는데, p85 소단위에 있는 2개의 SH2 도메인을 통하여 인산화된 수용체와 결합한다. 또한 p85는 1개의 SH3 도메인과 프롤린이 풍부한 부위도 포함하고 있어서 이들을 통해서 단백질-단백질의 상호작용이 일어나게 된다. PI3K의 활성화 기전으로는 기질이 존재하는 세포막으로의 이동, 구조적 변형에 의한 활성화, 또는 티로신이나 세린/트레오닌의 인산화를 통한 활성화 등을 들고 있다. 활성화된 PI3K는 다른 단백질 인산화효소들(PKC, PKB/Akt, p70-S6 kinase 등), 소형 G 단백질(Rac), 포도당 수송체(Glut4) 등을 활성화시킴으로써 위와 같은 다양한 역할을 수행하게 된다(그림 13-26).

6. 스핑고 지질의 분해를 통한 신호전달

세포막 지질의 일종인 스핑고미엘린은 분해효소(sphingomyelinase)에 의해 세라미드를 생성한다. 세라미드는 세포의 종류에 따라 세포의 성장을 촉진하거나, 세포의 분화, 사망 또는 노화를 촉진하기도 한다. 세라미드는 일부 단백질 인산화효소를 활성화시킬 뿐만 아니라 탈인산화효소를 활성화시키기도 한다. 세라미드에 의한 노화 촉진효과는 간접적으로 PKC와 PLD의 활성을 억제함으로써 이루어진다. 세라미드가 효소(ceramidase)에 의해 분해되면 스핑고신이 생성되고 이는 스핑고신 인산화효소에 의해 스핑고신 인산화합물로 전환된다(그림 13-27). 스핑고신과 인산화된 스핑고신 그리고 스핑고신에 인산화된 콜린이 부착된 스핑고신 포스포콜린은 세라미

스핑고미엘린 (sphingomyelin)
세라미드(ceramide)
스핑고신(sphingosine)
스핑고신 인산화합물 (sphingosine phosphate)
스핑고신 포스포콜린 (sphingosine phosphocholine)

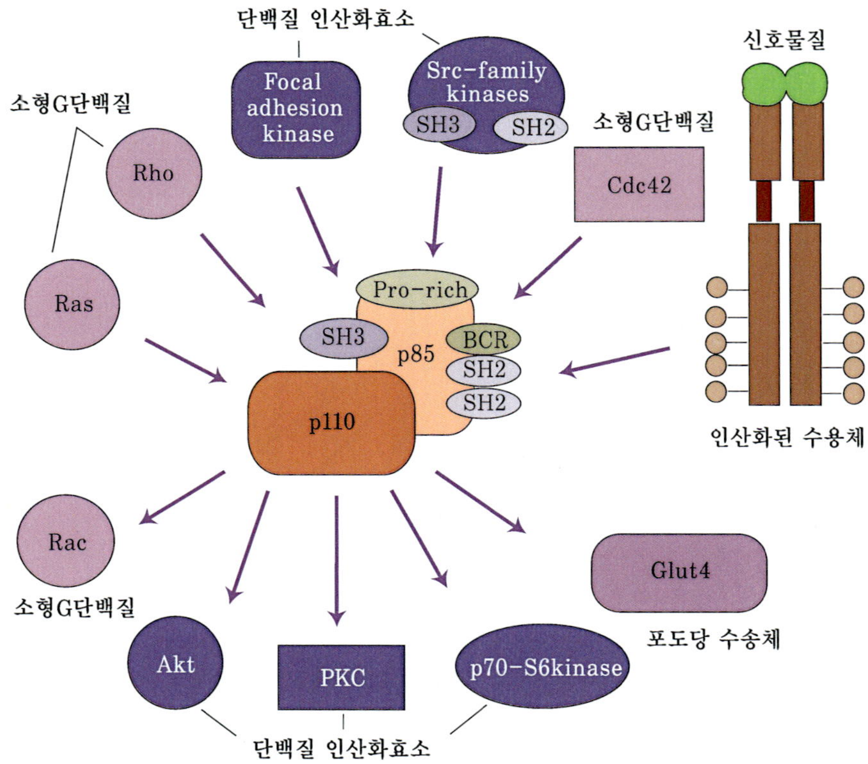

그림 13-26. PI3K 활성에 영향을 미치는 인자와 PI3K에 의해 활성이 조절되는 단백질

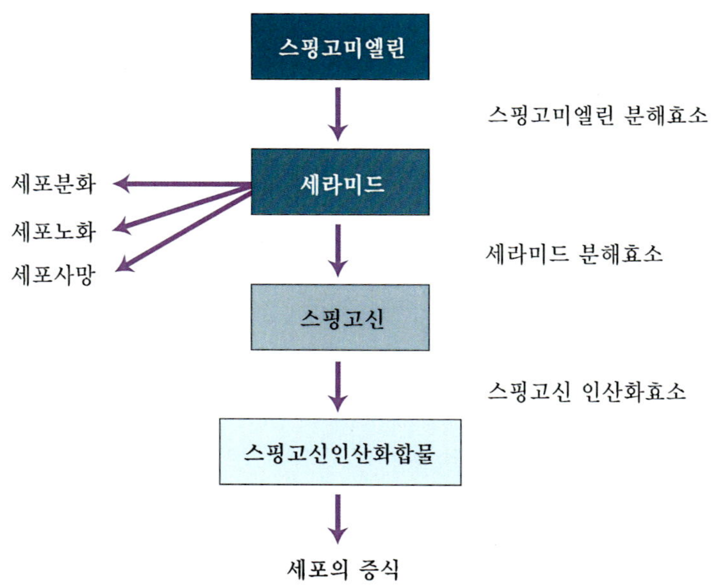

그림 13-27. 스핑고지질의 분해산물들과 이들의 생리적 역할

드와 반대로 세포의 증식을 촉진하게 된다. 따라서 세라미드 분해효소와 스핑고신 인산화효소 활성이 부족한 세포에서는 세라미드가 세포 성장 억제 인자로 작용하지만, 이 효소들의 활성이 많은 세포에서는 인산화된 스핑고신의 생성을 유도하여 세포 성장을 촉진하게 된다.

영양에 의한 신호전달 체계의 변화와 질병의 연관성

1. 포도당과 신호전달

포도당과 그 대사산물들은 췌장의 베타세포에서 인슐린의 합성과 방출을 촉진하고 알파세포에서는 글루카곤의 합성과 방출을 촉진하는데, 이 신호전달 기전은 매우 복잡하다. 세포외액의 포도당은 주로 세포막에 존재하는 포도당 수송체 또는 포도당-감지 수용체에 의해서 세포내로 이동한다. 췌장의 베타세포에서 GLUT2를 통해 이동한 포도당은 해당과정과 산화적 인산화과정을 통해 다량의 ATP를 생성한다. ATP는 ATP-개폐 K^+통로를 닫게 하여 췌장세포막을 탈분극시키며, 결과적으로 전압 개폐 Ca^{2+} 통로가 열려서 Ca^{2+}가 유입된다. 세포질의 유리 Ca^{2+} 증가는 결과적으로 분비소체에 저장된 인슐린의 세포막으로의 이동과 분비를 촉진한다(그림 13-28). 한편 포도당-감지 수용체를 통한 신호전달 기전의 활성화는 재빨리 Ca^{2+}와 cAMP 신호전령을 증가시키고, 이와 관련된 신호전달기전을 통해 인슐린 분비를 초래한다.

포도당 수송체(glucose transporter, GLUT)

포도당-감지 수용체(glucose-sensing receptor)

인슐린 분비에 영향을 미치는 다른 인자로는 음식물 섭취에 기인한 아미노산(알라닌, 글리신, 아르기닌 등), 미주신경 말단에서 방출되는 아세틸콜린, 장점막에서 분비되는 위장관호르몬(GIP와 GLP-1) 등을 들 수 있다. 아미노산들은 포도당과 유사한 기전으로 인슐린 분비를 촉진하며, 아세틸콜린은 PLC를 활성화시키고 위장관호르몬은 아데닌 핵산 고리형성효소를 통해 작용한다. 인슐린 방출은 스트레스 호르몬인 노어에피네프린(노어아드레날린)에 의해 강하게 억제되는데 이는 스트레스 과정 중에 필요한 혈당의 수준을 높이는 역할을 한다.

GIP(glucose-dependent insulinotropic polypeptide)

GLP-1(glucagon-like peptide-1)

간, 근육 그리고 지방세포에서는 바로 인슐린과 글루카곤의 비율에 따라 포도당의 유입정도가 달라지고, 포도당 대사에 관련된 여러 가지 효소들의 활성화와 발현이 유도된다. 인슐린의 수용체는 2개의 알파 소단위와 2개의 베타 소단위로 구성되고, 이들은 이황화 결합에 의해 서로 연결된다. 알파 소단위는 외부에 위치하여 인슐린과 결합하고 베타 소단위는 막 통과 부위와 내부의 티로신 인산화 효소활성을 보유하고 있다. 인슐린이 수용체에 결합하면 자체 내의 티로신기

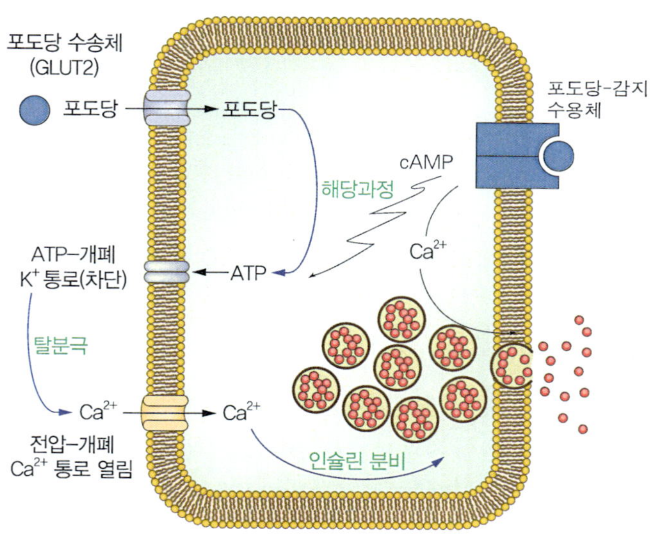

그림 13-28. 췌장 베타 세포에서 포도당에 의한 인슐린 분비 조절

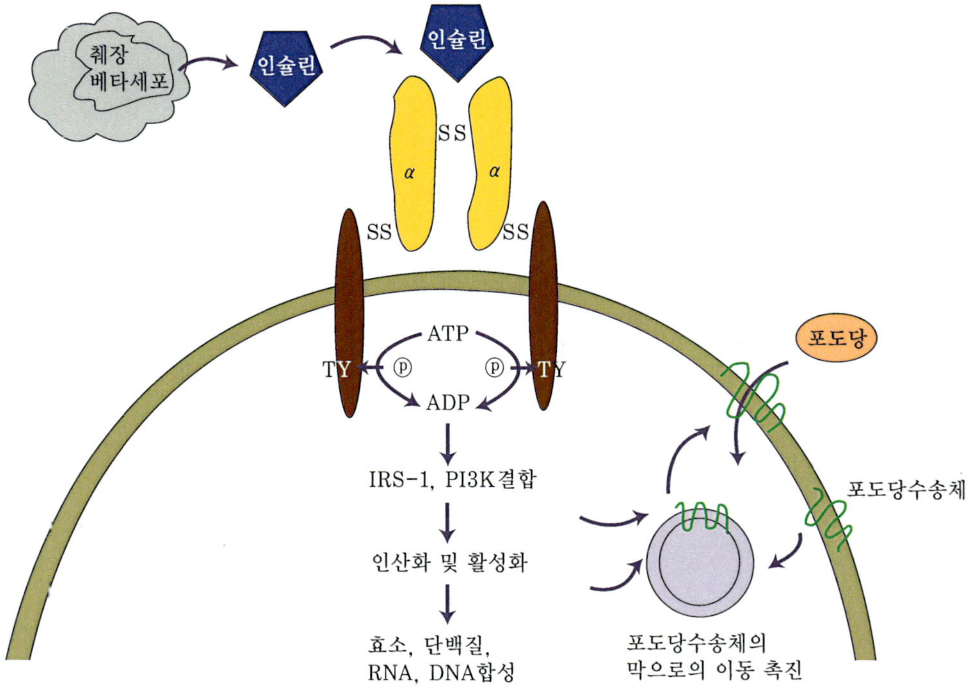

인슐린의 결합에 의해 활성화된 수용체에 IRS-1(insulin receptor substrate-1, pp185)과 인지질 인산화 효소(PI3K)들이 결합하여 활성화된다. 이러한 변화는 포도당 수송체의 이동을 촉진하거나 효소 활성화 · 단백질 · RNA 그리고 DNA 합성 촉진 등의 다양한 작용을 하게 된다.

그림 13-29. 인슐린의 작용 모델

에 인산화가 유도되고 인산화된 티로신 잔기는 SH2 도메인을 가지는 여러 신호 단백질들과 결합하여 활성화시키거나 인산화시켜서 또 다른 신호 단백질들과 복합체를 형성하고, 이들을 통하여 그 신호가 계속 전달된다(그림 13-29).

일련의 인산화 반응을 통해 인슐린은 포도당의 세포내로의 유입을 촉진하고, 포도당이 분해되거나 글리코겐으로 전환되는 반응들에 관여하는 효소계를 변화시킨다. 특히 인슐린에 의한 포도당의 유입과정에 이상이 있을 경우에 당뇨병과 같은 치명적인 질병이 초래되므로, 이 과정을 이해하기 위한 노력이 계속되고 있다. 현재 12개 이상의 포도당 수송체가 존재하는데, 특히 GLUT4가 인슐린에 민감하게 반응하여 포도당을 수송하는 역할을 한다. GLUT4는 근육조직, 저장지방세포, 심근세포에서 주로 발현되어 세포내의 소체막에 존재한다. 인슐린의 자극을 받으면 소체들의 세포막으로의 이동이 촉진되며, 이들은 세포막에서 포도당의 유입을 위한 통로로 이용된다(그림 13-29).

소체막 (microsomal membrane)

글루카곤은 포도당의 생성을 유도하거나 포도당의 이용을 억제함으로써 혈중의 포도당 농도를 증가시킨다. 글루카곤 수용체는 인슐린 수용체와 달리 7개의 막횡단 부위를 가지며 G 단백질과 연결되어 있다. 이 글루카곤의 수용체는 G 단백질을 활성화시켜서 아데닌 핵산 고리형성효소의 활성을 증가시킨다. 이는 cAMP의 생성 유도와 함께 PKA를 활성화시켜서 이를 통한 일련의 인산화 반응을 일으킨다. PKA에 의해 글리코겐 합성효소가 인산화되면 불활성화되어 글리코겐의 합성을 억제한다. PKA는 글리코겐 분해에 관여하는 효소인 글리코겐 분해효소의 인산화

글리코겐 분해효소 (glycogen phosphorylase)

글리코겐 분해효소의 인산화 효소 (glycogen phosphorylase kinase)

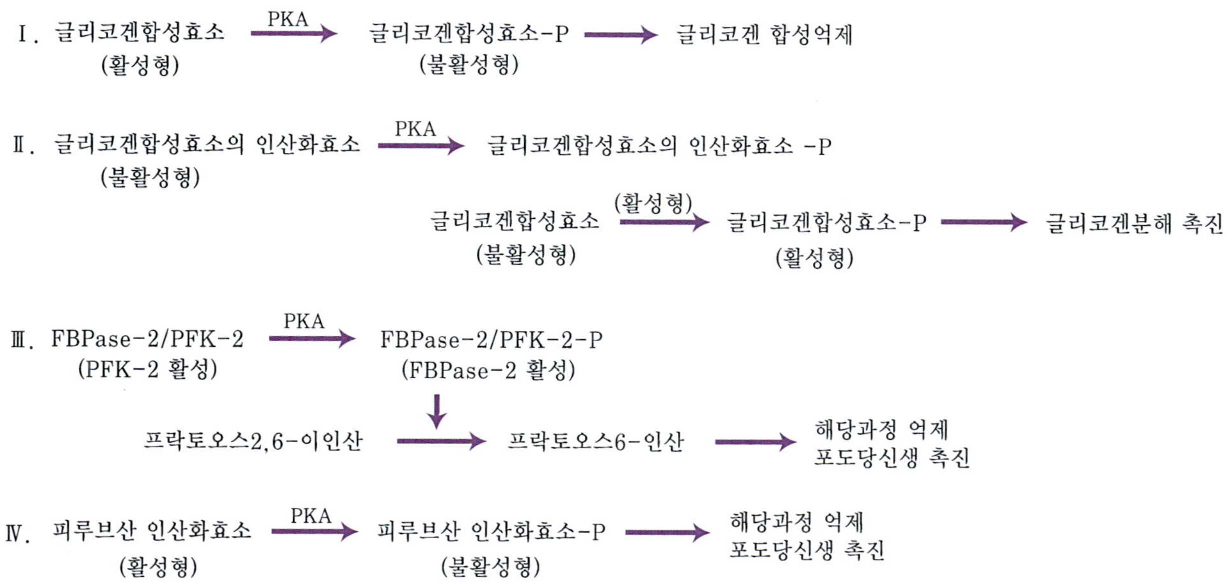

그림 13-30. PKA에 의한 포도당과 글리코겐 대사의 조절

효소를 인산화해 포도당의 생성을 촉진하며, 해당과정에 관여하는 FBPase-2, PFK-2 그리고 피루브산 인산화효소의 인산화를 유도하여 이들의 활성을 조절함으로써 해당과정의 진행을 억제하기도 한다(그림 13-30).

FBPase-2 (phosphofructose bis phosphatase-2)

PFK-2 (phosphofructose kinase-2)

살아 있는 세포는 일반적으로 높은 ATP:ADP 비율(10:1)을 유지하며 이 비율은 외부로부터 포도당을 비롯한 열량 영양소의 섭취에 의해 조절될 뿐만 아니라 세포내에서 ATP 합성 경로와 ATP 소비 경로의 조절에 의해서도 정교하게 유지된다. ATP의 양이 감소하면 먼저 효소 아데닐레이트 카이네이스가 두 분자의 ADP로부터 한 분자의 ATP를 생성하여 이를 보충하는데 부산물로 AMP가 동시에 생성된다. 결과적으로 ATP:AMP 비율이 더욱 크게 변화되고 AMP의 양적 변화가 세포의 에너지 상태를 대변하는 민감한 지표 역할을 한다. 최근에 에너지 센서로서 AMP에 의해 활성화되는 인산화효소 AMPK가 밝혀지면서 많은 관심을 끌고 있다. AMPK는 효소활성을 보유한 α 소단위와 두 개의 조절소단위(β, γ)으로 구성되어 있으며, AMP는 γ 조절소단위에 결합하게 된다. 일단 AMP가 결합하면 LKB1(일종의 종양억제자) 등의 인산화효소에 의해 α 소단위가 인산화되면서 더욱 활성화되어, ATP를 소모하는 동화대사경로(포도당신생, 지방산 합성, 글리코겐 합성, 콜레스테롤합성, 단백질 합성 등)를 차단하고, 이화대사경로(포도당과 지방산의 세포내 유입, 해당과정, 지방산 산화, ATP 생성)를 촉진하여 ATP 생성을 유도한다. AMPK는 단일 세포내에서 이와 같은 역할을 할 뿐만 아니라 몸 전체에서 호르몬이나 사이토카인의 효과를 매개함으로써 혈액순환, 식품섭취와 에너지 소비를 조절하기도 한다.

아데닐레이트 카이네이스 (adenylate kinase)

포도당을 제한한 상태에서 AMPK가 활성화되면 에너지 소비가 감소할 뿐만 아니라 세포의 증식과 아포토시스성 세포사망도 저해된다. 이를 위해서는 종양억제자이면서 유전자 전사조절인자인 p53 단백질이 AMPK에 의해 인산화되는 반응이 필요하며, 결국 활성화된 p53을 통해 세포주기의 진행을 G1/S에서 멈추고 아포토시스성 세포사망을 저해시켜서 세포를 보호하는 역할을 한다. 한편, 장기적으로 AMPK를 활성화시키면 장기적인 p53의 활성화를 유도하고, 이는 세포의 노화를 촉진하는 결과를 초래하기도 한다.

2. 지질과 신호전달

식이지방은 종류와 양에 따라 동맥경화증, 심장순환계 질환, 당뇨병, 각종 종양과 같은 여러 가지 질병 상태에 관여한다. 식이지방의 가장 중요한 역할은 세포막을 구성하는 것이다. 식이지방의 조성을 변화시키면 세포막 인지질의 지방산 조성이 변화되고, 이는 세포막을 통한 신호전달 과정에 영향을 미쳐서 질병의 유발이나 예방에 관여한다. 예를 들면 포화지방산이 많은 중성지방을 섭취할 경우 동맥경화증의 위험이 높아지는데, 이는 포화지방산이 세포막에 다량 첨가되었을 때 세포막의 유연성과 세포막에 결합되어 있는 LDL 수용체의 활성이 감소하고, 간세포에 의한 LDL의 제거 능력이 감소해 혈중 LDL 농도를 높이는 결과를 초래하기 때문이다.

DHA (docosahexaenoic acid)
EPA (eicosapentaenoic acid)

최근에는 어류에 다량 함유된 DHA와 EPA가 치매 및 알츠하이머 질환, 심장순환계 질환, 암의 예방에 효과가 있다고 보고되었다. DHA와 EPA가 동맥경화증에 예방효과를 보이는 이유는 DHA와 EPA가 직접 혈관벽 평활근 세포의 성장을 억제하기 때문이다. EPA는 DHA보다 이 세포의 성장을 억제하는 데 더 효과적이다. EPA는 평활근 세포의 주된 성장요소인 PDGF에 의한 신호전달 과정을 일부 방해하여 세포 성장을 억제하며, PDGF가 수용체에 결합하는 것과 이에 따른 PKC의 활성화, 유전자 전사 조절인자인 Fos의 발현 등의 일련의 신호전달 체계를 변화시킨다.

유리지방산 (free fatty acid)

신체는 과잉의 에너지를 지방의 형태로 지방저장조직에 저장했다가 에너지 섭취가 부족할 때 분해해서 에너지원으로 사용한다. 지방이 분해되는 과정에 혈장 유리지방산이 증가하는데 과잉의 유리지방산이 오랫동안 유지될 때는 세포의 인슐린 저항성이 증가하여 제2형 당뇨병의 위험성이 높아진다. 세포내로 유입된 유리지방산이 증가하면 DAG가 증가하고, DAG에 의한 PKC의 활성화(골격근의 경우, PKCθ)와 이로 인한 IRS-1의 세린/트레오닌 잔기의 인산화는 IRS-1의 티로신 인산화를 감소시키고 PI3K 활성화를 억제하여 결국 포도당수송체의 이동을 저하시키는 등 일련의 인슐린 저항성을 나타낸다. 유리지방산의 증가로 인한 세포내 DAG의 증가는 NFkB의 활성화를 유도하여 관상동맥경화증의 위험도를 높이기도 한다. 유리지방산은 또한 DAG과 무관하게 ROS를 증가시켜서 PKC와 NFkB를 활성화시킴으로써 인슐린 저항성을 높이고, 혈관계 질환의 이환율을 높이기도 한다. 한편 유리지방산은 세포질 세망(ER)의 스트레스를 유도하여 췌장 베타세포의 아포토시스성 사망을 초래할 수 있으므로 인슐린 감소의 원인이 된다. 최근에는 지방저장조직에서 유래한 지방산보다 세포 내부에 저장된 지방으로부터 유래한 지방산과 그 대사산물들이 인슐린 저항성에 더 중요한 의미를 갖는다는 보고들과 함께 세포 내부의 지방합성 및 분해과정을 조절하는 유전자 조작이나 화학물질의 처리로 제2형 당뇨병을 치료하려는 시도가 진행되고 있다. UCP3를 과발현시켜서 미토콘드리아의 열발생을 촉진하는 것도 세포 내부의 지방을 제거하는 하나의 전략이 될 수 있으며 결과적으로 지방산-유도 신호전달을 차단할 수 있다.

UCP3 (uncoupling protein3)

아디포카인 (adipokine)
아디포넥틴 (adiponectin)

비만에 의한 지방저장조직의 증가는 유리지방산의 증가와 별도로 다양한 아디포카인의 분비를 조절하여 인슐린 저항성을 높이기도 한다. 아디포넥틴은 224개의 아미노산으로 구성된 펩티드 호르몬으로서 지방조직에서 합성되어 혈액으로 방출된 후 AMPK의 활성화를 통해서 근육에서 유리지방산의 유입 및 산화 증가, 포도당의 유입 증가, 간에서 포도당 유입 및 분해 증가, 포도당과 지방산 합성 감소 등의 다양한 변화를 초래한다. 아디포넥틴 유전자에 이상이 있으면 인슐린 저항성을 보이며, 역으로 인슐린 저항성을 보이는 당뇨병의 경우 아디포넥틴의 분비가 감소되어 포도당과 지질 대사에 이상이 초래된다. 따라서 비만과 연계된 제2형 당뇨병을 치료하기 위해서는 혈장 및 세포 내부의 유리지방산을 감소시키고 아디포넥틴의 생성을 증가시키는 것도 중요한 전략이 된다. 세포내 수용체의 일종인 PPAR을 활성화시키면 이 두 가지 효과를 얻을 수 있으므로, PPAR에 결합하는 합성 리간드를 제2형 당뇨병 치료제로 이용하고 있다.

또한 비만에 의해 지방저장조직이 증가하면 렙틴의 생성이 증가하여 높은 혈중 농도를 유지하게 된다. 렙틴이 정상적으로 작용하면 식이섭취를 줄이는 효과가 있지만 고농도의 렙틴이 계속 유지되면 렙틴 수용체를 통한 신호전달과정에서 정상적인 조절기전이 가동되지 않아 렙틴 저항성을 나타내기 때문에 식이 섭취는 줄지 않고 비만 상태는 더욱 악화된다. 비만의 경우 렙틴 저항성을 보이는 기전을 설명하기 위해서 신호전달기전에 관한 연구가 활발히 진행되고 있다. 렙틴 수용체는 자체에 효소활성을 지니지 않지만 티로신 인산화효소인 Jak2와 결합하여 이를 활성화시키며, Jak2의 자가인산화와 동시에 렙틴 수용체의 인산화도 일어난다(그림 13-31). 인산화된 Jak2를 통해 IRS-2와 PI3K의 신호전달경로를 활성화시키며, 수용체의 한 인산화부위(Tyr985)는 탈인산화효소인 SHP-2와의 결합을 통해 p21ras/ERK 신호전달경로를 활성화시킨다. 수용체

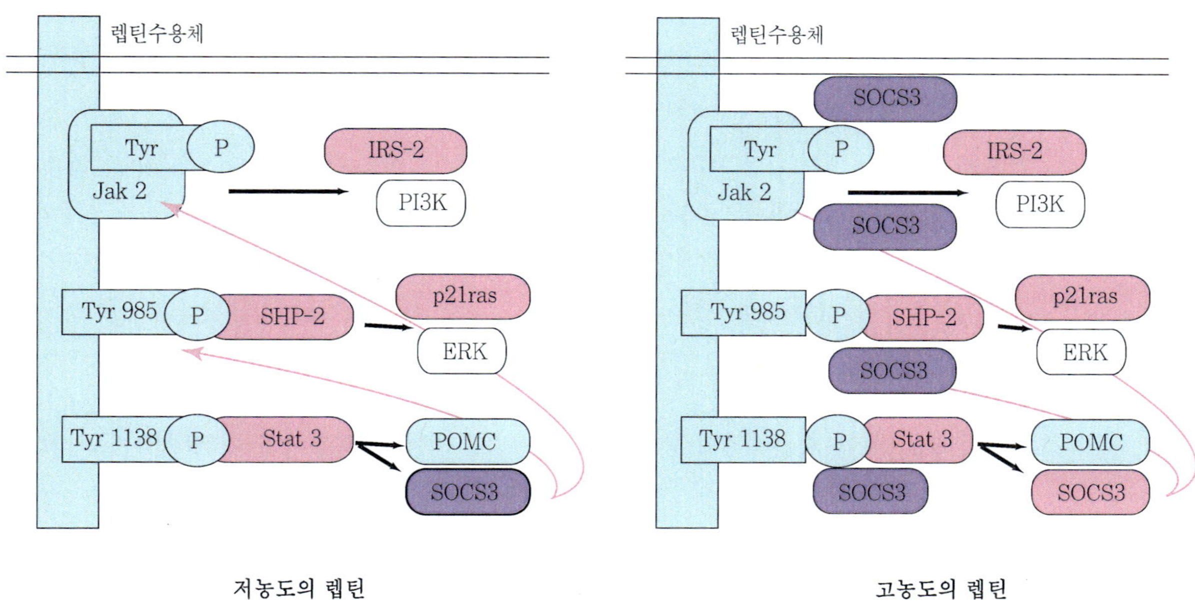

렙틴이 렙틴 수용체에 결합하면 Jak2를 끌어들이고 Jak2의 자가인산화와 동시에 렙틴 수용체의 인산화가 일어난다. 인산화된 Jak2를 통해 IRS-2와 PI3K의 신호경로가 활성화되며, 수용체의 한 인산화부위(Tyr985)는 SHP-2와의 결합을 통해 p21ras/ERK 신호경로를 활성화시킨다. 수용체의 또 다른 인산화부위(Tyr1138)는 유전자 전사조절인자인 STAT3의 활성화와 핵으로의 이동을 통해 POMC와 SOCS3 등의 유전자 발현을 유도한다. 이 SOCS3가 인산화된 렙틴 수용체와 Jak2에 결합하면 이를 통한 신호전달이 일부 차단된다. 비정상적으로 높은 농도의 렙틴이 존재할 경우 SOCS3 단백질의 농도가 매우 높게 유지되면서 렙틴 수용체를 통한 다양한 신호를 계속적으로 방해하여 렙틴에 대한 저항성을 보인다.

그림 13-31. 렙틴 수용체를 통한 신호전달과 렙틴 저항성

SOCS3
(Suppressr of cytokine signaling 3)

의 또 다른 인산화부위(Tyr1138)는 유전자 전사조절인자인 STAT3의 활성화와 핵으로의 이동을 통해 POMC의 합성을 촉진함과 동시에 SOCS3 단백질의 발현을 유도한다. 이 SOCS3 단백질이 인산화된 렙틴 수용체와 Jak2에 결합하면 이를 통한 신호전달이 차단된다. 비정상적으로 높은 농도의 렙틴이 존재할 경우 SOCS3 단백질의 농도가 높게 유지되면서 렙틴 수용체를 통한 신호를 계속적으로 방해하고 있기 때문에 렙틴에 대한 저항성을 보인다(그림 13-31).

3. 글루탐산과 신호전달

연접후(postsynaptic)

이온통로 역할을 하는 수용체
(ionotropic receptor)

대사물질의 생성을 조절하는 수용체
(metabotropic receptor)

아미노산인 글루탐산은 신경전달물질로 작용하는 영양소로서 그 작용 기전이 잘 알려져 있다. 글루탐산은 신경조직의 시냅스에서 정전기적인 탈분극에 의해 분비되어 연접후의 세포막에 존재하는 수용체에 작용한다. 글루탐산 유사물질들에 대한 친화력과 일차 아미노산 서열에서 차이를 보이는 다양한 글루탐산 수용체가 존재하는데, 이들은 이온 통로로서 역할을 하는 것과 G 단백질과 연결되어 대사물질의 생성을 조절하는 것으로 크게 구분된다.

NMDA
(N-methyl-D-aspartate)

AMPA
(α-amino-3-hydroxy-5-methyl-4-isoxazolepropionic acid)

mGluR(metabotropic glutamate receptor)

가. 이온통로 역할을 하는 글루탐산 수용체

- NMDA형 수용체 : 칼슘 이온 통로
- Kainate형 수용체 : 포타슘과 소디움 이온 통로
- AMPA형 수용체 : 포타슘과 소디움 이온 통로

나. 대사물질의 생성을 조절하는 수용체

- mGluR1/5 수용체 : 이노시톨을 포함하는 인지질 분해효소 활성화
- mGluR2/3/4/6/7/8 수용체 : 아데닌 핵산 고리형성효소의 억제

NMDA형 수용체는 가장 보편적인 수용체에 해당하며, 이를 통한 신호전달은 기억, 학습 등 고도의 신경작용에 관여하므로 이 수용체를 통한 신호전달 기전에 대한 연구가 활발히 진행되고 있다(그림 13-32). 글루탐산이 과잉으로 공급되면 세포내의 칼슘 유입과 NO의 생성이 과다해져서 세포의 사망을 유도하게 된다.

4. 비타민 E의 동맥경화증 예방 효과와 신호 전달

항산화성 비타민과 무기질이 동맥경화증의 유발을 지연시킨다는 것은 잘 알려져 있다. 비타민 E가 동맥경화증의 유발을 예방하는 이유 중의 하나는 항산화제로서 LDL의 산화적 손상을 억제하기 때문이다. 산화된 LDL은 식균세포에 의해 더욱 쉽게 흡수되어 동맥벽의 지방성 플라크(plaque) 생성을 촉진하기 때문에 동맥경화증을 더욱 악화시킨다. 최근에는 비타민 E가 세포 신호전달 기전에 영향을 미쳐서 혈관 평활근세포의 성장을 억제함으로써 동맥경화증의 유발을 지연시킨다는 주장이 대두되었다. 항산화제로서의 기능이 유사한 비타민 E의 이성체인 RRR-α-토코페롤과 RRR-β-토코페롤을 평활근세포에 처리하였을때 비타민 E의 활성형인 RRR-α-토코페롤만이 PKC의 활성을 억제할 수 있었고, 이는 세포의 성장을 방해하는 결과를 가져왔다. 비타민 E는 직접 또는 간접적으로 단백질 탈인산화효소를 활성화시켜서 PKC의 인산화 정도를 변화시킴으로써 그 활성을 조절한다고 주장되고 있다.

비타민 E와 LDL이 동맥경화증에 미치는 영향을 설명하는 또 다른 기전은, 성장억제 인자인

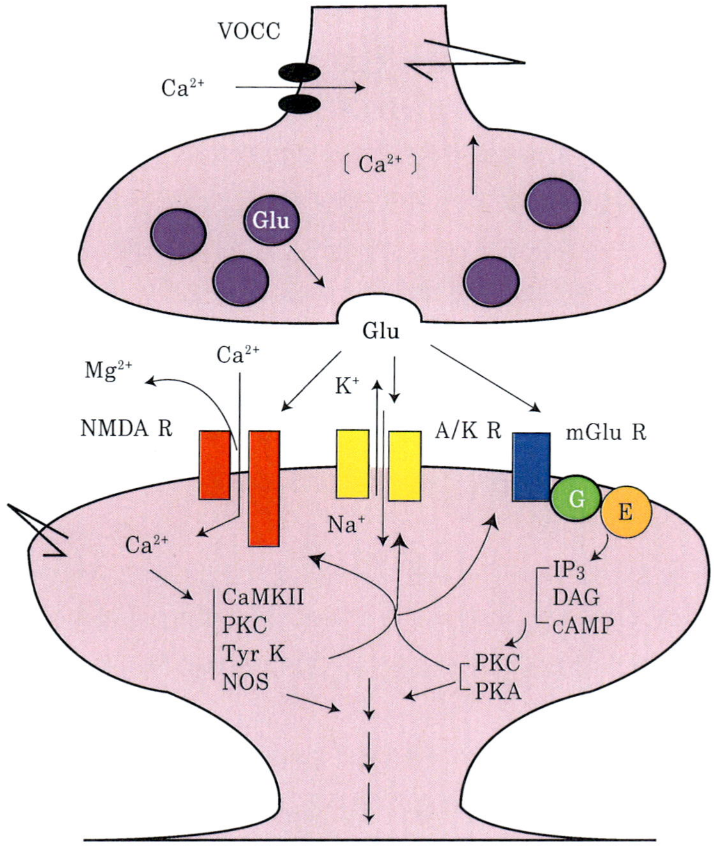

탈분극에 의해 활성화되는 칼슘이온 통로(VOCC)를 통해 신경세포로 들어온 칼슘은 연접 부위에서 글루탐산의 방출을 유도한다. 글루탐산 수용체들은 칼슘과 소디움 이온의 유입을 촉진하거나 G 단백질의 작용을 통하여 특정 효소계(E)를 변화시킴으로써 이차 신호전달물질들(IP_3, DAG, cAMP)을 생성한다. 칼슘의 변화는 여러 가지 효소들의 활성을 변화시켜서 유전자 발현을 유도한다. 이러한 신호들은 다시 글루탐산 수용체들의 활성을 조절하게 된다.

그림 13-32. 글루탐산 수용체를 통한 신호전달

TGF-β의 분비조절로 평활근세포와 식균세포의 증식을 변화시키는 것이다. 비타민 E는 TGF-β의 분비를 촉진하여 세포 성장을 억제하지만, LDL은 TGF-β의 분비를 억제하여 세포 증식을 촉진하게 된다.

5. 알코올과 신호전달

알코올은 그 자체가 신호전달 기전을 가동시키는 신호물질이 될 수 있다. 각 조직에서 G 단백질의 GTP 결합력을 증가시켜서 G 단백질을 통해 세포 신호전달 체계에 관여하는 여러 효소 단백질들(아데닌 핵산 고리형성효소와 인지질 분해효소)을 활성화한다. 이는 다양한 이차 신호전달 물질들(cAMP, DAG, Ca^{2+} 등)을 만들어 PKA, PKC, CaMK 등의 단백질 인산화효소를 활성화시키고, 다양한 칼슘 의존형 신호전달 기전들을 가동시킨다. 알코올에 처리된 피부 각질세포의 PKC 활성화와 이로 인한 c-Jun 유전자 전사 조절인자의 발현이 그 대표적인 예이다.

알코올에 의한 일련의 변화는 알코올 자체에 대한 반응성을 점점 줄이게 되고(homologous desensitization), 다른 자극 요인들에 의한 신호 전달에도 영향을 미치게 된다(heterologous desensitization). 이러한 알코올의 효과에는 PKC에 의한 인산화 과정이 필수적이다. 이는 일부의 PKC가 제거된 쥐와 PKC 저해제의 이용으로 입증되고 있다.

뉴클레오시드 수송체 (nucleoside transporter)

알코올은 뉴클레오시드 수송체를 통한 아데노신의 이동을 억제하는데, 이는 세포외액의 아데노신 농도를 증가시키는 결과를 초래한다. 일부 알코올의 효과는 아데노신 수용체를 통한 아데닌 핵산 고리형성 효소의 활성화와 이에 따른 세포내 cAMP 농도의 증가에 있다.

알코올은 직접 또는 간접적으로 수용체의 티로신 인산화효소 활성을 억제해 티로신 인산화를 통한 신호전달에도 영향을 미친다. 예를 들면 알코올은 IGF에 의한 IGF-1 수용체의 티로신 인산화 효소 활성화를 방해하여 IRS-1의 결합과 PI3K의 활성화를 억제한다. IRS와 PI3K를 통한 신호전달은 간 조직의 재생을 위해서 필수적이기 때문에 알코올의 장기 투여는 간세포의 분열에 의한 재생 반응을 지연시키게 된다.

레시틴(lecithin, phosphatidylcholine)

알코올성 인지질 (phosphatidylethanol)

알코올은 또한 세포막 인지질의 주성분인 레시틴의 분해를 유도하고 특이한 알코올성 인지질의 증가를 초래한다. 이는 매우 안정한 비정상적인 인지질로서 PLD의 작용으로 생성되고, 이의 축적에 따른 PLD의 활성 감소는 이차 신호전달물질인 PA와 DAG 생성을 줄이기 때문에 정상적인 신호전달을 방해한다.

알코올을 장기간 투여하면 G 단백질 서브유닛의 단백질 양이나 mRNA 양이 증가 또는 감소하여 아데닌 핵산 고리형성효소의 cAMP 생성량 변화를 초래하거나, PLC에 의한 반응들을 감소시키게 된다. 알코올의 장기 처리는 PKC 이소자임의 양적 증가를 초래하여 PKC에 의한 인산화 반응을 증가시킨다. 이로 인하여 외부 자극에 대한 세포의 반응성이 바뀌고 세포의 대사, 성장, 최종 분화 과정에 영향을 미친다.

6. MiRNAs와 포도당 및 지질 대사 관련 신호전달 장애

miRNAs는 췌장 베타세포로의 포도당 유입 후 당분해, 산화적 인산화, 전압-개폐 칼슘 통로를 통한 칼슘의 유입, 인슐린 저장 소포의 막 융합 및 인슐린 분비, 전사촉진인자들에 의한 인슐린 유전자 전사 조절 등 다양한 단계에 작용하여 췌장의 인슐린 합성 및 분해, 그리고 분비를 억제한다. 또한 miRNAs는 간과 근육에서 인슐린 수용체를 통한 신호전달기전, GLUTs를 통한 포도당 유입, 포도당 신생 및 글리코겐으로의 저장 등 여러 단계를 조절함으로써 포도당 대사 장애의 원인이 되기도 한다. 비만에서 비정상적으로 증가된 miRNAs에 의한 인슐린 저항성과 췌장 베타세포의 기능 억제는 결과적으로 제2형 당뇨병을 초래할 수 있다.

한편 miRNAs는 간에서 지질의 생성 및 분해, VLDL 합성, 혈액을 통해 분비된 VLDL로부터 LDL 생성, HDL/LDL 수용체를 통한 콜레스테롤의 세포내 유입 조절 등 여러 단계에서 지질 및 지단백질 대사를 저해한다. 결과적으로 이들은 비알코올성 지방간과 같은 각종 간질환의 원인이 된다. 또한 혈액 콜레스테롤 축적에 유리한 불균형, 즉 LDL 과잉 또는 HDL 결핍은 죽상 경화증을 촉진하고 관련 질환인 뇌졸중과 심장병 이환율을 높여준다. 따라서 최근 혈중 순환형 miRNAs를 포도당과 지질을 포함한 각종 영양소 대사 상태 및 대사 질환의 바이오 마커로 활용하고, 단계별 miRNAs를 겨냥한 치료제 개발 가능성도 활발히 연구 중에 있다.

요약

1. 유전자 구조 : 유전자란 한 특정 폴리펩티드에 대한 정보를 제공하는 DNA 핵산의 일부 염기 배열이다. 사람은 46개의 염색체를 가지며, 각 염색체에는 수없이 많은 유전자가 포함되어 있다. 각 유전자들은 구조유전자 배열과 조절유전자 배열로 구성된다.
2. 유전 정보의 전달 : 유전 정보는 DNA 복제, 전사, 번역 단계를 거쳐서 단백질로 전달된다. DNA 복제는 정교한 시스템을 이용하여 매우 정확히 이루어지며, 손상이 있을 때는 DNA 수복 시스템이 작용하여 정상으로 회복시킨다. RNA는 RNA 중합효소에 의해 긴 전구체의 형태로 합성된 후에 절단과 변형에 의해 기능을 갖는 RNA로 전환한다. mRNA는 폴리펩티드의 합성을 위한 정보를 보유하고, tRNA는 아미노산을 활성화시켜 운반하는 기능을 하며, rRNA는 리보솜을 구성하여 단백질 합성을 돕는다. mRNA는 단백질로 번역되는 부위와 번역되지 않는 부위로 나누어진다. 번역되지 않는 부위의 역할은 mRNA의 안정도에 영향을 미치거나 단백질 합성을 조절한다.
3. 영양과 유전자 발현 조절 : 유전자 발현 조절은 전사 단계와 번역 단계를 모두 포함한다. 유전자 전사는 프로모터, 인핸서, 사일런서 등과 같은 조절유전자 배열과 단백질인 유전자 전사 조절인자들의 활성으로 조절된다. 영양소들은 직접 또는 대사산물을 통해 유전자 전사 조절인자들을 활성화하거나 신호전달 체계에 영향을 미침으로써 또는 간접적으로 호르몬을 분비하거나, 활동 전위를 변화시킴으로써 유전자 전사를 조절한다. 단백질로의 번역 단계에서도 영양소에 의한 조절이 가능하다. 예를 들면 개시인자의 활성화에 영향을 미치거나 개시 복합체의 형성에 필요한 고에너지 화합물을 제공하며, 번역되지 않는 부위와 결합하는 단백질의 구조를 변화시킴으로써 번역의 진행을 조절한다.
4. 영양과 유전자 이상 : 영양소의 대사 및 합성과 관련된 유전자 이상은 다양한 질병을 초래하며, 직접적으로 질병을 초래하지 않을지라도 질병에 대한 감수성을 증가시킬 수 있다. 다양한 질병의 유전적 기전에 대한 이해가 충분해지면 질병의 예방과 치료에 도움이 되리라 전망된다. 인체 게놈 프로젝트는 사람 유전자들의 염색체 내의 위치를 확인하고, 유전 부호를 정확히 해독하고자 하는 대단위 연구과제이다. 인체 게놈 프로젝트의 완결은 각 유전자들의 기능을 이해하고 질병의 유전적 기전을 밝히는 데 기여할 것이며, 영양학의 분야에서도 커다란 변화를 가져올 것이다.
5. 신호물질로서의 영양소 : 세포에는 개체 발달, 세포 증식, 분화, 신경 전달, 면역 반응, 대사조절, 이동, 세포 사망 등의 신호가 제공된다. 신호 제공자는 신호물질로서, 아미노산과 그 유도체들, 펩티드와 단백질, 지방산과 그 유도체들, 스테로이드, 핵산과 대사산물들, 비타민들, 포도당, 알코올 등 종류가 다양하다. 대부분의 신호물질들은 영양소 그 자체이거나 영양소들의 유도체에 해당하므로, 영양소의 섭취실태는 세포의 운명에 영향을 미치고, 더 나아가 개체의 운명을 결정한다.
6. 신호전달을 위한 수용체 : 신호물질들은 세포막이나 세포내에 존재하는 수용체들을 통하여 그 신호를 전달한다. 세포막에 존재하는 수용체는 그 자체가 효소 활성을 보유하거나 효소 활성을 지닌 단백질과 결합해 있고, 구아닌 핵산 결합 단백질과 연결된 수용체도 있다. 글루탐산과 같은 일부 영양소의 수용체는 이온 통로로서의 기능을 수행한다. 세포내 수용체는 세포막을 통과하는 미세물질이나 지용성 신호물질과 결합하며, 이들은 주로 DNA와 결합하여 유전자 전사 조절인자로 작용하게 된다. 세포막 수용체들은 엔도시토시스에 의해 세포내로 이동하는데, 수용체는 복귀하지만 리간드가 분해되는 것, 수용체와 리간드가 함께 세포막으로 복귀하는 것, 수용체와 리간드가 세포내에서 모두 분해되는 것, 그리고 수용체와 리간드가 변화되지 않고 위치만 바꾸는 것 등으로 구분된다.
7. 수용체를 통한 신호전달 기전 : 일부 성장 요소에 대한 수용체들은 티로신 인산화효소 활성을 통하여 신호가 전달되는데, 성장 요소의 결합에 따른 이량체의 형성, 자가인산화반응, 인산화된 티로신 잔기에 특이적으로 결합하는 신호 단백질들의 결합, 이들의 활성을 통한 이차 신호전달 물질들의 생성 등 일련의 과정을 겪게 된다. 일부 수용체들은 G 단백질을 GTP의 치환을 통하여 활성화하고, 활성화된 G 단백질

들은 아데닌 핵산 고리형성효소, 인지질 분해효소, 이온 통로 등의 활성 조절로 신호를 전달한다.

8. 세포내 신호전달 기전 : 세포 내부의 신호를 전달하는 기전에는 일련의 인산화 반응을 통한 신호전달, Ras와 MAPK를 통한 신호전달, 고리형 아데닌 핵산(cAMP)을 통한 신호전달, 인지질 분해를 통한 신호전달, 인지질의 인산화에 의한 신호전달, 스핑고 지질의 분해를 통한 신호전달 등이 있다.
9. 영양에 의한 신호전달 체계의 변화와 질병의 연관성 : 세포막에 존재하는 포도당 수송체가 포도당을 세포내로 운반한다. 포도당과 그 대사산물은 번역 단계에서 인슐린의 합성을 증가시키고, 여러 가지 세포내의 반응을 조절함으로써 인슐린의 분비를 촉진한다. 포도당이 부족하면 췌장의 알파세포에서 글루카곤의 생성과 분비가 증가하여 혈당의 조절에 관여한다. 인슐린은 수용체의 티로신 인산화효소 활성을 통하여 신호를 전달하고, 글루카곤은 G 단백질을 통하여 신호를 전달한다. 포도당의 공급이 줄어들면 세포내 AMP농도가 감소하고 AMPK가 이를 인지하여 ATP소비를 감소시킬 뿐만 아니라 세포증식과 세포사망을 저해하여 세포를 보호하는 역할을 한다. 식이 지방은 세포막 인지질의 지방산 조성을 변화시켜서 세포막을 통한 신호전달 기전에 영향을 미친다. 과량의 포화지방산 섭취는 세포막의 유연성을 감소시키는데, 이는 세포막 LDL 수용체 활성을 감소시키고, 혈중 LDL 콜레스테롤를 제거하지 못하여 동맥경화증을 악화시킨다. 이와 반대로 DHA나 EPA와 같은 다가 불포화지방산은 직접 평활근 세포의 성장요소에 의한 신호전달 과정을 억제함으로써 동맥경화증의 예방에 기여한다. 에너지의 과잉섭취로 인한 저장 지방의 증가는 혈장유리지방산의 증가를 초래하며 이 유리지방산은 인슐린 저항성을 높여서 제2형 당뇨병의 이환율을 높인다. 유리지방산을 낮추고 아디포넥틴의 분비를 늘리는 PPAR 작동체를 활용함으로써 인슐린 민감도를 높일 수 있다. 아미노산인 글루탐산은 이온 통로로서 작용하는 수용체와 G 단백질을 통하여 다양한 효소계를 변화시킴으로써 신경전달 물질로 작용한다. 비타민 E는 항산화제로서의 작용 이 외에도 PKC를 통한 신호전달체계에 영향을 미치므로 혈관 평활근세포의 성장을 억제하여 동맥경화증 예방에 관여한다. 알코올도 일종의 신호물질로 작용하여 그 자체가 다양한 신호전달 체계를 가동시킨다. 또한 알코올은 다른 신호물질들의 신호전달 기전을 방해하기도 한다. 알코올을 장기간 섭취하면 세포 신호전달에 관여하는 단백질들의 양적 질적 변화를 초래하게 되고, 이는 다른 신호물질들의 전달과정에 영향을 미치게 된다.

참고문헌

영양과 유전

1. 윤경식 · 김호식 외 공역(2014) 레닌저 생화학(원저: Lehninger Principles of Biochemistry, 6theds, Nelson, DL.andCox, M.M.),월드사이언스, 서울.
2. 이명숙 · 정자용 · 권영혜 · 이미경 · 이윤경 · 강영희 · 권인숙 · 김양하 · 양수진 · 전향숙 · 차연수 · 최명숙(2015) 세포부터 인체까지 분자영양학, 교문사, 서울.
3. 최원재 · 강인숙 · 김성수 · 김정희 · 김호식 · 배기호 · 백형환 · 손정원 · 신은영 · 여의주 · 윤경식 · 이경태 · 이성재 · 정주원 · 황혜진 공역(2016) 기초분자생물학(원저: Fundamental Molecular Biology, 2ndeds. Allison, L.A.), 월드사이언스, 서울.
4. Agbu P, Carthew RW. (2021) MicroRNA-mediated regulation of glucose and lipid metabolism. *Nat Reviews Mol Cell Biol* 03.26. doi: 10.1038/s41580-021-00354-w
5. Alberts, B., Johnson, A., Lewis, J., Morgan, D., Raff M., Roberts K., Walter, P. (2015) Molecular Biology of the Cell, 6theds. Garland Science, NewYork, USA.
6. Amri EZ and others(1995) "Cloning of a protein that mediates transcriptional effects of fatty acids in

preadipocytes", *J Biol Chem* 270 : 2367~2371

7. Andrali SS, Sampley ML, Vanderford NL and Ozcan S. (2008) Glucose regulation of insulin gene expression in pancreatic beta-cells. *Biochem.* J. 415: 1~10
8. Bidlack, WR, Rodriguez, R.L. (2012) Nutritional genomics. CRC Press.
9. Cave WT(1991) "Dietary n-3 polyunsaturated fatty acid effects on animal tumorigenesis", *FASEB J* 5 : 2160~2166
10. Clandinin MT and others(1991) "Dietary fat: exogenous determination of membrane structure and cell function", *FASEB J* 5 : 2761~2769
11. Clarke SD · Jump DB(1996) "Polyunsuturated fatty acid regulation of hepatic gene transcription", *J Nutr* 126 : 1105S~1109S
12. Food and Cancer Prevention(1995) *Chemical and biological aspects*, Waldron KW and others ed., The Royal Society of Chemistry, Thomas Graham House, Cambridge, UK
13. Gallagher JC and others(1994) "Vitamin D receptor genotypes in type I osteoporosis", *J Bone Miner Res* 9 : S143~S148
14. Garnero P and others(1994) "Genetic effects in bone turnover", *J Bone Miner Res 9*: S389~S393
15. Geradts J and others(1993) "Human lung cancer cell lines exhibit resistance to retinoic acid treatment", *Cell Growth Differ* 4 : 799~809
16. Gilligan M and others(1996) "Glucose stimulates the activity of the guanine nucleotide-exchange factor eIF-2B in isolated rat islets of Langerhans", *J Biol Chem* 271 : 2121~2125
17. Hill CS and Treisman R(1995), "Transcriptional regulation by extracellular signals: mechanisms and specificity", *Cell* 80 : 199~211
18. Holtzman, DM., Herz, J., and Bu, G. (2012) Apolipoprotein E and Apolipoprotein E Receptors: Normal Biology and Roles in Alzheimer Disease. Cold Spring Harb Perspect Med. 2012 Mar; 2(3): a006312.
19. Hustmyer FG and others(1993) "Apa1, Bsml, EcoRV and Taq 1 polymorphisms at the human vitamin D receptor gene locus in Caucasians, Blacks and Asians", *Hum Mol Genet* 2 : 487~492
20. Hustmyer FG and others(1994) "Polymorphisms at the vitamin D receptor gene locus and bone mineral density", *J Bone miner Res* 9 : S142
21. Lewin B, *Genes VI*(1997) Oxford University Press Inc., New York, Part I, pp 49~146
22. Liimatta M and others(1994) "Dietary PUFA interfere with the insulin glucose activation of L-type pyruvate kinase", *Mol Endocrinol* 8 : 1147~1153
23. Lim SK and others(1995) "Lack of Association Between Vitamin D Receptor Genotypes and Osteoporosis in Koreans", *J Clin Endocrinol and Metabol* 80 : 3677~3681
24. Morosetti R and others(1996) "Infrequent alterations of the RAR alpha gene in acute myelogenous leukemia, retinoic acid resistant acute promyelocytic leukemias, myelodysplastic syndromes, and cell lines", *Blood* 87 : 4399~4403
25. Morrison NA and others(1992) "Contribution of trans-acting factor alleles to normal physiological variability: vitamin D receptor gene polymorphism and circulating osteocalcin", *Proc Natl Acad Sci USA* 89 : 6665~6669
26. Morrison NA and others(1994) "Prediction of bone density from Vitamin D receptor alleles", *Nature* 367 : 284~287
27. NIH, National Human Genome Research Institute, Human genome project. 2020.12.22. https://www.

genome.gov/human-genome-project
28. Stephens TW(1996) "News and Views", *Nature* 381: 377~378
29. Tebbey PW and others(1994) "Arachidonic acid downregulates the insulin dependent glucose transporter gene(Glut4) in 3T3-L1 adipocytes by inhibiting transcription and enhancing mRNA turnover", *J Biol Chem* 269: 639~644
30. Wang,Y., Jose Viscarra, J., Sun-Joong Kim, S.J., and Hei Sook Sul, H.S.(2015) Transcriptional Regulation of Hepatic Lipogenesis. Nat Rev Mol Cell Biol. 16(11): 678~689
31. Zhang Y and others(1994) "Positional cloning of the mouse obese gene and its human homologue", *Nature* 372: 425~432

영양과 신호전달체계

1. Alling C and others(1984) "Phosphatidylethanol Formation in Rat Organs After Ethanol Treatment", *Biochim Biophys Acta* 793: 119~122
2. Azzi A and others(1995) "Vitamin E, a sensor and an information transducer of the cell oxidation state", *Am J Clin Nutr* 62: 1337S~1346S
3. Carew TE and others(1987) "Antiatherogenic effect of probucol unrelated to its hypocholesterolemic effect: evidence that antioxidants in vivo can selectively inhibit low density lipoprotein degradation in macrophage-rich fatty streaks and slow the progression of atherosclerosis in the Watanabe heritable hyperlipidemic rabbit", *Proc Natl Acad Sci USA* 84: 7725~7729
4. Cascieri MI and others(1996) "Signaling through G-protein-couped receptors", *Signal Transduction*, Heldin CH · Purton M ed., Chapman & Hall, London, UK, pp 93~108
5. Clapham DE(1995), "Calcium Signaling", *Cell* 80: 259~268
6. Cohen GB and others(1995) "Modular Binding Domanins in Signal Transduction Proteins", *Cell* 80: 237~248
7. Diamond I · Gordon AS(1994) "The Role of Adenosine in Mediating Cellular and Molecular Responses to Ethanol", *Exs* 71: 19~28
8. Divecha N · Irvine RF(1995) "Phospholipid Signaling", *Cell* 80: 269~278
9. Exton JH(1997) "New Developments in Phospholipase D", *J Biol Chem* 272: 15579~15582
10. Gey KF and others(1993) "Increased risk of cardiovascular disease at suboptimal plasma concentrations of essential antioxidants: an epidemiological update with special attention to carotene and vitamine C", *Am J Clin Nutr* 57: 787S~797S
11. Gilman AG(1987) "G Proteins: Transducers of receptor-generated signals", *Annu Rev Biochem* 56: 615~649
12. Halliwell B(1995), "Oxidation of low-density lipoproteins: questions of initiation, propagation, and the effect of antioxidants", *Am J Clin Nutr* 61: 670S
13. Harris RA and others(1995) "Mutant Mice Lacking the γ Isoform of Protein Kinase C Show Decreased Behavioral Actions of Ethanol and Altered Function of γ-aminobutyrate Type A Receptors", *Proc Natl Acad Sci USA* 92: 3658~3662
14. Hill CS · Treisman R(1995) "Transcriptional Regulation by Extracellular Signals: Mechanisms and Specificity", *Cell* 80: 199~211
15. Hoek JB · Higashi K(1991) "Effect of Alcohol on Polyphosphoinositide-Mediated Intracellular Signaling", Molecular and Cellular Mechanisms of Alcohol and Anesthetics, Rubin E and others ed.,

Ann New York Academy of Science 625: 375~387

16. Hoet JJ and others(1995) "Anatomy, Developmental Biology and Pathology of the Pancreatic Islets", *Endocrinology*, 3rd ed., DeGroot LT et al. ed., WB Saunders Company, Philadelphia, Penn, USA, pp 1277~1295
17. Holbrook NJ and others(1996) *Cellular aging and cell death*, Wiley-Liss Inc., New York, USA
18. Iles KE · Nagy LE(1995) "Chronic Ethanol Feeding Increases the Quantity of Gαs-Protein in Rat Liver Plasma Membranes", *Hepatology* 21: 1154~1160
19. Jacobson MD and others(1997) "Programmed Cell Death in Animal Development", *Cell* 88: 347~354
20. Kavanaugh WM · Williams LT(1996) "Signaling through receptor tyrosine kinases", *Signal Transduction*, Heldin C-H · Purton M ed., Chapman & Hall, London, UK, pp 3~18
21. Kharbanda S and others(1993) "Induction of the c-jun proto-oncogene by a protein kinase C-dependent mechanism during exposure of human epidermal keratinocytes to ethanol", *Biochem Pharmacol* 45: 675~681
22. Ko LJ · Prives C(1996) "pp 53: puzzle and paradigm", *Genes Dev* 10: 1054~1072
23. Kojima I, Medina J, Nakagawa Y.(2017) Role of the glucose-sensing receptor in insulin secretion. *Diabetes Obes Metab.* Suppl 1: 54~62. 2017.09.19. doi: 10.1111/dom.13013
24. Levine GN and others(1995) "Cholesterol reduction in cardiovascular disease", *New Engl J Med* 332: 512
25. Macdonald RL(1995) "Ethanol, γ-aminobutyrate Type A Receptors, and Protein Kinase C Phosphorylation", *Proc Natl Acad Sci USA* 92: 3633~3635
26. Miyashita T · Reed JC(1995) "Tumor Suppressor p53 is a direct transcriptional activator of the human bax gene", *Cell* 80: 293~299
27. Nagy LE and others(1990) "Ethanol increases extracellular adenosine by inhibiting adenosine uptake via the nucleoside transporter", *J Biol Chem* 265: 1946~1951
28. Nagy LE · deSilva SEF(1992) "Ethanol increases receptor-dependent cAMP production in cultured hepatocytes by decreasing Gi-mediated inhibition", *Biochem J* 286: 681~686
29. Nagy LE · deSilva SEF(1994) "Adenosine A1 receptors mediate chronic ethanol-induced increases in receptor-stimulated cyclic AMP in cultured hepatocytes", *Biochem J* 304: 205~210
30. Neer EJ(1995) "Heterotrimetric G-proteins: Organizers of transmembrane signals", *Cell* 80: 249~257
31. Nelson DL, Cox MM(2005) "Lehninger Principles of Biochemistry" 4th eds., W.H. Freeman and Company, New York, Chapter 12, pp 421~488
32. Nishizuka Y(1995) "Protein kinase C and lipid sigaling for sustained cellular responses", *FASEB J* 9: 484~496
33. Olefsky JM(1995) "Diabetes Mellitus(Type II): Etiology and pathogenesis", *Endocrinology*, 3rd ed., DeGroot LT et al. ed., WB Saunders Company, Philadelphia, Penn, USA, pp 1277~1295
34. Ozer NK and others(1995) "New roles of LDL and vitamin E in the pathogenesis of atherosclerosis", *Biochem Mol Biol Int* 35: 117~124
35. Resnicoff M and others(1994) "Ethanol inhibits insulin-like growth factor-1-mediated signalling and proliferation of C6 rat glioblastoma cells", *Lab Invest* 71: 657~662
36. Rhee SG · Choi KD(1992) "Multiple forms of phospholipase C isozymes and their activation mechanisms", *Advances in second messenger and phosphoprotein research*, Putney JW Jr. ed., Raven Press, New York, vol. 26, pp 35~61

37. Rimm EB and others(1993) "Vitamin E consumption and the risk of coronary heart disease in men", *N Engl J Med* 328: 1450~1456
38. Roivainen R and others(1994) "Protein Kinase C and Adaptation to Ethanol", *Exs* 71: 29~38
39. Sapru MK and others(1994) "Adenosine receptors mediate cellular adaptation to ethanol in NG108-15 Cells", *J Pharmacol Exp Ther* 271: 542~548
40. Sasaki Y · Wands JR(1994) "Ethanol impairs insulin receptor substrate-1 mediated signal transduction during rat liver regeneration", *Biochem Biophys Res Commun* 199: 403~409
41. Schaefer EJ and others(1995) "Lipoproteins, nutrition, aging, and atherosclerosis", *Am J Clin Nutr* 61: 726S
42. Schlessinger J(1994) "SH2/SH3 signaling proteins", *Curr Opin Genet Dev* 4: 25~30
43. Schlessinger J · Ullirich A(1992) "Growth factor signalling by receptor tyrosine kinases", *Neuron* 9: 383~391
44. Shiina T and others(1993) "Eicosapentaenoic acid and docosahexaenoic acid suppress the proliferation of vascular smooth muscle cells", *Atherosclerosis* 104: 95~103
45. Sorkin A(1996) "Receptor-mediated endocytosis of growth factors", *Signal Transduction*, Heldin C-H · Purton M ed., Chapman & Hall, London, UK, pp 109~126
46. Stamper MJ and others(1993) "Vitamin E consumption and the risk of coronary heart disease in women", *N Engl J Med* 328: 1444~1449
47. Tasinato A and others(1995) "d-α-Tocopherol inhibition of vascular smooth muscle cell proliferation occurs at physiological concentrations, correlates with protein kinase C inhibition and is independent of its antioxidant properties", *Proc Natl Acad Sci USA* 92: 12190~12194
48. Terano T and others(1996) "Eicosapentaenoic acid suppressed the proliferation of vascular smooth muscle cells through modulation of various steps of growth signals", *Lipids* 31: 301S ~304S
49. Wands GS and others(1993) "Chronic ethanol treatment increases expression of inhibitory G-proteins and reduces adenylyl cyclase activity in the central nervous system of two lines of ethanol sensitive mice", *J Biol Chem* 268: 2595~2601
50. White E(1996) "Life, death, and the pursuit of apoptosis", *Genes Dev* 10: 1~15
51. Williams RJ and others(1993) "Ethanol differentially regulates guanine nucleotide-binding protein α subunit expression in NG108-15 cells independently of extracellular adenosine", *Mol Pharmacol* 43: 1158~1166
52. Williams RJ · Kelly E(1993) "Chronic ethanol reduces immunologically detectable Gq alpha/11 alpha in NG108-15 Cells", *J Neurochem* 61: 1163~1166
53. Yeo EJ and others(1994) "Activation of phospholipase C-γ is necessary for stimulation of phospholipase D by platelet-derived growth factor", *J Biol Chem* 269: 27823~27826
54. Yeo EJ · Exton JH(1995) "Activation of phospholipase D by epidermal growth factor requires protein kinase C activation in Swiss 3T3 cells", *J Biol Chem* 270: 3980~3988
55. Yin C and others(1997) "Bax suppresses tumorigenesis and stimulates apoptosis in vivo", *Nature* 385: 637~640

히스톤 아세틸화와 유전자 전사 조절

1. Nelson DL, Cox MM(2005) "Lehninger Principles of Biochemistry" 4th eds., W.H. Freeman and

Company, New York, Chapter 28, p 1103

지방산과 PPAR

1. Nelson DL, Cox MM(2005) "Lehninger Principles of Biochemistry" 4th eds., W.H. Freeman and Company, New York, Chapter 23, pp 915~916

NAD⁺/NADH비율의 조절과 유전자 전사 조절

1. Blander G and Guarente L(2004) "The Sir2 family of protein deacetylases." *Annu Rev Biochem* 73: 417~435
2. Kim JH, Cho EJ, Kim ST, Youn HD(2005) "CtBP represses p300-mediated transcriptional activation by direct association with its bromodomain." *Nat Struct Mol Biol* 12: 423~428
3. Rodgers JT, Lerin C, Haas W, Gygi SP, Spinegelman BM, Puigserver P(2005) "Nutrient control of glucose homeostasis through a complex of PGC-1alpha and SIRT1." Nature 434: 113~118
4. Smith J(2002) "Human Sir2 and the 'silencing' of p53 activity." *Trends Cell Biol* 12: 404~406

섭식조절인자의 유전자 이상과 비만

1. Munzberg H, Myers MG Jr.(2005) "Molecular and anatomical determinants of central leptin resistance." *Nature Neuroscience* 8: 566~570

인체게놈프로젝트-Nutrigenomics

1. Curthesy-Theulaz I, den Dunnen JT, Ferre P, Geurts JM, Muller M, van Belzen N, van Ommen B(2005) "Nutrigenomics: the impact of biomics technology on nutrition research." *Ann Nutr Metab* 49: 355~365.
2. Kauwell GP(2005) "Emerging concepts in nutrigenomics: a preview of what is to come." *Nutr Clin Pract* 20: 75~87
3. Lee WN, Go VL(2005) "Nutrient-gene interaction: tracer-based metabolomics." *J Nutr* 135: 3027S~3032S
4. Treloar V(2005) "Nutrigenomics." *Arch Dermatol* 141: 1469~1470

식이지방과 신호전달

1. Boden G, Laakso M(2004) "Lipids and glucose in type 2 diabetes: what is the cause and effect?" *Diabetes Care* 27: 2253~2359

포도당과 신호전달

1. Carling D(2005) "AMP-activated protein kinase: balancing the scales." *Biochimie* 87: 87~91
2. Hardie DG(2004) "The AMP-activated protein kinase pathway -new players upstream and downstream." *J Cell Sci* 117: 5479~5487
3. Jones RG, Plas DR, Kubek S, Buzzai M, Mu J, Xu Y, Bimbaum MJ, Thompson CB(2005) "AMP-activated protein kinase induces a p53-dependent metabolic checkpoint." *Mol Cell* 18: 283~293
4. Kahn BB, Alquier T, Carling D, Hardie DG(2005) "AMP-activated protein kinase: ancient energy gauge provides clues to modern understanding of metabolism." *Cell Metab* 1: 15~25

연습문제

1. 유전자의 구성 요소들을 나열해 보라.
2. 유전 정보의 전달 과정을 간단히 설명해 보라.
3. mRNA 선상에 존재하는 번역되지 않는 부위의 역할은 무엇인가? 가능한 역할을 예를 들어 설명해 보라.
4. 프로모터와 인핸서를 구별해서 설명해 보라.
5. 비타민 D가 칼슘의 항상성 유지에 관여하는 기전을 설명해 보라.
6. 리놀렌산과 아라키돈산이 해당 과정에서 효소들의 발현을 조절하는 기전을 설명해 보라.
7. 비만 시에는 지방 합성에 관여하는 효소들의 발현이 증가되어 있는데 그 이유를 설명해 보라.
8. 영양소가 번역 단계에서 유전자 발현을 조절하는 예를 들어 보라.
9. 렙틴(leptin) 단백질이란 무엇인가?
10. 뉴로펩티드 와이(neuropeptide Y)의 기능은?
11. 사람의 경우에는 동물 비만의 원인이 되는 비만 유전자(Ob)와 렙틴 수용체 유전자(Ob-R)의 유전자 이상을 찾아볼 수 없었다. 인체 비만의 유전자 기전을 가정해 보라.
12. 암의 발생 단계를 고려하여 영양소들의 역할을 설명해 보라.
13. 아포토시스성 세포 사망이란 무엇인가?
14. 유전적 다형성(genetic polymorphism)이란 무엇인가?
15. 인체 게놈 프로젝트란 무엇인가?
16. 인체 게놈 프로젝트와 영양은 어떠한 상관성이 있는가?
17. 세포막 수용체의 종류를 나열해 보라.
18. 세포 내부에 존재하는 수용체의 예를 나열해 보라.
19. 세포 내부로 철을 운반하는 트랜스페린과 그 수용체의 운명을 설명해 보라.
20. 세포막 인지질의 분해를 통한 신호전달에 대해 설명해 보라.
21. 고리형 아데닌 핵산(cAMP)에 의한 단백질 인산화효소 PKA의 활성화 기전을 설명해 보라.
22. 세라미드(ceramide)가 일부의 세포에서는 세포사망을 유도하지만 일부의 세포에서는 성장을 촉진하는 이유는 무엇인가?
23. EPA나 DHA와 같은 다가 불포화지방산이 동맥경화증의 예방과 치료에 효과적인 이유는 무엇인가?
24. 포화지방산이 풍부한 지방을 섭취하면 동맥경화증을 악화시키는 이유는 무엇인가?
25. 인슐린이 인슐린 수용체를 통해 신호를 전달하는 과정을 간단히 설명해 보라.
26. 글루탐산을 과잉으로 처리하면 유독한 이유는 무엇인가?
27. 비타민 E가 동맥경화증의 치료에 효과적인 이유들을 설명해 보라.
28. 알코올 자체가 생성할 수 있는 이차 신호전달물질들을 나열해 보라.
29. 싸이아졸리딘다이온(thiazolidinediones)과 같은 PPAR에 결합하는 합성리간드가 제2형 당뇨병 치료제로 이용되는 이유를 설명해 보라.
30. 에너지 섭취 상태에 따라 생체내 NAD^+/NADH비율이 달라지는데 이 비율의 조절이 유전자 발현의 조절에도 관여한다. 그 조절기전을 설명해 보자.

CHAPTER

14

노화와 영양

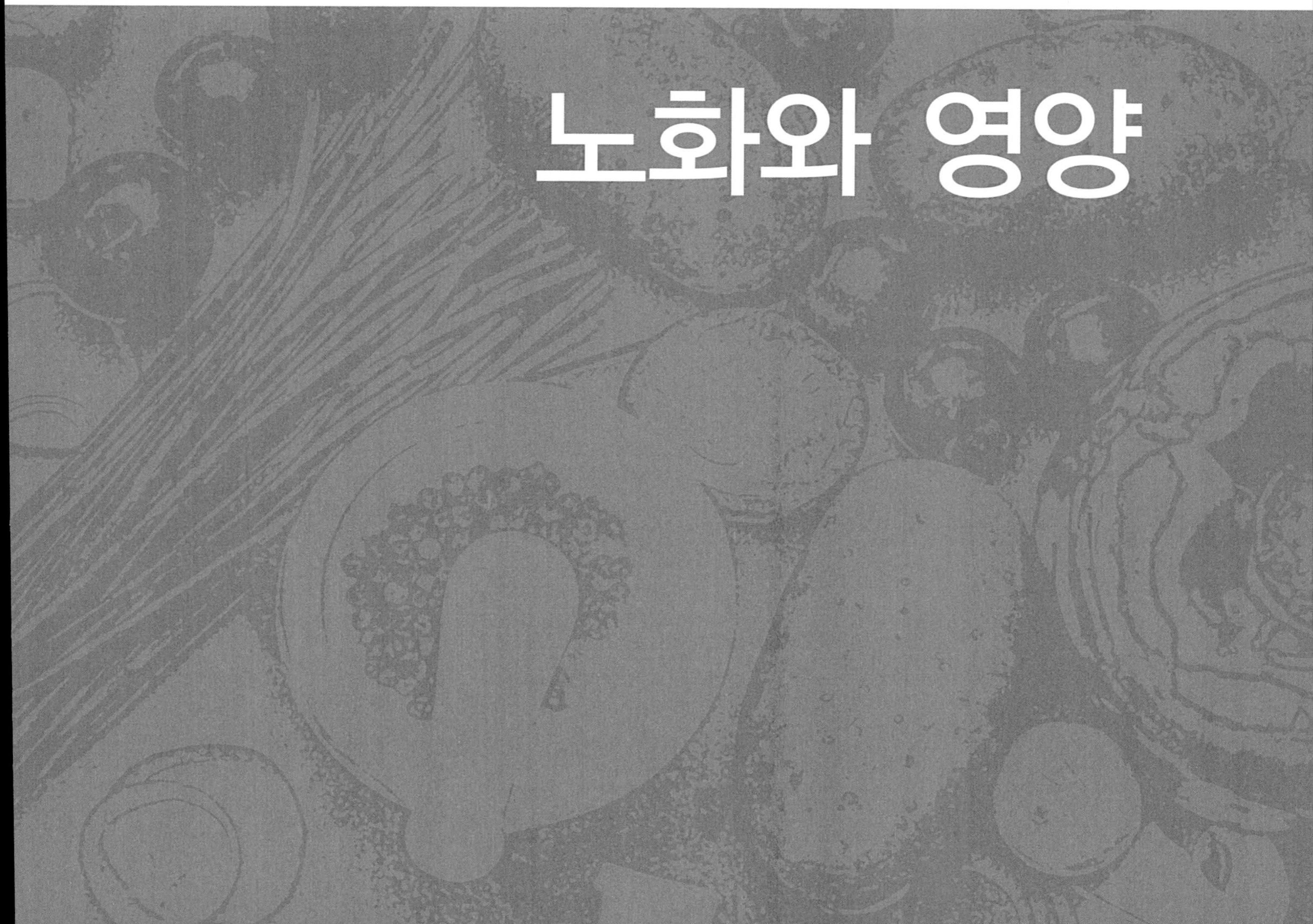

노화의 정의 | 노화와 수명 | 노화의 원인 | 노화에 따른 신체적 특징
노화에 따른 생리적 변화 | 노화와 영양소 대사이상 | 영양과 노화
건강한 노화를 위한 식생활관리 | 우리나라 노인의 영양소 섭취의 문제점

CHAPTER 14

노화와 영양

들어가는 말

사람은 동물과 마찬가지로 태어나서 성장하고 발육이 완성된 후에는 서서히 기능이 쇠퇴하여 결국은 죽음을 맞이하게 된다. 인류는 지난 수백 년 동안 노화는 왜 일어나는가, 노화는 언제부터 시작되는가, 노화의 지표는 무엇인가 등에 대한 많은 의문을 가졌고 그에 대한 다양한 이론들이 제기되었지만 생물학과 유전학의 발전에도 불구하고 아직까지 만족할 만한 답을 찾지 못하고 있다.

최근 과학과 의학의 발달과 생활환경 및 영양상태의 개선으로 평균수명이 빠르게 증가하고 있다. 우리나라 성인의 평균수명은 1973년에 남자는 59.6세, 여자는 67.2세였던 것이 2018년에는 남자 79.7세, 여자 85.7세로 크게 증가하였다. 또한 65세 이상 노인인구 비율은 1970년 3.1%, 2000년 7.2%, 2015년 13.1%로 증가하였고, 2050년에는 37.4%에 이를 것으로 추정된다.

예나 지금이나 우리는 질병의 고통 없이 건강하게 장수하기를 바란다. 노화는 피할 수 없는 일이지만 노화의 속도는 나이에 비례하지는 않는다. 노화의 속도는 크게 유전적인 요인과 환경적인 요인에 의하여 영향을 받는다. 환경적 요인으로는 생활습관, 자연환경, 사회 · 문화적 환경, 신체적 활동량, 영양요인 및 의료적 관리 등이 제시되고 있으며, 이 중 생활습관과 영양요인이 성공적인 노년기를 지내는데 50% 이상 영향을 미치는 것으로 알려져 있다.

이 단원에서는 노화의 원인, 생리적 변화, 영양과 노화와의 관계를 이해하고 건강장수를 위한 바람직한 식생활관리의 원칙에 대하여 학습하고자 한다.

노화의 정의

노화란 시간의 흐름에 따라 점진적으로 발생하는 것으로 생체가 조직학적으로나 기능적으로 약화되는 현상이다. 생물학적인 측면에서는 수정란에서 시작하여 성체가 되고 사망할 때까지 계속되는 생의 전 과정에서 나타나는 구조적, 기능적 변화라고 할 수 있다.

노화와 수명

시대 간 또는 지역 간에 인간의 수명을 비교하는 방법에는 100년을 넘게 산 백세인의 숫자를 비교하는 방법과 전체 지역민의 평균수명을 비교하는 방법이 있다. 그러나 백세인의 숫자가 많은 나라의 평균수명이 꼭 높지는 않다. 대부분의 선진 국가들의 평균수명은 20세기 초에는 50세 정도였으나 20세기 말에는 70세 이상으로 증가하여 40% 이상 연장되었다. 우리나라 국민의 평균수명도 1973년에 63세에 불과하였으나 2019년에는 82.7세로 매우 빠르게 증가하였다.

평균수명이란 출생자가 향후 생존할 것으로 기대되는 평균생존기간으로 0세의 기대수명을 말한다. 그렇다면 인간은 얼마나 오래살 수 있을까? 최대로 오래 살 수 있는 기간은 얼마일까? 인간은 다른 영장류를 포함한 포유동물 중에서 가장 오래 살며 거북이나 코끼리, 고래 같은 몇 가지 동물들만이 인간과 비슷하거나 조금 더 오래 산다. 전문가들은 인간이 가장 오래오래 살 수 있는 최대수명은 125세 정도로 보고 있다.

세계보건기구에서는 평균수명이나 기대수명의 개념 이 외에 건강수명이라는 새로운 개념을 제안하였다. 건강수명이란 평균수명에서 질병이나 부상, 장애 등으로 정상적인 생활을 하지 못한 기간을 뺀 기간으로, 사망 시까지 건강한 삶을 살았던 기간을 말한다. 우리나라 국민의 건강수명은 73세로 평균수명과는 9년 이상의 차이가 난다. 건강수명은 노인의 삶의 질과도 관계가 깊은 지표이므로 평균수명보다는 건강수명을 최대한 증가시키도록 하는 노력이 필요하다.

쉬어가기

백세인의 특징

전 세계의 백세인들은 언어와 환경, 문화가 다름에도 불구하고 다음과 같은 공통된 특성이 있다.

1. 비만하지 않고 마른편이면서 강건한 신체적 조건을 가지고 있다.
2. 좋은 생활습관을 갖고 있다.
3. 성격은 긍정적이면서도 강하여 스트레스를 덜 받고 잘 견뎌낸다.
4. 당뇨, 고혈압, 심혈관질환, 암 등의 질병 발생 빈도가 낮다.
5. 치매 발생률이 낮다.
6. 신체활동을 많이 한다.
7. 여자는 고령출산이 많다. 이는 노화속도가 느리다는 것을 반영한다.
8. 남자는 여자보다 백세인 수는 절대적으로 적지만 건강상태나 인지기능은 여자 백세인보다 더 좋다.

노화의 원인

유전적 요인

1. 예정설(Programmed theory)

동물의 종에 따라 수명이 다른 것은 그 생명체의 특성을 결정하는 유전자 때문이 아닐까? 태어날 때부터 수명을 결정하는 수명유전자라는 것이 있는 것일까? 나이가 들어감에 따라 생물학적인 변화를 유도하는 노화유전자가 있는 것일까? 세포가 죽도록 하는 사망유전자가 있는 것일까? 등의 여러 가지 의문이 오래 전부터 있어왔다. 예정수명 이론은 종마다 유전적으로 타고날 때부터 생의 시간표가 프로그래밍 되어 있어서 생물학적 시계에 맞추어 여러 유전자들이 순차적으로 발현되었다가 사라지는 과정을 거치면서 성장하고 노화하고 사망한다는 이론이다.

2. 세포분열 한계설(Limited theory)

사람의 몸은 수정란이라는 1개의 세포로부터 분열을 거듭하여 1,000억 개 이상의 세포로 이루어진 성체가 되면 더 이상 분열하지 않게 된다. 레오나르드 헤이플릭(Leonard Hayflick)은 생체조직에서 유래한 세포는 아무리 훌륭한 배양조건에서 키우더라도 일정한 횟수만큼 분열한 후에는 더 이상 분열하지 못하고 결국은 죽는다는 사실을 발견하여 각 생체의 세포에는 정해진 수명의 한계가 있다고 하였다. 헤이플릭 박사의 연구에 의하면 고양이는 8번, 말은 20번, 인간은 60번 정도 세포분열을 할 수 있었으며 젊은 사람에게서 떼어낸 세포는 늙은 사람의 세포보다 분열횟수가 더 많았다고 하였다. 이는 동물의 수명과 노화가 세포분열 횟수에 의하여 조절되고 있음을 보여주고 있다.

3. 텔로미어설(Telomere theory)

핵을 가지고 있는 모든 세포는 핵 안에 유전자 덩어리인 염색체를 가지고 있으며 세포가 분열할 때마다 텔로미어(telomere)라 부르는 염색체의 끝부분이 조금씩 줄어들지만 이것은 내적, 외적 유전독성물질에 의하여 손상을 받기도 한다. 텔로미어는 같은 염기서열이 반복되는 구조를 가지고 있으며 두 가닥의 DNA 사슬이 루프모양으로 단단히 결합되어 염색체 끝을 보호하고 있다. 계속된 세포 분열로 인하여 텔로미어 길이가 짧아져 루프를 형성하지 못하게 되면 염색체의 안정성이 위협받게 되어 세포가 노화되거나 암세포로 전환될 수도 있다. 끝없이 분열하는 암세포는 분열할 때마다 짧아진 텔로미어를 복구해 주는 효소인 텔로머레이즈(telomerase)가 활성화되어 있어 텔로미어의 길이를 유지할 수 있으나 사람의 정상적인 체세포에서는 이 효소가 불활성화 되어 있어 짧아진 길이를 복구하지 못한다.

텔로미어(telomere)와 노화

텔로미어는 그리스어 '끝'(τέλος, telos)'과 '부위(μέρος, meros)'의 합성어이다. 텔로미어는 염색체 끝에 있는 일련의 뉴크레오타이드로 염색체 끝이 다른 염색체와 붙거나 손상을 받지 않도록 보호하는 역할을 한다. 텔로미어는 TTAGGG의 6개 염기서열이 수천 번 이상 반복되는 구조를 가지고 있으며 루프 모양으로 말려 있어 이를 T-루프라고 한다. 출생 시 사람의 텔로미어의 길이는 10~15kb이며 여러 개의 단백질들이 텔로미어 DNA에 결합하여 텔로미어를 보호하는 복합체를 형성하고 있다. 이 복합체는 텔로머레이즈나 텔로미어의 보존과 기능에 필요한 단백질들과 상호작용을 한다. 텔로미어의 길이는 세포에 따라 다양하며 환경적 요인에 의한 DNA 절단, 염기 손상의 축적, 반복적인 세포분열 등에 의하여 텔로미어의 길이가 짧아져 T-루프를 형성하지 못하면 더 이상 분열하지 못한다.

최근의 여러 연구에서 사람의 백혈구나 타액에서 측정한 텔로미어 길이가 짧을수록 암, 심혈관질환, 당뇨, 치매와 같은 퇴행성 질환의 위험성이 더 높았다고 하였다. 하지만 또 다른 연구에서는 정상보다 긴 텔로미어는 유방암, 폐암, 췌장암, 피부암, 인지기능저하 등과 관련이 있었다고 하였다. 따라서 너무 짧거나 기능에 문제가 생겨 길어진 텔로미어는 건강하지 못한 노화의 지표가 될 수 있다.

텔로미어의 길이와 기능유지를 위한 방법은 다음과 같다.

1. 텔로미어의 길이를 T-루프를 형성하기에 적절한 길이로 만드는 능력 : 짧아진 텔로미어의 길이를 복구하는 능력은 텔로머레이즈(telomerase)와 탕키레이즈(tankyrase)에 의한다. 텔로머레이즈는 텔로미어에 TTAGGG를 반복적으로 붙여주는 효소이며, 탕키레이즈는 텔로머레이즈 활성을 조절할 뿐 아니라 텔로미어를 DNA 복구 기전으로부터 보호하는 역할을 하는 복합단백질의 구성원이다.
2. 텔로미어 염기서열의 정확한 복제 : 정확하게 텔로미어 염기서열을 복제하려면 정확한 DNA 복제과정에 필요한 보조인자인 엽산, 아연, 마그네슘 등의 영양소가 필요하다.
3. 내적, 외적 유전독성물질에 의한 텔로미어 염기의 손상 방지 : 텔로미어의 DNA 손상은 복구되지 않을 뿐더러 일단 손상되면 DNA가 절단되어 텔로미어의 마모를 촉진한다. 따라서 유전독성물질에 노출되지 않도록 해야 한다.

4. 내분비설

생체내에 프로그래밍 되어 있는 생물학적 시계가 호르몬을 통하여 노화의 속도를 조절한다는 이론이다. 서로 다른 모델의 생물을 대상으로 한 여러 연구에서 인슐린/인슐린 유사 성장인자(insulin-like growth factor, IGF) 신호가 생체의 성장, 분화, 그리고 환경과 영양상태의 변화에 따른 대사적 반응 등에 있어서 매우 중요한 역할을 하며 노화와 관련이 있다고 하였다. 실험적으로 초파리의 인슐린/IGF 신호를 억제하도록 유전자 변이를 시켰더니 수명이 2배로 증가하였으며 다른 동물실험에서도 성장호르몬/IGF-1 신호를 억제하도록 유전자 변이를 시켰더니 수명이 연장되었다.

포유동물에서 탄수화물은 중추신경계와 면역계에 있어서 필수적인 에너지원이다. 혈중 포도당의 농도가 높아지면 췌장은 인슐린을 분비하여 포도당을 산화시키거나 탄수화물이나 지방으로 전환시켜 저장하고, 혈중 포도당 농도가 낮으면 이러한 작용은 억제된다. 하지만 나이가 들어갈수록 췌장기능이 저하하기도 하고 조직에서 포도당에 대한 인슐린 민감도가 점차 떨어지게 되어 당뇨병의 발생 빈도가 증가한다. 그러나 연구결과 90세 이상의 장수인들과 그 자손들은 포도당 내당능(glucose tolerance)과 인슐린 민감도를 잘 유지하고 있어 대조군보다 공복 시 혈당농도와 인슐린 농도가 더 낮았다. 한편 건강한 성인을 대상으로 인슐린 저항성을 측정해 보니, 나이가 들수록 점차 증가하여 80세에 최고에 다다랐다가 85~90세 이후에는 점차 감소하였다.

이 밖에 나이가 들면서 여러 호르몬들의 분비량과 효능이 감소하기 때문에 이들 호르몬들의 감소가 노화와 관계가 있을 것으로 생각된다. 성장에 관여하는 것으로 알려져 있었던 성장호르몬을 노인들에게 주사하면 근육량과 골밀도가 다시 증가하고 지방 축적이 감소하며 피부상태가 젊어졌지만, 주사를 중단하자 바로 원상복구되었다. 여성호르몬인 에스트로겐은 폐경기 증상의 완화와 골다공증, 심장질환을 예방하거나 치료하는 효과가 있으며, 남성호르몬인 테스토스테론은 노인들의 근력을 강화시키고 활력을 증진시키는 효과를 보인다.

디하이드로에피안드로스테론(DHEA)도 노화됨에 따라 혈중 농도가 감소하고 암, 심질환, 스트레스 등의 발생과 높은 상관관계를 보인다. 동물실험 결과, DHEA를 투여하면 노화가 지연되고 암을 예방하는 효과와 면역기능 증진 효과를 보였으나 사람에서의 효과는 아직 분명치 않다. 생체리듬을 주관하는 송과선에서 분비되는 멜라토닌도 노화과정에서 감소하는데, 이를 동물에게 투여하였을 때 항노화 및 수명연장 효과를 보였다. 흉선에서 분비되는 α-티모신과 같은 호르몬도 면역기능을 증진시킴으로써 노화현상을 억제하는 것으로 알려졌다.

5. 면역기능설

나이가 들수록 면역기능이 쇠퇴하여 쉽게 감염됨으로써 노화되고 사망에 이른다는 이론이다. 면역기능은 청소년기에 최고에 이르렀다가 점차 쇠퇴한다. 나이를 먹을수록 항체의 능력이 떨어져 새로운 병에 대한 방어력이 감소한다. 실제로 심혈관질환, 염증성 질환, 치매, 암 등에서 면역반응의 이상이 발견되기는 하나 직접적인 인과관계는 아직 밝혀지지 않고 있다.

손상설(damage or error theory)

1. 마모설(wear and tear)

1956년 컴포트(Comfort)가 제안한 이론으로 동물의 세포와 조직은 살아 있는 부품들로 구성되어 있으므로 사용시간이 경과함에 따라 낡아서 기능이 저하되어 노화가 온다는 가설이다.

2. 산화적 스트레스설(reactive oxygen radical)

산소는 생물이 살아가는데 꼭 필요한 것이지만 세포에서 정상적인 대사과정 중에 부산물로 일부 활성산소가 생성된다. 더구나 자외선을 비롯한 외부 환경자극이나 스트레스, 격렬한 운동, 잘못된 생활습관 등은 활성산소와 자유라디칼들의 생성을 크게 증가시킨다. 증가된 활성산소는 세포 니에 존재하는 단백질, 핵산, 지질, 당 등을 공격하여 산화적 손상을 일으키고 이는 기관과 조직의 기능이상을 가져오게 하며, 장기적으로는 노화, 동맥경화, 백내장, 신경계질환, 관절염, 암과 같은 퇴행성 질환의 원인이 될 수 있다. 미국의 덴함 하몬(Denham Harmon) 박사는 노화에 따른 생체의 기능저하와 조직 손상은 활성산소의 축적에 기인한다고 하였다.

활성산소(Reactive oxygen radical, ROS)
체내에서 산소의 대사과정에서 생성된 자연적인 부산물로 산소를 포함한 활성분자이다. ROS는 세포의 신호전달과 항상성 유지에 있어서 중요한 역할을 하지만 ROS가 비정상적으로 증가하면 세포에 구조적인 손상을 일으킨다.

활성산소와 관련하여 미국 노화연구소의 리처드 커틀러(Richard Cutler)는 생물 종마다 수명이 다른 것은 활성산소를 제거하는 주요 항산화효소인 슈퍼옥사이드 디스뮤테이즈(superoxide dismutase, SOD)의 함량 때문이라고 주장하였다. SOD 유전자를 세포에 주입한 초파리가 5~10% 정도 수명연장 효과가 있었고, SOD와 카탈레이스(catalase)를 함께 주입한 초파리는 수명이 30%

정도 연장되는 효과를 보였다.

3. 대사속도설

이 이론은 산화적 스트레스설과 연관되어 있다. 레빈(Leven) 박사는 여러 포유동물들의 심박수와 수명을 비교하였더니 사람을 제외하고 심박수가 많을수록 평균수명이 짧다는 사실을 보고하였다. 또한 사람을 포함하여 이들 포유동물들 간에 평균수명은 40배의 차이가 있었음에도 불구하고 일생동안의 총 심박수의 로그 값은 평균수명이나 체중에 관계없이 거의 비슷하였다고 하였다. 심박수는 체내 산소이용량과 관계가 있고 이는 대사속도와 관계가 있기 때문에 포유동물은 대사속도가 빠를수록 수명은 짧고 느릴수록 수명은 길어진다고 하였다(그림 14-1).

4. DNA 손상설

세포 내의 DNA, RNA, 단백질, 그 밖의 거대분자들의 손상이 축적되어 노화가 진행된다는 이론이다. 특히, 매우 중요한 유전정보들을 가지고 있는 세포 내의 DNA는 자외선, 독성물질, 활성산소 등에 의하여 손상을 받아 불완전해지거나 염기서열이 바뀌어 돌연변이가 일어난다. 따라서 DNA가 손상되었을 때 빠르게 수선하는 기능이 원활하지 못하면 DNA 손상 축적으로 인하여 노화나 퇴행성질환이 초래될 수 있다. DNA 수선효소들의 활성은 생물의 수명과 직접적으로 관련이 있을 것으로 예상되며 실제로 사람은 수명이 짧은 다른 동물보다 DNA 수선능력이 훨씬 높다. 하지만 나이가 들수록 DNA 수선능력은 감소한다. 선천적인 조로증 환자나 암에 잘 걸리는 사람들은 정상인에 비하여 DNA 수선능력이 크게 떨어져 있다. 특히, 미토콘드리아에는 DNA를 보호하는 막이 없을 뿐 아니라 활성산소가 많이 발생되는 부위이기 때문에 DNA 손상을 쉽게 받는다. 미토콘드리아의 DNA 손상은 당뇨병과 같은 질병 및 노화현상과 관련이 있다고 알려져 있다.

그림 14-1. 동물 종에 따른 산소이용속도와 수명

5. 단백질 합성 오류설

세포 내에서 핵산이나 단백질 합성과정 중에 오류가 종종 일어나는데 나이가 들수록 그 빈도가 증가한다. 노화와 함께 DNA 합성, 전사과정과 단백질 합성과정에 관여하는 물질 중에 비정상적인 것들이 증가하는 것을 볼 수 있다. 인간의 세포나 박테리아를 이용한 실험에서 단백질 합성의 정확도를 감소시켰더니 노화가 촉진되었으며, 반대로 정확도를 증가시켰더니 노화속도가 느려지고 수명이 연장되었다.

6. 교차 결합설(cross-linking theory)

브조르스텐(Bjorksten)이 제안한 가설로 나이가 들수록 세포 내에 존재하는 분자들 간에 비정상적인 교차결합이 증가하여 구조적 변형이 일어남으로써 기능저하가 온다는 것이다. 예를 들면 생체 내에 당이 필요한 양보다 많거나 대사이상이 생기면 다른 분자들과의 교차결합이 증가한다. 당의 교차결합에 의하여 생성된 물질에는 고도당화종산물(advanced glycation end-products, AGEs)이 있는데, 고도당화종산물은 세포의 가장 중요한 단백질 중의 하나인 콜라겐 등과 결합하여 결체조직을 딱딱하게 만들며, 동맥의 탄력성을 떨어뜨리고 백내장이나 신경과 신장의 기능저하를 초래한다. 당뇨환자인 경우 이러한 당화작용이 더욱 빠르게 진행되어 노화와 퇴행성질병을 촉진한다. 생체 내에서 방어기능과 면역기능을 가지고 있는 대식세포(macrophage)는 이러한 비정상적인 물질을 찾아내어 제거하는 기능을 한다. 그러나 노화됨에 따라 대식세포의 기능도 저하할 뿐 아니라 이들 물질을 최종적으로 신체 밖으로 제거하는 신장의 기능도 저하하기 때문에 노화될수록 체내에 교차결합에 의한 비정상적인 물질들은 점차 축적된다.

고도당화종산물 (advanced glycation end-products, AGEs)
당화작용에 의하여 생성된 물질로 효소작용 없이 당과 단백질이 결합한 것으로 비가역적이다. AGEs의 과다생성은 노화, 당뇨, 혈관질환, 산화적 스트레스와 관련되어 있다.

노화에 따른 신체적 특징

노화에 따른 특성과 노화속도는 사람에 따라 다르며 한 사람 안에서도 각 장기나 기관의 노화 현상과 속도는 다르다. 그러나 공통적으로 체세포수가 감소하고 기능적인 저하가 나타난다.

예비력의 감소

노화과정에서는 어느 조직이나 장기에서 퇴행성 변화가 나타난다. 신체는 안정적인 일상생활에서 각 장기의 기능을 100% 사용하는 것이 아니라 일부분만을 사용하고 있고, 특별한 상황을 대비하여 장기는 예비력을 갖추고 있다. 그러나 노화가 되면 폐, 심장, 신장, 근육 등의 예비력이 감소하여 약간의 스트레스나 환경적 변화에도 대응하지 못하고 문제를 일으키기 쉽다. 노인들의 사망률이 더운 여름이나 추운 겨울에 더 상승하는 것도 이 때문으로 설명된다.

반응력과 적응력의 감소

노화의 특징 중의 하나는 외부 환경 변화에 따른 생리적 반응성이 감소한다는 것이다. 노인들은 변화에 대한 반응속도도 느리고 다시 평형을 회복하는데 걸리는 적응시간도 길어진다.

저항력의 감소

신체는 외부로부터의 세균이나 이물질의 침입에 대하여 방어하는 시스템을 가지고 있다. 그러나 노인이 되면 이러한 방어시스템의 기능저하로 저항력이 감소하여 감염에 취약해진다. 따라서 노인들은 감가나 폐렴 등에 잘 걸리고 그것이 사망의 원인이 되기도 한다.

노화에 따른 생리적 변화

신체구성성분의 변화

인체는 나이가 들수록 제지방량(lean body mass)이 감소하고 지방량은 증가한다. 체지방은 성년부터 65세 정도까지는 꾸준히 증가하다가 그 이후에는 피하지방은 감소하고 복부지방, 즉 내장지방은 계속 증가한다. 피하지방이 감소함에 따라 체온조절 능력은 감소하고, 내장지방이 증가함에 따라 지질 대사이상이나 대사증후군이 발생하기 쉽다.

제지방량의 감소는 주로 골격근의 감소 때문이다. 제지방량이 감소하면 내당능 이상, 기초대사량의 감소, 근력의 감소, 신체적 활동성의 제한 등이 따라온다.

노화가 될수록 체내 수분율도 감소한다. 체내 수분율 감소로 피부가 건조해지고 주름이 생기며 분비물이 감소한다. 혈액이나 임파액 같은 세포외액량은 별로 변하지 않는 반면 세포내 수분량은 눈에 띄게 감소한다. 체지방보다 상대적으로 수분을 많이 함유하는 근육량이 감소하는 것이 체내 수분율 감소의 주요 원인이다.

세포수의 감소와 기능 저하

일반적으로 70세 정도가 되면 뇌, 신장, 폐, 근육 등의 장기나 조직의 세포수가 젊었을 때에 비하여 60% 정도까지도 감소하는데 이러한 세포수의 감소는 노화에 따른 기능저하와 밀접한 관계가 있다. 대표적인 노화에 따른 생리적 기능 저하는 기초대사율의 감소, 신경전달 속도의 감소, 세포내 수분 감소, 신장의 사구체 여과율 감소, 신장혈류의 감소, 폐활량 감소, 심박수의 감소 등이다. 30세를 기준으로 80세 노인은 심박출량(1분 동안 혈액을 심장 밖으로 내보내는 양)은 30% 정도 감소하고, 신장기능은 50%, 폐기능은 60~70%나 감소한다(그림 14-2).

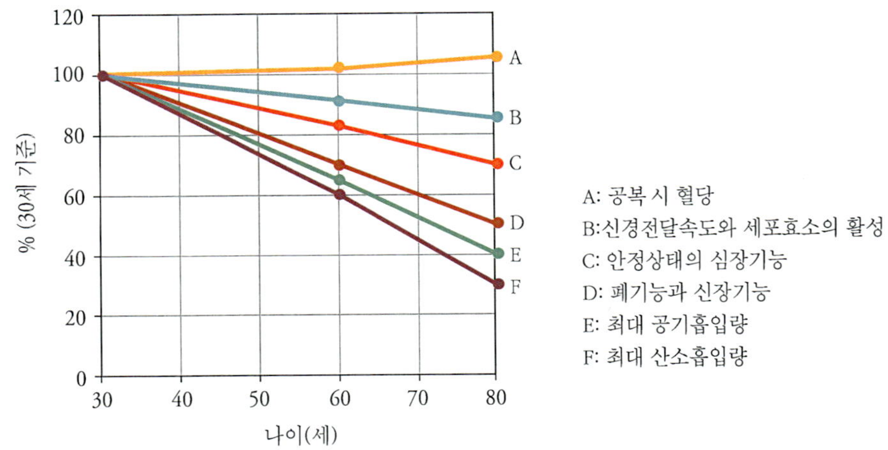

자료 : Shock NW 등. Symposia Swedish Foundation X, Sweden,1972

그림 14-2. 노화에 따른 생리적 기능의 저하

신경계의 변화

1. 중추신경계

노화가 되면서 뇌 무게는 감소하고 대뇌피질에 있는 세포들의 수가 감소하며 신경세포 사이에 독성 단백질인 아밀로이드와 지질과산화물인 리포푸신이 침착된다. 그러나 뇌 신경세포의 수가 감소하는 것에 대한 보상작용으로 피질 및 해마의 수상돌기들의 총량은 40~60대까지 오히려 증가하다가 80대 이후에 감소한다.

노화에 따라 증가하는 퇴행성 신경질환에서 세포내 산화적 스트레스 증가, 미토콘드리아 기능장애 및 에너지 대사장애, 신경세포의 칼슘 항상성 조절 장애, 염증반응의 증가 등이 관찰된다. 노인이나 특히 치매환자의 뇌세포와 혈관에 축적된 불용성의 아밀로이드 덩어리는 신경독성을 가진 *β*-아밀로이드라는 펩타이드로 만들어진 것으로 신경세포를 손상시키고 사멸을 유도하기도 한다. 아밀로이드 덩어리는 주로 해마, 내후각피질과 같은 학습과 기억을 담당하는 부위에 축적되기 때문에 인지기능 장애를 초래하고 알츠하이머 치매를 유발할 수 있다.

노인은 신경세포에서 분비되는 신경전달물질인 도파민, 세로토닌, 아세틸콜린 등의 합성분비가 감소하는데, 특히 정신운동기능과 인지기능을 주관하는 시상하부와 대뇌피질에서 두드러진다. 파킨슨병은 대표적인 도파민 분비감소로 인한 노인성질환이다. 연령이 증가함에 따라 도파민과 도파민 운반체의 농도가 감소할 뿐 아니라 도파민 수용체 및 효력단백질(effective protein)과의 결합력도 감소하여 기능이 저하된다. 사람에서 기억과 학습기능을 담당하는 뇌의 전두엽, 신피질, 해마에서는 아세틸콜린이 신경전달물질로 사용되는데 노화가 진행됨에 따라 콜린의 전달, 아세틸콜린의 합성과 분리, 효력 단백질과의 결합, 콜린성 신호전달과정에 결손이 일어난다. 또한 노르에피네프린은 교감신경계 신경후절 신경에서 분비되는 신경전달물질로 나이가 증가할수록 노르에피네프린 분비의 증가로 인하여 교감신경계가 활성화된다.

뇌혈관의 노화로 혈액 순환이 원활하지 못하게 되면 인지기능저하가 나타나고 혈관성 치매를 초래할 수 있다. 뇌혈관의 노화는 전신적인 혈관변화와 비슷하지만 고혈압, 동맥경화, 심장질환과 강하게 연관되어 있다는 것이 특징이다.

2. 말초신경계

연령이 증가할수록 운동기능은 크게 감소하는데 이는 근육량이 감소하여 근육의 힘이 감소한 것과 함께 신경이 자극을 전달하는 속도와 그에 대하여 반응하는 시간이 지연되기 때문이다. 신경의 자극전달 속도는 30대까지는 증가하다가 이후 감소하여 80대가 되면 30대의 50%로 떨어지며, 조건반사 등의 신경반사도 감퇴한다.

3. 시력

나이가 들어 가장 빨리 나타나는 노화현상 중의 하나는 시력저하로 돋보기를 쓰게 되고, 백내장, 녹내장, 퇴행성황반 등이 증가한다. 노화에 따른 혈관노화는 눈에서도 일어나 안구 내의 혈압과 혈액의 흐름에 이상이 발생하여 산소와 영양소의 공급이 원활하지 못하게 되기 때문이다. 40대 초반이 되면 수정체의 탄력성이 저하하고 모양체의 힘이 감소하여 눈의 조절력이 감퇴하기 시작하는데 특히 가까운 거리에 초점을 잘 맞추지 못하게 되어 노안이 발생한다. 또한 망막에서는 간상세포의 기능이 저하하여 빛에 대한 적응능력과 동공을 확대하는 기능이 떨어져서 밤에 시력이 더 나빠진다. 백내장은 수정체 단백질의 변성과 산화적 스트레스에 의한 손상으로 수정체가 탁해지는 것으로 시야가 뿌옇게 보인다. 특히, 흡연과 자외선에 대한 과다노출이 백내장을 악화시킨다. 녹내장은 안압의 증가로 시야가 좁아지다가 실명을 초래하기도 하는데 노화, 유전적 요인, 흡연, 당뇨 등과도 관련되어 있다. 당뇨나 고혈압은 눈의 망막 혈관질환을 촉진하는 원인이 된다.

4. 청력

청력저하는 40대 후반부터 나타나기 시작하여 65세가 되면 25% 정도에서 청력저하를 보인다. 노인성 청력저하는 유전적 요인이 많이 관련되어 있으며 환경적 소음, 식습관, 운동, 음주, 흡연에 의하여 영향을 받는다. 또한 나이가 들면서 평형 감각기관의 기능이 저하되어 어지럼증을 자주 느낀다.

내분비계의 변화

뇌의 시상하부나 뇌하수체에서는 다양한 호르몬 합성 조절물질들을 분비하여 전신적 기능조절과 항상성에 관여한다. 노화가 되면 시상하부와 뇌하수체의 민감성과 호르몬 합성능력이 저하하여 호르몬 분비가 감소하고 활성도 떨어지면서 다양한 노화현상이 나타난다.

무엇보다도 성호르몬의 분비가 남녀 모두 노화에 따라 현저하게 감소한다. 노화가 될수록 남성은 성호르몬의 분비가 여성에 가까워지고 여성은 남성에 가까워진다.

성장호르몬은 사춘기에 최대에 달하였다가 점차 감소한다. 사춘기 이후 남자 성인의 경우 10년마다 약 14%씩 감소하지만 70~80세까지도 성장호르몬이 분비되며 혈중 인슐린 유사 성장인자

(IGF)-1 농도는 10년마다 7~13%씩 감소한다. 노화에 따른 성장호르몬의 감소는 근육량과 근력의 감소, 운동능력의 감소, 체지방량 증가, 복부로의 체지방 이동, 골밀도 감소, 지질대사 이상, 심혈관질환의 증가와 관련이 있다.

노인이 되면 뇌의 송과선에서 분비되는 멜라토닌 합성이 감소하여 24시간 활동주기(circadian rhythm)의 조절에 문제가 생겨 불면증과 수면장애로 인하여 수면의 질이 떨어진다. 멜라토닌은 자유라디칼 제거기능도 있기 때문에 멜라토닌의 감소는 산화적 스트레스를 증가시키고 뇌세포 손상도 증가시킨다.

노화과정에서는 스테로이드 호르몬, 특히 글루코코르티코이드 농도의 변화가 중요하다. 연령이 증가하면서 글루코코르티코이드의 분비가 증가하는데 이는 해마신경세포를 허혈성 손상이나 흥분성 독성에 더욱 취약하게 만들어 신경질환의 발생을 증가시킨다.

부신수질에서 분비되는 에피네프린과 노르에피네프린은 60세까지 증가하다가 그 이후에는 큰 변화가 없다.

갑상선 조직의 크기는 노화에 따라 줄어들지만 호르몬 분비량은 감소하지 않거나 오히려 증가하기도 한다. 노화에 따라 신체조직에서 갑상선 호르몬에 대한 반응성이 감소하는데 그 보상작용으로 갑성선 호르몬 분비량이 증가한다. 갑상선 호르몬에 대한 반응성 감소로 무기력, 활동성 저하, 체온조절기능 저하, 기초대사량 저하 등이 나타나기도 한다.

노화에 따라 췌장의 무게는 감소하는 반면 인슐린을 분비하는 랑게르한스섬(Langerhans' island)의 무게는 감소하지 않지만 개인차가 크다. 혈당은 나이가 들수록 상승하는데 이는 인슐린 분비량이 감소하기 때문일 수도 있고 신체조직에서 인슐린 민감성이 감소되었기 때문일 수도 있다.

근골격계의 변화

노화과정에서 나타나는 체력의 감소는 하체 골격근의 감소가 주된 원인이다. 노화에 따라 골격근이 감소하는 이유는 분명하지 않다. 근육의 종류에 따라 어떤 근육은 근육을 구성하는 세포의 수가 감소하기도 하고 어떤 근육은 근육세포 자체가 작아진다. 20세에 비하여 70세 노인의 근육량은 20% 정도 감소되며 큰 근육뿐 아니라 작은 근육들도 위축되어 손놀림이나 반응속도가 느려진다. 근육량의 감소에 비례하여 근력이 감소함에 따라 근감소증(sarcopenia)이 80세 이상 노인에서는 50% 이상으로 증가한다.

근감소증(sarcopenia)
근육량과 근력의 지나친 감소 상태를 말한다. 그리스어에서 온 용어로 sarco=flesh(살), penia=loss or lack을 의미한다. 근감소증이 되면 근력이 크게 감소하여 일상적인 활동이 어려워지기도 하며 면역기능이 떨어져 질병에 걸리기 쉽고 쇠약해져 사망률이 증가한다.

근육을 이어주는 인대와 건의 탄력성도 떨어지는데 이는 교원섬유 간에 교차결합이 증가하기 때문이며, 근육들 상호간의 협동이나 평형감각이 떨어져 활동량, 민첩성, 유연성, 긴장도 등이 모두 감소한다. 근육은 잘 사용하지 않으면 빠르게 수축되고 노화되기 때문에 지속적인 운동이 필요하다.

뼈는 신체를 구조적으로 지탱해 주고 무기질의 저장고이며 혈구세포들의 생성장소이기도 하다. 골 외막은 바깥쪽의 섬유층과 안쪽의 골형성층을 포함하고 있으며 30대 후반부터 노화가 시작된다. 골형성에 대한 반응성이 감소하고 뼈를 형성하는 골모세포에 광범위한 변성이 일어나 골형성층은 파괴되는 반면 골흡수(bone resorption)는 증가하여 골밀도가 감소한다. 특히, 여성은 폐경기 이후 급격하게 골밀도의 감소가 나타나 여성노인은 골다공증의 발생률이 높다. 이는 여성 호르몬인 에스트로겐이 골흡수를 억제하는 효과가 있기 때문이다.

골흡수(bone resorption)
골흡수란 파골세포가 뼈를 분해시키는 과정을 말한다. 골흡수는 뼈 성장과 유지, 칼슘 대사과정에서 일어나는 정상적인 과정이지만 골형성 속도에 비하여 골흡수 속도가 빠르게 진행되면 골밀도가 감소하여 골다공증을 초래하게 된다. 골형성과 골흡수는 에스트로겐, 칼시토닌, 부갑상선호르몬 등에 의하여 조절된다.

심장순환기계의 변화

1. 심장, 혈관, 혈압

나이가 들어가면서 가장 눈에 띄는 변화는 심장과 혈관의 변화로 혈관계 기능이 전반적으로 저하하여 혈액순환장애, 동맥경화, 고혈압, 심근경색, 심부전, 부정맥 등의 위험이 증가한다는 것이다. 노화에 따른 심장의 변화는 심근층에서 두드러지는데 가장 흔한 것이 심근섬유증이다. 정상 성인의 경우에는 심근세포 사이에 교원섬유가 드물게 있으나 노인에서는 심근에 교원섬유의 증식이 일어난다. 교원섬유들은 주로 모세혈관 주위에 침착되며 대식세포나 섬유모세포 같은 비심근세포들도 증가한다. 심장판막과 혈관에도 교원섬유가 증식하고 칼슘침착으로 석회화가 일어나 탄력성이 줄어들게 됨으로써 판막이 완전히 닫히지 않게 되어 이완기 충만시간이 늘어나게 된다.

노화과정에서 심장기능의 저하 및 혈관의 저항성 증가로 혈압은 상승하며, 심박수와 일박출량은 감소하기 때문에 운동이나 정신적 스트레스에 대한 대처능력이 떨어진다. 특히 β-아드레날린 수용체를 통한 반응이 약화되어 최대 심박수가 젊었을 때 180~200회/분이었던 것이 70세 이상이 되면 140~160회/분으로 감소한다.

노화과정에서 동맥의 중막에는 칼슘이 축적되고, 내막에는 콜레스테롤 침착이 현저하여 동맥벽이 두꺼워지면서 혈관내경은 차차 좁아지고 동맥 혈관들은 경화되어 탄력성이 떨어진다. 이에 따라 평균 동맥압은 증가하게 되며 말초혈관의 저항이 높아져 혈압은 상승하고 혈액의 흐름은 느려진다. 순환혈액의 2/3는 정맥계에 존재하는데 나이가 들면 정맥의 탄력성도 감소하고 혈관근육의 수축력도 감소하기 때문에 혈액이 동맥계로 원활하게 이동하지 못하고 말초정맥계에 모이게 된다. 동맥계로 돌아오는 혈액량이 감소하면 압감수성이 떨어져 기립성 저혈압이 발생하기 쉽다.

2. 혈액

연령이 증가함에 따라 골수에서의 혈구 생성능력이 감소함으로써 적혈구가 양적으로 감소하고 수명도 짧아진다. 백혈구 중에서 호중성 백혈구의 성숙장애가 나나타고 혈액의 수분은 약간 증가하나 단백질 농도는 별로 변하지 않는다. 나이가 증가함에 따라 혈액 성분 중 가장 변화가 심한 것은 지질로서, 콜레스테롤 농도는 30대 후반부터 증가한다. 여성은 폐경기 이후 혈중 콜레스테롤 농도가 현저히 높아지므로 식생활 및 생활습관 관리에 더욱 더 신경을 써야 한다.

소화기계의 변화

나이가 들면서 식욕저하, 메스꺼움, 속쓰림, 연하곤란, 변비와 같은 소화기계 문제가 많이 발생한다. 그러나 이러한 증상들은 식습관, 영양상태, 배변습관, 정신적 스트레스, 약물복용 등에 의하여 영향을 받을 수 있다.

노인에서 나타나는 식욕저하는 시상하부에서 분비되는 신경펩타이드 Y(neuropeptide Y,

NPY)의 분비에 문제가 생기기 때문이다. NPY는 섭식행동을 유도하며 인슐린 분비를 증가시켜 에너지 항상성을 조절한다. 노인에서 후각기능이 떨어지는 것도 식욕이나 음식섭취 장애를 촉진하는 원인이 되며 특히 단맛과 짠맛에 대한 민감도가 감소한다. 또한 노인들은 젊은 사람에 비하여 식사를 하는 동안 소장에서 콜레시스토키닌(cholecystokinin, CKK)과 펩타이드 YY(PYY)의 분비가 증가하여 혈중 농도가 더 높고 더 오랫동안 유지되며 위에서 음식이 장으로 넘어가는 속도도 느려지기 때문에 포만감을 더 빨리 느끼고 또 더 오랜 동안 느낀다. 그러나 어느 정도의 식욕감퇴는 노화과정에서 에너지 필요량이 줄어들기 때문에 나타나는 자연스런 신체적인 적응과정의 일부라 볼 수 있다.

노인들은 치아상태가 좋지 않아 저작능력이 감퇴하고, 타액, 위산, 소화액의 분비가 감소하여 소화능력이 떨어지며 약물복용 증가로 인하여 구강건조증이 생기기 쉽다. 위산 분비 감소와 위축성 위염은 노인들에게서 흔하게 나타나지만 헬리코박터균(Helicobacter pylori)에 감염된 경우 더욱 심화된다. 위산분비가 감소하면 철과 비타민 B_{12}의 흡수율이 떨어지고 소장과 대장에 유해한 박테리아가 과도하게 성장하여 불편감이나 장질환을 가져올 수 있다. 또한 하부식도에 있는 괄약근의 조절능력이 떨어져 연하곤란증이 생기면 음식을 삼키지 못하거나 신속하게 조절이 안되어 음식이 기도로 들어가는 일이 빈번하게 발생함으로써 폐렴의 원인이 되기도 한다. 따라서 노인들은 천천히 조금씩 음식을 섭취하는 것이 바람직하다.

간에서는 콜레스테롤 분비가 증가하고 담즙산 분비는 감소하여 지방소화 능력이 다소 감소하며 담석증이나 담낭질환의 발생률이 증가한다. 췌장에서 지방분해효소의 감소는 지방소화 능력을 떨어뜨리는 원인이 된다. 위장점막의 위축, 소화효소의 활성화 감소와 함께 소장 융모의 높이가 줄어들고 납작해지면서 영양소의 흡수 능력이 감소한다. 소장의 막은 외부의 항원, 독성물질, 병원균, 염증 유도물질 등이 신체 내부로 들어오는 것을 막아주는 역할을 한다. 건강한 노인에서는 소장막의 투과성이 증가하지는 않지만 만성적 염증을 동반하는 지방간, 만성심장질환, 영양불량, 과다약물복용 등의 경우 소장막의 투과성이 증가하여 장염 등 감염의 위험이 커진다.

대장의 운동성이 저하하여 변비가 심해지며, 근육층이 증대되는 반면 점막층은 약해져 게실증이 발생한다. 노인성 변비는 음식 섭취량의 감소, 수분 섭취량 감소, 식이섬유 섭취량 감소, 약물복용, 운동부족 등이 원인이다. 대장에는 다양한 미생물들이 존재하는데 양적인 부분과 함께 종류별 구성 및 다양성 등이 건강에 매우 중요한 영향을 미친다. 어떤 미생물들은 점막면역계(mucosal immune system)의 조절에 중요한 역할을 하기도 하고, 일부 영양소와 조효소를 합성하는 미생물도 있다. 미생물의 수, 다양성과 분포는 나이보다는 식이에 의하여 영향을 많이 받는다. 노인에서 흔히 나타나는 식이의 다양성 감소, 영양불량, 신체활동 저하, 과다약물복용 등은 대장 미생물의 양적인 감소, 다양성의 감소, 우점종의 변화, 유익균의 감소, 유해균의 증가로 이어지게 한다.

노화과정에서 췌장에서의 췌액분비도 변화하는데 십이지장으로 분비되는 췌장 아밀라아제는 공복 시에는 청장년보다 감소하나 식후에는 정상으로 분비된다. 췌장 트립신의 활성은 30대 후반부터 감소하지만 소화에 문제를 일으킬 정도는 아니다. 췌장 리파아제는 공복 시나 식후 모두 감소하므로 고지방식은 피하는 것이 좋다.

호흡기계의 변화

나이가 들어감에 따라 폐포의 표면적과 탄력성 감소, 폐포막의 투과성 감소, 혈류량 감소, 호흡근과 흉벽의 탄력성 감소, 기관지 위축 등이 일어난다. 따라서 폐포에서의 가스교환량이 감소하여 동맥혈액의 산소포화도가 떨어진다. 폐기능 저하뿐 아니라 근육의 에너지대사 효율의 변화, 근육의 위축, 근전도의 이상 등이 동반되면서 폐활량이 감소하기 때문에 약한 강도의 운동에도 호흡이 가빠진다. 최대 산소섭취량은 20세까지는 증가하지만 25세 이후 감소하기 시작하여 연간 1%씩 감소한다. 아울러 기도와 기관지의 퇴행성 변화로 점막과 샘(gland) 조직이 위축되고 섬모운동이 저하되어 이물질 침입에 대한 방어능력도 감소한다.

신장기능의 변화

신장은 혈액 중에 함유되어 있는 체내 노폐물들을 배설하는 중요 기관이다. 노인이 되면 주로 신장 기능의 기본 단위인 네프론의 수가 감소하여 신장무게가 감소하고 기능도 저하한다. 90세 노인의 신장 무게는 50세보다 30% 정도 감소한다. 신장에서 소변의 생성과정은 1차적으로 신장의 사구체에서 혈장성분을 여과하고, 2차적으로 세뇨관에서 여과액 중 필요한 성분을 재흡수하며, 3차적으로 불필요한 성분을 추가로 분비하는 단계로 되어 있다.

신장의 기능은 심장기능과도 매우 밀접한 관계를 가지고 있다. 노화나 질병으로 인하여 심장기능이 저하하고 혈관의 탄력성이 감소하면 신장으로 들어오는 혈류량이 감소하여 사구체 여과속도가 감소한다. 사구체 여과율은 40세까지는 안정되게 유지되나 그 이후에는 평균 1년에 1mL/분씩 감소하여 80세 노인의 사구체 여과율은 30세의 50% 수준으로 감소하여 소변량이 감소한다. 따라서 노인은 지나친 고단백식이나 과용량의 비타민제 섭취는 삼가는 것이 좋다.

사구체 여과량은 하루 200L에 달하는데, 그 대부분을 차지하는 수분은 99% 이상 세뇨관에서 재흡수되고 다른 필요한 성분들도 거의 재흡수된다. 50세 이후에는 세뇨관의 재흡수능력이 저하되어 소변을 농축시키는 능력이 감소함으로써 소변의 비중이 감소하고 소변량은 증가한다. 신장기능의 감소에 따른 체내 노폐물의 배설능력 감소와 함께 노인들은 수분결핍에 대한 갈증반응도 감소되고 항이뇨호르몬에 대한 반응성도 감소한다. 따라서 노인은 전해질 및 수분의 균형 조절에 문제가 발생하기 쉬우므로 자주 충분히 수분섭취를 하는 것이 좋다.

면역기능의 변화

면역계는 흉선, 림프계, 편도선, 비장, 골수 등 여러 조직으로 구성되어 있으며, 대식세포, 자연살해 세포, B 세포, T 세포, 항체, 인터루킨, 인터페론 등의 다양한 세포들과 작용물질들이 협동적으로 작용한다. 인체의 면역기능은 크게 선천적 면역과 후천적 면역으로 나눌 수 있다. 선천적 면역은 외부에서 항원이 들어왔을 때 비특이적으로 빠르게 초기에 작용하는 반면, 후천적 면역은 이전에 어떤 항원에 노출되었던 경험을 통하여 획득된 면역기능으로 특이적이고 천천히 오랜 시간 작용한다. 주로 대식세포(macrophages)와 자연살해(natural killer) 세포, 중성구(neutrophils)가 선천적 면역을 담당하며, B 세포와 T 세포가 후천적 면역을 담당한다.

장관면역(Intestinal immunity)

위장관은 소화기이지만 동시에 매우 중요한 면역기관이다. 위장관에 의하여 수행되는 면역기능을 장관면역이라 한다. 위장관의 표면적은 매우 넓기 때문에 전체 면역기능의 70~80%를 장관면역이 담당한다. 음식을 통하여 외부로부터 들어온 미생물은 1차적으로 위산과 위액의 작용으로 파괴된다. 약간의 살아남은 미생물은 소장으로 들어가지만 소장의 표면에 빽빽하게 있는 융모와 그를 둘러싸고 있는 섬모들이 물리적인 방어벽을 쌓고 있으며 끈적끈적한 점액을 분비하고, 섬모 사이에는 있는 림프구와 식균세포들이 방어하고 있기 때문에 미생물이 소장막을 통과하여 체내로 들어가지 못한다.
그러나 다음과 같은 조건에서는 미생물이 소장막을 쉽게 통과하게 되어 질병을 일으킬 수 있다.

1. 위장관 방어벽의 구조 및 기능적 변화
   - 장기간의 공복과 영양부족
   - 위장관 손상
   - 우장관 혈류 감소
   - 염증반응
2. 세균총의 변화
   - 위장관에 영양공급 부족
   - 위장관 운동성 감소
   - 광범위한 항생제의 사용
3. 면역인자가 작동하지 못함
   - 영양부족
   - 과도한 신진대사

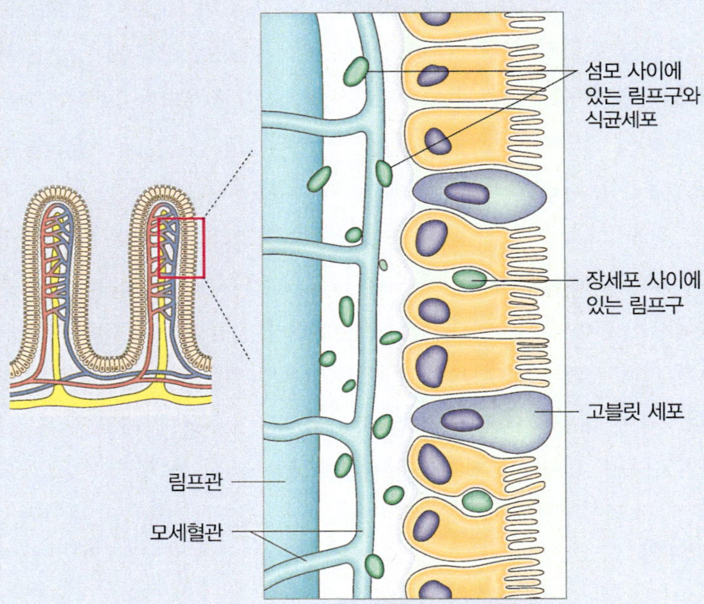

그림 14-3. 소장 융모에 있는 면역세포들

고블릿 세포(Goblet cell)
뮤신 등의 점액을 분비하는 상피세포의 일종

노화와 함께 골수의 줄기세포(stem cell)의 수, T 림프구, 혈청면역 글로불린, 인터루킨(IL)-2의 생성이 감소하고 자연살해 세포의 활성이 감소함으로써 방어기능이 저하하여 감염성 질환, 염증성 질환, 종양 등의 발병이 증가하고 질병으로부터 회복하는 기간도 길어진다.

노화로 인한 면역기능의 저하는 선천적 면역보다는 후천적 면역기능의 저하가 더욱 뚜렷하다.

T 림프구는 흉선에서 생성되는데 나이가 들어가면서 흉선은 점차 퇴화하여 항원에 대한 T 세포의 증식능력이 떨어지며 T 세포의 주된 성장인자인 IL-2에 대한 반응성도 감소한다. 따라서, 항원에 노출된 경험이 있는 T 세포(memory T cell)의 비율은 증가하고 경험이 없는 T 세포(naive T cell)의 비율은 감소하여 새로운 항원에 대한 대처능력이 떨어지게 된다. 노인의 memory T 세포는 젊은 사람보다 IL-2, IFN-γ, TNF-α와 같은 염증성 사이토카인을 더 많이 분비하는 반면, naive T 세포는 젊은 사람보다 IFN-γ를 더 적게 분비한다. IFN-γ와 IL-4는 B 세포에서 만들어지는 글로블린의 합성에 영향을 준다. 노화로 인하여 면역세포들의 외부 항원에 대한 반응성은 떨어지는 반면 공격해야 할 표적을 찾는 과정에 오류가 생겨 자가면역질환이 증가한다.

사이토카인(cytokine)
면역세포가 분비하는 단백질을 통틀어 일컫는 말이다. 사이토카인은 다른 세포나 세포 자신에게 영향을 주어 증식을 유도하거나 분화를 촉진하기도 한다.

노인은 젊은 사람에 비하여 체액성 면역을 담당하는 B 세포의 수가 적고 예방백신주사를 맞은 후에 나타나는 반응성도 더 낮다. 또한 전체 B 세포의 수와 memory B 세포의 비율은 증가하고 naive B 세포의 비율은 감소하여 글로블린 G와 글로블린 A는 증가하는 반면 글로블린 M과 글로블린 D는 감소한다. B 세포의 기능도 떨어져서 외부 항원이나 T 세포에서 분비한 사이토카인에 결합하는 능력이 저하된다.

노인들은 퇴행성 질환이 증가하며 빈번한 약물복용과 영양부족 등으로 인하여 장관면역(intestinal immunity) 기능이 떨어지기 쉽다.

조혈기능의 변화

노화가 되면 골수의 기능저하와 영양소의 부족으로 인하여 조혈기능이 저하함으로써 빈혈 발생률이 증가하고 면역능력이 감소한다. 많은 노인에서 발견되는 철 부족은 노화로 인한 조혈기능의 저하를 더욱 악화시킨다. 철 부족의 원인은 위궤양, 십이지장궤양, 게실증, 치질, 암, 아스피린의 장기복용 등으로 인한 위장관 내 출혈 또는 철 섭취부족이다.

여러 코호트 연구 결과 노인에서의 빈혈은 유병률 및 사망률을 증가시키며, 신체적 기능 및 도구를 사용하는 신체활동기능과도 매우 밀접한 관계를 보임으로써 삶의 질에 큰 영향을 미친다고 보고되었다.

미국의 국민건강영양조사 결과 65세 이상 노인을 대상으로 헤모글로빈 농도 기준으로 평가하였을 때 남자의 11%, 여자의 10%가 빈혈이었으며, 80세 이상 노인은 40%가 빈혈이었다. 국내에서는 경기도 성남시에 거주하는 65세 이상 노인을 대상으로 한 조사에서 남자의 10.6%, 여자의 6.8%가 빈혈이었다.

피부의 변화

피부노화는 연령이 증가함에 따른 전신적인 노화와 외부환경 특히 자외선에 의한 광노화가 복합적으로 일어난다. 표피는 약 10개의 세포층으로 구성되어 있는데 노화가 되면 부위에 따라 3~5개의 세포층으로 줄어들어 표피의 두께가 얇아진다. 이는 각질형성세포가 분열하는 능력이 줄어들었기 때문이다. 피부가 얇아지면 외부로부터 보호하는 장벽기능이 떨어지고 수분손실도 커져 건조해진다. 또한 표피에는 면역기능을 담당하는 랑게르한스 세포가 분포하는데 노화과정에서 랑게르한스 세포의 수가 줄어들어 세균, 곰팡이, 바이러스 감염과 피부암이 증가한다.

진피를 구성하는 여러 단백질들 사이로 당이 포함된 글리코사미노글리칸(glycosamino glycan, GAG)이 있는데 이 물질은 외부로부터의 변화를 인지하여 신호를 전달함으로써 세포성장, 분화 및 기능에 영향을 미친다. 히알루론산을 비롯한 6 종류의 GAG는 음전하를 띠고 있어 물분자와 잘 결합하기 때문에 수분을 잡아주는 역할을 한다. 노화가 되면 특히 황산기를 가진 GAG가 감소하면서 피부가 건조해진다.

쉬어가기

글리코사미노글리칸(glycosaminoglycan, GAG)

글리코사미노글리칸은 점질다당류(mucopolysaccharides)라고도 하는데 길이가 긴 다당류의 일종으로 동일한 이당류가 반복하여 길게 붙어 있는 것이 특징이다. 반복적인 이당류는 N-acetylglucosamine이나 N-acetylgalactosamine와 같이 아미노당(amino sugar) 1개와 글루쿠론산(glucuronic acid) 또는 갈락토오스 하나로 구성되어 있다. 글리코사미노글리칸은 매우 큰 극성을 가지고 있어 수분을 잡아주는 역할을 한다. 대부분 표피나 결합조직에 존재하며 조직의 지지나 유연성에 관여한다. 히알루론산 외에 여러 위치에 황산기가 있는 다양한 구조로 존재한다.

멜라닌 세포는 표피 맨 아래층 각질형성세포 사이에 존재하면서 멜라닌을 합성분비하여 자외선으로부터 피부를 보호하는 역할을 한다. 멜라닌 세포가 노화되어 색소합성능력이 감소하면 피부가 창백해지는 반면, 자외선에 오랜 동안 노출된 피부는 멜라닌 세포에 이상이 생겨 지속적으로 과다한 색소를 합성하여 주근깨, 기미, 흑자, 검버섯 등이 생긴다.

콜라겐은 진피를 구성하는 여러 물질 중 가장 많은 성분으로 진피 무게의 약 80%를 차지한다. 콜라겐이 서로 꼬이고 연결되어 만들어진 교원섬유는 피부의 구조와 형태를 유지하며 탄력섬유인 엘라스틴은 피부에 강도를 주어 탄력성을 유지하도록 한다. 하지만 연령이 증가하거나 자외선에 의하여 교원 섬유와 탄력섬유가 손상을 받으면 교원 섬유는 가늘어지고 배열이 엉성해지며 진피의 두께도 얇아져 결국 피부는 탄력성을 잃고 주름이 생긴다.

노화와 영양소 대사이상

당대사와 포도당 내당능

탄수화물은 주요 에너지원의 하나이며 특히 중추신경계와 면역계에 있어서는 필수적인 에너지원이다. 하지만 나이가 들수록 포도당을 대사하는 포도당 내당능(glucose tolerance)이 저하되어 당뇨병이 발병하기 쉽다. 노화과정에서 공복 시 혈당은 크게 증가하지 않지만 포도당부하검사를 하면 2시간 후의 혈당이 정상보다 높게 유지되고 있는 것을 볼 수 있다. 노화과정에서의 내당능의 저하는 근육량의 감소, 지방량의 증가, 신체활동의 감소, 체중증가 등을 야기한다. 고혈당은 산화적 스트레스의 증가, DNA 손상, 콜라겐의 교차결합, 혈관벽의 비후 등의 노화현상을 가속화시키며 인지기능감소와 치매의 위험요인이 된다.

또한 탄수화물의 소화 및 대사과정에서 중요한 역할을 하는 췌장의 기능과 인슐린의 합성분비가 감소한다. 서양인을 대상으로 한 실험 결과 인슐린을 합성하는 췌장의 β-세포의 기능은 나이가 1년 증가할수록 1%씩 감소하였으며, 인슐린 민감도는 나이를 먹을수록 감소하지만 나이 자체보다는 신체질량지수(body mass index, BMI) 및 이완기 혈압과 유의한 상관성이 있었다. 인슐린의 작용은 간에서는 잘 유지되는 편이나 근육에서는 확연히 저하한다. 인슐린 저항성의 증가는 근육과 복부에 지방이 축적되도록 하여 근육량이 상대적으로 감소됨으로써 당을 제거하는 속도를 감소시킨다.

혈당의 조절은 주로 간에서 담당하고 있는데 식후에 포도당이 증가하면 미토콘드리아에서 산화를 시켜 에너지를 생산하고 일부는 글리코겐으로 전환하여 저장한다. 간이 포도당 대사과정에서 혈당을 조절하는 작용은 인슐린이나 글루카곤과 같은 호르몬의 작용에 의하여 조절되고 있지만 노화에 따른 혈당의 증가는 간 기능 저하와도 관련이 있다.

체지방의 축적은 노화과정에서 낮은 수준의 만성적 염증(low-grade chronic inflammation)을 야기하고 산화적 스트레스를 증가시킴으로써 미토콘드리아에 손상을 주고 인슐린 저항성을 더욱 촉진한다.

노화에 따른 당 대사의 변화와 인슐린 작용기능의 저하는 뇌의 노화와도 관련성이 있다. 인슐린은 뇌세포의 생존과 기능에 중요한 역할을 하는 호르몬이기 때문이다. 중추신경계에서 인슐린은 기억과 학습과정에 관여한다고 알려졌다.

지질대사와 고지혈증

나이와 성별은 혈중 지질 농도에 영향을 미치는 강력한 인자이다. 남녀 모두 20대 이후 60~70대까지 혈중 총콜레스테롤과 LDL 콜레스테롤 농도는 점차적으로 증가하는 반면, HDL 콜레스테롤 농도는 감소하며 지단백질들의 크기가 변한다. 혈중 LDL 콜레스테롤의 증가는 동맥경화증의 중요한 위험인자이고 이는 심혈관질환의 위험요인으로 작용한다. 노화과정에서의 이러한 지질대사의 변화는 여러 가지로 설명되고 있으나 아직 확실하지는 않다.

가. 간의 노화

간은 지질대사에 있어서 매우 중요한 역할을 한다. 나이가 들어가면서 간에서 조직학적 변화와 혈류의 감소가 나타나는데 이로 인하여 혈액에 있는 지단백이나 분자량이 큰 노폐물, 변형된 저밀도 지단백 등이 간에서 처리되지 못함으로써 혈액에 축적된다. 식후에 혈중 지질농도가 상승하는 것은 정상적인 현상이나 노인에서는 점차 더 크게 상승하는 동시에 정상으로 돌아오는데 걸리는 시간도 길어진다. 이는 노화에 따라 apoB/E 수용체와 지단백 리파아제(lipoprotein lipase) 효소가 감소하여 혈중 카이로미크론(chylomicron)을 제거하는 속도가 느려지기 때문이다.

쉬어가기 apo B와 apo E, 지단백 리파아제

아포지단백(apolipoprotein, apo) B와 apo E는 지용성인 지질과 콜레스테롤을 각 조직세포로 이동시키는 역할을 하는 LDL(low density lipoprotein), VLDL(very low density lipoprotein), IDL(intermediate lipoprotein), 카이로마이크론에 있는 단백질이다. apo B/E는 지단백의 단백질 부분으로 간에서 만들어진 지단백을 림프계를 거쳐 혈액으로 이동시키는 데 필요하며, LDL 등이 세포에 있는 수용체와 결합할 때 리간드로 작용하기도 한다. LDL이 apo B/E의 도움으로 조직세포 표면의 수용체와 결합하면 지단백 리파아제는 LDL 내의 지질을 떼어내어 세포 안으로 들어가도록 한다. 따라서, LDL 농도가 높아지면 apoE 농도도 높아지는데 apo E는 총 콜레스테롤이나 LDL 콜레스테롤 농도보다 심혈관질환을 예측할 수 있는 좋은 지표이다. apo B/E는 주로 간에서 합성되나 apo E는 흥미롭게도 뇌, 신장, 지라 등에서도 발견된다. apo E는 심혈관질환뿐 아니라 알츠하이머와도 관련성이 있다고 알려졌다. apo E 유전자는 *apo E2, apo E3, apo E4*의 3가지 다형성을 가지고 있는데 대부분의 사람은 *apo E3*를 가지고 있다. *apo E4*를 가지고 있는 사람은 심혈관질환과 알츠하이머의 위험성이 더 높다.

나. 인슐린 저항성

노화가 되면 근육량은 감소하는 반면 체지방은 증가하는데 특히 복부내장 주변에 지방이 축적된다. 내장지방량이 증가하면 내장지방의 분해가 촉진되어 혈중 유리지방산과 글리세롤 농도가 상승한다. 이는 인슐린의 분비를 유도하여 지방분해를 억제하는 대신 유리지방산을 중성지방으로 전환시키는 작용을 함으로써 혈중 유리지방산의 농도를 떨어뜨린다. 이러한 사이클이 반복되다 보면 점차 내장지방조직이 인슐린에 대한 내성이 생겨 인슐린분비량은 점차 증가하게 됨에도 불구하고 혈중 유리지방산의 농도는 떨어지지 않게 된다. 따라서 혈중 유리지방산 농도의 상승은 지질대사이상의 중요한 생물의학적 지표로 이용되고 있다. 동시에, 지방을 에너지원으로 소비할 수 있는 근육량이 감소하는 상황에서 인슐린 분비 증가로 근육에서의 지방산 산화가 억제됨으로써 혈중 유리지방산 농도는 더욱 상승하게 된다. 이렇게 증가한 혈중 유리지방산이 간으로 들어가면 간에서는 이를 제거하기 위하여 VLDL과 LDL의 합성을 증가시킨다.

다. 성장호르몬의 감소

성장호르몬은 20세 이후 평균 10년마다 14% 정도씩 감소한다. 성장호르몬은 항인슐린 작용과 지방분해작용을 증가시켜 지방의 축적을 억제시키기 때문에 노화과정에서 성장호르몬의 감소는 체지방량의 증가를 초래한다.

라. 안드로젠의 감소

성호르몬은 체내 지단백 대사의 조절에 관여한다. 남성에서 노화에 따른 안드로젠의 감소는 혈중 총 콜레스테롤, LDL 콜레스테롤, 총 중성지방 농도 및 공복 시 혈당 수준이 증가하는 것과 관련성이 있으나 그 작용기전은 밝혀지지 않고 있다.

아이코사노이드(eicosanoid)
아이코사노이드는 탄소를 20개 가지고 있는 지방산(예, 아라키돈산)으로부터 주로 3가지 효소 cyclooxygenase, lipoxygenase, epoxygenase에 의하여 생성된 분자들을 총칭한다. 아이코사노이드는 염증과 면역반응을 조절하며 중추신경계에서는 메신저로 작용하기 때문에 일부 아이코사노이드는 호르몬으로 분류되기도 한다.

마. 퍼옥시좀 증식제 활성화 수용체(peroxisome proliferator-activated receptor, PPAR)-α의 감소

PPAR은 지질대사와 에너지 대사에 관여하는 유전자들의 전사를 활성화시키거나 억제시키는 전사인자이다. PPAR는 지방산, 산화된 지방산, 아이코사노이드 등에 의하여 활성화되는데 α, β, γ의 3가지가 존재한다. 이 중 PPAR-α가 지질대사에 있어서는 가장 핵심적인 역할을 한다. 지방산이 PPAR-α에 결합하면 지방산의 이동과 산화에 관여하는 유전자들이 전사된다. 노화과정에서 간과 심장 등의 조직에서 PPAR-α의 발현과 활성이 감소하여 지방산의 산화가 감소하게 됨으로써 지질대사 이상을 초래하게 된다.

골대사와 골다공증

인체 내 칼슘은 99%(1.2~1.4 kg) 이상 뼈와 치아에 저장되어 있으며 1% 미만이 혈액에 존재하면서 혈관의 수축과 이완, 근육의 수축, 신경전달, 세포 전달, 호르몬 분비 등 전신에 걸쳐 다양한 역할에 관여한다. 혈중에 존재하는 칼슘의 양은 매우 적지만 아주 엄격하게 일정한 농도를 유지하도록 조절되고 있기 때문에 식이 섭취량에 의하여 혈중 농도는 변하지 않는다. 따라서 혈중 칼슘 농도는 칼슘의 영양상태를 나타내는 지표가 되지 못하며 골밀도가 주된 노화의 지표로 사용된다. 인체는 25~30세 정도가 되면 대부분의 뼈 생성은 완성되고 골밀도를 유지하다가 50세 이후가 되면 골밀도가 감소한다.

골 손실에 영향을 미치는 요인으로는 식이적 요인(칼슘, 단백질, 비타민 D, 불소, 칼슘/인 비율, 알코올), 호르몬(에스트로겐, 부갑상선 호르몬, 칼시토닌)과 그 밖에 나이, 성별, 운동, 흡연 등이 있다. 남자는 30~40세 이후 평균적으로 10년에 3%씩 골밀도가 감소하는데 비하여 여성은 10%씩 감소한다. 노화로 인한 골 손실은 척추, 엉덩이뼈, 대퇴골을 비롯하여 모든 부분에서 일어나며 그로 인한 골다공증은 골절의 주요 원인이 된다. 여성 노인에서는 특별한 상해 없이도 골절이 발생하는 경우가 자주 있다.

일반적으로 폐경기 여성, 운동을 과하게 하는 노인, 유당불내증(lactose intolerance)이 있는 사람은 칼슘부족이 오기 쉽다. 노인에서의 칼슘부족은 급원식품의 섭취부족, 약물복용으로 인한 칼슘흡수율의 저하, 만성적으로 진행되는 골다공증 등이 주된 원인이다.

철 대사와 빈혈

철은 단백질과 협동하여 전자를 주고받는 기능이 있기 때문에 산화-환원 반응에 관여하는 반응, 에너지 생성과 DNA 합성에 필요한 반응에 관여하는 단백질이 활성을 갖기 위하여 꼭 필요한 성분이다. 그러나 철은 화학적으로 활성이 매우 높아서 농도가 높아지면 활성산소를 생성하기 때문에 오히려 해를 끼칠 수도 있다. 따라서, 이를 방지하기 위하여 체내 철의 농도는 엄격하게 조절되고 있고 반드시 트랜스페린(transferrin)이라는 단백질과 결합된 상태로 이동한다.

남자는 나이가 증가함에 따라 헤모글로빈 농도가 감소하여 65세 이후에는 빈혈발생률이 높아진다. 반면에 여자는 가임기간 동안 헤모글로빈 농도가 낮다가 폐경기 이후 상승한다. 노인들에서 빈혈의 원인은 생리적인 노화에 따른 적혈구 수와 기능의 감소, 그리고 영양적인 철 결핍이다. 빈혈이 있으면 조직에 산소공급이 잘 안됨으로써 심박수가 증가하고, 호흡이 짧아지고, 체력이 약해지는 증세를 보인다. 노인에서 철의 결핍은 주로 철 섭취의 부족과 함께 위궤양, 십이지장궤양, 게실증, 치질, 암, 아스피린의 장기적인 복용 등으로 인한 지속적인 출혈이 원인이 될 수 있으므로 면밀한 점검이 필요하다. 빈혈을 가지고 있는 노인들 중에는 관절염, 염증성 장질환, 암, 만성신장질환 등을 가지고 있는 경우가 많다.

나이가 증가함에 따라 골수의 기능과 영양적 공급의 감소로 인하여 조혈기능도 감소한다. 또한 감염상태에서는 체내에 있는 철이 헤모글로빈 합성을 위하여 제대로 이용되지 못한다. 발열, 염증, 신장질환 등이 나타나는 만성적인 감염상태에서는 혈구생성감소, 정상크기의 적혈구 수 감소, 헤모글로빈 농도 감소, 혈청 철 농도의 감소가 보인다. 이 외에, 빈도가 높지는 않지만 노인에서는 엽산이나 비타민 B_{12}의 섭취부족이나 흡수불량 등으로 인하여 거대적아구성 빈혈이 발생하기도 한다.

영양과 노화

영양소 감지 경로(nutrient-sensing pathway)와 노화

노화와 영양과의 관계는 오랫동안 주요 연구주제였다. 기본적으로 균형적이고 건강한 식사는 영양불량과 영양결핍으로 인한 질병을 줄일 뿐 아니라 만성적인 질병의 위험성을 감소시키고 질병으로부터의 회복을 빠르게 해 줌으로써 건강을 유지하고 노화를 지연시킬 것이라고 생각한다. 그러나 단일 영양소 또는 어떤 특정한 식단이 수명에 영향을 준다는 보고들이 있다.

탄수화물은 생물체의 구성성분일 뿐 아니라 주요 에너지원이지만 너무 과도하게 많은 경우 건강에 해를 주고 노화를 촉진할 수 있다. 저탄수화물 식이는 노화 및 대사이상과 관련된 여러 인자들을 감소시켜서 건강에 도움을 준다. 한 예로 저탄수화물의 섭취는 체중을 감소시켜 심장질환의 위험성을 줄일 수 있다.

단백질과 아미노산이 노화 과정에 미치는 영향은 분명치 않으며 단지 탄수화물의 생체이용성과 관련이 있는 것 같다. 하지만 단백질 급원식품에 따라 차이가 있다. 동물성 단백질의 과다 섭취는 암 발생을 증가시키는데 이는 아마도 비만과 함께 인슐린 유사 성장인자(IGF)-1이나 TOR(target of rapamycin) 신호 경로를 통한 작용 때문인 것 같다. 반면, 식물성 단백질은 오히려 암이나 노화에 대한 위험성을 낮추었는데 이는 메티오닌 함량이 낮은 것과 관계가 있다. 초파리와 쥐 실험에서 메티오닌 함량이 낮은 식이를 주었더니 수명이 늘었는데 이는 미토콘드리아에서의 활성산소 생성과 DNA 손상이 줄었기 때문으로 생각되나 명확한 기전은 밝혀지지 않았다.

지질도 중요한 에너지원이며 세포막을 구성하는데 필수적인 성분이지만 과다하게 섭취하면 심혈관질환과 당뇨가 증가하고 그로 인하여 수명을 단축시킬 수 있다. 이는 고지방 식이를 섭취하면 체내 영양소 수준을 감지하는 유전자인 SIRT-1을 불활성화시켜 대사장애, 비만, 인슐린 저항성 등을 유도하기 때문이다. 레스베라트롤은 SIRT-1을 활성화시키는 물질로 잘 알려져 있다.

사람은 비타민과 무기질을 합성할 수 없기 때문에 건강유지를 위하여 적정한 양과 질의 비타민과 무기질을 섭취해야만 한다. 일부 비타민들은 항산화효과가 있어 활성산소의 수준을 낮춤으로써 노화를 늦출 수 있다고 알려져 있으나, 고비타민 식이는 생리적 기능에 나쁜 영향을 초래하여 오히려 수명을 단축시킬 수도 있다. 무기질과 노화 및 수명과의 관계는 잘 연구되지 않았다.

한편, 분자생물학적인 연구 결과 동물은 노화과정에서 영양소를 감지하는 기능과 미토콘드리아 기능에 변화가 생기는 것을 발견하였다. 체내 영양소 수준을 감지하는 경로는 라파마이신 표적(target of rapamycin, TOR) 키나아제, AMP 키나아제(AMPK), 인슐린/인슐린 유사 성장인자(IGF)-1 신호 등이 대표적인데 이들 경로가 과발현되면 노화가 촉진되고 발현이 억제되면 수명이 연장된다고 알려져 있다. 우리가 섭취한 영양소와 열량의 양적 질적 차이가 mTOR(mammalian TOR) 경로의 활성화에 영향을 미침으로써 노화의 속도와 수명에 영향을 줄 수 있다. 아미노산 특히 필수 아미노산은 mTOR 신호를 조절하는 작용을 하며 열량섭취를 제한하면 mTOR 경로의 활성화를 억제하여 수명을 연장시킨다고 알려져 있다.

텔로미어와 영양

염색체 끝에 있는 텔로미어 길이는 주로 백혈구에서 측정하는데 식이요인과도 관련성이 있다. 지중해식 식사와 같은 식물성 위주의 식사를 하는 사람은 텔로미어의 길이가 더 길었는데 아마도 식이에 항산화물질, 식이섬유, 비타민 C와 E 섭취량이 높았기 때문으로 생각된다. 반면, 가공육과 붉은 살코기, 가당 탄산음료, 흰 밀가루 빵, 포화지방산 함량이 높은 식품, 염분을 과다 섭취하는 사람은 텔로미어의 길이가 상대적으로 더 짧았다.

SIRT-1

사람을 비롯한 포유동물에서의 SIRT-1은 이스트에서의 sirtuin-1과 동일한 기능을 하는 유전자로 NAD^+-의존적 단백질 탈아세틸 효소(NAD^+-dependent protein deacetylase)이다. SIRT-1은 체내 여러 대사조직에서 에너지 대사와 스트레스에 대한 반응 등을 조절한다. SIRT-1은 간에서 당과 지질대사를 조절하며, 지방의 이동과 흰색 지방의 갈색지방화를 촉진하고, 췌장에서의 인슐린 분비를 조절하며, 시상하부에서 영양소의 농도를 감지하며, 대식세포에서 비만에 의한 염증유도에 영향을 주며, 대사조직의 활동주기(circadian rhythm)를 조절한다.

mTOR, 영양과 노화

TOR(target of rapamycin)는 세포에 있는 영양소 감지 경로(nutrient-sensing pathway)에 작용하는 단백질로서 정상조건에서는 세포분열촉진물질, 성장인자, 영양소(특히 아미노산)에 의하여 활성화되어 세포성장, 증식, 발달, 기억, 혈관생성, 면역반응 등 다양한 기능을 조절한다. 라파마이신은 토양에 있는 미생물에 의해 합성되는 항곰팡이 물질이다. mTOR(mammalian TOR)은 FDA로부터 1999년에 면역억제제로 허가를 받은 라파마이신의 표적으로 처음 발견되었다. 이후 라파마이신이 혈관근육의 증식을 억제하는 효과가 있음이 추가로 밝혀짐에 따라 관상동맥의 동맥경화 치료를 위한 라파마이신 스텐트가 개발되어 2003년에 FDA 허가를 받았고, 이후 오늘날까지 라파마이신은 신장이식 후 거부반응을 방지하고 심혈관에 넣은 스텐트가 폐색되는 것을 방지하는 약물로 널리 쓰이고 있다.

한편, Vellai 등은 C. elegans의 mTOR 유전자를 변이시켰더니 수명이 연장되었다는 사실을 보고하면서 mTOR가 대사, 영양소, 수명이 서로 연결되는 교차점에서 작용한다는 근거를 처음으로 제시하였다. 이후 동물실험 결과 자유급식에 비하여 열량섭취를 10~50% 줄였을 때 mTOR의 활성이 저하되고 수명이 연장되었다. 하지만 실험동물과 달리 넓은 공간의 다양한 조건에서 다양한 활동을 하는 사람에게 동일하게 적용될 수 있는지에 대하여는 아직 논란이 많다. 사람에서 mTOR 신호경로가 정상적으로 조절되지 않으면 발암성이 활성화되어 암세포 성장과 증식이 촉진되는 것이 관찰되었으며, 심혈관질환, 치매, 파킨슨병 등 노화 관련 질병들의 발생과정에서도 mTOR의 관련성이 보고되었다.

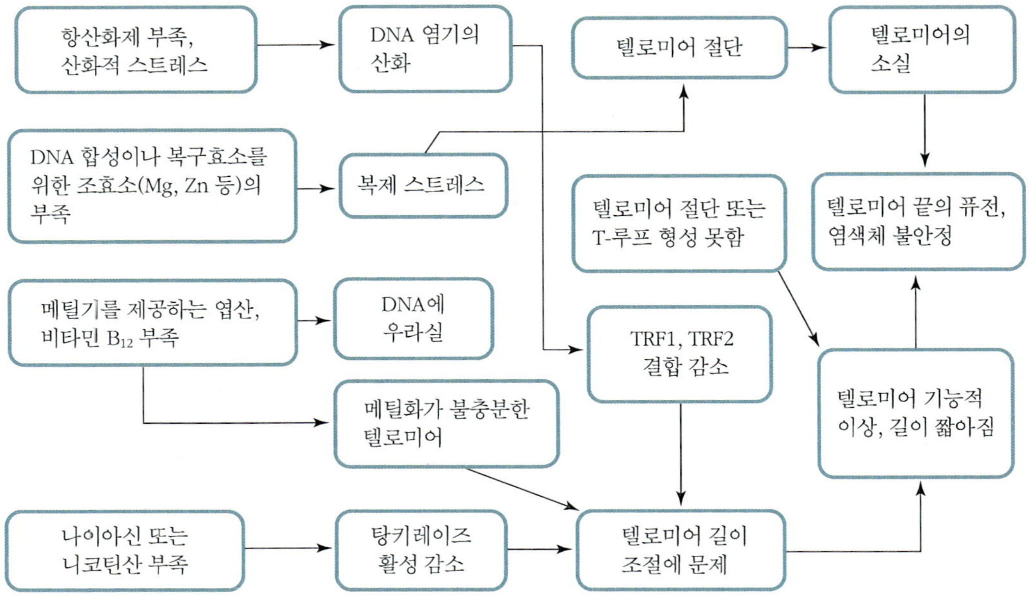

그림 14-4. 영양상태가 텔로미어 길이와 기능에 영향을 미치는 기전

혈중 엽산 농도와 텔로미어 길이와의 관계는 U자형을 나타내었다. 엽산이나 비타민 B_{12}가 부족하면 증가하는 호모시스테인 농도가 높을수록 텔로미어 길이는 짧았다. 혈중 지아잔틴, 루테인, 비타민 C와 D, Ca/Mg 비율이 높을수록 텔로미어 길이는 길었으며, 반대로 칼슘, 마그네슘, 아연의 농도가 높을수록 텔로미어 길이는 짧았다.

영양소들이 어떻게 텔로미어 길이에 영향을 미칠 수 있는지에 관한 기전 연구보고들에 의하면 비타민 C와 E, 아연, 셀레늄과 같은 미량영양소들이 부족하면 산소 라디칼에 의한 공격에 취약해져서 텔로미어에 있는 구아닌(G) 염기가 산화되거나 텔로미어의 한쪽 또는 양쪽 가닥이 깨지게 된다고 하였다. 또한 엽산이나 비타민 B_{12}와 같은 단일 탄소 대사에 관여하는 비타민이 부족해지면 DNA에 티아민(T) 대신 우라실(U)이 들어가서 우라실 당분해효소에 의한 절단과정 시 추가적으로 더 많은 곳이 절단되어 기능이상을 초래하게 된다. 나이아신은 텔로미어 반복 인자-1 (telomere repeating factor-1, TRF1)과 함께 작용하여 텔로미어의 길이를 조절하는 과정에서 필요한 NAD^+ 생성에 필수적인 영양소이다. 하지만 텔로머레이즈 활성에 필요한 단백질의 유전적 다형성(polymorphism)과 영양소의 대사와 이동에 필요한 단백질들의 유전적 다형성에 따라 식이요인에 의한 텔로미어의 구조와 기능에 대한 영향은 달라질 수 있다(그림 14-4).

면역기능과 영양

노화과정에서 T 세포의 증식과 B 세포의 기능이 감소하는데, 영양불량인 노인은 정상 노인보다 감염질환, 자가면역질환과 기타 주요 질병의 이환율이 더 높았다. 한 연구에서 노인들에게 1년간 비타민과 무기질 보충을 하였더니 T 세포와 자연살해(NK) 세포의 수가 증가하였으며, 항원에 대한 T 세포의 증식반응과 IL-2 생성, IL-2 수용체의 분비가 증가하였고 독감예방주사에 대한 B 세포의 반응성이 증가하였다. 또 다른 연구에서는 건강하지만 영양섭취가 부족하여 혈중 알부민 농도가 3~3.5 g/dL로 저하된 노인은 정상 노인보다 T 세포와 B 세포의 기능과 IL-2의 생성능이 감소해 있었는데 이들 노인들에게 하루 500 kcal에 해당하는 추가적인 식이보충을 시행한 결과 면역기능이 향상되었다고 하였다.

지방산의 종류도 면역기능에 영향을 미칠 수 있다. n-3 다불포화지방산을 3개월 동안 건강한 젊은이와 노인에게 섭취시킨 결과 젊은이보다는 노인에서 혈중 EPA와 DHA의 농도는 더 많이 상승하였고 염증성 사이토카인인 IL-1β, TNF-α, IL-6 등의 생성은 더 많이 감소하였다. α-, γ-리노레산을 다량 함유하는 미국 까막까치밥나무의 종자유를 노인에게 보충투여했을 때 지연성 과민반응(delayed-type hypersensitivity, DTH)은 증가하였고, PGE2생성은 감소하였지만 T 세포 증식과 IL-2 생성에는 영향을 주지 못하였다.

항산화 영양소인 셀레늄은 면역기능 유지에 필수적인 영양소이다. 요양시설에 거주하는 노인들에게 셀레늄을 1일 100μg씩 6개월간 투여한 결과 B 세포에 대한 항원에 대한 림프구의 증식반응이 증가하였다.

비타민 E는 중요한 지용성 항산화제로 세포막의 인지질이 과산화되지 않도록 보호하는 역할을 한다. 노인들에게 비타민 E를 60mg, 200mg 또는 800mg씩 235일간 투여하였을 때 모두 DTH 반응이 증가하였고, 200mg을 투여한 군에서 예방접종 시 항체형성반응성이 가장 좋았다. 연구결과 비타민 E는 대식세포에서 PGE2 합성을 감소케 하고 naive T 세포의 기능을 증진시킴으로써 T 세포의 기능을 향상시키는 것으로 알려졌다.

항산화 영양소로 잘 알려진 β-카로텐을 노인에게 장기간(격일로 50mg, 12년간) 또는 단기간(매일 90mg, 3주간) 투여했을 때 T 세포 기능을 향상시키지 못하였으며 장기간 투여 시 자연살해 세포의 활성만 증가하였다.

DNA와 RNA 합성을 위한 조효소로의 역할을 하는 비타민 B_6를 2개월간 매일 50mg씩 노인들에게 투여한 결과 T 세포와 B 세포의 증식반응이 증가하였으며 T-헬퍼(helper) 세포의 비율이 증가하였는데 혈중 B_6 농도가 가장 낮은 군에서 가장 효과가 컸다.

아연 영양상태가 부족한 노인에게 60mg의 아연을 4~5개월간 투여한 결과 지연성 과민성반응을 나타내는 항원의 수가 증가하였다(표 14-1).

글루타치온은 -SH기를 함유하고 있는 세포내 비단백 물질로 DNA와 단백질 합성, 방사선, 산소중간대사물, 자유라디칼의 해로운 영향으로부터 세포를 보호하는 역할을 포함하여 많은 세포기능에 관여하고 있다. 글루타치온의 농도는 노화과정에서 감소하기 때문에 질병이환 가능성과 사망률의 예측인자가 될 수 있다.

지중해식 식사와 전통적 오키나와식 식사와 같이 건강식단으로 알려진 식이는 식품다양성이 높은 것이 특징이다. 이와 같이 폴리페놀과 항산화영양소, 식이섬유 함량이 높고, 지방의 함량은 낮으며, 단일 불포화지방산과 n-3 다가 불포화지방산 함량이 높은 식사는 면역기능을 향상시켜 건강에 도움을 주는 것으로 이해된다. 올리브유에 함유된 폴리페놀과 단일 불포화지방산은 항염증효과가 있다고 알려져 있다.

표 14-1. 노인에서 영양소 보충이 면역기능에 미치는 영향

보충영양소	결과
종합비타민+무기질	↑면역반응, ↓항생제 사용, ↓유병일수
종합비타민	감염에 대한 영향 없음
비타민 A+ E+ C	↑in vitro 면역지표
셀레늄	T 세포에 영향 없음, ↑B 세포의 반응성
아연	아연 부족한 대상에서는 면역기능 향상
비타민 B_6	B_6 영양상태 불량한 대상자에서는 면역기능 향상
β-카로틴	T 세포에 영향 없음, ↑NK 세포 활성
비타민 A	감염에 영향 없음
비타민 E	↑T 세포의 증식과 IL-2 생성, ↓PGE2 생성 ↑허약한 노인에서 면역기능 향상
어유(fish oil)	↓IL-1β, TNF-α, IL-6, IL-2 생성 ↓지연성 피부과민 반응(DTH)과 T 세포 증식
공액 리놀레산 (conjugated linoleic acid)	↑T 세포의 증식과 IL-2 생성 NK 세포 활성, PGE2 생성, DTH 반응성에는 영향 없음
까막까치밥나무 종자유 (black currant seed oil)	↑DTH 반응성, ↓PGE2 생성 T 세포의 증식과 IL-2 생성에 영향 없음

지연성 과민반응(delayed type hypersensitivity, DTH)

면역계는 세포성 면역계와 체액성 면역계로 나누어지는데, 세포성 면역계는 주로 T 세포에 의해 수행되고 체액성 면역계는 B 세포에 의하여 수행되는 방어작용이다. 1차로 외부에서 들어온 미생물은 대식세포에 의하여 잡혀 먹히는데 이들 세포 안에 살아남아 있는 미생물을 T 세포가 추가적으로 공격하여 제거한다. T 세포에 의한 이러한 작용은 제1형 T-헬퍼(Th 1)세포에서 분비되는 인터페론 감마(IFN-γ)에 의하여 강화된다. 체액성 면역에 의하여 유도되는 식균작용의 강화와 염증반응은 전형적으로 지연성 과민반응으로 나타난다. 실제로 동물이나 사람에서 피부의 지연성 과민반응은 체액성 면역 기능을 평가하는데 사용된다. 피부에 항원을 바르고 48~72시간 후에 빨갛게 부어오르면 양성반응이다.

에너지제한과 노화

1935년 McCay 등은 음식을 적게 섭취하면 성장속도가 느려져서 수명을 연장할 것이라는 가설을 처음으로 제안하였다. 이는 많은 관심을 불러일으켰고 1970년대 중반 미국 텍사스 의과대학의 노화연구센터를 중심으로 에너지섭취제한과 수명과의 관계에 대한 연구가 집중적으로 진행되었고 지금까지 이스트, 어류, 곤충, 설치류, 개, 영장류, 사람을 대상으로 매우 많은 연구들이 수행되었다.

에너지제한은 식이제한이라고도 하며 일상적인 자유급식에 비하여 에너지 섭취는 20~40%줄이되 영양소의 부족은 없도록 하는 것을 말한다. 여러 동물실험 결과 에너지제한을 하였을 때

노화를 지연시켰고, 최대 수명과 평균수명을 증가시키는 결과를 보였다. 설치류의 주요 사망원인은 암으로 전체 사망률의 70~80%를 차지하는데 에너지제한은 여러 종류의 종양발생을 억제하였고 만성신장질환, 심장질환, 당뇨, 자가면역질환, 호흡기 질환의 발병도 억제하였으며 노화가 지연되었다.

그러나 미국 국립노화연구소에서 루서스 원숭이를 대상으로 젊은 군과 늙은 군에게 30% 에너지제한 식이를 급식한 결과 수명연장 효과는 없었다. 위스컨신 국립 영장류 연구센터에서 수행한 연구에서는 대조군의 사망률은 37%인데 비하여 에너지제한군은 13%의 사망률을 보여 긍정적인 결과를 얻었다. 영장류에서 에너지제한 식이의 수명연장효과에 대하여는 많은 논란이 있으나 공통적으로 체중감소가 있었고 근육이나 뇌 무게보다는 체지방 감소가 더 뚜렷했으며 자유급식을 한 원숭이에 비하여 생리적으로 더 젊었기 때문에 사람에서도 만성질환 예방과 수명연장에 효과가 있을 것으로 기대되고 있다. 실제로, 정상체중을 가진 사람들을 대상으로 30% 에너지 제한을 하였을 때 대조군에 비하여 체질량지수, 체지방, 혈중 콜레스테롤과 중성지방 농도, 공복시 혈당과 인슐린 농도, 혈압, 염증지표(CRP, TNF-α, IL-6)가 더 낮았다.

에너지제한식이는 총에너지 감소뿐만 아니라 식이구성이 매우 중요하다. 기본적으로 탄수화물, 지방, 단백질과 같은 열량영양소를 줄여야 하겠지만 동물실험 결과 메티오닌과 트립토판과 같은 특정 아미노산을 줄였을 때 노화관련 질병들을 예방하고 수명이 연장되었다. 한편, 미국의 국민건강영양조사 자료를 바탕으로 수행한 단면적 연구에서 50~65세에서 단백질 섭취량이 에너지 섭취량의 20% 이상의 고단백군은 10% 미만인 저단백군에 비하여 사망률이 4배나 되었으나 단백질 급원식품이 식물성인 경우에는 암으로 인한 사망률이 감소하였다. 한편 65세 이상에서는 고단백군이 암으로 인한 사망률과 총 사망률이 오히려 더 낮았다. 따라서, 중년기에는 단백질 섭취량을 약간 낮은 수준으로 섭취하고 노년기에는 충분한 수준으로 올리는 것을 제안하였다.

에너지섭취제한으로 인한 노화억제 및 수명연장효과에 대한 기전은 여러 가지로 설명된다. 에너지섭취가 줄어들면서 체중감소, 산화적 스트레스 감소, mTOR 경로의 활성화 억제, 인슐린 유사 성장인자(IGF-1)의 감소로 인한 인슐린 저항성 감소, SIRT-1의 증가, 염증성 사이토카인의 감소 등에 의한 결과로 설명하고 있다. 생쥐 실험에서 영양소 감지 경로인 mTOR, sirtuins, IGF-1 등의 유전자를 변이시키면 노화가 지연되고 수명이 연장되었다. 그러나 Fontana 등은 실험동물에게 장기간 영양이 부족하지 않은 에너지섭취제한을 한 결과 혈중 IGF-1 농도가 감소하는 것을 관찰하였는데 혈중 IGF-1의 감소가 항노화와 항암효과를 유도하는데 있어서 매우 중요한 역할을 하였을 것이라 하였다. 여러 동물 모델에서 IGF-1 유전자를 변이시켰더니 노화가 지연되었고 수명이 연장되었으며, 에너지제한 식이는 IGF-1의 활성을 감소시켰다.

에너지제한이 산화적 스트레스를 감소시켜 노화나 노화관련 질병을 억제시켰을 것이라는 설명도 있다. 세포 내 산화적 스트레스의 증가는 세포 내 유전자 전사인자들에 영향을 준다. 활성산소의 증가는 NF-κB를 활성화시켜 cyclooxygenase(COX)의 발현과 활성을 증가시킴으로써 염증반응이나 혈액응집을 촉진하는 프로스타글란딘(PG) E2와 트롬복산(TX) A2의 합성을 증가시킨다. 이 밖에도 염증성 매개물질인 TNF-α, IL-1, IL-2, IL-6 등과 NO합성효소(iNOS)의 발현을 유도함으로써 염증반응을 증가시킨다. 노화에 따른 염증성 반응의 증가는 산화적 스트레스의 증가로 인한 MAPK 신호전달경로의 활성화와도 관련이 있는데 에너지제한은 MAPK 신호전달 경

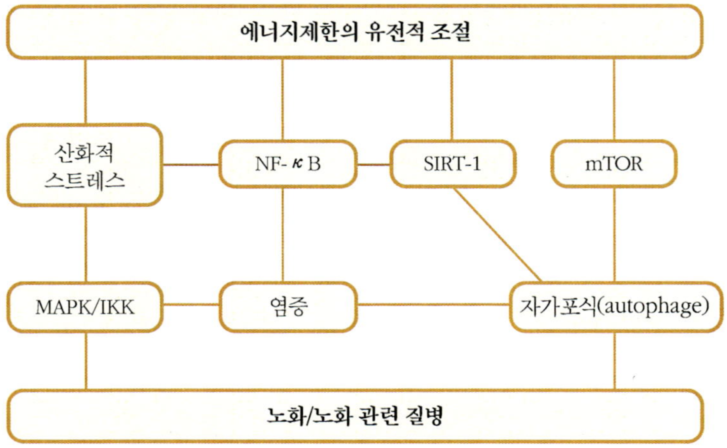

자료: Chung KW 등. Experimental Gerontology 2013

그림 14-5. 에너지제한식이의 유전자발현 조절을 통한 노화 및 노화 관련 질병억제효과

로의 활성화를 억제한다. 또한 에너지제한은 간, 지방조직, 뇌, 신장 등의 조직에서 NF-κB의 활성화를 막는 SIRT-1이라는 전사인자의 발현을 증가시켰으며, 세포 내 대표적인 영양소 감지 신호경로의 하나인 mTOR의 활성을 저하시켰다. mTOR는 세포의 성장, 증식, 발달, 기억, 혈관생성, 면역반응 등 다양한 기능을 조절한다(그림 14-5).

노화가 진행됨에 따라 세포분열, 세포노화 및 사멸 과정에서 중요한 역할을 하는 유전자들의 발현에 변화가 생겨 기능이상이나 암 등이 발생하기 쉽게 된다. 에너지제한식이는 이러한 노화에 따른 유전자들의 발현이 변하는 것을 억제함으로써 노화를 지연시키는 것으로 설명되기도 한다. 세포 내 RNA에는 400개 이하의 핵산으로 이루어진 매우 짧은 비코딩 RNA(small noncoding RNA, sncRNA)라는 것이 있다. 이것은 단백질을 합성하도록 하지는 못하지만 표적 유전자와 상호작용을 통하여 세포 기능을 조절한다. sncRNA는 혈액이나 세포외액을 순환하면서 표적 세포의 유전자 발현을 조절하고 세포들 간의 의사소통의 일부분을 담당한다.

이 중 크기가 매우 작은 마이크로 RNA(microRNA, miRNA)라는 것이 있는데 단일가닥의 비코딩 RNA로서 mRNA와 결합하여 분해시키거나 단백질 합성과정을 억제한다. 인간 게놈의 60% 이상이 miRNA에 의하여 조절된다고 하니 miRNA의 생물학적인 중요성을 알 수 있다. 그러나 최근 노인들이 젊은 사람보다 혈중 miRNA 농도가 낮았다는 보고가 있었다. miRNA는 염증성 사이토카인이나 DNA 수선과정에도 관여를 하기 때문에 노화로 인한 miRNA의 감소는 암이나 기타 노화 관련 질병 또는 염증반응의 증가와 관련이 있을 것으로 보고 있다. Mercken 등은 늙은 원숭이와 젊은 원숭이의 골격근에서 miRNA 발현에 차이가 있었지만 에너지제한식이를 한 늙은 원숭이는 젊은 원숭이와 비슷하였다. 또한 쥐 실험 결과 에너지제한식이는 뇌에서 노화에 따라 증가하던 miR181a-1, miR-30e, miR-34a 수준을 낮추었고 이들 miRNA들의 표적 유전자인 Bcl-2가 증가하는 것도 억제시킴으로써 인지기능과 관련 있는 뇌세포의 사멸을 억제시켰다. 에너지제한을 한 결과 알츠하이머 치매나 파킨슨병의 발병이 감소하고 노화로 인한 학습 및 기억의 감퇴가 완화되었다는 보고도 있다.

사람은 에너지제한을 하면 호르몬의 변화가 나타나고 콜레스테롤, C-반응 단백질(C-reactive

protein, CRP; 염증지표), 혈압과 경동맥 두께의 감소가 초래되어 심혈관질환의 위험요인이 줄어든다. 하지만 동물에서는 에너지제한을 하면 혈중 IGF-1 농도가 30~40% 감소하였으나 사람에서는 단백질 섭취량을 줄이지 않으면 IGF-1 농도가 감소하지 않는 차이가 있었다. Redman 등은 25세부터 52세까지 20% 에너지제한을 한 결과 수명이 5년 연장되는 효과가 있었지만, 55세부터 22년간 30% 에너지제한을 하였을 때에는 2개월의 수명연장효과밖에 없었다고 하였다.

장수지역으로 잘 알려진 일본의 오키나와인들을 대상으로 한 연구에서 오키나와인들은 미국인에 비하여 60~64세 사망률이 50%나 낮았으며 심장병, 뇌졸중, 암 등으로 인한 사망률이 일본 본토보다 30~40% 낮았는데 그들은 일본인보다 20%, 미국인보다 40%나 적게 열량을 섭취하고 있었다. 미국 국립노화연구소에서는 6개월간 25%의 열량제한 식이를 한 실험결과 수명의 생물학적 지표인 공복 시 인슐린 농도와 체온은 떨어지고 인슐린 민감도는 향상되었으며 에너지 대사와 산화적 스트레스가 감소하였다.

그러나 에너지제한으로 인한 부작용도 보고되었다. 성호르몬의 감소와 그로 인한 골다공증이 증가하였으며 체온저하 및 체지방 감소, 근육량 감소로 인하여 추위에 더 민감해졌고, 콜라겐 합성과 세포증식이 느려짐으로써 상처회복속도가 느려졌으며 심리적으로 우울증과 불안감이 많아지는 변화가 있었다.

항산화영양소, 파이토케미컬과 노화

대사과정에서 생성된 독성이 있는 부산물과 불완전한 복구로 인한 손상이 축적되어 신체가 노화한다는 이론에서 본다면 영양과 노화의 관계는 매우 중요하다. 그중에서도 자유라디칼에 의한 단백질, 지질, DNA의 손상이 가장 잘 알려져 있는데 이를 방어하는 항산화능력은 직간접적으로 영양상태에 의하여 영향을 받는다. 세포에 존재하는 비타민 C, E, 카로티노이드와 폴리페놀 등의 항산화물질은 대부분 섭취한 과일과 채소에서 온 것이며, 셀레늄, 구리, 아연과 같은 무기질들은 산화적 손상을 막고 해독 작용을 하는 효소인 슈퍼옥사이드 디스무테이스(superoxide dismutase, SOD)와 글루타치온 퍼옥시데이즈(glutathione peroxidase)과 같은 항산화효소들의 중요한 조효소로 그 기능을 수행하는 데 있어서 필수적이다. 그러나 항산화 영양소, 특히 β-카로텐은 과하게 섭취하면 오히려 해로울 수 있다.

식물에 존재하는 파이토케미컬의 주요 성분은 폴리페놀류이며 그 안에는 플라보노이드, 이소플라본, 사포닌, 리그난, 알릴화합물 등이 있다. 폴리페놀류는 대체로 건강에 유익한 생리활성 효과를 가지고 있다. 플라보노이드는 식물의 청색, 적청색, 자색 등의 색깔을 나타내는 색소물질로 수백 종 이상 발견되었다. 플라보노이드는 항산화효과, 항암효과, 항염증효과, 항당뇨효과, 혈압강하효과, 혈중지질강하효과, 장기능개선효과 등을 나타낸다. 대표적인 플라보노이드로는 적포도주에 많은 레스베라트롤, 딸기나 블루베리, 가지 등에 많은 안토시아닌, 사과, 양파 등에 많은 퀘르세틴, 감귤류에 많은 헤스페리딘, 녹차에 많은 카테친이 있다. 따라서 나이가 들어가면서 녹차와 다양한 채소 및 과일의 섭취를 늘리는 것이 바람직하다.

이소플라본은 대두와 대두식품에 다량 함유되어 있다. 이소플라본은 에스트로겐과 구조가 비슷하여 에스트로겐과 유사한 효과를 나타내나 때로는 경쟁적인 길항작용을 하기도 한다. 이소플라본은 혈중 콜레스테롤 농도를 낮추고, 혈관의 탄력성을 증대시키며, 저밀도지단백(LDL)의 산화를 막아주는 효과를 통하여 동맥경화 및 심뇌혈관질환의 위험을 감소시키고 유방암과 골다공증을 예방하는 효과가 있다.

리그난은 참깨, 밀배아, 귀리, 메밀, 오트밀, 보리, 대두, 해조류 등에 들어 있다. 식물성 리그난은 장내 박테리아에 의하여 생리활성을 가지는 형태로 바뀌는데 이는 세포분열을 억제하고 항산화활성을 나타낸다. 이와 함께 에스트로겐의 제거를 촉진하고 에스트로겐 결합단백질을 증가시켜 유방암의 위험성을 감소시킨다.

알릴화합물은 유기황을 포함하고 있어 특유의 냄새와 매운 맛이 있다. 간암, 유방암, 대장암, 위암 등을 예방하고 혈중 콜레스테롤 농도와 혈압을 낮춘다. 마늘, 양파, 부추, 파 등이 급원이다.

오메가-3 지방산과 노화

오메가-3(n-3) 계열 다불포화지방산의 섭취는 노화와 관련된 질환들에 대한 이환율을 낮추는 것으로 알려져 있다. n-3 지방산은 암을 예방할 뿐 아니라 뇌조직의 건강한 발달, 간에서의 지방축적 억제, 혈관의 이완, 염증반응의 억제, 혈소판 응집 억제 효과, 면역기능 증진 효과 등이 있다고 알려져 있다. 20대 이후 70대까지 혈청이나 적혈구 내 EPA(eicosapentanoic acid; 20:5 n3)와 DHA(docosahexanoic acid, 22:6 n3)의 농도는 꾸준히 증가하는데 이는 식이섭취패턴의 변화도 있겠지만 노화과정에서의 n3 지방산 대사에 변화가 생기기 때문으로 여겨진다.

n-3계열의 대표적인 긴 사슬 다불포화지방산(LC-PUFA)인 DHA는 특히 뇌에 많이 존재하여 대뇌피질의 전체 LC-PUFA의 약 30~40%를 차지한다. 따라서 DHA는 뇌신경 세포막의 유동성, 수용체에 대한 친화력, 신호전달 등과 같은 뇌 기능과 연관되어 있으며, 신경의 분화와 이온채널, 사멸 등도 조절한다. 한편 EPA는 뇌세포 세포막의 주요 구성성분은 아니지만 신경의 기능에 관여함으로써 신경계 질환을 감소시킨다. EPA와 DHA는 산화적 스트레스를 줄이고 항염증 효과와 신호 전달, 유전자 발현 등에 관여하여 신경계 노화를 지연시킨다. 여러 역학조사 결과 생선과 해산물의 섭취량이 치매 발생율과 관계가 있었으며, n-3 지방산 함량이 높은 식이를 섭취할 때 노화과정에서 인지기능이 저하하는 위험성을 감소시켰다.

영양과 근골격계 노화

노화에 따른 근육량의 감소는 체력저하로 나타난다. 골격근의 20% 정도는 단백질로 구성되어 있으드로 음식섭취를 통하여 충분한 단백질을 섭취해야 한다. 노인을 대상으로 한 연구에서 고단백식을 한 노인은 저지방식을 한 노인보다 3년간의 근육감소량이 40% 정도 더 낮았다. 따라서, 노년기에 근육단백질의 평형성을 유지하려면 단백질 섭취량을 최소한 0.8~1.0g/kg/일 이상으로 해야 하며, 운동량이 많거나 신장질환을 제외한 만성질환이 있는 경우에는 더 많은 단백질의 섭취를 권장한다.

골다공증이 진행된 이후에는 칼슘을 많이 섭취해도 골밀도를 증가시키지 못하기 때문에 젊었을 때부터 칼슘이 충분한 균형 있는 식사와 운동을 하는 것이 필요하다. 청소년과 성인기에 단백질과 칼슘, 비타민 D가 풍부한 식품을 섭취하여 최대골밀도를 높게 만들어 놓을 필요가 있으며 중노년기에는 골밀도 감소의 속도를 최대한 늦추도록 해야 한다.

칼슘의 흡수를 돕는 비타민 D는 피부에서 자외선을 받으면 합성하기 때문에 햇볕을 하루 15분 정도 쬐면 하루 필요량을 충족할 수 있으므로 야외활동을 매일 하는 것이 필요하다. 자외선이 약한 겨울이나 주로 실내에서만 활동하는 사람은 비타민 D가 결핍되기 쉽다.

건강한 노화를 위한 식생활관리

노화의 시작과 진행속도는 여러 가지 요인에 의하여 복합적으로 영향을 받기 때문에 개인마다 다르게 나타난다. 성인기의 영양상태와 식습관은 노화에 영향을 주는 중요한 요인이다. 따라서 건강한 노년기를 위해서는 성인기부터 최적의 건강상태를 유지하고 퇴행성 질환을 예방하는 저항력을 유지할 수 있는 방어영양에 초점을 맞추어 식생활 관리를 해야 한다.

노화과정에 따른 신체적 기능의 변화, 생리적 변화, 대사적 변화와 식습관, 식문화 등을 고려

표 14-2. 어르신을 위한 식생활지침

각 식품군을 매일 골고루 먹자
- 고기, 생선, 달걀, 콩 등의 반찬을 매일 먹는다. - 다양한 채소반찬을 매끼 먹는다. - 우유제품과 두유를 매일 먹는다. - 신선한 제철과일을 매일 먹는다.
짠 음식을 피하고 싱겁게 먹자
- 음식을 싱겁게 조리한다. - 국과 찌개, 탕 등의 국물음식을 적게 먹는다. - 음식에 소금이나 양념을 식탁에서 자주 더 넣지 않는다.
식사는 규칙적이고 안전하게 하자
- 하루 세끼 식사를 한다. - 외식할 때에는 영양과 위생을 고려하여 선택한다. - 오래된 음식은 먹지 않고, 신선하고 청결한 음식을 먹는다. - 식사로 건강을 지키고 식이보충제가 필요한 경우에는 신중하게 선택한다.
물은 많이 자주 마시고 술은 적게 마시자
- 목이 마르지 않더라도 자주 물을 마신다. - 술은 하루 1잔을 넘기지 않는다. - 술을 마실 때에는 반드시 다른 음식과 같이 먹는다.
활동량을 늘리고 적정체중을 유지하자
- 앉아있는 시간을 줄이고 가능한 많이 움직인다. - 나의 적정체중을 알고 유지한다. - 매일 최소 30분 이상 숨이 찰 정도로 유산소 운동을 한다. - 일주일에 최소 2회, 20분 이상 숨이 찰 정도로 근육운동을 한다.

하여 국가마다 자국의 노인을 위한 영양소 섭취 권장량과 식생활관리 지침을 제시하고 있다. 그러나 평균적인 노인을 대상으로 하는 영양소 권장량과 지침은 초고령자나 특별한 질병을 가지고 있는 노인들에게는 맞지 않는 부분도 있다. 또한 노화의 속도와 현상은 남녀 간, 개인 간 차이가 크기 때문에 지침을 기본으로 하되 개별적 상태에 따른 응용 및 맞춤전략이 요구된다.

나이가 들수록 대체로 에너지와 영양소들의 필요량은 감소하지만, 일부 영양소는 비슷하거나 오히려 증가한다. 노인 대상 식생활관리의 첫 번째 목표는 근육량을 최대로 유지하면서 적정체중을 유지하도록 하는 것이다. 노인 건강을 위한 식생활지침은 표 14-2와 같다.

다양한 식품의 섭취

노인은 노화로 인한 생리적인 변화와 함께 다양한 환경적 변화로 인하여 일상생활의 변화와 함께 식생활 패턴이 변화하게 된다. 노화로 인한 질병, 활동성의 제한, 독거, 경제적 어려움, 인지기능저하, 사회적 고립 등은 식욕, 식품구입, 식품선택, 조리방법, 식이의 다양성 및 식행동 전반에 영향을 미치게 된다.

노인은 소화력이 떨어지기 때문에 세끼 식사를 규칙적으로 하면서 하루 1~2회 가벼운 간식을 통하여 조금씩 나누어 다양한 식품을 섭취하도록 한다. 노인은 노화가 진행될수록 식품섭취의 다양성이 감소하며 그로 인하여 영양소 불균형이나 영양불량을 초래하는 경우가 흔하다. 노인의 식품섭취 다양성에 미치는 주된 요인으로는 소득, 건강상태, 가족형태 등이 있으며, 그 밖에 식욕, 식품영양지식, 집에서 마트까지의 거리, 자가용 이용 가능성, 거주지역 내에 공급되는 식품의 다양성, 부엌 시설, 이웃이나 친지의 도움 등도 영향을 주었다(표 14-3).

노인의 영양상태는 신체건강뿐 아니라 정신건강과도 깊은 상관성을 보인다. Kwak 등은 국내 전라도 지역 70대 노인을 대상으로 한 연구에서 건강한 노인이 건강하지 못한 노인에 비하여 영양평가 점수와 인지기능 점수는 더 높은 반면 우울감은 더 낮았다고 하였다.

적정체중의 유지를 위한 에너지섭취

일반적으로 적정체중을 유지하고 있을 때 건강상태가 좋고 기대수명도 증가한다(그림 14-6). 에너지 필요량은 나이가 들수록 감소한다. 제지방량이 감소하여 기초대사량이 감소할 뿐더러 활동량도 감소하기 때문이다. 이는 체중을 유지하는데 필요한 에너지가 감소한다는 의미이다. 따라서 에너지섭취를 이전보다 줄이지 않으면 체중이 증가하기 쉽다. 에너지섭취를 줄이기 위하여 탄수화물과 지방 섭취량은 줄여야 하지만 면역기능과 근육량 감소를 최소화하기 위하여 단백질 섭취량은 줄이지 않는 것이 좋다.

연령대에 따른 비만율의 변화는 남녀에 따라 차이가 있으나 대체로 70세 이후에는 감소하는 반면 저체중 비율은 증가한다. 저체중은 노년기 건강에 악영향을 미쳐 질병 이환율과 사망률을 증가시키므로 체중유지를 위한 충분한 에너지를 섭취하도록 해야 한다. 체중 감소나 심혈관계질환의 위험을 낮추기 위하여 지방의 섭취량을 줄이다보면 탄수화물의 섭취가 증가하기 쉽다. 과량의 탄수화물, 특히 정제당의 섭취증가는 비만과 대사증후군의 위험을 야기하거나 악화시킬 수 있으므로 주의해야 한다. 우리나라에서는 성인 및 노인에 대하여 탄수화물의 에너지적정비율을

표 14-3. 노인에서 식품선택에 영향을 미치는 요인들

요인	영향
정신적인 면	
외로움, 우울감 배우자와의 사별 사회적 고립 불만, 불안감	혼자 살거나 혼자 식사를 하는 것, 가족이나 자신의 처지에 대한 불만은 외로움, 고립감, 우울감을 심화시킴
음식에 대한 혐오감 금기식품	편식 유발
영양지식의 부족 인지기능 저하	잘못된 식품선택과 식행동, 편식 유발
생리적인 면	
식욕감퇴 미각, 후각기능의 감소 치아문제	노화에 따른 후각과 미각기능의 변화, 틀니나 구강위생불량, 약물 등으로 나쁜 맛 느낌
질병으로 인한 제한된 식단 만성질환	만성질환으로 인한 제한식이와 약물복용은 식품선택의 다양성을 감소시킴
신체활동성 감소 식품 알레르기 또는 과민증	노화에 따라 필요열량 감소함. 식품 알레르기와 과민증 있는 경우 섭취량과 다양성 감소
시력저하	활동성 감소, 식품 라벨이나 사용법 확인 어려움. 비위생적이거나 부정확한 조리
약물복용	영양소와 약물간의 상호작용
사회경제적인 면	
나이 성별 소득수준 조리시설	가족형태, 경제수준, 주거환경의 영향력이 큼. 혼자 사는 여자노인은 경제적 어려움으로 인한 영양취약군. 혼자 사는 남자노인은 고립감, 음주, 영양지식과 식생활에 대한 관심부족으로 인한 취약군
하루 일과 은퇴/여가시간	활동시간, 여가시간의 양과 질에 따른 만족도
교육수준	교육수준이 높을수록 자기건강관리능력이 높음
식품구입장소의 거리 교통수단의 용이성 친숙한 식품구입의 용이성	노인은 새로운 음식에 대한 거부감이 큼. 가까운 곳에서 손쉽게 다양한 식품을 구입할 수 있거나 자가용을 이용할 수 있다면 식품구입과 선택에 있어 유리함

55~65%로 권장하고 있다.

탄수화물 급원으로는 단맛이 있는 단순당이 들어간 식품보다는 곡류나 채소와 같은 복합 다당류 식품으로 섭취하도록 한다. 현미와 다양한 잡곡, 통밀, 두류 등과 다양한 채소와 과일의 섭취를 통하여 충분한 식이섬유, 비타민, 무기질도 함께 공급하도록 한다. 지질의 섭취량은 여러 가지 이유에서 나이가 들수록 감소시켜야 하는 영양소이지만 노화에 따라 에너지 필요량이 감소하기 때문에 지질의 에너지적정비율은 15~30%로 성인과 동일하게 권장되고 있다. 그러나 식품선

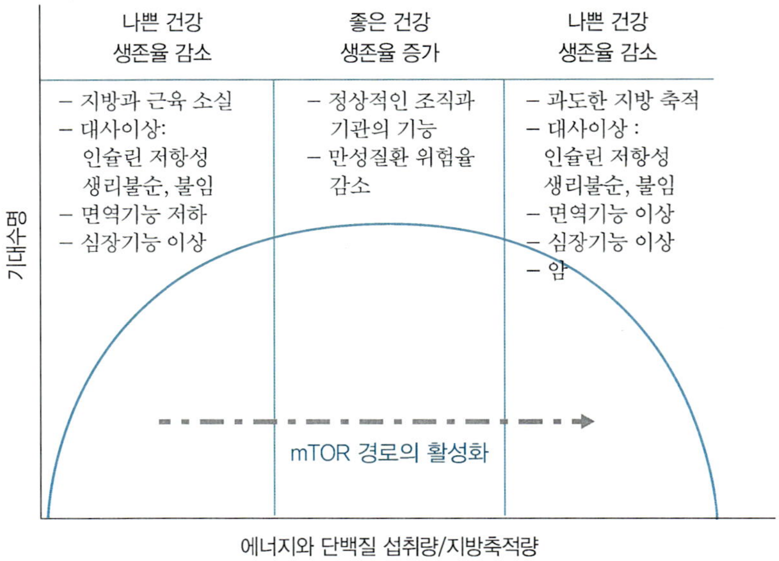

자료: Rizza W 등. Aging Research Reviews. 2014

그림 14-6. 건강장수와 에너지/단백질 섭취 및 체내 지방축적량과의 관계

택과 조리법 등의 조정을 통하여 포화지방산의 섭취량을 줄여야 하므로 지방이 많은 육류나 버터, 크림, 가금류의 껍질 등은 제한하고 생선이나 식물성 지방의 비율을 늘리도록 한다. 또한 들깨, 들기름, 등푸른 생선, 김, 견과류의 섭취를 통하여 n-3 지방산의 섭취량을 늘린다. 마가린, 쇼트닝, 고열로 오랜 시간 조리된 기름에는 트랜스 지방산이 많으므로 이를 많이 이용하는 과자, 튀김, 중국음식 등은 제한하도록 한다.

노년기에 단백질 부족은 근육감소증, 골손실, 면역력 감소 등으로 이어져 건강에 악영향을 줄 수 있으므로 충분한 단백질 섭취가 요구된다. 따라서 열량은 낮으면서 단백질이 풍부한 식사를 권장한다. 지방이 적은 살코기, 생선, 달걀, 두류, 저지방 우유, 요구르트 등 소화되기 쉬운 양질의 단백질 식품을 이용한다.

비타민과 무기질의 충분한 섭취

1. 항산화 영양소

활성산소는 여러 노인성 만성질환의 공통적인 원인으로 지목되고 있다. 그러나 노화가 진행될수록 활성산소를 제거하는 능력은 감소하기 때문에 이들을 원활하게 제거함으로써 산화적 스트레스를 낮추는 항산화 영양소가 충분한 식품을 섭취할 필요가 있다. 항산화효과를 나타내는 대표적인 영양소로는 비타민 C, E, 카로티노이드, 셀레늄이 있으며, 비영양소 물질로는 폴리페놀이 있다. 그러므로 다양한 색깔의 과일과 채소를 충분히 섭취하는 것이 좋다. 그러나 노인이 되면 식욕이 감퇴되고 맛감각의 변화 등으로 편식하는 경향이 나타나서 다양한 채소와 과일의 섭취가 부족하기 쉽다.

2. 칼슘과 비타민 D

노인에서의 칼슘과 비타민 D 섭취량은 골다공증 예방을 위하여 성인의 섭취량을 유지하거나 오히려 증가시켜야 하는 대표적인 영양소이다. 그뿐만 아니라 비타민 D는 세포의 증식과 분화의 조절에도 관여하여 유방암, 대장암, 전립선암 등을 예방한다는 보고도 있다. 한국인의 비타민 D 섭취량이나 혈중 비타민 D_3 농도를 보면 기준에 못 미치는 비율이 매우 높다. 자연의 식품에는 비타민 D가 없거나 소량만 함유되어 있기 때문이다. 일반적으로 비타민 D는 식이보다는 햇볕 노출을 통하여 피부에서 합성되는 양이 더 많은데 노인들은 야외활동량이 줄어들어 비타민 D의 합성이 충분치 않을 가능성이 커지고 급원식품의 충분한 섭취도 어려워 비타민 D가 부족하기 쉽다. 비타민 D의 급원식품은 비타민 D가 강화된 우유 및 유제품, 시리얼, 등푸른 생선, 달걀 노른자, 햇볕에 말린 버섯류 등에 제한되어 있다. 충분한 칼슘의 섭취는 전 생애에 걸쳐 매우 중요한 영양소이다. 특히 폐경기 이후의 여성에게는 골다공증 예방을 위하여 칼슘의 섭취량을 늘려야 한다.

3. 비타민 B 복합체와 엽산

비타민 B 복합체, 메티오닌, 콜린, 비테인, 세린, 글리신 등의 영양소는 단일탄소대사에 직접적으로 관여하고 있으며, 비타민 A, 셀레늄 등은 간접적으로 관여하고 있다. 단일탄소대사는 뇌기능과 유지에 매우 중요하므로 노화과정에서 더욱 관심을 가질 필요가 있다. 단일탄소대사의 상태를 나타내는 임상적인 지표는 혈중 호모시스테인 농도인데 호모시스테인 농도가 상승하면 인지장애나 기억력장애, 치매의 위험성이 증가하며, 염증반응이 증가하여 심혈관질환의 위험성이 증가한다. 따라서 노화과정에서는 비타민 B_6, B_{12}, 엽산 등의 영양섭취가 부족하지 않도록 각별히 신경을 써야 한다.

4. 철과 아연

노인에서는 철의 섭취가 부족하기 쉽고 위산분비의 감소와 만성 질환, 약물복용 등의 이유로 철의 흡수율과 이용률이 감소한다. 그로 인하여 철 영양상태의 부족이 나타나기 쉽고 이는 빈혈

쉬어가기

단일탄소대사(one-carbon metabolism)

단일탄소대사는 핵산의 합성, 메틸화반응(methylation), 황전달반응(trans-sulfuration)을 비롯한 중요한 대사 경로들을 생화학적으로 연결하는 하나의 망이다. 단일탄소대사의 주요 기능은 다음과 같다.

1. 단일탄소대사에 의하여 메티오닌으로부터 만들어진 S-아데노실메티오닌(SAM)은 DNA 메틸화나 히스톤 메틸화 과정에 관여하여 유전자 발현에 영향을 미치며, 그 밖에 생체 내에서 일어나는 수많은 메틸화 반응에서 메틸공여자의 역할을 한다. 또한 SAM은 염증반응을 억제하는 효과가 있으므로 단일탄소대사 이상으로 SAM이 부족하면 염증반응이 증가할 수 있다.
2. 단일탄소를 전달하여 DNA합성과 보수과정에서 필요한 핵산을 합성하도록 한다. 단일탄소대사가 원활하지 않아 핵산의 합성이 충분하지 않으면 DNA의 돌연변이나 비정상적인 DNA 보수가 증가한다.
3. 메티오닌에 황을 전달하여 시스테인이 합성되도록 하며, 시스테인은 항산화효과가 있는 타우린과 글루타치온의 합성에 이용된다.
4. 지질과 탄수화물 같은 에너지대사와 연결되어 있어 상호 영향을 주고받는다.

의 주요 원인이 된다. 특히 식품섭취량이 적어서 에너지 섭취량이 낮은 노인은 철 부족의 가능성이 높다. 아연결핍 또한 노인에서 흔히 보인다.

염분 섭취의 절제

우리나라 국민은 평균적으로 소금섭취량이 과도하여 염분섭취량이 권장량의 2~3배에 달한다. 더구나, 노인이 되면 미각의 감퇴로 더욱 짠 것을 선호하게 된다. 염분의 과다 섭취는 혈액과 세포간액이 증가하여 부종이 일어나고 혈압이 상승하며 심장에 부담을 준다. 따라서 음식은 싱겁게 조리하고, 김치, 젓갈, 장아찌 등의 염장식품과 국, 찌개, 탕과 같은 국물음식 염분이 많이 들어간 가공식품이나 편의식품 등의 섭취를 제한하도록 한다.

충분한 수분과 식이섬유 섭취

나이가 들수록 체수분량은 감소하며 수분평형 조절능력도 떨어진다. 노인들은 갈증에 대한 감지능력이 떨어질 뿐 아니라 이동성도 떨어져 스스로 자주 수분섭취를 못하는 경우도 있다. 특히 열이 있거나 날씨가 더워 땀을 흘리게 되면 탈수의 위험은 더 커진다. 하루 총 수분섭취량은 식사 중 음식을 통한 섭취량에 물이나 음료를 통한 섭취량을 합한 부피로 계산한다. 우리나라 65세 이상 노인의 수분 충분섭취량은 남자 2100mL(음식으로의 섭취량 1000mL 포함), 여자 1800mL(음식으로의 섭취량 900mL 포함)이다. 따라서 식사 이 외에 수분을 하루 1L 정도 섭취하도록 한다.

충분한 식이섬유의 섭취는 변비를 예방하고 혈당과 혈중 지질 농도 감소효과, 심혈관질환 감소효과뿐 아니라 장관 내 미생물들의 다양성과 유익균을 증가시켜 면역기능을 향상시킨다. 따라서 노년기에 에너지와 식이 섭취량은 젊은 성인에 비하여 감소함에도 불구하고 식이섬유의 섭취량은 줄지 않도록 해야 한다. 우리나라 성인과 노인의 식이섬유의 충분섭취량은 남자는 25 g, 여자는 20g이다. 과일류, 채소류, 곡류, 해조류, 두류, 버섯류 등은 식이섬유의 좋은 급원이다.

약물복용에 따른 식이조절

나이가 들어감에 따라 복용하는 약물의 수와 용량이 점차 증가할 뿐 아니라 건강보조식품의 섭취빈도가 증가한다. 노인들에서 가장 흔한 만성질환인 고혈압, 당뇨병, 고지혈증, 근골격계질환 치료제를 비롯하여 변비약, 이뇨제, 아스피린, 항우울제, 골다공증 치료제 등의 약물복용 빈도가 높다. 약물복용이 음식섭취에 영향을 미치는 부작용들은 표 14-4와 같다.

어떤 약물은 식욕을 감소시키거나 변비, 소화장애 등을 일으켜 식품섭취에 직접적으로 영향을 미칠 수 있으며, 또 어떤 약물은 식욕을 증진시키기도 한다. 안정제는 매우 피곤하게 하여 식욕을 저하시킨다. 일부 항생제나 항암제, 마늘 추출물, 은행잎 추출물, 소팔메토(Saw palmetto), 항우울제, 철분보충제 등은 소화장애와 메스꺼움을 유발하여 식욕을 억제한다.

소팔메토(Saw palmetto)
소팔메토는 Serenoa repens 이라는 식물로 그 열매 추출물에는 지방산과 피토스테롤이 많다. 소팔메토 추출물은 주로 양성 전립선비대를 완화시키는 기능성식품으로 이용되고 있다.

음식섭취가 약물의 흡수속도에 영향을 주는 경우가 있다. 캡토프릴(captopril)과 하이드라라진(hydralazine)은 고혈압치료제인데, 캡토프릴은 음식섭취에 의하여 흡수가 억제되는 반면 하이드

표 14-4. 식품섭취에 영향을 미치는 약물복용의 부작용

맛감각의 변화	
식욕부진	입마름
복부 팽만 및 가스	어지러움
시야가 흐려짐	피로
흉통	속쓰림
불안, 초조	입안 염증과 궤양
코막힘	메스꺼움
변비	통증
기침	기운 없음
설사	호흡이 짧아짐
복부경련	목의 따끔거림
설사	

라라진은 촉진된다. 따라서 캡토프릴은 식전에 복용해야 하고 하이드라라진은 식후에 복용해야 한다. 아스피린은 위장이 비어 있을 때 더 빠르게 흡수되나 위장벽에 손상을 줄 수 있으므로 천천히 흡수되더라도 식후에 복용하도록 한다.

제산제에는 알루미늄, 칼슘, 마그네슘, 나트륨과 같은 여러 가지 무기질이 들어 있는데 이런 성분들이 다른 약물이나 영양소의 흡수에 영향을 미칠 수 있다. 어떤 변비약은 위장관의 운동을 빠르게 함으로써 영양소의 흡수를 방해한다. 변비약은 장기간 반복적으로 사용하면 장기능이 떨어지므로 사용에 주의해야 한다.

비타민 K는 혈액응고인자 합성에 관여하기 때문에 항응고제인 와파린의 약효를 감소시킨다. 따라서 항응고제를 복용하고 있는 경우에는 비타민 K가 함량이 낮은 식사를 하는 것이 필수적이며, 허브나 건강보조제를 섭취할 때 비타민 K 함량에 대하여 확인할 필요가 있다. 골다공증 치료제의 하나인 알론드로네이트(Fosamax)를 복용할 때에는 칼슘과 비타민 D가 풍부한 식이를 하는 것이 보다 효과적인 결과를 얻을 수 있다. 그레이프프루트 주스, 커피, 감초 등은 약물대사에 영향을 준다. 그레이프프루트 주스는 고혈압 치료에 사용되는 칼슘채널 억제제나 고콜레스테롤증 치료에 사용되는 스타틴 계열의 약물, 항불안증 약물, 면역억제제를 비롯한 일부 약물의 혈중농도를 상승시킨다.

카페인은 중추신경계를 활성화하기 때문에 중추신경을 흥분시키는 약물의 효과를 강화시키는 반면 중추신경계 활성을 억제시키는 약물의 효과는 감소시킨다. 감초는 나트륨의 체내 저류와 칼륨의 배설을 촉진하기 때문에 이뇨제나 항고혈압제제가 포함된 약물 복용 시 문제를 야기할 수 있다. 코르티코스테로이드는 항염증제나 면역억제제로 사용되는데 칼슘과 비타민 D대사에 영향을 주어 골다공증의 위험성을 증가시킨다. 항암제, 관절염, 건선, 염증성 장질환 등에 사용되는 메소트렉세이트(methotrexate)는 엽산의 구조와 비슷하기 때문에 고농도로 사용하면 엽산대사과정에서 경쟁관계를 가지게 되어 엽산결핍을 유발할 수 있다. 아스피린은 엽산을 이동시키는 데 필요한 단백질과 경쟁하여 엽산대사에 영향을 미치기 때문에 아스피린을 장기간 사용 시

에는 엽산 보충을 검토할 필요가 있다.

영양소와 약물이 상호 간에 배설에 영향을 주는 경우가 있다. 고용량의 비타민 C는 소변의 pH를 산성화시키는데 이는 아스피린과 같은 산성 약물의 배설을 억제한다. 또한 나트륨 섭취량이 높으면 정신질환 치료제로 사용하는 리티움(Li)의 재흡수에 영향을 주기 때문에 나트륨의 섭취량을 일정하게 할 필요가 있다. 한편 이뇨제는 칼슘, 칼륨, 마그네슘, 아연 등의 배설을 증가시키며, 항곰팡이제는 칼륨과 마그네슘의 배설을 촉진한다.

일부 약물은 약효성분 이 외에 설탕, 소르비톨, 락토오스, 나트륨, 카페인 등을 함유하고 있기 때문에 고용량으로 장기간 복용 시에는 문제를 일으킬 수 있다. 많은 액상 약물들은 쓴맛을 줄이기 위하여 설탕이나 소르비톨이 첨가되어 있으므로 당 섭취를 엄격하게 제한해야 하는 사람은 약물로브터 섭취하는 당섭취량도 계산하여 식단계획에 반영해야 한다. 소르비톨이 과량 함유된 액상약물을 과량 섭취하면 설사를 할 수도 있으며, 락토오스가 함유된 약물은 유당 불내증이 있는 사람에게는 문제를 야기할 수 있다. 항생제와 제산제는 나트륨을 함유하므로 나트륨 섭취량을 엄격하게 제한해야 하는 경우에는 주의가 필요하다.

우리나라 노인의 영양소 섭취의 문제점

우리나라 노인 인구는 2017년 14%를 넘어 '고령사회'에 진입하였으며 2026년에는 20%에 도달하여 '초고령사회'가 될 것으로 예상된다. 기대수명이 빠르게 증가함에 따라 삶의 질을 유지하면서 장수하기 위해서는 무엇보다도 건강상태가 중요하다. 노년기 건강은 하루아침에 이루어진 것이 아니고 유전적 요인과 장기간의 환경적 요인에 의하여 영향을 받는다. 환경적 요인 중 식습관과 영양상태는 가장 영향력이 큰 것으로 알려져 있다.

2019년 국민건강영양조사 결과를 보면 에너지와 주요 영양소의 부족 섭취자 비율과 과잉 섭취자 비율은 그림 14-7 및 그림 14-8과 같다.

우리나라 65세 이상 노인에서 에너지(필요추정치의 75% 미만), 단백질(평균필요량 미만), 지방(지방에너지적정비율 미만)의 섭취가 부족한 비율은 각각 40.4%, 39.1%, 51.2%이며, 칼슘, 철, 비타민 A, 리보플라빈, 비타민 C의 섭취가 부족한(평균필요량 미만) 대상자의 비율은 각각 75.1%, 21.0%, 81.4%, 56.4%, 75.5%로 노인의 75% 이상이 칼슘, 비타민 A, 리보플라빈, 비타민 C의 섭취량이 부족하였다. 모든 영양소에 대하여 남자 노인보다는 여자 노인의 섭취부족 비율이 더 높아 여자 노인들이 영양적 취약군으로 평가되고 있다. 더구나 에너지, 칼슘, 철, 비타민 A와 C, 리보플라빈 섭취가 모두 부족하여 심각한 영양섭취부족으로 예상되는 비율은 16.3%(남자 14.0%, 여자 18.1%)였다.

에너지 및 주요 영양소의 섭취부족은 남자보다는 여자가, 연령이 높을수록, 소득수준과 교육수준이 낮을수록, 배우자가 없는 경우 더 높았으며, 현재 신체적 활동에 제한이 있거나 저작 불편사항이 있는 경우, 우울증상이 있는 경우 더 높았다. 영양섭취기준의 125%를 넘는 경우를 과잉섭취로 간주하였을 때 에너지와 나트륨의 과잉섭취자 비율은 각각 12.0%와 61.4%였다.

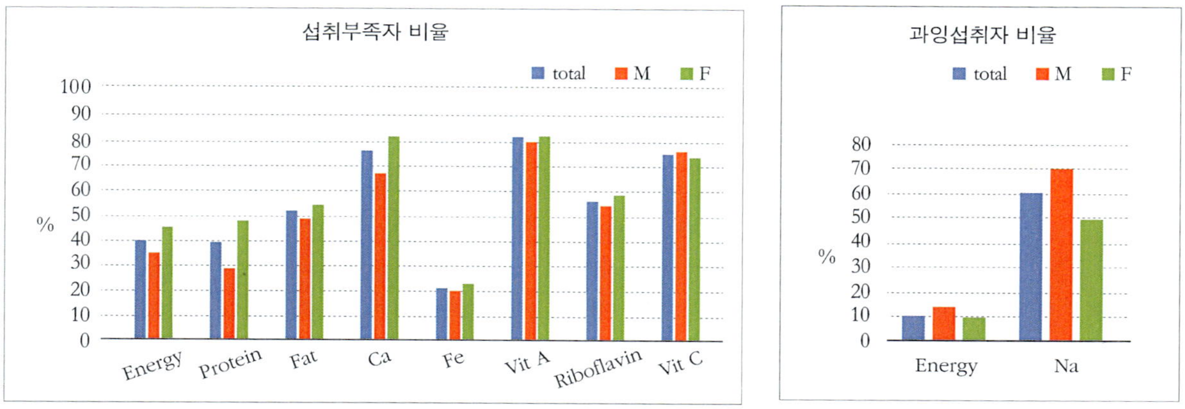

그림 14-7. 65세 이상 한국 노인의 열량 및 주요 영양소의 섭취부족비율 및 과잉섭취비율(2019년 국민건강통계)

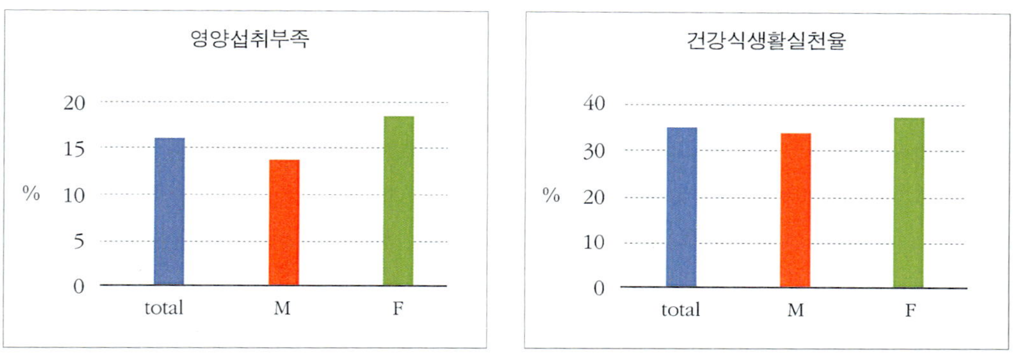

* 영양섭취부족: 열량, 칼슘, 철, 비타민 A와 C, 리보플라빈 모두 평균필요량 이하의 섭취
* 건강식생활실천율: 지방, 나트륨, 과일 및 채소의 적정량 섭취, 영양정보표시 읽기의 4가지 항목 중 2가지 이상을 실천하는 비율

그림 14-8. 65세 이상 한국 노인의 영양섭취부족과 건강식생활실천율(2019년 국민건강통계)

한편 지방, 나트륨, 과일 및 채소의 적정량 섭취, 영양정보표시 읽기의 4가지 항목 중 2가지 이상을 실천하는 건강식생활실천율은 노인의 36.0%(남자 34.6%, 여자 37.0%)였다. 따라서 한국인의 노년기 건강장수를 위하여 건강식생활실천율을 높이는 방향의 정책을 지속적으로 펴 나가야 할 것이다.

요약

1. 노화란 시간의 흐름에 따라 점진적으로 발생하는 것으로 생체가 조직학적으로나 기능적으로 약화되는 현상이다.
2. 노화의 원인에 대한 가설은 많지만 아직도 만족할 만한 답을 얻지는 못하고 있다. 유전적인 요인으로는 종에 따라 유전자에 수명이 정해져 있다는 예정설, 텔로미어설, 내분비설 등이 있으며, 환경적 요인으로는 마모설, 산화적 스트레스설, DNA 손상설, 단백질 합성 오류설, 교차결합설 등이 있다.
3. 노화에 따른 특성과 노화속도는 사람에 따라 다르며 한 사람 안에서도 각 장기나 기관의 노화현상과 속도는 다르다. 그러나 공통적으로 체세포수가 감소하고 기능적인 저하로 인하여 예비력 감소, 반응성과 적응력의 감소, 저항력의 감소 현상이 나타난다.
4. 나이가 들수록 신체의 제지방량(lean body mass) 비율과 수분율은 감소하고 지방비율은 증가한다. 또한 체지방이 신체의 중심 쪽으로 이동하여 피하지방은 감소하고 복부지방(내장지방)은 증가한다. 제지방량의 감소는 주로 골격근의 감소 때문이다.
5. 노화가 되면 시상하부와 뇌하수체의 민감성과 호르몬 합성능력이 저하하게 되어 호르몬 분비가 감소하고 활성도 떨어지면서 다양한 신체적, 정신적 변화가 나타난다. 노화에 따른 대표적인 생리적 변화는 기초대사율의 감소, 호르몬 분비 감소, 신경전달속도의 감소, 세포 내 수분 감소, 신장의 사구체 여과율 감소, 신장혈류의 감소, 폐활량 감소, 심박수의 감소 등이다. 정신적 변화는 인지기능과 자극에 대한 정서적 반응성이 저하하고 우울감이 증가할 수 있다.
6. 나이가 들어가면서 가장 눈에 띄는 변화 중의 하나는 심장과 혈관의 변화로 혈관계 기능의 저하이다. 그로 인하여 혈액순환장애, 동맥경화, 고혈압, 심근경색, 심부전, 부정맥 등의 위험이 증가한다. 심박수와 일박출량이 감소하기 때문에 운동이나 정신적 스트레스에 대한 대처능력이 떨어진다. 동맥의 중막에는 칼슘축적, 내막에는 콜레스테롤 침착이 현저하여 동맥벽이 두꺼워지면서 혈관내경은 차차 좁아지고 동맥 혈관들은 경화되어 탄력성이 떨어진다.
7. 노화가 진행되면 뇌세포 수가 감소하고 단백질 독성물질인 아밀로이드와 지질과산화물이 침착되고 신경전달물질의 분비 감소로 인지기능이 저하하며, 신경전달 속도와 반응속도의 감소, 근육량 감소로 인한 근력의 감소, 심장 및 폐기능 저하 등으로 인하여 운동기능도 감소한다.
8. 신장은 체내 노폐물을 배설하는 중요 기관이다. 노화될수록 네프론의 수가 감소하여 신장무게가 감소하고 기능도 저하한다. 또한 심장기능의 저하와 혈관의 탄력성 감소로 인하여 신장으로 들어오는 혈류량이 감소하고 사구체 여과속도가 감소한다. 따라서 노인은 고단백식이나 과용량의 비타민제 섭취는 삼가는 것이 좋다.
9. 신장기능의 감소에 따른 체내 노폐물의 배설능력의 저하와 함께 노인들은 수분결핍에 대한 갈증반응의 감소와 항이뇨호르몬에 대한 반응성 감소로 인하여 전해질 및 수분의 균형 조절에 문제가 발생하기 쉬우므로 수분섭취를 자주 충분히 하는 것이 좋다.
10. 나이가 들면서 식욕저하, 메스꺼움, 속쓰림, 연하곤란, 변비와 같은 소화기계 문제가 많이 발생한다. 저작능력의 감퇴, 타액 및 위산과 소화액 분비감소 등으로 소화능력이 떨어지며 약물복용 증가로 인하여 구강건조증이 생기기 쉽다. 위산 분비 감소와 위축성 위염이 노인들에게서 흔히 나타나는데 헬리코박터 파이로리(Helicobacter pylori)에 감염된 경우 더욱 심화된다. 위산분비가 감소하면 철과 비타민 B_{12}의 흡수율이 떨어지고 소장과 대장에 유해한 박테리아가 과도하게 성장하여 불편감이나 장 질환을 초래할 수 있다.
11. 노화로 인한 면역기능의 저하는 선천적 면역보다는 후천적 면역기능의 저하가 더욱 뚜렷하다. 골수의 줄기세포 수, T 림프구, 혈청면역 글로블린, 인터루킨(IL)-2의 생성이 감소하고 자연살해 세포의 활성

도 감소한다. 노인들은 빈번한 약물복용과 영양부족 등으로 인하여 장관면역(intestinal immunity) 기능이 떨어지기 쉽다.

12. 노화과정에서는 근육량이 감소하며 그에 비례하여 근력이 감소한다. 큰 근육뿐 아니라 작은 근육들도 위축되어 손놀림이나 반응속도가 느려진다. 근육이 지나치게 감소하면 근감소증(sarcopenia)이 발생하는데 이는 쇠약으로 이어져 사망의 위험을 증가시킨다. 근육을 이어주는 인대와 건의 탄력성도 떨어지는데 이는 교원섬유 간에 교차결합이 증가 때문이며 근육들 상호간의 협동이나 평형감각의 감소, 민첩성, 유연성, 긴장도가 감소한다.
13. 남자는 30~40세 이후 평균적으로 10년에 3%씩 골밀도가 감소하며 여성은 10%씩 감소한다. 노화로 인한 골 손실은 척추, 엉덩이뼈, 대퇴골을 비롯하여 모든 부분에서 일어나며 그로 인한 골다공증은 골절의 주요 원인이 된다.
14. 노화가 되면 골수기능저하와 영양 공급의 감소로 인하여 조혈기능이 감소하여 빈혈이 발생하기 쉽고 이는 면역기능저하로 이어져 질병 이환율이 높아진다. 충분한 단백질과 철을 비롯하여 균형된 영양소의 공급이 필요하다.
15. 노화에 따른 간 기능과 췌장 기능의 저하 및 인슐린 민감성의 감소 등으로 인하여 포도당 내당능이 감소하여 당뇨가 발생하기 쉽다. 또한 호르몬 변화, 간 기능 저하, 인슐린 민감성 저하로 지질대사에도 변화가 생긴다. 남녀 모두 20대 이후 60~70대까지 혈중 총콜레스테롤과 저밀도 지단백(LDL)-콜레스테롤 농도는 점차적으로 증가하는 반면 고밀도 지단백(HDL)-콜레스테롤 농도는 감소하고 지단백질들의 크기도 변한다.
16. 동물실험 결과 노화가 되면 체내 영양상태를 감지하는 기능과 미토콘드리아 기능에 변화가 생긴다. 체내 영양소 수준을 감지하는 경로는 라파마이신 표적(target of rapamycin, TOR) 키나아제, AMP 키나아제(AMPK), SIRT-1, 인슐린/인슐린 유사 성장인자(IGF)-1 신호 등이 대표적이다. SIRT-1이 활성화되거나 다른 경로들이 억제되면 수명이 연장되었다.
17. 세포의 염색체 끝에 있는 텔로미어의 길이는 세포분열을 할수록 짧아져서 T-루프를 형성하지 못할 정도로 짧아지면 세포는 더 이상 분열하지 못하여 노화되고 결국 사멸하게 된다. 지중해식 식사를 하는 사람은 일반적인 서양식을 하는 사람에 비하여 텔로미어의 길이가 더 길었는데 이는 식이 내 항산화물질, 식이섬유, 비타민 C와 E의 영향으로 생각된다. 반면 가공육과 붉은 살코기, 가당 탄산음료, 흰 밀가루 빵, 포화지방산 함량이 높은 식품, 염분을 과다 섭취하는 사람은 텔로미어의 길이가 상대적으로 더 짧았다.
18. 에너지제한(식이제한)은 자유급식에 비하여 에너지 섭취는 20~40% 줄이되 영양소의 부족은 없도록 하는 것을 말한다. 동물실험에서 에너지제한은 노화를 지연시켰고 최대 수명과 평균수명을 증가시켰으며, 사람에서도 체중감소, 심혈관질환과 암 발생 감소 등으로 노화를 지연시켰다. 에너지섭취가 줄어들면서 체중감소, 산화적 스트레스 감소, mTOR 경로의 활성화 억제, 인슐린 유사 성장인자(IGF-1)의 감소, 인슐린 저항성 감소, SIRT-1의 증가, 염증성 사이토카인의 감소 등에 의한 결과로 설명된다.
19. 건강한 노년기를 위해서는 성인기부터 최적의 건강상태를 유지하고 퇴행성 질환을 예방하는 저항력을 유지할 수 있는 방어영양에 초점을 맞추어 식생활 관리를 해야 한다. 그러나 노화의 속도와 현상은 남녀 간, 개인 간 차이가 크기 때문에 지침을 기본으로 하되 개별적 상태에 따른 응용 및 맞춤전략이 요구된다. 노년기 영양관리의 첫 번째 목표는 적정체중와 근육량의 감소를 최소화하는 것이다.
20. 노년기에는 기초대사량 감소와 활동량 감소로 에너지 필요량이 감소하므로 탄수화물과 지방 섭취량은 줄이되 근육량 및 면역기능과 관련이 깊은 단백질 섭취량은 줄이지 않는 것이 좋다. 총 지방의 섭취량은 줄이되 등푸른 생선, 들기름, 견과류, 해조류 등에 많은 n-3계열 다불포화지방산의 섭취는 증가시킨다. n-3 지방산은 암을 예방할 뿐 아니라 뇌조직의 건강유지, 간에 지방축적 억제, 혈관의 이완, 염

증반응의 억제, 혈소판 응집 억제 효과, 면역기능 증진 효과 등 노화 관련 퇴행성 질환을 예방한다.

21. 항산화영양소(비타민 C, E, 카로티노이드, 셀레늄), 폴리페놀과 식이섬유 함량은 높고, 지방의 함량은 낮으면서 단일 불포화지방산과 n-3 다가 불포화지방산 함량이 높은 식사는 면역기능을 향상시켜 노년기 건강에 도움을 준다. 카로티노이드는 항산화 및 항염증효과가 뛰어나 암 예방, 피부노화 예방, 혈관 건강 등에 도움이 되는 영양소이다. 하지만 과도한 양을 섭취하면 오히려 역효과가 날 수 있다.
22. 엽산이나 비타민 B_6, B_{12}가 부족하면 혈중 호모시스테인 농도가 상승한다. 고호모시스테인증은 심혈관 질환, 인지기능저하, 기억력저하, 치매의 위험성을 증가시키므로 노화과정에서 비타민 B_6, B_{12}, 엽산 등의 영양상태가 부족하지 않도록 한다.
23. 골다공증의 예방과 암 예방을 위하여 칼슘과 비타민 D의 영양공급이 충분하도록 하고 과음하지 않도록 하며 하루 20분 이상 햇볕을 쪼이면서 야외활동을 하도록 한다.
24. 빈혈예방과 면역기능 유지를 위하여 단백질, 철, 아연의 충분한 공급이 중요하다.
25. 충분한 식이섬유의 섭취는 노년기에 흔한 변비를 예방하고 혈당과 혈중 지질 농도 감소효과, 심혈관질환 감소효과뿐 아니라 장관 내 미생물들의 다양성과 유익균을 증가시켜 면역기능을 향상시킨다. 따라서 노년기에 에너지와 식이 섭취량은 젊은 성인에 비하여 감소함에도 불구하고 식이섬유의 섭취량은 줄지 않는다.
26. 소장과 대장은 소화관이면서 매우 중요한 면역기관이다. 전신의 면역세포의 60%가 장점막에 존재하면서 식이단백질에 대한 면역반응을 조절하며 식품 알레르기나 병원균, 바이러스, 기생충 등으로부터 보호하는 역할을 하여 이를 장관면역(intestinal immunity)이라 한다. 장관에 있는 박테리아는 장관면역에 큰 영향을 미치는데 장내 미생물의 양과 구성, 다양성은 사람마다 다르다. 장내 미생물의 분포에 영향을 주는 주요 인자는 식이와 약물이다.
27. 노화과정에서 면역기능과 장기능이 떨어지는데 이는 적절한 식이조절과 프로바이오틱스와 프리바이오틱스를 이용하여 이를 개선할 수 있다. 프로바이오틱스는 '숙주의 건강에 유익한 영향을 주는 살아 있는 미생물'로 락토바실러스와 비피도박테리아가 널리 사용되고 있다. 프리바이오틱스는 '장에 있는 유익균에 의하여 이용되는 물질로서 장내 유익균의 성장이나 활성을 돕는 물질'을 말한다. 대표적인 프리바이오틱스로는 이눌린, 프락토올리고당, 갈락토올리고당, 락투로오즈 등으로 식단 구성 시 지질량을 줄이고 채소, 과일, 곡물의 증가를 통하여 식이섬유의 섭취를 증가시키면 도움이 된다.
28. 노인들은 고혈압, 당뇨병, 고지혈증, 근골격계 질환 치료제를 비롯하여 변비약, 이뇨제, 아스피린, 항우울제, 골다공증 치료제 등의 약물복용 빈도가 높다. 어떤 약물은 식욕을 감소시키거나 변비, 소화장애, 메스꺼움을 유발하기도 하며 특정 영양소의 흡수나 대사에 영향을 주기도 한다. 반대로 음식물이 약물의 약효에 영향을 주기도 하므로 복용약물에 대하여 정확한 정보를 수집하여 식생활 관리 시 반영하도록 한다.

참고문헌

1. 대한노인병학회(2005), 노인병학, 2nd Ed. 도서출판 의학출판사, 서울
2. 보건복지부(2020) 2020 한국인 영양소 섭취기준
3. 질병관리청(2020) 2019 국민건강통계
4. Akbaraly TN, Arnaud J, Rayman MP, Hininger-Favier I, Roussel AM, Berr C, Fontbonne A. Plasma selenium and risk of dysglycemia in an elderly French population: results from the prospective Epidemiology of Vascular Ageing Study. Nutr Metab (Lond). 2010;7: 21

5. Akpek EK, Smith RA. Overview of age-related ocular conditions. Am J Manag Care 2013;19(suppl.5): s67~75

6. Al-Regaiey KA. The effects of calorie restriction on aging: a brief review. Eur Rev Med Pharmacol Sci. 2016; 20: 2468~2473

7. Aune D, Chan DS, Vieira AR, Navarro Rosenblatt DA, Vieira R, Greenwood DC, Norat T. Dietary compared with blood concentrations of carotenoids and breast cancer risk: a systematic review and meta-analysis of prospective studies. Am J Clin Nutr. 2012;96(2): 356~373

8. Bang SM, Lee JO, Kim YJ, Lee KW, Lim S, Kim JH, Park YJ, Chin HJ, Kim KW, Jang HC, Lee JS. Anemia and activities of daily living in the Korean urban elderly population: Results from the Korean longitudinal study on health and aging(KLoHA). Am Hematol 2013;92: 59~65

9. Berliner N. Anemia in the elderly. Trans Am Clin Climatol Assoc 2013;124: 230~237

10. Biagi E1, Candela M, Turroni S, Garagnani P, Franceschi C, Brigidi P. Ageing and gut microbes: perspectives for health maintenance and longevity. Pharmacol Res. 2013;69(1): 11~20

11. Broecker F1, Klumpp J2, Schuppler M2, Russo G3, Biedermann L4, Hombach M5, Rogler G4, Moelling K1. Long-term changes of bacterial and viral compositions in the intestine of a recovered Clostridium difficile patient after fecal microbiota transplantation. Cold Spring Harb Mol Case Stud. 2016;2(1): a000448

12. Burton-Freeman B1, Talbot J, Park E, Krishnankutty S, Edirisinghe I. Protective activity of processed tomato products on postprandial oxidation and inflammation: a clinical trial in healthy weight men and women. Mol Nutr Food Res. 2012;56(4): 622~631

13. Chew PY1, Riley L, Graham DL, Rahman K, Lowe GM. Does lycopene offer human LDL any protection against myeloperoxidase activity? Mol Cell Biochem. 2012;361(1-2): 181~187

14. Chiu KC1, Lee NP, Cohan P, Chuang LM. Beta cell function declines with age in glucose tolerant Caucasians. Clin Endocrinol (Oxf). 2000;53(5):569~575

15. Chung KW, Kim DH, Park MH, Choi YJ, Kim ND, Lee J, Yu BP, Chung HY. Recent advances in calorie restriction research on aging. Exp Gerontol 2013;48(10): 1049~1053

16. Cole GM, Frautschy SA. DHA may prevent age-related dementia. J Nutr. 2010;140(4): 869~874

17. Dai DF, Rabinovitch PS, Ungvari Z. Mitochondria and cardiovascular aging. Circ Res. 2012;10(8): 1109~1124

18. Dean M, Raats MM, Grunert KG, Lumbers M. Factors influencing eating a varied died in old age. Public Health Nutr 2009;12(12): 2421~2427

19. Dirks AJ, Leeuwenburgh C. Caloric restriction in humans: Potential pitfalls and health concerns. Mech Aging Dev 2006;127: 1~7

20. Fontana L, Weiss EP, Villareal DT, Klein S, Holloszy JO. Long-term effects of calorie or protein restriction on serum IGF-1 and IGFBP-3 concentration in humans. Aging Cell 2008;7: 681

21. Fontana L. The scientific basis of caloric restriction leading to longer life. Current Opinion in Gastroentrology 2009;25: 144~150

22. Gu Y, Honig LS, Schupf N, Lee JH, Luchsinger JA, Stern Y, Scarmeas N. Mediterranean diet and leukocyte telomere length in a multi-ethnic elderly population. Age (Dordr). 2015;37(2): 24

23. Haycock PC, Heydon EE, Kaptoge S, Butterworth AS, Thompson A, Willeit P Leucocyte telomere length and risk of cardiovascular disease: systematic review and meta-analysis. British Med J 2014;349:g4227

24. Jin K. Modern Biological theories of aging. Aging and Disease. 2010;1: 72~74
25. Kang YH, Kim MY, Eliza L. The relationship of perceived health status, activities od daily living and nutrition status in the community-dwelling Korean elderly. Korean J Acad Nurs 2008;38(1): 122~130
26. Kwak CS, Yon MY, Lee MS, Oh SI, Park SC. Investigation on influencing environmental factors on health status of Korean septuagenarians dwelling in longevity region in Jeonla province. Korean J Community Nutr 2014;19(2): 142~162
27. Kwon J, Suzuki T, Kumagai S, Shinkai S, Yukawa H. Risk factors for dietary decline among Japanese elderly in a rural community: a 8-year follow-up study from TMIG-LISA. Eur J Clin Nutr 2006;60(3): 305~311
28. Lademann J, Meinke MC, Sterry W, Darvin ME. Carotenoids in human skin. Exp Dermatol. 2011;20(5): 377~382
29. Lee SJ, Kim Y, Seo SH, Cho MS. A study on dietary habits and food intakes in adults aged 50 or older according to depression status. J Nutr Health. 2014;47(1): 67~76
30. Levine HJ. Rest heart rate and life expectancy. JACC. 1997;1104~1106
31. Liu HH, Li JJ. Aging and dyslipidemia: a review of potential mechanisms. Ageing Res Rev. 2015;19: 43~52
32. Maheshwari RK, Singh AK, Gaddipati J, Srimal RC. Multiple biological activities of curcumin: A short review. Life Sci 2006; 78: 2081~2087
33. Malavolta M, Mocchegiani E. Molecular basis of nutrition and aging. Academic press. 2016
34. Mena MP, Sacanella E, Vazquez-Agell M, Morales M, Fit? M, Escoda R, Serrano-Mart?nez M, Salas-Salvad? J, Benages N, Casas R, Lamuela-Ravent?s RM, Masanes F, Ros E, Estruch R. Inhibition of circulating immune cell activation: a molecular antiinflammatory effect of the Mediterranean diet. Am J Clin Nutr. 2009;89(1): 248~256
35. Mercken EM, Majounie E, Ding J, Guo R, Kim J, Bernier M, Mattison J, Cookson MR, Gorospe M, de Cabo R, Abdelmohsen K. Age-associated miRNA alterations in skeletal muscle from rhesus monkeys reversed by caloric restriction. Aging 2013;5(9): 692~703
36. Miller JW, Green R, Ramos MI, Allen LH, Mungas DM, Jagust WJ, Haan MN. Homocysteine and cognitive function in the Sacramento Area Latino Study on Aging. Am J Clin Nutr. 2003;78(3): 441
37. Morley JE, Chahla E, Alkaade S. Antiaging, longevity and calorie restriction. Curr Opinoion in clinical Nutrition and metabolic care 2010;13: 40~45
38. Paran E1, Novack V, Engelhard YN, Hazan-Halevy I. The effects of natural antioxidants from tomato extract in treated but uncontrolled hypertensive patients. Cardiovasc Drugs Ther. 2009;23(2): 145~151
39. Prasad S, Gupta SC, Tyagi AK, Aggarwal BB. Curcumin, a component of golden spice: from bedside to bench and back. Biotechnol Adv. 2014;32(6): 1053~1064
40. Redman LM, Ravussin E. Caloric restriction in humans: Impact on physiological, psychological and behavioral outcomes. Antioxidants & Redox signaling 2011;14(2): 275~287
41. Rhoades R, Pflanzer R. Human physiology. Saunders college publishing. 1989
42. Richards JB, Valdes AM, Gardner JP, Kato BS, Siva A, Kimura M, Lu X, Brown MJ, Aviv A, Spector TD. Homocysteine levels and leukocyte telomere length. Atherosclerosis. 2008;200(2): 271~277
43. Rizza W, Veronese N, Fontana L. What are the roles of calorie restriction and diet quality in promoting healthy longevity? Ageing Res Rev 2014;13: 38~45
44. Rosenberg IH, Sastre A. Nutrition and aging. Nestle Nutrition Workshop Series. Clinical & performance

program, vol 6. Karger.2002

45. Salem N Jr1, Litman B, Kim HY, Gawrisch K. Mechanisms of action of docosahexaenoic acid in the nervous system. Lipids. 2001;36(9): 945~959
46. Sands SA1, Reid KJ, Windsor SL, Harris WS. The impact of age, body mass index, and fish intake on the EPA and DHA content of human erythrocytes. Lipids. 2005;40(4): 343~347
47. Shanmugam MK, Rane G, Kanchi MM, Arfuso F, Chinnathambi A, Zayed ME, Alharbi SA, Tan BK, Kumar AP, Sethi G. The multifaceted role of curcumin in cancer prevention and treatment. Molecules. 2015;20(2): 2728~2769
48. shock NW. Energy metabolism, calorie intake and physical activity of the aging. In Carlson LA Ed. Nutrition in old age. Symposia Swedish Nutrition Foundation X, Stockholm, Sweden, 1972
49. So EJ, Joung H. Socio-economic status is associated with the risk of inadequate energy intake among Korean elderly. J Nutr Health 2015;48(4): 371~379
50. Tiihonen K, Ouwehand AC, Rautonen N. Human intestinal microbiota and healthy ageing. Ageing Res Rev. 2010;9(2): 107~116
51. van Heemst D. Insulin, IFGF-1 and longevity. Aging and Disease. 2010;2: 147~157
52. Vellai T, Takacs-Vellai K, Zhang Y, Kovacs AL, Orosz L, M?ller F. Genetics: influence of TOR kinase on lifespan in C. elegans. Nature. 2003;426(6967): 620
53. Vercambre MN1, Boutron-Ruault MC, Ritchie K, Clavel-Chapelon F, Berr C. Long-term association of food and nutrient intakes with cognitive and functional decline: a 13-year follow-up study of elderly French women Br J Nutr. 2009;102(3): 419~427
54. Wada A, Yokoo H, Yanagita T, Kobayashi H. New twist on neuronal insulin receptor signaling in health, disease, and therapeutics. J Pharmacol Sci 2005;99(2): 128~143
55. Whitney EN, Cataldo CB, DeBruyne LK, Rolfes SR. Nutrition for health and health care. West. 1996
56. Whitney EN, Cataldo CB, Rolfes SR. Understanding normal and clinical nutrition. 6th Ed. Wadsworth. 2002
57. Willcox BJ, Willcox DC, Todoriki H, Fujiyoshi A, Yano K, He Q, Curb JD, Suzuki M. Caloric restriction, the traditional Okinawan diet, and healthy aging: the diet of the world's longest-lived people and its potential impact on morbidity and life span. Ann N Y Acad Sci. 2007;1114:434~455
58. Willcox BJ, Yano K, Chen R, Willcox C, Rodriguez BL, Masaki KH, Donlon T, Tanaka B, Curb D. How much should we eat? The association between energy intake and mortality in 1 360year follow up study of Japanese-American men. J Gerontology : Biological Science 2004;59A: 789~795
59. Willeit P, Raschenberger J, Heydon EE, Tsimikas S, Haun M, Mayr A, Weger S, Witztum JL, Butterworth AS, Willeit J, Kronenberg F, Kiechl S. Leucocyte telomere length and risk of type 2 diabetes mellitus: new prospective cohort study and literature-based meta-analysis. PLoS One 2014;19(11):e112483
60. Youngster I, Russell GH, Pinder C, Ziv-Baran T, Sauk J, Jolmann EL. Oral, Capsulized, Frozen Fecal Microbiota Transplantation for Relapsing Clostridium difficile Infection. JAMA 2014;312(17): 1772~1778

카로티노이드의 노화지연 효과

카로티노이드는 세포막의 안쪽에 존재하는 친유성의 물질로 세포막이 산화적 손상을 입지 않도록 보호하는 역할을 한다. 자연계에는 수백 가지의 카로티노이드가 존재하는데 그중 40여 가지를 식품을 통하여 섭취하고 있으며 그중 50% 정도가 혈액과 조직에서 확인된다.

카로티노이드는 여러 질병의 발생에 관여하는 것으로 알려진 활성산소와 활성질소를 제거하는 효과가 있다. 라이코펜이 대표적이며 여러 라디칼 중 특히 지질과산화 과정에서 생성되는 과산화 라디칼을 제거하는 효과가 뛰어나다.

카로티노이드의 항산화효과와 항염증 효과

카로티노이드는 항산화작용뿐 아니라 항염증 작용도 한다. 만성적인 염증반응은 암, 심혈관질환, 관절염, 치매 등을 촉진하는데 카로티노이드는 항산화작용과 항염증작용을 통하여 이러한 질병들의 발생을 억제한다. 임상적으로 건강한 성인 남자 흡연자에게 루테인이 풍부한 브로콜리를 매일 250g씩 10일간 먹였더니 염증지표인 C-반응성 단백질(CRF)의 혈중 수준이 유의하게 감소하였다. 또 다른 연구에서는 채소와 과일의 섭취량 또는 혈중 카로티노이드 농도는 염증지표인 IL-6와 TNF-α와 역상관관계를 나타내었다.

카로티노이드의 혈관건강 증진효과

동맥경화는 심뇌혈관질환의 좋은 예측인자이다. 동맥경화는 활성산소의 증가로 인한 혈관노화와 관계가 깊다. 노화되고 경화된 동맥에 활성산소가 축적되면 내피세포에 손상이 일어나며 손상된 내피는 산화질소(NO)의 이용률이 감소한다. 그러나 카로티노이드는 산소라디칼을 제거하는 항산화작용을 통하여 혈관 내피세포의 NO 이용률을 증가시킨다. 혈관내피의 NO는 혈관이 확장되도록 작용하여 혈액의 흐름을 원활하게 함으로써 혈압을 안정화시키고 혈관의 산화적 손상과 염증 및 혈전생성을 막아준다. 실제로 고혈압 환자들에게 라이코펜과 β-카로텐이 풍부한 토마토 추출액을 섭취시켰더니 혈중 질산염의 농도가 증가하였고 혈압이 감소하였다. 그러나 이와 상반된 연구결과도 있다. 뉴질랜드 토끼에게 고지방 식이를 주면서 라이코펜을 투여하였을 때 혈중 콜레스테롤과 저밀도 지단백(LDL)의 농도는 감소하였지만 혈관 내 플라크의 크기나 혈관기능은 개선시키지 못하였다.

동맥경화 초기단계에서 혈액 내 저밀도 지단백(LDL)이 산화되고 이들이 염증성 세포들을 끌어들여서 죽상의 덩어리를 형성한다. 라이코펜은 지용성으로 LDL에 결합하여 순환하기 때문에 라이코펜이 LDL의 산화를 막아줌으로써 동맥경화를 억제한다. 남녀 건강한 젊은 성인을 대상으로 한 임상실험에서 고지방식이를 섭취하도록 한 경우와 고지방식과 라이코펜 함량이 높은 토마토제품을 함께 섭취하도록 한 경우를 비교한 결과 식후 혈중 지질농도는 비슷하였지만 산화된 LDL과 IL-6의 농도는 토마토제품을 함께 섭취한 경우에 더 낮아 라이코펜 섭취가 체내에서 항산화효과와 항염증효과를 통하여 동맥경화를 예방할 수 있음을 보여주었다. 또한, 라이코펜이 콜레스테롤 합성과정의 제한효소인 HMG-CoA 환원효소의 발현을 억제함으로써 LDL 농도 자체를 감소시킨다는 보고도 있다.

제2형 당뇨는 동맥경화의 주요 위험인자이기 때문에 노인들을 대상으로 혈중 카로티노이드 농도를 측정한 후 9년 동안 추적연구를 통하여 포도당 내당능과의 관계를 연구하였다. 그 결과 혈중 카로티노이드 농도가 상위 25%에 있던 사람들은 하위 25%에 있던 사람들에 비하여 포도당 내당능 이상, 인슐린 저항성, 당뇨병 발생률이 더 낮았다.

대사증후군 환자를 대상으로 한 연구에서 혈중 라이코펜 농도가 높을수록 동맥의 경직성은 더 낮았으며, 중년의 과체중인 사람에게 라이코펜을 12주간 섭취시켰더니 혈압과 동맥의 경직성, 허리둘레가 감소하였다.

실제로 관상동맥질환이 있는 환자는 혈중 고밀도 지단백(HDL)의 농도와 β-카로텐의 농도가 낮았으며 염증성 지표들의 농도가 상승해 있는 것이 관찰된다. 중국인 중년 남녀를 대상으로 한 연구에서 혈중 루테인과 크립토잔틴의 농도가 협심증 발생 위험성을 낮추었다고 하였다. 그러나 혈중 카로티노이드 농도와 심혈관계질환의 발생율과의 유의한 관련성이 없었다는 연구결과도 있다.

카로티노이드의 피부노화 억제효과

피부노화는 연령증가에 따른 내재적인 요인과 외부 환경요인에 의하여 지속적으로 진행된다. 외부 환경요인 중 가장 주된 피부노화요인은 자외선이다. β-카로텐은 가시광선을 차단하는 효과가 높고 항산화작용이 있어 광선에 민감한 피부병 환자에게 오래 전부터 약으로 사용되었다. β-카로텐이 많은 귤이나 당근 등을 많이 섭취하면 피부가 노래지는데 이는 β-카로텐이 피부에 축적되기 때문이다.

일반적으로 피부에 있는 카로티노이드의 저장량은 노화, 흡연, 자외선 노출, 질병 등이 있을 때 감소한다. β-카로텐이 자외선에 의한 피부노화에 미치는 영향을 알아보고자 시행한 한 임상연구에서 중년의 여성에게 한 군에는 30mg, 다른 군에는 90mg의 β-카로텐을 매일 섭취토록 한 결과 30mg 섭취한 군에서는 주름 개선효과가 있었으나 90mg 섭취군에서는 효과가 없었다. 더구나 90mg 섭취군은 자외선을 쪼였을 때 화상반응이 더 뚜렷하게 나타났다. 따라서, 저농도의 β-카로텐 보충섭취는 피부노화를 예방할 수 있으나 과도한 양의 섭취는 오히려 나쁜 영향을 줄 수 있으므로 주의해야 한다.

라이코펜이 풍부한 토마토 제품을 12주간 섭취한 군은 자외선에 의하여 증가하는 콜라겐의 파괴를 억제시켜 주름생성을 예방하였으며, 라이코펜, 루테인, β-카로텐, α-토코페롤, 셀레늄의 혼합물을 12주간 섭취한 군은 피부 두께와 밀도가 증가하고 부드러워지는 효과를 보였다.

카로티노이드와 암 예방 효과

카로티노이드는 지용성 식물 색소로 구조적으로 이중결합을 여러 개 가지고 있다. 따라서 활성산소가 세포의 구성성분을 공격하기에 앞서 카로티노이드가 활성산소의 공격을 받음으로써 세포를 보호하는 역할을 한다. 활성산소가 증가하면 DNA, 단백질, 지질 등을 공격하여 변성과 변이를 일으키고 과산화물이 축적되면 암이 유발될 수 있다. 라이코펜, β-카로텐, 아스타잔틴 등은 암세포의 사멸을 유도하며 세포성장인자를 억제함으로써 유방암, 폐암, 혈액암, 대장암 등의 발생을 억제한다. 라이코펜은 특히 유방암이나 전립선암과 같이 호르몬 의존적 암을 예방하는 효과가 크다. 동물실험 결과 β-카로텐이나 라이코펜의 섭취는 자외선이나 화학물질에 의한 피부암 발생도 감소시켰다.

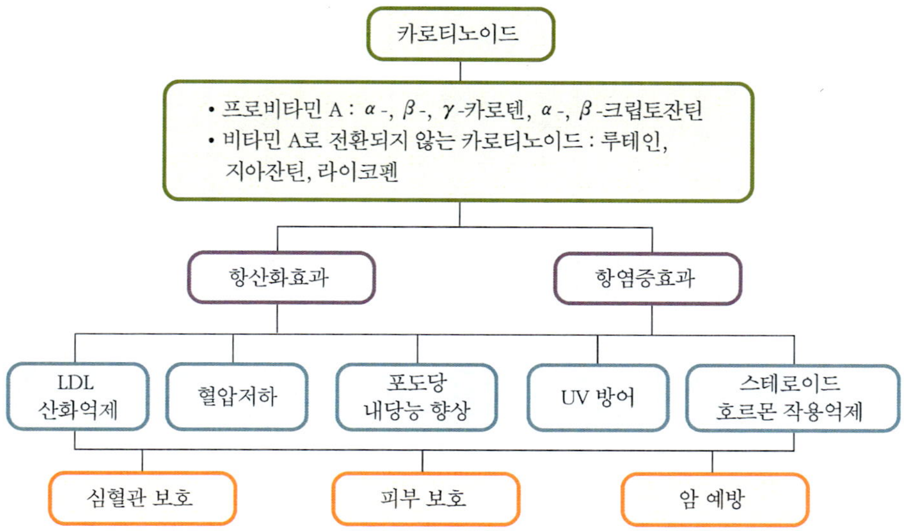

그림 14-9. 카로티노이드의 임상적 효과

커큐민의 노화지연 효과

커큐민은 열대 아시아지역이 원산지인 Curcuma longa(울금의 일종)라는 식물의 뿌리줄기에 함유되어 있는 폴리페놀의 하나로 고대로부터 향신료, 약, 색소 등으르 사용되어 왔다. 인도나 중국에서는 염증성 질환, 호흡기 질환, 축농증, 복통 등을 치료하는데 사용되었는데 커큐민의 뛰어난 항균효과와 항염증효과가 질병의 치료에 기여한 것으로 보인다. 최근에는 커큐민이 노화와 관련된 암, 당뇨, 심혈관질환, 신경퇴행성질환 등을 예방하거나 치료하는 데에도 효과가 있는 것으로 밝혀져 관심이 증대되고 있다. 울금의 뿌리줄기를 말려서 분말화한 노란색의 가루를 투메릭이라 하는데, 여기에는 2~5%의 커큐민이 함유되어 있다. 투메릭을 이용한 식품으로는 카레가루가 가장 잘 알려져 있다. 카레가루는 투메릭을 비롯하여 10~30가지의 다양한 향신료와 허브를 섞어서 만든다. 투메릭과 커큐민은 향신료나 색소로 음식에 활용하던 전통에서 벗어나 최근에는 다양한 음료, 과자, 건강보조식품, 약, 화장품 등으로 그 활용성이 증가하고 있다(그림 14-10).

그림 14-10. 투메릭과 커큐민의 활용

노화, 수명, 노인성 질병에 대한 커큐민의 영향

커큐민과 그 대사물이 여러 동물을 이용한 실험결과 수명을 연장시켰다. 수명연장은 커큐민이 활성산소와 리포푸신의 축적을 줄이고, 열 스트레스에 대한 저항성 증가, 항산화효소인 슈퍼옥사이드 디스뮤테이즈(SOD) 활성 증가와 관련이 있다.

많은 연구에서 커큐민은 암, 심혈관질환, 염증성 질환, 신경퇴행성 질환, 폐질환, 간질환, 신장질환 등의 노인성 질환을 예방하는 효과를 보였다. 커큐민은 종양의 발생과 진행과정의 여러 단계에 작용하여 암을 억제하였으며, 알츠하이머 치매와 같은 퇴행성 뇌신경질환의 모델에서도 아밀로이드에 작용하여 수명과 운동능력을 크게 연장시켰다.

커큐민의 노화지연효과의 작용기전

1. 항산화효과로 인한 유전자 안정성에 기여

노화과정 동안 DNA의 손상은 피할 수 없는 일이나 과도한 손상과 불충분한 DNA의 복구는 노화의 진행과 암 발생을 촉진시킨다. 커큐민은 직접적으로 활성산소를 제거하고 금속이온을 잡아주어 DNA와 세포 내 분자들을 산화적 손상으로부터 보호할 뿐 아니라 간접적으로 여러 항산화효소들과 방어효소들의 활성을 증가시킴으로써 유전자의 안정성에 기여한다.

2. 텔로미어의 마모 억제효과

텔로미어는 체세포가 분열을 반복하면서 짧아져 세포의 기능을 잃게 되면 세포는 노화하게 되는데 산화적 스트레스가 증가하는 조건에서는 그 속도가 더 빠르게 진행되어 노화나 암 발생이 촉진된다. 노화과정에서는 생리적으로 염증반응이 증가하게 되는데 이는 텔로미어의 마모를 촉진하는 요인이 되는 한편 세포 상호간의 정보교환 능력도 저하하게 하여 암을 비롯한 퇴행성 질환이 발생한다. 커큐민은 강력한 항산화효과와 함께 항염증효과도 있기 때문에 텔로미어 길이가 짧아지는 것을 지연시키고 세포의 정상적인 소통을 유지하도록 하여 수명을 연장하는데 기여할 것으로 기대된다.

3. 유전자 발현 조절

세포 내 DNA의 메틸화, 히스톤의 변형 등 후생학적인 유전자 변화는 노화 및 노화 관련 질환과 관련이 되어 있다. 커큐민은 히스톤 탈아세틸효소(histone deacetylase, HDAC), 히스톤 아세틸화 효소(histone acetylase), DNA 메틸기전이효소 등을 조절한다. 커큐민은 sirtuin (NAD^+-의존성 HDAC)의 발현을 증가시키는데 여러 동물실험에서 에너지제한이 sirtuin의 발현을 증가시킴으로써 수명을 연장시켰다고 알려져 있다.

4. 단백질 항상성에 기여

최근 연구에서 암, 당뇨, 치매, 파킨슨병과 같은 노화관련 질환이 단백질 항상성의 불균형과 관련이 있다고 보고되었다. 단백질 항상성은 열충격 단백질(heat shock protein, hsp)을 비롯한 보호물질에 의한 안정화 작용과 리보좀과 프로테오좀에 의한 단백질 분해작용에 의하여 조절되고 있다. 커큐민은 특히 열충격 단백질 70의 발현을 촉진하여 단백질의 안정화에 기여하하는 동시에 발암성 단백질과 전이성 단백질을 분해하는 프로테오좀을 유도하여 항암효과를 나타낸다.

5. 미토콘드리아 기능저하에 대한 대처

미토콘드리아의 기능저하는 노화과정을 촉진하며 노화 관련 질병들의 발생과 관련되어 있다. 미토콘드리아의 점진적인 기능저하는 ATP 생성의 감소와 활성산소 생성 증가를 초래하여 세포에 심각한 손상을 가져온다. 커큐민은 항산화효과가 있으며 손상된 미토콘드리아를 신속하게 자가포식(autophage)하도록 함으로써 위험을 방지한다.

6. p53 조절을 통한 세포노화와 수명 조절

커큐민은 종양억제 유전자로 잘 알려진 p53의 발현을 유도한다. p53은 유전자의 안정성을 유지하고 다양한 스트레스에 대하여 통합적인 반응을 하는데 중요한 역할을 하여 세포분열을 중단시키거나 자살을 하도록 한다. p53은 노화와 수명을 조절하는데 있어서 중요한 역할을 한다. p53이 심하게 지속적으로 활성화되면 노화가 촉진되나 약하게 활성화되면 수명을 연장시킨다.

쉬어가기

p53

p53은 다세포 생물의 세포 주기에서 암세포 분열을 억제함으로써 암을 예방하는 단백질이다. 유전체의 돌연변이를 예방하여 안정성을 보존하는 역할을 하기 때문에 "유전체의 수호자"라 하기도 한다. p53의 이름은 분자량이 53 kd(킬로 달톤)인 것에서 유래한다.

p53의 항암작용은 다음 몇 가지 메커니즘을 통하여 이루어진다.

- DNA가 손상을 입었을 때, DNA 수선 단백질을 활성화시킨다.
- 세포주기를 G21/S에서 멈추게 하여 세포분열을 막는다.
- DNA의 손상이 복구가 불가능하면 세포자살을 시작하도록 한다.

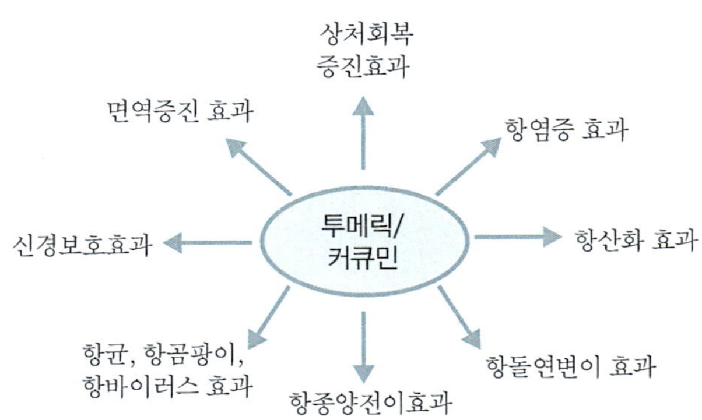

그림 14-11. 투메릭/커큐민의 생물학적 효과

장내 미생물과 건강

장내 미생물

사람의 입, 식도, 위, 소장, 대장에는 미생물들이 존재한다. 그중 특히 대장에는 수백 종의 미생물이 아주 많은 양 존재한다. 대변량의 35~50%가 미생물이 차지할 정도로 그 양이 매우 많다. 그중에는 유익한 균도 있고 유해한 균도 있기 때문에 이들 사이의 균형을 유지하는 것이 중요하다.

사람의 대변을 분석한 결과 크게 6군의 미생물이 존재하였는데, 이 중 퍼미쿠디스(Firmicutes)가 65%로 가장 많았고 그 다음 박테로이디티스(Bacteroidetes)가 25%였으며, 나머지 10%는 프로테오리디티스(Proteoridetes), 악티노박테리아(Actinobacteria), 퓨조박테리아(Fusobacteria)였다. 퍼미쿠티스에는 잘 알려진 락토바실러스 마이코박테리아(Lactobacillus Mycoplasma), 바실러스(Bacillus), 클로스트리움(Clostrium), 스트렙토코커스(Streptococcus)를 비롯한 250종의 미생물들이 있으며 이들은 제작기 다른 특성을 가지고 있어 인체에 미치는 작용과 효과도 다르다.

소장과 대장은 소화관이면서 매우 중요한 면역기관이다. 전신의 면역세포의 60%가 장점막에 존재하면서 식이단백질에 대한 면역반응을 조절하며 식품 알레르기나 병원균, 바이러스, 기생충 등으로부터 보호하는 역할을 한다. 소장에서 박테리아는 면역기능에 큰 영향을 미친다. 소장 점막에는 림프조직이 존재하고 있으며 외부 항원물질을 들어오게 하여 확인하여 상황에 따라 면역반응을 유도하는 특수한 세포가 있기 때문이다. 프로바이오틱스는 소장의 대식세포를 활성화하여 B 림프구가 항원을 잘 식별하도록 함으로써 면역글로불린(Ig) A의 합성을 증가시킨다.

장내 미생물과 노화

장내 미생물의 양과 종류별 분포양상은 사람마다 다르며 거주하는 지역에 따라서도 달라진다. 장내 미생물의 양과 분포에 영향을 주는 주요 요인은 식이와 약물이다. 일반적으로 나이가 증가할수록 복용하는 약물은 증가한다. 노화 자체는 위장관의 기능에 큰 영향을 주지 않지만 위장관의 적응능력은 감소하고 이는 약물에 대한 반응성을 감소시킨다.

노화가 되면 생리적으로 타액과 위산분비가 감소하는데 약물복용을 하게 되면 타액 분비가 더욱 더 감소되어 구강점막의 건강이 나빠지고 구강에서의 항미생물 작용능력도 감소된다. 위산의 분비가 감소하여 위장 내 pH가 상승하면 위와 소장에서 해로운 병원균의 성장이 증가하게 된다. 특히, 항생제를 복용하면 장내 미생물의 수가 크게 줄어들고 중단 이후에는 유익균보다는 병원균의 성장이 더 빠르기 때문에 병원균이 우점종이 되면서 유익균은 정착하지 못하여 건강에 악영향을 줄 수 있다.

장내 미생물들은 인체의 대사에도 영향을 준다. 장내 미생물들은 사람이 소화할 수 없는 난용성 식이섬유를 분해하여 초산, 프로피온산, 부티르산과 같은 짧은 사슬지방산(short-chain fatty acid, SCFA)을 생성하는데 부티르산은 장세포가 필요로 하는 에너지의 70%를 공급하며 장점막 상피세포의 분화와 성장을 조절한다. 초산과 프로피온산은 간으로 이동되어 지방과 콜레스테롤 대사에 영향을 준다. 짧은 사슬지방산은 G 단백질-동반 수용체(G protein-coupled receptor,GPR)와 결합하여 영양소의 흡수를 촉진시키는 동시에 지방분해는 억제함으로써 지방의 축적을 증가시키기도 한다. 그러나 노인들은 나이가 증가할수록 식이섬유소의 섭취량이 감소하기 쉽다. 그로 인하여 음식이 위장에 머무르는 시간은 짧아지며 대장에서 미생물에 의한 짧은 사슬지방

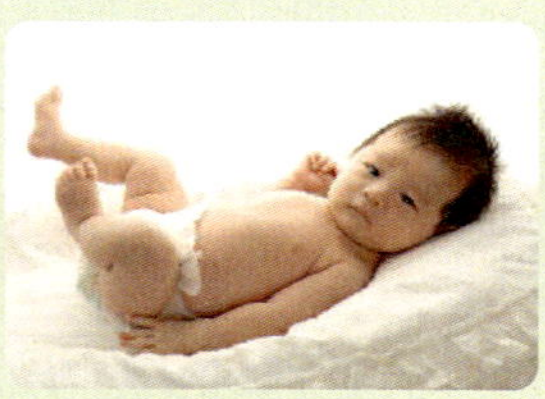

신생아

- 자연분만은 아기가 산도를 통과하면서 엄마의 질에 분포하고 있는 다양한 미생물에 노출됨
- 수술을 통한 분만은 아기가 엄마의 피부에 있는 미생물과 동일하게 노출됨

성인

- 식이에 따라 퍼미큐티스와 박테로이디티스 등의 장내 미생물 분포가 달라짐
- 지방과 당이 많은 서양식은 박테로이디티스의 성장을 촉진하고, 섬유소가 많은 식사는 퍼미큐티스를 증가시킴

노인

- 박테로이디티스의 증가
- 비피도박테리아와 클로스티리디움의 감소
- 루미노코커스, 아토포비움, 엔테로박테리아의 증가

그림 14-12. 연령에 따른 장내 미생물의 구성

산의 합성은 감소하는 반면 암모니아와 페놀 등은 증가하여 미생물들의 활성에 영향을 미친다. 대장에서 짧은 사슬지방산의 생성이 감소하면 병원균에 대한 장벽기능과 장운동이 감소한다. 따라서, 노화과정에서 나타나는 음식의 위장관내 이동시간의 감소, 장내 미생물들의 활성변화, 노화에 따른 위장의 pH 증가는 영양소 흡수과정에 영향을 주고 감염의 위험성을 증가시킨다.

노화에 따른 장내 미생물의 변화를 관찰한 결과 노인들은 건강에 유익한 비피도박테리아는 감소하고 혐기성이면서 병원성 박테리아인 스트렙토코커스(streptococcus), 스타필로코커스(ataphylococcus), 엔테로코커스(enterococcus), 클로스트리움은 증가하였다. 상반된 연구 결과로 논란이 있지만 대체로 노인들은 비피도박테리아와 락토바실러스가 젊은 사람보다 더 적었으며 종의 다양성은 감소한다(그림 14-12).

노화에 따른 면역기능 저하과정에서 장내 미생물이 미치는 영향력이 매우 크기 때문에 장내 미생물의 항상성이 수명에도 영향을 줄 수 있을 가능성이 있다. Matsumoto 등은 10개월된 생쥐에게 비피도박테리움 락티스를 11개월간 먹였더니 대조군에 비하여 수명이 길었는데 이는 주로 위장관에서 염증반응이 저하하였기 때문이라 하였다. 또한, 비피도박테리움 락티스를 투여한 쥐들의 장내 미생물 분포는 젊은 쥐들과 비슷하였고, 대변의 폴리아민 농도가 높았다. 폴리아민은 항염증 및 항돌연변이 효과가 있는 물질이며 세포의 성장과 분화에 필요한 물질이다.

장내 미생물과 건강

장내 미생물의 분포는 장질환뿐 아니라 성장발육, 비만, 당뇨, 동맥경화, 자폐증 우울증까지 연관이 있다고 알려졌다. 비만인 사람은 마른 사람에 비하여 퍼미큐티스의 비율은 더 높고 박테리오사이드의 비율은 더 낮았으며, 체중을 감소시키는 과정에서 점차 마른 사람의 비율과 비슷해졌다. 장염 등 장질환 환자에게 건강한 사람의 대변에서 분리한 미생물을 주입하면 빠르게 증세가 호전되었으며, 장내 유익균을 발육이 부진한 어린이에게 투여하였더니 발육이 좋아졌다는 보고가 있다. 장내 유익균은 뇌기능에도 영향을 주어 신경전달물질의 합성을 조절함으로써 정신적 기능까지도 영향을 준다(표 14-5).

장내 미생물의 구성과 활성의 변화는 영양소의 흡수와 대사에도 영향을 주어 비만뿐 아니라 그와 관련된 지질이상, 동맥경화, 인슐린 저항성, 당뇨, 지방간과 간염 등의 위험성을 조절할 수 있다(그림 14-13). 장내 미생물이 전혀 없는 무균 쥐는 지방 축적이 잘 안되어 비만이 되지 않는다. 그러나 무균 쥐에게 장내

표 14-5. 장내 미생물이 건강에 미치는 영향

장질환	- 염증성 장질환이나 과민성 장질환의 경우 건강한 사람의 대변에서 분리한 장내 미생물을 이식하면 증세가 빠르게 호전됨
성장발육 및 수명연장	- 생쥐에게 비피도박테리움 락티스를 먹였더니 영양소 흡수와 대사과정에 영향을 미쳐 성장발육이 좋아졌고 수명도 길어졌음 - 아프리카 어린이에게 장내 유익균을 투여하였더니 발육이 좋아졌음
비만, 당뇨, 동맥경화	- 장내 유익균은 지방축적과 염증반응을 감소시켜 비만과 비만관련 대사성 질환을 억제함
우울, 자폐증	- 장내 유익균이 합성 분비하는 물질이 뇌기능에 영향을 줌 - 유산균을 투여한 쥐의 뇌에서 신경전달물질인 GABA의 합성이 증가하여 증세가 호전됨

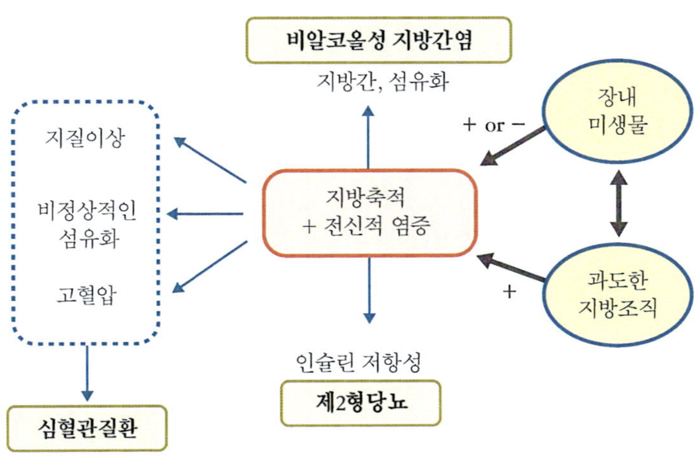

그림 14-13. 장내 미생물이 비만과 관련된 대사적 질병에 미치는 영향

미생물을 이식하면 새로운 혈관의 생성이 잠시 멈추었다가 미생물들이 정착하게 되면 다시 혈관이 생성되었고, 탄수화물의 흡수와 이용성이 증진되어 체중이 증가하였다. 또한 근육과 지방조직에서 혈중 지단백을 지방산과 글리세롤로 분해시키는 효소인 지단백 리파아제의 활성도 증가하였다.

장내 미생물의 분포와 활성의 조절

장내 미생물의 분포와 활성을 바람직한 방향으로 조절하는 방법은 크게 3가지가 있다. 첫째는 가장 강력하게 장내 미생물에 영향을 미치는 항생제는 질병치료를 위하여 꼭 사용해야 하는 경우가 있다. 그러나 과도한 남용은 항생제에 대한 내성을 증가시키므로 최소한으로 사용한다. 둘째와 셋째는 프로바이오틱스와 프리바이오틱스의 활용이다.

100년 전에 러시아의 과학자 메치니코프는 장내에 독성물질이 쌓이면 노화가 초래되며, 페놀, 인돌, 암모니아 등의 독성물질을 생성하는 클로스트리움과 같은 장내 유해균을 다른 균으로 대체하면 독성을 줄일 수 있다고 하였다. 그리고 불가리안 바실러스(Bulgarian bacillus)라 불리는 박테리아로 발효시킨 발효유(요구르트)를 개발하였다. 비피도박테리아는 처음에 모유를 먹는 유아로부터 처음 분리되었는데 비피도박테리아는 대장에서 설사를 일으키는 병원균을 대체할 수 있었기 때문에 어린이에게 투여하는 것이 권장되었다.

노인들은 식이섬유와 수분 섭취 감소와 활동감소 등으로 인한 장운동의 저하가 장기능을 떨어뜨리는 주요 원인이다. 이는 적절한 식이조절과 프로바이오틱스를 이용하면 장내 미생물의 분포와 활성을 조절함으로써 장기능을 회복하고 건강한 노화에 큰 도움이 된다.

프로바이오틱스

프로바이오틱스(probiotics)라는 말은 1965년 Lilly와 Stillwell에 의하여 처음으로 '미생물에서 유래된 것으로 다른 미생물의 성장을 촉진하는 물질'이라고 정의되었으며, 1989년에 Roy Fuller에 의하여 '프로바이오틱스는 숙주의 건강에 유익한 영향을 주는 살아 있는 미생물'이라는 의미가 추가되었다. 일반적으로 락토바실러스와 비피도박테리아가 프로바이오틱스로 널리 사용되고 있으나 이스트 사카로마이세스 세레비시에(Saccharomyces cerevisiae)와 일부 대장균(E. coli), 바실러스도 쓰인다.

락토바실러스를 비롯한 유산균들은 옛날부터 오랜 동안 요구르트를 만드는데 널리 사용되어 왔다. 락토바실러스 카제이(L.casei)는 에멘탈 치즈에서 분리되어 발효유를 만들 때 산을 합성하도록 하는 스타타로 이용되었는데 이후 액상요구르트 제품 생산에 널리 이용되고 있다. L.casei는 항암효과가 있으며 소장의 점막의 면역기능에 기여하는 IgA를 증가시켜 면역기능을 강화하는 효과를 가지고 있다. 락토바실러스 에시도필러스(L.acidophilus)는 1900년에 Moro에 의하여 신생아의 변에서 분리된 이후 메치니코프에 의하여 불가리아 요구르트에서 다시 분리되었다. L.acidophilus는 소장에 잘 정착하고 산과 담즙에도 강하며 항미생물 물질을 합성할 뿐 아니라 혈중 콜레스테롤 농도를 낮추고 면역력을 강화시키며 변비를 개선시키는 효과가 있어 산업적으로 프로바이오틱 유제품 생산에 널리 이용되고 있다. 락토바실러스 루테리(L.reuteri)는 락토바실러스 에시도필러스보다 위, 소장, 대장과 질에 더 잘 정착하고 산에도 강하며 루테린(reuterin)이라는 항미생물 물질을 합성하여 유해균의 성장을 억제한다. L.reuteri는 특히 설사를 개선하고 면역능을 강화시키는 효과가 뛰어나 유아들을 위한 프로바이오틱스로 이용된다. 박

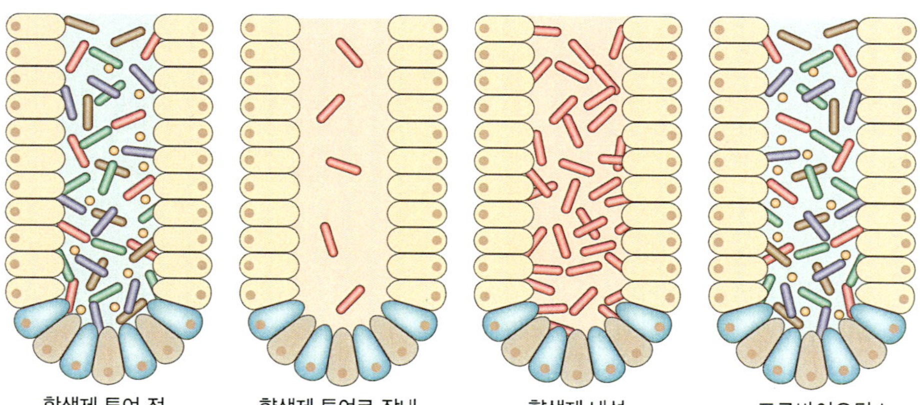

그림 14-14. 항생제 복용 후 프로바이오틱스를 이용한 장내 미생물 분포의 평형성 회복

테리움 롱검(Bacteium longum)은 남자의 변에서 분리되었는데 혈중 콜레스테롤 농도 감소효과, 항암효과, 면역증진효과가 있어 L.acidophilus와 함께 이용되고 있다.

프리바이오틱스

프로바이오틱스는 직접적으로 장내 미생물총을 개선시키는 살아있는 미생물이라면, 프리바이오틱스(prebiotics)는 대장에서 유익균에 의하여 이용되는 물질로서 장내 유익균의 성장이나 활성을 돕는 물질을 말한다. 최근에는 비만치료 및 항암과 관련하여 장내 미생물에 의한 식이섬유의 이용과 짧은 사슬지방산 생산에 관한 관심이 커지고 있다.

일상의 식생활에서 우리가 할 수 있는 프리바이오틱스 요법은 지방 섭취량을 줄이고 채소, 과일, 곡물의 섭취를 통한 식이섬유소의 섭취증가이다. 사람이 소화시키지 못하는 비전분 다당류와 올리고당은 대장에서 유해균의 성장을 억제하는 동시에 락토바실러스와 비피도박테리아 같은 유익균의 성장을 선별적으로 촉진한다.

이눌린, 프락토올리고당, 갈락토올리고당, 락투로오즈, 모유올리고당 등도 잘 알려진 프리바이오틱스이다. 락투로오즈(lactulose)는 합성된 이당류로 변비나 간성뇌증(hepatic encephalopathy) 치료약으로도 이용되고, 프락토올리고당은 밀, 양파, 바나나, 마늘, 부추, 치커리 뿌리 등에서 분리하거나 설탕을 효소처리하여 얻을 수 있다. 프락토올리고당은 대장의 유익균인 비피도박테리아의 수를 증가시키고 칼슘 흡수를 증진시키며 배변량을 증가시켜 변비를 개선하고 혈중지질농도를 낮춘다. 이눌린을 섭취하면 비피도박테리아가 증가하고 IgA와 뮤신의 분비가 증가하여 장기능 유지에 좋은 영향을 준다. 또한 비피도박테리아는 이눌린을 발효시켜 초산, 프로피온산, 부티르산을 생성하는데 초산과 프로피온산은 간에서 에너지원으로 사용되고, 부티르산은 대장암과 직장암을 예방하는 효과를 보인다.

대변 미생물의 이식(Fecal microbiota transplantation, FMT)

최근 들어 전 세계적으로 소아와 성인에서 클로스트리움 디피실(Clostridium difficile) 감염과 그로 인한 사망률이 증가하고 있다. 항생제 처방에도 불구하고 첫 번째 재발률은 30%에 이르고 2회 이상 재발 후 3번째 재발률은 60%에 이른다. 미국에서는 클로스트리움 디피실의 특정 변종에 감염되어 매년 25만 명이

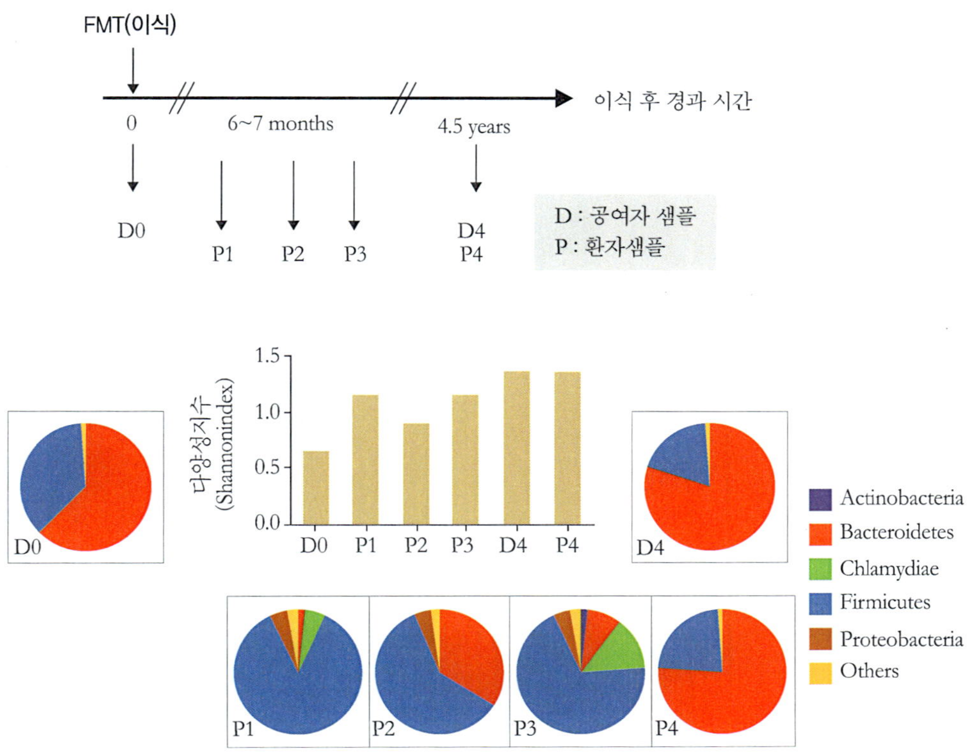

자료: Broecker 등. Cold spring Harb Case Stud 2, 2016

그림 14-15. 대변 미생물 이식 후 장내 미생물 분포의 변화

입원하고 이들 중 1만4천 명은 사망한다. 이 병원균은 치명적인 독성물질을 생산하고 기존의 치료약물에 대하여 내성이 매우 높은 것이 특징이다. 클로스트리움 디피실에 감염되어 장질환이 발생한 환자들은 하루에 20회 이상 화장실을 가게 됨으로써 삶의 질이 크게 악화된다. 특히 고령이거나 항생제를 자주 복용하는 사람들은 이 균에 감염될 위험성이 더 높다.

클로스트리움 디피실은 항생제 복용으로 제거할 수는 있지만 동시에 다른 유익균도 사라짐으로써 장내 미생물 수가 크게 감소하고 분포에 있어서 불균형을 초래한다. 또한 항생제 투약을 중단하면 재발하는 비율이 높다. 따라서 FMT가 이러한 장내 미생물의 균형을 회복시키는데 효과적인 방법으로 주목을 받고 있다. 이들 환자들에게 건강한 사람의 대변에서 분리한 정상적인 분포를 가지는 미생물들을 대장 내시경이나 비위장관(nasogastric tube)을 통하여 이식한 결과 90% 이상이 빠르게 호전되었다. 이어서, 산에 저항성을 가지는 캡슐에 장내 미생물을 담아 경구로 섭취하면 침습성이 덜하면서도 훨씬 효과적인 것으로 확인되었다. 경구 섭취한 캡슐이 안전하게 소장까지 이동된 후 적정 장소에 내용물을 전달하는 기술을 확보하기 위한 연구가 거듭되고 있다.

한편, 대변을 동결 건조한 후 희석하여 대장 내시경을 통하여 공급하는 방법도 동등한 효과를 내는 것으로 확인되었다. 대변은 새로운 감염의 전파 위험을 줄이기 위하여 사전에 건강에 문제가 없는지 면밀한 검사를 통과한 자원자들에게서 얻어진다. 건강한 공여자로부터 제공된 대변은 세균, 바이러스, 알레르기 유발 물질, 기생충이 존재하는지 확인하고 동결건조하여 냉동실에 보관한다. 최근 Broecker 등은 클로스트리움 디피실 감염으로 여러 번의 재발이 있었고 기존의 항생제와 프로바이오틱스 요법으로 치료가 되지 않았던 환자들에게 공여자의 대변을 생리적 식염수에 희석하여 항문을 통하여 주입하고 장기간(4~5년) 환자들의 상태와 장내 미생물의 분포에 대하여 연구하였다. 그 결과 대변 이식 후 환자의 설사증세는 수일 내에 빠르게 호전되었으며 재발률도 뚝 떨어졌다. 그러나 환자와 공여자의 미생물 분포가 거의 비슷해지기까지는 상당한 시간이 걸렸다(그림 14-15).

CHAPTER

15

항산화 영양

산화적 스트레스와 활성산소종 | 항산화 방어체계 | 산화적 손상과 관련 질환
항산화 영양소 보충과 질병 예방 | 운동과 산화적 손상 | 항산화 식품과 파이토케미컬

CHAPTER 15

항산화 영양

들어가는 말

인체에서는 탄수화물, 단백질, 지방을 에너지로 전환하는 대사처럼 산소를 이용하는 대사가 반드시 필요하고 산소를 직접적으로 이용하지 않더라도 산화-환원반응을 통해서 이루어지는 대사가 많다. 이 과정 중에 유리라디칼과 같이 불안정한 활성산소종이 생길 수 있다. 활성산소종은 매우 불안정하며 산화적 스트레스 상태에서는 세포내 단백질, 핵산, 세포막 등을 공격하여 세포 손상을 초래한다. 손상된 세포가 복구되지 못하면 정상적인 기능을 상실하여 노화가 촉진될 뿐만 아니라 동맥경화, 당뇨, 심혈관 질환 등 만성질환을 유발할 수 있다.

그러나 활성산소종은 체내에 존재하는 항산화 방어체계에 의해 대부분 제거되어 항상성을 유지하게 되는데 방어체계에는 항산화 물질과 항산화 효소계가 있다. 그러나 활성산소종이 발생하는 정도에 따라 충분한 방어 능력을 가지고 있느냐는 연령, 영양상태, 건강행태 등에 따라 다를 수 있다.

산화적 스트레스와 활성산소종

산화적 스트레스

$$6CO_2 + 6H_2O \longrightarrow C_6H_{12}O_6 + 6O_2$$

산화

$$NAD^+ + H^+ + 2C^- \rightleftharpoons NADH + H^+$$

환원 / 환원

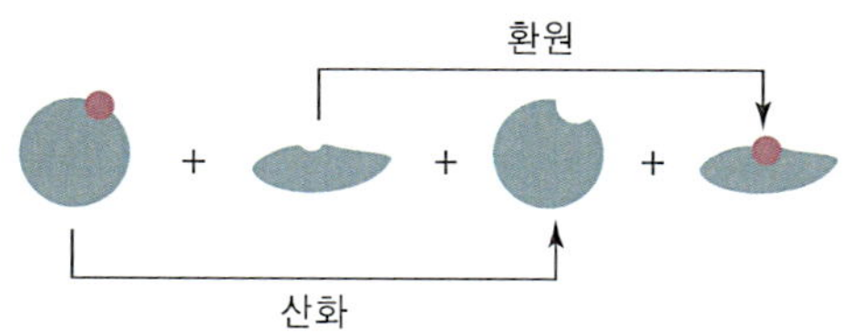

산화 환원 반응

산화적 스트레스(oxidative stress)란 체내의 산화물질(proxidant)과 항산화(antioxidant) 물질 사이에 불균형 초래하여 활성산소종이 생성되는 속도가 제거되는 속도보다 클 경우 활성산소종이 많아지게 되는 현상을 의미한다. 흡연, 오염물질, 음주, 약물복용, 감염, 불량한 식사, 독성물질, 방사선 피폭, 강한 자외선, 급박한 기후 변화 등에 의한 환경적 요인 등으로 산화적 스트레스가 유도될 수 있다. 또한 나이가 들면 활성산소종을 제거하는 능력이 감소되어 활성산소종의 생성과 제거의 균형이 깨져 활성산소종이 증가하게 된다.

활성산소종의 종류

활성산소종(reactive oxygen species, ROS)은 반응이 아주 예민한 산소를 포함하는 분자로서 라디칼형과 비라디칼형이 있다(표 15-1). 활성산소종은 유해산소, 활성산소, 산소라디칼, 산화제 등 다른 용어로 혼용되어 사용된다. 특히 라디칼은 짝이 없는 전자를 가지고 있기 때문에 불안정하고 다른 물질로부터 전자를 받아 안정한 상태를 유지하려고 하는 성향을 가지고 있기 때문에 반응성이 매우 크다. 하나의 라디칼이 전자를 얻어 짝을 채운다고 하더라도 그 전자를 뺏긴 다른 물질이 또 다른 라디칼로 만들어지기 때문에 연쇄적으로 여러 물질을 변형시키는 반응을 순식간에 일으킨다.

라디칼
전자쌍을 이루지 못한 오비탈(orbital)을 가지고 있는 물질로 매우 불안정하며 다른 화합물을 공격하여 전자를 얻으려고 한다.

표 15-1. 활성산소종의 종류

라디칼형		비라디칼형	
슈퍼옥사이드 라디칼 (superoxide radical)	$O_2^{-\cdot}$	오존 (ozone)	O_3
하이드록시 라디칼 (hydroxy radical)	$OH^{\cdot}$	일중항산소 (singlet oxygen)	$^1O_2$
하이드로퍼옥시 라디칼 (hydroperoxy radical)	$HO_2\cdot$	차아염소산 (hypochlorous acid)	HOCl
알콕시 라디칼 (alkoxyl radical)	$RO\cdot$	과산화수소 (hydrogen peroxide)	H_2O_2
퍼옥시 라디칼 (peroxy radical)	$ROO\cdot$		

일중항산소
산소가 에너지를 받으면 전자가 전자각에서 재배치되어 다른 방향의 spin에 전자가 존재하거나 동일 궤도에 두 전자가 존재할 때 공격성이 큰 유해산소가 되며 이를 일중항산소라 한다.

활성산소종의 생성요인

활성산소종은 인체의 내적 요인과 외적 요인에 의해 생성이 증가된다. 자외선, 방사선, 화학물질 및 공해 등 환경적 요인에 의해서 활성산소종의 생성이 증가한다. 또한 스트레스, 과격한 운동, 과식, 음주, 흡연, 인스턴트식품(훈제식품, 라면, 탄산음료, 튀긴 음식, 아이스크림)의 과다 섭취도 활성산소종의 생성을 증가시킬 수 있다. 이러한 활성산소종의 증가는 DNA뿐만 아니라, 세포지질막, 단백질, 효소와 다른 작은 분자 물질과 반응하여 세포 및 조직을 손상시킬 수 있다(그림 15-1, 15-2).

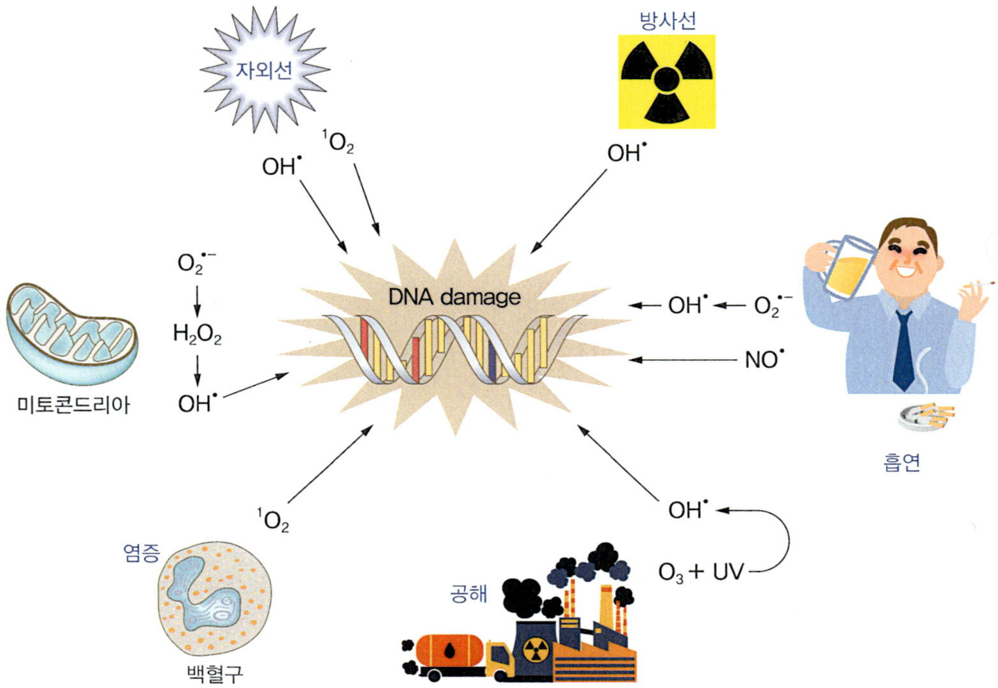

그림 15-1. 활성산소종의 생성요인

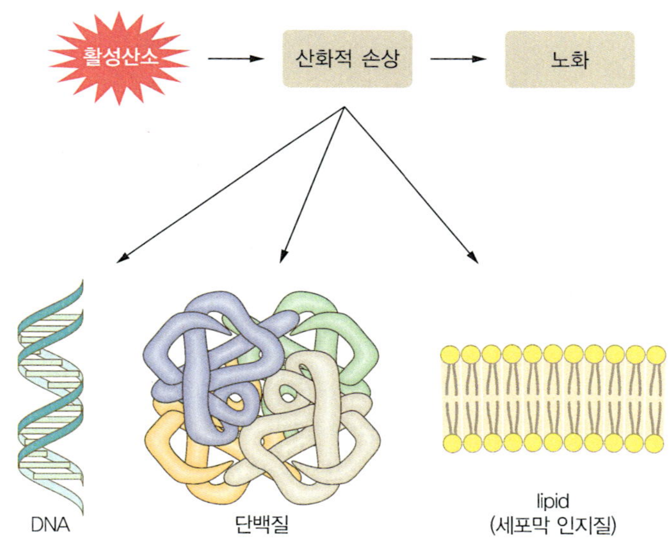

그림 15-2. 활성산소종에 의한 세포 손상

항산화 방어체계

인체 내로 유입되는 산소의 대부분은 정상적인 호흡과정을 통해 물로 바뀌고 소변 등으로 배출되나, 약 2%의 산소는 불완전한 상태로 머물다가 화학적으로 반응성이 큰 유해물질로 전화된다. 다행히도 우리 몸속에는 이런 유해물질을 제거하기 위한 항산화 방어체계가 있다. 항산화 방어체계를 크게 두 가지로 나누면 항산화 물질과 항산화 효소계에 의한 항산화 작용이다.

항산화 물질

인체에서 항산화 작용을 하는 대표적인 영양소는 식품으로부터 섭취한 비타민 C, 비타민 E와 β-카로틴 등의 항산화 비타민이다. 비타민 C는 세포의 가장 중요한 수용성 항산화 영양소이고 지방을 공격하기 전에 활성산소종을 중화시키는 역할을 한다. 비타민 E는 가장 중요한 지용성 항산화 영양소로 세포막 안에서 지방산의 과산화를 막아 세포막을 보호한다. 또한 비타민 C는 비타민 E를 회생시키기도 한다. β-카로틴과 다른 카로틴 물질들도 항산화 작용이 있으며 세포막의 지질과산화를 막고 LDL의 산화를 막아주는 역할을 하며 비타민 E와 시너지 효과를 낸다. 또한 β-카로틴은 일중항산소를 제거하는 능력을 가지고 있다. 과일, 채소는 비타민 C와 카로틴 물질들의 중요한 급원이고 곡류와 식물성 기름은 비타민 E의 급원으로서 중요하다(그림 15-3).

식물성 식품으로부터 섭취한 비영양성분인 파이토케미컬(phytochemicals)들도 항산화 기능을 가지고 있는 것이 많다. 특히 항산화 기능을 많이 가진 파이토케미컬은 카로티노이드, 플라보노이드, 페놀 화합물, 이소플라본 등이 있다.

체내에서 항산화 비타민 외에 항산화 작용을 하는 물질로는 글루타티온, 아미노산, 셀레늄, 코엔자임 Q, 요산, 빌리루빈, 타우린 등이 있다.

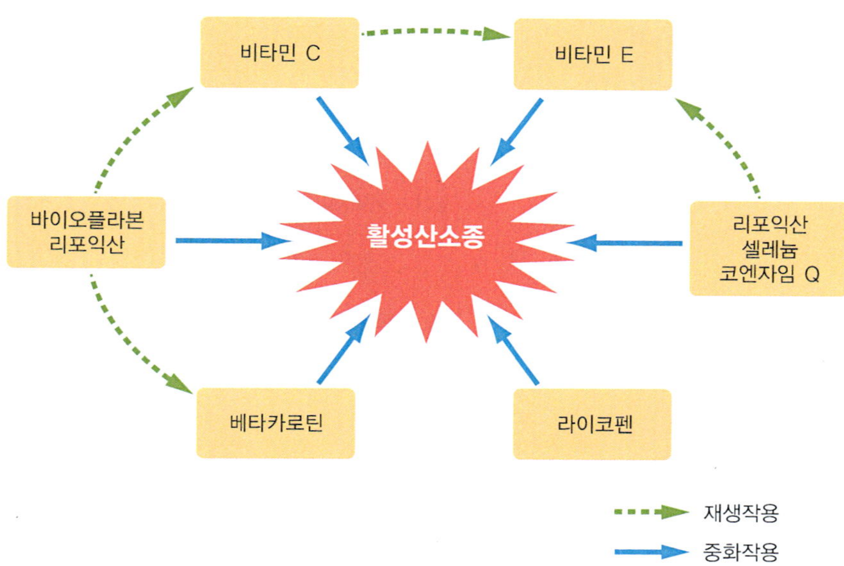

그림 15-3. 항산화물질의 중화 · 재생작용

항산화 효소계

식품으로부터 공급받는 항산화 영양소 외에도 체내에는 여러 항산화 기전들을 가지고 있어 활성산소종에 의한 손상을 보호하고 있다. 이들은 항산화 효소들로 초과산화물 불균등화효소

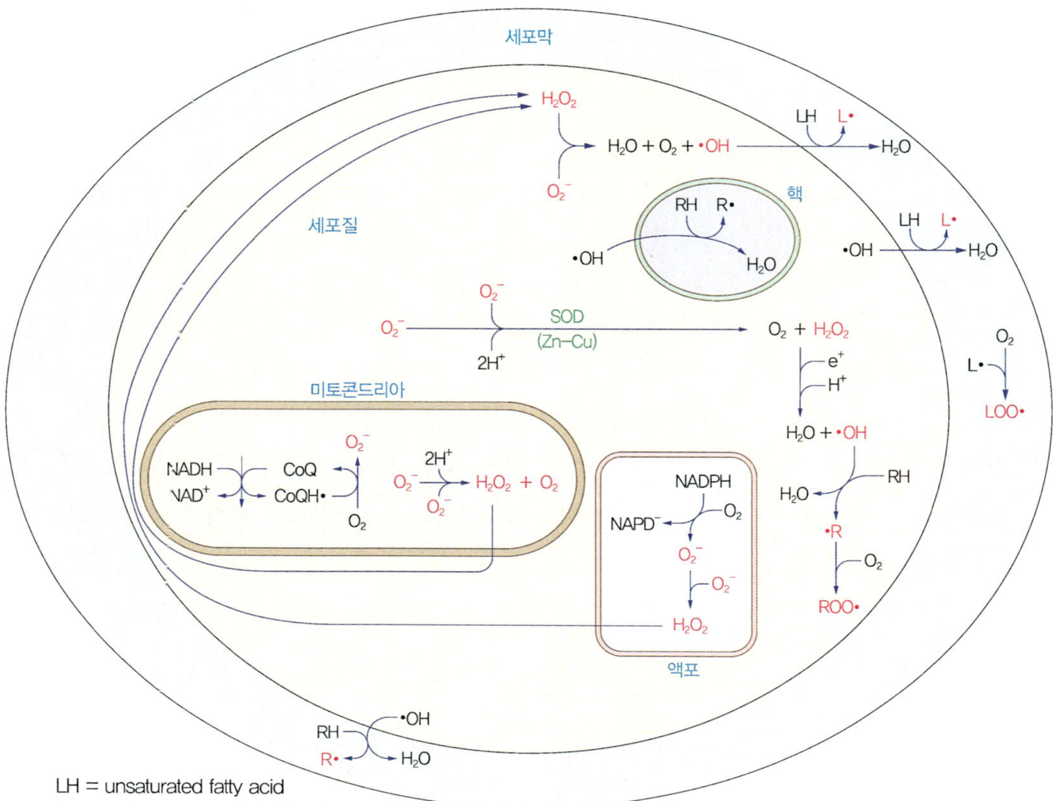

LH = unsaturated fatty acid
L• = carbon-centered lipid radical
RH = organic compound(e.g., amino acid, nucleic acid)
O_2^- = superoxide ridical
•OH = hydroxy radical
R• = carbon-centered nonlipid radical
H_2O_2 = hydrogen peroxide
ROO• = nonlipid peroxide radical
LOO• = peroxide radical

그림 15-4. 항산화 방어체계

superoxide dismutase (SOD): Mn, Cu, Zn 함유

$2\ O_2^{\cdot -} + 2H^+ \rightarrow O_2 + H_2O_2$

catalase

$2\ H_2O_2 \rightarrow 2\ H_2O + O_2$

glutathione peroxidase (GSH-PX: Se-dependent)

$ROOH \rightarrow ROH + H_2O$

$2\ H_2O_2 \rightarrow 2\ H_2O + O_2$

(superoxide dismutase, SOD), 카탈라제(catalase), 글루타티온 과산화효소(glutathione peroxidase) 등이다. 셀레늄, 철, 구리, 아연, 망간, 코엔자임 Q10, 리포산(lipoic acid) 등은 이들 효소를 구성하거나 효소의 활성화에 영향을 미칠 수 있는 물질이므로 체내 적절한 항산화 체계 유지에 고유의 역할을 담당하고 있다. 특히 셀레늄은 글루타티온 과산화효소의 구성성분으로 과산화수소에 의한 세포막이나 세포손상을 방지한다(그림 15-4).

산화적 손상과 관련 질환

활성산소종은 반응성이 커서 인체의 단백질, DNA, 세포막 등에 손상을 초래하여 세포의 정상적인 기능을 방해한다. 특히 활성산소종은 단백질의 -SH기를 일차적으로 공격하고 더 산화가 진행되면 카보닐 단백질이 증가하게 된다. 이와 같이 유황을 함유하는 단백질이 산화되면 세포가 제 기능을 하지 못한다. 또한 DNA나 RNA가 활성산소종에 의해 산화되면 돌연변이 및 발암의 원인이 되고, 세포막을 구성하는 지질이 과산화되면 생체막의 유동성과 투과성이 변화되어 생체막의 본래 기능을 유지할 수 없다.

따라서 인체가 여러 가지 원인에 의해서 산화적 스트레스가 증가할 경우 노화뿐만 아니라 많은 조직의 손상을 초래하여 암, 백내장, 당뇨, 동맥경화, 뇌질환, 관절염, 심혈관 질환 등 만성 질환 발생과 진행과정에 영향을 주게 된다(그림 15-5, 15-6).

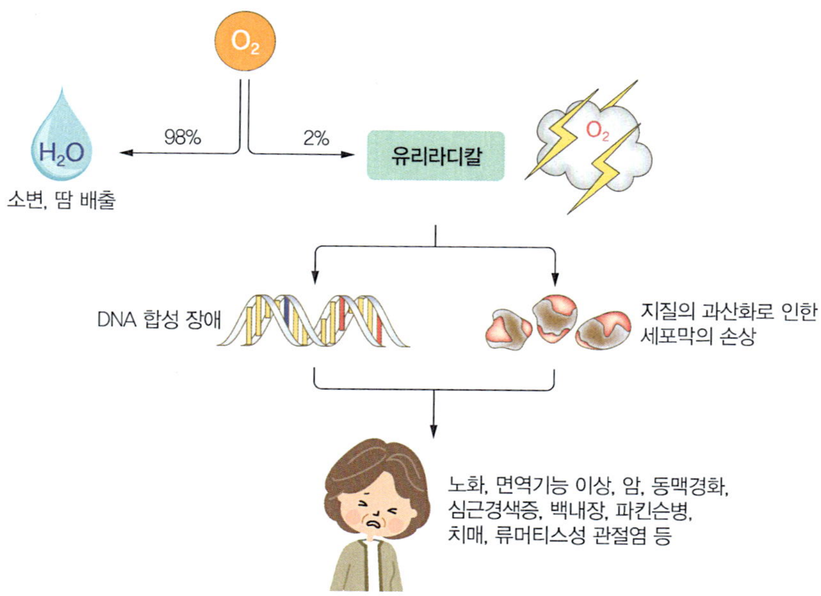

그림 15-5. 유리라디칼의 생성 및 파급 효과

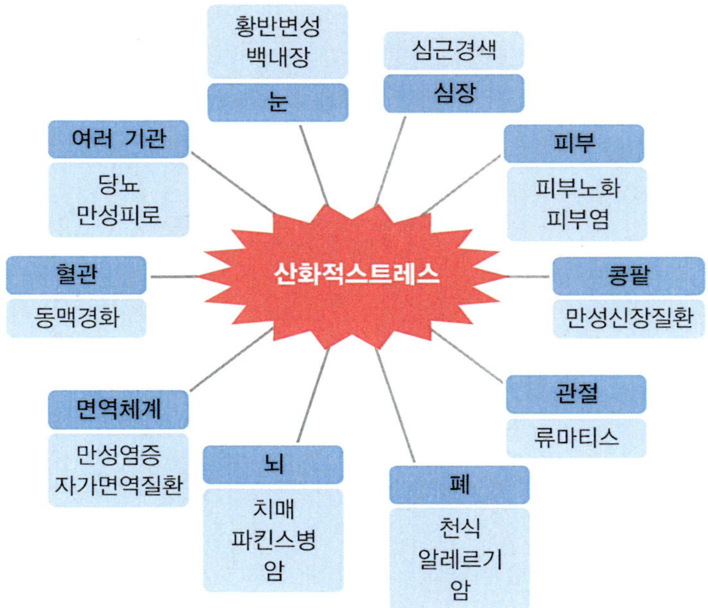

그림 15-6. 산화적 손상과 질환

항산화 영양소 보충과 질병 예방

심장병

비타민 E, β-카로틴과 그 외 항산화제들은 심장병과 뇌졸중(stroke)에 아주 영향이 없는 것은 아니다. 건강한 여자 39,876명을 대상으로 한 Woman's Health Study에서 600IU의 자연 비타민 E를 10년 동안 하루 걸러서 먹게 한 결과, 주요한 심장 혈관 질환과 암의 발생률에서 먹지 않은(placebo) 여자들과의 차이는 없었다. 그러나 해당 연구에서 비타민 E를 먹은 여자들의 경우 심혈관 질환으로부터의 사망률이 24% 줄었다.

이스라엘 연구에서는 제2형 당뇨병을 가진 사람들 중에 심장병이 있는 경우 비타민 E의 복용이 이들 질병 유병률을 낮춰 주었다는 결과가 나왔다. 이들은 당뇨병으로 인해 산화적 스트레스를 많이 받고 있는 유전인자를 갖고 있기 때문인 것으로 보였다. 한편 β-카로틴은 Physician's Health Study에서 심장병이나 뇌졸중(stroke)에 예방 효과가 없는 것으로 보고되었다.

그러면 여러 항산화제를 복합적으로 복용했을 때의 효과는 어떨까? 프랑스에서 13,017명의 남자와 여자들이 비타민 C 120mg, 비타민 E 30mg, β-카로틴 6 mg, 셀레늄 100㎍, 아연 20mg을 7년 반 동안 복용한 결과 복합비타민의 항산화 효과는 심혈관 질환에 영향을 전혀 미치지 못했다. 반면 Woman's Antioxidant Cardiovascular Study에서는 비타민 E, 비타민 C, β-카로틴이 심근경색, 뇌졸중 등 이미 질병을 가지고 있는 사람들에게는 효과가 있는 것으로 나타났다.

암

장기간의 연구인 Physician's Health Study에서 β-카로틴을 복용한 남자들은 별다른 효과가 없었음에도 불구하고 항산화제 혼합물을 복용한 남자들은 모든 암 위험도와 사망률이 낮아졌다. 반면 여자들은 항산화제 복용 시작 전의 β-카로틴 혈중 농도가 상대적으로 높아서인지 효과가 없었다. 피부암이 있는 사람들에서는 셀레늄이 효과가 있었으며 직장암, 폐암, 전립선암에 효과를 보였다. 혈중 셀레늄 농도가 낮은 사람들에게 효과가 가장 컸다.

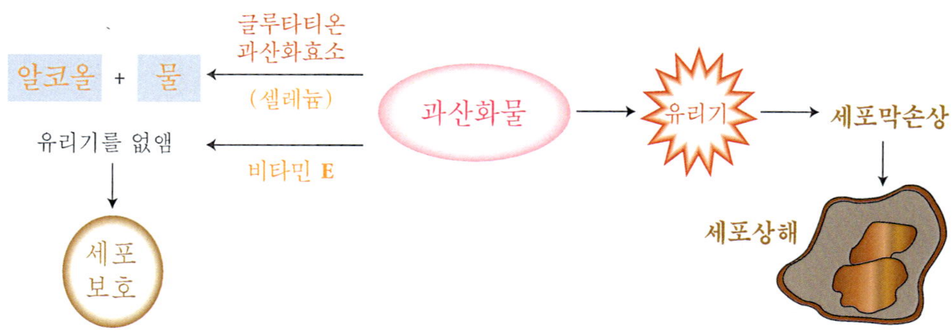

그림 15-7. 셀레늄의 작용

안과 질환

항산화 비타민의 가장 좋은 예로 6년간 노안 질병 연구(AREDS, Age-Related Eye Disease Study)에 의하면 비타민 C, 비타민 E, β-카로틴과 아연 혼합물은 노인성 황반변성(macular degeneration) 위험성이 높은 노인들한테 복용시킨 결과 긍적적 효과를 보였으나 백내장에는 효과가 없었다. 루테인(lutein)은 시금치나 케일 같은 녹색 잎채소에 존재하는데 시력을 보호하는 것으로 나타났다. 그러나 단기간의 복용은 황반변성에 대하여 엇갈린 결과를 보고하고 있다. 루테인, 지아잔틴(zeaxanthin), 어유를 같이 섭취하는 실험이 진행되고 있어 더 좋은 결과가 기대된다.

항산화 영양제 보충의 위험성

만약에 항산화 영양제가 무해하다면 그냥 섭취하면 될 것이나, 여러 연구에서 항산화 영양소나 복합제를 섭취하는 것이 건강에 위험할 수 있다고 한다. 첫 번째 대단위 실험에서 폐암 발생률이 높은 흡연자들에게 β-카로틴을 섭취시켰으나 이 실험은 곧 중단되었다. β-카로틴을 복용한 흡연자들에게 폐암 발생률이 더 높았기 때문이다. 또 다른 연구에서는 석면에 노출된 흡연자들에게 비타민 A와 β-카로틴을 섭취하도록 했더니 폐암 발병이 증가하였다. 그러나 18년 동안 실시된 Physician's Health Study에서는 흡연자의 폐암이 증가하지는 않았다.

또 다른 적색경보는 비타민 C, 비타민 E, β-카로틴, 셀레늄, 아연을 복용한 여자들에게서 피부암의 발생 속도가 높았다는 것이다. 최근 WHO의 발표에 의하면 커피가 발암 물질이 아니고 항산화 물질을 포함하고 있다고 했으나 너무 뜨겁게 마시면 식도암을 유발할 수도 있다고 했다.

이와 같이 항산화 영양제의 보충이 심혈관 질환 및 암 발생에 미치는 효과는 일관성이 없다. 그 이유는 항산화 영양소가 주로 전자를 제공하는 능력을 가진 물질이기 때문에 유리라디칼을 제어하는 역할을 하지만 주변 환경, 유리라디칼의 농도 등에 따라서 전자를 받아들여 산화촉진제로도 역할을 할 수 있기 때문이다.

결론적으로 유리라디칼이 암, 심장병, 치매, 시력상실 등과 같은 만성 질환에 악영향을 끼치지만 항산화 영양제만으로 이런 문제들을 해결할 수 있는 것은 아니다. 그러나 현재까지의 연구에서는 보충제의 형태가 아닌 과일, 채소, 전곡류 등 항산화 영양소가 풍부한 식품으로의 섭취는 인체를 노화와 관련된 질병으로부터 보호하는 것으로 알려져 있다.

운동과 산화적 손상

지구력 운동을 할 때는 산소 요구량이 휴식 상태보다 10~20배 증가하므로 유리라디칼이 증가한다. 유리라디칼 생성을 직접 측정할 수는 없으나 그 대사 물질은 측정할 수 있다. 항산화 작용에 의한 방어보다 라디칼이 더 많이 생성되면 많은 유해물질이 생성될 것이다. 규칙적인 운동은 항산화 방어체계를 강화시켜 라디칼 손상으로부터 보호를 받을 수 있다. 그러나 훈련되지 않은 사람이 갑자기 강도 높은 운동을 할 때는 라디칼에 의한 손상이 증가한다. 따라서 주중에는 앉아서 편하게 일하고 주말에만 강하게 운동하는 사람인 경우 신체에 악영향을 미치게 된다.

운동이 항산화 작용에 효과를 보려면 운동하는 사람의 체력, 강도, 영양 상태 등 적당한 조건이 갖추어져야 한다. 운동 후 회복 단계에서 비타민 E의 섭취가 도움이 되는 것으로 알려져 많은 운동선수들이 음식을 통한 섭취량을 늘리려고 하거나 보충제로 섭취하고 있다. 또한 비타민 E의 섭취가 운동 실력을 향상시키지는 않으나 고강도로 훈련 받는 경우 도움이 되는 것으로 알려지고 있다. 여기서 주의할 점은, 체내에 존재하는 비타민 C와 β-카로틴의 정상 농도는 항산화 역할에 도움이 되나, 농도가 과할 경우 산화촉진 역할을 할 수도 있어 해로울 수 있다.

항산화 식품과 파이토케미컬

항산화 식품

채소와 과일은 항산화 비타민과 여러 종류의 파이토케미컬을 함유하여 항산화 식품으로 작용할 수 있다. 특히 노화를 지연시키는 가장 효과적인 5가지 식품은 블루베리, 브로콜리, 고구마, 녹차, 적포도와 적포도주로 알려지고 있다.

표 15-2. 다섯 가지 무지개 색 식품의 항산화 성분과 질병 예방 효과

붉은색(항암, 심장병) (lycopene, ellagic acid, quercetin, hesperidin, anthocyanins) 석류, 붉은 자몽, 체리, 수박, 사과, 토마토, 산딸기
주황색(눈 건강, 면역강화, 성장) (α-카로틴, β-카로틴, β-cryptoxanthin, lutein, zeaxanthin, hesperidin) 파인애플, 살구, 바나나, 당근, 호박, 고구마, 레몬, 오렌지
노란색, 흰색(순환계 질환, 뼈 건강, 암, 심장병) (EGCG, allicin, quercetin, indoles, glucosinolates) 양파, 마늘, 버섯, 배, 콜리플라워, 콩
초록색(눈 건강, 간, 폐, 혈관 건강 증진) (lutein, zeaxanthin, isoflavonols, EGCG, isocyanates, sulphoraphane, indoles) 브로콜리, 케일, 상추, 키위, 아보카도, 멜론
보라색(뇌, 심장, 뼈, 동맥, 인지 기능 증진, 암 · 노화 지연) (resveratrol, anthocyanins, phenolics, flavonoids) 자두, 비트, 가지, 적포도, 블루베리, 복분자, 붉은 양파

* 하루에 각 색깔의 식품을 2가지 이상 섭취하는 것을 목표로 한다.
자료 : Natural Healthy Concepts.com

산소라디칼 흡수능력(Oxygen radical absorption capacity, ORAC)은 산소라디칼을 흡수하는 능력을 측정함으로써 식품의 총 항산화 능력을 측정하는 방법이다.

파이토케미컬 종류와 기능

최근 식품에 함유된 파이토케미컬의 항산화 효과와 여러 가지 질환 예방 효과에 대하여 관심이 많다. 파이토케미컬로는 카로티노이드, 플라보노이드, 페놀 화합물, 이소플라본, 설포라판, 알릴 화합물, 리모넨, 인돌, 리그난, 사포닌 등이 있다.

카로티노이드

카로티노이드(carotenoids)는 주황색, 노란색, 녹황색, 붉은색을 나타내는 식물 색소로, α-카로틴, β-카로틴, 루테인, 라이코펜, 크립토잔틴, 칸타잔틴, 지아잔틴 등 여러 성분들이 여기에 속한다. 현재까지 알려진 카로티노이드의 종류만도 600여 종에 달하며, 감귤류에도 최소 20여 가지 카로티노이드가 존재한다고 한다(표 15-3).

카로티노이드는 산화를 방지할 수 있을 뿐만 아니라 몇몇 카로티노이드는 시각과 관계되어 매우 중요한 기능을 하는 비타민 A의 전구체이다. 특히 카로티노이드를 체내에 많이 보유하고 있는 흡연자들은 그렇지 않은 흡연자들보다 암이나 심혈관계 질환의 발병 위험도가 낮았다고 한다. 카로티노이드는 심장병이나 뇌졸중, 시력 감퇴, 몇몇 암으로부터 신체를 보호하는 기능을 하며, 노화를 지연시키고 당뇨병의 합병증을 감소시키며, 폐의 기능을 향상시키는 역할을 하는 것으로 알려져 있다.

표 15-3. 카로티노이드의 종류와 기능

	체내 기능	주요 급원
베타-카로틴	노화 지연, 항암 효과, 당뇨병 합병증 예방, 폐기능 증진	당근, 늙은 호박, 고구마, 망고, 파파야, 키위, 살구, 브로콜리, 시금치, 케일 등
루테인	시각기능, 백내장 및 황반 퇴화 예방, 시각 퇴화 속도 지연, 암 위험도 감소	케일, 시금치, 키위, 브로콜리, 아욱, 양배추, 양상추, 배추 등
라이코펜	전립선암과 심장병 예방	붉은색 과일과 채소, 토마토, 고추, 자몽, 수박
지아잔틴	황반 퇴화 지연, 항암효과	옥수수, 시금치, 늙은 호박, 계란 노른자 등

플라보노이드

플라보노이드(flavonoids)는 바이오 플라보노이드라고도 불리며, 항산화제 역할을 한다.

플라보노이드는 혈관벽에 플라크가 형성되는 것을 방지하기도 하고, HDL 콜레스테롤의 수준을 증가시키기도 한다. 또한 DNA 손상을 감소시킬 수 있기 때문에 항암작용도 할 수 있다(표 15-4).

표 15-4. 플라보노이드의 종류와 기능

	체내 기능	주요 급원
레스베라트롤	에스트로젠과 유사한 구조임, 심장병과 암의 예방, 혈전 형성 지연, 뇌졸중 예방	적포도, 적포도주스, 적포도주
안토시아닌	노인 쥐에서의 단기 기억력 증가, 요도 감염 감소	딸기, 키위, 자두, 블루베리, 크랜베리
퀘르세틴	알레르기와 관계된 염증 감소, 뇌암과 기관지암의 성장 저지, 오염물질과 흡연으로부터 폐 보호	사과, 배, 체리, 포도, 양파, 케일, 아욱, 브로콜리, 잎상추, 마늘, 녹차, 적포도주
헤스페라딘	심장병 예방, 혈관 강화	감귤류, 오렌지, 오렌지주스, 귤, 레몬, 자몽, 자몽주스, 라임, 만다린 오렌지
탄제리틴	뇌와 기관지암 예방	헤스페라딘과 동일
카테킨	항암효과	녹차, 포도

페놀 화합물

페놀 화합물(phenolic compound)은 혈중 콜레스테롤 수치를 낮추고, 심장병과 몇몇 암의 위험도를 감소시키는 것으로 알려져 있다. 자두, 딸기, 적포도, 적포도주, 키위, 건포도, 토마토 등의 과일뿐만 아니라 현미와 같은 전곡류에도 많이 들어 있으며, 엘라그산(ellagic acid)과 갈산(gallic acid)이 대표적인 화합물이다. 여러 종류의 과일과 커피 원두에 함유되어 있는 카페익산(caffeic acid)이나 과일의 섬유소 사이에 존재하는 페룰릭산(ferulic acid)도 항산화 작용을 하는 물질이다.

이소플라본

이소플라본(isoflavone)은 대두에 다량 함유되어 있는 제니스테인, 다이드제인 등이 이에 속한다. 이들은 에스트로젠과 유사한 구조를 가지고 있어서 체내에서 에스트로젠의 역할을 흉내내거나 조절할 수 있는 것으로 보인다. 이렇게 식물에 존재하며 에스트로젠의 역할과 관계된 물질들을 파이토에스트로겐(phytoestrogen)이라고 부른다.

이소플라본은 유방암의 예방에 효과가 있으며, 혈중 콜레스테롤 수치를 감소시키거나 폐경기에 나타나는 불편한 증상을 줄이고 골다공증을 예방하는 효과가 있는 것으로 알려지고 있다.

이소플라본은 대두에 특히 많은 물질이기 때문에 두부, 된장, 간장, 청국장 등에 많으며, 콩나물, 감자, 옥수수, 땅콩, 멜론, 망고, 건포도 등에도 많이 있다.

설포라판

설포라판(sulforaphane)은 이소시오시아네이트(isothiocyanate)로 불리는 것으로 유기황 성분이다. 설포라판은 대장암의 위험도를 감소시키며, 배추, 브로콜리, 콜리플라워, 케일, 양배추, 순무 등의 십자과 채소에 많이 함유되어 있다.

알릴 화합물

알릴 화합물(allyl compound)도 설포라판과 유사하게 유기황을 포함하고 있다. 알리신 등 여러 수용성, 지용성 유기황 화합물들이 이에 속하며, 간암, 유방암, 대장암, 위암 등을 예방하는 효과가 있다. 또한 혈중 콜레스테롤 수치와 혈압을 낮추는 성분으로 알려져 있다. 마늘, 양파, 부추, 파 등의 알리움족이 주요 공급원이다.

리모넨

리모넨(d-limonene)은 모노테르펜(monoterpenes)이라고 불리는 파이토케미컬의 일종으로, 오렌지, 자몽, 감귤, 레몬이나 라임 등의 감귤류 겉껍질과 먹을 수 있는 안쪽의 흰 껍질에 주로 함유되어 있으며, 입맛을 돌게 하는 약간의 쓴맛을 내는 화합물이다. 리모넨은 폐를 보호하고 몇 가지 암을 예방하는 효과가 있는 것으로 알려져 있다.

인돌

인돌(indole)은 유방암 등 암의 위험도를 낮추고 건강한 세포 상태를 유지하는 것을 도와준다고 보고되고 있으며, 설포라판과 마찬가지로 브로콜리, 양배추, 콜리플라워 등 십자과 채소가 주 공급원이다.

리그난

리그난(lignan)은 식이섬유처럼 생각되기도 하였으나 그와는 구별된다. 아마씨에 많이 들어 있는 성분으로 이소플라본과 유사하게 에스트로젠과 구조가 유사하며 에스트로젠의 작용을 조절하는 역할을 할 수 있다. 리그난은 소화과정 중에 생리활성을 가지는 형태로 전환이 되며, 흡수되어 유방암을 예방하는 효과가 있다. 아마씨가 가장 주요한 공급원이나 해초류, 대두와 같은 건조된 콩류, 곡류의 껍질에 포함되어 있다.

사포닌

사포닌(saponin)은 대부분 콩류에 들어 있으며, 인삼에 특히 많이 있는 성분이기도 하다. 콩이나 팥을 삶을 때 생기는 거품은 이 사포닌 때문이다. 과거에는 과량 섭취 시에 설사를 일으키는 식품의 자연 독의 일종으로 생각해 왔으나 최근에는 여러 항암작용이 알려지면서 오히려 건강에 도움이 되는 성분으로 알려지고 있다. 마른 콩류와 대부분의 전곡류에 다량 함유되어 있으며, 사과, 셀러리, 딸기, 포도, 양파, 녹차, 홍차, 적포도주 등에 소량씩 존재한다.

섭취권장량

규칙적이고 균형적으로 운동하고 하루에 과일과 채소를 5단위로 섭취하는 것이 좋다. 특히 주말에만 강하게 하는 운동은 피하고, 피할 수 없을 때는 보충제 섭취로 도움을 받는 것이 바람직하다. 그러나 항산화 영양소의 과잉 복용은 절대로 하지 않는 것이 좋다.

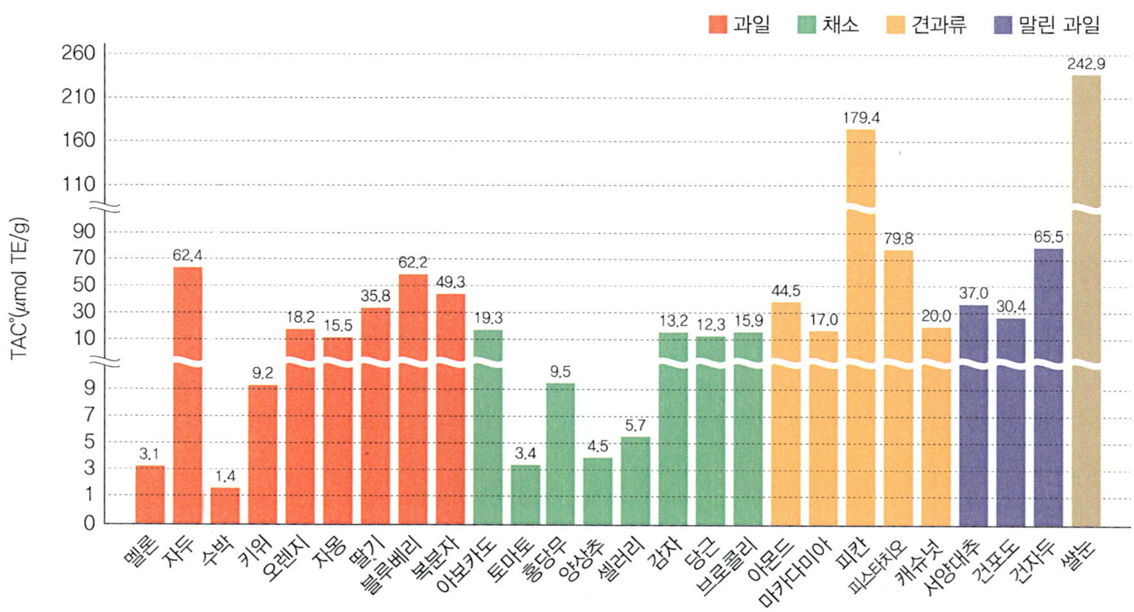

그림 15-8. 식품의 항산화능력

표 15-5. 식품 내의 파이토케미컬의 체내 기능과 종류

	체내 기능	함유 화합물
사과 	심장병 예방	페놀 화합물
살구 	노화 지연, 폐기능 강화 및 폐암 등 예방, 당뇨병성 합병증 예방	베타-카로틴
블루베리 	노화 방지, 암 예방과 혈중 콜레스테롤 감소	안토시아닌, 엘라그산
배추 	암 예방	설포라판, 인돌
브로콜리 	노화 지연, 암 예방, 폐기능 향상, 백내장 예방, 알레르기 관련 염증반응 저하, 당뇨병의 합병증 예방	설포라판, 인돌, 베타-카로틴, 루테인, 퀘르세틴
양배추 	암 예방	설포라판, 인돌
당근 	노화 지연, 암 예방, 폐기능 향상, 당뇨병의 합병증 예방	베타-카로틴
쪽파 	암 예방, 혈중 콜레스테롤 수치 및 혈압 강하	알릴 화합물
감귤류 (오렌지, 자몽, 귤 등) 	항산화 작용, 암과 심장질환 예방, 폐 보호기능	헤스페리딘, 탄제리틴, 리모넨
마늘 	암 예방, 혈중 콜레스테롤 및 혈압 강하, 알레르기 관련 염증반응 저하, 뇌와 기관지의 종양 성장 저지, 오염물질과 흡연으로부터 폐 보호	알릴 화합물, 퀘르세틴
케일 	노화 지연, 암 예방, 폐기능 향상, 당뇨병의 합병증 예방, 황반 퇴화 및 백내장 위험성 감소, 알레르기 관련 염증반응 저하, 뇌와 기관지 종양의 성장 저지, 오염물질과 흡연으로부터 폐 보호	베타-카로틴, 루테인, 인돌, 설포라판, 퀘르세틴

(계속)

	체내 기능	함유 화합물
잎상추 	알레르기 관련 염증반응 저하, 뇌와 기관지 종양의 성장 저지, 오염물질과 흡연으로부터 폐 보호	퀘르세틴
부추 	암 예방, 혈증 콜레스테롤 수치 및 혈압 강하	알릴 화합물
양파 	암 예방, 혈중 콜레스테롤 및 혈압 강하, 알레르기 관련 염증반응 저하, 뇌와 기관지 종양의 성장 저지, 오염물질과 흡연으로부터 폐 보호	알릴 화합물, 퀘르세틴
배 	알레르기 관련 염증반응 저하, 뇌와 기관지 종양의 성장 저지, 오염물질과 흡연으로부터 폐 보호	퀘르세틴
수박 	전립선암 예방, 심장병 예방	라이코펜
늙은 호박 	노화 지연, 암 예방, 폐기능 향상, 당뇨병성 합병증 예방	베타-카로틴
고구마 	노화 지연, 암 예방, 폐기능 향상, 당뇨병성 합병증 예방	베타-카로틴
시금치 	노화 지연, 암 예방, 폐기능 강화, 당뇨병성 합병증 예방, 시력 감퇴 둔화, 황반 퇴화 및 백내장 예방	베타-카로틴, 루테인, 지아잔틴
포도, 적포도 주스 	심장병 및 암 예방, 알레르기 관련 염증반응 저하, 뇌와 기관지 종양의 성장 저지, 오염물질과 흡연으로부터 폐 보호	레스베라트롤, 엘라그산, 퀘르세틴
딸기 	노화 지연, 암 예방 및 혈청 콜레스테롤 강하	안토시아닌, 엘라그산
토마토(토마토 케첩, 토마토 주스, 스파게티 소스 등) 	전립선암과 심장병 예방	라이코펜

요약

1. 산소는 인체에서 에너지 생성을 위해 필요하나 에너지 대사과정에서 반응성이 높은 활성산소종을 생성한다.
2. 산화적 스트레스는 활성산소종이 생성되는 속도가 제거되는 속도보다 클 경우 활성산소종이 많아지게 되는 현상을 의미한다.
3. 인체에는 활성산소종을 제거하기 위한 항산화 방어체계가 존재한다. 크게 항산화 물질과 항산화 효소계에 의한 항산화 작용이다.
4. 인체에서 항산화 작용을 하는 대표적인 영양소는 비타민 C, 비타민 E와 β-카로틴 등의 항산화 비타민들이다.
5. 항산화 효소들로는 슈퍼옥사이드 디스뮤타제(superoxide dismutase, SOD), 카탈라제(catalase), 글루타티온 과산화효소(glutathione peroxidase) 등이 있다.
6. 활성산소종은 스트레스, 과격한 운동, 과식 음주, 흡연, 인스턴트식품의 과잉 섭취에 의해 증가될 수 있다.
7. 활성산소종은 매우 불안정하여 산화적 스트레스 상태에서서는 세포내 단백질, 핵산, 세포막 등을 공격하여 세포 손상을 초래하여 노화가 촉진될 뿐만 아니라 동맥경화, 백내장, 당뇨, 심혈관 질환 등 만성질환을 유발할 수 있다.
8. 항산화 영양제의 보충이 심장병, 암 등 질환 예방에 미치는 효과는 일관성이 없다. 따라서 보충제 복용보다는 과일, 채소, 전곡류 등 항산화 영양소가 풍부한 식품을 많이 섭취하는 것이 바람직하다.
9. 규칙적인 운동은 항산화 방어 체계를 강화시켜 라디칼 손상으로부터 보호를 받을 수 있으나 훈련되지 않은 사람이 갑자기 강도 높은 운동을 할 때는 라디칼에 의한 손상이 증가한다.
10. 야채와 과일에 많이 함유된 카로티노이드, 플라보노이드, 페놀화합물, 이소플라본 등의 파이토케미컬은 대부분 항산화 기능을 가지고 있다.

참고문헌

1. 김미리 · 김정희 · 김미라 · 강명화 · 이명숙 · 송효남 · 박은주 · 이정민(2015) 건강에 도움이 되는 기능성 식품, 파워북
2. 보건복지부(2020) 2020 한국인 영양소 섭취기준
3. 최혜미 외(2012) 21세기 영양과 건강이야기, 라이프사이언스
4. Cook NR, Albert CM, Gaziano JM, et al(2007) A randomized factorial trial of vitamins C and E and beta-carotene in the secondary prevention of cardiovascular events in women:results from the Women's Antioxidant Cardiovascular Study. *Arch Intern Med.* 167: 1610~1618
5. Edem DO(2009) Vitamin A: A review. Asian. *J Clin Nutr* 1(1): 65~82
6. Frei B & Lawson S(2008) Vitamin C and cancer revisited. *Proc Natl Acad Sci* U S A, 105(32): 11037~11038
7. Grodstein F, Kang JH, Glynn RJ, Cook NR, Gaziano JM(2007) A randomized trial of beta-carotene supplementation and cognitive function in men: the Physicians' Health Study II. *Arch Intern Med* 167: 2184~2190
8. Gropper SS, Smith JL(2013) Advanced Nutrition and Human Metabolism(6th ed), Wadsworth/Cengage Learning
9. Hennekens CH, Buring JE, Manson JE, et al(1996) Lack of effect of long-term supplementation with beta-carotene on the incidence of malignant neoplasms and cardiovascular disease. *N Engl J Med.* 34: 1145~1149

10. Hercberg S, Ezzedine K, Guinot C, et al(2007) Antioxidant supplementation increases the risk of skin cancers in women but not in men. *J Nutr* 137: 2098~2105
11. Holick CN, Michaud DS, Stolzenberg-Solomon R, Mayne ST, Pietinen P, Taylor PR, Virtamo J, Albanes D(2002) Dietary carotenoids, serum β-carotene, and retinol and risk of lung cancer in the Alpha-Tocopherol,Beta-Carotene cohort study. *Am J Epidemiol* 156(6): 536~547
12. Institute of Medicine(IOM). Dietary Reference Intakes for Vitamin C, Vitamin E, Selenium, and Carotenoids.
13. Lee IM, Cook NR, Gaziano JM, et al(2005) Vitamin E in the primary prevention of cardiovascular disease and cancer: the Women' s Health Study: a randomized controlled trial. *JAMA*. 294: 56~65
14. Lonn E, Bosch J, Yusuf S, et al(2005). Effects of long-term vitamin E supplementation on cardiovascular events and cancer: a randomized controlled trial. *JAMA* 293: 1338~1347
15. Meydani SN, Meydani M, Blumberg JB, Leka LS, Pedrosa M, Diamond R, Schaefer EJ (1998) Assessment of the safety of supplementation with different amounts of vitamin E in healthy older adults. *Am J Clin Nutr* 68(2): 311~318
16. Reifen R(2002) Vitamin A as an anti-inflammatory agent. *Proc Nutr Soc* 61(03): 397~400
17. Stephens NG, Parsons A, Schofield PM, Kelly F, Cheeseman K, Mitchinson MJ(1996) Randomised controlled trial of vitamin E in patients with coronary disease: Cambridge Heart Antioxidant Study (CHAOS) *Lancet* 347(9004): 781~786

연습문제

1. 활성산소종의 종류를 열거하시오.
2. 항산화 비타민의 종류를 쓰고 각각의 기능을 설명하시오.
3. 효소적 항산화 방어 체계를 설명하시오.
4. 산화적 손상과 질환과의 관련성을 설명하시오.
5. 항산화 비타민제 보충과 질환 예방과의 관련성을 설명하시오.

관련 웹사이트

http://www.mfds.go.kr(식품의약품안전처)
http://oracvalue.com

CHAPTER

16

환경과 영양

미세먼지와 항산화 영양소 | 중금속과 식생활

환경호르몬과 식품 | 환경성 질환인 알레르기와 항원으로서의 식품

CHAPTER 16

환경과 영양

들어가는 말

생활패턴의 변화에 따른 식생활의 변화, 도시화에 따른 환경오염, 환경성 질환의 증가 등 현대 사회는 이전에 경험하지 못한 다양한 문제를 직면하게 되었다. 환경의 변화에서 오는 식생활의 변화는 식품에 대해 영양공급원뿐 아니라 환경물질 전달 매체, 알레르기를 일으키는 원인 항원 등 다양한 각도에서 접근하도록 요구하고 있다.

미세먼지와 항산화 영양소

최근 정부가 미세먼지 농도를 발표하면서 미세먼지가 인체에 미치는 영향에 대한 사회적 관심이 증가하고 있다. 미세먼지가 증가하면 시야가 흐려지고 불편함을 느낄 뿐만 아니라 심혈관계, 호흡기계 환자 수가 늘어나고 사망률도 높아진다. 그렇다면 미세먼지로 인한 건강 영향에 관여하는 영양요인이 있을까?

미세먼지의 정의

미세먼지는 입자의 크기에 의해 10㎛ 이하를 미세먼지(PM10), 2.5㎛ 이하를 초미세먼지(PM2.5)로 정의하고 있다(그림 16-1).

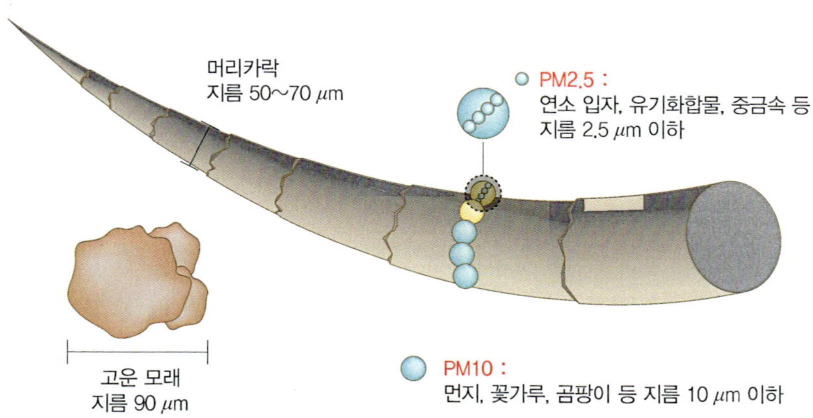

그림 16-1. 미세먼지 크기

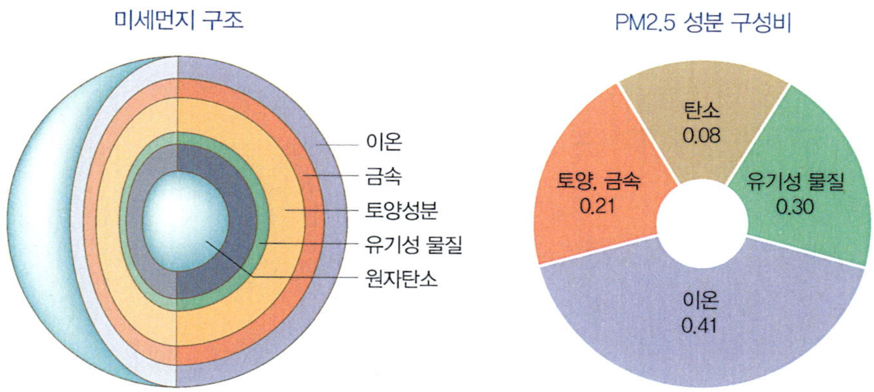

그림 16-2. 미세먼지 조성

- 미세먼지(PM10: Particulate Matter Less than 10㎛): 입자의 크기가 10㎛ 이하인 먼지
- 초미세먼지(PM2.5: Particulate Matter Less than 2.5㎛) 입자의 크기가 2.5㎛ 이하인 먼지
- 미세먼지 내에는 탄소성분(검댕, 생명체 유기탄소), 이온성분(염소, 질산, 암모늄, 나트륨, 칼슘 등), 금속성분(비소, 납, 수은 등), 다환방향족 탄화수소(벤조피렌 등) 등 다양한 성분을 포함하고 있다(그림 16-2).

미세먼지가 인체에 미치는 기전

미세먼지가 인체에 미치는 영향은 선천 및 후천 면역반응과 산화적 스트레스, 크게 두 가지 기전에 의해서 설명되고 있다(그림 16-3). 미세먼지에 노출되면 선천면역 작동으로 급성염증을 일으키며 이로 인해 폐 감염이 발생되고 기존에 가지고 있는 호흡기 질환의 증상 악화를 일으킨다.

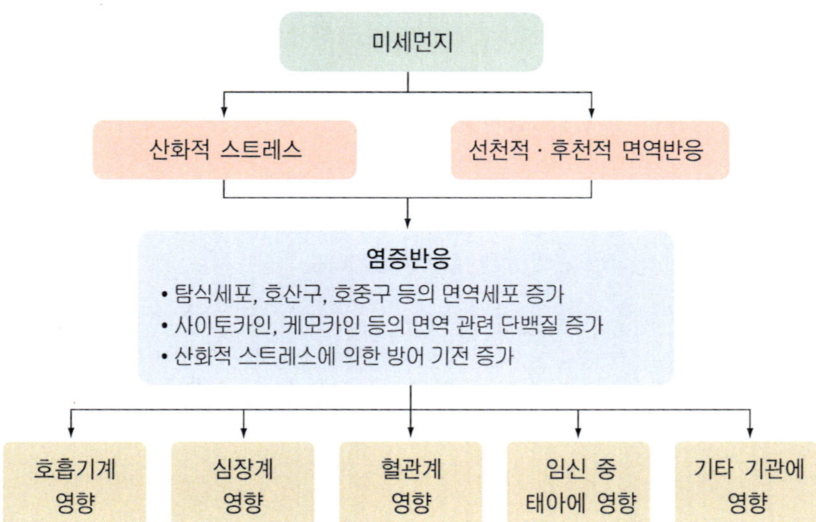

그림 16-3. 미세먼지가 인체에 미치는 기전

또한 미세먼지 노출로 산화적 스트레스가 증가하여 방어 기전, 세포활성화, 세포 구조와 연관된 단백이 증가하며, 항산화 효소의 반응균형이 깨지면서 다양한 기관의 세포 손상을 초래한다.

미세먼지가 건강에 미치는 영향

미세먼지는 다양한 유해물질을 포함할 수 있고, 작은 입자의 특성상 인체에 침투가 용이하며, 다양한 염증반응을 통해 신체 여러 기관에 영향을 미친다(그림 16-4).

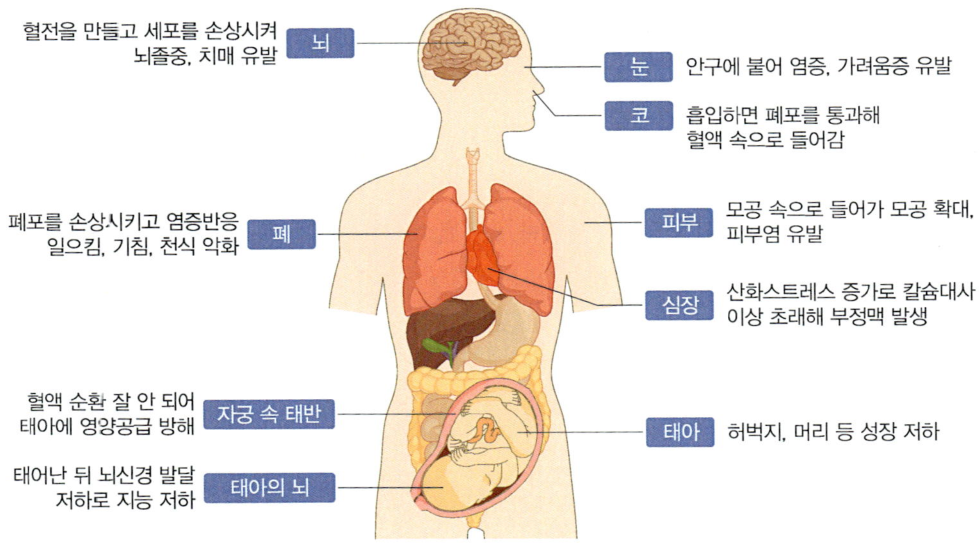

그림 16-4. 미세먼지가 인체에 미치는 영향

- 만성질환자, 고령자, 어린이의 경우 미세먼지 농도가 30㎍/m^3를 넘으면 기침, 안구 따가움, 피부 문제 등의 증상 발생
- 건강한 성인의 경우 미세먼지 농도가 120㎍/m^3를 넘으면 폐기도 세포 염증 발생
- 미세먼지가 높은 날 아토피피부염으로 인한 진료 수 증가(그림 16-5)
- 혈관 염증에 의한 혈관질환, 심근경색증, 뇌졸중 증가
- 전신적 염증에 의한 인슐린 저항성과 당뇨병 증가
- 사망률 증가(그림 16-6)

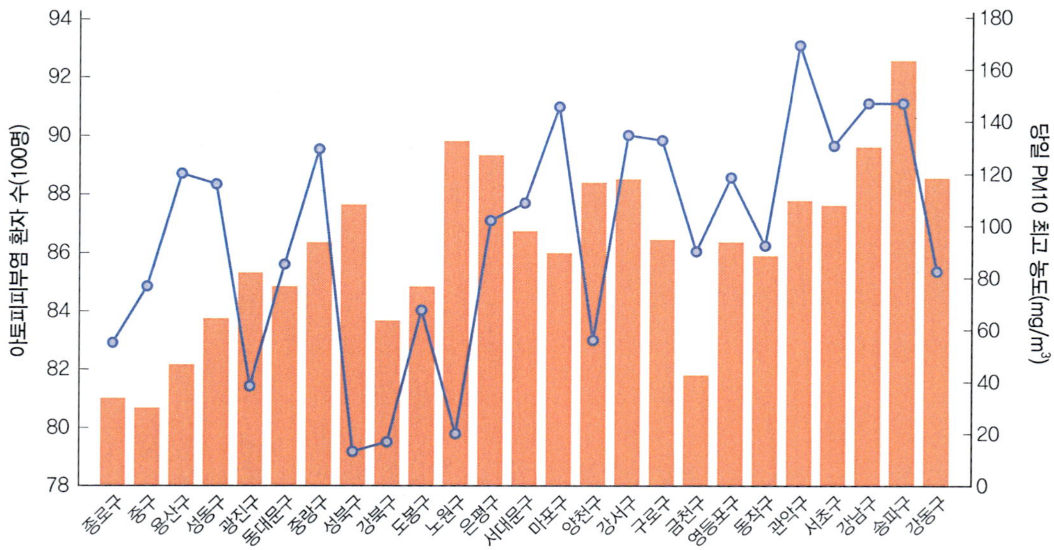

자료 : 울산대학교 환경보건센터

그림 16-5. 서울 지역 구별 공기질 측정망 자료에 의한 미세먼지 오염농도와 건강보험공단 아토피피부염 진료 비교

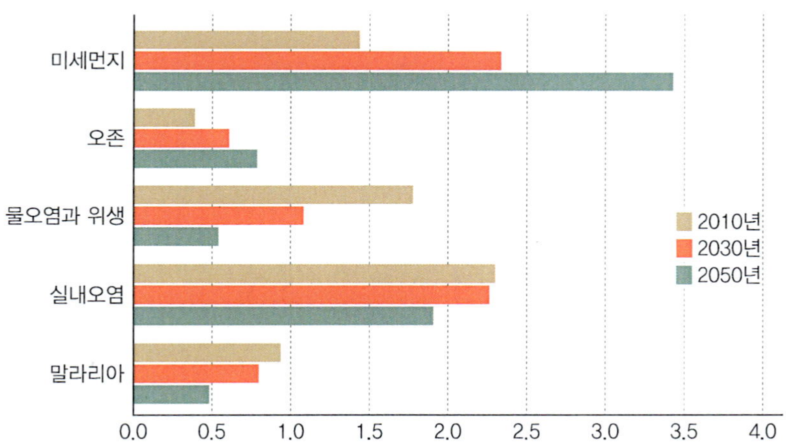

자료 : OECD, 2011

그림 16-6. 환경오염과 사망

미세먼지에 의한 산화적 스트레스와 항산화 영양소

미세먼지는 유리라디칼 생성을 통해 세포에 산화적 손상을 일으킨다. 산화적 손상에 의한 세포 손상으로 염증이 발생되고 전신의 다양한 염증 발생으로 인해 여러 가지 질환과 증상을 일으킨다. 미세먼지에 의한 산화적 손상은 항산화 영양소 섭취로 최소화할 수 있다(표 16-1).

표 16-1. 항산화 영양소와 급원식품

항산화영양소		작용	급원식품
비타민	비타민 A	식물성 식품에 들어 있는 주황색 색소 카로티노이드는 체내에서 비타민 A 로 전환되는 비타민 전구물질로 항산화 작용을 하는 영양소이다.	녹황색채소, 해조류, 과일
	비타민 C	세포 내 수용성 항산화제로 작용하여 유리라디칼 제거제로 중요한 역할을 한다.	신선한 감귤류, 토마토, 풋고추, 브로콜리 등의 녹색채소
	비타민 E	세포의 지질 이중막 구조에 존재하는 다가불포화지방산은 세포 내의 유리라디컬에 의해 쉽게 산화된다. 알파토코페롤은 산화과정을 중단시키고 유리라디칼을 제거하여 산화작용을 최소화한다.	식물성 기름, 땅콩, 난황, 간, 우유, 아스파라거스
미량 무기질	셀레늄	항산화효소인 글루타티온 과산화수소의 성분으로 유리라디칼에 의한 세포막이나 세포 파괴를 방지한다.	새우, 패류, 어류, 견과류
파이토케미컬		15장 참조	

중금속과 식생활

산업발달은 인간에게 편리함을 주었지만, 환경오염이라는 해결하기 힘든 문제를 함께 가져왔다. 각종 화학물질과 중금속 등에 의한 대기오염, 수질오염으로 식품이 오염되고 인체의 건강에까지 영향을 미치게 되었다(그림 16-7). 오염물질은 ① 호흡기 ② 소화기 ③ 피부 등을 통해 인체로 유입되고 있으며, 가장 많은 비중을 차지하는 것은 식품을 통한 소화기 노출이다. 따라서 변화해가는 환경 속에서 인체의 건강을 유지하기 위해서는 식품을 영양뿐 아니라 오염물질 노출에 대한 관점으로 살펴보아야 한다.

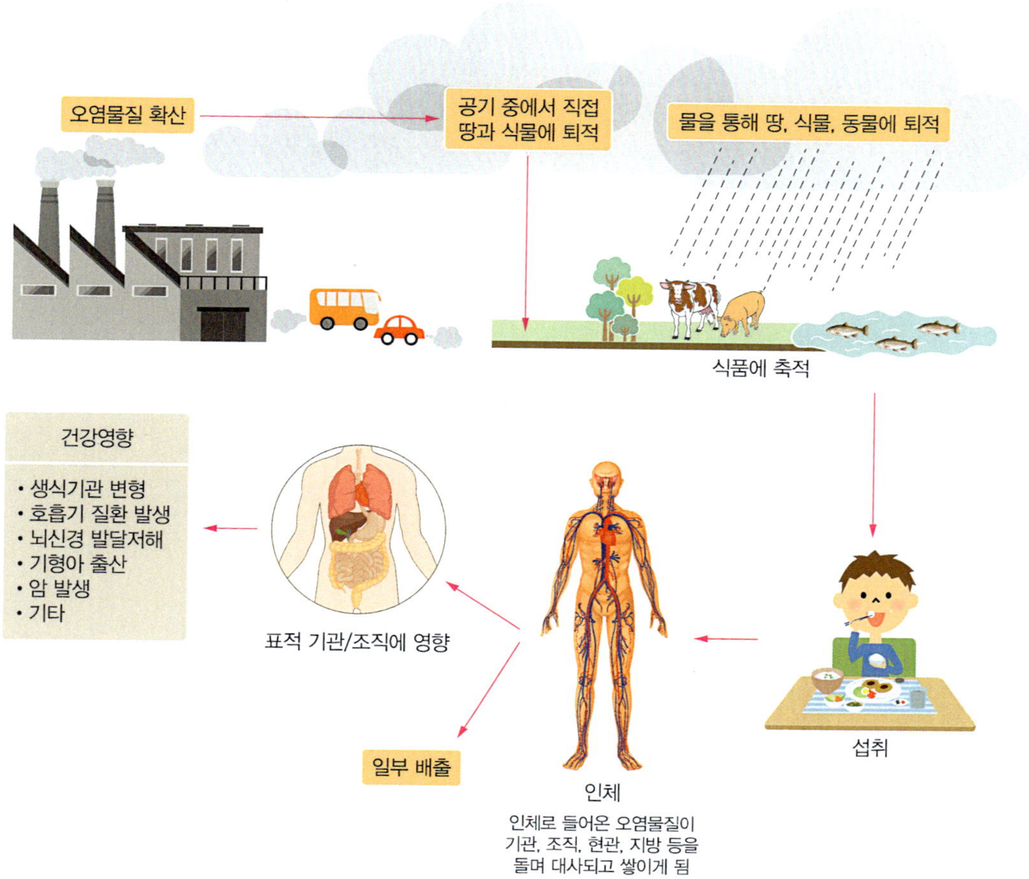

그림 16-7. 식품을 통한 오염물질의 인체 유입

식품 섭취와 중금속 노출

식품이 전달하는 환경오염 물질 중 가장 많이 연구된 것은 중금속이다. 중금속이란 지구상에 존재하는 금속 중 비중이 4.0 이상의 무거운 금속을 의미하며 공기, 물, 식품 등을 통해 사람 몸에 들어오게 되면 몸 밖으로 잘 빠져나가지 않아 체내 축적성이 높다. 이러한 중금속 중 인체에 유해정도가 높아 정부에서 규제하고 있는 대표적인 유해중금속으로는 납, 카드뮴, 수은, 비소 등이 있다. 이러한 규제는 FAO/WHO 합동전문가위원회의 제시에 근거한다. 위원회는 1974년 감시해야할 대상 화학적 오염물질로 중금속, 잔류농약(유기염소계), PCBs 등을 제시하였고, 중금속 오염물질로서 수은, 납, 카드뮴, 비소 등을 우선순위로 하였다.

세계 각국에서 이러한 식품오염물질의 현황조사와 방지대책수립에 관심을 갖기 시작하였으며, FAO/WHO 합동회의에 의해 설립된 GEMS(Global Environment Monitoring System)의 오염물질 모니터링 사업이 부각되면서 1976년부터 식품 중의 오염물질 모니터링 사업이 수행되었다. 우리나라에서도 1968년부터 모니터링 사업이 실시되었으며, 2000년 이후에는 매년 수산물, 농산물, 축산물, 가공식품 등에 대해 지속적인 중금속 모니터링 사업을 수행해 오고 있다. 식품의약품안전처에서 2000년대에 주로 수행된 중금속 관련 77개 연구과제 중 중금속 함량 원시자료가 확보된 30개 과제, 204개 식품 품목에 대해 중금속 함량을 종합한 자료를 발표하였다.

1. 노출량 평가

우리나라 국민 전체의 중금속 노출수준을 파악하기 위하여 식품의 중금속 함량과 식품섭취량을 병량으로 하여 확률논적 위해평가에서 빈도분포로 나타내어 값을 계산한다.

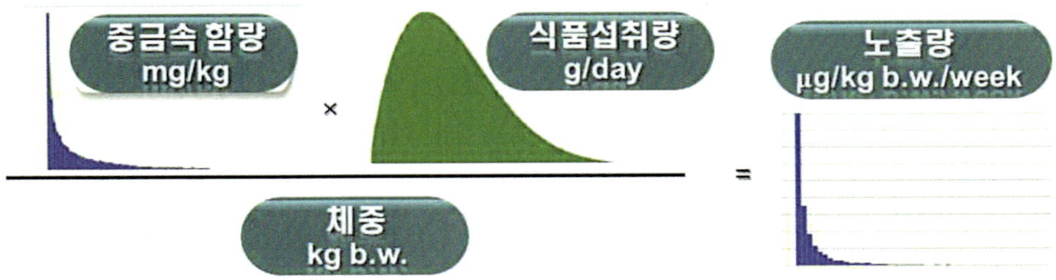

그림 16-8. 식품을 통한 중금속 노출량 산출 방식

2. 중금속의 위험성 결정

일반적으로 노출을 피할 수 없는 식품 오염물질에 대한 인체노출안전기준으로는 대표적으로 국제식량농업기구/세계보건기구 합동식품첨가물전문가위원회(JECFA)에서 설정하는 잠정주간섭취한계량(Provisional Tolerable Weekly Intake, PTWI)이 있다. PTWI는 일생동안 식이섭취로 인해 인체에 축적되어도 안전한 수준을 정한 값으로 주간 또는 월간의 섭취수준으로 표기한다(표 16-2).

표 16-2. 중금속별 잠정주간섭취한계량(Provisional Tolerable Weekly Intake, PTWI)

중금속	잠정섭취한계량 (μg/kg b.w./week)	설정년도
납	25	1986년 (2010년 재평가 중)
카드뮴	25*	2010년
수은	4	2010년
메탈수은	1.6	2003년
총 비소	350	1967년
무기비소	15	1989년 (2010년 재평가 중)

* 카드뮴의 잠정섭취한계량 단위는 μg/kg b.w./month임.

3. 식품을 통한 중금속 노출

전체식품을 통한 납 섭취량은 19.2μg/day으로 PTWI 대비 9.8% 수준이었다. 농산물이 전체 납 섭취량의 46%를 차지하였고 그중 곡류가 전체 납 섭취량의 27.9%을 차지하였다. 전체식품을 통한 카드뮴 섭취량은 10.4μg/day으로 PTMI 대비 22.7% 수준이었다. 곡류가 카드뮴 섭취량의 29.9%로 가장 높은 기여율을 보였으며 패류와 연체류는 각각 12.4%, 6.3%이었다. 전체식품을 통

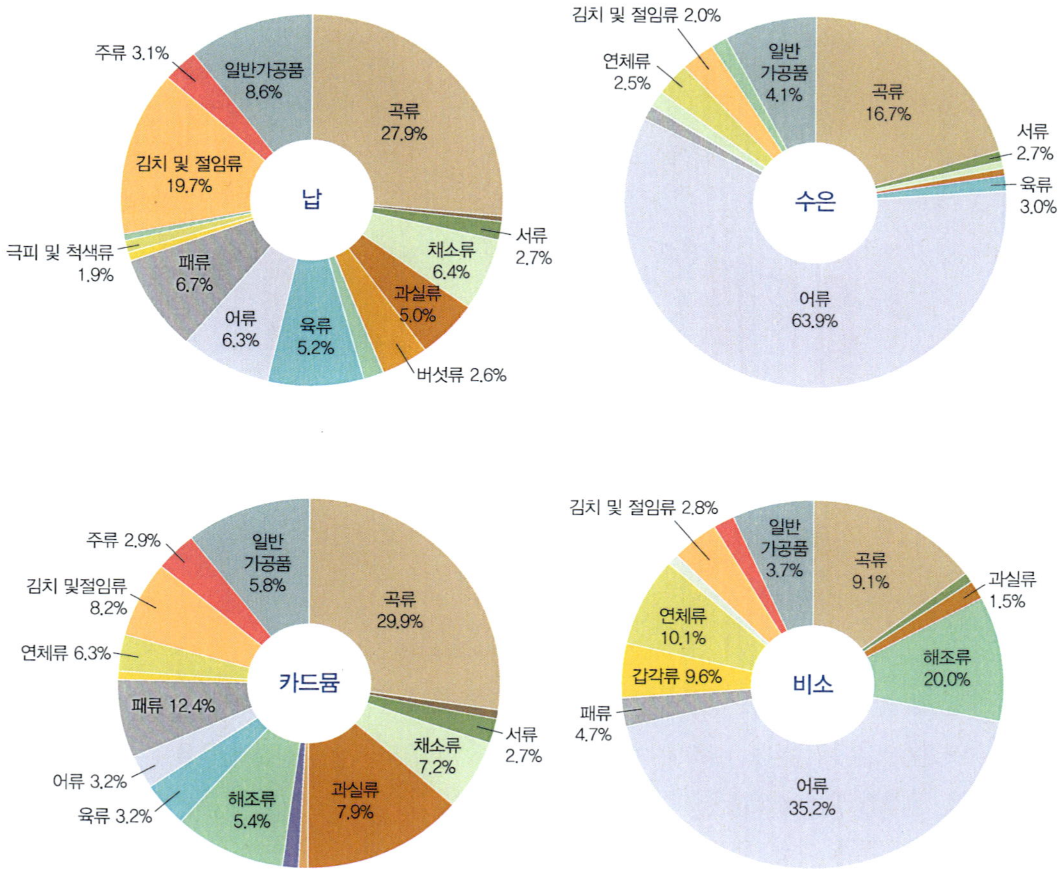

자료 : 식품의약품안전처

그림 16-9. 식품별 중금속 노출 기여율

한 수은 섭취량은 4.3㎍/day으로 PTWI 대비 13.6% 수준이었다. 어류가 수은 섭취량의 63.9%를 차지하였고 곡류가 16.7%로 그 뒤를 이었다. 전체식품을 통한 비소 섭취량은 168.3㎍/day으로 PTWI 대비 6.1% 수준이었다. 어류와 해조류를 통한 총 비소 섭취수준이 35.2%, 20.0%으로 가장 높았다(그림 16-9).

중금속의 건강 영향

중금속은 체내로 유입되면 체외로 잘 배출이 되지 않고 장기와 조직에 쌓이는 특성을 가지고 있다. 조직에 쌓인 중금속은 단백질과 결합하여 변성을 가져오고 기능을 저하시켜 다양한 질병과 증상을 일으킬 뿐 아니라, 태아에게도 부정적인 영향을 미친다.

1974년 FAO/WHO 합동회의(Joint Expert Committee on Food Additives, JECFA)에서 중금속 오염물질로 카드뮴(Cd), 납 (Pb), 수은 (Hg), 비소 (As) 등을 우선순위로 하여 감시하는 화학적 오염물질로 결정

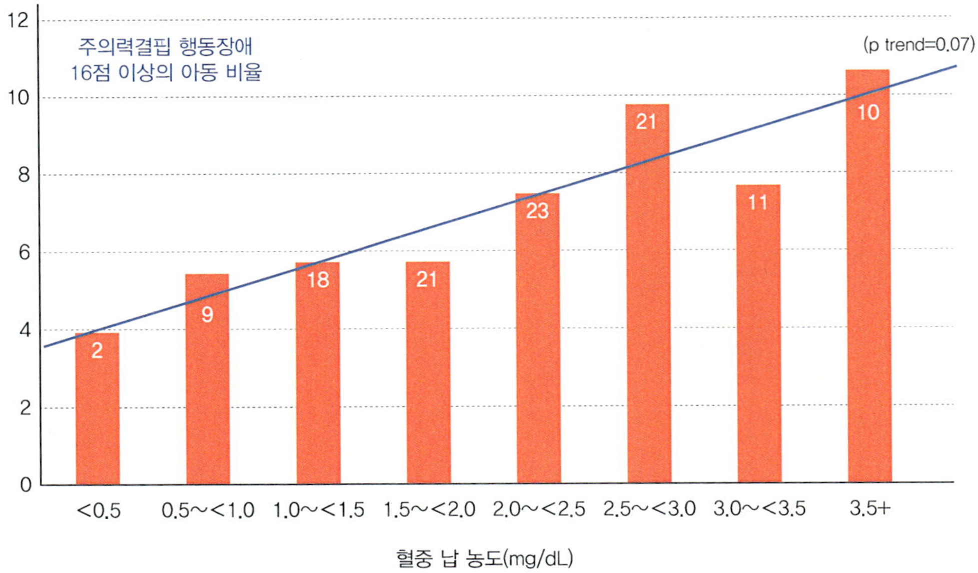

자료 : Neurotoxicology, 2009, 30(1):31-6

그림 16-10. 납 노출과 주의력결핍 과잉행동장애(ADHD)

- 카드뮴(Cd)은 간, 신장, 생식기 및 폐에 축적되어 장기를 손상시키고, 심혈관에도 축적되어 심혈관 질환 발병에 영향을 미침.
- 납(Pb)은 신경, 신장, 내분비계 등에 해로운 영향을 주고, 낮은 농도의 납으로도 혈압을 상승시키는 작용을 하며, 심장질환의 위험도를 증가시킴. 어린이의 주의력결핍 과잉행동장애와 연관이 있는 것으로 보고됨(그림 16-10).
- 수은(Hg)은 체내에 유기수은 형태로 축적. 신경독성 작용, 신경세포의 분열과 이동 장애, 신경관 발달에 필요한 미세소관에 결합, DNA & RNA 결합 및 오류 유도함. 수은의 노출이 심할 경우에는 중추신경계 손상을 일으키고, 심혈관 질환, 관상심장 질환 등의 유병률 증가와 이로 인한 사망률이 증가함.

■ 역사 속 수은 관련 사건: 미나마타병

- 미나마타 시(1956년): 3,000명 사망, 일반 주민 손발마비 · 시야협착 · 언어장애 · 경련 · 사지마비 등의 증상 발생, 출산아의 소뇌증 · 뇌성마비 · 정신박약 · 선청성 심장 · 안구 기형 등 발생
- 니가타현(1965년): 650명 피해, 언어장애, 경련, 사망

중금속 노출에 의한 위험 예방하기

1. 식품 및 환경을 통한 노출 줄이기

중금속 노출은 폐수에 의한 어류뿐 아니라 대기에 포함된 중금속이 땅을 통해 오염시킨 곡류, 채소, 과일, 육류 등 다양한 식품에 의해 노출된다. 우리나라의 경우 수산물을 많이 먹기 때문에

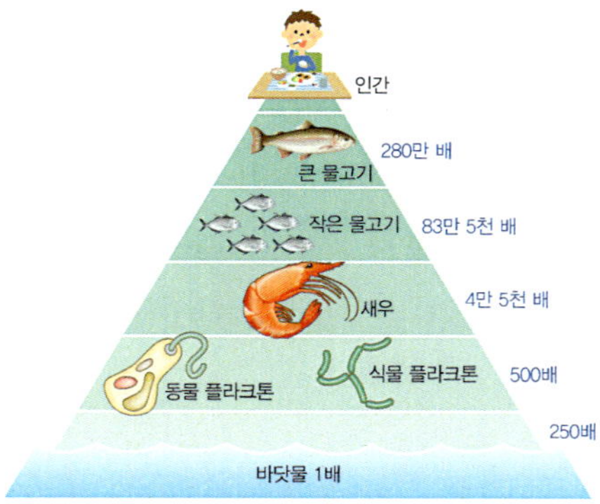

그림 16-11. 먹이 사슬을 통한 수은의 축적

임산부

▶ 잠정주간섭취허용량(체중 50kg 기준) : 80㎍

2주 1회(80g) 이하로 섭취
- 심해성 어류(귀상어, 흑기흉상어, 곱상어, 청새리상어, 악상어, 적어, 은민대구, 체장메기)
- 새치류

1주 1회(80g) 이하로 섭취
- 다랑어류
- 냉동 다랑어/새치 포장제품

1주 섭취량 제한없이 섭취
- 어류(고등어, 갈치, 조기, 명태, 메기, 가물치)
- 연체류(오징어, 낙지)
- 패류(굴, 바지락, 홍합)

자료 : 환경부 지정 중금속 환경보전센터

그림 16-12. 임산부 생선 섭취 가이드

어류를 통한 수은 노출에 주의해야 한다. 수은은 배출이 되지 않고 먹이 사슬을 타고 계속 축적되기 때문에 고래 고기, 상어, 크기가 큰 참치 등과 같이 먹이 사슬 위에 있는 생선은 먹는 횟수에 신경을 써야 한다(그림 16-11). 수은은 태아에게 영향을 미치기 때문에 임산부는 생선 섭취 가이드라인을 준수할 것을 권장한다(그림 16-12). 납이나 카드뮴은 곡물과 다양한 채소를 통해 노출된다. 도심지역이나 오염도가 높은 지역에서는 야생에서 나는 나물 먹는 것을 주의해야 한다.

2. 칼슘과 철분

식품의약품안전처가 우리 국민 4,000명을 대상으로 체내 중금속 농도 변화를 추적 조사한 결과, 체내 중금속 농도에 영향을 미치는 요인으로 칼슘 · 철분 등을 충분히 섭취하지 않는 식습관이 체내 중금속 농도를 높이는 것으로 조사되었다. 칼슘 · 철분이 체내 중금속 농도에 영향을 미칠 수 있는 것은 두 무기질이 체내 중금속 흡수를 방해하고, 중금속 배설에 도움을 주는 영양 성분이기 때문이다. 중금속 농도가 30% 이상 감소 또는 증가한 집단의 식습관을 분석한 결과, 체내 중금속 농도가 감소한 집단이 증가한 집단에 비해 칼슘이 높은 유제품과 철분이 높은 어패류를 많이 섭취하는 것으로 나타났다.

3. 음주

식품의약품안전처가 연구에서 성인 중 1주일에 4번 이상 술을 마시는 사람은 그렇지 않은 사람에 비해 체내 중금속 농도가 납은 54%, 카드뮴은 11%, 수은은 89%나 높은 것으로 나타났다(그림 16-13). 식약처는 술을 마시는 사람의 체내 중금속 농도가 높은 것은 알코올이 칼슘 · 철분 · 엽산 등 영양성분의 흡수를 방해하기 때문에 상대적으로 중금속 농도가 올라가고, 또한 과도한 술이 면역력을 떨어뜨리므로 세포의 중금속 제거능력이 낮아지는 것도 또 다른 요인으로

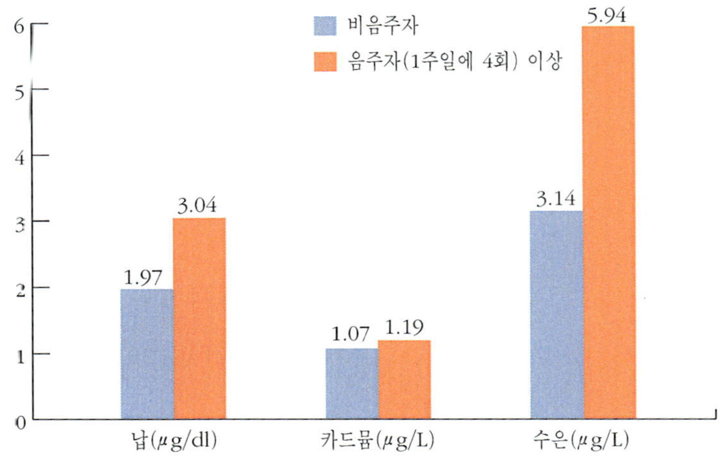

그림 16-13. 음주자와 비음주자의 체내 중금속 농도 비교

볼 수 있다고 해석하였다.

4. 중금속을 줄이기 위한 생활습관과 식습관 개선

식약처에서 실시한 중금속 조사대상 중 체내 중금속 농도가 높게 관찰된 78명에 대해 생활습관과 식습관 개선을 위한 교육을 3개월간 4차례 실시한 결과, 교육을 받은 후 체내 납과 수은의 농도가 각각 26%, 15% 감소하여 식습관과 생활습관 개선으로 체내 중금속 농도가 개선될 수 있음이 확인되었다. 그러나 카드뮴의 경우는 몸에 들어오면 오랫동안 배출되지 않기 때문에 단기간 내 감소 효과가 거의 나타나지 않았다. 식약처는 교육 효과에 대한 결과를 바탕으로 다음과 같은 생활 속 중금속 줄이기 실천 요령을 제안하였다.

■ 식품의약품 안전처에서 제안하는 중금속 줄이기 실천 요령

- 음주, 흡연을 자제한다.
- 과일, 채소 섭취는 중금속 흡수를 저해하고 배출을 높이는 효과를 나타내므로 적절히 섭취한다.
- 도심, 오염지역 야생 봄나물 섭취를 자제한다.
- 중금속 제거를 위해 과일, 채소 등 농산물을 올바르게 세척한다.
  - 1분 담근 후 흐르는 물에서 2회 이상 세척
- 중금속 노출을 줄이는 건강한 식사를 한다.
  - 중금속 함량이 높은 식품(수은함량이 높은 대형어류 등)의 섭취량을 조절한다.
  - 중금속 농도가 높은 부위는 제거하거나 많이 먹지 않는다.
- 좋은 영양성분이 풍부한 식품을 골고루 적절히 섭취하고 과식하지 않는다.

환경호르몬과 식품

환경호르몬의 정의

환경호르몬(endocrine disrupting chemicals, EDCs)이란 산업 활동 등 인위적인 활동의 결과로 만들어진 물질로서 인체 호르몬의 주요 기능에 장애를 가져오는 내분비계 장애물질을 말한다. 호르몬은 인간의 성장, 면역, 대사 등의 중요한 기능을 하는 물질이며, 환경호르몬은 생물체의 몸에 흡수되어 마치 몸 안의 호르몬처럼 작용하여 본래 호르몬 기능 자체를 교란시키거나 저해한다(그림 16-14).

현재 내분비계 장애를 일으킬 수 있다고 추정되는 물질로는 각종 산업용 화학물질(원료물질), 살충제 및 제초제 등의 농약류, 유기 중금속류, 소각장의 다이옥신류, 식물에 존재하는 식물성 에스트로젠(phytoestrogen) 등의 호르몬 유사물질, DES(diethylstilbestrol)와 같은 의약품으로 사용되는 합성 에스트로젠류 및 기타 식품, 식품첨가물 등을 들 수 있다(표 16-3).

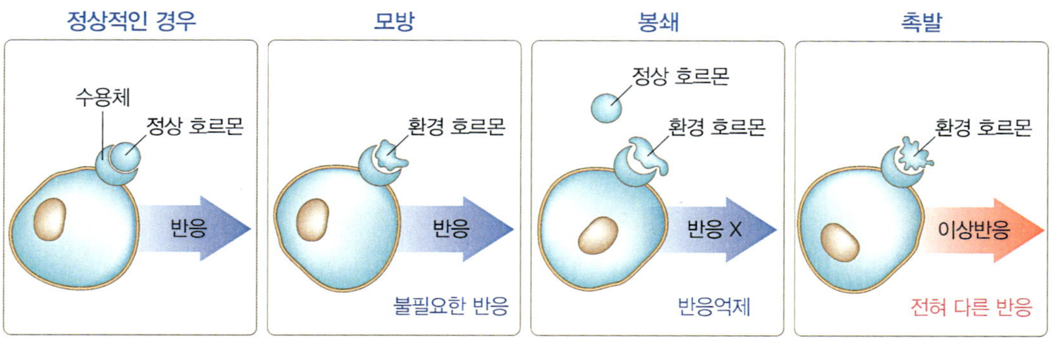

(a) 정상적인 호르몬의 작용 (b) 환경호르몬에 의한 호르몬 개방 (c) 환경호르몬에 의한 봉쇄 (d) 환경호르몬에 의한 이상반응

자료 : 동아대학교 환경보건센터

그림 16-14. 호르몬 작용 기전

표 16-3. 환경호르몬으로 우려되는 물질

세계생태보전기금(WWF) 분류(67종)	일본 후생성의 분류(142종)
다이옥신류 등 유기염소물질 6종	프탈레이트류 등 가소제 9종
DDT 등 농약류 44종	플라스틱에 존재하는 물질 17종
펜타 -노닐 페놀	다이옥신 등 산업장 및 환경오염물질 21종
비스페놀 A	농약류 75종
디에틸헥실프탈레이트 등 프탈레이트 8종	수은 등 중금속 3종
스티렌 다이머 , 트리머	DES 등 합성에스트로젠 8종
벤조피렌	식품 및 식품첨가물 3종
수은 등 중금속 3종	식물에 존재하는 에스트로젠 유사호르몬 6종

WWF(world wildlife fund)

식품을 통해 인체로 환경호르몬이 들어올 수 있는 경로는 다양하고 일상생활에 노출되어 있다. 식품을 통해 환경호르몬에 노출되는 대표적인 예는 다음과 같다.

- 소각장을 통해 공기 중으로 확산된 다이옥신이 땅에 축적되고, 땅에서 난 풀을 먹고 자란 초식동물이 오염 젖소의 우유를 통해 다이옥신 노출
- 프탈레이트가 포함된 스티로폼 용기를 통해 환경호르몬 노출: 컵라면 용기, 배달음식이 담기는 스티로폼 용기 등
- 캔의 코팅 재료로 사용되는 비스페놀 A

환경호르몬의 인체 영향

호르몬은 인체에 필요한 기능을 수행한 후에는 조속히 분해되어 인체 내 농도가 정교하게 조절되면서 인체의 항상성 유지에 중요한 역할을 한다. 이와는 달리 많은 환경호르몬들은 부적절한 시점에 부적절한 용량으로 존재하고 정확하지 않은 반응을 함으로써 인체에 다양한 영향을 미치게 된다(그림 16-15).

1. 생식기관의 발생 및 발달 장애

- 합성에스트로젠인 diethylstilbestrol(DES)을 복용한 임산부가 출산한 2세들에서 남아의 경우 정자 수의 감소, 정자 운동성 감소, 기형 정자의 발생 증가, 생식기 기형, 기타 생식과 관련된 조직의 이상들이 발견. 여아의 경우 유방과 생식기관의 이상증상이 보고됨
- 현재까지 설명되지 않는 남성의 정자 수 감소, 전립선암 증가, 유방암 증가, 불임과 성조숙증의 증가 등은 환경호르몬 작용에 의한 결과일 가능성으로 추정됨

그림 16-15. 환경호르몬에 의한 건강 영향의 예들

2. 신경계 장애

- 성인에서는 문제가 되지 않는 수준의 저농도 노출이 태아와 어린이에서는 개체의 신경내분비 기능을 변화시켜 영구적인 장애를 일으킬 수 있음

3. 면역계 장애

- 환경호르몬의 노출이 면역세포의 이상 분화를 가져와 어린이의 천식, 아토피피부염, 알레르기 비염을 증가시키는 원인으로 작용하고 있다고 보고됨

4. 비만 및 대사증후군 유발

- 비스페놀 A 및 프탈레이트 등의 물질이 비만을 일으키는 환경호르몬으로 보고됨
- 지방조직에 침투된 환경호르몬이 인슐린 저항성을 높이게 되어 대사 증후군 유발

음식을 통한 환경호르몬 노출 줄이기

생활의 편리함을 위해 만들어진 다양한 플라스틱 용기, 생산량을 증대시키기 위한 농약, 쓰레기의 소각 등으로 인해 환경호르몬에 대한 논란으로부터 자유로울 수 없다. 따라서 환경호르몬으로부터 보호할 수 있는 생활 습관을 갖는 것이 중요하다.

1. 고온에서 용출되기 쉬운 환경호르몬

- 컵라면 전자레인지에 돌리지 않기
- 플라스틱 용기 전자레인지에 돌리지 않기
- 플라스틱 용기에 뜨거운 것 담지 않기
- 캔 음료를 캔에 넣은 상태로 뜨겁게 먹지 않기

2. 환경호르몬 용출이 쉬운 경우: 플라스틱 용기 흠집은 플라스틱의 안정성 떨어뜨림

- 페트병을 음료수병으로 재활용하지 않기
- 흠집 난 플라스틱 제품을 식품용기로 사용하지 않기

3. 플라스틱 용기에 대한 안전성에 관심 갖기

- 플라스틱 용기에 표시되어 있는 재질 확인하기(그림 16-16)

그림 16-16. 플라스틱 용기의 재질 표시

표 16-4. 플라스틱 재질의 특징 및 위해성 논란

재질	재질	특징 및 주요용도	내열온도(℃)	위해성 논란
폴리프로필렌 (polypropylene)	PP	주방에서 사용하는 플라스틱 재질의 95% 정도를 차지, 열에 강함 밀폐용기, 컵, 도시락, 주방 소도구	120	탄소와 수소로만 결합해 만든 것이라 재질 자체만으로는 비교적 인체에 안전하고 재활용이 가능한 재질
폴리에틸렌 (polyethylene)	PE	유연하고 저온에 잘 견딤 일회용 봉지, 랩(LPDE), 바구니, 주방 소도구(HDPE)	70~100	가소제나 비스페놀 A 가 들어 있지 않아서 환경호르몬으로부터 비교적 안전하다고 알려져 있음
폴리카보네이트 (polycarbonate)	PC	투명하고 단단함 투명한 물통, 젖병, 밀폐용기	120~130	한때 환경호르몬 추정 원료인 비스페놀 A가 들어 있어 위해성 논란의 중심에 있었음
폴리에틸렌 테레프탈레이트 (polyethylene terephthalate)	PET	투명성이 우수함. 흔히 페트병이라고 부름 물통, 양념통	60~150	환경호르몬으로 문제가 제기되고 있는 테레프탈레이트를 포함
폴리스티렌 (polystyrene)	PS	성형성이 우수하여 다양한 용도로 사용됨 일반용 폴리스티렌(GPPS): 일회용컵 내충격성 폴리스티렌(HIPS): 요구르트 용기 발포성 폴리스티렌(EPS): 컵라면 용기	70~90	폴리스티렌에 대한 논쟁이 있으나 아직까지는 명확한 것이 없음

- 재질에 대한 특징과 위해성에 관심 가지고 대응하기(표 16-4)

친환경 농산물에 대한 표시 알고 소비하기

- 농약과 화학비료 노출을 줄이기 위해 친환경농산물 표시의 의미를 이해하고 구매하기(표 16-5, 16-6)

표 16-5. 친환경 농축산물 표시

농림산물			축산물		가공식품
유기농산물	무농약농산물	저농약농산물	유기축산물	무항생제축산물	유기가공식품
유기농 (ORGANIC) 농림축산식품부	무농약 (NON PESTICIDE) 농림축산식품부	친환경농산물 인증 저농약농산물	유기농 (ORGANIC) 농림축산식품부	무항생제 (NON ANTIBIOTIC) 농림축산식품부	유기농 (ORGANIC) 농림축산식품부

표 16-6. 친환경 농산물에 대한 내용

표시사항	의미
유기농 (ORGANIC) 농림축산식품부	유기합성농약과 화학비료를 일체 사용하지 않고 재배 (전환기간 : 다년생 작물은 3년, 그 외 작물은 2년)
무농약 (NON PESTICIDE) 농림축산식품부	유기합성농약은 일체 사용하지 않고, 화학비료는 권장 시비량의 1/3 이내 사용
무항생제 (NON ANTIBIOTIC) 농림축산식품부	무항생제 축산물은 항생, 항균제 등이 첨가되지 않은 일반사료를 급여하면서 인증 기준을 지켜 생산한 축산물
친환경농산물 인증 저농약농산물	화학비료는 권장시비량의 1/2 이내 사용하고 농약 살포횟수는 '농약 안전사용기준'의 1/2 이하로 사용

환경성 질환인 알레르기와 항원으로서의 식품

최근 알레르기 질환 증가가 사회적으로 문제가 되고 있다. 알레르기는 환경적 요인과 유전적 요 인이 작용하여 발생하는 환경성 질환이다. 식품알레르기는 알레르기 질환 중 하나로, 이 장에서는 식품을 알레르기 원인물질 측면으로 살펴보자.

식품알레르기의 정의

모든 생물체는 자신(self)과 남(non-self)을 구별하는 독특한 기능을 갖추고 있다. 남에 해당되는 것 중 해가 되지 않는 것에 대해서는 관용반응(tolerance)을 보이고 해가 되는 것에 대해서는 면역반응(immunity)를 보임으로써 외부 환경에 대해 자신을 적응하고 보호하며 살고 있다. 남에 해당하는 것 중 해가 되는 것으로는 박테리아, 바이러스, 기생충과 같은 미생물이 있으며 이에 대해서 우리 몸의 정교한 면역체계가 작동하여 침입 세포를 파괴한다. 남에 해당하는 것 중 해가 되지 않은 물질은 꽃가루, 매일 먹는 식품, 공기 중에 떠다니는 먼지 등 우리 주변에 이루 헤아릴 수 없이 많이 존재하며 대부분의 사람들은 이러한 물질에 대해 관용반응을 보임으로써 아무 문제없이 살아간다. 그러나 몸에 해가 되지 않는 물질에 대해 면역체계가 작동하고 이로 인해 나타난 면역반응에 의해 우리 세포의 손상이 초래되는 경우가 있는데 이를 알레르기(allergy

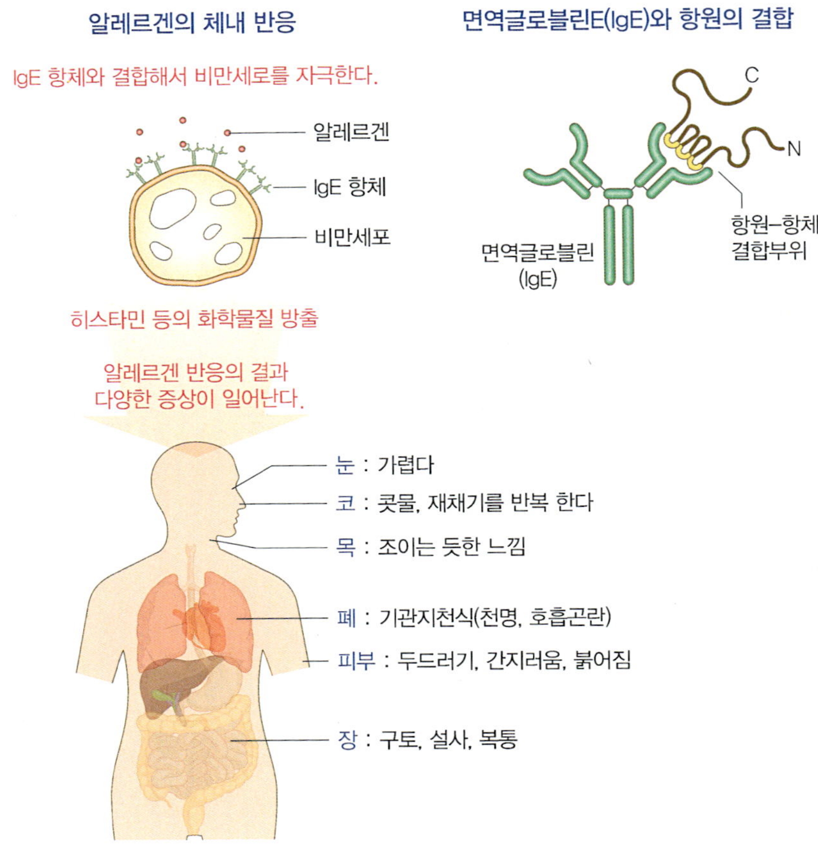

그림 16-17. 알레르기 반응 기전

or hypersensitivity)라고 하며, 원인물질이 식품인 경우 식품알레르기라고 한다. 즉 식품알레르기는 원인이 되는 식품을 먹고 난 후 면역글로불린 E(IgE)나 림프구 등 몸의 면역체계가 식품 내 항원(단백질 성분)과 반응하여 다양한 증상을 일으키는 면역과민반응 현상이다(그림 16-17).

식품알레르기 증상

식품알레르기의 증상은 개인에 따라 많은 차이가 있다.

- 증상이 다양하다.
  - 신체 발생 기관: 호흡기, 소화기, 피부, 심혈관 등 모든 기관에서 발생 가능하다(그림 16-18).
  - 위급도: 가벼운 반응에서 생명을 위협하는 반응까지 다양하다(표 16-7).

- 반응시간이 다양하다.
  - 식품 섭취 후 몇 분 후에 일어나는 즉시형 반응에서 1~2일 후 나타나는 지연형 반응까지 다양하다.

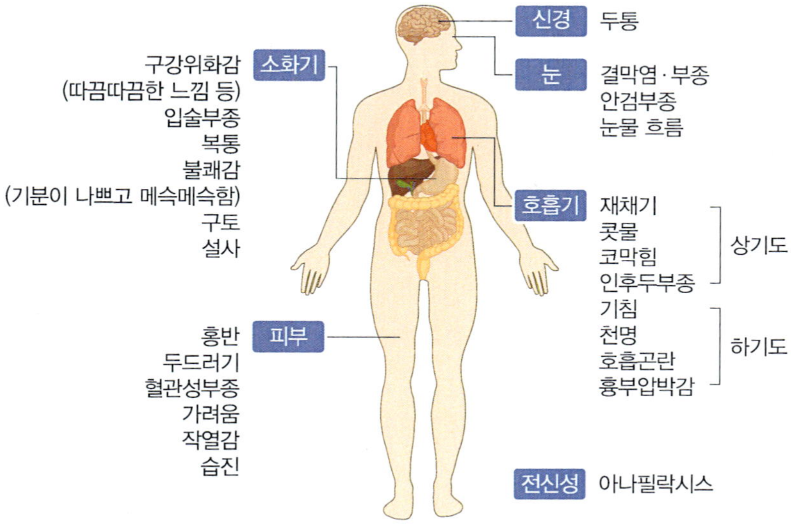

그림 16-18. 식품알레르기 증상

표 16-7. 식품알레르기 증상의 위급도 분류

신체 부위	심한 반응	중간 반응	경한 반응
호흡기	창백, 청색증	후두부종(목이 조여옴), 천명(쌕쌕거림), 숨 가쁨, 발작적 기침	코 막힘, 맑은 콧물, 약한 기침, 재채기
소화기		혀의 부종, 구역, 구토, 복통, 설사	입과 귓속의 가려움 입술 부종,이상한 맛이 느껴짐
피부			붉어짐, 가려움, 두드러기, 부종, 습진이 심해짐
심혈관계	저혈압, 착란, 실신, 의식상실	가슴 통증	
기타	금방 죽을 것 같은 느낌	어지러움 발한	결막 충혈

- 반응을 일으킬 수 있는 식품의 양에 따라 큰 차이가 있다.
  - 먹지 않고 만지기만 해도 반응하는 경우가 있다.

알레르기 원인식품

알레르기를 일으키는 식품은 50가지 이상이 보고되지만, 우유, 달걀, 땅콩, 대두, 밀, 견과류, 새우나 게 등의 갑각류, 조개류, 생선 등이 원인식품의 90% 이상을 차지한다. 알레르기를 일으키는 주요 식품은 우리가 흔히 먹고 있는 식품들로 이루어져 있으며, 특히 달걀, 우유는 양질의 단백질과 칼슘의 공급원으로 권장되어 왔던 식품이다. 그러나 식품알레르기는 알레르기를 일으키는 사람들만 제한하면 되기 때문에 식품알레르기가 없는 사람들까지 걱정하며 제한할 필요가 없음을 명심해야 한다.

- 식품항원의 특징
  - 식품알레르기를 유발하는 식품항원은 10~70kD 크기의 당단백(glycoprotein)으로서 일반적으로 수용성이다.
  - 대부분의 단백질은 소화기관에서 소화되어 아미노산이나 작은 크기의 펩타이드로 분해되어 흡수되지만 구조가 단단한 단백질은 소화에 저항성을 가져 소화되지 않은 단백질 형태로 장에서 흡수된다.
  - 식품알레르기를 일으키는 대부분의 식품 단백질은 소화효소에 저항성을 가져 단백질 형태 그대로 흡수되는 단백질이다(그림 16-19).

- 식품은 조리법에 따라 알레르기 반응성이 변한다.
  - 높은 온도로 오랫동안 가열하면 일반적으로 반응성이 줄어든다.
  - 끓이기, 볶기, 튀기기, 다른 식품과 함께 조리하기 등 다양한 조리법에 따라 반응성이 달라진다. 땅콩은 볶으면 반응이 강해지는 경향이 있다. 달걀은 밀과 함께 조리하면 반응성이 감소하는 경향을 보이기도 한다. 따라서 달걀을 먹지 못하는 아이가 달걀이 들어간 빵을 먹을 수 있는 경우가 있다.
  - 조리에 따라 알레르기 반응성이 변하는 이유는 조리 과정에서 식품 단백질의 알레르기 반

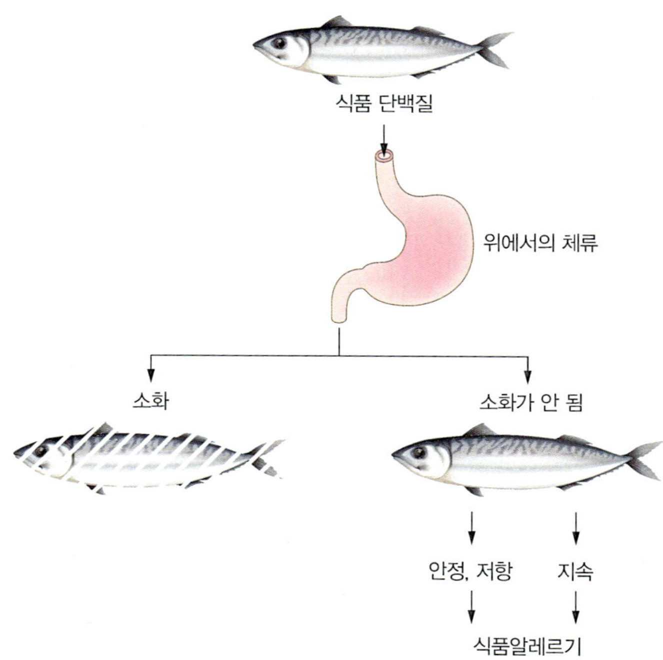

그림 16-19. 식품항원의 소화 저항성

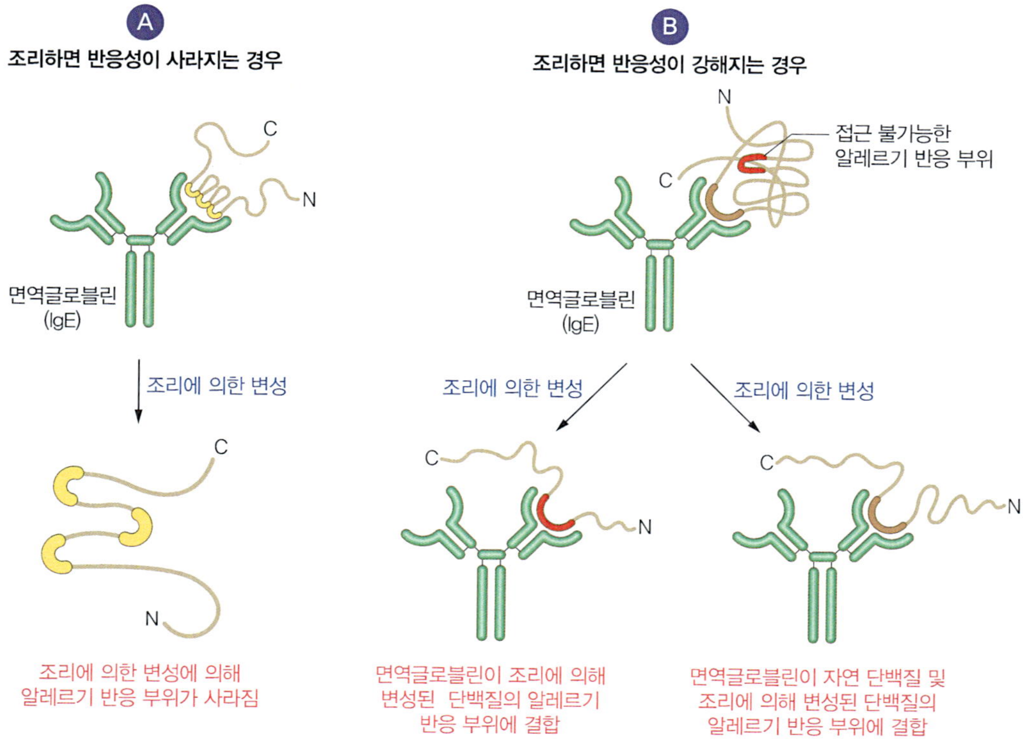

그림 16-20. 조리에 따른 식품단백질의 항원성 변화

응 부위가 사라지기도 하고, 면역글로불린이 변성된 단백질의 알레르기 반응 부위에 더 잘 결합하기도 하기 때문이다(그림 16-20).

- 연령에 따라 주요 원인식품이 다르다(표 16-8).
  - 달걀과 우유는 영유아기에 식품알레르기의 주요 원인 식품이다. 달걀과 우유는 5~6세가 되면 저절로 없어지는 경우가 많아 청소년 이후에는 달걀과 우유 알레르기가 급격히 감소한다.
  - 최근 견과류 알레르기가 증가하고 있으며, 견과류 알레르기는 한 번 생기면 없어지지 않으며 전 연령이 비슷한 경향을 보인다.
  - 새우나 게 등의 갑각류는 나이가 들면서 증가하여, 성인 식품알레르기의 주요 식품이다.
  - 청소년기가 되면서 과일 알레르기가 증가한다.

표 16-8. 식품알레르기 처음 발생 시기와 자연 소실되는 시기

식품	시작되는 시기	자연 소실되는 시기
달걀 흰자 	6~24개월	7세 (75% 정도가 자연 소실)
우유 	6~12개월	5세 (76% 정도가 자연 소실)
땅콩 	6~24개월	계속 지속 (20% 정도는 5세경에 자연 소실)
견과류 (tree nut) 	1~7세	계속 지속 (9% 정도는 5세경에 자연 소실)
참깨 	6~36개월	계속 지속 (20% 정도는 7세경에 자연 소실)
생선(fish) 	초등학교 후반이나 성인기	계속 지속
조개류 (shell fish) 	60% 정도가 성인기에 시작	계속 지속
밀 	6~24개월	5세 (80% 정도가 자연 소실)
대두 	6~24개월	2세 (67% 정도가 자연 소실)
키위 	전 연령	알려져 있지 않음
사과, 당근, 복숭아 등 	초등학교 후반이나 성인기	알려져 있지 않음

자료 : Gioden Lack. NEJM 2008(359): 1252-1260 논문 자료수정

식품알레르기의 관리

식품알레르기는 현재까지 특별한 치료 방법 없이 나이가 들면서 저절로 없어지는 것이 유일한 치료 방법이다. 따라서 식품알레르기는 원인식품을 먹지 않도록 하고, 잘못하여 원인식품을 섭취하였을 경우, 즉각적으로 증상을 완화시키는 관리적 차원으로 접근하기 때문에 치료라는 표현보다는 관리라는 표현이 더 적절하다.

- 식품알레르기는 진단된 식품에 대해서 원인식품을 제한하고, 제한에 따른 영양 관리가 필요하다(그림 16-21).
- 식품의약품안전처의 '식품 등의 표시기준'에는 한국인에게 알레르기를 유발할 수 있는 알레르기 유발물질로 21가지가 지정되어 있어 이들 식품이 함유된 경우 제품 겉면에 반드시 표기해야 한다. 따라서 식품알레르기가 있는 경우, 식료품을 구매할 때나 식품을 조리하기 전, 그리고 식품을 섭취하기 전에 식품 표시사항을 잘 읽어야 한다.
- 식품알레르기로 특정 식품을 제한할 경우 영양적으로 비슷한 식품을 대체할 수 있도록 알레르기 유발식품과 같은 식품군 내에서 선택하여 대체식을 제공한다.

  예시) 밀가루 알레르기 어린이: 밀가루 빵 → 떡

  우유 알레르기 어린이: 우유 → 두유

  토마토 알레르기 어린이: 토마토 양상추 샐러드 → 파프리카 양상추 샐러드

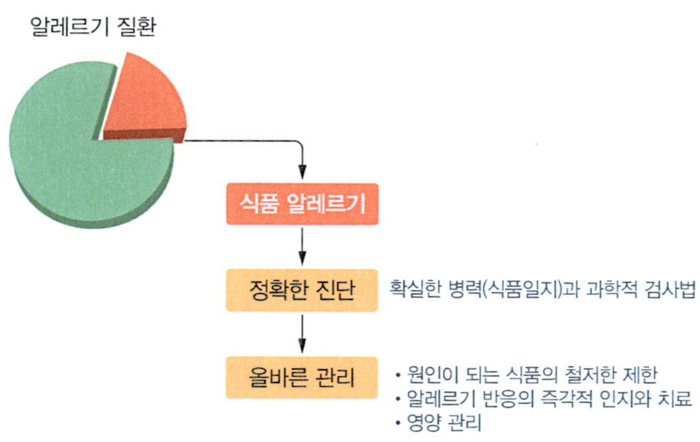

그림 16-21. 식품알레르기 관리 원칙

요약

1. 미세먼지는 입자의 크기에 의해 10㎛ 이하를 미세먼지(PM10), 2.5㎛ 이하를 초미세먼지(PM2.5)로 정의한다.
2. 미세먼지는 선천 및 후천 면역반응, 산화스트레스에 의해 인체에 영향을 미친다. 미세먼지에 노출되면 선천면역 작동으로 급성염증을 일으키며 이로 인해 폐 감염이 발생되고 기존에 가지고 있는 호흡기 질환의 증상 악화를 일으킨다. 또한 미세먼지 노출로 산화적 스트레스가 증가하여 방어 기전, 세포활성화, 세포 구조와 연관된 단백이 증가하며, 항산화 효소의 반응균형이 깨지면서 다양한 기관의 세포 손상을 초래한다.
3. 미세먼지는 유리라디칼 생성을 통해 세포에 산화적 손상을 일으키고, 이로 인한 전신의 다양한 염증 발생으로 인해 여러 가지 질환과 증상을 일으킨다. 미세먼지에 의한 산화적 손상은 항산화 영양소 섭취로 최소화할 수 있다.
4. 오염물질이 인체로 들어오는 통로는 ① 호흡기, ② 소화기, ③ 피부 세 경로이며, 환경오염물질 노출에 있어 식품 내에 포함되어 있는 오염물질이 소화기 통로를 통해 유입되는 비중이 높다.
5. 식품이 전달하는 환경오염 물질 중 가장 많이 연구된 것은 중금속이다. 한국인의 대표식단 중 중금속에 많이 노출된 식품군으로는 어패류, 곡류 등으로 어패류가 수은, 비소의 함량이 가장 높다. 중금속별로 살펴보면 수은과 비소는 어류에 의한 노출이 높은 반면, 납과 카드뮴은 곡류에 의한 노출이 높다.
6. 중금속은 체내로 유입되면 체외로 잘 배출이 되지 않고 장기와 조직에 쌓이는 특성을 가지고 있다. 조직에 쌓인 중금속은 단백질과 결합하여 변성을 가져오고 기능을 저하시켜 다양한 질병과 증상을 일으킬 뿐 아니라, 태아에게도 부정적인 영향을 미친다.
7. 체내 중금속 농도는 식습관과 생활습관의 영향을 받는다. 중금속 노출의 위험성이 높은 식품을 줄임으로써 체내 중금속 농도를 줄일 수 있다. 수은의 경우 먹이 사슬 위에 있는 큰 생선의 섭취를 줄여 중금속 노출을 줄일 수 있다. 칼슘과 철분은 중금속 흡수를 방해하고 배출을 돕기 때문에 충분한 섭취를 권장한다. 음주는 영양 균형과 면역력을 떨어뜨려 중금속의 배출을 방해할 수 있다.
8. 환경호르몬이란 산업 활동 등 인위적인 활동의 결과로 만들어진 물질로서 인체 호르몬의 주요 기능에 장애를 가져오는 내분비계 장애물질을 말한다. 호르몬은 인간의 성장, 면역, 대사 등의 중요한 기능을 하는 물질이며, 환경호르몬은 생물체의 몸에 흡수되어 마치 몸 안의 호르몬처럼 작용하여 본래 호르몬 기능 자체를 교란시키거나 저해한다.
9. 환경호르몬은 생식기관 발생 및 발달장애, 신경계장애, 면역계장애, 비만 및 대사증후군 발생 등 다양한 인체 이상 반응을 일으킨다.
10. 생활의 편리함을 위해 만들어진 다양한 플라스틱 용기, 생산량을 증가시키기 위한 농약, 쓰레기의 소각 등으로 인해 환경호르몬에 대한 논란으로부터 자유로울 수 없다. 따라서 환경호르몬으로부터 보호할 수 있는 생활 습관을 갖는 것이 중요하다.
11. 몸에 해가 되지 않는 물질에 면역체계가 작동하고 이로 인해 나타난 면역반응에 의해 우리 세포의 손상이 초래되는 경우가 있는데, 이를 알레르기라고 하며, 원인물질이 식품인 경우 식품알레르기라고 한다.
12. 알레르기를 일으키는 식품은 50가지 이상이 보고되지만, 우유, 달걀, 땅콩, 대두, 견과류, 새우나 게 등의 갑각류, 조개류, 생선 등이 원인식품의 90% 이상을 차지한다.
13. 식품알레르기는 현재까지 특별한 치료 방법 없이 나이가 들면서 저절로 없어지는 것이 유일한 치료 방법이다. 따라서 식품알레르기는 원인식품을 먹지 않도록 하고, 잘못하여 원인식품을 섭취하였을 경우에는 즉각적으로 증상을 완화시키는 관리적 차원으로 접근한다.

참고문헌

1. Boyce, J.A., et al., *Guidelines for the Diagnosis and Management of Food Allergy in the United States: summary of the NIAID-sponsored expert panel report*. J Am Diet Assoc., 2011. 111(1): 17~27.
2. Chinthrajah, R.S., et al., *Molecular and cellular mechanisms of food allergy and food tolerance*. J Allergy Clin Immunol., 2016. 137(4): 984~997.
3. du Toit, G., et al., *Prevention of food allergy*. J Allergy Clin Immunol., 2016. 137(4): 998~1010.
4. Ha, M., et al., *Low blood levels of lead and mercury and symptoms of attention deficit hyperactivity in children: a report of the children's health and environment research(CHEER)*. Neurotoxicology., 2009. 30(1): 31~36.
5. Han, Y., J. Kim, and K. Ahn, *Food allergy*. Korean J Pediatr., 2012. 55(5): 153~158.
6. Kattan, J., *The Prevalence and Natural History of Food Allergy*. Curr Allergy Asthma Rep., 2016. 16(7): 47.
7. Kim, J., et al., *The incidence and risk factors of immediate type food allergy during the first year of life in Korean infants: a birth cohort study*. Pediatr Allergy Immunol., 2011. 22(7): 715~719.
8. Kim, S., et al., *Current status of managing food allergies in schools in Seoul, Korea*. J Child Health Care., 2012. 16(4): 406~416.
9. Kim, Y., et al., *Prenatal lead and cadmium co-exposure and infant neurodevelopment at 6 months of age: the Mothers and Children's Environmental Health (MOCEH) study*. Neurotoxicology., 2013. 35: 15~22.
10. Lee, H.A., et al., *Effect of urinary bisphenolA on androgenic hormones and insulin resistance in preadolescent girls: a pilot study from the Ewha Birth & Growth Cohort*. Int J Environ Res Public Health., 2013. 10(11): 5737~5749.
11. Park, M., et al., *Prevalence of immediate-type food allergy in early childhood in seoul*. Allergy Asthma Immunol Res., 2014. 6(2): 131~136.
12. Park, S.H., et al., *Serum Levels of Persistent Organic Pollutants and Insulin Secretion among Children Aged 7 to 9 Years: A Prospective Cohort Study*. Environ Health Perspect, 2016. 7: 7.
13. Sicherer, S.H. and H.A. Sampson, *Food allergy: Epidemiology, pathogenesis, diagnosis, and treatment*. J Allergy Clin Immunol., 2014. 133(2): 291~307.
14. Wood, R.A., Food allergen immunotherapy: Current status and prospects for the future. J Allergy Clin Immunol., 2016. 137(4): 973~982.

연습문제

1. 미세먼지가 인체에 미치는 기전을 설명하고, 미세먼지에 의한 인체 위해 작용을 최소화할 수 있는 영양 관리법을 설명하라.
2. 식품의 중금속 노출원의 설명하고, 노출을 줄이기 위한 식사 관리법을 설명하라.
3. 환경호르몬이 인체에 미치는 기전을 설명하고, 환경호르몬 노출을 최소화하기 위한 방안을 제시하라.
4. 식품알레르기를 정의하고, 증상의 특징을 설명하라.

관련 웹사이트

http://www.foodallergy.org
http://www.heavymetalcenter.or.kr
http://www.chemistory.go.kr

부 록

식품의 지방산 종류 및 지방 함량

에너지 요구량 및 소비량 | 대사경로 | 식품 성분 분석표

부록 1. 식품의 지방산 종류 및 지방 함량

1-1. 식품의 지방 성분의 주요 급원식품과 고함량 식품

| 표 | 지방 주요 급원식품(100g 당 함량)[1]

급원식품 순위	급원식품	함량 (g/100g)	급원식품 순위	급원식품	함량 (g/100g)
1	돼지고기(살코기)	11.3	16	요구르트(호상)	3.8
2	소고시(살코기)	17.0	17	김	49.2
3	콩기름	99.3	18	고등어	13.3
4	우유	3.3	19	초콜릿	34.4
5	달걀	7.4	20	크림	45.0
6	마요네즈	75.7	21	대두	15.4
7	과자	22.8	22	오리고기	19.0
8	라면(건면, 스프포함)	11.5	23	아이스크림	7.8
9	참기름	99.6	24	치즈	21.3
10	백미	0.9	25	배추김치	0.5
11	두부	4.6	26	땅콩	46.2
12	빵	4.9	27	아몬드	51.3
13	샌드위치/험버거/피자	13.2	28	만두	6.6
14	케이크	18.9	29	장어	17.1
15	유채씨기름	99.9	30	들기름	99.9

1) 2017년 국민건강영양조사의 식품별 섭취량과 식품별 지방 함량(국가표준식품성분표 DB 9.1[87]) 자료를 활용하여 지방 주요 급원식품 상위 30위 산출

| 표 | 지방 고함량 식품(100g 당 함량)[1]

함량 순위	식품	함량 (g/100g)	함량 순위	식품	함량 (g/100g)
1	돼지기름	100.0	16	아마씨유	100.0
2	면실유	100.0	17	포도씨유	99.9
3	잇꽃씨기름	100.0	18	들기름	99.9
4	코코넛유	100.0	19	유채씨기름	99.9
5	팜유	100.0	20	쇠기름	99.8
6	혼합식물성유	100.0	21	닭기름	99.8
7	올리브유	100.0	22	고추기름	99.8
8	해바라기유	100.0	23	옥수수기름	99.7
9	쇼트닝	100.0	24	참기름	99.6
10	쌀겨기름	100.0	25	콩기름	99.3
11	연어기름	100.0	26	복숭아씨기름	98.9
12	아보카드유	100.0	27	버터	82.0
13	양기름	100.0	28	마카다미아너트(볶은 것)	76.7
14	땅콩기름	100.0	29	마요네즈(전란)	75.7
15	호두유	100.0	30	피칸(볶은 것)	74.3

1) 국가표준식품성분표 DB 9.1 [87]

| 표 | 포화지방산 주요 급원식품(100g 당 함량)[1]

급원식품 순위	급원식품	함량 (g/100g)	급원식품 순위	급원식품	함량 (g/100g)
1	돼지고기(살코기)	3.6	16	마요네즈	11.5
2	우유	2.2	17	참기름	14.7
3	소고기(살코기)	5.4	18	두부	0.7
4	라면(건면, 스프포함)	5.4	19	오리고기	6.2
5	달걀	2.6	20	버터	48.1
6	빵	2.9	21	고등어	3.0
7	과자	6.8	22	만두	2.4
8	콩기름	14.6	23	닭고기	0.4
9	케이크	11.4	24	햄/소시지/베이컨	1.3
10	요구르트(호상)	2.5	25	두유	1.2
11	샌드위치/햄버거/피자	4.5	26	아이스크림	4.6
12	치즈	14.5	27	커피(믹스)	1.0
13	아이스크림	5.3	28	대두	2.4
14	커피프림	27.4	29	땅콩	8.5
15	초콜릿	17.7	30	핫도그	4.5

1) 2017년 국민건강영양조사의 식품별 섭취량과 식품별 지방 함량(국가표준식품성분표 DB 9.1[87]) 자료를 활용하여 포화지방산 주요 급원식품 상위 30위 산출

| 표 | 포화지방산 고함량 식품(100g 당 함량)[1]

함량 순위	식품	함량 (g/100g)	함량 순위	식품	함량 (g/100g)
1	코코넛유	84.0	16	올리브유	15.7
2	마가린	51.7	17	고추기름	15.0
3	버터	48.1	18	참기름	14.7
4	양기름	47.3	19	콩기름	14.6
5	팜유	47.1	20	치즈	14.5
6	쇠기름	41.1	21	옥수수기름	13.3
7	돼지기름	39.3	22	마카디미아너트(볶은 것)	12.5
8	닭기름	29.8	23	아보카드유	11.6
9	커피프림, 가루	27.4	24	마요네즈	11.5
10	면실유	21.1	25	케이크	11.4
11	연어기름	19.9	26	땅콩, 버터	11.0
12	분유	18.0	27	혼합식물성유	11.0
13	초콜릿	17.7	28	해바라기유	10.6
14	땅콩기름	16.9	29	포도씨유	10.0
15	브라질너트(볶은 것)	15.8	30	캐슈너트(조미한 것)	10.0

1) 국가표준식품성분표 DB 9.1 [87]

| 표 | 리놀레산 주요 급원식품(100g 당 함량)[1]

급원식품 순위	급원식품	함량 (g/100g)	급원식품 순위	급원식품	함량 (g/100g)
1	콩기름	50.7	16	땅콩	17.1
2	마요네즈	39.2	17	두유	1.5
3	돼지고기(살코기)	1.6	18	김	10.5
4	참기름	41.6	19	깨	18.1
5	두부	2.4	20	고춧가루	5.2
6	과자	5.7	21	어묵	2.1
7	백미	0.3	22	빵	0.5
8	달걀	1.1	23	소고기(살코기)	0.4
9	대두	7.7	24	아몬드	12.5
10	라면(건면, 스프포함)	1.5	25	국수	0.5
11	샌드위치/햄버거/피자	3.1	26	오리고기	3.2
12	배추김치	0.3	27	콩나물	0.8
13	호두	41.5	28	현미	0.8
14	된장	3.7	29	케이크	1.6
15	유채씨유	19.8	30	포도씨유	69.5

1) 2017년 국민건강영양조사의 식품별 섭취량과 식품별 지방 함량(국가표준식품성분표 DB 9.1[87]) 자료를 활용하여 리놀레산 주요 급원식품 상위 30위 산출

| 표 | 리놀레산 고함량 식품(100g 당 함량)[1]

함량 순위	식품	함량 (g/100g)	함량 순위	식품	함량 (g/100g)
1	포도씨유	69.5	16	잣(생것)	19.6
2	해바라기유	60.3	17	참깨(볶은 것)	18.1
3	면실유	54.0	18	땅콩(볶은 것)	17.1
4	옥수수기름	51.6	19	파스타치오너트(볶은 것)	15.1
5	콩기름	50.7	20	삼씨(말린 것)	15.0
6	고추기름	50.7	21	아마씨유	14.2
7	참기름	41.6	22	땅콩 버터	13.6
8	호두(말린 것)	41.4	23	들기름	13.1
9	마요네즈(전란)	39.2	24	잇꽃씨기름	13.0
10	혼합식물성유	34.0	25	아몬드(볶은 것)	10.9
11	브라질너트(볶은 것)	29.0	26	갈색 거저리, 유충(말린 것)	10.7
12	해바라기씨(볶은 것)	28.0	27	김(구운 것)	10.5
13	수박씨(볶은 것)	25.0	28	샐러드 드레싱(이탈리안)	9.2
14	호박씨(말린 것)	23.9	29	팜유	9.0
15	유채씨기름	19.8	30	돼지기름	8.9

1) 국가표준식품성분표 DB 9.1 [87]

| 표 | 알파-리놀렌산 주요 급원식품(100g 당 함량)[1]

급원식품 순위	급원식품	함량 (g/100g)	급원식품 순위	급원식품	함량 (g/100g)
1	콩기름	6.6	16	두유	0.2
2	들기름	62.0	17	상추	0.2
3	마요네즈	5.8	18	시금치	0.2
4	들깨	23.8	19	과자	0.2
5	유채씨기름	11.3	20	어묵	0.2
6	두부	0.4	21	아마씨	24.0
7	호두	11.5	22	빵	0.05
8	김	3.8	23	참기름	0.5
9	대두	1.3	24	고춧가루	0.4
10	돼지고기(살코기)	0.1	25	케이크	0.2
11	배추김치	0.0	26	쌈장	0.3
12	샌드위치/햄버거/피자	0.4	27	라면(건면, 스프포함)	0.05
13	된장	0.6	28	들깻잎	0.2
14	콩나물	0.2	29	달걀	0.02
15	백미	0.01	30	고추장	0.1

1) 2017년 국민건강영양조사의 식품별 섭취량과 식품별 지방 함량(국가표준식품성분표 DB 9.1[87]) 자료를 활용하여 알파-리놀렌산 주요 급원식품 상위 30위 산출

| 표 | 알파-리놀렌산 고함량 식품(100g 당 함량)[1]

함량 순위	식품	함량 (g/100g)	함량 순위	식품	함량 (g/100g)
1	들기름	62.0	16	샐러드 드레싱(이탈리안)	1.4
2	아마씨유	53.4	17	부지갱이(섬부지갱이)(삶아서 말린 것)	1.4
3	아마씨(볶은 것)	24.0	18	콩(대두, 흑태)(말린 것)	1.3
4	들깨(볶은 것)	23.8	19	녹차 잎(말린 것)	1.2
5	치아씨(말린 것)	17.8	20	옥수수기름	1.0
6	호두(말린 것)	11.5	21	파스타치오너트(볶은 것)	0.8
7	유채씨기름	11.3	22	올리브유	0.7
8	혼합식물성유	6.8	23	산초(가루)	0.7
9	고추기름	6.7	24	오레가노(말린 것)	0.6
10	콩기름	6.6	25	해바라기유	0.6
11	마요네즈(전란)	5.8	26	된장(재래)	0.6
12	삼씨(말린 것)	4.6	27	갈색 거저리 유충(말린 것)	0.6
13	김(구운 것)	3.8	28	쥐눈이콩(검정소립콩)(말린 것)	1.5
14	겨자(가루)	2.9	29	자라고기(생것)	0.6
15	은어 부산물, 내장(생것)	1.5	30	참기름	0.5

1) 국가표준식품성분표 DB 9.1 [87]

| 표 | EPA+DHA 주요 급원식품(100g 당 함량)[1)]

급원식품 순위	급원식품	함량 (mg/100g)	급원식품 순위	급원식품	함량 (mg/100g)
1	고등어	2,713	16	연어	750
2	멸치	1,145	17	게	276
3	오징어	779	18	대구	409
4	달걀	71	19	낙지	244
5	꽁치	1,760	20	과자	37
6	조기	851	21	바지락	212
7	김	1,220	22	새우	68
8	다랑어	1,397	23	임연수어	1,700
9	넙치(광어)	623	24	굴	149
10	어묵	187	25	쥐치포	620
11	방어	2,900	26	돼지 부산물(간)	30
12	돔	1,660	27	가리비	189
13	볼락	582	28	송어	988
14	건미역	858	29	문어	98
15	삼치	1,001	30	케이크	16

1) 2017년 국민건강영양조사의 식품별 섭취량과 식품별 지방 함량(국가표준식품성분표 DB 9.1[87]) 자료를 활용하여 EPA+DHA 주요 급원식품 상위 30위 산출

| 표 | EPA+DHA 고함량 식품(100g 당 함량)[1)]

함량 순위	식품	함량 (mg/100g)	함량 순위	식품	함량 (mg/100g)
1	연어기름	31,255.0	16	조기(참조기)(생것)	850.9
2	은어 부산물(내장, 생것)	3,600.0	17	오징어(생것)	779.0
3	방어(구운 것)	2,900.0	18	잉어(삶은 것)	770.0
4	고등어(생것)	2,713.0	19	연어(생것)	750.0
5	꽁치(구운 것)	1,760.0	20	넙치(광어)(생것)	622.6
6	돔(구운 것)	1,660.0	21	쥐치포(조미하여 말린 것)	619.5
7	자라고기(생것)	1,490.0	22	볼락(생것)	562.0
8	참다랑어(생것)	1,396.9	23	만세기(생것)	417.0
9	애꼬치(생것)	1,280.0	24	대구(생것)	408.8
10	전갱이(구운 것)	1,250.0	25	청새치(생것)	371.0
11	김(구운 것)	1,219.8	26	숭어(구운 것)	328.0
12	멸치(삶아서 말린 것)	1,144.5	27	게(생것)	276.3
13	삼치(생것)	1,000.8	28	낙지(생것)	244.0
14	송어(구운 것)	988.0	29	은어(구운 것)	215.0
15	미역(말린 것)	858.1	30	바지락(생것)	212.3

1) 국가표준식품성분표 DB 9.1 [87]

ㅣ표ㅣ 콜레스테롤 주요 급원식품(100g 당 함량)[1)]

급원식품 순위	급원식품	함량 (mg/100g)	급원식품 순위	급원식품	함량 (mg/100g)
1	달걀	329	16	미꾸라지	220
2	돼지고기(살코기)	63	17	요구르트(호상)	14
3	멸치	497	18	오리고기	91
4	닭고기	56	19	아이스크림	29
5	소고기(살코기)	65	20	치즈	65
6	돼지 부산물(간)	355	21	크림	120
7	오징어	230	22	낙지	88
8	새우	240	23	문어	150
9	우유	10	24	샌드위치/햄버거/피자	15
10	소 부산물(간)	396	25	어묵	20
11	햄/소시지/베이컨	52	26	조기	53
12	메추리알	532	27	넙치(광어)	41
13	고등어	67	28	꽁치	72
14	케이크	68	29	버터	232
15	닭 부산물(간)	563	30	마요네즈	26

1) 2017년 국민건강영양조사의 식품별 섭취량과 식품별 지방 함량(국가표준식품성분표 DB 9.1[87]) 자료를 활용하여 콜레스테롤 주요 급원식품 상위 30위 산출

ㅣ표ㅣ 콜레스테롤 고함량 식품(100g 당 함량)[1)]

함량 순위	식품	함량 (mg/100g)	함량 순위	식품	함량 (mg/100g)
1	닭 부산물(간, 삶은 것)	563	16	푸딩(커스터드)	140
2	메추리알(생것)	532	17	크림(유지방, 45%)	120
3	거위 부산물(간, 생것)	515	18	메추리 고기(생것)	120
4	멸치(삶아서 말린 것)	497	19	쥐치 포(말린 것)	108
5	연어기름	485	20	양기름	102
6	소 부산물(간, 삶은 것)	396	21	돼지기름	100
7	돼지 부산물(간, 삶은 것)	355	22	쇠기름	100
8	달걀(생것)	329	23	잉어(삶은 것)	100
9	새우, 보리새우(삶은 것)	240	24	자라고기(생것)	95
10	버터	232	25	전갱이(구운 것)	94
11	오징어(생것)	230	26	돼지 족발(삶은 것)	93
12	청어 부산물, 알 염장	230	27	오리고기(생것)	91
13	미꾸라지(삶은 것)	220	28	돔(구운 것)	91
14	문어(삶은 것)	150	29	방어(구운 것)	89
15	은어(구운 것)	140	30	샛멸(생것)	89

1) 국가표준식품성분표 DB 9.1 [87]

1-2. 식품의 지방, 지방산, 콜레스테롤 함량

식품명	총지방량 (g/100g)	콜레스테롤 (mg/100g)	P/S	지방산(%)			
				포화	올레산	리놀레산	리놀렌산 & EPA, DHA, AA
달걀	11.2	470	0.51	34.1	43.6	13.4	3.8
노른자	31.2	1,300	0.51	37.5	43.6	13.4	3.8
흰자	0	1		32.4	41.7	12.7	8.2
우유	3.5	11	0.05	54	24.9	2.7	0.5
모유	3.5	15	0.48	39	36.4	15	2.6
조제분유	26.8	28	0.45	45	32.4	18.9	1.5
가공치즈	26	80	0.03	65.2	24.8	1.6	0.7
식빵	3.8	0	1.68	24	34.2	31.9	7.9
쌀밥	0.5	0	1.06	34.9	25.2	37.1	1.4
땅콩	49.5	0	1.67	15.5	48.2	31.2	0.2
호두	68.7	0	7.23	10	14.9	61.2	13.4
마요네즈	72.5	200	3.83	11.1	44.9	33.2	9.4
새우	0.5	130	2	22.7	22.6	1	42
오징어	1	300	1.57	34.4	3.5		56.2
굴	1.8	50	1.37	34.5	10.9	2.3	28.4
어묵	7.2	30	0.36	39.9	40.8	12.6	1.5
연어	8.4	65	1.2	22.3	23.4	0.8	21.9
고등어	16.5	55	1.04	27.6	26.5	1.4	24.4
대구	0.4	60	2.6	22.9	12.7	0.5	54.3
안심	16.2	70	0.06	42.1	44.2	2.6	0.1
쇠간	3.7	240	0.69	93.2	19.8	9.9	9.3
돼지(등심)	25.7	55	0.25	42.5	42.5	9.5	0.9
돼지(삼겹살)	38.3	60	0.25	42.4	42.3	9.7	0.8
베이컨	39.1	60	0.24	40.3	44.9	8.4	1.1
소시지	24.8	60	0.35	38.1	43.8	12	1
햄	13.8	40	0.28	41.1	42.9	9.5	1.6
닭가슴살	2.4	70	0.59	32.4	41	14.7	3.5
닭다리(껍질포함)	14.6	95	0.58	31	43.2	15.2	2.3

* 농촌진흥청 농촌생활연구소, 식품성분표 제5차개정, 1996

P/S : 불포화지방산/ 포화지방산

EPA : Eicosapentaenoic acid

DHA : Docosahexaenoic acid

AA : Arachidonic acid

부록 2. 에너지 요구량 및 소비량

2-1. 1일 에너지 요구량 계산의 예(1)

다음 예는 1일 에너지 요구량을 계산하는 방법을 설명한 것인데, 이때 적응대사량은 제외되었다. 어느 여대생의 1일에너지 요구량을 계산해 보기로 하자. 이 여학생의 체중은 50kg이고 키는 165cm이며 활동량은 중등 정도이다.

기초대사량(BMR)

이 여학생의 1일 기초 대사량 =

남성 : 1kcal/kg/hr

여성 : 0.9kcal/kg/hr 이므로

50kg × 0.9kcal/kg/hr × 24hr/day = 1,080kcal/day

활동대사량

아주 가벼운 활동 : BMR의 20~40% 추가

가벼운 활동 : BMR의 55~65% 추가

중등 활동 : BMR의 70~75% 추가

심한 활동 : BMR의 80~100% 추가이므로

중등 정도 노동을 하는 위 여학생의 1일 활동 대사량 =

1,080kcal/day × 0.7 = 756kcal/day

식품 이용을 위한 에너지*

1일 필요 에너지 = 기초대사량 + 활동대사량 + 식품 이용을 위한 에너지

식품이용을 위한 에너지 = 1일 필요 에너지의 약 10% 정도

그러므로 실제 식품 이용을 위한 에너지는

(기초대사량+활동대사량)/0.9 × 0.1 = (1,080+756)/0.9 × 0.1 = 204(kcal/day)

1일 에너지 필요량

1,080kcal/day + 756kcal/day + 204kcal/day = 2,040kcal/day

* 실제로 많은 다른 문헌에서 식품 이용을 위한 에너지는 (기초대사량 + 활동대사량) × 0.1로 계산하나 이론적으로는 섭취 열량의 10%가 식품 이용을 위한 에너지이므로 정확히 계산하려면 위의 방법으로 계산하는 것이 바람직하다.

2-2. 1일 에너지 요구량 계산의 예(2)

대학 3학년에 재학 중인 어느 여대생(키 : 165 cm, 체중 : 50 kg)의 1일 활동 정도는 아래와 같다. 이 여학생의 1일 에너지 요구량은 얼마인가?

기초대사량과 활동대사량을 포함한 에너지 요구량

수면	8 hr × 0.9 kcal/hr/kg × 50 kg × 0.9* =	324.0 kcal
걷기	1 hr × 0.9 kcal/hr/kg × 50 kg × (1 + 2.1) =	139.5 kcal
식사	1 hr × 0.9 kcal/hr/kg × 50 kg × (1 + 0.4) =	63.0 kcal
설겆이	1 hr × 0.9 kcal/hr/kg × 50 kg × (1 + 0.7) =	76.5 kcal
공부	8 hr × 0.9 kcal/hr/kg × 50 kg × (1 + 6.0) =	432.0 kcal
테니스	1 hr × 0.9 kcal/hr/kg × 50 kg × (1 + 0.2) =	315.0 kcal
TV보기	2 hr × 0.9 kcal/hr/kg × 50 kg × (1 + 1.0) =	108.0 kcal
신문보기	1 hr × 0.9 kcal/hr/kg × 50 kg × 1.2 =	54.0 kcal
버스타기	1 hr × 0.9 kcal/hr/kg × 50 kg × 2.0 =	90.0 kcal
		1,602.0 kcal

식품 이용을 위한 에너지

1일 필요 에너지 = 기초대사량 + 활동대사량 + 식품 이용을 위한 에너지

식품 이용을 위한 에너지 = 1일 필요 에너지의 약 10% 정도

그러므로 실제 식품 이용을 위한 에너지는

(기초대사량 + 활동대사량)/0.9 × 0.1 = (1,602.0)/0.9 × 0.1 = 178.0(kcal/day)

1일 에너지 필요량

1.602.0 kcal/day + 178.0 kcal/day = 1,780 kcal/day

* 활동 종류에 따라 소모되는 에너지 양을 기초대사량의 배수로 표시한 것이다.

2-3. 활동 종류에 따른 에너지 소모량 및 소비량

(20~29세 기준)

일상생활 활동과 운동의 종류	에너지 대사율 (RMP)	에너지 소비량 (kcal/kg/min)	
		남	여
매우 약한 활동	1.0 미만		
수면	기초대사의 90%		
교양(독서, 쓰기, 보기), 휴식, 담화	0.2	0.023	0.022
담화(서서)	0.3	0.025	0.024
식사	0.4	0.027	0.024
세면, 배변 등	0.5	0.029	0.027
재봉	0.5	0.029	0.027
취미(꽃꽂이, 악기연주 등)	0.5	0.029	0.027
운전	0.5	0.029	0.027
책상사무	0.6	0.030	0.029
약한 활동	1.0~2.5		
차타기(전철, 버스 등 서서)	1.0	0.038	0.035
화장	1.1	0.039	0.037
산보	1.5	0.046	0.043
세탁 전기세탁기	1.2	0.041	0.038
손으로	2.2	0.059	0.055
빨래널기, 걷기	2.2	0.059	0.055
다리미질	1.5	0.046	0.043
취사	1.6	0.048	0.045
청소 전기청소기	1.7	0.050	0.046
방 쓸기	2.2	0.059	0.055
정원가꾸기	2.0	0.055	0.051
보통속도로 걷기(통근)	2.1	0.057	0.053
목욕	2.3	0.061	0.056
육아(업고 걷기)	2.3	0.061	0.056
게이트볼	2.0	0.055	0.051
배구(9인제)	2.1	0.057	0.053
보통의 활동	2.5~6.0		
자전거(보통속도)	2.6	0.066	0.061
계단 내려오기	3.0	0.073	0.068
청소 걸레질	3.5	0.082	0.076
빨리 걷기(통근)	3.5	0.082	0.076
이불 올리고 내리기	3.5	0.082	0.076
널기, 걷기	4.9	0.107	0.099
계단 오르내리기	4.6	0.101	0.094
볼링	2.5(1.5~3.5)	0.064	0.060
소프트볼(평균)	2.5(1.5~3.5)	0.064	0.060
투수	3.0(2.0~4.0)	0.073	0.063
야수	2.0(1.5~3.5)	0.065	0.061

일상생활 활동과 운동의 종류	에너지 대사율 (RMR)	에너지 소비량 (kcal/kg/min)	
		남	여
야구(평균)	2.7(2.5~4.0)	0.068	0.063
투수	4.0(3.0~5.0)	0.091	0.084
야수	2.5(2.0~3.0)	0.064	0.060
캐치볼(공 던지고 받기)	3.0(2.0~4.0)	0.073	0.068
골프(평지)	3.0(2.0~4.0)	0.073	0.068
댄스 가볍게	3.0(2.5~3.5)	0.073	0.068
활발히	5.0(4.0~6.0)	0.108	0.087
자전거(시속 10km)	3.4	0.080	0.074
라디오, TV 체조	3.5(2.5~5.0)	0.082	0.076
에어로빅 댄스	4.0(3.0~5.0)	0.091	0.084
하이킹 평지	3.0(2.5~4.0)	0.073	0.068
산지	4.5(3.6~6.0)	0.100	0.092
탁구	5.0(4.0~7.0)	0.108	0.100
골프(구릉)	5.0(3.5~6.5)	0.108	0.100
보트, 카누	5.0(2.0~8.0)	0.108	0.100
강한 활동	6.0 이상		
계단 오르기	6.5	0.135	0.125
테니스	6.0(4.0~7.0)	0.126	0.117
스키 활강	6.0(4.0~8.0)	0.126	0.117
크로스 컨트리	9.0(6.0~13.0)	0.179	0.165
수상스키	6.0(5.0~7.0)	0.126	0.117
배구	6.0(4.0~7.0)	0.126	0.117
배드민턴	6.0(6.0~9.0)	0.126	0.117
조깅(120m/분)	6.0(5.0~7.0)	0.126	0.117
등산(평균)	6.0	0.126	0.117
오르기	8.0(6.0~10.0)	0.161	0.149
내려오기	5.0(5.0~6.0)	0.103	0.100
유도, 검도	6.0(3.0~9.0)	0.126	0.117
축구, 럭비, 농구 등	7.0(5.0~9.0)	0.144	0.133
스케이트(아이스, 로라)	7.0(6.0~8.0)	0.144	0.133
수영 원영	8.0(6.0~10.0)	0.161	0.149
횡영 가볍게 50m	8.0	0.161	0.149
평영	10.0	0.197	0.182
크롤	20.0	0.374	0.345
조깅(160m/분)	8.5(7.0~10.0)	0.170	0.157
근력 트레이닝(평균)	9.6	0.190	0.175
근력운동	7.6	0.154	0.143
덤벨	11.5	0.223	0.206
바벨	8.7	0.174	0.161
달리기(200m/분)	12.0(11.0~13.0)	0.232	0.214

* 자료 : 일본후생성, 《일본인의 영양 소요량》 제4차 개정.

부록 3. 대사경로

3-1. 대사 개요(1)

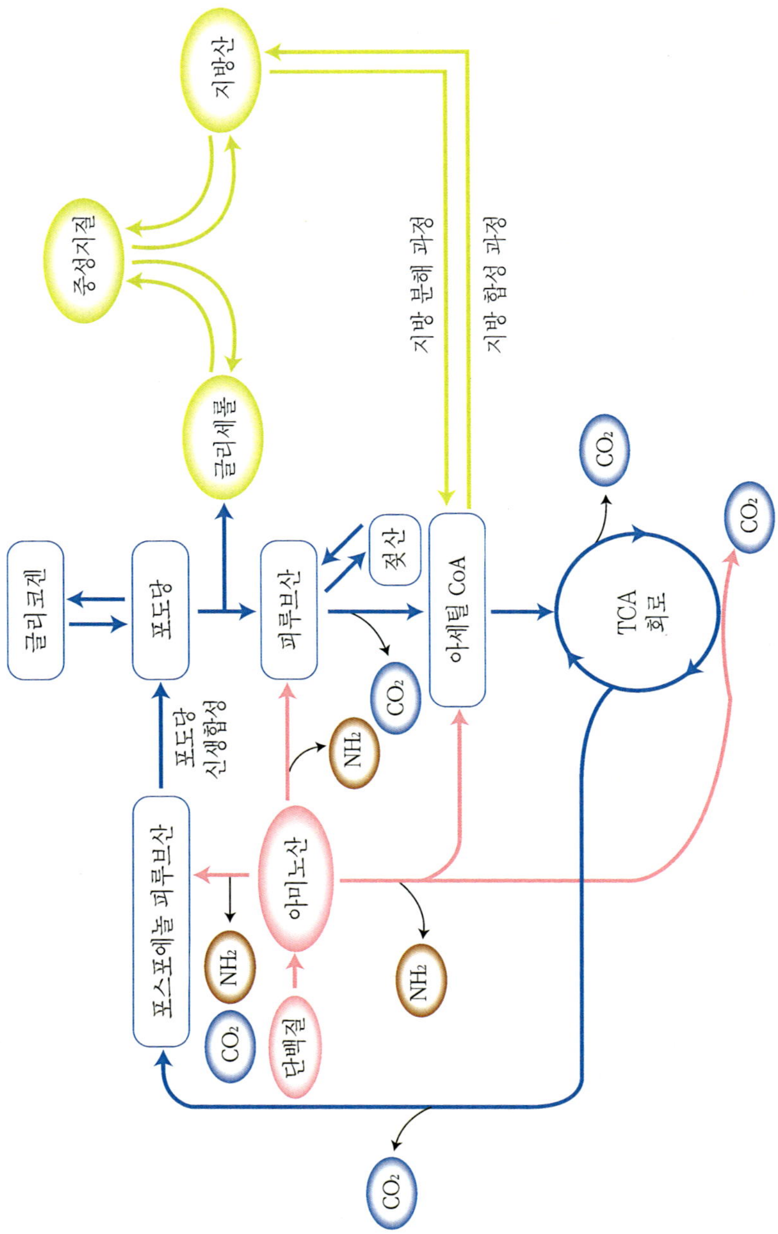

3-1. 대사 개요(2)

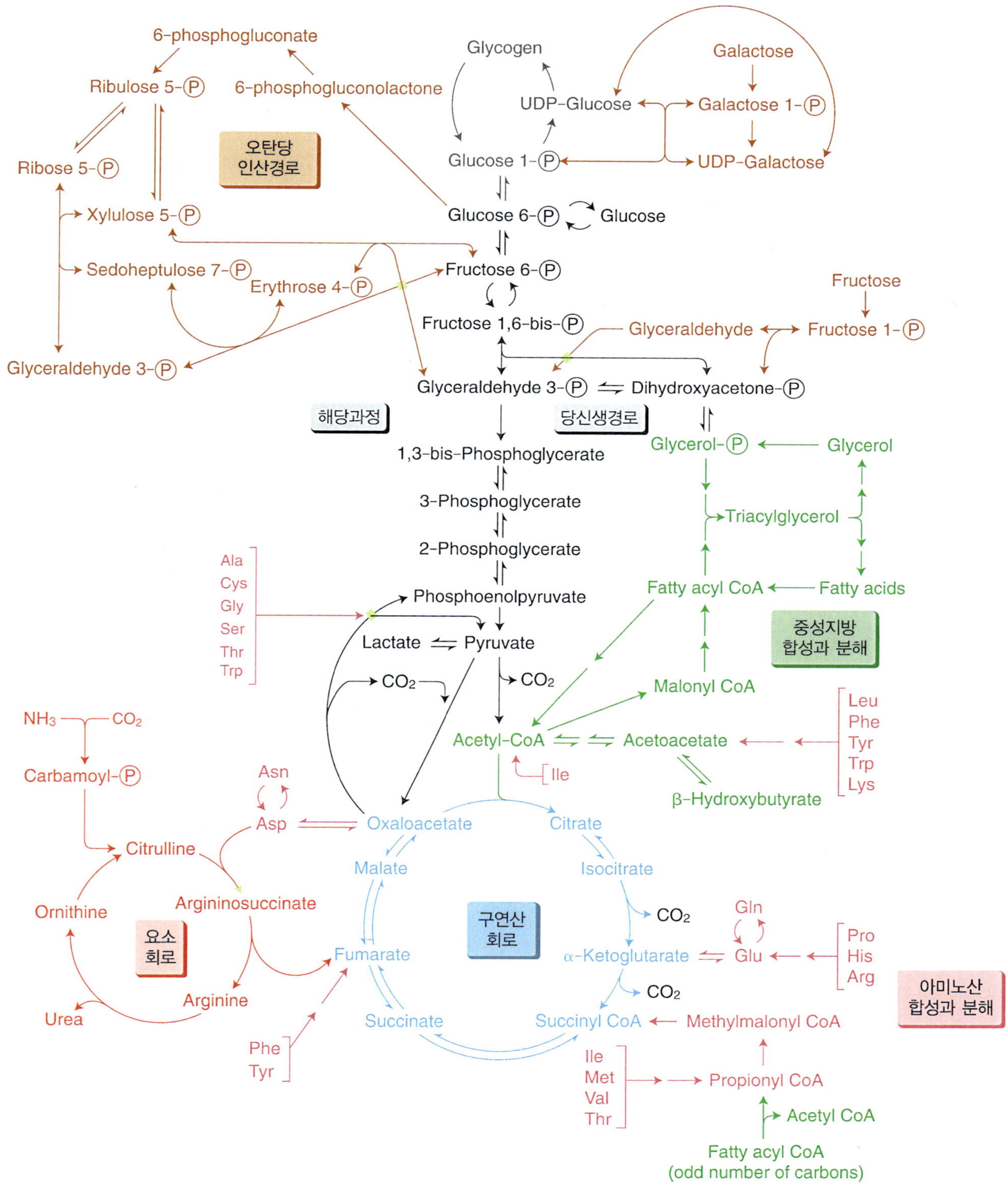

6-phosphogluconate
Ribulose 5-Ⓟ
6-phosphogluconolactone
Ribose 5-Ⓟ
오탄당 인산경로
Xylulose 5-Ⓟ
Sedoheptulose 7-Ⓟ
Erythrose 4-Ⓟ
Glyceraldehyde 3-Ⓟ
Glycogen
UDP-Glucose
Glucose 1-Ⓟ
Glucose 6-Ⓟ
Glucose
Galactose
Galactose 1-Ⓟ
UDP-Galactose
Fructose 6-Ⓟ
Fructose
Fructose 1,6-bis-Ⓟ
Glyceraldehyde
Fructose 1-Ⓟ
Glyceraldehyde 3-Ⓟ
Dihydroxyacetone-Ⓟ
해당과정
당신생경로
1,3-bis-Phosphoglycerate
3-Phosphoglycerate
2-Phosphoglycerate
Phosphoenolpyruvate
Glycerol-Ⓟ
Glycerol
Triacylglycerol
Fatty acyl CoA
Fatty acids
중성지방 합성과 분해
Ala
Cys
Gly
Ser
Thr
Trp
Lactate
Pyruvate
CO_2
CO_2
Malonyl CoA
NH_3
CO_2
Carbamoyl-Ⓟ
Acetyl-CoA
Acetoacetate
Leu
Phe
Tyr
Trp
Lys
Ile
β-Hydroxybutyrate
Asn
Asp
Oxaloacetate
Citrate
Citrulline
Malate
Isocitrate
Ornithine
Argininosuccinate
요소 회로
구연산 회로
CO_2
Gln
Glu
Pro
His
Arg
Fumarate
α-Ketoglutarate
아미노산 합성과 분해
Arginine
CO_2
Urea
Succinate
Succinyl CoA
Methylmalonyl CoA
Phe
Tyr
Ile
Met
Val
Thr
Propionyl CoA
Acetyl CoA
Fatty acyl CoA
(odd number of carbons)

3-2. 탄수화물, 단백질, 지방의 에너지 생성 경로

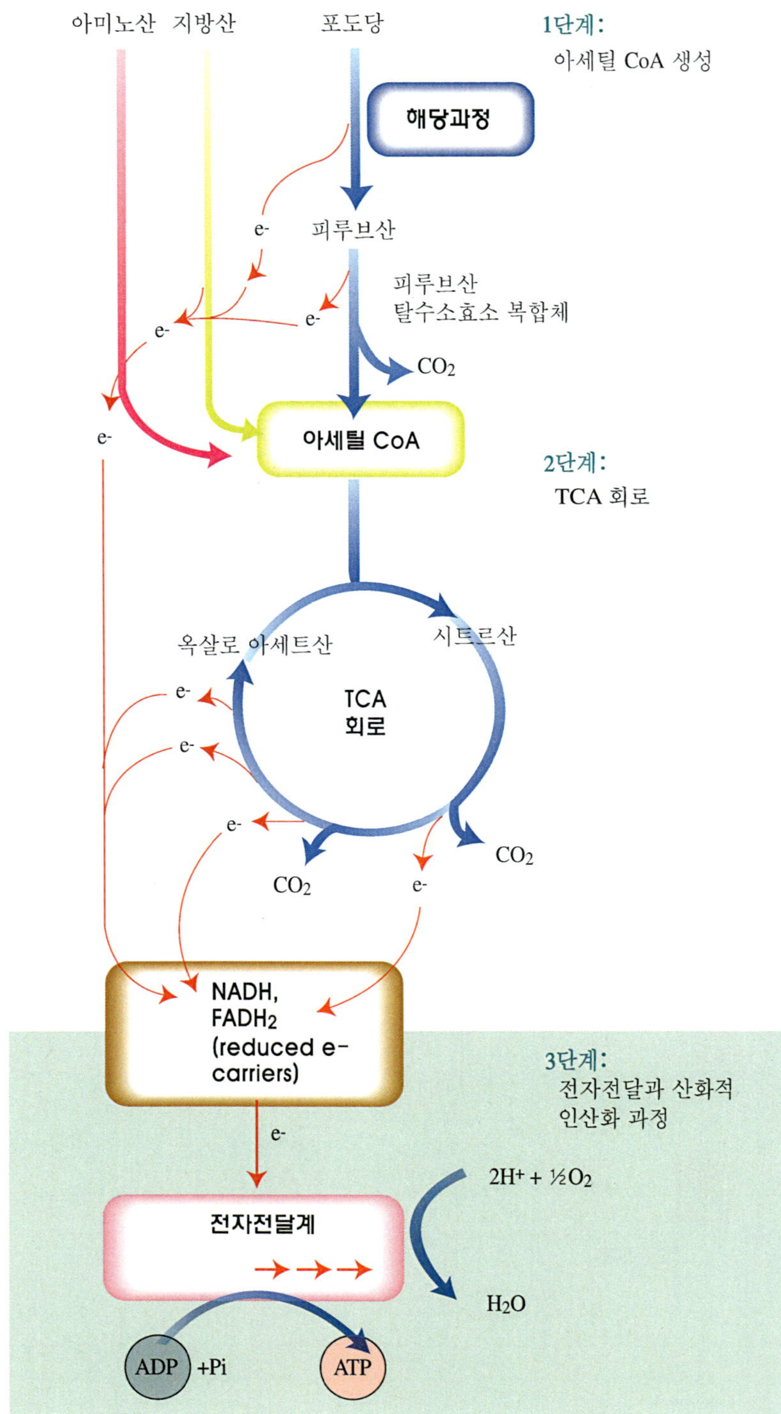

3-3. 해당과정과 포도당 신생합성과정

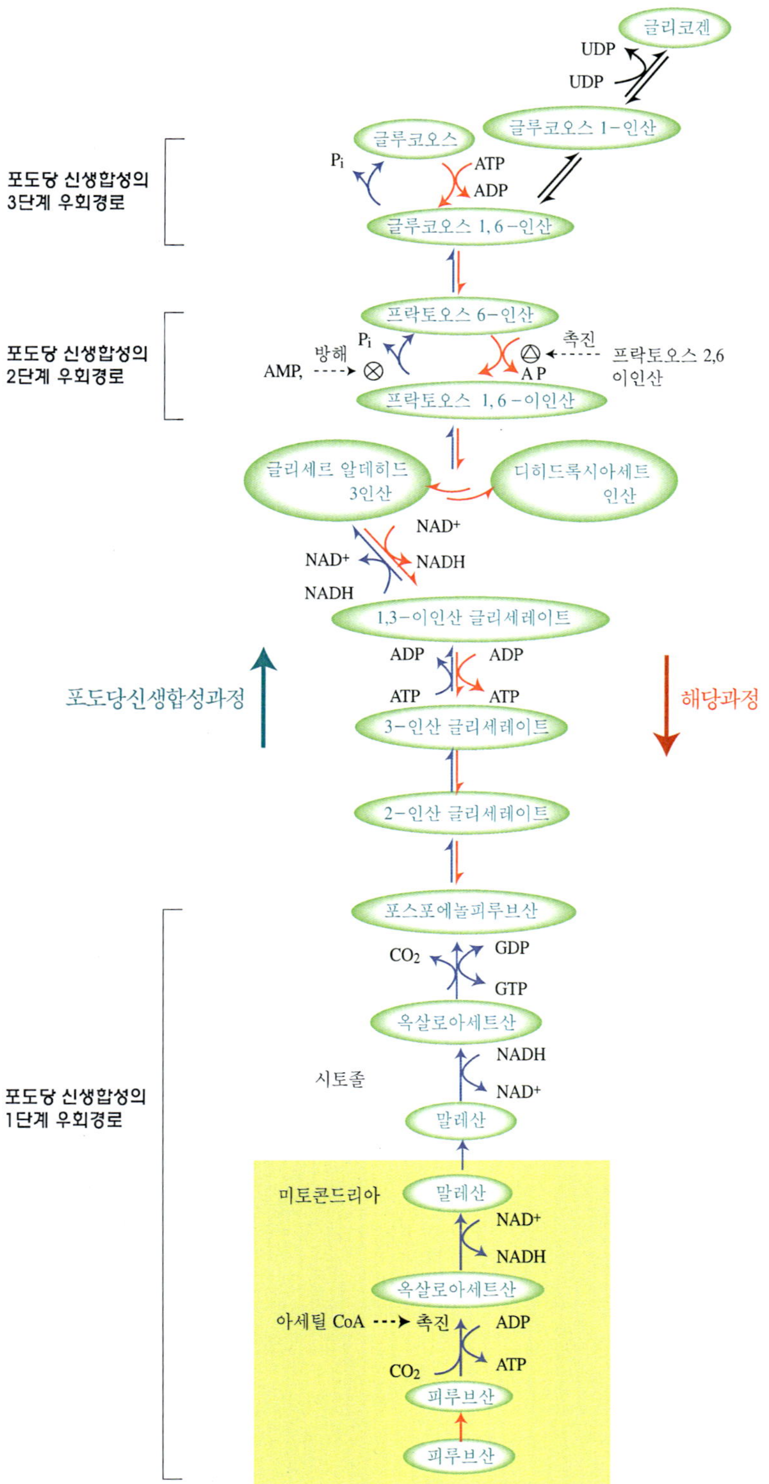

3-4. TCA 회로

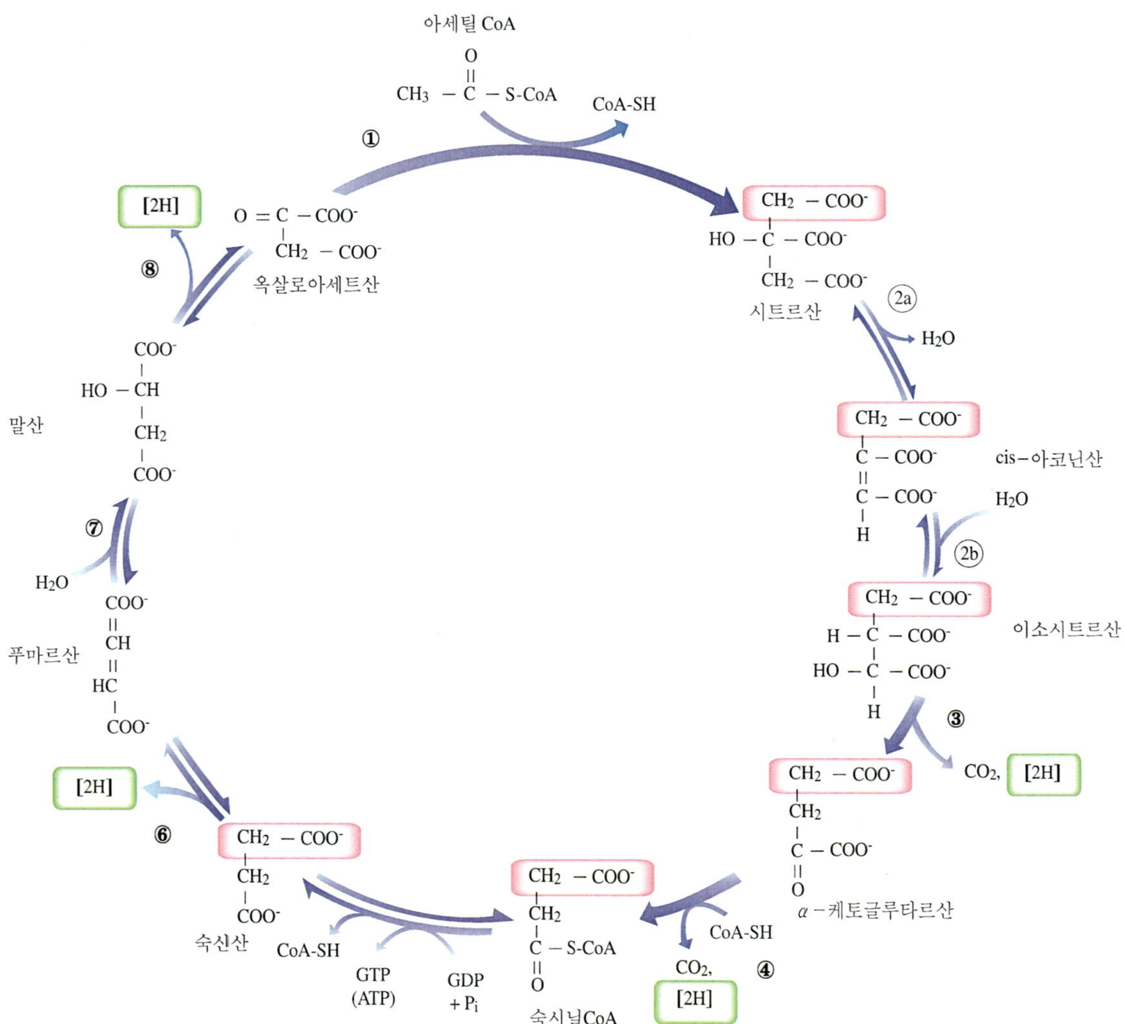

① 축합과정
2a 탈수과정
2b 수화과정
③ 산화적 탈탄산과정
④ 산화적 탈탄산과정
⑤ 기질 수전 인산화과정
⑥ 탈수소 과정
⑦ 수화과정
⑧ 탈수소과정

3-5. 대사와 관련된 각종 비타민과 무기질

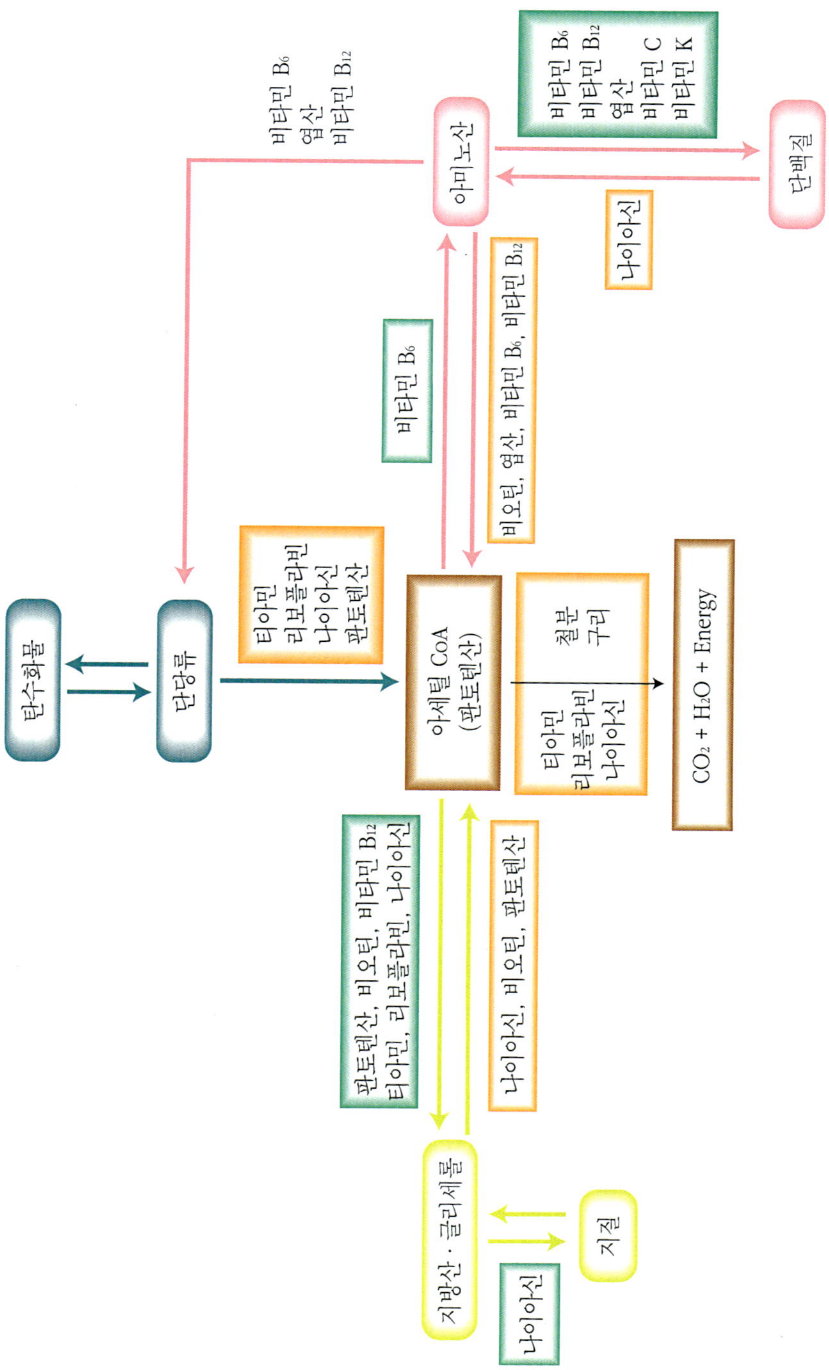

부록 4. 식품 성분 분석표

밥류

음식명	음식/식품중량	에너지(kcal)	단백질(g)	지질(g)	탄수화물(g)	식이섬유(g)	칼슘(mg)	인(mg)
쌀밥	90	313.2	5.8	1.0	68.6	0.18	4.5	90.9
현미밥	90	321.3	6.6	2.1	67.6	0.72	9.9	270.9
강남콩밥	100	349.8	7.9	1.2	74.8	0.51	19.0	124.7
보리밥	100	347.2	7.1	1.1	76.2	0.26	10.0	118.8
오곡밥	107	362.7	9.8	1.6	76.9	1.11	28.0	189.8
완두콩밥	100	326.1	6.7	1.0	70.6	0.40	10.2	101.5
잡곡밥	100	347.6	8.5	1.5	73.6	0.66	18.6	164.2
콩밥	100	354.1	9.5	2.8	71.3	0.69	29.6	155.0
팥밥	90	309.6	7.3	1.0	66.5	0.56	16.8	123.2
감자밥	110.5	296.7	6.1	0.9	64.8	0.36	7.2	100.3
고구마밥	120	329.6	5.8	1.0	73.1	0.52	13.6	102.4
영양돌솥밥	130	384.5	8.2	1.5	83.8	0.92	14.0	140.4
콩나물밥	179	400.1	14.2	6.6	70.9	0.81	45.0	195.0
김치볶음밥	196.4	440.4	12.6	10.6	72.7	1.05	38.3	179.4
볶음밥	214.3	475.7	13.2	12.4	74.4	0.61	36.6	210.6
비빔밥	300	535.8	22.3	13.5	80.4	1.41	76.2	307.4
새우볶음밥	211.9	433.3	13.7	6.8	77.9	0.91	44.5	210.8
쇠고기볶음밥	205.9	454.2	12.7	10.2	76.5	0.81	22.9	174.5
열무비빔밥	198	394.3	11.8	4.0	76.9	1.18	68.3	173.5
오므라이스	266	543.9	19.8	14.9	80.2	0.99	50.8	265.7
참치볶음밥	227.1	464.1	20.8	8.6	74.2	1.06	35.8	211.1
콩나물비빔밥	217.5	393.8	14.2	5.1	72.7	0.94	39.4	196.5
쇠고기덮밥	212	459.4	15.7	7.3	81.2	0.61	24.0	199.2
오징어덮밥	239	427.5	21.6	2.1	78.5	0.98	36.3	313.6
잡채밥	194.5	487.9	15.5	11.4	79.3	0.50	34.6	180.4
잡탕밥	251	547.4	23.0	13.5	81.1	0.55	53.8	267.0
짜장밥	242	493.9	12.8	10.3	86.3	0.95	38.3	179.3
참치회덮밥	269	481.4	25.0	5.4	81.6	1.33	57.6	348.0
카레라이스	289.2	633.5	16.4	15.9	100.7	1.35	50.4	267.9
김밥	171	484.2	12.2	15.3	73.5	0.43	34.5	178.9
김초밥	274	491.0	15.2	11.0	81.8	0.97	74.9	287.1
생선초밥	280	557.0	35.5	10.2	76.7	0.36	128.4	488.7
유부초밥	174.5	530.9	14.7	19.4	76.1	0.46	153.5	220.2

철분(mg)	나트륨(mg)	칼륨(mg)	회분(mg)	비타민 A(R.E)	레티놀(μg)	카로틴(μg)	티아민(mg)	리보플라빈(mg)	나이아신(mg)	비타민 C(mg)
0.45	5	81	0.4	0.0	0.0	0.0	0.117	0.018	1.2	0.0
0.90	3	234	1.2	0.0	0.0	0.0	0.252	0.036	4.5	0.0
1.10	5	143	0.7	0.2	0.0	1.3	0.164	0.038	1.4	0.0
0.78	5	119	0.5	0.0	0.0	0.0	0.144	0.028	1.8	0.0
1.58	676	380	3.2	0.0	0.0	0.0	0.186	0.057	2.2	0.0
0.59	5	113	0.4	5.1	0.0	0.0	0.143	0.062	5.8	0.0
1.32	4	286	0.9	0.0	0.0	0.0	0.165	0.042	1.9	0.0
1.08	5	215	0.9	0.2	0.0	0.0	0.163	0.046	1.5	0.0
0.92	4	224	0.7	0.0	0.0	0.0	0.144	0.030	1.3	0.0
0.60	172	192	1.1	0.0	0.0	0.0	0.114	0.025	1.6	6.3
0.60	10	244	0.7	7.6	0.0	45.2	0.128	0.036	1.3	10.0
1.05	7	380	1.1	3.2	0.0	18.7	0.219	0.124	2.7	6.6
1.67	604	353	2.7	39.9	1.0	233.6	0.298	0.132	3.2	5.6
1.40	539	386	2.1	154.6	1.3	920.6	0.296	0.110	3.4	9.8
1.62	396	298	2.2	305.2	46.3	1552.9	0.364	0.150	2.3	8.1
3.58	479	570	3.2	663.3	76.5	3519.6	0.271	0.299	3.4	15.2
1.79	286	410	2.0	260.9	0.0	1549.4	0.174	0.110	5.1	13.0
1.59	210	386	1.6	264.2	3.6	1547.9	0.189	0.125	5.5	12.8
2.40	779	412	3.2	366.3	2.4	1704.4	0.183	0.143	3.0	21.4
2.59	691	511	3.4	364.1	76.5	1694.2	0.285	0.271	7.7	17.2
5.84	699	504	3.4	151.2	0.0	877.1	0.228	0.195	12.9	7.2
1.55	735	398	2.9	42.0	2.4	237.6	0.206	0.155	3.0	8.9
2.05	375	362	2.2	132.3	6.0	758.0	0.218	0.187	4.7	8.1
1.14	424	519	2.7	150.6	0.0	903.6	0.187	0.106	4.0	23.3
1.92	413	358	2.2	248.6	1.5	1482.0	0.324	0.151	3.3	15.0
3.06	486	408	2.9	203.1	107.5	573.8	0.349	0.262	4.4	14.7
1.49	1804	417	6.5	7.4	1.0	23.2	0.312	0.107	5.3	15.5
2.54	429	731	3.5	386.1	6.3	2278.9	0.272	0.207	9.9	20.7
3.25	2121	652	7.7	390.8	0.8	2339.4	0.583	0.149	4.1	11.4
1.41	374	287	1.9	296.7	23.7	1425.4	0.191	0.154	2.2	6.6
5.28	785	470	3.7	397.5	47.1	1834.3	0.232	0.362	2.7	8.5
4.27	2245	592	9.1	431.4	423.6	5.0	0.494	0.350	10.2	2.5
2.67	521	199	2.7	0.0	0.0	0.0	0.150	0.033	1.5	1.4

빵·과자류

음식명	음식/식품중량	에너지(kcal)	단백질(g)	지질(g)	탄수화물(g)	식이섬유(g)	칼슘(mg)	인(mg)
고로케	155	458.8	9.3	28.2	45.4	0.62	38.8	155.0
소보로빵	80	300.8	7.0	10.6	44.9	0.32	28.8	78.4
도넛, 팥	80	319.2	5.3	12.2	35.9	0.64	21.6	68.8
롤빵, 소프트롤	80	223.2	7.0	4.1	39.5	0.08	30.4	64.0
롤빵, 하드롤	80	240.8	6.7	5.8	40.1	0.24	95.2	92.8
머핀	80	240.8	5.4	9.6	33.0	0.08	79.2	121.6
모카빵	80	291.2	7.0	8.9	46.2	0.16	26.4	96.8
바케뜨, 마늘빵	80	400.0	8.6	22.3	43.7	0.24	21.6	80.0
바케뜨	80	234.4	6.8	1.2	46.2	0.32	12.0	60.0
비스켓(KFC)	62	222.0	4.2	11.2	26.0	0.81	63.2	0.0
샌드위치, 달걀, 치즈	176	411.8	18.8	23.4	31.0	0.35	271.0	364.3
샌드위치, 치킨	176	499.8	23.4	28.5	37.1	0.35	58.1	225.3
샌드위치, 햄, 치즈	150	360.0	23.4	15.4	22.0	0.15	210.0	156.0
슈크림	80	195.2	4.9	2.7	21.0	0.08	57.6	144.8
식빵	100	277.0	9.3	5.8	46.8	0.20	28.0	83.0
옥수수빵	100	311.0	7.2	10.0	47.8	0.30	73.0	376.0
찐빵, 고기	80	203.2	7.3	4.1	33.6	0.64	20.0	36.0
찐빵, 팥	80	197.6	5.0	1.8	39.7	0.40	11.2	48.0
초코파이	30	133.8	1.3	5.5	19.5	0.44	14.0	5.8
카스텔라	100	323.0	6.7	8.5	54.9	0.20	44.0	116.0
케이크, 롤케이크	85	310.3	6.4	14.0	40.8	0.09	34.0	100.3
케이크, 생크림, 블루베리	85	207.4	2.5	10.3	27.1	0.25	21.3	54.4
케이크, 스폰지케이크	85	243.1	6.2	1.7	46.2	0.51	32.3	84.0
케이크, 파운드케이크	90	363.6	5.0	20.5	41.8	0.27	27.0	126.0
케이크, 후르츠케이크	90	312.3	2.6	8.2	55.4	1.62	29.7	46.8
크로쌍, 버터	80	324.0	6.6	16.8	36.3	0.32	29.6	84.0
타코(패스트푸드)	80	175.2	9.7	9.6	11.5	0.96	103.2	95.2
파이, 사과파이(맥도널드)	85	254.1	19.0	14.4	29.4	0.00	14.0	0.0
파이, 피칸파이	113	389.9	9.0	19.4	46.8	2.03	49.7	144.6
팥빵	80	234.4	6.1	4.9	41.3	0.72	24.8	72.0
피자	150	403.5	18.1	17.9	44.7	0.45	141	280.5
피자, 씬크러스피, 슈퍼슈크림(피자헛)	203	462.8	29.0	20.9	44.1	5.07	259.8	337.0
핫도그	98	242.1	10.4	14.5	18.0	0.00	23.5	97.0
햄버거(맥도널드)	100	255.0	12.0	9.3	30.0	0.00	112.0	0.0
햄버거(버거킹)	109	274.7	15.0	12.0	29.0	0.00	37.1	124.3

철분(mg)	나트륨(mg)	칼륨(mg)	회분(mg)	비타민 A(R.E)	레티놀(μg)	카로틴(μg)	티아민(mg)	리보플라빈(mg)	나이아신(mg)	비타민 C(mg)
1.71	536	226	2.2	77.5	6.2	426.3	0.093	0.186	1.7	0.0
0.56	185	105	0.8	23.2	16.8	36.0	0.112	0.048	1.0	0.0
0.80	150	54	0.7	20.8	20.8	0.0	0.080	0.560	0.4	0.0
0.88	392	80	1.3	0.0	0.0	0.0	0.048	0.064	0.6	0.0
2.48	417	106	1.6	0.0	0.0	0.0	0.392	0.256	3.2	0.0
1.92	374	96	2.1	6.4	0.0	0.0	0.224	0.240	1.8	0.0
0.72	236	90	1.0	12.0	9.6	12.8	0.120	0.080	0.9	0.0
0.72	498	80	1.5	32.0	12.8	113.6	0.112	0.048	1.0	0.0
0.80	504	96	1.5	0.0	0.0	0.0	0.064	0.032	0.5	0.0
1.00	430	0	1.4	0.6	0.0	0.0	0.229	0.105	1.5	0.0
3.52	970	227	3.5	59.8	0.0	0.0	0.317	0.686	2.5	1.8
4.58	926	341	3.5	7.0	0.0	0.0	0.317	0.229	6.5	8.8
3.90	1082	321	2.4	67.1	0.0	0.0	0.180	0.615	2.4	2.0
0.64	131	65	0.8	81.6	81.6	0.0	0.040	0.112	0.4	0.0
0.90	267	108	1.6	2.0	0.0	14.0	0.070	0.050	1.1	0.0
1.90	778	128	2.7	15.0	0.0	0.0	0.240	0.270	2.1	0.0
0.80	288	248	1.5	2.4	0.0	17.6	0.168	0.120	1.6	6.7
9.68	36	0	0.5	1.0	0.0	0.0	0.012	0.021	0.1	0.0
0.40	113	57	0.6	0.0	0.0	0.0	0.056	0.015	0.4	0.0
1.20	105	90	0.7	60.0	59.0	4.0	0.050	0.080	0.2	0.0
0.85	98	78	0.6	110.5	108.8	9.4	0.068	0.102	0.2	0.0
0.43	80	23	0.3	29.8	28.0	10.2	0.008	0.051	0.1	0.0
1.44	212	76	1.0	39.1	0.0	0.0	0.119	0.170	0.9	0.0
0.54	142	78	0.7	63.0	58.5	28.8	0.108	0.162	0.3	0.0
1.89	243	138	0.9	40.5	0.0	0.0	0.045	0.090	0.7	0.0
1.60	595	94	1.3	0.8	0.0	0.0	0.312	0.192	1.8	0.0
1.12	375	222	1.5	30.4	0.0	0.0	0.072	0.208	1.5	0.8
0.62	400	0	1.0	0.0	0.0	0.0	0.017	0.017	0.2	0.0
1.58	102	137	0.8	63.3	63.3	0.0	0.057	0.045	0.2	0.0
1.04	134	60	0.6	4.8	8.8	11.2	0.072	0.048	0.6	0.0
1.05	597	171	2.8	70.5	57	79.5	0.255	0.150	1.6	3.0
3.94	1336	463	4.3	259.8	0.0	0.0	0.548	0.447	5.0	4.1
2.31	671	143	0.0	0.0	0.0	0.0	0.235	0.274	3.7	0.0
2.25	490	0	0.0	7.5	0.0	0.0	0.270	0.160	3.7	2.0
2.72	509	235	2.0	36.0	0.0	0.0	0.229	0.273	4.3	3.0

구분	음식명	음식/식품중량	에너지(kcal)	단백질(g)	지질(g)	탄수화물(g)	식이섬유(g)	칼슘(mg)	인(mg)
면·만두류	강정, 쌀강정	30	114.9	1.0	0.3	27.0	0.06	0.9	12.0
	비스켓	30	99.6	2.2	3.6	14.5	0.03	55.5	141.0
	스낵과자	30	155.4	2.1	7.8	19.1	0.12	0.6	12.6
	쿠키	30	147.6	1.6	6.5	20.6	0.03	7.8	15.0
	크래커	30	150.3	2.1	8.3	17.6	0.06	40.8	71.7
	국수장국	156.3	430.8	20.4	7.7	68.7	0.16	107.7	220.8
	라면	169	525.0	16.4	22.0	72.4	0.60	43.7	191.3
	메밀국수	196	392.2	16.3	5.2	66.8	2.82	184.7	322.4
	물냉면	206	404.7	19.8	6.3	68.8	0.70	32.6	226.3
	비빔국수	212.7	489.3	19.4	9.3	81.2	0.91	66.3	202.2
	비빔냉면	268	445.1	17.3	7.9	78.8	1.34	48.7	214.1
	수제비	222	375.1	15.5	5.8	69.9	0.61	81.7	200.5
	스파게티(패스트푸드)	250	260.0	8.8	8.8	37.5	4.25	80.0	135.0
	짜장면	222.5	428.6	12.5	10.1	69.3	0.70	42.2	127.5
	짬뽕	284	417.7	17.6	7.6	67.5	1.31	83.1	226.1
	쫄면	221	457.6	16.3	7.7	86.8	1.00	63.2	273.0
	칼국수	202.1	475.8	18.6	8.4	80.1	0.64	83.4	189.6
	컵라면	72	274.3	6.2	10.2	44.2	0.36	11.5	65.5
	고기만두	261.3	430.1	27.9	17.1	46.2	0.59	142.4	307.3
	군만두	266.3	474.3	27.9	22.1	46.2	0.59	142.4	307.3
	김치만두	271.3	434.7	28.0	17.4	47.0	1.08	159.9	323.5
	떡만두국	200	430.3	17.1	10.8	65.5	0.27	53.2	192.9
죽류	단팥죽	71	228.4	5.9	0.4	50.2	0.96	32.2	122.9
	잣죽	63	269.6	5.4	12.1	36.1	0.26	5.7	140.6
	흰죽	315	226.8	4.4	0.9	47.9	0.00	3.2	47.3
	팥죽	61	198.0	8.3	0.8	39.6	1.26	40.3	157.5
	호박죽	72	230.2	6.6	0.6	52.0	1.52	75.1	99.5
	스프, 쇠고기스프	300	24.0	1.8	0.9	2.4	0.00	6.0	30.0
국·탕류	감자국	88	65.6	3.2	2.2	8.7	0.48	13.5	56.2
	달걀국	36.5	54.4	5.0	3.5	0.5	0.03	56.4	82.4
	김치국	73	24.0	3.6	0.7	1.6	0.77	89.0	86.2
	동태무국	120	68.8	12.0	0.7	3.4	0.70	50.2	159.4
	무국	79	67.0	6.2	3.0	4.4	0.54	60.2	74.3
	미역국	40	89.3	5.4	6.4	3.1	0.18	60.1	68.8

철분(mg)	나트륨(mg)	칼륨(mg)	회분(mg)	비타민 A(R.E)	레티놀(μg)	카로틴(μg)	티아민(mg)	리보플라빈(mg)	나이아신(mg)	비타민 C(mg)
0.03	29	11	0.1	0.0	0.0	0.0	0.015	0.006	0.2	0.0
0.63	287	56	1.0	0.0	0.0	0.0	0.105	0.108	0.9	0.0
0.09	150	39	0.5	9.0	0.0	54.0	0.012	0.009	0.1	1.2
0.09	111	29	0.4	0.0	0.0	0.0	0.012	0.006	0.1	0.0
0.54	190	13	0.7	0.0	0.0	0.0	0.015	0.075	0.5	0.0
3.49	2360	311	5.6	75.0	31.8	259.3	0.166	0.153	2.5	1.7
1.74	1239	373	8.9	161.1	76.5	506.6	0.694	0.576	1.1	0.5
4.11	2154	389	12.4	87.3	1.2	516.1	0.307	0.192	3.0	8.2
3.53	1754	416	6.2	48.1	40.0	48.0	0.079	0.145	3.2	7.0
4.07	1788	453	4.6	254.6	47.1	1244.9	0.229	0.267	3.6	13.9
3.42	656	556	3.2	91.3	38.3	318.6	0.109	0.154	2.4	17.0
3.68	1219	458	4.8	76.8	32.6	265.6	0.279	0.163	2.3	22.5
2.30	955	408	0.5	259.5	0.0	0.0	0.250	0.175	2.3	13.0
1.27	667	335	2.6	11.3	1.0	62.6	0.253	0.095	2.0	19.0
3.19	2180	628	7.8	271.3	1.0	1622.2	0.180	0.192	2.8	26.7
2.44	419	420	2.8	105.2	38.3	402.3	0.276	0.157	2.5	11.6
3.23	2906	407	7.2	41.7	1.2	243.1	0.182	0.092	2.9	16.0
0.50	724	189	5.2	49.7	0.0	297.4	0.396	0.274	0.6	0.0
3.22	495	372	2.9	17.0	2.5	87.2	0.364	0.151	4.0	7.3
3.22	495	372	2.9	17.0	2.5	87.2	0.394	0.151	4.0	7.3
3.38	1067	473	4.2	39.4	2.5	222.6	0.408	0.161	4.2	10.3
2.60	1029	273	4.1	254.2	41.0	1279.1	0.217	0.310	3.7	6.0
1.40	338	387	2.2	0.8	0.0	5.0	0.124	0.044	0.9	1.7
1.21	339	142	1.5	0.0	0.0	0.0	0.154	0.040	1.2	0.0
0.00	6	41	0.3	0.0	0.0	0.0	0.063	0.000	0.0	0.0
1.71	338	484	2.3	0.0	0.0	0.0	0.159	0.048	1.1	0.0
1.81	342	785	3.4	14.7	0.0	88.8	0.110	0.091	1.9	0.0
0.30	1668	45	4.8	0.0	0.0	0.0	0.000	0.030	0.3	0.0
0.80	351	306	1.7	22.1	15.3	40.6	0.071	0.052	1.0	15.8
0.72	430	94	1.6	50.4	45.9	27.0	0.035	0.083	0.4	0.8
0.75	658	261	2.0	24.0	0.0	145.0	0.052	0.054	1.0	8.6
0.69	656	324	2.7	82.0	6.3	453.7	0.096	0.086	1.2	7.0
1.38	683	379	3.0	12.6	1.2	67.4	0.044	0.066	1.4	8.5
1.06	1483	450	5.5	7.2	1.2	36.0	0.034	0.104	1.6	1.7

분류	음식명	음식/식품중량	에너지(kcal)	단백질(g)	지질(g)	탄수화물(g)	식이섬유(g)	칼슘(mg)	인(mg)
	북어국	68	149.3	22.0	6.1	0.8	0.09	129.8	266.4
	쇠고기국	91.3	78.4	8.5	2.3	6.8	0.82	17.5	92.2
	어묵국	105	85.1	7.4	1.3	11.2	0.40	106.1	107.5
	콩나물국	52	40.2	3.8	2.7	1.1	0.30	72.5	72.3
	근대된장국	98.5	49.3	5.1	1.3	5.5	1.38	115.1	99.5
	시금치된장국	87	59.5	5.5	2.1	6.0	0.93	57.9	79.6
	갈비탕	136	167.3	14.3	8.6	7.0	0.32	29.0	141.8
	닭백숙	173.2	290.2	16.1	6.8	40.6	0.70	33.5	198.9
	삼계탕	126	257.6	15.1	6.8	33.6	0.64	30.3	178.3
	설렁탕	120.5	183.7	14.3	5.9	17.4	0.33	22.1	132.3
	육개장	205	168.9	19.1	7.3	7.0	2.57	50.8	212.6
찌개류	동태매운탕	173	100.5	13.7	1.2	9.1	1.13	69.7	191.8
	참치김치찌개	121.7	67.6	10.5	1.3	4.0	1.06	36.7	102.4
	돈육김치찌개	137	114.0	10.7	6.8	3.5	0.96	73.9	142.0
	부대고기찌개	188	272.3	19.0	13.5	21.1	1.81	88.0	183.2
	된장찌개	150	138.8	12.9	5.0	11.4	1.12	172.1	210.2
	순두부찌개	231.1	204.3	17.3	13.1	4.8	0.82	94.7	251.2
찜류	갈비찜	141	162.9	14.6	7.0	10.0	0.63	26.7	147.8
	닭찜	150.6	187.7	13.7	8.5	14.9	0.87	22.0	153.5
	돼지갈비찜	133.5	186.6	13.0	9.6	11.7	0.55	23.0	159.3
	달걀찜	65	91.5	6.5	6.5	1.3	0.10	29.6	88.5
	순대	92	130.3	6.0	6.8	10.9	0.15	19.0	75.9
구이	갈치구이	72	101.5	12.6	5.3	0.1	0.00	12.0	132.3
	고등어구이	72	189.7	13.6	14.6	0.1	0.00	17.6	140.7
	굴비구이	70	124.6	13.0	7.6	0.1	0.00	50.4	114.1
	조기구이	72	96.6	13.4	4.3	0.1	0.00	54.7	137.2
	닭갈비	100.1	165.3	12.1	9.6	6.9	0.50	13.7	123.0
	돼지불고기	111.5	206.3	13.9	12.1	9.7	0.77	17.8	141.2
	불고기	120.5	160.9	13.6	7.4	9.9	0.34	15.6	137.4
	삼겹살구이	61.5	207.4	10.3	18.0	0.2	0.00	5.0	79.2
	쇠등심구이	64.5	124.6	10.8	8.4	0.8	0.02	4.2	100.8
	햄구이	40	52.4	6.6	1.7	2.4	0.00	2.0	132.0
	김구이	3.5	13.9	0.8	1.0	0.8	0.03	6.7	15.2

철분(mg)	나트륨(mg)	칼륨(mg)	회분(mg)	비타민 A(R.E)	레티놀(㎍)	카로틴(㎍)	티아민(mg)	리보플라빈(mg)	나이아신(mg)	비타민 C(mg)
1.18	753	396	3.3	21.6	15.3	37.8	0.094	0.092	1.6	1.3
1.47	506	357	2.2	5.1	1.8	18.8	0.076	0.176	3.3	7.3
1.02	722	299	2.7	9.6	0.0	56.9	0.035	0.033	0.9	7.6
0.53	408	168	1.8	5.3	0.0	31.9	0.045	0.051	0.7	4.2
2.22	1437	444	5.4	413.2	0.0	2480.7	0.063	0.133	1.2	13.1
1.84	787	346	3.0	303.5	0.0	1820.0	0.076	0.192	0.6	32.6
2.32	1129	321	4.0	26.2	20.7	32.0	0.072	0.157	3.5	8.4
1.67	1050	410	4.4	228.2	33.0	1170.8	0.141	0.140	5.8	12.6
1.87	710	328	3.2	40.2	33.0	42.9	0.125	0.131	5.2	5.3
2.21	1038	269	3.4	14.4	5.4	53.3	0.085	0.133	3.4	6.4
3.18	395	566	2.8	323.4	34.2	1350.6	0.157	0.308	4.7	20.5
1.19	1083	472	4.3	168.9	6.3	974.5	0.148	0.151	1.7	11.1
1.71	909	309	2.9	36.6	0.0	220.6	0.069	0.085	4.2	14.5
1.51	707	335	2.4	36.8	1.5	212.8	0.224	0.097	2.3	11.0
2.63	1241	525	5.8	224.5	1.5	1333.1	0.426	0.428	4.7	9.4
2.29	973	484	4.1	30.8	0.5	181.5	0.130	0.082	2.5	18.0
3.09	695	399	3.5	141.6	74.0	406.5	0.187	0.301	2.0	6.4
2.07	625	446	2.6	261.0	7.2	1521.9	0.094	0.201	4.0	7.6
1.33	401	477	2.1	287.6	33.0	1527.3	0.130	0.197	6.0	12.5
0.87	1129	350	4.2	45.2	3.6	249.4	0.495	0.135	4.4	10.2
0.99	738	104	2.5	206.1	76.5	777.4	0.057	0.136	0.1	1.1
1.69	700	118	2.4	15.5	9.0	38.9	0.048	0.077	0.9	2.3
0.35	771	190	2.9	16.8	16.8	0.0	0.077	0.070	2.2	0.7
0.84	717	184	2.7	28.0	28.0	0.0	0.840	0.336	5.3	0.7
0.63	522	226	2.3	35.0	35.0	0.0	0.035	0.126	0.8	0.7
0.63	933	181	3.3	10.5	10.5	0.0	0.042	0.161	0.7	0.7
0.98	329	221	1.5	100.2	33.0	403.4	0.080	0.122	4.7	3.3
1.46	163	331	1.3	81.6	3.0	471.4	0.376	0.140	3.9	8.3
1.71	322	271	1.6	12.0	6.6	32.6	0.087	0.154	2.9	4.1
0.42	194	122	1.0	3.6	3.6	0.0	0.408	0.180	2.6	0.6
1.29	203	176	1.1	7.2	7.2	0.1	0.048	0.123	2.9	0.9
0.28	432	98	1.4	0.0	0.0	0.0	0.064	0.080	2.8	17.2
0.35	194	71	0.7	75.0	0.0	450.0	0.024	0.059	0.2	1.9

	음식명	음식/식품중량	에너지(kcal)	단백질(g)	지질(g)	탄수화물(g)	식이섬유(g)	칼슘(mg)	인(mg)
전·부침류	전유어(동태전)	111.1	176.7	15.2	7.8	11.5	0.04	46.5	186.4
	해물파전	146	175.6	15.7	7.9	10.8	0.52	57.3	195.0
	돼지고기완자전	112	208.2	12.6	13.3	10.4	0.28	49.1	136.7
	김치전	129	152.6	6.2	7.0	18.2	1.00	51.8	102.0
	녹두전(빈대떡)	91	194.6	9.6	9.6	17.7	0.56	25.6	161.5
	호박전	94.5	88.3	3.2	3.3	12.9	0.33	49.8	43.1
	달걀말이	78	112.1	6.6	8.5	2.0	0.16	33.7	92.7
	달걀후라이	53	105.5	6.3	8.5	0.5	0.00	23.5	84.0
	햄부침	81.1	178.0	10.7	9.1	13.8	0.04	14.9	178.4
볶음류	멸치풋고추볶음	43	73.6	8.5	3.8	1.2	0.53	278.1	235.9
	어묵볶음	111	126.2	7.1	4.8	14.1	0.44	56.9	74.6
	오징어볶음	167.2	176.6	15.1	6.6	15.2	1.52	50.5	216.8
	돼지고기볶음	145.1	220.8	15.0	11.3	14.9	0.93	34.9	165.5
	햄김치볶음	99.3	199.4	6.0	17.7	3.3	0.64	25.4	61.9
	감자채볶음	119	83.5	2.4	3.2	12.2	0.97	16.8	56.3
	고사리볶음	72.9	58.9	3.0	3.6	3.9	1.10	20.6	65.9
	느타리버섯볶음	97.5	52.8	2.3	3.2	5.1	0.56	9.4	86.5
	마늘쫑볶음	85.7	68.9	2.3	3.7	8.2	1.27	29.6	56.3
	버섯볶음	128	97.9	7.2	6.3	4.5	0.74	30.0	117.2
	떡볶이	108	225.5	4.2	2.0	47.3	0.52	17.1	67.7
	라볶이	175	405.5	7.6	11.8	70.7	0.86	36.1	104.5
	잡채	109	178.4	4.0	4.1	31.8	0.40	29.9	63.7
조림류	고등어조림	147	215.3	14.8	14.7	4.4	0.49	33.1	170.8
	동태조림	144	82.8	13.0	0.8	4.6	0.98	52.5	178.9
	어묵케찹조림	109	111.9	8.9	1.1	16.4	0.42	103.2	136.9
	달걀조림	62	92.0	7.1	5.5	3.0	0.00	27.5	99.5
	돼지고기장조림	98	166.4	13.7	9.7	4.2	0.31	11.0	135.3
	메추리알조림	74	106.1	7.3	6.1	4.5	0.06	44.3	138.1
	소세지조림	67.8	135.1	6.5	9.8	5.0	0.10	14.7	98.2
	쇠고기장조림	90	132.1	13.3	6.4	2.0	1.31	9.1	146.3
	감자조림	126.2	83.6	3.5	0.8	16.6	1.16	26.6	74.9
	콩조림(콩자반)	29.5	107.1	7.4	4.5	9.7	1.25	36.8	114.2
튀김류	갈치튀김	82	162.1	13.0	10.3	3.9	0.01	14.3	143.0
	고등어튀김	103	298.9	15.9	20.9	11.7	0.03	29.6	189.6
	굴비튀김	100	233.8	15.4	14.0	11.7	0.03	62.0	163.0

철분(mg)	나트륨(mg)	칼륨(mg)	회분(mg)	비타민 A(R.E)	레티놀(μg)	카로틴(μg)	티아민(mg)	리보플라빈(mg)	나이아신(mg)	비타민 C(mg)
0.64	509	210	2.1	37.5	36.9	3.7	0.125	0.107	1.0	0.0
1.78	565	344	2.6	115.6	23.0	173.3	0.120	0.120	2.0	13.9
1.37	196	219	1.4	65.0	2.0	377.7	0.270	0.080	2.5	2.8
1.33	774	283	2.0	53.2	15.3	228.4	0.105	0.104	1.1	13.3
1.56	158	329	1.4	15.4	1.0	86.4	0.169	0.084	1.8	4.5
1.96	185	170	1.0	135.2	15.3	719.1	0.078	0.090	0.7	30.3
1.04	401	119	1.6	163.0	76.5	519.0	0.062	0.140	0.2	3.1
0.90	63	60	0.4	78.0	76.5	9.0	0.050	0.130	0.1	0.0
0.78	794	141	2.6	31.2	30.6	3.7	0.119	0.138	3.0	17.2
1.30	866	379	4.0	10.4	0.0	62.4	0.045	0.040	2.0	14.5
1.04	1079	248	2.7	256.7	0.0	1539.9	0.047	0.032	0.7	7.2
1.49	523	556	2.9	337.3	0.0	2023.6	0.109	0.146	3.2	23.8
1.72	707	421	3.0	103.1	3.0	600.9	0.401	0.171	4.2	13.4
0.68	975	234	2.6	29.8	0.0	179.6	0.180	0.107	1.6	7.5
0.85	346	424	1.9	256.6	0.0	1539.2	0.090	0.038	1.3	25.8
1.11	302	290	1.5	24.0	0.0	21.7	0.053	0.069	0.2	2.5
0.98	484	254	1.9	127.0	0.0	761.8	0.278	0.232	3.8	3.8
0.80	358	222	1.5	46.3	0.0	277.4	0.149	0.129	0.5	30.9
1.49	537	515	2.7	150.9	2.4	891.0	0.116	0.353	3.8	5.7
0.81	554	151	2.0	137.6	0.0	825.7	0.052	0.055	1.8	2.9
1.10	850	330	5.1	331.4	0.0	1987.8	0.333	0.241	1.9	9.0
1.94	534	227	2.1	218.6	1.8	1300.0	0.086	0.122	1.5	12.5
1.27	410	340	1.8	33.8	28.0	34.1	0.114	0.354	5.6	12.1
0.94	740	403	2.8	112.9	6.3	638.8	0.109	0.106	1.6	11.1
2.41	749	209	3.0	153.6	0.0	921.0	0.056	0.053	1.5	5.1
1.12	649	100	2.0	78.0	76.5	9.0	0.053	0.138	0.2	0.0
1.26	622	261	2.3	8.2	3.0	31.2	0.353	0.110	3.7	9.2
2.68	765	157	2.5	222.0	215.0	41.0	0.069	0.214	0.2	1.4
0.78	1022	155	3.1	6.0	0.0	36.0	0.112	0.062	1.6	4.5
1.45	760	305	2.7	118.2	0.0	0.2	0.098	0.137	3.0	9.6
1.30	1181	480	3.5	197.9	0.0	1187.2	0.095	0.066	1.6	22.7
1.93	474	268	1.8	0.0	0.0	0.0	0.068	0.053	0.5	0.0
0.38	819	197	3.0	16.8	16.8	0.0	0.083	0.071	2.2	0.7
1.10	1210	216	4.2	43.6	43.3	1.8	0.113	0.365	5.4	0.7
0.88	678	257	2.8	50.6	50.3	1.8	0.065	0.155	0.9	0.7

분류	음식명	음식/식품중량	에너지(kcal)	단백질(g)	지질(g)	탄수화물(g)	식이섬유(g)	칼슘(mg)	인(mg)
	생선까스	85	148.6	10.6	5.7	15.2	0.02	5.4	146.3
	닭다리튀김(패스트푸드)	60	178.8	12.2	10.8	6.4	0.00	14.4	97.2
	닭튀김, 맥치킨(맥도날드)	60	154.8	6.1	9.1	12.6	0.00	45.0	0.0
	돈까스	121.3	333.7	17.3	16.5	29.6	0.15	20.2	161.8
	탕수육	151.4	308.3	14.9	15.9	26.0	0.33	26.3	162.8
	감자튀김, 프렌치프라이	138	447.1	5.5	22.9	53.5	1.10	26.2	128.3
	감자튀김, 프렌치프라이(롯데리아)	138	240.7	4.1	12.9	28.0	0.98	15.8	114.3
	야채튀김	154	199.3	4.5	6.7	31.8	0.94	35.4	107.7
	양파, 어니언링(패스트푸드)	70	231.7	3.2	13.1	26.4	0.00	61.6	72.8
	맛탕	140	191.8	1.2	4.5	39.1	0.56	36.0	36.0
나물·무침류	도라지무침	92.9	87.2	2.3	1.1	18.3	1.64	41.2	51.0
	도토리묵무침	198.9	86.1	2.1	0.7	18.4	0.72	44.2	76.5
	무말랭이무침	49.5	95.8	4.0	1.6	18.4	2.29	97.6	98.2
	무생채	78.9	31.4	1.1	0.7	5.8	0.86	30.2	27.7
	미역초무침	84	33.7	1.8	0.4	6.4	0.49	68.6	38.3
	부추겉절이	83.5	59.3	4.1	2.0	7.4	1.16	46.2	46.9
	상추겉절이	80.5	32.8	1.7	1.7	3.8	0.88	44.3	41.9
	오이생채	80	39.0	0.9	2.5	4.0	0.59	23.5	28.8
	오이피클	54	59.4	0.2	0.2	15.9	0.30	9.1	3.1
	참치샐러드	110	163.1	7.4	12.1	6.3	0.47	19.4	63.8
	고사리나물	81.5	50.3	3.1	2.5	4.0	1.26	21.0	67.5
	숙주나물	76.3	14.7	1.8	0.5	1.6	0.50	14.0	27.7
	시금치나물	86	54.1	3.0	3.5	4.4	0.73	58.7	42.0
	콩나물	77	37.9	4.0	2.2	2.4	0.82	24.9	52.5
	골뱅이무침	121.5	102.5	14.4	1.0	8.8	0.78	52.0	129.3
김치류	깍두기	50	16.5	0.8	0.2	3.3	0.35	18.5	20.0
	나박김치	100	9.0	0.8	0.1	1.7	0.80	36.0	7.0
	동치미	100	11.0	0.7	0.1	2.5	0.50	18.0	17.0
	배추김치	60	10.8	1.2	0.3	1.6	0.78	28.2	34.8
	오이소박이	89	21.3	1.9	0.6	2.9	1.12	34.4	44.2
	총각김치	50	15.5	1.2	0.2	2.8	0.70	27.5	24.0
	파김치	60	31.2	2.0	0.5	6.2	0.90	42.0	33.0
장아찌류	단무지	20	2.4	0.1	0.0	0.6	0.16	4.8	3.6
	마늘장아찌	20	10.6	0.8	0.0	2.1	0.16	6.4	22.0
	오이지	20	1.6	0.2	0.0	0.3	0.16	6.6	3.4
	오이피클	20	20.6	0.1	0.1	5.6	0.12	3.6	1.2

철분(mg)	나트륨(mg)	칼륨(mg)	회분(mg)	비타민 A(R.E)	레티놀(μg)	카로틴(μg)	티아민(mg)	리보플라빈(mg)	나이아신(mg)	비타민 C(mg)
0.50	155	88	0.9	7.7	0.0	0.0	0.128	0.200	1.8	0.7
0.72	306	181	1.3	21.6	0.0	0.0	0.054	0.174	2.9	0.0
0.82	247	0	0.0	33.0	0.0	0.0	0.306	0.066	2.8	0.7
1.69	594	278	2.4	27.1	18.3	52.5	0.402	0.136	3.9	3.1
1.89	294	343	1.7	153.4	18.3	810.8	0.378	0.144	3.7	5.8
1.10	298	1010	2.6	0.0	0.0	0.0	0.248	0.041	4.6	13.8
1.38	0	0	1.8	0.0	0.0	0.0	0.193	0.069	2.8	39.5
1.02	354	473	3.4	282.6	16.8	1593.5	0.107	0.080	1.2	25.7
0.71	363	109	0.0	0.8	6.7	0.1	0.077	0.084	0.8	0.8
1.58	97	265	1.5	616.0	0.0	0.0	0.028	0.056	0.5	9.4
1.64	325	382	1.8	114.5	0.0	687.4	0.087	0.128	0.9	9.3
1.40	670	204	2.2	224.9	0.0	1349.5	0.054	0.094	0.5	8.1
2.31	517	637	3.0	180.7	0.1	1077.3	0.094	0.119	1.4	24.5
0.77	77	219	0.7	76.4	0.0	457.1	0.037	0.043	0.6	11.7
1.24	676	759	3.4	213.3	0.0	1279.9	0.050	0.136	1.1	11.7
2.35	351	400	1.5	501.3	1.6	318.3	0.307	0.075	0.4	29.0
0.89	488	264	2.2	201.7	0.0	1209.8	0.056	0.101	0.6	10.4
0.43	353	158	1.0	54.0	0.0	325.4	0.038	0.044	0.3	8.0
0.15	362	18	0.8	4.5	0.0	26.5	0.005	0.005	0.1	0.0
2.75	311	259	1.7	140.1	3.0	822.2	0.058	0.076	3.6	14.3
1.21	925	318	2.9	29.8	0.0	36.0	0.056	0.076	0.2	3.1
0.54	338	128	1.3	40.0	0.0	240.0	0.036	0.050	0.5	8.0
2.21	950	396	2.4	433.3	0.0	2598.5	0.101	0.251	0.5	47.3
0.62	3	222	0.6	69.6	0.0	417.7	0.076	0.098	0.8	6.7
1.16	514	298	2.6	206.4	0.0	1184.8	0.082	0.098	1.5	10.9
0.20	298	200	1.1	19.0	0.0	113.0	0.070	0.025	0.3	9.5
0.10	1256	66	1.5	77.0	0.0	460.0	0.030	0.060	0.5	10.0
0.20	609	120	20.0	15.0	0.0	88.0	0.020	0.020	0.2	9.0
0.48	688	180	1.7	28.8	0.0	174.0	0.036	0.036	0.5	8.4
0.75	477	258	2.0	189.1	1.1	745.9	0.078	0.070	0.6	12.3
0.40	358	137	1.5	63.0	0.0	379.0	0.015	0.035	0.4	12.0
0.54	526	202	2.0	211.2	0.0	1265.4	0.084	0.084	0.5	11.4
0.08	224	29	0.7	0.0	0.0	0.0	0.002	0.002	0.0	1.4
0.16	454	65	1.2	0.0	0.0	0.0	0.018	0.010	0.1	0.0
0.08	289	21	1.0	3.4	0.0	20.8	0.006	0.002	0.0	0.0
0.06	145	6	0.3	1.8	0.0	10.6	0.002	0.002	0.0	0.0

분류	음식명	음식/식품중량	에너지(kcal)	단백질(g)	지질(g)	탄수화물(g)	식이섬유(g)	칼슘(mg)	인(mg)
우유·유제품류	우유	200	120.0	6.4	6.4	9.4	0.00	210.0	178.0
	쉐이크, 바닐라(롯데리아)	291	279.4	0.0	0.0	69.8	0.00	2.1	1.4
	아이스크림	100	215.0	3.8	13.9	19.9	0.00	122.0	110.0
	아이스크림, 소프트(패스트푸드)	100	198.0	4.7	6.0	31.7	0.10	122.0	140.0
	요구르트, 액상	150	97.5	2.3	0.2	22.4	0.00	58.5	42.0
	요구르트, 호상, 딸기	110	113.3	3.8	2.6	18.5	0.22	182.6	135.3
	치즈, 체다	20	84.6	5.1	6.8	0.3	0.00	148.0	100.0
음료·주류	두유음료	200	118.0	6.0	6.6	8.4	0.00	36.0	80.0
	라이트콜라	100	1.0	0.1	0.0	0.1	0.00	4.0	9.0
	사이다	100	40.0	0.0	0.0	10.1	0.00	2.0	1.0
	콜라, 코카콜라	100	43.4	0.0	0.0	11.2	0.00	0.0	15.1
	토마토주스	100	13.0	0.8	0.1	2.7	0.40	10.0	16.0
	막걸리	150	69.0	2.4	0.0	2.7	0.00	9.0	21.0
	맥주	375	138.8	1.1	0.0	10.5	0.00	7.5	67.5
	소주	45	63.5	0.0	0.0	0.0	0.00	0.0	0.0
	위스키	20	46.2	0.0	0.0	0.0	0.00	0.0	0.0
	포도주, 백포도주	50	37.0	0.1	0.0	1.2	0.00	4.5	3.5
	포도주, 적포도주	50	35.0	0.1	0.0	2.4	0.00	3.5	5.0
	녹차	1	2.8	0.3	0.1	0.4	0.80	0.9	4.9
	캔커피	200	82.0	1.2	0.6	18.0	0.00	32.0	44.0
	커피, 설탕	105	22.3	0.1	0.0	5.4	0.30	2.0	4.1
	커피, 설탕, 프림	115	42.5	0.4	1.9	5.7	0.30	11.6	12.1
	커피, 원두	100	3.0	0.1	0.0	0.4	0.30	2.0	4.0
	커피, 프림	110	23.3	0.4	1.9	0.8	0.30	11.6	12.0
	코코아	100	50.0	1.5	0.5	10.9	0.00	47.0	43.0
	홍차	100	1.0	0.1	0.0	0.1	0.00	2.0	3.0
과일류	감, 연시	100	66.0	0.6	0.1	17.4	0.60	9.0	17.0
	귤	100	38.0	0.8	0.2	9.4	0.30	14.0	11.0
	딸기	200	52.0	1.6	2.0	12.4	2.00	26.0	54.0
	바나나	100	93.0	1.2	0.2	24.1	0.30	7.0	21.0
	배	100	39.0	0.3	0.1	10.3	0.60	2.0	11.0
	복숭아, 백도	100	34.0	0.9	0.2	8.2	0.50	3.0	17.0
	복숭아, 황도	100	26.0	0.9	0.2	5.8	0.50	3.0	21.0
	사과, 아오리	100	44.0	0.5	0.2	11.2	0.060	4.0	10.0

철분(mg)	나트륨(mg)	칼륨(mg)	회분(mg)	비타민 A(R.E)	레티놀(μg)	카로틴(μg)	티아민(mg)	리보플라빈(mg)	나이아신(mg)	비타민 C(mg)
178.0	0.20	110	296	1.4	56.0	52.0	24.0	0.080	0.280	0.2
0.09	0	0	0.0	0.0	0.0	0.0	0.000	0.000	0.0	0.0
0.10	67	141	0.8	152.0	149.0	19.0	0.050	0.210	0.1	0.0
0.10	126	205	1.0	41.0	0.0	0.0	0.040	0.190	0.6	2.0
0.15	93	195	0.4	0.0	0.0	0.0	0.015	0.180	0.0	0.0
0.55	3	0	0.7	31.9	0.0	0.0	0.132	0.154	0.4	8.8
0.06	160	17	0.8	69.0	62.0	42.0	0.008	0.090	0.0	0.0
80.0	1.60	256	170	1.0	0.0	0.0	0.0	0.060	0.040	1.2
0.00	6	0	0.0	0.0	0.0	0.0	0.010	0.020	0.0	0.0
0.00	5	0	0.0	0.0	0.0	0.0	0.000	0.000	0.0	0.0
0.00	2	0	0.1	0.0	0.0	0.0	0.000	0.000	0.0	0.0
0.80	63	156	0.8	40.0	0.0	237.0	0.030	0.020	0.7	5.0
0.15	9	23	0.2	0.0	0.0	0.0	0.015	0.045	0.4	1.5
0.00	19	90	0.4	0.0	0.0	0.0	0.038	0.072	1.9	0.0
0.00	0	0	0.0	0.0	0.0	0.0	0.000	0.000	0.0	0.0
0.00	0	0	0.0	0.0	0.0	0.0	0.000	0.000	0.0	0.0
0.25	3	23	0.1	0.0	0.0	0.0	0.000	0.005	0.1	0.0
0.25	3	26	0.1	0.0	0.0	0.0	0.000	0.005	0.1	0.0
0.07	0	15	0.1	35.0	0.0	210.0	0.015	0.017	0.0	1.4
0.40	94	136	0.6	0.0	0.0	0.0	0.020	0.040	1.8	0.0
0.10	1	60	0.1	0.0	0.0	0.0	0.000	0.000	0.3	0.0
0.10	5	72	0.2	17.3	0.0	0.0	0.003	0.015	0.3	0.1
0.10	1	60	0.1	0.0	0.0	0.0	0.000	0.000	0.3	0.0
0.10	5	72	0.2	17.3	0.0	0.0	0.003	0.015	0.3	0.1
0.17	72	99	0.0	0.5	1.9	0.0	0.010	0.080	0.1	0.5
0.00	2	16	0.1	0.0	0.0	0.0	0.000	0.000	0.0	0.0
0.40	1	119	0.4	20.0	0.0	120.0	0.030	0.020	0.2	15.0
0.40	5	168	0.3	5.0	0.0	31.0	0.120	0.020	0.3	54.0
0.80	4	312	0.8	4.0	0.0	24.0	0.040	0.040	0.6	164.0
0.60	2	335	0.8	7.0	0.0	43.0	0.040	0.030	0.5	8.0
0.20	3	171	0.3	0.0	0.0	0.0	0.020	0.010	0.1	4.0
0.50	2	133	0.3	2.0	0.0	10.0	0.020	0.010	0.4	7.0
0.20	2	139	0.4	20.0	0.0	120.0	0.010	0.010	0.6	4.0
0.08	4	99	0.2	0.0	0.0	0.0	0.020	0.010	0.1	5.0

	음식명	음식/식품중량	에너지(kcal)	단백질(g)	지질(g)	탄수화물(g)	식이섬유(g)	칼슘(mg)	인(mg)
생채소·단일식품	사과, 후지	100	57.0	0.3	0.1	15.3	5.00	3.0	8.0
	수박	200	62.0	1.4	0.4	15.0	0.20	8.0	28.0
	오렌지	100	40.0	0.8	0.2	9.9	0.50	39.0	20.0
	참외	100	31.0	1.0	0.1	7.3	0.40	6.0	35.0
	포도	100	60.0	0.4	0.8	14.1	0.40	12.0	20.0
	포도, 거봉	100	56.0	0.5	0.1	14.9	0.20	6.0	17.0
	프루트칵테일, 통조림	100	79.0	0.4	0.1	18.5	0.50	6.0	11.0
	옥수수, 단옥수수, 찐 것	20	26.2	0.8	0.1	5.6	0.20	4.2	24.6
	팝콘	20	100.6	1.5	6.1	11.2	0.32	2.0	26.6
	감자, 구운 것	130	120.9	2.6	0.2	28.0	0.52	6.7	65.0
	감자샐러드(패스트푸드)	130	148.2	2.0	7.8	17.2	0.52	18.2	72.8
	고구마, 구운 것	140	168.0	2.1	0.3	39.8	1.26	30.8	61.6
떡류	가래떡	100	239.0	4.1	0.8	52.5	0.00	4.0	53.0
	백설기	100	234.0	3.5	0.8	51.8	0.10	6.0	36.0
	인절미, 콩고물	100	217.0	4.9	1.7	44.5	0.30	19.0	50.0
	찹쌀떡	100	236.0	4.8	1.4	49.9	0.50	15.0	46.0
기타	사탕	14	52.4	0.0	0.0	13.0	0.00	2.7	0.3
	씨리얼, 콘푸레이크	90	342.0	6.0	2.9	47.8	0.54	4.5	34.2
	옥수수통조림	20	17.2	0.5	0.2	3.5	0.12	0.6	12.2
	쵸콜렛	25	137.3	1.1	7.9	15.4	0.00	8.5	35.0
	카라멜	25	102.8	0.4	2.7	20.0	0.00	1.3	17.0
	베이컨	40	123.2	6.8	10.2	0.6	0.00	2.8	77.6

철분(mg)	나트륨(mg)	칼륨(mg)	회분(mg)	비타민 A(R.E)	레티놀(μg)	카로틴(μg)	티아민(mg)	리보플라빈(mg)	나이아신(mg)	비타민 C(mg)
0.30	3	95	0.2	3.0	0.0	19.0	0.010	0.010	0.1	4.0
0.40	6	204	0.6	52.0	0.0	312.0	0.100	0.020	0.4	12.0
0.10	5	126	0.4	13.0	0.0	80.0	0.090	0.020	0.4	46.0
0.30	7	211	0.6	0.0	0.0	0.0	0.030	0.010	1.0	22.0
0.20	1	136	0.3	0.0	0.0	0.0	0.400	0.250	0.3	5.0
0.40	5	173	0.3	3.0	0.0	15.0	0.030	0.010	0.2	2.0
0.30	6	88	0.2	2.0	0.0	0.0	0.020	0.020	0.4	2.0
0.42	0	71	0.2	4.8	0.0	28.8	0.016	0.006	0.3	0.0
0.38	157	72	0.6	0.4	0.0	2.8	0.024	0.010	0.3	0.0
0.46	7	495	1.3	0.0	0.0	0.0	0.130	0.026	1.8	16.6
0.91	426	351	0.3	10.4	0.0	0.0	0.091	0.143	0.4	1.3
1.12	21	613	1.4	0.0	0.0	0.0	0.182	0.056	1.3	29.4
0.50	178	26	0.7	0.0	0.0	0.0	0.020	0.010	1.8	0.0
0.50	234	39	0.8	0.0	0.0	0.0	0.010	0.010	0.7	0.0
1.40	347	88	1.2	0.0	0.0	0.0	0.070	0.030	0.7	0.0
0.80	161	61	0.8	0.0	0.0	0.0	0.040	0.010	0.6	0.0
0.03	0	0	0.1	0.0	0.0	0.0	0.000	0.000	0.0	0.0
2.88	628	55	2.0	592.2	590.4	10.8	1.233	0.945	17.5	61.2
0.08	49	34	0.2	1.0	0.0	6.0	0.008	0.008	0.2	0.8
0.88	11	155	0.3	0.0	0.0	0.0	0.007	0.030	0.2	0.0
0.13	25	30	0.2	5.3	5.3	0.0	0.010	0.027	0.0	0.0
0.32	282	91	1.0	3.2	3.2	0.0	0.200	0.040	1.9	1.1

찾아보기

ㅇ

ㅊ

ㅋ

저자 소개

최혜미
미국 플로리다 주립대학교 Ph.D.
서울대학교 식품영양학과 명예교수

김정희
미국 위스콘신대학교 Ph.D.
서울여자대학교 식품응용시스템학부 식품영양학전공 명예교수

이주희
미국 미네소타대학교 Ph.D.
경상대학교 자연과학대학 식품영양학과 명예교수

김초일
미국 코넬대학교 Ph.D.
서울대학교 식품영양학과 객원교수

송경희
서울대학교 이학박사
명지대학교 식품영양학과 교수

차정자
미국 미네소타대학교 Ph.D.
인하대학교 식품영양학과 명예교수

민혜선
미국 캘리포니아대학교(버클리) Ph.D.
한남대학교 생명나노과학대학 식품영양학과 교수

임경숙
서울대학교 이학박사
수원대학교 식품영양학과 교수

변기원
서울대학교 이학박사
부천대학교 식품영양학과 교수

여의주
미국 밴더빌트대학교 Ph.D.
가천대학교 의과대학 생화학 교수

이홍미
미국 노스캐롤라이나 주립대학교 Ph.D.
대전대학교 식품영양학과 교수

김경원
미국 사우스캐롤라이나대학교 Ph.D.
서울여자대학교 식품응용시스템학부 식품영양학전공 교수

김희선
미국 코넬대학교 Ph.D.
순천향대학교 식품영양학과 교수

김창임
서울대학교 이학박사
대전과학기술대학교 식품영양학과 교수

윤은영
서울대학교 이학박사
대전대학교 식품영양학과 교수

김현아
서울대학교 이학박사
목포대학교 식품영양학과 교수

곽홍실
서울대학교 이학박사
서울대학교 의과대학 노화고령사회연구소 연구교수

권상희
서울대학교 이학박사
질병관리청 손상예방관리과 손상예방관리과장

한영신
서울대학교 이학박사
어린이 식생활 전문 (주)뉴트리아이 대표

그림 1-1, 2-6, 2-10, 3-1, 3-3, 3-8, 3-12, 3-14, 4-1, 4-6, 4-8, 5-1, 5-2, 5-3, 5-4, 5-5, 5-6, 5-7, 5-8, 6-3, 6-6, 6-7, 6-9, 7-1, 7-9, 8-16, 9-1, 10-1, 10-3, 10-6, 11-1, 13-1, 13-3, 13-5, 14-4, 14-11
표 2-10, 2-11
436, 441, 447, 460, 462, 464쪽의 그림은
정윤이(서울대학교 미술대학 산업디자인 학부 졸)의 작품입니다.

6판

21세기 영양학

초판 발행 1988년 3월 1일
개정판 발행 2000년 7월 20일
제2개정판 발행 2006년 3월 11일
제4판 발행 2011년 2월 28일
5판 발행 2016년 9월 6일
6판 발행 2021년 8월 31일
6판 2쇄 발행 2022년 8월 31일

지은이 최혜미 외
펴낸이 류원식
펴낸곳 교문사

편집팀장 성혜진 | **책임진행** 윤소연 | **본문편집** 벽호미디어

주소 10881, 경기도 파주시 문발로 116
대표전화 031-955-6111 | **팩스** 031-955-0955
홈페이지 www.gyomoon.com | **이메일** genie@gyomoon.com
등록번호 1968.10.28. 제406-2006-000035호

ISBN 978-89-363-2207-6(93590)
정가 31,000원

잘못된 책은 바꿔 드립니다.